K. Lacasse · W. Baumann

Textile Chemicals

Springer-Verlag Berlin
Heidelberg GmbH

Engineering ONLINE LIBRARY

http://www.springer.de/engine-de/

K. Lacasse · W. Baumann

Textile Chemicals

Environmental Data and Facts

With 105 Figures and 224 Tables

Springer

Dr. Katia Lacasse
Dr.-Ing. Werner Baumann

Institut für Umweltforschung (INFU)
Universität Dortmund
Otto-Hahn Straße 6
Chemiegebäude C 2-06
44221 Dortmund
Germany

ISBN 978-3-642-62346-2   ISBN 978-3-642-18898-5 (eBook)
DOI 10.1007/978-3-642-18898-5

Cataloging-in-Publication Data applied for
Bibliographic information published by Die Deutsche Bibliothek.
Die Deutsche Bibliothek lists this publication in the Deutsche Nationalbibliografie;
detailed bibliographic data is available in the Internet at <http://dnb.ddb.de>.

springeronline.com

© Springer-Verlag Berlin Heidelberg 2004
Originally published by Springer-Verlag Berlin Heidelberg New York 2004
Softcover reprint of the hardcover 1st edition 2004

Typesetting: Camera-ready copy by authors
Cover-design: design and production, Heidelberg
Printed on acid-free paper   52 / 3020 hu - 5 4 3 2 1 0

This book is based on a report made by the **Institute for Environmental Research (INFU-Institut für Umweltforschung)** of the University of Dortmund. The research project (Nr. 201 67 426) was made on behalf of the **German Environmental Protection Agency (UBA- Umweltbundesamt, Berlin)** and financially supported by the **Federal Ministry for the Environment, Nature Conservation and Nuclear Safety (BMU-Bundesministerium für Umwelt, Naturschutz und Reaktorsicherheit)**.
The authors express their thanks to them.

Contents

Index of figures and tables

Abbreviations

µg	microgram
^{0}C	Degree Celsius
a	Annum (year)
Al	Aluminium
AOX	Adsorbable organic halogen compounds
APEO	alkylphenolethoxylates
As	Arsenic
BAT	Best Available Techniques
BBP	Butylbenzylphtalate [85-68-7]
BOD$_5$	Biochemical oxygen demand in five days
Bp	Boiling point
BREF-Documents	Best Available Techniques Reference Documents
C.I.	Color index
Ca	Calcium
CA	Cellulose acetate
CAS or CAS-No.	Chemical Abstract System Number
Cd	Cadmium
CFC	Chlorofluorocarbon
CH$_4$	Methane
Cl	Chlorine
CO	Carbon monoxide
CO	Cotton
Co	Copper
CO$_2$	Carbon dioxide
COD	Chemical oxygen demand
Cr	Chromium
Cu	Copper
CV	Viscose
dB	Decibel
DBP	Dibutylbenzylphtalate [84-74-2]
DBT	Dibutyltin (organic tin compound)

XXII

DEHP	Di(2-ethylhexyl)-phtalate [117-81-7]
DIDP	Diisodecylphtalate [26761-40-0]
DIN	Deutsche Industrienorm
DINP	Di-iso-nonylphtalate [28553-12-0]
DNOP	Di-noctylphtalate [117-84-0]
e.g.	Exempli gratia, for example
EDTA	Ethylenediaminetetraacetic acid [60-00-4]
EPA	Environmental Protection Agency (USA)
ETAD	Ecological and Toxycological Association of the Dyes and Organic Pigments Manufacturers
EURO €	European currency
Fe	Iron
H_2O	Water
Hg	Mercury
i.e.	Id est, that is
INFU	Institut für Umweltforschung: Institut for Environmental Research
K	Potassium
kg	kilogram
kWh	kiloWatthour
l	liter
LD 50	Lethal doses for 50% of the test animals
LR	Liquor ratio
m	meter
m^3	Cubic meter
MBT	Monobutyltin (organic tin compound)
Mg	Magnesium
N.N.	No name
Na	sodium
nd	Not detectable
NH3	Ammonia
NH_4^+	Ammonium
Ni	Nickel

NO_x	Nitrogen oxides
OEKOPRO	Chemicals Database for product integrated environmental protection
OU	Odour Unit
P	Phosphorus
PAC	Polyacrylonitrile fibre
PAH	Polycyclic aromatic hydrocarbons
Pb	Lead
PBB	Polybrominated biphenyls [59536-65-1]
PCB	Polychlorinated biphenyl
PES	Polyester fibre
pH	$-\log[H_3O^+]$
ppm	Part per million
PVC	Polyvinyl chloride
s	second
Sb	Antimony
Sn	Tin
T	Temperature
t	ton (1.10^6 gram)
TA	Technische anleitung
TBT	Tributyltin (organic tin compound)
TEGEWA	Verband der Textilhilfsmittel-, Lederhilfsmittel-, Gerbstoff- und Waschrohstoff-Industrie e.V.
TEPA	Tris-(aziridinyl)-phosphinoxide [5455-55-1]
TFI	Textile finishing industry
TOC/DOC	Total and dissolved organic carbon
TRIS	Tri-(2,3-dibromopropyl)-phosphate [126-72-7]
UBA	Umweltbundesamt (Germany)
VOC	Volatile organic compound
vol%	Percentage of volume
weight%	Percentage of weight
WO	Wool
Zn	Zinc

Preface

Clothing is an inherent necessity for human beings. Textiles protect us from unfavourable weather and other environmental calamities. Moreover, textiles are instruments of social and cultural affiliation and self-acceptance while at the same time fulfiling our desire for individuality. These reasons motivated textile development that results in ever more sophisticated clothing in all ethnic societies today. Fashion becomes something like body language, a "second skin" that accentuates style and rank, sex and power, or their opposites.

In our modern society, fashion attains a new dimension as synthetic fibres are manufactured and new chemical finishing treatments developed. Considering the wool of a sheep and an end-fashioned pullover, it is evident that, in course of time, textiles have become "complicated"! Trying to answer the question "how does the sheep fibre become the pullover" is simultaneously the answer of "what is textile finishing".

Almost 2500 different chemicals can be used to colour and prepare a certain fibre in such a way that it will be able to fulfil modern functionalized requirements such as having easy-care properties, etc.

This book considers the textile finishing process from an ecological perspective. A short survey of the textile chain is followed by a detailed description of finishing processes; from pretreatment, dyeing and printing to functionalized finishing. Of substantial interest are the chemicals involved in the different treatments involved. The modular layout of the book allows the reader to follow step by step the treatments of a specific fibre and the chemicals involved to obtain a specific textile function. Besides conventional finishing methods, the book focuses on innovative treatments with microcapsules and novel coating processes. Tables compiling alphabetically all the chemicals used, the process in which they may be used, their function and application details are given in a separate section. Toxicological aspects of wearing specific clothes as well as the practical recommendations on textile labels are also part of the book. Further information on toxicology and physico-chemical properties of the chemicals, characterised by their CAS-number, can be easily found by consulting "www.oekopro.de", the online chemical database.

Another important aspect of the book is its focus on environmental protection in textile finishing. The preventive approach to environmental protection, i.e. stopping the generation of waste and emission at the source, is part of the overall goal of sustainable development. A substantial reduction in the consumption of raw materials and energy frequently brings economic benefits to a company due to the fact that preventing the generation of waste and emissions also reduces the demand for costly raw materials and energy. With this in mind, the book summarises environmental considerations for textile processes and chemicals. For the sake of completeness, end-of-pipe techniques, which focuses on achieving environmental quality standards by treating the waste and emissions already generated, as well as ecological/toxicological recommendations for substituting chemicals or processes and an extensive data collection on emissions and consumption are an important part of this book.

The authors had thought to limit the scope of this work by assessing substances which are actually in use. Unfortunately, there was no, or very little, substantial support given regarding specific numbers of chemicals and the quantities used by the textile industry. However, some important manufacturers of textile chemicals and textile finishers gave us constructive interviews, allowing a pertinent view on the industry and its problems.

The extensive assessment of chemicals and all the other tasks relevant for this project were carried out by F. Hölter, M. Mentel, R. Tannert, L. Mense, F. McKean, I. Grothues, H. Lota, D. Pollkläsner, S. Konarski and W. Hammer. The authors thank them for their support and collaboration.

The authors thank further Dr. S. Meyer-Stork (TVW GmbH) and Dr. H. Schoenberger for their friendly cooperation. Numerous were people who assisted the drafting of this book and placed their time, knowledge and experience at our disposal. The authors particularly express their thanks to them.

9   SUMMARY

During the 1980s the production of textiles became increasingly globalised, with most of the growth occurring in Asia, and by the 1990s this way became a well established pattern. The axis of the textile industry was moving away from Europe and the US to Asia, e.g. Hong Kong, Taiwan, South Korea, Indonesia and Thailand. Western Europe increasingly became a net importer of textiles. The most obvious reason for this switch in geographical location for the production was the lower labour costs in Asia. The position was further complicated for the textile companies of Western Europe by industrial liberalisation in the former Eastern bloc countries such as the Czech Republic and Slovenia. This decade also saw the arrival of new entrants from the Middle East, e.g. Turkey, which led to a further decline in Western Europe's share of textile production. The impact of these changes has been dramatic and it is estimated that the German textile industry is some 30% smaller than it was in 1993 [334].

The shrinking of the textile finishing industry is in fact symptomatic of all the old manufacturing industries in Europe, restructuring themselves in a global market. Unfortunately, the decline of the textile industry has most often been misused by suppliers of textile chemicals as a pretext to restricting their efforts in these areas. Comparing the situation of the automobile sector, the textile auxiliary manufacturers resistance against a more detailed product labelling is most deplorable. Yet, it would be of great use for product responsibility guarantees of textile manufacturers toward their clients, i.e. the consumers/users of textile products. The classification of textile auxiliaries by referring to their water relevance categories is a beginning, but by far not enough, as important aspects such as consumption have been unaccounted for; such aspects that may be essential for integrated, sustainable and affordable environmental protection.

In no way could the Western European textile industry compete based solely on cost grounds. If they were to compete at all it would be on a different playing field. Yet, in the last few decades nearly all of the most important textile chemical innovations, with a few notable exceptions from Japan, have come from the research laboratories of the European companies. The main targets for R&D have been new products and application processes for the dyeing and printing of polyester, cotton/cellulosics and (to a lesser extent) polyamide.

The manufacturers of textile auxiliaries also demonstrate their intention in collaborating with authorities by elaborating reference documents on the best available techniques (i.e. BREF [2]). Yet, these documents give an useful overview of modern finishing techniques, the textile auxiliaries are often only cited as a substance class. The intrinsic chemical substances present in auxiliary formulations frequently remain unknown.

The report "Ecological exposition of chemical substances used by the textile finishing industry" assesses almost 2500 chemical substances used in textile finishing. Application characteristics, functions and all specific information on the chemicals are presented in alphabetically listed tables. Further relevant physico-chemical as well as eco-toxicological data on listed substances may further be found on the online chemical database "www.oekopro.de". Prefixed to this extensive data section, the different finishing processes are described and the inherent environmental issues discussed. Thereby, almost all of the possible finishing treatments were considered, from pretreatment, dyeing and printing to functional finishing such as flame redundancy, waterproofing and antimicrobial treatments. Special attention has been given to new processes and products. Treatments with microparticles, for example, show the innovative potential of the somewhat traditional finishing industry. Though these innovations present a great chance for European finishers, the development into modern, functionalised, so-called intelligent textiles also bears potential danger and throwbacks if awareness of the chemicals involved is restricted.

Besides an overview on current European legislation, a summary of some important classification schemes of textile auxiliaries is also given. Moreover, in order to attain sustainable environmental protection, the report presents a widespread description of environmental aspects of finishing treatments and textile auxiliaries. Yet, the authors plead for an affordable environmental protection: preventing the generation of waste and emission reduces the demand for costly raw materials and energy, thus bringing frequently economic benefits for the company. Knowledge of the substances involved in finishing processes is surely an important step in the right direction.

Appendix 1: References

1. REDAKTION MELLIAND IN ZUSAMMENARBEIT MIT TEGEWA
    Textilhilfsmittelkatalog (THK) 2000
    In: REDAKTION MELLIAND, 2000 Ed, Deutscher Fachverlag, Frankfurt/Main: 2000
    ISBN: 3-87150-661-3

2. INTEGRATED POLLUTION PREVENTION AND CONTROL (IPPC)
    Reference Document on Best Available Techniques for the Textiles Industry (BREF
    Documents)
    In: EUROPEAN COMMISSION DG JRC, Nov. 2001 Ed.: 2001

3. LAURSEN, S. E.; HANSEN, J.; BAGH, J.; JENSEN, O. K.; WERTHER, I.
    Environmental Assesment of Textiles
    In: DANISH ENVIRONMENTAL PROTECTION AGENCY, Miljoprojekt nr. 369: 1997

4. LEPPER, P.; SCHÖNBERGER, H.
    Konzipierung eines Verfahrens zur Erfassung und Klassifizierung von Textilhilfsmitteln
    In: UMWELTBUNDESAMT FB 000092/1 DEUTSCHLAND, UBA-FKZ 109 01 210 :1997

5. SCHÖNBERGER, H.
    Ermittlung des aktuellen Standes der Technik für die Einleitung von Abwasser aus der
    Textilverdlungsbetrieben im Hinblick auf den Entwurf zur 6. Novelle des
    Wasserhaushaltsgesetzes
    In: UMWELTBUNDESAMT DEUTSCHLAND UBA-FB 000092/2UBA-FKZ 109 01 210 :1996

6. SCHÖNBERGER, H.
    Zur Abwässerfrage der Textilveredlungsindustrie
    In: TECHNISCHE UNIVERSITÄT BERLIN, Dissertation, Berlin :1996

7. EBERHARTINGER, S.; STUBENRAUCH, M.
    Textilchemikalien in Österreich
    Textilhilsmittel in Österreich Einsatzmengen, Anwendungsgebiete und ökologische
    Bewertung (Band1: Textilhilfsmittel)
    In: BUNDESMINISTERIUM FÜR UMWELT, Jugend und Familie Abt. II/2, Wien,
    Textilchemikalien in Österreich, Vol. 1, Wien: 1994

8. EBERHARTINGER, S.; STUBENRAUCH, M.
    Textilchemikalien in Österreich
    Textilhilsmittel in Österreich Einsatzmengen, Anwendungsgebiete und ökologische
    Bewertung (Band 2: Farbstoffe und Pigmente)
    In: BUNDESMINISTERIUM FÜR UMWELT, Jugend und Familie Abt. II/2, Wien,
    Textilchemikalien in Österreich, Vol. 2, Wien:1994

9. SCHÖNBERGER, H.
    Entwurf eines Anhang 38 zur Rahmen-Abwasser VwV zu § 7a WHG, wie er vom
    Bundeskabinett am 17.03.1993 verabschiedet und dem Bundesrat zugeleitet wurde
    In: UMWELTBUNDESAMT UBA-FB 000092/2 Gutachten FKZ 109 01 210 : 1996, pg. 91-101

10. GMEHLING, J.; LEHMANN, E.; HOHMANN, R.; ALLESCHER, W.
    Stoffbelastung in der Textilindustrie
    In: BUNDESANSTALT FÜR ARBEITZSCHUTZ, Schriftenreihe der Bundesanstalt für
    Arbeitschutz Gefährliche Arbeitsstoffe 37, Vol. GA 37 Wirtschaftsverlag NW Verlag für
    neue Wissenschaft GmbH, Dortmund: 1991
    ISBN: 3-89-429-083-8

11. ULLMANN
     Ullmann´s Encyclopedia of Industrial Chemistry
     Electronic Database, 6. Ed., Wiley, electronic release: 2001

12. BAILEY, M.; STONEMAN, J.
     Index of Textile Auxiliaries 15th Edition
     In: ICI SURFACTANTS:1996

13. N.N.
     Guidance document on Emission Scenario Documents
     In: OECDENV/JM/MONO (2000) 12, Nr. 1 Ed.: 2000

14. SCHUBERT, D.
     IC - 13 Textile Finishing Industry : Assessment of environmental release of chemicals
     from textile finishing industry
     In: UMWELTBUNDESAMT IV2.2-97356/1Draft ESD-Textile.doc, revised Ed.: June 2000

15. EPA OFFICE OF COMPLIANCE SECTOR NOTEBOOK PROJECT
     Profile on the Textile Industry
     In: U.S. ENVIRONMENTAL PROTECTION AGENCY (EPA)EPA/310-R-97-009, Washington
     D.C.: 1997

16. MILNER, A.
     Handbuch der Färbetechniken: Anleitungen zum Färben mit natürlichen und chemischen
     Farbstoffen von pflanzlichen, tierischen und chemischen Fasern wie Wolle, Seide,
     synthetische Stoffe, Filz und Papier
     The Ashford book of dyeing (dt.)Verlag Paul Haupt, Bern, Stuttgart, Wien: 1994
     ISBN: 3-258-04740-5

17. PETER, M.; ROUETTE, H. K.
     Grundlagen der Textilveredlung: Handbuch der Technologie, Verfahren und Maschinen
     13. überarb. Ed.Dt. Fachverlag GmbH, Frankfurt/Main:1989
     ISBN: 3-87150-277-4

18. FERUS, M.; JAKUBCZIK, D.
     Stoffstrommanagement in der Textilindustrie: Ergebnisse einer Fallstudie in einem
     Textilveredlungsbetrieb
     In: INSTITUT FÜR ÖKOLOGISCHE WIRTSCHAFTSFORSCHUNG GMBH (IÖW)Schriftenreihe des
     IÖW 93/95, Berlin: 1993

19. FRANKLIN ASSOCIATES LTD
     Life Cycle Analysis (LCA): Woman´s Knit Polyester Blouse
     In: AMERICAN FIBER MANUFACTURERS ASSOCIATION, Resource and Environmental profile
     Analysis of a Manufactured Apparel Product, http://fibersource.com/f-tutor/LCA-
     Page.htm: 1993

20. N.N.
     Many textiles may contain environment- and health-hazardous substances
     In: MILJÖMINISTERIET KØBENHAVN, Denmark, 14/05/01 Ed.,
     http://www.mst.dk/project/03100000.htm: 2001, pg. 1-8

21. N.N.
Kemikalier i tekstiler (Englisch Summary)
In: DANISH ENVIRONMENTAL PROTECTION AGENCY,
http://www.mst.dk/udgiv/publikatio.../87-7909-800-2/html/samfat_eng.htm :2001, pg. 1-11

22. LASSEN, C.; LO/KKE, S.; ANDERSEN, L. I; HANSEN, E.
Brominated Flame Retardants: Substance Flow Analysis and Assessment of Alternatives
In: DANISH ENVIRONMENTAL PROTECTION AGENCY: 1999

23. KALCKLÖSCH, M.; WOHLGEMUTH, H.; HENZEL, N.
Textilallergie
In: BERLINER INSTITUT FÜR ANALYTIK UND UMWELTFORSCHUNG, BIFAU - Umweltreihe, Vol.
H 15, 2.überarb. Ed., Berlin: 2000
ISBN: 3-931673-16-2

24. TROTMAN, E. R.
Dyeing and Chemical Technology of Textile Fibres
5th Ed. Ed.Charles Griffinn & Co. Ltd., Bucks (USA) :1975
ISBN: 0-85264-227-X

25. LIEBELT, U.
Anaerobe Teilstrombehandlung von Restflotten der Reaktivfärberei
In: FIT-VERLAG FÜR INNOVATION UND TECHNOLOGIETRANSFER, ibvt-Schriftenreihe, Vol. 4,
Paderborn: 1997
ISBN: 3-932252-03-9

26. KORNMÜLLER, A.
Treatment of Wastewaters from Textile Processing
Behandlung von Abwässern der Textilveredlung
In: SONDERFORSCHUNGSBEREICH 193 TECHNISCHE UNIVERSITÄT BERLIN, Biologische
Behandlung industrieller und gewerblicher Abwässer, Vol. 9, Berlin: 1997
ISBN: 3-7983-1734-8

27. BEHR, D.
Taschenbuch der Textilchemie
In: VEB FACHBUCHVERLAG ,1. Ed., Leipzig: 1988
ISBN: 3-343-00263-1

28. FIEHN, O.
Toxizität geleitete Fraktionierung und Charakterisierung organischer Schadstoffe in
gewerblichen Abwässern
Fortschr.-Ber. VDI Reihe 15 Nr.187VDI Verlag GmbH, Düsseldorf: 1997
ISBN: 3-18-318715-9

29. SCHULZ, G.; WURSTER, J.
Der Preis der Hochveredlung
VTCC-Seminare Grundlagen der Textilveredlung Nr. 24, Wuppertal Reutlingen :1998

30. JACOBS, A.; BETTENS, L.; DE GRIJSE, A.; DIJKMANS, R.
Beste Beschikbare Technieken (BBT) voor de Textielveredeling
In: VITO FLEMISH INSTITUT FOR TECHNOLOGICAL RESEACH, Eindrapport 1998/PPE/011,
Belgien: 1998

670

31. TISSIER, C.; CHESNAI, M.s; MIGNÉ, V.
Supplement to the methodology for risk evaluation of biocides (INERIS-DRC-01-25582-ECOT-CTi/VMi-n°01DR0176)
In: INSTITUT NATIONAL DE L´ENVIRONNEMENT INDUSTRIEL ET RISQUES (INERIS), Emission Scenario Document for biocides used as preservatives in the textile processing industry (Product type 9 & 18), France: May 2001

32. N.N.
Rapport Annuel 2000-2001 Febeltex
In: FEBELTEX ASBL, Bruxelles: 2001

33. N.N.
Rapport Annuel 1999-2000 Febeltex
In: FEBELTEX ASBL, Bruxelles: 2000

34. BÖHM, E.; HILLNEBRAND, Th.; LANDWEHR, M.; MARSCHEIDER-WEIDEMANN, F.
Untersuchung zur Abwassereinleitung: Statistik wichtiger industrieller und gewerblicher Branchen zur Bewertung der Umweltgefährlichkeit von Stoffen
In: FRAUENHOFER-INSTITUT FÜR SYSTEMTECHNIK UND INNOVATIONSFORSCHUNG (FHG-ISI)UBA-Forschungsbericht 106 04 144/01, Karlsruhe: 1997

35. NOLL, L.; REETZ, H.:
Gewässerökologisch orientierte Klassifizierung von Textilhilfsmitteln
TEGEWA und TVI-Verband übergeben Selbstverpflichtungen für verbesserten Gewässerschutz
Melliand Textilberichte 9, No. Sonderdruck, pg. 633-635 (1998)

36. WIDMER, A:
Neue Horizonte bei Textilfarbstoffen - und beim Blick durchs Bürofenster
Chemische Rundschau, No. 14, pg. 3 (2001)

37. N.N.
Sumifix Dyes and Pigments (http.//textileinfo.com/en/dyes/sumifix)
In: SUMITOMO CHEMICAL / SUMIKA CHEMTEX: 2001

38. THIRY, M. C.:
The War on Textile Flammability
AATC Review, No. February, pg. 21-25 (2001)

39. N.N.
Jahresbericht 1999/2000 TEGEWA
In: VERBAND DER TEXTILHILFSMITTEL-, Lederhilfsmittel-, Gerbstoff- und Waschrohstoff-Industrie e.V., Frankfurt/Main: 2000

40. N.N.
Jahresbericht 2000 VCI
In: VERBAND DER CHEMISCHEN INDUSTRIE E.V., Chemie 2000, Frankfurt/Main: 2000

41. N.N.
Textilveredlung im Wandel der Zeit: die Visionen - die Realität
Kongress der Internationalen Förderation der Vereine der Textilchemiker und Coloristen
In: VEREIN DER ÖSTERREICHISCHEN TEXTILCHEMIKER UND COLORISTEN VÖTC17. IFVTCC
KONGRESS Wien, 5-7 Juni 1996, Wien: 1996

42. N.N.
Wissen kleidet: Textilveredlung und was man darüber wissen sollte
In: TVI-VERBAND UND TEGEWA- VERBAND, Frankfurt/Main: 2000

43. KLASCHKA, F.:
Textilien und die menschliche Haut, Fakten und Fiktionen - eine Situationsbeschreibung
aus dermatologischer Sicht
Melliand Textilberichte 3, No. Sonderdruck, pg. 193-202 (1994)

44. REDAKTION MELLIAND, L. Noll, H. Reetz, H. U. Schüer:
Textilien und Gesundheit
Gespräch am runden Tisch
Melliand Textilberichte 1, No. Sonderdruck 1999, pg. 43-44 (1994)

45. N.N.
Zahlen zur Textilindustrie Ausgabe 2000
In: GESAMTTEXTIL GESAMTVERBAND DER TEXTILINDUSTRIE IN DER BRDEUTSCHLAND,
Eschborn: 2000

46. N.N.
Die fleißigen Verbindungen: Wissenswertes über Tenside
In: TEGEWA VERBAND DER TEXTILHILFSMITTEL-, Lederhilfsmittel-, Gerbstoff- und
Waschrohstoff-Industrie e.V. ,2. Ed., Frankfurt/Main: 1996

47. N.N.
Textilland Deutschland: Eine Stoffsammlung
In: GESAMTVERBAND DER TEXTILINDUSTRIE IN DER BRD - GESAMTTEXTIL - E.V., Eschborn

48. N.N.
Global denken und handeln: Leitmotive der deutschen Textilindustrie
Think and Act Global: Leitmotif of the German textile industry
In: GESAMTVERBAND DER TEXTILINDUSTRIE IN DER BRD - GESAMTTEXTIL - E.V., Eschborn:
2000

49. N.N.
Azo colorants: an overview of their unique characteristics and the requirements for their
safe handling and use
In: ETAD ECOLOGICAL AND TOXICOLOGICAL ASSOCIATION OF DYES AND PIGMENTS
MANUFACTURERS ETAD, ETAD Information notice No. 1, Basel: 1989

50. N.N.
Zum Thema Azofarbmittel: ein kurzer Beitrag über ihre Eigenheiten und die
Vorraussetzungen für ihre sichere Handhabung und Verwendung
In: ETAD ECOLOGICAL AND TOXICOLOGICAL ASSOCIATION OF DYES AND PIGMENTS
MANUFACTURERS ETAD, ETAD Information notice No. 1 (German Version), Basel : 1989

672

51. N.N.
     Thermal Decomposition of Diaryilde Pigments
     In: ETAD ECOLOGICAL AND TOXICOLOGICAL ASSOCIATION OF DYES AND PIGMENTS
     MANUFACTURERS ETAD, ETAD Information notice No. 2, Basel: 1994

52. N.N.
     Thermische Zersetzung von Diarylid_Pigmenten (Verfasst vom ETAD Pigment Standing
     Committee (PSC)
     In: ETAD ECOLOGICAL AND TOXICOLOGICAL ASSOCIATION OF DYES AND PIGMENTS
     MANUFACTURERS ETAD, ETAD Information notice No. 2 (Deutsche Übersetzung),
     Basel: 1991

53. N.N.
     Reactive Dyes: Mode of Action and Safe Handling
     In: ETAD ECOLOGICAL AND TOXICOLOGICAL ASSOCIATION OF DYES AND PIGMENTS
     MANUFACTURERS ETAD, ETAD Information notice No. 3, Basel: 1991

54. N.N.
     Colorants and the environment guide for user
     In: ETAD ECOLOGICAL AND TOXICOLOGICAL ASSOCIATION OF DYES AND PIGMENTS
     MANUFACTURERS ETAD, ETAD Information notice No. 4, Basel: 1992

55. N.N.
     Chlorosubstituted Organic Pigments
     In: ETAD ECOLOGICAL AND TOXICOLOGICAL ASSOCIATION OF DYES AND PIGMENTS
     MANUFACTURERS ETAD, ETAD Information notice No. 5, Basel: 1995

56. N.N.
     Benzidine CAS No. 92-87-5
     In: ETAD ECOLOGICAL AND TOXICOLOGICAL ASSOCIATION OF DYES AND PIGMENTS
     MANUFACTURERS, ETAD, Personal communication : 10.08.2001

57. CLARKE, E.A.
     Comments on CENT/TC52/WG5 N170: Finger paints
     In: ETAD ECOLOGICAL AND TOXICOLOGICAL ASSOCIATION OF DYES AND PIGMENTS
     MANUFACTURERS, ETAD Basel: 14.01.2000

58. CLARKE, E.A.
     Proposal for a 19th Amendment to Directive 76/769/EEC: Azo colorants
     In: ETAD ECOLOGICAL AND TOXICOLOGICAL ASSOCIATION OF DYES AND PIGMENTS
     MANUFACTURERS, ETAD, Basel: 21.02.2000

59. N.N.
     ETAD´s Position on the Confidentiality Issue in the Proposal for an Amendment of the
     Commission Directive 91/155/EEC (Safety Data Sheet)
     In: ETAD ECOLOGICAL AND TOXICOLOGICAL ASSOCIATION OF DYES AND PIGMENTS
     MANUFACTURERS, ETAD: 12.05.2000

60. N.N.
     ETAD Position on the Classification of Azo Dyes with Cat. 3 Amines
     In: ETAD ECOLOGICAL AND TOXICOLOGICAL ASSOCIATION OF DYES AND PIGMENTS
     MANUFACTURERS, ETAD: 16.05.2000

61. CLARKE, E. A.
EC Proposal to restrict marketing and use of certain azo colorants (COM (1999) 620 Final)
In: ETAD ECOLOGICAL AND TOXICOLOGICAL ASSOCIATION OF DYES AND PIGMENTS MANUFACTURERS ETAD, Basel: 18.08.2000

62. N.N.
Update on negotiations on the EC Proposal to restrict marketing and use of certain azo colorants (COM (1999) 620 Final)
In: ETAD ECOLOGICAL AND TOXICOLOGICAL ASSOCIATION OF DYES AND PIGMENTS MANUFACTURERS ETAD, Basel: 26.10.2000

63. N.N.
German Ban on use of certain azo compounds in some consumer goods
In: ETAD ECOLOGICAL AND TOXICOLOGICAL ASSOCIATION OF DYES AND ORGANIC PIGMENTS MANUFACTURERS ETAD Information notice No. 6 (revised), Basel: 1998

64. N.N.
27th Annual Report 2000 ETAD
In: ETAD ECOLOGICAL AND TOXICOLOGICAL ASSOCIATION OF DYES AND ORGANIC PIGMENTS MANUFACTURERS ETAD, Basel: 2000

65. HORROCKS, R.:
Textile flame retardant scientific challenges for the 21st century
Flame retardants 2000 9th, pg. 147-158 (2000)

66. ABHYANKAR, A.; BURDE, N.:
Role of speciality chemicals in textile finishing
Journal of the Textile Association Bombay 61,1, No. May-June, pg. 21-26 (2000)

67. BAHORSKY, M.S.:
Industrial wastes. Textiles
Water Environment Research 69, No. 4, pg. 658-664 (1997)

68. CHAVAN, R.B.; CHATTOPADHYAY, D.P.; SHARMA, J.K.:
Peracetic acid - An ecofriendly bleaching agent
Colourage 47, No. 1, pg. 15-16, 18-20 (2000)

69. MÜLLER, T.:
Flamenschutz auf Textilien
Melliand-Textilberichte 81, No. 11-12, pg. E234-E236, 982-985 (2000)

70. ESSL, H.:
Jeans-das blaue Phänomen Teil 2
Textilveredlung 35, No. 1/2, pg. 23-27 (2000)

71. POPPENWIMMER, K.; SCHMIDT, J.:
Ausrüstung von Synthesefaserstoffen - Teil 1
Textilveredlung 34, No. 5/6, pg. 4-6, 8, 10 (1999)

72. POPPENWIMMER, K.; SCHMIDT, J.:
Ausrüstung von Synthesefaserstoffen - Teil 2
Textilveredlung 34, No. 7/8, pg. 4-8 (1999)

674

73. FRAHNE, D.:
Chemie im Kleiderschrank oder: der Sturm im Wasserglas
Textilveredlung 35, No. 3/4, pg. 4-6,8-10 (2000)

74. HEIMANN, S.:
Textilhilfsmittel und Umweltschutz - eine Übersicht
Melliand-Textilberichte 72, No. 7, pg. E239-E243; 567-572 (1991)

75. TELI, M.D.; PAUL, R.; PARDESHI, P.D:
Softeners in the textile industry: chemistry, classification and applications
Colourage 47, No. 6, pg. 17-18,20-24,26-28 (2000)

76. MANJREKAR, S. G.:
Application of Enzymes in wet processing - an Overview
Journal of theTextile Association 60, No. 2, pg. 79-86 (1999)

77. NORMAN, P.I.; SEDDON, R.:
Pollution control in the textile industry - the chemical auxiliary manufacturer's role
Journal of the Society of Dyers and Colourists 107, No. 5-6, pg. 215-218 (1991)

78. ASPLAND, J.R.:
Whiter textile colour application research?
Dyes and Pigments 47, No. 1-2, pg. 201-206 (2000)

79. SEKA, N.R:
Chitosan in textile processing: an update
Colourage 47, No. 7, pg. 33-34 (2000)

80. LEWIS, D.M.:
Coloration in the next century
Review of progress in coloration and related topics 29, pg. 23-28 (1999)

81. BURDETT, B.; KING, A.:
The dyehouse into the 21st century
Review of progress in coloration and related topics 29, No. ?, pg. 29-36 (1999)

82. SEKAR, N.:
Application of natural colourants to textiles - principles and limitations
Colourage 46, No. 7, pg. 33-34 (1999)

83. N.N.
Vliesstoffe
Rohstoffe, Herstellung, Anwendung, Eigenschaften, Prüfung
In: W. ALBRECHT, H. Fuchs, W. Kittelmann, Wiley-VCH Verlag GmbH, Weinheim :2000
ISBN: 3-527-29535-6

84. SHUKLA, S.R.:
Developments in textile auxiliary chemicals
Colourage / Annual 0588-5108, pg. 109-118 (1999)

85. SHUKLA, S.R.:
Developments in textile dyestuffs
Colourage / Annual 0588-5108, pg. 103-108 (1999)

86. CHOI, J.H.; TOWNS, D.:
Acetate dyes revisited: high fastness dyeing of cellulose diacetate and polyester-polyurethane
Color. Technol. 117, No. 3, pg. 127-133 (2001)

87. SHAO, J.; LIU, J.; CHEN, Z.:
Grafting of silk with electron beam irradiation
Color. Technol. 117, No. 4, pg. 229-233 (2001)

88. GULRAJANI, M.L.; SRIVASTAVA, R.C.; GOEL, M.:
Colour gamut of natural dyes on cotton yarns
Color. Technol. 117, No. 4, pg. 225-228 (2001)

89. UYGUR, Ayse:
Reuse of decolourised wastewater of azo dyes containing dichlorotriazinyl reactive groups using an advanced oxidation method
Color. Technol. 117, No. 2, pg. 111-113 (2001)

90. YOUSSEF, Y.A.:
Direct dyeing of cotton fabrics pretreated with cationising agents
J.S.D.C. 116, No. October, pg. 316-322 (2000)

91. MIN, R.R.; HUANG, K.S.:
Feasibility of a one-step process for desizing, scouring, bleaching and mercerising of cotton fabrics: dyeing kinetics of direct dyes in a finite bath
J.S.D.C. 115, No. February, pg. 69-72 (1999)

92. KIM, Sung-Hoon; HAN, Sun-Kyung:
High performance squarylium dyes for high-tech use
Color. Technol. 117, No. 2, pg. 61-67 (2001)

93. FARRINGTON, D.; OLDHAM, J.:
Tencel A100
J.S.D.C. 115, No. March, pg. 83-85 (1999)

94. MCCARTHY, B.:
Biotechnology and coloration - emerging themes and practical applications
J.S.D.C. 115, No. February, pg. 54-55 (1999)

95. GILCHRIST, A.; NOBBS, J.:
Colour by numbers
J.S.D.C. 115, No. January, pg. 4-7 (1999)

96. N.N.:
Coloration in the Age of Aquarius
J.S.D.C. 116, No. december, pg. 372-373 (2000)

97. TAYLOR, J.; FAIRBROTHER, A.:
Tencel - it's more than just peachskin
J.S.D.C. 116, No. December, pg. 381-384 (2000)

676

98. McNAMARA, C.; DAVIES, P.:
Global coloration
J.S.D.C. 116, No. Juli/August, pg. 191-192 (2000)

99. MOTSCHI, H.:
ETAD guidance on hazard labelling of reactive dyes
J.S.D.C. 116, No. September, pg. 251-252 (2000)

100. MORLEY, B.:
Easy care Tencel
J.S.D.C. 116, No. September, pg. 253-256 (2000)

101. WELHAM, A.:
The theory of dyeing (and the secret of life)
J.S.D.C. 116, No. May/June, pg. 140-143 (2000)

102. BRADBURY, M.; COLLISHAW, P.; MOORHOUSE, S.:
Smart rinsing: a step change in reactive dye application technology
J.S.D.C. 116, No. May/June, pg. 144-147 (2000)

103. SHAH, D. L.:
Garment dyeing with pigment colors by exhaust process
Man made textiles in India 41, No. 10, pg. 445-446 (1998)

104. IYER, N.D.:
Cotton - the King of fibres VI
Colourage 47, No. 3, pg. 63,82 (2000)

105. DIXIT, M.D.:
Prospects of textile wet processing in the 21st century
Colourage 47, No. 3, pg. 61 (2000)

106. SHENAI, V.A.:
Sensitizing dyes and chemicals
Colourage, No. Texindia Fair X98, pg. 62-67 (1998)

107. ISHTIAQUE, S.M.; CHAKRABORTY, M.:
Developments in functional finishes for cotton
Colourage, No. Texindia Fair X98 (1998)

108. SEKAR, N.:
Coloration of polyamide textiles: recent developments
Colourage 45, No. 10, pg. 33-35 (1998)

109. NALANKILLI, G.:
Application of enzymes in eco-friendly wet processing of cotton
Colourage 45, No. 10, pg. 17-19 (1998)

110. SCHMITT, B.; PRASAD, A.K.:
Update of indigo denim washing
Colourage 45, No. 10, pg. 20-24 (1998)

111. N.N.:
Battelle Supports 3M′s ScotchGardTM Environmental Safety Decision
Battelle Environmental Updates (2001)

112. PREPARED BY 3M COMPANY
Fluorochemicals use, distribution and release overview
In: HTTP://WWW.CHEMICALINDUSTRYARCHIVES.ORG/DIRTYSECRETS/SCOTCHGARD/PDF
May 26,1999

113. N.N.
Scotchgard: a liver-damaging chemical that′s in your blood
In: CHEMICAL INDUSTRY ARCHIVES, Scotchgard, Internet: 2001

114. JAKOB, B.:
Entfernen von stärkehaltigen Schlichten: die oxidative Entschlichtung - ein altes
Verfahren offenbart neue Stärken (2.Teil)
Melliand-Textilberichte 79, No. 10, pg. 727-728,730-732,E206-E210 (1998)

115. KNITTEL, D.; SCHOLLMEYER, E.:
Polyasparaginsäure (PAS) - Phosphonatersatz und Dispergiermittel?
Melliand-Textilberichte 79, No. 10, pg. 732-ff (1998)

116. ANNEN, O.:
Ökologisches Färben mit Schwefelfarbstoffen
Melliand-Textilberichte 79, No. 10, pg. 752-755,E199-E201 (1998)

117. NORMAN, P.I.; SEDDON, R.:
Pollution control in the textile industry- the chemical auxiliary manufacturer′s role
J.S.D.C. 107, No. 4, pg. 150-152 (1991)

118. MARZINKOWSKI, J.M.:
Umweltschutz in der Textilveredlung - Aufgaben und Chancen
Melliand-Textilberichte 73, No. 5, pg. E201-E206,438-444 (1992)

119. HYDE, R.F.:
Review of continuous dyeing of cellulose and its blends by heat fixation processes
Review of progress in coloration and related topics-Society of Dyers and Colorists 28,
pg. 26-31 (1998)

120. ZUWANG, Wu:
Recent developments in reactive dyes and reactive dyeing of silk
Review of progress in coloration and related topics-Society of Dyers and Colorists 28,
pg. 32-38 (1998)

121. MÖCKEL, R.:
Farbstoff-Formulierungen: Umweltaspekte
Melliand-Textilberichte 72, No. 7, pg. E227-E231;549-556 (1991)

122. PERSONAL COMMUNICATION OF JUNGPETER, C. (Europe press office Lewi Strauss & Co.,
Brussel):
Glossy Finishing of Levi Strauss Jeans
(30.08.01)

678

123. MINKE, R.; ROTT, U.:
Produktionsintegrierter Umweltschutz in der Textilveredelungsindustrie
Abwassertechnik 49, No. 3, pg. 5-9, 12 (1998)

124. PURUSHOTTAM DE:
Denim washing and finishing: a review
Man made textiles in India 41, No. 3, pg. 129-131 (1998)

125. KAMAT, P.D.; SAWANT, J.W.:
Some practical approaches to the preparatory processes
Colourage 45, No. 5, pg. 15-18 (1998)

126. MAHAPATRA, N.N.:
Dyeing of chemically modified wool
Colourage 45, No. 4, pg. 23-24,28 (1998)

127. HÖCKER, H.:
Wolle - Aktuelle Herausforderungen, Ansätze und Lösungen
Textilveredlung 32, No. 7/8, pg. 154-155 (1997)

128. DOHRN, W.; WINCK, K.:
Neue emissionsarme, biologisch abbaubare Spinnpräparationen, Spulöle und Avivagen
Melliand-Textilberichte 79, No. 3, pg. 130-131, E28-29 (1998)

129. HUEBER, H.:
Praktische Aspekte bei der Veredlung von elastischen Textilien
Melliand-Textilberichte 79, No. 4, pg. 243-244,246,E61-E63 (1998)

130. PAYNE, J.:
From medical textiles to smell-free socks
J.S.D.C. 113, No. 2, pg. 48-50 (1997)

131. SLOAN, F.R.W.:
Linen: old as the hill, modern as the hour
J.S.D.C. 113, No. 3, pg. 82-3 (1997)

132. DOMBROWSKI, R.:
Flame retardants for textile coatings
Journal of coated fabrics 25, No. Jan., pg. 224-238 (1996)

133. PAINTER, C.J.:
Waterproof, breathable fabric laminates: a perspective from film to market place
Journal of coated fabrics 26, No. october, pg. 107-130 (1996)

134. GROTTENMÜLLER, R.:
Fluorocarbons - an innovative aid to the finishing of textiles
Melliand international 4, pg. 278-281 (1998)

135. MOCK, G.N.:
Reviewing changes in dyeing and finishing applications
American dyestuff reporter, New York 85, No. 8, pg. 20,22,24 (1996)

136. WAKELYN, P.J.; REARICK, W.; TURNER, J.:
Cotton and flammability - overview of new developments
American dyestuff reporter, New York 87, No. 2, pg. 13-21 (1998)

137. MOURA, J.C.V.P.; OLIVEIRA-CAMPOS; A.M.F.; GRIFFITHS, J.:
The effect of additives on the photostability of dyed polymers
Dyes and Pigments 33, No. 3, pg. 173-196 (1997)

138. HOHBERG, T.; THUMM, S.:
Veredlung von Lyocell: Teil 2
Melliand-Textilberichte 79, No. 5, pg. 334-336,E85-86 (1998)

139. THOMAS, H.; DENDA, B.; HEDLER, M.; KÄSEMANN, M.; KLEIN, C.; MERTEN, T.; HÖCKER, H.:
Textilverdlung mit Niedertemperaturplasmen
Melliand-Textilberichte 79, No. 5, pg. 35 0-352,E92-93 (1998)

140. HOHBERG, T.; THUMM, S.:
Veredlung von Lyocell: Teil 3
Melliand-Textilberichte 79, No. 6, pg. 452-455,E124-125 (1998)

141. REINERT, G.; FUSO, F.:
Stabilisation of textile fibres against ageing
Review of progress in coloration and related topics 27, pg. 23-41 (1997)

142. LEWIS, D.M.; MCILROY, K.A.:
The chemical modification of cellulosic fibres to enhance dyeability
Review of progress in coloration and related topics 27, pg. 18-25 (1997)

143. POWELL, C.S.:
Phosphorous-based flame retardants for textiles
American dyestuff reporter, New York 87, No. 9, pg. 51-53 (1998)

144. PATEL, B.S.:
Eco-friendly special process
Colourage 43, No. 12, pg. 57-58 (1997)

145. DENTER, U.; BUSCHMANN, H-J; KNITTEL, D. Schollmeyer, E.:
Modifizierung von Faseroberflächen durch die permanente Fixierung supramolekularer
Komponenten, Teil: Grundlagen
Die Angewandte Makromolekulare Chemie 248, No. 4340, pg. 153-163 (1997)

146. CHURI, R.; MEHDA, N.:
Some improper uses of speciality chemicals in Indian processing industry
Colourage Spec. issue, pg. 49-51 (1997)

147. WAHEED, Ch.; ASHRAF, C.M.:
Direct dyes and their related properties
Journal of the Chemical Society of Pakistan 20, No. 2, pg. 149-155 (1998)

148. SHUKLA, S.R.:
Developments in textile dyestuffs
Colourage / Annual, pg. 171-174 (1998)

680

149. SHUKLA, S.R.:
Developments in textile dyestuffs
Colourage / Annual, pg. 175-186 (1998)

150. COLLISHA, P.; BRADBURY, M.; BONE, J.A.; HYDE, R.F.:
High performance reactive and disperse dye technology to meet the needs of the globalized textile industry
Colourage / Annual, pg. 117-125 (1998)

151. CHAVAN, Ch.; CHATTOPADHYAY, D.P.:
Cationization of cotton for improved dyeability
Colourage / Annual, pg. 127-133 (1998)

152. BASU, T.; CHAKRABARTY, M.:
Recent achievements in the field of eco-processing of textiles
Colourage 44, No. 2, pg. 17-23 (1997)

153. SHENAI, V.A.:
Hazardous chemicals and dyes in textile
Textile dyer and printer 31, No. 13, pg. 10-15 (1998)

154. SAMANTA, A.K.; DAS, D.:
Chemical processing of diversifed jute products - Part 1: some HRD and R&D efforts
Colourage 44, No. 12, pg. 21-22,24-26 (1997)

155. SHAH, D.L.:
Modern dye-house management for cost saving and quality processing
Man made textiles in India 40, No. 1, pg. 15-18 (1997)

156. PATRA, S.K.:
Utilisation of "lac dyes" available naturally
Colourage 45, No. 3, pg. 37-38 (1998)

157. DEDHIA, E.M.:
Natural dyes
Colourage 45, No. 3, pg. 45-49 (1998)

158. GALLIWODS, N.:
TEST Funktions-Wäsche: Schweißtreibend
Öko-Test, No. 10, pg. 21-25 (2001)

159. HOLME, I.:
Challenge and change in functional finishes for cotton
Colourage / Annual, pg. 111-120 (1997)

160. OPPERMANN, W.; SCNEIDER, R.
Biologisch abbaubare Textilhilfsmittel: anwendungstechnische Prüfung von Textilhilfsmitteln
In: INSTITUT FÜR TEXTILCHEMIE DER DEUTSCHEN INSTITUTE FÜR TEXTIL- UND FASERFORSCHUNG (DITF)Abschlußbericht, Denkendorf :2000

161. MAYR, A.; GOSOLITS, B.; KLEIN, P.; KURZ, J.
Substitution von chlorhaltigen Lösemitteln durch natürliche Einsatzstoffe
In: BEKLEIDUNGSPHYSIOPLOGISCHES INSTITUT HOHENSTEIN E.V. (BPI) Abschlußbericht,
Bönningheim: 2000

162. DÄUNERT, U.; TRAUTER, J.
Modufikation textiler Prozesse sowie Einsatz neuer und verbesserter Verfahren zur
Eliminierung von Laststoffen aus dem Abwasser der Textilveredlung
In: DEUTSCHE INSTITUTE FÜR TEXTIL- UND FASERFORSCHUNG STUTTGART Abschlußbericht,
Denkendorf: 2000

163. SCHLEGEL, W; OBENAUF
TV8: Schlicht- und Webversuche in den Neuen Bundesländer
In: TEXTILFORSCHUNGSINSTITUT THÜRINGEN-VOGTLAND, Biologisch abbaubare Schlichten:
Abschlußbericht TV8, Greiz: 1997

164. TISSIER, C.; CHESNAIS, M.; MIGNÉ, V.
Supplement to the methodology for risk evaluation of biocides
In: INSTITUT NATIONAL DE L´ENVIRONNEMENT INDUSTRIEL ET DES RISQUES(INERIS),
Emission scenario document for biocides used as preservatives in the textile processing
industry (Product type 9 & 18) ,INERIS-DRC-01-25582-ECOT-CTi/VMi-n°01DR0176
Ed., Verneuil-en-Halatte (France): 2001

165. N.N.
Environmetal exposure assesment strategies for existing industrial chemicals in OECD
Member countries
In: OECD series on testing and assessment Nr. 17: 1999

166. WULFHORST, B.
Baumwolle
In: INSTITUT FÜR TEXTILTECHNIK AACHEN, Faserstoff-Tabellen nach Koch, P.-A., Vol. 39,
1.Ed., Deutscher Fachverlag GmbH, Frankfurt/Main :1989, pg. 15-16

167. HORMES, I.; WEBER, M.; WULFHORST, B.
Verarbeitung von Baumwolle Teil 1 (Spinnereivorbereitung)
In: INSTITUT FÜR TEXTILTECHNIK AACHEN, Faserstoff-Tabellen nach Koch, P.-A., Vol. 41,
1. Ed., Deutscher Fachverlag GmbH, Frankfurt/Main: 1991

168. ZAHN, H.; WULFHORST, B.; STEFFENS, M.
Seide (Maulbeerseide) - Tussahseide
In: INSTITUT FÜR TEXTILTECHNIK AACHEN, Faserstoff-Tabellen nach Koch, P.-A., Vol. 44 ,
1. Ed., Deutscher Fachverlag GmbH, Frankfurt/Main: 1994

169. SATLOW, G.; ZAREMBA, S.; WULFHORST, B.
Flachs sowie andere Bast- und Hartfasern
In: INSTITUT FÜR TEXTILTECHNIK AACHEN, Faserstoff-Tabellen nach Koch, P.-A., Vol. 44,
1. Ed., Deutscher Fachverlag GmbH, Frankfurt/Main : 1994

170. WULFHORST, B.; KÜLTER, H
Asbestos and alternative fibres
In: INSTITUT FÜR TEXTILTECHNIK AACHEN, Faserstoff-Tabellen nach Koch, P.-A., Vol. 40 ,
1 Ed. Deutscher Fachverlag GmbH, Frankfurt/Main: 1990, pg. 29-34

171. WULFHORST, B.; BECKER, G.
Carbon fibers
In: INSTITUT FÜR TEXTILTECHNIK AACHEN, Faserstoff-Tabellen nach Koch, P.-A., Vol. 39
1. Ed., Deutscher Fachverlag GmbH, Frankfurt/Main: 1989

172. ALBRECHT, W.; WULFHORST, B.; KÜLTER, H.
Regenerated cellulose fibers
In: INSTITUT FÜR TEXTILTECHNIK AACHEN, Faserstoff-Tabellen nach Koch, P.-A., Vol. 40,
1. Ed., Deutscher Fachverlag GmbH, Frankfurt/Main: 1991

173. ZAREMBA, S.; STEFFENS, M.; WULFHORST, B.; HIRT, P.
Polyamidfasern
In: INSTITUT FÜR TEXTILTECHNIK AACHEN, Faserstoff-Tabellen nach Koch, P.-A. ,1. Ed.,
Deutscher Fachverlag GmbH, Frankfurt/Main: 1997

174. ALBRECHT, W.; REINTJES, M.; WULFHORST, B.
Lyocell Fibers (alternative regenerated cellulose fibers)
In: INSTITUT FÜR TEXTILTECHNIK AACHEN, Faserstoff-Tabellen nach Koch, P.-A. ,1. Ed.,
Deutscher Fachverlag GmbH, Frankfurt/Main: 1997

175. FABRICIUS, M.; GRIES, TH.; WULFHORST, B.
Elastane fibers (spandex)
In: INSTITUT FÜR TEXTILTECHNIK AACHEN, Faserstoff-Tabellen nach Koch, P.-A. ,2. Ed.,
Deutscher Fachverlag GmbH, Frankfurt/Main: 1995

176. SCHMENK, B.; MIEZ-MEYER, R.; STEFFENS, M.; WULFHORST, B.; GLEIXNER, G.
Polypropylene fibers
In: INSTITUT FÜR TEXTILTECHNIK AACHEN, Faserstoff-Tabellen nach Koch, P.-A. ,2. Ed.,
Deutscher Fachverlag GmbH, Frankfurt/Main: 2000

177. WULFHORST, B.; BÜSGEN, A.
Aramid fibers
In: INSTITUT FÜR TEXTILTECHNIK AACHEN, Faserstoff-Tabellen nach Koch, P.-A. ,1. Ed.,
Deutscher Fachverlag GmbH, Frankfurt/Main: 1989

178. WULFHORST, B.; KALDENHOFF, R.; HÖRSTING, K.
Glass fibers
In: INSTITUT FÜR TEXTILTECHNIK AACHEN, Faserstoff-Tabellen nach Koch, P.-A. ,1. Ed.,
Deutscher Fachverlag GmbH, Frankfurt/Main: 1993

179. ZAHN, H.; WULFHORST, B.; KÜLTER, H.
Wolle (Schafswolle) - Feine Tierhaare
In: INSTITUT FÜR TEXTILTECHNIK AACHEN, Faserstoff-Tabellen nach Koch, P.-A. ,1. Ed.,
Deutscher Fachverlag GmbH, Frankfurt/Main: 1991

180. ROSHAN, P:
Denim series - part XVIII. Pseudo denim and generic denim - the simulated yarn dyed
denims
Textile dyer and printer 30, No. 26, pg. 11-15 (1997)

181. ACHWAL, W.B.:
Developments in textile auxiliaries (speciality chemicals)
Colourage / Annual, pg. 97-100 (1996)

182. LEWIN; MENACHEM
Recent Adv. Flame Reatard. Polym. Mater: Flame retarding of polymers with Sulfamates
Eighth annual BCC conference on Flame Retardancy, Vol. 8, Brooklyn, NY :1997,
pg. 136-145
ISBN: 1-569-65443-3

183. VIGO, T.L.
Textile processing and properties: preparation, dyeing, finishing and performance
Textile Science and Technology, Vol. 11Elsevier Science B.V., Amsterdam, The
Netherlands: 1994
ISBN: 0-444-88224-3

184. ELLIS, J.
Developments in the shrink-resist processing of wool
In: DEUTSCHES WOLLFORSCHUNGSINSTITUT DWIDWI Rep: Maßgeschneiderte Produkte
für den Markt von Morgen, Vol. 122, Aachen: 1999, pg. 113-120

185. NAROSKA, D.
Dorlastan von Bayer - von der Anwendung bis hin zur Ausrüstung von Woolgeweben mit
Elastan
In: DEUTSCHES WOLLFORSCHUNGSINSTITUT DWIDWI Rep: Maßgeschneiderte Produkte
für den Markt von Morgen, Vol. 122, Aachen :1999, pg. 244-255

186. CHROBACZEK, H.; DIRSCHL, F.; LÜDEMANN, S.
Einfluß der Ausrüstung auf Wechselwirkungen zwischen Schmutz und Textilien
In: DEUTSCHES WOLLFORSCHUNGSINSTITUT DWIDWI Rep: Maßgeschneiderte Produkte
für den Markt von Morgen, Vol. 122, Aachen: 1999, pg. 85-91

187. ROSHAN, P.; SANDEEP, R.N.:
Denim series - part XVI
Denim finishings - The Buzz World of survival in International Market
Textile dyer and printer - Bombay 30, No. 23, pg. 14-18 (1997)

188. ROSHAN, P.; SANDEEP, R.N.:
Denim series - part X
Full spectrum Denim - a recent development
Textile dyer and printer - Bombay 30, No. 6, pg. 16-17 (1997)

189. NALANKILLI, G.:
Application of tannin in the coloration of textiles
Textile dyer and printer - Bombay 30, No. 3, pg. 13-15 (1997)

190. STRAUCH, I.
Book of papers
American Association of textile chemists and colorists
In: RESEARCH TRIANGLE PARK, NJ Dyeing wool, NJersey, USA :1996, pg. 51-57

191. GALLIWODS, N.:
TEST Regenjacken: "Aus dem Regen in die Traufe"
Öko-Test, No. 11, pg. 24-27 (2001)

684

192. GLOVER, B.
Reaping the benifits of reduced water use in the textile dyeing lecture
In: WATER TEXT.International conference on water and textiles, Huddersfield, UK: 1999,
pg. 361-377
ISBN: 1-86218-023-7

193. FRAHNE, D.
Textilfarbstoffe - wie umweltbedenklich sind sie wirklich?
Deutscher Färberkalender, Vol. 96 ,Vol. Date1992 Ed., Stuttgart: 1991, pg. 140-153
ISBN: 0344-3787

194. SCHLAEPPI, F.:
Optimizing textile wet processes to reduce environmental impact
 Textile Chemist and Colorist (American Association) 30, No. 4, pg. 19-26 (1998)

195. DU, F.; LEWIS, D.M.:
Discharge printing
advances in colour science & technology (Leeds, UK), No. 2 (March), pg. 104-108
(1999)

196. RITTER, E.D.
Mechanical finishing - Book paper
In: INDA, Association of the nonwoven fabric industry INDA TEC, New York : 1997,
pg. 7.0-7.7

197. ASPLAND, J.R.; JARVIS, C.W.
The coloration and finishing of nonwoven fabrics - Book paper
In: INDA, Association of the nonwoven fabric industry INDA TEC, New York : 1997,
pg. 5.0-5.16

198. RUSSEL, D.; CRUISE, R.
Innovative textile finishing process saves energy, increases productivity and reduces
waste
In: AMERICAN ASSOCIATION OF TEXTILE CHEMISTS AND COLORISTS Book of papers,
Research Triangle Park, NJ :1999, pg. 375-384
ISBN: 0892-2713

199. THORNE, J.
Market driven softener technology
In: AMERICAN ASSOCIATION OF TEXTILE CHEMISTS AND COLORISTS Book of papers,
Research Triangle Park, NJ :1998, pg. 371-374

200. WAGNER, R.S.D.
The textile industry and the environment
In: AMERICAN ASSOCIATION OF TEXTILE CHEMISTS AND COLORISTS, Book of papers,
Research Triangle Park, NJ :1991, pg. 122-128

201. MOCK, G.N.
Seventy-five years of change in dyeing and finishing
In: AMERICAN ASSOCIATION OF TEXTILE CHEMISTS AND COLORISTS, Book of papers,
Research Triangle Park, NJ :1997, pg. 419-431

202. ARBEITSKREIS "GESUNDHEITLICHE BEWERTUNG VON TEXTILHILFSMITTELN UND -
FARBMITTELN" DER ARBEITSGRUPPE "TEXTILIEN" DES BGVV:
Prüfung der gesundheitlichen Unbedenklichkeit von Textilhilfsmittel und -farbmitteln
Bundesgesundhb., No. 11, pg. 430 (1996)

203. YEN, P.H.; CHEN, K.M.:
Preparation and properties of novel low-foaming dyeing auxiliaries.
Part 2: preparation and dyeing properties of anionic derivatives of polyoxyethylenated
stearylamine
JSDC 115, No. march, pg. 88 91 (1999)

204. MCCAFFREY, S.; SANTOKHI, G.K.:
The preparation of cotton knitgoods
JSDC 15, No. may/june, pg. 167-172 (1999)

205. SCHRAMM, W:; JANTSCHGI, J.:
Comparative assessment of textile dyeing technologies from a preventive environmental
protection point of view
JSDC 115, No. april, pg. 130-135 (1999)

206. EL-SAYED, H.; KANTOUCH, A.; HEINE, E.; HÖCKER, H.:
Developing a zero-AOX shrink-resist process for wool.
Part 1: preliminary results
Color. Technol. 117, No. 4, pg. 234-238 (2001)

207. DAWSON, T.L.:
Spots before the eyes: can ink jet printers match expectations?
Color. Technol. 117, No. 4, pg. 185-192 (2001)

208. LEE, W.J.; CHOI, W.H.; KIM, J.P.:
Dyeing of wool with temporarily solubilised disperse dyes
Color. Technol. 117, No. 4, pg. 211-216 (2001)

209. SIEGRIST, A.; ECKHARDT, C.; KASCHIG, J.; SCHMIDT, E.
Optical brighteners -Uses
In: ULLMANN Ullmann´s Encyclopedia of Industrial Chemistry, Vol. Electronic Database,
6. Ed., Wiley, electronic release:2001

210. COLLISHAW, P.S.; BADBURY, M.J.; BONE, J.A.; HYDE, R.F.
Controlled coloration using high performance reactive and disperse dyes
In: AMERICAN ASSOCIATION OF TEXTILE CHEMISTS AND COLORISTS Book of papers,
Research Triangle, NJ :1997, pg. 353-364

211. VIJAYARAGHAVAN, K.; RAMANUJAMA, T.K.; BALASUBRAMANIAN, N.:
In situ hypochlorous acid generation for the treatment of textile wastewater
Color. Technol. 117, No. 1, pg. 49-53 (2001)

212. TZANOV, T.; COSTA, S.; GUEBITZ, G.M.; CAVACO-PAULO, A.:
Dyeing in catalase-treated bleaching baths
JSDC 117, No. 1, pg. 1-5 (2001)

213. CAI, Z.; JIANG, G.; YANG, S.:
Chemical finishing of silk fabric
Color. Technol. 117, No. 3, pg. 161-165 (2001)

214. PRABAHARAN, M.; VENKATA RAO, J.:
Study on ozone bleaching of cotton fabric - process optimisation, dyeing and finishing
properties
Color. Technol. 117, No. 2, pg. 98-103 (2001)

215. DAWSON, T.L.:
Ink-jet printing of textiles under the microscope
J.S.D.C. 116, No. feb, pg. 52-59 (2000)

216. HAWKYARD, C.J.; KELLY, M.:
A new approach to the assesment of standard depth
J.S.D.C. 116, No. nov, pg. 339-344 (2000)

217. DAWSON, T.L.; HAWKYARD, C.J.:
A new millenium of textile printing
Rev. Prog. Coloration. 30, pg. 7-20 (2000)

218. FISCHER-BOBSIEN, C.H.
Internationales Lexikon Textilveredlung + Grenzgebiete
In: FISCHER-BOBSIEN, C.H ,4 Ed.A. Laumannsche Verlagsbuchhandlung, Dülmen : 1975
ISBN: 3-87466-010-9

219. KORMÜLLER, A.; REEMTSMA, T.
Entwicklung zur Produkt- und Wasserrückgewinnung aus Industrieabwässern
In: TU BERLIN, Sonderforschungsbereich 193 Biologische Behandlung industrieller
Abwässer, Vol. Kolloquium ,1 Ed., Berlin: 1998

220. BOCK, W.; BROCK, T.H.; STAMM, R.; WITTNEBEN, V.
Existing commercial chemicals - Exposure at the workplace
In: HAUPTVERBAND DER GEWERBLICHEN BERUFSGENOSSENSCHAFTEN HVBG, BGAA-
Report HVBG, Public relations, Sankt-Augustin: 2000
ISBN: 3-88383-573-0

221. BRENNICH, W.
Hilfsmitteleinflüsse auf Farbstoffaggregation und Echtheiten beim Färben von Polyamid
mit Säurefarstoffen
In: INSTITUT FÜR TEXTILCHEMIE ITF STUTTGART Dissertation, Stuttgart :1992,
pg. 17; 100-102

222. HORROCKS, R.
Overview of textile flame retardant science and where it is going
Textile flammability: current future issues, paper conference 1, Manchester, UK :1999,
pg. 1-14
ISBN: 1-87037-227-1

223. MEYER-STORK, S.:
Finishing of woven and knitted fabrics containing elastanes
Meliand International 7, No. june, pg. 139 (2001)

224. ENVIROTEX GMBH
CO2-Minderungspotentiale durch rationelle Energienutzung in der
Textilveredelungsindustrie
In: BAYERISCHES LANDESAMT FÜR UMWELTSCHUTZ, Augsburg :2000

225. INSTITUT FÜR UMWELTSCHUTZ, Universität Dortmund
Temporale Zusammensetzung branchenspezifischer Abfälle und Ermittlung ihrer
Inhaltsstoffe: Textilindustrie (650)
In: LANDESANSTALT FÜR UMWELTSCHUTZ, Baden-Württemberg, Dortmund :Mai 1993

226. ZARTNER-NYILAS, G.; FRIEDLE, R.; RIEKER, J.
Chemikalieneinsatz in der Textilindustrie - Umweltexposition und
Gesundheitsgefährdung
In: LANDESANSTALT FÜR UMWELTSCHUTZ, Baden-Württemberg ,1 Ed., Karlsruhe: 1994

227. REICHERT, J.
Der Hilfsmitteleinfluß auf Hydrolyse-, Fixier- und Färbekinetik von Reaktivfarbstoffen
unter den Bedingungen der Ausziehfärbung von Baumwolle
In: UNIVERSITÄT STUTTGART Dissertation, Stuttgart: 1990

228. BAIER, K.
Stofftransport beim Färben von Celluloseacetat
In: UNIVERSITÄT STUTTGART Dissertation, Stuttgart: 1994

229. GIEßMANN, M.
Unkonventionelle Verfahren zum Färben von Polyester/Wolle
In: RWTH AACHEN Dissertation, Aachen: 1998

230. KRASOWSKI, A.
Optimierung von Prozessen in der Seidenveredlung
In: RWTH AACHEN Dissertation, Aachen: 1998

231. ELTZ, Andreas von der
Untersuchung zum färberischen Verhalten von Arylazonalphthol -und
Arylazonaphthylamin- Reaktivfarbstoffen unter Berücksichtigung der Azo-Hydrazon-
Tautomerie
In: UNIVERSITÄT STUTTGART Dissertation, Stuttgart: 1990

232. RUNGE, A.
Steigerung der Farbausbeute beim Färben von Baumwolle durch partielle Acetylierung
In: UNIVERSITÄT STUTTGART Dissertation, Stuttgart: 1997

233. HAARER, J.
Neue Reaktiv-Hilfsmittel für die Reservierung von Wolle
In: RWTH AACHEN Dissertation, Aachen: 1993

234. BRENNICH, W.
Hilfsmitteleinflüsse auf Farbstoffaggregation und Echtheiten beim Färben von Polyamid
mit Säurefarbstoffen
In: UNIVERSITÄT STUTTGART Dissertation, Stuttgart: 1992

688

235. GMEHLING, J.; LEHMAN, E.; HOHMAN, R.; ALLESCHER, W.
Stoffbelastungen in der Textilindustrie
Schriftenreihe der Bundesanstalt für Arbeitsschutz, Dortmund: 1991

236. SCHNEIDER, R.
Formaldehydfreie waschbeständige Flammschutzausrüstung für Baumwolle
In: UNIVERSITÄT STUTTGART Dissertation, Stuttgart: 1992

237. RATKA, A.
Untersuchung zur Genotoxizität von veredelten Textilien
In: RWTH AACHEN Dissertation, Aachen: 1995

238. KASTL, B.
Strukturveränderungen von Cellulosematerialien durch Netz-/Trockenprozesse und
deren Auswirkungen auf das färberische Verhalten
In: UNIVERSITÄT STUTTGART Dissertation, Stuttgart: 1993

239. WEBER, T.
Über die Eignung von Cyclodextrinen als Hilfsmittel für das Färben mit
Reaktivfarbstoffen
In: UNIVERSITÄT STUTTGART Dissertation, Stuttgart: 1995

240. BARTL, H.
Aminierung der Baumwolle zur Verbesserung der Färbbarkeit mit Reaktivfarbstoffen ·
Möglichkeiten und Grenzen
In: UNIVERSITÄT STUTTGART Dissertation, Stuttgart: 1997

241. WAGNER, V.
Über die oxidative Bahandlung von farbigen Abwässern und Lösungen aus der
Textilveredlungsindustrie mit Kombinationen von O3, H2O2, UV-Strahlung
In: TU MÜNCHEN Dissertation, München: 1995

242. HÖNINGS, R.
Untersuchungen zum Recycling von Farbstoffen durch Anwendung von
Ionenaustauschern bei der Abwasserreinigung der Wollfärberei
In: RWTH AACHEN Dissertation, Aachen: 1995

243. DORGELOH, E.
Gewässerbelastungen durch Wasch- und Reinigungsmittel
In: RWTH AACHEN Dissertation, Aachen: 1994

244. JASCHINSKI
Untersuchungen über den Einfluß organischer Komplexbildner bei der chlorfreien
Bleiche von Kraft- und Sulfitzellstoffen unter besonderer Berücksichtigung von 1,10-
Phenanthrolin und 2,2'-Bipyridin
In: UNIVERSITÄT HAMBURG Dissertation, Hamburg: 1998

245. GILLEßEN, B.
Elektronenstrahlinduzierte Fixierung von Kollagenprodukten auf unbehandeltem und
plasmavorbehandeltem Wollgewebe zur AOX-freien Antifilzausrüstung
In: RWTH AACHEN Dissertation, Aachen: 1997

246. STRATHOFF, V.
Chemische, physikalische und prozeßtechnische Ursachenanalyse von Problemen bei der Kammgarnherstellung unter besonderer Berücksichtigung des Avivageeinflusses
In: UNIVERSITÄT HANNOVER Dissertation, Hannover: 1994

247. DESELAERS, A.
Untersuchungen zu einer Kombinationsbehandlung von Mercerisation und Klotz-Dämpf-Bleiche an Baumwollgewebe
In: UNIVERSITÄT STUTTGART Dissertation, Stuttgart: 1996

248. ENGERING, R.
Untersuchungen zur egalisierenden Wirkung von Tensiden unter besonderer Berücksichtigung der inneren und äußeren Oberfläche der Wolle
In: RWTH AACHEN Dissertation, Aachen: 1998

249. SONG, Byung-Kab
Gezielt spaltbare Tenside für die Veredlung von Woll- und Polyamidfasern
In: RWTH AACHEN Dissertation, Aachen: 1997

250. SOEWONDO, Prayatni
Zweistufige anaerobe und aerobe biologische Behandlung von synthetischem Abwasser mit dem Azofarbstoff CI Reactive Orange 96
In: TU BERLIN Dissertation, Berlin: 1997

251. PETERS, R.
Reduzierung der Schadstoffbelastung Metallkomplexfarbstoff-haltiger Abwässer durch Anwendung von Ozon und von chelatisierenden Ionenaustauschern bei der Abwasserreinigung der Wollfärberei
In: RWTH AACHEN Dissertation, Aachen:1997

252. BENKEN, R.
Simulationen von Emissionen in der Textilveredlung
In: SCHOLLMEYER, E.: Deutsches Textilforschungszentrum Nord-West e.V. DTNW-Mitteilung: Textilveredlung zwischen Ökologie und Qualität, Vol. 19, Krefeld :1993, pg. 1-19

253. BECKSTEIN, H.
Online-Meßsysteme zur Qualitätssicherung für eine ökologiebewußte Textilveredlung
In: SCHOLLMEYER, E.: Deutsches Textilforschungszentrum Nord-West e.V. DTNW-Mitteilung: Textilveredlung zwischen Ökologie und Qualität, Vol. 19, Krefeld: 1993, pg. 20-47

254. GOTTSCHALK, K.-H.
Möglichkeiten der Abluftreinigung - Vorstellung eines wirtschaftlichen Verfahrens
In: SCHOLLMEYER, E.: Deutsches Textilforschungszentrum Nord-West e.V. DTNW-Mitteilung: Textilveredlung zwischen Ökologie und Qualität, Krefeld :1993, pg. 48-61

690

255. HENNING, K.
Systematische Organisationsentwicklung als Vorraussetzung für erfolgreiche
Umweltqualitätssicherung
In: SCHOLLMEYER, E.: Deutsches Textilforschungszentrum Nord-West e.V. DTNW-
Mitteilung: Textilveredlung zwischen Ökologie und Qualität, Vol. 19, Krefeld: 1993,
pg. 62-96

256. FREIBERG, H.
Saubere Abluft an Textilmaschinen: wohin geht der Weg? - Versuch einer
Zwischenbilanz
In: SCHOLLMEYER, E.: Deutsches Textilforschungszentrum Nord-West e.V. DTNW-
Mitteilung: Textilveredlung zwischen Ökologie und Qualität, Vol. 19, Krefeld :1993,
pg. 114-132

257. SIEVERT, D.
On-line Meßungen von Abwasserparametern
In: SCHOLLMEYER, E.: Deutsches Textilforschungszentrum Nord-West e.V. DTNW-
Mitteilung: Textilveredlung zwischen Ökologie und Qualität, Vol. 19, Krefeld :1993,
pg. 146-164

258. ARBEITSGRUPPE BODEN-WASSER-LUFT
Wegleitung für die Handhabung von ökologischen und toxikologischen Daten von
Textilchemikalien und Farbstoffen: eine Wegleitung für die Praxis,
Binningen, CH : 1984 ?

259. SOSATH, F.
Biologisch-chemische Behandlung von Abwässern der Textilveredlung mit
Reaktivfarbstoffen
In: VDI Fortschritt-Berichte VDI: Reihe 115 Umwelttechnik, Vol. 215, Trier: 1998

260. JÄGER, I.; MEYER, G.
Toxizität und Mutagenität von Abwässern der Textilproduktion
In: HYDROTOX GMBH, UBA-Abschlußbericht, Freiburg: 1995

261. TIMAR-BALAZSY, A.; EASTOP, D.
Chemical principles of textil conservation
In: BUTTERWORTH-HEINEMANN series in conservation and museology, Oxford, GB : 1998
ISBN: 0-7506-2620-8

262. LEACH, R.H.; ARMSTRONG, C.; BROWN, J.F.; MACKENZIE, J.; RANDALL, L.; SMITH, H.G.
The printing Ink Manual
In: LEACH, R.H. ,4th Ed., London, GB :1988
ISBN: 0-7476-0000-7

263. ZAHN, H.; WORTMANN, F.-J.; WORTMANN, G.; HOFFMANN, R.
Wool
In: ULLMANN Ullmann´s Encyclopedia of Industrial Chemistry, Vol. Electronic Database,
6. Ed., Wiley, electronic release: 2001

264. KRÄSSIG, H.; SCHURZ, J.; STEADMAN, R.; SCHLIEFER, K.; ALBRECHT, W.
Cellulose - Natural cellulosic fibres
In: ULLMANN Ullmann´s Encyclopedia of Industrial Chemistry, Vol. Electronic Database,
6. Ed., Wiley, electronic release: 2001

691

265. ZAHN, H.
Silk - Introduction
In: ULLMANN Ullmann´s Encyclopedia of Industrial Chemistry, Vol. Electronic Database,
6. Ed., Wiley, electronic release: 2001

266. FISCHER, K.; MARQUART, K.; SCHLÜTER, K.; GEBERT, K.; BORSCHEL, E.-M.; HEIMANN, S.;
KROMM, E.; GIESEN, V. ET AL.
Textile Auxiliaries
In: ULLMANN Ullmann´s Encyclopedia of Industrial Chemistry, Vol. Electronic Database ,
6. Ed., Wiley, electronic release: 2001

267. LEUBE, H., Rüttiger; W.; KÜHNEL, G.; WOLFF, J.; RUPPERT, G.; SCHMITT, M.; HEID, C.;
HÜCKEL, M.; FLATH, H.-J. ET AL.
Textile Dyeing
In: ULLMANN Ullmann´s Encyclopedia of Industrial Chemistry, Vol. Electronic Database,
6. Ed., Wiley, electronic release: 2001

268. EASTON, J.R.
The dye maker´s view (of color in dye house effluent)
In: SOCIETY OF DYERS AND COLORISTS Colour Dyehouse Effluent, Bradford, UK: 1995,
pg. 9-21
ISBN: 0-901956-69-4

269. N.N.:
Empfehlenswerte neue Stoffe - Auswertung der Anmeldungen nach dem
Chemikaliengesetz
Teil 1: Farbmittel
Amtliche Mitteilungen der Bundesanstalt für Arbeitsschutz und Arbeitsmedizin, No. 3,
pg. 8-11 (1998)

270. SMITH, B.; BRISTOW, V.:
Indoor Air Quality and Textiles: an emerging issue
American Dyestuff Reporter, No. Januar, pg. 37-46 (1994)

271. PERKINS, W.S:
Surfactants - a primer
ATI: Dyeing, Printing & Finishing, No. August, pg. 51-54 (1998)

272. MARMAGNE, O.; COSTE, C.:
Color Removal from Textile Plant Effluents
American Dyestuff Reporter, No. April, pg. 15-21 (1996)

273. SCHÖNBERGER, H.; ENVIROTEX GMBH
Best verfügbare Techniken in Anlagen der Textilindustrie: Integrierter Umweltschutz bei
bestimmten industriellen Tätigkeiten (IVU-Richtlinie)
In: UMWELTBUNDESAMT BERLIN UBA-Bericht F+E-Nr.: 2000-94-329, Berlin :2001

274. HUNGER, K.; MISCHKE, P.; RIEPER, W.; RAUE, R.; KUNDE, K.; ENGEL.A.
Azo dyes - Direct (substantive) dyes
In: ULLMANN Ullmann´s Encyclopedia of Industrial Chemistry, Vol. Electronic Database ,
6. Ed., Wiley, electronic release :2001

275. HUNGER, K.; MISCHKE, P.; RIEPER, W.; RAUE, R.; KUNDE, K.; ENGEL, A.
Azo dyes - anionic azo dyes
In: ULLMANN Ullmann´s Encyclopedia of Industrial Chemistry, Vol. Electronic Database,
6. Ed., Wiley, electronic release: 2001

276. GRYCHTOL, K.; MENNICKE, W.
Metal-complex dyes - uses of metal-complex dyes
In: ULLMANN Ullmann´s Encyclopedia of Industrial Chemistry, Vol. Electronic Database,
6. Ed., Wiley, electronic release: 2001

277. HAMPRECHT, R.; WESTERKAMP, A
Disperse dyes
In: ULLMANN Ullmann´s Encyclopedia of Industrial Chemistry, Vol. Electronic Database,
6. Ed., Wiley, electronic release: 2001

278. KOCH, R.; NORDMEYER, J.H.
Textile printing
In: ULLMANN Ullmann´s Encyclopedia of Industrial Chemistry, Vol. Electronic Database,
6. Ed., Wiley, electronic release: 2001

279. WULFHORST, B.; MAETSCHKE, O.; OSTERLOH, M.; BÜSGEN, A.; WEBER, K.-P.
Textile technology
In: ULLMANN Ullmann´s Encyclopedia of Industrial Chemistry, Vol. Electronic Database,
6. Ed., Wiley, electronic release: 2001

280. N.N.
Vliestoffe
Rohstoffe, Herstellung, Anwendung, Eigenschaften, Prüfung
In: ALBRECHT, W.; FUCHS, H. und KITTELMANN, W. Wiley-VCH, Weinheim: 2000
ISBN: 3-527-29535-6

281. BAUMANN, W.; ROTHARD, Th.
Druckereichemikalien
In: INSTITUT FÜR UMWELTFORSCHUNG (INFU), Universität Dortmund : Daten und Fakten
zum Umweltschutz, 2 Ed., Springer Verlag, Berlin: 1999
ISBN: 3-540-66046-1

282. N.N.
Nomenclature of Textile Auxiliaries, Leather and Fur Auxiliaries, Paper Auxiliaries and
Surfactants
In: VERBAND DER TEXTILHILFSMITTEL- LEDERHILFSMITTEL-, Gerbstoff- und Waschrostoff-
Industrie e.V. (TEGEWA), Frankfurt/main, 3 Ed. Kürle Druck+Verlag, Gelnhausen: 1987

283. N.N.
CONDEA Product range: surfactants specialities
In: SASOL OLEFINS & SURFACTANTS GMBH (FORMELY CONDEA) Product Guide, Internet
Download: nov. 2001
ISBN: http://www.condea.de/products/surfactants/home.asp

284. ORRIENS, K.H.
Reduktion der Abwasserfrachten durch Wiederverwendung von Druckpasten beim
Pigmentdruck
In: INSTITUT FÜR UMWELTERFAHRENSTECHNIK - UNIVERSITÄT BREMEN Colloquium
Produktionsintegrierte Wasser/Abwassertechnik, preprint Ed., pg. B-61-B-94

285. FISSAHN, J.
Marktorientierte Beschaffung in der Bekleidungsindustrie - Eine Analyse unter
besonderer Berücksichtigung vertikaler Koordinationsstrukturen
In: AHLERT, D. und DIECKHEUER, G. Schriften zur Textilwirtsschaft, Vol.
53Forschungsstelle für Textilwirtschaft FATM, Münster: 2001, pg. 9
ISBN: 3-930238-11-X

286. N.N.:
Jobs in textiles and clothing in the different EU countries in 1999
Newsletter of Febeltex - Special English Edition, No. 26 February, pg. 2 (2001)

287. MAUTE-DAUL, G.
Mode und Chemie: Fasern, Farben, Stoffe
Springer Verlag, Berlin: 1995, pg. 110-160
ISBN: 3-540-59112-5

288. VOGEL, M.:
Wichtige Naturfarbstoffe (Färbedrogen) und ihre Farbstoffe
http://www.oekologisches-textil-netzwerk.de/publikation, No. 02.04.2002 (2002)

289. JÄEGER, B.; RECKFORT, J.; TÜCKING, E.
Deregulierung - Wirtschaftspolitische Maßnahmen zur Unterstützung unternehmerischer
Anpassungsstrategien in der Textil- und Bekleidungsindustrie
In: AHLERT, D. und DIECKHEUER, G.Schriften zur Textilwirtschaft, Vol. 50, Münster: 1997
ISBN: 3-930238-08-X

290. N.N.
Chemicals in textiles -report of a Government Commission
In: SWEDISH NATIONAL CHEMICALS INSPECTORATE KEMI Report, Vol. 5PrintGraf,
Stockohlm: 1997

291. PERENIUS, L.; LJUNG, E.; PALMQUIST, M.; FLODSTRÖM, S.; GUSTAFSSON, K.; WESTIN, E:
The flame retardants project -Final report-
In: ULE JOHANSSON, Swedish National Chemicals Inspectorate KEMI Report, Vol.
5PrintGraf, Stockohlm: 1996

292. HEALTH AND CONSUMER PROTECTION-SCIENTIFIC COMMITEES:
Opinion on "Assesment of the risks to human health posed by certain chemicals in
textiles", WS Atkins, final report - Opinion adopted at the 17th CSTEEE plenary meeting,
Brussels, 5 September, 2000
http:/www.europa.eu.int/comm/food/fs/sc/sct/out72_en.html, pg. 1-8 (2000)

293. GESSNER, T.; MAYER, U.
Triarylmethane and diarylmethane dyes
In: ULLMANN Ullmann´s Encyclopedia of Industrial Chemistry, Vol. Electronic Database,
6. Ed. Wiley, electronic release: 2001

294. BOOTH, G.; ZOLLINGER, H.; MCLAREN, K.; GIBBARD SHARPLES, W.; WESTWELL, A.
Dyes, general survey
In: ULLMANN Ullmann´s Encyclopedia of Industrial Chemistry, Vol. Electronic Database,
6. Ed. Wiley, electronic release: 2001

295. KLEMM, K.-W.; KÜBLER, R.
Printing Inks - Gravure Printing
In: ULLMANN Ullmann´s Encyclopedia of Industrial Chemistry, Vol. Electronic Database,
6. Ed. Wiley, electronic release: 2001

296. SCHWEPPE, H.
Handbuch der Naturfarbstoffe
ecomed Verlagsgesellschaft, Landsberg/Lech: 1993

297. TAPPE, H.; HELMING, W.; MISCHKE, P.; REBSAM, K.; RUSS, W.; SCHLÄFER, L.;
VERMEHREN, P.
Reactive Dyes - Reactive systems
In: ULLMANN Ullmann´s Encyclopedia of Industrial Chemistry, Vol. Electronic Database,
6. Ed.Wiley, electronic release: 2001

298. RADVANSZKY, A.; RÉMY, C.; RIMML, B.; WIESMANN, M.
Nonylphenol in der Schweiz - Eine Abschätzung der Belsatungssituation und der
ökologischen Wirkungen
In: IKAÖ, Universität Berninterdisziplinäre Projektarbeit in Allgemeiner Ökologie,
Bern :2000

299. BOHNEN
Entwicklung einer neuen, sicheren und umweltfreundlichen Alternative für die Detachur
in der Textilindustrie
In: WFK-FORSCHUNGSINSTITUT Forschungsvorhaben des Freistaates Bayern Nr.
0703/68560/922/99/776/00 :2000

300. N.N.
Nonylphenol Risk Reduction Strategy
In: DEPARTEMENT OF THE ENVIRONMENT, Transport and the Regions RPA Final Report
(revised September 2000): 2000

301. BUSCHLE-DILLER, G.; ZERONIAN, S.H.; PAN, N.; YOON, M.Y.:
Enzymatic hydrolysis of cotton, linen, ramie and viscose rayon fabrics
Textile research Journal 64, No. 5, pg. 270-279 (1994)

302. YEN, P.H.; CHEN, K.M.:
Preparation and properties of novel low-foaming dyeing auxiliaries. Part 1-Preparation
and properties of ethoxilated hydroxysulphobetaines in nylon dyeing
J. S. D. C. 114, No. May/June, pg. 160-164 (1998)

303. BACH, E.; SCHOLLMEYER, E.:
Vergleich des alkalischen Abkochprozesses mit der enzymatischen Entfernung der
Begleitsubstanzen der Baumwolle
Textilpraxis international (verein Deutscher Färber), No. March, pg. 220-225 (1993)

304. HATCH, K. L.:
Chemicals and Textiles. Part I: Dermatological problems related to fiber content and dyes
Textile Research Journal, No. October, pg. 664-682 (1984)

305. SEKAR, N.:
Direct dyes - A brief review
Colourage, No. February, pg. 45-52 (1995)

306. BAUMANN, W.; ISMEIER, M.
Kautschuk und Gummi: Daten und Fakten zum Umweltschutz
In: INSTITUT FÜR UMWELTFORSCHUNG (INFU), Vol. 1 and 2 Springer Verlag, Berlin : 1998

307. SCHEWE, T.; MARKGRAF, K.; SCHEWE, C.; FISCHER, S.; GETTER, R.; MAYER, M.:
Stoffwechselschädigung menschlicher Hautzellen durch Orthophenylphenol (OPP)
Melliand Textilberichte, No. 9, pg. 631 (1997)

308. SCHÖNBERGER, H.
Die gegenwärtige Verbrauchs- und Emissionssituation der deutschen Textilveredelungsindustrie
In: UMWELTBUNDESAMT Texte 28/01, Berlin: 2001

309. ROLF, M.:
Von der Natur lernen: Enzyme als Textilhilfsmittel
Intern Special von Bayer AG, Konzernbereich Unternehmenskommunikation September, No. september, pg. 49-52 (2000)

310. TRAECKNER, H.-J.:
Entwicklung und Vermarktung umweltfreundlicher Funktionspolymere und Komplexbildner
Intern Special von Bayer AG, Konzernbereich Unternehmenskommunikation, No. september, pg. 35-40 (2000)

311. REINERT, G.; HILFIKER, H.; SCHMIDT, E.; FUSO, F.:
Sonnenschutzeigenschaften textiler Flächen und deren Verbesserung
Textilveredlung 31, No. 11/12, pg. 227-234 (1996)

312. ACHWAL, W. B.:
A challenge to speciality chemical and dyestuff manufacturers
Journal of the Textile Association, No. March, pg. 235 (1995)

313. HATCH, K. L; MAIBACH, H. I.:
Textile dyes as contact allergens: part I
Textile Chemist and Colorist 30, No. 3, pg. 22-29 (1998)

314. WELCH, C. M.:
Formaldehyde-free DP finishing with polycarboxylic acids
American Dyestuff Reporter, No. sept., pg. 19-26 (1994)

315. LERCH, H.-U.
Biologische Abwasserreinigung von schlichtehaltigen Textilabwässern mittels eines
zweistufigen anaeroben Systems
In: EIDGENÖSSISCHE TECHNISCHE HOCHSCHULE ZÜRICH Dissertation, Zürich :2000

316. CHURCHLEY, J. H.
The water company's view
In: SOCIETY OF DYERS AND COLORISTS Color in Dyehouse effluent, Bradford, UK :1995,
pg. 31-43

317. CHURCHLEY, J. H.
The regulator's view
In: SOCIETY OF DYERS AND COLORISTSColor in Dyehouse effluent, Bradford, UK : 1995,
pg. 22-30

318. GALANTE, Y.M.; DE CONTI, A.; MONTEVERDI, R.
Trichoderma and Gliocladium: application of trichoderma enzymes in the textile
In: TAYLOR & FRANCIS, Vol. 2 :1998, pg. 311-325

319. EPA ENVIRONMENTAL PROTECTION AGENCY:
Perfluoroalkyl Sulfonates; Significant new use rule
www.epa.gov/fedrgstr/EPA-TOX/2002/March/Day-11/t5746.htm, No. March (2002)

320. BEARD, A.
The flame retardants controversy: fire safety and environmental protection
In: DEUTSCHES WOLLFORSCHUNGSINSTITUT AN DER RWTH AACHEN E.V. AachenTextile
Conference, Vol. 28, Aachen: 2002, pg. 27-38

321. DERMEIK, S.; ZINSER, W.
Flame retardants - an attempt to explain how they work
In: DEUTSCHES WOLLFORSCHUNGSINSTITUT AN DER RWTH AACHEN E.V. Aachen Textile
Conference, Vol. 28, Aachen: 2002, pg. 39-52

322. BAUMANN, W.; HESSE, K.; POLLKLÄSNER, D.; KÜMMERER, K.; KÜMPEL, T.
Gathering and review of environmental Emission Scenarios for biocides
In: INSTITUTE FOR ENVIRONMETAL RESEARCH (INFU)Gathering, review and development of
environmetal emission scenarios for biocides (EUBEES), Dortmund: 2000

323. HARTMANN, W.-D.; STEILMANN, K.; ULLSPERGER, A.
High-Tech-Fashion. Mit einem Lexikon von avantex bis wearable computing
In: KLAUS STEILMANN INSTITUT KSI ,1. Ed. Heimdall Verlag, Witten : 2000
ISBN: 3-9807087-4-8

324. COX, R.
The benefits of antimicrobial additives in fibres. Amicor (Pure)-the science behind it.
In: ACORDIS ACRYLIC FIBRES, UK technical Paper of www.amicor.co.uk/science.htm,
UK :09.07.2002

325. N.N.
Lecture documents: "Trevira Bioactive - die Hygienefaser für mehr erfolg mit innovativen Textilien
In: TREVIRA GMBH THE FIBRE COMPANY, personal communication; Frankfurt/Main: 07.2002

326. BACH, E.; CLEVE, E.; SCHOLLMEYER, E.:
Past, present and future of the supercritical fluid dyeing technology- an overview (preprint)
Rev. Prog. Color., No. 32, pg. 1-17 (2002)

327. SCHÄFER, K.; HÖCKER, H.; HELLWIG, H.; MÖHRING, U.; BACH, E.; CLEVE, E.; GRENZEL, S.; SCHOLLMEYER, E.:
Einsatz von Ultrashall in der Schmaltextilfärberei
Application of ultrasound during narrow fabric dyeing
Band- und Flechtindustrie, No. 39, pg. 21-34 (2002)

328. CLEVE, E.; BACHE, E.:
Einsatz eines NIR-Strahlers zur schnellen und schonenden Trocknung von Textilien
Melliand Textilberichte, No. 5 (2001)

329. N.N.
4-Nonylphenol (branched) and Nonylphenol
In: EUROPEAN CHEMICALS BUREAU: INSTITUTE FOR HEALTH AND CONSUMER PROTECTION
European Union Risk Assessment Report PL-2, Vol. 10: 2002

330. HÖFER, R.; JOST, F.; SCHWUGER, M.J.; SCHARF, R.; GEKE, J.; KRESSE, J.; LINGMANN, H.; VEITENHANSL, R.
Foams and foam control
In: ULLMANN Ullmann´s Encyclopedia of Industrial Chemistry, Vol. Electronic Database, 6. ed. Ed.Wiley, electronic release: 2001

331. MATHER, R.:
Intelligent textiles
Re. Prog. Color., No. 31 (2001)

332. TAYLOR, J. A.:
Recent developments in reactive dyes
Re. Prog. Color. 30, pg. 93 (2000)

333. HANNEKEN, B.; SCHRUIERER, M.; SCHÜLER, A.; ROUETTE, H-K:
Moderne flammhemende Ausrüstung für "black-out" Vorhang-Beschichtungen
Internationales Textil-Bulletin/Veredlung 39, No. 3, pg. 38-46 (1993)

334. BAMFIELD, P.:
The restructuring of the colorant manufacturing industry
Rev. Prog. Color. 31, pg. 1-14 (2001)

335. DAWSON, T.L.; HAWKYARD, C.J.:
A new millenium of textile printing
Rev. Prog. Color. 30, pg. 7-19 (2000)

698

336. SMITH, C.:
The textile coloration industry in the European Union
Rev. Prog. Color. 29, pg. 37-42 (1999)

337. NELSON, G.:
Microencapsulation in textile finishing
Rev. Prog. Color. 31, pg. 57-64 (2001)

338. AHEARN, A.
Gore-Tex (expanded Polytetrafluoroethylene)
In: GUILFORD COLLEGEhttp://www.guilford.edu , 29.07.02 Ed., homepage :2002

339. BAUMANN, W.; HERBERG-LIEDTKE, B.
Papierchemikalien
In: INSTITUT FÜR UMWELTFORSCHUNG (INFU), Universität Dortmund: Daten und Fakten
zum Umweltschutz, Springer Verlag, Berlin :1994, pg. 110-122
ISBN: 3-540-57593-6

340. BAUMANN, W.; ROTHARD, Th.
Druckereichemikalien
In: INSTITUT FÜR UMWELTFORSCHUNG (INFU), Universität Dortmund Daten und Fakten
zum Umweltschutz, 2 Ed. Springer Verlag, Berlin: 1999, pg. 149-157
ISBN: 3-540-66046-1

341. GRIES, T.; SCHMENK, B.; RAMAKERS, R.W.M.; FÜRDERER, T.
Garn- und Gewebeinnovationen für hochtechnologie-Bekleidungen
In: DEUTSCHES WOLLFORSCHUNGSINSTITUT AN DER RWTH AACHEN E.V. Aachen Textile
Conference, Vol. 28, Aachen, pg. 9-16

342. BENZ, I.; SEIDL, K.; DROST, A.; MAURER, U.; SCHMIDT, K.-H.; SCHÖNBERGER, H.; SERR,
B.; ULLRICH, W.
Umweltschutz in der Textilveredlung - Leitfaden für Umweltbehörden
In: LANDESARBEITSKREIS TEXTILVERDELUNGSINDUSTRIE, Baden-Württemberg :2002

343. BAUMANN, W.; ROTHARD, Th.
Druckereichemikalien
In: INSTITUT FÜR UMWELTFORSCHUNG (INFU), Universität Dortmund Daten und Fakten
zum Umweltschutz, 2 Ed. Springer Verlag, Berlin: 1999, pg. 26
ISBN: 3-540-66046-1

344. PERSONAL COMMUNICATION FROM E. CLEVE (DTVNW):
Bausteine für Regelung bei Textilveredlungsanlagen
Prognose der Emissionen von Textilveredlungsprozessen
(2002)

345. KEUNEN, D.
Thermal and moisture management utilizing outlast thermal-adaptative materials
In: DEUTSCHES WOLLFORSCHUNGSINSTITUT AN DER RWTH AACHEN E.V. Aachen Textile
Conference, Vol. 28, Aachen :2001, pg. 17-26

346. HEINE, E.; WYRSCH, N.; FABRY, M.; HÖCKER, H.
Konzepte zur hygienischen Funktionalisierung
In: DEUTSCHES WOLLFORSCHUNGSINSTITUT AN DER RWTH AACHEN E.V. Aachen Textile
Conference, Aachen: 2001, pg. 53-61

347. AGSTER, E.
Die antimikrobielle Ausrüstung von Textilien - Das "CIBA Frischekonzept"
In: DEUTSCHES WOLLFORSCHUNGSINSTITUT AN DER RWTH AACHEN E.V. Aachen Textile
Conference, Aachen: 2001, pg. 62-67

348. KUCK, K.-H.; KUGLER, M.
Mikrobiozide Ausrüstung von Textilien und andere Materialien - Nutzen und
Resistenzrisiko
In: DEUTSCHES WOLLFORSCHUNGSINSTITUT AN DER RWTH AACHEN E.V. Aachen Textile
Conference, Aachen: 2001, pg. 68-75

349. MATHIS, R.
When cosmetics meet textiles
In: DEUTSCHES WOLLFORSCHUNGSINSTITUT AN DER RWTH AACHEN E.V. Aachen Textile
Conference, Aachen: 2001, pg. 76-81

350. GROSSE, I.; FROECK, C.; PETONG, N.
Tensidschichten auf Polymeren- Ihre Bedeutung bei Vorgängen der Textilveredlung
In: DEUTSCHES WOLLFORSCHUNGSINSTITUT AN DER RWTH AACHEN E.V. Aachen Textile
Conference, Aachen: 2001, pg. 82-93

351. HABEREDER, P.
Silicon-Weichmacher: Struktur- Wirkungsbeziehungen
In: DEUTSCHES WOLLFORSCHUNGSINSTITUT AN DER RWTH AACHEN E.V. Aachen Textile
Conference, Aachen :2001, pg. 94-104

352. WAGNER, R.; HESSE, A.
Waschbeständige hydrophile Weichmacher auf Polysiloxan-Basis
In: DEUTSCHES WOLLFORSCHUNGSINSTITUT AN DER RWTH AACHEN E.V. Aachen Textile
Conference, Aachen :2001, pg. 105-116

353. THOMAS, H.; HÖCKER, H.
Plasma-induced finishing of natural and man-made fibres
In: DEUTSCHES WOLLFORSCHUNGSINSTITUT AN DER RWTH AACHEN E.V. Aachen Textile
Conference, Aachen: 2001, pg. 117-122

354. BAUMANN, M.
Zelan Hot Shock -A new stainblocker application method
In: DEUTSCHES WOLLFORSCHUNGSINSTITUT AN DER RWTH AACHEN E.V.Aachen Textile
Conference, Aachen: 2001, pg. 123-134

355. MAZEN AL-BAHRA, M.; SCHÄFER, K.; HÖCKER, H.
Chininderivate zur antimikrobiellen Ausrüstung von Textilien
In: DEUTSCHES WOLLFORSCHUNGSINSTITUT AN DER RWTH AACHEN E.V. Aachen Textile
Conference, Aachen :2001, pg. 405-409

700

356. THOSS, H.; HESSE, A.; THOMAS, H.; HÖCKER, H.
Siloxanmodifizierte ammoniumverbindungen für die Ausrüstung von Textilien -
Kinetische Untersuchungen des Auzieh- und Waschverhaltens
In: DEUTSCHES WOLLFORSCHUNGSINSTITUT AN DER RWTH AACHEN E.V. Aachen Textile
Conference, Aachen: 2001, pg. 459-462

357. N.N.
TBT - Ein Risiko für die Umwelt?
In: UMWELT- UND SPEZIALLABORATORIUM GALAB, Geesthacht :sept. 2002
ISBN: http://www.galab.de/analytik/Orgmet/TBT.htm

358. N.N.
ChemFinder.com Database and Internet Searching
In: HTTP://CHEMFINDER.CAMBRIDGESOFT.COM : 2002

359. BELET, F.
personal communication
In: RHOVYL SA, F 55310 Tronville en Barrois: 2002

360. SCHNEIDER, R.; BELZ, C.; SOSTAR, S.; OPPERMANN, W.:
Die drucktechnischen Eigenschaften synthetischer und modifizierter
natürlicherVerdickungsmittel beim Reaktivdruck
Textilverdlung 30, No. 3/4, pg. 60-64 (1995)

361. ROBERT, G.:
Kreppeffekte im Druck
Textilverdlung 21, No. 10, pg. 338-341 (1986)

362. CZERNY, A.-R.:
Textildruck auf Naturseide
Melliand Textilberichte, No. 6, pg. 438-439 (1988)

363. Patent JP 2001353827 A2, 21pp (2002-12-25). Hiraoka & Co., Ltd., Japan

364. Patent U.S. 5,132,346 (1992-07-21). Ciba-Geygy Corporation, Ardsley, N.Y.

365. Patent DE 19613671 A1 (1996-10-10). Ciba-Geygy A.-G.; Switzerland

366. Patent Jpn JP2002088649 A2 (2002-03-27). Toyobo Co, Ltd., Japan

367. Patent PCT Int. Appl. 2001088080 A1 (2001-11-22). Milliken & Company, USA

368. Patent CN 1300894 A, 9 pp (2001-06-27). Weixin Special Fabrics Co., Ltd., Wuxi, Peop.
Rep. China

369. Patent UK GB 2358879, 17 pp (2001-08-08). Sterling Textiles Ltd.

370. Patent Switz. EP 1184508 A1, 9 pp (2002-03-06). Star Coating A.-G.

371. Patent Brit. WO 2002031057 A2, 20 pp (2002-04-18). Clariant Finance (BVI) Ltd.;
Clariant International Ltd., Virgin I.

372. Patent Brit. WO 2002012399 A1, 16 pp (2002-02-14). Clariant Finance (BVI) Ltd.;
Clariant International Ltd., Virgin I.

373. Patent Jpn JP 2000080568 A2, 6pp (200-03-21). UNitika Ltd.

374. Patent Jpn JP2001335800 A2, 7pp (2001-12-04). Takasago Perfumery Co., Ltd.

375. Patent USA WO 2001088080 A1, 31pp (2001-11-22). MIlliken & Company

376. Patent Jpn JP 2002088649 A2, 8pp (2002-03-27). Toyobo Co., Ltd.

377. Patent GE WO 2002010501 A1, 47pp (2002-02-07). Wacker-Chemie GmBH

378. MEYER-STORK, L. S.
Personal communications
In: TVW TEXTILVEREDLUNGS- UND HANDELSGESELLSCHAFT WINDEL MBH, Bielefeld :2002

379. NELSON, G.:
Microencapsulates in textile coloration and finishing
Rev. Prog. Coloration 21, pg. 72-85 (1991)

380. VILESECA, M. M.; GUTIERREZ, M. C.; CRESPI, M.:
Biologische Abbaubarkeit von Abwässern nach elektrochemischer Behandlung
Melliand Textilberichte, No. 7 - 8, pg. 558-560 (2002)

381. MEYER-STORK, L.S.:
Umweltschutz oder Ressourcen-Effizienz - das Dilemma der Nachhaltigkeit
Melliand Textilberichte, No. 9, pg. 666-668 (2002)

382. KOSSWIG, K.
Surfactants - Cationic surfactants
In: ULLMANN Ullmann´s Encyclopedia of Industrial Chemistry, Vol. Electronic Database,
6. Ed.Wiley, electronic release: 2001

383. KOSSWIG, K.
Surfactants - Nonionic surfactants
In: ULLMANN Ullmann´s Encyclopedia of Industrial Chemistry, Vol. Electronic Database,
6. Ed.Wiley, electronic release: 2001

384. KOSSWIG, K.
Surfactants - Anionic surfactants
In: ULLMANN Ullmann´s Encyclopedia of Industrial Chemistry, Vol. Electronic Database,
6. Ed.Wiley, electronic release: 2001

385. Patent UK US 6332918 B1, 12 pp (2001-12-25). Avecia Limited

386. Patent US US 20020042956 A1, 5 pp (2002-04-18).

387. Patent Switz EP 1184507 A1, 12 pp (2002-03-06). Sanitized A.-G.

388. XIANG, Cai; XINYUAN, Song; KAIDI, Su:
Synthesis of new type antimicrobial agent CL and its application in fabric finishing
Journal of China Textile University 17

702

389. Patent Jpn JP 2000248438 A2, 9 pp. (2000-09-12). Toyobo Co., Ltd.

390. KIM, Young Hee; SUN, Gang:
Dye molecules as bridges for functional modifications of nylon: antimicrobial functions
Text. Res. J., No. 70(8), pg. 728-733 (2000)

391. Patent WO 2002029152 A1, 19 pp. (2002-04-11). Rhodia Chimie

392. Patent Ger DE 10021538 A1, 12pp. (2001-12-13). Henkel K.-G. a. A.

393. Patent USA WO 2001095867 A1, 57pp. (2001-12-20). Finitex, Inc.

394. SCHROTT, W.
Elektrochemisches Färben - Grundlagen und Perspektiven einer neuen
Färbetechnologie zur Verbesserung von Produktionssicherheit und Ökologie
In: INSTITUT FÜR UMWELTERFAHRENSTECHNIK - UNIVERSITÄT BREMEN Colloquium
Produktionsintegrierte Wasser/Abwassertechnik, preprint Ed., Bremen :2001, pg. A-81

395. STREIT, W.
Hilfsmittel entsprechend den Anforderungen des Anhang 38
In: INSTITUT FÜR UMWELTERFAHRENSTECHNIK - UNIVERSITÄT BREMEN Colloquium
Produktionsintegrierte Wasser/Abwassertechnik, preprint Ed., Bremen: 2001, pg. A- 73

396. POLETTI, R. A.; PANCHMATIA, P. R.; KHAYAT, J. F.:
Reactive dye printing with a new synthetic thickener
Textile Chemist and Colorist 29, No. March, pg. 17-21 (1997)

397. IBRAHIM, N.A.; ABO-SHOSHA, M.H.; GAFFAR, M.A.:
New approach for imparting antibacterial activity to cellulose-containing fabrics
Colourage 13, No. july, pg. 13-30 (1998)

398. THOMAS, H.; DENDA, B.; HEDLER, M.; KÄSEMANN, M.; KLEIN, C. Merten, T.; HÖCKER, H.:
Textilverdelung mit Niedertempearturplasmen
Melliand Textilberichte , No. 5, pg. 350-352 (1998)

399. DAMBACHER, G.T.:
Der Lotus-Effect heute und morgen
Kunststoffe, No. april (2002)

400. FLETCHER, K.; WAAYER, N.:
Creating a final product - Cotton processing involves a variety of ecological problems
Gate, Technology and development, No. 3, pg. 4-11 (1999)

401. ASENG, C.:
Dressed healthily in nature's colours
Gate, Technology and development, No. 3, pg. 35 (1999)

402. GRYCHTOL, K.; MENNICKE, W.
Metal-complex dyes - Formazan dyes
In: ULLMANNUllmann's Encyclopedia of Industrial Chemistry, Vol. Electronic Database, 6.
Ed. Wiley, electronic release: 2001

403. RIED, M.
Chemie im Kleiderschrank - Das Öko-Textil-Buch
Rowohlt Verlag, Hamburg: 1989

404. BECKTEPE, C.
Der Stoff aus dem die Kleider sind
In: STRÜTT-BRINGMANN, T. Die Verbraucher Initiative e.V., Bonn: 1992

405. N.N.
Die Stoffe, aus denen unsere Kleider sind - Umweltorientierte Unternehmenspolitik in der
textilen Kette
In: BAYERISCHES LANDESAMT FÜR UMWELTSCHUTZ Schriftenreihe Heft 135,
München: 1996

406. N.N.
Directive 2002/61/EC of the European Parliament and of the Council amending for the
19th Coucil Directive 76/769/EEC relating to restrictions on the marketing and use of
certain dangerous substances and preparations (azocolourants)
In: OFFICIAL JOURNAL OF THE EUROPEAN COMMUNITIES: 2002

407. N.N.:
Öko-Test Baby strampler: Ein buntes Treiben
Öko-Test-Magazin , No. 11, pg. 31-37 (1999)

408. BERTRAND, U.:
Öko-Test Schlafanzüge: Stoff für Alpträume
Öko-Test-Magazin , No. 9, pg. 58-65 (1996)

409. BÖHM, E.; HILLEBRAND, T.; MARSCHEIDER-WEIDEMANN, F.; SCHUBERT, D.:
Bewertung der Umweltgefährlichkeit von Stoffen
Erhebung und statistische Auswertung von Produktions und Abwasserkennwerten für die
Branchen Papiererzeugung, Textilveredlung, Ledererzeugung
UWSF - Z. Umweltchem. Ökotox. , No. 12, pg. 1-6 (2000)

410. SCHÄFER, T.
Emission Scenario Documents on Textile Finishing Industry (draft)
In: OECD ENVIRONMENTAL HEALTH AND SAFETY PUBLICATIONS Series on Emission
Scenario Documents: 2002

411. PLATZEK, T.:
Wie groß ist die gesundheitliche Gefährdung durch Textilien wirklich?
Sonderdruck Melliand (2001)

412. MÖCK, W.; HOLZE, B.:
Textilien und Gesundheit - Anmerkungen zum Thema "Gift in Textilien"
Melliand Sonderdruck, No. 1, pg. 43-44 (1994)

413. NOLL, L.; REETZ, H.:
Gewässerökologisch orientierte Klassifizierung von Textilhilfsmitteln
Melliand Sonderdruck, No. 9, pg. 633-635 (1998)

704

414. GSCHWIND, S:
Öko-Test Levis 501: Mythos in der Krise
Öko-Test (2001?)

416. ROTH, E:
Öko-Test Kindermatratzen: (K)eine Gute-Nacht-Geschichte
Öko-Test, No. 11, pg. 68-69 (1996)

417. N.N.:
Öko-Test Stillkissen: Erst mal riechen
Öko-Test, No. 12, pg. 30 (1997)

418. GERASCH, S:
Öko-Test Putztücher: Mikrofasern sind zu zart für groben Schmutz
Öko-Test, No. 7, pg. 48-51 (1999)

419. N.N.:
Öko-Test Heizdecken: Wärme mit Nebenwirkungen
Öko-Test, No. 1, pg. 28-29 (1998)

420. N.N.:
Öko-Test Kinderwagen
Öko-Test, No. 4, pg. 46-47 (1998)

421. SCHUMACHER, K:
Öko-Test Haushaltshandschuhe: Griff ins Klo
Öko-Test, No. 11, pg. 40-41 (1999)

422. GSCHWIND, S:
Öko-Test Damen-Lederhandschuhe: Danebengegriffen
Öko-Test, No. 12, pg. 33-36 (1999)

423. N.N.:
Öko-Test Angebot: Neue Produkte
Öko-Test, No. 11, pg. 42 (1999)

424. DOHRMANN, A:
Öko-Test Steppdecken: Immer schön bedeckt halten
Öko-Test, No. 3, pg. 10-15 (2001)

425. BRIAN, M:
Öko-Test Sportwear: Es geht drunter und drüber
Öko-Test, No. 2, pg. 36-37 (2000)

426. GERASCH, S:
Öko-Test Schlafsäcke: Gute Nacht
Öko-Test, No. 3, pg. 69-73 (1997)

427. GALLIWODA, N:
Öko-Test Funktions-Wäsche: Schweißtreibend
Öko-Test, No. 10, pg. 21-25 (2001)

428. ARNOLD, M:
Öko-Test Tragehilfen: Schimpansenbabys krallen sich perfekt ins Fell der Mutter. Menschenkinder haben sich einiges davon bewahrt
Öko-Test, No. 5, pg. 36-43 (1998)

429. BECKER, S:
Öko-Test Seidentücher: Kein Glanzstück
Öko-Test, No. 7, pg. 31-37 (1998)

430. DOHRMANN, A:
Öko-Test Lederjacken: Keine ehrliche Haut
Öko-Test, No. 12, pg. 40-43 (2000)

431. LINK, C:
Öko-Test Zelte: Dicke Luft
Öko-Test, No. 7, pg. 41-45 (2000)

432. LEBHERZ, A:
Öko-Test Federbetten: Frohes Erwachen
Öko-Test, No. 10, pg. 68-71 (2001)

433. N.N.:
Recycling textiles
http://europa.eu.int/comm/research/growth/gcc/projects, pg. recycling-textiles (2002)

434. HANSEN, J.
Background Report on textile - April 2002
In: EUROPEAN COMMISSION ENVIRONMENT, Brussels: 2002
ISBN:
http://europa.eu.int/comm/environment/ecolabel/pdf/textiles/background_report_april2002.pdf

435. STENGG, W.
The textile and clothing industry in the EU - a survey
In: EUROPEAN COMMISSION: ENTERPRISE DG Enterprise Papers No. 2 - 2001, Brussels: 2001
ISBN: http://europa.eu.int/comm/enterprise/library/enterprise-papers/pdf/enterprise_paper_02_2001.pdf

436. SCHMITZ, E.
Wie geht das? Textilrecycling
In: BUNDESVERBAND SEKUNDÄRROHSTOFFE UND ENTSORGUNG E.V. - AUSSCHUß TEXTILRECYCLING-, Bonn: 1998, pg. 1-8

437. ROTH, E:
Öko-Test Nylonstrümpfe: Was Frauen reizt
Öko-Test, No. 7, pg. 42-47 (1996)

438. GALLIWODA, N:
Öko-Test Barfuss-Sohlen: Oh Sohle mio!
Öko-Test, No. 7, pg. 44-47 (2001)

706

439. FRANCK, S:
Öko-Test Stringtangas: Das kleine Schwarze
Öko-Test, No. 4, pg. 60-63 (2001)

440. KRÜMMEL, H:
Öko-Test Kinderbettwäsche: Schöne Träume
Öko-Test, No. 8, pg. 34-39 (2000)

441. ARNOLD, M:
Öko-Test Babywindeln: Ein Glaubenskrieg
Öko-Test, No. 8, pg. 33-39 (1997)

442. BECKER, S:
Öko-Test Baby-Schlafsäcke: Drecksäcke
Öko-Test, No. 8, pg. 34-41 (1998)

443. BERTRAND, U:
Öko-Test Bodys: Keine gute Masche
Öko-Test, No. 10, pg. 25-33 (1996)

444. BECKER, S:
Öko-Test Baby-Krabbeldecke
Öko-Test, No. 5, pg. 27-31 (1996)

445. N.N:
Öko-Test Kinderanoraks: Giftige Kordel
Öko-Test, No. 10, pg. 48-49 (1999)

446. KAPPUS, M:
Öko-Test Büstenhalter: Transparenz mit Haken
Öko-Test, No. 2, pg. 46-49 (1996)

447. WEILAND, C:
Öko-Test Schlafsofas: Billig, bunt, belastet
Öko-Test, No. 12, pg. 50-51 (1999)

448. VOGEL, M.:
Betrachtungen zum Thema Reaktiv Farbstoffe im Textildruck - Druck von Textilien mit
Reaktivfarben
Oekonetz e.V.: www.oekologisches-textil-netzwerk.de/publikation/reactiv.htm

449. N.N.; KATALYSE INSTITUT FÜR ANGEWANDTE UMWELTFORSCHUNG
Entwicklung einer Textildruckpaste auf der Basis nachwachsender Rohstoffe
In: DEUTSCHEN BUNDESSTIFTUNG UMWELT Umweltentlastung durch nachwachsende
Rohstoffe, Osnabrück :1998

450. BORGSCHULZE, K.
Ökologisch optimierte Druckpasten auf der Basis nachwachsender Rohstoffe in der
industriellen Textilveredlung
In: ÖKOLOGISCHER TEXTIL NETZWERK VEREIN ,www.oekologisches-textil-netzwerk.de:
2002

451. N. N.
Umsetzung "VOC-Verordnung" in der Praxis
In: TVI-VERBAND Rubrik "Technik und Umwelt: Aktuelles", Vol. www.tvi-verband.de,
Eschborn: 2002

452. N. N.
Novellierung "TA-Luft"
In: TVI-VERBAND Rubrik "Technik und Umwelt: Aktuelles", Vol. www.tvi-verband.de,
Eschborn: 2002

453. N. N.
Änderung der Abwasserverordnung - neuer "Anhang 31"
In: TVI-VERBAND Rubrik "Technik und Umwelt: Aktuelles", Vol. www.tvi-verband.de,
Eschborn: 2002

454. N. N.
Freiwilliger Verzicht auf bestimmte THM-Inhaltsstoffe
In: TVI-VERBAND Rubrik "Technik und Umwelt: Umwelt", Vol. www.tvi-verband.de,
Eschborn: 2003

455. N. N.
Erklärung zur Energieeinsparung und CO2-Reduzierung
In: TVI-VERBAND Rubrik "Technik und Umwelt: Umwelt", Vol. www.tvi-verband.de,
Eschborn: 2003

456. N. N.
Das Textilkennzeichnungsgesetz (TKG)
In: OEKOLOGISCHES-TEXTIL NETZWERK Rübrik "Publikationen", Vol. www.oekologisches-
textil-netzwerk.de: 2002

457. VOGEL, M.
Tributylzinn (TBT)
In: OEKOLOGISCHES-TEXTIL NETZWERK Rübrik "Publikation: Fachpublikation 29", Vol.
www.oekologisches-textil-netzwerk.de: 2002

458. VOGEL, M.
Die Änderung der Bedarfsmittelgegenständeverordnung
In: OEKOLOGISCHES-TEXTIL NETZWERK Rubrik "Publikation: Fachpublikation 1", Vol.
www.oekologisches-textil-netzwerk.de: 2002

459. VOGEL, M.
Thema: Verbotenen, giftige und allergene AZO-Farbstoffe , Definition und Farbstoffliste
im Überblick
In: OEKOLOGISCHES-TEXTIL NETZWERK Rubrik "Publikation: Fachpublikation 5", Vol.
www.oekologisches-textil-netzwerk.de: 2002

460. AMMON, U.
Übersicht Öko-Standards / Öko-Labels
In: SOZIALFORSCHUNGSSTELLE DORTMUND http://www.texweb.de, Dortmund :2001

708

461. N.N.
2002/371/EC: Commission Decision of the 15 May 2002 establishing the ecological
Criteria for the award of the Community eco-label to textile products and amending
Decison 1999/178/EC
In: EUROPEAN COMMUNITIES Official Journal of the European Communities L133: C(2002)
1844, Brussels :2002, pg. 29-41

462. BUNKE, D.; JÄGER, I.; NASCHKE, M.
Ökologische Bewertung im Textilbereich: Warnsignale und Wegweiser auf dem Weg in
eine ökologische Produktion
In: ÖKO-INSTITUT E.V. personal communication: preprint , Freiburg :2003

463. BUNKE, D.; JÄGER, I.; NASCHKE, M.; BACK, S.; BORGSCHULZE, K.; DERAKSHANI, N.;
HÖLTER, N.:
Ökologische Optimierung im Veredlungsprozess: Beispiel Biobaumwolle und Polyester
Melliand Textilberichte preprint (2003)

464. BUNKE, D.; GRAULICH, K.
MEG-Äquivalente als Indikator für den Einsatz gefährlicher Stoffe in Produkten und
Prozessen
In: ÖKO-INSTITUT E.V., Freiburg :2001
www.uni-
oldenburg.de/ecomtex/Publikationen/Oekologie/MEG_Bunke_Juli2001_EXT.PDF

465. N.N.
Vorschriften- und Regelsammlung / Umweltschutz- und Technikrecht
In: @UMWELT-ONLINE www.umwelt-online.de, Berlin :2003

466. N.N.
Official Journal of the EC: Eur-Lex online
In: PUBLICATION OFFICE OF THE EC, online on http://europa.eu.int/eur-
lex/en/search/index.html., Brussel :2003

467. SCHUMACHER, K.:
Öko-Test Herrensocken: kalte Füße bekommen
Öko-Test-Magazin, No. 3, pg. 48-51 (2000)

468. ARNOLD, M.:
Öko-Test Herrenunterwäsche: tote Hosen
Öko-Test-Magazin, No. 9, pg. 41-45 (1997)

469. N.N.:
Bremer Baumwollbörse
http://www.baumwollboerse.de under "Schadstoffanalysen"

470. N.N.:
Guidlines for selection of best available technology (BAT) for integrated pollution
prevention & control in the textil dyeing and mothproofing sectors
L212-14-1004 final draft; Commission of the European Communities, Brussels: 1993

471. DEBON, A.:
Les traitements chimiques de la laine
in : Bulletin du comité pour les applications des insecticides dans les locaux et la
protection des denrées alimentaires (C.I.L.D.A.), No. 30, pg. 47-56 (1999)

472. VAN DER POEL, P.:
Supplement to the Uniform System for the Evaluation of Substances (USES), Emission
scenarios for waste treatment (elaborated for biocides)
in : RIVM Report 601 450 003, Bilthoven (NL): 1999

Appendix 2: Branch Specific Data on Chemical Substances

In the following tables, the chemical substances used in textile finishing are listed alphabetically. Specifications like tradename of products containing the substance, as well as branch specific details on their function, the textile processes where they may be used, and the application conditions are further mentioned. The list ends with some substances having no name but only CAS-numbers to characterise them.

Closing this set of tables, an alphabetically sorted list of popular generic substance and common product names facilitates the search technique (see Appendix 3).

Additional information on the substances such as physico-chemical and eco-toxicological datasets can be found in our chemical database on **www.oekopro.de**. Among others, the possibility is given to establish online lists of substances, referring to research criteria such as for example function, process and application specifications. After a formal registration, the database is free of charge.

Substance	CAS-Nr.	Tradename/Product/ Common Name	Function	Process	Application	Literature
Acetic acid	64-19-7	Astrazonblau F2 RL 12-17%; Astrazonblau FBL flüssig 200% 15-25%; Etapuron PAC 2,5-10%; Essigsäure 80%; Finistrol AFN 2,5%; Fornax K 1-2,5%; Perrustol ULN (110) 1-3%; Phobol STA 1-2,5%; Maxilonblau TRL 200% Pulver 13-15%; Maxilonrot BL-N flüssig 7%; Maxilonschwarz FBL 200% 22%; Remacrylschwarz GRB; Rewin KBL 4,9%; Uvitex BAC 13%;	dyeing auxiliary (ph-regulator);Fornax K: Schiebefestmittel; Phobol STA: water repellent; Astrazonblau F2 RL, Astrazonblau FBL flüssig 200%, Maxilonblau TRL 200% Pulver, Maxilonrot BL-N flüssig, Maxilonschwarz FBL 200%, Remacrylschwarz GRB: basic dyestuff; Uvitex BAC: optical brighteners; Etapuron PAC, Finistrol AFN, Perrustol ULN (110): softener; Essigsäure 80%, Rewin KBL: colouring auxiliary; dyeing auxiliary (pH-regulator)	dyeing of wool	dyeing of wool with acid milling (or half-milling) dyes	[642]; [739]
acetic acid (dichlorophenoxy) ethyl ester	533-23-3		carrier	dyeing and printing	aftertreatment	[746]
Acetic acid ethenyl ester, polymer with ethene	24937-78-8		transfer	printing with ink-jet technology	transfer material useful in ink-jet printing	[784]
Acetic acid ethyl ester	141-78-6	Ethylacetate; Haftvermittler TN 30%; Imprafix BE 18-23%; Imprafix TH 20-30%; Impranil AV 55-65%; Impranil C-LG 65-75%; Scotchgard FC 270 0,1-1%; Scotchgard FX 3563 0,1-1%; Scotchgard FX 3569 0,1-1%; Kiwotex TDK80; Kiwotex TKD50	Ethylacetat: solvent, cleaning agent; Haftvermittler TN: special auxiliaries; Imprafix BE, Imprafix TH, Impranil AV, Impranil C-LG: finishing agent; Scotchgard FC 270, Scotchgard FX 3563, Scotchgard FX 3569: water repellent; Kiwotex TDK80; Kiwotex TKD50: printing auxiliary	multiple processes / printing and finishing	Ethylacetate: solvent for fluorochemical repellents	[642]; [641]
Acetic acid n-butyl ester	123-86-4	Butyl acetate (99/100%); Imprafix TRL 35-45%; Stabilisator 1097 80%	Butylacetat (99/100%): solvent, cleaning agent; Imprafix TRL 35-45%: finishing agent	finishing	Butylacetate: solvent for fluorochemical repellents	[642]; [641]

Substance	CAS-Nr.	Tradename/Product/ Common Name	Function	Process	Application	Literature
acetic acid phenoxyethyl ester	2555-49-9		carrier	dyeing and printing	aftertreatment	[746]
Acetic anhydride	108-24-7		Reserving agent for wool / Acylation	pretreatment of wool / surface modification (Acyliation)	Acylation of wool (by treating with sulphuric acid and acetanhydride) in order to reserve the wool toward anionic dyes	[696]
Acetone	67-64-1	Aceton; Dipolit WS80491 5-15%; Klebezement Verdünner (Löser 64) 2,5-10%; Oleophobol AG 5-7,5%; Oleophobol CM 5-7,5%; Oleophobol S 7,5-10%; Oleophobol SM 5-7,5%; Quecophob LPU 12%; Sandofluor GPC 7%; Wollpermann SA	Aceton: cleaning agent; Wollpermann SA: common purpose textile auxiliary; Quecophob LPU, Dipolit WS80491: water repellent; Oleophobol AG, Oleophobol CM, Oleophobol S, Oleophobol SM: Oleophobiermittel; Sandofluor GPC: finishing agent; Klebezement Verdünner (Löser 64): solventgemisch			[642]
(acetyloxy)tributylstannane	56-36-0		antimicrobiotic; trialkyl tin derivative	finishing	achieving resistance against microorganisms	[636]
Acetyltributylcitrate	77-90-7	Estaflex ATC	softener			[642]
Acrylamid	79-06-1	Vibatex VF 0,01%; Vibatex VM 0,01%; Primasol V; Cibafluid C 0,1%	Acrylamid: sizing additive; Vibatex VF, Vibatex VM: finishing agent; Cibafluid C, Primasol V: colouring auxiliary	pretreatment; finishing; colouring		[642]
Acrylic acid	79-10-7	Dicrylan Verdicker R	finishing agent; cross-linking agent; impregnating agent	pretreatment of wool / surface-modification treatments; finishing: water-repellent treatment, soil-repellent treatment	aftertreatment; cross-linking monomer that induce a reservation of wool towards acid dyes by polymerisation at the wool surface (Initiator: Peroxydisulfat)	[642]; [696]; [746]
Acrylic acid ethyl ester	140-88-5	Tubiperl P 0,04%	printing auxiliary; impregnating agent	finishing: water-repellent treatment, soil treatment	aftertreatment	[642]; [746]

Substance	CAS-Nr.	Tradename/Product/ Common Name	Function	Process	Application	Literature
Acrylic copolymer	25212-88-8	HIFAST CHARCOAL CW 0552171	colouring auxiliary (used in pigment dyes)	colouring		[643]
Acrylic copolymer	67924-02-1	HIFAST CHARCOAL CW 0552173	colouring auxiliary (used in pigment dyes)	colouring		[643]
Acrylonitrile	107-13-1	Acrypal ZU 0,1-1%	colouring auxiliary			[642]
Acrylonitrile/Butadiene copolymer (33/67)	9003-18-3		filler	transfer printing	nitrile rubber, for transfer material usefull in ink-jet printing on textiles	[784]
Alcohol C13-C15 poly (3) ethoxylate	64425-86-1		finishing agent / emulsifyer	pretreatment, colouring, finishing	nonionic surfactant	[767]
Alcohols, C10-14, ethoxylated	66455-15-0		finishing agent / emulsifyer	pretreatment, colouring, finishing	nonionic surfactant	[767]
Alcohols, C12-13, ethoxylated	66455-14-9		finishing agent / emulsifyer	pretreatment, colouring, finishing	nonionic surfactant	[767]
Alcohols, C12-15, ethoxylated	68131-39-5		finishing agent / emulsifyer	pretreatment, colouring, finishing	nonionic surfactant	[767]
Alcohols, C12-18, ethoxylated	68213-23-0		finishing agent / emulsifyer	pretreatment, colouring, finishing	nonionic surfactant	[767]
Alcohols, C6-12, ethoxylated	68439-45-2		finishing agent / emulsifyer	pretreatment, colouring, finishing	nonionic surfactant	[767]
Aldrin	309-00-2	Aldrin	insecticide	ectoparasiticide treatment of sheep	applied on sheep or directly on raw wool	[641]

Substance	CAS-Nr.	Tradename/Product/ Common Name	Function	Process	Application	Literature
Alizarin	72-48-0		natural dye; anthraquinone	dyeing and printing	Trace component in Morinda Citrifolia, Morinda Umbellata, Madder, Rubia Cordifolia, Rubia Akane, Dyer´s Woodruff; Component in Wild Madder, Sweet Woodruff; Main component in Chay Root; Sweet Woodruff (C.I. Natural Red 14): Wool mordanted with alum is dyed red.; Chay Root (C.I. Natural Red 6): When dyeing clothes with Chay Root it is very important to add 2% chalk to the dyeing fluid so as to prevent chay root's acidic substances from dissolving the mordant. One obtains bluish-red when dyeing wool with alum mordant.	[808]
all-trans Crocetin	27876-94-4	Crocetin	natural dyestuff	dyeing and printing		[645]
Aloe-emodine	481-72-1		natural dye; anthraquinone	dyeing and printing	Trace component in Rhubarb, Bitter Dock, Sagradabark, Aloe; Aloe: A mixture of Aloe and water directly dyes wool a dark cherry brown colour. Post-treatment with potassium bichromate makes brown tints darker. With iron sulphate one obtains maroon.	[808]
alpha-Amylase	9000-90-2	Baylase LT	desizing agent	pretreatment / desizing	Enzymatic desizing agent in textile pretreatment process that destroy starch (hot-release-process 1-3 ml/l; Jet 0,3-0,5 ml/l; Haspelkufe 0,5 ml/l)	[644]

Substance	CAS-Nr.	Tradename/Product/ Common Name	Function	Process	Application	Literature
alpha-Cyclodextrin	10016-20-3		1) Egalisiermittel; 2) coating agent	1) dyeing / printing; 2) finishing / surface treatment (Hochveredelung)	1) Polyester-HAT-Färbungen mit Dispersionsfarbstoffen; Trichrom-Färben von Baumwolle mit Direktfarbstoffen; 2) coating agent that subsequently permits storage of odour scents or other functional chemicals	[652]
alpha-Lupeol	4439-99-0	alpha-Lupeol	natural dyestuff	dyeing and printing		[645]
alpha-Methylnaphthalene	90-12-0	alpha-Methylnaphthalin	colouring auxiliary; carrier	dyeing and printing	accelerates the absorption and diffusion of dispersing dyestuff into the fibre under deep temperatures; aftertreatment	[641]; [746]
alpha-Tridecyl omega-hydroxy poly(oxy-1,2-ethandiyl)	24938-91-8	KIERALON JET-B CONC	detergents	pretreatment / scouring, boiling-off; colouring / aftertreatment of dyeing; soaping off	prescouring, boiling off, bleaching, after dye washing, or soaping off	[643]
Aluminium acetate	139-12-8		water repellent	functional finishing with repellents	wax-based water repellent (also called wax-salts repellents) used in combination with wax or paraffin; zirconium salts mainly substitute the aluminium salts in new processes	[750]
Aluminium hydroxide	21645-51-2	Apyral 2	finishing agent	finishing		[642]

Substance	CAS-Nr.	Tradename/Product/ Common Name	Function	Process	Application	Literature
Aluminium oxide	1344-28-1	CATALYST 0 3-114 100%/RINGS 7X7X3 MM; CATALYST 03-114 K/80 RING 7X7X3MM; CATALYST 04-27 STRAENGE 4MM; CATALYST 04-82; CATALYST D10-10; CATALYST G1-22; CATALYST G1-25; CATALYST H0-12; CATALYST H0-13 L; CATALYST H0-14 STRAENGE 3MM; CATALYST H0-14 STRAENGE 3MM; CATALYST H0-90; CATALYST M8-10	cross-linking agent; flame reatardant; filler	finishing; finishing with flame retardant; transfer printing	easy-care finishing with cross-linking agent; most used flame retardant for carpets; ink-absorbing filler for transfer material usefull in ink-jet printing on textiles	[643]; [753]; [784]
Aluminium powder	7429-90-5	Aluminiumpulver	finishing agent	finishing		[642]
Aluminium silicate dihydrate	1332-58-7	AQUAPRINT WHITE OPN O5-51173	surface-modifying agent	finishing: softening treatment	aftertreatment	[643]; [746]
Aluminium sulfate	10043-01-3	Aluminium sulphate	common purpose textile auxiliary; dyeing auxiliary;flame retardant;	dyeing and printing; finishing	e.g. dyeing of wool with neutral dyeing acid dyes (super milling dyes); destroying cellulose fibres by carbonising a fabric made of silk and cotton, or polyamide and viscose, in order to obtain breaktrough effects; used as non-durable flame retardant for cellulosic fibres	[642]; [641]; [749]; [750]
aluminium triacetate	8006-13-1		impregnating agent	finishing: water-repellent treatment	aftertreatment	[746]
aluminium triformiate	7360-53-4		impregnating agent	finishing: water-repellent treatment	aftertreatment	[746]
Aluminum chloride	7446-70-0	Aluminiumchlorid; catalyst 3282 4,5%	catalyst 3282: easy-care finishing agent; special auxiliary; catalyst / cross-linking auxiliary	easy-care finishing of cellulose-containing fabrics	catalyst for cross-linking reactions of synthetic resins or cellulose-containing fabrics; group of metal salts;	[642]; [749]
Aluminum potassium sulfate	10043-67-1	Kalialaun	finishing agent	finishing		[642]

Substance	CAS-Nr.	Tradename/Product/ Common Name	Function	Process	Application	Literature
Aluminum potassium sulfate, dodecahydrate	7784-24-9		dyeing auxiliary / mordant	dyeing	dyeing of silk and wool with natural "lac" dyes (based on laccaic acid)	[756]
Aluminum(III)ethoxide	555-75-9	Altriform CFD	water repellent	functional finishing with repellents	wax-based repellent type	[750]
4-Aminodiphenyl	92-67-1	4-Aminodiphenyl	by-product	colouring /dyeing and printing of azo dyes	carcinogenic amine that may be released by some azo dyestuffs	[641]
2-Aminoethyl hydrogen sulfate	926-39-6		colouring auxiliary	colouring: pad-process	modification of cellulose dyeing properties, when dyeing with reactive dyes	[650]
2-Amino-2-methylpropanol hydrochloride	[3207-12-3]		wrinkle-resistant treatment	finishing: wrinkle- and wrinkle-resistant treatment	aftertreatment	[746]
1-Aminooctadecane	124-30-1		finishing agent / emulsifyer	pretreatment, colouring, finishing	nonionic surfactant used as finishing agent or antistatic agent in textile treatments	[767]
3-Amino-1-propanesulfonic acid	3687-18-1		colouring auxiliary	colouring / pad-process	modification of cellulose dyeing properties, when dyeing with reactive dyes	[650]
Ammonia	7664-41-7	Ammoniak; Ammoniaklösung 24%; CORIAL Binder IF; Lutexal HSD; AQUAPRINT Fluorescent Pink BLF 05-53229	ammonia, ammonia-solution 24%: common purpose textile auxiliary; Lutexal HSD: printing auxiliary	multiple process; Lutexal HSD: printing		[642]; [643]
Ammonium acetate	631-61-8		dyeing auxiliary (pH-regulator)	dyeing of wool	dyeing of wool using so-called super milling acid dyes	[739]
Ammonium bifluoride	1341-49-7	Polyron 1005 1,6%	bleaching auxiliary agent	pretreatment / bleaching		[642]
Ammonium chloride	12125-02-9	Ammonium chloride; Knittex catalyst UMP 10-15%	ammoniumchloride: common purpose textile auxiliary, by-product of cross-linking agent, catalyst / cross-linking auxiliary; Knittex catalyst UMP: easy-care finishing agent	(functional) finishing / easy-care treatment; easy-care finishing of cellulose-containing fabric	product add to the cross-linking agents formaldehyde / dicyandiamide (used to improve the washing fastness of fabrics dyed with direct or reactive dyes); catalyst for cross-linking reactions of synthetic resins on cellulose-containing fabrics; ammonium salts group	[642]; [694]; [749]

Substance	CAS-Nr.	Tradename/Product/Common Name	Function	Process	Application	Literature
Ammonium Dihydrogen Phosphate	7722-76-1	CATALYST 04-28 A; Monoammonium phosphate; MAP	cross-linking agent; flame retardant	finishing with flame retardant	used in non-durable flame retardant treatments on mainly cellulose-based fabrics	[643]; [765]
Ammonium hydroxide	1336-21-6	RESPAD Red C3W 01-8001	common purpose textile auxiliary; dyeing auxiliary (ph-regulator)	multiple processes		[643]; [739]
Ammonium persulfate	7727-54-0	Ammoniumpersulfat	common purpose textile auxiliary			[642]
ammonium rhodanid	1762-95-4		finishing agent / shrinking agent	finshing handle and optic	used to obtain crêpe effect (local shrinkage) on silk	[800]
Ammonium stearate	1002-89-7	Ammoniumstearat	common purpose textile auxiliary			[642]
ammonium sulfamate	7773-06-0		flame retardant	finishing with flame retardant	used as non-durable flame retardant for cellulosic fibres	[750]
Amylase	9000-92-4	Beisol B260; Beisol LZV	desizing agent	pretreatment / desizing		[642]
Anchusasic acid	23444-65-7	Alkannin; Anchusasäure	natural dyestuff	dyeing and printing		[645]
Anthragallol	602-64-2		natural dye; anthraquinone	dyeing and printing	Trace component in Madder, Coprosma Lucida	[808]
9,10-Anthraquinone	84-65-1	Anthrachinon Pulver	printing auxiliary; discharging assistant (catalyst)	printing / discharge printing on cellulose	discharge printing on cellulose using azo ground colours that can be discharged by reducing agents; used to improve the discharge effect of a reducing agent and is therefore used on fabrics that have been dyed with azo dyes which are more difficult to discharge (acting as a catalyst), AQ further improves the and them more stable; AQ promotes reproducability	[642]; [751]
antimon oxide	1327-33-9		flame retardant auxiliary	finishing with flame retardant	used in combination with dekabromo diphenyl oxide (or other flame retardant, especially halogenated ones) for durable flame retardancy	[749]; [785]

Substance	CAS-Nr.	Tradename/Product/ Common Name	Function	Process	Application	Literature
antimony pentoxide	1314-60-9		flame retardant additive	(functional) finishing / fibre manufacturing of man-made fibres	antimony oxides are used to reinforce the flame-retardant effect of halogenated substances; antimony oxides are used during manufacturing of man-made fibres in the great majority of polymeres	[754]
antimony trichloride	10025-91-9		flame retardant	finishing with flame retardant	flame retardant finishes based on the incorporation of metal oxides	[749]
Antimony trioxide	1309-64-4	Antiox Blue Star RG; Flacavon H14/371 25-50%; CATALYST 04-26 RINGS; CATALYST 04-28 A	flame retardant; flame retardant additive	(functional) finishing / fibre manufacturing of man-made fibres; finishing: flame-retardant treatment	aftertreatment; antimicrobiotics; antimony oxides are used to reinforce the flame-retardant effect of halogenated substances; antimony trioxide can be partially replaced with borates, such as zinc borate or barium metaborate. Antimony oxides are used during manufacturing of man-made fibres in the great majority of polymeres	[642]; [754]; [746]
Apigenin	520-36-5		natural dye; flavanoid	dyeing and printing	Component in Weld, Sawwort, Dyer´s Chamomile, German Chamomile, Parsley, Black Poplar, Tea; Weld (C.I. Natural Yellow 2): With alum mordant one obtains a bright yellow tint. If 0.1% copper sulphate is added to the dyeing fluid, the tint gets a bit yellowish-olive, it improves the light-fastness of the tint. One obtains olive tints with copper mordant; olive brown is obtained using iron liquor.; Sawwort: With alum mordant	[808]

Substance	CAS-Nr.	Tradename/Product/ Common Name	Function	Process	Application	Literature
					one obtains greenish-yellow; after-treatment with ferrous sulphate results in dark olive brown. After-treatment using copper sulphate gives a yellowish-green colour.; Dyer´s Chamomile: With alum mordant one obtains yellow, with alum and tartar one obtains golden yellow. The tints possess excellent fastness to washing and to light.; German Chamomile: Wool previously steeped in alum mordant is dyed yellow. After-treatment with tin sulphate gives a very nice yellow tint, and aftertreatment with ferrous sulphate gives blackish-brown. Cotton and linen mordanted with acetate of aluminium or with tin are dyed a very nice yellow.; Parsley: On wool steeped in alum mordant one obtains a pale yellow; aftertreatment with copper sulphate results in yellowish-green.; Black Poplar: One obtains yellow on wool previously steeped in alum; post-treatment with a solution of ferrous sulphate results in grey.; Tea: The essence is used for dyeing. One obtains brown on wool with alum mordant (adding some copper sulphate solution to the dyeing fluid). Reddish-brown is obtained on	

Substance	CAS-Nr.	Tradename/Product/ Common Name	Function	Process	Application	Literature
					wool mordanted with bichromate of potassium.	
Aromatic petroleum derivative solvent	68477-31-6	HIFAST N CONC Blue 3G 05-57866; HIFAST N Conc Blue 3GLS 05-57995; HIFAST N CONC BLUE 3GS 05-57704; HIFAST N Conc Yellow 3G 05-58982; PAD N Blue 3G 09-9781; RESPAD BROWN BC3W 01-8819	colouring auxiliary (used in pigment dyes)	colouring		[643]
Atranorin	479-20-9	Atranorin	natural dyestuff	dyeing and printing		[645]
Atranorin	479-20-9		natural dye; lichen and fungus	dyeing and printing	Trace component in Common Wall Lichen; Component in Pertusaria Dealbescens, Cudbear Lichen, Dark Crottle, Crottle Franz, Cladonia Rangiferina; Dark Crottle: Wool steeped in alum mordant is dyed yellowish-brown, one obtains golden brown when the dyeing duration is longer; orange is obtained after drying the tint in the sun.; Cladonia Rangiferina: A decoction made from cladonia rangiferina dyes non-mordanted wool yellow; in case of longer dyeing duration one obtains golden brown. An after-treatment with copper sulphate results in moss-green.	[808]
Azodicarbonamide (ADC)	123-77-3	Porofor ADCIM (Porofor ADC/M)	unknown	unknown	unknown	[642]

Substance	CAS-Nr.	Tradename/Product/ Common Name	Function	Process	Application	Literature
Baicalein	491-67-8		natural dye; flavanoid	dyeing and printing	Component in Golden Rod; Golden Rod: One uses the herbs of the plant for dyeing alum mordanted wool golden yellow.	[808]
Barium chloride	10361-37-2		finishing assistant / delustring agent; dyeing auxiliary / mordant	finishing / delustring of synthetic fabrics; dyeing	precipitation of white pigments on the fibre surface, by 2 successive treatments with salts that consecutively precipitate; treatment with barium chloride is preceeded by treatment with sodium stannate or alkali molybdate; dyeing of silk and wool with natural "lac" dyes (based on laccaic acid)	[749]; [756]
Barium hydroxide	17194-00-2		dyeing auxiliary / mordant	dyeing	dyeing of silk and wool with natural "lac" dyes (based on laccaic acid)	[756]
Barium sulfate	7727-43-7	HIFAST N Conc Pink 3B 05-53939; PAD N Pink 3B 09-93847	colouring auxiliary (used in pigment dyes); surface-modifying; filler	finishing: softening treatment; transfer printing	aftertreatment; ink-absorbing filler for transfer material usefull in ink-jet printing on textiles	[643]; [746]; [784]
Benomyl	17804-35-2		antimicrobiotic; benzimidazol derivative	finishing	achieving resistance against microorganisms	[636]
Benzalkonium chloride	8001-54-5	Parasterol	avivage; dispersing agent; in-can preservative	multiple processes	preservation agent for the improvement of the storage stability of textile auxiliaries	[652]; [805]
Benzene	71-43-2	Lutexal HSD	printing auxiliary	printing		[642]
1,2-Benzenedicarboxylic acid, mono[2-[[(heptadecafluorooctyl)sulfonyl]methylamino]ethyl] ester	64630-20-2		water- and oil-repellent agent	finishing with repellents	water- and oil-repellent fluorochem. compn. for fibres	[737]
1,4-Benzenedisulfonic acid, 2-[[4-[butyl(2,2,6,6-tetramethyl-4-piperidinyl)amino]-6-[4-methylphenyl)amino]-1,3,5-triazin-2-yl]amino]-	177085-56-2		stabilizer	finishing	light and heat stabilizer for polyamide fibre	[730]

Substance	CAS-Nr.	Tradename/Product/ Common Name	Function	Process	Application	Literature
1,4-Benzenedisulfonic acid, 2-[[4-butyl(2,2,6,6,-tetramethyl-4-piperidinyl)amino]-6-(phenylamino)-1,3,5-triazin-2-yl]amino]-	177085-53-9		stabilizer	finishing	light and heat stabilizer for polyamide fibre	[730]
1,4-Benzenedisulfonic acid, 2-[[4-butyl(2,2,6,6,-tetramethyl-4-piperidinyl)amino]-6-(1-piperidinyl)-1,3,5-triazin-2-yl]amino]-	177085-52-8		stabilizer	finishing	light and heat stabilizer for polyamide fibre	[730]
1,4-Benzenedisulfonic acid, 2-[[4-[(4-methylphenyl)amino]-6-[methyl(2,2,6,6-tetramethyl-4-piperidinyl)amino]-1,3,5-triazin-2-yl]amino]-	177085-55-1		stabilizer	finishing	light and heat stabilizer for polyamide fibre	[730]
1,4-Benzenedisulfonic acid, 2-[[4-[(4-methylphenyl)amino]-6-[(2,2,6,6-tetramethyl-4-piperidinyl)amino]-1,3,5-triazin-2-yl]amino]-	177085-54-0		stabilizer	finishing	light and heat stabilizer for polyamide fibre	[730]
1,4-Benzenedisulfonic acid, 2-[[4-(phenylamino)-6-[(2,2,6,6-tetramethyl-4-piperidinyl)amino]-1,3,5-triazin-2-yl]amino]-	177085-51-7		stabilizer	finishing	light and heat stabilizer for polyamide fibre	[730]
Benzenesulfonic acid, 3-[[[[4-[[4-chloro-6-[[4-[2-(sulfooxy)ethyl]sulfonyl]phenyl]amino]-1,3,5-triazin-2-yl]amino]phenyl]amino]oxoacetyl]amino]-4-ethoxy-	177897-57-3		finishing UV-absorber		finishing UV-absorber for celullosics with vat dyes	[736]
Benzenesulfonic acid, mono-C10-13-sec-alkyl-derivatives	85536-14-7		finishing agent / emulsifyer	pretreatment, colouring, finishing	anionic surfactant of the alkylbenzenesulfonate type	[787]
Benzimidazolecarbamic acid, ester of diethylene glycol monoethyl ether	62732-91-6		antimicrobiotic; benzimidazol derivative	finishing	achieving resistance against microorganisms	[636]
Benzimidazolecarbamic acid, 1-((2-(methylthio)ethyl)carbamoyl)-, methyl ester	27386-64-7		antimicrobiotic; benzimidazol derivative	finishing	achieving resistance against microorganisms	[636]

Substance	CAS-Nr.	Tradename/Product/ Common Name	Function	Process	Application	Literature
1,2-Benzisothiazolin-3-one	2634-33-5	CORIAL Binder IF	antimicrobiotic; isothiazolinone derivative	finishing; printing	achieving resistance against microorganisms; improvement of storage stability (printing pastes)	[643]; [758]; [636]
Benzoic acid, 4-chloro-,4-(2H-benzotriazol-2-yl)-3-hydroxyphenyl-ester	169198-74-7		stabilizer	finishing	light stabilizer for polyester fibre	[732]
Benzoic acid, 4-methyl-,4-(5-chloro-2H-benzotriazol-2-yl)-3-hydroxyphenyl-ester	169198-75-8		stabilizer	finishing	light stabilizer for polyester fibre	[732]
Benzoic acid, 4-methyl-,4-(2H-benzotriazol-2-yl)-3-hydroxyphenyl-ester	169198-73-6		stabilizer		light stabilizer for polyester fibre	[732]
Benzophenone	119-61-9				antimicrobiotics	
benzoyl peroxide	94-36-0		oxidising agent	printing / discharge printing	used in old discharge printing processes developed to discharge most indigo-dyed fabrics and some selected reactive-dyed fabrics	[751]
Benzyl phenyl ether	946-80-5		antimigration agent		antimicrobiotics	
Benzylbenzoate	120-51-4	Benzylbenzoat; Rhovyl AS+	colouring auxiliary; carrier; antiacaricide / antimicrobial agent	dyeing and printing; textile finishing	Promotes the absorption and diffusion of disperse dyes into the fibre under low-temperature conditions; aftertreatment; antimicrobial agent which may also be incorporated into the fibre during production	[641]; [746]; [755]
Benzyldimethylstearylammonium chloride	122-19-0		cationic surfactant	multi purpose use: pretreatment, colouring, finishing	multi purpose use auxiliaries; cationic surfactants are mainly used in textile finishing industry as conditioning agents, antistatic finishing agents and softening agents	[767]
4-Benzylphenol	101-53-1	Benzylphenol	colouring auxiliary	colouring / dyeing and printing	Promotes the absorption and diffusion of disperse dyes into the fibre under low-temperature conditions	[641]
Berbamine	478-61-5	Berbamin	natural dyestuff	dyeing and printing		[645]

Substance	CAS-Nr.	Tradename/Product/ Common Name	Function	Process	Application	Literature
Berbamine	478-61-5		natural dye; xanthon; basic	dyeing and printing	Component in Barberry, Oregon Grape; Barberry (C.I. Natural Yellow 18): The roots or bark can be used as a direct dye on wool, silk, or cotton. Wool and silk are dyed in a source of light at 50 to 60°C; cotton can be dyed with tannin mordant or with tartar emetic to obtain dark yellow tints.	[808]
Berberine	2086-83-1	Berberin	natural dyestuff	dyeing and printing		[645]
Berberine	2086-83-1		natural dye; basic	dyeing and printing	Component in Blood Wood, Barberry, Golden Seal, Phellodendron Amurensee, Xanthoriza Simplicissima, Toddalia Asiatica, Meadow Rue, Angelica Tree, Oregon Grape, Coptis Japonica, Coptis Chinensis, Coptis Teta, Coptis Trifolia, Coptis Anemonefolia; Barberry (C.I. Natural Yellow 18): The roots or bark can be used as a direct dye on wool, silk, or cotton. Wool and silk are dyed in a source of light at 50 to 60°C; cotton can be dyed with tannin mordant or with tartar emetic to obtain dark yellow tints.	[808]

Substance	CAS-Nr.	Tradename/Product/ Common Name	Function	Process	Application	Literature
beta-Cyclodextrin	7585-39-9		1) Egalisiermittel; 2) coating agent	1) dyeing / printing; 2) finishing / surface treatment (Hochveredelung)	1) Polyester-HAT-Färbungen mit Dispersionsfarbstoffen; Trichrom-Färben von Baumwolle mit Direktfarbstoffen; 2) coating agent that subsequently permits storage of odour scents or other functional chemicals	[652]
beta-Methylnaphthaline	91-57-6	beta-Methylnaphthalin	colouring auxiliary; carrier	dyeing and printing	accelerates the absorption and diffusion of dispersing dyestuff into the fibre under deep temperatures; aftertreatment	[641]; [746]
beta-Naphthylamine	91-59-8	beta-Naphthylamin	by-product; developing agent of naphtol dyes	colouring /dyeing and printing of azo dyes; dyeing/naphtol dyes	carcinogenic amine that may be released by some azo dyesstuffs; developing agent of naphtol dyes (azoic dyes developped on the fibre); dyeing of cellulosic fibres (particulary cotton), rayon, cellulose acetate, linen and polyester	[641]
Betanidin	55-73-2		natural dye; authocyane and betalaine	dyeing and printing	Component in Pokeweed, Red Beet; Pokeweed: Wool steeped in alum mordant and tartar is dyed in a dyeing bath of acetic acid (pH 2-3) in a fuchsin red tint. The dyeing temperature should not exceed 60° C to prevent the tint from getting brown. The light-fastness of pokeweed tints is poor.	[808]
Betanidine	2181-76-2	Betanidin	natural dyestuff	dyeing and printing		[645]
Biochanin A	491-80-5		natural dye; flavanoid	dyeing and printing	Component in Wild Indigo; Trace component in Red Clover	[808]

Substance	CAS-Nr.	Tradename/Product/ Common Name	Function	Process	Application	Literature
2,2'-Bioxazole, 4,4',5,5'-tetrahydro-	36697-72-0		flame retardant	finishing with flame retardants	crosslinking agent; halogen free flame retardant for polyester	[774]
Biphenyl	92-52-4	Dilatin NAN 20-25%	colouring auxiliary; carrier	dyeing and printing	aftertreatment	[642]; [746]
Bis (tributyltin) maleate	14275-57-1		antimicrobiotic; trialkyl tin derivative	finishing	achieving resistance against microorganisms	[636]
Bis(chloromethyl)ether	542-88-1		by-product of reaction	easy-care finishing of cellulose-containing fabric	possible by-product of the cross-linking reaction of formaldehyde-containing products, when catalyted with nitrate salts	[750]
1,7-bis(4-hydroxy-3-methoxyphenyl)-1,6-heptadiene-3,5-dione	458-37-7	Curcumin	natural dyestuff	dyeing and printing		[645]
Bis-(hydroxymethyl) urea	25155-29-7	Bis-(hydroxymethyl)-harnstoff	cross-linking agent	functional finishing / anti-felt treatment	treatment with resin to confere anti-felt characteristics to wool	[641]
1,3-Bis(isocyanatomethyl)benzene	3634-83-1		by-product of polyurea capsules	finishing with microcapsules	finishing with biocide-, perfume-, etc. microcapsules, intelligent textile	[806]
Bis-(methoxymethyl) urea	141-07-1	Bis-(methoxymethyl)-harnstoff	cross-linking agent	functional finishing / anti-felt treatment	treatment with resin to confere anti-felt characteristics to wool	[641]
Bis(tri-n-butyltin)oxide	56-35-9		antimicrobiotic; trialkyl tin derivative	finishing	achieving resistance against microorganisms	[636]
Bixin	6983-79-5		natural dye; carotenoid	dyeing and printing	Main component in Annato	[808]
Borax	1303-96-4	Borax	common purpose textile auxiliary; flame retardant auxiliary	finishing with flame retardant	used in combination with boric acid in non-durable flame retardant mixtures for cellulosic fibres	[750]
boric acid	11113-50-1	also: CAS 41685-84-1	bleaching agent	functional finishing with repellents	auxiliary added to phospho-free catalsysts (used for cross-linking reaction of formaldehyde-free cross-linking agents such as carboxiylic acids), which improve the whiteness obtained in the cured fabric	[771]

Substance	CAS-Nr.	Tradename/Product/ Common Name	Function	Process	Application	Literature
Boric acid	10043-35-3	Boric acid; PRESTOGEN SP Liquid	boric acid: flame retardant; PRESTOGEN SP Liquid: bleaching auxiliary agent	finishing with flame retardant	PRESTOGEN SP Liquid: Activator for bleaching with hydrogen peroxide in a neutral to weakly acid medium; for bleaching blends of cotton and polyester, or nylon and yarn dyed woven fabrics; used in combination with borax mixtures for non-durable flame retardant on cellulosic fibres	[642]; [643]; [750]
brominated polystyrene (BrPS)	57137-10-7		flame retardant	finishing	alternative to polybrominated diphenyl ethers, brominated polystyrene is today mainly used as additive flame retardant	[754]
bromine	7726-95-6		oxidising agent	printing / discharge printing	used in old discharge printing processes developed to discharge most indigo-dyed fabrics and some selected reactive-dyed fabrics	[751]
2-Bromo-2-nitropropane-1,3-diol	52-51-7		biocide; in-can preservative	antimicrobial finishing; multiple processes	typical biocide used in the textile industry; preservation agent for the improvement of the storage stability of textile auxiliaries	[757]; [805]

Substance	CAS-Nr.	Tradename/Product/ Common Name	Function	Process	Application	Literature
Butane tetracarboxylic acid (BTCA)	1703-58-8		cross-linking agent / non-creasing agent	easy-care finishing; (functional) finishing of cellulose	alternative cross-linking agent that reacts with the fibre forming ester cross-links using hypophosphite salts as catalyst; the system has zero-formaldehyde release potential but is of little importance because of high cost and colour problems; alternative to DMDHEU (formaldehyde releasing cross-linking agent); BTCA can also be applied to silk finishing	[649]; [750]; [749]; [752]
1-Butanol	71-36-3	n-Butanol; Perrustol APF 1%	Perrustol APF: Anti-electrostatika			[642]
Butanone	78-93-3	Imprafix BE 35-45%; Methylethylketon	Imprafix BE: finishing agent; Methylethylketon: solvent	finishing	Methylethylketon: solvent for fluorochemical repellents	[642]; [641]
Butanoxime	110-69-0	Butanoxime	by-product	functional finishing; hydrophobic treatment	high-temperature reaction product of some "extenders" added to fluorochemical repellents	[641]
1,2,4-Butantriol	3068-00-6		fixation, printing	dyeing and printing	aftertreatment	[746]
2-Butoxyethanol	111-76-2	Butylglykol; Foryl 197 1-3%; Levapon OLN 1-3%	common purpose textile auxiliary			[642]

Substance	CAS-Nr.	Tradename/Product/ Common Name	Function	Process	Application	Literature
2-(2-Butoxyethoxy)ethanol	112-34-5	Lyogen PN flüssig 3%; wetting agent 611 1%; wetting agent CG16 1-5%; PALEGAL LP; Solusoft WMA; HIFAST BLACK 2KR 05-52851; HIFAST EC Black 3B 05-52165; HIFAST N BLACK C 05-52827; HIFAST N Red 2R 05-53733; POLYFAST BLUE LGB 05-57188; POLYFAST BLACK KB 05-52131; POLYFAST BROWN HWP 05-55165; POLYFAST GREEN PB 05-54157; POLYFAST Navy JS 05-57171; POLYFAST RED A2B 05-53263; POLYFAST RED RRL 05-53279; POLYFAST SCARLET 05-53261	Lyogen PN flüssig, wetting agent 611: colouring auxiliary; wetting agent CG16: common purpose textile auxiliary; PALEGAL LP: levelling agent; Solusoft WMA: softener; HIFAST BLACK 2KR 05-52851, HIFAST EC Black 3B 05-52165, HIFAST N BLACK C 05-52827, HIFAST N Red 2R 05-53733, POLYFAST BLUE LGB 05-57188, POLYFAST BLACK KB 05-52131, POLYFAST BROWN HWP 05-55165, POLYFAST GREEN PB 05-54157, POLYFAST Navy JS 05-57171, POLYFAST RED A2B 05-53263, POLYFAST RED RRL 05-53279, POLYFAST SCARLET 05-53261: colouring auxiliary (used in pigment dyes)		PALEGAL LP: for disperse dyes on polyester; dye-solubiliser and colour-intensifier when printing on polyamide	[642]; [643]
2-Butoxyethyl acetate	112-07-2	Finish PU 5%	easy-care finishing agent	easy-care finishing		[642]
butyl benzyl phthalate	85-68-7		fixation, printing	dyeing and printing	aftertreatment	[746]
Butylacrylate	141-32-2	Feran FEB	printing auxiliary	colouring / printing		[642]
Butylated melamine-formaldehyde-copolymer	68002-25-5	RESPAD BLUE G3W 01-8400; RESPAD SCARLET DL3W 01-8002	colouring auxiliary (used in pigment dyes)	colouring		[643]
Butyltriglycol	143-22-6	Felosan TAC (Felosan TAK-NO) 15%	common purpose textile auxiliary	multiple processes		[642]
4-Butyrolactone	96-48-0	EULYSIN N-WP	colouring auxiliary	colouring	controlling the dye bath pH during dyeing of nylon or wool fibers with anionic dyes	[643]

Substance	CAS-Nr.	Tradename/Product/ Common Name	Function	Process	Application	Literature
C. I. Natural Orange 6	83-72-7	Lawsone	natural dye; naphthoquinone	dyeing and printing	Component in Egyptian Privet; Egyptian Privet (C.I. Natural Orange 6): Wool and silk can be directly dyed without previous mordant. Orange brown is obtained on non-mordanted wool.	[808]
C.I. Acid Black 107	12218-96-1	Säureschwarz BGL; Bemaplexschwarz S-BGL	acid dye; monoazo (1:2 metal complex)	dyeing and printing	mainly used for polyamide (70-75%) and wool (25-30%) dyeing; also used for silk and some modified acrylic fibres	[642]
C.I. Acid Black 131			acid dye	dyeing and printing	mainly used for polyamide (70-75%) and wool (25-30%) dyeing; also used for silk and some modified acrylic fibres	[746]
C.I. Acid Black 132	12219-02-2	Irgalangrau GL 200 %; Lanasynschwarz BRL 200 %	acid dye; azo (1:2 metal complex)	dyeing and printing	mainly used for polyamide (70-75%) and wool (25-30%) dyeing; also used for silk and some modified acrylic fibres	[642]; [746]
C.I. Acid Black 172	61847-77-6	Telonschwarz LDN; Telon Printing Black L; also: CAS 57693-14-8	acid dye; monoazo (1:2 chromium complex)	dyeing and printing	mainly used for polyamide (70-75%) and wool (25-30%) dyeing; also used for silk and some modified acrylic fibres	[642]
C.I. Acid Black 187	61901-11-9	Acidolgrau M-G; Acidol Grey M-G	acid dye; azo	dyeing and printing	mainly used for polyamide (70-75%) and wool (25-30%) dyeing; also used for silk and some modified acrylic fibres	[642]
C.I. Acid Black 194	61931-02-0	Lanafastschwarz M-RL; Acidolschwarz M-SRL; Acidol Black M-SRL	acid dye; azo (1:2 chromium complex)	dyeing and printing	mainly used for polyamide (70-75%) and wool (25-30%) dyeing; also used for silk and some modified acrylic fibres	[642]
C.I. Acid Black 2	[8005-03-6]	Nigrosin WLF; Nigrosine; also: CAS 68510-98-5	acid dye	dyeing and printing	mainly used for polyamide (70-75%) and wool (25-30%) dyeing; also used for silk and some modified acrylic fibres	[642]
C.I. Acid Black 209	72827-68-0	Seela Fast Black FC	acid dye; azo	dyeing and printing	mainly used for polyamide (70-75%) and wool (25-30%) dyeing; also used for silk and some modified acrylic fibres	[746]

Substance	CAS-Nr.	Tradename/Product/Common Name	Function	Process	Application	Literature
C.I. Acid Black 220	152287-07-5	Isolangrau S-GL; Isolan Grey S-GL	acid dye; 1:2 metal complex dye	dyeing and printing	mainly used for polyamide (70-75%) and wool (25-30%) dyeing; also used for silk and some modified acrylic fibres	[642]; [745]
C.I. Acid Black 232		Apollo Acid Black BRL; C.I. 30334	acid dye; trisazo	dyeing and printing	mainly used for polyamide (70-75%) and wool (25-30%) dyeing; also used for silk and some modified acrylic fibres	[746]
C.I. Acid Black 26	[6262-07-3]	Walkmarine C-40	acid dye; disazo	dyeing and printing	mainly used for polyamide (70-75%) and wool (25-30%) dyeing; also used for silk and some modified acrylic fibres	[642]
C.I. Acid Black 28	5850-41-9	Naphthalene Black 12BR	acid dye; disazo	dyeing and printing	mainly used for polyamide (70-75%) and wool (25-30%) dyeing; also used for silk and some modified acrylic fibres	[746]
C.I. Acid Black 29	12217-14-0		acid dye; trisazo	dyeing and printing	mainly used for polyamide (70-75%) and wool (25-30%) dyeing; also used for silk and some modified acrylic fibres	[746]
C.I. Acid Black 52	5610-64-0	Palatin Fast Black WAN ex	acid / metal complex dye; monoazo chromium complex	dyeing and printing	liquid dye for use in dust-free preparation	[798]
C.I. Acid Black 60	12218-95-0	Ostalangrau BLN 200 %	acid dye; metal complex dye; monoazo (1:2 chromium complex)	dyeing and printing	mainly used for polyamide (70-75%) and wool (25-30%) dyeing; also used for silk and some modified acrylic fibres; dyeing of wool with acid dyes which have superior wash-fastness thanks to the incorporation of a transition metal ion in the dye molecule (usually Cr3+)	[642]; [739]
C.I. Acid Black 63	32517-36-5	Erionylschwarz M-BN; Vialonechtschwarz 3RL 85 flüssig	acid dye; monoazo (metallised)	dyeing and printing	mainly used for polyamide (70-75%) and wool (25-30%) dyeing; also used for silk and some modified acrylic fibres	[642]

Substance	CAS-Nr.	Tradename/Product/Common Name	Function	Process	Application	Literature
C.I. Acid Black 66	6360-59-4	Melegrana Supra Black MG	acid dye; trisazo	dyeing and printing	mainly used for polyamide (70-75%) and wool (25-30%) dyeing; also used for silk and some modified acrylic fibres	[746]
C.I. Acid Black 70	8005-88-7	Chrome Leather Fast Black V	acid dye; trisazo	dyeing and printing	mainly used for polyamide (70-75%) and wool (25-30%) dyeing; also used for silk and some modified acrylic fibres	[746]
C.I. Acid Black 80		Doramingrau FBH	acid dye	dyeing and printing	mainly used for polyamide (70-75%) and wool (25-30%) dyeing; also used for silk and some modified acrylic fibres	[642]
C.I. Acid Black 94	6358-80-1		acid dye; trisazo	dyeing and printing	mainly used for polyamide (70-75%) and wool (25-30%) dyeing; also used for silk and some modified acrylic fibres	[746]
C.I. Acid Blue 113	[3351-05-1]	Alphanolechtmarineblau R, Erionylmarine R 180 %, Erionylschwarz CRF-01, Nylofastmarineblau 5R; Supranolmarine R; Telonechtmarineblau R 182 %; 1-Naphthalenesulfonic acid, 8-(phenylamino)-5-[[4-[(3-sulfophenyl)azo]-1-naphthalenyl]azo]-, disodium salt	acid dye; disazo; antimicrobial agent / blue dye	dyeing and printing; antimicrobial finishing	mainly used for polyamide (70-75%) and wool (25-30%) dyeing; also used for silk and some modified acrylic fibres; acid azo dye mols. as bridges for quaternary ammonium antimicrobial modifikation of nylon, acid azo dye linking bactericide for polyamid	[642]; [747]
C.I. Acid Blue 142	61723-94-2	Sandolanbrillantblau	acid dye	dyeing and printing	mainly used for polyamide (70-75%) and wool (25-30%) dyeing; also used for silk and some modified acrylic fibres	[642]
C.I. Acid Blue 145	6408-80-6		acid dye; anthraquinone	dyeing and printing	mainly used for polyamide (70-75%) and wool (25-30%) dyeing; also used for silk and some modified acrylic fibres	[695]

Substance	CAS-Nr.	Tradename/Product/ Common Name	Function	Process	Application	Literature
C.I. Acid Blue 158	[6370-08-7]	Neolanblau 2RN 200 %	acid dye; metal complex dye; monoazo (metallised)	dyeing and printing	mainly used for polyamide (70-75%) and wool (25-30%) dyeing; also used for silk and some modified acrylic fibres; dyeing of wool with acid dyes which have superior wash-fastness thanks to the incorporation of a transition metal ion in the dye molecule (usually Cr3+); a.o. reservation of wool, dyeing of fibre blends	[642]; [739]; [696]
C.I. Acid Blue 161	75214-58-3	also: CAS 12392-64-2 (C.I. Acid Blue 161); Neolan Blau B; Lanafastdunkelblau M-BR; Lanasynmarineblau S-DNL; Acidoldunkelblau M-TR	acid dye; monoazo (1:2 chromium complex)	dyeing and printing	mainly used for polyamide (70-75%) and wool (25-30%) dyeing; also used for silk and some modified acrylic fibres	[642]; [745]
C.I. Acid Blue 171	51053-44-2	Irgalan Blau 3GL	acid dye; 1:2 metal complex dye	dyeing and printing	mainly used for polyamide (70-75%) and wool (25-30%) dyeing; also used for silk and some modified acrylic fibres	[745]
C.I. Acid Blue 185	12234-64-9	Lanasol Blau 8G	acid dye; phthalocyanine	dyeing and printing; dyeing with phthalocyanines	mainly used for polyamide (70-75%) and wool (25-30%) dyeing; also used for silk and some modified acrylic fibres	[745]
C.I. Acid Blue 193	12392-64-2	Acidol Dark Blue M-TR	acid dye; monoazo (1:2 chromium complex)	dyeing and printing	most hydrophilic of all metal-complex dyes, which require the addition of suitable leveling agents for deep and even dyeing of wool and polyamides	[798], auch Structurformel dort!
C.I. Acid Blue 205	12238-92-5	Telonblau AR	acid dye; anthraquinone	dyeing and printing	mainly used for polyamide (70-75%) and wool (25-30%) dyeing; also used for silk and some modified acrylic fibres	[642]
C.I. Acid Blue 221	12219-32-8	Supranol Blau BLW; Alizarine Brilliant Sky BLue GLW	acid dye; anthraquinone	dyeing and printing	mainly used for polyamide (70-75%) and wool (25-30%) dyeing; also used for silk and some modified acrylic fibres	[642]; [702]

Substance	CAS-Nr.	Tradename/Product/Common Name	Function	Process	Application	Literature
C.I. Acid Blue 249	27360-85-6	Fastogen Blue SBL	acid dye; phthalocyanine	dyeing and printing	mainly used for polyamide (70-75%) and wool (25-30%) dyeing; also used for silk and some modified acrylic fibres	[641]
C.I. Acid Blue 25	2786-71-2	Nylofastblau FBX 200 %	acid dye; anthraquinone	dyeing and printing	mainly used for polyamide (70-75%) and wool (25-30%) dyeing; also used for silk and some modified acrylic fibres; acid levelling dye (equalising dye) used to dye wool without using levelling agents, but requiring a strong acid (e.g. formic acid) for exhaustion	[642]; [739]
C.I. Acid Blue 264	39315-90-7	Telonechtblau AFN; Isonal Blue FGN	acid dye; anthraquinone	dyeing and printing	mainly used for polyamide (70-75%) and wool (25-30%) dyeing; also used for silk and some modified acrylic fibres	[642]
C.I. Acid Blue 279	61967-94-0	Supranoltürkis GGL; Telonechttürkisblau GGL 167 %; Telon Fast Turquoise Blue GGL	acid dye; phthalocyanine	dyeing and printing	mainly used for polyamide (70-75%) and wool (25-30%) dyeing; also used for silk and some modified acrylic fibres	[642]
C.I. Acid Blue 290	39280-53-0	Telonblau A3GL; Telon Fast Blue A3GL	acid dye; anthraquinone	dyeing and printing	mainly used for polyamide (70-75%) and wool (25-30%) dyeing; also used for silk and some modified acrylic fibres	[642]
C.I. Acid Blue 324	88264-80-6	Telonblau BRL Micro; Telonlichtblau KBRL 200 %; Supracen Blue GBN	acid dye; anthraquinone	dyeing and printing	mainly used for polyamide (70-75%) and wool (25-30%) dyeing; also used for silk and some modified acrylic fibres	[642]
C.I. Acid Blue 333		Acidolbrillantblau BX-NW; Acidol Brilliant Blue B	acid dye; anthraquinone	dyeing and printing	mainly used for polyamide (70-75%) and wool (25-30%) dyeing; also used for silk and some modified acrylic fibres	[642]
C.I. Acid Blue 335	75214-56-1	Isolan Marineblau S-RL (Bayer); Isolan Navy Blue S-RL	acid dye; 1:2 metal complex dye; azo (metal complex)	dyeing and printing	mainly used for polyamide (70-75%) and wool (25-30%) dyeing; also used for silk and some modified acrylic fibres	[743]

Substance	CAS-Nr.	Tradename/Product/ Common Name	Function	Process	Application	Literature
C.I. Acid Blue 40	6247-34-3	Nylanthreneblau LGGL 240 %; Nylofastblau E-2GL; Telonblau GGL; also: CAS 16247-34-3	acid dye; anthraquinone	dyeing and printing	mainly used for polyamide (70-75%) and wool (25-30%) dyeing; also used for silk and some modified acrylic fibres	[642]; [746]
C.I. Acid Blue 41	2666-17-3		acid dye; anthraquinone	dyeing and printing	mainly used for polyamide (70-75%) and wool (25-30%) dyeing; also used for silk and some modified acrylic fibres	[695]
C.I. Acid Blue 45	[2861-02-1]		acid dye; anthraquinone	dyeing and printing	mainly used for polyamide (70-75%) and wool (25-30%) dyeing; also used for silk and some modified acrylic fibres	[641]
C.I. Acid Blue 62	4368-56-3		acid dye; anthraquinone	dyeing and printing	dyeing of polyamide (nylon), etc.	[801]
C.I. Acid Blue 62	4368-56-3	C.I. 62045	acid dye	dyeing and printing	dyeing and printing: mainly used for polyamide (70-75%) and wool (25-30%) dyeing; also used for silk and some modified acrylic fibres	[801]
C.I. Acid Blue 7	3486-30-4	also: CAS 21563-97-3	acid dye; triphenylmethane	dyeing and printing	mainly used for polyamide (70-75%) and wool (25-30%) dyeing; also used for silk and some modified acrylic fibres	[695]
C.I. Acid Blue 74	860-22-0	Indigokarmin	acid dye; natural dye; indigoid	dyeing and printing	mainly used for polyamide (70-75%) and wool (25-30%) dyeing; also used for silk and some modified acrylic fibres	[645]
C.I. Acid Blue 78	6424-75-5		acid dye; anthraquinone	dyeing and printing	mainly used for polyamide (70-75%) and wool (25-30%) dyeing; also used for silk and some modified acrylic fibres	[695]
C.I. Acid Blue 80	4474-24-2	Sandolanwalkblau N-BL 150 %	acid dye; anthraquinone	dyeing and printing	mainly used for polyamide (70-75%) and wool (25-30%) dyeing; also used for silk and some modified acrylic fibres	[642]
C.I. Acid Blue 90	6104-58-1		acid dye; triphenylmethane	dyeing and printing	mainly used for polyamide (70-75%) and wool (25-30%) dyeing; also used for silk and some modified acrylic fibres	

Substance	CAS-Nr.	Tradename/Product/ Common Name	Function	Process	Application	Literature
C.I. Acid Blue 92	7488-76-8		acid dye; monoazo	dyeing and printing	mainly used for polyamide (70-75%) and wool (25-30%) dyeing; also used for silk and some modified acrylic fibres	[641]
C.I. Acid Blue 25 monosodium salt	6408-78-2	Nylofastblau FBX 200 %	acid dye; anthraquinone	dyeing and printing	mainly used for polyamide (70-75%) and wool (25-30%) dyeing; also used for silk and some modified acrylic fibres; acid levelling dye (equalising dye) used to dye wool without using levelling agents, but requiring a strong acid (e.g. formic acid) for exhaustion	[642]; [739]
C.I. Acid Blue 40 monosodium salt	6424-85-7	Nylanthreneblau LGGL 240 %; Nylofastblau E-2GL; Telonblau GGL; also: CAS 16247-34-3	acid dye; anthraquinone	dyeing and printing	mainly used for polyamide (70-75%) and wool (25-30%) dyeing; also used for silk and some modified acrylic fibres	[642]; [746]
C.I. Acid Blue 92 trisodium salt	3861-73-2		acid dye; monoazo	dyeing and printing	mainly used for polyamide (70-75%) and wool (25-30%) dyeing; also used for silk and some modified acrylic fibres	[641]
C.I. Acid Brown 248	12239-00-8	Telonlichtgelbbraun 3G	acid dye; nitro	dyeing and printing	mainly used for polyamide (70-75%) and wool (25-30%) dyeing; also used for silk and some modified acrylic fibres	[642]
C.I. Acid Brown 355	60181-77-3	Acidolbraun KM-N, Acidolbraun M-BL flüssig; Acidol Brown M-BL	acid dye	dyeing and printing	mainly used for polyamide (70-75%) and wool (25-30%) dyeing; also used for silk and some modified acrylic fibres	[642]
C.I. Acid Brown 415	97199-27-4	Isolan Brown S-GL	acid dye; azo (metal complex)	dyeing and printing	mainly used for polyamide (70-75%) and wool (25-30%) dyeing; also used for silk and some modified acrylic fibres	[746]
C.I. Acid Brown 89	6417-27-2	Igenal Brown PRBF	acid dye; monoazo	dyeing and printing	mainly used for polyamide (70-75%) and wool (25-30%) dyeing; also used for silk and some modified acrylic fibres	[746]

Substance	CAS-Nr.	Tradename/Product/ Common Name	Function	Process	Application	Literature
C.I. Acid Dye		C.I. 14810	acid dye	dyeing and printing	mainly used for polyamide (70-75%) and wool (25-30%) dyeing; also used for silk and some modified acrylic fibres	[746]
C.I. Acid Dye		C.I. 15000	acid dye	dyeing and printing	mainly used for polyamide (70-75%) and wool (25-30%) dyeing; also used for silk and some modified acrylic fibres	[746]
C.I. Acid Dye		C.I. 16010	acid dye	dyeing and printing	mainly used for polyamide (70-75%) and wool (25-30%) dyeing; also used for silk and some modified acrylic fibres	[746]
C.I. Acid Dye		C.I. 19610	acid dye	dyeing and printing	mainly used for polyamide (70-75%) and wool (25-30%) dyeing; also used for silk and some modified acrylic fibres	[746]
C.I. Acid Dye		C.I. 22255	acid dye	dyeing and printing	mainly used for polyamide (70-75%) and wool (25-30%) dyeing; also used for silk and some modified acrylic fibres	[746]
C.I. Acid Dye		C.I. 22285	acid dye	dyeing and printing	mainly used for polyamide (70-75%) and wool (25-30%) dyeing; also used for silk and some modified acrylic fibres	[746]
C.I. Acid Dye		C.I. 22400	acid dye	dyeing and printing	mainly used for polyamide (70-75%) and wool (25-30%) dyeing; also used for silk and some modified acrylic fibres	[746]
C.I. Acid Dye		C.I. 23070	acid dye	dyeing and printing	mainly used for polyamide (70-75%) and wool (25-30%) dyeing; also used for silk and some modified acrylic fibres	[746]
C.I. Acid Dye		C.I. 25110	acid dye	dyeing and printing	mainly used for polyamide (70-75%) and wool (25-30%) dyeing; also used for silk and some modified acrylic fibres	[746]

Substance	CAS-Nr.	Tradename/Product/ Common Name	Function	Process	Application	Literature
C.I. Acid Dye		C.I. 25115	acid dye	dyeing and printing	mainly used for polyamide (70-75%) and wool (25-30%) dyeing; also used for silk and some modified acrylic fibres	[746]
C.I. Acid Green 104	61814-51-5	Acidololiv KM-G; Acidol Olive M-BGL	acid dye; disazo (1:2 cobalt complex)	dyeing and printing	mainly used for polyamide (70-75%) and wool (25-30%) dyeing; also used for silk and some modified acrylic fibres	[642]
C.I. Acid Green 108	71872-22-5	Acidolgrün M-FGL; Acidol Green M-FGL	acid dye; azomethine (1:2 chromium complex)	dyeing and printing	mainly used for polyamide (70-75%) and wool (25-30%) dyeing; also used for silk and some modified acrylic fibres	[642]
C.I. Acid Green 25	4403-90-1	Chrome Intra Green G	acid dye; anthraquinone	dyeing and printing	mainly used for polyamide (70-75%) and wool (25-30%) dyeing; also used for silk and some modified acrylic fibres; acid milling (or half-milling) dye used to dye wool requiring only a weak acid (e.g. acetic acid) for exhaustion	[739]
C.I. Acid Green 33	[6487-06-5]	Wool Dark Green AZ	acid dye; trisazo	dyeing and printing	mainly used for polyamide (70-75%) and wool (25-30%) dyeing; also used for silk and some modified acrylic fibres	[746]
C.I. Acid Green 43	12219-88-4	Lanafastgrün GL	acid dye; monoazo (1:2 cobalt complex)	dyeing and printing	mainly used for polyamide (70-75%) and wool (25-30%) dyeing; also used for silk and some modified acrylic fibres	[642]
C.I. Acid Green 81	12234-89-8	Supranolgrün 6GW; Alizarine Brilliant Green 6GW	acid dye; anthraquinone	dyeing and printing	mainly used for polyamide (70-75%) and wool (25-30%) dyeing; also used for silk and some modified acrylic fibres	[642]
C.I. Acid Orange 107	12220-08-5	Isolanorange K-RLS 150 %	acid dye; monoazo (1:2 chromium complex)	dyeing and printing	mainly used for polyamide (70-75%) and wool (25-30%) dyeing; also used for silk and some modified acrylic fibres	[642]

Substance	CAS-Nr.	Tradename/Product/Common Name	Function	Process	Application	Literature
C.I. Acid Orange 116	12220-10-9	Nylanthreneorange SLF 200 %, Telonorange AGT	acid dye	dyeing and printing	mainly used for polyamide (70-75%) and wool (25-30%) dyeing; also used for silk and some modified acrylic fibres	[642]
C.I. Acid Orange 142	61901-39-1	Lanafastorange M-RL; Acidol Orange M-RL; also: CAS 55809-98-8	acid dye; azo (1:2 Cr complex)	dyeing and printing	mainly used for polyamide (70-75%) and wool (25-30%) dyeing; also used for silk and some modified acrylic fibres	[642]
C.I. Acid Orange 156	68555-86-2	Nylosangelb N-7GL 100 %, Nylosanorange E-GNS 50 %; Nylosan Orange C-GNS; also: CAS 72827-75-9	acid dye; disazo	dyeing and printing	mainly used for polyamide (70-75%) and wool (25-30%) dyeing; also used for silk and some modified acrylic fibres	[642]; [746]
C.I. Acid Orange 16	33340-36-2		acid dye; monoazo	dyeing and printing	mainly used for polyamide (70-75%) and wool (25-30%) dyeing; also used for silk and some modified acrylic fibres	[746]
C.I. Acid Orange 165	77907-16-5	Acidol Orange 3RE; also: CAS 85030-26-8	acid dye; disazo	dyeing and printing	mainly used for polyamide (70-75%) and wool (25-30%) dyeing; also used for silk and some modified acrylic fibres	[641]
C.I. Acid Orange 178		Nylosangelbbraun EGL 150 %; Nylosan Yellow Brown E-GLN	acid dye; nitro	dyeing and printing	mainly used for polyamide (70-75%) and wool (25-30%) dyeing; also used for silk and some modified acrylic fibres	[642]
C.I. Acid Orange 3	6373-74-6	Lissamin Gelb AE 110 %	acid dye; nitro	dyeing and printing	mainly used for polyamide (70-75%) and wool (25-30%) dyeing; also used for silk and some modified acrylic fibres	[702]
C.I. Acid Orange 31	5858-89-9		acid dye; monoazo	dyeing and printing	mainly used for polyamide (70-75%) and wool (25-30%) dyeing; also used for silk and some modified acrylic fibres	[746]
C.I. Acid Orange 45	2429-80-3		acid dye; disazo	dyeing and printing	mainly used for polyamide (70-75%) and wool (25-30%) dyeing; also used for silk and some modified acrylic fibres	[746]

Substance	CAS-Nr.	Tradename/Product/ Common Name	Function	Process	Application	Literature
C.I. Acid Orange 55	6459-66-1	Brilliant Milling Orange GR	acid dye; disazo	dyeing and printing	mainly used for polyamide (70-75%) and wool (25-30%) dyeing; also used for silk and some modified acrylic fibres	[746]
C.I. Acid Orange 7	573-89-7		acid dye; monoazo	dyeing and printing	mainly used for polyamide (70-75%) and wool (25-30%) dyeing; also used for silk and some modified acrylic fibres	
C.I. Acid Orange 89	12269-95-3	Vialonechtorange RL 85 flüssig	acid dye	dyeing and printing	mainly used for polyamide (70-75%) and wool (25-30%) dyeing; also used for silk and some modified acrylic fibres	[642]
C.I. Acid Orange 95	12217-33-3	Supranolorange GSN	acid dye; disazo	dyeing and printing	mainly used for polyamide (70-75%) and wool (25-30%) dyeing; also used for silk and some modified acrylic fibres	[642]
C.I. Acid Orange 7 monosodium salt	633-96-5		acid dye; monoazo	dyeing and printing	mainly used for polyamide (70-75%) and wool (25-30%) dyeing; also used for silk and some modified acrylic fibres	
C.I. Acid Red 104	[8006-06-2]	Amalon Red 3G	acid dye; disazo	dyeing and printing	mainly used for polyamide (70-75%) and wool (25-30%) dyeing; also used for silk and some modified acrylic fibres	[746]
C.I. Acid Red 107	6416-33-7	Anthosine 5B	acid dye; monoazo	dyeing and printing	mainly used for polyamide (70-75%) and wool (25-30%) dyeing; also used for silk and some modified acrylic fibres	[746]
C.I. Acid Red 114	6459-94-5		acid dye; disazo	dyeing and printing	mainly used for polyamide (70-75%) and wool (25-30%) dyeing; also used for silk and some modified acrylic fibres	[746]
C.I. Acid Red 115	6226-80-8	also: CAS 8005-61-6	acid dye; disazo	dyeing and printing	mainly used for polyamide (70-75%) and wool (25-30%) dyeing; also used for silk and some modified acrylic fibres	[746]

Substance	CAS-Nr.	Tradename/Product/ Common Name	Function	Process	Application	Literature
C.I. Acid Red 116	6245-62-1		acid dye; disazo	dyeing and printing	mainly used for polyamide (70-75%) and wool (25-30%) dyeing; also used for silk and some modified acrylic fibres	[746]
C.I. Acid Red 118	12217-35-5	also: CAS 83027-46-7	acid dye; monoazo	dyeing and printing	mainly used for polyamide (70-75%) and wool (25-30%) dyeing; also used for silk and some modified acrylic fibres	[694]
C.I. Acid Red 128	6548-30-7	Doracidwalkrot BM	acid dye; disazo	dyeing and printing	mainly used for polyamide (70-75%) and wool (25-30%) dyeing; also used for silk and some modified acrylic fibres	[642]; [746]
C.I. Acid Red 13	25317-26-4	Echtrot E; also: CAS 15792-28-6	acid dye; monoazo	dyeing and printing	mainly used for polyamide (70-75%) and wool (25-30%) dyeing; also used for silk and some modified acrylic fibres	[696]; [743]
C.I. Acid Red 138	15792-43-5		acid dye; monoazo	dyeing and printing	mainly used for polyamide (70-75%) and wool (25-30%) dyeing; also used for silk and some modified acrylic fibres; reservation of wool	[696]; [696]
C.I. Acid Red 148	6300-53-4		acid dye; disazo	dyeing and printing	mainly used for polyamide (70-75%) and wool (25-30%) dyeing; also used for silk and some modified acrylic fibres	[746]
C.I. Acid Red 150	6226-78-4		acid dye; disazo	dyeing and printing	mainly used for polyamide (70-75%) and wool (25-30%) dyeing; also used for silk and some modified acrylic fibres	[746]
C.I. Acid Red 158	12239-89-3	also: CAS 8004-55-5	acid dye; disazo	dyeing and printing	mainly used for polyamide (70-75%) and wool (25-30%) dyeing; also used for silk and some modified acrylic fibres	[746]
C.I. Acid Red 16	5858-66-2	Acid Scarlet PA	acid dye; monoazo	dyeing and printing	mainly used for polyamide (70-75%) and wool (25-30%) dyeing; also used for silk and some modified acrylic fibres	[746]

Substance	CAS-Nr.	Tradename/Product/ Common Name	Function	Process	Application	Literature
C.I. Acid Red 167	619901-41-5		acid dye; disazo	dyeing and printing	mainly used for polyamide (70-75%) and wool (25-30%) dyeing; also used for silk and some modified acrylic fibres	[746]
C.I. Acid Red 177	[8012-09-7]	Cloth Red G; also: 7357-71-3	acid dye; disazo	dyeing and printing	mainly used for polyamide (70-75%) and wool (25-30%) dyeing; also used for silk and some modified acrylic fibres	[746]
C.I. Acid Red 18	7244-14-6	also: CAS 12227-64-4	acid dye; monoazo; antimicrobial agent / red dye	dyeing and printing; antimicrobial finishing	mainly used for polyamide (70-75%) and wool (25-30%) dyeing; also used for silk and some modified acrylic fibres; acid azo dye mols. as bridges for quaternary ammonium antimicrobial modifikation of nylon, acid azo dye linking bactericide for polyamid	[747]
C.I. Acid Red 186	52677-44-8	Neolan Rosa BA	acid dye; 1:1 metal complex dye; monoazo (metallised)	dyeing and printing	mainly used for polyamide (70-75%) and wool (25-30%) dyeing; also used for silk and some modified acrylic fibres	[745]
C.I. Acid Red 22	5864-85-7	Brilliant Lanafuchsin SL	acid dye; monoazo	dyeing and printing	mainly used for polyamide (70-75%) and wool (25-30%) dyeing; also used for silk and some modified acrylic fibres	[746]
C.I. Acid Red 24	5858-30-0	also: CAS 15782-06-6	acid dye; monoazo	dyeing and printing	mainly used for polyamide (70-75%) and wool (25-30%) dyeing; also used for silk and some modified acrylic fibres	[746]
C.I. Acid Red 249	6416-66-6		acid dye; monoazo	dyeing and printing	mainly used for polyamide (70-75%) and wool (25-30%) dyeing; also used for silk and some modified acrylic fibres	
C.I. Acid Red 26	3761-53-3		acid dye; monoazo	dyeing and printing	mainly used for polyamide (70-75%) and wool (25-30%) dyeing; also used for silk and some modified acrylic fibres	[746]

Substance	CAS-Nr.	Tradename/Product/ Common Name	Function	Process	Application	Literature
C.I. Acid Red 260	12239-07-5	Supranolrot BL	acid dye; disazo	dyeing and printing	mainly used for polyamide (70-75%) and wool (25-30%) dyeing; also used for silk and some modified acrylic fibres	[642]
C.I. Acid Red 264	6505-96-0		acid dye; monoazo	dyeing and printing	mainly used for polyamide (70-75%) and wool (25-30%) dyeing; also used for silk and some modified acrylic fibres	[746]
C.I. Acid Red 265	6358-43-6		acid dye; monoazo	dyeing and printing	mainly used for polyamide (70-75%) and wool (25-30%) dyeing; also used for silk and some modified acrylic fibres	[746]
C.I. Acid Red 266	57741-47-6	Nylofastrot E-2BA 200 %; also: CAS 12217-37-7	acid dye; azo	dyeing and printing	mainly used for polyamide (70-75%) and wool (25-30%) dyeing; also used for silk and some modified acrylic fibres	[642]
C.I. Acid Red 27	642-59-1	also: CAS 12227-62-2	acid dye; monoazo	dyeing and printing	mainly used for polyamide (70-75%) and wool (25-30%) dyeing; also used for silk and some modified acrylic fibres	[696]; [743]; [696]
C.I. Acid Red 274	61931-18-8	Supranolrot 3BW	acid dye; monoazo	dyeing and printing	mainly used for polyamide (70-75%) and wool (25-30%) dyeing; also used for silk and some modified acrylic fibres	[642]
C.I. Acid Red 276	61901-44-8	Supranolrot GW	acid dye; monoazo	dyeing and printing	mainly used for polyamide (70-75%) and wool (25-30%) dyeing; also used for silk and some modified acrylic fibres	[642]
C.I. Acid Red 277	12220-26-7	Isolanbordo K-RLS, Lanafastbordo RLS	acid dye; monoazo (1:2 Cobalt complex)	dyeing and printing	mainly used for polyamide (70-75%) and wool (25-30%) dyeing; also used for silk and some modified acrylic fibres	[642]
C.I. Acid Red 279	12220-27-8	Isolan Scharlach K-GLS	acid dye; 1:2 metal complex dye; monoazo (1:2 chromium complex)	dyeing and printing	mainly used for polyamide (70-75%) and wool (25-30%) dyeing; also used for silk and some modified acrylic fibres	[745]

Substance	CAS-Nr.	Tradename/Product/ Common Name	Function	Process	Application	Literature
C.I. Acid Red 299	12220-29-0	Nylanthrenerubin 5BLF 20, Telonrubin A5B; Neonyl Fast Rubine 5BLF	acid dye; disazo	dyeing and printing	mainly used for polyamide (70-75%) and wool (25-30%) dyeing; also used for silk and some modified acrylic fibres; dyeing of polyamide (nylon), etc.	[642]; [801]
C.I. Acid Red 315	12220-47-2	Lanacronrot S-G; Avilon Fast Red G-W	acid dye; 1:2 metal complex dye; monoazo (1:2 metal complex)	dyeing and printing	mainly used for polyamide (70-75%) and wool (25-30%) dyeing; also used for silk and some modified acrylic fibres	[642]; [745]
C.I. Acid Red 323	6358-34-5	Elite Fast Red R	acid dye; disazo	dyeing and printing	mainly used for polyamide (70-75%) and wool (25-30%) dyeing; also used for silk and some modified acrylic fibres	[746]
C.I. Acid Red 337	67786-14-5	Telonlichtrot FRL, Telonrot FRL Micro; Merpacyl Red G; also: CAS 12270-02-9	acid dye; monoazo	dyeing and printing	mainly used for polyamide (70-75%) and wool (25-30%) dyeing; also used for silk and some modified acrylic fibres	[642]
C.I. Acid Red 35	6441-93-6		acid dye; monoazo	dyeing and printing	mainly used for polyamide (70-75%) and wool (25-30%) dyeing; also used for silk and some modified acrylic fibres	[746]
C.I. Acid Red 350		Nyliton Fast Scarlet DYL; C.I. 26207	acid dye; disazo	dyeing and printing	mainly used for polyamide (70-75%) and wool (25-30%) dyeing; also used for silk and some modified acrylic fibres	[746]
C.I. Acid Red 357	61951-36-8	Acidolscharlach M-L; Acidol Scarlet M-L	acid dye; azo 1:2 Cr complex)	dyeing and printing	mainly used for polyamide (70-75%) and wool (25-30%) dyeing; also used for silk and some modified acrylic fibres	[642]
C.I. Acid Red 359	61814-65-1	Neutrichrome Red S-JL	acid dye; monoazo (1:2 metal complex)	dyeing and printing	mainly used for polyamide (70-75%) and wool (25-30%) dyeing; also used for silk and some modified acrylic fibres	[694]
C.I. Acid Red 360	61968-06-7	Telonrot AFG; Telon Fast Red AFG	acid dye; azo	dyeing and printing	mainly used for polyamide (70-75%) and wool (25-30%) dyeing; also used for silk and some modified acrylic fibres	[642]

Substance	CAS-Nr.	Tradename/Product/ Common Name	Function	Process	Application	Literature
C.I. Acid Red 362	61814-58-2	Acidolrot M-BR; Acidol Red M-BR	acid dye; monoazo (1:2 chromium complex)	dyeing and printing	mainly used for polyamide (70-75%) and wool (25-30%) dyeing; also used for silk and some modified acrylic fibres	[642]
C.I. Acid Red 4	5858-39-9		acid dye; monoazo	dyeing and printing	mainly used for polyamide (70-75%) and wool (25-30%) dyeing; also used for silk and some modified acrylic fibres	[746]
C.I. Acid Red 414	152287-09-7	Isolanrot S-RL; Isolan Red S-RL	acid dye; azo (metal complex)	dyeing and printing	mainly used for polyamide (70-75%) and wool (25-30%) dyeing; also used for silk and some modified acrylic fibres	[642]
C.I. Acid Red 420		Nylanthrene Scarlet Y-LFW	acid dye; disazo	dyeing and printing	mainly used for polyamide (70-75%) and wool (25-30%) dyeing; also used for silk and some modified acrylic fibres	[746]
C.I. Acid Red 425	151499-54-6	Isolan Bordo K-RLS; Isolan Bordeaux S-BL	acid dye; 1:2 metal complex dye; azo (1:2 metal complex)	dyeing and printing	mainly used for polyamide (70-75%) and wool (25-30%) dyeing; also used for silk and some modified acrylic fibres	[745]
C.I. Acid Red 426	118548-20-2	Telonlichtrot K-BRL 200 %, Telon Rot BRL Micro; Telon Red BR-CL	acid dye; azo	dyeing and printing	mainly used for polyamide (70-75%) and wool (25-30%) dyeing; also used for silk and some modified acrylic fibres	[642]; [702]
C.I. Acid Red 5	5858-63-9		acid dye; monoazo	dyeing and printing	mainly used for polyamide (70-75%) and wool (25-30%) dyeing; also used for silk and some modified acrylic fibres	[746]
C.I. Acid Red 52	3520-42-1	Duasyn-Säurehodamin B	acid dye; xanthene	dyeing and printing	mainly used for polyamide (70-75%) and wool (25-30%) dyeing; also used for silk and some modified acrylic fibres	[642]
C.I. Acid Red 65	6459-71-8	Lanasol Rot B; Cotton Ponceau	acid dye; disazo	dyeing and printing	mainly used for polyamide (70-75%) and wool (25-30%) dyeing; also used for silk and some modified acrylic fibres	[696]

Substance	CAS-Nr.	Tradename/Product/Common Name	Function	Process	Application	Literature
C.I. Acid Red 73	5413-75-2	also: C.I. Solvent Red 69: Lampronol Scarlet R	acid dye;solvent dye; disazo	dyeing and printing	mainly used for polyamide (70-75%) and wool (25-30%) dyeing; also used for silk and some modified acrylic fibres; solvent dyes are soluble in organic solvent, not soluble in water	[746]
C.I. Acid Red 84		Lanasol Rot 6G	acid dye	dyeing and printing	mainly used for polyamide (70-75%) and wool (25-30%) dyeing; also used for silk and some modified acrylic fibres	[696]
C.I. Acid Red 85	3567-65-5		acid dye; disazo	dyeing and printing	mainly used for polyamide (70-75%) and wool (25-30%) dyeing; also used for silk and some modified acrylic fibres; super milling dye used to dye wool in neutral medium, using ammonum salts and controlled exhaustion	[746]; [739]
C.I. Acid Red 88	1658-56-6	also: 18268-54-7 (free acid)	acid dye; monoazo	dyeing and printing	mainly used for polyamide (70-75%) and wool (25-30%) dyeing; also used for silk and some modified acrylic fibres	[696]
C.I. Acid Red 13 disodium salt	2302-96-7	Echtrot E; also: CAS 15792-28-6	acid dye; monoazo	dyeing and printing	mainly used for polyamide (70-75%) and wool (25-30%) dyeing; also used for silk and some modified acrylic fibres	[696]; [743]
C.I. Acid Red 151 monolithium salt	51988-26-2	Nylofastrot SN-3R 200 %, Säurewalkrot BY	acid dye; disazo	dyeing and printing	mainly used for polyamide (70-75%) and wool (25-30%) dyeing; also used for silk and some modified acrylic fibres	[642]
C.I. Acid Red 151 monosodium salt	6406-56-0	Nylofastrot SN-3R 200 %, Säurewalkrot BY	acid dye; disazo	dyeing and printing	mainly used for polyamide (70-75%) and wool (25-30%) dyeing; also used for silk and some modified acrylic fibres	[642]

Substance	CAS-Nr.	Tradename/Product/ Common Name	Function	Process	Application	Literature
C.I. Acid Red 18 trisodium salt	2611-82-7	New Coccine; also: CAS 12227-64-4	acid dye; monoazo; antimicrobial agent / red dye	dyeing and printing; antimicrobial finishing	mainly used for polyamide (70-75%) and wool (25-30%) dyeing; also used for silk and some modified acrylic fibres; acid azo dye mols. as bridges for quaternary ammonium antimicrobial modifikation of nylon, acid azo dye linking bactericide for polyamid	[747]
C.I. Acid Red 27 trisodium salt	915-67-3	also: CAS 12227-62-2	acid dye; monoazo	dyeing and printing	mainly used for polyamide (70-75%) and wool (25-30%) dyeing; also used for silk and some modified acrylic fibres	[696]; [743]; [696]
C.I. Acid Red 119:1	90880-75-4	Milling Fast Bordeaux VGN	acid dye; disazo	dyeing and printing	mainly used for polyamide (70-75%) and wool (25-30%) dyeing; also used for silk and some modified acrylic fibres	[746]
C.I. Acid Red 25:1	8005-51-4	Crocein Scarlet 3BX	acid dye; monoazo	dyeing and printing	mainly used for polyamide (70-75%) and wool (25-30%) dyeing; also used for silk and some modified acrylic fibres	[746]
C.I. Acid Violet 12	6625-46-3		acid dye; monoazo	dyeing and printing	mainly used for polyamide (70-75%) and wool (25-30%) dyeing; also used for silk and some modified acrylic fibres	[746]
C.I. Acid Violet 17		C.I. 42650	acid dye; triphenylmethane	dyeing and printing	mainly used for polyamide (70-75%) and wool (25-30%) dyeing; also used for silk and some modified acrylic fibres	[641]; [746]
C.I. Acid Violet 30	6252-75-1	Violamine B	acid dye; xanthene	dyeing and printing	mainly used for polyamide (70-75%) and wool (25-30%) dyeing; also used for silk and some modified acrylic fibres	[641]
C.I. Acid Violet 48	12220-51-8	Supranolviolett RWN; Sandolanwalkviolett	acid dye	dyeing and printing	mainly used for polyamide (70-75%) and wool (25-30%) dyeing; also used for silk and some modified acrylic fibres	[642]

Substance	CAS-Nr.	Tradename/Product/ Common Name	Function	Process	Application	Literature
C.I. Acid Violet 49	1694-09-3		acid dye; triphenylmethane	dyeing and printing	mainly used for polyamide (70-75%) and wool (25-30%) dyeing; also used for silk and some modified acrylic fibres	[641]
C.I. Acid Violet 56	[6408-02-2]		acid dye; monoazo (metallised)	dyeing and printing	mainly used for polyamide (70-75%) and wool (25-30%) dyeing; also used for silk and some modified acrylic fibres	[641]
C.I. Acid Violet 90	6408-29-3	Dorolanbordeaux SBRL, Lanafastbordo M-B	acid dye; monoazo (1:2 metal complex)	dyeing and printing	mainly used for polyamide (70-75%) and wool (25-30%) dyeing; also used for silk and some modified acrylic fibres	[642]
C.I. Acid Yellow 1	483-84-1	Naphthol Yellow RS	acid dye; nitro	dyeing and printing	mainly used for polyamide (70-75%) and wool (25-30%) dyeing; also used for silk and some modified acrylic fibres	[641]
C.I. Acid Yellow 155	12220-81-4	Lanafastgelb 3N; Isolan Yellow GL	acid dye; monoazo 1:2 (metal complex)	dyeing and printing	mainly used for polyamide (70-75%) and wool (25-30%) dyeing; also used for silk and some modified acrylic fibres	[642]
C.I. Acid Yellow 204	61814-53-7	Acidolgelb M-5RL; Acidol Yellow M-5RL	acid dye; azo (1:2 cobalt complex)	dyeing and printing	mainly used for polyamide (70-75%) and wool (25-30%) dyeing; also used for silk and some modified acrylic fibres	[642]
C.I. Acid Yellow 220	71603-79-7	Lanacrongelb S-2G; Lanacron Yellow S-2G	acid dye; azo (1:2 metal complex)	dyeing and printing	mainly used for polyamide (70-75%) and wool (25-30%) dyeing; also used for silk and some modified acrylic fibres	[642]
C.I. Acid Yellow 221	61814-59-3	Acidolbelb RE-NW 200%; Acidol Yellow RE	acid dye; monoazo	dyeing and printing	mainly used for polyamide (70-75%) and wool (25-30%) dyeing; also used for silk and some modified acrylic fibres	[642]
C.I. Acid Yellow 23	1934-21-0		acid dye; monoazo	dyeing and printing	mainly used for polyamide (70-75%) and wool (25-30%) dyeing; also used for silk and some modified acrylic fibres	[746]

Substance	CAS-Nr.	Tradename/Product/ Common Name	Function	Process	Application	Literature
C.I. Acid Yellow 230	72827-87-3	Telongelb RLN Micro; Telon Yellow RNL	acid dye; azo	dyeing and printing	mainly used for polyamide (70-75%) and wool (25-30%) dyeing; also used for silk and some modified acrylic fibres	[642]
C.I. Acid Yellow 232	134687-50-6	Isolangelb S-GL; Levalan Yellow N-GLS	acid dye; azo (1:2 chromium complex)	dyeing and printing	mainly used for polyamide (70-75%) and wool (25-30%) dyeing; also used for silk and some modified acrylic fibres	[642]
C.I. Acid Yellow 240		Telongelb 3RL Micro, Telonlichtgelb 3RL 250 %; Telon Yellow 3RLL	acid dye; azo	dyeing and printing	mainly used for polyamide (70-75%) and wool (25-30%) dyeing; also used for silk and some modified acrylic fibres	[642]
C.I. Acid Yellow 241		Acidolgelb M-2GLN; Acidol Yellow M-2GLN	acid dye; azo-azomethine (1:2 chromium complex)	dyeing and printing	mainly used for polyamide (70-75%) and wool (25-30%) dyeing; also used for silk and some modified acrylic fibres	[642]
C.I. Acid Yellow 242		Telongelb A3RL; Telon Fast Yellow A3RL	acid dye; azo	dyeing and printing	mainly used for polyamide (70-75%) and wool (25-30%) dyeing; also used for silk and some modified acrylic fibres	[642]
C.I. Acid Yellow 3	8004-92-0	C.I. Food Yellow 13; Quinoline Yellow; Mixture of C.I. 470051 & C.I. 470052; also: CAS 68814-04-0	quinophthalone dye; quinoline	dyeing and printing	for dyeing wool and silk	[772]
C.I. Acid Yellow 36	587-98-4		acid dye; monoazo	dyeing and printing	mainly used for polyamide (70-75%) and wool (25-30%) dyeing; also used for silk and some modified acrylic fibres	[694]
C.I. Acid Yellow 42	6375-55-9	Walkgelb R	acid dye; disazo	dyeing and printing	mainly used for polyamide (70-75%) and wool (25-30%) dyeing; also used for silk and some modified acrylic fibres	[642]
C.I. Acid Yellow 49	12239-15-5	Nylanthrenegelb 4NGL 200 %; Telongelb FG; also: CAS 69762-08-9	acid dye; monoazo	dyeing and printing	mainly used for polyamide (70-75%) and wool (25-30%) dyeing; also used for silk and some modified acrylic fibres	[642]

Substance	CAS-Nr.	Tradename/Product/ Common Name	Function	Process	Application	Literature
C.I. Acid Yellow 59	5601-29-6		metal-complex dye; azo (metallised)	dyeing and printing	so-called vialone dyes, the least hydrophilic of 1:2 metal complex dyes; they are used in dispersed form to dye nylon	[798]
C.I. Acid Yellow 61	12217-38-8		acid dye	dyeing and printing	mainly used for polyamide (70-75%) and wool (25-30%) dyeing; also used for silk and some modified acrylic fibres	[694]
C.I. Acid Yellow 79	12220-70-1	Supranolgelb 4GL	acid dye	dyeing and printing	mainly used for polyamide (70-75%) and wool (25-30%) dyeing; also used for silk and some modified acrylic fibres	[642]
C.I. Acid Yellow 1 disodium salt	846-70-8	Naphthol Yellow RS; Naphthol Yellow S	acid dye; nitro	dyeing and printing	mainly used for polyamide (70-75%) and wool (25-30%) dyeing; also used for silk and some modified acrylic fibres	[641]
C.I. Acid Yellow 3 sodium salt	95193-83-2	also: CAS 95193-82-1	quinophthalone dye; quinoline	dyeing and printing	for dyeing wool and silk	[772]
C.I. Acid Yellow 159:1		Nylanthrenegelb FLW, Nylofastgelb RDL	acid dye	dyeing and printing	mainly used for polyamide (70-75%) and wool (25-30%) dyeing; also used for silk and some modified acrylic fibres	[642]
C.I. Acid Yellow 215:1		Amidoflavin FF-PW; Amido Flavine FFP	acid dye; naphthalimide	dyeing and printing	mainly used for polyamide (70-75%) and wool (25-30%) dyeing; also used for silk and some modified acrylic fibres	[642]
C.I. Acid Yellow 219:1		Nylofastgelb E-4R; Nylomine Yellow A-R	acid dye; azo	dyeing and printing	mainly used for polyamide (70-75%) and wool (25-30%) dyeing; also used for silk and some modified acrylic fibres	[642]
C.I. Azoic Coupling Component 10	92-78-4	Naphthol AS-E	naphthol dye (azoic dye developed on the fibre)	dyeing and printing	used for dyeing of cellulosic fibres (particularly cotton); also applied to rayon, cellulose acetate, linen and sometimes polyester	[641]

Substance	CAS-Nr.	Tradename/Product/ Common Name	Function	Process	Application	Literature
C.I. Azoic Coupling Component 11	92-79-5	Naphtol AS-RL	naphthol dye (azoic dye developed on the fibre)	dyeing and printing	used for dyeing of cellulosic fibres (particularly cotton); also applied to rayon, cellulose acetate, linen and sometimes polyester	[641]
C.I. Azoic Coupling Component 12	92-72-8	Naphtol AS-ITR	naphthol dye (azoic dye developed on the fibre)	dyeing and printing	used for dyeing of cellulosic fibres (particularly cotton); also applied to rayon, cellulose acetate, linen and sometimes polyester	[641]
C.I. Azoic Coupling Component 13	86-19-1	Naphtol AS-SG flüssig	naphthol dye (azoic dye developed on the fibre)	dyeing and printing	used for dyeing of cellulosic fibres (particularly cotton); also applied to rayon, cellulose acetate, linen and sometimes polyester	[642]
C.I. Azoic Coupling Component 15	23077-61-4	Naphtol AS-LB	naphthol dye (azoic dye developed on the fibre)	dyeing and printing	used for dyeing of cellulosic fibres (particularly cotton); also applied to rayon, cellulose acetate, linen and sometimes polyester	[641]
C.I. Azoic Coupling Component 18	135-61-5	Naphtol AS-D	naphthol dye (azoic dye developed on the fibre)	dyeing and printing	used for dyeing of cellulosic fibres (particularly cotton); also applied to rayon, cellulose acetate, linen and sometimes polyester	[641]
C.I. Azoic Coupling Component 2	92-77-3	Naphtol AS	naphthol dye (azoic dye developed on the fibre)	dyeing and printing	used for dyeing of cellulosic fibres (particularly cotton); also applied to rayon, cellulose acetate, linen and sometimes polyester	[641]
C.I. Azoic Coupling Component 32	2672-81-3	Naphtol AS-S	naphthol dye (azoic dye developed on the fibre)	dyeing and printing	used for dyeing of cellulosic fibres (particularly cotton); also applied to rayon, cellulose acetate, linen and sometimes polyester	[642]

Substance	CAS-Nr.	Tradename/Product/ Common Name	Function	Process	Application	Literature
C.I. Azoic Coupling Component 34	137-52-0	Naphtol AS-CA	naphthol dye (azoic dye developed on the fibre)	dyeing and printing	used for dyeing of cellulosic fibres (particularly cotton); also applied to rayon, cellulose acetate, linen and sometimes polyester	[642]
C.I. Azoic Coupling Component 4	132-68-3	Naphtol AS-BO	naphthol dye (azoic dye developed on the fibre)	dyeing and printing	used for dyeing of cellulosic fibres (particularly cotton); also applied to rayon, cellulose acetate, linen and sometimes polyester	[641]
C.I. Azoic Coupling Component 5	91-96-3	Naphtol AS-G	naphthol dye (azoic dye developed on the fibre)	dyeing and printing	used for dyeing of cellulosic fibres (particularly cotton); also applied to rayon, cellulose acetate, linen and sometimes polyester	[641]
C.I. Azoic Diazo 48	20282-70-6	Fast Blue B salt; C.I. Azoic Diazo Component 48 diazonium ion	naphthol dye (azoic dye developed on the fibre)	dyeing and printing	used for dyeing of cellulosic fibres (particularly cotton); also applied to rayon, cellulose acetate, linen and sometimes polyester	[746]
C.I. Azoic Diazo Component		C.I. 37115	naphthol dye (azoic dye developed on the fibre)	dyeing and printing	used for dyeing of cellulosic fibres (particularly cotton); also applied to rayon, cellulose acetate, linen and sometimes polyester	[746]
C.I. Azoic Diazo Component		C.I. 37270	naphthol dye (azoic dye developed on the fibre)	dyeing and printing	used for dyeing of cellulosic fibres (particularly cotton); also applied to rayon, cellulose acetate, linen and sometimes polyester	[746]
C.I. Azoic Diazo Component 11	95-69-2		naphthol dye (azoic dye developed on the fibre)	dyeing and printing	used for dyeing of cellulosic fibres (particularly cotton); also applied to rayon, cellulose acetate, linen and sometimes polyester	[746]

Substance	CAS-Nr.	Tradename/Product/ Common Name	Function	Process	Application	Literature
C.I. Azoic Diazo Component 112	92-87-5	(also 92-87-5 + 97-52-9; C.I. 37225 + C.I. 37125); Benzidine	naphthol dye (azoic dye developed on the fibre); colouring; dyeing and printing of azo dyes; by-product	dyeing and printing	used for dyeing of cellulosic fibres (particularly cotton); also applied to rayon, cellulose acetate, linen and sometimes polyester	[641]; [746]
C.I. Azoic Diazo Component 113	119-93-7	Fast Dark Blue Base R	naphthol dye (azoic dye developed on the fibre)	dyeing and printing	used for dyeing of cellulosic fibres (particularly cotton); also applied to rayon, cellulose acetate, linen and sometimes polyester	[746]
C.I. Azoic Diazo Component 12	99-55-8		naphthol dye (azoic dye developed on the fibre)	dyeing and printing	used for dyeing of cellulosic fibres (particularly cotton); also applied to rayon, cellulose acetate, linen and sometimes polyester	[746]
C.I. Azoic Diazo Component 2	108-42-9	3-chloro-phenylamine; also: CAS 141-85-5 (hydrochloride), CAS 17333-84-5 (diazonium ion)	naphthol dye (azoic dye developed on the fibre)	dyeing and printing	used for dyeing of cellulosic fibres (particularly cotton); also applied to rayon, cellulose acetate, linen and sometimes polyester	[641]
C.I. Azoic Diazo Component 3	95-82-9	also: CAS 15470-55-0 (diazonium ion)	naphthol dye (azoic dye developed on the fibre)	dyeing and printing	used for dyeing of cellulosic fibres (particularly cotton); also applied to rayon, cellulose acetate, linen and sometimes polyester	[641]
C.I. Azoic Diazo Component 32	95-79-4		naphthol dye (azoic dye developed on the fibre)	dyeing and printing	used for dyeing of cellulosic fibres (particularly cotton); also applied to rayon, cellulose acetate, linen and sometimes polyester	[641]
C.I. Azoic Diazo Component 33		Echtrotsalz FRN; C.I. 37075	naphthol dye (azoic dye developed on the fibre)	dyeing and printing	used for dyeing of cellulosic fibres (particularly cotton); also applied to rayon, cellulose acetate, linen and sometimes polyester	[642]

Substance	CAS-Nr.	Tradename/Product/ Common Name	Function	Process	Application	Literature
C.I. Azoic Diazo Component 34	99-52-5	Echtrot R Base flüssig 45 %; also: CAS 16047-24-8 (diazonium ion)	naphthol dye (azoic dye developed on the fibre)	dyeing and printing	used for dyeing of cellulosic fibres (particularly cotton); also applied to rayon, cellulose acetate, linen and sometimes polyester	[642]
C.I. Azoic Diazo Component 35	101-64-4	also: CAS 32445-13-9, CAS 6254-98-4	naphthol dye (azoic dye developed on the fibre)	dyeing and printing	used for dyeing of cellulosic fibres (particularly cotton); also applied to rayon, cellulose acetate, linen and sometimes polyester	[641]
C.I. Azoic Diazo Component 36	82-45-1	1-Aminoanthraquinone; also: CAS 82-37-1	naphthol dye (azoic dye developed on the fibre)	dyeing and printing	a.o. cellulose acetate	[742]
C.I. Azoic Diazo Component 41	27761-27-9	also: CAS 91-21-8	naphthol dye (azoic dye developed on the fibre)	dyeing and printing	used for dyeing of cellulosic fibres (particularly cotton); also applied to rayon, cellulose acetate, linen and sometimes polyester	[641]; [746]
C.I. Azoic Diazo Component 46	87-60-5		naphthol dye (azoic dye developed on the fibre)	dyeing and printing	used for dyeing of cellulosic fibres (particularly cotton); also applied to rayon, cellulose acetate, linen and sometimes polyester	[746]
C.I. Azoic Diazo Component 48	119-90-4	o-Dianisidine; also: Disperse Black 6; can be formed by C.I. 24110	naphthol dye (azoic dye developed on the fibre)	dyeing and printing	used for dyeing of cellulosic fibres (particularly cotton); also applied to rayon, cellulose acetate, linen and sometimes polyester	[746]
C.I. Azoic Diazo Component 5	97-52-9	(also 97-52-9 + 27761-26-8)	naphthol dye (azoic dye developed on the fibre)	dyeing and printing	used for dyeing of cellulosic fibres (particularly cotton); also applied to rayon, cellulose acetate, linen and sometimes polyester	[641]
C.I. Azoic Diazo Component 6	88-74-4	2-nitro-phenylamine	naphthol dye (azoic dye developed on the fibre)	dyeing and printing	used for dyeing of cellulosic fibres (particularly cotton); also applied to rayon, cellulose acetate, linen and sometimes polyester	[641]

Substance	CAS-Nr.	Tradename/Product/ Common Name	Function	Process	Application	Literature
C.I. Azoic Diazo Component 9	89-63-4	Echtrot 3GL Base spezial	naphthol dye (azoic dye developed on the fibre)	dyeing and printing	used for dyeing of cellulosic fibres (particularly cotton); also applied to rayon, cellulose acetate, linen and sometimes polyester	[642]
C.I. Azoic Diazo Component 11 diazonium ion	27165-08-8		naphthol dye (azoic dye developed on the fibre)	dyeing and printing	used for dyeing of cellulosic fibres (particularly cotton); also applied to rayon, cellulose acetate, linen and sometimes polyester	[746]
C.I. Azoic Diazo Component 2 diazonium ion	17333-84-5	3-chloro-benzenediazonium; see also CAS 108-42-9, CAS 141-85-5	naphthol dye (azoic dye developed on the fibre)	dyeing and printing	used for dyeing of cellulosic fibres (particularly cotton); also applied to rayon, cellulose acetate, linen and sometimes polyester	[641]
C.I. Azoic Diazo Component 32 diazonium ion	27580-35-4		naphthol dye (azoic dye developed on the fibre)	dyeing and printing	used for dyeing of cellulosic fibres (particularly cotton); also applied to rayon, cellulose acetate, linen and sometimes polyester	[641]
C.I. Azoic Diazo Component 36 diazonium ion	16048-40-1	1-Aminoanthraquinone; also: CAS 82-37-1	naphthol dye (azoic dye developed on the fibre)	dyeing and printing	a.o. cellulose acetate	[742]
C.I. Azoic Diazo Component 6 diazonium ion	25910-37-6	2-nitro-benzenediazonium	naphthol dye (azoic dye developed on the fibre)	dyeing and printing	used for dyeing of cellulosic fibres (particularly cotton); also applied to rayon, cellulose acetate, linen and sometimes polyester	[641]
C.I. Azoic Diazo Component 11 hydrochloride	3165-93-3		naphthol dye (azoic dye developed on the fibre)	dyeing and printing	used for dyeing of cellulosic fibres (particularly cotton); also applied to rayon, cellulose acetate, linen and sometimes polyester	[746]
C.I. Azoic Diazo Component 2 hydrochloride	141-85-5	3-chloro-phenylamine; hydrochloride; see also CAS 108-42-9, CAS 17333-84-5	naphthol dye (azoic dye developed on the fibre)	dyeing and printing	used for dyeing of cellulosic fibres (particularly cotton); also applied to rayon, cellulose acetate, linen and sometimes polyester	[641]

Substance	CAS-Nr.	Tradename/Product/ Common Name	Function	Process	Application	Literature
C.I. Azoic Diazo Component 32 hydrochloride	6259-42-3		naphthol dye (azoic dye developed on the fibre)	dyeing and printing	used for dyeing of cellulosic fibres (particularly cotton); also applied to rayon, cellulose acetate, linen and sometimes polyester	[641]
C.I. Azoic Diazo Component 4 hydrochloride	2298-13-7	also: CAS 35472-85-6	naphthol dye (azoic dye developed on the fibre)	dyeing and printing	used for dyeing of cellulosic fibres (particularly cotton); also applied to rayon, cellulose acetate, linen and sometimes polyester	[746]
C.I. Azoic Diazo Component 46 hydrochloride	6259-40-1		naphthol dye (azoic dye developed on the fibre)	dyeing and printing	used for dyeing of cellulosic fibres (particularly cotton); also applied to rayon, cellulose acetate, linen and sometimes polyester	[746]
C.I. Azoic Diazo Component / Azoic Brown 29		C.I. 37077	naphthol dye (azoic dye developed on the fibre)	dyeing and printing	used for dyeing of cellulosic fibres (particularly cotton); also applied to rayon, cellulose acetate, linen and sometimes polyester	[746]
C.I. Basic Black 1	[8005-06-9]		basic dye; azine	dyeing and printing	formerly used to dye silk and wool (using mordant); nowadays almost exclusively used on polyacrylic fibres	[694]
C.I. Basic Blue 145		Maxilonblau TRL 200 % Pulver; Maxilon Blue TRL	basic dye; methine	dyeing and printing	formerly used to dye silk and wool (using mordant); nowadays almost exclusively used on polyacrylic fibres	[642]
C.I. Basic Blue 147	99035-77-5	Astrazonblau BRL 200% 45-55%; Astrazonblau F2 RL 40-50%; Astrazon Blue F2RL	basic dye; methine	dyeing and printing	formerly used to dye silk and wool (using mordant); nowadays almost exclusively used on polyacrylic fibres	[642]
C.I. Basic Blue 159	105953-73-9	Astrazonschwarz FDL 200% 20-30%; Astrazonblau FBL flüssig 200% 30-40%; Astrazon Blue FBL	basic dye; azo	dyeing and printing	formerly used to dye silk and wool (using mordant); nowadays almost exclusively used on polyacrylic fibres	[642]

Substance	CAS-Nr.	Tradename/Product/Common Name	Function	Process	Application	Literature
C.I. Basic Blue 22	14254-18-3	Yoracil Blue (G); also: CAS 12217-41-3	basic dye; anthraquinone	dyeing and printing	formerly used to dye silk and wool (using mordant); nowadays almost exclusively used on polyacry ic fibres	[694]
C.I. Basic Blue 3	33203-82-6	Maxilonblau 5G 200%; Astrazonblau BRL 200% 10-20%; Astrazonschwarz FDL 200 % 1-5%; also: CAS 2787-91-9, CAS 63589-49-9	basic dye; oxazine	dyeing and printing	formerly used to dye silk and wool (using mordant); nowadays almost exclusively used on polyacrylic fibres	[642]; [746]
C.I. Basic Blue 41	12270-13-2	Acrylonblau GRL 300%; Astrazonblau FGGL 300% 40-50%; Maxilonblau GRL 300%; Maxilon Blue GRL; Sandocryl Blue B-RLE; Astrazon Blue FGGL; Maxilonschwarz FBL-01 300%; also: CAS 26850-47-5	basic dye (phenylogous diazadimethinehemicyanine dye); monoazo	dyeing and printing	formerly used to dye silk and wool (using mordant); nowadays almos: exclusively used on polyacrylic fibres; for dyeing polyacrylnitrile	[642]; [772]
C.I. Basic Blue 45	12217-42-4	Astrazonblau 5GL 200 %	basic dye; anthraquinone	dyeing and printing	formerly used to dye silk and wool (using mordant); nowadays almost exclusively used on polyacrylic fibres	[642]
C.I. Basic Blue 5	3943-82-6	also: CAS 25739-71-3	basic dye; triarylmethane	dyeing and printing	formerly used to dye silk and wool (using mordant); nowadays almost exclusively used on polyacrylic fibres	
C.I. Basic Blue 54	29767-87-1	Maxilon Blue RBL; Basacryl Blue GL; Atacryl Blue GNA; also: CAS 15000-59-6	basic dye (phenylogous diazadimethinehemicyanine dye); monoazo	dyeing and printing	formerly used to dye silk and wool (using mordant); nowadays almost exclusively used on polyacrylic fibres; for dyeing polyacrylnitrile	[772]
C.I. Basic Blue 7	2390-60-5		basic dye; triarylmethane	dyeing and printing	formerly used to dye silk and wool (using mordant); nowadays almost exclusively used on polyacrylic fibres	[641]
C.I. Basic Blue 81	73309-46-3	Victoria Pure Blue FGA; also: CAS 37279-80-4	basic dye; triphenylmethane	dyeing and printing	formerly used to dye silk and wool (using mordant); nowadays almost exclusively used on polyacrylic fibres	[641]

Substance	CAS-Nr.	Tradename/Product/ Common Name	Function	Process	Application	Literature
C.I. Basic Blue 3 (2,7-regioisomer)	55840-82-9	Maxilonblau 5G 200%; Astrazonblau BRL 200% 10-20%; Astrazonschwarz FDL 200 % 1-5%; also: CAS 2787-91-9, CAS 63589-49-9	basic dye; oxazine	dyeing and printing	formerly used to dye silk and wool (using mordant); nowadays almost exclusively used on polyacrylic fibres	[642]; [746]
C.I. Basic Brown 1	1052-38-6	Bismarck Brown R; also: CAS 8005-77-4; 68915-07-1	basic dye; disazo	dyeing and printing	formerly used to dye silk and wool (using mordant); nowadays almost exclusively used on polyacrylic fibres	[694]
C.I. Basic Brown 2	6358-83-4	Leather Brown 5RT	basic dye; disazo	dyeing and printing	formerly used to dye silk and wool (using mordant); nowadays almost exclusively used on polyacrylic fibres	[746]
C.I. Basic Brown 4	8005-78-5	also: CAS 104744-50-5, CAS 68425-18-3, CAS 4482-25-1	basic dye; disazo	dyeing and printing	formerly used to dye silk and wool (using mordant); nowadays almost exclusively used on polyacrylic fibres	[746]
C.I. Basic Brown 1 dihydrochloride	10114-58-6	also: CAS 8005-77-4; 68915-07-1	basic dye; disazo	dyeing and printing	formerly used to dye silk and wool (using mordant); nowadays almost exclusively used on polyacrylic fibres	[694]
C.I. Basic Dye		C.I. 11280	basic dye	dyeing and printing	formerly used to dye silk and wool (using mordant); nowadays almost exclusively used on polyacrylic fibres	[746]
C.I. Basic Green 1	633-03-4	Brilliant Green; also: CAS 68513-85-9	basic dye; triarylmethane	dyeing and printing	formerly used to dye silk and wool (using mordant); nowadays almost exclusively used on polyacrylic fibres	[694]
C.I. Basic Green 4	569-64-2	Maxilonschwarz RM 200%; Basacrylmarineblau FR; Astrazon Green M; Astrazondunkelblau 2 RN 45-55%; also CAS 68513-86-0	basic dye	dyeing and printing	formerly used to dye silk and wool (using mordant); nowadays almost exclusively used on polyacrylic fibres	[642]; [694]
C.I. Basic Green 4 carbinol base	510-13-4	Maxilonschwarz RM 200%; Basacrylmarineblau FR; Astrazon Green M; Astrazondunkelblau 2 RN 45-55%	basic dye	dyeing and printing	formerly used to dye silk and wool (using mordant); nowadays almost exclusively used on polyacrylic fibres	[642]; [694]

Substance	CAS-Nr.	Tradename/Product/ Common Name	Function	Process	Application	Literature
C.I. Basic Green 4 leuco base	129-73-7	Maxilonschwarz RM 200%; Basacrylmarineblau FR; Astrazon Green M; Astrazondunkelblau 2 RN 45-55%	basic dye	dyeing and printing	formerly used to dye silk and wool (using mordant); nowadays almost exclusively used on polyacrylic fibres	[642]; [694]
C.I. Basic Green 4 oxalate	2437-29-8	Maxilonschwarz RM 200%; Basacrylmarineblau FR; Astrazon Green M; Astrazondunkelblau 2 RN 45-55%; also CAS 18015-76-4	basic dye	dyeing and printing	formerly used to dye silk and wool (using mordant); nowadays almost exclusively used on polyacrylic fibres	[642]; [694]
C.I. Basic Red 111			basic dye	dyeing and printing	formerly used to dye silk and wool (using mordant); nowadays almost exclusively used on polyacrylic fibres	[746]
C.I. Basic Red 114			basic dye	dyeing and printing	formerly used to dye silk and wool (using mordant); nowadays almost exclusively used on polyacrylic fibres	[746]
C.I. Basic Red 12	6320-14-5	also:. CAS 68957-25-5	basic dye; methine	dyeing and printing	formerly used to dye silk and wool (using mordant); nowadays almost exclusively used on polyacrylic fibres	[641]; [746]
C.I. Basic Red 14	12217-48-0	Astrazon Brilliant Red 4G; Basacryl Brilliant Red X-4G; Severon Brilliant Red 4G ; also: CAS 65122-06-7	basic dye (styryl dye); cyanine	dyeing and printing	formerly used to dye silk and wool (using mordant); nowadays almost exclusively used on polyacrylic fibres; for dyeing polyacrylnitrile	[772]
C.I. Basic Red 18	14097-03-1		basic dye; monoazo	dyeing and printing	formerly used to dye silk and wool (using mordant); nowadays almost exclusively used on polyacrylic fibres	[641]
C.I. Basic Red 42	12221-66-8	Lycramine Light Red BJ	basic dye; monoazo	dyeing and printing	formerly used to dye silk and wool (using mordant); nowadays almost exclusively used on polyacrylic fibres	[746]

Substance	CAS-Nr.	Tradename/Product/ Common Name	Function	Process	Application	Literature
C.I. Basic Red 46	89959-98-8	Acrylonrot GRL 180%; Astrazonrot FBL 200% 80-90%; Astrazon Red FBL; Maxilonrot GRL-BR 150%; Maxilonrot GRLP 100%; Maxilon Red GRL; also: CAS 12221-69-1, CAS 29508-47-2	basic dye (phenylogous diazadimethinehemicyanine dye); monoazo	dyeing and printing	formerly used to dye silk and wool (using mordant); nowadays almost exclusively used on polyacrylic fibres; for dyeing polyacrylnitrile	[642]; [694]; [772]
C.I. Basic Red 51	12270-25-6	Maxilonrot M-RL 200%; Basacryl Red X-BL	basic dye	dyeing and printing	formerly used to dye silk and wool (using mordant); nowadays almost exclusively used on polyacrylic fibres	[642]
C.I. Basic Red 76	68391-30-0	Arianor Madder Red	basic dye; monoazo	dyeing and printing	formerly used to dye silk and wool (using mordant); nowadays almost exclusively used on polyacrylic fibres	[746]
C.I. Basic Red 9	479-73-2	Pararosanilin; Parafuchsin; Paramagenta; Parafuchsinhydrochlorid	basic dye; triarylmethane	dyeing and printing	formerly used to dye silk and wool (using mordant); nowadays almost exclusively used on polyacrylic fibres	[746]; [702]
C.I. Basic Red 9 acetate	6035-94-5	Pararosanilin; Parafuchsin; Paramagenta	basic dye; triarylmethane	dyeing and printing	formerly used to dye silk and wool (using mordant); nowadays almost exclusively used on polyacrylic fibres	[746]; [702]
C.I. Basic Red 9 hydrochloride	569-61-9	Pararosanilin; Parafuchsin; Paramagenta; Parafuchsinhydrochlorid; Pararosaniline (chloride); Basic fuchsin; Parafuchsin hydrochloride	basic dye; triarylmethane	dyeing and printing	formerly used to dye silk and wool (using mordant); nowadays almost exclusively used on polyacrylic fibres	[746]; [702]
C.I. Basic Red 18:1	12271-12-4	Yoracil Red 2G	basic dye; monoazo	dyeing and printing	formerly used to dye silk and wool (using mordant); nowadays almost exclusively used on polyacrylic fibres	[694]

Substance	CAS-Nr.	Tradename/Product/ Common Name	Function	Process	Application	Literature
C.I. Basic Violet 10	81-88-9	Rhodamin B; also CAS 68957-24-4, CAS 68957-24-4, CAS 64381-99-3	basic dye; fluorescent dye; xanthene	dyeing and printing; coating	formerly used to dye silk and wool (using mordant); nowadays almost exclusively used on polyacrylic fibres; fluorescent finishing of textile with urea / formaldehyde resins	[772]
C.I. Basic Violet 16	6359-45-1	Astrazon Red Violet 3R; Astrazonviolett 3 R 45-55%; Basacryl Brilliant Red BG ; also: CAS 54268-66-5, CAS 85283-95-0	basic dye; methine; styryl	dyeing and printing	formerly used to dye silk and wool (using mordant); nowadays almost exclusively used on polyacrylic fibres; for dyeing polyacrylnitrile	[641]; [746]; [642]; [772]
C.I. Basic Yellow 1	2390-54-7	Thioflavin S; Thioflavine T; Thioflavin; Thioflavin-T; Rhoduline Yellow; Thioflavin-TCN; also: CAS 68188-80-7	basic dye; thiazole	dyeing and printing	formerly used to dye silk and wool (using mordant); nowadays almost exclusively used on polyacrylic fibres	[702]
C.I. Basic Yellow 103		Cartasol Yellow M-GL	basic dye; disazo	dyeing and printing	formerly used to dye silk and wool (using mordant); nowadays almost exclusively used on polyacrylic fibres	[746]
C.I. Basic Yellow 13	12217-50-4	Maxilongelb 5GL 300%	basic dye; cyanine	dyeing and printing	formerly used to dye silk and wool (using mordant); nowadays almost exclusively used on polyacrylic fibres	[642]
C.I. Basic Yellow 2	2465-27-2	Auraminbase	basic dye; ketone imine	dyeing and printing	formerly used to dye silk and wool (using mordant); nowadays almost exclusively used on polyacrylic fibres	[746]
C.I. Basic Yellow 21	6359-50-8	Astrazongelb 7GLL 200% 45-55%	basic dye; polymethine	dyeing and printing	formerly used to dye silk and wool (using mordant); nowadays almost exclusively used on polyacrylic fibres	[642]; [746]

Substance	CAS-Nr.	Tradename/Product/ Common Name	Function	Process	Application	Literature
C.I. Basic Yellow 28	54060-92-3	Acrylongelb GL 200 %; Astrazonblau BRL 200% 1-5%; Astrazongoldgelb GL-E 200% 40-50%; Maxilonschwarz FBL 200%; Maxilonschwarz FBL-01 300%; Maxilonschwarz RM 200%; Yorkshire Yoracil	basic dye; methine	dyeing and printing	formerly used to dye silk and wool (using mordant); nowadays almost exclusively used on polyacrylic fibres	[642]; [694]
C.I. Basic Yellow 45	61847-53-8	Maxilongelb GL 200 %; Maxilon Yellow GL	basic dye; azomethine	dyeing and printing	formerly used to dye silk and wool (using mordant); nowadays almost exclusively used on polyacrylic fibres	[642]
C.I. Basic Yellow 51	88385-22-2	Basacrylgelb X-2GL; Diacryl Yellow 3G-N	basic dye; methine	dyeing and printing	formerly used to dye silk and wool (using mordant); nowadays almost exclusively used on polyacrylic fibres	[642]
C.I. Basic Yellow 82	71872-38-3	Sandocryl Golden Yellow B-GRL	basic dye; disazo	dyeing and printing	formerly used to dye silk and wool (using mordant); nowadays almost exclusively used on polyacrylic fibres	[746]
C.I. Basic Yellow 87		Maxilongelb M-4GL; Calcozine Yellow FW	basic dye; methine	dyeing and printing	formerly used to dye silk and wool (using mordant); nowadays almost exclusively used on polyacrylic fibres	[642]
C.I. Basic Yellow 91	83929-81-1	Maxilongelb M-3RL 200 %; Maxilon Yellow M-3RL	basic dye; methine	dyeing and printing	formerly used to dye silk and wool (using mordant); nowadays almost exclusively used on polyacrylic fibres	[642]
C.I. Basic Yellow 2 acetate	5089-20-3		basic dye; ketone imine	dyeing and printing	formerly used to dye silk and wool (using mordant); nowadays almost exclusively used on polyacrylic fibres	[746]
C.I. Basic Yellow 2 hydrochloride	68513-83-7		basic dye; ketone imine	dyeing and printing	formerly used to dye silk and wool (using mordant); nowadays almost exclusively used on polyacrylic fibres	[746]

Substance	CAS-Nr.	Tradename/Product/ Common Name	Function	Process	Application	Literature
C.I. Developer 14	95-80-7	2,4-Toluylendiamin; C.I. Oxidation Base 20; also: CAS 1328-62-7	dye; oxidation base; by-product	dyeing and printing; colouring; dyeing and printing with azo dyes		[641]; [746]
C.I. Direct Black 100	6358-73-2	Direct Grey B	direct dye; polyazo	dyeing and printing	used for dyeing cotton, rayon, linen, jute, silk and polyamide fibres; occasionally used in direct printing processes	[746]
C.I. Direct Black 11		C.I. 30240	direct dye; trisazo	dyeing and printing	used for dyeing cotton, rayon, linen, jute, silk and polyamide fibres; occasionally used in direct printing processes	[746]
C.I. Direct Black 112	11217-52-6	Siriuslichtgrau CG-LL 167 %, Siriuslichtgrau CG-LL 250 %; Superlitefastgrau GLL	direct dye; trisazo	dyeing and printing	used for dyeing cotton, rayon, linen, jute, silk and polyamide fibres; occasionally used in direct printing processes	[642]
C.I. Direct Black 117	12221-90-8	Durofastgrau 3 LR	direct dye; azo	dyeing and printing	used for dyeing cotton, rayon, linen, jute, silk and polyamide fibres; occasionally used in direct printing processes	[642]
C.I. Direct Black 126	12239-25-7		direct dye; trisazo	dyeing and printing	used for dyeing cotton, rayon, linen, jute, silk and polyamide fibres; occasionally used in direct printing processes	[746]
C.I. Direct Black 131	6486-54-0	Cotton Black 3G	direct dye; trisazo	dyeing and printing	used for dyeing cotton, rayon, linen, jute, silk and polyamide fibres; occasionally used in direct printing processes	[746]
C.I. Direct Black 14	25156-50-7		direct dye; trisazo	dyeing and printing	used for dyeing cotton, rayon, linen, jute, silk and polyamide fibres; occasionally used in direct printing processes	[746]
C.I. Direct Black 15	6426-75-1	Diphenyl Blue Black	direct dye; disazo	dyeing and printing	used for dyeing cotton, rayon, linen, jute, silk and polyamide fibres; occasionally used in direct printing processes	[746]

Substance	CAS-Nr.	Tradename/Product/ Common Name	Function	Process	Application	Literature
C.I. Direct Black 154	37372-50-2	Direct Deep Black XA	direct dye; trisazo	dyeing and printing	used for dyeing cotton, rayon, linen, jute, silk and polyamide fibres; occasionally used in direct printing processes	[746]
C.I. Direct Black 20	7237-47-0	Direct Blue Black BM	direct dye; trisazo	dyeing and printing	used for dyeing cotton, rayon, linen, jute, silk and polyamide fibres; occasionally used in direct printing processes	[746]
C.I. Direct Black 22	6473-13-8	Benzonerol VSF 600 %; Benzonerol VSF-A flüssig; Direktkunstseidenschwarz CA 400 %; Durofastschwarz GV 150 %; Durofastschwarz GVS 600 %; Durofastschwarz VSF 600 %	direct dye; polyazo	dyeing and printing	used for dyeing cotton, rayon, linen, jute, silk and polyamide fibres; occasionally used in direct printing processes	[642]
C.I. Direct Black 24		Benzo Chrome Black N; C.I. 31925	direct dye; trisazo	dyeing and printing	used for dyeing cotton, rayon, linen, jute, silk and polyamide fibres; occasionally used in direct printing processes	[746]
C.I. Direct Black 27		Dianil Black CR; C.I. 31810	direct dye; trisazo	dyeing and printing	used for dyeing cotton, rayon, linen, jute, silk and polyamide fibres; occasionally used in direct printing processes	[746]
C.I. Direct Black 29	25180-14-7		direct dye; disazo	dyeing and printing	used for dyeing cotton, rayon, linen, jute, silk and polyamide fibres; occasionally used in direct printing processes	[746]
C.I. Direct Black 30	6459-98-9	Azo Black Blue B	direct dye; disazo	dyeing and printing	used for dyeing cotton, rayon, linen, jute, silk and polyamide fibres; occasionally used in direct printing processes	[746]
C.I. Direct Black 34	[6473-08-1]	Chrome Leather Black A	direct dye; polyazo	dyeing and printing	used for dyeing cotton, rayon, linen, jute, silk and polyamide fibres; occasionally used in direct printing processes	[746]
C.I. Direct Black 38	1937-37-7	Direkttiefschwarz EGG	direct dye; trisazo	dyeing and printing	used for dyeing cotton, rayon, linen, jute, silk and polyamide fibres; occasionally used in direct printing processes	[642]; [694]; [746]

Substance	CAS-Nr.	Tradename/Product/ Common Name	Function	Process	Application	Literature
C.I. Direct Black 4	25156-49-4		direct dye; trisazo	dyeing and printing	used for dyeing cotton, rayon, linen, jute, silk and polyamide fibres; occasionally used in direct printing processes	[746]
C.I. Direct Black 40	6449-81-6	Benzo Grey S	direct dye; trisazo	dyeing and printing	used for dyeing cotton, rayon, linen, jute, silk and polyamide fibres; occasionally used in direct printing processes	[746]
C.I. Direct Black 41	6486-53-9	C.I. Acid Black 69; Chrome Leather Fast Black S	direct dye; trisazo	dyeing and printing	used for dyeing cotton, rayon, linen, jute, silk and polyamide fibres; occasionally used in direct printing processes	[746]
C.I. Direct Black 51	34977-63-4	Siriuslichtschwarz L-V; Siriusschwartz L [FIAT]	direct dye; disazo	dyeing and printing	used for dyeing cotton, rayon, linen, jute, silk and polyamide fibres; occasionally used in direct printing processes	[642]
C.I. Direct Black 80	8003-69-8	Tertrodirektdiazoschwarz OB2; Diazol Black (OB)	direct dye; trisazo	dyeing and printing	used for dyeing cotton, rayon, linen, jute, silk and polyamide fibres; occasionally used in direct printing processes	[642]; [694]
C.I. Direct Black 83	6837-80-5	Diazo Blue Black RS	direct dye; trisazo	dyeing and printing	used for dyeing cotton, rayon, linen, jute, silk and polyamide fibres; occasionally used in direct printing processes	[746]
C.I. Direct Black 86	6449-34-9	Diazo Fast Black B	direct dye; disazo	dyeing and printing	used for dyeing cotton, rayon, linen, jute, silk and polyamide fibres; occasionally used in direct printing processes	[746]
C.I. Direct Black 87	8015-03-0	Diazurine B	direct dye; disazo	dyeing and printing	used for dyeing cotton, rayon, linen, jute, silk and polyamide fibres; occasionally used in direct printing processes	[746]
C.I. Direct Black 19 disodium salt	6428-31-5	Benzoechtschwarz G 330%, Direktschwarz GRV 800 %, Kunstseidenechtschwarz B; Saturnschwarz G 200 %; also: CAS 7518-68-5	direct dye; trisazo	dyeing and printing	used for dyeing cotton, rayon, linen, jute, silk and polyamide fibres; occasionally used in direct printing processes	[642]

Substance	CAS-Nr.	Tradename/Product/ Common Name	Function	Process	Application	Literature
C.I. Direct Black 29 disodium salt	3626-23-1		direct dye; disazo	dyeing and printing	used for dyeing cotton, rayon, linen, jute, silk and polyamide fibres; occasionally used in direct printing processes	[746]
C.I. Direct Black 4 disodium salt	2429-83-6		direct dye; trisazo	dyeing and printing	used for dyeing cotton, rayon, linen, jute, silk and polyamide fibres; occasionally used in direct printing processes	[746]
C.I. Direct Black 14 trisodium salt	4656-30-8		direct dye; trisazo	dyeing and printing	used for dyeing cotton, rayon, linen, jute, silk and polyamide fibres; occasionally used in direct printing processes	[746]
C.I. Direct Blue 1	3841-14-3		direct dye; disazo	dyeing and printing	used for dyeing cotton, rayon, linen, jute, silk and polyamide fibres; occasionally used in direct printing processes	[746]
C.I. Direct Blue 10	25180-23-8		direct dye; disazo	dyeing and printing	used for dyeing cotton, rayon, linen, jute, silk and polyamide fibres; occasionally used in direct printing processes	[746]
C.I. Direct Blue 106	6527-70-4	Durofastreinblau 2GL	direct dye; oxazine	dyeing and printing	used for dyeing cotton, rayon, linen, jute, silk and polyamide fibres; occasionally used in direct printing processes	[642]
C.I. Direct Blue 11		C.I. 30350	direct dye; trisazo	dyeing and printing	used for dyeing cotton, rayon, linen, jute, silk and polyamide fibres; occasionally used in direct printing processes	[746]
C.I. Direct Blue 12	6428-97-3	Oxamine Blue B	direct dye; disazo	dyeing and printing	used for dyeing cotton, rayon, linen, jute, silk and polyamide fibres; occasionally used in direct printing processes	[746]
C.I. Direct Blue 131	6661-39-8	Diazo Navy Blue BP	direct dye; polyazo	dyeing and printing	used for dyeing cotton, rayon, linen, jute, silk and polyamide fibres; occasionally used in direct printing processes	[746]

Substance	CAS-Nr.	Tradename/Product/ Common Name	Function	Process	Application	Literature
C.I. Direct Blue 136	6473-30-9	Diazo Sky Blue B	direct dye; disazo	dyeing and printing	used for dyeing cotton, rayon, linen, jute, silk and polyamide fibres; occasionally used in direct printing processes	[746]
C.I. Direct Blue 14	72-57-1		direct dye; disazo	dyeing and printing	used for dyeing cotton, rayon, linen, jute, silk and polyamide fibres; occasionally used in direct printing processes	[746]
C.I. Direct Blue 15	2429-74-5		direct dye; disazo	dyeing and printing	used for dyeing cotton, rayon, linen, jute, silk and polyamide fibres; occasionally used in direct printing processes	[746]
C.I. Direct Blue 151	25255-05-4		direct dye; disazo	dyeing and printing	used for dyeing cotton, rayon, linen, jute, silk and polyamide fibres; occasionally used in direct printing processes	[746]
C.I. Direct Blue 16	6426-66-0		direct dye; disazo	dyeing and printing	used for dyeing cotton, rayon, linen, jute, silk and polyamide fibres; occasionally used in direct printing processes	[746]
C.I. Direct Blue 160	12222-02-5		direct dye; trisazo	dyeing and printing	used for dyeing cotton, rayon, linen, jute, silk and polyamide fibres; occasionally used in direct printing processes	[746]
C.I. Direct Blue 163		Tricufix Blue 3RL; C.I. 33560	direct dye; trisazo	dyeing and printing	used for dyeing cotton, rayon, linen, jute, silk and polyamide fibres; occasionally used in direct printing processes	[746]
C.I. Direct Blue 173	12235-72-2		direct dye	dyeing and printing	used for dyeing cotton, rayon, linen, jute, silk and polyamide fibres; occasionally used in direct printing processes	[746]
C.I. Direct Blue 177	6426-76-2	Formanil Blue 4R	direct dye; disazo	dyeing and printing	used for dyeing cotton, rayon, linen, jute, silk and polyamide fibres; occasionally used in direct printing processes	[746]

Substance	CAS-Nr.	Tradename/Product/ Common Name	Function	Process	Application	Literature
C.I. Direct Blue 183	6416-69-9	Diazo Blue 2B	direct dye; trisazo	dyeing and printing	used for dyeing cotton, rayon, linen, jute, silk and polyamide fibres; occasionally used in direct printing processes	[746]
C.I. Direct Blue 19	6426-68-2	Direct Blue 3R	direct dye; disazo	dyeing and printing	used for dyeing cotton, rayon, linen, jute, silk and polyamide fibres; occasionally used in direct printing processes	[746]
C.I. Direct Blue 192			direct dye; disazo	dyeing and printing	used for dyeing cotton, rayon, linen, jute, silk and polyamide fibres; occasionally used in direct printing processes	[746]
C.I. Direct Blue 2	25180-19-2		direct dye; disazo	dyeing and printing	used for dyeing cotton, rayon, linen, jute, silk and polyamide fibres; occasionally used in direct printing processes	[746]
C.I. Direct Blue 200	12217-57-1	Durofastblau FGL 200 %	direct dye; azo (metallised)	dyeing and printing	used for dyeing cotton, rayon, linen, jute, silk and polyamide fibres; occasionally used in direct printing processes	[642]
C.I. Direct Blue 201	60800-55-7	Durofastblau FRL 200 %	direct dye; azo (metallised)	dyeing and printing	used for dyeing cotton, rayon, linen, jute, silk and polyamide fibres; occasionally used in direct printing processes	[642]; [746]
C.I. Direct Blue 21	[6420-09-3]		direct dye; disazo	dyeing and printing	used for dyeing cotton, rayon, linen, jute, silk and polyamide fibres; occasionally used in direct printing processes	[746]
C.I. Direct Blue 215	6771-80-8		direct dye; disazo	dyeing and printing	used for dyeing cotton, rayon, linen, jute, silk and polyamide fibres; occasionally used in direct printing processes	[746]
C.I. Direct Blue 22	25180-26-1		direct dye; disazo	dyeing and printing	used for dyeing cotton, rayon, linen, jute, silk and polyamide fibres; occasionally used in direct printing processes	[746]

Substance	CAS-Nr.	Tradename/Product/ Common Name	Function	Process	Application	Literature
C.I. Direct Blue 222		Tertrodirektlichtblau B-2R 300 %	direct dye; azo	dyeing and printing	used for dyeing cotton, rayon, linen, jute, silk and polyamide fibres; occasionally used in direct printing processes	[642]
C.I. Direct Blue 225	61724-75-2	Siriuslichtblau FGG 200 %	direct dye; disazo	dyeing and printing	used for dyeing cotton, rayon, linen, jute, silk and polyamide fibres; occasionally used in direct printing processes	[642]
C.I. Direct Blue 23	6771-79-5	Naphthamine Blue TBF	direct dye; disazo	dyeing and printing	used for dyeing cotton, rayon, linen, jute, silk and polyamide fibres; occasionally used in direct printing processes	[746]
C.I. Direct Blue 230	6527-65-7		direct dye; disazo	dyeing and printing	used for dyeing cotton, rayon, linen, jute, silk and polyamide fibres; occasionally used in direct printing processes	[746]
C.I. Direct Blue 231	2609-87-2		direct dye; disazo	dyeing and printing	used for dyeing cotton, rayon, linen, jute, silk and polyamide fibres; occasionally used in direct printing processes	[746]
C.I. Direct Blue 25	25180-27-2		direct dye; disazo	dyeing and printing	used for dyeing cotton, rayon, linen, jute, silk and polyamide fibres; occasionally used in direct printing processes	[746]
C.I. Direct Blue 26	7082-31-7		direct dye; trisazo	dyeing and printing	used for dyeing cotton, rayon, linen, jute, silk and polyamide fibres; occasionally used in direct printing processes	[746]
C.I. Direct Blue 27	6420-15-1	Trisulphon Blue R	direct dye; disazo	dyeing and printing	used for dyeing cotton, rayon, linen, jute, silk and polyamide fibres; occasionally used in direct printing processes	[746]
C.I. Direct Blue 295	6420-22-0	Benzo Navy Blue BM	direct dye; disazo	dyeing and printing	used for dyeing cotton, rayon, linen, jute, silk and polyamide fibres; occasionally used in direct printing processes	[746]

Substance	CAS-Nr.	Tradename/Product/ Common Name	Function	Process	Application	Literature
C.I. Direct Blue 3	2429-72-3		direct dye; disazo	dyeing and printing	used for dyeing cotton, rayon, linen, jute, silk and polyamide fibres; occasionally used in direct printing processes	[746]
C.I. Direct Blue 30	[6656-08-2]		direct dye; trisazo	dyeing and printing	used for dyeing cotton, rayon, linen, jute, silk and polyamide fibres; occasionally used in direct printing processes	[746]
C.I. Direct Blue 306		Sakoton Blue U; C.I. 24203	direct dye; disazo	dyeing and printing	used for dyeing cotton, rayon, linen, jute, silk and polyamide fibres; occasionally used in direct printing processes	[746]
C.I. Direct Blue 31	[5442-09-1]	Dianil Blue 2R	direct dye; disazo	dyeing and printing	used for dyeing cotton, rayon, linen, jute, silk and polyamide fibres; occasionally used in direct printing processes	[746]
C.I. Direct Blue 35	6473-33-2	also: C.I. Disperse Blue 35, CAS 12222-75-2: Bafixam Blue L-G 3R; Chemilene Dark Blue T; Dispersol Navy BT; Navilene Navy BT; Serilene Dark Blue GN	direct dye; disazo; disperse dye; anthraquinone	dyeing and printing	used for dyeing cotton, rayon, linen, jute, silk and polyamide fibres; occasionally used in direct printing processes; widely used for dyeing: mainly used for polyester, but also for nylon and triacetate (where these dyes can easily migrate out of the fibre and cause harm (sensitizing dyes)), cellulose (acetate and triacetate), polyamide and acrylic fibres; also widely used for printing synthetic fibres	[694]; [694]; [746]
C.I. Direct Blue 36	6473-34-3	Diamine Brilliant Blue G	direct dye; disazo	dyeing and printing	used for dyeing cotton, rayon, linen, jute, silk and polyamide fibres; occasionally used in direct printing processes	[746]
C.I. Direct Blue 37	6655-98-7		direct dye; disazo	dyeing and printing	used for dyeing cotton, rayon, linen, jute, silk and polyamide fibres; occasionally used in direct printing processes	[746]

Substance	CAS-Nr.	Tradename/Product/ Common Name	Function	Process	Application	Literature
C.I. Direct Blue 38	1324-83-0	Toluylene Black Blue GN	direct dye; trisazo	dyeing and printing	used for dyeing cotton, rayon, linen, jute, silk and polyamide fibres; occasionally used in direct printing processes	[746]
C.I. Direct Blue 39	6360-70-9	Diamine Steel Blue L	direct dye; trisazo	dyeing and printing	used for dyeing cotton, rayon, linen, jute, silk and polyamide fibres; occasionally used in direct printing processes	[746]
C.I. Direct Blue 4	4247-14-7	also: CAS 25255-01-0	direct dye; disazo	dyeing and printing	used for dyeing cotton, rayon, linen, jute, silk and polyamide fibres; occasionally used in direct printing processes	[746]
C.I. Direct Blue 42	6426-71-7		direct dye; disazo	dyeing and printing	used for dyeing cotton, rayon, linen, jute, silk and polyamide fibres; occasionally used in direct printing processes	[746]
C.I. Direct Blue 43	7273-59-8	Triazol Dark Blue B	direct dye; trisazo	dyeing and printing	used for dyeing cotton, rayon, linen, jute, silk and polyamide fibres; occasionally used in direct printing processes	[746]
C.I. Direct Blue 45		Azidine Wool Blue B; C.I. 24310	direct dye; disazo	dyeing and printing	used for dyeing cotton, rayon, linen, jute, silk and polyamide fibres; occasionally used in direct printing processes	[746]
C.I. Direct Blue 48	6459-89-8		direct dye; disazo	dyeing and printing	used for dyeing cotton, rayon, linen, jute, silk and polyamide fibres; occasionally used in direct printing processes	[746]
C.I. Direct Blue 49	6426-73-9	Dianil Blue R	direct dye; disazo	dyeing and printing	used for dyeing cotton, rayon, linen, jute, silk and polyamide fibres; occasionally used in direct printing processes	[746]
C.I. Direct Blue 50	6428-99-5	Trisulfon Blue B	direct dye; disazo	dyeing and printing	used for dyeing cotton, rayon, linen, jute, silk and polyamide fibres; occasionally used in direct printing processes	[746]

Substance	CAS-Nr.	Tradename/Product/ Common Name	Function	Process	Application	Literature
C.I. Direct Blue 51	6360-65-2	Chloramine Blue HW	direct dye; trisazo	dyeing and printing	used for dyeing cotton, rayon, linen, jute, silk and polyamide fibres; occasionally used in direct printing processes	[746]
C.I. Direct Blue 53	314-13-6	Evans Blue; Geigy Blue; also CAS: 2150-53-0	direct dye; disazo	dyeing and printing	used for dyeing cotton, rayon, linen, jute, silk and polyamide fibres; occasionally used in direct printing processes	[746]
C.I. Direct Blue 58	6426-69-3	Dianil Blue 4R	direct dye; disazo	dyeing and printing	used for dyeing cotton, rayon, linen, jute, silk and polyamide fibres; occasionally used in direct printing processes	[746]
C.I. Direct Blue 6	2602-46-2		direct dye; disazo	dyeing and printing	used for dyeing cotton, rayon, linen, jute, silk and polyamide fibres; occasionally used in direct printing processes	[746]
C.I. Direct Blue 60	13217-73-7	Oxamine Blue BG	direct dye; disazo	dyeing and printing	used for dyeing cotton, rayon, linen, jute, silk and polyamide fibres; occasionally used in direct printing processes	[746]
C.I. Direct Blue 63	6441-90-3		direct dye; trisazo	dyeing and printing	used for dyeing cotton, rayon, linen, jute, silk and polyamide fibres; occasionally used in direct printing processes	[746]
C.I. Direct Blue 64	6426-74-0	Niagra Blue HW	direct dye; disazo	dyeing and printing	used for dyeing cotton, rayon, linen, jute, silk and polyamide fibres; occasionally used in direct printing processes	[746]
C.I. Direct Blue 65	6473-26-3		direct dye; disazo	dyeing and printing	used for dyeing cotton, rayon, linen, jute, silk and polyamide fibres; occasionally used in direct printing processes	[746]
C.I. Direct Blue 8	25180-22-7		direct dye; disazo	dyeing and printing	used for dyeing cotton, rayon, linen, jute, silk and polyamide fibres; occasionally used in direct printing processes	[746]

Substance	CAS-Nr.	Tradename/Product/ Common Name	Function	Process	Application	Literature
C.I. Direct Blue 86	1330-38-7	Diazollichttürkis JLS; Solophenyl Turquoise Blue	direct dye; phthalocyanine	dyeing and printing	used for dyeing cotton, rayon, linen, jute, silk and polyamide fibres; occasionally used in direct printing processes	[642]; [740]
C.I. Direct Blue 9	6428-98-4		direct dye; disazo	dyeing and printing	used for dyeing cotton, rayon, linen, jute, silk and polyamide fibres; occasionally used in direct printing processes	[746]
C.I. Direct Blue 90	12217-56-0	also: CAS 71873-63-7	direct dye	dyeing and printing	used for dyeing cotton, rayon, linen, jute, silk and polyamide fibres; occasionally used in direct printing processes	[697]
C.I. Direct Blue 93	13217-74-8	Sirius Ligth Blue 3RL; Sirius Supra Blue 3RL	substantive (direct) dye; disazo	dyeing and printing	copper-containing substantive dye for cotton	[798]
C.I. Direct Blue 98	[6656-03-7]		direct dye; disazo	dyeing and printing	used for dyeing cotton, rayon, linen, jute, silk and polyamide fibres; occasionally used in direct printing processes	[695]
C.I. Direct Blue 151 disodium salt	6449-35-0		direct dye; disazo	dyeing and printing	used for dyeing cotton, rayon, linen, jute, silk and polyamide fibres; occasionally used in direct printing processes	[746]
C.I. Direct Blue 22 disodium salt	2586-57-4		direct dye; disazo	dyeing and printing	used for dyeing cotton, rayon, linen, jute, silk and polyamide fibres; occasionally used in direct printing processes	[746]
C.I. Direct Blue 8 disodium salt	2429-71-2		direct dye; disazo	dyeing and printing	used for dyeing cotton, rayon, linen, jute, silk and polyamide fibres; occasionally used in direct printing processes	[746]
C.I. Direct Blue 1 tetrasodium salt	[2610-05-1]	Chicagoblau 6 B; also: CAS 83763-66-0	direct dye; disazo	dyeing and printing	used for dyeing cotton, rayon, linen, jute, silk and polyamide fibres; occasionally used in direct printing processes	[746]
C.I. Direct Blue 10 tetrasodium salt	4198-19-0		direct dye; disazo	dyeing and printing	used for dyeing cotton, rayon, linen, jute, silk and polyamide fibres; occasionally used in direct printing processes	[746]

Substance	CAS-Nr.	Tradename/Product/ Common Name	Function	Process	Application	Literature
C.I. Direct Blue 25 tetrasodium salt	2150-54-1		direct dye; disazo	dyeing and printing	used for dyeing cotton, rayon, linen, jute, silk and polyamide fibres; occasionally used in direct printing processes	[746]
C.I. Direct Blue 71 tetrasodium salt	4399-55-7	Durofastblau B2R; Imcosolblau BRR; Siriuslichtblau BRR 182% (BAYER); also: CAS 87440-96-8	direct dye; trisazo	dyeing and printing	used for dyeing cotton, rayon, linen, jute, silk and polyamide fibres; occasionally used in direct printing processes; a.o. cellulose acetate	[642]; [742]
C.I. Direct Blue 2 trisodium salt	2429-73-4		direct dye; disazo	dyeing and printing	used for dyeing cotton, rayon, linen, jute, silk and polyamide fibres; occasionally used in direct printing processes	[746]
C.I. Direct Brown 1	3811-71-0	Benzobraun D3G ex [FIAT]	direct dye; trisazo	dyeing and printing	used for dyeing cotton, rayon, linen, jute, silk and polyamide fibres; occasionally used in direct printing processes	[746]
C.I. Direct Brown 101	3626-29-7	also: CAS 25180-44-3	direct dye; trisazo	dyeing and printing	used for dyeing cotton, rayon, linen, jute, silk and polyamide fibres; occasionally used in direct printing processes	[746]
C.I. Direct Brown 127	[6473-10-5]	Diazo Brown G	direct dye; trisazo	dyeing and printing	used for dyeing cotton, rayon, linen, jute, silk and polyamide fibres; occasionally used in direct printing processes	[746]
C.I. Direct Brown 13	8003-82-5		direct dye; polyazo	dyeing and printing	used for dyeing cotton, rayon, linen, jute, silk and polyamide fibres; occasionally used in direct printing processes	[746]
C.I. Direct Brown 14	8002-97-9		direct dye; polyazo	dyeing and printing	used for dyeing cotton, rayon, linen, jute, silk and polyamide fibres; occasionally used in direct printing processes	[746]
C.I. Direct Brown 147	6661-31-0	Para Brown 3G	direct dye; disazo	dyeing and printing	used for dyeing cotton, rayon, linen, jute, silk and polyamide fibres; occasionally used in direct printing processes	[746]

Substance	CAS-Nr.	Tradename/Product/ Common Name	Function	Process	Application	Literature
C.I. Direct Brown 151	10130-38-8	Para Brown V	direct dye; trisazo	dyeing and printing	used for dyeing cotton, rayon, linen, jute, silk and polyamide fibres; occasionally used in direct printing processes	[746]
C.I. Direct Brown 154	6360-54-9		direct dye; trisazo	dyeing and printing	used for dyeing cotton, rayon, linen, jute, silk and polyamide fibres; occasionally used in direct printing processes	[746]
C.I. Direct Brown 158	6449-84-9	Metadiazol Brown JO	direct dye; trisazo	dyeing and printing	used for dyeing cotton, rayon, linen, jute, silk and polyamide fibres; occasionally used in direct printing processes	[746]
C.I. Direct Brown 159		Paradiazol Bronze J; 31755	direct dye; trisazo	dyeing and printing	used for dyeing cotton, rayon, linen, jute, silk and polyamide fibres; occasionally used in direct printing processes	[746]
C.I. Direct Brown 17	6661-48-9	Oxamine Brown GX	direct dye; trisazo	dyeing and printing	used for dyeing cotton, rayon, linen, jute, silk and polyamide fibres; occasionally used in direct printing processes	[746]
C.I. Direct Brown 171		Paradiazol Brown RD	direct dye; trisazo	dyeing and printing	used for dyeing cotton, rayon, linen, jute, silk and polyamide fibres; occasionally used in direct printing processes	[746]
C.I. Direct Brown 173		C.I. 30165	direct dye; trisazo	dyeing and printing	used for dyeing cotton, rayon, linen, jute, silk and polyamide fibres; occasionally used in direct printing processes	[746]
C.I. Direct Brown 175	6528-58-1		direct dye; trisazo	dyeing and printing	used for dyeing cotton, rayon, linen, jute, silk and polyamide fibres; occasionally used in direct printing processes	[746]
C.I. Direct Brown 190		Formanil Brown R; C.I. 31750	direct dye; trisazo	dyeing and printing	used for dyeing cotton, rayon, linen, jute, silk and polyamide fibres; occasionally used in direct printing processes	[746]

Substance	CAS-Nr.	Tradename/Product/ Common Name	Function	Process	Application	Literature
C.I. Direct Brown 2	25255-06-5		direct dye; disazo	dyeing and printing	used for dyeing cotton, rayon, linen, jute, silk and polyamide fibres; occasionally used in direct printing processes	[746]
C.I. Direct Brown 20		Diazol Brown FBR; C.I. 30060	direct dye; trisazo	dyeing and printing	used for dyeing cotton, rayon, linen, jute, silk and polyamide fibres; occasionally used in direct printing processes	[746]
C.I. Direct Brown 21	[6442-05-3]	Congo Brown R	direct dye; trisazo	dyeing and printing	used for dyeing cotton, rayon, linen, jute, silk and polyamide fibres; occasionally used in direct printing processes	[746]
C.I. Direct Brown 215	83606-72-8	Diamine Dark Brown G	direct dye; tetrakisazo	dyeing and printing	used for dyeing cotton, rayon, linen, jute, silk and polyamide fibres; occasionally used in direct printing processes	[746]
C.I. Direct Brown 222	64743-15-3	Direct Brown 3GA	direct dye; trisazo	dyeing and printing	used for dyeing cotton, rayon, linen, jute, silk and polyamide fibres; occasionally used in direct printing processes	[746]
C.I. Direct Brown 223	76930-14-8	Direct Brown MA	direct dye; disazo	dyeing and printing	used for dyeing cotton, rayon, linen, jute, silk and polyamide fibres; occasionally used in direct printing processes	[746]
C.I. Direct Brown 24	8003-74-5		direct dye; trisazo	dyeing and printing	used for dyeing cotton, rayon, linen, jute, silk and polyamide fibres; occasionally used in direct printing processes	[746]
C.I. Direct Brown 25	33363-87-0		direct dye; polyazo	dyeing and printing	used for dyeing cotton, rayon, linen, jute, silk and polyamide fibres; occasionally used in direct printing processes	[746]
C.I. Direct Brown 26	8003-55-2	Direct Dark Brown G	direct dye; trisazo	dyeing and printing	used for dyeing cotton, rayon, linen, jute, silk and polyamide fibres; occasionally used in direct printing processes	[746]

Substance	CAS-Nr.	Tradename/Product/ Common Name	Function	Process	Application	Literature
C.I. Direct Brown 27	6360-29-8	also: CAS 25180-40-9	direct dye; trisazo	dyeing and printing	used for dyeing cotton, rayon, linen, jute, silk and polyamide fibres; occasionally used in direct printing processes	[746]
C.I. Direct Brown 31	25180-41-0		direct dye; polyazo	dyeing and printing	used for dyeing cotton, rayon, linen, jute, silk and polyamide fibres; occasionally used in direct printing processes	[746]
C.I. Direct Brown 33	1324-87-4		direct dye; polyazo	dyeing and printing	used for dyeing cotton, rayon, linen, jute, silk and polyamide fibres; occasionally used in direct printing processes	[746]
C.I. Direct Brown 39	[6473-06-9]		direct dye; polyazo	dyeing and printing	used for dyeing cotton, rayon, linen, jute, silk and polyamide fibres; occasionally used in direct printing processes	[746]
C.I. Direct Brown 43	6471-44-9		direct dye; polyazo	dyeing and printing	used for dyeing cotton, rayon, linen, jute, silk and polyamide fibres; occasionally used in direct printing processes	[746]
C.I. Direct Brown 44	6252-62-6	also: CAS 25180-42-1	direct dye; polyazo	dyeing and printing	used for dyeing cotton, rayon, linen, jute, silk and polyamide fibres; occasionally used in direct printing processes	[641]
C.I. Direct Brown 45	1222-19-4	Trisulfon Bronze B	direct dye; polyazo	dyeing and printing	used for dyeing cotton, rayon, linen, jute, silk and polyamide fibres; occasionally used in direct printing processes	[746]
C.I. Direct Brown 46	8003-51-8		direct dye; trisazo	dyeing and printing	used for dyeing cotton, rayon, linen, jute, silk and polyamide fibres; occasionally used in direct printing processes	[746]
C.I. Direct Brown 5	6844-77-5		direct dye; trisazo	dyeing and printing	used for dyeing cotton, rayon, linen, jute, silk and polyamide fibres; occasionally used in direct printing processes	[746]

Substance	CAS-Nr.	Tradename/Product/ Common Name	Function	Process	Application	Literature
C.I. Direct Brown 51	4623-91-0	also: CAS 25180-43-2	direct dye; trisazo	dyeing and printing	used for dyeing cotton, rayon, linen, jute, silk and polyamide fibres; occasionally used in direct printing processes	[746]
C.I. Direct Brown 52	6505-12-0		direct dye; trisazo	dyeing and printing	used for dyeing cotton, rayon, linen, jute, silk and polyamide fibres; occasionally used in direct printing processes	[746]
C.I. Direct Brown 54	8003-50-7		direct dye; trisazo	dyeing and printing	used for dyeing cotton, rayon, linen, jute, silk and polyamide fibres; occasionally used in direct printing processes	[746]
C.I. Direct Brown 56	6486-31-3		direct dye; disazo	dyeing and printing	used for dyeing cotton, rayon, linen, jute, silk and polyamide fibres; occasionally used in direct printing processes	[746]
C.I. Direct Brown 57		C.I. 31705	direct dye; trisazo	dyeing and printing	used for dyeing cotton, rayon, linen, jute, silk and polyamide fibres; occasionally used in direct printing processes	[746]
C.I. Direct Brown 58	6426-59-1	Diphenyl Brown BN	direct dye; disazo	dyeing and printing	used for dyeing cotton, rayon, linen, jute, silk and polyamide fibres; occasionally used in direct printing processes	[746]
C.I. Direct Brown 59	6247-51-4		direct dye; disazo	dyeing and printing	used for dyeing cotton, rayon, linen, jute, silk and polyamide fibres; occasionally used in direct printing processes	[746]
C.I. Direct Brown 6	25180-39-6		direct dye; trisazo	dyeing and printing	used for dyeing cotton, rayon, linen, jute, silk and polyamide fibres; occasionally used in direct printing processes	[746]
C.I. Direct Brown 60	6426-57-9	Benzo Chrome Brown 5G	direct dye; disazo	dyeing and printing	used for dyeing cotton, rayon, linen, jute, silk and polyamide fibres; occasionally used in direct printing processes	[746]

Substance	CAS-Nr.	Tradename/Product/Common Name	Function	Process	Application	Literature
C.I. Direct Brown 61		C.I. 30055	direct dye; trisazo	dyeing and printing	used for dyeing cotton, rayon, linen, jute, silk and polyamide fibres; occasionally used in direct printing processes	[746]
C.I. Direct Brown 62	8003-56-3	Benzo Chrome Brown R	direct dye; trisazo	dyeing and printing	used for dyeing cotton, rayon, linen, jute, silk and polyamide fibres; occasionally used in direct printing processes	[746]
C.I. Direct Brown 68	6449-85-0	Columbia Brown R	direct dye; trisazo	dyeing and printing	used for dyeing cotton, rayon, linen, jute, silk and polyamide fibres; occasionally used in direct printing processes	[746]
C.I. Direct Brown 7		Paradiazol Brown N; C.I. 30035	direct dye; trisazo	dyeing and printing	used for dyeing cotton, rayon, linen, jute, silk and polyamide fibres; occasionally used in direct printing processes	[746]
C.I. Direct Brown 70		Diazol Cutch BAR; C.I. 35530	direct dye; polyazo	dyeing and printing	used for dyeing cotton, rayon, linen, jute, silk and polyamide fibres; occasionally used in direct printing processes	[746]
C.I. Direct Brown 73		Diazol Cutch BR; C.I. 35535	direct dye; polyazo	dyeing and printing	used for dyeing cotton, rayon, linen, jute, silk and polyamide fibres; occasionally used in direct printing processes	[746]
C.I. Direct Brown 74	8014-91-3	Pontamine Catechu 3G	direct dye; polyazo	dyeing and printing	used for dyeing cotton, rayon, linen, jute, silk and polyamide fibres; occasionally used in direct printing processes	[746]
C.I. Direct Brown 75	1324-84-1	Direct Dark Brown B	direct dye; trisazo	dyeing and printing	used for dyeing cotton, rayon, linen, jute, silk and polyamide fibres; occasionally used in direct printing processes	[746]
C.I. Direct Brown 79		Direct Brown 3GN; C.I. 30050	direct dye; trisazo	dyeing and printing	used for dyeing cotton, rayon, linen, jute, silk and polyamide fibres; occasionally used in direct printing processes	[746]

Substance	CAS-Nr.	Tradename/Product/ Common Name	Function	Process	Application	Literature
C.I. Direct Brown 86	6486-30-2	Direct Brown R	direct dye; disazo	dyeing and printing	used for dyeing cotton, rayon, linen, jute, silk and polyamide fibres; occasionally used in direct printing processes	[746]
C.I. Direct Brown 95	16071-86-6		direct dye; trisazo	dyeing and printing	used for dyeing cotton, rayon, linen, jute, silk and polyamide fibres; occasionally used in direct printing processes	[746]
C.I. Direct Brown 2 disodium salt	2429-82-5		direct dye; disazo	dyeing and printing	used for dyeing cotton, rayon, linen, jute, silk and polyamide fibres; occasionally used in direct printing processes	[746]
C.I. Direct Brown 59 disodium salt	3476-90-2		direct dye; disazo	dyeing and printing	used for dyeing cotton, rayon, linen, jute, silk and polyamide fibres; occasionally used in direct printing processes	[746]
C.I. Direct Brown 6 disodium salt	2893-80-3		direct dye; trisazo	dyeing and printing	used for dyeing cotton, rayon, linen, jute, silk and polyamide fibres; occasionally used in direct printing processes	[746]
C.I. Direct Brown 31 tetrasodium salt	2429-81-4		direct dye; polyazo	dyeing and printing	used for dyeing cotton, rayon, linen, jute, silk and polyamide fibres; occasionally used in direct printing processes	[746]
C.I. Direct Brown 1:2	2586-58-5		direct dye; trisazo	dyeing and printing	used for dyeing cotton, rayon, linen, jute, silk and polyamide fibres; occasionally used in direct printing processes	[746]
C.I. Direct Dye		C.I. 29205	direct dye	dyeing and printing	used for dyeing cotton, rayon, linen, jute, silk and polyamide fibres; occasionally used in direct printing processes	[746]
C.I. Direct Dye		C.I. 21060	direct dye	dyeing and printing	used for dyeing cotton, rayon, linen, jute, silk and polyamide fibres; occasionally used in direct printing processes	[746]

Substance	CAS-Nr.	Tradename/Product/ Common Name	Function	Process	Application	Literature
C.I. Direct Dye		C.I. 19565	direct dye	dyeing and printing	used for dyeing cotton, rayon, linen, jute, silk and polyamide fibres; occasionally used in direct printing processes	[746]
C.I. Direct Dye		C.I. 22000	direct dye	dyeing and printing	used for dyeing cotton, rayon, linen, jute, silk and polyamide fibres; occasionally used in direct printing processes	[746]
C.I. Direct Dye		C.I. 22020	direct dye	dyeing and printing	used for dyeing cotton, rayon, linen, jute, silk and polyamide fibres; occasionally used in direct printing processes	[746]
C.I. Direct Dye		C.I. 22035	direct dye	dyeing and printing	used for dyeing cotton, rayon, linen, jute, silk and polyamide fibres; occasionally used in direct printing processes	[746]
C.I. Direct Dye		C.I. 22050	direct dye	dyeing and printing	used for dyeing cotton, rayon, linen, jute, silk and polyamide fibres; occasionally used in direct printing processes	[746]
C.I. Direct Dye		C.I. 22060	direct dye	dyeing and printing	used for dyeing cotton, rayon, linen, jute, silk and polyamide fibres; occasionally used in direct printing processes	[746]
C.I. Direct Dye		C.I. 22070	direct dye	dyeing and printing	used for dyeing cotton, rayon, linen, jute, silk and polyamide fibres; occasionally used in direct printing processes	[746]
C.I. Direct Dye		C.I. 22080	direct dye	dyeing and printing	used for dyeing cotton, rayon, linen, jute, silk and polyamide fibres; occasionally used in direct printing processes	[746]
C.I. Direct Dye		C.I. 22095	direct dye	dyeing and printing	used for dyeing cotton, rayon, linen, jute, silk and polyamide fibres; occasionally used in direct printing processes	[746]

Substance	CAS-Nr.	Tradename/Product/ Common Name	Function	Process	Application	Literature
C.I. Direct Dye		C.I. 22100	direct dye	dyeing and printing	used for dyeing cotton, rayon, linen, jute, silk and polyamide fibres; occasionally used in direct printing processes	[746]
C.I. Direct Dye		C.I. 22110	direct dye	dyeing and printing	used for dyeing cotton, rayon, linen, jute, silk and polyamide fibres; occasionally used in direct printing processes	[746]
C.I. Direct Dye		C.I. 22125	direct dye	dyeing and printing	used for dyeing cotton, rayon, linen, jute, silk and polyamide fibres; occasionally used in direct printing processes	[746]
C.I. Direct Dye		C.I. 22140	direct dye	dyeing and printing	used for dyeing cotton, rayon, linen, jute, silk and polyamide fibres; occasionally used in direct printing processes	[746]
C.I. Direct Dye		C.I. 22160	direct dye	dyeing and printing	used for dyeing cotton, rayon, linen, jute, silk and polyamide fibres; occasionally used in direct printing processes	[746]
C.I. Direct Dye		C.I. 22165	direct dye	dyeing and printing	used for dyeing cotton, rayon, linen, jute, silk and polyamide fibres; occasionally used in direct printing processes	[746]
C.I. Direct Dye		C.I. 22175	direct dye	dyeing and printing	used for dyeing cotton, rayon, linen, jute, silk and polyamide fibres; occasionally used in direct printing processes	[746]
C.I. Direct Dye		C.I. 22210	direct dye	dyeing and printing	used for dyeing cotton, rayon, linen, jute, silk and polyamide fibres; occasionally used in direct printing processes	[746]
C.I. Direct Dye		C.I. 22220	direct dye	dyeing and printing	used for dyeing cotton, rayon, linen, jute, silk and polyamide fibres; occasionally used in direct printing processes	[746]

Substance	CAS-Nr.	Tradename/Product/ Common Name	Function	Process	Application	Literature
C.I. Direct Dye		C.I. 22230	direct dye	dyeing and printing	used for dyeing cotton, rayon, linen, jute, silk and polyamide fibres; occasionally used in direct printing processes	[746]
C.I. Direct Dye		C.I. 22260	direct dye	dyeing and printing	used for dyeing cotton, rayon, linen, jute, silk and polyamide fibres; occasionally used in direct printing processes	[746]
C.I. Direct Dye		C.I. 22300	direct dye	dyeing and printing	used for dyeing cotton, rayon, linen, jute, silk and polyamide fibres; occasionally used in direct printing processes	[746]
C.I. Direct Dye		C.I. 22320	direct dye	dyeing and printing	used for dyeing cotton, rayon, linen, jute, silk and polyamide fibres; occasionally used in direct printing processes	[746]
C.I. Direct Dye		C.I. 22330	direct dye	dyeing and printing	used for dyeing cotton, rayon, linen, jute, silk and polyamide fibres; occasionally used in direct printing processes	[746]
C.I. Direct Dye		C.I. 22335	direct dye	dyeing and printing	used for dyeing cotton, rayon, linen, jute, silk and polyamide fibres; occasionally used in direct printing processes	[746]
C.I. Direct Dye		C.I. 22390	direct dye	dyeing and printing	used for dyeing cotton, rayon, linen, jute, silk and polyamide fibres; occasionally used in direct printing processes	[746]
C.I. Direct Dye		C.I. 22415	direct dye	dyeing and printing	used for dyeing cotton, rayon, linen, jute, silk and polyamide fibres; occasionally used in direct printing processes	[746]
C.I. Direct Dye		C.I. 22495	direct dye	dyeing and printing	used for dyeing cotton, rayon, linen, jute, silk and polyamide fibres; occasionally used in direct printing processes	[746]

Substance	CAS-Nr.	Tradename/Product/ Common Name	Function	Process	Application	Literature
C.I. Direct Dye		C.I. 22530	direct dye	dyeing and printing	used for dyeing cotton, rayon, linen, jute, silk and polyamide fibres; occasionally used in direct printing processes	[746]
C.I. Direct Dye		C.I. 22545	direct dye	dyeing and printing	used for dyeing cotton, rayon, linen, jute, silk and polyamide fibres; occasionally used in direct printing processes	[746]
C.I. Direct Dye		C.I. 22585	direct dye	dyeing and printing	used for dyeing cotton, rayon, linen, jute, silk and polyamide fibres; occasionally used in direct printing processes	[746]
C.I. Direct Dye		C.I. 22600	direct dye	dyeing and printing	used for dyeing cotton, rayon, linen, jute, silk and polyamide fibres; occasionally used in direct printing processes	[746]
C.I. Direct Dye		C.I. 22605	direct dye	dyeing and printing	used for dyeing cotton, rayon, linen, jute, silk and polyamide fibres; occasionally used in direct printing processes	[746]
C.I. Direct Dye		C.I. 23045	direct dye	dyeing and printing	used for dyeing cotton, rayon, linen, jute, silk and polyamide fibres; occasionally used in direct printing processes	[746]
C.I. Direct Dye		C.I. 23350	direct dye	dyeing and printing	used for dyeing cotton, rayon, linen, jute, silk and polyamide fibres; occasionally used in direct printing processes	[746]
C.I. Direct Dye		C.I. 23385	direct dye	dyeing and printing	used for dyeing cotton, rayon, linen, jute, silk and polyamide fibres; occasionally used in direct printing processes	[746]
C.I. Direct Dye		C.I. 23390	direct dye	dyeing and printing	used for dyeing cotton, rayon, linen, jute, silk and polyamide fibres; occasionally used in direct printing processes	[746]

Substance	CAS-Nr.	Tradename/Product/ Common Name	Function	Process	Application	Literature
C.I. Direct Dye		C.I. 23400	direct dye	dyeing and printing	used for dyeing cotton, rayon, linen, jute, silk and polyamide fibres; occasionally used in direct printing processes	[746]
C.I. Direct Dye		C.I. 23530	direct dye	dyeing and printing	used for dyeing cotton, rayon, linen, jute, silk and polyamide fibres; occasionally used in direct printing processes	[746]
C.I. Direct Dye		C.I. 23540	direct dye	dyeing and printing	used for dyeing cotton, rayon, linen, jute, silk and polyamide fibres; occasionally used in direct printing processes	[746]
C.I. Direct Dye		C.I. 23550	direct dye	dyeing and printing	used for dyeing cotton, rayon, linen, jute, silk and polyamide fibres; occasionally used in direct printing processes	[746]
C.I. Direct Dye		C.I. 23580	direct dye	dyeing and printing	used for dyeing cotton, rayon, linen, jute, silk and polyamide fibres; occasionally used in direct printing processes	[746]
C.I. Direct Dye		C.I. 23585	direct dye	dyeing and printing	used for dyeing cotton, rayon, linen, jute, silk and polyamide fibres; occasionally used in direct printing processes	[746]
C.I. Direct Dye		C.I. 23590	direct dye	dyeing and printing	used for dyeing cotton, rayon, linen, jute, silk and polyamide fibres; occasionally used in direct printing processes	[746]
C.I. Direct Dye		C.I. 23595	direct dye	dyeing and printing	used for dyeing cotton, rayon, linen, jute, silk and polyamide fibres; occasionally used in direct printing processes	[746]
C.I. Direct Dye		C.I. 23610	direct dye	dyeing and printing	used for dyeing cotton, rayon, linen, jute, silk and polyamide fibres; occasionally used in direct printing processes	[746]

Substance	CAS-Nr.	Tradename/Product/ Common Name	Function	Process	Application	Literature
C.I. Direct Dye		C.I. 23620	direct dye	dyeing and printing	used for dyeing cotton, rayon, linen, jute, silk and polyamide fibres; occasionally used in direct printing processes	[746]
C.I. Direct Dye		C.I. 23625	direct dye	dyeing and printing	used for dyeing cotton, rayon, linen, jute, silk and polyamide fibres; occasionally used in direct printing processes	[746]
C.I. Direct Dye		C.I. 23645	direct dye	dyeing and printing	used for dyeing cotton, rayon, linen, jute, silk and polyamide fibres; occasionally used in direct printing processes	[746]
C.I. Direct Dye		C.I. 23650	direct dye	dyeing and printing	used for dyeing cotton, rayon, linen, jute, silk and polyamide fibres; occasionally used in direct printing processes	[746]
C.I. Direct Dye		C.I. 23695	direct dye	dyeing and printing	used for dyeing cotton, rayon, linen, jute, silk and polyamide fibres; occasionally used in direct printing processes	[746]
C.I. Direct Dye		C.I. 23700	direct dye	dyeing and printing	used for dyeing cotton, rayon, linen, jute, silk and polyamide fibres; occasionally used in direct printing processes	[746]
C.I. Direct Dye		C.I. 23715	direct dye	dyeing and printing	used for dyeing cotton, rayon, linen, jute, silk and polyamide fibres; occasionally used in direct printing processes	[746]
C.I. Direct Dye		C.I. 23720	direct dye	dyeing and printing	used for dyeing cotton, rayon, linen, jute, silk and polyamide fibres; occasionally used in direct printing processes	[746]
C.I. Direct Dye		C.I. 23730	direct dye	dyeing and printing	used for dyeing cotton, rayon, linen, jute, silk and polyamide fibres; occasionally used in direct printing processes	[746]

Substance	CAS-Nr.	Tradename/Product/ Common Name	Function	Process	Application	Literature
C.I. Direct Dye		C.I. 23740	direct dye	dyeing and printing	used for dyeing cotton, rayon, linen, jute, silk and polyamide fibres; occasionally used in direct printing processes	[746]
C.I. Direct Dye		C.I. 23745	direct dye	dyeing and printing	used for dyeing cotton, rayon, linen, jute, silk and polyamide fibres; occasionally used in direct printing processes	[746]
C.I. Direct Dye		C.I. 23760	direct dye	dyeing and printing	used for dyeing cotton, rayon, linen, jute, silk and polyamide fibres; occasionally used in direct printing processes	[746]
C.I. Direct Dye		C.I. 23770	direct dye	dyeing and printing	used for dyeing cotton, rayon, linen, jute, silk and polyamide fibres; occasionally used in direct printing processes	[746]
C.I. Direct Dye		C.I. 23780	direct dye	dyeing and printing	used for dyeing cotton, rayon, linen, jute, silk and polyamide fibres; occasionally used in direct printing processes	[746]
C.I. Direct Dye		C.I. 23785	direct dye	dyeing and printing	used for dyeing cotton, rayon, linen, jute, silk and polyamide fibres; occasionally used in direct printing processes	[746]
C.I. Direct Dye		C.I. 23795	direct dye	dyeing and printing	used for dyeing cotton, rayon, linen, jute, silk and polyamide fibres; occasionally used in direct printing processes	[746]
C.I. Direct Dye		C.I. 23825	direct dye	dyeing and printing	used for dyeing cotton, rayon, linen, jute, silk and polyamide fibres; occasionally used in direct printing processes	[746]
C.I. Direct Dye		C.I. 23835	direct dye	dyeing and printing	used for dyeing cotton, rayon, linen, jute, silk and polyamide fibres; occasionally used in direct printing processes	[746]

Substance	CAS-Nr.	Tradename/Product/ Common Name	Function	Process	Application	Literature
C.I. Direct Dye		C.I. 23840	direct dye	dyeing and printing	used for dyeing cotton, rayon, linen, jute, silk and polyamide fibres; occasionally used in direct printing processes	[746]
C.I. Direct Dye		C.I. 24050	direct dye	dyeing and printing	used for dyeing cotton, rayon, linen, jute, silk and polyamide fibres; occasionally used in direct printing processes	[746]
C.I. Direct Dye		C.I. 24060	direct dye	dyeing and printing	used for dyeing cotton, rayon, linen, jute, silk and polyamide fibres; occasionally used in direct printing processes	[746]
C.I. Direct Dye		C.I. 24070	direct dye	dyeing and printing	used for dyeing cotton, rayon, linen, jute, silk and polyamide fibres; occasionally used in direct printing processes	[746]
C.I. Direct Dye		C.I. 24075	direct dye	dyeing and printing	used for dyeing cotton, rayon, linen, jute, silk and polyamide fibres; occasionally used in direct printing processes	[746]
C.I. Direct Dye		C.I. 24090	direct dye	dyeing and printing	used for dyeing cotton, rayon, linen, jute, silk and polyamide fibres; occasionally used in direct printing processes	[746]
C.I. Direct Dye		C.I. 24120	direct dye	dyeing and printing	used for dyeing cotton, rayon, linen, jute, silk and polyamide fibres; occasionally used in direct printing processes	[746]
C.I. Direct Dye		C.I. 24160	direct dye	dyeing and printing	used for dyeing cotton, rayon, linen, jute, silk and polyamide fibres; occasionally used in direct printing processes	[746]
C.I. Direct Dye		C.I. 24165	direct dye	dyeing and printing	used for dyeing cotton, rayon, linen, jute, silk and polyamide fibres; occasionally used in direct printing processes	[746]

Substance	CAS-Nr.	Tradename/Product/ Common Name	Function	Process	Application	Literature
C.I. Direct Dye		C.I. 24180	direct dye	dyeing and printing	used for dyeing cotton, rayon, linen, jute, silk and polyamide fibres; occasionally used in direct printing processes	[746]
C.I. Direct Dye		C.I. 24190	direct dye	dyeing and printing	used for dyeing cotton, rayon, linen, jute, silk and polyamide fibres; occasionally used in direct printing processes	[746]
C.I. Direct Dye		C.I. 24195	direct dye	dyeing and printing	used for dyeing cotton, rayon, linen, jute, silk and polyamide fibres; occasionally used in direct printing processes	[746]
C.I. Direct Dye		C.I. 24200	direct dye	dyeing and printing	used for dyeing cotton, rayon, linen, jute, silk and polyamide fibres; occasionally used in direct printing processes	[746]
C.I. Direct Dye		C.I. 24210	direct dye	dyeing and printing	used for dyeing cotton, rayon, linen, jute, silk and polyamide fibres; occasionally used in direct printing processes	[746]
C.I. Direct Dye		C.I. 24215	direct dye	dyeing and printing	used for dyeing cotton, rayon, linen, jute, silk and polyamide fibres; occasionally used in direct printing processes	[746]
C.I. Direct Dye		C.I. 24225	direct dye	dyeing and printing	used for dyeing cotton, rayon, linen, jute, silk and polyamide fibres; occasionally used in direct printing processes	[746]
C.I. Direct Dye		C.I. 24230	direct dye	dyeing and printing	used for dyeing cotton, rayon, linen, jute, silk and polyamide fibres; occasionally used in direct printing processes	[746]
C.I. Direct Dye		C.I. 24240	direct dye	dyeing and printing	used for dyeing cotton, rayon, linen, jute, silk and polyamide fibres; occasionally used in direct printing processes	[746]

Substance	CAS-Nr.	Tradename/Product/ Common Name	Function	Process	Application	Literature
C.I. Direct Dye		C.I. 24250	direct dye	dyeing and printing	used for dyeing cotton, rayon, linen, jute, silk and polyamide fibres; occasionally used in direct printing processes	[746]
C.I. Direct Dye		C.I. 24260	direct dye	dyeing and printing	used for dyeing cotton, rayon, linen, jute, silk and polyamide fibres; occasionally used in direct printing processes	[746]
C.I. Direct Dye		C.I. 24290	direct dye	dyeing and printing	used for dyeing cotton, rayon, linen, jute, silk and polyamide fibres; occasionally used in direct printing processes	[746]
C.I. Direct Dye		C.I. 24300	direct dye	dyeing and printing	used for dyeing cotton, rayon, linen, jute, silk and polyamide fibres; occasionally used in direct printing processes	[746]
C.I. Direct Dye		C.I. 24320	direct dye	dyeing and printing	used for dyeing cotton, rayon, linen, jute, silk and polyamide fibres; occasionally used in direct printing processes	[746]
C.I. Direct Dye		C.I. 24325	direct dye	dyeing and printing	used for dyeing cotton, rayon, linen, jute, silk and polyamide fibres; occasionally used in direct printing processes	[746]
C.I. Direct Dye		C.I. 24330	direct dye	dyeing and printing	used for dyeing cotton, rayon, linen, jute, silk and polyamide fibres; occasionally used in direct printing processes	[746]
C.I. Direct Dye		C.I. 24335	direct dye	dyeing and printing	used for dyeing cotton, rayon, linen, jute, silk and polyamide fibres; occasionally used in direct printing processes	[746]
C.I. Direct Dye		C.I. 24345	direct dye	dyeing and printing	used for dyeing cotton, rayon, linen, jute, silk and polyamide fibres; occasionally used in direct printing processes	[746]

Substance	CAS-Nr.	Tradename/Product/Common Name	Function	Process	Application	Literature
C.I. Direct Dye		C.I. 24350	direct dye	dyeing and printing	used for dyeing cotton, rayon, linen, jute, silk and polyamide fibres; occasionally used in direct printing processes	[746]
C.I. Direct Dye		C.I. 24355	direct dye	dyeing and printing	used for dyeing cotton, rayon, linen, jute, silk and polyamide fibres; occasionally used in direct printing processes	[746]
C.I. Direct Dye		C.I. 24361	direct dye	dyeing and printing	used for dyeing cotton, rayon, linen, jute, silk and polyamide fibres; occasionally used in direct printing processes	[746]
C.I. Direct Dye		C.I. 24365	direct dye	dyeing and printing	used for dyeing cotton, rayon, linen, jute, silk and polyamide fibres; occasionally used in direct printing processes	[746]
C.I. Direct Dye		C.I. 24375	direct dye	dyeing and printing	used for dyeing cotton, rayon, linen, jute, silk and polyamide fibres; occasionally used in direct printing processes	[746]
C.I. Direct Dye		C.I. 24385	direct dye	dyeing and printing	used for dyeing cotton, rayon, linen, jute, silk and polyamide fibres; occasionally used in direct printing processes	[746]
C.I. Direct Dye		C.I. 24390	direct dye	dyeing and printing	used for dyeing cotton, rayon, linen, jute, silk and polyamide fibres; occasionally used in direct printing processes	[746]
C.I. Direct Dye		C.I. 24395	direct dye	dyeing and printing	used for dyeing cotton, rayon, linen, jute, silk and polyamide fibres; occasionally used in direct printing processes	[746]
C.I. Direct Dye		C.I. 24420	direct dye	dyeing and printing	used for dyeing cotton, rayon, linen, jute, silk and polyamide fibres; occasionally used in direct printing processes	[746]

Substance	CAS-Nr.	Tradename/Product/ Common Name	Function	Process	Application	Literature
C.I. Direct Dye		C.I. 26725	direct dye	dyeing and printing	used for dyeing cotton, rayon, linen, jute, silk and polyamide fibres; occasionally used in direct printing processes	[746]
C.I. Direct Dye		C.I. 29250	direct dye	dyeing and printing	used for dyeing cotton, rayon, linen, jute, silk and polyamide fibres; occasionally used in direct printing processes	[746]
C.I. Direct Dye		C.I. 29255	direct dye	dyeing and printing	used for dyeing cotton, rayon, linen, jute, silk and polyamide fibres; occasionally used in direct printing processes	[746]
C.I. Direct Dye		C.I. 29260	direct dye	dyeing and printing	used for dyeing cotton, rayon, linen, jute, silk and polyamide fibres; occasionally used in direct printing processes	[746]
C.I. Direct Dye		C.I. 30065	direct dye	dyeing and printing	used for dyeing cotton, rayon, linen, jute, silk and polyamide fibres; occasionally used in direct printing processes	[746]
C.I. Direct Dye		C.I. 30075	direct dye	dyeing and printing	used for dyeing cotton, rayon, linen, jute, silk and polyamide fibres; occasionally used in direct printing processes	[746]
C.I. Direct Dye		C.I. 30080	direct dye	dyeing and printing	used for dyeing cotton, rayon, linen, jute, silk and polyamide fibres; occasionally used in direct printing processes	[746]
C.I. Direct Dye		C.I. 30085	direct dye	dyeing and printing	used for dyeing cotton, rayon, linen, jute, silk and polyamide fibres; occasionally used in direct printing processes	[746]
C.I. Direct Dye		C.I. 30095	direct dye	dyeing and printing	used for dyeing cotton, rayon, linen, jute, silk and polyamide fibres; occasionally used in direct printing processes	[746]

Substance	CAS-Nr.	Tradename/Product/ Common Name	Function	Process	Application	Literature
C.I. Direct Dye		C.I. 30105	direct dye	dyeing and printing	used for dyeing cotton, rayon, linen, jute, silk and polyamide fibres; occasionally used in direct printing processes	[746]
C.I. Direct Dye		C.I. 30130	direct dye	dyeing and printing	used for dyeing cotton, rayon, linen, jute, silk and polyamide fibres; occasionally used in direct printing processes	[746]
C.I. Direct Dye		C.I. 30160	direct dye	dyeing and printing	used for dyeing cotton, rayon, linen, jute, silk and polyamide fibres; occasionally used in direct printing processes	[746]
C.I. Direct Dye		C.I. 30170	direct dye	dyeing and printing	used for dyeing cotton, rayon, linen, jute, silk and polyamide fibres; occasionally used in direct printing processes	[746]
C.I. Direct Dye		C.I. 30175	direct dye	dyeing and printing	used for dyeing cotton, rayon, linen, jute, silk and polyamide fibres; occasionally used in direct printing processes	[746]
C.I. Direct Dye		C.I. 30180	direct dye	dyeing and printing	used for dyeing cotton, rayon, linen, jute, silk and polyamide fibres; occasionally used in direct printing processes	[746]
C.I. Direct Dye		C.I. 30190	direct dye	dyeing and printing	used for dyeing cotton, rayon, linen, jute, silk and polyamide fibres; occasionally used in direct printing processes	[746]
C.I. Direct Dye		C.I. 30195	direct dye	dyeing and printing	used for dyeing cotton, rayon, linen, jute, silk and polyamide fibres; occasionally used in direct printing processes	[746]
C.I. Direct Dye		C.I. 30200	direct dye	dyeing and printing	used for dyeing cotton, rayon, linen, jute, silk and polyamide fibres; occasionally used in direct printing processes	[746]

Substance	CAS-Nr.	Tradename/Product/ Common Name	Function	Process	Application	Literature
C.I. Direct Dye		C.I. 30210	direct dye	dyeing and printing	used for dyeing cotton, rayon, linen, jute, silk and polyamide fibres; occasionally used in direct printing processes	[746]
C.I. Direct Dye		C.I. 30215	direct dye	dyeing and printing	used for dyeing cotton, rayon, linen, jute, silk and polyamide fibres; occasionally used in direct printing processes	[746]
C.I. Direct Dye		C.I. 30230	direct dye	dyeing and printing	used for dyeing cotton, rayon, linen, jute, silk and polyamide fibres; occasionally used in direct printing processes	[746]
C.I. Direct Dye		C.I. 30250	direct dye	dyeing and printing	used for dyeing cotton, rayon, linen, jute, silk and polyamide fibres; occasionally used in direct printing processes	[746]
C.I. Direct Dye		C.I. 30265	direct dye	dyeing and printing	used for dyeing cotton, rayon, linen, jute, silk and polyamide fibres; occasionally used in direct printing processes	[746]
C.I. Direct Dye		C.I. 30300	direct dye	dyeing and printing	used for dyeing cotton, rayon, linen, jute, silk and polyamide fibres; occasionally used in direct printing processes	[746]
C.I. Direct Dye		C.I. 30320	direct dye	dyeing and printing	used for dyeing cotton, rayon, linen, jute, silk and polyamide fibres; occasionally used in direct printing processes	[746]
C.I. Direct Dye		C.I. 30335	direct dye	dyeing and printing	used for dyeing cotton, rayon, linen, jute, silk and polyamide fibres; occasionally used in direct printing processes	[746]
C.I. Direct Dye		C.I. 30360	direct dye	dyeing and printing	used for dyeing cotton, rayon, linen, jute, silk and polyamide fibres; occasionally used in direct printing processes	[746]

Substance	CAS-Nr.	Tradename/Product/ Common Name	Function	Process	Application	Literature
C.I. Direct Dye		C.I. 30370	direct dye	dyeing and printing	used for dyeing cotton, rayon, linen, jute, silk and polyamide fibres; occasionally used in direct printing processes	[746]
C.I. Direct Dye		C.I. 30375	direct dye	dyeing and printing	used for dyeing cotton, rayon, linen, jute, silk and polyamide fibres; occasionally used in direct printing processes	[746]
C.I. Direct Dye		C.I. 30385	direct dye	dyeing and printing	used for dyeing cotton, rayon, linen, jute, silk and polyamide fibres; occasionally used in direct printing processes	[746]
C.I. Direct Dye		C.I. 31690	direct dye	dyeing and printing	used for dyeing cotton, rayon, linen, jute, silk and polyamide fibres; occasionally used in direct printing processes	[746]
C.I. Direct Dye		C.I. 31695	direct dye	dyeing and printing	used for dyeing cotton, rayon, linen, jute, silk and polyamide fibres; occasionally used in direct printing processes	[746]
C.I. Direct Dye		C.I. 31715	direct dye	dyeing and printing	used for dyeing cotton, rayon, linen, jute, silk and polyamide fibres; occasionally used in direct printing processes	[746]
C.I. Direct Dye		C.I. 31745	direct dye	dyeing and printing	used for dyeing cotton, rayon, linen, jute, silk and polyamide fibres; occasionally used in direct printing processes	[746]
C.I. Direct Dye		C.I. 31765	direct dye	dyeing and printing	used for dyeing cotton, rayon, linen, jute, silk and polyamide fibres; occasionally used in direct printing processes	[746]
C.I. Direct Dye		C.I. 31770	direct dye	dyeing and printing	used for dyeing cotton, rayon, linen, jute, silk and polyamide fibres; occasionally used in direct printing processes	[746]

Substance	CAS-Nr.	Tradename/Product/ Common Name	Function	Process	Application	Literature
C.I. Direct Dye		C.I. 31780	direct dye	dyeing and printing	used for dyeing cotton, rayon, linen, jute, silk and polyamide fibres; occasionally used in direct printing processes	[746]
C.I. Direct Dye		C.I. 31793	direct dye	dyeing and printing	used for dyeing cotton, rayon, linen, jute, silk and polyamide fibres; occasionally used in direct printing processes	[746]
C.I. Direct Dye		C.I. 31795	direct dye	dyeing and printing	used for dyeing cotton, rayon, linen, jute, silk and polyamide fibres; occasionally used in direct printing processes	[746]
C.I. Direct Dye		C.I. 31800	direct dye	dyeing and printing	used for dyeing cotton, rayon, linen, jute, silk and polyamide fibres; occasionally used in direct printing processes	[746]
C.I. Direct Dye		C.I. 31805	direct dye	dyeing and printing	used for dyeing cotton, rayon, linen, jute, silk and polyamide fibres; occasionally used in direct printing processes	[746]
C.I. Direct Dye		C.I. 31815	direct dye	dyeing and printing	used for dyeing cotton, rayon, linen, jute, silk and polyamide fibres; occasionally used in direct printing processes	[746]
C.I. Direct Dye		C.I. 31820	direct dye	dyeing and printing	used for dyeing cotton, rayon, linen, jute, silk and polyamide fibres; occasionally used in direct printing processes	[746]
C.I. Direct Dye		C.I. 31825	direct dye	dyeing and printing	used for dyeing cotton, rayon, linen, jute, silk and polyamide fibres; occasionally used in direct printing processes	[746]
C.I. Direct Dye		C.I. 31830	direct dye	dyeing and printing	used for dyeing cotton, rayon, linen, jute, silk and polyamide fibres; occasionally used in direct printing processes	[746]

Substance	CAS-Nr.	Tradename/Product/ Common Name	Function	Process	Application	Literature
C.I. Direct Dye		C.I. 31835	direct dye	dyeing and printing	used for dyeing cotton, rayon, linen, jute, silk and polyamide fibres; occasionally used in direct printing processes	[746]
C.I. Direct Dye		C.I. 31840	direct dye	dyeing and printing	used for dyeing cotton, rayon, linen, jute, silk and polyamide fibres; occasionally used in direct printing processes	[746]
C.I. Direct Dye		C.I. 31845	direct dye	dyeing and printing	used for dyeing cotton, rayon, linen, jute, silk and polyamide fibres; occasionally used in direct printing processes	[746]
C.I. Direct Dye		C.I. 31855	direct dye	dyeing and printing	used for dyeing cotton, rayon, linen, jute, silk and polyamide fibres; occasionally used in direct printing processes	[746]
C.I. Direct Dye		C.I. 31875	direct dye	dyeing and printing	used for dyeing cotton, rayon, linen, jute, silk and polyamide fibres; occasionally used in direct printing processes	[746]
C.I. Direct Dye		C.I. 31880	direct dye	dyeing and printing	used for dyeing cotton, rayon, linen, jute, silk and polyamide fibres; occasionally used in direct printing processes	[746]
C.I. Direct Dye		C.I. 31890	direct dye	dyeing and printing	used for dyeing cotton, rayon, linen, jute, silk and polyamide fibres; occasionally used in direct printing processes	[746]
C.I. Direct Dye		C.I. 31895	direct dye	dyeing and printing	used for dyeing cotton, rayon, linen, jute, silk and polyamide fibres; occasionally used in direct printing processes	[746]
C.I. Direct Dye		C.I. 31900	direct dye	dyeing and printing	used for dyeing cotton, rayon, linen, jute, silk and polyamide fibres; occasionally used in direct printing processes	[746]

Substance	CAS-Nr.	Tradename/Product/ Common Name	Function	Process	Application	Literature
C.I. Direct Dye		C.I. 31905	direct dye	dyeing and printing	used for dyeing cotton, rayon, linen, jute, silk and polyamide fibres; occasionally used in direct printing processes	[746]
C.I. Direct Dye		C.I. 31915	direct dye	dyeing and printing	used for dyeing cotton, rayon, linen, jute, silk and polyamide fibres; occasionally used in direct printing processes	[746]
C.I. Direct Dye		C.I. 31920	direct dye	dyeing and printing	used for dyeing cotton, rayon, linen, jute, silk and polyamide fibres; occasionally used in direct printing processes	[746]
C.I. Direct Dye		C.I. 31935	direct dye	dyeing and printing	used for dyeing cotton, rayon, linen, jute, silk and polyamide fibres; occasionally used in direct printing processes	[746]
C.I. Direct Dye		C.I. 31940	direct dye	dyeing and printing	used for dyeing cotton, rayon, linen, jute, silk and polyamide fibres; occasionally used in direct printing processes	[746]
C.I. Direct Dye		C.I. 31945	direct dye	dyeing and printing	used for dyeing cotton, rayon, linen, jute, silk and polyamide fibres; occasionally used in direct printing processes	[746]
C.I. Direct Dye		C.I. 31950	direct dye	dyeing and printing	used for dyeing cotton, rayon, linen, jute, silk and polyamide fibres; occasionally used in direct printing processes	[746]
C.I. Direct Dye		C.I. 31960	direct dye	dyeing and printing	used for dyeing cotton, rayon, linen, jute, silk and polyamide fibres; occasionally used in direct printing processes	[746]
C.I. Direct Dye		C.I. 31965	direct dye	dyeing and printing	used for dyeing cotton, rayon, linen, jute, silk and polyamide fibres; occasionally used in direct printing processes	[746]

Substance	CAS-Nr.	Tradename/Product/ Common Name	Function	Process	Application	Literature
C.I. Direct Dye		C.I. 31970	direct dye	dyeing and printing	used for dyeing cotton, rayon, linen, jute, silk and polyamide fibres; occasionally used in direct printing processes	[746]
C.I. Direct Dye		C.I. 33350	direct dye	dyeing and printing	used for dyeing cotton, rayon, linen, jute, silk and polyamide fibres; occasionally used in direct printing processes	[746]
C.I. Direct Dye		C.I. 35065	direct dye	dyeing and printing	used for dyeing cotton, rayon, linen, jute, silk and polyamide fibres; occasionally used in direct printing processes	[746]
C.I. Direct Dye		C.I. 35070	direct dye	dyeing and printing	used for dyeing cotton, rayon, linen, jute, silk and polyamide fibres; occasionally used in direct printing processes	[746]
C.I. Direct Dye		C.I. 35080	direct dye	dyeing and printing	used for dyeing cotton, rayon, linen, jute, silk and polyamide fibres; occasionally used in direct printing processes	[746]
C.I. Direct Dye		C.I. 35100	direct dye	dyeing and printing	used for dyeing cotton, rayon, linen, jute, silk and polyamide fibres; occasionally used in direct printing processes	[746]
C.I. Direct Dye		C.I. 35220	direct dye	dyeing and printing	used for dyeing cotton, rayon, linen, jute, silk and polyamide fibres; occasionally used in direct printing processes	[746]
C.I. Direct Dye		C.I. 35225	direct dye	dyeing and printing	used for dyeing cotton, rayon, linen, jute, silk and polyamide fibres; occasionally used in direct printing processes	[746]
C.I. Direct Dye		C.I. 35230	direct dye	dyeing and printing	used for dyeing cotton, rayon, linen, jute, silk and polyamide fibres; occasionally used in direct printing processes	[746]

Substance	CAS-Nr.	Tradename/Product/ Common Name	Function	Process	Application	Literature
C.I. Direct Dye		C.I. 35240	direct dye	dyeing and printing	used for dyeing cotton, rayon, linen, jute, silk and polyamide fibres; occasionally used in direct printing processes	[746]
C.I. Direct Dye		C.I. 35400	direct dye	dyeing and printing	used for dyeing cotton, rayon, linen, jute, silk and polyamide fibres; occasionally used in direct printing processes	[746]
C.I. Direct Dye		C.I. 35540	direct dye	dyeing and printing	used for dyeing cotton, rayon, linen, jute, silk and polyamide fibres; occasionally used in direct printing processes	[746]
C.I. Direct Dye		C.I. 35650	direct dye	dyeing and printing	used for dyeing cotton, rayon, linen, jute, silk and polyamide fibres; occasionally used in direct printing processes	[746]
C.I. Direct Dye		C.I. 35670	direct dye	dyeing and printing	used for dyeing cotton, rayon, linen, jute, silk and polyamide fibres; occasionally used in direct printing processes	[746]
C.I. Direct Dye		C.I. 35680	direct dye	dyeing and printing	used for dyeing cotton, rayon, linen, jute, silk and polyamide fibres; occasionally used in direct printing processes	[746]
C.I. Direct Dye		C.I. 35730	direct dye	dyeing and printing	used for dyeing cotton, rayon, linen, jute, silk and polyamide fibres; occasionally used in direct printing processes	[746]
C.I. Direct Dye		C.I. 35900	direct dye	dyeing and printing	used for dyeing cotton, rayon, linen, jute, silk and polyamide fibres; occasionally used in direct printing processes	[746]
C.I. Direct Dye		C.I. 36040	direct dye	dyeing and printing	used for dyeing cotton, rayon, linen, jute, silk and polyamide fibres; occasionally used in direct printing processes	[746]

Substance	CAS-Nr.	Tradename/Product/ Common Name	Function	Process	Application	Literature
C.I. Direct Dye		C.I. 36210	direct dye	dyeing and printing	used for dyeing cotton, rayon, linen, jute, silk and polyamide fibres; occasionally used in direct printing processes	[746]
C.I. Direct Dye		C.I. 36220	direct dye	dyeing and printing	used for dyeing cotton, rayon, linen, jute, silk and polyamide fibres; occasionally used in direct printing processes	[746]
C.I. Direct Green 10		Diamine Green CL; C.I. 30285	direct dye; trisazo	dyeing and printing	used for dyeing cotton, rayon, linen, jute, silk and polyamide fibres; occasionally used in direct printing processes	[746]
C.I. Direct Green 12	6486-55-1		direct dye; trisazo	dyeing and printing	used for dyeing cotton, rayon, linen, jute, silk and polyamide fibres; occasionally used in direct printing processes	[746]
C.I. Direct Green 19	6486-58-4	Benzo Dark Green GG	direct dye; trisazo	dyeing and printing	used for dyeing cotton, rayon, linen, jute, silk and polyamide fibres; occasionally used in direct printing processes	[746]
C.I. Direct Green 20	6360-69-6	Benzo Green FF	direct dye; trisazo	dyeing and printing	used for dyeing cotton, rayon, linen, jute, silk and polyamide fibres; occasionally used in direct printing processes	[746]
C.I. Direct Green 21	8003-52-9	Formanil Green GB	direct dye; trisazo	dyeing and printing	used for dyeing cotton, rayon, linen, jute, silk and polyamide fibres; occasionally used in direct printing processes	[746]
C.I. Direct Green 22		C.I. 31775	direct dye; trisazo	dyeing and printing	used for dyeing cotton, rayon, linen, jute, silk and polyamide fibres; occasionally used in direct printing processes	[746]
C.I. Direct Green 23	13102-26-6	Sirius Supra Olive GL	direct dye; trisazo	dyeing and printing	used for dyeing cotton, rayon, linen, jute, silk and polyamide fibres; occasionally used in direct printing processes	[641]

Substance	CAS-Nr.	Tradename/Product/ Common Name	Function	Process	Application	Literature
C.I. Direct Green 26	6388-26-7	Diazollichtgrün BL ultrakonz.; Imcosolgrün BL; Siriuslichtgrün 4B 200 %; also: CAS 25180-48-7	direct dye; trisazo	dyeing and printing	used for dyeing cotton, rayon, linen, jute, silk and polyamide fibres; occasionally used in direct printing processes	[642]
C.I. Direct Green 39	6360-57-2	Diazo Olive G	direct dye; trisazo	dyeing and printing	used for dyeing cotton, rayon, linen, jute, silk and polyamide fibres; occasionally used in direct printing processes	[746]
C.I. Direct Green 57	6428-95-1	Para Green B	direct dye; disazo	dyeing and printing	used for dyeing cotton, rayon, linen, jute, silk and polyamide fibres; occasionally used in direct printing processes	[746]
C.I. Direct Green 58		Diazamine Leather Green B; C.I. 30225	direct dye; trisazo	dyeing and printing	used for dyeing cotton, rayon, linen, jute, silk and polyamide fibres; occasionally used in direct printing processes	[746]
C.I. Direct Green 6	25180-46-5		direct dye; trisazo	dyeing and printing	used for dyeing cotton, rayon, linen, jute, silk and polyamide fibres; occasionally used in direct printing processes	[746]
C.I. Direct Green 60	6426-56-8	Diamine Nitrozol Green G	direct dye; disazo	dyeing and printing	used for dyeing cotton, rayon, linen, jute, silk and polyamide fibres; occasionally used in direct printing processes	[746]
C.I. Direct Green 7		Diamine Green FG; C.I. 30330	direct dye; trisazo	dyeing and printing	used for dyeing cotton, rayon, linen, jute, silk and polyamide fibres; occasionally used in direct printing processes	[746]
C.I. Direct Green 8	25180-47-6		direct dye; trisazo	dyeing and printing	used for dyeing cotton, rayon, linen, jute, silk and polyamide fibres; occasionally used in direct printing processes	[746]
C.I. Direct Green 85	72390-60-4	Direct Dark Green BA	direct dye; trisazo	dyeing and printing	used for dyeing cotton, rayon, linen, jute, silk and polyamide fibres; occasionally used in direct printing processes	[746]

Substance	CAS-Nr.	Tradename/Product/ Common Name	Function	Process	Application	Literature
C.I. Direct Green 9	6360-62-9	also: CAS 25255-07-6	direct dye; trisazo	dyeing and printing	used for dyeing cotton, rayon, linen, jute, silk and polyamide fibres; occasionally used in direct printing processes	[746]
C.I. Direct Green 1 disodium salt	3626-28-6	also: CAS 25180-45-4	direct dye; trisazo	dyeing and printing	used for dyeing cotton, rayon, linen, jute, silk and polyamide fibres; occasionally used in direct printing processes	[746]
C.I. Direct Green 6 disodium salt	[4335-09-5]		direct dye; trisazo	dyeing and printing	used for dyeing cotton, rayon, linen, jute, silk and polyamide fibres; occasionally used in direct printing processes	[746]
C.I. Direct Green 8 trisodium salt	5422-17-3		direct dye; trisazo	dyeing and printing	used for dyeing cotton, rayon, linen, jute, silk and polyamide fibres; occasionally used in direct printing processes	[746]
C.I. Direct Green 21:1		C.I. 22322	direct dye; trisazo	dyeing and printing	used for dyeing cotton, rayon, linen, jute, silk and polyamide fibres; occasionally used in direct printing processes	[746]
C.I. Direct Green 8:1	76012-70-9		direct dye	dyeing and printing	used for dyeing cotton, rayon, linen, jute, silk and polyamide fibres; occasionally used in direct printing processes	[746]
C.I. Direct Orange 1		C.I. 22375	direct dye; disazo	dyeing and printing	used for dyeing cotton, rayon, linen, jute, silk and polyamide fibres; occasionally used in direct printing processes	[746]
C.I. Direct Orange 1		C.I. 22370	direct dye; disazo	dyeing and printing	used for dyeing cotton, rayon, linen, jute, silk and polyamide fibres; occasionally used in direct printing processes	[746]
C.I. Direct Orange 10	6405-94-3		direct dye; disazo	dyeing and printing	used for dyeing cotton, rayon, linen, jute, silk and polyamide fibres; occasionally used in direct printing processes	[746]

Substance	CAS-Nr.	Tradename/Product/ Common Name	Function	Process	Application	Literature
C.I. Direct Orange 101	6528-39-8	Milling Orange G	direct dye; disazo	dyeing and printing	used for dyeing cotton, rayon, linen, jute, silk and polyamide fibres; occasionally used in direct printing processes	[746]
C.I. Direct Orange 102	6598-63-6	Direktorange WS 200 %	direct dye; disazo	dyeing and printing	used for dyeing cotton, rayon, linen, jute, silk and polyamide fibres; occasionally used in direct printing processes	[642]
C.I. Direct Orange 108	6358-79-8		direct dye; disazo	dyeing and printing	used for dyeing cotton, rayon, linen, jute, silk and polyamide fibres; occasionally used in direct printing processes	[746]
C.I. Direct Orange 13	6470-22-0	Congo Orange R	direct dye; disazo	dyeing and printing	used for dyeing cotton, rayon, linen, jute, silk and polyamide fibres; occasionally used in direct printing processes	[746]
C.I. Direct Orange 2	8005-97-8		direct dye; disazo	dyeing and printing	used for dyeing cotton, rayon, linen, jute, silk and polyamide fibres; occasionally used in direct printing processes	[746]
C.I. Direct Orange 25	6486-43-7		direct dye; disazo	dyeing and printing	used for dyeing cotton, rayon, linen, jute, silk and polyamide fibres; occasionally used in direct printing processes	[746]
C.I. Direct Orange 30	[6420-04-8]		direct dye; disazo	dyeing and printing	used for dyeing cotton, rayon, linen, jute, silk and polyamide fibres; occasionally used in direct printing processes	[746]
C.I. Direct Orange 31	[6420-03-7]		direct dye; disazo	dyeing and printing	used for dyeing cotton, rayon, linen, jute, silk and polyamide fibres; occasionally used in direct printing processes	[746]
C.I. Direct Orange 33		Toluylene Orange GL; C.I. 22385	direct dye; disazo	dyeing and printing	used for dyeing cotton, rayon, linen, jute, silk and polyamide fibres; occasionally used in direct printing processes	[746]

Substance	CAS-Nr.	Tradename/Product/ Common Name	Function	Process	Application	Literature
C.I. Direct Orange 34		Siriuslichtorange GGL-V 143% (BAYER); C.I. 40215	direct dye; stilbene	dyeing and printing	used for dyeing cotton, rayon, linen, jute, silk and polyamide fibres; occasionally used in direct printing processes	[694]; [742]
C.I. Direct Orange 37		Imcosolorange ER; C.I. 40260 + 40265	direct dye; stilbene	dyeing and printing	used for dyeing cotton, rayon, linen, jute, silk and polyamide fibres; occasionally used in direct printing processes	[642]
C.I. Direct Orange 39	1325-54-8	Somasolorange GGL; Tertrodirektlichtorange 2GL 140 %; Everding Supra Orange GL	direct dye; stilbene	dyeing and printing	used for dyeing cotton, rayon, linen, jute, silk and polyamide fibres; occasionally used in direct printing processes	[642]; [740]
C.I. Direct Orange 40	1325-62-8	Siriuslichtbraun R	direct dye; stilbene	dyeing and printing	used for dyeing cotton, rayon, linen, jute, silk and polyamide fibres; occasionally used in direct printing processes	[642]
C.I. Direct Orange 7	2868-76-0		direct dye; disazo	dyeing and printing	used for dyeing cotton, rayon, linen, jute, silk and polyamide fibres; occasionally used in direct printing processes	[746]
C.I. Direct Orange 8	2429-79-0	also: CAS 64083-59-6	direct dye; disazo	dyeing and printing	used for dyeing cotton, rayon, linen, jute, silk and polyamide fibres; occasionally used in direct printing processes	[746]
C.I. Direct Orange 6 disodium salt	6637-88-3	also: CAS 61814-85-5	direct dye; disazo	dyeing and printing	used for dyeing cotton, rayon, linen, jute, silk and polyamide fibres; occasionally used in direct printing processes	[746]
C.I. Direct Red 1	25188-24-3		direct dye; disazo	dyeing and printing	used for dyeing cotton, rayon, linen, jute, silk and polyamide fibres; occasionally used in direct printing processes	[746]
C.I. Direct Red 10	25188-29-8		direct dye; disazo	dyeing and printing	used for dyeing cotton, rayon, linen, jute, silk and polyamide fibres; occasionally used in direct printing processes	[746]

Substance	CAS-Nr.	Tradename/Product/ Common Name	Function	Process	Application	Literature
C.I. Direct Red 11	104491-82-9	Imcosolbraun 3R; also: CAS 69013-32-7	direct dye; azo-thiazole	dyeing and printing	used for dyeing cotton, rayon, linen, jute, silk and polyamide fibres; occasionally used in direct printing processes	[642]
C.I. Direct Red 119	6404-55-3	Diazo Geranine B	direct dye; monoazo	dyeing and printing	used for dyeing cotton, rayon, linen, jute, silk and polyamide fibres; occasionally used in direct printing processes	[746]
C.I. Direct Red 123	6470-23-1		direct dye; monoazo	dyeing and printing	used for dyeing cotton, rayon, linen, jute, silk and polyamide fibres; occasionally used in direct printing processes	[746]
C.I. Direct Red 13	25188-30-1		direct dye; disazo	dyeing and printing	used for dyeing cotton, rayon, linen, jute, silk and polyamide fibres; occasionally used in direct printing processes	[746]
C.I. Direct Red 14	6420-42-4		direct dye; disazo	dyeing and printing	used for dyeing cotton, rayon, linen, jute, silk and polyamide fibres; occasionally used in direct printing processes	[746]
C.I. Direct Red 142	6826-61-5	Zambesi Red 4B	direct dye; monoazo	dyeing and printing	used for dyeing cotton, rayon, linen, jute, silk and polyamide fibres; occasionally used in direct printing processes	[746]
C.I. Direct Red 15	5413-69-4	Brilliant Purpurine R; also: CAS 25188-31-2	direct dye; disazo	dyeing and printing	used for dyeing cotton, rayon, linen, jute, silk and polyamide fibres; occasionally used in direct printing processes	[746]
C.I. Direct Red 17	25188-32-3	also: CAS 2769-07-5	direct dye; disazo	dyeing and printing	used for dyeing cotton, rayon, linen, jute, silk and polyamide fibres; occasionally used in direct printing processes	[746]
C.I. Direct Red 18	6548-26-1	Paramine Fast Bordeaux B	direct dye; disazo	dyeing and printing	used for dyeing cotton, rayon, linen, jute, silk and polyamide fibres; occasionally used in direct printing processes	[746]

Substance	CAS-Nr.	Tradename/Product/ Common Name	Function	Process	Application	Literature
C.I. Direct Red 180	90249-27-7	Benzo Fast (IG Farben); Benzo Fast Copper Red GGL	direct dye; disazo	dyeing and printing	dimeric copper-containing direct dye based on 4,4'-diaminodiphenyl-3,3'-diglycolic acid	[798]
C.I. Direct Red 2	992-59-6		direct dye; disazo	dyeing and printing	used for dyeing cotton, rayon, linen, jute, silk and polyamide fibres; occasionally used in direct printing processes	[746]
C.I. Direct Red 21	[6406-01-5]		direct dye; disazo	dyeing and printing	used for dyeing cotton, rayon, linen, jute, silk and polyamide fibres; occasionally used in direct printing processes	[746]
C.I. Direct Red 212	12222-45-6	Siriuslichtrot F4BL 154 %	direct dye; trisazo	dyeing and printing	used for dyeing cotton, rayon, linen, jute, silk and polyamide fibres; occasionally used in direct printing processes	[642]
C.I. Direct Red 22	6448-80-2		direct dye; disazo	dyeing and printing	used for dyeing cotton, rayon, linen, jute, silk and polyamide fibres; occasionally used in direct printing processes	[746]
C.I. Direct Red 23	3441-14-3	Direktscharlach 4B 130 %; also: CAS 25188-34-5	direct dye; disazo	dyeing and printing	used for dyeing cotton, rayon, linen, jute, silk and polyamide fibres; occasionally used in direct printing processes	[642]
C.I. Direct Red 239	60202-35-9	Levacellscharlach 4BN; Derma Red 2002	direct dye; disazo	dyeing and printing	used for dyeing cotton, rayon, linen, jute, silk and polyamide fibres; occasionally used in direct printing processes	[642]
C.I. Direct Red 24	6420-44-6	also: CAS 25188-08-3	direct dye; disazo	dyeing and printing	used for dyeing cotton, rayon, linen, jute, silk and polyamide fibres; occasionally used in direct printing processes	[746]
C.I. Direct Red 26	3687-80-7	Benzorot 8B-V; also: CAS 25188-35-6	direct dye; disazo	dyeing and printing	used for dyeing cotton, rayon, linen, jute, silk and polyamide fibres; occasionally used in direct printing processes	[642]; [746]

Substance	CAS-Nr.	Tradename/Product/ Common Name	Function	Process	Application	Literature
C.I. Direct Red 28	573-58-0		direct dye; disazo	dyeing and printing	used for dyeing cotton, rayon, linen, jute, silk and polyamide fibres; occasionally used in direct printing processes	[746]
C.I. Direct Red 29	6426-54-6	Enianil Fast Red 3B	direct dye; disazo	dyeing and printing	used for dyeing cotton, rayon, linen, jute, silk and polyamide fibres; occasionally used in direct printing processes	[746]
C.I. Direct Red 33	6253-15-2	also: CAS 25188-38-9	direct dye; disazo	dyeing and printing	used for dyeing cotton, rayon, linen, jute, silk and polyamide fibres; occasionally used in direct printing processes	[746]
C.I. Direct Red 34	574-65-2	Brilliant Congo R; also: CAS 132-34-3 (free acid)	direct dye; disazo	dyeing and printing	used for dyeing cotton, rayon, linen, jute, silk and polyamide fibres; occasionally used in direct printing processes	[746]
C.I. Direct Red 37	3530-19-6		direct dye; disazo	dyeing and printing	used for dyeing cotton, rayon, linen, jute, silk and polyamide fibres; occasionally used in direct printing processes	[746]
C.I. Direct Red 39	6358-29-8		direct dye; disazo	dyeing and printing	used for dyeing cotton, rayon, linen, jute, silk and polyamide fibres; occasionally used in direct printing processes	[746]
C.I. Direct Red 42	6548-39-6	Benzo Rubine HW	direct dye; disazo	dyeing and printing	used for dyeing cotton, rayon, linen, jute, silk and polyamide fibres; occasionally used in direct printing processes	[746]
C.I. Direct Red 43	6486-50-6	Benzo Fast Red 9BL	direct dye; disazo	dyeing and printing	used for dyeing cotton, rayon, linen, jute, silk and polyamide fibres; occasionally used in direct printing processes	[746]
C.I. Direct Red 44	18031-82-8		direct dye; disazo	dyeing and printing	used for dyeing cotton, rayon, linen, jute, silk and polyamide fibres; occasionally used in direct printing processes	[746]

Substance	CAS-Nr.	Tradename/Product/ Common Name	Function	Process	Application	Literature
C.I. Direct Red 46	6548-29-4		direct dye; disazo	dyeing and printing	used for dyeing cotton, rayon, linen, jute, silk and polyamide fibres; occasionally used in direct printing processes	[746]
C.I. Direct Red 52	6797-93-9	Benzo Fast Red GL	direct dye; disazo	dyeing and printing	used for dyeing cotton, rayon, linen, jute, silk and polyamide fibres; occasionally used in direct printing processes	[746]
C.I. Direct Red 53	6375-58-2	Oxamine Brilliant Red B	direct dye; disazo	dyeing and printing	used for dyeing cotton, rayon, linen, jute, silk and polyamide fibres; occasionally used in direct printing processes	[746]
C.I. Direct Red 55	[6227-08-3]	Diamine Brilliant Rubine S	direct dye; disazo	dyeing and printing	used for dyeing cotton, rayon, linen, jute, silk and polyamide fibres; occasionally used in direct printing processes	[746]
C.I. Direct Red 56	[6406-05-9]	Diamine Brilliant Scarlet S	direct dye; disazo	dyeing and printing	used for dyeing cotton, rayon, linen, jute, silk and polyamide fibres; occasionally used in direct printing processes	[746]
C.I. Direct Red 59	6655-94-3		direct dye; disazo	dyeing and printing	used for dyeing cotton, rayon, linen, jute, silk and polyamide fibres; occasionally used in direct printing processes	[746]
C.I. Direct Red 60	6486-49-3		direct dye; disazo	dyeing and printing	used for dyeing cotton, rayon, linen, jute, silk and polyamide fibres; occasionally used in direct printing processes	[746]
C.I. Direct Red 61	25188-40-3		direct dye; disazo	dyeing and printing	used for dyeing cotton, rayon, linen, jute, silk and polyamide fibres; occasionally used in direct printing processes	[746]
C.I. Direct Red 62	6420-43-5		direct dye; disazo	dyeing and printing	used for dyeing cotton, rayon, linen, jute, silk and polyamide fibres; occasionally used in direct printing processes	[746]

Substance	CAS-Nr.	Tradename/Product/ Common Name	Function	Process	Application	Literature
C.I. Direct Red 64	6417-30-7	Diazol Light Scarlet 5B	direct dye; monoazo	dyeing and printing	used for dyeing cotton, rayon, linen, jute, silk and polyamide fibres; occasionally used in direct printing processes	[746]
C.I. Direct Red 65	6369-37-5	Diazol Light Scarlet 3J	direct dye; monoazo	dyeing and printing	used for dyeing cotton, rayon, linen, jute, silk and polyamide fibres; occasionally used in direct printing processes	[746]
C.I. Direct Red 67	6598-56-7	Brilliant Purpurine 4B	direct dye; disazo	dyeing and printing	used for dyeing cotton, rayon, linen, jute, silk and polyamide fibres; occasionally used in direct printing processes	[746]
C.I. Direct Red 68	6405-98-7	Congo 4R	direct dye; disazo	dyeing and printing	used for dyeing cotton, rayon, linen, jute, silk and polyamide fibres; occasionally used in direct printing processes	[746]
C.I. Direct Red 7	25188-28-7		direct dye; disazo	dyeing and printing	used for dyeing cotton, rayon, linen, jute, silk and polyamide fibres; occasionally used in direct printing processes	[746]
C.I. Direct Red 72	8005-64-9	Benzoechtscharlach 4BEN [FIAT]	direct dye; disazo	dyeing and printing	used for dyeing cotton, rayon, linen, jute, silk and polyamide fibres; occasionally used in direct printing processes	[746]
C.I. Direct Red 73	[6460-01-1]		direct dye; disazo	dyeing and printing	used for dyeing cotton, rayon, linen, jute, silk and polyamide fibres; occasionally used in direct printing processes	[746]
C.I. Direct Red 74	8003-75-6	Oxamine Bordeaux BXX	direct dye; disazo	dyeing and printing	used for dyeing cotton, rayon, linen, jute, silk and polyamide fibres; occasionally used in direct printing processes	[746]
C.I. Direct Red 79	1937-34-4	Direktlichtrot 4BL 167 %	direct dye; disazo	dyeing and printing	used for dyeing cotton, rayon, linen, jute, silk and polyamide fibres; occasionally used in direct printing processes	[642]

Substance	CAS-Nr.	Tradename/Product/ Common Name	Function	Process	Application	Literature
C.I. Direct Red 80	[2610-10-8]	Saturnrot F3B 200 %; Tertrodirektlichtrot F3B 230 %; also: CAS 25188-41-4	direct dye; polyazo	dyeing and printing	used for dyeing cotton, rayon, linen, jute, silk and polyamide fibres; occasionally used in direct printing processes	[642]
C.I. Direct Red 81	25188-42-5		direct dye; disazo	dyeing and printing	used for dyeing cotton, rayon, linen, jute, silk and polyamide fibres; occasionally used in direct printing processes	[698]
C.I. Direct Red 83	15418-16-3	Everding Supra Rubine BL	direct dye; disazo	dyeing and printing	used for dyeing cotton, rayon, linen, jute, silk and polyamide fibres; occasionally used in direct printing processes	[740]
C.I. Direct Red 88	6459-86-5		direct dye; disazo	dyeing and printing	used for dyeing cotton, rayon, linen, jute, silk and polyamide fibres; occasionally used in direct printing processes	[746]
C.I. Direct Red 96	1325-63-9	Siriuslichtscharlach BN 182 %	direct dye	dyeing and printing	used for dyeing cotton, rayon, linen, jute, silk and polyamide fibres; occasionally used in direct printing processes	[642]
C.I. Direct Red 1 disodium salt	2429-84-7	also: C.I. Mordant Red 57	direct dye; disazo	dyeing and printing	used for dyeing cotton, rayon, linen, jute, silk and polyamide fibres; occasionally used in direct printing processes	[746]
C.I. Direct Red 10 disodium salt	2429-70-1		direct dye; disazo	dyeing and printing	used for dyeing cotton, rayon, linen, jute, silk and polyamide fibres; occasionally used in direct printing processes	[746]
C.I. Direct Red 13 disodium salt	1937-35-5		direct dye; disazo	dyeing and printing	used for dyeing cotton, rayon, linen, jute, silk and polyamide fibres; occasionally used in direct printing processes	[746]
C.I. Direct Red 61 disodium salt	6470-31-1		direct dye; disazo	dyeing and printing	used for dyeing cotton, rayon, linen, jute, silk and polyamide fibres; occasionally used in direct printing processes	[746]

Substance	CAS-Nr.	Tradename/Product/ Common Name	Function	Process	Application	Literature
C.I. Direct Red 7 disodium salt	2868-75-9		direct dye; disazo	dyeing and printing	used for dyeing cotton, rayon, linen, jute, silk and polyamide fibres; occasionally used in direct printing processes	[746]
C.I. Direct Red 81 disodium salt	[2610-11-9]	Chlorantinlichtrot-5BL; also: CAS 83221-50-5	direct dye; disazo	dyeing and printing	used for dyeing cotton, rayon, linen, jute, silk and polyamide fibres; occasionally used in direct printing processes	[698]
C.I. Direct Red 44 sodium salt	2302-97-8		direct dye; disazo	dyeing and printing	used for dyeing cotton, rayon, linen, jute, silk and polyamide fibres; occasionally used in direct printing processes	[746]
C.I. Direct Red 83:1	90880-77-6	Durofastrubin 2BL	direct dye; disazo	dyeing and printing	used for dyeing cotton, rayon, linen, jute, silk and polyamide fibres; occasionally used in direct printing processes	[642]
C.I. Direct Violet 1	25188-44-7	also: CAS 2586-58-5	direct dye; disazo	dyeing and printing	used for dyeing cotton, rayon, linen, jute, silk and polyamide fibres; occasionally used in direct printing processes	[746]
C.I. Direct Violet 12	25188-47-0	also: CAS 2429-75-6	direct dye; disazo	dyeing and printing	used for dyeing cotton, rayon, linen, jute, silk and polyamide fibres; occasionally used in direct printing processes	[746]
C.I. Direct Violet 13	13478-92-7	Direct Violet BB	direct dye; disazo	dyeing and printing	used for dyeing cotton, rayon, linen, jute, silk and polyamide fibres; occasionally used in direct printing processes	[746]
C.I. Direct Violet 17	6426-65-9	Triazol Violet BN	direct dye; disazo	dyeing and printing	used for dyeing cotton, rayon, linen, jute, silk and polyamide fibres; occasionally used in direct printing processes	[746]
C.I. Direct Violet 21	25188-48-1		direct dye; disazo	dyeing and printing	used for dyeing cotton, rayon, linen, jute, silk and polyamide fibres; occasionally used in direct printing processes	[746]

Substance	CAS-Nr.	Tradename/Product/ Common Name	Function	Process	Application	Literature
C.I. Direct Violet 22	25329-82-2	also: CAS 6426-67-1	direct dye; disazo	dyeing and printing	used for dyeing cotton, rayon, linen, jute, silk and polyamide fibres; occasionally used in direct printing processes	[746]
C.I. Direct Violet 27	6426-64-8	Diamine Heliotrope B	direct dye; disazo	dyeing and printing	used for dyeing cotton, rayon, linen, jute, silk and polyamide fibres; occasionally used in direct printing processes	[746]
C.I. Direct Violet 28	6420-06-0	Azo Blue; also: CAS 25188-49-2	direct dye; disazo	dyeing and printing	used for dyeing cotton, rayon, linen, jute, silk and polyamide fibres; occasionally used in direct printing processes	[746]
C.I. Direct Violet 3	6507-83-1	Benzo Violet R; also: CAS 25188-45-8	direct dye; disazo	dyeing and printing	used for dyeing cotton, rayon, linen, jute, silk and polyamide fibres; occasionally used in direct printing processes	[746]
C.I. Direct Violet 32	6428-94-0	Azo Violet	direct dye; disazo	dyeing and printing	used for dyeing cotton, rayon, linen, jute, silk and polyamide fibres; occasionally used in direct printing processes	[746]
C.I. Direct Violet 36	6472-94-2	Heliotrope 2B	direct dye; disazo	dyeing and printing	used for dyeing cotton, rayon, linen, jute, silk and polyamide fibres; occasionally used in direct printing processes	[746]
C.I. Direct Violet 37	6473-24-1	Enianil Violet ND	direct dye; disazo	dyeing and printing	used for dyeing cotton, rayon, linen, jute, silk and polyamide fibres; occasionally used in direct printing processes	[746]
C.I. Direct Violet 38	6426-77-3	Triazol Violet R	direct dye; disazo	dyeing and printing	used for dyeing cotton, rayon, linen, jute, silk and polyamide fibres; occasionally used in direct printing processes	[746]
C.I. Direct Violet 39	25188-51-6	Azo Blue	direct dye; disazo	dyeing and printing	used for dyeing cotton, rayon, linen, jute, silk and polyamide fibres; occasionally used in direct printing processes	[746]

Substance	CAS-Nr.	Tradename/Product/ Common Name	Function	Process	Application	Literature
C.I. Direct Violet 4	6472-95-3		direct dye; disazo	dyeing and printing	used for dyeing cotton, rayon, linen, jute, silk and polyamide fibres; occasionally used in direct printing processes	[746]
C.I. Direct Violet 42	6459-88-7	Oxydiamine Violet B	direct dye; disazo	dyeing and printing	used for dyeing cotton, rayon, linen, jute, silk and polyamide fibres; occasionally used in direct printing processes	[746]
C.I. Direct Violet 43	17094-92-7	Diazol Violet R	direct dye; disazo	dyeing and printing	used for dyeing cotton, rayon, linen, jute, silk and polyamide fibres; occasionally used in direct printing processes	[746]
C.I. Direct Violet 45	6426-72-8	Direct Violet 2R	direct dye; disazo	dyeing and printing	used for dyeing cotton, rayon, linen, jute, silk and polyamide fibres; occasionally used in direct printing processes	[746]
C.I. Direct Violet 47	13011-70-6	Siriuslichtrotviolett RLL	direct dye; disazo	dyeing and printing	used for dyeing cotton, rayon, linen, jute, silk and polyamide fibres; occasionally used in direct printing processes	[642]
C.I. Direct Violet 5	[6227-01-6]	Benzoviolett RL ex [FIAT]	direct dye; disazo	dyeing and printing	used for dyeing cotton, rayon, linen, jute, silk and polyamide fibres; occasionally used in direct printing processes	[746]
C.I. Direct Violet 85	6507-84-2	Formanil Violet BRL	direct dye; disazo	dyeing and printing	used for dyeing cotton, rayon, linen, jute, silk and polyamide fibres; occasionally used in direct printing processes	[746]
C.I. Direct Violet 1 disodium salt	2586-60-9	CHLORAZOL VIOLET N; also: CAS 2586-58-5	direct dye; disazo	dyeing and printing	used for dyeing cotton, rayon, linen, jute, silk and polyamide fibres; occasionally used in direct printing processes	[746]
C.I. Direct Violet 21 disodium salt	6470-45-7		direct dye; disazo	dyeing and printing	used for dyeing cotton, rayon, linen, jute, silk and polyamide fibres; occasionally used in direct printing processes	[746]

Substance	CAS-Nr.	Tradename/Product/ Common Name	Function	Process	Application	Literature
C.I. Direct Violet 39 disodium salt	6059-34-3	Azo Blue	direct dye; disazo	dyeing and printing	used for dyeing cotton, rayon, linen, jute, silk and polyamide fibres; occasionally used in direct printing processes	[746]
C.I. Direct Violet 43 disodium salt	6426-63-7	Diazol Violet R	direct dye; disazo	dyeing and printing	used for dyeing cotton, rayon, linen, jute, silk and polyamide fibres; occasionally used in direct printing processes	[746]
C.I. Direct Yellow 1	6472-91-9		direct dye; disazo	dyeing and printing	used for dyeing cotton, rayon, linen, jute, silk and polyamide fibres; occasionally used in direct printing processes	[746]
C.I. Direct Yellow 106	12222-60-5	Durofastgelb 4 RL; Superlitefastgelb EFC 200	direct dye; stilbene	dyeing and printing	used for dyeing cotton, rayon, linen, jute, silk and polyamide fibres; occasionally used in direct printing processes	[642]
C.I. Direct Yellow 110	61725-10-8	Siriuslichtgelb GD 167 %	direct dye; disazo	dyeing and printing	used for dyeing cotton, rayon, linen, jute, silk and polyamide fibres; occasionally used in direct printing processes	[642]
C.I. Direct Yellow 12	2870-32-8		direct dye; disazo	dyeing and printing	used for dyeing cotton, rayon, linen, jute, silk and polyamide fibres; occasionally used in direct printing processes	[641]
C.I. Direct Yellow 126	12235-85-7	Dicorel Yellow EPL	direct dye; disazo	dyeing and printing	used for dyeing cotton, rayon, linen, jute, silk and polyamide fibres; occasionally used in direct printing processes	[697]
C.I. Direct Yellow 162	81898-60-4	Indosolgelb SF-2RL, Indosolmarineblau SF-GLE, Indosolschwarz SF-RL; Indosol Yellow SF-2RL	direct dye; azo	dyeing and printing	used for dyeing cotton, rayon, linen, jute, silk and polyamide fibres; occasionally used in direct printing processes	[642]
C.I. Direct Yellow 169		Solophenyl Yellow AGL; Solophenyl Yellow AGL	direct dye; azo	dyeing and printing	used for dyeing cotton, rayon, linen, jute, silk and polyamide fibres; occasionally used in direct printing processes	[694]

Substance	CAS-Nr.	Tradename/Product/ Common Name	Function	Process	Application	Literature
C.I. Direct Yellow 2	6459-95-6		direct dye; disazo	dyeing and printing	used for dyeing cotton, rayon, linen, jute, silk and polyamide fibres; occasionally used in direct printing processes	[746]
C.I. Direct Yellow 20	6426-62-6		direct dye; disazo	dyeing and printing	used for dyeing cotton, rayon, linen, jute, silk and polyamide fibres; occasionally used in direct printing processes	[746]
C.I. Direct Yellow 24	6486-29-9		direct dye; disazo	dyeing and printing	used for dyeing cotton, rayon, linen, jute, silk and polyamide fibres; occasionally used in direct printing processes	[746]
C.I. Direct Yellow 28	8005-72-9	Direktlichtgelb R; Saturngelb LFF 200 %	direct dye; thiazole	dyeing and printing	used for dyeing cotton, rayon, linen, jute, silk and polyamide fibres; occasionally used in direct printing processes	[642]
C.I. Direct Yellow 44	8005-52-5	Saturngelb L4G; also: CAS 7248-45-5	direct dye; disazo	dyeing and printing	used for dyeing cotton, rayon, linen, jute, silk and polyamide fibres; occasionally used in direct printing processes	[642]
C.I. Direct Yellow 48	6459-97-8		direct dye; disazo	dyeing and printing	used for dyeing cotton, rayon, linen, jute, silk and polyamide fibres; occasionally used in direct printing processes	[746]
C.I. Direct Yellow 50	3214-47-9	Levacellechtgelb R 125 %; also: CAS 25738-24-3	direct dye; disazo	dyeing and printing	used for dyeing cotton, rayon, linen, jute, silk and polyamide fibres; occasionally used in direct printing processes	[642]
C.I. Direct Yellow 58	12217-73-1	Siriuslichtgelb FGR-LL 200 %	direct dye	dyeing and printing	used for dyeing cotton, rayon, linen, jute, silk and polyamide fibres; occasionally used in direct printing processes	[642]
C.I. Direct Yellow 59	8064-60-6	Primulin; also: CAS 10360-31-3	direct dye; thiazole	dyeing and printing	used for dyeing cotton, rayon, linen, jute, silk and polyamide fibres; occasionally used in direct printing processes	[641]; [702]

Substance	CAS-Nr.	Tradename/Product/ Common Name	Function	Process	Application	Literature
C.I. Disperse Black 1	6054-48-4	Cellitazolschwarz STN 88	disperse dye; monoazo	dyeing and printing	widely used for dyeing: mainly used for polyester, but also for nylon and triacetate (where these dyes can easily migrate out of the fibre and cause harm (sensitizing dyes)), cellulose (acetate and triacetate), polyamide and acrylic fibres; also widely used for printing synthetic fibres	[642]; [694]
C.I. Disperse Black 2	6232-57-1		disperse dye; monoazo	dyeing and printing	widely used for dyeing: mainly used for polyester, but also for nylon and triacetate (where these dyes can easily migrate out of the fibre and cause harm (sensitizing dyes)), cellulose (acetate and triacetate), polyamide and acrylic fibres; also widely used for printing synthetic fibres	[694]; [694]
C.I. Disperse Black 6 dihydrochloride	20325-40-0	Diacel Navy DC; o-Dianisidine dihydrochloride; Dihydrochloride of C.I. Azoic Diazo Component 48	disperse dye; o-dianisidine	dyeing and printing	widely used for dyeing; mainly used for polyester; also for cellulose (acetate and triacetate), polyamide and acrylic fibres; also widely used for printing synthetic fibres	[746]
C.I. Disperse Blue 1	2475-45-8	1,4,5,8-tetraaminoanthraquinone; Chemilene Brillant Blue EX; Miketon Fast Blue	disperse dye; anthraquinone	dyeing and printing	widely used for dyeing: mainly used for polyester, but also for nylon and triacetate (where these dyes can easily migrate out of the fibre and cause harm (sensitizing dyes)), cellulose (acetate and triacetate), polyamide and acrylic fibres; also widely used for printing synthetic fibres	[694]; [694]; [746]

Substance	CAS-Nr.	Tradename/Product/ Common Name	Function	Process	Application	Literature
C.I. Disperse Blue 102	12222-97-8	Cibacetblau GFD; Eastone Blue GFD	disperse dye; azo	dyeing and printing	widely used for dyeing: mainly used for polyester, but also for nylon and triacetate (where these dyes can easily migrate out of the fibre and cause harm (sensitizing dyes)), cellulose (acetate and triacetate), polyamide and acrylic fibres; also widely used for printing synthetic fibres	[642]; [694]
C.I. Disperse Blue 106	12223-01-7	Bemacronblau S-RA; Miketon Polyester Discharge Blue R	disperse dye; azo	dyeing and printing	widely used for dyeing: mainly used for polyester, but also for nylon and triacetate (where these dyes can easily migrate out of the fibre and cause harm (sensitizing dyes)), cellulose (acetate and triacetate), polyamide and acrylic fibres; also widely used for printing synthetic fibres	[642]; [694]; [746]
C.I. Disperse Blue 124	61951-51-7	Serisol Blue 3RD	disperse dye; azo	dyeing and printing	widely used for dyeing: mainly used for polyester, but also for nylon and triacetate (where these dyes can easily migrate out of the fibre and cause harm (sensitizing dyes)), cellulose (acetate and triacetate), polyamide and acrylic fibres; also widely used for printing synthetic fibres	[694]; [694]; [746]
C.I. Disperse Blue 14	2475-44-7		disperse dye; anthraquinone	dyeing and printing	widely used for dyeing; mainly used for polyester; also for cellulose (acetate and triacetate), polyamide and acrylic fibres; also widely used for printing synthetic fibres	[694]

Substance	CAS-Nr.	Tradename/Product/ Common Name	Function	Process	Application	Literature
C.I. Disperse Blue 148	52239-04-0	Durospersblau Z-SF, Palanildunkelblau 3RT-CF 92; Celliton Blue GF3R; also: CAS 61968-29-4	disperse dye; monoazo	dyeing and printing	widely used for dyeing; mainly used for polyester; also for cellulose (acetate and triacetate), polyamide and acrylic fibres; also widely used for printing synthetic fibres	[642]
C.I. Disperse Blue 153	61815-13-2	Serilene Blue CB-LS	disperse dye; anthraquinone	dyeing and printing	widely used for dyeing: mainly used for polyester, but also for nylon and triacetate (where these dyes can easily migrate out of the fibre and cause harm (sensitizing dyes)), cellulose (acetate and triacetate), polyamide and acrylic fibres; also widely used for printing synthetic fibres	[694]
C.I. Disperse Blue 165	41642-51-7	Resolinblau BBLS; Resolin Blue BBLS; also: CAS 56532-53-7	disperse dye; azo	dyeing and printing	widely used for dyeing; mainly used for polyester; also for cellulose (acetate and triacetate), polyamide and acrylic fibres; also widely used for printing synthetic fibres	
C.I. Disperse Blue 183	2309-94-6	Polyspersblau P2R; Foron Blue SE-2R	disperse dye; monoazo	dyeing and printing	widely used for dyeing; mainly used for polyester; also for cellulose (acetate and triacetate), polyamide and acrylic fibres; also widely used for printing synthetic fibres	[642]
C.I. Disperse Blue 185	61968-36-3	Dispersoltürkis CR Granulat; Dispersol Turquoise C-R	disperse dye; anthraquinone	dyeing and printing	widely used for dyeing; mainly used for polyester; also for cellulose (acetate and triacetate), polyamide and acrylic fibres; also widely used for printing synthetic fibres	[642]

Substance	CAS-Nr.	Tradename/Product/ Common Name	Function	Process	Application	Literature
C.I. Disperse Blue 19	4395-65-7		disperse dye; anthraquinone	dyeing and printing	widely used for dyeing; mainly used for polyester; also for cellulose (acetate and triacetate), polyamide and acrylic fibres; also widely used for printing synthetic fibres	[694]
C.I. Disperse Blue 22	6373-16-6	SRA Fast Blue III	disperse dye; anthraquinone	dyeing and printing	widely used for dyeing; mainly used for polyester; also for cellulose (acetate and triacetate), polyamide and acrylic fibres; also widely used for printing synthetic fibres	[694]
C.I. Disperse Blue 23	4471-41-4		disperse dye; anthraquinone	dyeing and printing	widely used for dyeing; mainly used for polyester; also for cellulose (acetate and triacetate), polyamide and acrylic fibres; also widely used for printing synthetic fibres	[694]
C.I. Disperse Blue 24	3179-96-2	SRA Fat BLue FSII	disperse dye; anthraquinone	dyeing and printing	widely used for dyeing; mainly used for polyester; also for cellulose (acetate and triacetate), polyamide and acrylic fibres; also widely used for printing synthetic fibres	[694]
C.I. Disperse Blue 26	3860-63-7		disperse dye; anthraquinone	dyeing and printing	widely used for dyeing: mainly used for polyester, but also for nylon and triacetate (where these dyes can easily migrate out of the fibre and cause harm (sensitizing dyes)), cellulose (acetate and triacetate), polyamide and acrylic fibres; also widely used for printing synthetic fibres	[694]; [694]

Substance	CAS-Nr.	Tradename/Product/ Common Name	Function	Process	Application	Literature
C.I. Disperse Blue 27	15791-78-3		disperse dye; anthraquinone	dyeing and printing	widely used for dyeing; mainly used for polyester; also for cellulose (acetate and triacetate), polyamide and acrylic fibres; also widely used for printing synthetic fibres	[694]
C.I. Disperse Blue 28	6408-79-3	SRA Fast Blue FSI	disperse dye; anthraquinone	dyeing and printing	widely used for dyeing; mainly used for polyester; also for cellulose (acetate and triacetate), polyamide and acrylic fibres; also widely used for printing synthetic fibres	[694]
C.I. Disperse Blue 289	72827-92-0	BAFIXAN BLUE FRL LIQUID; Lurafix Blue FRL	disperse dye; anthraquinone	dyeing and printing; Transferpapierdruck	widely used for dyeing; mainly used for polyester; also for cellulose (acetate and triacetate), polyamide and acrylic fibres; also widely used for printing synthetic fibres	[643]
C.I. Disperse Blue 29	147335-33-9	Dispersolnavy C-4R 200 %; also: CAS 6227-15-2	disperse dye	dyeing and printing	widely used for dyeing; mainly used for polyester; also for cellulose (acetate and triacetate), polyamide and acrylic fibres; also widely used for printing synthetic fibres	[642]
C.I. Disperse Blue 291	56548-64-2	Rottasperse Navy Blue ECO; Rottasperse Black ECO ; Sodyecron Blue GBL; also: CAS 83929-84-4	disperse dye; azo	dyeing and printing	widely used for dyeing; mainly used for polyester; also for cellulose (acetate and triacetate), polyamide and acrylic fibres; also widely used for printing synthetic fibres	[653]

Substance	CAS-Nr.	Tradename/Product/ Common Name	Function	Process	Application	Literature
C.I. Disperse Blue 3	2475-46-9	Bemacetschwarz GS flüssig; Cibacetblau F3R; Cibacetbraun JNH 150 %; Cibacetgrau NH; Ostacetblau P3R; Terasilschwarz NL; also: CAS 86722-66-9	disperse dye; anthraquinone	dyeing and printing	widely used for dyeing: mainly used for polyester, but also for nylon and triacetate (where these dyes can easily migrate out of the fibre and cause harm (sensitizing dyes)), cellulose (acetate and triacetate), polyamide and acrylic fibres; also widely used for printing synthetic fibres	[642]; [694]; [746]
C.I. Disperse Blue 330	87658-81-9	Palanilmarineblau TR neu; Palanil Navy BLue TR	disperse dye; monoazo	dyeing and printing	widely used for dyeing; mainly used for polyester; also for cellulose (acetate and triacetate), polyamide and acrylic fibres; also widely used for printing synthetic fibres	[642]
C.I. Disperse Blue 332	99148-94-4	BAFIXAN TURQUOISE 2B LIQUID; Teraprint Turquoise Blue G	disperse dye; anthraquinone	dyeing and printing; Transferpapierdruck	widely used for dyeing; mainly used for polyester; also for cellulose (acetate and triacetate), polyamide and acrylic fibres; also widely used for printing synthetic fibres	[643]
C.I. Disperse Blue 333	88385-23-3	Dianixmarineblau HB-SE 200 S; Samaron Navy Blue HB	disperse dye; azo	dyeing and printing	widely used for dyeing; mainly used for polyester; also for cellulose (acetate and triacetate), polyamide and acrylic fibres; also widely used for printing synthetic fibres	[642]
C.I. Disperse Blue 34	6797-97-3	Celliton Fast Blue FW; also: CAS 4424-82-2	disperse dye; anthraquinone	dyeing and printing	widely used for dyeing; mainly used for polyester; also for cellulose (acetate and triacetate), polyamide and acrylic fibres; also widely used for printing synthetic fibres	[694]

Substance	CAS-Nr.	Tradename/Product/ Common Name	Function	Process	Application	Literature
C.I. Disperse Blue 354	74239-96-6	Foronbrillantblau S-R 200 %; Foron Brilliant Blue S-R; also: CAS 104137-27-1	disperse dye; methine	dyeing and printing	widely used for dyeing; mainly used for polyester; also for cellulose (acetate and triacetate), polyamide and acrylic fibres; also widely used for printing synthetic fibres	[642]
C.I. Disperse Blue 366	84870-65-5	Kayalon polyester Blue CR-E	disperse dye (azo dye); azo	dyeing and printing	widely used for dyeing; mainly used for polyester; also for cellulose (acetate and triacetate), polyamide and acrylic fibres; also widely used for printing synthetic fibres; for dyeing polyester or cellulose triacetate	[772]
C.I. Disperse Blue 367		Resolinblau F2GS; Resolin Blue F2GS	disperse dye; azo	dyeing and printing	widely used for dyeing; mainly used for polyester; also for cellulose (acetate and triacetate), polyamide and acrylic fibres; also widely used for printing synthetic fibres	[642]
C.I. Disperse Blue 5	4486-13-9	Cellitonechtblau FFB (BASF); Celliton Fast Blue FFB	disperse dye; anthraquinone	dyeing and printing	widely used for dyeing; mainly used for polyester; also for cellulose (acetate and triacetate), polyamide and acrylic fibres; also widely used for printing synthetic fibres	[694]; [742]
C.I. Disperse Blue 56	12217-79-7	Resolinbalu FBL 150%; Rottasperse Blue ER; also: CAS 31810-89-6	disperse dye; anthraquinone	dyeing and printing	widely used for dyeing: mainly used for polyester, but also for nylon and triacetate (where these dyes can easily migrate out of the fibre and cause harm (sensitizing dyes)), cellulose (acetate and triacetate), polyamide and acrylic fibres; also widely used for printing synthetic fibres	[642]; [653]; [694]

Substance	CAS-Nr.	Tradename/Product/ Common Name	Function	Process	Application	Literature
C.I. Disperse Blue 6	3443-93-4	Celliton Fast BLue FFG	disperse dye; anthraquinone	dyeing and printing	widely used for dyeing; mainly used for polyester; also for cellulose (acetate and triacetate), polyamide and acrylic fibres; also widely used for printing synthetic fibres	[694]
C.I. Disperse Blue 60	12217-80-0	Resolinbrillantblau BGLN 200%; Terasilblau BGE 200%; Rottasperse Blue GB; BAFIXAN BLUE HL NB 701	disperse dye; anthraquinone	dyeing and printing; Transferpapierdruck	widely used for dyeing; mainly used for polyester; also for cellulose (acetate and triacetate), polyamide and acrylic fibres; also widely used for printing synthetic fibres	[642]; [653]; [643]
C.I. Disperse Blue 7	3179-90-6	Cibacettürkisblau G	disperse dye; anthraquinone	dyeing and printing	widely used for dyeing: mainly used for polyester, but also for nylon and triacetate (where these dyes can easily migrate out of the fibre and cause harm (sensitizing dyes)), cellulose (acetate and triacetate), polyamide and acrylic fibres; also widely used for printing synthetic fibres	[642]; [694]
C.I. Disperse Blue 72	81-48-1	BAFIXAN BLUE 2RL LIQUID	disperse dye; anthraquinone	dyeing and printing; Transferpapierdruck	widely used for dyeing; mainly used for polyester; also for cellulose (acetate and triacetate), polyamide and acrylic fibres; also widely used for printing synthetic fibres	[643]
C.I. Disperse Blue 73	13716-91-1	Polyspersblau BGS, Polyspersblau PBRS; also: CAS 13698-89-0 (methylated 2-(4-hydroxy-phenyl) function), CAS 12222-78-5, CAS 15114-15-5	disperse dye; anthraquinone	dyeing and printing	widely used for dyeing; mainly used for polyester; also for cellulose (acetate and triacetate), polyamide and acrylic fibres; also widely used for printing synthetic fibres	[642]

Substance	CAS-Nr.	Tradename/Product/ Common Name	Function	Process	Application	Literature
C.I. Disperse Blue 79	12239-34-8	Tertranesenavy P-HGS flüssig; Rottasperse Navy Blue S 3 G; Foron Marine Blue; also: CAS 3956-55-6	disperse dye; monoazo	dyeing and printing	widely used for dyeing; mainly used for polyester; also for cellulose (acetate and triacetate), polyamide and acrylic fibres; also widely used for printing synthetic fibres	[642]; [653]; [694]
C.I. Disperse Blue 85	3177-13-7	Serilene Navy Blue R-FS; also: CAS 12222-83-2	disperse dye; azo	dyeing and printing	widely used for dyeing: mainly used for polyester, but also for nylon and triacetate (where these dyes can easily migrate out of the fibre and cause harm (sensitizing dyes)), cellulose (acetate and triacetate), polyamide and acrylic fibres; also widely used for printing synthetic fibres	[694]
C.I. Disperse Blue 87	12222-85-4	Palanilbrillantblau BGF flüssig, Palanilbrillantblau BGF-N flüssig; Palanil Brilliant Blue BGF	disperse dye; anthraquinone	dyeing and printing	widely used for dyeing; mainly used for polyester; also for cellulose (acetate and triacetate), polyamide and acrylic fibres; also widely used for printing synthetic fibres	[642]
C.I. Disperse Blue 79:1	3618-72-2	also: CAS 21429-43-6	disperse dye; monoazo	dyeing and printing	widely used for dyeing; mainly used for polyester; also for cellulose (acetate and triacetate), polyamide and acrylic fibres; also widely used for printing synthetic fibres	[701]
C.I. Disperse Blue 87:1		Polyspersbrillantblau SBL 200 %	disperse dye	dyeing and printing	widely used for dyeing; mainly used for polyester; also for cellulose (acetate and triacetate), polyamide and acrylic fibres; also widely used for printing synthetic fibres	[642]

Substance	CAS-Nr.	Tradename/Product/ Common Name	Function	Process	Application	Literature
C.I. Disperse Brown 1	23355-64-8		disperse dye; monoazo	dyeing and printing	widely used for dyeing: mainly used for polyester, but also for nylon and triacetate (where these dyes can easily migrate out of the fibre and cause harm (sensitizing dyes)), cellulose (acetate and triacetate), polyamide and acrylic fibres; also widely used for printing synthetic fibres	[694]
C.I. Disperse Brown 19	71872-49-6	Dispersolbraun C-3G 200 Körner; Dispersol Brown 3G PC	disperse dye; azo	dyeing and printing	widely used for dyeing; mainly used for polyester; also for cellulose (acetate and triacetate), polyamide and acrylic fibres; also widely used for printing synthetic fibres	[642]
C.I. Disperse Green 9	58979-46-7	Dispersol Green C-6B; also: CAS 71872-50-9	disperse dye (azo dye); azo	dyeing and printing	widely used for dyeing; mainly used for polyester; also for cellulose (acetate and triacetate), polyamide and acrylic fibres; also widely used for printing synthetic fibres; for dyeing polyester or cellulose acetate	[772]
C.I. Disperse Orange 1	2581-69-3		disperse dye; monoazo	dyeing and printing	widely used for dyeing: mainly used for polyester, but also for nylon and triacetate (where these dyes can easily migrate out of the fibre and cause harm (sensitizing dyes)), cellulose (acetate and triacetate), polyamide and acrylic fibres; also widely used for printing synthetic fibres	[694]; [694]; [746]

Substance	CAS-Nr.	Tradename/Product/ Common Name	Function	Process	Application	Literature
C.I. Disperse Orange 13	[6253-10-7]		disperse dye; disazo	dyeing and printing	widely used for dyeing: mainly used for polyester, but also for nylon and triacetate (where these dyes can easily migrate out of the fibre and cause harm (sensitizing dyes)), cellulose (acetate and triacetate), polyamide and acrylic fibres; also widely used for printing synthetic fibres	[694]
C.I. Disperse Orange 149		Terasil Golden Yellow 2RS	disperse dye; azo	dyeing and printing	widely used for dyeing; mainly used for polyester; also for cellulose (acetate and triacetate), polyamide and acrylic fibres; also widely used for printing synthetic fibres	[746]
C.I. Disperse Orange 15	6373-69-9	SRA Golden Orange III	disperse dye; nitro	dyeing and printing	widely used for dyeing; mainly used for polyester; also for cellulose (acetate and triacetate), polyamide and acrylic fibres; also widely used for printing synthetic fibres	[694]
C.I. Disperse Orange 29	19800-42-1	Palanilorange GL; Resolingelbbraun 3GL 200%; Tertraneseorange P-LH; Rottasperse Orange G	disperse dye; disazo	dyeing and printing	widely used for dyeing; mainly used for polyester; also for cellulose (acetate and triacetate), polyamide and acrylic fibres; also widely used for printing synthetic fibres	[642]; [653]
C.I. Disperse Orange 3	730-40-5	Acetate Orange GR; Artisil Orange 2R; Cellitonorange GR (BASF); Cibacetbraun JNH-01 150%; Cibacet Orange 2R; Dispersol Orange AG; Navicet Orange GR; Navinyl Orange GR; Serene Orange GR; Tulasteron Fast Orange GR	disperse dye; monoazo	dyeing and printing	widely used for dyeing: mainly used for polyester, but also for nylon and triacetate (where these dyes can easily migrate out of the fibre and cause harm (sensitizing dyes)), cellulose (acetate and triacetate), polyamide and acrylic fibres; also widely used for printing synthetic fibres	[694]; [642]; [694]; [746]; [742]

Substance	CAS-Nr.	Tradename/Product/ Common Name	Function	Process	Application	Literature
C.I. Disperse Orange 30	5261-31-4	Palanilgelbbraun R-CF; Polyspersgelbbraun TS 150%; Rottasperse Yellow Brown SR; Dianix Gelb-braun 2RFS	disperse dye; monoazo	dyeing and printing	widely used for dyeing; mainly used for polyester; also for cellulose (acetate and triacetate), polyamide and acrylic fibres; also widely used for printing synthetic fibres	[642]; [653]
C.I. Disperse Orange 31	68391-42-4	Serisolbrillantorange RGL 200 %; also: CAS 61968-38-5	disperse dye; monoazo	dyeing and printing	widely used for dyeing; mainly used for polyester; also for cellulose (acetate and triacetate), polyamide and acrylic fibres; also widely used for printing synthetic fibres	[642]
C.I. Disperse Orange 34		Samaron Orange HGRL	disperse dye; azo	dyeing and printing	widely used for dyeing; mainly used for polyester; also for cellulose (acetate and triacetate), polyamide and acrylic fibres; also widely used for printing synthetic fibres	
C.I. Disperse Orange 37	13301-61-6	Palanil Orange RL; Intrasil Direct Orange 3GH; Calcosperse Orange 3RD; also: CAS 12223-33-5, C.I. Disperse Orange 76, Polyspersgelbbraun RL 200 %	disperse dye; monoazo	dyeing and printing	widely used for dyeing: mainly used for polyester, but also for nylon and triacetate (where these dyes can easily migrate out of the fibre and cause harm (sensitizing dyes)), cellulose (acetate and triacetate), polyamide and acrylic fibres; also widely used for printing synthetic fibres	[642]; [694]; [746]
C.I. Disperse Orange 5	6232-56-0		disperse dye; monoazo	dyeing and printing	widely used for dyeing; mainly used for polyester; also for cellulose (acetate and triacetate), polyamide and acrylic fibres; also widely used for printing synthetic fibres	

Substance	CAS-Nr.	Tradename/Product/ Common Name	Function	Process	Application	Literature
C.I. Disperse Orange 56	67162-11-2	Setaron Brilliant Orange 2RL	disperse dye (azo dye); monoazo	dyeing and printing	widely used for dyeing; mainly used for polyester; also for cellulose (acetate and triacetate), polyamide and acrylic fibres; also widely used for printing synthetic fibres; for dyeing acetate fibres	[772]
C.I. Disperse Orange 60	12270-44-9	Dispersol Fast Yellow T3R	disperse dye; disazo	dyeing and printing	widely used for dyeing; mainly used for polyester; also for cellulose (acetate and triacetate), polyamide and acrylic fibres; also widely used for printing synthetic fibres	[746]
C.I. Disperse Orange 66	56509-55-8	Resolinorange 3GL 200 %; Resolin Orange 3GL	disperse dye; disazo	dyeing and printing	widely used for dyeing; mainly used for polyester; also for cellulose (acetate and triacetate), polyamide and acrylic fibres; also widely used for printing synthetic fibres	[642]
C.I. Disperse Orange 86		Doracetorange 3GL 200 %; Polydye Orange 3R-SF	disperse dye; azo	dyeing and printing	widely used for dyeing; mainly used for polyester; also for cellulose (acetate and triacetate), polyamide and acrylic fibres; also widely used for printing synthetic fibres	[642]
C.I. Disperse Red 1	2872-52-8		disperse dye; monoazo	dyeing and printing	widely used for dyeing: mainly used for polyester, but also for nylon and triacetate (where these dyes can easily migrate out of the fibre and cause harm (sensitizing dyes)), cellulose (acetate and triacetate), polyamide and acrylic fibres; also widely used for printing synthetic fibres	[694]; [694]; [746]

Substance	CAS-Nr.	Tradename/Product/ Common Name	Function	Process	Application	Literature
C.I. Disperse Red 106	12236-15-6	Resolinscharlach 3GL 200 %; Resolin Scarlet 3GL	disperse dye; monoazo	dyeing and printing	widely used for dyeing; mainly used for polyester; also for cellulose (acetate and triacetate), polyamide and acrylic fibres; also widely used for printing synthetic fibres	[642]
C.I. Disperse Red 11	2872-48-2	Terasilrosa 4BN; BAFIXAN PINK FF3B LIQUID	disperse dye; anthraquinone	dyeing and printing; Transferpapierdruck	widely used for dyeing: mainly used for polyester, but also for nylon and triacetate (where these dyes can easily migrate out of the fibre and cause harm (sensitizing dyes)), cellulose (acetate and triacetate), polyamide and acrylic fibres; also widely used for printing synthetic fibres	[642]; [643]; [694]
C.I. Disperse Red 127	66795-75-3	Dianix Fast Red B-FS	disperse dye; anthraquinone	dyeing and printing	widely used for dyeing; mainly used for polyester; also for cellulose (acetate and triacetate), polyamide and acrylic fibres; also widely used for printing synthetic fibres	
C.I. Disperse Red 13	3180-81-2	Serisolfastcrimson BD 150 %; Cellitonechtrubin B	disperse dye; monoazo	dyeing and printing	widely used for dyeing; mainly used for polyester; also for cellulose (acetate and triacetate), polyamide and acrylic fibres; also widely used for printing synthetic fibres	[642]
C.I. Disperse Red 135	58051-96-0	Tertranesescharlach P-HGF; Latyl Scarlet B-FS	disperse dye; monoazo	dyeing and printing	widely used for dyeing; mainly used for polyester; also for cellulose (acetate and triacetate), polyamide and acrylic fibres; also widely used for printing synthetic fibres	[642]

Substance	CAS-Nr.	Tradename/Product/ Common Name	Function	Process	Application	Literature
C.I. Disperse Red 137	12223-71-1	Eastone Brilliant Fast Red 2B-GLF	disperse dye; azo	dyeing and printing	widely used for dyeing: mainly used for polyester, but also for nylon and triacetate (where these dyes can easily migrate out of the fibre and cause harm (sensitizing dyes)), cellulose (acetate and triacetate), polyamide and acrylic fibres; also widely used for printing synthetic fibres	[694]
C.I. Disperse Red 146	59763-30-3	Bemacronbrilliantrot E-BS; Dianix Fast Brilliant Red BS	disperse dye; azo	dyeing and printing	widely used for dyeing; mainly used for polyester; also for cellulose (acetate and triacetate), polyamide and acrylic fibres; also widely used for printing synthetic fibres	[642]
C.I. Disperse Red 15	116-85-8		disperse dye; anthraquinone	dyeing and printing	widely used for dyeing: mainly used for polyester, but also for nylon and triacetate (where these dyes can easily migrate out of the fibre and cause harm (sensitizing dyes)), cellulose (acetate and triacetate), polyamide and acrylic fibres; also widely used for printing synthetic fibres	[694]; [694]
C.I. Disperse Red 151	61968-47-6	Setaron Brlliant Red 4G; also: CAS 70210-08-1	disperse dye; disazo	dyeing and printing	widely used for dyeing; mainly used for polyester; also for cellulose (acetate and triacetate), polyamide and acrylic fibres; also widely used for printing synthetic fibres	[746]

Substance	CAS-Nr.	Tradename/Product/ Common Name	Function	Process	Application	Literature
C.I. Disperse Red 153	78564-87-1	Kaylon Polyester Light Scarlet GF	disperse dye; monoazo	dyeing and printing	widely used for dyeing: mainly used for polyester, but also for nylon and triacetate (where these dyes can easily migrate out of the fibre and cause harm (sensitizing dyes)), cellulose (acetate and triacetate), polyamide and acrylic fibres; also widely used for printing synthetic fibres	[694]
C.I. Disperse Red 159	61968-49-8	Resolin Brillantrot BLS 200 %; Resolin Brilliant Red BLS	disperse dye; anthraquinone	dyeing and printing	widely used for dyeing; mainly used for polyester; also for cellulose (acetate and triacetate), polyamide and acrylic fibres; also widely used for printing synthetic fibres	[642]; [702]
C.I. Disperse Red 16	6253-14-1	Celliton Discharge Rubine BBF	disperse dye; monoazo	dyeing and printing	widely used for dyeing; mainly used for polyester; also for cellulose (acetate and triacetate), polyamide and acrylic fibres; also widely used for printing synthetic fibres	[694]
C.I. Disperse Red 167	61968-52-3	Rottasperse Red S 3 B; Foron Rubine S-2GFL; also: CAS 26850-12-4	disperse dye; azo	dyeing and printing	widely used for dyeing; mainly used for polyester; also for cellulose (acetate and triacetate), polyamide and acrylic fibres; also widely used for printing synthetic fibres	[653]
C.I. Disperse Red 17	3179-89-3	Cellitonrot GG; Cellitonechtrot GG	disperse dye; monoazo	dyeing and printing	widely used for dyeing: mainly used for polyester, but also for nylon and triacetate (where these dyes can easily migrate out of the fibre and cause harm (sensitizing dyes)), cellulose (acetate and triacetate), polyamide and acrylic fibres; also widely used for printing synthetic fibres	[642]; [694]

Substance	CAS-Nr.	Tradename/Product/ Common Name	Function	Process	Application	Literature
C.I. Disperse Red 177	68133-69-7	Resolinrot FRL 150 %; Serilenerot RLS 150 %; Tertraneserot P-FTS; Polydye Red AR-SF; also: CAS 58051-98-2	disperse dye; monoazo	dyeing and printing	widely used for dyeing; mainly used for polyester; also for cellulose (acetate and triacetate), polyamide and acrylic fibres; also widely used for printing synthetic fibres	[642]
C.I. Disperse Red 183	83764-36-7	Samaronscharlach RGSL; Polysynthren Scarlet RGSL	disperse dye; azo	dyeing and printing	widely used for dyeing; mainly used for polyester; also for cellulose (acetate and triacetate), polyamide and acrylic fibres; also widely used for printing synthetic fibres	[642]
C.I. Disperse Red 184	61968-54-5	Dianixrot 2 BSL-FS 150 SA; Samaronrot 2BSL 150 %; Polysynthren Red 2BSL	disperse dye; azo	dyeing and printing	widely used for dyeing; mainly used for polyester; also for cellulose (acetate and triacetate), polyamide and acrylic fibres; also widely used for printing synthetic fibres	[642]
C.I. Disperse Red 19	2734-52-3		disperse dye; monoazo	dyeing and printing	widely used for dyeing: mainly used for polyester, but also for nylon and triacetate (where these dyes can easily migrate out of the fibre and cause harm (sensitizing dyes)), cellulose (acetate and triacetate), polyamide and acrylic fibres; also widely used for printing synthetic fibres	[694]; [694]
C.I. Disperse Red 2 .	3769-58-2		disperse dye; monoazo	dyeing and printing	widely used for dyeing; mainly used for polyester; also for cellulose (acetate and triacetate), polyamide and acrylic fibres; also widely used for printing synthetic fibres	[694]

Substance	CAS-Nr.	Tradename/Product/ Common Name	Function	Process	Application	Literature
C.I. Disperse Red 22	2944-28-7	SRA Fast Pink II	disperse dye; anthraquinone	dyeing and printing	widely used for dyeing; mainly used for polyester; also for cellulose (acetate and triacetate), polyamide and acrylic fibres; also widely used for printing synthetic fibres	[694]
C.I. Disperse Red 220	65907-69-9	Dybin Scarlet G	disperse dye; monoazo	dyeing and printing	widely used for dyeing; mainly used for polyester; also for cellulose (acetate and triacetate), polyamide and acrylic fibres; also widely used for printing synthetic fibres	[746]
C.I. Disperse Red 221	64426-35-3	Dianix Brilliant Red 4G-SE	disperse dye; monoazo	dyeing and printing	widely used for dyeing; mainly used for polyester; also for cellulose (acetate and triacetate), polyamide and acrylic fibres; also widely used for printing synthetic fibres	[746]
C.I. Disperse Red 278	68248-10-2	Dispersolrot C-4G150 GR; Dispersol Red 4G PC	disperse dye; azo	dyeing and printing	widely used for dyeing; mainly used for polyester; also for cellulose (acetate and triacetate), polyamide and acrylic fibres; also widely used for printing synthetic fibres	[642]
C.I. Disperse Red 313	72827-95-3	Tertraneserubin P-HBRS flüssig; Sodyecron Rubine 2BF	disperse dye; azo	dyeing and printing	widely used for dyeing; mainly used for polyester; also for cellulose (acetate and triacetate), polyamide and acrylic fibres; also widely used for printing synthetic fibres	[642]
C.I. Disperse Red 323	88651-00-7	Polyspersrot HT-LS 200 %	disperse dye; monoazo	dyeing and printing	widely used for dyeing; mainly used for polyester; also for cellulose (acetate and triacetate), polyamide and acrylic fibres; also widely used for printing synthetic fibres	[642]

Substance	CAS-Nr.	Tradename/Product/ Common Name	Function	Process	Application	Literature
C.I. Disperse Red 343	68385-96-6	Resolinrot F3BS, Resolinrot F3BS 150 %; Resolin Red F3BS; also: CAS 99035-78-6	disperse dye; azo	dyeing and printing	widely used for dyeing; mainly used for polyester; also for cellulose (acetate and triacetate), polyamide and acrylic fibres; also widely used for printing synthetic fibres	[642]
C.I. Disperse Red 349		Terasil Rot 3GS dispergiermittelfrei; Terasil Red 3GS	disperse dye; monoazo	dyeing and printing	widely used for dyeing; mainly used for polyester; also for cellulose (acetate and triacetate), polyamide and acrylic fibres; also widely used for printing synthetic fibres	[702]
C.I. Disperse Red 358		Samaronrot HGF; Samaron Red HGF	disperse dye; monoazo	dyeing and printing	widely used for dyeing; mainly used for polyester; also for cellulose (acetate and triacetate), polyamide and acrylic fibres; also widely used for printing synthetic fibres	[642]
C.I. Disperse Red 4	2379-90-0		disperse dye; anthraquinone	dyeing and printing	widely used for dyeing; mainly used for polyester; also for cellulose (acetate and triacetate), polyamide and acrylic fibres; also widely used for printing synthetic fibres	[694]
C.I. Disperse Red 41	6373-90-6	Acetoquinone Red 2JZ	disperse dye; monoazo	dyeing and printing	widely used for dyeing; mainly used for polyester; also for cellulose (acetate and triacetate), polyamide and acrylic fibres; also widely used for printing synthetic fibres	[694]
C.I. Disperse Red 54	6021-61-0	Ostacetscharlach S-L2G; Artisil Scarlet 3GFL; acetic acid 2-{[4-(2-chloro-4-nitro-phenylazo)-phenyl]-(2-cyano-ethyl)-amino}-ethyl ester	disperse dye; monoazo	dyeing and printing	widely used for dyeing; mainly used for polyester; also for cellulose (acetate and triacetate), polyamide and acrylic fibres; also widely used for printing synthetic fibres	[642]

Substance	CAS-Nr.	Tradename/Product/ Common Name	Function	Process	Application	Literature
C.I. Disperse Red 54	6657-37-0	Ostacetscharlach S-L2G; Artisil Scarlet 3GFL; 3-{[4-(2-chloro-4-nitro-phenylazo)-phenyl]-(2-cyano-ethyl)-amino}-propionic acid methyl ester	disperse dye; monoazo	dyeing and printing	widely used for dyeing; mainly used for polyester; also for cellulose (acetate and triacetate), polyamide and acrylic fibres; also widely used for printing synthetic fibres	[642]
C.I. Disperse Red 60	17418-58-5	Polyspersrot FB 200%; Resolinrot FB 200%; Rottasperse Red EB; Resolinrot FB	disperse dye; anthraquinone	dyeing and printing	widely used for dyeing: mainly used for polyester, but also for nylon and triacetate (where these dyes can easily migrate out of the fibre and cause harm (sensitizing dyes)), cellulose (acetate and triacetate), polyamide and acrylic fibres; also widely used for printing synthetic fibres	[642]; [653]; [694]
C.I. Disperse Red 72	12223-39-1		disperse dye (azo dye); monoazo	dyeing and printing	widely used for dyeing; mainly used for polyester; also for cellulose (acetate and triacetate), polyamide and acrylic fibres; also widely used for printing synthetic fibres; for dyeing polyester or cellulose triacetate	[772]
C.I. Disperse Red 73	16889-10-4	Polyspersrubin FLM 200 %	disperse dye; monoazo	dyeing and printing	widely used for dyeing; mainly used for polyester; also for cellulose (acetate and triacetate), polyamide and acrylic fibres; also widely used for printing synthetic fibres	[642]
C.I. Disperse Red 82	30124-94-8	Resolinrot BBL; Resolin Red BBL; also CAS: 12223-42-6	disperse dye; monoazo	dyeing and printing	widely used for dyeing; mainly used for polyester; also for cellulose (acetate and triacetate), polyamide and acrylic fibres; also widely used for printing synthetic fibres	

Substance	CAS-Nr.	Tradename/Product/ Common Name	Function	Process	Application	Literature
C.I. Disperse Red 88	12217-04-8	Durospersrot 2BSF; Eastman Polyester Red B	disperse dye; azo	dyeing and printing	widely used for dyeing; mainly used for polyester; also for cellulose (acetate and triacetate), polyamide and acrylic fibres; also widely used for printing synthetic fibres	[642]
C.I. Disperse Red 91	12236-10-1	BAFIXAN RED HL NB 301; Palanil Brilliant Pink REL	disperse dye; anthraquinone	dyeing and printing; Transferpapierdruck	widely used for dyeing; mainly used for polyester; also for cellulose (acetate and triacetate), polyamide and acrylic fibres; also widely used for printing synthetic fibres	[643]
C.I. Disperse Red 92	12236-11-2	Polyspersbrillantrot SBL; Palanil Brilliant Red BEL	disperse dye; anthraquinone	dyeing and printing	widely used for dyeing; mainly used for polyester; also for cellulose (acetate and triacetate), polyamide and acrylic fibres; also widely used for printing synthetic fibres	[642]
C.I. Disperse Red 167:1	1533-78-4	Palanilrot 3BLS-CF 100 %; Tertranesegelb P-5R; also: CAS 79300-13-3	disperse dye; monoazo	dyeing and printing	widely used for dyeing; mainly used for polyester; also for cellulose (acetate and triacetate), polyamide and acrylic fibres; also widely used for printing synthetic fibres	[642]
C.I. Disperse Red Dye	75198-96-8	BAFIXAN Red PA	disperse dye	dyeing and printing; Transferpapierdruck	widely used for dyeing; mainly used for polyester; also for cellulose (acetate and triacetate), polyamide and acrylic fibres; also widely used for printing synthetic fibres	[643]

Substance	CAS-Nr.	Tradename/Product/ Common Name	Function	Process	Application	Literature
C.I. Disperse Violet 1	128-95-0	1,4-Diaminoanthraquinone; Cibacetviolett 2R; Miketon Fast Red Violet R (Mitsui Toatsu Dyes Ltd), Firma Tokyo Kasei Ltd (pur); Celliton Rotviolett RN (BASF)	disperse dye; anthraquinone	dyeing and printing	disperse dye for hydrophobic fibres (polyester, polyamide, acetate fibres); chlorine free carrier; widely used for dyeing; mainly used for polyester; also for cellulose (acetate and triacetate), polyamide and acrylic fibres; also widely used for printing synthetic fibres	[700]; [642]; [742]
C.I. Disperse Violet 13	[6374-02-3]	Celliton Violet R	disperse dye; monoazo	dyeing and printing	widely used for dyeing; mainly used for polyester; also for cellulose (acetate and triacetate), polyamide and acrylic fibres; also widely used for printing synthetic fibres	[694]
C.I. Disperse Violet 26	6408-72-6	Dianixviolett HFRL-SE 150; Resolinrotviolett FBL 200 %	disperse dye; anthraquinone	dyeing and printing	widely used for dyeing; mainly used for polyester; also for cellulose (acetate and triacetate), polyamide and acrylic fibres; also widely used for printing synthetic fibres	[642]
C.I. Disperse Violet 33	66882-16-4	Dispersolrubin C-B 150 %; Dispersol Fast Rubine BT; also: CAS 12236-25-8	disperse dye; monoazo	dyeing and printing	widely used for dyeing; mainly used for polyester; also for cellulose (acetate and triacetate), polyamide and acrylic fibres; also widely used for printing synthetic fibres	[642]
C.I. Disperse Violet 4	1220-94-6		disperse dye; anthraquinone	dyeing and printing	widely used for dyeing; mainly used for polyester; also for cellulose (acetate and triacetate), polyamide and acrylic fibres; also widely used for printing synthetic fibres	[694]

Substance	CAS-Nr.	Tradename/Product/ Common Name	Function	Process	Application	Literature
C.I. Disperse Violet 48	61968-59-0	Samaronviolett 4RS 400 %; Polysynthren Violet 4RS	disperse dye; azo	dyeing and printing	widely used for dyeing; mainly used for polyester; also for cellulose (acetate and triacetate), polyamide and acrylic fibres; also widely used for printing synthetic fibres	[642]
C.I. Disperse Violet 8	82-33-7		disperse dye; anthraquinone	dyeing and printing	widely used for dyeing; mainly used for polyester; also for cellulose (acetate and triacetate), polyamide and acrylic fibres; also widely used for printing synthetic fibres	[694]
C.I. Disperse Violet 93:1	122463-28-9	Dispersolnavy C-4R 200 %; Kayalon Polyester Navy Blue 5R	disperse dye; azo	dyeing and printing	widely used for dyeing; mainly used for polyester; also for cellulose (acetate and triacetate), polyamide and acrylic fibres; also widely used for printing synthetic fibres	[642]
C.I. Disperse Yellow 1	119-15-3		disperse dye; nitro	dyeing and printing	widely used for dyeing: mainly used for polyester, but also for nylon and triacetate (where these dyes can easily migrate out of the fibre and cause harm (sensitizing dyes)), cellulose (acetate and triacetate), polyamide and acrylic fibres; also widely used for printing synthetic fibres	[694]; [694]
C.I. Disperse Yellow 114	59312-61-7	Dianixgelb 6GSL-FS 200 SA; Samarongelb 6GSL 200 %; Polysynthren Brilliant Yellow 6GSL; also: CAS 61968-66-9	disperse dye; azo	dyeing and printing	widely used for dyeing; mainly used for polyester; also for cellulose (acetate and triacetate), polyamide and acrylic fibres; also widely used for printing synthetic fibres	[642]

Substance	CAS-Nr.	Tradename/Product/ Common Name	Function	Process	Application	Literature
C.I. Disperse Yellow 119	57308-41-5	Dispersolgelb C-5G 200 G; Rottasperse Yellow 5 G	disperse dye; monoazo	dyeing and printing	widely used for dyeing; mainly used for polyester; also for cellulose (acetate and triacetate), polyamide and acrylic fibres; also widely used for printing synthetic fibres	[642]; [653]
C.I. Disperse Yellow 211	70528-90-4	Resolingelb GNL-SE; Terasil Yellow 4G; also: CAS 86836-02-4	disperse dye; monoazo	dyeing and printing	widely used for dyeing; mainly used for polyester; also for cellulose (acetate and triacetate), polyamide and acrylic fibres; also widely used for printing synthetic fibres	
C.I. Disperse Yellow 218	83929-90-2	Dispersol Yellow B-6G	disperse dye	dyeing and printing	widely used for dyeing; mainly used for polyester; also for cellulose (acetate and triacetate), polyamide and acrylic fibres; also widely used for printing synthetic fibres	[746]
C.I. Disperse Yellow 23	6250-23-3	Tertranesegelb P-5R konz; SRA Fast Golden Yellow XIII	disperse dye; disazo	dyeing and printing	widely used for dyeing; mainly used for polyester; also for cellulose (acetate and triacetate), polyamide and acrylic fibres; also widely used for printing synthetic fibres	[642]; [746]
C.I. Disperse Yellow 241	83249-52-9	Resolingelb 5GL 200 %; Resolin Yellow 3GL	disperse dye; azo	dyeing and printing	widely used for dyeing; mainly used for polyester; also for cellulose (acetate and triacetate), polyamide and acrylic fibres; also widely used for printing synthetic fibres	[642]

Substance	CAS-Nr.	Tradename/Product/ Common Name	Function	Process	Application	Literature
C.I. Disperse Yellow 3	2832-40-8	Cibacetbraun JNH 150 %; Cibacetgrau NH; Cibacetbraun JNH-01 150 %; Cibacetgelb 2GC 150 %; Cibacetgrau NH-01; Cibacetgrün 5G; Serisolechtgelb GD 120 %; Cellitonechtgelb G Plv	disperse dye; azo	dyeing and printing	widely used for dyeing: mainly used for polyester, but also for nylon and triacetate (where these dyes can easily migrate out of the fibre and cause harm (sensitizing dyes)), cellulose (acetate and triacetate), polyamide and acrylic fibres; also widely used for printing synthetic fibres	[642]; [694]; [746]
C.I. Disperse Yellow 39	12236-29-2		disperse dye; methine	dyeing and printing	widely used for dyeing: mainly used for polyester, but also for nylon and triacetate (where these dyes can easily migrate out of the fibre and cause harm (sensitizing dyes)), cellulose (acetate and triacetate), polyamide and acrylic fibres; also widely used for printing synthetic fibres	[694]; [694]
C.I. Disperse Yellow 4	6407-80-3	Fast Yellow 3G	disperse dye; azo	dyeing and printing	widely used for dyeing: mainly used for polyester, but also for nylon and triacetate (where these dyes can easily migrate out of the fibre and cause harm (sensitizing dyes)), cellulose (acetate and triacetate), polyamide and acrylic fibres; also widely used for printing synthetic fibres	[694]; [694]
C.I. Disperse Yellow 42	5124-25-4	Resolingelb 4GLS; Esteriquinone Light Yellow 3JLL	disperse dye; nitro	dyeing and printing	widely used for dyeing; mainly used for polyester; also for cellulose (acetate and triacetate), polyamide and acrylic fibres; also widely used for printing synthetic fibres	

Substance	CAS-Nr.	Tradename/Product/ Common Name	Function	Process	Application	Literature
C.I. Disperse Yellow 49	54824-37-2		disperse dye; methine	dyeing and printing	widely used for dyeing: mainly used for polyester, but also for nylon and triacetate (where these dyes can easily migrate out of the fibre and cause harm (sensitizing dyes)), cellulose (acetate and triacetate), polyamide and acrylic fibres; also widely used for printing synthetic fibres	[694]; [694]
C.I. Disperse Yellow 5	6439-53-8		disperse dye (azo dye); azo	dyeing and printing	widely used for dyeing; mainly used for polyester; also for cellulose (acetate and triacetate), polyamide and acrylic fibres; also widely used for printing synthetic fibres; for dyeing acetate fibres	[772]
C.I. Disperse Yellow 54	7576-65-0	Palanilgelb 3GE 200%; Polyspersgelb 3-GN 360%; Rottasperse Yellow E 3 G; BAFIXAN YELLOW 3GE LIQuid	disperse dye; quinoline	Transferpapierdruck; dyeing and printing	widely used for dyeing: mainly used for polyester, but also for nylon and triacetate (where these dyes can easily migrate out of the fibre and cause harm (sensitizing dyes)), cellulose (acetate and triacetate), polyamide and acrylic fibres; also widely used for printing synthetic fibres	[642]; [653]; [643]; [694]
C.I. Disperse Yellow 56	54077-16-6		disperse dye; disazo	dyeing and printing	widely used for dyeing; mainly used for polyester; also for cellulose (acetate and triacetate), polyamide and acrylic fibres; also widely used for printing synthetic fibres	[746]

Substance	CAS-Nr.	Tradename/Product/ Common Name	Function	Process	Application	Literature
C.I. Disperse Yellow 64	10319-14-9	BAFIXAN YELLOW HL NB 801	disperse dye; quinoline	Transferpapierdruck; dyeing and printing	widely used for dyeing: mainly used for polyester, but also for nylon and triacetate (where these dyes can easily migrate out of the fibre and cause harm (sensitizing dyes)), cellulose (acetate and triacetate), polyamide and acrylic fibres; also widely used for printing synthetic fibres	[694]; [643]; [694]
C.I. Disperse Yellow 7	6300-37-4		disperse dye; disazo	dyeing and printing	widely used for dyeing; mainly used for polyester; also for cellulose (acetate and triacetate), polyamide and acrylic fibres; also widely used for printing synthetic fibres	[746]
C.I. Disperse Yellow 82	27425-55-4	Terasil Flavin 8GFF; Setaron Brilliant Flavine 8GFF; Coumarin 7; also: CAS 12239-58-6	disperse dye; coumarin	dyeing and printing	widely used for dyeing; mainly used for polyester; also for cellulose (acetate and triacetate), polyamide and acrylic fibres; also widely used for printing synthetic fibres	[702]
C.I. Disperse Yellow 9	6373-73-5		disperse dye; nitro	dyeing and printing	widely used for dyeing: mainly used for polyester, but also for nylon and triacetate (where these dyes can easily migrate out of the fibre and cause harm (sensitizing dyes)), cellulose (acetate and triacetate), polyamide and acrylic fibres; also widely used for printing synthetic fibres	[694]; [694]
C.I. Disperse Yellow 93	56509-56-9	Resolinbrillantgelb 7GL 200 %; Resolin Brilliant Yellow 7GL	disperse dye; methine	dyeing and printing	widely used for dyeing; mainly used for polyester; also for cellulose (acetate and triacetate), polyamide and acrylic fibres; also widely used for printing synthetic fibres	[642]

Substance	CAS-Nr.	Tradename/Product/ Common Name	Function	Process	Application	Literature
C.I. Disperse Yellow 184:1	164578-37-4	Resolinbrillantgelb 10GN 200 %; Resolin Brilliant Yellow 10GN	disperse dye; coumarin	dyeing and printing	widely used for dyeing; mainly used for polyester; also for cellulose (acetate and triacetate), polyamide and acrylic fibres; also widely used for printing synthetic fibres	[642]
C.I. Fluorescent Brightener 113	12768-92-2	Blankophor BA 267%; Blankophor BA	optical brightener (fluorescent brightener); bistriazinylaminostilbene	dyeing and printing		[642]
C.I. Fluorescent Brightener 119	12270-52-9	Blankophor REU 170%; Blankophor REU Pulver 300%; Blankophor REU	optical brightener (fluorescent brightener); bistriazinylaminostilbene	dyeing and printing; Blankophor REU 170%: Zellulose: Foulardverfahren 1-2,5 g/l, Wolle/Seide: foulard pad-batch process 0,2-1 %	fluorescent brightener for cellulosic fibres, wool and silk	[644]; [642]
C.I. Fluorescent Brightener 134	3426-43-5	Leukophor PC (flüssig)	optical brightener (fluorescent brightener); stilbene	dyeing and printing		[642]
C.I. Fluorescent Brightener 191	12270-53-0	Blankophor CLE flüssig; Blankophor CL	optical brightener (fluorescent brightener); triazoylstilbene	dyeing and printing; Polyamidfasern: foulard pad-batch process, Klotz-Dämpf- und Klotz-Thermosol-Verfahren; foulard pad-batch process 0,5-2,5 %; Kontinueverfahren 5-15 g/l; Zellulosefasern: foulard pad-batch process 0,5-1 %	fluorescent brightener for polyamide 6 and 6.6 and cellulosic fibres	[642]; [644]

Substance	CAS-Nr.	Tradename/Product/ Common Name	Function	Process	Application	Literature
C.I. Fluorescent Brightener 199	58449-88-0	Blankophor ER flüssig 330% 01; Palanil Brilliant White R	optical brightener (fluorescent brightener); stilbene	dyeing and printing; foulard pad-batch process: Carrier-Verfahren 0,1-0,3 %; HT-Verfahren 0,1-0,4 %; AF-Verfahren 0,1-0,4 %; Kontinueverfahren: Gardinenstoffe 1-5 g/l; Maschenware aus texturierten Garnen 1-2 g/l	fluorescent brightener polyester	[644]; [642]
C.I. Fluorescent Brightener 220	16470-24-9	Blankophor BBU; Blankophor BBU flüssig 01; Fluolite PS	optical brightener (fluorescent brightener); stilbene	dyeing and printing; Blankophor BBU flüssig 01: Foulardverfahren 0,75-7,5g/l, foulard pad-batch process 0,15-0,75%, Peroxid-Kaltverweilbleiche 3-5g/l, Peroxid-Klotz-Dämpf-Bleiche 3-5g/l, Peroxid-Unterflottenbleiche 3-5g/l, Weißätze 1-15 g	fluorescent brightener for cellulosic fibres	[644]; [642]

Substance	CAS-Nr.	Tradename/Product/ Common Name	Function	Process	Application	Literature
C.I. Fluorescent Brightener 263	99549-42-5	Blankophor BRU 225%; Blankophor BRU flüssig; Blankophor BRU	optical brightener (fluorescent brightener); triazinylaministilbene	dyeing and printing; Blankophor BRU 225%: Foulardverfahren 1,0-2,0 g/l, Peroxid-Unterflottenbleiche 0,5-1,8 g/l; Blankophor BRU flüssig: Foulardverfahren 3,5-7 g/l, Peroxid-Unterflottenbleiche 2-6 g/l	fluorescent brightener for cellulosic fibres	[642]; [644]
C.I. Fluorescent Brightener 264	76482-78-5	Blankophor BSUN flüssig; Ultraphor CF flüssig; Blankophor BSU; also: CAS 68971-49-3	optical brightener (fluorescent brightener); triazinylaministilbene	dyeing and printing; Blankophor BSUN flüssig: 6-15 g/l	Blankophor BSUN flüssig: fluorescent brightener for cellulosic fibres	[642]; [644]
C.I. Fluorescent Brightener 340		Leukophor KNR flüssig; Leukophor KNR	optical brightener (fluorescent brightener); pyrazoline	dyeing and printing		[642]
C.I. Fluorescent Brightener 351	54351-85-8	Blankophor PAS flüssig B; Tinopal CBS	optical brightener (fluorescent brightener); distyrylbiphenyl	dyeing and printing; Polyamidfasern: foulard pad-batch process, Klotz-Dämpf- und Klotz-Thermosol-Verfahen; foulard pad-batch process 0,5-2,5 %; Kontinueverfahren 5-20 g/l	fluorescent brightener for polyamide 6 and 6.6	[644]
C.I. Fluorescent Brightener 374	94395-01-4	ULTRAPHOR SFG Liquid; Ultraphor SFG	optical brightener (fluorescent brightener); stilbene	dyeing and printing	for polyester	[643]

Substance	CAS-Nr.	Tradename/Product/ Common Name	Function	Process	Application	Literature
C.I. Fluorescent Brightener 386	133514-97-3	Blankophor DRS flüssig 200 % 02; Hostalux N2R	optical brightener (fluorescent brightener); pyrazoline derivative	dyeing and printing; Polyacrylfasern: foulard pad-batch process 0,2-1,5 %; Gel-Färbeverfahren 0,2-1,5 %; Kontinueverfahren 1-10 g/l; Mischungen Polyacrylfasern/Wolle: 0,2-1 %	fluorescent brightener for polyacrylic fibres and their blends with wool	[644]
C.I. Fluorescent Brightener 199 (regioisomer: p-cyano)	13001-40-6	Blankophor ER flüssig 330% 01; Palanil Brilliant White R	optical brightener (fluorescent brightener); stilbene	dyeing and printing; foulard pad-batch process: Carrier-Verfahren 0,1-0,3 %; HT-Verfahren 0,1-0,4 %; AF-Verfahren 0,1-0,4 %; Kontinueverfahren: Gardinenstoffe 1-5 g/l; Maschenware aus texturierten Garnen 1-2 g/l	fluorescent brightener polyester	[644]; [642]
C.I. Fluorescent Brightener 374:1		ULTRAPHOR PAB; ULTRAPHOR PAR; Ultraphor SFR	optical brightener (fluorescent brightener); stilbene	dyeing and printing	fluorescent brightener with blue cast for nylon fibres and their blends	[643]
C.I. Mordant Black 11	25747-08-4	Alizarinchromschwarz PTS; Eriochrome Black T	mordant (chrome) dye; monoazo	dyeing and printing	dyeing of wool to obtain maximum washfastness; generally used for protein (wool and silk) dyeing; practically no longer used for polyamide fibres or for printing	[642]; [739]; [743]
C.I. Mordant Black 17	2538-79-6	Eriochrom Blau-schwarz RSS	mordant (chrome) dye; monoazo	dyeing and printing	generally used for protein (wool and silk) dyeing; practically no longer used for polyamide fibres or for printing	[745]

Substance	CAS-Nr.	Tradename/Product/ Common Name	Function	Process	Application	Literature
C.I. Mordant Black 17 monosodium salt	2538-85-4	Eriochrom Blau-schwarz RSS	mordant (chrome) dye; monoazo	dyeing and printing	generally used for protein (wool and silk) dyeing; practically no longer used for polyamide fibres or for printing	[745]
C.I. Mordant Black 11 sodium salt	1787-61-7	Alizarinchromschwarz PTS; Eriochrome Black T	mordant (chrome) dye; monoazo	dyeing and printing	dyeing of wool to obtain maximum washfastness; generally used for protein (wool and silk) dyeing; practically no longer used for polyamide fibres or for printing	[642]; [739]; [743]
C.I. Mordant Blue 1	1796-92-5	Erichromblau BFF 250 %; Chromeazurol B; also: 15012-28-9 (free acid)	mordant (chrome) dye; triphenylmethane	dyeing and printing	generally used for protein (wool and silk) dyeing; practically no longer used for polyamide fibres or for printing	[642]
C.I. Mordant Dye		C.I. 14085	mordant (chrome) dye	dyeing and printing	generally used for protein (wool and silk) dyeing; practically no longer used for polyamide fibres or for printing	[746]
C.I. Mordant Dye		C.I. 22270	mordant (chrome) dye	dyeing and printing	generally used for protein (wool and silk) dyeing; practically no longer used for polyamide fibres or for printing	[746]
C.I. Mordant Dye		C.I. 22275	mordant (chrome) dye	dyeing and printing	generally used for protein (wool and silk) dyeing; practically no longer used for polyamide fibres or for printing	[746]
C.I. Mordant Orange 1	2243-76-7	Alizarin Yellow R; also: 1718-34-9 (monosodium salt)	mordant (chrome) dye; monoazo	dyeing and printing	generally used for protein (wool and silk) dyeing; practically no longer used for polyamide fibres or for printing	[744]

Substance	CAS-Nr.	Tradename/Product/ Common Name	Function	Process	Application	Literature
C.I. Mordant Red 7 free acid	14954-75-7	Eriochrom Rot B; also: CAS 3618-63-1, CAS 53295-04-8	mordant (chrome) dye; monoazo	dyeing and printing	generally used for protein (wool and silk) dyeing; practically no longer used for polyamide fibres or for printing	[745]
C.I. Mordant Yellow 16	8003-87-0	also: CAS 6471-17-6	mordant (chrome) dye; disazo	dyeing and printing	generally used for protein (wool and silk) dyeing; practically no longer used for polyamide fibres or for printing	[746]
C.I. Mordant Yellow 3	6054-97-3	also: CAS 25311-16-4	mordant (chrome) dye; monoazo	dyeing and printing	generally used for protein (wool and silk) dyeing; practically no longer used for polyamide fibres or for printing	[744]
C.I. Mordant Yellow 36	6535-41-7		mordant (chrome) dye; monoazo	dyeing and printing	generally used for protein (wool and silk) dyeing; practically no longer used for polyamide fibres or for printing	[746]
C.I. Mordant Yellow 8	6359-83-7	Bezachromflavin R	mordant (chrome) dye; monoazo	dyeing and printing	Generally used for protein (wool and silk)dyeing; practically no longer used for polyamide fibres or for printing	[642]

Substance	CAS-Nr.	Tradename/Product/Common Name	Function	Process	Application	Literature
C.I. Natural Brown 1	528-48-3	Fisetin	natural dye; flavanoid	dyeing and printing	Component in Young Fustic, Smooth Sumac, Japanese Sumac, Schinopsis Lorentuis; Young Fustic (C.I. Natural Brown 1): The leaves are used as a tanning agent but are also used for dyeing iron salts and mordanted wool black.; Japanese Sumac: Using equal quantities of wood essence and caesalpinia sappan wood essence, one can dye silk mordanted with vinegar and potash bright orange.	[808]

Substance	CAS-Nr.	Tradename/Product/ Common Name	Function	Process	Application	Literature
C.I. Natural Red 1	117-39-5	C.I. Natural Yellow10; C.I. Natural Yellow 13; Quercetin	natural dye; flavanoid	dyeing and printing	Component in Black Nigrum L, Hollyhock, Logwood-Tree, Common Poppy, Fumitory, Mealy Tree, Buckthorn, Rhus Semiatala, Bearberry, Chestnut Tree, Mastich Tree, French Tamarisk, Malpighia Punicifolia, Scots Spine, Larch, Tea, Uncaria Gambier, Indian Mahogany, Chamomile, German Chamomile, Common Buckthorn, Tansy, Young Fustic, Sweet Gale, Gossypium Malvaceae, Common Germander; Trace component in Walnut-Tree, Bitter Dock, Gorse, Bastard Hemp, White Clover; Main component in Golden Rod, Rhamnus Petiolaris, Elder; Golden Rod: One uses the herbs of the plant for dyeing alum mordanted wool golden yellow.; Rhamnus Petiolaris: On wool mordanted with alum one obtains a durable dark yellow tint.	[808]
C.I. Natural Red 20	517-88-4	Alkannan; C.I. Natural Red 20: CAS 517-90-8 + 517-88-4	natural dye; naphthoquinone	dyeing and printing	Trace component in Dyer´s Buglos	[808]

Substance	CAS-Nr.	Tradename/Product/ Common Name	Function	Process	Application	Literature
C.I. Natural Red 26	36338-96-2	Carthamin; Safflower Yellow	natural dye; benzoquinone	dyeing and printing	Main component in Safflower; Safflower (C.I. Natural Red 26): Generally, safflower yellow is used as a dye on alum mordanted wool. One obtains a yellow tint which is comparable to several hydroxyflavone colours. Safflower on cotton and silk: such dyes require careful preparation of the dyeing fluid to eliminate the water soluble safflower yellow.	[808]
C.I. Natural Red 3	981-78-2	Kermessäure; Kermeric acid; also: CAS 476-35-7	natural dye	dyeing and printing		[645]; [808]
C.I. Natural Violet 1	19201-53-7	Tyrian Purple; 6,6´-Dibromindigo	natural dye; indigoid	dyeing and printing	Component in Spiny Dye-Murex, Banded Dye-Murex, Dog-Whelk; Main component in Wide-Mouthed Purpura, Rock-Shell	[808]
C.I. Natural Yellow 11	519-34-6	Jack-Fruit plant	natural dye; flavanoid	dyeing and printing	The wood is used for dyeing wool and silk previously mordanted with alum to obtain golden yellow. One can also obtain khaki using the wood of the Jack-fruit plant.	[808]

Substance	CAS-Nr.	Tradename/Product/ Common Name	Function	Process	Application	Literature
C.I. Natural Yellow 28	487-52-5	Butein	natural dye; flavanoid	dyeing and printing	Component in Common Robinia, Bur-Marigold, Pallas Tree, Dahlia Pinnata, Acacia Mearnsii; Common Robinia: The leaves create a yellow coloured dye.; Bur-Marigold: Wood steeped in alum mordant is dyed golden yellow. Post–treatment of the colour with ferrous sulphate results in dark brown, and the post-treatment with copper sulphate gives olive yellow.; Pallas Tree (C.I. Natural Yellow 28): Yellow can be obtained on alum mordanted wool; with iron liquor and copper sulphate one obtains olive.; Dahlia Pinnata: Using the essence of the petals one obtains orange yellow tints on wool with alum mordant.	[808]

Substance	CAS-Nr.	Tradename/Product/ Common Name	Function	Process	Application	Literature
C.I. Natural Yellow 6	8022-19-3	Saffron; Cape Jasmin	natural dye; carotenoid	dyeing and printing	Saffron can be used as a direct dye for wool, silk, and cotton. It can be dyed with or without mordant such as alum and tin. On wool without mordant, one obtains an orange yellow colour; on cotton, orange is obtained when also steeped in tin salt.; Cape Jasmin can be used as a direct dye on silk without previous mordant. The essence of the fruit in powder form can be used for dyeing after adding 2 grams of alum and 1 gram of oxalic acid to each litre of the dyeing fluid. Before dyeing, cotton can be steeped in acetate of aluminium, or in pyroligneous acid.	[808]

Substance	CAS-Nr.	Tradename/Product/ Common Name	Function	Process	Application	Literature
C.I. Natural Yellow 8	480-16-0	Morin	natural dye; flavanoid	dyeing and printing	Component in Old Fustic, White Mulberry; Old Fustic (C.I. Natural Yellow 11): Using alum mordant one obtains different tints like golden yellow and brownish tints. The most bright and genuine yellow tints are obtained when using tin mordant. On chrome mordanted woo one obtains pale to dark olive yellow. Using copper sulphate as a mordant gives olive; using ferrous sulphate gives dark olive.; White Mulberry: The leaves gathered in May and June can be used for dyeing cotton and linen in citreous (using acetate of aluminium mordant).	[645]; [808]
C.I. Natural Yellow 12	480-15-9	Datiscetin	natural dye; flavanoid	dyeing and printing	Main component in Bastard Hemp	[808]

Substance	CAS-Nr.	Tradename/Product/ Common Name	Function	Process	Application	Literature
C.I. Pigment Black 11	12227-89-3	Bayferrox 320; Bayferrox 600; Black Iron Oxide / Magnetite	pigment; inorganic	dyeing and printing	Pigmnent dying is universal applicable to all fibres in a single-stage process, even for fibre mixtures, aftertreatment is not required; commonly used for heavy textiles. Pigment printing is the application of coloured pigments; the pigments are used in the form of 25-50% dispersion united with various additives. Pigments can be used on almost all types of textile substrates. For some fibres (e.g. cellulosic fibres), pigment dying is by far the most commonly applied technique.	[642]
C.I. Pigment Black 7	1333-86-4	Ecotex P Blue Navy BG; Ecotex P Bruno 2CM; Ecotex P Bruno R; Ecotex P Nero 2K; Pigmatexschwarz NG 60401; HIFAST BLACK 2KR 05-52851; HIFAST N BLACK 4BLV 05-52849; HIFAST BROWN 2KD 05-55156; HIFAST BLACK LVP 05-52172; HIFAST Black 3FC 05-52173; HIFAST N BLACK C 05-52827; PAD N GREY 2K 09-9286; POLYFAST BLACK KB 05-52131; POLYFAST BROWN HWP 05-55165; ARIDYE SXN Black 2K 05-5211; PAD N Grey 09-9299; PAD N GREY 2K 09-9280; RESPAD GREY R3W 01-8600; Carbon Black; Lamp black	pigment; inorganic	dyeing and printing	Pigmnent dying is universal applicable to all fibres in a single-stage process, even for fibre mixtures, aftertreatment is not required; commonly used for heavy textiles. Pigment printing is the application of coloured pigments; the pigments are used in the form of 25-50% dispersion united with various additives. Pigments can be used on almost all types of textile substrates. For some fibres (e.g. cellulosic fibres), pigment dying is by far the most commonly applied technique.	[642]; [643]

Substance	CAS-Nr.	Tradename/Product/ Common Name	Function	Process	Application	Literature
C.I. Pigment Blue 15	147-14-8	Acraminblau FFG 150%; Acraminblau F3G 133%; AQUAFINE Blue BB 05-37505; Heliogenblau K 6840; Pigmatexblau 3G; HIFAST CONC BLUE 2G 05-57236; HIFAST N BLUE 2G 05-57829; HIFAST N BLUE 3G 05-57961; HIFAST N BLUE 3GFC 05-57996; HIFAST N CONC BLUE 3G 05-57941; HIFAST N CONC Blue 3G 05-57866; HIFAST N Conc Blue 3GLS 05-57995; HIFAST N CONC BLUE 3GS 05-57704; HIFAST N GREEN G 05-54839; PAD N BLUE 2GC 09-97808; PAD N Blue 2GS 09-97839; PAD N Blue 3G 09-9781; PAD N BLUE G2W 09-97837; PAD N BLUE NCR 09-97824; PAD N BLUE P 09-97815; POLYFAST Blue RB 05-57216; POLYFAST Navy JS 05-57171; RESPAD BLUE G3W 01-8400; Ecotex P Blue BC; Ecotex P Turchese BV; Heliogenblau K 7080; also: C.I. Pigment Blue 15:3 (beta form)	pigment; phthalocyanine	dyeing and printing; dyeing with (phthalocyaninic) pigments	Pigmnent dying is universal applicable to all fibres in a single-stage process, even for fibre mixtures, aftertreatment is not required; commonly used for heavy textiles. Pigment printing is the application of coloured pigments; the pigments are used in the form of 25-50% dispersion united with various additives. Pigments can be used on almost all types of textile substrates. For some fibres (e.g. cellulosic fibres), pigment dying is by far the most commonly applied technique.	[642]; [643]; [772]

Substance	CAS-Nr.	Tradename/Product/ Common Name	Function	Process	Application	Literature
C.I. Pigment Blue 16	574-93-6		pigment; phthalocyanine	dyeing and printing; dyeing with (phthalocyaninic) pigments	metal free dyeing with pigment; Pigmnent dying is universal applicable to all fibres in a single-stage process, even for fibre mixtures, aftertreatment is not required; commonly used for heavy textiles. Pigment printing is the application of coloured pigments; the pigments are used in the form of 25-50% dispersion united with various additives. Pigments can be used on almost all types of textile substrates. For some fibres (e.g. cellulosic fibres), pigment dying is by far the most commonly applied technique.	[772]
C.I. Pigment Blue 29	1317-97-1	Ecotex P Royal OL; HIFAST N ROYAL BLUE 05-57929; HIFAST N Royal Blue R 05-57826; Lapis Lazuli; Ultramarine; also: CAS 57455-37-5	pigment; inorganic	dyeing and printing	Pigmnent dying is universal applicable to all fibres in a single-stage process, even for fibre mixtures, aftertreatment is not required; commonly used for heavy textiles. Pigment printing is the application of coloured pigments; the pigments are used in the form of 25-50% dispersion united with various additives. Pigments can be used on almost all types of textile substrates. For some fibres (e.g. cellulosic fibres), pigment dying is by far the most commonly applied technique.	[642]; [643]

Substance	CAS-Nr.	Tradename/Product/ Common Name	Function	Process	Application	Literature
C.I. Pigment Blue 60	81-77-6	RESPAD BLUE GL3W 01-8404; also: C.I. Vat Blue 4: Benanthrenblau RS	pigment; indanthrone; vat dye; anthraquinone	dyeing and printing	most often used in dyeing and printing of cotton and cellulosic fibres; can also be applied for dyeing polyamide and polyester blends with cellulosic fibres; Pigmnent dying is universal applicable to all fibres in a single-stage process, even for fibre mixtures, aftertreatment is not required; commonly used for heavy textiles. Pigment printing is the application of coloured pigments; the pigments are used in the form of 25-50% dispersion united with various additives. Pigments can be used on almost all types of textile substrates. For some fibres (e.g. cellulosic fibres), pigment dying is by far the most commonly applied technique.	[643]; [642]; [641]

Substance	CAS-Nr.	Tradename/Product/ Common Name	Function	Process	Application	Literature
C.I. Pigment Blue 15:1	12239-87-1	Ecotex P Blue Marino BM; Ecotex P Blue Navy BG; Pigmatexhellmarine 70433; Texilac Blue scuro 05; PAD N BLUE 2G 09-9780; POLYFAST BLUE LGB 05-57188; RESPAD BLUE GH3W 01-8402	pigment; phthalocyanine	dyeing and printing	Pigmnent dying is universal applicable to all fibres in a single-stage process, even for fibre mixtures, aftertreatment is not required; commonly used for heavy textiles. Pigment printing is the application of coloured pigments; the pigments are used in the form of 25-50% dispersion united with various additives. Pigments can be used on almost all types of textile substrates. For some fibres (e.g. cellulosic fibres), pigment dying is by far the most commonly applied technique.	[642]
C.I. Pigment Brown 22	29398-96-7	Pigmatexhellbraun 2K 70447; PAD N Brown RO 09-9594; Pigment Brown CIBA 2R	pigment; nitro	dyeing and printing	Pigmnent dying is universal applicable to all fibres in a single-stage process, even for fibre mixtures, aftertreatment is not required; commonly used for heavy textiles. Pigment printing is the application of coloured pigments; the pigments are used in the form of 25-50% dispersion united with various additives. Pigments can be used on almost all types of textile substrates. For some fibres (e.g. cellulosic fibres), pigment dying is by far the most commonly applied technique.	[642]; [643]

Substance	CAS-Nr.	Tradename/Product/ Common Name	Function	Process	Application	Literature
C.I. Pigment Green 10	51931-46-5		metal-complex dye; organic pigment	dyeing and printing with pigments	organic pigment; Pigmnent dying is universal applicable to all fibres in a single-stage process, even for fibre mixtures, aftertreatment is not required; commonly used for heavy textiles. Pigment printing is the application of coloured pigments; the pigments are used in the form of 25-50% dispersion united with various additives. Pigments can be used on almost all types of textile substrates. For some fibres (e.g. cellulosic fibres), pigment dying is by far the most commonly applied technique.	[772]
C.I. Pigment Green 17	1308-38-9	Chrom(III)-oxid; Chromoxidgrün K 9995; Chromium Oxide Green; CATALYST H1-40 TABLET 5X5MM; also: CAS 68909-79-5	pigment; inorganic	dyeing and printing	Pigmnent dying is universal applicable to all fibres in a single-stage process, even for fibre mixtures, aftertreatment is not required; commonly used for heavy textiles. Pigment printing is the application of coloured pigments; the pigments are used in the form of 25-50% dispersion united with various additives. Pigments can be used on almost all types of textile substrates. For some fibres (e.g. cellulosic fibres), pigment dying is by far the most commonly applied technique.	[642]; [643]

Substance	CAS-Nr.	Tradename/Product/ Common Name	Function	Process	Application	Literature
C.I. Pigment Green 36	14302-13-7	Heliogengrün K 9360	pigment; phthalocyanine	dyeing and printing	Pigmnent dying is universal applicable to all fibres in a single-stage process, even for fibre mixtures, aftertreatment is not required; commonly used for heavy textiles. Pigment printing is the application of coloured pigments; the pigments are used in the form of 25-50% dispersion united with various additives. Pigments can be used on almost all types of textile substrates. For some fibres (e.g. cellulosic fibres), pigment dying is by far the most commonly applied technique.	[642]
C.I. Pigment Green 7	1328-53-6	Acramingrün FB-01; Ecotex P Turchese BV; Ecotex P Verde GV/2; Ecotex P Verde VR; Pigmatexhellgrün 2KBX 70471; Texilac Verde 10; AQUAFINE Mint Green 05-34501; HIFAST N CONC GREEN B 05-54863; HIFAST N CONC GREEN B 05-54865; HIFAST N CONC GREEN B 05-54904; HIFAST N GREEN B 05-54816; PAD N Green B 09-9480; POLYFAST GREEN PB 05-54157; RESPAD GREEN GB3W 01-8300	pigment; phthalocyanine	dyeing and printing; dyeing with (phthalocyaninic) pigments	Pigmnent dying is universal applicable to all fibres in a single-stage process, even for fibre mixtures, aftertreatment is not required; commonly used for heavy textiles. Pigment printing is the application of coloured pigments; the pigments are used in the form of 25-50% dispersion united with various additives. Pigments can be used on almost all types of textile substrates. For some fibres (e.g. cellulosic fibres), pigment dying is by far the most commonly applied technique.	[642]; [643]; [772]

Substance	CAS-Nr.	Tradename/Product/ Common Name	Function	Process	Application	Literature
C.I. Pigment Orange 13	3520-72-7	Ecotex Arancio GR; Permanent Orange G	pigment; disazo	dyeing and printing	Pigmnent dying is universal applicable to all fibres in a single-stage process, even for fibre mixtures, aftertreatment is not required; commonly used for heavy textiles. Pigment printing is the application of ccloured pigments; the pigments are used in the form of 25-50% dispersion united with various additives. Pigments can be used on almost all types of textile substrates. For some fibres (e.g. cellulosic fibres), pigment dying is by far the most commonly applied technique.	[642]
C.I. Pigment Orange 16	6505-28-8	AQUAFINE ORANGE RB 05-38112; HIFAST EC ORANGE R 05-58264; HIFAST EC ORANGE R 05-58323	pigment; disazo	dyeing and printing	Pigmnent dying is universal applicable to all fibres in a single-stage process, even for fibre mixtures, aftertreatment is not required; commonly used for heavy textiles. Pigment printing is the application of coloured pigments; the pigments are used in the form of 25-50% dispersion united with various additives. Pigments can be used on almost all types of textile substrates. For some fibres (e.g. cellulosic fibres), pigment dying is by far the most commonly applied technique.	[643]

Substance	CAS-Nr.	Tradename/Product/ Common Name	Function	Process	Application	Literature
C.I. Pigment Orange 34	15793-73-4	Ecotex Arancio GR; Ecotex P Bruno 2CM; Ecotex P Bruno R; Pigmatexorange OL 60461; HIFAST N ORANGE OLY 05-58736; Isol Benzidine Orange GX	pigment; disazo	dyeing and printing	Pigmnent dying is universal applicable to all fibres in a single-stage process, even for fibre mixtures, aftertreatment is not required; commonly used for heavy textiles. Pigment printing is the application of coloured pigments; the pigments are used in the form of 25-50% dispersion united with various additives. Pigments can be used on almost all types of textile substrates. For some fibres (e.g. cellulosic fibres), pigment dying is by far the most commonly applied technique.	[642]; [643]

Substance	CAS-Nr.	Tradename/Product/ Common Name	Function	Process	Application	Literature
C.I. Pigment Orange 43	4424-06-0	Imperonorange K-GR; Hostaperm Orange GR; also: C.I. Vat Orange 7: Indanthrenbrillantorange GR, Indanthrenbrillantorange GR Suprafix Teig	pigment; perinone, anthraquinone	dyeing and printing	most often used in dyeing and printing of cotton and cellulosic fibres; can also be applied for dyeing polyamide and polyester blends with cellulosic fibres; Pigmnent dying is universal applicable to all fibres in a single-stage process, even for fibre mixtures, aftertreatment is not required; commonly used for heavy textiles. Pigment printing is the application of coloured pigments; the pigments are used in the form of 25-50% dispersion united with various additives. Pigments can be used on almost all types of textile substrates. For some fibres (e.g. cellulosic fibres), pigment dying is by far the most commonly applied technique.	[642]

Substance	CAS-Nr.	Tradename/Product/ Common Name	Function	Process	Application	Literature
C.I. Pigment Red 101	1309-37-1	Bayferrox 130; Bayferrox 600; AQUAPRINT BROWN 3K 05-55148; ARIDYE Pad Brown R 09-9550; Iron Oxide Red; Chinese red	pigment; inorganic	dyeing and printing	Pigmnent dying is universal applicable to all fibres in a single-stage process, even for fibre mixtures, aftertreatment is not required; commonly used for heavy textiles. Pigment printing is the application of coloured pigments; the pigments are used in the form of 25-50% dispersion united with various additives. Pigments can be used on almost all types of textile substrates. For some fibres (e.g. cellulosic fibres), pigment dying is by far the most commonly applied technique.	[642]; [643]
C.I. Pigment Red 104	12656-85-8	Sicominrot K 3130 S; Sicominrot K 3030 S; Molybdate Chrome; Chrome Vermilion	pigment; inorganic	dyeing and printing	Pigmnent dying is universal applicable to all fibres in a single-stage process, even for fibre mixtures, aftertreatment is not required; commonly used for heavy textiles. Pigment printing is the application of coloured pigments; the pigments are used in the form of 25-50% dispersion united with various additives. Pigments can be used on almost all types of textile substrates. For some fibres (e.g. cellulosic fibres), pigment dying is by far the most commonly applied technique.	[642]

Substance	CAS-Nr.	Tradename/Product/ Common Name	Function	Process	Application	Literature
C.I. Pigment Red 112	6535-46-2	Ecotex P Rosso RV; PAD N RED GR 09-93832; Segnale Light Red FGR	pigment; monoazo	dyeing and printing	Pigmnent dying is universal applicable to all fibres in a single-stage process, even for fibre mixtures, aftertreatment is not required; commonly used for heavy textiles. Pigment printing is the application of coloured pigments; the pigments are used in the form of 25-50% dispersion united with various additives. Pigments can be used on almost all types of textile substrates. For some fibres (e.g. cellulosic fibres), pigment dying is by far the most commonly applied technique.	[642]; [643]
C.I. Pigment Red 123	24108-89-2	HIFAST N CO PINK Y 05-53982; PAD N PINK Y 09-9383; RESPAD SCARLET DL3W 01-8002; Indofast Brilliant Scarlet Toner R-6300	pigment; perylene	dyeing and printing	Pigmnent dying is universal applicable to all fibres in a single-stage process, even for fibre mixtures, aftertreatment is not required; commonly used for heavy textiles. Pigment printing is the application of coloured pigments; the pigments are used in the form of 25-50% dispersion united with various additives. Pigments can be used on almost all types of textile substrates. For some fibres (e.g. cellulosic fibres), pigment dying is by far the most commonly applied technique.	[643]

Substance	CAS-Nr.	Tradename/Product/ Common Name	Function	Process	Application	Literature
C.I. Pigment Red 144	5280-78-4	HIFAST N CONC RED BN 05-53976; PAD N SCARLET LB 09-93839; Cromophtal Red BR	pigment; disazo	dyeing and printing	Pigmnent dying is universal applicable to all fibres in a single-stage process, even for fibre mixtures, aftertreatment is not required; commonly used for heavy textiles. Pigment printing is the application of coloured pigments; the pigments are used in the form of 25-50% dispersion united with various additives. Pigments can be used on almost all types of textile substrates. For some fibres (e.g. cellulosic fibres), pigment dying is by far the most commonly applied technique.	[643]
C.I. Pigment Red 146	52-68-2	Acraminrot FRC 80% 01; Ecotex P Bordeaux RV; Pigmatexhellmarine 70433; Texilac Rosso 08; Permanent Carmine FBB; also: CAS 5280-68-2	pigment; monoazo	dyeing and printing	Pigmnent dying is universal applicable to all fibres in a single-stage process, even for fibre mixtures, aftertreatment is not required; commonly used for heavy textiles. Pigment printing is the application of coloured pigments; the pigments are used in the form of 25-50% dispersion united with various additives. Pigments can be used on almost all types of textile substrates. For some fibres (e.g. cellulosic fibres), pigment dying is by far the most commonly applied technique.	[642]

Substance	CAS-Nr.	Tradename/Product/ Common Name	Function	Process	Application	Literature
C.I. Pigment Red 184	99402-80-9	Pigmatexrubine 2B 60414; Permanent Rubine F6G	pigment; monoazo	dyeing and printing	Pigmnent dying is universal applicable to all fibres in a single-stage process, even for fibre mixtures, aftertreatment is not required; commonly used for heavy textiles. Pigment printing is the application of coloured pigments; the pigments are used in the form of 25-50% dispersion united with various additives. Pigments can be used on almost all types of textile substrates. For some fibres (e.g. cellulosic fibres), pigment dying is by far the most commonly applied technique.	[642]
C.I. Pigment Red 187	59487-23-9	PV-Echtrot HF 4B; Permanent Pink FL	pigment; monoazo	dyeing and printing	Pigmnent dying is universal applicable to all fibres in a single-stage process, even for fibre mixtures, aftertreatment is not required; commonly used for heavy textiles. Pigment printing is the application of coloured pigments; the pigments are used in the form of 25-50% dispersion united with various additives. Pigments can be used on almost all types of textile substrates. For some fibres (e.g. cellulosic fibres), pigment dying is by far the most commonly applied technique.	[642]

Substance	CAS-Nr.	Tradename/Product/ Common Name	Function	Process	Application	Literature
C.I. Pigment Red 2	6041-94-7	Ecotex P Rosso R, Ecotex P Rosso RF	pigment; monoazo	dyeing and printing	Pigmnent dying is universal applicable to all fibres in a single-stage process, even for fibre mixtures, aftertreatment is not required; commonly used for heavy textiles. Pigment printing is the application of coloured pigments; the pigments are used in the form of 25-50% dispersion united with various additives. Pigments can be used on almost all types of textile substrates. For some fibres (e.g. cellulosic fibres), pigment dying is by far the most commonly applied technique.	[642]
C.I. Pigment Red 220	68259-05-2	Pigmatexhellscharlach C 70413; Cromophtal Red G	pigment; disazo	dyeing and printing	Pigmnent dying is universal applicable to all fibres in a single-stage process, even for fibre mixtures, aftertreatment is not required; commonly used for heavy textiles. Pigment printing is the application of coloured pigments; the pigments are used in the form of 25-50% dispersion united with various additives. Pigments can be used on almost all types of textile substrates. For some fibres (e.g. cellulosic fibres), pigment dying is by far the most commonly applied technique.	[642]

Substance	CAS-Nr.	Tradename/Product/Common Name	Function	Process	Application	Literature
C.I. Pigment Red 245	68016-05-7	POLYFAST RED A2B 05-53263; POLYFAST RED RRL 05-53279; Fast Pink No. 3	pigment; monoazo	dyeing and printing	Pigmnent dying is universal applicable to all fibres in a single-stage process, even for fibre mixtures, aftertreatment is not required; commonly used for heavy textiles. Pigment printing is the application of coloured pigments; the pigments are used in the form of 25-50% dispersion united with various additives. Pigments can be used on almost all types of textile substrates. For some fibres (e.g. cellulosic fibres), pigment dying is by far the most commonly applied technique.	[643]
C.I. Pigment Red 5	6410-41-9	HIFAST N CONC RED B 05-53767; PAD N RED B 09-9380; ARIDYE SX Red B 05-5307; PAD N RED C2W 09-93844; RESPAD Red C3W 01-8001; Permanent Carmine FB	pigment; monoazo	dyeing and printing	Pigmnent dying is universal applicable to all fibres in a single-stage process, even for fibre mixtures, aftertreatment is not required; commonly used for heavy textiles. Pigment printing is the application of coloured pigments; the pigments are used in the form of 25-50% dispersion united with various additives. Pigments can be used on almost all types of textile substrates. For some fibres (e.g. cellulosic fibres), pigment dying is by far the most commonly applied technique.	[643]

Substance	CAS-Nr.	Tradename/Product/ Common Name	Function	Process	Application	Literature
C.I. Pigment Red 53	2092-56-0	Lake Red C; Brilliant Red; also: CAS 15958-19-7	pigment; monoazo	dyeing and printing	Pigmnent dying is universal applicable to all fibres in a single-stage process, even for fibre mixtures, aftertreatment is not required; commonly used for heavy textiles. Pigment printing is the application of coloured pigments; the pigments are used in the form of 25-50% dispersion united with various additives. Pigments can be used on almost all types of textile substrates. For some fibres (e.g. cellulosic fibres), pigment dying is by far the most commonly applied technique.	[694]
C.I. Pigment Red 170	2786-76-7	Acraminrot FITB-01, Imperonrot K-GC, Pigmatexrot BN 60412; Permanent Maroon HFM	pigment; monoazo	dyeing and printing	Pigmnent dying is universal applicable to all fibres in a single-stage process, even for fibre mixtures, aftertreatment is not required; commonly used for heavy textiles. Pigment printing is the application of coloured pigments; the pigments are used in the form of 25-50% dispersion united with various additives. Pigments can be used on almost all types of textile substrates. For some fibres (e.g. cellulosic fibres), pigment dying is by far the most commonly applied technique.	[642]

Substance	CAS-Nr.	Tradename/Product/ Common Name	Function	Process	Application	Literature
C.I. Pigment Red 214	40618-31-3	HIFAST N BROWN YB 05-55835; Fastogen Super Red 2R; also: CAS 82643-43-4	pigment; disazo	dyeing and printing	Pigmnent dying is universal applicable to all fibres in a single-stage process, even for fibre mixtures, aftertreatment is not required; commonly used for heavy textiles. Pigment printing is the application of coloured pigments; the pigments are used in the form of 25-50% dispersion united with various additives. Pigments can be used on almost all types of textile substrates. For some fibres (e.g. cellulosic fibres), pigment dying is by far the most commonly applied technique.	[643]
C.I. Pigment Red 122 (2,9-regioisomer)	980-26-7	Ecotex P Rosso BL; HIFAST N CONC FUCHSIA 05-53769; HIFAST N CONC FUCHSIA 05-53935; HIFAST N Fuchsia 05-53842; POLYFAST PINK 3B 05-53779; Quindo Magenta RV 6803	pigment; quinacridone	dyeing and printing	Pigmnent dying is universal applicable to all fibres in a single-stage process, even for fibre mixtures, aftertreatment is not required; commonly used for heavy textiles. Pigment printing is the application of coloured pigments; the pigments are used in the form of 25-50% dispersion united with various additives. Pigments can be used on almost all types of textile substrates. For some fibres (e.g. cellulosic fibres), pigment dying is by far the most commonly applied technique.	[642]; [643]

Substance	CAS-Nr.	Tradename/Product/Common Name	Function	Process	Application	Literature
C.I. Pigment Red 122 (3,10-regioisomer)	16043-40-6	Ecotex P Rosso BL; HIFAST N CONC FUCHSIA 05-53769; HIFAST N CONC FUCHSIA 05-53935; HIFAST N Fuchsia 05-53842; POLYFAST PINK 3B 05-53779; Quindo Magenta RV 6803	pigment; quinacridone	dyeing and printing	Pigmnent dying is universal applicable to all fibres in a single-stage process, even for fibre mixtures, aftertreatment is not required; commonly used for heavy textiles. Pigment printing is the application of coloured pigments; the pigments are used in the form of 25-50% dispersion united with various additives. Pigments can be used on almost all types of textile substrates. For some fibres (e.g. cellulosic fibres), pigment dying is by far the most commonly applied technique.	[642]; [643]
C.I. Pigment Violet 19	1047-16-1	HIFAST N CONC PINK 3B 05-53742; HIFAST N Conc Pink 3B 05-53939; PAD N PINK 3B 09-93809; PAD N PINK 3B 09-9381; RESPAD RED CM3W 01-8003	pigment; quinacridone	dyeing and printing	Pigmnent dying is universal applicable to all fibres in a single-stage process, even for fibre mixtures, aftertreatment is not required; commonly used for heavy textiles. Pigment printing is the application of coloured pigments; the pigments are used in the form of 25-50% dispersion united with various additives. Pigments can be used on almost all types of textile substrates. For some fibres (e.g. cellulosic fibres), pigment dying is by far the most commonly applied technique.	[643]

Substance	CAS-Nr.	Tradename/Product/ Common Name	Function	Process	Application	Literature
C.I. Pigment Violet 23	6358-30-1	Acraminviolett FFR 01; Ecotex P Blue Marino BM; Ecotex P Blue Navy BG; Ecotex P Bordeaux RV; Ecotex P Viola V; Pigmatexviolett 4B 60480; Texilac Blue scuro 05; HIFAST A CONC VIOLET 4B 05-56828; HIFAST A VIOLET 4BN 05-56868; HIFAST N Co Violet 4BSC 05-56872; HIFAST N VIOLET 4B 05-56844; PAD N VIOLET 4B 09-9680; PAD N VIOLET 4BC 09-9686; RESPAD VIOLET V3W 01-8501; Dioxazine Violet; also: CAS 215247-95-3	pigment; dioxazine	dyeing and printing	Pigmnent dying is universal applicable to all fibres in a single-stage process, even for fibre mixtures, aftertreatment is not required; commonly used for heavy textiles. Pigment printing is the application of coloured pigments; the pigments are used in the form of 25-50% dispersion united with various additives. Pigments can be used on almost all types of textile substrates. For some fibres (e.g. cellulosic fibres), pigment dying is by far the most commonly applied technique.	[642]; [643]
C.I. Pigment White 6	13463-67-7	Helizarinweiß RTN; Texilac PO Weiss; ARIDYE PAD WHITE 09-91102; AQUAPRINT WHITE OP 05-51151; AQUAPRINT WHITE OPN O5-51173; CATALYST 04-26 RINGS; CATALYST 04-28 A; CATALYST 04-82; Titanium Dioxide	pigment; inorganic; filler	dyeing and printing; transfer printing	ink-absorbing filler for transfer material usefull in ink-jet printing on textiles; Pigmnent dying is universal applicable to all fibres in a single-stage process, even for fibre mixtures, aftertreatment is not required; commonly used for heavy textiles. Pigment printing is the application of coloured pigments; the pigments are used in the form of 25-50% dispersion united with various additives. Pigments can be used on almost all types of textile substrates. For some fibres (e.g. cellulosic fibres), pigment dying is by far the most commonly applied technique.	[642]; [643]; [784]

Substance	CAS-Nr.	Tradename/Product/ Common Name	Function	Process	Application	Literature
C.I. Pigment Yellow 101	[2387-03-3]	Fluorescent Yellow L	pigment; fluorescent; azomethine	finishing treatment; coating	only known fluorescent pigment that can be used directly without being embedded in resin; Pigmnent dying is universal applicable to all fibres in a single-stage process, even for fibre mixtures, aftertreatment is not required; commonly used for heavy textiles. Pigment printing is the application of coloured pigments; the pigments are used in the form of 25-50% dispersion united with various additives. Pigments can be used on almost all types of textile substrates. For some fibres (e.g. cellulosic fibres), pigment dying is by far the most commonly applied technique.	[772]

Substance	CAS-Nr.	Tradename/Product/ Common Name	Function	Process	Application	Literature
C.I. Pigment Yellow 117	21405-81-2	Paliotol Yellow 4G	metal-complex dye; organic pigment	dyeing and printing with pigments	organic pigment ; Pigmnent dying is universal applicable to all fibres in a single-stage process, even for fibre mixtures, aftertreatment is not required; commonly used for heavy textiles. Pigment printing is the application of coloured pigments; the pigments are used in the form of 25-50% dispersion united with various additives. Pigments can be used on almost all types of textile substrates. For some fibres (e.g. cellulosic fibres), pigment dying is by far the most commonly applied technique.	[798]
C.I. Pigment Yellow 12	6358-85-6	Imperongelb K-GGN	pigment; disazo	dyeing and printing	Pigmnent dying is universal applicable to all fibres in a single-stage process, even for fibre mixtures, aftertreatment is not required; commonly used for heavy textiles. Pigment printing is the application of coloured pigments; the pigments are used in the form of 25-50% dispersion united with various additives. Pigments can be used on almost all types of textile substrates. For some fibres (e.g. cellulosic fibres), pigment dying is by far the most commonly applied technique.	[642]

Substance	CAS-Nr.	Tradename/Product/ Common Name	Function	Process	Application	Literature
C.I. Pigment Yellow 13	5102-83-0	Ecotex P Bruno 2CM; Ecotex P Giallo GC; Ecotex P Giallo GL; Ecotex P Verde GV/2; Pigmatexbrillantgelb RN 60452; AQUAFINE YELLOW LF 05-38154; Vulcan Fast Yellow GR [FIAT]	pigment; disazo	dyeing and printing	Pigmnent dying is universal applicable to all fibres in a single-stage process, even for fibre mixtures, aftertreatment is not required; commonly used for heavy textiles. Pigment printing is the application of coloured pigments; the pigments are used in the form of 25-50% dispersion united with various additives. Pigments can be used on almost all types of textile substrates. For some fibres (e.g. cellulosic fibres), pigment dying is by far the most commonly applied technique.	[642]; [643]
C.I. Pigment Yellow 138	30125-47-4	Paliotolgelb K 0961 HD; Lithol Fast Yellow 1090	pigment; quinophthalone	dyeing and printing	Pigmnent dying is universal applicable to all fibres in a single-stage process, even for fibre mixtures, aftertreatment is not required; commonly used for heavy textiles. Pigment printing is the application of coloured pigments; the pigments are used in the form of 25-50% dispersion united with various additives. Pigments can be used on almost all types of textile substrates. For some fibres (e.g. cellulosic fibres), pigment dying is by far the most commonly applied technique.	[642]

Substance	CAS-Nr.	Tradename/Product/ Common Name	Function	Process	Application	Literature
C.I. Pigment Yellow 139	36888-99-0	Lithol Fast Yellow 1840	zeromethinemerocyanine dye; Isoindoline	dyeing and printing	for colouring polyvinylchloride and polyethylene; Pigmnent dying is universal applicable to all fibres in a single-stage process, even for fibre mixtures, aftertreatment is not required; commonly used for heavy textiles. Pigment printing is the application of coloured pigments; the pigments are used in the form of 25-50% dispersion united with various additives. Pigments can be used on almost all types of textile substrates. For some fibres (e.g. cellulosic fibres), pigment dying is by far the most commonly applied technique.	[772]
C.I. Pigment Yellow 14	[7621-06-9]	Ecotex P Giallo GL; Ecotex P Verde GV/2; AQUAFINE Mint Green 05-34501; AQUAFINE Yellow 2G 05-38141; AQUAFINE YELLOW B2G 05-38503; AQUAFINE Yellow MV 05-38115; HIFAST N GREEN G 05-54839; PAD N YELLOW 2G 09-98808; Vulcan Fast Yellow G [FIAT]; also: CAS 5468-75-7	pigment; disazo	dyeing and printing	Pigmnent dying is universal applicable to all fibres in a single-stage process, even for fibre mixtures, aftertreatment is not required; commonly used for heavy textiles. Pigment printing is the application of coloured pigments; the pigments are used in the form of 25-50% dispersion united with various additives. Pigments can be used on almost all types of textile substrates. For some fibres (e.g. cellulosic fibres), pigment dying is by far the most commonly applied technique.	[642]; [643]

Substance	CAS-Nr.	Tradename/Product/ Common Name	Function	Process	Application	Literature
C.I. Pigment Yellow 17	4531-49-1	Pigmatexgelb 3G 60451; HIFAST N Conc Yellow 3G 05-58982; PAD N YELLOW 3G 09-98824; POLYFAST YELLOW LG 05-58231	pigment; disazo	dyeing and printing	Pigmnent dying is universal applicable to all fibres in a single-stage process, even for fibre mixtures, aftertreatment is not required; commonly used for heavy textiles. Pigment printing is the application of coloured pigments; the pigments are used in the form of 25-50% dispersion united with various additives. Pigments can be used on almost all types of textile substrates. For some fibres (e.g. cellulosic fibres), pigment dying is by far the most commonly applied technique.	[642]; [643]
C.I. Pigment Yellow 34	1344-37-2	Sicomingelb K 1630 S, Sicomingelb L 1930 S; Crocoite; also: CAS 7758-97-6	pigment; inorganic	dyeing and printing	Pigmnent dying is universal applicable to all fibres in a single-stage process, even for fibre mixtures, aftertreatment is not required; commonly used for heavy textiles. Pigment printing is the application of coloured pigments; the pigments are used in the form of 25-50% dispersion united with various additives. Pigments can be used on almost all types of textile substrates. For some fibres (e.g. cellulosic fibres), pigment dying is by far the most commonly applied technique.	[642]

Substance	CAS-Nr.	Tradename/Product/ Common Name	Function	Process	Application	Literature
C.I. Pigment Yellow 42	51274-00-1	Bayferrox 420; Bayferrox 600; PAD N YELLOW K 09-9884; Goethite	pigment; inorganic	dyeing and printing	Pigmnent dying is universal applicable to all fibres in a single-stage process, even for fibre mixtures, aftertreatment is not required; commonly used for heavy textiles. Pigment printing is the application of coloured pigments; the pigments are used in the form of 25-50% dispersion united with various additives. Pigments can be used on almost all types of textile substrates. For some fibres (e.g. cellulosic fibres), pigment dying is by far the most commonly applied technique.	[642]; [643]
C.I. Pigment Yellow 83	5567-15-7	Acramingoldgelb FGRN-01; Ecotex P Bruno 2CM; Ecotex P Giallo GC; HIFAST N GOLDEN YELLOW RF 05-58952; Pigmatexbrillantgelb RN 60452; Pigmatexhellgrün 2KBX 70471; PV-Echtgelb HR 70; POLYFAST YELLOW LR 05-58226; RESPAD BROWN BC3W 01-8819; Permanent Yellow HR	pigment; disazo	dyeing and printing	Pigmnent dying is universal applicable to all fibres in a single-stage process, even for fibre mixtures, aftertreatment is not required; commonly used for heavy textiles. Pigment printing is the application of coloured pigments; the pigments are used in the form of 25-50% dispersion united with various additives. Pigments can be used on almost all types of textile substrates. For some fibres (e.g. cellulosic fibres), pigment dying is by far the most commonly applied technique.	[642]; [643]

Substance	CAS-Nr.	Tradename/Product/ Common Name	Function	Process	Application	Literature
C.I. Pigment Yellow 97	12225-18-2	PAD N Yellow 4GL 09-98832; Permanent Yellow FGL	pigment; monoazo	dyeing and printing	Pigmnent dying is universal applicable to all fibres in a single-stage process, even for fibre mixtures, aftertreatment is not required; commonly used for heavy textiles. Pigment printing is the application of coloured pigments; the pigments are used in the form of 25-50% dispersion united with various additives. Pigments can be used on almost all types of textile substrates. For some fibres (e.g. cellulosic fibres), pigment dying is by far the most commonly applied technique.	[643]
C.I. Pigment Yellow 98	32432-45-4	Ecotex P Giallo 2G; Hansa Brilliant Yellow 10GX	pigment; monoazo	dyeing and printing	Pigmnent dying is universal applicable to all fibres in a single-stage process, even for fibre mixtures, aftertreatment is not required; commonly used for heavy textiles. Pigment printing is the application of coloured pigments; the pigments are used in the form of 25-50% dispersion united with various additives. Pigments can be used on almost all types of textile substrates. For some fibres (e.g. cellulosic fibres), pigment dying is by far the most commonly applied technique.	[642]

Substance	CAS-Nr.	Tradename/Product/ Common Name	Function	Process	Application	Literature
C.I. Reactive Black 31	12731-63-4	Remazolschwarz RL; Remazolschwarz RL flüssig 33 %; Remazol Black RL	reactive dye; disazo	dyeing and printing	mainly used for dyeing cellulosic fibres such as cotton and rayon; sometimes used for wool, silk and polyamide	[642]
C.I. Reactive Black 43	97444-60-5	Lanasol Black B	reactive dye; azo (1:2 chromium complex)	dyeing and printing	mainly used for dyeing cellulosic fibres such as cotton and rayon; sometimes used for wool, silk and polyamide	[699]
C.I. Reactive Black 5	17095-24-8	Benactivschwarz N-B; Benactivschwarz NB Granulat; Levafixschwarz EB/VERS.RE; Nerochromazin; Remazolschwarz B flüssig 50%; Remazolschwarz B Granulat; Rottafast Black B; Remazol Black B	reactive dye; disazo	dyeing and printing	mainly used for dyeing cellulosic fibres such as cotton and rayon; sometimes used for wool, silk and polyamide	[642]; [653]; [694]; [746]
C.I. Reactive Blue 10	12225-38-6		reactive dye; azo	dyeing and printing	mainly used for dyeing cellulosic fibres such as cotton and rayon; sometimes used for wool, silk and polyamide	
C.I. Reactive Blue 104	61951-74-4	Levafix Blue P-RA	reactive dye; methine (Cu complex)	dyeing and printing	mainly used for dyeing cellulosic fibres such as cotton and rayon; sometimes used for wool, silk and polyamide; suitable as cheap constituent of triple dyes	[799]
C.I. Reactive Blue 107		Elisiane Turquoise JL	reactive dye; phthalocyanine (dichlorophthalazinecarbonyl)	dyeing and printing	mainly used for dyeing cellulosic fibres such as cotton and rayon; sometimes used for wool, silk and polyamide; suitable as cheap constituent of triple dyes	[799]

Substance	CAS-Nr.	Tradename/Product/ Common Name	Function	Process	Application	Literature
C.I. Reactive Blue 109	61951-76-6	Ostazinblau S-2G; Procion Blue M-2G; also: CAS 70865-31-5	reactive dye; dichlorotriazine	dyeing and printing	mainly used for dyeing cellulosic fibres such as cotton and rayon; sometimes used for wool, silk and polyamide	[642]
C.I. Reactive Blue 113	61969-02-6	Levafixblau E-3GLA; Drimarene Blue R-3GL	reactive dye; monoazo (metalcomplex)	dyeing and printing	mainly used for dyeing cellulosic fibres such as cotton and rayon; sometimes used for wool, silk and polyamide	[642]
C.I. Reactive Blue 114	51811-44-0	Levafixbrillantblau E-BRA flüssig 29 %, Levafixbrillantblau E-BRA Macrolat; Drimarene Brilliant Blue K-BL	reactive dye; anthraquinone	dyeing and printing	mainly used for dyeing cellulosic fibres such as cotton and rayon; sometimes used for wool, silk and polyamide	[642]
C.I. Reactive Blue 116	61969-03-7	Levafixtürkisblau E-BA; Drimarene Turquoise K-GLD	reactive dye; phthalocyanine	dyeing and printing	mainly used for dyeing cellulosic fibres such as cotton and rayon; sometimes used for wool, silk and polyamide	[642]
C.I. Reactive Blue 122		Remazol Printing Navy Blue RR	reactive dye; azo (metal complex)	dyeing and printing	mainly used for dyeing cellulosic fibres such as cotton and rayon; sometimes used for wool, silk and polyamide	[694]
C.I. Reactive Blue 157		Cibacron Pront Blue 5R	reactive dye; azo	dyeing and printing	mainly used for dyeing cellulosic fibres such as cotton and rayon; sometimes used for wool, silk and polyamide; suitable as cheap constituent of triple dyes	[799]
C.I. Reactive Blue 158		Remazolblau BR; Remazol Blue BR	reactive dye; monoazo (metal complex)	dyeing and printing	mainly used for dyeing cellulosic fibres such as cotton and rayon; sometimes used for wool, silk and polyamide	[642]

Substance	CAS-Nr.	Tradename/Product/ Common Name	Function	Process	Application	Literature
C.I. Reactive Blue 160	71872-76-9	Benactivblau HE-RG, Remazolbrillantgelb 4GL; Procion Blue H-ERD	reactive dye; azo (copper complex)	dyeing and printing	mainly used for dyeing cellulosic fibres such as cotton and rayon; sometimes used for wool, silk and polyamide	[642]
C.I. Reactive Blue 171	77907-32-5	Benactivmarineblau HE-R 150%; Procionmarineblau HER 150 %; Procion Navy H-ER	reactive dye; azo	dyeing and printing	mainly used for dyeing cellulosic fibres such as cotton and rayon; sometimes used for wool, silk and polyamide	[642]
C.I. Reactive Blue 18	12217-99-1	Drimarene Turquoise X2	reactive dye; phthalocyanine	dyeing and printing	mainly used for dyeing cellulosic fibres such as cotton and rayon; sometimes used for wool, silk and polyamide	[694]
C.I. Reactive Blue 181	126601-88-5	Levafixbrillantblau E-FFN Macrolat 150 %; Levafix Briliant Blue E-FFA	reactive dye; anthraquinone	dyeing and printing	mainly used for dyeing cellulosic fibres such as cotton and rayon; sometimes used for wool, silk and polyamide	[642]
C.I. Reactive Blue 182	85496-36-2	Levafixblau E-GRN, Levafixblau E-RN; Cibacron Blue F-R	reactive dye; Azine (Cu complex)	dyeing and printing	mainly used for dyeing cellulosic fibres such as cotton and rayon; sometimes used for wool, silk and polyamide	[642]
C.I. Reactive Blue 184	91254-17-0	Cibacronmarine F-G; Cibacron Navy F-G	reactive dye; disazo	dyeing and printing	mainly used for dyeing cellulosic fibres such as cotton and rayon; sometimes used for wool, silk and polyamide	[642]
C.I. Reactive Blue 19	2580-78-1	Benactivebrillantblau N-R spezial, Remazolbrillantblau R, Remazolbrillantblau R Spezial flüssig 25; Remazol Brilliant Blue R	reactive dye; anthraquinone	dyeing and printing	mainly used for dyeing cellulosic fibres such as cotton and rayon; sometimes used for wool, silk and polyamide	[642]

Substance	CAS-Nr.	Tradename/Product/ Common Name	Function	Process	Application	Literature
C.I. Reactive Blue 190		Cibacron Türkisblau 3 GE; Cibacron Turquoise Blue 3G-E	reactive dye; phthalocyanine	dyeing and printing; dyeing with (phthalocyaninic) pigments	mainly used for dyeing cellulosic fibres such as cotton and rayon; sometimes used for wool, silk and polyamide	[745]
C.I. Reactive Blue 193	135976-68-0	Drimarenmarineblau K2B 100 %; Drimarene Navy K-2B	reactive dye; azo	dyeing and printing	mainly used for dyeing cellulosic fibres such as cotton and rayon; sometimes used for wool, silk and polyamide	[642]
C.I. Reactive Blue 198	124448-55-1	Benactivblau HE-G; Evercion Blue HEGN; Procion Blue H-EGN	reactive dye; oxazine	dyeing and printing	mainly used for dyeing cellulosic fibres such as cotton and rayon; sometimes used for wool, silk and polyamide	[642]; [748]; [746]
C.I. Reactive Blue 202	90597-77-6	Remazol Brilliant Blue G	reactive dye; azo	dyeing and printing	mainly used for dyeing cellulosic fibres such as cotton and rayon; sometimes used for wool, silk and polyamide; suitable as cheap constituent of triple dyes	[799]
C.I. Reactive Blue 203	147826-71-9	Benactivmarineblau N-2GL; Remazolmarineblau GG; Remazol Navy Blue GG	reactive dye; azo	dyeing and printing	mainly used for dyeing cellulosic fibres such as cotton and rayon; sometimes used for wool, silk and polyamide	[642]
C.I. Reactive Blue 207		Drimarentürkis P-CO; Drimarene Turquoise P-CO	reactive dye; phthalocyanine	dyeing and printing	mainly used for dyeing cellulosic fibres such as cotton and rayon; sometimes used for wool, silk and polyamide	[642]
C.I. Reactive Blue 209	110493-61-3	Drimarenblau K-2RL CDG; Drimarene Blue K-2RL	reactive dye; formazan (copper complex)	dyeing and printing	mainly used for dyeing cellulosic fibres such as cotton and rayon; sometimes used for wool, silk and polyamide	[642]

Substance	CAS-Nr.	Tradename/Product/ Common Name	Function	Process	Application	Literature
C.I. Reactive Blue 21	12236-86-1	Benactivtürkisblau N-G konz.; Remazoltürkis G; Remazoltürkis G flüssig 50%; Remazoltürkis G 133%; Rottafast Turquoise G; Remazol Turquoise Blue G	reactive dye; phthalocyanine	dyeing and printing	mainly used for dyeing cellulosic fibres such as cotton and rayon; sometimes used for wool, silk and polyamide	[642]; [653]; [694]
C.I. Reactive Blue 212	132821-93-3	Kayacion Blue E-NB	reactive dye; formazan (metal complex)	dyeing and printing	mainly used for dyeing cellulosic fibres such as cotton and rayon; sometimes used for wool, silk and polyamide; suitable as cheap constituent of triple dyes	[799]
C.I. Reactive Blue 216	131257-18-6	Kayacelon Reactive Blue CN-BL; also CAS 89797-01-3	reactive dye; formazan (1:1 copper complex)	dyeing and printing	mainly used for dyeing cellulosic fibres such as cotton and rayon; sometimes used for wool, silk and polyamide; suitable as cheap constituent of triple dyes	[799]
C.I. Reactive Blue 218		Hostalan Dark Blue G	reactive dye; formazan	dyeing and printing	mainly used for dyeing cellulosic fibres such as cotton and rayon; sometimes used for wool, silk and polyamide; suitable as cheap constituent of triple dyes	[799]
C.I. Reactive Blue 220	128416-19-3	Remazolbrillantblau BB, Remazolbrillantblau BB flüssig 33 % neu; Remazol Brilliant Blue BB	reactive dye; formazan	dyeing and printing	mainly used for dyeing cellulosic fibres such as cotton and rayon; sometimes used for wool, silk and polyamide	[642]
C.I. Reactive Blue 221	93051-41-3	Benactivsuprablau SE-BR; Sumifix Supra Blue BRF	reactive dye; formazan (metal complex)	dyeing and printing	mainly used for dyeing cellulosic fibres such as cotton and rayon; sometimes used for wool, silk and polyamide	[642]
C.I. Reactive Blue 222	93051-44-6	Benactivsupramarineblau SE-R; Rottafast Navy Blue B; Sumifix Supra Navy Blue BF	reactive dye; disazo	dyeing and printing	mainly used for dyeing cellulosic fibres such as cotton and rayon; sometimes used for wool, silk and polyamide	[642]; [653];

Substance	CAS-Nr.	Tradename/Product/ Common Name	Function	Process	Application	Literature
C.I. Reactive Blue 224	122390-99-2	Levafixroyalblau E-FR flüssig 40 %; Levafix Royal Blue E-FR	reactive dye; oxazine	dyeing and printing	mainly used for dyeing cellulosic fibres such as cotton and rayon; sometimes used for wool, silk and polyamide	[642]
C.I. Reactive Blue 225	132174-48-2	Levafixmarineblau E-BNA flüssig 40 %, Levafixmarineblau E-BNA Macrolat, Levafixorange E-3RN; Levafix Navy Blue E-BNA; also: CAS 108624-00-6	reactive dye; disazo	dyeing and printing	mainly used for dyeing cellulosic fibres such as cotton and rayon; sometimes used for wool, silk and polyamide	[642]
C.I. Reactive Blue 226		Levafix Navy Blue PN-FRL	reactive dye; formazan (copper complex)	dyeing and printing	mainly used for dyeing cellulosic fibres such as cotton and rayon; sometimes used for wool, silk and polyamide; suitable as cheap constituent of triple dyes	[799]
C.I. Reactive Blue 228		Kayarect Blue B	reactive dye; formazan	dyeing and printing	mainly used for dyeing cellulosic fibres such as cotton and rayon; sometimes used for wool, silk and polyamide; suitable as cheap constituent of triple dyes	[799]
C.I. Reactive Blue 235	149315-82-2	Cibacron Blue C-R	reactive dye; formazan	dyeing and printing	mainly used for dyeing cellulosic fibres such as cotton and rayon; sometimes used for wool, silk and polyamide; suitable as cheap constituent of triple dyes	[799]
C.I. Reactive Blue 238	164578-12-5	Cibacron Navy C-B	reactive dye; disazo	dyeing and printing	mainly used for dyeing cellulosic fibres such as cotton and rayon; sometimes used for wool, silk and polyamide	[694]
C.I. Reactive Blue 27	20640-71-5	Remazolbrillantblau B; Remazol Brilliant Blue B	reactive dye; anthraquinone	dyeing and printing	mainly used for dyeing cellulosic fibres such as cotton and rayon; sometimes used for wool, silk and polyamide	[642]

Substance	CAS-Nr.	Tradename/Product/ Common Name	Function	Process	Application	Literature
C.I. Reactive Blue 28	12225-45-5	Benactivblau N-3RN, Remazolblau 3R Pulver; Remazol Blue 3R	reactive dye; monoazo	dyeing and printing	mainly used for dyeing cellulosic fibres such as cotton and rayon; sometimes used for wool, silk and polyamide	[642]
C.I. Reactive Blue 29	12225-46-6	Levafixbrillantblau E-B, Levafixbrillantblau E-B flüssig 40 %; Levafix Brilliant Blue E-B	reactive dye; anthraquinone	dyeing and printing	mainly used for dyeing cellulosic fibres such as cotton and rayon; sometimes used for wool, silk and polyamide	[642]
C.I. Reactive Blue 38	12236-90-7	Benactivbrillantgrün, Remazolbrillantgrün 6B, Remazolbrillantgrün 6B flüssig 50%; Remazolgrün 6B; Remazol Brilliant Green 6B	reactive dye; phthalocyanine	dyeing and printing	mainly used for dyeing cellulosic fibres such as cotton and rayon; sometimes used for wool, silk and polyamide	[642]
C.I. Reactive Blue 41	12225-55-7	Drimarentürkis X-B; Cibacron Turquoise Blue 2G-E	reactive dye; copper phthalocyanine (monochlorotriazinyl)	dyeing and printing	mainly used for dyeing cellulosic fibres such as cotton and rayon; sometimes used for wool, silk and polyamide	[642]
C.I. Reactive Blue 5	16823-51-1	Procion Brilliant Blue HGR; also: CAS 23422-12-0	reactive dye; anthraquinone	dyeing and printing	mainly used for dyeing cellulosic fibres such as cotton and rayon; sometimes used for wool, silk and polyamide; dyeing of wool using water soluble anionic dyes (=reactive dyes)	[739]
C.I. Reactive Blue 50	12225-61-5	Lanasolblau 3R; Lanasolmarine MBN; Lanasol Blue 3R	reactive dye; anthraquinone	dyeing and printing	mainly used for dyeing cellulosic fibres such as cotton and rayon; sometimes used for wool, silk and polyamide	[642]
C.I. Reactive Blue 52	12225-63-7	Drimarenblau X-3LR; Reactone Blue S-RL	reactive dye; disazo (formazan-metal complex)	dyeing and printing	mainly used for dyeing cellulosic fibres such as cotton and rayon; sometimes used for wool, silk and polyamide	[642]

Substance	CAS-Nr.	Tradename/Product/ Common Name	Function	Process	Application	Literature
C.I. Reactive Blue 6	29311-94-2	Procinyl Blau RS; Procinyl Blue R	reactive dye; anthraquinone	dyeing and printing	mainly used for dyeing cellulosic fibres such as cotton and rayon; sometimes used for wool, silk and polyamide	[702]
C.I. Reactive Blue 69	59800-32-7	Lanasol Blue 3G	reactive dye; anthraquinone	dyeing and printing	mainly used for dyeing cellulosic fibres such as cotton and rayon; sometimes used for wool, silk and polyamide; colouring of silk	[699]
C.I. Reactive Blue 73	61968-94-3	Levafixmarineblau E-2R; Levafix Navy Blue E-2R	reactive dye; disazo	dyeing and printing	mainly used for dyeing cellulosic fibres such as cotton and rayon; sometimes used for wool, silk and polyamide	[642]
C.I. Reactive Blue 74	12677-16-6	Cibacron Pront Blue 3R	reactive dye; anthraquinone	dyeing and printing	mainly used for dyeing cellulosic fibres such as cotton and rayon; sometimes used for wool, silk and polyamide; colouring of silk	[699]
C.I. Reactive Blue 70	61968-92-1	Reactone Blue S-3GL	reactive dye; disazo (formazan metal complex)	dyeing and printing	mainly used for dyeing cellulosic fibres such as cotton and rayon; sometimes used for wool, silk and polyamide; suitable as cheap constituent of triple dyes	[799]
C.I. Reactive Blue 84	12731-66-7	Reactofil Blue 2RLD	reactive dye; formazan (Cu complex)	dyeing and printing	mainly used for dyeing cellulosic fibres such as cotton and rayon; sometimes used for wool, silk and polyamide; suitable as cheap constituent of triple dyes	[799]
C.I. Reactive Blue 83	12731-65-6	Reactofil Blue 2GL	reactive dye; formazan (Cu complex)	dyeing and printing	mainly used for dyeing cellulosic fibres such as cotton and rayon; sometimes used for wool, silk and polyamide; suitable as cheap constituent of triple dyes	[799]

Substance	CAS-Nr.	Tradename/Product/ Common Name	Function	Process	Application	Literature
C.I. Reactive Brown 18	12225-73-9	Benactivbraun N-GR, Remazolbraun GR; Remazol Brown GR	reactive dye; disazo (metal complex)	dyeing and printing	mainly used for dyeing cellulosic fibres such as cotton and rayon; sometimes used for wool, silk and polyamide	[642]
C.I. Reactive Brown 19	61969-04-8	Levafixbraun E-2R Macrolat; Levafix Brown E-2R	reactive dye; disazo	dyeing and printing	mainly used for dyeing cellulosic fibres such as cotton and rayon; sometimes used for wool, silk and polyamide	[642]
C.I. Reactive Brown 2	12236-93-0	Benactivbraun P-4GR; Cibacron Brown 4GR; also: CAS 70210-17-2	reactive dye; azo	dyeing and printing	mainly used for dyeing cellulosic fibres such as cotton and rayon; sometimes used for wool, silk and polyamide	[642]
C.I. Reactive Brown 30		Remazolbelbbraun G; Remazol Yellow Brown G	reactive dye; azo (metal complex)	dyeing and printing	mainly used for dyeing cellulosic fibres such as cotton and rayon; sometimes used for wool, silk and polyamide	[642]
C.I. Reactive Brown 31	102640-16-4	Basilengelbbraun E-GR; Basilen Brown E-GR	reactive dye; azo	dyeing and printing	mainly used for dyeing cellulosic fibres such as cotton and rayon; sometimes used for wool, silk and polyamide	[642]
C.I. Reactive Brown 37	122391-00-8	Levafixbraun E-RN Macrolat; Levafix Brown E-RA	reactive dye; disazo	dyeing and printing	mainly used for dyeing cellulosic fibres such as cotton and rayon; sometimes used for wool, silk and polyamide	[642]
C.I. Reactive Green 12	12225-80-8	Drimarenbrillantgrün X-3G; Drimarene Green X-3G; Drimarene Brilliant Green X-3G	reactive dye; phthalocyanine	dyeing and printing	mainly used for dyeing cellulosic fibres such as cotton and rayon; sometimes used for wool, silk and polyamide	[642]; [694]

Substance	CAS-Nr.	Tradename/Product/ Common Name	Function	Process	Application	Literature
C.I. Reactive Green 15	61969-07-1	Drimarengrün X-2BL; Drimarine Green X-2BL	reactive dye; azo (metal complex)	dyeing and printing	mainly used for dyeing cellulosic fibres such as cotton and rayon; sometimes used for wool, silk and polyamide; copper complexes of the formazan type dyes that is mainly used for dyeing and printing cellulose fibres	[642]; [799]
C.I. Reactive Green 21	61969-09-3	Drimarenbrillantgrün K-5BJ flüssig 40 %, Levafixbrillantgrün E-5BA; Levafix Brilliant Green E-JBA	reactive dye; phthalocyanine	dyeing and printing	mainly used for dyeing cellulosic fibres such as cotton and rayon; sometimes used for wool, silk and polyamide	[642]
C.I. Reactive Green 25		Drimarenbrillantgrün X-6BL; Drimarene Brilliant Green X-6BL	reactive dye; phthalocyanine	dyeing and printing	mainly used for dyeing cellulosic fibres such as cotton and rayon; sometimes used for wool, silk and polyamide	[642]
C.I. Reactive Orange 107	90597-79-8	Remazolgoldbelb RNL, Remazolgoldgelb RNL flüssig 33%; Remazol Golden Yellow RNL	reactive dye; monoazo	dyeing and printing	mainly used for dyeing cellulosic fibres such as cotton and rayon; sometimes used for wool, silk and polyamide	[642]; [694]
C.I. Reactive Orange 11	12218-05-2	Drimarenätzorange X-3LG; Drimarene Discharge Orange X-3LG	reactive dye; azo	dyeing and printing	mainly used for dyeing cellulosic fibres such as cotton and rayon; sometimes used for wool, silk and polyamide	[642]
C.I. Reactive Orange 12	12225-84-2	Cibacronschwarz P-GR 150%; Procion Golden Yellow H-R; also: CAS 70161-14-7	reactive dye; monoazo	dyeing and printing	mainly used for dyeing cellulosic fibres such as cotton and rayon; sometimes used for wool, silk and polyamide	[642]; [746]
C.I. Reactive Orange 122		Rottafast Orange 2 R	reactive dye; azo	dyeing and printing	mainly used for dyeing cellulosic fibres such as cotton and rayon; sometimes used for wool, silk and polyamide	[653]

Substance	CAS-Nr.	Tradename/Product/ Common Name	Function	Process	Application	Literature
C.I. Reactive Orange 16	20262-58-2	Benactivbrillantorange N-3R; Remazolbrillantorange 3R; Remazolbrillantorange 3R flüssig 25%; Everzol Brilliant Orange 3R; Remazol Brilliant Orange 3R	reactive dye; monoazo	dyeing and printing	mainly used for dyeing cellulosic fibres such as cotton and rayon; sometimes used for wool, silk and polyamide	[642]; [748]; [746]
C.I. Reactive Orange 30	12225-99-9	Levafixgelb E-3RL Macrolat; Levafix Yellow E-3RL	reactive dye; monoazo	dyeing and printing	mainly used for dyeing cellulosic fibres such as cotton and rayon; sometimes used for wool, silk and polyamide	[642]
C.I. Reactive Orange 35	12270-76-7	Cibacron Orange 4R-A; also: CAS 70210-13-8	reactive dye; disazo	dyeing and printing	mainly used for dyeing cellulosic fibres such as cotton and rayon; sometimes used for wool, silk and polyamide	[746]
C.I. Reactive Orange 4	70616-90-9	Procion Brilliant Orange 2R; also: CAS 73816-75-8	reactive dye; azo	dyeing and printing	mainly used for dyeing cellulosic fibres such as cotton and rayon; sometimes used for wool, silk and polyamide	[746]
C.I. Reactive Orange 64	61901-80-2	Levafixorange E-3GA Macrolat; Levafix Orange E-3GA	reactive dye; azo	dyeing and printing	mainly used for dyeing cellulosic fibres such as cotton and rayon; sometimes used for wool, silk and polyamide	[642]; [746]
C.I. Reactive Orange 67	51811-45-1	Levafixgoldgelb E-3GA Macrolat; Drimarene Golden Yellow K-L	reactive dye; monoazo	dyeing and printing	mainly used for dyeing cellulosic fibres such as cotton and rayon; sometimes used for wool, silk and polyamide	[642]; [746]
C.I. Reactive Orange 69	61969-17-3	Drimarenorange K-GL, Levafix E-5GA Granulat; Drimarene Orange K-GL	reactive dye, monoazo	dyeing and printing	mainly used for dyeing cellulosic fibres such as cotton and rayon; sometimes used for wool, silk and polyamide	[642]

Substance	CAS-Nr.	Tradename/Product/ Common Name	Function	Process	Application	Literature
C.I. Reactive Orange 82	71838-95-4	Remazolbrillantorange FR; Remazol Brilliant Orange FR	reactive dye; monoazo	dyeing and printing	mainly used for dyeing cellulosic fibres such as cotton and rayon; sometimes used for wool, silk and polyamide	[642]
C.I. Reactive Orange 86	83929-91-3	Ostazingelb S-3R; Procion Yellow MX-3R	reactive dye; azo	dyeing and printing	mainly used for dyeing cellulosic fibres such as cotton and rayon; sometimes used for wool, silk and polyamide	[642]; [746]
C.I. Reactive Orange 91	91254-18-1	Cibacrongelb F-3R; Cibacron Yellow F-3R	reactive dye; monoazo	dyeing and printing	mainly used for dyeing cellulosic fibres such as cotton and rayon; sometimes used for wool, silk and polyamide	[642]
C.I. Reactive Orange 93	88025-89-2	Drimarenorange PG CDG; Drimarene Orange P-G	reactive dye; monoazo	dyeing and printing	mainly used for dyeing cellulosic fibres such as cotton and rayon; sometimes used for wool, silk and polyamide	[642]
C.I. Reactive Orange 96	90597-78-7	Remazolgoldgelb 3R flüssig; Remazol Golden Yellow 3R	reactive dye; monoazo	dyeing and printing	mainly used for dyeing cellulosic fibres such as cotton and rayon; sometimes used for wool, silk and polyamide	[642]
C.I. Reactive Red 106	105635-66-3	Remazolbrillantrot GG; Remazol Brilliant Red GG	reactive dye; monoazo	dyeing and printing	mainly used for dyeing cellulosic fibres such as cotton and rayon; sometimes used for wool, silk and polyamide	[642]
C.I. Reactive Red 11	12226-08-3	Procion Brilliant Red 8B	reactive dye; azo	dyeing and printing	mainly used for dyeing cellulosic fibres such as cotton and rayon; sometimes used for wool, silk and polyamide	[746]

Substance	CAS-Nr.	Tradename/Product/ Common Name	Function	Process	Application	Literature
C.I. Reactive Red 116	39354-69-3	Lanasol Red 2G (Ciba)	reactive dye; monoazo	dyeing and printing	mainly used for dyeing cellulosic fibres such as cotton and rayon; sometimes used for wool, silk and polyamide	[741]
C.I. Reactive Red 120	61951-82-4	Somazinbrillantrot HE-3B; Procion Red H-E3B	reactive dye; disazo	dyeing and printing	mainly used for dyeing cellulosic fibres such as cotton and rayon; sometimes used for wool, silk and polyamide	[642]
C.I. Reactive Red 123	61969-31-1	Drimarenscharlach K-2G, Levafixscharlach E-2GA Macrolat; Drimarene Scarlet K-2G	reactive dye; monoazo	dyeing and printing	mainly used for dyeing cellulosic fibres such as cotton and rayon; sometimes used for wool, silk and polyamide	[642]; [694]
C.I. Reactive Red 124	51811-46-2	Levafixbrillantrot E-BA; Drimarene Brilliant Red K-BL	reactive dye; azo	dyeing and printing	mainly used for dyeing cellulosic fibres such as cotton and rayon; sometimes used for wool, silk and polyamide	[642]
C.I. Reactive Red 141	61931-52-0	Basilenrot E-7BN; Procion Red H-E7B	reactive dye; disazo	dyeing and printing	mainly used for dyeing cellulosic fibres such as cotton and rayon; sometimes used for wool, silk and polyamide	[642]
C.I. Reactive Red 147	71902-16-4	Drimarenbrillantrot K-4BL; Drimarene Brilliant Red K-4BL	reactive dye; azo	dyeing and printing	mainly used for dyeing cellulosic fibres such as cotton and rayon; sometimes used for wool, silk and polyamide	[642]
C.I. Reactive Red 158	64104-00-3	Levafixbrillantrot E-4BA, Levafixbrillantrot E-4BA flüssig 40 %; Levafix Brilliant Red E-4BA	reactive dye; azo	dyeing and printing	mainly used for dyeing cellulosic fibres such as cotton and rayon; sometimes used for wool, silk and polyamide	[642]

Substance	CAS-Nr.	Tradename/Product/ Common Name	Function	Process	Application	Literature
C.I. Reactive Red 159	69553-32-8	Levafixbrillantrot E-6BA flüssig 40%; Drimarenbrillantrot K-8B; Levafix Brilliant Red E-6BA	reactive dye; azo	dyeing and printing	mainly used for dyeing cellulosic fibres such as cotton and rayon; sometimes used for wool, silk and polyamide	[642]
C.I. Reactive Red 171	110493-62-4	Drimarenrubinol K-5BL 100 %; Drimarene Rubinole K-5BL	reactive dye; monoazo (metal complex)	dyeing and printing	mainly used for dyeing cellulosic fibres such as cotton and rayon; sometimes used for wool, silk and polyamide	[642]
C.I. Reactive Red 174	77907-36-9	Remazolbrillantrot 6B; Remazol Brilliant Red 6B; Benactivsuprarot SE-6BL	reactive dye; monoazo	dyeing and printing	mainly used for dyeing cellulosic fibres such as cotton and rayon; sometimes used for wool, silk and polyamide	[642]
C.I. Reactive Red 180	72828-03-6	Remazolbrillantrot F3B; Remazolrot F3B; Remazol Brilliant Red F3B	reactive dye; azo	dyeing and printing	mainly used for dyeing cellulosic fibres such as cotton and rayon; sometimes used for wool, silk and polyamide	[642]
C.I. Reactive Red 183	76416-02-9	Cibacronscharlach F-3G; Cibacron Scarlet F-3G	reactive dye; monoazo	dyeing and printing	mainly used for dyeing cellulosic fibres such as cotton and rayon; sometimes used for wool, silk and polyamide	[642]
C.I. Reactive Red 184	85496-37-3	Cibacronrot F-B; Cibacron Red F-B	reactive dye; monoazo	dyeing and printing	mainly used for dyeing cellulosic fibres such as cotton and rayon; sometimes used for wool, silk and polyamide	[642]
C.I. Reactive Red 187	72829-25-5	Levafixrot PN-FB; Drimarene Brilliant Red P-B	reactive dye; monoazo	dyeing and printing	mainly used for dyeing cellulosic fibres such as cotton and rayon; sometimes used for wool, silk and polyamide	[642]

Substance	CAS-Nr.	Tradename/Product/ Common Name	Function	Process	Application	Literature
C.I. Reactive Red 194	93051-42-4	Sumifix Supra Brilliant Red 2BF; also: CAS 23354-52-1	reactive dye; monoazo	dyeing and printing	mainly used for dyeing cellulosic fibres such as cotton and rayon; sometimes used for wool, silk and polyamide	
C.I. Reactive Red 195	93050-79-4	Benactivsuprarot SE-3BL; Sumifix Supra Brilliant Red 3BF	reactive dye; monoazo	dyeing and printing	mainly used for dyeing cellulosic fibres such as cotton and rayon; sometimes used for wool, silk and polyamide	[642]
C.I. Reactive Red 198	145017-98-7	Remazolrot RB; Remazolrot RB flüssig 25%; Rottafast Red 3 B; Rottafast Red RB; Remazol Red RB; Benactivrot N-RB	reactive dye; monoazo	dyeing and printing	mainly used for dyeing cellulosic fibres such as cotton and rayon; sometimes used for wool, silk and polyamide	[642]; [653];
C.I. Reactive Red 199		Hostalan Red FG	reactive dye; monoazo	dyeing and printing	mainly used for dyeing cellulosic fibres such as cotton and rayon; sometimes used for wool, silk and polyamide	
C.I. Reactive Red 2	17804-49-8	Ostazinrot S-5B; Procion Brilliant Red 5B	reactive dye; monoazo	dyeing and printing	mainly used for dyeing cellulosic fibres such as cotton and rayon; sometimes used for wool, silk and polyamide	[642]
C.I. Reactive Red 21	11099-79-9	Benactivbrillantrot N-BB, Remazolbrillantrot BB; Remazol Brilliant Red BB	reactive dye; monoazo	dyeing and printing	mainly used for dyeing cellulosic fibres such as cotton and rayon; sometimes used for wool, silk and polyamide	[642]
C.I. Reactive Red 22	19526-81-9	Remazol Red B	reactive dye; monoazo	dyeing and printing	mainly used for dyeing cellulosic fibres such as cotton and rayon; sometimes used for wool, silk and polyamide	

Substance	CAS-Nr.	Tradename/Product/ Common Name	Function	Process	Application	Literature
C.I. Reactive Red 23	12769-07-2	Remazolrot 3B; Remazol Red 3B	reactive dye; monoazo (metal complex)	dyeing and printing	mainly used for dyeing cellulosic fibres such as cotton and rayon; sometimes used for wool, silk and polyamide	[642]
C.I. Reactive Red 238		Cibacron Red C-R	reactive dye; azo	dyeing and printing	mainly used for dyeing cellulosic fibres such as cotton and rayon; sometimes used for wool, silk and polyamide	[694]
C.I. Reactive Red 239		Remazolbrillantrot 3BS; Remazol Brilliant Red 3BS	reactive dye; monoazo	dyeing and printing	mainly used for dyeing cellulosic fibres such as cotton and rayon; sometimes used for wool, silk and polyamide	[642]
C.I. Reactive Red 24	12238-00-5	Cibacronrot P-B Granulat; Cibacron Brilliant Red BD; also: CAS 70210-20-7	reactive dye; azo	dyeing and printing	mainly used for dyeing cellulosic fibres such as cotton and rayon; sometimes used for wool, silk and polyamide	[642]
C.I. Reactive Red 242	145537-87-7	Levafixbrillantrot E-RN Macrolat; Levafix Brilliant Red E-RN	reactive dye; flurotriazine	dyeing and printing	mainly used for dyeing cellulosic fibres such as cotton and rayon; sometimes used for wool, silk and polyamide	[642]
C.I. Reactive Red 244			reactive dye	dyeing and printing	mainly used for dyeing cellulosic fibres such as cotton and rayon; sometimes used for wool, silk and polyamide	[694]
C.I. Reactive Red 245		Cibacronmarine P-2R 01; Cibacron Red 4B	reactive dye; azo	dyeing and printing	mainly used for dyeing cellulosic fibres such as cotton and rayon; sometimes used for wool, silk and polyamide	[642]

Substance	CAS-Nr.	Tradename/Product/ Common Name	Function	Process	Application	Literature
C.I. Reactive Red 3	23211-47-4	Procion Brilliant Red H3B	reactive dye; monoazo	dyeing and printing	mainly used for dyeing cellulosic fibres such as cotton and rayon; sometimes used for wool, silk and polyamide	
C.I. Reactive Red 30	12226-10-7	Procinyl Rubin BS; Procinyl Rubine B	reactive dye; monoazo	dyeing and printing	mainly used for dyeing cellulosic fibres such as cotton and rayon; sometimes used for wool, silk and polyamide	[702]
C.I. Reactive Red 35	12226-12-9	Remazolbrillantrot 5B; Remazol Brilliant Red 5B	reactive dye; monoazo	dyeing and printing	mainly used for dyeing cellulosic fibres such as cotton and rayon; sometimes used for wool, silk and polyamide	[642]
C.I. Reactive Red 43	12226-20-9	Benactivscharlach HE-2G, Cibacronscharlach 2G-E; Cibacron Scarlet 2G-E	reactive dye; monoazo	dyeing and printing	mainly used for dyeing cellulosic fibres such as cotton and rayon; sometimes used for wool, silk and polyamide	[642]
C.I. Reactive Red 49	12237-02-4	Remazolbordo B; Remazol Bordeaux B	reactive dye; monoazo	dyeing and printing	mainly used for dyeing cellulosic fibres such as cotton and rayon; sometimes used for wool, silk and polyamide	[642]
C.I. Reactive Red 65	12226-32-3	Lanasolrot B; Lanasol Red B	reactive dye; azo	dyeing and printing	mainly used for dyeing cellulosic fibres such as cotton and rayon; sometimes used for wool, silk and polyamide	[642]
C.I. Reactive Red 66	12226-33-4	Lanasolrot 5B; Lanasol Red 5B; also: CAS 70210-39-8	reactive dye; azo	dyeing and printing	mainly used for dyeing cellulosic fibres such as cotton and rayon; sometimes used for wool, silk and polyamide	[642]

Substance	CAS-Nr.	Tradename/Product/ Common Name	Function	Process	Application	Literature
C.I. Reactive Red 78	12270-86-9	Lanasetrot G; Lanasol Scarlet 2R	reactive dye; monoazo	dyeing and printing	mainly used for dyeing cellulosic fibres such as cotton and rayon; sometimes used for wool, silk and polyamide	[642]
C.I. Reactive Red 83	61969-26-4	Lanasolrot G; Lanasol Red G; also: CAS 70210-00-3	reactive dye; monoazo	dyeing and printing	mainly used for dyeing cellulosic fibres such as cotton and rayon; sometimes used for wool, silk and polyamide	[642]
C.I. Reactive Red 88	61109-27-1	Helaktyn Red F-4BAN	reactive dye; monoazo	dyeing and printing	mainly used for dyeing cellulosic fibres such as cotton and rayon; sometimes used for wool, silk and polyamide	[696]; [696]
C.I. Reactive Violet 33	66456-81-3	Drimarenviolett K-2RL, Levafixrotviolett E-4BLA;Levafix Red Violet E-4BLA; also: CAS 69121-25-1	reactive dye; azo	dyeing and printing	mainly used for dyeing cellulosic fibres such as cotton and rayon; sometimes used for wool, silk and polyamide	[642]
C.I. Reactive Violet 5	12226-38-9	Benactivbrillantviolett N-5R, Remazolbrillantviolett 5R; Remazol Brilliant Violet 5R	reactive dye; monoazo (metal complex)	dyeing and printing	mainly used for dyeing cellulosic fibres such as cotton and rayon; sometimes used for wool, silk and polyamide	[642]; [694]
C.I. Reactive Violet 6	12218-07-4	Drimarenviolett X-2RL;Drimarene Violet X-2RL	reactive dye; azo	dyeing and printing	mainly used for dyeing cellulosic fibres such as cotton and rayon; sometimes used for wool, silk and polyamide	[642]
C.I. Reactive Yellow 111	72510-00-0	Levafixbrillantgelb E-GA 200 % Macrolat, Levafixgelb EGNA; Levafix Brilliant Yellow E-GA	reactive dye; azo	dyeing and printing	mainly used for dyeing cellulosic fibres such as cotton and rayon; sometimes used for wool, silk and polyamide	[642]

Substance	CAS-Nr.	Tradename/Product/ Common Name	Function	Process	Application	Literature
C.I. Reactive Yellow 125	72509-99-0	Drimarengoldgelb K-2R CDG, Levafixgoldgelb E-RA flüssig 40 %, Levafixgoldgelb E-RA Macrolat; Levafix Golden Yellow E-GRA	reactive dye; azo	dyeing and printing	mainly used for dyeing cellulosic fibres such as cotton and rayon, sometimes used for wool, silk and polyamide	[642]
C.I. Reactive Yellow 134		Cibacron Pront Yellow 4RN	reactive dye; azo	dyeing and printing	mainly used for dyeing cellulosic fibres such as cotton and rayon; sometimes used for wool, silk and polyamide	[746]
C.I. Reactive Yellow 135	77907-38-1	Procion Yellow H-E6G; also: CAS 68991-98-0	reactive dye; azo	dyeing and printing	mainly used for cyeing cellulosic fibres such as cotton and rayon; sometimes used for wool, silk and polyamide	
C.I. Reactive Yellow 138	140876-13-7	Benactivgoldgelb HE-R; Kayacion Golden Yellow E-SNR; also: CAS 104269-59-2	reactive dye; disazo	dyeing and printing	mainly used for dyeing cellulosic fibres such as cotton and rayon; sometimes used for wool, silk and polyamide	[642]
C.I. Reactive Yellow 142		Drimarengelb P-GL CDG; Drimarene Yellow P-GL	reactive dye; azo	dyeing and printing	mainly used for dyeing cellulosic fibres such as cotton and rayor; sometimes used for wool, silk and polyamide	[642]
C.I. Reactive Yellow 145	93050-80-7	Benactivsupragelb SE-RL; Rottafast Golden Yellow R; Sumifix Supra Yellow 3RF	reactive dye; monoazo	dyeing and printing	mainly used for dyeing cellulosic fibres such as cotton and rayon; sometimes used for wool, silk and polyamide	[642]; [653]
C.I. Reactive Yellow 15	12226-47-0	Benactivgelb N-GRS, Remazolgelb GR, Remazolgelb GR flüssig 40 %; Remazol Yellow GR	reactive dye; monoazo	dyeing and printing	mainly used for dyeing cellulosic fibres such as cotton and rayon; sometimes used for wool, silk and polyamide	[642]

Substance	CAS-Nr.	Tradename/Product/ Common Name	Function	Process	Application	Literature
C.I. Reactive Yellow 161		Drimarenbrillantgelb X-6G; Cibacron Brilliant Yellow 2G-E	reactive dye; monoazo	dyeing and printing	mainly used for dyeing cellulosic fibres such as cotton and rayon; sometimes used for wool, silk and polyamide	[642]
C.I. Reactive Yellow 17	20317-19-5	Remazol Golden Yellow H4G	reactive dye; monoazo	dyeing and printing	mainly used for dyeing cellulosic fibres such as cotton and rayon; sometimes used for wool, silk and polyamide	[694]
C.I. Reactive Yellow 186	84000-63-5	Rottafast Yellow 4 G; Reactofix Yellow ME4GL	reactive dye; azo	dyeing and printing	mainly used for dyeing cellulosic fibres such as cotton and rayon; sometimes used for wool, silk and polyamide	[642]; [653]
C.I. Reactive Yellow 25	12226-52-7	Levafixbrillantgelb E-3G flüssig 40 %; Levafix Brilliant Yellow E-3G; also: CAS 72139-14-1	reactive dye; monoazo	dyeing and printing	mainly used for dyeing cellulosic fibres such as cotton and rayon; sometimes used for wool, silk and polyamide	[642]
C.I. Reactive Yellow 27	12226-54-9	Levafixgoldgelb E-G flüssig 40 %, Levafixgoldgelb E-G 150 % Macrolat; Levafix Golden Yellow E-G	reactive dye; monoazo	dyeing and printing	mainly used for dyeing cellulosic fibres such as cotton and rayon; sometimes used for wool, silk and polyamide	[642]
C.I. Reactive Yellow 3	6539-67-9	Procion Gelb HAS; also: CAS 4988-30-1	reactive dye; monoazo	dyeing and printing	mainly used for dyeing cellulosic fibres such as cotton and rayon; sometimes used for wool, silk and polyamide	[702]
C.I. Reactive Yellow 37	12237-16-0	Remazolbrillantgelb GL, Remazolbrillantgelb GL flüssig 25 %; Remazol Brilliant Yellow GL	reactive dye; monoazo	dyeing and printing	mainly used for dyeing cellulosic fibres such as cotton and rayon; sometimes used for wool, silk and polyamide	[642]

Substance	CAS-Nr.	Tradename/Product/ Common Name	Function	Process	Application	Literature
C.I. Reactive Yellow 39	12226-61-8	Lanasetgelb 4GN; Lanasetorange R; Lanasolgelb 4G; Lanasolmarine MBN; Lanasolorange RG; Lanasolschwarz B; Lanasol Yellow 4G; also: CAS 70247-70-0	reactive dye; azo	dyeing and printing	mainly used for dyeing cellulosic fibres such as cotton and rayon; sometimes used for wool, silk and polyamide	[642]
C.I. Reactive Yellow 42	12226-63-0	Remazolgelb FG; Rottafast Yellow G; Remazol Yellow FG	reactive dye; monoazo (pyrazolone)	dyeing and printing	mainly used for dyeing cellulosic fibres such as cotton and rayon; sometimes used for wool, silk and polyamide	[642]; [653]
C.I. Reactive Yellow 5	56275-25-3	Procinyl Gelb GS; Procion Yellow G	reactive dye; azo	dyeing and printing	mainly used for dyeing cellulosic fibres such as cotton and rayon; sometimes used for wool, silk and polyamide	[702]
C.I. Reactive Yellow 84	61951-85-7	Prociongelb H-E4R; Procion Yellow H-E4R	reactive dye; monochlorotirazine	dyeing and printing	mainly used for dyeing cellulosic fibres such as cotton and rayon; sometimes used for wool, silk and polyamide	[642]
C.I. Reactive Yellow 86	61951-86-8	Procion Yellow M-8G; also: CAS 70865-29-1	reactive dye; dichlorotriazine	dyeing and printing	mainly used for dyeing cellulosic fibres such as cotton and rayon; sometimes used for wool, silk and polyamide	[746]
C.I. Reactive Yellow 95	71838-98-7	Levafixgelb PN-5G; Cibacron Brilliant Yellow 6G-P	reactive dye; azo	dyeing and printing	mainly used for dyeing cellulosic fibres such as cotton and rayon; sometimes used for wool, silk and polyamide	[642]
C.I. Solvent Black 3	4197-25-5	Sudan Schwarz B; Fettschwarz	solvent dye; disazo	dyeing and printing	solvent dyes are soluble in organic solvent, not soluble in water	[702]
C.I. Solvent Orange 1	2051-85-6	Sudan Orange G; C.I. Food Orange 3	solvent dye; monoazo	dyeing and printing	solvent dyes are soluble in organic solvent, not soluble in water	[702]; [702]

Substance	CAS-Nr.	Tradename/Product/ Common Name	Function	Process	Application	Literature
C.I. Solvent Orange 13	6300-42-1	Organol Orange R	solvent dye; disazo	dyeing and printing	solvent dyes are soluble in organic solvent, not soluble in water	[746]
C.I. Solvent Orange 14	6368-70-3	Organol Dark Red	solvent dye; disazo	dyeing and printing	solvent dyes are soluble in organic solvent, not soluble in water	[746]
C.I. Solvent Orange 2	2646-17-5		solvent dye; monoazo	dyeing and printing	solvent dyes are soluble in organic solvent, not soluble in water	[746]
C.I. Solvent Orange 8	2653-66-9	Azo Turkish Red	solvent dye; monoazo	dyeing and printing	solvent dyes are soluble in organic solvent, not soluble in water	[746]
C.I. Solvent Red 1	1229-55-6	Sudan Red G	solvent dye; monoazo	dyeing and printing	solvent dyes are soluble in organic solvent, not soluble in water	[746]
C.I. Solvent Red 110	12217-00-4	Ponceau 5R	solvent dye; disazo	dyeing and printing	solvent dyes are soluble in organic solvent, not soluble in water	[746]
C.I. Solvent Red 164	71819-51-7	Automate Red B	solvent dye; disazo	dyeing and printing	solvent dyes are soluble in organic solvent, not soluble in water	[746]
C.I. Solvent Red 19	6368-72-5	Sudan Rot 7B; Fettrot 7B	solvent dye; disazo	dyeing and printing	solvent dyes are soluble in organic solvent, not soluble in water	[702]; [702]; [746]
C.I. Solvent Red 2	5098-94-2	Sudan Brown 3B	solvent dye; monoazo	dyeing and printing	solvent dyes are soluble in organic solvent, not soluble in water	[746]
C.I. Solvent Red 215		Sudan Red 402	solvent dye; disazo	dyeing and printing	solvent dyes are soluble in organic solvent, not soluble in water	[746]
C.I. Solvent Red 23	85-86-9	Sudan III; Sudan Red BK [FIAT]	solvent dye; disazo	dyeing and printing	solvent dyes are soluble in organic solvent, not soluble in water	[702]; [746]
C.I. Solvent Red 24	85-83-6	Sudan Red BB [FIAT]	solvent dye; disazo	dyeing and printing	solvent dyes are soluble in organic solvent, not soluble in water	[746]
C.I. Solvent Red 25	3176-79-2	Sudan Rot B; Sudan Red B	solvent dye; disazo	dyeing and printing	solvent dyes are soluble in organic solvent, not soluble in water	[702]

Substance	CAS-Nr.	Tradename/Product/ Common Name	Function	Process	Application	Literature
C.I. Solvent Red 26	4477-79-6		solvent dye; disazo	dyeing and printing	solvent dyes are soluble in organic solvent, not soluble in water	[746]
C.I. Solvent Red 31	6226-90-0	Azosol Fast Scarlet CRA	solvent dye; disazo	dyeing and printing	solvent dyes are soluble in organic solvent, not soluble in water	[746]
C.I. Solvent Red 32	6406-53-7	Zapon Fast Red CB	solvent dye; disazo	dyeing and printing	solvent dyes are soluble in organic solvent, not soluble in water	[746]
C.I. Solvent Red 68	61813-90-9	Iosol Red	solvent dye	dyeing and printing	solvent dyes are soluble in organic solvent, not soluble in water	[746]
C.I. Solvent Yellow 1	60-09-3	Aniline Yellow	solvent dye; monoazo	dyeing and printing	solvent dyes are soluble in organic solvent, not soluble in water	[746]
C.I. Solvent Yellow 107	67990-27-6	Automate Yellow 8	solvent dye; disazo	dyeing and printing	solvent dyes are soluble in organic solvent, not soluble in water	[746]
C.I. Solvent Yellow 12	6370-43-0		solvent dye; monoazo	dyeing and printing	solvent dyes are soluble in organic solvent, not soluble in water	[746]
C.I. Solvent Yellow 20	6408-41-9	Chrome Fast Yellow GG	solvent dye; monoazo	dyeing and printing	solvent dyes are soluble in organic solvent, not soluble in water	[746]
C.I. Solvent Yellow 3	97-56-3	Fast Garnet GBC base	solvent dye; monoazo	dyeing and printing	solvent dyes are soluble in organic solvent, not soluble in water	[746]
C.I. Solvent Yellow 44	2478-20-8		solvent dye; fluorescent dye (pigment); naphthalimide	finishing treatment; coating with resin; dyeing and printing	solvent dyes are soluble in organic solvent, not soluble in water; fluorescent finishing of textile; fluorescent product in resin coating	[772]
C.I. Solvent Yellow 6	131-79-3		solvent dye; monoazo	dyeing and printing	solvent dyes are soluble in organic solvent, not soluble in water	[746]
C.I. Solvent Yellow 72	61813-98-7	Calco Oil Yellow G	solvent dye; monoazo	dyeing and printing	solvent dyes are soluble in organic solvent, not soluble in water	[746]

Substance	CAS-Nr.	Tradename/Product/ Common Name	Function	Process	Application	Literature
C.I. Solvent Yellow 1 hydrochloride	3457-98-5	Aniline Yellow	solvent dye; monoazo	dyeing and printing	solvent dyes are soluble in organic solvent, not soluble in water	[746]
C.I. Sulphur Black 1	1326-82-5	Schwefelschwarz BG 250 %; Diresulschwarz RDT; Immedialschwarz C-BR flüssig	sulphur (leuco sulphur or solubilised sulphur) dye	dyeing and printing	mainly used for cotton and viscose substrates; may also be used for dyeing blends of cellulosic and synthetic fibres (including polyamides and polyesters); occasionally used for dyeing silk; not used in textile printing (apart black shades)	[642]
C.I. Vat Black 25	4395-53-3	Indanthrenoliv T-T Colloisol flüssig	vat dye; anthraquinone	dyeing and printing	most often used in dyeing and printing of cotton and cellulosic fibres; can also be applied for dyeing polyamide and polyester blends with cellulosic fibres	[642]
C.I. Vat Black 27	2379-81-9	Benanthrenoliv R	vat dye; anthraquinone	dyeing and printing	most often used in dyeing and printing of cotton and cellulosic fibres; can also be applied for dyeing polyamide and polyester blends with cellulosic fibres	[642]
C.I. Vat Black 9	1328-25-2	Benanthrendirektschwarz RB 200%; Indanthrendirektschwarz T-RBS Colloisol flüssig	vat dye; anthraquinone	dyeing and printing	most often used in dyeing and printing of cotton and cellulosic fibres; can also be applied for dyeing polyamide and polyester blends with cellulosic fibres	[642]
C.I. Vat Blue 1	482-89-3	Indigo; C.I. Pigment Blue 66; Leuco-Indigo	vat dye; natural dye; indigoid	dyeing and printing	most often used in dyeing and printing of cotton and cellulosic fibres; can also be applied for dyeing polyamide and polyester blends with cellulosic fibres; Main component Indigo Plant, Synthetic Indigo; Component in Banded Dye-Murex	[641]; [702]; [772]; [808]

Substance	CAS-Nr.	Tradename/Product/ Common Name	Function	Process	Application	Literature
C.I. Vat Blue 18	1324-54-5	Solanthrenenavyblue RA Microperle	vat dye; anthraquinone	dyeing and printing	most often used in dyeing and printing of cotton and cellulosic fibres; can also be applied for dyeing polyamide and polyester blends with cellulosic fibres	[642]
C.I. Vat Blue 20	116-71-2	Bezathrendunkelblau DB	vat dye; anthraquinone	dyeing and printing	most often used in dyeing and printing of cotton and cellulosic fibres; can also be applied for dyeing polyamide and polyester blends with cellulosic fibres	[642]; [641]
C.I. Vat Blue 22	6373-20-2	Indanthrenmarineblau TRR-90	vat dye; anthraquinone	dyeing and printing	most often used in dyeing and printing of cotton and cellulosic fibres; can also be applied for dyeing polyamide and polyester blends with cellulosic fibres	[642]
C.I. Vat Blue 5	2475-31-2	Brillantindigo 4B-D 150% suprafix Tg.	vat dye; indigoid	dyeing and printing	most often used in dyeing and printing of cotton and cellulosic fibres; can also be applied for dyeing polyamide and polyester blends with cellulosic fibres	[642]
C.I. Vat Blue 6	130-20-1	Benanthrenblau BC; Indanthrenblau BC	vat dye; anthraquinone	dyeing and printing	most often used in dyeing and printing of cotton and cellulosic fibres; can also be applied for dyeing polyamide and polyester blends with cellulosic fibres	[642]
C.I. Vat Blue 66	57456-24-3	Indanthrenblau T-CLF Colloisol; Indanthren Blue CLF	vat dye; anthraquinone	dyeing and printing	most often used in dyeing and printing of cotton and cellulosic fibres; can also be applied for dyeing polyamide and polyester blends with cellulosic fibres	[642]

Substance	CAS-Nr.	Tradename/Product/ Common Name	Function	Process	Application	Literature
C.I. Vat Blue 1 disodium salt (enolate)	894-86-0	Indigo; C.I. Pigment Blue 66; Leuco-Indigo	vat dye; indigoid	dyeing and printing	most often used in dyeing and printing of cotton and cellulosic fibres; can also be applied for dyeing polyamide and polyester blends with cellulosic fibres	[641]; [702]; [772]
C.I. Vat Blue 6:1		Indanthrenbrillantblau RCL	vat dye	dyeing and printing	most often used in dyeing and printing of cotton and cellulosic fibres; can also be applied for dyeing polyamide and polyester blends with cellulosic fibres	[642]
C.I. Vat Brown 1	2475-33-4	Benanthrenbraun BR; Ostanthrenbraun BR	vat dye; anthraquinone	dyeing and printing	most often used in dyeing and printing of cotton and cellulosic fibres; can also be applied for dyeing polyamide and polyester blends with cellulosic fibres	[642]
C.I. Vat Brown 57	12227-28-0	Indanthrendruckbraun HRR Suprafix Teig 2PH; Indanthren Printing Brown HRR	vat dye; anthraquinone	dyeing and printing	most often used in dyeing and printing of cotton and cellulosic fibres; can also be applied for dyeing polyamide and polyester blends with cellulosic fibres	[642]
C.I. Vat Brown 68	12237-38-6	Benanthrenbraun G-N; Mikethrene Brown G	vat dye; anthraquinone	dyeing and printing	most often used in dyeing and printing of cotton and cellulosic fibres; can also be applied for dyeing polyamide and polyester blends with cellulosic fibres	[642]
C.I. Vat Brown 84		Indanthrenbraun LBG Colloisol; Indanthren Brown LBG	vat dye; anthraquinone	dyeing and printing	most often used in dyeing and printing of cotton and cellulosic fibres; can also be applied for dyeing polyamide and polyester blends with cellulosic fibres	[642]

Substance	CAS-Nr.	Tradename/Product/ Common Name	Function	Process	Application	Literature
C.I. Vat Green 1	128-58-5	Benanthrenbrillantgrün FFB; Bezathrenbrillantgrün FFB; Indanthrenbrillantgrün FFB	vat dye; anthraquinone	dyeing and printing	most often used in dyeing and printing of cotton and cellulosic fibres; can also be applied for dyeing polyamide and polyester blends with cellulosic fibres	[642]
C.I. Vat Green 13	57456-28-7	Benanthrenoliv MW; Bezathrenoliv MW; Indanthrenoliv MW Colloisol flüssig; Indanthrenoliv T-MW Colloisol flüssig	vat dye	dyeing and printing	most often used in dyeing and printing of cotton and cellulosic fibres; can also be applied for dyeing polyamide and polyester blends with cellulosic fibres	[642]
C.I. Vat Green 3	3271-76-9	Benanthrenolivgrün B, Indanthrenolivgrün B	vat dye; anthraquinone	dyeing and printing	most often used in dyeing and printing of cotton and cellulosic fibres; can also be applied for dyeing polyamide and polyester blends with cellulosic fibres	[642]
C.I. Vat Green 9	6369-65-9	Nerochemanthrene BB flüssig; also: CAS 28780-10-1	vat dye; anthraquinone	dyeing and printing	most often used in dyeing and printing of cotton and cellulosic fibres; can also be applied for dyeing polyamide and polyester blends with cellulosic fibres	[642]
C.I. Vat Orange 1	1324-11-4	Chemantrengoldgelb RK/O	vat dye; anthraquinone	dyeing and printing	most often used in dyeing and printing of cotton and cellulosic fibres; can also be applied for dyeing polyamide and polyester blends with cellulosic fibres	[642]
C.I. Vat Orange 11	2172-33-0	Benanthrengelb 3RT, Cibanongelb 3R	vat dye; anthraquinone	dyeing and printing	most often used in dyeing and printing of cotton and cellulosic fibres; can also be applied for dyeing polyamide and polyester blends with cellulosic fibres	[642]

Substance	CAS-Nr.	Tradename/Product/ Common Name	Function	Process	Application	Literature
C.I. Vat Orange 3	4378-61-4	also: CAS 1328-16-1	vat dye; anthraquinone	dyeing and printing	most often used in dyeing and printing of cotton and cellulosic fibres; can also be applied for dyeing polyamide and polyester blends with cellulosic fibres	[641]
C.I. Vat Orange 9	128-70-1	Benanthrengoldorange	vat dye; anthraquinone	dyeing and printing	most often used in dyeing and printing of cotton and cellulosic fibres; can also be applied for dyeing polyamide and polyester blends with cellulosic fibres	[642]; [641]
C.I. Vat Red 1	2379-74-0	Chemantrenbrillantrosa R	vat dye; thioindigoid	dyeing and printing	most often used in dyeing and printing of cotton and cellulosic fibres; can also be applied for dyeing polyamide and polyester blends with cellulosic fibres	[642]
C.I. Vat Red 10	2379-79-5	Bezathrenrot FFB, Indanthrenrot FBB Colloisol, Indanthrenrot T-FBB flüssig; Cibanone Red-FBB; Indanthrene Red-FBB; Indanthrene Red-FBBA; also: CAS 4568-45-0	vat dye; anthraquinone	dyeing and printing	most often used in dyeing and printing of cotton and cellulosic fibres; can also be applied for dyeing polyamide and polyester blends with cellulosic fibres	[642]
C.I. Vat Red 13	4203-77-4	Indanthrenrotviolett RRN	vat dye; anthraquinone	dyeing and printing	most often used in dyeing and printing of cotton and cellulosic fibres; can also be applied for dyeing polyamide and polyester blends with cellulosic fibres	[642]
C.I. Vat Red 14	8005-56-9	Indanthrenscharlach GG	vat dye; anthraquinone	dyeing and printing	most often used in dyeing and printing of cotton and cellulosic fibres; can also be applied for dyeing polyamide and polyester blends with cellulosic fibres	[642]

Substance	CAS-Nr.	Tradename/Product/ Common Name	Function	Process	Application	Literature
C.I. Vat Red 15	[4216-02-8]	Indanthrenbordo RR	vat dye; anthraquinone	dyeing and printing	most often used in dyeing and printing of cotton and cellulosic fibres; can also be applied for dyeing polyamide and polyester blends with cellulosic fibres	[642]
C.I. Vat Red 2	6371-23-9		vat dye; thioindigoid	dyeing and printing	most often used in dyeing and printing of cotton and cellulosic fibres; can also be applied for dyeing polyamide and polyester blends with cellulosic fibres	[702]
C.I. Vat Violet 1	1324-55-6	Benanthrenbrillant RR; Indanthrenbrillantviolett RR-D; Solanthreneviolett 4RN Microperle	vat dye; anthraquinone	dyeing and printing	most often used in dyeing and printing of cotton and cellulosic fibres; can also be applied for dyeing polyamide and polyester blends with cellulosic fibres	[642]
C.I. Vat Violet 9	1324-17-0	Indanthrenbrillantviolett 3B	vat dye; anthraquinone	dyeing and printing	most often used in dyeing and printing of cotton and cellulosic fibres; can also be applied for dyeing polyamide and polyester blends with cellulosic fibres	[642]
C.I. Vat Yellow 1	475-71-8		vat dye; anthraquinone	dyeing and printing	most often used in dyeing and printing of cotton and cellulosic fibres; can also be applied for dyeing polyamide and polyester blends with cellulosic fibres	[641]
C.I. Vat Yellow 2	129-09-9	Benanthrengelb GC, Texanthrengelb GC	vat dye; anthraquinone	dyeing and printing	most often used in dyeing and printing of cotton and cellulosic fibres; can also be applied for dyeing polyamide and polyester blends with cellulosic fibres	[642]

Substance	CAS-Nr.	Tradename/Product/ Common Name	Function	Process	Application	Literature
C.I. Vat Yellow 33	12227-50-8	Indanthrengelb F3GC; Caledon Yellow 4GL	vat dye; anthraquinone	dyeing and printing	most often used in dyeing and printing of cotton and cellulosic fibres; can also be applied for dyeing polyamide and polyester blends with cellulosic fibres	[642]
C.I. Vat Yellow 37		Indanthrengelb F2GC; Indanthren Yellow F2GC	vat dye; acylamino - anthraquinone	dyeing and printing	most often used in dyeing and printing of cotton and cellulosic fibres; can also be applied for dyeing polyamide and polyester blends with cellulosic fibres	[642]
C.I. Vat Yellow 46	12237-50-2	Bezathrengelb 5GF, Indanthrengelb 5GF; Indanthren Yellow 5GF	vat dye; anthraquinone	dyeing and printing	most often used in dyeing and printing of cotton and cellulosic fibres; can also be applied for dyeing polyamide and polyester blends with cellulosic fibres	[642]
Cadmium (Cd)	7440-43-9		metal impurities	fibre production	In dyes as colorant. Surfactant in non-textiles. Stabilizer in plastics.	[746] - not permitted as additive
cadmium selenide	1306-24-7		biocide	antimicrobial finishing	agent used mainly on protective wear	[749]
Calcium carbonate	471-34-1		surface-modifying	finishing: softening treatment	aftertreatment; antimicrobiotics	[746]
Calcium chloride	10043-52-4		dyeing auxiliary / mordant; surface-modifying	dyeing; finishing: softening treatment	dyeing of silk and wool with natural "lac" dyes (based on laccaic acid); aftertreatment	[756]; [746]
Calcium nitrate	10124-37-5	also: CAS 39368-85-9	finishing agent / shrinking agent	finshing handle and optic	used to obtain crêpe effect (local shrinkage) on mousseline wool	[800]
Calcium oxide	1305-78-8	CATALYST 04-82; CATALYST G1-22; CATALYST G1-25; CATALYST H 5-11; CATALYST H5-10; CATALYST H5-15 5X5X2MM RINGS	cross-linking agent	finishing	easy-care finishing with cross-linking agent	[643]
Calcium phosphate	10103-46-5				antimicrobiotics	

Substance	CAS-Nr.	Tradename/Product/ Common Name	Function	Process	Application	Literature
Calcium rhodanid	2092-16-2		finishing agent / shrinking agent	finshing handle and optic	used to obtain crêpe effect (local shrinkage) on mousseline wool	[800]
C10-16-Alkylbenzenesulfonic acid, calcium salt	68584-22-5		finishing agent / emulsifyer	pretreatment, colouring, finishing	anionic surfactant of the alkylbenzenesulfonate type	[787]
C10-16-Alkylbenzenesulfonic acid, calcium salt	68584-23-6		finishing agent / emulsifyer	pretreatment, colouring, finishing	anionic surfactant of the alkylbenzenesulfonate type	[787]
C10-16-Alkylbenzenesulfonic acid, magnesium salt	68584-26-9		finishing agent / emulsifyer	pretreatment, colouring, finishing	anionic surfactant of the alkylbenzenesulfonate type	[787]
C10-16-Alkylbenzenesulfonic acid, potassium salt	68584-27-0		finishing agent / emulsifyer	pretreatment, colouring, finishing	anionic surfactant of the alkylbenzenesulfonate type	[787]
Canadine	5096-57-1		natural dye; basic	dyeing and printing	Component in Golden Root, Oregon Grape	[808]
Caprar acid	489-51-0	Protocetrarsäure	natural dyestuff	dyeing and printing		[645]
Caprolactam	105-60-2	Levalin SRN 50-60%; Lurotex A25; Levafixbrillantblau E-BRA flüssig 29% 10-20%; Levafixbrillantblau E-BRA Macrolat 10-20%; Levafixbrillantrot E-4BA 15-25%; Levafixbrillantrot E-4BA flüssig 40% 15-25%; Levafixbrillantrot E-6BA flüssig 40% 15-25%; Levafixmarineblau E-BNA flüssig 40% 5-10%; Levafixmarineblau E-BNA Macrolat 5-10%; Levafixorange E-3RN 5-10%; Levafixbrillantblau E-B 5-10%; Levafixbrillantblau E-B flüssig 40% 5-10%; Levegal RDL 7-12%	Levalin SRN: colouring auxiliary ; antimigration agent; Lurotex A25: colouring auxiliary; Levafixbrillantblau E-BRA flüssig 29%, Levafixbrillantblau E-BRA Macrolat, Levafixbrillantrot E-4BA, Levafixbrillantrot E-4BA flüssig 40%, Levafixbrillantrot E-6BA flüssig 40%, Levafixmarineblau E-BNA flüssig 40%, Levafixmarineblau E-BNA Macrolat, Levafixorange E-3RN, Levafixbrillantblau E-B, Levafixbrillantblau E-B flüssig 40%: reaktive dye; Levegal RDL 7-12%: colouring auxiliary	Levalin SRN: Jigger; Pad-Jig, Pad-Roll, Pad-Steam, Kalt-Verweil-Substantiv-process	Levalin SRN: auxiliary for continuous dyeing of cellulose fibres	[642]; [644]
Capsicum red	465-42-9	Capsanthin	natural dyestuff	dyeing and printing		[645]

Substance	CAS-Nr.	Tradename/Product/ Common Name	Function	Process	Application	Literature
Carajurin	491-93-0	Carajurin; Annatto; C.I. Natural Orange 5: C.I. 75120 + 75180	natural dye; xanthon; carotenoid	dyeing and printing	Main component in Bignonia Chica; Bignonia Chica (C.I. Natural Orange 5): Directly dyes non-mordanted wool a nice orange colour.	[808]
Carbendazim	10605-21-7		antimicrobiotic; benzimidazol derivative	finishing	achieving resistance against microorganisms	[636]
Carboxyethylgermanium sesquioxide	12758-40-6		antimigration agent		antimicrobiotics	
Carboxymethyl cellulose, sodium salt	[9004-32-4]	Carboxymethyl cellulose; Chimcell 30SG; Edifas B	Sizing agent and sizing auxiliary; colouring auxiliary	pretreatment: weaving	agent applied on yarns prior to weaving, in order to render them more slippery, supple, stronger and more stable ; the substances have to be removed by so-called desizing process, prior to further finishing processes	[642]; [641]
Carboxymethylcellulose (CMC)	[9000-11-7]		surface-modifying	finishing: softening treatment	aftertreatment	[746]
Carminic acid	1260-17-9		natural dye; anthraquinone	dyeing and printing	Main Component in cochineal, Polish Cochineal, Porphyorophora Hameli; Polish Cochineal (C.I. Natural Red 3): Tints from scarlet to carmine are obtained on alum mordanted silk.; Porphyorophora Hameli: Is used as a dye on alum mordanted wool to obtain a carmine colour; scarlet is obtained when used on tin mordanted wool.	[808]
casein	9000-71-9		surface-modifying	finishing: softening treatment	aftertreatment	[746]
Castor oil	8001-79-4	Respumit BA 2000	common purpose textile auxiliary			[642]

Substance	CAS-Nr.	Tradename/Product/ Common Name	Function	Process	Application	Literature
Catalase	[9001-05-2]	Eurozim OXI-500 (INPAX 0.29 mg/mL protein)	bleaching auxiliary	pretreatment; bleaching of cellulose material; hydrogen peroxide bleaching	used to decompose residual hydrogen peroxide in fabric prior to dyeing	[748]
Catechusäure	154-25-4	(+)-Catechin	natural dyestuff	dyeing and printing		[645]
C14-C16-Alkanehydroxysulfonic acids and C14-C16-alkene derivatives, sodium salts	68439-57-6		finishing agent / emulsifyer	pretreatment, colouring, finishing	anionic surfactant of the sodium olefinsulphonate group	[787]
cedar wood oil	8000-27-9		fragrance	textile finishing	water-insoluble essential oil that can be incorporated in microcapsules made of yeast, and applied onto fabric made of cotton, cotton-wool blends and wool	[761]
Celliton Fast Blue B	2475-44-7	1,4-Bis(methylamino)anthraquinone	dye	dyeing and printing	a.o. cellulose acetate	[742]
Cesium sulfate	10294-54-9	CATALYST 04-28 A	cross-linking agent	finishing	easy-care finishing with cross-linking agent	[643]
Chelerythrin	3895-92-9		natural dye; basic	dyeing and printing	Component in Toddalia Asiatica, Blood Root, Prickly Poppy; Blood Root: Tints from orange to red are obtained on silk and wool previously mordanted with alum.	[808]
chitin	1398-61-4		antimicrobial agent	textile finishing	antimicrobial agent used newly on cellulosic textile substrate like e.g. wool	[786]
Chitosan	9012-76-4		antimicrobial agent	textile finishing	antimicrobiotics; antimicrobial agent used newly on cellulosic textile substrate like e.g. wool	[786]
Chloraniline	27134-26-5		colouring auxiliary	dyeing/naphtol dyes		[641]
2-Chlor-(1,3)-butadiene polymer	9010-98-4	Baypren Latex MKB	impregnation agent	finishing / coating	Impregnation agents	[726]
Chlorfenvinfos	470-90-6	Chlorfenvinfos	Organophosphorous insecticides (OP's)	ectoparasiticide treatment of sheep	applied on sheep or directly on raw wool	[641]

Substance	CAS-Nr.	Tradename/Product/ Common Name	Function	Process	Application	Literature
Chlorhexidine	55-56-1		antimigration agent; finishing agent/drug in capsules	textile finishing	antimicrobiotics; drug encapsulated in porous polyacrylonitrile fibres (e.g. Actipore from Focus Polymer), to enable controlled release of active agent; salts forms are also available	[761]
Chlorine	7782-50-5	Mesamoll 3% org. gebunden	oxidising agent	printing / discharge printing; pretreatment of wool (anti-felting treatment) / pretreatment before printing	used in old discharge printing processes developed to discharge most indigo-dyed fabrics and some selected reactive-dyed fabrics; chlorination of wool	[642]; [751]; [749]
4-Chloroaniline	106-47-8	4-Chloroanilin	by-product	colouring / dyeing and printing	carcinogenic amine that may be formed by cleavage of some azo dyesstuffs	[641]
Chlorobenzene	108-90-7		carrier	dyeing and printing	aftertreatment	[746]
(4-Chlorobenzyl)-3(2H)-isothiazolone	26530-09-6		antimicrobiotic; isothiazolinone derivative	finishing; printing	achieving resistance against microorganisms; improvement of storage stability (printing pastes)	[636]
5-Chloro-2-(4-chlorobenzyl)-3(2H)-isothiazolone	66159-95-3		antimicrobiotic; isothiazolinone derivative	finishing; printing	achieving resistance against microorganisms; improvement of storage stability (printing pastes)	[636]
Chlorocresols	1321-10-4		in-can preservative	multiple processes	preservation agent for the improvement of the storage stability of textile auxiliaries	[805]
2-(5-Chloro-2H-benzotriazol-2-yl)-4,6-bis(1,1-dimethylethyl)-phenol	3864-99-1	Tinuvin 327				[642]

Substance	CAS-Nr.	Tradename/Product/ Common Name	Function	Process	Application	Literature
2-(5-Chloro-2H-benzotriazol-2-yl)-6-(1,1-dimethylethyl)-4-methylphenol	[3896-11-5]	Tinuvin 326	stabilizer; UV-absorber	colouring; dyeing of polyester	widely used for polyester dyeing; however these formulations are only suitable for batchwise application and require mild post-fixation conditions, because of their moderate resistance to sublimation	[803]
4-Chloro-2-methylaniline	95-69-2	4-Chlor-2-methylaniline	by-product	colouring / dyeing and printing with azo dyes	carcinogenic amine that may be released by some azo dyestuffs	[641]
Chloro-2-methyl-3(2H)-isothiazolone, calcium chloride complex	57373-19-0		antimicrobiotic; isothiazolinone derivative	finishing; printing	achieving resistance against microorganisms; improvement of storage stability (printing pastes)	[636]
5-Chloro-2-methyl-4-isothiazolin-3-one	26172-55-4	Preventol D6 0,7%	antimicrobiotic; isothiazolinone derivative	finishing; printing	achieving resistance against microorganisms; improvement of storage stability (printing pastes)	[642]; [636]
4-Chloro-3-methylphenol	59-50-7		solvent; in-can preservative	multiple processes	preservation agent for the improvement of the storage stability of textile auxiliaries	[746]; [805]
4-Chloro-3-methylphenole, sodium salt	15733-22-9	Prisulon 1090/3 0,2%	printing auxiliary	printing		[642]
1-Chloronaphthalene	90-13-1		carrier	dyeing and printing	aftertreatment	[746]
1-Chloronaphthalene	939-27-5		carrier	dyeing and printing	aftertreatment	[746]
4-Chloro-2-n-octyl-3(2H)-isothiazolone	64359-80-4		antimicrobiotic; isothiazolinone derivative	finishing; printing	achieving resistance against microorganisms; improvement of storage stability (printing pastes)	[636]
chlorophenol	25167-80-0		biocide	finishing: antimicrobial treatment	aftertreatment	[746]
(2-chlorophenoxy)ethanol	1892-43-9		carrier	dyeing and printing	aftertreatment	[746]
Chlorpyrifos	2921-88-2	Chlorpyrifos	Organophosphorous insecticides (OP's)	treatment of ectoparasite in sheep wool	applied on sheep or directly on raw wool	[641]

Substance	CAS-Nr.	Tradename/Product/Common Name	Function	Process	Application	Literature
Chromic acid	7738-94-5		oxidising agent	printing; discharge printing	used in old discharge printing processes developed to discharge	[751]
Chrom(III) oxide	1308-38-9	CATALYST H1-40 TABLET 5X5MM	cross-linking agent	finishing	easy-care finishing with cross-linking agent	[643]
chromium compounds	7440-47-3		fixation (dye); dye (fixation)	dyeing and printing	aftertreatment	[746]
Chromium (III)	16065-83-1	Bemaplexschwarz S-BGL; Acidolbraun KM-N; Acidolbraun M-BL flüssig; Acidoldunkelblau M-TR; Acidolgelb M-2GLN; Acidolgrau M-G; Acidolgrün M-FGL; Acidololiv KM-G; Acidolrot M-BR; Acidolscharlach M-L; Acidolschwarz M-SRL; Vialonechtorange RL 85 flüssig; Vialonechtschwarz 3RL 85 flüssig	acid dye	dyeing and printing	Dyeing and printing: Mainly used for polyamide (70-75%) and wool (25-30%) dyeing; Also used for silk and some modified acrylic fibres	[642]
Chromium VI	18540-29-9				Colour additive. Fixing agent. Finishing agent in direct dyeing to improve washproofness. Potassium chromate in oxidation of vat and sulphur dyes. Chromium salts are used as pre- and after-treatment agents in acid dyeing of silk and wool.	[746] - not permitted as additive
Chrysin	480-40-0		natural dye; flavanoid	dyeing and printing	Component in Black Poplar, Golden Rod; Black Poplar: One obtains yellow on wool previously steeped in alum; post-treatment with a solution of ferrous sulphate results in grey.; Golden Rod: One uses the herbs of the plant for dyeing alum mordanted wool golden yellow.	[808]

Substance	CAS-Nr.	Tradename/Product/Common Name	Function	Process	Application	Literature
Chrysophanol	481-74-3		natural dye; anthraquinone	dyeing and printing	Trace component in Rhubarb, Bitter Dock, Common Sorrel, Tanner's Dock, Alder Buckthorn, Sagradabark, Aloe; Tanner's Dock: Its roots are used for dyeing on alum mordanted wool to obtain yellow, orange and auburn. The tints possess good fastness to light and washing.; Alder Buckthorn: Its bark is used for dyeing to obtain brown on alum mordanted wool; an addition of potassium carbonate to the dyeing fluid creates dark auburn. On wool steeped in chrome mordant one obtains auburn as well.; Aloe: A mixture of Aloe and water directly dyes wool a dark cherry brown colour. Post-treatment with potassium bichromate makes brown tints darker. With iron sulphate one obtains maroon.	[808]
Cinnabarine	146-90-7		natural dye; lichen and fungus	dyeing and printing	Component in Pycnoporus Cinnabarinus; Pycnoporus Cinnabarinus: Wool without mordant is dyed brownish-yellow, with alum brownish-yellow, with stannous chloride brownish-orange, with copper sulphate reddish-brown, with iron sulphate olive brown.	[808]

Substance	CAS-Nr.	Tradename/Product/ Common Name	Function	Process	Application	Literature
Citric acid	77-92-9	Zitronensäure	softener; cross-linking agent / non-creasing agent	easy-care finishing; (functional) finishing of cellulose	alternative cross-linking agent that reacts with the fibre forming ester cross-links using hypophosphite salts as catalyst; the system has zero-formaldehyde release potential but is of little importance because of high cost and colour problems; alternative to DMDHEU (formaldehyde releasing cross-linking agent);improving low wet resiliency of silk	[642]; [647]; [750]; [749]; [752]
clove oil	8000-34-8		fragrance	textile finishing	water-insoluble essential oil that can be incorporated in microcapsules made of yeast, and applied onto fabric made of cotton, cotton-wool blends and wool	[761]
Cobalt	7440-48-4	CATALYST H 2-91 WET SPENT CATALYST; CATALYST H 2-93 REDUCED 3-6 MM GRANULES; CATALYST H2-91 REDUCED NEW 4 MM	cross-linking agent; antimicrobiotics; dye	dyeing and printing	aftertreamtment	[643]; [693]; [746]
Cobalt(II) oxide	1307-96-6	CATALYST H 2-91 WET SPENT CATALYST; CATALYST H 2-93 REDUCED 3-6 MM GRANULES; CATALYST H2-91 REDUCED NEW 4 MM; CATALYST H2-91; CATALYST M8-10	cross-linking agent	finishing	easy-care finishing with cross-linking agent	[643]

Substance	CAS-Nr.	Tradename/Product/ Common Name	Function	Process	Application	Literature
coco fatty alkyldimethylamine oxide	61788-90-7		finishing agent / emulsifyer	pretreatment, colouring, finishing	nonionic surfactant of the amine oxide type: they are insensitive to water hardness, disperse lime soaps, protonate in acid solution and thus represent a transition to cationic surfactants	[767]
Columbamine	3621-36-1		natural dye; basic	dyeing and printing	Component in Barberry, Jatheoriza Palmata, Coptis Japonica, Coptis Chinensis; Barberry (C.I. Natural Yellow 18): The roots or bark can be used as a direct dye on wool, silk, or cotton. Wool and silk are dyed in a source of light at 50 to 60°C; cotton can be dyed with tannin mordant or with tartar emetic to obtain dark yellow tints.	[808]
Copper	7440-50-8	CATALYST H 2-91 WET SPENT CATALYST; CATALYST H2-91 REDUCED NEW 4 MM	cross-linking agent; dye; biocide	dyeing and printing; finishing: antimicrobial treatment	aftertreatment; antimicrobiotics	[643]; [746]
Copper acetate	142-71-2		oxidizing / reducing agent	dyeing and printing	aftertreatment	[746]
copper naphtenate	1338-02-9		biocide	antimicrobial finishing	agent used mainly on protective wear	[749]
Copper nitrate	3251-23-8		oxidizing / reducing agent	dyeing and printing	aftertreatment	[746]
Copper quinolate	10380-28-6		biocide	antimicrobial finishing	typical biocide used in the textile industry	[757]
Copper sulfate	7758-98-7		dyeing auxiliary / mordant	dyeing	dyeing of silk and wool with natural "lac" dyes (based on laccaic acid)	[756]
Copper(II) oxide	1317-38-0	CATALYST H 2-91 WET SPENT CATALYST; CATALYST H1-90 EXTRUDATE 4MM; CATALYST H2-91 REDUCED NEW 4 MM; CATALYST H2-91	cross-linking agent	finishing	easy-care finishing with cross-linking agent	[643]

Substance	CAS-Nr.	Tradename/Product/ Common Name	Function	Process	Application	Literature
CopperI(II)-chloride	7447-39-4	CATALYST 0 3-114 100%; RINGS 7X7X3 MM; CATALYST 03-114 K; 80 RING 7X7X3MM	cross-linking agent; finishing agent / antimicrobial agent / fungicide / ammonia absorbing agent / trace element delivering agent	textile finishing	finishing agent encapsulated in porous polyacrylonitrile fibres (e.g. Actipore CC from Focus Polymer), to enable controlled release of active agent; the capsules are suggested to be used as fungicide, for deliver of trace elements and for absorbing ammonia	[643]; [761]
Copper(I)iodide	7681-65-4				antimicrobiotics	
Copper(I)oxide	1317-39-1				antimicrobiotics	
Cotoin	479-21-0		natural dye; benzophenon	dyeing and printing	Component in White Mangrove	[808]
Crocetin	102601-40-1		natural dye; carotenoid	dyeing and printing	Trace component in Saffron, Annato; Main component in Tree of Sorrow	[808]
Crocin	42553-65-1		natural dye; carotenoid	dyeing and printing	Main component in Saffron, Cape Jasmin; Component in Indian Mahogany	[808]
Cryptopine	482-74-6		natural dye; alkaloid	dyeing and printing	Component in Prickly Poppy, Fumitory; Fumitory: On wool previously steeped in bismuthate one obtains nice yellow (which is appropriate for green dyeing in combination with Indigo).	[808]
Cuprate(3-), [C-[[[4-[[2-[bis(2-hydroxyethyl)amino]ethyl]sulfonyl]phenyl]amino]sulfonyl]-29H,31H-phthalocyanine-C,C,C-trisulfonato(5-)-kN29,kN30,kN31,kN32]-, tripotassium	288271-21-6		phthalocyanine colorants	printing with ink-jet technology	jet printing ink wit good optical, light and water fastness	[790]

Substance	CAS-Nr.	Tradename/Product/ Common Name	Function	Process	Application	Literature
Cuprate(2-), [C,C-bis[[[4-[[2-[bis(2-hydroxyethyl)amino]ethyl]sulfonyl]phenyl]amino]sulfonyl]-29H,31H-phthalocyanine-C,C-disulfonato(4-)-kN29,kN30,kN31,kN32]-, disodium	288271-14-7		phthalocyanine colorants	printing with ink-jet technology	jet printing ink wit good optical, light and water fastness	[790]
Cuprate(2-), [C,C-bis(chlorosulfonyl)-29H,31H-phthalocyanine-C,C-disulfonato(4-)-kN29,kN30,kN31,kN32]-, dihydrogen	31361-57-6		phthalocyanine colorants	printing with ink-jet technology	jet printing ink wit good optical, light and water fastness	[790]
Cuprate(2-), [C,C-bis[[[4-[[2-[(1,2-dihydroxyethyl)thio]ethyl]sulfonyl]phenyl]amino]sulfonyl]-29H,31H-phthalocyanine-C,C-disulfonato(4-)-kN29,kN30,kN31,kN32]-, dipotassium	288271-15-8		phthalocyanine colorants	printing with ink-jet technology	jet printing ink wit good optical, light and water fastness	[790]
Cuprate(2-), [C,C-bis[[[4-[[2-[[2-(2-hydroxyethoxy)ethyl]amino]ethyl]sulfonyl]phenyl]amino]sulfonyl]-29H,31H-phthalocyanine-C,C-disulfonato(4-)-kN29,kN30,kN31,kN32]-, disodium	288271-13-6		phthalocyanine colorants	printing with ink-jet technology	jet printing ink wit good optical, light and water fastness	[790]
Cuprate(2-), [C,C-bis[[[4-[[2-[(2-hydroxyethyl)amino]ethyl]sulfonyl]phenyl]amino]sulfonyl]-29H,31H-phthalocyanine-C,C-disulfonato(4-)-kN29,kN30,kN31,kN32]-, disodium	288271-12-5		phthalocyanine colorants	printing with ink-jet technology	jet printing ink wit good optical, light and water fastness	[790]

Substance	CAS-Nr.	Tradename/Product/Common Name	Function	Process	Application	Literature
Cuprate(4-), [C,C-bis[[[4-[[2-(sulfooxy)ethyl]sulfonyl]phenyl]amino]sulfonyl]-29H,31H-phthalocyanine-C,C-disulfonato(6-)-kN29,kN30,kN31,kN32]-, tetrahydrogen	118244-01-2		phthalocyanine colorants	printing with ink-jet technology	jet printing ink wit good optical, light and water fastness	[790]
Cuprate(4-), [C,C-bis[[[4-[[2-[(3-sulfopropyl)thio]ethyl]sulfonyl]phenyl]amino]sulfonyl]-29H,31H-phthalocyanine-C,C-disulfonato(6-)-kN29,kN30,kN31,kN32]-, dipotassium dihydrogen	288271-16-9		phthalocyanine colorants	printing with ink-jet technology	jet printing ink wit good optical, light and water fastness	[790]
Cuprate(4-), [3-[[2-[[4-[[(C,C,C-trisulfo-29H,31H-phthalocyanin-C-yl-kN29,kN30,kN31,kN32)sulfonyl]amino]phenyl]sulfonyl]ethyl]thio]propanoato(6-)]-, tripotassium hydrogen	288271-24-9		phthalocyanine colorants	printing with ink-jet technology	jet printing ink wit good optical, light and water fastness	[790]
Cuprate(4-), [[3,3'-[(C,C-disulfo-29H,31H-phthalocyanine-C,C-diyl-kN29,kN30,kN31,kN32)bis(sulfonylimino-4,1-phenylenesulfonyl-2,1-ethanediylthio)]bis[propanoato]](6-)]-, dipotassium dihydrogen	288271-17-0		phthalocyanine colorants	printing with ink-jet technology	jet printing ink wit good optical, light and water fastness	[790]
Cuprate(3-), [C-(chlorosulfonyl)-29H,31H-phthalocyanine-C,C,C-trisulfonato(5-)-kN29,kN30,kN31,kN32]-, trihydrogen	25641-08-1		phthalocyanine colorants	printing with ink-jet technology	jet printing ink wit good optical, light and water fastness	[790]

Substance	CAS-Nr.	Tradename/Product/ Common Name	Function	Process	Application	Literature
Cuprate(3-), [C-[[[4-[[2-[(1,2-dihydroxyethyl)thio]ethyl]sulfonyl]phenyl]amino]sulfonyl]-29H,31H-phthalocyanine-C,C,C-trisulfonato(5-)-kN29,kN30,kN31,kN32]-, tripotassium	288271-22-7		phthalocyanine colorants	printing with ink-jet technology	jet printing ink wit good optical, light and water fastness	[790]
Cuprate(3-), [3-[[3-[[4-chloro-6-[[3-[[2-(sulfooxy)ethyl]sulfonyl]phenyl]amino]-1,3,5-triazin-2-yl]amino]-2-(hydroxy-kO)-5-sulfophenyl]azo-kN1]-4-(hydroxy-kO)-2-naphthalenesulfonato(5-)]-, trihydrogen	412358-32-8		reactive azo dye	printing with ink-jet technology	violet dye; reactive monoazo copper complex dyes for cotton and jet inks	[789]
Cuprate(3-), [3-[[3-[[4-chloro-6-[[4-[[2-(sulfooxy)ethyl]sulfonyl]phenyl]amino]-1,3,5-triazin-2-yl]amino]-2-(hydroxy-kO)-5-sulfophenyl]azo-kN1]-4-(hydroxy-kO)-2-naphthalenesulfonato(5-)]-, trihydrogen	412358-31-7		reactive azo dye	printing with ink-jet technology	violet dye; reactive monoazo copper complex dyes for cotton and jet inks	[789]
Cuprate(3-), [C-[[[4-[[2-[[2-(2-hydroxyethoxy)ethyl]amino]ethyl]sulfonyl]phenyl]amino]sulfonyl]-29H,31H-phthalocyanine-C,C,C-trisulfonato(5-)-kN29,kN30,kN31,kN32]-, tripotassium	288271-20-5		phthalocyanine colorants	printing with ink-jet technology	jet printing ink wit good optical, light and water fastness	[790]
Cuprate(3-), [C-[[[4-[[2-[(2-hydroxyethyl)amino]ethyl]sulfonyl]phenyl]amino]sulfonyl]-29H,31H-phthalocyanine-C,C,C-trisulfonato(5-)-kN29,kN30,kN31,kN32]-, tripotassium	288271-18-1		phthalocyanine colorants	printing with ink-jet technology	jet printing ink wit good optical, light and water fastness	[790]

Substance	CAS-Nr.	Tradename/Product/Common Name	Function	Process	Application	Literature
Cuprate(4-), [C-[[[4-[[2-(sulfooxy)ethyl]sulfonyl]phenyl]amino]sulfonyl]-29H,31H-phthalocyanine-C,C,C-trisulfonato(6-)-kN29,kN30,kN31,kN32]-, tetrahydrogen	288271-19-2		phthalocyanine colorants	printing with ink-jet technology	jet printing ink wit good optical, light and water fastness	[790]
Cuprate(4-), [C-[[[4-[[2-[(3-sulfopropyl)thio]ethyl]sulfonyl]phenyl]amino]sulfonyl]-29H,31H-phthalocyanine-C,C,C-trisulfonato(6-)-kN29,kN30,kN31,kN32]-, tripotassium hydrogen	288271-23-8		phthalocyanine colorants	printing with ink-jet technology	jet printing ink wit good optical, light and water fastness	[790]
Cuprate(2-), [3-[[3-[[4-fluoro-6-(4-morpholinyl)-1,3,5-triazin-2-yl]amino]-2-(hydroxy-kO)-5-sulfophenyl]azo-kN1]-4-(hydroxy-kO)-2-naphthalenesulfonato(4-)]-, dihydrogen	412358-33-9		reactive azo dye	printing with ink-jet technology	violet dye; reactive monoazo copper complex dyes for cotton and jet inks	[789]
Cuprate(2-), [3-[[3-[[2,6(or 4,6)-difluoro-4(or 2)-pyrimidinyl]amino]-2-(hydroxy-kO)-5-sulfophenyl]azo-kN1]-4-(hydroxy-kO)-2-naphthalenesulfonato(4-)]-, dihydrogen	412909-22-9		reactive azo dye	printing with ink-jet technology	violet dye; reactive monoazo copper complex dyes for cotton and jet inks	[789]
Curcumin	458-37-7		natural dye; diaryloylmethane	dyeing and printing	Main component in Turmeric	[808]
cyanamide	420-04-2	PYROSET CP	flame retardant auxiliary	finishing with flame retardant	used in combination with phosphoric acid (e.g. in Pyroset CP), the substance produce fire resistance finish that must be reactivated after each laundering (semi-durable flame retardant)	[750]

Substance	CAS-Nr.	Tradename/Product/ Common Name	Function	Process	Application	Literature
Cyanidin	528-58-5		natural dye; authocyane and betalaine	dyeing and printing	Component in Vaccinium Myrthillus, Blackthorn; Main component in Common Poppy, Guinea Corn; Blackthorn: The decoction of the fruit of Blackthorn dyes linen red; the tint turns faint blue when washed with soap.; Common Poppy: With tin mordant on wool (especially), linen, cotton, and silk one obtains nice amaranth red tints.	[808]
Cyanoguanidine	461-58-5	Cyanoguanidin; Dicyandiamid	colouring auxiliary; flame retardant; reaction product of a dye-fixing agent / cross-linking agent	(functional) finishing; easy-care treatment; finishing with flame retardant	a product is formed by the reaction of dicyandiamide and formaldehyde (in the presence of ethylene diamine or ammonium chloride) that forms a complex with direct or reactive dyed fabrics, and thus serves to improve washing fastness of fabrics; a dicyandiamide-formaldehyde condensation product applied in combination with ammonium phosphate make a semi-durable flame retardant finish for cellulose fabrics	[641]; [642]; [694]; [750]
Cyanuric Chloride	108-77-0		cross-linking agent(for Proteine)	preteratment of silk	Fixation of Sericin on silk, using synthetic wax, as alternative treatment of weightening	[766]
2,4,6-Cycloheptatrien-1-one	499-44-5		antimigration agent		antimicrobiotics	
1,4-Cyclohexane diisocyanate	2556-36-7		by-product of polyurea capsules	finishing with microcapsules	finishing with biocide-, perfume-, etc. microcapsules, intelligent textile	[806]

Substance	CAS-Nr.	Tradename/Product/ Common Name	Function	Process	Application	Literature
Cyclopropanecarboxylic acid, 3-(2,2-dichloroethenyl)-2,2-dimethyl-, (3-phenoxyphenyl)methyl ester	52645-53-1		antimicrobial agent	textile finishing		[758]
Cyhalothrin	91465-08-6	Cyhalothrin	Synthetic pyrethroids insecticides (SP's)	ectoparaticide treatment of sheep	applied on sheep or directly on raw wool	[641]
Cypermethrin	52315-07-8	Cypermethrin	Synthetic pyrethroids insecticides (SP's)	ectoparasiticide treatment of sheep	applied on sheep or directly on raw wool	[641]
Cyromazine	66215-27-8	Cyromazine	Insect growth regulators (IGR's)	ectoparaticide treatment of sheep	applied on sheep or directly on raw wool	[641]
Daidzein	486-66-8		natural dye; flavanoid	dyeing and printing	Trace component in Red Clover	[808]
decabromo diphenyl ethane	61262-53-1		flame retardant	finishing with flame retardant	brominated flame retardant used for polyester and cotton	[753]
Decabromodiphenylether (deca-BDE)	1163-19-5	Decabromodiphenyloxid; Caliban F/RP53; Carbinul (PCUK)	flame retardant	functional finishing; finishing with flame retardant	used in combination with antimon oxide, for durable flame retardant finishs; Immer in Verbindung mit flame retardants basierend auf Antimontrioxid (Sb2O3); textiles are impregnated or coated with liquid and acrylate polymer containing penta-BDE or deca-BDE. Antimony oxide is often used together with PBDE to enhance flame-retardant properties; brominated flame retardant for textiles (mainly upholstery, furnitures, synthteic carpets, etc) used in conjunction with antimony trioxide, or either in combination with inorganic phosphorous compounds (e.g. in ABC uniforms)	[753]; [641]; [754]; [749]
dekabromobiphenyl (deca-BB)	13654-09-6		flame retardant	finishing with flame retardant		[754]

Substance	CAS-Nr.	Tradename/Product/ Common Name	Function	Process	Application	Literature
Delphinidin	528-53-0		natural dye; authocyane and betalaine	dyeing and printing	Component in Vaccinium Myrthillus, Blackthorn; Blackthorn: The decoction of the fruit of Blackthorn dyes linen red; the tint turns faint blue when washed with soap.	[808]
Deltamethrine	52918-63-5	Deltamethrin	Synthetic pyrethroids insecticides (SP's)	ectoparasiticide treatment of sheep	applied on sheep or directly on raw wool	[641]
dextrin	9004-53-9		surface-modifying	finishing: softening treatment	aftertreatment	[746]
D-Glucit	50-70-4	BAFIXAN BLACK BN LIQUID; BAFIXAN Black PA; BAFIXAN Black RB Liquid; BAFIXAN Blue PA; BAFIXAN Blue RS; BAFIXAN PINK FF3B LIQUID; BAFIXAN RED HL NB 301; BAFIXAN Red PA; BAFIXAN YELLOW 3GE LIQuid; BAFIXAN YELLOW HL NB 801	colouring auxiliary	transfer paper printing process		[643]
D-Glucose	50-99-7	Glukose	printing auxiliary; colouring auxiliary	printing; dyeing with sulfur dyes	component of binary reducing system for sulfur dyestuffs to prevent over-reduction, combined with sodium dithionite, hydroxyacetone (seldom), formamidine sulfuric acid (seldom) or thiourea dioxide	[642]; [807]
1,4-Diaminobutane	110-60-1		by-product of polyurea capsules	finishing with microcapsules	finishing with biocide-, perfume-, etc. microcapsules, intelligent textile	[806]
1,4-Diaminocyclohexane	2615-25-0		by-product of polyurea capsules	finishing with microcapsules	finishing with biocide-, perfume-, etc. microcapsules, intelligent textile	[806]
3,3'-Diaminodipropylamine	56-18-8		by-product of polyurea capsules	finishing with microcapsules	finishing with biocide-, perfume-, etc. microcapsules, intelligent textile	[806]

Substance	CAS-Nr.	Tradename/Product/ Common Name	Function	Process	Application	Literature
1,3-Diamino-2-sulfatopropane	70548-04-8		colouring auxiliary	pad-process	modification of cellulose dyeing properties, when dyeing with reactive dyes	[650]
Diammonium sulfate	7783-20-2	Ammonium sulphate; CATALYST 04-82	colouring auxiliary; flame retardant; catalyst / cross-linking auxiliary; dyeing auxiliary (pH-regulator)	finishing with flame retardant; easy-care finishing of cellulose-containing fabric; dyeing of wool; colouring of polyamide	used as non-durable flame retardant for cellulosic fibres; catalyst for cross-linking reactions of synthetic resins on cellulose-containing fabrics; ammonium salts group; dyeing of wool using so-called super milling acid dyes	[641]; [750]; [749]; [739]
Diammoniumhydrogenphosphate	7783-28-0	Diammoniumphosphate; DAP	common purpose textile auxiliary; flame retardant	finishing with flame retardants	used in non-durable flame retardant treatments on mainly cellulose-based fabrics	[642]; [750]; [765]
Diatomaceous earth	61790-53-2	CATALYST 04-10 EXTRUDATES; CATALYST 04-10 RINGS; CATALYST 04-110 EXTRUDATES; CATALYST 04-110 RING; CATALYST 04-110 STAR RING 10X5; silica (amorphous)	cross-linking agent; silica: printing auxilary (opacifier in printing paste)	silica: printing with pigments	silica: alternative opacifier in pigment printing paste, usefull when printing on dark background	[643]; [802]
Diazinon	333-41-5	Diazinon	insecticide	ectoparasiticide treatment of sheep	applied on sheep or directly on raw wool	[641]
Dibenzyldimethylammonium chloride	100-94-7	Basacrylsalz AN	colouring auxiliary			[642]
Dibutyl phthalate	84-74-2	Butylphthalat	softener; plasticizer; coating auxiliary	finishing: softening treatment, coating	aftertreatment; the plasticizer is added to PVC polymer powder or dispersion to obtain coatings that are more soften and less brittle; coating auxiliary add to polymer powder or dispersion (e.g. PVC) prior to coating, as external plasticisation to soften the obatined film	[641]; [746]; [750]
Dicarotene	502-65-8	Lycopin	natural dyestuff	dyeing and printing		[645]

Substance	CAS-Nr.	Tradename/Product/ Common Name	Function	Process	Application	Literature
Dicesium monoxide	20281-00-9	CATALYST 04-115 STERNRING 11X4MM	cross-linking agent	finishing	easy-care finishing with cross-linking agent	[643]
Dichlofenthion	97-17-6	Dichlofenthion	organophosphorous insecticides (OP's)	ectoparaticide treatment of sheep	applied on sheep or directly on raw wool	[641]
1,2-Dichlorbenzene	95-50-1	1,2-Dichlorbenzene	colouring auxiliary; carrier	dyeing and printing	Promotes the absorption and diffusion of disperse dyes into the fibre under low-temperature conditions; aftertreatment	[641]; [746]
Dichlordiphenyltrichlorethane (DDT)	50-29-3	Dichlordiphenyltrichlorethan (DDT)	insecticide	ectoparasiticide treatment of sheep	applied on sheep or directly on raw wool	[641]
1,3-Dichlorobenzene	541-73-1		carrier	dyeing and printing	aftertreatment	[746]
1,4-Dichlorobenzene	106-46-7	Mottenkugeln	antimicrobiotics; carrier	dyeing and printing	aftertreatment	[642]; [746]
3,3'-Dichlorobenzidine	91-94-1	3,3'-Dichlorbenzidin	by-product	colouring / dyeing and printing with azo dyes	carcinogenic amine that may be released by some azo dyestuffs	[641]
2,4-dichlorobenzyl alcohol	1777-82-8		biocide	antimicrobial finishing	typical biocide used in the textile industry	[757]
4,5-Dichloro-2-cyclohexyl-4-isothiazolin-3-one	57063-29-3		antimicrobiotic; isothiazolinone derivative	finishing; printing	achieving resistance against microorganisms; improvement of storage stability (printing pastes)	[636]
Dichlorodiphenyldichloroethane (DDD)	72-54-8	Dichlordiphenyldichlorethan (DDD)	insecticide	ectoparasiticide treatment of sheep	applied on sheep or directly on raw wool	[641]
dichlorodiphenylmethane	2051-90-3		biocide	antimicrobial finishing	agent used mainly on protective wear	[749]
dichloroisocyanuric acid	2782-57-2	Basolan DC (BASF)	chlorination agent	dyeing and printing	pretreatment	[741]
Dichloromethane	75-09-2	Pregan E; AM 8 Klebespray 2,5-10%	printing auxiliary	printing		[642]
(Dichloromethyl)benzene	98-87-3		carrier	dyeing and printing	aftertreatment	[746]
4,5-Dichloro-2-octyl-3(2H)-isothiazolone	64359-81-5		antimicrobiotic; isothiazolinone derivative	finishing; printing	achieving resistance against microorganisms; improvement of storage stability (printing pastes)	[636]

Substance	CAS-Nr.	Tradename/Product/ Common Name	Function	Process	Application	Literature
Dichlorophen	97-23-4	Preventol GD 97%	biocide; antimicrobial agent	antimicrobial finishing; textile finishing	typical biocide used in the textile industry; alkali-soluble biocide that can be incorporated in microcapsules made of yeast, and applied onto textile material made of cotton, cotton-wool blends and wool	[642]; [757]; [761]; [410]
1,3-Dichloro-2-propanol	96-23-1	Baygard EP 0,1-0,5%	water repellent	finishing with water-repellents		[642]
2,4-Dichlorotoluene	95-73-8		carrier	dyeing and printing	aftertreatment	[746]
2,6-Dichlorotoluene	118-69-4		carrier	dyeing and printing	aftertreatment	[746]
3,4-Dichlorotoluene	95-75-0		carrier	dyeing and printing	aftertreatment	[746]
Dichlorotoluene	29797-40-8	Dichlorotoluene	colouring auxiliary	colouring / dyeing with dysperse dyes	accelerate the absorption and diffusion of dispersing dyestuff into the fibre under low temperatures	[641]
1,3-Dichloro-1,3,5-triazinetrione, sodium salt	2893-78-9	1,3-Dichlorisocyanat-Sodiumsalz; Basolan DC	special auxiliaries; oxidising agent	pretreatment of wool / antifelting treatments	oxidising (chlorine) treatment of wool to confere anti-felt characteristics; oxidising agent for chlorine treatment; functional finishing/anti-felt finishing of wool; pretreatment for printing of wool without chlorine-containing substances	[642]; [641]; [759]
Dicyclanile	112636-83-6	Dicyclanil	Insect growth regulators (IGR's)	ectoparasiticide treatment of sheep	applied directly on sheep or on raw wool	[641]
Dieldrine	60-57-1	Dieldrin	Organochlorine insecticides (OC's)	ectoparaticide treatment of sheep	applied on sheep or directly on raw wool	[641]
Diethanolamine	111-42-2	PALEGAL N-SF; Uvitex MST 3%	PALEGAL N-SF: colouring auxiliary; Uvitex MST: optical brighteners	colouring / dyeing	PALEGAL N-SF: for high temperature dyeing of polyester fibers with disperse dyes	[643]
Diethylene glycol	111-46-6	Diethylenglykol; Tanawet PAD; Tubiperl P 1%; AQUAPRINT Fluorescent Pink BLF 05-53229; AQUAPRINT OPAQUE BASE	Diethylenglykol: softener; fixation,printing; Tubiperl P: printing auxiliary; HIFAST BLACK 2KR 05-52852, HIFAST BLACK LVP 05-	multipurpose; dyeing and printing	aftertreatment; FIXAPRET ECO: Concentrated textile resin for easy care finishing of woven and knitted fabrics produced from cellulosic	[643]; [642]; [746]

Substance	CAS-Nr.	Tradename/Product/ Common Name	Function	Process	Application	Literature
		05-51149; ARIDYE Pad Brown 4K 09-9552; ARIDYE Pad Brown R 09-9550; ARIDYE PAD WHITE 09-91102; ARIDYE SXN Black 2K 05-5211; FIXAPRET ECO; FIXAPRET ECO; LEOPHEN RA; HIFAST BLACK 2KR 05-52852; HIFAST BLACK LVP 05-52172; HIFAST N ROYAL BLUE 05-57929; HIFAST N Royal Blue R 05-57826; PAD N GREY 2K 09-9280; PAD N GREY 2K 09-9286; PAD N Yellow 4GL 09-98832; PAD N Yellow 4GL 09-98839; POLYFAST BLACK KB 05-52131; POLYFAST BLUE LGB 05-57188; POLYFAST Blue RB 05-57216; POLYFAST BROWN HWP 05-55165; POLYFAST GREEN PB 05-54157; POLYFAST Navy JS 05-57171; POLYFAST PINK 3B 05-53779; POLYFAST RED A2B 05-53263; POLYFAST RED RRL 05-53279; POLYFAST SCARLET 05-53261; POLYFAST Violet VB 05-56122; POLYFAST YELLOW LG 05-58231; POLYFAST YELLOW LR 05-58226; RESPAD GREY R3W 01-8600	52172, HIFAST N ROYAL BLUE 05-57929, HIFAST N Royal Blue R 05-57826, PAD N GREY 2K 09-9280, PAD N GREY 2K 09-9286, PAD N Yellow 4GL 09-98832, PAD N Yellow 4GL 09-98839, POLYFAST BLACK KB 05-52131, POLYFAST BLUE LGB 05-57188, POLYFAST Blue RB 05-57216, POLYFAST BROWN HWP 05-55165, POLYFAST GREEN PB 05-54157, POLYFAST Navy JS 05-57171, POLYFAST PINK 3B 05-53779, POLYFAST RED A2B 05-53263, POLYFAST RED RRL 05-53279, POLYFAST SCARLET 05-53261, POLYFAST Violet VB 05-56122, POLYFAST YELLOW LG 05-58231, POLYFAST YELLOW LR 05-58226, RESPAD GREY R3W 01-8600, Tanawet PAD: colouring auxiliary		fibers and their blends; LEOPHEN RA: wetting agent for dyeing and continuous pigment padding	
Diethylene glycol monostearate	106-11-6	Defoamer T	colouring auxiliary; antifoaming agent	multipurpose auxiliary	excellent stability and compatibility in pigment printing and pigment pad dyeing	[643]

Substance	CAS-Nr.	Tradename/Product/ Common Name	Function	Process	Application	Literature
Diethylenetriamine	111-40-0		by-product of polyurea capsules	finishing with microcapsules	finishing with biocide-, perfume-, etc. microcapsules, intelligent textile	[806]
Diethylenetriaminepentaacetic acid	67-43-6	DTPA	chelating agent			[641]
Diethylenetriaminepenta(methyl enphosphonic acid) (DTPMP)	15827-60-8	Diethylentriaminpenta(methyl enphosphonsäure)	chelating agent	multiple processes		[641]
Diethylentriaminepentaacetic acid pentasodium salt	140-01-2	CHEL DTPA-41 LIQUID				[643]
Di(2-ethylhexyl) sulfosuccinic acid, sodium salt	577-11-7		finishing agent / emulsifyer	pretreatment, colouring, finishing	anionic surfactant of the sulphosuccinate type, readily soluble in water and used as wetting agent (i.e. "fast wetters") and dispersing agent in textile processing and dyeing, also ideally suited as components of dry cleaning agents	[787]
Di-2-ethylhexylphthalate	117-81-7	Dioctylphthalat	softener; plasticizer; fixation, printing	finishing / coating; dyeing and printing; finishing: softening treatment	the plasticizer is added to PVC polymer powder or dispersion to obtain coatings that are more soften and less brittle; aftertreatment	[642]; [641]; [750]; [746]
Diethylphthalate	84-66-2		carrier	dyeing and printing	aftertreatment	[746]
Diflubenzuron	35367-38-5	Diflubenzuron	Insect growth regulators (IGR's)	ectoparasiticide treatment of sheep	applied on sheep or directly on raw wool	[641]
2,3-Dihydro-5-hydroxy-1,4-naphthalindion	6312-53-4	beta-Hydrojugolon	natural dyestuff	dyeing and printing		[645]
3,3'-Dihydroxy alpha-carotin	127-40-2	Xanthophyll	natural dyestuff	dyeing and printing		[645]
1,3-Dihydroxy-anthraquinone	518-83-2	Purpuroxanthin	natural dyestuff	dyeing and printing		[645]
1,2-Dihydroxyantraquinone	72-48-0	Alizarin	natural dyestuff			[645]
3,4-Dihydroxybenzoic acid	99-50-3	Protocatechuic acid	natural dyestuff	dyeing and printing		
4,5-dihydroxy-1,3-dimethyl-2-imidazolidine	3923-79-3		cross-linking agent / non-creasing agent	easy-care finishing	cyclic urea derivate with moderate non-creasing and easy-care properties, but disadvantages like high cost, low effectiveness, and colour and odour problems	[750]

Substance	CAS-Nr.	Tradename/Product/ Common Name	Function	Process	Application	Literature
di(hydroxyethyl)amine	114-42-2		wrinkle-resistant treatment	finishing: wrinkle- and wrinkle-resistant treatment	aftertreatment	[746]
4,5-Dihydroxyethylene urea	3720-97-6		easy-care finishing agent; cross-linking agent / non-creasing agent; wrinkle-resistant treatment	pad-process; easy-care finishing; finishing: wrinkle- and wrinkle-resistant treatment	aftertreatment; reactant cross-linking agent / Fixierer; These products have almost replaced all of the other products formerly used as cross-linkers in easy-care finishing;The products are the agents of choice for permanent press because of the lower formaldehyde evolution potential (both in the cured and the uncured state) and the stability in the uncured or partially cured state (see post-cured permanent press process);DMDHEU modifications (buffered versions, and versions with slightly less than 2:1 formaldehyde to DHEU ratio, of the original glyoxal-urea product) offered better fabric whiteness with certain catalyst systems and slightly lower formaldehyde evolution from the finished fabric;Products with varying degrees of methylation appear later (commercial products are commonly 25-50% methylated) and are prepared by reacting DMDHEU with methanol at low pH, they provide lower formaldehyde evolution from	[646]; [750]; [746]

Substance	CAS-Nr.	Tradename/Product/ Common Name	Function	Process	Application	Literature
					fabrics;Hydroxyl-containing compounds with low volatility (i.e. glycols, glycerin or nitroalcohols) can be added to or react with either DMDHEU or methylated DMDHEU provide even lower formaldehyde evolution potential from treated fabric	
5,7-Dihydroxyflavone	480-40-0	Chrysin	natural dyestuff	dyeing and printing		[645]
5,7-Dihydroxy-4'-methoxyflavone	480-44-4	Acacetin	natural dyestuff	dyeing and printing		[645]
1,3-Dihydroxy-2-methylanthraquinone	117-02-2	Rubiadin	natural dyestuff	dyeing and printing		[645]
1,8-Dihydroxy-3-methyl-9-anthrone	491-58-7	Chrysarobin; also: CAS 491-59-8 (enol tautomer)	natural dyestuff	dyeing and printing		[645]
Diisodecyl phthalate	26761-40-0	Diisodecylphthalat; Estabex ABF2DIDP (Intercide ABF 2 DIDP)	Diisodecylphthalat: softener; Estabex ABF2DIDP (Intercide ABF 2 DIDP): antimicrobiotics	finishing		[642]
1,4-dimercapto-2,3-butanediol	27565-41-9	Cleland's reagent	finishing agent / depilatory agent	textile finishing with microcapsules	depilatory agent encapsulated in a hard thin shell and coated or sprayed on textile hosiery, for automatically removal of unwanted hair while being worn	[761]
Dimethoxane	828-00-2	Scotchgard FC 270 0,1%	water repellent	finishing with water-repellents		[642]
3,3'-Dimethoxybenzidine	119-90-4	3,3'-Dimethoxybenzidin; o-Dianisidine	by-product	colouring / dyeing and printing	carcinogenic amine that may be released by some azo dyestuffs	[641]
1,3-dimethoxymethyl DHEU	3001-61-4		cross-linking agent / non-creasing agent	easy-care finishing	These products have almost replaced all of the other products formerly used as cross-linkers in easy-care finishing;The products are the agents of choice for permanent press because of the lower formaldehyde	[750]

Substance	CAS-Nr.	Tradename/Product/ Common Name	Function	Process	Application	Literature
					evolution potential (both in the cured and the uncured state) and the stability in the uncured or partially cured state (see post-cured permanent press process);DMDHEU modifications (buffered versions, and versions with slightly less than 2:1 formaldehyde to DHEU ratio, of the original glyoxal-urea product) offered better fabric whiteness with certain catalyst systems and slightly lower formaldehyde evolution from the finished fabric;Products with varying degrees of methylation appear later (commercial products are commonly 25-50% methylated) and are prepared by reacting DMDHEU with methanol at low pH, they provide lower formaldehyde evolution from fabrics;Hydroxyl-containing compounds with low volatility (i.e. glycols, glycerin or nitroalcohols) can be added to or react with either DMDHEU or methylated DMDHEU provide even lower formaldehyde evolution potential from treated fabric (see further discussion on formaldehyde "scavenger", in text below)	

Substance	CAS-Nr.	Tradename/Product/ Common Name	Function	Process	Application	Literature
Dimethyl hydrogen phosphite	868-85-9	dimethyl phosphonate	flame retardant	finishing with flame retardant	flame retardant solvated in DMF and fixed durably on amininated cellulose fibres by phosphorilation	[791]
dimethyl methylphosphonate (DMMP)	756-79-6		flame-retardant	finishing with flame retardant	used in unsaturated polyester to enhance flame retardation and to reduce viscosity	[754]
Dimethyl naphthalene	28804-88-8		carrier	dyeing and printing	aftertreatment	[746]
2,4-dimethyl phenol	105-67-9		solvent			[746]
Dimethyl terephthalate	120-61-6		carrier	dyeing and printing	aftertreatment	[746]
Dimethylamine hydrochloride	506-59-2	DTDMCA; dimethyl ammonium chloride	softener	finishing: softening, hand-modifying finishing	cationic softener	[753]
3,3'-Dimethylbenzidine	119-93-7	3,3'-Dimethylbenzidin; o-Tolidine	by-product	colouring / dyeing and printing	carcinogenic amine that may be released by some azo dyestuffs	[641]
3,3'-Dimethyl-4,4'-diaminodiphenylmethane	838-88-0	3,3'-Dimethyl-4,4'-diaminodiphenylmethan	by-product	colouring / dyeing and printing with azo dyes	carcinogenic amine that may be released by some azo dyestuffs	[641]
1,3-Dimethyl-4,5-dihydroxyethylene urea	[2402-07-5]	Fixapret NF; Rottapret 522	1,3-Dimethyl-4,5-dihydroxyethylenharnstoff: easy-care finishing agent; Fixapret NF: cross-linking agent	Fixapret NF: Foulard process	Fixapret NF: cross-linking agent for formaldehyde-free easy-care finishing of textiles made of cellulose fibres and their blends with synthetics; Rottapret 522: Formaldehydfree reactant cross-linking agent for easy-care finishing of cellulose, linen and their blends, good white grade	[643]; [646]

Substance	CAS-Nr.	Tradename/Product/ Common Name	Function	Process	Application	Literature
dimethylether of trimethylol melamine	1852-22-8		cross-linking agent / non-creasing agent	functional finishing / easy-care finishing	forms self-condensation (aminoplastic) resins (melamine resins), used to produce finishing that tend to yellow on bleaching with hypochlorite and to evoke considerable formaldehyde on storage; the product is not used extensively today, except for stiffening synthetic fabrics and in special finishes such as fine-retardant and non-resistant fabric finish; used alone or in combination	[750]
4,6-Dimethyl-7-ethylamino coumarin	26078-25-1	BLEACHIT 1A	brighteners	pretreatment / bleaching and optical brightening		[643]
Dimethylformamide	[1968-12-02]		fixation, printing	dyeing and printing	aftertreatment	[746]
dimethylol dihydroxyethylene urea (DMDHEU)	13747-12-1		wrinkle-resistant treatment	finishing: wrinkle- and wrinkle-resistant treatment	aftertreatment	[746]
dimethylol ethyl carbamate	3883-23-6		wrinkle-resistant treatment	finishing: wrinkle- and wrinkle-resistant treatment	aftertreatment	[746]
dimethylol ethyltriazone	134-97-4		wrinkle-resistant treatment	finishing: wrinkle- and wrinkle-resistant treatment	aftertreatment	[746]
dimethylol methyl carbamate	4913-31-9		wrinkle-resistant treatment	finishing: wrinkle- and wrinkle-resistant treatment	aftertreatment	[746]
Dimethylol urea	[9011-05-6]	Kaurit S; Urea formaldehyde	easy-care finishing agent; cross-linking agent; wrinkle-resistant treatment	Foulard process; finishing: wrinkle- and wrinkle-resistant treatment	cross-linking agent for easy-care finishing of textiles made of cellulose fibres and their blends with synthetics; aftertreatment	[642]; [643]; [746]
1,3-Dimethylol-4,5-dihydroxyethylene urea (DMDHEU)	1854-26-8	1,3-Dimethylol-4,5-dihydroxyethylenharnstoff; Fixapret CNR; Fixapret CP konz.; FIXAPRET ECO;	Fixapret CP konz.: cross-linking agent; Fixapret CNR, Knittex FA konz., Knittex GM konz., Quecodur TVA:	(functional) finishing / easy-care treatment of cellulose; easy-care	1,3-Dimethylol-4,5-dihydroxyethylen urea: Reactantcross-linking agent; Fixapret CP konz.: cross-	[642]; [650]; [646]; [643]; [651]; [750]

Substance	CAS-Nr.	Tradename/Product/Common Name	Function	Process	Application	Literature
		Knittex FA konz.; Knittex GM konz.; Quecodur TVA	easy-care finishing agent; cross-linking agent; DMDHEU: cross-linking agent / non-creasing agent	finishing	linking agent for easy-care finishing of textiles mad eof cellulose fibres and their blends with synthetics, cross-linking of the fibres; FIXAPRET ECO: Concentrated textile resin for easy care finishing of woven and knitted fabrics produced from cellulosic fibers and their blends; resin finishing of cotton to improve wrinkle resisting properties, etc. (easy-care finishing treatment); These products have almost replaced all of the other products formerly used as cross-linkers in easy-care finishing;The products are the agents of choice for permanent press because of the lower formaldehyde evolution potential (both in the cured and the uncured state) and the stability in the uncured or partially cured state (see post-cured permanent press process);DMDHEU modifications (buffered versions, and versions with slightly less than 2:1 formaldehyde to DHEU ratio, of the original glyoxal-urea product) offered better fabric whiteness with certain catalyst systems and slightly lower formaldehyde evolution from the finished	

Substance	CAS-Nr.	Tradename/Product/ Common Name	Function	Process	Application	Literature
					fabric;Products with varying degrees of methylation appear later (commercial products are commonly 25-50% methylated) and are prepared by reacting DMDHEU with methanol at low pH, they provide lower formaldehyde evolution from fabrics;Hydroxyl-containing compounds with low volatility (i.e. glycols, glycerin or nitroalcohols) can be added to or react with either DMDHEU or methylated DMDHEU provide even lower formaldehyde evolution potential from treated fabric	
dimethylol-5-oxa-1,3-piperazine-2-on	7327-69-7		wrinkle-resistant treatment	finishing: wrinkle- and wrinkle-resistant treatment	aftertreatment	[746]
Dimethylphthalate	131-11-3	Dimethylphthalat	colouring auxiliary; carrier	dyeing and printing	Promotes the absorption and diffusion of disperse dyes into the fibre under low-temperature conditions; aftertreatment	[641]; [746]
Dimethyl-polysiloxane	8050-81-5	Entschäumer DCH	common purpose textile auxiliary: antifoaming agent	multiple processes		[642]
Di-n-butyltin Dilaurate	77-58-7	Dicrylan catalyst SLC; Dibutyltindilaurate	finishing agent	finishing		[642]
Dioctyl sebacate	122-62-3		coating auxiliary: plasticiser / softener	finishing / coating	the plasticizer is added to PVC polymer powder or dispersion to obtain coatings that are more soften and less brittle; coating auxiliary add to polymer powder or dispersion (e.g. PVC) prior to coating, as external plasticisation to soften the obatined film	[750]

Substance	CAS-Nr.	Tradename/Product/ Common Name	Function	Process	Application	Literature
Dioctylphthalate	117-84-0	Kollasol ED	colouring auxiliary	colouring		[642]
9,12-Dioxa-2,6-diazatetradecan-14-ol, 6-[3-(dimethylamino)propyl]-2,7,10,13-tetramethyl-	380908-37-2		softener	textile finishing		[783]
Dipentene	138-86-3	Rucogen SFE	common purpose textile auxiliary	multiple processes		[642]
Diphenyloxide	101-84-8	Dilatin NAN 5%	colouring auxiliary; carrier	dyeing and printing	aftertreatment	[642]; [746]
Dipropylen glycol	25265-71-8	AQUAPRINT WHITE OP 05-51151; AQUAPRINT WHITE OPN O5-51173; BAFIXAN BLACK BN LIQUID; BAFIXAN Black PA; BAFIXAN Black RB Liquid; BAFIXAN BLUE 2RL LIQUID; BAFIXAN BLUE FRL LIQUID; BAFIXAN Blue PA; BAFIXAN Blue RS; BAFIXAN PINK FF3B LIQUID; BAFIXAN Red PA; BAFIXAN YELLOW 3GE LIQuid; HIFAST N CONC PINK 3B 05-53742; BASOJET PEL-200; LEOPHEN N-AM; PALEGAL N-SF; UNIPEROL N-SE; UNIPEROL W	AQUAPRINT WHITE OP 05-51151, AQUAPRINT WHITE OPN O5-51173, BAFIXAN BLACK BN LIQUID, BAFIXAN Black PA, BAFIXAN Black RB Liquid, BAFIXAN BLUE 2RL LIQUID, BAFIXAN BLUE FRL LIQUID, BAFIXAN Blue PA, BAFIXAN Blue RS, BAFIXAN PINK FF3B LIQUID, BAFIXAN Red PA, BAFIXAN YELLOW 3GE LIQUID, HIFAST N CONC PINK 3B 05-53742, PALEGAL N-SF: colouring auxiliary; BASOJET PEL-200, UNIPEROL N-SE, UNIPEROL W: levelling agent; LEOPHEN N-AM: wetting agent	multiple processes; colouring; BASOJET PEL-200: transfer paper printing process	BASOJET PEL-200: dyeing polyester fibres with disperse dyes under high temperature conditions; LEOPHEN N-AM: non-foaming wetting agent for all types fibres; PALEGAL N-SF: for high temperature dyeing of polyester fibers with disperse dyes; UNIPEROL N-SE, UNIPEROL W: versatile leveling agent when dyeing nylon or wool with acid dyes	[643]
Dipropylene glycol methyl ether	34590-94-8	Baygard CA 40162 1,5%; Rucogen CD 1-3%; Rucogen TA 1758 1-3%; Ruco-Cleaner MS 2-3%; SILIGEN SIN	Baygard CA 40162: Oleophobiermittel; Rucogen CD, Rucogen TA 1758: common purpose textile auxiliary; Ruco-Cleaner MS: printing auxiliary; SILIGEN SIN: softener	multiple processes	SILIGEN SIN: improves sewablility, abrasion resistance and tear strength of fabrics	[642]; [643]
Dirubidium monoxide	18088-11-4	CATALYST 04-26 RINGS	cross-linking agent	finishing	easy-care finishing with cross-linking agent	[643]

Substance	CAS-Nr.	Tradename/Product/ Common Name	Function	Process	Application	Literature
Disodium metasilicate	6834-92-0	waterglass; Cotoblanc RS 21%; Verolan LGA 75-80%	colouring auxiliary; surface-modifying	finishing: softening treatment	aftertreatment	[642]; [746]
Disodium sulfide	1313-82-2	Diresulschwarz RDT 3-5%; Sodiumsulfide	Diresulschwarz RDT: miscellaneous dyestuffs; Sodiumsulfid: colouring auxiliary	colouring / dyeing and printing	Sodiumsulfid: reducing agent, that transform the dyestuff into a soluble form	[642]
Disodiumphosphate	7558-79-4	Disodiumphosphate	colouring auxiliary	colouring		[642]
distearyl dimethyl ammonium chloride	107-64-2	DHTDMCA; DSDMCA; di(hardened tallow) dimethyl ammonium chloride	softener	finishing: softening, hand-modifying finishing	cationic softener	[753]
Distearyldimethylammonium chloride	107-64-2		avivage/ dispersing agent; conditioning agent; antistatic (finishing) agent	finishing process / anti-static treatment / surface treatment	conditioning agents are products of generally complex preparations of surfactants, applied onto the fibre to permit processes such as spinning, weaving, etc.; they influence the frictional behaviour and textile properties such as lustre, handle or brilliance	[652]; [652]
Divanadium pentoxide	1314-62-1	CATALYST 04-27 STRAENGE 4MM; CATALYST 04-28 A; CATALYST 04-82	cross-linking agent	finishing	easy-care finishing with cross-linking agent	[643]
Dodecyl benzenesulfonic acid, sodium salt	25155-30-0	Tensid NaDBS	dyeing auxiliary / anionic surfactant	dyeing	anionic surfactant for dyeing of polyamide with acid dyes	[725]
4-dodecyl-benzenesulfonic acid	121-65-3		dispersing agent / wetting agent	dyeing / printing	dispersing agent promote the formation and stability of dyestuff (dyestuff formulation) and pigment dispersions	[652]
Dracorhodin	643-56-1	C.I. Natural Red 31: C.I. 75200 + 75210, Dracorubin, Dracorhodin	natural dye; xanthon	dyeing and printing	Component in Daemonorops Draco	[808]
Dracorubin	6219-63-2	C.I. Natural Red 31: C.I. 75200 + 75210, Dracorubin, Dracorhodin	natural dye; xanthon	dyeing and printing	Component in Daemonorops Draco	[808]
Ellagic acid	476-66-4	Ellagsäure	natural dyestuff	dyeing and printing		[645]
Ellagic acid	476-66-4		natural dye; gallotannin	dyeing and printing	Component in Gipsywort, Sweet Gale, Sicilian Sumac,	[808]

Substance	CAS-Nr.	Tradename/Product/ Common Name	Function	Process	Application	Literature
					Mealy Tree, Japanese Sumac, Bearberry, Chestnut Tree, Pomegranate, Malpighia Punicifolia, Spruce, Belleric Myrobalans, Indian Almond, Indian Gooseberry, Caesalpinia Coriaria, Schinopsis Lorentui; Sicilian Sumac (C.I. Natural Brown 6): The leaves and branches are used for dyeing wool, which have been previously impregnated in alum mordant, olive yellow. One also obtains pale olive on wool steeped in bichromate of potassium, pale yellow on tin mordanted wool, and grey to black tints on iron liquor mordanted wool.; Japanese Sumac: Using equal quantities of wood essence and caesalpinia sappan wood essence, one can dye silk mordanted with vinegar and potash bright orange.; Bearberry: The decoction of the leaves is used for dyeing alum mordanted wool a nice yellow colour, and iron liquor mordanted wool grey to black.; Chestnut Tree: The bark is used for the dyeing process. Wool steeped in bismuthate is dyed dark brown. One uses the green fruit shells for dyeing non-mordanted wool, in which case brown is obtained. A	

Substance	CAS-Nr.	Tradename/Product/ Common Name	Function	Process	Application	Literature
					post-treatment with bichromate improves fastness to light and washing without considerable modification of the tint. With the leaves one obtains greenish-yellow on wool with alum mordant. If one adds potash to the dyeing fluid one obtains gold yellow. Using a mixture of alum and copper gives olive brown, a mixture of alum and iron liquor results in olive green tints.; Pomegranate: From a mixture of the powdered shells and water, decoction is made for dyeing wool. If one afterwards uses a diluted solution of potash or alum mordant one will obtain yellow. A post-treatment using a diluted solution of pyroligneous acid results in brown; a final treatment of the tint with a diluted solution of potash results in violet blue.; Spruce: Reddish-brown is obtained on wool steeped in alum. Using a decoction made from the branches of Spruce, one obtains grey on wool with ferrous sulphate.	

Substance	CAS-Nr.	Tradename/Product/ Common Name	Function	Process	Application	Literature
Emodin	518-82-1		natural dye; anthraquinone	dyeing and printing	Trace component in Rhubarb, Bitter Dock, Common Sorrel, Alder Buckthorn, Dermocybe Semisanguinea; Sagradabark, Red Creeper, Andira Araroba, Common Yellow Wall Lichen; Component in Chestnut Tree, Xanthoria Elegans, Dermocybe Sanguinea, Common Buckthorn; Main component in Alatrernus, Petiolaris; Chestnut Tree: The bark is used for the dyeing process. Wool steeped in bismuthate is dyed dark brown. One uses the green fruit shells for dyeing non-mordanted wool, in which case brown is obtained. A post-treatment with bichromate improves fastness to light and washing without considerable modification of the tint. With the leaves one obtains greenish-yellow on wool with alum mordant. If one adds potash to the dyeing fluid one obtains gold yellow. Using a mixture of alum and copper gives olive brown, a mixture of alum and iron liquor results in olive green tints.	[808]
Emodin-L-rhamnosid	521-62-0	Frangulin A	natural dyestuff	dyeing and printing		[645]
Emodinmethylether	521-61-9	Physcion	natural dyestuff	dyeing and printing		[645]
Endosulphane	115-29-7		organochlorine insecticides (OC's)	ectoparasiticide treatment of sheep	applied directly on sheep or on raw wool	[641]

Substance	CAS-Nr.	Tradename/Product/ Common Name	Function	Process	Application	Literature
Endrin	72-20-8	Endrin	organochlorine insecticides (OC's)	ectoparaticide treatment of sheep	applied on sheep or directly on raw wool	[641]
Epoxidized soya oil	[8013-07-8]	POLYFAST BLACK KB 05-52131; POLYFAST BLUE LGB 05-57188; POLYFAST Navy JS 05-57171; POLYFAST SCARLET 05-53261; POLYFAST Violet VB 05-56122; POLYFAST YELLOW LG 05-58231	colouring auxiliary	colouring / pigment dyeing and printing	used in pigment dyes	[643]
Eriodictyol	552-58-9		natural dye; flavanoid	dyeing and printing	Component in Dahlia Pinnata; Dahlia Pinnata: Using the essence of the petals one obtains orange yellow tints on wool with alum mordant.	[808]
Ethanol	64-17-5	Etapuron PAC 2,5-10%; Ethanol 92,4%; PALEGAL LP; Perlit SE 10-15%; Rucogen DAK 1-5%; Rucogen DGA 4%; Spiritus 92,4%	Etapuron PAC: softener; Ethanol 92,4%: colouring auxiliary; Perlit SE: water repellent; Rucogen DAK, Rucogen DGA: common purpose textile auxiliary; Spiritus: cleaning agent; PALEGAL LP: levelling agent	finishing with softeners; colouring; finishing with repellents; colouring	PALEGAL LP: for disperse dyes on polyester	[642]; [643]
2-Ethoxyethanol	110-80-5	Ethylene glycol monoethyl ether	dyeing accelerant / swelling agent / Carrier	dyeing	added during dyeing by the exhaust process	[742]
2-Ethoxyethyl acetate	111-15-9	Finish PU 9%	easy-care finishing agent	easy-care finishing		[642]
Ethoxylated isooctylphenol	9004-87-9		finishing agent / emulsifyer	pretreatment, colouring, finishing	nonionic surfactant	[767]
Ethoxylated octylphenole	9063-89-2	PAD N RED B 09-9380; PAD N VIOLET 4B 09-9680; PAD N YELLOW 4GL 09-9889	colouring auxiliary (used in pigment dyes)	colouring		[643]
Ethoxylated styrenated phenole	32171-27-0	PAD N PINK 3B 09-93809; PAD N PINK 3B 09-9381; PAD N VIOLET 4B 09-9680	colouring auxiliary (used in pigment dyes)	colouring with pigment dyes		[643]
ethyl cellulose	9004-57-3		surface-modifying	finishing: softening treatment	aftertreatment	[746]
Ethyl lactate	687-47-8	L-(-)-Ethyl lactate	dyeing accelerant / swelling agent / Carrier	dyeing	added during dyeing by the exhaust process	[742]

Substance	CAS-Nr.	Tradename/Product/ Common Name	Function	Process	Application	Literature
Ethylendiaminetetra(methylenephosphonic acid) (EDTMP)	1429-50-1	Ethylendiamintetra(methylenphosphonsäure)	chelating agent	multiple processes		[641]
Ethylendiamintetraacetic acid (EDTA)	60-00-4	EDTA; Trilon TB Pulver; Triolon TB flüssig	chelating agent; sequesting agents		EDTA: sequestring of multivalent metal ions; Trilon TB Pulver, Triolon TB flüssig: chelating agent for the textile finishing	[643]
ethylene bis(dibromonorbane dicarboximide); N,N'-(ethylene)bis[4,5-dibromohexahydro-3,6-methanophthalimide]	52907-07-0		flame retardant	finishing with flame retardant		[753]
Ethylene glycol	107-21-1	Bezafluorgelb BA 10-15%; Bozemine N 705 1,5%; Dicrylan PSC 1-5%; Drimarenrubinol X-2LR 2%; Erkantol AS 20-30%; Ethylenglykol; Imperonblau K-RR 19%; Imperondunkelbraun K-BR 30%; Knittex IS 10-15%; Levegal RDL 8-13%; Lyofix CHN 1-2,5%; Monoethylenglykol; Nuva FSN 4%; Oleophobol AG 7,5-10%; Oleophobol PF 1-2,5%; Oleophobol S 5-7,5%; Oleophobol SM 1-2,5%; Oleophobol U 1-2,5%; Pigmatexhellbraun 2K 70447 2,5%; Pigmatexhellgrün 2KBX 70471 2%; Pigmatexhellmarine 70433 5%; Preventol D6 15%; Rongalit H flüssig 5%; Sarabid VAT 2%; Sandacid VS 5-50%; Scotchgard FC-247 8%; Scotchgard FC-251 8%; Scotchgard FC 270 5%;	Bozemine N 705: softener; Monoethylenglykole, Ethylenglykole: desizing agent; Terasilschwarz LBSN liquid 50%: dispersing dyestuff; Tuboblanc BL, Uvitex EAR, Uvitex MST: optical brightener; Bezafluorgelb BA, Imperonblau K-RR, Imperondunkelbraun K-BR, Pigmatexhellbraun 2K 70447, Pigmatexhellgrün 2KBX 70471, Pigmatexhellmarine 70433: Pigment; Knittex IS, Lyofix CHN: finishing agents; Oleophobol AG, Oleophobol PF, Oleophobol S, Oleophobol SM, Oleophobol U: oil repellent; Preventol D6: antimicrobiotics; Dicrylan PSC: finishing agents (Appretur); Drimarenrubinol X-2LR: reactive dyestuff; Levegal RDL, Sandacid VS,	Erkantol AS: foulard pad-batch process 1-2 g/l, Pad-Jig-process 2-4 g/l, Pad-Steam-process 2-4 g/l, exhaust- und Pigmentation-processes 0,5-4 g/l, Pigment-pad-process 1-6 g/l; discharge printing (with reduction agents)	in Erkantol AS: wetting agent for colouring and pretreating of cellulose fibres and their blends; especially with white discharges, to ensure that the discharge paste, thoroughly penetrates the fabric and to prevent any "grinning" or show-through effects, especially on knitted fabrics	[642]; [644]; [751]

Substance	CAS-Nr.	Tradename/Product/ Common Name	Function	Process	Application	Literature
		Scotchgard FX 3563 3%; Scotchgard FX 3569 3%; Terasilschwarz LBSN flüssig 50% 10%; Tubassist RTD607W 33%; Tuboblanc BL 13%; Univadin NT 10%; Uvitex EAR 12%; Uvitex MST 10%;	Sarabid VAT, Univadin NT: colouring agents; Erkantol AS: universal textile auxilieries / dispersing agents; Rongalit H flüssig, Tubassist RTD607W: printing agents; Nuva FSN, Scotchgard FC-247, Scotchgard FC-251, Scotchgard FC 270, Scotchgard FX 3563, Scotchgard FX 3569: water repellents; penetrating agents			
Ethylene glycol, monoacetate	542-59-6	Vibatex VM 0,09%	finishing agent	finishing		[642]
Ethylenediamine	107-15-3		by product of cross-linking agent; by-product of polyurea capsules	(functional) finishing / easy-care treatment; finishing with microcapsules	product add to the cross-linking agents formaldehyde / dicyandiamide (used to improve the washing fastness of fabrics dyed with direct or reactive dyes); finishing wit biocide-, perfume-, etc. microcapsules, intelligent textile	[694]; [806]
Ethyleneurea	120-93-4	Pyrovatex CP neu 1-3%	flame retardant	finishing with flame retardant		[642]
2-Ethyl-1-hexanol	104-76-7	Invadin MC (neu) 1%; Irgapadol FFU 1%	Invadin MC (neu): Mercerising and causticizing auxiliary; Irgapadol FFU: colouring auxiliary	pretreatment: mercerising and causticizing		[642]
Fatty acids, coco, compds. with diethanolamine	61790-63-4		finishing agent / emulsifyer	pretreatment, colouring, finishing	nonionic surfactant	[767]
Fenazaflor	14255-88-0		antimicrobiotic; benzimidazol derivative	finishing	achieving resistance against microorganisms	[636]
fenchyl alcohol	1632-73-1		swelling agent (for acetate fibre) / finishing assistant	finishing / delustring of acetate	improve of the delustring effect when treating acetate fabrics / fibres: added to the boiling bath	[749]

Substance	CAS-Nr.	Tradename/Product/ Common Name	Function	Process	Application	Literature
Fenvalerate	51630-58-1	Fenvalerate	Synthetic pyrethroids insecticides (SP's)	ectoparasiticide treatment of sheep	applied on sheep or directly on raw wool	[641]
FERRATE(2-)	12389-75-2	CHEL 330 11% FE				[643]
Ferrocyanide	13408-63-4		finishing assistant / delustring agent	finishing / delustring of synthetic fabrics	precipitation of white pigments on the fibre surface, by 2 successive treatments with salts that consecutively precipitate; ferrocyanide is combined with zinc sulfate e.g.	[749]
Ferrous sulfate	7720-78-7		dyeing auxiliary / mordant	dyeing	dyeing of silk and wool with natural "lac" dyes (based on laccaic acid)	[756]
Fibrous glass filter media	65997-17-3	CATALYST 04-82; Fiberglas	cross-linking agent			[643]
Flumethrin	69770-45-2	Flumethrin	Synthetic pyrethroids insecticides (SP's)	ectoparaticide treatment of sheep	applied on sheep or directly on raw wool	[641]
Formaldehyde	50-00-0	Acrafix MF 0,1-1%; Cassurit HML 1%; Cassurit MLG 1%; Cassurit MT 1%; Deflavit ZA; Dicrylan 7417 0,3%; Dispersogen P 0,1%; Fixapret CNR 0,5%; Fixapret CPN 1%; Fixapret COC 1%; Fixapret TX 2437 1%; Formaldehyd 24%; Formaldehyd 24,9%; Formaldehyd 37%; HIFAST BROWN 2KD 05-55156; PAD N Brown RO 09-9594; Imprafix SV 1-3%; Irgasol DAM 0,2%; Kaurit M 70; Kaurit S; Kieralon EDB; Knittex FA konz. 0,5-1%; Knittex FPC konz. 0,5-1%; Knittex FPR konz. 0,5-1%; Knittex GM konz. 0,5-1%; Knittex IS 2,5-5%; Levogen BF 0,1-0,5%; Luprintol M; Luprintol MC; Luprintol MCL; Lyocol RDN flüssig 50 mg/l;	reaction product of a dye-fixing agent / crosslinking agent; impregnating agent; Acrafix MF: printing-aid agent, cross-linking agent; Dicrylan 7417, Imprafix SV: finishing agent; Cassurit HML, Cassurit MLG, Cassurit MT, Fixapret CNR, Fixapret CPN, Fixapret COC, Fixapret TX 2437, Kaurit M 70, Knittex FA konz., Knittex FPC konz., Knittex FPR konz., Knittex GM konz., Knittex IS, Lyofix CHN, Lyofix MLF (neu), Quecodur TL717, Quecodur TVA: easy-care finishing agent; Formaldehyd 24%, Formaldehyd 24,9%, Formaldehyd 37%, Luprintol M, Luprintol MC, Luprintol MCL, Tubiperl P: printing-	colouring;(functional) finishing / easy-care treatment; finishing: wrinkle- and shrinkage-resistant treatment; Kaurit S: Foulard process; Levogen BF: foulard pad-batch process 1-4 %, continuous process 10-40 g/l	a product is formed by the reaction of formaldehyde and dicyandiamide (in the presence of ethylene diamine or ammonium chloride) that formes a comlpex with direct or reactive-dyed fabrics, and thus serve to improve washing fastness of fabrics; Wrinkle-resistant treatment; Easy-care treatment; Fixing agent; Preservative; aftertreatment; Acrafix MF: formaldehyd-low cross-linking agent for fastness-improvement of pigment prints; Kaurit S: cross-linking agent for Easy-care finishing of textiles made of cellulose and their blends with synthetics; Levogen BF: cationic aftertreatment agent for direct	[642]; [644]; [643]; [746]; [694]

Substance	CAS-Nr.	Tradename/Product/ Common Name	Function	Process	Application	Literature
		Lyofix CHN 1-2,5%; Lyofix MLF (neu) 0,5%; Lyogen PN flüssig 60-150 mg/l; Pigmatexhellbraun 2K 70447 0,18%; Preventol D6 11%; Pyrovatex CP neu 0,5-1%; Quecodur TL717 0,1%; Quecodur TVA 0,5%; Rewin KBL 0,05%; Sarabid VAT 0,25%; Setamol WS 0,2%; Solidogen FRT 1%; Tubiperl P 0,02%; CORIAL Binder IF; FIXAPRET CL	aid agent; Deflavit ZA, Dispersogen P, HIFAST BROWN 2KD 05-55156, PAD N Brown RO 09-9594, Irgasol DAM, Levogen BF, Lyocol RDN flüssig, Lyogen PN flüssig, Rewin KBL, Sarabid VAT, Setamol WS, Solidogen FRT: colouring auxiliary; Pigmatexhellbraun 2K 70447: Pigment; Pyrovatex CP neu: flame retardants; Preventol D6: antimicrobiotics; Kaurit S: easy-care finishing agent, cross-linking agent; Kieralon EDB: finishing auxiliary		and reactive dyeing	
Formic acid	64-18-6	Ameisensäure 85%; Leukophor KNR flüssig 2%; Tubingal CSO 1%; Tubingal CSO extra 1%; Tubingal VP 91 1%;	formic acid 85, %: colouring auxiliary (pH regulator); Leukophor KNR flüssig: optical brighteners; Tubingal CSO, Tubingal CSO extra, Tubingal VP 91: softener; carbonising agent; dyeing auxiliary (pH-regulator); pretreatment agent (reaction product)	pretreatment of wool / carbonising; dyeing; pretreatment of wool / surface modification (acylation)	gentle cabonising agent for wool, prior to treatment with oxidising agent (anti-felting treatment); dyeing of wool with acid levelling (also called equalising) dyes; e.g. dyeing of wool with metal-complex or with chrome dyes; treatment of wool with acetic anhydride and formic acid (acylation reaction) modifies the wollen surface and permits dyeing with reduced salt concentrations	[642]; [763]; [739]; [698]

Substance	CAS-Nr.	Tradename/Product/ Common Name	Function	Process	Application	Literature
Formononetin	485-72-3		natural dye; flavanoid	dyeing and printing	Trace component in Red Clover, White Clover; Component in Adaman Redwood; White Clover (C.I. Natural Yellow 10): On alum mordanted wool one obtains yellow tints; after-treatment with copper sulphate results in greenish-olive.	[808]
Fuberidazole	3878-19-1		antimicrobiotic; benzimidazol derivative	finishing	achieving resistance against microorganisms	[636]
Fumarprotocetrar acid	489-50-9	Fumarprotocetrarsäure; also: CAS 81050-85-3	natural dyestuff	dyeing and printing		[645]
Fustin	20725-03-5		natural dye; flavanoid	dyeing and printing	Component in Young Fustic, Smooth Sumac, Japanese Sumac, Schinopsis Lorentui; Young Fustic (C.I. Natural Brown 1): The leaves are used as a tanning agent but are also used for dyeing iron salts and mordanted wool black.; Japanese Sumac: Using equal quantities of wood essence and caesalpinia sappan wood essence, one can dye silk mordanted with vinegar and potash bright orange.	[808]
G Acid	842-18-2	Leuchtsalz G; 2-Hydroxynaphthalin-6,8-disulfonic acid dipotassium-salt	printing auxiliary	printing		[642]
Galactomannan, Carboxymethylderivative	39421-74-4	Galactomannan, Carboxymethylderivat	sizing agent	pretreatment / sizing		[641]

Substance	CAS-Nr.	Tradename/Product/ Common Name	Function	Process	Application	Literature
Galangin	548-83-4		natural dye; flavanoid	dyeing and printing	Trace component in Chinese Ginger, Bastard Hemp; Component in Black Poplar; Chinese Ginger: Wool previously steeped in alum mordant is dyed brownish-yellow.; Black Poplar: One obtains yellow on wool previously steeped in alum; post-treatment with a solution of ferrous sulphate results in grey.	[808]
Gallic acid	149-91-7		natural dye; gallotannin	dyeing and printing	Component in Caesalpinia Coriaria, Indian Almond, Indian Gooseberry, Tea, Schinopsis Lorentui, Betelnut, Silva Birch, Mealy Tree, Japanese Sumac, Chestnut Tree, Pomegranate; Trace component in Arnica Montana, Ink Nut Tree, Belleric Myrobalans; Japanese Sumac: Using equal quantities of wood essence and caesalpinia sappan wood essence, one can dye silk mordanted with vinegar and potash bright orange.; Chestnut Tree: The bark is used for the dyeing process. Wool steeped in bismuthate is dyed dark brown. One uses the green fruit shells for dyeing non-mordanted wool, in which case brown is obtained. A post-treatment with bichromate improves fastness to light and washing without	[808]

Substance	CAS-Nr.	Tradename/Product/ Common Name	Function	Process	Application	Literature
					considerable modification of the tint. With the leaves one obtains greenish-yellow on wool with alum mordant. If one adds potash to the dyeing fluid one obtains gold yellow. Using a mixture of alum and copper gives olive brown, a mixture of alum and iron liquor results in olive green tints.; Pomegranate: From a mixture of the powdered shells and water, decoction is made for dyeing wool. If one afterwards uses a diluted solution of potash or alum mordant one will obtain yellow. A post-treatment using a diluted solution of pyroligneous acid results in brown; a final treatment of the tint with a diluted solution of potash results in violet blue.; Tea: The essence is used for dyeing. One obtains brown on wool with alum mordant (adding some copper sulphate solution to the dyeing fluid). Reddish-brown is obtained on wool mordanted with bichromate of potassium.	
gamma-Cyclodextrin	17465-86-0		1) levelling auxiliary; 2) coating agent	1) dyeing / printing; 2) finishing / surface-treatment (Hochveredelung)	1) Polyester-HAT-dyeing with dispersed dyes; Trichromic-dyeing of cotton with direct dyes 2) coating agent that subsequently permits storage of odour scents or other functional chemicals	[652]

Substance	CAS-Nr.	Tradename/Product/ Common Name	Function	Process	Application	Literature
gamma-Hexachlorcyclohexan (gamma-HCH)	608-73-1	Lindane	Organochlorine insecticides (OC's)	ectoparasiticide treatment of sheep	applied on sheep or directly on raw wool	[641]
Gardenine	42553-65-1	Crocin	natural dyestuff	dyeing and printing		[645]
g-Carotene	472-93-5		natural dye; carotenoid	dyeing and printing	Trace component in Saffron, Broom	[808]
Genistein	446-72-0		natural dye; flavanoid	dyeing and printing	Component in Wild Indigo, Broom; Trace component in Dyer´s Broom, Red Clover, Chinese Pagoda-Tree; Broom: Yellow tints are obtained with alum mordant; after–treatment of the tints with copper sulphate creates green tints.	[808]
Gentamicine	1403-66-3		antimigration agent		antimicrobiotics	
Gentisin	437-50-3		natural dye; xanthon	dyeing and printing	Component in Great Yellow Gentian; Great Yellow Gentian: When dyed with great yellow gentian, wool mordanted alum turns pale yellow, with iron liquor beige brown, and with copper mordant greyish green.	[808]
Germanium(IV)oxide	1310-53-8				antimicrobiotics	
Gluconic acid	526-95-4	Gluconsäure	chelating agent			[641]
Glutaraldehyde	111-30-8		agent to improve permanent crease of wool; Vernetzungsmittel (für Proteine)	finishing; easy-care finishing of wool; Vorbehandlung von Seide	permanent fixing of wollen materials (crimpy wool) used in combination with sodium hydrogensulfite; Fixierung von Sericin in der Seide mit synthetischem Wachs, als Alternative zur Erschwerung von Seide	[749]; [766]
Glyoxal	107-22-2		cross-linking agent / non-creasing agent; wrinkle-resistant treatment	functional finishing / easy-care finishing; finishing: wrinkle- and wrinkle-resistant treatment	aftertreatment; used as agent that undergoes cross-linking with the cellulose of the fibre; finishes shows disadvantiging a yellowing of the fibre and decrease in strength	[749]; [746]

Substance	CAS-Nr.	Tradename/Product/ Common Name	Function	Process	Application	Literature
Graphite	7782-42-5	CATALYST G1-22; CATALYST H 5-11; CATALYST H1-80 REDUCED; CATALYST H5-15 5X5X2MM RINGS	cross-linking agent			[643]
Guanidine	113-00-8				antimicrobiotics	
Gummi arabicum	[9000-01-5]	Gummi arabicum	printing auxiliary: binder	colouring / printing and dyeing		[642]
Hamamelitannine	469-32-9	Hamamelitannin	natural dyestuff	dyeing and printing		[645]
Harmaline	304-21-2		natural dye; alkaloid	dyeing and printing	Component in Syrian Rue; Syrian Rue: As the pigment of the seeds are only slightly water-soluble, one confects first the powdered seeds in methanol and lets the decoction sit in tepid water over night; then one dilutes the decoction with double the amount of water and uses the liquid for dyeing wool with alum mordant (at 90°C for 60 min.) to obtain an orange colour.	[808]
Harmalol	525-57-5		natural dye; alkaloid	dyeing and printing	Component in Syrian Rue; Syrian Rue: As the pigment of the seeds are only slightly water-soluble, one confects first the powdered seeds in methanol and lets the decoction sit in tepid water over night; then one dilutes the decoction with double the amount of water and uses the liquid for dyeing wool with alum mordant (at 90°C for 60 min.) to obtain an orange colour.	[808]

Substance	CAS-Nr.	Tradename/Product/ Common Name	Function	Process	Application	Literature
Harmane	486-84-0		natural dye; alkaloid	dyeing and printing	Component in Syrian Rue, Sickingia Rubra; Syrian Rue: As the pigment of the seeds are only slightly water-soluble, one confects first the powdered seeds in methanol and lets the decoction sit in tepid water over night; then one dilutes the decoction with double the amount of water and uses the liquid for dyeing wool with alum mordant (at 90°C for 60 min.) to obtain an orange colour.	[808]
Harmin	442-51-3		natural dye; alkaloid	dyeing and printing	Component in Syrian Rue, Sickingia Rubra; Syrian Rue: As the pigment of the seeds are only slightly water-soluble, one confects first the powdered seeds in methanol and lets the decoction sit in tepid water over night; then one dilutes the decoction with double the amount of water and uses the liquid for dyeing wool with alum mordant (at 90°C for 60 min.) to obtain an orange colour.	[808]
2H-Azepin-2-one, 1-ethenylhexahydro-, homopolymer	25189-83-7		softener	textile finishing	color protectants for laundry treatment agents	[776]

Substance	CAS-Nr.	Tradename/Product/ Common Name	Function	Process	Application	Literature
Hematoxylin	517-28-2		natural dye; neoflavanoid	dyeing and printing	Component in Logwood-Tree; Logwood-Tree: On wool with alum mordant one obtains blue, with tin violet, with copper mordant bluish-black, and with iron liquor black. One often prefers to use copper mordant or chrome and copper mordant to dye wool black because those mordants give more light-fastness than the other mordants. Logwood is very good for dyeing silk. To dye it violet, blue, or black, one steeps it in alum mordant and in tin II chloride and then applies together (in case of dark colourings) some tannin and some Alnus glutinosa. One obtains chrome black on silk previously steeped in nitrate of iron. For cotton and linen, one obtains black on cellulose fibres when using tannin and iron salts as mordants. If one adds small quantities of copper sulphate to the mordants, one can prevent tint fading. A post-treatment with chrome salt is also necessary.	[808]
Heptachlor	76-44-8	Heptachlor	Organochlorine insecticides (OC's)	ectoparaticide treatment of sheep	applied on sheep or directly on raw wool	[641]
Heptachlorepoxide	1024-57-3	Heptachlorepoxid	Organochlorine insecticides (OC's)	treatment of ectoparasite in sheep wool	applied on sheep or directly on raw wool	[641]
Hesperitin-7-rutinosid	520-26-3	Hesperidin	natural dyestuff	dyeing and printing		[645]

Substance	CAS-Nr.	Tradename/Product/ Common Name	Function	Process	Application	Literature
hexabromo cyclododecane	3194-55-6	HBCD	flame retardant	finishing with flame retardant; finishing (coating)	brominated flame retardant for textiles (mainly upholstery, furnitures, etc) used in conjunction with antimony trioxide; HBCD is used in coatings for the textile industry; textiles consisting of artificial fibres can be coated with an acrylate mixture to which HBCD and antimony oxides have been added; flame-retardant textiles are used for upholstery and other soft furnishings such as roller blinds; textiles dipped in a flame retardant can assume a greyish colour. This is prevented by coating the back of the textile with a polymer layer containing HBCD. HBCD has the technical advantage of not crystallizing out, whereas flame-retardant salts are liable to do so	[753]; [754]

Substance	CAS-Nr.	Tradename/Product/Common Name	Function	Process	Application	Literature
Hexabromo cyclododecane (HBCD)	25637-99-4		antimigration agent; flame-retardant	finishing with flame retardant; finishing (coating)	antimicrobiotics; brominated flame retardant for textiles (mainly upholstery, furnitures, etc) used in conjunction with antimony trioxide; HBCD is used in coatings for the textile industry; textiles consisting of artificial fibres can be coated with an acrylate mixture to which HBCD and antimony oxides have been added; flame-retardant textiles are used for upholstery and other soft furnishings such as roller blinds; textiles dipped in a flame retardant can assume a greyish colour. This is prevented by coating the back of the textile with a polymer layer containing HBCD. HBCD has the technical advantage of not crystallizing out, whereas flame-retardant salts are liable to do so	[753]; [754]
Hexachlorbenzene	118-74-1	Hexachlorbenzene		ectoparasiticide treatment of sheep	applied directly on sheep or on raw wool	[641]
hexachlorobutadiene	87-68-3		solvent			[746]
3,3',4',5,6,7-Hexahydroxyflavone	90-18-6	Quercetagetin	natural dyestuff	dyeing and printing		[645]
3,3',4',5,5',7-Hexahydroxyflavone	529-44-2	Myrecitin	natural dyestuff	dyeing and printing		[645]
3,3',4',5',7-Hexahydroxyflavyliumchloride	528-53-0	Delphinidin(chlorid)	natural dyestuff	dyeing and printing		[645]

Substance	CAS-Nr.	Tradename/Product/ Common Name	Function	Process	Application	Literature
Hexamethoxy methyl melamine	3089-11-0	Acrafix MF; Acrafix ML 200%	Acrafix MF: printing auxiliary / cross-linking agent; Acrafix ML 200%: cross-linking agent	printing	Acrafix MF: cross-linking agent of low-formaldehyd content, to improve the fastness of pigment prints; Acrafix ML 200%: cross-linking agent for pigment prints of low-formaldehyde content	[642]; [644]
Hexamethylene Diisocyanate (HDI)	822-06-0	Desmodur N100 1,2%	finishing agent; cross-linking agent / -reagent (for proteins); by-product of polyurea capsules	pretreatment of silk; finishing with microcapsules	Fixiation of sericin on silk, alternative to weightening treatment; finishing with biocide-, perfume-, etc. microcapsules, intelligent textile	[642]; [766]; [806]
Hexamethylenetetramine (HMTA)	100-97-0	Albegal SW	colouring auxiliary; non-creasing agent / colouring agent	functional finishing / easy-care finishing	easy-care finishing of cellulose-containing fibres using resin-free cross-linking reactions; HMTA is a formaldehyde spender); the process is nearly obsolete today	[642]; [749]
1,6-Hexanediamine	124-09-4		by-product of polyurea capsules	finishing with microcapsules	finishing with biocide-, perfume-, etc. microcapsules, intelligent textile	[806]
Hexanedioic acid, polymer with 2,2'-oxybis[ethanol]	9010-89-3				antimicrobiotics	
6-Hexanediol	629-11-8	Roseline OF 1-2,5%	easy-care finishing agent	easy-care finihing		[642]
Homoeriodictyol	446-71-9		natural dye; flavanoid	dyeing and printing	Component in Holy Herb; Holy Herb: Golden yellow is obtained on alum mordanted.	[308]
1(2H)-Pyridinepropanoic acid, 3-(aminocarbonyl)-5-[[5-[[4-chloro-6-[ethyl[3-[[2-(sulfooxy)ethyl]sulfonyl]phenyl]amino]-1,3,5-triazin-2-yl]amino]-2-sulfophenyl]azo]-6-hydroxy-4-methyl-2-oxo-	394223-99-5		reactive azo dye	printing with ink-jet technology	yellow dye; reactive azo dye and application to cotton	[773]
Hydrastine	118-08-1		natural dye; basic	dyeing and printing	Component in Golden Seal, Oregon Grape, Prickly Poppy	[808]

Substance	CAS-Nr.	Tradename/Product/ Common Name	Function	Process	Application	Literature
Hydrastinine	5936-29-8		natural dye; basic	dyeing and printing	Component in Golden Seal	[808]
Hydrazine	302-01-2		by-product of polyurea capsules	finishing with microcapsules	finishing with biocide-, perfume-, etc. microcapsules, intelligent textile	[806]
Hydrazinhydrate	7803-57-8	Hydrazinhydrat	by-product of polyurea capsules	finishing with microcapsules	finishing with biocide-, perfume-, etc. microcapsules, intelligent textile	[642]; [806]
Hydrochinon-ß-D-glucopyranosid	497-76-7	p-Arbutin	natural dyestuff	dyeing and printing		[645]
Hydrochloric acid	7647-01-0	Kappaquest S12; Knittex catalyst UMP 1-2,5%; Hydrochloric acid (>25%); Sirrix 2UD (Sirrix 2UD flüssig) 3%	Kappaquest S12: bleaching auxiliary agent; Knittex catalyst UMP: easy-care finishing agent; salt acid: common purpose textile auxiliary	pretreatment / bleaching; easy-care finishing; multiple processes		[642]
hydrocortisone	50-23-7		finishing agent / drug in capsules	textile finishing	transdermal drug encapsulated in porous polyacrylonitrile fibres (e.g. Actipore from Focus Polymer), to enable controlled release of active agent; other transdermal drugs may also be incorporated to that kind of fibre	[761]
Hydrogen peroxide	7722-84-1	Wasserstoffperoxid; Wasserstoffperoxid 35%	bleaching agent; colouring auxiliary	pretreatment/bleaching	bleaching of all kind of natural animal and vegetable fibres, as well as for many man-made-fibres: mainly cotton; cotton/wool; antimicrobiotics	[642]; [641]; [749]; [750]; [651]; [641]
Hydroquinone	123-31-9	p-Dihydroxybenzene	Natural dyestuff	colouring		[645]
Hydroxyacetic acid	79-14-1	Belfasin 2597 Pulver: Glycolsäure (57%)	Belfasin 2597 Pulver: scrooping agents; Glycolsäure: printing auxiliary; catalyst / cross-linking auxiliary	finishing / easy-care finishing of cellulosic fabric	catalyst for cross-linking reactions of synthetic resins on cellulose-containing fabrics; free acid catalyst group	[642]

Substance	CAS-Nr.	Tradename/Product/ Common Name	Function	Process	Application	Literature
Hydroxyacetone	116-09-6	Rongal 5242	printing auxiliary; colouring auxiliary	colouring; printing; dyeing with sulfur dyes	component of binary reducing system for sulfur dyestuffs to prevent over-reduction, combined with glucose, seldom used	[642]; [641]; [807]
1-Hydroxyanthraquinone	129-43-1		natural dye; anthraquinone	dyeing and printing	Trace component in Madder, Sweet Woodruff, Morinda Citrifolia, Morinda Umbellata; Sweet Woodruff (C.I. Natural Red 14): Wool mordanted with alum is dyed red.; Morinda Citrifolia (C.I. Natural Red 18): At first, cotton is washed and dried. It is then treated in a hot mixture of water, soda, and ricinus oil (or sesame oil), and soaked until the mixture gets almost white (about 12 days later). Afterwards, the cotton is taken out and dried. The bark of Morinda citrifolia roots is added to water and boiled until the water gets dark red; the cotton then put into the solution and left to soak for 3 to 4 days in the dyeing liquid.	[808]
2-Hydroxybenzophenone	117-99-7		dyestuff stabilizer; UV-absorber	dyeing; printing		[804]
Hydroxybrasiline	517-28-2	Haematoxylin	natural dyestuff	dyeing and printing		[645]

Substance	CAS-Nr.	Tradename/Product/ Common Name	Function	Process	Application	Literature
5-(2-hydroxy-ethyl)-1,3-bis-hydroxymethyl-[1,3,5]triazinan-2-one	1852-21-7		cross-linking agent / non-creasing agent	fat finishing / easy-care finishing	triazones were used extensively as cross-linkers during the 1950's, mostly in combination with other cross-linkers such as methylol ureas where they have a "depossant" effect upon chlorine damage; they were abandoned because of tendency to yellow fabrics, generate amine odour and evolution of formaldehyde	[750]; [749]
Hydroxyethylcellulose	9004-62-0	Dicrylan Verdicker X; Tylose H300P	finishing agent			[642]
2-Hydroxyethylhydrazine	109-84-2		by-product of polyurea capsules	finishing with microcapsules	finishing with biocide-, perfume-, etc. microcapsules, intelligent textile	[806]
4-(2-Hydroxyethyl)-morpholine	622-40-2		easy-care finishing agent	easy-care finishing	Reaktant crosslinking agent	[650]
Hydroxylamine sulfate	10039-54-0		bleaching agent	pretreatment/bleaching	brightening of animal fibres (wool, silk); final bleaching of wool	[749]; [750]; [651]; [641]
4-Hydroxy-3-methoxybenzaldehyde	121-33-5				antimicrobiotics	

Substance	CAS-Nr.	Tradename/Product/ Common Name	Function	Process	Application	Literature
1-Hydroxy-2-methylanthraquinone	17241-59-7		natural dye; anthraquinone	dyeing and printing	Trace component in Madder, Sweet Woodruff, Morinda Citrifolia, Morinda Umbellata; Sweet Woodruff (C.I. Natural Red 14): Wool mordanted with alum is dyed red.; Morinda Citrifolia (C.I. Natural Red 18): At first, cotton is washed and dried. It is then treated in a hot mixture of water, soda, and ricinus oil (or sesame oil), and soaked until the mixture gets almost white (about 12 days later). Afterwards, the cotton is taken out and dried. The bark of Morinda Citrifolia roots is added to water and boiled until the water gets dark red; the cotton then put into the solution and left to soak for 3 to 4 days in the dyeing liquid.	[808]
5-Hydroxy-1,4-naphthochinone	481-39-0	Juglon	natural dyestuff	dyeing and printing		[645]
2-Hydroxy-1,4-naphthoquinone	83-72-7	Lawson	natural dyestuff	dyeing and printing		[645]
2-Hydroxy-1,2,3-propanetricarboxylic acid, trisodium salt dihydrate	68-04-2	Sodiumcitrate; Trisodium Citrate	catalsyst	functional finishing with repellents	catalsyst used for cross-linking reaction of formaldehyde-free cross-linking agents such as carboxiylic acids	[642]; [771]
Hypericum red	548-04-9	Hypericin	natural dyestuff	dyeing and printing		[645]
Hypochlorite	14380-61-1		reserving agent for wool	pretreatment of wool / alkaline chlorination	reserving wool by oxidatating the surface and thus making wool more resistante towards anionic dyes	[696]
2-Imidazolidinone, 1,1'-(1,2-ethanediyl)bis[4,5-dihydroxy-	262448-49-7		crosslinker		cellulosic fiber structures with good washfastness and deodorant antibacterial properties	[777]

Substance	CAS-Nr.	Tradename/Product/ Common Name	Function	Process	Application	Literature
Imidazolium compounds, 4,5-dihydro-1-methyl-2-nortallow alkyl-3-(2-tallow amidoethyl), Me sulfates	86088-85-9		cationic surfactant; softener	functional finishing	important fabric softener	[767]
Indican	2642-37-7		natural dye; indigoid	dyeing and printing	Main component in Dyer´s Knotweed	[808]
Indigo blue	482-89-3	Indigo	natural dyestuff	dyeing and printing		[645]
Indirubin			natural dye; indigoid	dyeing and printing	Trace component in Indigo Plant, Synthetic Indigo; Component in Banded Dye-Murex	[808]
Indoxyle	480-93-3	Indoxyl	natural dyestuff			[645]
Iron oxide (Fe2O3)	1309-37-1	Bayferrox 600	pigment	colouring with pigments		[642]
Iron Oxide (Fe3O4)	1317-61-9	Bayferrox 600	pigment	colouring / dyeing and printing with pigments		[642]
Isatin	91-56-5	Isatin	natural dyestuff	dyeing and printing		[645]
Isatin	91-56-5		natural dye; indigoid	dyeing and printing	Trace component Indigo Plant; Component in Dog-Whelk	[808]
Isobutano	78-83-1	Eganal GES; Imprafix SV 40-45%	Eganal GES: colouring auxiliary; Imprafix SV: finishing agent	colouring; finishing		[642]
Isopar B	90622-56-3	Lyoprint TFC 16%; Isoparaffin	printing auxiliary	printing		[642]
Isophthaloyl dichloride	99-63-8	Stabilisator 1097 20%				[642]

Substance	CAS-Nr.	Tradename/Product/ Common Name	Function	Process	Application	Literature
Isorhamnetin			natural dye; flavanoid	dyeing and printing	Component in Betel Nut, Anthyllis Vulneria L., Black Poplar, Dyer´s Chamomile, Tansy, Canadian Golden Rod; Trace component in Marigold, Bastard Hemp; Dyer´s Chamomile: With alum mordant one obtains yellow, with alum and tartar one obtains golden yellow. The tints possess excellent fastness to washing and to light.; Tansy: When using alum mordanted wool with tansy herbs one obtains citreous. Olive is obtained with copper mordant, and dark olive brown with iron liquor.; Black Poplar: One obtains yellow on wool previously steeped in alum; post-treatment with a solution of ferrous sulphate results in grey.; Canadian Golden Rod: The whole plant, especially the leaves and petals, are used as a direct dye to achieve a pale yellow colour. Using alum mordant results in citreous. One obtains blackish-brown with iron vitriol.	[808]
Janus Green B	2869-83-2	C. I. 11050	basic dye	dyeing and printing		[702]

Substance	CAS-Nr.	Tradename/Product/ Common Name	Function	Process	Application	Literature
jasmine oil	8022-96-6		fragrance	textile finishing	perfume oil which can be encapsulated (wall materials urea-formaldehyde or melamine-formaldehyde) and applied on different textile material by padding, soaking, coating or printing, and further curing of the resin.	[761]
Jatrorrhizine	3621-38-3		natural dye; xanthon; basic	dyeing and printing	Component in Barberry, Xanthariza Simplicissima, Jateoriza Palmata, Nandina Domestica, Coptis Japonica, Coptis Chinensis, Coptis Teta; Barberry (C.I. Natural Yellow 18): The roots or bark can be used as a direct dye on wool, silk, or cotton. Wool and silk are dyed in a source of light at 50 to 60°C; cotton can be dyed with tannin mordant or with tartar emetic to obtain dark yellow tints.; Nandina Domestica: One uses a decoction of the wood for dyeing wool mordanted with iron salts to obtain bluish-brown. Yellowish-brown is obtained using calcium salt.	[808]
Juglone	481-39-0		natural dye; naphthoquinone	dyeing and printing	Trace component in Walnut-tree; Walnut tree (C.I. Natural Brown 7): The leaves and shells from walnut trees can dye mordanted and non-mordanted wool. With or without alum mordant, brown tints are achieved.	[808]
Kaempferol	520-18-3	C.I. Natural Yellow 13: C.I. 75670 + 75650 + 75690 + 75430 + 75640 + 75695	natural dye; flavanoid	dyeing and printing	Trace component in Red Clover, Sweet Gale, Onion, Chinese Pagoda-Tree;	[808]

Substance	CAS-Nr.	Tradename/Product/ Common Name	Function	Process	Application	Literature
					Walnut-Tree, Woad, Weld; Component in Sawwort, Hemp Agrimony, Anthillis Vulneria L., Black Poplar, Canadian Golden Rod, Laurel, Ash-Tree, Common Buckthorn, Rhamnus Petilolaris, Jung Fustic, Old Fustic, Gossypium Malvaceae, Black Nigrum L, Hollyhock, Fumitory, Sicilan Sumac, Buck'shorn, Chestnut-Tree, French Tamarisk, Larch, Tea; Sawwort: With alum mordant one obtains greenish-yellow; after-treatment with ferrous sulphate results in dark olive brown. After-treatment using copper sulphate gives a yellowish-green colour.; Hemp Agrimony: Yellow is obtained on alum mordanted wool.; Black Poplar: One obtains yellow on wool previously steeped in alum; post-treatment with a solution of ferrous sulphate results in grey.; Canadian Golden Rod: The whole plant, especially the leaves and petals, are used as a direct dye to achieve a pale yellow colour. Using alum mordant results in citreous. One obtains blackish-brown with iron vitriol.; Laurel: One obtains yellow on wool previously mordanted with alum. Post-	

Substance	CAS-Nr.	Tradename/Product/ Common Name	Function	Process	Application	Literature
					treatment with ferrous sulphate gives a fawn-coloured tint, and with copper sulphate olive green.; Ash-Tree: Its leaves are used for dyeing alum mordanted wool yellow; post-treatment with ferrous sulphates makes blackish-brown. The bark of the plant is used for dyeing alum mordanted wool yellow, with ferrous sulphate green, and with copper sulphate an olive or a pale olive green is achieved.; Common Buckthorn (C.I. Natural Yellow 13): One obtains golden yellow on wool mordanted with alum and tartar. Using the bark, one can obtain dark yellow with alum mordant and red if left to dye longer.; Old Fustic (C.I. Natural Yellow 11): Using alum mordant one obtains different tints like golden yellow and brownish tints. The most bright and genuine yellow tints are obtained when using tin mordant. On chrome mordanted wool one obtains pale to dark olive yellow. Using copper sulphate as a mordant gives olive; using ferrous sulphate gives dark olive.; Hollyhock: When using cotton one obtains black when using strong iron liquor, with weaker iron liquor it turns	

Substance	CAS-Nr.	Tradename/Product/ Common Name	Function	Process	Application	Literature
					blackish-blue, using aluminium mordants results in violet blue, tin mordant in bluish violet. Silk turns violet when used with tin mordant. Wool becomes dark violet when used with tin mordant, with iron liquor bluish-black or greyish-blue, and with alum mordant grey or violet blue.; Fumitory: On wool previously steeped in bismuthate one obtains nice yellow (which is appropriate for green dyeing in combination with Indigo).; French Tamarisk: Wool mordanted with iron sulphate is dyed in tints from grey to black. One obtains yellow tints with alum mordant.; Agrimony: One obtains golden yellow on wool with alum mordant.; Larch: Brown-yellow is obtained on alum mordanted wool; a post-treatment with copper sulphate results in a greyish-green colour.; Tea: The essence is used for dyeing. One obtains brown on wool with alum mordant (adding some copper sulphate solution to the dyeing fluid). Reddish-brown is obtained on wool mordanted with bichromate of potassium.	
Kämpferol-3-O-rahmnosyl-galactosyl-7-rhamnosid	301-19-9	Robinin	natural dyestuff	dyeing and printing		[645]
Kermesic acid	18499-92-8	Kermessäure	natural dyestuff	dyeing and printing		[645]

Substance	CAS-Nr.	Tradename/Product/ Common Name	Function	Process	Application	Literature
L-Acacatechine	490-46-0	(-)-Epicatechin	natural dyestuff	dyeing and printing		[645]
laccaic acid	6219-66-5		natural dye	dyeing and printing	dyeing of silk and wool with "lac dyes"	[756]
Lactic acid	50-21-5	Milchsäure	colouring auxiliary; catalyt / cross-linking auxiliary	finishing / easy-care finishing of cellulosic fabric	used to enhance the degree of conversion of Cr (VI) to Cr (III); catalyst for cross-linking reaction of synthetic resins on cellulose-containing fabrics; free acid catalyst group	[641]; [749]
lanolin	8006-54-0		finishing agent / drug in capsules	textile finishing	wool fat used as transdermal drug encapsulated in porous polyacrylonitrile fibres (e.g. Actipore from Focus Polymer), to enable controlled release of active agent	[761]
Lapachol	84-79-7		natural dye; naphthoquinone	dyeing and printing	Main component in Tecoma Ipé, Bignonia Tecomoides, Tecoma Ochracea, Tecoma Lapacho, Tecoma Leucoxylon, Tecoma Araliacea, Ocotea rodiaei; Bignonia Tecomoides (C.I. Natural Yellow 16): Is heated with lime to dye cotton in a bath.to obtain a yellow colour.	[808]
lauryldimethylamine oxide	1643-20-5		finishing agent / emulsifyer	pretreatment, colouring, finishing	nonionic surfactant of the amine oxide type: they are insensitive to water hardness, disperse lime soaps, protonate in acid solution and thus represent a transition to cationic surfactants	[767]
lavender oil (essential oil)	8000-28-0		fragrance	textile finishing	essential oil which can be encapsulated (wall materials gum arabic or gelatine) and applied on different textile material by impregnation (prupose: aromatherapy)	[761]

Substance	CAS-Nr.	Tradename/Product/ Common Name	Function	Process	Application	Literature
Lead acetate	301-04-2		dyeing auxiliary / mordant	dyeing	dyeing of silk and wool with natural "lac" dyes (based on laccaic acid)	[756]
Lead (Pb)	7439-92-1		metal impurities	fibre production		[746]
Lecithine	8002-43-5	Lubit LC; Lubit RLN (RL); Tannex BCA	Lubit LC, Lubit RLN (RL): colouring auxiliary; Tannex BCA: bleaching auxiliary agent	colouring; bleaching		[642]
Ligninsulfonate	8061-53-8		conditioning agent; dispersing agent	finishing; multiple processes		[652]
Ligninsulfonate-sodium salt	8061-51-6	Irgasol VAT; Intratex P	colouring auxiliary	colouring		[642]
L-(+)-Tartaric acid	87-69-4	L(+)-Weinsäure	cleaning agent; colouring auxiliary; catalyst / cross-linking auxiliary; Mittel zur Entbastung von Seide	finishing / easy-care finishing of cellulosic fabric; Vorbehandlung von Seide / Entbastung	catalyst for cross-linking reactions of synthetic resins on cellulose-containing fabrics; free acid catalyst group; Entbastung von Seide; used to enhance the degree of conversion of Cr (VI) to Cr (III)	[642]; [641]; [749]; [766]
Luteolin	491-70-3	C.I. Natural Yellow 2: C.I. 75580 + 75590, CAS 491-70-3 + 98443-86-8	natural dye; flavanoid	dyeing and printing	Component in Foxglove, Dahlia Pinnata, Tea, Wild Indigo, Weld, Broom, Dyer's Chamomile, Tansy, Parsley, Holy Herb, Artichoke, Salvia Triloba; Trace component in Arnica montana; Weld (C.I. Natural Yellow 2): With alum mordant one obtains a bright yellow tint. If 0.1% copper sulphate is added to the dyeing fluid, the tint gets a bit yellowish-olive, it improves the light-fastness of the tint. One obtains olive tints with copper mordant; olive brown is obtained using iron liquor.; Broom: Yellow tints are obtained with alum mordant; after–treatment of the tints	[808]

Substance	CAS-Nr.	Tradename/Product/ Common Name	Function	Process	Application	Literature
					with copper sulphate creates green tints.; Dyer´s Chamomile: With alum mordant one obtains yellow, with alum and tartar one obtains golden yellow. The tints possess excellent fastness to washing and to light.; Tansy: When using alum mordanted wool with tansy herbs one obtains citreous. Olive is obtained with copper mordant, and dark olive brown with iron liquor.; Parsley: On wool steeped in alum mordant one obtains a pale yellow; aftertreatment with copper sulphate results in yellowish-green.; Holy Herb: Golden yellow is obtained on alum mordanted.; Artichoke: On wool mordanted with alum (and tartar) one obtains bright yellow tints which possess good light-fastness and fastness to washing as well.; Foxglove: Yellow is obtained on wool steeped in alum mordant.; Dahlia Pinnata: Using the essence of the petals one obtains orange yellow tints on wool with alum mordant.; Tea: The essence is used for dyeing. One obtains brown on wool with alum mordant (adding some copper sulphate solution to the dyeing fluid). Reddish-	

Substance	CAS-Nr.	Tradename/Product/ Common Name	Function	Process	Application	Literature
					brown is obtained on wool mordanted with bichromate of potassium.	
Lycopene	502-65-8	Rubixanthin; C.I. Natural Yellow 27; C.I. 75125 + 75135	natural dye; carotenoid	dyeing and printing	Trace component in Marigold, French Marigold, Saffron	[808]
Magnesium oxide	1309-48-4	CATALYST G1-10; CATALYST H1-40 TABLET 5X5MM; CATALYST H5-10; CATALYST H1-80 REDUCED	cross-linking agent	finishing	easy-care finishing with cross-linking agent	[643]
Magnesium silicate hydrate	14807-96-6	Talc; CATALYST 04-26 RINGS	cross-linking agent; surface-modifying	finishing: softening treatment	aftertreatment	[643]; [746]
Magnesium sulfate	7487-88-9	Magnesiumsulfat wasserfrei (Bittersalz)	bleaching auxiliary agent	bleaching		[642]
Magnesiumchloride	7786-30-3	catalyst 3282 47,5%; Magnesiumchlorid; PRESTOGEN N-SC	wrinkle-resistant treatment; catalyst 3282: easy-care finishing agent; bleaching auxiliary agent; catalyst of cross-linking reactions / surface treatments; catalyst / cross-linking auxiliary	finishing: wrinkle- and wrinkle-resistant treatment; (functional) finishing / easy-care treatments of cellulose (cotton); easy-care finishing of cellulose-containing fabrics	aftertreatment; resin finishing of cotton (to improve easy-care properties of fabrics) with DMDHEU (dimethylol dihydroxyethylene urea) are catalyst with magnesium chloride; catalyst for cross-linking reactions of synthetic resins or cellulose-containing fabrics; group of metal salts; Magnesium chloride: most popular catalyst for this purpose, often used in combination with other catalysts ("Shock catalysts"); PRESTOGEN N-SC: Stabilizer for the low-silicate and silicate-free peroxide bleaching of cellulosic fibers and their blends with synthetic fibers	[642]; [643]; [651]; [749]; [746]
Maleic acid	110-16-7	Knittex catalyst UMP 5-7,5%	easy-care finishing agent; cross-linking agent	(functional) finishing of cellulose	efficient cross-linking agent in place of DMDHEU; maleic acid releases no formaldehyde during reaction with cellulose	[642]; [752]

Substance	CAS-Nr.	Tradename/Product/ Common Name	Function	Process	Application	Literature
Maleic acid bis(2-ethyl-hexyl ester)	142-16-5	Albatex FFO	colouring auxiliary	colouring		[642]
Maleic acid, disodium salt	371-47-1	sodium maleate	catalsyst	functional finishing with repellents	catalsyst used for cross-linking reaction of formaldehyde-free cross-linking agents such as carboxiylic acids	[771]
Malvidin chloride	643-84-5	Malvidinchlorid; Primulidinchlorid	natural dyestuff	dyeing and printing		[645]
Manganese(II,III) oxide	1317-35-7	CATALYST H 2-91 WET SPENT CATALYST; CATALYST H 2-93 REDUCED 3-6 MM GRANULES; CATALYST H1-90 EXTRUDATE 4MM; CATALYST H2-91 REDUCED NEW 4 MM; CATALYST H2-91	cross-linking agent	finishing	easy-care finishing with cross-linking agent	[643]
Mangiferin	4773-96-0		natural dye; xanthon	dyeing and printing	Component in Mangifera Indica L., Garden Iris; Mangifera Indica: Using a decoction of the dried leaves for dyeing alum mordanted wool, one obtains yellow. One also obtains yellow on wool with tin mordant. Greyish-olive is obtained on wool with iron liquor.	[808]
Medium Shade Naphthol Red	36968-27-1	C.I. Pigment Red 2r type; HIFAST N Red 2R 05-53733	pigment	dyeing and printing	used for dyeing of cellulosic fibres (particularly cotton); also applied to rayon, cellulose acetate, linen and sometimes polyester	[643]

Substance	CAS-Nr.	Tradename/Product/ Common Name	Function	Process	Application	Literature
Melamine	108-78-1		flame-retardant / flame retardant additive; wrinkle-resistant treatment	finishing; finishing: wrinkle- and wrinkle-resistant treatment	aftertreamtnet; often used together with formaldehyde in different types of resin. Melamine is included in the production of a number and variety of chemicals , e.g. in textile industry. PE, PP, polyester, polyamide and PUR can contain melamine	[754]; [746]
2-Mercaptopyridine-N-oxide	1121-31-9		antimicrobial agent	antimicrobial finishing	basic chemical structure typical for biocides used in textile finishing	[805]
Mercury (Hg)	7439-97-6		metal impurities; biocide	fibre production; finishing: antimicrobial treatment	aftertreatment	[746]
Methacrylic acid	79-41-4	Methacrylsäure	sizing auxiliary agent; cross-linking agent; filler	pretreatment of wool / surface-modification treatments; transfer printing	cross-linking monomer that induce a reservation of wool towards acid dyes by polymerisation at the wool surface (Initiator: Peroxydisulfat); ink-absorbing filler for transfer material usefull in ink-jet printing on textiles	[641]; [696]; [784]

Substance	CAS-Nr.	Tradename/Product/ Common Name	Function	Process	Application	Literature
Methanol	67-56-1	Basacrylsalz AN; Cassurit HML 3%; Cassurit MLG 3%; Cassurit MT 3%; Dicrylan catalyst SLA 0,5%; Fixapret COC; FIXAPRET CL; Fixapret CPN; Fixapret TX 2437; Invadin DS 3-5%; Kaurit M 70; Knittex FA konz. 1-2,5%; Knittex GM konz. 0,5-1%; Knittex IS 0,5%; Levogen BF 0,1-0,9%; Lubasin C; Lubasin S; Luprintol MC; Luprintol MCL; Lyofix CHN 1-2,5%; Methanol; Oleophobol CM 0,5%; Oleophobol SM 0,5%; Pregan E; Pyrovatex CP neu 3%; Rucogumm KLH 0,5%; Siligen PW; FIXAPRET® CL	Dicrylan catalyst SLA, Rucogumm KLH: finishing agent; Cassurit HML, Cassurit MLG, Cassurit MT, Fixapret COC, Fixapret CPN, Fixapret TX 2437, Kaurit M 70, Knittex FA konz., Knittex GM konz., Knittex IS, Lyofix CHN: easy-care finishing agent; Lubasin C, Lubasin S, Luprintol MC, Luprintol MCL, Pregan E: printing auxiliary; Basacrylsalz AN, Invadin DS, Levogen BF, Methanol: colouring auxiliary; Oleophobol CM, Oleophobol SM: Oleophobiermittel; Siligen PW: softener; Pyrovatex CP neu: flame retardant; FIXAPRET CL: cross-linking agent	Levogen BF: foulard pad-batch process 1-4 %, Kontinueprocess 10-40 g; l		[642]; [644]; [643]
2-Methoxyethanol	109-86-4	Ethyleneglycol monomethyl ether	dyeing accelerant / swelling agent / Carrier	dyeing	added during dyeing by exhaust process	[742]
2-Methoxyethyl acetate (methyl cellosolve acetate)	110-49-6	Ethylene glycol monomethyl ether acetate	dyeing accelerant / swelling agent / Carrier	dyeing	added during dyeing by the exhaust process to the bath	[742]
methoxyethyl carbamate	1616-88-2		cross-linking agent / non-creasing agent	fat finishing / easy-care finishing	products used commercially, with good non-creasing and easy-care properties but considerable evolution of formaldehyde	[750]
2-Methoxy-5-methylanilin	120-71-8	2-Methoxy-5-methylanilin	by-product	colouring / dyeing and printing	carcinogenic amine that may be released by some azo dyestuffs	[641]
4-Methoxy-m-phenylendiamine	615-05-4	4-Methoxy-m-phenylendiamin	by-product	colouring / dyeing and printing with azo dyes	carcinogenic amine that may be released by some azo dyestuffs	[641]

Substance	CAS-Nr.	Tradename/Product/ Common Name	Function	Process	Application	Literature
1-Methoxy-2-propanol	107-98-2	Emulgator PHN01: colouring auxiliaries; Impranil CLS02 (Lösung): finishing agent; Lavotan DS, Rucogen DW: common purpose textile auxiliary; Vialonechtorange RL 85 flüssig, Vialonechtschwarz 3RL 85 flüssig: acid dye	common purpose auxiliary	colouring / dyeing and printing	Dyeing and printing: Mainly used for polyamide (70-75%) and wool (25-30%) dyeing; Also used for silk and some modified acrylic fibres; Emulgator PHN01 25-35%; Impranil CLS02 (Lösung) 8-13%; Lavotan DS 13%; Rucogen DW 3%; Vialonechtorange RL 85 flüssig; Vialonechtschwarz 3RL 85 flüssig	[642]
methyl carbamate	598-55-0		cross-linking agent / non-creasing agent	fat finishing / easy-care finishing	products used commercially, with good non-creasing and easy-care properties but considerable evolution of formaldehyde	[750]
methyl cellulose	9004-67-5		surface-modifying	finishing: softening treatment	aftertreatment	[746]
Methyl cresotinate	23287-26-5		carrier	dyeing and printing	aftertreatment	[746]
3-methylaminopropylamine	6291-84-5		by-product of polyurea capsules	finishing with microcapsules	finishing with biocide-, perfume-, etc. microcapsules, intelligent textile	[806]
Methylated melamine formaldehyde	68002-20-0	HIFAST A CONC VIOLET 4B 05-56828	colouring auxiliary (used in pigment dyes)	colouring		[643]
Methylbenzoate	93-58-3	Methylbenzoate	colouring auxiliary; carrier	dyeing and printing	Promotes the absorption and diffusion of disperse dyes into the fibre under low-temperature conditions; aftertreatment	[641]; [746]
Methylbiphenyl	28652-72-4		carrier	dyeing and printing	aftertreatment	[746]
Methylene diphenyl diisocyanate	101-68-8	Mecodur R258 Härter; Diphenylmethan-diisocyanate	printing auxiliary; by-product of polyurea capsules	printing; finishing with microcapsules	finishing with biocide-, perfume-, etc. microcapsules, intelligent textile	[642]; [806]
4,4'-Methylenebisbenzeneamine	101-77-9	4,4'-Methylenbisbenzenamin	by-product	colouring / dyeing and printing	carcinogenic Amine, that may be formed by cleavage of some azo dyestuffs	[641]

Substance	CAS-Nr.	Tradename/Product/ Common Name	Function	Process	Application	Literature
4,4'-Methylenebis-(2-Chlorobenzenamine)	101-14-4	4,4'-Methylen-bis-(2-chloranilin)	by-product	colouring / dyeing and printing with azo dyes and pigments	carzinogenic Amine, that may be formed by cleavage of some azo dyestuffs	[641]
Methylene-bis(4-Cyclohexylisocyanate)	5124-30-1		by-product of polyurea capsules	finishing with microcapsules	finishing with biocide-, perfume-, etc. microcapsules, intelligent textile	[806]
Methylene-(3,5,5-trimethyl-3,1-cyclohexylene)-ester	4098-71-9	Isophorone Diisocyanate	lustring agent; by-product of polyurea capsules	finishing of handle and look / lustring; finishing with microcapsules	finishing wit biocide-, perfume-, etc. microcapsules, intelligent textile	[683]; [806]
2-Methyl-3(2H)-isothiazolone	2682-20-4	Preventol D6 0,7%	antimicrobiotic; isothiazolinone derivative	finishing; printing	achieving resistance against microorganisms; improvement of storage stability (printing pastes)	[642]; [636]
4-Methyl-5-hydroxymethyle imidazole	29636-87-1		easy-care finishing agent	pad-process	Reaktantcross-linking agent/Fixierer	[650]
Methylisobutylketone	108-10-1	Methylisobutylketon	solvent	finishing with repellents	solvent for fluorochemical repellents	[641]
5-methyl-2-(1-methylethyl)-cyclohexanol	89-78-1				antimicrobiotics	
2-Methyl-4-nitroaniline	99-52-5	2-Methyl-4-nitroaniline	by-product	colouring / dyeing and printing with azo dyes	carcinogenic amine that may be released by some azo dyestuffs	
methylol acrylamide	924-42-5		wrinkle-resistant treatment	finishing: wrinkle- and wrinkle-resistant treatment	aftertreatment	[746]
methylolstearamide	3370-35-2		plasticizer; impregnating agent	finishing: softening treatment, water-repellent treatment, soil treatment	aftertreatment	[746]
2-Methyl-2,4-pentanediol	107-41-5	Felosan APF 13%; Kollasol GTE 25%; Invadin MC (neu) 12%; Lavotan DSU 13%	Felosan APF: common purpose textile auxiliary; Kollasol GTE: finishing agent; Invadin MC (neu): Mercerisier- und Laugierhilfsmittel; Lavotan DSU: common purpose textile auxiliary	pretreatment; colouring; finishing		[642]

Substance	CAS-Nr.	Tradename/Product/ Common Name	Function	Process	Application	Literature
Methylsalicylate	119-36-8	Methylsalicylat; 2-Hydroxybenzoic acid methyl ester	colouring auxiliary; carrier	dyeing and printing	Promotes the absorption and diffusion of disperse dyes into the fibre under low-temperature conditions; aftertreatment	[641]; [746]
2-(methylthio)benzothiazole	615-22-5		antimicrobial agent	antimicrobial finishing	basic chemical structure typical for biocides used in textile finishing	[805]
2,2'-[6-(methylthio)-1,3,5-triazine-2,4-diyl]bis[5-methoxy]-phenol	156137-33-6		stabilizer	finishing	light stabilizer UV for dyed polyester fibre	[733]
2,2'-[6-(methylthio)-1,3,5-triazine-2,4-diyl]bis[5-propoxy]-phenol	156137-34-7		stabilizer	finishing	light stabilizer UV for dyed polyester fibre	[733]
m-Galloylgallic acid	536-08-3	m-Digallussäure	natural dyestuff	dyeing and printing		[645]
Molybdenum trioxide	1313-27-5	CATALYST 04-27 STRAENGE 4MM; CATALYST H 2-91 WET SPENT CATALYST; CATALYST H2-91; CATALYST H2-91 REDUCED NEW 4 MM; CATALYST H1-80 REDUCED; CATALYST H2-91 REDUCED NEW 4 MM; CATALYST M8-10	cross-linking agent	finishing	easy-care finishing with cross-linking agent	[643]
Monascoflavin	3567-98-4	Monascin; also: CAS 21516-68-7	natural dyestuff	dyeing and printing		[645]
Monascorubrin	13283-85-7	Monascorubrin (CAS:13283-85-7 / 13283-90-)	natural dyestuff	dyeing and printing		[645]
Mono(C10-16)alkylbenzenesulfonic acid, ammonium salt	68910-31-6		finishing agent / emulsifyer	pretreatment, colouring, finishing	anionic surfactant of the alkylbenzenesulfonate type	[787]
Mono(C10-16)alkylbenzenesulfonic acid, sodium salt	68081-81-2		finishing agent / emulsifyer	pretreatment, colouring, finishing	anionic surfactant of the alkylbenzenesulfonate type	[787]
Monochloro acetic acid, sodium salt	3926-62-3	Levafixsalz PC 45-55%	colouring auxiliary	colouring		[642]

Substance	CAS-Nr.	Tradename/Product/ Common Name	Function	Process	Application	Literature
Monoethanolamine	141-43-5	Romapon 311	Fulling agent; agent for the improvement of crease and shrink resistance; finishing agent; decontamination agent	functional finishing: mechanical finishing; textile finishing with microcapsules	applied for permanent fixing of mechanical finishing effects; decontamination agent for Sarin nerve gas, encapsulated in polyamide material (in combination with 4-(N,N-dimethylamino) pyrridine) and applied to textile fabric using acrylic binders in a resin finsih	[642]; [749]; [761]
monomethylol-5,5-dimethylhydanthoin	27636-82-4		antimicrobial agent	textile finishing	antimicrobial agent which is applyed as a prelimanary form onto cellulosic textile substrate, and then further activated or regenerated by chlorine bleaching	[792]
Morindon	6219-65-4	C.I. Natural Red 19: C.I. 75460 + 75430, Kermesic Acid, Morindon	natural dye; anthraquinone	dyeing and printing	Main component in Morinda citrifolia, Morinda Umbellata; Trace component in Coprosma Lucida; Morinda citrifolia (C.I. Natural Red 18): At first, cotton is washed and dried. It is then treated in a hot mixture of water, soda, and ricinus oil (or sesame oil), and soaked until the mixture gets almost white (about 12 days later). Afterwards, the cotton is taken out and dried. The bark of Morinda citrifolia roots is added to water and boiled until the water gets dark red; the cotton then put into the solution and left to soak for 3 to 4 days in the dyeing liquid.	[808]

Substance	CAS-Nr.	Tradename/Product/ Common Name	Function	Process	Application	Literature
Munjistin	478-06-8	C.I. Natural Red 8: C.I. 75330 + 75420 + 75340 + 75350 + 75370 + 75410, Pseudopurpurin	natural dye; anthraquinone	dyeing and printing	Trace component in Madder, Rubia Cordifolia, Relbunium Hypcarpium; Rubia cordifolia (C.I. Natural Red 16): When used on alum mordanted wool, a brownish-red colour is created.; Relbunium hypcarpium: Red tints are obtained on wool mordanted with alum.	[808]
Myricetin	529-44-2		natural dye; flavanoid	dyeing and printing	Component in Tea, Bearberry, Mastich Tree, Malpighia Punicifolia, Black Walnut; Trace component in White Clover, Common Heather, Young Fustic, Sweet Gale, Black Nigrum L., Sicilian Sumac, Rhus Semiatala; Main component in Buck'shorn; Bearberry: The decoction of the leaves is used for dyeing alum mordanted wool a nice yellow colour, and iron liquor mordanted wool grey to black.; Tea: The essence is used for dyeing. One obtains brown on wool with alum mordant (adding some copper sulphate solution to the dyeing fluid). Reddish-brown is obtained on wool mordanted with bichromate of potassium.	[808]
Naphthalene	91-20-3	Dilatin NAN 10-15%	colouring auxiliary; carrier (solvent, moth repellent, insecticide)	dyeing and printing; production of natural fibres	aftertreatment	[642]; [746]

Substance	CAS-Nr.	Tradename/Product/ Common Name	Function	Process	Application	Literature
2,7-Naphthalenedisulfonic acid, 5-(acetylamino)-3-[[4-(acetylamino)phenyl]azo]-4-hydroxy-, disodium salt	4321-69-1	C.I. Acid Violet 7; C.I. 18055	antimicrobial agent / violet dye	antimicrobial finishing	acid azo dye mols. as bridges for quaternary ammonium antimicrobial modifikation of nylon, acid azo dye linking bactericide for polyamid	[747]
1,5-Naphthalenedisulfonic acid, 3-[[4,6-bis[(2,2,6,6-tetramethyl-4-piperidinyl)amino]-1,3,5-triazin-2-yl]amino]-	150358-43-3		stabilizer	finishing	light and heat stabilizer for polyamide fibre	[735]
1,5-Naphthalenedisulfonic acid, 3-[[4-chloro-6-[(2,2,6,6-tetramethyl-4-piperidinyl)amino]-1,3,5-triazin-2-yl]amino]-	150358-49-9		stabilizer	finishing	light and heat stabilizer for polyamide fibre	[735]
1,5-Naphthalenedisulfonic acid, 3-[[4-chloro-6-[(2,2,6,6-tetramethyl-4-piperidinyl)amino]-1,3,5-triazin-2-yl]amino]-, disodium salt	150342-35-1		stabilizer	finishing	light and heat stabilizer for polyamide fibre	[735]
1,5-Naphthalenedisulfonic acid, 3-[[4-(4-morpholinyl)-6-[(2,2,6,6-tetramethyl-4-piperidinyl)amino]-1,3,5-triazin-2-yl]amino]-	150358-50-2		stabilizer	finishing	light and heat stabilizer for polyamide fibre	[735]
1,5-Naphthalenedisulfonic acid, 3-[[4-(4-morpholinyl)-6-[(2,2,6,6-tetramethyl-4-piperidinyl)amino]-1,3,5-triazin-2-yl]amino]-, disodium salt	150342-36-2		stabilizer	finishing	light and heat stabilizer for polyamide fibre	[735]
1,5-Naphthalenedisulfonic acid, 3-[[4-(phenylamino)-6-[(2,2,6,6-tetramethyl-4-piperidinyl)amino]-1,3,5-triazin-2-yl]amino]-	150358-41-1		stabilizer	finishing	light and heat stabilizer for polyamide fibre	[735]
1,5-Naphthalenedisulfonic acid, 3-[[4-(phenylamino)-6-[(2,2,6,6-tetramethyl-4-piperidinyl)amino]-1,3,5-triazin-2-yl]amino]-, disodium salt	150342-39-5		stabilizer	finishing	light and heat stabilizer for polyamide fibre	[735]

Substance	CAS-Nr.	Tradename/Product/ Common Name	Function	Process	Application	Literature
1,5-Naphthalenedisulfonic acid, 3-[[4-phenyl-6-[(2,2,6,6-tetramethyl-4-piperidinyl)amino]-1,3,5-triazin-2-yl]amino]-	150358-45-5		stabilizer	finishing	light and heat stabilizer for polyamide fibre	[735]
1,5-Naphthalenedisulfonic acid, 3-[[4-phenyl-6-[(2,2,6,6-tetramethyl-4-piperidinyl)amino]-1,3,5-triazin-2-yl]amino]-, disodium salt	150342-34-0		stabilizer	finishing	light and heat stabilizer for polyamide fibre	[735]
1,5-Naphthalenedisulfonic acid, 3-[[4-(phenylthio)-6-[(2,2,6,6-tetramethyl-4-piperidinyl)amino]-1,3,5-triazin-2-yl]amino]-	150358-51-3		stabilizer	finishing	light and heat stabilizer for polyamide fibre	[735]
1,5-Naphthalenedisulfonic acid, 3-[[4-(phenylthio)-6-[(2,2,6,6-tetramethyl-4-piperidinyl)amino]-1,3,5-triazin-2-yl]amino]-, disodium salt	150342-37-3		stabilizer	finishing	light and heat stabilizer for polyamide fibre	[735]
2-Naphthalenesulfonic acid, 6-[[4,6-bis[(2,2,6,6-tetramethyl-4-piperidinyl)amino]-1,3,5-triazin-2-yl]amino]-	150358-42-2		stabilizer	finishing	light and heat stabilizer for polyamide fibre	[735]
2-Naphthalenesulfonic acid, 5-[[4-chloro-6-[(2,2,6,6-tetramethyl-4-piperidinyl)amino]-1,3,5-triazin-2-yl]amino]-	150358-39-7		stabilizer	finishing	light and heat stabilizer for polyamide fibre	[735]
2-Naphthalenesulfonic acid, 6-[[4-chloro-6-[(2,2,6,6-tetramethyl-4-piperidinyl)amino]-1,3,5-triazin-2-yl]amino]-	150358-48-8		stabilizer	finishing	light and heat stabilizer for polyamide fibre	[735]
2-Naphthalenesulfonic acid, 6-[[4-(4-morpholinyl)-6-[(2,2,6,6-tetramethyl-4-piperidinyl)amino]-1,3,5-triazin-2-yl]amino]-	150358-46-6		stabilizer	finishing	light and heat stabilizer for polyamide fibre	[735]
2-Naphthalenesulfonic acid, 6-[[4-(phenylamino)-6-[(2,2,6,6-tetramethyl-4-piperidinyl)amino]-1,3,5-triazin-2-yl]amino]-	150358-40-0		stabilizer	finishing	light and heat stabilizer for polyamide fibre	[735]

Substance	CAS-Nr.	Tradename/Product/ Common Name	Function	Process	Application	Literature
2-Naphthalenesulfonic acid, 6-[[4-phenyl-6-[(2,2,6,6-tetramethyl-4-piperidinyl)amino]-1,3,5-triazin-2-yl]amino]-	150358-44-4		stabilizer	finishing	light and heat stabilizer for polyamide fibre	[735]
2-Naphthalenesulfonic acid, 6-[[4-(phenylthio)-6-[(2,2,6,6-tetramethyl-4-piperidinyl)amino]-1,3,5-triazin-2-yl]amino]-	150358-47-7		stabilizer	finishing	light and heat stabilizer for polyamide fibre	[735]
2-Naphthalenesulfonic acid, 5,5'-[[6-[(2,2,6,6-tetramethyl-4-piperidinyl)amino]-1,3,5-triazine-2,4-diyl]diimino]bis-, disodium salt	150342-33-9		stabilizer	finishing	light and heat stabilizer for polyamide fibre	[735]
Naphthalenesulfonic acid-formaldehyde-resin	[9084-06-4]	BASOL WS Liquid	colouring auxiliary	colouring	stabilizes dye dispersions	[643]
1,4,5-Naphthalintriol	481-40-3	alpha-Hydrojuglon	natural dyestuff	dyeing and printing		[645]
Naphthol Red Pigment	20568-80-3	HIFAST N Fuchsia 05-53842	colouring auxiliary (used in pigment dye)	dyeing and printing	used for dyeing of cellulosic fibres (particularly cotton); also applied to rayon, cellulose acetate, linen and sometimes polyester	[643]
Naphtol AS	92-77-3		printing auxiliaries	printing (base printing / printing with diazotised base dyes)	the fabric is first uniformly treated with an alkaline solution of Naphtol AS, followed by dyeing and printing with one or more diazotised bases, differently coloured designs are produced leaving the untreated Naphtol at the unprinted portions	[694]
Naringenin	480-41-1		natural dye; flavanoid	dyeing and printing	Component in Dahlia Pinnata; Dahlia Pinnata: Using the essence of the petals one obtains orange yellow tints on wool with alum mordant.	[808]

Substance	CAS-Nr.	Tradename/Product/ Common Name	Function	Process	Application	Literature
n-Butylbenzoate	136-60-7	n-Butylbenzoate	colouring auxiliary; carrier	dyeing and printing	Promotes the absorption and diffusion of disperse dyes into the fibre under low-temperature conditions; aftertreatment	[641]; [746]
N-Butylphthalimide	1515-72-6	N-Butylphthalimid	colouring auxiliary	colouring	accelerate the absorption and diffusion of dispersing dyestuff into the fibre under deep temperatures	[641]
Neomycine	1404-04-2				antimicrobiotics	
Neopentyl glycol	126-30-7	KIERALON MFB; KIERALON N-DB	wetting agent and agent promoting fat-release	pretreatment of cotton	removal of water soluble and insoluble cotton impurities	[643]
N-(Hydroxyethyl)amide, coconut	68140-00-1		finishing agent / emulsifyer	pretreatment, colouring, finishing	nonionic surfactant	[767]
N-(2-Hydroxyethyl)ethylenediamine	111-41-1		by-product of polyurea capsules	finishing with microcapsules	finishing with biocide-, perfume-, etc. microcapsules, intelligent textile	[806]
N-Hydroxyethylethylenediamine triacetic acid trisodium salt	139-89-9	CHEL DM-41 LIQUID				[643]
N-hydroxymethyl-3-dimethoxyphosphoryl-propionicamide	20120-33-6	PYROVATEX CP (CGY)	flame retardant	finishing with flame retardant; finishing / thermofixing	durable flame retardant, used alone or in combination with trimethylolmelamine for cotton; washing-resistant flame retardant used with pure cotton or mixture of cotton and synthetic fibre. In thermofixing, the compound reacts with the hydroxyl groups of the cellulose	[750]; [791]; [754]
Nickel	7440-02-0	CATALYST H1-80 REDUCED	cross-linking agent; dye	dyeing and printing	aftertreatment	[643]; [746]
Nickelous oxide	1313-99-1	CATALYST G1-10; CATALYST G1-22; CATALYST G1-25; CATALYST H1-90 EXTRUDATE 4MM; CATALYST H1-40 TABLET 5X5MM; CATALYST H1-80 REDUCED	cross-linking agent	finishing	easy-care finishing with cross-linking agent	[643]

Substance	CAS-Nr.	Tradename/Product/ Common Name	Function	Process	Application	Literature
Nitrilotriacetic acid (NTA)	139-13-9	AWA detergents (Sonal Sivo Kompakt); NTA; Trilon TA Pulver; Triolon TA flüssig; CHEL® 330 11% FE	AWA detergents (Sonal Sivo Kompakt): cleaning agent; NTA, Trilon TA Pulver, Triolon TA flüssig: chelating agent	multiple processes	Trilon TA Pulver, Triolon TA flüssig: chelating agent for the textile processing industry	[642]; [643]
Nitrilotriacetic acid, sodium salt	10042-84-9	Trilon A; Trilon TA flüssig 40%	common purpose textile auxiliary			[642]
Nitrilotriacetic acid, sodium salt	5064-31-3	CHEL DM-41 LIQUID; CHEL DTPA-41 LIQUID; LUSYNTON EX; LUSYNTON RED; LUSYNTON SE; TRILON TA Liquid; SEQUESTRENE 30A CHELATE	TRILON TA Liquid, SEQUESTRENE 30A CHELATE: complexing agent	pretreatment of cotton	LUSYNTON EX, LUSYNTON RED, LUSYNTON SE: complexing and dispersing power for cleaning cotton prior to the peroxide bleach	[643]
3-Nitrobenzenesufonic acid sodium salt	127-68-4	Ludigol Granulat; Matexil PAL (Zetex PA-LN flüssig); Revatol S Granulat; BASOTOL 60%; BASOTOL GRANULES; BASOTOL	BASOTOL 60%; BASOTOL GRANULES; BASOTOL: oxidizing agent; Ludigol Granulat, Matexil PAL (Zetex PA-LN flüssig): printing auxiliary; Revatol S Granulat: colouring auxiliary	colouring	anti-reduction agent; dyeing auxiliary used with reactive dyes (Ink-jet printing); BASOTOL, BASOTOL GRANULES: for protecting dyes against reduction / for oxidizing vat dyes	[642]; [648]
3-Nitrobenzenesulfonic acid monohydrate	5337-19-9		colouring auxiliary; printing auxiliary	colouring / dyeing and printing		[641]
Nitrophenol	100-02-7		solvent			[746]
N-Methylglucamine	6284-40-8					
N-methylolacrylamide	90456-67-0		comonomer of anionic polymers used as soil-release agent	functional finishing with repellents	Example of comonomer for anionic polymers (based on monomers such as acrylic, methycrylic and maleic acids), which can provide limited cross-linking of the polymer when used in small amounts (1-2%)	[750]
N-Methyl-2-pyrrolidone	872-50-4	Losin ES spez.; Losin SFLM	cleaning agent		scavenger for finishing polymeric fibres	[642]
N,N´-ethylene bis(tetrabromo phtalimide)	3288-76-4		flame retardant	finishing with flame retardant	brominated flame retardant used for textile purpose, among others	[753]

Substance	CAS-Nr.	Tradename/Product/ Common Name	Function	Process	Application	Literature
N,N'-bisacryloyl-1,2-dihydroxy-1,2-ethylenediamine (DHEBA)	868-63-3		cross-linking agent (for proteine)	pretreatment of silk	treatment fixing serecin on silk, as alternative treatment to weightening	[766]
N,N-Bis(3-aminopropyl)methylamine	105-83-9		by-product of polyurea capsules	finishing with microcapsules	finishing with biocide-, perfume-, etc. microcapsules, intelligent textile	[806]
N,N'-bis(methoxymethyl)urea	7388-44-5		cross-linking agent / non-creasing agent	easy-care finishing	reaction resin used alone or in combination with other products, such as melamine resins	[750]
N,N-diethyl-3-methylbenzamide	134-62-3		antimigration agent		antimicrobiotics	
N,N-Dimethylethanolamine	108-01-0		dyeing auxiliary; stabilizer	dyeing / printing of reactive dyes on wool	improve lightfastness of reactive dyes used on wool, add in the dyebath	[804]
N,N'-Dimethylol ethylene urea (DMEU)	136-84-5		easy-care finishing agent; cross-linking agent / non-creasing agent; wrinkle-resistant treatment	funct. finishing / easy-care finishing; finishing: wrinkle- and wrinkle-resistant treatment	aftertreatment; Vernetzung von Cellulose; reaction resins; DMEU was widely used as cross-linker in the 1950's and 60's and impart good non-creasing properties	[650]; [750]; [749]; [746]
N,N'-Dimethylol propylene urea (DMPU)	3270-74-4		easy-care finishing agent; cross-linking agent / non-creasing agent; wrinkle-resistant treatment	funct. finishing / easy-care finishing; finishing: wrinkle- and wrinkle-resistant treatment	aftertreatment; forms reaction-resins that have some advantages over DMEU (no discoloration, better durability) but is more expensive and never gained commercial importance	[650]; [646]; [750]; [746]
N,N'-Dimethylolurea	140-95-4		cross-linking agent / non-creasing agent	functional finishing / easy-care finishing of cellulose-containing fibres	first compound used as cross-linking agent for commercial easy-care finishing, still use to some extend, particularly on reyon fabrics; self-condensation (aminoplastic) reactions as well as cross-links with cellulose	
N,N'-1,2-ethanediylbis[N-acetylacetamide]	10543-54-7		bleaching auxiliary	bleaching	peroxide activator for bleaching with hydrogen peroxide	[793]

Substance	CAS-Nr.	Tradename/Product/ Common Name	Function	Process	Application	Literature
N,N'-ethylene-bistetrabromophthalimide (TBPI)	32588-76-4		flame retardant	finishing with flame retardants		[754]
Nobiletin	478-01-3	Nobiletin	natural dyestuff	dyeing and printing		[645]
2-n-Octyl-4-isothiazolin-3-one	26530-20-1	Kathon 893	antimicrobiotic; isothiazolinone derivative	finishing; printing	achieving resistance against microorganisms; improvement of storage stability (printing pastes)	[761]; [636]
Nonylphenole ethoxylate	9016-45-9	HIFAST N RUBINE 05-53946; PAD N GREY 2K 09-9280; PAD N PINK 3B 09-9381; PAD N RED B 09-9380; PAD N VIOLET 4B 09-9680; POLYFAST Blue RB 05-57216; RESPAD BLUE G3W 01-8400; RESPAD BLUE GL3W 01-8404; RESPAD BROWN BC3W 01-8819; RESPAD GREEN GB3W 01-8300; RESPAD Red C3W 01-8001; RESPAD RED CM3W 01-8003; RESPAD SCARLET DL3W 01-8002; Nekanil 910; Sandolanwalkviolett; AQUAFINE Blue BB 05-37505	detergent, emulsifier, dispersion agent; HIFAST N RUBINE 05-53946, PAD N GREY 2K 09-9280, PAD N PINK 3B 09-9381, PAD N RED B 09-9380, PAD N VIOLET 4B 09-9680, POLYFAST Blue RB 05-57216, RESPAD BLUE G3W 01-8400, RESPAD BLUE GL3W 01-8404, RESPAD BROWN BC3W 01-8819, RESPAD GREEN GB3W 01-8300, RESPAD Red C3W 01-8001, RESPAD RED CM3W 01-8003, RESPAD SCARLET DL3W 01-8002: colouring auxiliary (used in pigment dyes); Nekanil 910: common purpose textile auxiliary; Sandolanwalkviolett: acid dye	multiple processes; colouring		[642]; [643]
N-Vinylpyrrolidone	88-12-0		fixation, printing	dyeing and printing	aftertreatment	[746]
o-Chlorotoluene	95-49-8		carrier	dyeing and printing	aftertreatment	[746]
1-(octa cyclomethyl)pyridinium chloride	85507-99-9		impregnating agent	finishing: water-repellent treatment, soil treatment	aftertreatment	[746]

Substance	CAS-Nr.	Tradename/Product/ Common Name	Function	Process	Application	Literature
octabromo diphenyl ether (octa-BDE)	32536-52-0		flame retardant	finishing with flame retardants	textiles are impregnated or coated with liquid and acrylate polymer containing penta-BDE or deca-BDE. Antimony oxide is often used together with PBDE to enhance flame-retardant properties	[754]
octadecylethylene urea	4991-32-6		plasticizer; impregnating agent	finishing: softening treatment, water-repellent treatment	aftertreatment	[746]
Oleic acid	112-80-1		plasticizer	finishing: softening treatment	aftertreatment	[746]
Oleic acid	112-80-1		finishing agent / emulsifyer	pretreatment, colouring, finishing	nonionic surfactant	[767]
Oleylamine	112-90-3		finishing agent / emulsifyer	pretreatment, colouring, finishing	nonionic surfactant used as finishing or antistatic agent in textile treatments	[767]
Ophioxylin-5-Hydroxy-2-methyl-1,4-naphthochinonee	481-42-5	Plumbagin	natural dyestuff	dyeing and printing		[645]
ortho-Aminoazotoluene	97-56-3	ortho-Aminoazotoluene	by-product	colouring / dyeing and printing with azo dyes	carcinogenic amine that may be released by some azo dyestuffs	[641]
ortho-Toluidine	95-53-4	ortho-Toluidine	by-product	colouring / dyeing and printing with azo dyes	carcinogenic amine that may be released by some azo dyestuffs	[641]
Oxalic acid	144-62-7	Oxalsäure	cleaning agent; dyeing auxiliary	dyeing	dyeing of silk and wool with natural "lac" dyes (based on laccaic acid)	[642]; [756]

Substance	CAS-Nr.	Tradename/Product/ Common Name	Function	Process	Application	Literature
Oxyacanthine	548-40-3		natural dye; basic	dyeing and printing	Component in Barberry, Xanthoriza Simplicissima, Oregon Grape; Barberry (C.I. Natural Yellow 18): The roots or bark can be used as a direct dye on wool, silk, or cotton. Wool and silk are dyed in a source of light at 50 to 60°C; cotton can be dyed with tannin mordant or with tartar emetic to obtain dark yellow tints.	[808]
4,4'-Oxybisbenzenamine	101-80-4	4,4'-Oxybisbenzenamin	by-product	colouring / dyeing and printing	carcinogenic Amine, that may be formed by cleavage of some azo dyestuffs	[641]
10,10'-Oxybisphenoxyarsin (OBPA)	58-36-6	Estabex ABF2DIDP (Intercide ABF 2 DIDP)	Antimicrobiotic			[642]
Ozone	10028-15-6	Ozon	bleaching agent; colouring auxiliary	pretreatment of cotton / bleaching	bleaching of linen cloth, cotton (grey fabric) with O3 as alternative to hydrogen peroxide bleaching - has serveral advantages including elimination of desizing and scouring process, savings in energy and chemicals, and smaller loads on effluent; bleaching takes place with high ozone concentration in a shortest possible time at pH less than 7 with a moisture content of 24%	[651]; [749]; [750]; [651]; [641]
Palladium(II) oxide	1314-08-5	CATALYST H0-11; CATALYST H0-12; CATALYST H0-13 L; CATALYST H0-14 STRAENGE 3MM; CATALYST H0-20; CATALYST H0-90	cross-linking agent	finishing	easy-care finishing with cross-linking agent	[643]

Substance	CAS-Nr.	Tradename/Product/ Common Name	Function	Process	Application	Literature
Palmatine	3486-67-7		natural dye; basic	dyeing and printing	Component in Barberry, Jateorhiza Palmata, Phellodendron Amurensee, Coptis Japonica, Coptis Chinensis, Coptis Teta; Barberry (C.I. Natural Yellow 18): The roots or bark can be used as a direct dye on wool, silk, or cotton. Wool and silk are dyed in a source of light at 50 to 60°C; cotton can be dyed with tannin mordant or with tartar emetic to obtain dark yellow tints.	[808]
papain (enzyme / protease)	9001-73-4		additive for non-shrinking finish	pretreatment of wool / shrink-resist treatment / anti-felting treatment	papain treatment enhance felting resistance of wool as the material is pretreated with lipase / SMPP / sodium sulphite	[763]
Paraffin	8002-74-2	Basosoft JET-K; Dryol FE; Evoral FLT; Evoral KW; Paraffin; Persoftal PW; Phobotex VFN	surface-modifying; impregnating agent; Basosoft JET-K: Glättungsmittel, softener, Avivagemittel; Evoral FLT: water repellent; Dryol FE, Evoral KW, Paraffin: water repellent; Persoftal PW, Phobotex VFN: softener	finishing: softening treatment, water-repellent treatment, soil treatment	aftertreatment; Basosoft JET-K: Schaumarmes Glättungs- und softener zum Schmälzen von Garn in nassen process, Verbesserung der Vernähbarkeit	[642]; [643]; [746]
Paraffin oil	8012-95-1	Antimussol SF 60-65%; Convidol H; Convidol 3360; Entschäumer TP; Luprintol MCL; Lutexal HSD; Mineralöl; Moussex 9009 (Moussex 9009 HL); Respumit NF; Nofome SF; Perifoam ANS; Verdicker ST 165 Sybron	Convidol H; Convidol 3360: spinning additives; Luprintol MCL, Lutexal HSD, Verdicker ST 165 Sybron: printing auxiliary; Antimussol SF, Entschäumer TP, Moussex 9009 (Moussex 9009 HL), Respumit NF, Nofome SF, Perifoam ANS: common purpose textile auxiliary	multiple purpose		[642]

Substance	CAS-Nr.	Tradename/Product/ Common Name	Function	Process	Application	Literature
PBBP A-carbonate-oligomers	94334-64-2		flame retardant	finishing with flame retardants		[754]
Pelargonidin	134-04-3		natural dye; authocyane and betalaine	dyeing and printing	Main component in Common Poppy, Guinea Corn; Common Poppy: With tin mordant on wool (especially), linen, cotton, and silk one obtains nice amaranth red tints.	[808]
Penicillin G	61-33-6		antimigration agent		antimicrobiotics	
pentabromo diphenyl ether (penta-BDE; PeBDE)	32534-81-9		flame retardant	finishing with flame retardant; functional finishing	brominated flame retardant used on textiles (foam) in combination with various phosphorous derivatives; textiles are impregnated or coated with liquid and acrylate polymer containing penta-BDE or deca-BDE. Antimony oxide is often used together with PBDE to enhance flame-retardant properties	[753]; [754]
pentabromo toluene	87-83-2	5BT	flame retardant	finishing with flame retardant	brominated flame retardant used for textile purpose, among others	[753]
pentachlorobiphenyl	25429-29-2		plasticizer	finishing: softening treatment	aftertreatment	[746]
pentachlorophenol	87-86-5		biocide; carrier (preservative)	antimicrobial finishing; dyeing and printing	agent used mainly on protective wear; aftertreatment	[749]; [746]
Pentachlorophenol	87-86-5		biocide; preservative (carrier)	finishing: anti-microbial treatment; production of natural fibres	aftertreatment; Antifungal agent for storage and transport. Preservative in adhesives. Thickener in print-paste-gum	[746] - not permitted as additive
3,3',4',5,7-Pentahydroxyflavone	117-39-5	Quercetin	Natural dyestuff	dyeing and printing		[645]
9,12,15,18,21-Pentaoxa-2,6-diazaheptatriacontan-23-ol, 6-[3-(dimethylamino)propyl]-2,7,10,13,16,19-hexamethyl-	380908-40-7		softener	textile finishing		[783]

Substance	CAS-Nr.	Tradename/Product/ Common Name	Function	Process	Application	Literature
3,3',4',5,7-Penthydroxyflavyliumchloride	528-58-5	Cyanidinchlorid	natural dyestuff	dyeing and printing		[645]
Peonidin	134-01-0	Päonidinchlorid	natural dyestuff	dyeing and printing		[645]
perchloric acid	7601-90-3		oxidising agent	printing / discharge printing	used in old discharge printing processes developed to discharge most indigo-dyed fabrics and some selected reactive-dyed fabrics	[751]
perfluorooctanoic acid	335-67-1		oil repellent	functional finishing with repellents	repellent of the fluoropolymer type, used as stain repellent in dispersion or in solution with organic solvent (e.g. Scotchgard process)	[749]
Peroxydisulfuric acid	13445-49-3		Initiator of polymerisation reactions	pretreatment of wool / surface treatments	Initiates the polymerisation of acrylic acid or methacrylic acid at the surface of wool, the treatment reserves wool towards acid dyes	[696]
peroxymonosulfuric acid	7722-86-3		oxidising agent	pretreatment of wool / anti-felting treatment	anti-felting treatment of wool	[749]
Petroleum naphtha	64741-41-9	AQUAFINE YELLOW B2G 05-38503; AQUAFINE Yellow 2G 05-38141; AQUAFINE Yellow MV 05-38115; HIFAST N BLUE 3G 05-57961; HIFAST N BLUE 3GFC 05-57996; HIFAST N CONC BLUE 3G 05-57941; PAD N BLUE NCR 09-97824; PAD N YELLOW 2G 09-98808	colouring auxiliary	colouring		[643]
Phenol	108-95-2		swelling agent (for acetate fibre); finishing assistant; solvent; finishing agent; shrinking agent	finishing; delustring of acetate; finishing handle and optic	improve of the delustring effect when treating acetate fabrics / fibres: added to the boiling bath; used to obtain crêpe effect (local shrinkage) on polyamide	[749]; [800]

Substance	CAS-Nr.	Tradename/Product/ Common Name	Function	Process	Application	Literature
Phenol, 2,2'-[6-[2-[2-(2-ethoxyethoxy)ethoxy]ethoxy]-1,3,5-triazine-2,4-diyl]bis[5-ethoxy-	152802-04-5		stabilizer / UV absorber	finishing; colouring / dyeing of polyester	light stabilizer (UV absorber) for polyester fibre; UV absorbers of the triazinyl class can be applied in conjunction with all normal processing operations, including pad-thermofix dyeing and printing; the triazine structure makes it possible to formulate a range of different water-insoluble or water-soluble derivatives	[734]=#141
Phenol, 2,2'-[6-[2-[2-(2-ethoxyethoxy)ethoxy]ethoxy]-1,3,5-triazine-2,4-diyl]bis[5-methoxy-	152802-03-4		stabilizer / UV absorber	finishing; colouring / dyeing of polyester	light stabilizer (UV absorber) for polyester fibre; UV absorbers of the triazinyl class can be applied in conjunction with all normal processing operations, including pad-thermofix dyeing and printing; the triazine structure makes it possible to formulate a range of different water-insoluble or water-soluble derivatives	[734]=#141
Phenol, 2,2'-[6-[2-(2-ethoxyethoxy)ethoxy]-1,3,5-triazine-2,4-diyl]bis[5-ethoxy-	148898-83-3		stabilizer / UV absorber	finishing; colouring / dyeing of polyester	light stabilizer (UV absorber) for polyester fibre; UV absorbers of the triazinyl class can be applied in conjunction with all normal processing operations, including pad-thermofix dyeing and printing; the triazine structure makes it possible to formulate a range of different water-insoluble or water-soluble derivatives	[734]; #141

Substance	CAS-Nr.	Tradename/Product/ Common Name	Function	Process	Application	Literature
Phenol, 2,2'-[6-[2-(2-ethoxyethoxy)ethoxy]-1,3,5-triazine-2,4-diyl]bis[5-methoxy-	152801-98-4		stabilizer / UV absorber	finishing; colouring / dyeing of polyester	light stabilizer (UV absorber) for polyester fibre; UV absorbers of the triazinyl class can be applied in conjunction with all normal processing operations, including pad-thermofix dyeing and printing; the triazine structure makes it possible to formulate a range of different water-insoluble or water-soluble derivatives	[734]=#141
Phenol, 2,2'-[6-(2-ethoxyethoxy)-1,3,5-triazine-2,4-diyl]bis[5-ethoxy-	152801-99-5		stabilizer / UV absorber	finishing; colouring / dyeing of polyester	light stabilizer (UV absorber) for polyester fibre; UV absorbers of the triazinyl class can be applied in conjunction with all normal processing operations, including pad-thermofix dyeing and printing; the triazine structure makes it possible to formulate a range of different water-insoluble or water-soluble derivatives	[734]=#141
Phenol, 2,2'-[6-(2-ethoxyethoxy)-1,3,5-triazine-2,4-diyl]bis[5-methoxy-	152801-97-3		stabilizer / UV absorber	finishing; colouring / dyeing of polyester	light stabilizer (UV absorber) for polyester fibre; UV absorbers of the triazinyl class can be applied in conjunction with all normal processing operations, including pad-thermofix dyeing and printing; the triazine structure makes it possible to formulate a range of different water-insoluble or water-soluble derivatives	[734]=#141

Substance	CAS-Nr.	Tradename/Product/ Common Name	Function	Process	Application	Literature
Phenol, 2,2'-[6-(2-methoxyethoxy)-1,3,5-triazine-2,4-diyl]bis[5-ethoxy-	152802-01-2		stabilizer / UV absorber	finishing; colouring / dyeing of polyester	light stabilizer (UV absorber) for polyester fibre; UV absorbers of the triazinyl class can be applied in conjunction with all normal processing operations, including pad-thermofix dyeing and printing; the triazine structure makes it possible to formulate a range of different water-insoluble or water-soluble derivatives	[734]=#141
Phenol, 2,2'-[6-(2-methoxyethoxy)-1,3,5-triazine-2,4-diyl]bis[5-methoxy-	152801-96-2		stabilizer / UV absorber	finishing; colouring / dyeing of polyester	light stabilizer (UV absorber) for polyester fibre; UV absorbers of the triazinyl class can be applied in conjunction with all normal processing operations, including pad-thermofix dyeing and printing; the triazine structure makes it possible to formulate a range of different water-insoluble or water-soluble derivatives	[734]=#141
Phenol, 2,2'-[6-(2-methoxyethoxy)-1,3,5-triazine-2,4-diyl]bis[5-propoxy-	152801-95-1		stabilizer / UV absorber	finishing; colouring / dyeing of polyester	light stabilizer (UV absorber) for polyester fibre; UV absorbers of the triazinyl class can be applied in conjunction with all normal processing operations, including pad-thermofix dyeing and printing; the triazine structure makes it possible to formulate a range of different water-insoluble or water-soluble derivatives	[734]=#141

Substance	CAS-Nr.	Tradename/Product/ Common Name	Function	Process	Application	Literature
Phenol, 2,2'-[6-(octyloxy)-1,3,5-triazine-2,4-diyl]bis[5-ethoxy-	152802-05-6		stabilizer / UV absorber	finishing; colouring / dyeing of polyester	light stabilizer (UV absorber) for polyester fibre; UV absorbers of the triazinyl class can be applied in conjunction with all normal processing operations, including pad-thermofix dyeing and printing; the triazine structure makes it possible to formulate a range of different water-insoluble or water-soluble derivatives	[734]=#141
Phenol, 2,2'-[6-(octyloxy)-1,3,5-triazine-2,4-diyl]bis[5-methoxy-	152802-02-3		stabilizer / UV absorber	finishing; colouring / dyeing of polyester	light stabilizer (UV absorber) for polyester fibre; UV absorbers of the triazinyl class can be applied in conjunction with all normal processing operations, including pad-thermofix dyeing and printing; the triazine structure makes it possible to formulate a range of different water-insoluble or water-soluble derivatives	[734]=#141
Phenol, 2,2'-[6-(octyloxy)-1,3,5-triazine-2,4-diyl]bis[5-methoxy-	152802-06-7		stabilizer / UV absorber	finishing; colouring / dyeing of polyester	light stabilizer (UV absorber) for polyester fibre; UV absorbers of the triazinyl class can be applied in conjunction with all normal processing operations, including pad-thermofix dyeing and printing; the triazine structure makes it possible to formulate a range of different water-insoluble or water-soluble derivatives	[734]=#141

Substance	CAS-Nr.	Tradename/Product/ Common Name	Function	Process	Application	Literature
Phenol, 2,2'-[6-(2-propoxyethoxy)-1,3,5-triazine-2,4-diyl]bis[5-ethoxy-	152802-00-1		stabilizer / UV absorber	finishing; colouring / dyeing of polyester	light stabilizer (UV absorber) for polyester fibre; UV absorbers of the triazinyl class can be applied in conjunction with all normal processing operations, including pad-thermofix dyeing and printing; the triazine structure makes it possible to formulate a range of different water-insoluble or water-soluble derivatives	[734]=#141
Phenol, 2,2'-[6-(2-propoxyethoxy)-1,3,5-triazine-2,4-diyl]bis[5-methoxy-	152801-94-0		stabilizer / UV absorber	finishing; colouring / dyeing of polyester	light stabilizer (UV absorber) for polyester fibre; UV absorbers of the triazinyl class can be applied in conjunction with all normal processing operations, including pad-thermofix dyeing and printing; the triazine structure makes it possible to formulate a range of different water-insoluble or water-soluble derivatives	[734]=#141
2-Phenoxyethanol	122-99-6	PALEGAL A	colouring auxiliary	colouring / HT dyeing process	for high temperature dyeing of polyester fibers with disperse dyes	[643]
2-Phenylphenol	90-43-7	2-Phenylphenol	colouring auxiliary; carrier; biocide	dyeing and printing; antimicrobial finishing	Promotes the absorption and diffusion of disperse dyes into the fibre under low-temperature conditions; dyeing of polyester fabrics and blends with disperse dyes; aftertreatment; typical biocide used in the textile industry	[641]; [770]; [694]; [746]; [757]
4-Phenylphenol	92-69-3		carrier	dyeing and printing	aftertreatment	[746]
Phillygeninglucosid	487-41-2	Phillyrin	natural dyestuff	dyeing and printing		[645]

Substance	CAS-Nr.	Tradename/Product/ Common Name	Function	Process	Application	Literature
Phosphonic acid	13598-36-2	Baysolex EXT; Contavan TIG 5%; Kappaquest S12	Baysolex EXT: Sequestriering agent; Contavan TIG, Kappaquest S12: bleaching auxiliary agent	pretreatment / bleaching of natural cellulosic fibres	Baysolex EXT: agent used for removing mineral impurities from natural cellulose fibres; Baysolex EXT: De-mineralising: Jigger 1-2 ml/l, KKV-process 1-2 ml/l, Jet 1-2 ml/l, Haspelkufe 0,5-1 ml/l, Extraction/Neutralisation after bleaching: KKV-, Pad-Steam-, Underbathbleaching 1-2 ml/l, Discontinuous bleaching 0,5-1 ml/l	[644]; [642]
Phosphonic acid, disodium salt	13708-85-5	disodium phosphite	catalsyst	functional finishing with repellents	catalsyst used for cross-linking reaction of formaldehyde-free cross-linking agents such as carboxiylic acids	[771]
Phosphoric acid	7664-38-2	Knittex catalyst UMP 2,5-5%; Phosphorsäure 75%; CATALYST 04-26 RINGS; CATALYST H 2-91 WET SPENT CATALYST; CATALYST H1-90 EXTRUDATE 4MM; CATALYST H2-91 REDUCED NEW 4 MM; CATALYST H2-91	Knittex catalyst UMP: easy-care finishing agent; Phosphorsäure: printing auxiliary; flame retardant auxiliary	easy-care finishing; printing; finishing with flame retardant	used in combination with urea to phosphorilate cellulose fibres and thus make them flame retarding, to be effective the finish must be reconverted after each laundering (semi durable flame retardant)	[642]; [750]
Phosphoric acid, ammonium salt	10124-31-9		flame retardant	functional finishing with flame retardants	fireproofing agent	[794]
Phosphoric acid methylphenyl diphenyl ester	26444-49-5	Kiwotex L3097	printing auxiliary	printing		[642]
Phosphoric acid, 1,3-phenylene tetraphenyl ester	57583-54-7		flame retardant	functional finishing with flame retardants	halogen free flame retardant for polyester	[774]
Phthalic acid	88-99-3	Phthalsäure	colouring auxiliary	colouring	Promotes the absorption and diffusion of disperse dyes into the fibre under low-temperature conditions	[641]

Substance	CAS-Nr.	Tradename/Product/ Common Name	Function	Process	Application	Literature
Physodalin	84-24-2	Physodsäure	natural dyestuff	dyeing and printing		[645]
Pigment Rubine shade	67990-05-0	HIFAST N RUBINE 05-53946	pigment	dyeing and printing		[643]
Pine oil	[8002-09-3]		swelling agent (for acetate fibre) / finishing assistant	finishing; delustring of acetate	improvement of delustring effect when treating acetate fabrics / fibres: added to the boiling bath	[749]
Platinum(IV) oxide	1314-15-4	CATALYST H0-90	cross-linking agent	finishing	easy-care finishing with cross-linking agent	[643]
Poloxanlene	[9003-11-6]	SILIGEN FA; Ethylenoxide-propylenoxide-copolymer	antimigration agent	colouring with pigments (Foulard-technology)	antimigration agent for dyeing with pigments (Foulard- and one-bath- processes) and for finishing; antimigrant for pigment pad dyeing and one-bath pigment dyeing, and finishing of textiles	[643]
Polyacrylamide	[9003-05-8]	Levalin MIP	antimigration agent; plasticizer	finishing: softening treatment; ACRAMIN®-Pigment-pad-process	aftertreatment; Migration-providing auxiliary for thermosol dyeing of PES und PES; CEL-blends	[644]; [746]
Polyacrylic acid	[9003-01-4]	DEKOL N-S	dispersing agent	colouring / dyeing	Protective colloid with sequestering action, which prevents the precipitation of water hardening substances and other impurities that may interfere with the dyeing of cotton	[643]
Polyacrylonitrile	25014-41-9	Polyacrylonitril	sizing agent	pretreatment / sizing		[641]
polybrominated diphenyl ethers (PBDE)	90193-67-2		flame retardant	functional finishing	textiles are impregnated or coated with liquid and acrylate polymer containing penta-BDE or deca-BDE. Antimony oxide is often used together with PBDE to enhance flame-retardant properties	[754]
Polychlorinated biphenyls (PCBs)	1336-36-3		carrier; plasticizer	dyeing and printing; finishing: softening treatment	aftertreatment	[746]

Substance	CAS-Nr.	Tradename/Product/Common Name	Function	Process	Application	Literature
Poly(dimethyl diallyl ammonium chloride)	26062-79-3	Fixierer E	colouring auxiliary	colouring		[642]
Polydimethylsiloxane	63148-62-9	Acraminsoftener SID; Antischaumemulsion SRE (Wacker Silicon-Emulsion SRE); Aphrogene Jet (Zetex Jet); Avivan SLMPO; Defoamer T; Deurosoft MN4; Entschäumer SI/01; Finistrol SME 10-25%; Fumexol SD; Moussex 920SE; Persoftal NG; Respumit S; Respumit SD; Roma-Silicon 244	wrinkle-resistant treatment; impregnating agent; Acraminsoftener SID, Avivan SLMPO, Deurosoft MN4, Persoftal NG, Roma-Silicon 244: softener; Antischaumemulsion SRE (Wacker Silicon-Emulsion SRE): desizing agent; Aphrogene Jet (Zetex Jet), Entschäumer SI; 01, Fumexol SD, Moussex 920SE: common purpose textile auxiliary; Respumit S, Respumit SD: Schaumdämpfungsmittel; Finistrol SME: easy-care finishing agent; Defoamer T: colouring auxiliary, Schaumdämpfungsmittel	finishing: wrinkle- and wrinkle-resistant treatment, water-repellent treatment; Persoftal NG: Foulardprocess 5-20 g; I, Pigmentdruck 10-30 g; kg	aftertreatment; Persoftal NG: softener und Nähgarnavivage; Respumit S: Anwendung in der Vorbehandlung, Färberei, Druckerei und Ausrüstung; Respumit SD: Schaumdämpfungsmittel für - Vorbehandlung - Färberei - Druckerei - Ausrüstung; Defoamer T: excellent stability and compatibility in pigment printing and pigment pad dyeing	[642]; [644]; [643]; [746]

Substance	CAS-Nr.	Tradename/Product/ Common Name	Function	Process	Application	Literature
(Polyethyl)benzenes	64742-94-5	HIFAST N CO SCAR 4RF 05-53984; HIFAST N CONC GREEN B 05-54863; HIFAST N CONC GREEN B 05-54865; HIFAST N CONC GREEN B 05-54904; HIFAST N CONC RED BN 05-53976; HIFAST N CONC YELLOW 4GLD 05-58987; HIFAST N GOLDEN YELLOW RF 05-58952; RESPAD BLUE G3W 01-8400; RESPAD BLUE GH3W 01-8402; RESPAD BLUE GL3W 01-8404; RESPAD BROWN BC3W 01-8819; RESPAD GREY R3W 01-8600; RESPAD Red C3W 01-8001; RESPAD RED CM3W 01-8003; RESPAD SCARLET DL3W 01-8002; RESPAD VIOLET V3W 01-8501	colouring auxiliary (used in pigment dyeing)	colouring		[643]
Polyethylene	9002-88-4	Adalin K; Cellolube TH; Perapret PE40	surface-modifying; Adalin K, Perapret PE40: easy-care finishing agent; Cellolube TH: softener	finishing: softening treatment; easy-care finishing	aftertreatment	[642]; [746]

Substance	CAS-Nr.	Tradename/Product/ Common Name	Function	Process	Application	Literature
Polyethylene glycol	25322-68-3	dispersing agent A; Luprintan DCA; Nofelt WA (hochmolekular); Olinor PA; Polyglykol 300 (mittlere molare Masse 300); Siligen MA; Textilwachs W; BASACRYL Salt NB-414; Imperiazon ST; Imperiazon ST spez.; Novazikon BBL; Pentavit AS; Pentavit B; Pentazicon TS (Pentazikon); Pentazon FLS; Protolan 370; Ratifix F; Sandoclean MW; HIFAST CHARCOAL CW 0552172; HIFAST N BLACK 4BLV 05-52849; UNIPEROL O	dispersing agent A, Nofelt WA, Novazikon BBL: colouring auxiliary; Luprintan DCA, Polyglykol 300: printing auxiliary; Olinor PA, Textilwachs W: Sizing agent and Sizing auxiliary; Siligen MA: easy-care finishing agent; Imperiazon ST, Imperiazon ST spez., Pentavit AS, Pentavit B, Pentazicon TS (Pentazikon), Pentazon FLS: common purpose textile auxiliary; Ratifix F: finishing agent; Sandoclean MW: felting agent; HIFAST CHARCOAL CW 0552172, HIFAST N BLACK 4BLV 05-52849: colouring auxiliary (used in pigment dyes); UNIPEROL O: levelling agents; surfactant / antimicrobial agent	multiple processes	Protolan 370: agent protecting wool fibre during HAT-dyeing; UNIPEROL O: Leveling agent with scouring effect for dyeing wool with acid and 1:1 metal complex dyes	[642]; [643]; [758]
Polyethylene glycol oleyl ether	9004-98-2	ARIDYE SXN Black 2K 05-5211; PAD N Grey 09-9299; PAD N GREY 2K 09-9286	colouring auxiliary; finishing agent / emulsifyer	pretreatment, colouring, finishing	nonionic surfactant	[643]; [767]
Polyethyleneglycol monodecylether	26183-52-8	Polyethyleneglycol 300 monodecylether (fractionated, fraction 5); Polyethyleneglycol monodecylether; C10PEG300/5;	finishing agent / emulsifyer	pretreatment, colouring, finishing	nonionic surfactant	[767]
Poly[imino(1,6-dioxo-1,6-hexanediyl)imino-1,6-hexanediyl]	32131-17-2		antimicrobial agent	antimicrobial finishing	acid azo dye mols. as bridges for quaternary ammonium antimicrobial modifikation of nylon, acid azo dye linking bactericide for polyamid	[747]
Polymer	25916-39-6	CORIAL Binder IF		dyeing and printing		[643]

Substance	CAS-Nr.	Tradename/Product/ Common Name	Function	Process	Application	Literature
Polymer	36290-04-7	AQUAFINE Blue BB 05-37505	pigment	dyeing and printing		[643]
Polymethacrylic acid	25087-26-7	Polymethacrylsäure	sizing agent	pretreatment / sizing		[641]
Poly(oxy-1,2-ethanediyl), alpha-(nonylphenyl)-omega-hydroxy-, branched	68412-54-4		finishing agent / emulsifyer	pretreatment, colouring, finishing	nonionic surfactant	[767]
Poly(oxy-1,2-ethanediyl), alpha-tridecyl-omega-hydroxy-, branched	69011-36-5		finishing agent / emulsifyer	pretreatment, colouring, finishing	nonionic surfactant	[767]
polyoxyethylene (20) castor oil (ether, ester)	61791-12-6		finishing agent / emulsifyer	pretreatment, colouring, finishing	nonionic surfactant	[767]
polyoxyethylene (8) lauric acid (monoester)	9004-81-3		finishing agent / emulsifyer	pretreatment, colouring, finishing	nonionic surfactant	[767]
Polyoxyethylene distyryl phenyl ether	68310-58-7	ARIDYE SX Red B 05-5307; HIFAST N CO SCAR 4RF 05-53984; HIFAST N GREEN G 05-54839; HIFAST N ORANGE OLY 05-58736; HIFAST N RED BDC 05-53932; HIFAST N RED DC2B 05-53902; HIFAST N VIOLET 4B 05-56844; PAD N BLUE NCR 09-97824; PAD N YELLOW 2G 09-98808; PAD N RED B 09-9380; PAD N YELLOW 3G 09-98824; PAD N YELLOW 4GL 09-9889; RESPAD BLUE GL3W 01-8404; RESPAD Red C3W 01-8001; RESPAD RED CM3W 01-8003	colouring auxiliary	colouring		[643]

Substance	CAS-Nr.	Tradename/Product/ Common Name	Function	Process	Application	Literature
Polyphosphoric acids, ammonium salts	68333-79-9	APP	flame retardant	finishing with flame retardant	used in semi-durable flame retardant treatments on mainly cellulose-based fabrics, insoluble APPs must be dispersed in a binder, which hold them to the fabric (upholstery and draperies backcaotings)	[765]
Polypropylene glycol	25322-69-4	KIERALON JET-B CONC	detergent	pretreatment / scouring, boiling-off; colouring / aftertreatment of dyeing; soaping off	prescouring, boiling off, bleaching, after dye washing, or soaping off	[643]

Substance	CAS-Nr.	Tradename/Product/ Common Name	Function	Process	Application	Literature
Polysiloxane	9011-19-2	Badena Perm 265; Deurosoft HKS; Dicrylan 7524; Luprintol MC; Luprintol MCL; Protolan 369; RO-MA-Deformer 168; RO-MA-Silikon 244; RO-MA-Silikon 256; RO-MA-Silikon 270; RO-MA-Silikon 271; RO-MA-Silikon 273; Rotta-Entschäumer 169; Siligen SI	Deurosoft HKS: softener; Dicrylan 7524: finishing agent; Luprintol MC, Luprintol MCL: printing auxiliary; RO-MA-Deformer 168, Rotta-Entschäumer 169: foam inhibitor; Siligen SI: easy-care finishing agent	multiple process; finishing; printing	Badena Perm 265: ecofriendly softener for washfast permanent finishing of cellulose fibres, wool and silk, ironing is made permanently easier; Protolan 369: Permanente anti-felting finishing of wool with integrated softener; RO-MA-Silikon 244: polysiloxane softener stable for thermofixing and adequate for finishing all fibres; RO-MA-Silikon 256: polysiloxane softener spray for all fibres, having excellent springiness; RO-MA-Silikon 270: polysiloxane softener for all fibres, imparting supersoft handle; RO-MA-Silikon 271: Semipermanent polysiloxane softener, best suited for confectioned goods, rough conditioning of WO and WO/PES-blends; RO-MA-Silikon 273: Permanent polysiloxane softener for all fibres, very good resistance to yellowing, suited for finishing	[642]; [653]

Substance	CAS-Nr.	Tradename/Product/ Common Name	Function	Process	Application	Literature
Polyurethan	9009-54-5	Baygard EDW; Baypret 10 DU; Dicrylan 7417; Dicrylan 7524; Dicrylan PSC; Finish PU; Protolan 357; Protolan 367; Rotta-Coating 1207; Rotta-Coating 1224; Rotta-Coating 1228	Baygard EDW: Extender; Baypret 10 DU: Polymeric finishing agent; Dicrylan 7417, Dicrylan 7524, Dicrylan PSC: finishing agent; Finish PU: easy-care finishing agent	finishing with fluorocarbon repellents; easy-care finishing of wool (anti-felting); coating	Baygard EDW: Extender for finishing with fluorocarbon product BAYGARD AFF or BAYGARD AFF 300% (Baygard EDW: Foulardprocess: Polyester und Polyamid 5-10 g/l, Polyester/Baumwolle 10-15 g/l, Baumwolle und Viskose 15-20 g/l); Baypret 10 DU: Universal, polymeric finishing agent for all types of fibres (Baypret 10 DU: Foulardprocess 20-60 g/l); Protolan 357: Permanent easy-care finishing of wool (anti-felting), extreme low emissions, nor odour nuisance; Protolan 367: Permanent anti-felting finish of wool; Rotta-Coating 1207: water-soluble coating and foulard application on PA, PES und CO, good and dry handle; Rotta-Coating 1224: coating of all fibre types from aqueous phase, strong, wash- and cleanwashing-proofed permanent film forming; Rotta-Coating 1228: water-repelling, aqueous fine coating of CO, PES, PA und blends, washfast and clean-fast permanent	[642]; [644]; [653]

Substance	CAS-Nr.	Tradename/Product/ Common Name	Function	Process	Application	Literature
Polyvinyl acetate	9003-20-7	Appretan EM; Appretan EMR; Binder DAS (Tubiprint Binder DAS); Lametan M; Peripret KL; Rotta-Finish 202; Rotta-Finish 207; Rotta-Finish 220; Rucogumm KLH; Schlichte UC-1; Stabiform 691; Ukadan 2010; Vibatex HKN	surface-modifying; impregnating agent; Appretan EM, Appretan EMR, Lametan M, Peripret KL, Rucogumm KLH, Ukadan 2010, Vibatex HKN: finishing agent; Binder DAS (Tubiprint Binder DAS): printing auxiliary; Schlichte UC-1: Sizing agent and sizing auxiliary; Stabiform 691: special auxiliaries	finishing: surface treatment, water-repellent treatment; Binder DAS: printing; Schlichte UC1: sizing	aftertreatment; Rotta-Finish 202: stiffening finishing of glas fibres and cotton fabrics, handle-imparting agent finishing on PA, PES u. CO, formaldehyde-free refering to Ökotex Standard 100; Rotta-Finish 207: handle-imparting finishing and coating of mainly CO, PA und Acetat, non-cracking and non-lubricating finish; Rotta-Finish 220: stiffening finish for all fibres; Schlichte UC-1: sizing agent für Stapelfibre yarn made of Cellulose, Polyester-Cellulose-blends, Wool und Polyester-Wool-blends	[642]; [643]; [653]; [746]
Polyvinyl alcohol	9002-89-5	Bevaloid 2655; 88 (teilweise verseift); Chimtex X 81; 4 (Chimgel X 81; 4); Lamephil D; Lamephil OJ; Polyvinylalkohol; Rotta-Rapidschlichte 936; Texogum 12 (teilweise verseift); Tubigum R120; Vinarol DTL (Vinarol DTL 30)	Chimtex X 81; 4 (Chimgel X 81; 4): spinning additives; Lamephil D, Lamephil OJ, Texogum 12, Tubigum R120: printing auxiliary; Bevaloid 2655; 88, Polyvinylalkohol, Vinarol DTL (Vinarol DTL 30): Sizing agent and und sizing auxiliary	pretreatment: desizing; spinning; printing	Rotta-Rapidschlichte 936: fast drying sizing agent for "Kett" machines	[642]; [653]
Polyvinylchloride	9002-86-2	Vinnol C 66; Vinnol P70PS; Solvic 367NC; Solvic 376NB	special auxiliaries; flame retardant	flame-retardant treatment	aftertreatment	[642]; [746]

Substance	CAS-Nr.	Tradename/Product/ Common Name	Function	Process	Application	Literature
Polyvinylpyrrolidone	25249-54-1	Polyvinylpyrrolidone K-30; Albigen A; Lamestrip CO; Reduktol AL; also: CAS 9003-39-8	Albigen A, Lamestrip CO, Reduktol AL: colouring auxiliary; dispersing agent; filler	dyeing / printing; transfer printing	Albigen A: remove of dyeings and prints, whitening of dyeings and prints made of direct dyes, washing of prints made of direct and reactive dyes, egalising/levelling; used as auxiliary in modern "color-detergents" to prevent that the dyestuff newly washed out resoils the textiles; crosslinked, ink-absorbing filler for transfer material usefull in ink-jet printing on textiles	[642]; [643]; [652]; [784]
polyvinylpyrrolidone-iodine complex	25655-41-8		finishing agent / antimicrobial agent	textile finishing	antimicrobial agent encapsulated in porous polyacrylonitrile fibres (e.g. Actipore PVPI from Focus Polymer), to enable controlled release of active agent	[761]
Potassium bitartrate	868-14-4	cream of tartar	dyeing auxiliary / mordant	dyeing	dyeing of silk and wool with natural "lac" dyes (based on laccaic acid), used in combination with potassium dichromate	[756]
Potassium carbonate	584-08-7	Potassiumcarbonate	printing auxiliary	colouring/printing		[642]
Potassium chloride	7447-40-7	CATALYST 0 3-114 100%; RINGS 7X7X3 MM; CATALYST 03-114 K; 80 RING 7X7X3MM	cross-linking agent			[643]
potassium cocoyl hydrolised collagen	68920-65-0		finishing agent / emulsifyer	pretreatment, colouring, finishing	anionic surfactant of the carboxymethylated ethoxilate group	[787]

Substance	CAS-Nr.	Tradename/Product/ Common Name	Function	Process	Application	Literature
Potassium dichromate	7778-50-9	Potassium dichromate	colouring auxiliary; dyeing auxiliary for mordant (chrome) dyes; dyeing auxiliary / mordant; oxidation / reduction agent	dyeing with mordant (chrome) dyes; dyeing of wool; pretreatment; dyeing and printing	during dyeing process, to allow dyefixation; dyeing of wool using chrome (mordant) dyes; dyeing of silk and wool with natural "lac" dyes (based on laccaic acid), used in combination with potassium bitartrate; bleaching, "brightening"; aftertreatment	[642]; [746]; [756]; [739]; [764] - mutagen behaviour in Ames-Test (adapted to textile)
potassium hexafluorotitanate	16919-27-0		flame retardant	flame-retardant treatment	aftertreatment	[746]
Potassium hexafluorozirconate	16923-95-8	Aflammit ZR	flame retardant	finishing: flame-retardant treatment	aftertreatment	[641]; [642]; [746]
Potassium hydroxide	1310-58-3	Tubotex PCA	bleaching auxiliary agent	pretreatment / bleaching		[642]
Potassium iodate	[7758-05-6]	BASOTOL AR	oxidizing agent	colouring: dyeing	prevents the reducing effect during dyeing with disperse, reactive and direct dyes on polyester/cotton	[643]
Potassium oxide	12136-45-7	CATALYST 04-10 EXTRUDATES; CATALYST 04-10 RINGS; CATALYST 04-110 EXTRUDATES; CATALYST 04-110 RING; CATALYST 04-110 STAR RING 10X5; CATALYST 04-115 STERNRING 11X4MM; CATALYST G1-22; CATALYST H0-20	cross-linking agent	colouring; finishing	easy-care finishing with cross-linking agent	[643]
Potassium permanganate	7722-64-7	Potassium permanganate	printing auxiliary; oxidising agent; bleaching agent	pretreatment / bleaching; pretreatment: antifelting treatment of wool	bleaching of cotton (mainly jeans treatments); pretreatment of wool to reduce felting properties of wool (easy-care treatment, e.g. CSIRO-process)	[642]; [749]
potassium peroxomonosulphate	37222-66-5		oxidising agent	pretreatment of wool / anti-felting treatment	anti-felting treatment of wool	[749]

Substance	CAS-Nr.	Tradename/Product/ Common Name	Function	Process	Application	Literature
Potassium peroxymonosulfate sulfate (K5[HSO3(O2)][SO3(O2)](HSO4)2)	70693-62-8	Caroat; Pentapotassium-bis(peroxymonosulfate)-bis(sulfate)	special auxiliaries			[642]
Potassium sorbate	590-00-1		in-can preservative	multiple processes	preservation agent for the improvement of the storage stability of textile auxiliaries	[805]
2,2'-p-phenylene-bis-benzo[d][1,3]oxazin-4-one	18600-59-4		stabilizer	colouring; finishing	improving the lightfastness of dyed textile materials	[731]
1,3-Propanediaminium, N,N'-didodecyl-2-hydroxy-N,N,N',N'-tetramethyl-, dichloride	50744-87-1		antimicrobial agent	antimicrobial finishing	acid azo dye mols. as bridges for quaternary ammonium antimicrobial modifikation of nylon, acid azo dye linking bactericide for polyamid	[747]
Propanetricarboxylic acid (PCA)	99-14-9		cross-linking agent	(functional) finishing of cellulose	alternative to DMDHEU (formaldehyde releasing cross-linking agent)	[752]
1,2,3-Propanetriol	56-81-5	Glycerin 99,5%; BAFIXAN Black RB Liquid; BAFIXAN BLUE HL NB 701; ULTRAPHOR SFG Liquid; ULTRAPHOR SFN Liquid; ULTRAPHOR PAB	surface-modifying; Glycerin, BAFIXAN Black RB Liquid, BAFIXAN BLUE HL NB 701: printing auxiliary, colouring auxiliary, dyestuff solubilizing agent; penetrating agent	finishing: softening treatment; transfer paper printing process; discharge printing (with reduction agents)	aftertreatment; especially with white discharges, to ensure that the discharge paste, thoroughly penetrates the fabric and to prevent any "grinning" or show-through effects, especially on knitted fabrics	[642]; [641]; [643]; [751]; [746]
1-Propanol	71-23-8	Erkantol PAD 5-10%; Finish PU 6%	Erkantol PAD: common purpose textile auxiliary; Finish PU: easy-care finishing agent	multiple purpose; easy-care finishing		[642]

Substance	CAS-Nr.	Tradename/Product/ Common Name	Function	Process	Application	Literature
2-Propanol	67-63-0	Basolan SW; Chemocarrier Spez.; Deurol H; Diadavin CA42063; Diadavin SW 10-15%; Dicrylan Verdicker X 1-2,5%; Duron Antistatikspray; Finish PU 6%; Fluidol AW12; Hostapal JET AU; Hydrophobol CF 1-2,5%; Imprafix SK 75-85%; Impranil CLS02 (Lösung) 15-20%; Irgapadol AS 9%; Irgapadol FFU 6%; Isopropanol; Kieralon D; LEOPHEN RA; Levegal FTS 1-3%; Levegal FTSK 01 1-3%; Luprintol MC; Nuva FH 14%; Nuva FHN 10%; Perlit SE 3-8%; Persistol E; Silgone R; Siligen MA; Siligen SI; Tanawet PAD; Tinegal MR 25%; Univadin PA 4%; Verdicker A 01 5-10%	solvent; levelling agent; Dicrylan Verdicker X, Imprafix SK, Impranil CLS02: finishing agent; Levegal FTSK 01, Chemocarrier Spez., Irgapadol AS, Irgapadol FFU, Tanawet PAD, Tinegal MR, Univadin PA: colouring auxiliary; Hydrophobol CF, Nuva FH, Nuva FHN, Perlit SE: water repellent; Finish PU, Siligen MA, Siligen SI: easy-care finishing agent; Deurol H, Verdicker A 01: printing auxiliary; LEOPHEN RA: Netzmittel	pretreatment; colouring; finishing; Levegal FTSK 01: foulard pad-batch process, Jigger-dyeing, Polyamid-S-process	solvent contained in a few percentage in industrial sulphosuccinate (anionic) surfactants(used as wetting or dispersing agents), to render them clear; Levegal FTSK 01: dye-substantive levelling agent for dyeing of Polyamid fibres; FIXAPRET CL: Modified textile resin for low formaldehyde and easy care finishing of woven and knitted fabrics produced from cellulosic fibers and their blends; LEOPHEN RA: wetting agent for dyeing and continuous pigment padding	[642]; [644]; [643]; [787]
1-Propene, homopolymer, isotactic	25085-53-4		antimicrobial agent	textile finishing	producing cotton fabric and fabric blends having water-resistance and antimicrobial properties for clothing and undergarments	[762]
2-Propenoic acid, 2-(dimethylamino)ethyl ester, polymer with dimethylsilanediol and (3-mercaptopropyl)methylsilanediol , graft, acetate (salt)	395667-44-4		softener (antifoam)	textile finishing		[778]
Propetamphos	31218-83-4	Propetamphos	organophosphorous insecticides (OP's)	ectoparasiticide treatment of sheep	applied on sheep or directly on raw wool	[641]
Propylbenzene	103-65-1		carrier	dyeing and printing	aftertreatment	[746]

Substance	CAS-Nr.	Tradename/Product/ Common Name	Function	Process	Application	Literature
Propylene glycol	57-55-6	Uvitex ERN-P-250% 1%; AQUAFINE ORANGE RB 05-38112; BAFIXAN TURQUOISE 2B LIQUID; CORIAL® Binder IF; Heliodecor-Defoamer	Uvitex ERN-P-250%, AQUAFINE ORANGE RB 05-38112, BAFIXAN TURQUOISE 2B LIQUID, CORIAL® Binder IF: optical brighteners	transfer paper printing process		[642]; [643]
propylene urea	6531-31-3		wrinkle-resistant treatment	finishing: wrinkle- and wrinkle-resistant treatment	aftertreatment	[746]
Protopine	130-86-9		natural dye; alkaloid	dyeing and printing	Component in Prickly Poppy, Fumitory; Fumitory: On wool previously steeped in bismuthate one obtains nice yellow (which is appropriate for green dyeing in combination with Indigo).	[808]
Prunetin	552-59-0		natural dye; flavanoid	dyeing and printing	Component in Adaman Redwood, Muningaholz	[808]
Pseudopurpurin	476-41-5	C.I. Natural Red 14: C.I. 75420	natural dye; anthraquinone	dyeing and printing	Trace component in Madder, Wild Madder, Rubia cordifolia; Component in Sweet woodruff, Relbunium Hypcarpium; Main component in Dyer´s Woodruff; Rubia Cordifolia (C.I. Natural Red 16): When used on alum mordanted wool, a brownish-red colour is created.; Sweet Woodruff (C.I. Natural Red 14): Wool mordanted with alum is dyed red.; Dyer´s Woodruff (C.I. Natural Red 13): One obtains red tints on alum mordanted wool.; Relbunium hypcarpium: Red tints are obtained on wool mordanted with alum.	[808]
p-Toluenesulfonic acid	104-15-4	Imprafix SK 17-22%	finishing agent	finishing		[642]

Substance	CAS-Nr.	Tradename/Product/ Common Name	Function	Process	Application	Literature
Pumice	1332-09-8	CATALYST H 2-93 REDUCED 3-6 MM GRANULES	cross-linking agent	finishing	easy-care finishing with cross-linking agent	[643]
Purpurin	81-54-9		natural dye; anthraquinone	dyeing and printing	Component in Sweet Woodruff; Trace component in Dyer´s Woodruff, Relbunium Hypcarpium; Sweet Woodruff (C.I. Natural Red 14): Wool mordanted with alum is dyed red.; Dyer´s Woodruff (C.I. Natural Red 13): One obtains red tints on alum mordanted wool.; Relbunium Hypcarpium: Red tints are obtained on wool mordanted with alum.	[808]
Purpurin	81-54-9	Purpurin; C.I. 58205	natural dye	dyeing and printing		[645]
Purpurogallin	569-77-7		natural dye; lichen and fungus	dyeing and printing	Component in Fomes Fomentarius; Fomes Fomentarius: Wool without mordant is dyed beige, with alum orange brown, with stannous chloride brownish-orange, with copper sulphate yellowish-brown, with iron sulphate dark brown.	[808]

Substance	CAS-Nr.	Tradename/Product/ Common Name	Function	Process	Application	Literature
Purpuroxanthene	518-83-2	C.I. Natural Red 16: C.I. 75340 + 75350 + 75370 + 75410, Xanthopurpurin	natural dye; anthraquinone	dyeing and printing	Trace component in Relbunium Hypcarpium, Morinda Citrifolia, Morinda Umbellata, Madder, Rubia Cordifolia; Component in Sweet Woodruff; Rubia Cordifolia (C.I. Natural Red 16): When used on alum mordanted wool, a brownish-red colour is created.; Sweet Woodruff (C.I. Natural Red 14): Wool mordanted with alum is dyed red.; Relbunium hypcarpium: Red tints are obtained on wool mordanted with alum.; Morinda Citrifolia (C.I. Natural Red 18): At first, cotton is washed and dried. It is then treated in a hot mixture of water, soda, and ricinus oil (or sesame oil), and soaked until the mixture gets almost white (about 12 days later). Afterwards, the cotton is taken out and dried. The bark of Morinda citrifolia roots is added to water and boiled until the water gets dark red; the cotton then put into the solution and left to soak for 3 to 4 days in the dyeing liquid.	[808]
Quaternary ammonium compounds	68002-60-8	BASACRYL SALT NB-KU	retarder	colouring / dyeing	Dye retarder for dyeing acrylic fibers with cationic dyes	[643]
Quaternary ammonium compounds, bis(hydrogenated tallow alkyl)dimethyl, chlorides	61789-80-8		cationic surfactant	multi purpose use: pretreatment, colouring, finishing	multi purpose use auxiliaries; cationic surfactants are mainly used in textile finishing industry as conditioning agents, antistatic finishing agents and softening agents	[767]

Substance	CAS-Nr.	Tradename/Product/ Common Name	Function	Process	Application	Literature
Quercetagetin	90-18-6		natural dye; flavanoid	dyeing and printing	Component in Dyer´s Chamomile, African Marigold; Dyer´s Chamomile: With alum mordant one obtains yellow, with alum and tartar one obtains golden yellow. The tints possess excellent fastness to washing and to light.; African Marigold: With alum mordant on wool and silk one obtains yellow; post-treatment with ferrous sulphate results in green, and the post-treatment with potassium bichromate results in golden brown.	[808]
Quercetin-3ß-D-galactosid	482-36-0	Hyperosid	natural dyestuff	dyeing and printing		[645]
Quinizarin	81-64-1		natural dye; anthraquinone	dyeing and printing	Trace component in Madder	[808]
Red Pigment	6471-49-4	HIFAST N RED DC2B 05-53902	pigment	dyeing and printing		[643]
Resorcinol	108-46-3		finishing agent / shrinking agent	finshing handle and optic	used to obtain crêpe effect (local shrinkage) on polyamide	[800]
Rhamnazin			natural dye; flavanoid	dyeing and printing	Component in Buckthorn; Main component in Rhamnus Petiolaris; Rhamnus Petiolaris: On wool mordanted with alum one obtains a durable dark yellow tint.	[808]

Substance	CAS-Nr.	Tradename/Product/ Common Name	Function	Process	Application	Literature
Rhamnetin	90-19-7		natural dye; flavanoid	dyeing and printing	Component in Black Poplar, French Tamarisk, Common Buckthorn; Trace component in Alaternus; Main component in Rhamnus petiolaris; Black Poplar: One obtains yellow on wool previously steeped in alum; post-treatment with a solution of ferrous sulphate results in grey.; Common Buckthorn (C.I. Natural Yellow 13): One obtains golden yellow on wool mordanted with alum and tartar. Using the bark, one can obtain dark yellow with alum mordant and red if left to dye longer.; Rhamnus Petiolaris: On wool mordanted with alum one obtains a durable dark yellow tint.; French Tamarisk: Wool mordanted with iron sulphate is dyed in tints from grey to black. One obtains yellow tints with alum mordant.	[808]
Rhein	478-43-3		natural dye; anthraquinone	dyeing and printing	Trace component in Rhubarb	[808]
Robinetin	490-31-3		natural dye; flavanoid	dyeing and printing	Component in Common Robinia; Common Robinia: The leaves create a yellow coloured dye.	[808]
Rottlerin	82-08-6	C.I. Natural Yellow 25; C.I. Natural Orange 2	natural dye; flavanoid	dyeing and printing	Component in Mallotus Phillippinensis	[808]

Substance	CAS-Nr.	Tradename/Product/ Common Name	Function	Process	Application	Literature
Rubiadin	117-02-2		natural dye; anthraquinone	dyeing and printing	Trace component in Madder, Sweet Woodruff, Morinda Citrifolia, Morinda Umbellata, Coprosma Lucida; Sweet Woodruff (C.I. Natural Red 14): Wool mordanted with alum is dyed red.; Morinda citrifolia (C.I. Natural Red 18): At first, cotton is washed and dried. It is then treated in a hot mixture of water, soda, and ricinus oil (or sesame oil), and soaked until the mixture gets almost white (about 12 days later). Afterwards, the cotton is taken out and dried. The bark of Morinda citrifolia roots is added to water and boiled until the water gets dark red; the cotton then put into the solution and left to soak for 3 to 4 days in the dyeing liquid.	[808]
Rubropunctatin	514-67-0	Rubropunctatin; also: CAS 13471-84-6	natural dyestuff	dyeing and printing		[645]
Rumicin	481-74-3	Chryosphansäure	natural dyestuff	dyeing and printing		[645]
Rutin trihydrate	153-18-4	Rutin; Quercetin-3-rutinosid	natural dyestuff	dyeing and printing		[645]
Saflorot	36338-96-2	Carthamin	natural dyestuff	dyeing and printing		[645]
Sakuranetin	2957-21-3		natural dye; flavanoid	dyeing and printing	Component in Black Walnut	[808]
salicylanilide	87-17-2		biocide	antimicrobial finishing	agent used mainly on protective wear	[749]
sandalwood oil	8006-87-9		fragrance	textile finishing	perfume oil which can be encapsulated (wall materials urea-formaldehyde or melamine-formaldehyde) and applied on different textile material by padding, soaking, coating or printing, and further curing of the resin.	[761]

Substance	CAS-Nr.	Tradename/Product/Common Name	Function	Process	Application	Literature
Sanguinarine	2447-54-3		natural dye; basic	dyeing and printing	Component in Blood Root, Prickly Poppy; Blood Root: Tints from orange to red are obtained on silk and wool previously mordanted with alum.	[808]
Saporanetin	3681-93-4	Vitexin	natural dyestuff	dyeing and printing		[645]
Sarmentogenin	76-28-8	Sarmentogenin	natural dyestuff	dyeing and printing		[645]
Saxatilic acid	521-39-1	Salazinsäure; Saxatilsäure	natural dyestuff	dyeing and printing		[645]
Scopoletin	92-61-5	Scopoletin	natural dyestuff	dyeing and printing		[645]
Shikonin	517-89-5		natural dye; naphthoquinone	dyeing and printing	Main component in Lythospermum Erythrorhizon; Trace component in Lythospermum Officinale	[808]
Silanediol, dimethyl-, polymer with methyl[3-[(2,2,6,6-tetramethyl-4-piperidinyl)oxy]propyl]silanediol	409318-77-0		softener	finishing	nonyellowing hydrophilic fabric softener, steric hindered piperidinyl substituted polysiloxane	[795]
Silica, amorphous	7631-86-9	ARIDYE PAD WHITE 09-91102; CATALYST 04-82; CATALYST D 11-10 1.5 MM EXTRUDATES; CATALYST G1-22; CATALYST H0-20; CATALYST H0-90; CATALYST H1-80 REDUCED; CATALYST H1-90 EXTRUDATE 4MM; CATALYST H0-11	carrier; filler	transfer printing	ink-absorbing filler for transfer material usefull in ink-jet printing on textiles	[643]; [784]
Silica (crystalline-cristobalite)	14464-46-1	CATALYST 04-115 STERNRING 11X4MM	cross-linking agent	finishing	easy-care finishing with cross-linking agent	[643]
Silicic acid	1343-98-2	CATALYST 04-10 EXTRUDATES; CATALYST 04-10 RINGS; CATALYST 04-110 EXTRUDATES; CATALYST 04-110 RING; CATALYST 04-115 STERNRING 11X4MM; CATALYST H1-40 TABLET 5X5MM	cross-linking agent; non-slip agent	finishing; non-slip, ladder-proof and anti-snag finishings	used to harshen textile surface in order to prevent slipping of the various yarn systems in fabrics or formation of ladders in knitwear,etc.	[643]; [749]

Substance	CAS-Nr.	Tradename/Product/ Common Name	Function	Process	Application	Literature
Silicic acid	7699-41-4	Duron SI; Feran SSG; Feran SSK konz.; Fixan 796; Produkt KB 35; Syntharesin 40119; Syntharesin A	Duron SI: spinning additives; Feran SSG, Feran SSK konz., Syntharesin 40119, Syntharesin A: non-slipping agent	Duron SI: spinning process; Syntharesin: finishing with non-slipp, ladder-proof and anti-snag agents	Fixan 796: non-slipp agent, small influence of the handle; Syntharesin 40119, Syntharesin A: non-slip agent for all types of fibres, for antipilling and anti-snag finishing (Syntharesin 40119: Foulardprocess: dry-in-wet 10-40 g/l, wet-in-wet 20-80 g/l, exhaust process 1-3%, Antipilling- und Antisnag finishing: Foulardprocess 10-20 g/l, foulard pad-batch process 0,5-3%); Syntharesin A: additive of spinning preparations (Syntharesin A: Foulardprocess: dry-in-wet 5-40 g/l, wet-in-wet 20-80 g/l, Glasfibres 20-80 g/l, foulard pad-batch process 0,5-3%, Antipilling- und Antisnag finishing: Foulardprocess 10-30 g/l, foulard pad-batch process 1-2%)	[642]; [644]; [653]
Silicium dioxide	14808-60-7	Aerosil 130; Delustring Agent TS 100	delustring agent TS 100: special auxiliaries	finishing of handle and look: delustring		[642]
Silicon	7440-21-3		impregnating agent (plasticizer, spinning and spooling)	finishing: soil treatment	aftertreatment	[746]
Silver	7440-22-4	Bioactive fibre, Trevira	antimicrobial agent	antimicrobial finishing	ionic silver is fixed on ceramic substrates which are incorporated into the fibre structure, the mode of action is that the silver ionens interfer on the metabolism of the bacteria (cystein bonds) and denature it	[769]

Substance	CAS-Nr.	Tradename/Product/ Common Name	Function	Process	Application	Literature
Silver nitrate	7761-88-8		biocide/antimicrobial agent	textile finishing	antimicrobiotics; oxidising agent used as biocide in for e.g. microcapsules incorporated on textile fibres made of polyacrylonitrile (approx. 0.5% by mass of active material)	[761]
Silver oxide	20667-12-3				antimicrobiotics	
Silver(I)iodide	7783-96-2				antimicrobiotics	
Sodium acetate	127-09-3	Sodiumacetate; Sodiumacetate 99/100%	colouring auxiliary	colouring		[642]
Sodium benzoate	532-32-1		in-can preservative	multiple processes	preservation agent for the improvement of the storage stability of textile auxiliaries	[805]
sodium bisulfite	7631-90-5		agent to improve permanent crease of wool	finishing / easy-care finishing of wool	permanent fixing of wollen materials (crimpy wool) used in combination with glutaraldehyde	[749]
Sodium C12-14 lauryl ether sulfate; mixture (composition not given)	9004-82-4		finishing agent / emulsifyer	pretreatment, colouring, finishing	anionic surfactant of the ether sulphate type	[787]
Sodium carbonate	497-19-8	AWA detergents (Sonal Sivo Kompakt); Benzo 13-18%; Calgon TLL; Sodiumcarbonat (wasserfrei); Telonblau AR 3-8%; Telonrot AFG 3-8%	AWA detergents (Sonal Sivo Kompakt): cleaning agent; Benzo 13-18%: direct (substantive) dyes; Calgon TLL: common purpose textile auxiliary; Sodium carbonate (water-free): boiling-off auxiliary; Telonblau AR, Telonrot AFG: acid dye; discharging assistent; fastness-improving agent/colouring agent	multiple processes; pretreatment; boiling-off; printing; discharge printing on cellulose; textile finishing	discharge printing of cellulosic fibres using reducing agents and azo dyed colours (e.g. Indigo-); fastness-improving agent which can be microencapsulated and used in colouring technique in combination with encapsulated dyes: application amount of 60% (by mass) of the polymeric wall	[642]; [751]; [761]
Sodium chlorate	[7775-09-9]	Natriumchlorat	printing auxiliary; Anti-reducing agent	colouring / printing and dyeing	Levalin SRN: Jigger; Pad-Jig, Pad-Roll, Pad-Steam, Kalt-Verweil-Substantiv-process;; colouring auxiliaries for reactive dyeing	[641]; [648]

Substance	CAS-Nr.	Tradename/Product/ Common Name	Function	Process	Application	Literature
Sodium chloride	7647-14-5	Sodiumchloride (mill salt); Sodiumhypochlorite (solution)	Sodiumchlorid (mill salt): colouring auxiliary; Sodiumhypochlorit (solution): bleaching agent	sodiumhypochlorit (solution): bleaching; sodiumchlorid (mill salt): colouring		[642]
Sodium chlorite	7758-19-2	Sodiumchlorite; Sodiumchlorite 20%; Sodiumchlorite 25%; Sodiumchlorite 80%	bleaching agent	pretreatment/bleaching	bleaching of cotton, linen, flax, jute, other cellulosic fibres (CO/PES)	[642]; [749]; [750]; [651]; [641]
Sodium dichromate	10588-01-9	Sodiumbichromate (Sodiumdichromate)	colouring auxiliary; dyeing auxiliary / mordant	dyeing of wool	dyeing of wool using chrome (mordant) dyes	[642]; [739]
Sodium disulfite	7681-57-4	Sodiumbisulfite; Sodiumbisulfite 38 40%; Sodiumbisulfite 65 66%	colouring auxiliary	colouring		[642]
Sodium dithionite	7775-14-6	Arostit BLN 60-70%; Blankit IIA; Blankit IIAR; Blankit IN; Blankit AN; Blankit AR; Blancolen K; Hydrosulfit konz.; Hydrosulfit N konz.; Hydrosulfit F konz.; Hydrosulfit FE konz.; Sodiumhydrosulfite; Redutex MG; Rongal HAT; Rongal HT 91; BLEACHIT 1A	Blankit IIA, Blankit IIAR, Blankit IN, Blankit AN, Blankit AR, Blancolen K: bleaching auxiliary agent; Hydrosulfit konz., Hydrosulfit N konz., Hydrosulfit F konz., Hydrosulfit FE konz., Sodiumhydrosulfit, Redutex MG: colouring auxiliary; Sodiumhydrosulfit: printing auxiliary; Arostit BLN, Rongal HT, Rongal HT 91: printing auxiliary	pretreatment / bleaching; colouring / dyeing and printing; dyeing with sulfur dyes	component of binary reducing system for sulfur dyestuffs to prevent over-reduction, combined with glucose; Blankit IN, Blankit AN, Blankit AR: stabilised reducing agent for bleaching of wool, silk, cellulose and polyamide fibres, and furs; Hydrosulfit konz., Hydrosulfit N konz., Hydrosulfit F konz., Hydrosulfit FE konz.: reducing agent for vat dyes, Reductive aftertreatment of dyeings, spotting or aviving of dyeings and prints, cleaning of dyeing machines; brightening of animal fibres (wool, silk); final bleaching of wool	[642]; [643]; [641]; [749]; [750]; [651]; [807]
Sodium dodecyl sulfate	151-21-3		dyeing auxiliary; dispersing agent	dyeing (batch); dyeing / printing	anionic surfactant used in batch dyeing with reactive dyes; are intended to promote the formation and stability of dyestuff and pigment dispersions	[796]; [652]

Substance	CAS-Nr.	Tradename/Product/ Common Name	Function	Process	Application	Literature
Sodium formaldehyde sulfoxylate	149-44-0	Redulit C; Rongalit C (BASF)	reducing agent / discharge agent	printing / discharge printing	used in new discharged printing process applying reduction mode of discharging; Rongalit C is very stable under neutral and alkaline conditions at RT, but under acidic conditions, decomposition gradually occurs; Rongalit C is a very strong reducing agent (Redox potential of -870 mV at ph 9.5); highly water soluble	[642]; [751]
Sodium formaldehydesulfoxylate dihydrate	6035-47-8	Brueggolit C Splitt; Sodiumhydroxymethanesulfinate dihydrate				[642]
Sodium hydrogencarbonate	144-55-8	Sodium bicarbonate	printing auxiliary	printing		[642]
Sodium hydrogensulfide	16721-80-5	Sodium bisulfide	colouring auxiliary	colouring	reducing agent for solubilizing of the dyestuff	[641]
Sodium hydroxide	1310-73-2	Alkaflo; Benzonerol VSF-A flüssig 3-5%; Diagum CW12 2%; Diaprint CKA 2%; Diresulschwarz RDT 2-4%; Emalan 6560 (Ridoline) 5%; Kappawet T1/023; Monagum W 2%; Monatex MK30 2%; Sodiumhydroxid; Natronlauge; Natronlauge 30%; Natronlauge 47%; Natronlauge 50%; P3-Percy 72 5%; CHEL® DM-41 LIQUID; CHEL® DTPA-41 LIQUID; CORIAL® Binder IF; PALEGAL LP; SEQUESTRENE 30A CHELATE	Alkaflo: colouring auxiliary; Benzonerol VSF-A flüssig: direct (substantive) dyes; Diresulschwarz RDT: miscellaneous dyestuffs; Kappawet T1/023, Sodiumhydroxid, Natronlauge: common purpose textile auxiliary; Diagum CW12, Diaprint CKA, Monagum W, Monatex MK30: printing auxiliary; Emalan 6560 (Ridoline), P3-Percy 72: cleaning agent; swelling agent für Wolle / swelling agent	pretreatment of wool / surface modification (acylation)	PALEGAL LP: for disperse dyes on polyester; SEQUESTRENE 30A CHELATE: prevent troublesome precipitation in treatment baths and the deposition of hard-water salt on the material; swelling of wool to allow further acylation (tretment wit acetic anhydride and formic acid) and modification of the wollen surface (pretreatment before colouring)	[642]; [643]; [698]

Substance	CAS-Nr.	Tradename/Product/ Common Name	Function	Process	Application	Literature
Sodium hypochlorite	7681-52-9	Natriumhypochlorit (Lösung)	bleaching agent; bleaching auxiliary agent; oxidising agent	pretreatment / bleaching	anti-felting treatment (chlorination) of wool before printing for e.g.; bleaching of cotton (mainly yarn and knitted fabrics), linen (flax); antimicrobiotics	[642]; [749]
Sodium lauryl ether sulfate	1335-72-4	Laviron N	common purpose textile auxiliary	multiple processes		[642]
sodium lauryl sarcosinate	137-16-6		finishing agent /emulsifyer / wetting agent	pretreatment, colouring, finishing	anionic surfactant of the carboxymethylated ethoxilate group	[787]
Sodium metasilicate, pentahydrate	10213-79-3	AWA detergents (Sonal Sivo Kompakt); Natriummetasilikat-5-hydrat	cleaning agent			[642]
sodium monophosphate	7681-53-0	sodium hypophosphite	catalsyst	functional finishing with repellents	catalsyst used for cross-linking reaction of formaldehyde-free cross-linking agents such as carboxiylic acids	[771]
Sodium nitrate	7631-99-4	Sodiumnitrate				[642]
Sodium nitrite	7632-00-0	Sodiumnitrite	colouring auxiliary	colouring		[642]
Sodium octyl sulfate	142-31-4		dyeing auxiliary	dyeing (batch)	anionic surfactant used in batch dyeing with reactive dyes	[796]

Substance	CAS-Nr.	Tradename/Product/ Common Name	Function	Process	Application	Literature
Sodium oxide	1313-59-3	CATALYST 04-10 EXTRUDATES; CATALYST 04-10 RINGS; CATALYST 04-110 EXTRUDATES; CATALYST 04-110 RING; CATALYST 04-110 STAR RING 10X5; CATALYST G1-22; CATALYST H 2-91 WET SPENT CATALYST; CATALYST H 5-11; CATALYST H1-40 TABLET 5X5MM; CATALYST H1-90 EXTRUDATE 4MM; CATALYST H2-91 REDUCED NEW 4 MM; CATALYST H2-91; CATALYST H5-10; CATALYST H5-15 5X5X2MM RINGS	cross-linking agent	finishing	easy-care finishing with cross-linking agent	[643]
Sodium Perborate Tetrahydrate	10486-00-7	Sodium perborate	colouring auxiliary			[642]
Sodium peroxodisulphate	7775-27-1	Sodiumpersulfate	colouring auxiliary; oxidis ng agent	pretreatment of wool / anti-felting (shrink-resistance)		[642]
Sodium silicate	1344-09-8	Kappazon K55	bleaching auxiliary agent	pretreatment / bleaching		[642]
sodium stannate	12058-66-1		finishing assistant; delustring agent; flame retardant	finishing / delustring of synthetic fabrics; finishing with flame retardant	precipitation of white pigments on the fibre surface, by 2 successive treatments with salts that consecutively precipitate; sodium stannate is combined with barium chloride e.g.; used as non-durable flame retardant for cellulosic fibres	[749]; [750]

Substance	CAS-Nr.	Tradename/Product/ Common Name	Function	Process	Application	Literature
Sodium sulfate	7757-82-6	Sodiumsulfate; CHEL 330 11% FE	colouring auxiliary; finishing assistant / delustring agent	finishing / delustring of synthetic fabrics	precipitation of white pigments on the fibre surface, by successive treatments with salts that consecutively precipitate; sodium sulfate is combined with barium chloride e.g.	[642]; [749]
Sodium sulfite	7757-83-7	Sodiumsulfite (wasserfrei)	colouring auxiliary; reduction agent	pretreatment of wool / anti-felting treatment (oxidation)	oxidation treatment of wool with SMPP are followed by reduction with sodium sulphite	[642]; [763]
Sodium sulforicinate	91002-04-9	Universalseifenöl	cleaning agent			[642]
sodium tartrate	868-18-8		catalsyst	functional finishing with repellents	catalsyst used for cross-linking reaction of formaldehyde-free cross-linking agents such as carboxiylic acids	[771]
Sodium tetradecyl sulfate	1191-50-0		dyeing auxiliary	dyeing	anionic tenside / surfactant used in batch dyeing with reactive dyes	[796]
Sodium tetrafluoroborate	13755-29-8	Sodium fluorborate	finishing agent	finishing		[642]
Sodium thiosulfate pentahydrate	10102-17-7	Sodiumthiosulfat (Pentahydrat; Fixiersalz)	colouring auxiliary			[642]
Sodium tripolyphosphate	13573-18-7	Sodiumtripolyphosphate	bleaching auxiliary agent	pretreatment / bleaching		[641]
Sodium tripolyphosphate	7758-29-4	Morbidon	common purpose textile auxiliary			[642]
Sodiumalginate	9005-38-3	Dialgin BV; Dialgin HV4; Dialgin NMV; Manutex F; Viscalgin MF	printing auxiliary	printing		[642]
Sodiumcarboxymethylcellulose	9004-32-4	Horsil NV; U; Tylose CR700 (Tylose CR 700 N); Tylose C30NV (Tylose C30)	sizing agent and sizing auxiliary agent	sizing		[642]
Sodium-2-phenylphenolate	132-27-4		biocide; in-can preservative	antimicrobial finishing; multiple processes	typical biocide used in the textile industry; preservation agent for the improvement of the storage stability of textile auxiliaries	[757]; [805]

Substance	CAS-Nr.	Tradename/Product/ Common Name	Function	Process	Application	Literature
Sodiumpolyphosphate	68915-31-1	Calgon TLL; Calgon T neu (mittlere Kettenlänge)	common purpose textile auxiliary			[642]
Sodiumtrichloroacetate	650-51-1	Basilen Fixierer F-RP Neu	alkali dispenser	printing: direct and reserve printing	Alkali dispenser in Direct- und Reserve printing, when using appropriate reactive dyes of the vinylsulphone class	[643]
Solvent naphtha (petroleum)	64742-95-6	RESPAD EMULSION 01-8900	colouring auxiliary (used in pigment dyes)	dyeing and printing		[643]
solvent-refined heavy paraffinic distillate	64741-88-4	POLYFAST PINK 3B 05-53779	colouring auxiliary (used in pigment dyes)	colouring		[643]
Soranjidiol	518-73-0	C.I. Natural Red 18: C.I. 75380 + 75390, Morindadiol, Soranjidiol	natural dye; anthraquinone	dyeing and printing	Trace component in Morinda Citrifolia, Morinda Umbellata, Coprosma Lucida; Morinda Citrifolia (C.I. Natural Red 18): At first, cotton is washed and dried. It is then treated in a hot mixture of water, soda, and ricinus oil (or sesame oil), and soaked until the mixture gets almost white (about 12 days later). Afterwards, the cotton is taken out and dried. The bark of Morinda citrifolia roots is added to water and boiled until the water gets dark red; the cotton then put into the solution and left to soak for 3 to 4 days in the dyeing liquid.	[808]
ß-Lupeol	545-47-1	ß-Lupeol	natural dyestuff	dyeing and printing		[645]

Substance	CAS-Nr.	Tradename/Product/Common Name	Function	Process	Application	Literature
Starch	9005-25-8	Dextrin (20904); Noredux 150 (Noredux A-150); Solamyl 9502 (nun 9801); Solamyl 9514; Solamyl 9600; Solamyl 9630; Solamyl 9700; Collamyl 9100; Kartoffelstärke; potatoe starch	finishing agent; surface-modifying; Dextrin (20904) (modifiziert), Noredux 150 (Noredux A-150): finishing agent; Solamyl 9502 (nun 9801), Solamyl 9514, Solamyl 9600, Solamyl 9630, Solamyl 9700: Schlichte- und Schlichtezusatzmittel	finishing: softening treatment	aftertreatment	[642]; [746]
Starch, 2-Hydroxyethyl ether	9005-27-0	Stärke, 2-Hydroxyethylether	sizing agent			[641]
stearaminomethylpyrimidium chloride	4261-72-7	used in combination with oleophobic finishes (as extender) in the so-called "Quarpel finishing" from the US Army: Zelan B and Zelan AP (Dupont); Zepel B and Phobotex FTC (CGY)	water repellent; impregnating agent	functional finishing with repellents; finishing: water-repellent treatment, soil treatment	aftertreatment; water repellent of the reactive quaternary type, used on cellulosic fibres	[750]; [746]
Stearic acid	[1957-11-04]		plasticizer	finishing: softening treatment	aftertreatment	[746]
Stearic acid	57-11-4		finishing agent / emulsifyer	pretreatment, colouring, finishing	nonionic surfactant	[767]
stearic acid, chromium complexe	15242-96-3	QUILON C; QUILON M; QUILON S (Dupont);	water repellent	functional finishing with repellents	organometallic type repellent used for natural or synthetic fabrics	[750]
Stearinic acid butyl ester	123-95-5	Stearinic acid butyl ester	lubricant			[641]
Stearinic acid tridecyl ester	31556-45-3	Stearinsäuretridecylester	lubricant	pretreatment of fibres and yarns	auxiliary and finishing agent for fibres and yarns: lubricants are also called lubricating oils, rag pulling oils or batching oils, the products are applied on the fibre goods with more than 3% ofthe goods´weight and impart smoothness, suppleness and electrostatic properties to fibres (wool, bast and waste fibres of all types)), necessary properties for the spinning	[641]

Substance	CAS-Nr.	Tradename/Product/ Common Name	Function	Process	Application	Literature
stearyldimethylamine oxide	2571-88-2		finishing agent / emulsifyer	pretreatment, colouring, finishing	nonionic surfactant of the amine oxide type: they are insensitive to water hardness, disperse lime soaps, protonate in acid solution and thus represent a transition to cationic surfactants	[767]
Stearyltrimethylammonium chloride	112-03-8		cationic surfactant	multi purpose use: pretreatment, colouring, finishing	multi purpose use auxiliaries; cationic surfactants are mainly used in textile finishing industry as conditioning agents, antistatic finishing agents and softening agents	[767]
Steatite ceramic	66402-68-4	CATALYST 04-26 RINGS; CATALYST 04-28 A; CATALYST D11-82 RING 5X2X2MM	cross-linking agent			[643]
Stereocaulic acid	522-52-2	Lobrarsäure	natural dyestuff	dyeing and printing		[645]
Stictic acid	549-06-4	Stictinsäure; Stereocaulonic acid	natural dyestuff	dyeing and printing		[645]
styrene polymer	9003-53-6		surface-modifying	finishing: softening treatment	aftertreatment	[746]
Sucrose	57-50-1	Sugar	surface-modifying	finishing: softening treatment	aftertreatment	[746]
Sulfamic acid	5329-14-6	Amidosulfonsäure	colouring auxiliary; resist agent; reservation agent for protein fabrics; flame retardant	printing on wool; pretreatment of protein fabrics (wool) / surface treatment; finishing with flame retardant	resist printing of wool; sulfamination of the protein surface innduces a reservation of the fabric against acid dyes and an improved absorption of basic dyes; used for pressure reservation; used as non-durable flame retardant for cellulosic fibres	[642]; [749]; [696]; [750]
2-Sulfatoethyldimethylamine	927-90-2		colouring auxiliary	colouring: pad-process	modification of cellulose dyeing properties, when dyeing with reactive dyes	[650]

Substance	CAS-Nr.	Tradename/Product/ Common Name	Function	Process	Application	Literature
Sulfatoethylethylenediamine	31112-16-0		colouring auxiliary	pad-process	modification of cellulose dyeing properties, when dyeing with reactive dyes	[650]
Sulfur	7704-34-9	CATALYST 04-10 EXTRUDATES; CATALYST 04-10 RINGS; CATALYST 04-110 EXTRUDATES; CATALYST 04-110 RING; CATALYST 04-115 STERNRING 11X4MM; CATALYST M8-10	cross-linking agent			[643]
Sulfur dioxide	[7446-09-5]	Rongalit 2PHA	printing auxiliary	printing		[642]

Substance	CAS-Nr.	Tradename/Product/ Common Name	Function	Process	Application	Literature
Sulfuretin	120-05-8		natural dye; flavanoid	dyeing and printing	Component in Bur-Marigold, Young Fustic, Pallas Tree, Dahlia Pinnata, Japanese Sumac; Bur-Marigold: Wood steeped in alum mordant is dyed golden yellow. Post–treatment of the colour with ferrous sulphate results in dark brown, and the post-treatment with copper sulphate gives olive yellow.; Young Fustic (C.I. Natural Brown 1): The leaves are used as a tanning agent but are also used for dyeing iron salts and mordanted wool black.; Pallas Tree (C.I. Natural Yellow 28): Yellow can be obtained on alum mordanted wool; with iron liquor and copper sulphate one obtains olive.; Dahlia Pinnata: Using the essence of the petals one obtains orange yellow tints on wool with alum mordant.; Japanese Sumac: Using equal quantities of wood essence and caesalpinia sappan wood essence, one can dye silk mordanted with vinegar and potash bright orange.	[808]

Substance	CAS-Nr.	Tradename/Product/Common Name	Function	Process	Application	Literature
Sulfuric acid	7664-93-9	Heptol EMG; Schwefelsäure; Schwefelsäure (>15%)	common purpose textile auxiliary; Reserving agent for wool	pretreatment of wool / surface-modification treatment (Carbonisation, Acylation)	used for destroying vegetable impurities not completely removed through mechanical operations (carbonising); conc. sulphuric acid promotes the formation of sulphuricesters (at the amino acid of the wool) on the surface of wool and allows thus the reservation of wool towards acid dyes; Acylation of wool (by treatment with sulphuric acid and Acetanhydrid) in order to reserve the fibres against anionic dyes	[642]; [641]; [696]
Tallow alkyl amines, ethoxylated	61791-26-2		finishing agent / emulsifyer	pretreatment, colouring, finishing	nonionic surfactant used as finishing agent or antistatic agent in textile treatments	[767]
Taxifolin	480-18-2		natural dye; flavanoid	dyeing and printing	Component in Scots Pine	[808]

Substance	CAS-Nr.	Tradename/Product/ Common Name	Function	Process	Application	Literature
Tergitol 24-L-60N	68439-50-9	Arbylen LF; Diadavin ANE; Diadavin NSE; Diadavin TAN; Fluidol AW12; Genapol UD-079; Grünau Pillenwachs 847 (Grünau Wachs 147); Hostapal FA 85%; Kyolox JWA; Pentazon FLN; Perigen HAT; Perigen W190; Peripret KN; Perlavin FBS; Perlavin F23; Perlavin NIC; Perlavin NI15; Uniperol o microperl	Arbylen LF, Diadavin TAN, Hostapal FA: common purpose textile auxiliary; Diadavin ANE, Diadavin NSE: detergents; Genapol UD-079: spinning additives; Grünau Pillenwachs 847 (Grünau Wachs 147): sizeand sizing auxiliary agent; Kyolox JWA: boiling-off auxiliary; Pentazon FLN, Perigen HT, Perigen W190, Peripret KN, Perlavin FBS, Perlavin F23, Perlavin NIC, Perlavin NI15, Uniperol o microperl: colouring auxiliary; finishing agent / emulsifyer	pretreatment, colouring, finishing	Diadavin ANE: washing and wetting agent for pretreatment, after-extraction of cellulose fibres and their blends (Diadavin ANE: continuous, cold-release-process, exctraction or pad-steam bleaching 3-6 g/l, pre- or afterwashing / extraction1-2 g/l, Discontinuous: washing of synthetic fibres 1-3 ml/l, scouring/boiling-off of cotton knitt fabric 1-2 ml/l, pre-bleaching of cotton knitted fabric 1-2 ml/l); Diadavin NSE: wasching and wetting agent for pretreatment of various fibres (Diadavin NSE: continuous: cold-release-process, Extraction-, Pad-Steam-Bleaching 2-4 ml/l, Discontinuous: Jigger, Package machine, ringspunn machine 1-2 ml/l, Haspelkufe 0,5 ml/l, Spotting: 1-2 ml/l, Impregnation process 20-30 ml/l); Uniperol o microperl: versatile used colouring auxiliaries; nonionic surfactant	[642]; [644]; [643]; [767]
tetrabromo cyclooctane	3194-57-8		flame retardant	finishing with flame retardant	brominated flame retardant used for textile purpose, paints, EPS	[753]
tetrabromobisphenol A (TBBP A)	79-94-7		flame retardant	finishing with flame retardants		[754]
tetrabromophtalic acid, Na salt	25357-79-3		flame retardant	finishing with flame retardant	brominated flame retardant used on textiles and caotings	[753]
tetrabromophthalic acid	13810-83-8		flame retardant	finishing with flame retardant	aftertreatment	[746]

Substance	CAS-Nr.	Tradename/Product/ Common Name	Function	Process	Application	Literature
tetrabromophthalic anhydride (TBPA)	632-79-1		flame retardant (reactive and additive)	finishing with flame retardant; finishing / manufacturing of man-made fibres	brominated flame retardant used for textile purpose, among others; TBPA is very extensively used as a reactive flame retardant in unsaturated polyester and as a raw material for synthesizing a number of other flame retardants; TBPA may come to replace polybrominated diphenyl ethers as flame retardant when a substitute is called for	[753]; [754]
Tetrachloro ethylene	127-18-4	Bozemine N 705 1,5%; Perchlorethylen; Tanede SD 200	Bozemine N 705: softener; Perchlorethylen: auxiliary for chemical cleaning; Tanede SD 200: common purpose textile auxiliary	multiple processes; epoxid treatment		[642]; [647]
2,2',4,4'-Tetrachlorobiphenyl	2437-79-8		carrier	dyeing and printing	aftertreatment	[746]
tetrachlorophthalic acid	632-58-6		flame retardant	finishing with flame retardant	aftertreatment	[746]
tetraethyl silicate	78-10-4		finishing assistant / filling and handle-imparting agent	finishing (chemical) / permanent handle and filling refinement	permanent handle-imparting and improvement towards scrubbing of textiles, when combined with elastic resins ("Texylon" process)	[749]
3,3',4',7-Tetrahydroflavone	528-48-3	Fisetin	natural dyestuff	dyeing and printing		[645]
Tetrahydronaphthalene	119-64-2		carrier	dyeing and printing	aftertreatment	[746]
3,4',5,7-Tetrahydroxyflavone	520-18-3	Kämpferol	natural dyestuff	dyeing and printing		[645]
4',5,7,8-Tetrahydroxyflavone	479-54-9	Carthamidin	natural dyestuff	dyeing and printing		[645]
3',4',5,7-Tetrahydroxyflavone	491-70-3	Luteolin	Natural dyestuff	dyeing and printing		[645]
3,3',4',5-Tetrahydroxy-7-methoxyflavone	90-19-7	Rhamnetin	Natural dyestuff	dyeing and printing		[645]
3,4',5,7-Tetrahydroxy-3'-methoxyflavone	418-19-3	Isohamnetin	natural dyestuff	dyeing and printing		[645]
tetrakis(hydroxymethyl)phosphonium acetate	7580-37-2		flame retardant	finishing with flame retardant	aftertreatment	[746]

Substance	CAS-Nr.	Tradename/Product/ Common Name	Function	Process	Application	Literature
Tetrakis(hydroxymethyl)phosph onium chloride	124-64-1	THPC	flame retardant; Sauerstoffquencher bei Polymerisationsreaktionen	finishing with flame retardant; pretreatment of wool / surface treatments	durable flame retardant for cellulosics, today mainly replaced by sulfated salts THPC; reserving of wool towards acid dyes by incorporating of polymers (formaldehyde cross-links) at the wool surface	[750]; [791]; [696]
tetrakis(hydroxymethyl)phospho nium phosphate	22031-17-0		flame retardant	finishing with flame retardant	aftertreatment	[746]
tetrakis(hydroxymethyl)phospho nium sulphate (THPS)	55566-30-8	sulfate salt THPS	flame retardant	finishing with flame retardant	aftertreatment; durable flame retardant for cellulosics, which mainly have replaced THPC products	[750]; [746]
tetrakis-hydroxymethyl-phosphoniumhydroxide	512-82-3	THPOH	flame retardant	finishing with flame retardant	aftertreatment; durable flame retardant for cellulosics	[750], [791]; [746]
2,4,7,9-Tetramethyl-5-decin-4,7-diol	126-86-3	Heliodecor-Defoamer	defoaming agent	multiple processes		[643]
tetramethylol acetylene diurea	5395-50-6		wrinkle-resistant treatment	finishing: wrinkle- and wrinkle-resistant treatment	aftertreatment	[746]
9,12,15,18-Tetraoxa-2,6-diazaeicosan-20-ol, 6-[3-(dimethylamino)propyl]-2,7,10,13,16,19-hexamethyl-	380908-38-3		softener	textile finishing		[783]
2,4,8,10-Tetraoxa-3,9-diphosphaspiro[5.5]undecane, 3,9-bis[2,6-bis(1,1-dimethylethyl)-4-methylphenoxy]-	80693-00-1		antimicrobial agent			[775]
2,4,8,10-Tetraoxa-3,9-diphosphaspiro[5.5]undecane, 3,9-bis[2,4-bis(1-methyl-1-phenylethyl)phenoxy]-	154862-43-8		antimicrobial agent			[775]
Tetrapropylenbenzensulfonate	11067-81-5		conditioning agent; wetting agent	pretreatment / colouring / finishing	anionic surfactant mostly used in textile processes	[652]

Substance	CAS-Nr.	Tradename/Product/ Common Name	Function	Process	Application	Literature
Tetrasodium diphosphate	7722-88-5	BLEACHIT 1A; Tetrasodiumpyrophosphate	BLEACHIT 1A: reducing agent	bleaching	BLEACHIT 1A: Produces bright white on wool, silk, flax, hemp, rayon, and mixed fibers	[643]; [642]
Tetrasodium ethylenediaminetetraacetate	64-02-8	SEQUESTRENE 30A CHELATE	chelating agent	pretreatments, colouring and finishing treatments	prevent troublesome precipitation in treatment baths and the deposition of hard-water salt on the material	[643]
Thamnol acid	484-55-9	Thamnolsäure; Octellatsäure; Hirtellsäure	natural dyestuff	dyeing and printing		[645]
Thiabendazole	148-79-8		biocide	antimicrobial finishing	antimicrobiotics; typical biocide used in the textile industry	[757]
4,4'-Thiobisbenzenamine	139-65-1	4,4'-Thiobisbenzenamine	by-product	colouring / dyeing and printing	carcinogenic amine that may be released by some azo dyestuffs	[641]
Thiodiglycol	111-48-8	Glyezin A	colouring auxiliary; printing auxiliary (aftertreatment agent for fastness improvement)	colouring/ printing	dyestuff solubilizing agent and Fixing agent for textil printing	[642]; [643]
thiogycol	60-24-2		penetrating agents	discharge printing (with reduction agents)	especially with white discharges, to ensure that the discharge paste, thoroughly penetrates the fabric and to prevent any "grinning" or show-through effects, especially on knitted fabrics	[751]
Thiourea	62-56-6	Tecoreduct TH; Thioharnstoff	Tecoreduct TH: colouring auxiliary; Thioharnstoff: dyestuff solubilizing agent	colouring		[642]; [641]

Substance	CAS-Nr.	Tradename/Product/ Common Name	Function	Process	Application	Literature
Thiourea dioxide (formamidine sulphinic acid or TDO)	1758-73-2	Lorinol R; Thioharnstoffdioxid	colouring auxiliary; reducing agent / discharge agent; bleaching agent	discharge printing; pretreatment / bleaching; dyeing with sulfur dyes	discharge printing using reduction of the azo-dyes or indigo-dyed fabric (mostly cellulosic) ; can be used under weakly acidic as well as alkaline conditions: poorly soluble in aqueous solution, can not be readily dispersed at high concentrations; brightening of animal fibres (wool, silk); final bleaching of wool; component of binary reducing system for sulfur dyestuffs to prevent over-reduction, combined with glucose	[642]; [641]; [751]; [749]; [750]; [651]; [807]
THP oxalate	52221-67-7		flame retardant	flame-retardant treatment	aftertreatment	[746]
Tin	7440-31-5		metal impurities; biocide	fibre production; finishing: antimicrobial treatment	antimicrobiotics; aftertreatment	[746]
Tin dioxide	18282-10-5				antimicrobiotics	
Tin(II)-chloride	7772-99-8	Stannous chloride	printing auxiliary; reducing agent / discharge agent; oxidizing / reducing agent	discharge printing using reducing agents; dyeing and printing	most widely employed for reducing the azo-linkages present in azo-dyes and other dye-structure; stannous chloride is preferred for use with illuminating dyes; used under strongly acid conditions; Redox potential of -180 mV at pH 1.0 (weak reducing agent); afttertreatment	[641]; [751]; [746]
Tin(IV)-chloride	7646-78-8		oxidizing / reducing agent; dyeing auxiliary; mordant	dyeing and printing	aftertreatment; dyeing of silk and wool with natural "lac" dyes (based on laccaic acid)	[756]; [746]

Substance	CAS-Nr.	Tradename/Product/ Common Name	Function	Process	Application	Literature
Titanium dioxide	13463-67-7	CATALYST 04-26 RINGS; CATALYST 04-28 A; CATALYST 04-82; titanium white	cross-linking agent; titanium white: printing auxiliary (opacifier in pigment paste)	finishing; titanium white: printing with pigments	easy-care finishing with cross-linking agent; titanium white: commonly used as opacifier in pigment paste	[643]; [802]
titanium tetrachloride	7550-45-0		flame retardant	flame-retardant treatment	aftertreatment	[746]
Toluene	108-88-3	Dicrylan SLTS 50-75%; Imprafix BE 35-45%; Impranil CLS02 (Lösung) 20-25%	solvent	finishing	solvent in finishing product	[642]; [746]
2,4-Toluene diisocyanate	584-84-9	Desmodur TT 0,2%	finishing agent; by-product of polyurea capsules	finishing; finishing with microcapsules	finishing with biocide-, perfume-, etc. microcapsules, intelligent textile	[642]; [806]
Toluene diisocyanate	26471-62-5	ImprafixTH 0,1-0,5%; Imprafix TRL 0,1-0,5%	finishing agent	finishing		[642]
Toluene-2,6-Diisocyanate	91-08-7	Desmodur TT 0,2%	finishing agent; by-product of polyurea capsules	finishing; finishing with microcapsules	finishing with biocide-, perfume-, etc. microcapsules, intelligent textile	[642]; [806]
1,3,5-Triazine-2,4,6-triamine	[9003-08-1]	Melamine-formaldehyde resins	wrinkle-resistant treatment; impregnating agent	finishing: wrinkle- and shrinkage-resistant treatment, water-repellent treatment, soil treatment	aftertreatment; antimicrobiotics	[746]
Tributyl tin benzoate	4342-36-3		antimicrobiotic; trialkyl tin derivative	finishing	achieving resistance against microorganisms	[636]
Tributyl tin neodecanoate	28801-69-6		antimicrobiotic; trialkyl tin derivative	finishing	achieving resistance against microorganisms	[636]
Tributyl tin (TBT)	56573-85-4		antimicrobiotic; trialkyl tin derivatives	finishing	achieving resistance against microorganisms; agent used mainly on protective wear	[749]; [636]
tributylchlorostannane	1461-22-9		antimicrobiotic; trialkyl tin derivative	finishing	achieving resistance against microorganisms	[636]
tributylstannane (TBT)	688-73-3		antimicrobiotic; trialkyl tin derivative	finishing	achieving resistance against microorganisms	[636]
Tributyltin abietate	26239-64-5		antimicrobiotic; trialkyl tin derivative	finishing	achieving resistance against microorganisms	[636]
Tributyltin fluoride	[1983-10-4]		antimicrobiotic; trialkyl tin derivative	finishing	achieving resistance against microorganisms	[636]

Substance	CAS-Nr.	Tradename/Product/ Common Name	Function	Process	Application	Literature
Tributyltin methacrylate	2155-70-6		antimicrobiotic; trialkyl tin derivative	finishing	achieving resistance against microorganisms	[636]
Tributyltin methacrylate co-methacrylate polymer	26354-18-7	Biomet 300	antimicrobiotic; trialkyl tin derivative	finishing	achieving resistance against microorganisms	[636]
1,2,3-Trichlorobenzene	12002-48-1	Chemocarrier LH 54%; Chemocarrier Spez. 54%	colouring auxiliary; carrier / dyeing auxiliary	dyeing	dyeing of polyester material with disperse dyes	[642]; [694]
1,2,3-Trichlorobenzene	87-61-6		carrier	dyeing and printing	aftertreatment	[746]
1,2,4-Trichlorobenzene	120-82-1	1,2,4-Trichlorbenzol	colouring auxiliary; carrier	dyeing and printing	Promotes the absorption and diffusion of disperse dyes into the fibre under low-temperature conditions; aftertreatment	[641]; [746]
trichlorocarbanilide	101-20-2		biocide	antimicrobial finishing	agent used mainly on protective wear	[749]
1,1,1-Trichloroethane	71-55-6	Baltane CF; 2,5-10% in AM 8 Klebespray 2,5-10%	Baltane CF: cleaning agent; AM 8 Klebespray printing auxiliary; Detachiermittel	Pretreatment; finishing	note: soil and spott-releasing agent used in the past	[642]; [768]
Trichloromethane	67-66-3		by-product when bleaching with sodiumhypochlorit	bleaching		[641]
trichlorophenol	25167-82-2		biocide	finishing: antimicrobial treatment	aftertreatment	[746]
Triclosan	3380-34-5	Triclosan; Amicor AB fibre; Rhovyl AS	biocide; antibacterial / antimicrobial agent	antimicrobial finishing; textile finishing	well-established bacteriastatic chemical which is incorporated into the fibre structure; antimicrobial agent which may also be incorporated into the fibre during production; producing cotton fabric and fabric blends having water-resistance and antimicrobial properties for clothing and undergarments	[641]; [760]; [755]; [762]
Triethanolamine	102-71-6	Triethanolamin 99%; ULTRAPHOR SFG Liquid; ULTRAPHOR SFN Liquid	Triethanolamin: common purpose textile auxiliary; flame retardant	finishing: flame-retardant treatment	aftertreatment	[642]; [643]; [746]
triethanolamine abietoyl hydrolised collagen	68918-77-4		finishing agent / emulsifyer	pretreatment, colouring, finishing	anionic surfactant of the carboxymethylated ethoxilate group	[787]

Substance	CAS-Nr.	Tradename/Product/ Common Name	Function	Process	Application	Literature
triethanolamine cocoyl hydrolised collagen	68952-16-9		finishing agent / emulsifyer	pretreatment, colouring, finishing	anionic surfactant of the carboxymethylated ethoxilate group	[787]
Triethylenetetramine	112-24-3		by-product of polyurea capsules	finishing with microcapsules	finishing with biocide-, perfume-, etc. microcapsules, intelligent textile	[806]
Triflumuron	64628-44-0	Triflumuron	Insect growth regulators (IGR's)	fibre preparation: ectoparaticide treatment of sheep	applied on sheep or directly on raw wool	[641]
1,3,5-Triglycidyl isocyanurate (TGI)	2451-62-9	Araldit PT 810	cross-linking agent (for protein)	pretreatment of silk	Fixation of sericin on silk, as alternative treatment to weightening of silk	[766]
3',4',6-Trihydroxyauron	120-05-8	Sulphuretin	natural dyestuff	dyeing and printing		[645]
3,4,5-Trihydroxybenzoic acid	149-91-7	Gallussäure; Gallic acid	Natural dyestuff	dyeing and printing		[645]
3,4',5-Trihydroxy-3',7-dimethoxyflavone	552-54-5	Rhamnazin	natural dyestuff	dyeing and printing		[645]
3,5,7-Trihydroxyflavone	548-83-4	Galangin	Natural dyestuff	dyeing and printing		[645]
4',5,7-Trihydroxyflavone	520-36-5	Apigenin	natural dyestuff	dyeing and printing		[645]
4',5,7-Trihydroxyflavone-7-apiose glycoside	26544-34-3	Apiin	natural dyestuff	dyeing and printing		[645]
3,5,7-Trihydroxy-2-(2-hydroxyphenyl)-4H-1-bezopyran-4-on	480-15-9	Datiscetin	natural dyestuff	dyeing and printing		[645]
1,3,8-Trihydroxy-6-methylanthraquinone	518-82-1	Emodin	natural dyestuff	dyeing and printing		[645]
Triisobutyl phosphate	126-71-6	Avistat 3P; Felosan TAC (Felosan TAK-NO) 2%; Kollasol GTE 52%; Kollasol SD 70%; Leophen LG; Leophen M; Leophen TX1498; Rapidoprint SC10 1%	*statikum; Felosan TAC (Felosan TAK-NO): common purpose textile auxiliary; Kollasol GTE: finishing agent; Kollasol SD: colouring auxiliary; Leophen LG, Leophen M, Leophen TX1498: Mercerising and causticising agent; Rapidoprint SC10: printing auxiliary	multiple processes		[642]
Trimethyl nonyloxypolyethyleneoxyethanol	60828-78-6	PAD PENETRANT 01-8930	colouring auxiliary (used in pigment dyes)	colouring / printing		[643]

Substance	CAS-Nr.	Tradename/Product/ Common Name	Function	Process	Application	Literature
2,4,5-Trimethylaniline	137-17-7	2,4,5-Trimethylaniline	by-product	colouring / dyeing and printing	carcinogenic amine that may be released by some azo dyestuffs	[641]
1,2,4-Trimethylbenzene	95-63-6		carrier	dyeing and printing	aftertreatment	[746]
Trimethylol melamine	1017-56-7		flame retardant	finishing: flame-retardant treatment	aftertreatment; amino-formaldehyde resin	[647]; [746]
Trimethylolmelamine	1017-56-7		flame retardant auxiliary	finishing with flame retardant	auxiliary added to some flame retardants to obtain durable finish effects (fixing by cross-linking with the fibre)	[750]
2,2,4-Trimethyl-1,3-pentanediol diisobutyrate	6846-50-0	Kodaflex TXIB (Eastman TXIB)				[642]
9,12,15-Trioxa-2,6-diazahentriacontan-17-ol, 6-[3-(dimethylamino)propyl]-2,7,10,13-tetramethyl-	380908-39-4		softener	textile finishing		[783]
9,12,15-Trioxa-2,6-diazaheptacosan-17-ol, 6-[3-(dimethylamino)propyl]-2,7,10,13-tetramethyl-	380908-36-1		softener	textile finishing		[783]
tris(1-aziridinyl)phosphine oxide	545-55-1	APO	flame retardant	finishing with flame retardant	aftertreatment; durable flame retardant for cotton, no longer used because of carcinogenicity	[750]; [746]
tris(bromoethyl) phosphate	126-77-7	TRIS	flame retardant	finishing with flame retardant	durable flame retardant for polyester, no longer used because of carcinogenicity	[750]
tris(2-chlorisopropyl)phosphate (TCPP)	13674-84-5		flame retardant	finishing with flame retardant		[754]
tris(2-chloroethyl)phosphate (TCEP)	115-96-8		flame retardant	finishing: flame-retardant treatment	aftertreatment	[754]; [746]
tris(dibromopropyl)phosphate	126-72-7		flame retardant	finishing: flame-retardant treatment	aftertreatment	[746]
tris(1,3-dichloroisopropyl)phosphate (TDCP)	13674-87-8	Fyrol	flame retardant	functional finishing; finishing: flame-retardant treatment	aftertreatment; mattresses and furniture for special purposes are flame-retarded with TDCP (in the foam)	[754]; [746]
tris(isopropylphenyl)phosphate (TIPP)	68937-41-7		flame retardant	finishing: flame-retardant treatment		[754]

Substance	CAS-Nr.	Tradename/Product/ Common Name	Function	Process	Application	Literature
Trisodium phosphate	7601-54-9	Trisodiumphosphate	printing auxiliary	printing		[642]
Triton X 100	9002-93-1		Färbereihilfsmittel; carrier	dyeing		[702]
Trypsin (from bovine pancreas, type III)	[9002-07-7]		degumming agent for silk	pretreatment of silk	enzymatic degumming of silk	[766]
Tungsten trioxide	1314-35-8	CATALYST 04-82	cross-linking agent; flame retardant	finishing: flame-retardant treatment	aftertreatment	[643]; [746]
turkey red oil	8002-33-3	sulfonated castor oil	wetting agent / dispersing agent	dyeing / printing	dispersing agent used to promote the formation and stability of dyestuffs and pigment dispersions	[652]
Turpentine Oil	8006-64-2		swelling agent (for acetate fibre) / finishing assistant	finishing / delustring of acetate	improve of the delustring effect when treating acetate fabrics / fibres: added to the boiling bath	[749]
Urea	57-13-6	Belfasin 2420; Harnstoff; PRESTOGEN SP Liquid	Belfasin 2420: Avivagemittel; PRESTOGEN SP Liquid: bleaching auxiliary agent; urea: printing auxiliary; dyeing auxiliary; hydrotopic agent and dyestuff solubilizing agent; wrinkle-resistant treatment	dyeing / printing; finishing: wrinkle- and wrinkle-resistant treatment	PRESTOGEN SP Liquid: Activator for bleaching with hydrogen peroxide in a neutral to weakly acid medium; for bleaching blends of cotton and polyester, or nylon and yarn dyed woven fabrics; urea as dyeing auxiliary is especially used in foulard-dyeing process; mostly used for colouring with reactive dyes (printing and foulard-dyeing); aftertreatment;;;;;	[642]; [641]; [643]; [652]; [746]
(-)-Usnic acid	6159-66-6	(-)-Usniacin	natural dyestuff	dyeing and printing		[645]
(+)-Usnic acid	7562-61-0	(+)-Usniacin	natural dyestuff	dyeing and printing		[645]
Usnic acid	125-46-2		natural dye; lichen and fungus	dyeing and printing	Component in Usnea Hirta, Usnea Florida, Cladonia Manguiferina; Usnea Hirta: One obtains reddish brown on wool without mordant. A reddish-brown colour is obtained using alum mordant; with potassium bichromate one obtains middle brown.	[808]

Substance	CAS-Nr.	Tradename/Product/ Common Name	Function	Process	Application	Literature
Uvinul D49	131-54-4		stabilizer; UV-absorber	colouring; dyeing of polyester	traditional UV absorber used for polyester-dyeing; because of their moderate resistance to sublimation, however, these formulations are only suitable for batchwise application and require mild post-fixation conditions	[803]
Vanadium Oxide	11099-11-9	CATALYST 04-10 EXTRUDATES; CATALYST 04-10 RINGS; CATALYST 04-110 EXTRUDATES; CATALYST 04-110 RING; CATALYST 04-110 STAR RING 10X5; CATALYST 04-115 STERNRING 11X4MM; CATALYST 04-26 RINGS	cross-linking agent	finishing	easy-care finishing with cross-linking agent	[643]
Vasicine	6159-55-3		natural dye; alkaloid	dyeing and printing	Component in Syrian Rue, Malabar Nut Tree; Syrian Rue: As the pigment of the seeds are only slightly water-soluble, one confects first the powdered seeds in methanol and lets the decoction sit in tepid water over night; then one dilutes the decoction with double the amount of water and uses the liquid for dyeing wool with alum mordant (at 90°C for 60 min.) to obtain an orange colour.; Malabar Nut Tree: Alum mordanted wool is dyed yellow.	[808]
Vinyl acetate	108-05-4	Vibatex VM 0,09%	finishing agent	finishing		[642]
vinyl bromide	593-60-2	VBr	flame retardant	finishing with flame retardant	brominated flame retardant used for modacrylic fibres	[753]
Vinyl-sulphone	77-77-0			bleaching	bleaching	[651]

Substance	CAS-Nr.	Tradename/Product/ Common Name	Function	Process	Application	Literature
Violaxanthin	126-29-4		natural dye; carotenoid	dyeing and printing	Trace component in Marigold; Component in Gorse, French Marigold, Sunflower, Scots Pine; Sunflower: Wool mordanted with 20 % alum is dyed in a nice and durable golden yellow tint. Post-treatment with potash makes the colour more red; post-treatment with copper sulphate results in olive.	[808]
Vulpinic acid	521-52-8	Vulpinsäure	natural dyestuff	dyeing and printing		[645]
wax	71808-29-2		surface-modifying (impregnating agent, spinning and spooling)	finishing: softening treatment	aftertreatment	[746]
Xanthophyll	127-40-2	Lutein	natural dye; carotenoid	dyeing and printing	Trace component in Saffron, Broom; Component in Anthyllis Vulneria, African Marigold, French Marigold, Sunflower, Scots Pine; African Marigold: With alum mordant on wool and silk one obtains yellow; post-treatment with ferrous sulphate results in green, and the post-treatment with potassium bichromate results in golden brown.; Sunflower: Wool mordanted with 20 % alum is dyed in a nice and durable golden yellow tint. Post-treatment with potash makes the colour more red; post-treatment with copper sulphate results in olive.	[808]

Substance	CAS-Nr.	Tradename/Product/ Common Name	Function	Process	Application	Literature
Xanthoramnin			natural dye; flavanoid	dyeing and printing	Component in Rhamnus Infectorius; Rhamnus Infectorius: One obtains golden yellow on wool steeped in alum mordant and tartar.	[808]
Xylenes	1330-20-7	Dryol FE 2%; Imprafix SV 1-3%	Dryol FE: water repellent; Imprafix SV: finishing agent; solvent	finishing		[642]; [746]
Yellow Shade Naphthol	16403-84-2	PAD N RED E 09-93807	pigment	dyeing and printing	Used for dyeing of cellulosic fibres (particularly cotton); also applied to rayon, cellulose acetate, linen and sometimes polyester	[643]
Zeaxanthin	144-68-3	Zeaxanthin	natural dyestuff	dyeing and printing		[645]
Zeaxanthin	144-68-3		natural dye; carotenoid	dyeing and printing	Trace component in Saffron	[808]
Zinc	7440-66-6		fixation; biocide	dyeing and printing; finishing: antimicrobial treatment	antimicrobiotics; aftertreatment	[746]
Zinc acetate	557-34-6		antimicrobiotic	finishing with biocides	antimicrobiotics	
zinc chloride	7646-85-7		catalyst; cross-linking auxiliary; wrinkle-resistant treatment; surface-modifying; flame retardant	easy-care finishing of cellulose-containing fabrics; finishing: wrinkle- and wrinkle-resistant treatment, softening treatment; finishing with flame retardant	aftertreatment; catalyst for cross-linking reactions of synthetic resins or cellulose-containing fabrics; group of metal salts; used as non-durable flame retardant for cellulosic fibres	[749]; [746]; [750]
zinc fluoroborate	13826-88-5		wrinkle-resistant treatment	finishing: wrinkle- and wrinkle-resistant treatment	aftertreatment	[746]
zinc naphtenate	12001-85-3		biocide	antimicrobial finishing	typical biocide used in the textile industry	[757]

Substance	CAS-Nr.	Tradename/Product/ Common Name	Function	Process	Application	Literature
Zinc nitrate	7779-88-6	Knittex catalyst ZO; Zinknitrat	easy-care finishing agent; catalyst / cross-linking auxiliary; wrinkle-resistant treatment	easy-care finishing of cellulose-containing fabrics; finishing: wrinkle- and wrinkle-resistant treatment	aftertreatment; catalyst for cross-linking reactions of synthetic resins or cellulose-containing fabrics; group of metal salts;	[642]; [749]; [746]
Zinc oxide	1314-13-2	Zinc oxide	discharging assistant; finishing agent; decontamination agent	printing; discharge printing on cellulose, with reducing agents of azo dyes; textile finishing with microcapsules	antimicrobiotics; added to the discharging paste to give a white pigmentation effect; decontamination agent for mustard gas encapsulated in ethylcellulose material (90% syn-bis(N-chloro-2,4,6-trichlorophenyl) urea, in combination with 10% zinc oxide) and applied to textile fabric using acrylic binders in a resin finsih	[751]; [761]
Zinc sulfate	7733-02-0		finishing assistant / delustring agent	finishing / delustring of synthetic fabrics	precipitation of white pigments on the fibre surface, by 2 successive treatments with salts that consecutively precipitate; zinc sulfate is combined with alkali sulfide e.g., or ferrocyanide	[749]
zinc sulphoxylate formaldehyde	24887-06-7		fixation	dyeing and printing	aftertreatment	[746]
Zinc-N,N-diethyldithiocarbamate	14324-55-1	Afrotin ZNL 10-25%	antimicrobiotics	finishing with biocides	Afrotin ZNL: tin salt of an heterocyclic compound, with additional stabilisators in aqueous dispersion (contain 10-25% active antimicrobiotic)	[642]
Zirkonium acetate	7585-20-8	Hydrophobol ZAN 7,5-10%	water repellent	finishing with repellent		[642]
β-Carotene	7235-40-7		natural dye; carotenoid	dyeing and printing	Trace component in Saffron, Gorse, Broom	[808]
β-Erythroidine	466-81-9		natural dye; alkaloid	dyeing and printing	Component in Cockspur Coral Tree	[808]
β-Lapachone	4707-32-8		natural dye; naphthoquinone	dyeing and printing	Trace component in Tecoma Ipé	[808]

Substance	CAS-Nr.	Tradename/Product/ Common Name	Function	Process	Application	Literature
	103850-03-9		metal-complex dye	dyeing and printing	metal complex dye for cotton; the powdered dye is crushed to permit preparation of finely divided aqueous dispersion; application to polyesters and mixed polyesters-cottons results in fast olive colors; special auxiliaries are required when printing or dyeing with such substances because they act as disperse dyes	[798], auch Structurfor mel dort!
	104366-25-8		disperse dye (azo dye)	dyeing and printing	widely used for dyeing; mainly used for polyester; also for cellulose (acetate and triacetate), polyamide and acrylic fibres; also widely used for printing synthetic fibres; for dyeing polyester or cellulose acetate	[772]
	104815-63-6		metal-complex dye	dyeing and printing / ink-jet printing	metal-complex dye used in ink-jet printing	[798]
	104815-64-7		metal-complex dye	dyeing and printing / ink-jet printing	metal-complex dye used in ink-jet printing	[798]
	105076-77-5		disperse dye (azo dye)	dyeing and printing	widely used for dyeing; mainly used for polyester; also for cellulose (acetate and triacetate), polyamide and acrylic fibres; also widely used for printing synthetic fibres; for dyeing polyester or cellulose acetate	[772]
	105890-17-3		basic dye (phenylogous diazadimethinehemicyanine dye)	dyeing and printing	formerly used to dye silk and wool (using mordant); nowadays almost exclusively used on polyacrylic fibres; for dyeing polyacrylnitrile	[772]
	106223-22-7		metal-complex dye/ organic pigment	dyeing and printing with pigments	organic pigment	[772]

Substance	CAS-Nr.	Tradename/Product/ Common Name	Function	Process	Application	Literature
	106303-28-0	Aizencathilon Brilliant Pink BH; Aizencathilon Red 7 BNH	basic dye (styryl dye)	dyeing and printing	formerly used to dye silk and wool (using mordant); nowadays almost exclusively used on polyacrylic fibres; for dyeing polyacrylnitrile	[772]
	106335-41-5		metal-complex dye/ organic pigment	dyeing	organic pigment used for mass dyeing polyolefin, polyamide, or polyester fibres	[798]
	106577-47-3		coumarin dye	dyeing and printing	for dyeing polyester	[772]
	106646-72-4		metal-complex dye/ organic pigment	dyeing and printing with pigments	organic pigment	[772]
	107815-88-3		disperse dye (azo dye)	dyeing and printing	widely used for dyeing; mainly used for polyester; also for cellulose (acetate and triacetate), polyamide and acrylic fibres; also widely used for printing synthetic fibres; for dyeing polyester or cellulose acetate	[772]
	107861-02-9		metal-complex dye/ organic pigment	dyeing and printing with pigments	organic pigment	[772]
	108948-36-3		disperse dye (methine dye)	dyeing and printing	widely used for dyeing; mainly used for polyester; also for cellulose (acetate and triacetate), polyamide and acrylic fibres; also widely used for printing synthetic fibres; for dyeing acetate fibres with good lightfastness	[772]
	109973-79-7		metal-complex dye	dyeing and printing / ink-jet printing	metal-complex dye used in ink-jet printing	[798]
	110305-03-8		metal-complex dye	dyeing and printing	1:2 chromazo-azomethine dye that imparts olive-green shades with good fastness on polyamides	[798], auch Structurfor mel dort!
	113989-79-0		metal-complex dye	dyeing and printing / ink-jet printing	metal-complex dye used in ink-jet printing	[798]
	116932-38-8		metal-complex dye	dyeing and printing / ink-jet printing	metal-complex dye used in ink-jet printing	[798]

Substance	CAS-Nr.	Tradename/Product/ Common Name	Function	Process	Application	Literature
	117541-97-6		disperse dye (azo dye)	dyeing and printing	widely used for dyeing; mainly used for polyester; also for cellulose (acetate and triacetate), polyamide and acrylic fibres; also widely used for printing synthetic fibres; for dyeing polyester or cellulose acetate	[772]
	117541-98-7		disperse dye (azo dye)	dyeing and printing	widely used for dyeing; mainly used for polyester; also for cellulose (acetate and triacetate), polyamide and acrylic fibres; also widely used for printing synthetic fibres; for dyeing polyester or cellulose acetate	[772]
	117555-60-9			dyeing and printing	for dyeing polyester	[772]
	122063-39-2		disperse dye (azo dye)	dyeing and printing	widely used for dyeing; mainly used for polyester; also for cellulose (acetate and triacetate), polyamide and acrylic fibres; also widely used for printing synthetic fibres; for dyeing polyester or cellulose acetate	[772]
	12218-94-9	Irgalan Grey BL (Geygy)	metal-complex dye	dyeing and printing	first non-sulfonated 1:2 chromium complex	[798]
	126877-06-3		disperse dye (methine dye)	dyeing and printing	widely used for dyeing; mainly used for polyester; also for cellulose (acetate and triacetate), polyamide and acrylic fibres; also widely used for printing synthetic fibres; for dyeing polyester	[772]

Substance	CAS-Nr.	Tradename/Product/ Common Name	Function	Process	Application	Literature
	128-81-4		disperse dye (anthraquinone)	dyeing and printing	widely used for dyeing; mainly used for polyester; also for cellulose (acetate and triacetate), polyamide and acrylic fibres; also widely used for printing synthetic fibres	[772]
	15220-29-8		disperse dye (naphthalimide dye)	dyeing and printing	for dyeing acetat fibres	[772]
	167940-11-6		disperse dye (azo dye)	dyeing and printing	widely used for dyeing; mainly used for polyester; also for cellulose (acetate and triacetate), polyamide and acrylic fibres; also widely used for printing synthetic fibres; for dyeing polyester or cellulose acetate	[772]
	169324-83-8		disperse dye (methine dye)	dyeing and printing	widely used for dyeing; mainly used for polyester; also for cellulose (acetate and triacetate), polyamide and acrylic fibres; also widely used for printing synthetic fibres; for the dye diffusion thermotransfer process for printing of images on polyester and dyeing of polyester	[772]
	17947-32-9		disperse dye (azo dye)	dyeing and printing	widely used for dyeing; mainly used for polyester; also for cellulose (acetate and triacetate), polyamide and acrylic fibres; also widely used for printing synthetic fibres; for dyeing polyester or cellulose acetate	[772]

Substance	CAS-Nr.	Tradename/Product/Common Name	Function	Process	Application	Literature
	210758-04-6		disperse dye (azo dye)	dyeing and printing	widely used for dyeing; mainly used for polyester; also for cellulose (acetate and triacetate), polyamide and acrylic fibres; also widely used for printing synthetic fibres; for dyeing polyester or cellulose acetate	[772]
	25665-01-4			dyeing and printing	for colouring polyester and cellulose acetate	[772]
	25857-05-0	Terasil Brilliant Yellow 6G; Cibacet Brilliant Yellow 6G		dyeing and printing	for colouring polyester and cellulose acetate	[772]
	29556-33-0	Maxilon Brilliant Flavin 10GFF	basic dye (styryl dye)	dyeing and printing	formerly used to dye silk and wool (using mordant); nowadays almost exclusively used on polyacrylic fibres; for dyeing polyacrylnitrile	[772]
	30112-70-0		metal-complex dye	dyeing and printing	1:2 chromazo dye mixture that imparts an intense dark brown colour to wool and polyamide fibres, and have good leveling and fastness properties	[798], auch Structurfor mel dort!
	34442-71-2		basic dye (styryl dye)	dyeing and printing	formerly used to dye silk and wool (using mordant); nowadays almost exclusively used on polyacrylic fibres; used by sublimation transfer printing on polyacrylnitrile	[772]
	34613-03-1	Amacron 6GSP; Koppers Brilliant Yellow 8GL		dyeing and printing	for dyeing cellulose acetate (high lightfastness)	[772]
	35773-43-4		disperse dye (methine dye)	dyeing and printing	widely used for dyeing; mainly used for polyester; also for cellulose (acetate and triacetate), polyamide and acrylic fibres; also widely used for printing synthetic fibres; for dyeing acetate fibres with good lightfastness	[772]

Substance	CAS-Nr.	Tradename/Product/ Common Name	Function	Process	Application	Literature
	37781-00-3		disperse dye (azo dye)	dyeing and printing	widely used for dyeing; mainly used for polyester; also for cellulose (acetate and triacetate), polyamide and acrylic fibres; also widely used for printing synthetic fibres; for dyeing acetate fibres	[772]
	4058-30-4		disperse dye (azo dye)	dyeing and printing	widely used for dyeing; mainly used for polyester; also for cellulose (acetate and triacetate), polyamide and acrylic fibres; also widely used for printing synthetic fibres; for dyeing polyester or cellulose triacetate	[772]
	41284-31-5	Resolin Brilliant Yellow 7GL; Serisol Brilliant Yellow 6GL		dyeing and printing	for dyeing cellulose acetate	[772]
	42357-98-2		disperse dye (azo dye)	dyeing and printing	widely used for dyeing; mainly used for polyester; also for cellulose (acetate and triacetate), polyamide and acrylic fibres; also widely used for printing synthetic fibres; for dyeing polyester or cellulose acetate	[772]
	42783-06-2		disperse dye (azo dye)	dyeing and printing	widely used for dyeing; mainly used for polyester; also for cellulose (acetate and triacetate), polyamide and acrylic fibres; also widely used for printing synthetic fibres; for dyeing polyester or cellulose acetate	[772]
	43181-01-7	Kayacryl Brilliant Red 5G	basic dye (styryl dye)	dyeing and printing	formerly used to dye silk and wool (using mordant); nowadays almost exclusively used on polyacrylic fibres; for dyeing polyacrylnitrile	[772]

Substance	CAS-Nr.	Tradename/Product/ Common Name	Function	Process	Application	Literature
	4361-84-6	Celliton Fast Yellow 7G; Telasol Yellow 4 GLS		dyeing and printing	for dyeing cellulose acetate (sublimation transfer printing)	[772]
	51553-32-3			dyeing and printing	for dyeing polyester	[772]
	52372-39-1		coumarin dye	dyeing and printing	for dyeing polyester	[772]
	53036-47-8		metal-complex dye	dyeing and printing	1:2 chromazo dye mixture that imparts an intense dark brown colour to wool and polyamide fibres, and have good leveling and fastness properties	[798], auch Structurfor mel dort!
	53272-39-1		disperse dye (methine dye)	dyeing and printing	widely used for dyeing; mainly used for polyester; also for cellulose (acetate and triacetate), polyamide and acrylic fibres; also widely used for printing synthetic fibres; for dyeing acetate fibres with good lightfastness	[772]
	56330-12-2	Nylosan Brilliant Flavin E-8G	coumarin dye	dyeing and printing	for dyeing polyamid	[772]
	5718-26-3		dimethineneutrocyanine dye	dyeing and printing	for producing coloured copies in sublimation transfer for transparent printing and for transparent dyeing of polystyrene and poly(methacrylate)	[772]
	57818-82-3		coumarin dye	dyeing and printing	for dyeing polyester	[772]
	58130-76-0		quinophthalone dye	dyeing and printing	pigment for paints and printing inks	[772]
	59459-98-2		metal-complex dye/ organic pigment	dyeing and printing with pigments	organic pigment	[772]
	63134-15-6		disperse dye (azo dye)	dyeing and printing	widely used for dyeing; mainly used for polyester; also for cellulose (acetate and triacetate), polyamide and acrylic fibres; also widely used for printing synthetic fibres; for dyeing polyester or cellulose acetate	[772]

Substance	CAS-Nr.	Tradename/Product/ Common Name	Function	Process	Application	Literature
	63467-01-6		disperse dye (azo dye)	dyeing and printing	widely used for dyeing; mainly used for polyester; also for cellulose (acetate and triacetate), polyamide and acrylic fibres; also widely used for printing synthetic fibres; for dyeing polyester or cellulose acetate	[772]
	63467-19-6	Polycron Yellow 6GP; Serilen Brilliant Yellow 6GLS		dyeing and printing	for producing colored copies in sublimation transfer printing	[772]
	6441-82-3	Astrazon Red 6B; Sumiacryl Red 6B	basic dye (styryl dye)	dyeing and printing	formerly used to dye silk and wool (using mordant); nowadays almost exclusively used on polyacrylic fibres; for dyeing polyacrylnitrile	[772]
	64696-98-6		metal-complex dye/ organic pigment	dyeing and printing with pigments	organic pigment	[772]
	64992-16-1	Astra Yellow 4G; Basazol Yellow 46L	coumarin dye	dyeing and printing	for dyeing polyacrylnitrile	[772]
	65625-85-6		zeromethinemerocyanine dye	dyeing and printing	for dyeing polyester	[772]
	65626-05-3		zeromethinemerocyanine dye	dyeing and printing	for dyeing polyester	[772]
	65626-20-2		zeromethinemerocyanine dye	dyeing and printing	for dyeing polyester	[772]
	68123-01-3	Maxilon Orange 4 RL; Basacryl Red X-GFL	basic dye (phenylogous diazadimethinehemicyanine dye)	dyeing and printing	formerly used to dye silk and wool (using mordant); nowadays almost exclusively used on polyacrylic fibres; for dyeing polyacrylnitrile	[772]
	68560-36-1		basic dye (phenylogous diazadimethinehemicyanine dye)	dyeing and printing	formerly used to dye silk and wool (using mordant); nowadays almost exclusively used on polyacrylic fibres; for dyeing polyacrylnitrile	[772]

Substance	CAS-Nr.	Tradename/Product/ Common Name	Function	Process	Application	Literature
	69828-87-1		disperse dye (azo dye)	dyeing and printing	widely used for dyeing; mainly used for polyester; also for cellulose (acetate and triacetate), polyamide and acrylic fibres; also widely used for printing synthetic fibres; for dyeing polyester or cellulose acetate	[772]
	70546-25-7		coumarin dye	dyeing and printing	for dyeing polyester	[772]
	70865-21-3		disperse dye (azo dye)	dyeing and printing	widely used for dyeing; mainly used for polyester; also for cellulose (acetate and triacetate), polyamide and acrylic fibres; also widely used for printing synthetic fibres; for dyeing polyester or cellulose acetate	[772]
	71196-94-6		basic dye (phenylogous diazadimethinehemicyanine dye)	dyeing and printing	formerly used to dye silk and wool (using mordant); nowadays almost exclusively used on polyacrylic fibres; for dyeing polyacrylnitrile with high leveling ability	[772]
	71494-86-5	Setaron Brilliant Flavin 8GFF; Resolin Brilliant Yellow 10GN; Foron Brilliant Flavin S8GF	coumarin dye	dyeing and printing	for dyeing polyester	[772]
	72828-91-2	Astra Red 3G	basic dye (styryl dye)	dyeing and printing	formerly used to dye silk and wool (using mordant); nowadays almost exclusively used on polyacrylic fibres; for dyeing polyacrylnitrile	[772]
	74109-48-1	Maxilon Red BL; Sandocryl Red B-BLE; Astrazon Red F3BL	basic dye (phenylogous diazadimethinehemicyanine dye)	dyeing and printing	formerly used to dye silk and wool (using mordant); nowadays almost exclusively used on polyacrylic fibres; for dyeing polyacrylnitrile	[772]

Substance	CAS-Nr.	Tradename/Product/ Common Name	Function	Process	Application	Literature
	75216-43-2		disperse dye (quinophtalone dye)	dyeing and printing	widely used for dyeing; mainly used for polyester; also for cellulose (acetate and triacetate), polyamide and acrylic fibres; also widely used for printing synthetic fibres; for dyeing synthetic fibres	[772]
	76683-16-4		metal-complex dye/ organic pigment	dyeing and printing with pigments	organic pigment	[772]
	77135-16-1		metal-complex dye/ organic pigment	dyeing and printing with pigments	organic pigment	[772]
	77365-28-7		zeromethinemerocyanine dye	dyeing and printing	for dyeing polystyrene	[772]
	79694-17-0		disperse dye (methine dye)	dyeing and printing	widely used for dyeing; mainly used for polyester; also for cellulose (acetate and triacetate), polyamide and acrylic fibres; also widely used for printing synthetic fibres; for dyeing polyester	[772]
	79817-89-3		metal-complex dye	dyeing and printing	1:2 cobalt complex dye that imapart to cotton a glossy red color	[798]
	79828-44-7		metal-complex dye	dyeinga nd pritnting	1:2 chromium complex dye that imppart on cotton cloudy blue color	[798]
	80004-31-5		metal-complex dye	dyeing and printing	1:1 chromium complex dye which dyes wool and leather grayish blue	[798], auch Structurfor mel dort!
	80004-32-6		metal-complex dye	dyeing and printing	1:2 chromazo dye that dyes wool and leather reddish blue	[798], auch Structurfor mel dort!
	81161-61-7		metal-complex dye	dyeing and printing	1:2 chromazo dye mixture that imparts an intense dark brown colour to wool and polyamide fibres, and have good leveling and fastness properties	[798], auch Structurfor mel dort!

Substance	CAS-Nr.	Tradename/Product/ Common Name	Function	Process	Application	Literature
	81-51-6		disperse dye (anthraquinone)	dyeing and printing	widely used for dyeing; mainly used for polyester; also for cellulose (acetate and triacetate), polyamide and acrylic fibres; also widely used for printing synthetic fibres	[772]
	82269-28-1		metal-complex dye	dyeing and printing	1:2 chromium bizaomethine dye, a brown powder (33% of which consist of sodium salts of acetic and formic acids), that gives ligth and wetfast reddish yellow colors with wool and synthetic polyamides	[798], auch Structurfor mel dort!
	83156-84-7		metal-complex dye	dyeing and printing	dye capable of complexation during dyeing process, with the nickel fixed on the polypropylene fibre; nickel-modified polypropylene fibres are dyed in greenish blue	[798], auch Structurfor mel dort!
	83930-05-6	Astrazon Blue FBL	basic dye (phenylogous diazadimethinehemicyanine dye)	dyeing and printing	formerly used to dye silk and wool (using mordant); nowadays almost exclusively used on polyacrylic fibres; for dyeing polyacrylnitrile	[772]
	84425-43-4		disperse dye (disazo dye)	dyeing and printing	widely used for dyeing; mainly used for polyester; also for cellulose (acetate and triacetate), polyamide and acrylic fibres; also widely used for printing synthetic fibres; for dyeing polyester with good lightfastness	[772]
	85140-75-6		metal-complex dye	dyeing and printing	!:2 chromium azomethine complex dye, a water-soluble dye that imparts a deep blue ligth and wet fast color to wool and synthetic polyamide fibres	[798], auch Structurfor mel dort!

Substance	CAS-Nr.	Tradename/Product/ Common Name	Function	Process	Application	Literature
	85959-18-8	Aizencathilon Blue NBLH	basic dye (phenylogous diazadimethinehemicyanine dye)	dyeing and printing	formerly used to dye silk and wool (using mordant); nowadays almost exclusively used on polyacrylic fibres; for dyeing polyacrylnitrile	[772]
	86772-44-3		disperse dye (azo dye)	dyeing and printing	widely used for dyeing; mainly used for polyester; also for cellulose (acetate and triacetate), polyamide and acrylic fibres; also widely used for printing synthetic fibres; for dyeing polyester or cellulose acetate	[772]
	87606-56-2		disperse dye (disazo dye)	dyeing and printing	widely used for dyeing; mainly used for polyester; also for cellulose (acetate and triacetate), polyamide and acrylic fibres; also widely used for printing synthetic fibres; for dyeing polyester with good lightfastness	[772]
	88717-24-2		metal-complex dye/ organic pigment	dyeing and printing with pigments	organic pigment	[798]
	88938-37-8		disperse dye (azo dye)	dyeing and printing	widely used for dyeing; mainly used for polyester; also for cellulose (acetate and triacetate), polyamide and acrylic fibres; also widely used for printing synthetic fibres; for dyeing acetate fibres	[772]
	91602-80-1		metal-complex dye/ organic pigment	dyeing and printing with pigments	organic pigment	[772]
	93686-63-6		disperse dye (anthraquinone)	dyeing and printing	widely used for dyeing; mainly used for polyester; also for cellulose (acetate and triacetate), polyamide and acrylic fibres; also widely used for printing synthetic fibres	[772]

Substance	CAS-Nr.	Tradename/Product/ Common Name	Function	Process	Application	Literature
	97253-30-0		metal-complex dye/ organic pigment	dyeing and printing with pigments	organic pigment	[772]
	169198-69-0		stabilizer		light stabilizer for polyester fibre	[732]
	169198-70-3		stabilizer		light stabilizer for polyester fibre	[732]
	169198-72-5		stabilizer		light stabilizer for polyester fibre	[732]
	177771-82-3	Ambroxan	perfume	laundry	clothing cleaning	[782]
	17818-78-9		disperse dye	dyeing and printing	widely used for dyeing; mainly used for polyester; also for cellulose (acetate and triacetate), polyamide and acrylic fibres; also widely used for printing synthetic fibres; dye with high affinity to wool	[702]
	224039-94-5	Paraguard 823	water repellent	finishing with repellents	antistatic water repellent finishing nylon fabrics with good washfastness	[778]
	224566-13-6	Adeka Bon-Tighter HUX 386	flame retardant	finishing with flame retardants	halogen free flame retardant for polyester	[774]
	260402-72-0	Parakiyatto PGW	crosslinking agent; water repellent	finishing with repellents	antistatic water repellent finishing nylon fabrics with good washfastness	[778]
	260402-75-3	Elastron W 33	antistatic agent; water repellent	finishing	antistatic water repellent finishing nylon fabrics with good washfastness	[778]
	297178-12-2	Scotchgard FX 3569	water- and oil-repellent agent	finishing with repellents		[738]
	375380-57-7	JMAC	antimicrobial agent	textile finishing	antimicrobial transfer substrate	[779]
	415921-36-7	FR 201 (fireproofing agent)	flame retardant	flame retardant finishing a blend fabric (polyamid, polyester, cotton, viscose)	long durable fire-, oil- and water-resistant for blend fabrics	[780]

Substance	CAS-Nr.	Tradename/Product/ Common Name	Function	Process	Application	Literature
	415921-47-0	Phobotex CP-NEN	flame retardant	flame retardant finishing a blend fabric (polyamid, polyester, cotton, viscose)	fireproofing agent; long durable fire-, oil- and water-resistant for blend fabrics	[780]
	415921-52-7	Phobotex CA-CONE	flame retardant	flame retardant finishing a blend fabric (polyamid, polyester, cotton, viscose)	oil- and waterproofing agent; long durable fire-, oil- and water-resistant for blend fabrics	[780]
	4356-60-9		cross-linking agent / non-creasing agent	easy-care finishing	These products have almost replaced all of the other products formerly used as cross-linkers in easy-care finishing;The products are the agents of choice for permanent press because of the lower formaldehyde evolution potential (both in the cured and the uncured state) and the stability in the uncured or partially cured state (see post-cured permanent press process);DMDHEU modifications (buffered versions, and versions with slightly less than 2:1 formaldehyde to DHEU ratio, of the original glyoxal-urea product) offered better fabric whiteness with certain catalyst systems and slightly lower formaldehyde evolution from the finished fabric;Products with varying degrees of methylation appear later (commercial products are commonly 25-	[750]

Substance	CAS-Nr.	Tradename/Product/ Common Name	Function	Process	Application	Literature
					50% methylated) and are prepared by reacting DMDHEU with methanol at low pH, they provide lower formaldehyde evolution from fabrics;Hydroxyl-containing compounds with low volatility (i.e. glycols, glycerin or nitroalcohols) can be added to or react with either DMDHEU or methylated DMDHEU provide even lower formaldehyde evolution potential from treated fabric (see further discussion on formaldehyde "scavenger", in text below)	
	57580-19-5		stabilizer		light stabilizer for polyester fibre	[732]
	68071-45-4		cross-linking agent	functional finishing / easy-care finishing of cellulose-containing fabrics	syrup resins that are useful for stiffening fabrics, especially synthetics; aminoplastic (self-condensation) resins	[750]
	412046-27-6	Marpel FC	antimicrobial agent	textile finishing	producing cotton fabric and fabric blends having water-resistance and antimicrobial properties for clothing and undergarments	[762]
	412046-28-7	Marpel SG	antimicrobial agent	textile finishing	producing cotton fabric and fabric blends having water-resistance and antimicrobial properties for clothing and undergarments	[762]
	394248-09-0	CL (antimicrobial)	antimicrobial agent	textile finishing	antimicrobial agent for wool	[781]
	90002-92-0		finishing agent / emulsifyer	pretreatment, colouring, finishing	nonionic surfactant	[767]
	68439-49-6		finishing agent / emulsifyer	pretreatment, colouring, finishing	nonionic surfactant	[767]

Substance	CAS-Nr.	Tradename/Product/ Common Name	Function	Process	Application	Literature
	68002-97-1		finishing agent / emulsifyer	pretreatment, colouring, finishing	nonionic surfactant	[767]
	68002-97-1		finishing agent / emulsifyer	pretreatment, colouring, finishing	nonionic surfactant	[767]
	61827-42-7		finishing agent / emulsifyer	pretreatment, colouring, finishing	nonionic surfactant	[767]
	37205-87-1		finishing agent / emulsifyer	pretreatment, colouring, finishing	nonionic surfactant	[767]
	61791-29-5		finishing agent / emulsifyer	pretreatment, colouring, finishing	nonionic surfactant	[767]
	68153-63-9		finishing agent / emulsifyer	pretreatment, colouring, finishing	nonionic surfactant	[767]
	128664-36-8		finishing agent / emulsifyer	pretreatment, colouring, finishing	nonionic surfactant of the alkyl polyglucoxide type, suitable for washing textiles particularly in combination with other anionic and nonionic surfactants, with wich they give synergistic effects	[767]
	136797-44-9		finishing agent / emulsifyer	pretreatment, colouring, finishing	nonionic surfactant of the alkyl polyglucoxide type, suitable for washing textiles particularly in combination with other anionic and nonionic surfactants, with wich they give synergistic effects	[767]
	68951-92-8		finishing agent / emulsifyer	pretreatment, colouring, finishing	anionic surfactant of the carboxymethylated ethoxilate group	[787]
	6811-30-3		finishing agent / emulsifyer	pretreatment, colouring, finishing	anionic surfactant of the alkylbenzenesulfonate type	[787]
	84989-15-1		finishing agent / emulsifyer	pretreatment, colouring, finishing	anionic surfactant of the alkylbenzenesulfonate type	[787]
	68411-31-4		finishing agent / emulsifyer	pretreatment, colouring, finishing	anionic surfactant of the alkylbenzenesulfonate type	[787]
	68920-66-1		finishing agent / emulsifyer	pretreatment, colouring, finishing	nonionic surfactant	[767]

Appendix 3: Alphabetical List of Textile Chemicals

Tradename/Product	Substance
Acacetin	5,7-Dihydroxy-4'-methoxyflavone
Acetate Orange GR; Artisil Orange 2R; Cellitonorange GR (BASF); Cibacetbraun JNH-01 150%; Cibacet Orange 2R; Dispersol Orange AG; Navicet Orange GR; Navinyl Orange GR; Serene Orange GR; Tulasteron Fast Orange GR	C.I. Disperse Orange 3
Aceton; Dipolit WS80491 5-15%; Klebezement Verdünner (Löser 64) 2,5-10%; Oleophobol AG 5-7,5%; Oleophobol CM 5-7,5%; Oleophobol S 7,5-10%; Oleophobol SM 5-7,5%; Quecophob LPU 12%; Sandofluor GPC 7%; Wollpermann SA	Acetone
Acetoquinone Red 2JZ	C.I. Disperse Red 41
Acid Scarlet PA	C.I. Acid Red 16
Acidol Dark Blue M-TR	C.I. Acid Blue 193
Acidol Orange 3RE; also: CAS 85030-26-8	C.I. Acid Orange 165
Acidolbelb RE-NW 200%; Acidol Yellow RE	C.I. Acid Yellow 221
Acidolbraun KM-N, Acidolbraun M-BL flüssig; Acidol Brown M-BL	C.I. Acid Brown 355
Acidolbrillantblau BX-NW; Acidol Brilliant Blue B	C.I. Acid Blue 333
Acidolgelb M-2GLN; Acidol Yellow M-2GLN	C.I. Acid Yellow 241
Acidolgelb M-5RL; Acidol Yellow M-5RL	C.I. Acid Yellow 204
Acidolgrau M-G; Acidol Grey M-G	C.I. Acid Black 187
Acidolgrün M-FGL; Acidol Green M-FGL	C.I. Acid Green 108
Acidololiv KM-G; Acidol Olive M-BGL	C.I. Acid Green 104
Acidolrot M-BR; Acidol Red M-BR	C.I. Acid Red 362
Acidolscharlach M-L; Acidol Scarlet M-L	C.I. Acid Red 357
Acrafix MF 0,1-1%; Cassurit HML 1%; Cassurit MLG 1%; Cassurit MT 1%; Deflavit ZA; Dicrylan 7417 0,3%; Dispersogen P 0,1%; Fixapret CNR 0,5%; Fixapret CPN 1%; Fixapret COC 1%; Fixapret TX 2437 1%; Formaldehyd 24%; Formaldehyd 24,9%; Formaldehyd 37%; HIFAST BROWN 2KD 05-55156; PAD N Brown RO 09-9594; Imprafix SV 1-3%; Irgasol DAM 0,2%; Kaurit M 70; Kaurit S; Kieralon EDB; Knittex FA konz. 0,5-1%; Knittex FPC konz. 0,5-1%; Knittex FPR konz. 0,5-1%; Knittex GM konz. 0,5-1%; Knittex IS 2,5-5%; Levogen BF 0,1-0,5%; Luprintol M; Luprintol MC; Luprintol MCL; Lyocol RDN flüssig 50 mg/l; Lyofix CHN 1-2,5%; Lyofix MLF (neu) 0,5%; Lyogen PN flüssig 60-150 mg/l; Pigmatexhellbraun 2K 70447 0,18%; Preventol D6 11%; Pyrovatex CP neu 0,5-1%; Quecodur TL717 0,1%; Quecodur TVA 0,5%; Rewin KBL 0,05%; Sarabid VAT 0,25%; Setamol WS 0,2%; Solidogen FRT 1%; Tubiperl P 0,02%; CORIAL Binder IF; FIXAPRET CL	Formaldehyde
Acrafix MF; Acrafix ML 200%	Hexamethoxy methyl melamine

Tradename/Product	Substance
Acraminblau FFG 150%; Acraminblau F3G 133%; AQUAFINE Blue BB 05-37505; Heliogenblau K 6840; Pigmatexblau 3G; HIFAST CONC BLUE 2G 05-57236; HIFAST N BLUE 2G 05-57829; HIFAST N BLUE 3G 05-57961; HIFAST N BLUE 3GFC 05-57996; HIFAST N CONC BLUE 3G 05-57941; HIFAST N CONC Blue 3G 05-57866; HIFAST N Conc Blue 3GLS 05-57995; HIFAST N CONC BLUE 3GS 05-57704; HIFAST N GREEN G 05-54839; PAD N BLUE 2GC 09-97808; PAD N Blue 2GS 09-97839; PAD N Blue 3G 09-9781; PAD N BLUE G2W 09-97837; PAD N BLUE NCR 09-97824; PAD N BLUE P 09-97815; POLYFAST Blue RB 05-57216; POLYFAST Navy JS 05-57171; RESPAD BLUE G3W 01-8400; Ecotex P Blue BC; Ecotex P Turchese BV; Heliogenblau K 7080; also: C.I. Pigment Blue 15:3 (beta form)	C.I. Pigment Blue 15
Acramingoldgelb FGRN-01; Ecotex P Bruno 2CM; Ecotex P Giallo GC; HIFAST N GOLDEN YELLOW RF 05-58952; Pigmatexbrillantgelb RN 60452; Pigmatexhellgrün 2KBX 70471; PV-Echtgelb HR 70; POLYFAST YELLOW LR 05-58226; RESPAD BROWN BC3W 01-8819; Permanent Yellow HR	C.I. Pigment Yellow 83
Acramingrün FB-01; Ecotex P Turchese BV; Ecotex P Verde GV/2; Ecotex P Verde VR; Pigmatexhellgrün 2KBX 70471; Texilac Verde 10; AQUAFINE Mint Green 05-34501; HIFAST N CONC GREEN B 05-54863; HIFAST N CONC GREEN B 05-54865; HIFAST N CONC GREEN B 05-54904; HIFAST N GREEN B 05-54816; PAD N Green B 09-9480; POLYFAST GREEN PB 05-54157; RESPAD GREEN GB3W 01-8300	C.I. Pigment Green 7
Acraminrot FITB-01, Imperonrot K-GC, Pigmatexrot BN 60412; Permanent Maroon HFM	C.I. Pigment Red 170
Acraminrot FRC 80% 01; Ecotex P Bordeaux RV; Pigmatexhellmarine 70433; Texilac Rosso 08; Permanent Carmine FBB; also: CAS 5280-68-2	C.I. Pigment Red 146
Acraminsoftener SID; Antischaumemulsion SRE (Wacker Silicon-Emulsion SRE); Aphrogene Jet (Zetex Jet); Avivan SLMPO; Defoamer T; Deurosoft MN4; Entschäumer SI/01; Finistrol SME 10-25%; Fumexol SD; Moussex 920SE; Persoftal NG; Respumit S; Respumit SD; Roma-Silicon 244	Polydimethylsiloxane
Acraminviolett FFR 01; Ecotex P Blue Marino BM; Ecotex P Blue Navy BG; Ecotex P Bordeaux RV; Ecotex P Viola V; Pigmatexviolett 4B 60480; Texilac Blue scuro 05; HIFAST A CONC VIOLET 4B 05-56828; HIFAST A VIOLET 4BN 05-56868; HIFAST N Co Violet 4BSC 05-56872; HIFAST N VIOLET 4B 05-56844; PAD N VIOLET 4B 09-9680; PAD N VIOLET 4BC 09-9686; RESPAD VIOLET V3W 01-8501; Dioxazine Violet; also: CAS 215247-95-3	C.I. Pigment Violet 23
Acrylonblau GRL 300%; Astrazonblau FGGL 300% 40-50%; Maxilonblau GRL 300%; Maxilon Blue GRL; Sandocryl Blue B-RLE; Astrazon Blue FGGL; Maxilonschwarz FBL-01 300%; also: CAS 26850-47-5	C.I. Basic Blue 41
Acrylongelb GL 200 %; Astrazonblau BRL 200% 1-5%; Astrazongoldgelb GL-E 200% 40-50%; Maxilonschwarz FBL 200%; Maxilonschwarz FBL-01 300%; Maxilonschwarz RM 200%; Yorkshire Yoracil	C.I. Basic Yellow 28

Tradename/Product	Substance
Acrylonrot GRL 180%; Astrazonrot FBL 200% 80-90%; Astrazon Red FBL; Maxilonrot GRL-BR 150%; Maxilonrot GRLP 100%; Maxilon Red GRL; also: CAS 12221-69-1, CAS 29508-47-2	C.I. Basic Red 46
Acrypal ZU 0,1-1%	Acrylonitrile
Adalin K; Cellolube TH; Perapret PE40	Polyethylene
Aerosil 130; Delustring Agent TS 100	Silicium dioxide
Aflammit ZR	Potassium hexafluorozirconate
Afrotin ZNL 10-25%	Zinc-N,N-diethyldithiocarbamate
Albatex FFO	Maleic acid bis(2-ethyl-hexyl ester)
Albegal SW	Hexamethylenetetramine (HMTA)
Aldrin	Aldrin
Alizarin	1,2-Dihydroxyantraquinone
Alizarin Yellow R; also: 1718-34-9 (monosodium salt)	C.I. Mordant Orange 1
Alizarinchromschwarz PTS; Eriochrome Black T	C.I. Mordant Black 11
Alizarinchromschwarz PTS; Eriochrome Black T	C.I. Mordant Black 11 sodium salt
Alkaflo; Benzonerol VSF-A flüssig 3-5%; Diagum CW12 2%; Diaprint CKA 2%; Diresulschwarz RDT 2-4%; Emalan 6560 (Ridoline) 5%; Kappawet T1/023; Monagum W 2%; Monatex MK30 2%; Sodiumhydroxid; Natronlauge; Natronlauge 30%; Natronlauge 47%; Natronlauge 50%; P3-Percy 72 5%; CHEL® DM-41 LIQUID; CHEL® DTPA-41 LIQUID; CORIAL® Binder IF; PALEGAL LP; SEQUESTRENE 30A CHELATE	Sodium hydroxide
Alkannan; C.I. Natural Red 20: CAS 517-90-8 + 517-88-4	C.I. Natural Red 20
Alkannin; Anchusasäure	Anchusasic acid
alpha-Hydrojuglon	1,4,5-Naphthalintriol
alpha-Lupeol	alpha-Lupeol
alpha-Methylnaphthalin	alpha-Methylnaphthalene
Alphanolechtmarineblau R, Erionylmarine R 180 %, Erionylschwarz CRF-01, Nylofastmarineblau 5R; Supranolmarine R; Telonechtmarineblau R 182 %; 1-Naphthalenesulfonic acid, 8-(phenylamino)-5-[[4-[(3-sulfophenyl)azo]-1-naphthalenyl]azo]-, disodium salt	C.I. Acid Blue 113
(also 97-52-9 + 27761-26-8)	C.I. Azoic Diazo Component 5
(also 92-87-5 + 97-52-9; C.I. 37225 + C.I. 37125); Benzidine	C.I. Azoic Diazo Component 112
also: 18268-54-7 (free acid)	C.I. Acid Red 88
also: C.I. Disperse Blue 35, CAS 12222-75-2: Bafixam Blue L-G 3R; Chemilene Dark Blue T; Dispersol Navy BT; Navilene Navy BT; Serilene Dark Blue GN	C.I. Direct Blue 35
also: C.I. Mordant Red 57	C.I. Direct Red 1 disodium salt
also: C.I. Solvent Red 69: Lampronol Scarlet R	C.I. Acid Red 73
also: CAS 12392-64-2 (C.I. Acid Blue 161); Neolan Blau B; Lanafastdunkelblau M-BR; Lanasynmarineblau S-DNL; Acidoldunkelblau M-TR	C.I. Acid Blue 161
Altriform CFD	Aluminum(III)ethoxide
Aluminium sulphate	Aluminium sulfate
Aluminiumchlorid; catalyst 3282 4,5%	Aluminum chloride
Aluminiumpulver	Aluminium powder
Amalon Red 3G	C.I. Acid Red 104
Ameisensäure 85%; Leukophor KNR flüssig 2%; Tubingal CSO 1%; Tubingal CSO extra 1%; Tubingal VP 91 1%;	Formic acid
Amidoflavin FF-PW; Amido Flavine FFP	C.I. Acid Yellow 215:1
Amidosulfonsäure	Sulfamic acid
1-Aminoanthraquinone; also: CAS 82-37-1	C.I. Azoic Diazo Component 36
1-Aminoanthraquinone; also: CAS 82-37-1	C.I. Azoic Diazo Component 36 diazonium ion

Tradename/Product	Substance
4-Aminodiphenyl	4-Aminodiphenyl
Ammoniak; Ammoniaklösung 24%; CORIAL Binder IF; Lutexal HSD; AQUAPRINT Fluorescent Pink BLF 05-53229	Ammonia
Ammonium chloride; Knittex catalyst UMP 10-15%	Ammonium chloride
Ammonium sulphate; CATALYST 04-82	Diammonium sulfate
Ammoniumpersulfat	Ammonium persulfate
Ammoniumstearat	Ammonium stearate
Aniline Yellow	C.I. Solvent Yellow 1
Aniline Yellow	C.I. Solvent Yellow 1 hydrochloride
Anthosine 5B	C.I. Acid Red 107
Anthrachinon Pulver	9,10-Anthraquinone
Antimussol SF 60-65%; Convidol H; Convidol 3360; Entschäumer TP; Luprintol MCL; Lutexal HSD; Mineralöl; Moussex 9009 (Moussex 9009 HL); Respumit NF; Nofome SF; Perifoam ANS; Verdicker ST 165 Sybron	Paraffin oil
Antiox Blue Star RG; Flacavon H14/371 25-50%; CATALYST 04-26 RINGS; CATALYST 04-28 A	Antimony trioxide
Apigenin	4',5,7-Trihydroxyflavone
Apiin	4',5,7-Trihydroxyflavone-7-apiose glycoside
APO	tris(1-aziridinyl)phosphine oxide
Apollo Acid Black BRL; C.I. 30334	C.I. Acid Black 232
APP	Polyphosphoric acids, ammonium salts
Appretan EM; Appretan EMR; Binder DAS (Tubiprint Binder DAS); Lametan M; Peripret KL; Rotta-Finish 202; Rotta-Finish 207; Rotta-Finish 220; Rucogumm KLH; Schlichte UC-1; Stabiform 691; Ukadan 2010; Vibatex HKN	Polyvinyl acetate
Apyral 2	Aluminium hydroxide
AQUAFINE Blue BB 05-37505	Polymer
AQUAFINE ORANGE RB 05-38112; HIFAST EC ORANGE R 05-58264; HIFAST EC ORANGE R 05-58323	C.I. Pigment Orange 16
AQUAFINE YELLOW B2G 05-38503; AQUAFINE Yellow 2G 05-38141; AQUAFINE Yellow MV 05-38115; HIFAST N BLUE 3G 05-57961; HIFAST N BLUE 3GFC 05-57996; HIFAST N CONC BLUE 3G 05-57941; PAD N BLUE NCR 09-97824; PAD N YELLOW 2G 09-98808	Petroleum naphtha
AQUAPRINT WHITE OP 05-51151; AQUAPRINT WHITE OPN O5-51173; BAFIXAN BLACK BN LIQUID; BAFIXAN Black PA; BAFIXAN Black RB Liquid; BAFIXAN BLUE 2RL LIQUID; BAFIXAN BLUE FRL LIQUID; BAFIXAN Blue PA; BAFIXAN Blue RS; BAFIXAN PINK FF3B LIQUID; BAFIXAN Red PA; BAFIXAN YELLOW 3GE LIQuid; HIFAST N CONC PINK 3B 05-53742; BASOJET PEL-200; LEOPHEN N-AM; PALEGAL N-SF; UNIPEROL N-SE; UNIPEROL W	Dipropylen glycol
AQUAPRINT WHITE OPN O5-51173	Aluminium silicate dihydrate
Araldit PT 810	1,3,5-Triglycidyl isocyanurate (TGI)
Arbylen LF; Diadavin ANE; Diadavin NSE; Diadavin TAN; Fluidol AW12; Genapol UD-079; Grünau Pillenwachs 847 (Grünau Wachs 147); Hostapal FA 85%; Kyolox JWA; Pentazon FLN; Perigen HAT; Perigen W190; Peripret KN; Perlavin FBS; Perlavin F23; Perlavin NIC; Perlavin NI15; Uniperol o microperl	Tergitol 24-L-60N
Arianor Madder Red	C.I. Basic Red 76

Tradename/Product	Substance
ARIDYE PAD WHITE 09-91102; CATALYST 04-82; CATALYST D 11-10 1.5 MM EXTRUDATES; CATALYST G1-22; CATALYST H0-20; CATALYST H0-90; CATALYST H1-80 REDUCED; CATALYST H1-90 EXTRUDATE 4MM; CATALYST H0-11	Silica, amorphous
ARIDYE SX Red B 05-5307; HIFAST N CO SCAR 4RF 05-53984; HIFAST N GREEN G 05-54839; HIFAST N ORANGE OLY 05-58736; HIFAST N RED BDC 05-53932; HIFAST N RED DC2B 05-53902; HIFAST N VIOLET 4B 05-56844; PAD N BLUE NCR 09-97824; PAD N YELLOW 2G 09-98808; PAD N RED B 09-9380; PAD N YELLOW 3G 09-98824; PAD N YELLOW 4GL 09-9889; RESPAD BLUE GL3W 01-8404; RESPAD Red C3W 01-8001; RESPAD RED CM3W 01-8003	Polyoxyethylene distyryl phenyl ether
ARIDYE SXN Black 2K 05-5211; PAD N Grey 09-9299; PAD N GREY 2K 09-9286	Polyethylene glycol oleyl ether
Arostit BLN 60-70%; Blankit IIA; Blankit IIAR; Blankit IN; Blankit AN; Blankit AR; Blancolen K; Hydrosulfit konz.; Hydrosulfit N konz.; Hydrosulfit F konz.; Hydrosulfit FE konz.; Sodiumhydrosulfite; Redutex MG; Rongal HAT; Rongal HT 91; BLEACHIT 1A	Sodium dithionite
Astrazon Brilliant Red 4G; Basacryl Brilliant Red X-4G; Severon Brilliant Red 4G ; also: CAS 65122-06-7	C.I. Basic Red 14
Astrazon Red Violet 3R; Astrazonviolett 3 R 45-55%; Basacryl Brilliant Red BG ; also: CAS 54268-66-5, CAS 85283-95-0	C.I. Basic Violet 16
Astrazonblau BRL 200% 45-55%; Astrazonblau F2 RL 40-50%; Astrazon Blue F2RL	C.I. Basic Blue 147
Astrazonblau F2 RL 12-17%; Astrazonblau FBL flüssig 200% 15-25%; Etapuron PAC 2,5-10%; Essigsäure 80%; Finistrol AFN 2,5%; Fornax K 1-2,5%; Perrustol ULN (110) 1-3%; Phobol STA 1-2,5%; Maxilonblau TRL 200% Pulver 13-15%; Maxilonrot BL-N flüssig 7%; Maxilonschwarz FBL 200% 22%; Remacrylschwarz GRB; Rewin KBL 4,9%; Uvitex BAC 13%;	Acetic acid
Astrazonblau 5GL 200 %	C.I. Basic Blue 45
Astrazongelb 7GLL 200% 45-55%	C.I. Basic Yellow 21
Astrazonschwarz FDL 200% 20-30%; Astrazonblau FBL flüssig 200% 30-40%; Astrazon Blue FBL	C.I. Basic Blue 159
Atranorin	Atranorin
Auraminbase	C.I. Basic Yellow 2
Automate Red B	C.I. Solvent Red 164
Automate Yellow 8	C.I. Solvent Yellow 107
Avistat 3P; Felosan TAC (Felosan TAK-NO) 2%; Kollasol GTE 52%; Kollasol SD 70%; Leophen LG; Leophen M; Leophen TX1498; Rapidoprint SC10 1%	Triisobutyl phosphate
AWA detergents (Sonal Sivo Kompakt); Benzo 13-18%; Calgon TLL; Sodiumcarbonat (wasserfrei); Telonblau AR 3-8%; Telonrot AFG 3-8%	Sodium carbonate
AWA detergents (Sonal Sivo Kompakt); Natriummetasilikat-5-hydrat	Sodium metasilicate, pentahydrate
AWA detergents (Sonal Sivo Kompakt); NTA; Trilon TA Pulver; Triolon TA flüssig; CHEL® 330 11% FE	Nitrilotriacetic acid (NTA)
Azidine Wool Blue B; C.I. 24310	C.I. Direct Blue 45
Azo Black Blue B	C.I. Direct Black 30
Azo Blue	C.I. Direct Violet 39
Azo Blue	C.I. Direct Violet 39 disodium salt
Azo Blue; also: CAS 25188-49-2	C.I. Direct Violet 28
Azo Turkish Red	C.I. Solvent Orange 8

Tradename/Product	Substance
Azo Violet	C.I. Direct Violet 32
Azosol Fast Scarlet CRA	C.I. Solvent Red 31
Badena Perm 265; Deurosoft HKS; Dicrylan 7524; Luprintol MC; Luprintol MCL; Protolan 369; RO-MA-Deformer 168; RO-MA-Silikon 244; RO-MA-Silikon 256; RO-MA-Silikon 270; RO-MA-Silikon 271; RO-MA-Silikon 273; Rotta-Entschäumer 169; Siligen SI	Polysiloxane
BAFIXAN BLACK BN LIQUID; BAFIXAN Black PA; BAFIXAN Black RB Liquid; BAFIXAN Blue PA; BAFIXAN Blue RS; BAFIXAN PINK FF3B LIQUID; BAFIXAN RED HL NB 301; BAFIXAN Red PA; BAFIXAN YELLOW 3GE LIQuid; BAFIXAN YELLOW HL NB 801	D-Glucit
BAFIXAN BLUE FRL LIQUID; Lurafix Blue FRL	C.I. Disperse Blue 289
BAFIXAN BLUE 2RL LIQUID	C.I. Disperse Blue 72
BAFIXAN RED HL NB 301; Palanil Brilliant Pink REL	C.I. Disperse Red 91
BAFIXAN Red PA	C.I. Disperse Red Dye
BAFIXAN TURQUOISE 2B LIQUID; Teraprint Turquoise Blue G	C.I. Disperse Blue 332
BAFIXAN YELLOW HL NB 801	C.I. Disperse Yellow 64
Baltane CF; 2,5-10% in AM 8 Klebespray 2,5-10%	1,1,1-Trichloroethane
BASACRYL SALT NB-KU	Quaternary ammonium compounds
Basacrylgelb X-2GL; Diacryl Yellow 3G-N	C.I. Basic Yellow 51
Basacrylsalz AN	Dibenzyldimethylammonium chloride
Basacrylsalz AN; Cassurit HML 3%; Cassurit MLG 3%; Cassurit MT 3%; Dicrylan catalyst SLA 0,5%; Fixapret COC; FIXAPRET CL; Fixapret CPN; Fixapret TX 2437; Invadin DS 3-5%; Kaurit M 70; Knittex FA konz. 1-2,5%; Knittex GM konz. 0,5-1%; Knittex IS 0,5%; Levogen BF 0,1-0,9%; Lubasin C; Lubasin S; Luprintol MC; Luprintol MCL; Lyofix CHN 1-2,5%; Methanol; Oleophobol CM 0,5%; Oleophobol SM 0,5%; Pregan E; Pyrovatex CP neu 3%; Rucogumm KLH 0,5%; Siligen PW; FIXAPRET® CL	Methanol
Basilen Fixierer F-RP Neu	Sodiumtrichloroacetate
Basilengelbbraun E-GR; Basilen Brown E-GR	C.I. Reactive Brown 31
Basilenrot E-7BN; Procion Red H-E7B	C.I. Reactive Red 141
BASOL WS Liquid	Naphthalenesulfonic acid-formaldehyde-resin
Basolan DC (BASF)	dichloroisocyanuric acid
Basolan SW; Chemocarrier Spez.; Deurol H; Diadavin CA42063; Diadavin SW 10-15%; Dicrylan Verdicker X 1-2,5%; Duron Antistatikspray; Finish PU 6%; Fluidol AW12; Hostapal JET AU; Hydrophobol CF 1-2,5%; Imprafix SK 75-85%; Impranil CLS02 (Lösung) 15-20%; Irgapadol AS 9%; Irgapadol FFU 6%; Isopropanol; Kieralon D; LEOPHEN RA; Levegal FTS 1-3%; Levegal FTSK 01 1-3%; Luprintol MC; Nuva FH 14%; Nuva FHN 10%; Perlit SE 3-8%; Persistol E; Silgone R; Siligen MA; Siligen SI; Tanawet PAD; Tinegal MR 25%; Univadin PA 4%; Verdicker A 01 5-10%	2-Propanol
Basosoft JET-K; Dryol FE; Evoral FLT; Evoral KW; Paraffin; Persoftal PW; Phobotex VFN	Paraffin
BASOTOL AR	Potassium iodate
Bayferrox 600	Iron oxide (Fe2O3)
Bayferrox 600	Iron Oxide (Fe3O4)
Bayferrox 130; Bayferrox 600; AQUAPRINT BROWN 3K 05-55148; ARIDYE Pad Brown R 09-9550; Iron Oxide Red; Chinese red	C.I. Pigment Red 101
Bayferrox 320; Bayferrox 600; Black Iron Oxide / Magnetite	C.I. Pigment Black 11

Tradename/Product	Substance
Bayferrox 420; Bayferrox 600; PAD N YELLOW K 09-9884; Goethite	C.I. Pigment Yellow 42
Baygard CA 40162 1,5%; Rucogen CD 1-3%; Rucogen TA 1758 1-3%; Ruco-Cleaner MS 2-3%; SILIGEN SIN	Dipropylene glycol methyl ether
Baygard EDW; Baypret 10 DU; Dicrylan 7417; Dicrylan 7524; Dicrylan PSC; Finish PU; Protolan 357; Protolan 367; Rotta-Coating 1207; Rotta-Coating 1224; Rotta-Coating 1228	Polyurethan
Baygard EP 0,1-0,5%	1,3-Dichloro-2-propanol
Baylase LT	alpha-Amylase
Baypren Latex MKB	2-Chlor-(1,3)-butadiene polymer
Baysolex EXT; Contavan TIG 5%; Kappaquest S12	Phosphonic acid
Beisol B260; Beisol LZV	Amylase
Belfasin 2597 Pulver: Glycolsäure (57%)	Hydroxyacetic acid
Belfasin 2420; Harnstoff; PRESTOGEN SP Liquid	Urea
Bemacetschwarz GS flüssig; Cibacetblau F3R; Cibacetbraun JNH 150 %; Cibacetgrau NH; Ostacetblau P3R; Terasilschwarz NL; also: CAS 86722-66-9	C.I. Disperse Blue 3
Bemacronblau S-RA; Miketon Polyester Discharge Blue R	C.I. Disperse Blue 106
Bemacronbrilliantrot E-BS; Dianix Fast Brilliant Red BS	C.I. Disperse Red 146
Bemaplexschwarz S-BGL; Acidolbraun KM-N; Acidolbraun M-BL flüssig; Acidoldunkelblau M-TR; Acidolgelb M-2GLN; Acidolgrau M-G; Acidolgrün M-FGL; Acidololiv KM-G; Acidolrot M-BR; Acidolscharlach M-L; Acidolschwarz M-SRL; Vialonechtorange RL 85 flüssig; Vialonechtschwarz 3RL 85 flüssig	Chromium (III)
Benactivblau HE-G; Evercion Blue HEGN; Procion Blue H-EGN	C.I. Reactive Blue 198
Benactivblau HE-RG, Remazolbrillantgelb 4GL; Procion Blue H-ERD	C.I. Reactive Blue 160
Benactivblau N-3RN, Remazolblau 3R Pulver; Remazol Blue 3R	C.I. Reactive Blue 28
Benactivbraun N-GR, Remazolbraun GR; Remazol Brown GR	C.I. Reactive Brown 18
Benactivbraun P-4GR; Cibacron Brown 4GR; also: CAS 70210-17-2	C.I. Reactive Brown 2
Benactivbrillantgrün, Remazolbrillantgrün 6B, Remazolbrillantgrün 6B flüssig 50%; Remazolgrün 6B; Remazol Brilliant Green 6B	C.I. Reactive Blue 38
Benactivbrillantorange N-3R; Remazolbrillantorange 3R; Remazolbrillantorange 3R flüssig 25%; Everzol Brilliant Orange 3R; Remazol Brilliant Orange 3R	C.I. Reactive Orange 16
Benactivbrillantrot N-BB, Remazolbrillantrot BB; Remazol Brilliant Red BB	C.I. Reactive Red 21
Benactivbrillantviolett N-5R, Remazolbrillantviolett 5R; Remazol Brilliant Violet 5R	C.I. Reactive Violet 5
Benactivebrillantblau N-R spezial, Remazolbrillantblau R, Remazolbrillantblau R Spezial flüssig 25; Remazol Brilliant Blue R	C.I. Reactive Blue 19
Benactivgelb N-GRS, Remazolgelb GR, Remazolgelb GR flüssig 40 %; Remazol Yellow GR	C.I. Reactive Yellow 15
Benactivgoldgelb HE-R; Kayacion Golden Yellow E-SNR; also: CAS 104269-59-2	C.I. Reactive Yellow 138
Benactivmarineblau HE-R 150%; Procionmarineblau HER 150 %; Procion Navy H-ER	C.I. Reactive Blue 171
Benactivmarineblau N-2GL; Remazolmarineblau GG; Remazol Navy Blue GG	C.I. Reactive Blue 203

Tradename/Product	Substance
Benactivscharlach HE-2G, Cibacronscharlach 2G-E; Cibacron Scarlet 2G-E	C.I. Reactive Red 43
Benactivschwarz N-B; Benactivschwarz NB Granulat; Levafixschwarz EB/VERS.RE; Nerochromazin; Remazolschwarz B flüssig 50%; Remazolschwarz B Granulat; Rottafast Black B; Remazol Black B	C.I. Reactive Black 5
Benactivsuprablau SE-BR; Sumifix Supra Blue BRF	C.I. Reactive Blue 221
Benactivsupragelb SE-RL; Rottafast Golden Yellow R; Sumifix Supra Yellow 3RF	C.I. Reactive Yellow 145
Benactivsupramarineblau SE-R; Rottafast Navy Blue B; Sumifix Supra Navy Blue BF	C.I. Reactive Blue 222
Benactivsuprarot SE-3BL; Sumifix Supra Brilliant Red 3BF	C.I. Reactive Red 195
Benactivtürkisblau N-G konz.; Remazoltürkis G; Remazoltürkis G flüssig 50%; Remazoltürkis G 133%; Rottafast Turquoise G; Remazol Turquoise Blue G	C.I. Reactive Blue 21
Benanthrenblau BC; Indanthrenblau BC	C.I. Vat Blue 6
Benanthrenbraun BR; Ostanthrenbraun BR	C.I. Vat Brown 1
Benanthrenbraun G-N; Mikethrene Brown G	C.I. Vat Brown 68
Benanthrenbrillant RR; Indanthrenbrillantviolett RR-D; Solanthreneviolett 4RN Microperle	C.I. Vat Violet 1
Benanthrenbrillantgrün FFB; Bezathrenbrillantgrün FFB; Indanthrenbrillantgrün FFB	C.I. Vat Green 1
Benanthrendirektschwarz RB 200%; Indanthrendirektschwarz T-RBS Colloisol flüssig	C.I. Vat Black 9
Benanthrengelb GC, Texanthrengelb GC	C.I. Vat Yellow 2
Benanthrengelb 3RT, Cibanongelb 3R	C.I. Vat Orange 11
Benanthrengoldorange	C.I. Vat Orange 9
Benanthrenoliv MW; Bezathrenoliv MW; Indanthrenoliv MW Colloisol flüssig; Indanthrenoliv T-MW Colloisol flüssig	C.I. Vat Green 13
Benanthrenoliv R	C.I. Vat Black 27
Benanthrenolivgrün B, Indanthrenolivgrün B	C.I. Vat Green 3
Benzo Chrome Black N; C.I. 31925	C.I. Direct Black 24
Benzo Chrome Brown 5G	C.I. Direct Brown 60
Benzo Chrome Brown R	C.I. Direct Brown 62
Benzo Dark Green GG	C.I. Direct Green 19
Benzo Fast (IG Farben); Benzo Fast Copper Red GGL	C.I. Direct Red 180
Benzo Fast Red 9BL	C.I. Direct Red 43
Benzo Fast Red GL	C.I. Direct Red 52
Benzo Green FF	C.I. Direct Green 20
Benzo Grey S	C.I. Direct Black 40
Benzo Navy Blue BM	C.I. Direct Blue 295
Benzo Rubine HW	C.I. Direct Red 42
Benzo Violet R; also: CAS 25188-45-8	C.I. Direct Violet 3
Benzobraun D3G ex [FIAT]	C.I. Direct Brown 1
Benzoechtscharlach 4BEN [FIAT]	C.I. Direct Red 72
Benzoechtschwarz G 330%, Direktschwarz GRV 800 %, Kunstseidenechtschwarz B; Saturnschwarz G 200 %; also: CAS 7518-68-5	C.I. Direct Black 19 disodium salt
Benzonerol VSF 600 %; Benzonerol VSF-A flüssig; Direktkunstseidenschwarz CA 400 %; Durofastschwarz GV 150 %; Durofastschwarz GVS 600 %; Durofastschwarz VSF 600 %	C.I. Direct Black 22
Benzorot 8B-V; also: CAS 25188-35-6	C.I. Direct Red 26
Benzoviolett RL ex [FIAT]	C.I. Direct Violet 5
Benzylbenzoat; Rhovyl AS+	Benzylbenzoate
Benzylphenol	4-Benzylphenol
Berbamin	Berbamine
Berberin	Berberine

Tradename/Product	Substance
beta-Hydrojugolon	2,3-Dihydro-5-hydroxy-1,4-naphthalindion
beta-Methylnaphthalin	beta-Methylnaphthaline
beta-Naphthylamin	beta-Naphthylamine
Betanidin	Betanidine
Bevaloid 2655; 88 (teilweise verseift); Chimtex X 81; 4 (Chimgel X 81; 4); Lamephil D; Lamephil OJ; Polyvinylalkohol; Rotta-Rapidschlichte 936; Texogum 12 (teilweise verseift); Tubigum R120; Vinarol DTL (Vinarol DTL 30)	Polyvinyl alcohol
Bezachromflavin R	C.I. Mordant Yellow 8
Bezafluorgelb BA 10-15%; Bozemine N 705 1,5%; Dicrylan PSC 1-5%; Drimarenrubinol X-2LR 2%; Erkantol AS 20-30%; Ethylenglykol; Imperonblau K-RR 19%; Imperondunkelbraun K-BR 30%; Knittex IS 10-15%; Levegal RDL 8-13%; Lyofix CHN 1-2,5%; Monoethylenglykol; Nuva FSN 4%; Oleophobol AG 7,5-10%; Oleophobol PF 1-2,5%; Oleophobol S 5-7,5%; Oleophobol SM 1-2,5%; Oleophobol U 1-2,5%; Pigmatexhellbraun 2K 70447 2,5%; Pigmatexhellgrün 2KBX 70471 2%; Pigmatexhellmarine 70433 5%; Preventol D6 15%; Rongalit H flüssig 5%; Sarabid VAT 2%; Sandacid VS 5-50%; Scotchgard FC-247 8%; Scotchgard FC-251 8%; Scotchgard FC 270 5%; Scotchgard FX 3563 3%; Scotchgard FX 3569 3%; Terasilschwarz LBSN flüssig 50% 10%; Tubassist RTD607W 33%; Tuboblanc BL 13%; Univadin NT 10%; Uvitex EAR 12%; Uvitex MST 10%;	Ethylene glycol
Bezathrendunkelblau DB	C.I. Vat Blue 20
Bezathrengelb 5GF, Indanthrengelb 5GF; Indanthren Yellow 5GF	C.I. Vat Yellow 46
Bezathrenrot FFB, Indanthrenrot FBB Colloisol, Indanthrenrot T-FBB flüssig; Cibanone Red-FBB; Indanthrene Red-FBB; Indanthrene Red-FBBA; also: CAS 4568-45-0	C.I. Vat Red 10
Bioactive fibre, Trevira	Silver
Biomet 300	Tributyltin methacrylate co-methacrylate polymer
Bis-(hydroxymethyl)-harnstoff	Bis-(hydroxymethyl) urea
Bismarck Brown R; also: CAS 8005-77-4; 68915-07-1	C.I. Basic Brown 1
Bis-(methoxymethyl)-harnstoff	Bis-(methoxymethyl) urea
1,4-Bis(methylamino)anthraquinone	Celliton Fast Blue B
Blankophor BA 267%; Blankophor BA	C.I. Fluorescent Brightener 113
Blankophor BBU; Blankophor BBU flüssig 01; Fluolite PS	C.I. Fluorescent Brightener 220
Blankophor BRU 225%; Blankophor BRU flüssig; Blankophor BRU	C.I. Fluorescent Brightener 263
Blankophor BSUN flüssig; Ultraphor CF flüssig; Blankophor BSU; also: CAS 68971-49-3	C.I. Fluorescent Brightener 264
Blankophor CLE flüssig; Blankophor CL	C.I. Fluorescent Brightener 191
Blankophor DRS flüssig 200 % 02; Hostalux N2R	C.I. Fluorescent Brightener 386
Blankophor ER flüssig 330% 01; Palanil Brilliant White R	C.I. Fluorescent Brightener 199
Blankophor ER flüssig 330% 01; Palanil Brilliant White R	C.I. Fluorescent Brightener 199 (regioisomer: p-cyano)
Blankophor PAS flüssig B; Tinopal CBS	C.I. Fluorescent Brightener 351
Blankophor REU 170%; Blankophor REU Pulver 300%; Blankophor REU	C.I. Fluorescent Brightener 119
BLEACHIT 1A	4,6-Dimethyl-7-ethylamino coumarin
BLEACHIT 1A; Tetrasodiumpyrophosphate	Tetrasodium diphosphate
Borax	Borax
Boric acid; PRESTOGEN SP Liquid	Boric acid

Tradename/Product	Substance
Bozemine N 705 1,5%; Perchlorethylen; Tanede SD 200	Tetrachloro ethylene
Brillantindigo 4B-D 150% suprafix Tg.	C.I. Vat Blue 5
Brilliant Congo R; also: CAS 132-34-3 (free acid)	C.I. Direct Red 34
Brilliant Green; also: CAS 68513-85-9	C.I. Basic Green 1
Brilliant Lanafuchsin SL	C.I. Acid Red 22
Brilliant Milling Orange GR	C.I. Acid Orange 55
Brilliant Purpurine 4B	C.I. Direct Red 67
Brilliant Purpurine R; also: CAS 25188-31-2	C.I. Direct Red 15
Brueggolit C Splitt; Sodiumhydroxymethanesulfinate dihydrate	Sodium formaldehydesulfoxylate dihydrate
5BT	pentabromo toluene
Butanoxime	Butanoxime
Butein	C.I. Natural Yellow 28
Butyl acetate (99/100%); Imprafix TRL 35-45%; Stabilisator 1097 80%	Acetic acid n-butyl ester
Butylglykol; Foryl 197 1-3%; Levapon OLN 1-3%	2-Butoxyethanol
Butylphthalat	Dibutyl phthalate
C. I. 11050	Janus Green B
C.I. 11280	C.I. Basic Dye
C.I. 14085	C.I. Mordant Dye
C.I. 14810	C.I. Acid Dye
C.I. 15000	C.I. Acid Dye
C.I. 16010	C.I. Acid Dye
C.I. 19565	C.I. Direct Dye
C.I. 19610	C.I. Acid Dye
C.I. 21060	C.I. Direct Dye
C.I. 22000	C.I. Direct Dye
C.I. 22020	C.I. Direct Dye
C.I. 22035	C.I. Direct Dye
C.I. 22050	C.I. Direct Dye
C.I. 22060	C.I. Direct Dye
C.I. 22070	C.I. Direct Dye
C.I. 22080	C.I. Direct Dye
C.I. 22095	C.I. Direct Dye
C.I. 22100	C.I. Direct Dye
C.I. 22110	C.I. Direct Dye
C.I. 22125	C.I. Direct Dye
C.I. 22140	C.I. Direct Dye
C.I. 22160	C.I. Direct Dye
C.I. 22165	C.I. Direct Dye
C.I. 22175	C.I. Direct Dye
C.I. 22210	C.I. Direct Dye
C.I. 22220	C.I. Direct Dye
C.I. 22230	C.I. Direct Dye
C.I. 22255	C.I. Acid Dye
C.I. 22260	C.I. Direct Dye
C.I. 22270	C.I. Mordant Dye
C.I. 22275	C.I. Mordant Dye
C.I. 22285	C.I. Acid Dye
C.I. 22300	C.I. Direct Dye
C.I. 22320	C.I. Direct Dye
C.I. 22322	C.I. Direct Green 21:1
C.I. 22330	C.I. Direct Dye
C.I. 22335	C.I. Direct Dye
C.I. 22370	C.I. Direct Orange 1
C.I. 22375	C.I. Direct Orange 1
C.I. 22390	C.I. Direct Dye
C.I. 22400	C.I. Acid Dye

Tradename/Product	Substance
C.I. 22415	C.I. Direct Dye
C.I. 22495	C.I. Direct Dye
C.I. 22530	C.I. Direct Dye
C.I. 22545	C.I. Direct Dye
C.I. 22585	C.I. Direct Dye
C.I. 22600	C.I. Direct Dye
C.I. 22605	C.I. Direct Dye
C.I. 23045	C.I. Direct Dye
C.I. 23070	C.I. Acid Dye
C.I. 23350	C.I. Direct Dye
C.I. 23385	C.I. Direct Dye
C.I. 23390	C.I. Direct Dye
C.I. 23400	C.I. Direct Dye
C.I. 23530	C.I. Direct Dye
C.I. 23540	C.I. Direct Dye
C.I. 23550	C.I. Direct Dye
C.I. 23580	C.I. Direct Dye
C.I. 23585	C.I. Direct Dye
C.I. 23590	C.I. Direct Dye
C.I. 23595	C.I. Direct Dye
C.I. 23610	C.I. Direct Dye
C.I. 23620	C.I. Direct Dye
C.I. 23625	C.I. Direct Dye
C.I. 23645	C.I. Direct Dye
C.I. 23650	C.I. Direct Dye
C.I. 23695	C.I. Direct Dye
C.I. 23700	C.I. Direct Dye
C.I. 23715	C.I. Direct Dye
C.I. 23720	C.I. Direct Dye
C.I. 23730	C.I. Direct Dye
C.I. 23740	C.I. Direct Dye
C.I. 23745	C.I. Direct Dye
C.I. 23760	C.I. Direct Dye
C.I. 23770	C.I. Direct Dye
C.I. 23780	C.I. Direct Dye
C.I. 23785	C.I. Direct Dye
C.I. 23795	C.I. Direct Dye
C.I. 23825	C.I. Direct Dye
C.I. 23835	C.I. Direct Dye
C.I. 23840	C.I. Direct Dye
C.I. 24050	C.I. Direct Dye
C.I. 24060	C.I. Direct Dye
C.I. 24070	C.I. Direct Dye
C.I. 24075	C.I. Direct Dye
C.I. 24090	C.I. Direct Dye
C.I. 24120	C.I. Direct Dye
C.I. 24160	C.I. Direct Dye
C.I. 24165	C.I. Direct Dye
C.I. 24180	C.I. Direct Dye
C.I. 24190	C.I. Direct Dye
C.I. 24195	C.I. Direct Dye
C.I. 24200	C.I. Direct Dye
C.I. 24210	C.I. Direct Dye
C.I. 24215	C.I. Direct Dye
C.I. 24225	C.I. Direct Dye
C.I. 24230	C.I. Direct Dye
C.I. 24240	C.I. Direct Dye
C.I. 24250	C.I. Direct Dye
C.I. 24260	C.I. Direct Dye

Tradename/Product	Substance
C.I. 24290	C.I. Direct Dye
C.I. 24300	C.I. Direct Dye
C.I. 24320	C.I. Direct Dye
C.I. 24325	C.I. Direct Dye
C.I. 24330	C.I. Direct Dye
C.I. 24335	C.I. Direct Dye
C.I. 24345	C.I. Direct Dye
C.I. 24350	C.I. Direct Dye
C.I. 24355	C.I. Direct Dye
C.I. 24361	C.I. Direct Dye
C.I. 24365	C.I. Direct Dye
C.I. 24375	C.I. Direct Dye
C.I. 24385	C.I. Direct Dye
C.I. 24390	C.I. Direct Dye
C.I. 24395	C.I. Direct Dye
C.I. 24420	C.I. Direct Dye
C.I. 25110	C.I. Acid Dye
C.I. 25115	C.I. Acid Dye
C.I. 26725	C.I. Direct Dye
C.I. 29205	C.I. Direct Dye
C.I. 29250	C.I. Direct Dye
C.I. 29255	C.I. Direct Dye
C.I. 29260	C.I. Direct Dye
C.I. 30055	C.I. Direct Brown 61
C.I. 30065	C.I. Direct Dye
C.I. 30075	C.I. Direct Dye
C.I. 30080	C.I. Direct Dye
C.I. 30085	C.I. Direct Dye
C.I. 30095	C.I. Direct Dye
C.I. 30105	C.I. Direct Dye
C.I. 30130	C.I. Direct Dye
C.I. 30160	C.I. Direct Dye
C.I. 30165	C.I. Direct Brown 173
C.I. 30170	C.I. Direct Dye
C.I. 30175	C.I. Direct Dye
C.I. 30180	C.I. Direct Dye
C.I. 30190	C.I. Direct Dye
C.I. 30195	C.I. Direct Dye
C.I. 30200	C.I. Direct Dye
C.I. 30210	C.I. Direct Dye
C.I. 30215	C.I. Direct Dye
C.I. 30230	C.I. Direct Dye
C.I. 30240	C.I. Direct Black 11
C.I. 30250	C.I. Direct Dye
C.I. 30265	C.I. Direct Dye
C.I. 30300	C.I. Direct Dye
C.I. 30320	C.I. Direct Dye
C.I. 30335	C.I. Direct Dye
C.I. 30350	C.I. Direct Blue 11
C.I. 30360	C.I. Direct Dye
C.I. 30370	C.I. Direct Dye
C.I. 30375	C.I. Direct Dye
C.I. 30385	C.I. Direct Dye
C.I. 31690	C.I. Direct Dye
C.I. 31695	C.I. Direct Dye
C.I. 31705	C.I. Direct Brown 57
C.I. 31715	C.I. Direct Dye
C.I. 31745	C.I. Direct Dye
C.I. 31765	C.I. Direct Dye

Tradename/Product	Substance
C.I. 31770	C.I. Direct Dye
C.I. 31775	C.I. Direct Green 22
C.I. 31780	C.I. Direct Dye
C.I. 31793	C.I. Direct Dye
C.I. 31795	C.I. Direct Dye
C.I. 31800	C.I. Direct Dye
C.I. 31805	C.I. Direct Dye
C.I. 31815	C.I. Direct Dye
C.I. 31820	C.I. Direct Dye
C.I. 31825	C.I. Direct Dye
C.I. 31830	C.I. Direct Dye
C.I. 31835	C.I. Direct Dye
C.I. 31840	C.I. Direct Dye
C.I. 31845	C.I. Direct Dye
C.I. 31855	C.I. Direct Dye
C.I. 31875	C.I. Direct Dye
C.I. 31880	C.I. Direct Dye
C.I. 31890	C.I. Direct Dye
C.I. 31895	C.I. Direct Dye
C.I. 31900	C.I. Direct Dye
C.I. 31905	C.I. Direct Dye
C.I. 31915	C.I. Direct Dye
C.I. 31920	C.I. Direct Dye
C.I. 31935	C.I. Direct Dye
C.I. 31940	C.I. Direct Dye
C.I. 31945	C.I. Direct Dye
C.I. 31950	C.I. Direct Dye
C.I. 31960	C.I. Direct Dye
C.I. 31965	C.I. Direct Dye
C.I. 31970	C.I. Direct Dye
C.I. 33350	C.I. Direct Dye
C.I. 35065	C.I. Direct Dye
C.I. 35070	C.I. Direct Dye
C.I. 35080	C.I. Direct Dye
C.I. 35100	C.I. Direct Dye
C.I. 35220	C.I. Direct Dye
C.I. 35225	C.I. Direct Dye
C.I. 35230	C.I. Direct Dye
C.I. 35240	C.I. Direct Dye
C.I. 35400	C.I. Direct Dye
C.I. 35540	C.I. Direct Dye
C.I. 35650	C.I. Direct Dye
C.I. 35670	C.I. Direct Dye
C.I. 35680	C.I. Direct Dye
C.I. 35730	C.I. Direct Dye
C.I. 35900	C.I. Direct Dye
C.I. 36040	C.I. Direct Dye
C.I. 36210	C.I. Direct Dye
C.I. 36220	C.I. Direct Dye
C.I. 37077	C.I. Azoic Diazo Component / Azoic Brown 29
C.I. 37115	C.I. Azoic Diazo Component
C.I. 37270	C.I. Azoic Diazo Component
C.I. 42650	C.I. Acid Violet 17
C.I. 62045	C.I. Acid Blue 62
C.I. Acid Black 69; Chrome Leather Fast Black S	C.I. Direct Black 41
C.I. Acid Violet 7; C.I. 18055	2,7-Naphthalenedisulfonic acid, 5-(acetylamino)-3-[[4-(acetylamino)phenyl]azo]-4-hydroxy-, disodium salt

Tradename/Product	Substance
C.I. Food Yellow 13; Quinoline Yellow; Mixture of C.I. 470051 & C.I. 470052; also: CAS 68814-04-0	C.I. Acid Yellow 3
C.I. Natural Red 14: C.I. 75420	Pseudopurpurin
C.I. Natural Red 8: C.I. 75330 + 75420 + 75340 + 75350 + 75370 + 75410, Pseudopurpurin	Munjistin
C.I. Natural Red 16: C.I. 75340 + 75350 + 75370 + 75410, Xanthopurpurin	Purpuroxanthene
C.I. Natural Red 31: C.I. 75200 + 75210, Dracorubin, Dracorhodin	Dracorubin
C.I. Natural Red 31: C.I. 75200 + 75210, Dracorubin, Dracorhodin	Dracorhodin
C.I. Natural Red 19: C.I. 75460 + 75430, Kermesic Acid, Morindon	Morindon
C.I. Natural Red 18: C.I. 75380 + 75390, Morindadiol, Soranjidiol	Soranjidiol
C.I. Natural Yellow 13: C.I. 75670 + 75650 + 75690 + 75430 + 75640 + 75695	Kaempferol
C.I. Natural Yellow 2: C.I. 75580 + 75590, CAS 491-70-3 + 98443-86-8	Luteolin
C.I. Natural Yellow 25; C.I. Natural Orange 2	Rottlerin
C.I. Natural Yellow10; C.I. Natural Yellow 13; Quercetin	C.I. Natural Red 1
C.I. Pigment Red 2r type; HIFAST N Red 2R 05-53733	Medium Shade Naphthol Red
Calco Oil Yellow G	C.I. Solvent Yellow 72
Calgon TLL; Calgon T neu (mittlere Kettenlänge)	Sodiumpolyphosphate
Capsanthin	Capsicum red
Carajurin; Annatto; C.I. Natural Orange 5: C.I. 75120 + 75180	Carajurin
Carboxymethyl cellulose; Chimcell 30SG; Edifas B	Carboxymethyl cellulose, sodium salt
Caroat; Pentapotassium-bis(peroxymonosulfate)-bis(sulfate)	Potassium peroxymonosulfate sulfate (K5[HSO3(O2)][SO3(O2)](HSO4)2)
Cartasol Yellow M-GL	C.I. Basic Yellow 103
Carthamidin	4',5,7,8-Tetrahydroxyflavone
Carthamin	Saflorot
Carthamin; Safflower Yellow	C.I. Natural Red 26
CATALYST 04-82	Tungsten trioxide
CATALYST 0 3-114 100%/RINGS 7X7X3 MM; CATALYST 03-114 K/80 RING 7X7X3MM; CATALYST 04-27 STRAENGE 4MM; CATALYST 04-82; CATALYST D10-10; CATALYST G1-22; CATALYST G1-25; CATALYST H0-12; CATALYST H0-13 L; CATALYST H0-14 STRAENGE 3MM; CATALYST H0-14 STRAENGE 3MM; CATALYST H0-90; CATALYST M8-10	Aluminium oxide
CATALYST 0 3-114 100%; RINGS 7X7X3 MM; CATALYST 03-114 K; 80 RING 7X7X3MM	CopperI(II)-chloride
CATALYST 0 3-114 100%; RINGS 7X7X3 MM; CATALYST 03-114 K; 80 RING 7X7X3MM	Potassium chloride
catalyst 3282 47,5%; Magnesiumchlorid; PRESTOGEN N-SC	Magnesiumchloride
CATALYST 04-28 A	Cesium sulfate
CATALYST 04-28 A; Monoammonium phosphate; MAP	Ammonium Dihydrogen Phosphate
CATALYST 04-10 EXTRUDATES; CATALYST 04-10 RINGS; CATALYST 04-110 EXTRUDATES; CATALYST 04-110 RING; CATALYST 04-110 STAR RING 10X5; CATALYST 04-115 STERNRING 11X4MM; CATALYST 04-26 RINGS	Vanadium Oxide

Tradename/Product	Substance
CATALYST 04-10 EXTRUDATES; CATALYST 04-10 RINGS; CATALYST 04-110 EXTRUDATES; CATALYST 04-110 RING; CATALYST 04-110 STAR RING 10X5; CATALYST 04-115 STERNRING 11X4MM; CATALYST G1-22; CATALYST H0-20	Potassium oxide
CATALYST 04-10 EXTRUDATES; CATALYST 04-10 RINGS; CATALYST 04-110 EXTRUDATES; CATALYST 04-110 RING; CATALYST 04-110 STAR RING 10X5; CATALYST G1-22; CATALYST H 2-91 WET SPENT CATALYST; CATALYST H 5-11; CATALYST H1-40 TABLET 5X5MM; CATALYST H1-90 EXTRUDATE 4MM; CATALYST H2-91 REDUCED NEW 4 MM; CATALYST H2-91; CATALYST H5-10; CATALYST H5-15 5X5X2MM RINGS	Sodium oxide
CATALYST 04-10 EXTRUDATES; CATALYST 04-10 RINGS; CATALYST 04-110 EXTRUDATES; CATALYST 04-110 RING; CATALYST 04-110 STAR RING 10X5; silica (amorphous)	Diatomaceous earth
CATALYST 04-10 EXTRUDATES; CATALYST 04-10 RINGS; CATALYST 04-110 EXTRUDATES; CATALYST 04-110 RING; CATALYST 04-115 STERNRING 11X4MM; CATALYST H1-40 TABLET 5X5MM	Silicic acid
CATALYST 04-10 EXTRUDATES; CATALYST 04-10 RINGS; CATALYST 04-110 EXTRUDATES; CATALYST 04-110 RING; CATALYST 04-115 STERNRING 11X4MM; CATALYST M8-10	Sulfur
CATALYST 04-26 RINGS	Dirubidium monoxide
CATALYST 04-26 RINGS; CATALYST 04-28 A; CATALYST 04-82; titanium white	Titanium dioxide
CATALYST 04-26 RINGS; CATALYST 04-28 A; CATALYST D11-82 RING 5X2X2MM	Steatite ceramic
CATALYST 04-115 STERNRING 11X4MM	Dicesium monoxide
CATALYST 04-115 STERNRING 11X4MM	Silica (crystalline-cristobalite)
CATALYST 04-27 STRAENGE 4MM; CATALYST 04-28 A; CATALYST 04-82	Divanadium pentoxide
CATALYST 04-27 STRAENGE 4MM; CATALYST H 2-91 WET SPENT CATALYST; CATALYST H2-91; CATALYST H2-91 REDUCED NEW 4 MM; CATALYST H1-80 REDUCED; CATALYST H2-91 REDUCED NEW 4 MM; CATALYST M8-10	Molybdenum trioxide
CATALYST 04-82; CATALYST G1-22; CATALYST G1-25; CATALYST H 5-11; CATALYST H5-10; CATALYST H5-15 5X5X2MM RINGS	Calcium oxide
CATALYST 04-82; Fiberglas	Fibrous glass filter media
CATALYST G1-10; CATALYST G1-22; CATALYST G1-25; CATALYST H1-90 EXTRUDATE 4MM; CATALYST H1-40 TABLET 5X5MM; CATALYST H1-80 REDUCED	Nickelous oxide
CATALYST G1-22; CATALYST H 5-11; CATALYST H1-80 REDUCED; CATALYST H5-15 5X5X2MM RINGS	Graphite
CATALYST G1-10; CATALYST H1-40 TABLET 5X5MM; CATALYST H5-10; CATALYST H1-80 REDUCED	Magnesium oxide
CATALYST H0-90	Platinum(IV) oxide
CATALYST H 2-93 REDUCED 3-6 MM GRANULES	Pumice
CATALYST H 2-91 WET SPENT CATALYST; CATALYST H 2-93 REDUCED 3-6 MM GRANULES; CATALYST H1-90 EXTRUDATE 4MM; CATALYST H2-91 REDUCED NEW 4 MM; CATALYST H2-91	Manganese(II,III) oxide

Tradename/Product	Substance
CATALYST H 2-91 WET SPENT CATALYST; CATALYST H 2-93 REDUCED 3-6 MM GRANULES; CATALYST H2-91 REDUCED NEW 4 MM	Cobalt
CATALYST H 2-91 WET SPENT CATALYST; CATALYST H 2-93 REDUCED 3-6 MM GRANULES; CATALYST H2-91 REDUCED NEW 4 MM; CATALYST H2-91; CATALYST M8-10	Cobalt(II) oxide
CATALYST H 2-91 WET SPENT CATALYST; CATALYST H1-90 EXTRUDATE 4MM; CATALYST H2-91 REDUCED NEW 4 MM; CATALYST H2-91	Copper(II) oxide
CATALYST H 2-91 WET SPENT CATALYST; CATALYST H2-91 REDUCED NEW 4 MM	Copper
CATALYST H1-80 REDUCED	Nickel
CATALYST H1-40 TABLET 5X5MM	Chrom(III) oxide
CATALYST H0-11; CATALYST H0-12; CATALYST H0-13 L; CATALYST H0-14 STRAENGE 3MM; CATALYST H0-20; CATALYST H0-90	Palladium(II) oxide
Cellitazolschwarz STN 88	C.I. Disperse Black 1
Celliton Discharge Rubine BBF	C.I. Disperse Red 16
Celliton Fast BLue FFG	C.I. Disperse Blue 6
Celliton Fast Blue FW; also: CAS 4424-82-2	C.I. Disperse Blue 34
Celliton Violet R	C.I. Disperse Violet 13
Cellitonechtblau FFB (BASF); Celliton Fast Blue FFB	C.I. Disperse Blue 5
Cellitonrot GG; Cellitonechtrot GG	C.I. Disperse Red 17
CHEL DM-41 LIQUID; CHEL DTPA-41 LIQUID; LUSYNTON EX; LUSYNTON RED; LUSYNTON SE; TRILON TA Liquid; SEQUESTRENE 30A CHELATE	Nitrilotriacetic acid, sodium salt
Chemantrenbrillantrosa R	C.I. Vat Red 1
Chemantrengoldgelb RK/O	C.I. Vat Orange 1
Chemocarrier LH 54%; Chemocarrier Spez. 54%	1,2,3-Trichlorobenzene
Chicagoblau 6 B; also: CAS 83763-66-0	C.I. Direct Blue 1 tetrasodium salt
Chloramine Blue HW	C.I. Direct Blue 51
Chlorantinlichtrot-5BL; also: CAS 83221-50-5	C.I. Direct Red 81 disodium salt
CHLORAZOL VIOLET N; also: CAS 2586-58-5	C.I. Direct Violet 1 disodium salt
Chlorfenvinfos	Chlorfenvinfos
4-Chlor-2-methylaniline	4-Chloro-2-methylaniline
4-Chloroanilin	4-Chloroaniline
3-chloro-benzenediazonium; see also CAS 108-42-9, CAS 141-85-5	C.I. Azoic Diazo Component 2 diazonium ion
3-chloro-phenylamine; also: CAS 141-85-5 (hydrochloride), CAS 17333-84-5 (diazonium ion)	C.I. Azoic Diazo Component 2
3-chloro-phenylamine; hydrochloride; see also CAS 108-42-9, CAS 17333-84-5	C.I. Azoic Diazo Component 2 hydrochloride
Chlorpyrifos	Chlorpyrifos
Chrome Fast Yellow GG	C.I. Solvent Yellow 20
Chrome Intra Green G	C.I. Acid Green 25
Chrome Leather Black A	C.I. Direct Black 34
Chrome Leather Fast Black V	C.I. Acid Black 70
Chrom(III)-oxid; Chromoxidgrün K 9995; Chromium Oxide Green; CATALYST H1-40 TABLET 5X5MM; also: CAS 68909-79-5	C.I. Pigment Green 17
Chryosphansäure	Rumicin
Chrysarobin; also: CAS 491-59-8 (enol tautomer)	1,8-Dihydroxy-3-methyl-9-anthrone
Chrysin	5,7-Dihydroxyflavone
Cibacetblau GFD; Eastone Blue GFD	C.I. Disperse Blue 102
Cibacetbraun JNH 150 %; Cibacetgrau NH; Cibacetbraun JNH-01 150 %; Cibacetgelb 2GC 150 %; Cibacetgrau NH-01; Cibacetgrün 5G; Serisolechtgelb GD 120 %; Cellitonechtgelb G Plv	C.I. Disperse Yellow 3
Cibacettürkisblau G	C.I. Disperse Blue 7

Tradename/Product	Substance
Cibacron Blue C-R	C.I. Reactive Blue 235
Cibacron Navy C-B	C.I. Reactive Blue 238
Cibacron Orange 4R-A; also: CAS 70210-13-8	C.I. Reactive Orange 35
Cibacron Pront Blue 3R	C.I. Reactive Blue 74
Cibacron Pront Blue 5R	C.I. Reactive Blue 157
Cibacron Pront Yellow 4RN	C.I. Reactive Yellow 134
Cibacron Red C-R	C.I. Reactive Red 238
Cibacron Türkisblau 3 GE; Cibacron Turquoise Blue 3G-E	C.I. Reactive Blue 190
Cibacrongelb F-3R; Cibacron Yellow F-3R	C.I. Reactive Orange 91
Cibacronmarine F-G; Cibacron Navy F-G	C.I. Reactive Blue 184
Cibacronmarine P-2R 01; Cibacron Red 4B	C.I. Reactive Red 245
Cibacronrot F-B; Cibacron Red F-B	C.I. Reactive Red 184
Cibacronrot P-B Granulat; Cibacron Brilliant Red BD; also: CAS 70210-20-7	C.I. Reactive Red 24
Cibacronscharlach F-3G; Cibacron Scarlet F-3G	C.I. Reactive Red 183
Cibacronschwarz P-GR 150%; Procion Golden Yellow H-R; also: CAS 70161-14-7	C.I. Reactive Orange 12
Cleland's reagent	1,4-dimercapto-2,3-butanediol
Cloth Red G; also: 7357-71-3	C.I. Acid Red 177
Columbia Brown R	C.I. Direct Brown 68
Congo Brown R	C.I. Direct Brown 21
Congo Orange R	C.I. Direct Orange 13
Congo 4R	C.I. Direct Red 68
CORIAL Binder IF	Polymer
CORIAL Binder IF	1,2-Benzisothiazolin-3-one
Cotton Black 3G	C.I. Direct Black 131
cream of tartar	Potassium bitartrate
Crocein Scarlet 3BX	C.I. Acid Red 25:1
Crocetin	all-trans Crocetin
Crocin	Gardenine
Curcumin	1,7-bis(4-hydroxy-3-methoxyphenyl)-1,6-heptadiene-3,5-dione
Cyanidinchlorid	3,3',4',5,7-Penthydroxyflavyliumchloride
Cyanoguanidin; Dicyandiamid	Cyanoguanidine
Cyhalothrin	Cyhalothrin
Cypermethrin	Cypermethrin
Cyromazine	Cyromazine
Datiscetin	3,5,7-Trihydroxy-2-(2-hydroxyphenyl)-4H-1-bezopyran-4-on
Datiscetin	C.I. Natural Yellow 12
Decabromodiphenyloxid; Caliban F/RP53; Carbinul (PCUK)	Decabromodiphenylether (deca-BDE)
Defoamer T	Diethylene glycol monostearate
DEKOL N-S	Polyacrylic acid
Delphinidin(chlorid)	3,3',4',5',7-Hexahydroxyflavyliumchloride
Deltamethrin	Deltamethrine
Desmodur N100 1,2%	Hexamethylene Diisocyanate (HDI)
Desmodur TT 0,2%	2,4-Toluene diisocyanate
Desmodur TT 0,2%	Toluene-2,6-Diisocyanate
Dextrin (20904); Noredux 150 (Noredux A-150); Solamyl 9502 (nun 9801); Solamyl 9514; Solamyl 9600; Solamyl 9630; Solamyl 9700; Collamyl 9100; Kartoffelstärke; potatoe starch	Starch
DHTDMCA; DSDMCA; di(hardened tallow) dimethyl ammonium chloride	distearyl dimethyl ammonium chloride
Diacel Navy DC; o-Dianisidine dihydrochloride; Dihydrochloride of C.I. Azoic Diazo Component 48	C.I. Disperse Black 6 dihydrochloride
Dialgin BV; Dialgin HV4; Dialgin NMV; Manutex F; Viscalgin MF	Sodiumalginate

Tradename/Product	Substance
Diamine Brilliant Blue G	C.I. Direct Blue 36
Diamine Brilliant Rubine S	C.I. Direct Red 55
Diamine Brilliant Scarlet S	C.I. Direct Red 56
Diamine Dark Brown G	C.I. Direct Brown 215
Diamine Green CL; C.I. 30285	C.I. Direct Green 10
Diamine Green FG; C.I. 30330	C.I. Direct Green 7
Diamine Heliotrope B	C.I. Direct Violet 27
Diamine Nitrozol Green G	C.I. Direct Green 60
Diamine Steel Blue L	C.I. Direct Blue 39
1,4-Diaminoanthraquinone; Cibacetviolett 2R; Miketon Fast Red Violet R (Mitsui Toatsu Dyes Ltd), Firma Tokyo Kasei Ltd (pur); Celliton Rotviolett RN (BASF)	C.I. Disperse Violet 1
Diammoniumphosphate; DAP	Diammoniumhydrogenphosphate
Dianil Black CR; C.I. 31810	C.I. Direct Black 27
Dianil Blue 2R	C.I. Direct Blue 31
Dianil Blue 4R	C.I. Direct Blue 58
Dianil Blue R	C.I. Direct Blue 49
Dianix Brilliant Red 4G-SE	C.I. Disperse Red 221
Dianix Fast Red B-FS	C.I. Disperse Red 127
Dianixgelb 6GSL-FS 200 SA; Samarongelb 6GSL 200 %; Polysynthren Brilliant Yellow 6GSL; also: CAS 61968-66-9	C.I. Disperse Yellow 114
Dianixmarineblau HB-SE 200 S; Samaron Navy Blue HB	C.I. Disperse Blue 333
Dianixrot 2 BSL-FS 150 SA; Samaronrot 2BSL 150 %; Polysynthren Red 2BSL	C.I. Disperse Red 184
Dianixviolett HFRL-SE 150; Resolinrotviolett FBL 200 %	C.I. Disperse Violet 26
Diazamine Leather Green B; C.I. 30225	C.I. Direct Green 58
Diazinon	Diazinon
Diazo Blue 2B	C.I. Direct Blue 183
Diazo Blue Black RS	C.I. Direct Black 83
Diazo Brown G	C.I. Direct Brown 127
Diazo Fast Black B	C.I. Direct Black 86
Diazo Geranine B	C.I. Direct Red 119
Diazo Navy Blue BP	C.I. Direct Blue 131
Diazo Olive G	C.I. Direct Green 39
Diazo Sky Blue B	C.I. Direct Blue 136
Diazol Brown FBR; C.I. 30060	C.I. Direct Brown 20
Diazol Cutch BAR; C.I. 35530	C.I. Direct Brown 70
Diazol Cutch BR; C.I. 35535	C.I. Direct Brown 73
Diazol Light Scarlet 5B	C.I. Direct Red 64
Diazol Light Scarlet 3J	C.I. Direct Red 65
Diazol Violet R	C.I. Direct Violet 43
Diazol Violet R	C.I. Direct Violet 43 disodium salt
Diazollichtgrün BL ultrakonz.; Imcosolgrün BL; Siriuslichtgrün 4B 200 %; also: CAS 25180-48-7	C.I. Direct Green 26
Diazollichttürkis JLS; Solophenyl Turquoise Blue	C.I. Direct Blue 86
Diazurine B	C.I. Direct Black 87
Dichlofenthion	Dichlofenthion
1,2-Dichlorbenzene	1,2-Dichlorbenzene
3,3'-Dichlorbenzidin	3,3'-Dichlorobenzidine
Dichlordiphenyldichlorethan (DDD)	Dichlorodiphenyldichloroethane (DDD)
Dichlordiphenyltrichlorethan (DDT)	Dichlordiphenyltrichlorethane (DDT)
1,3-Dichlorisocyanat-Sodiumsalz; Basolan DC	1,3-Dichloro-1,3,5-triazinetrione, sodium salt
Dichlorotoluene	Dichlorotoluene
Dicorel Yellow EPL	C.I. Direct Yellow 126
Dicrylan catalyst SLC; Dibutyltindilaurate	Di-n-butyltin Dilaurate
Dicrylan SLTS 50-75%; Imprafix BE 35-45%; Impranil CLS02 (Lösung) 20-25%	Toluene

Tradename/Product	Substance
Dicrylan Verdicker R	Acrylic acid
Dicrylan Verdicker X; Tylose H300P	Hydroxyethylcellulose
Dicyclanil	Dicyclanile
Dieldrin	Dieldrine
Diethylenglykol; Tanawet PAD; Tubiperl P 1%; AQUAPRINT Fluorescent Pink BLF 05-53229; AQUAPRINT OPAQUE BASE 05-51149; ARIDYE Pad Brown 4K 09-9552; ARIDYE Pad Brown R 09-9550; ARIDYE PAD WHITE 09-91102; ARIDYE SXN Black 2K 05-5211; FIXAPRET ECO; FIXAPRET ECO; LEOPHEN RA; HIFAST BLACK 2KR 05-52852; HIFAST BLACK LVP 05-52172; HIFAST N ROYAL BLUE 05-57929; HIFAST N Royal Blue R 05-57826; PAD N GREY 2K 09-9280; PAD N GREY 2K 09-9286; PAD N Yellow 4GL 09-98832; PAD N Yellow 4GL 09-98839; POLYFAST BLACK KB 05-52131; POLYFAST BLUE LGB 05-57188; POLYFAST Blue RB 05-57216; POLYFAST BROWN HWP 05-55165; POLYFAST GREEN PB 05-54157; POLYFAST Navy JS 05-57171; POLYFAST PINK 3B 05-53779; POLYFAST RED A2B 05-53263; POLYFAST RED RRL 05-53279; POLYFAST SCARLET 05-53261; POLYFAST Violet VB 05-56122; POLYFAST YELLOW LG 05-58231; POLYFAST YELLOW LR 05-58226; RESPAD GREY R3W 01-8600	Diethylene glycol
Diethylentriaminpenta(methylenphosphonsäure)	Diethylenetriaminepenta(methylenphosphonic acid) (DTPMP)
Diflubenzuron	Diflubenzuron
Diisodecylphthalat; Estabex ABF2DIDP (Intercide ABF 2 DIDP)	Diisodecyl phthalate
Dilatin NAN 10-15%	Naphthalene
Dilatin NAN 20-25%	Biphenyl
Dilatin NAN 5%	Diphenyloxide
3,3'-Dimethoxybenzidin; o-Dianisidine	3,3'-Dimethoxybenzidine
dimethyl phosphonate	Dimethyl hydrogen phosphite
3,3'-Dimethylbenzidin; o-Tolidine	3,3'-Dimethylbenzidine
3,3'-Dimethyl-4,4'-diaminodiphenylmethan	3,3'-Dimethyl-4,4'-diaminodiphenylmethane
1,3-Dimethylol-4,5-dihydroxyethylenharnstoff; Fixapret CNR; Fixapret CP konz.; FIXAPRET ECO; Knittex FA konz.; Knittex GM konz.; Quecodur TVA	1,3-Dimethylol-4,5-dihydroxyethylene urea (DMDHEU)
Dimethylphthalat	Dimethylphthalate
Dioctylphthalat	Di-2-ethylhexylphthalate
Diphenyl Blue Black	C.I. Direct Black 15
Diphenyl Brown BN	C.I. Direct Brown 58
Direct Blue Black BM	C.I. Direct Black 20
Direct Blue 3R	C.I. Direct Blue 19
Direct Brown 3GA	C.I. Direct Brown 222
Direct Brown 3GN; C.I. 30050	C.I. Direct Brown 79
Direct Brown MA	C.I. Direct Brown 223
Direct Brown R	C.I. Direct Brown 86
Direct Dark Brown B	C.I. Direct Brown 75
Direct Dark Brown G	C.I. Direct Brown 26
Direct Dark Green BA	C.I. Direct Green 85
Direct Deep Black XA	C.I. Direct Black 154
Direct Grey B	C.I. Direct Black 100
Direct Violet BB	C.I. Direct Violet 13
Direct Violet 2R	C.I. Direct Violet 45
Direktlichtgelb R; Saturngelb LFF 200 %	C.I. Direct Yellow 28
Direktlichtrot 4BL 167 %	C.I. Direct Red 79
Direktorange WS 200 %	C.I. Direct Orange 102

Tradename/Product	Substance
Direktscharlach 4B 130 %; also: CAS 25188-34-5	C.I. Direct Red 23
Direkttiefschwarz EGG	C.I. Direct Black 38
Diresulschwarz RDT 3-5%; Sodiumsulfide	Disodium sulfide
disodium phosphite	Phosphonic acid, disodium salt
Disodiumphosphate	Disodiumphosphate
dispersing agent A; Luprintan DCA; Nofelt WA (hochmolekular); Olinor PA; Polyglykol 300 (mittlere molare Masse 300); Siligen MA; Textilwachs W; BASACRYL Salt NB-414; Imperiazon ST; Imperiazon ST spez.; Novazikon BBL; Pentavit AS; Pentavit B; Pentazicon TS (Pentazikon); Pentazon FLS; Protolan 370; Ratifix F; Sandoclean MW; HIFAST CHARCOAL CW 0552172; HIFAST N BLACK 4BLV 05-52849; UNIPEROL O	Polyethylene glycol
Dispersol Fast Yellow T3R	C.I. Disperse Orange 60
Dispersol Green C-6B; also: CAS 71872-50-9	C.I. Disperse Green 9
Dispersol Yellow B-6G	C.I. Disperse Yellow 218
Dispersolbraun C-3G 200 Körner; Dispersol Brown 3G PC	C.I. Disperse Brown 19
Dispersolgelb C-5G 200 G; Rottasperse Yellow 5 G	C.I. Disperse Yellow 119
Dispersolnavy C-4R 200 %; also: CAS 6227-15-2	C.I. Disperse Blue 29
Dispersolnavy C-4R 200 %; Kayalon Polyester Navy Blue 5R	C.I. Disperse Violet 93:1
Dispersolrot C-4G150 GR; Dispersol Red 4G PC	C.I. Disperse Red 278
Dispersolrubin C-B 150 %; Dispersol Fast Rubine BT; also: CAS 12236-25-8	C.I. Disperse Violet 33
Dispersoltürkis CR Granulat; Dispersol Turquoise C-R	C.I. Disperse Blue 185
Doracetorange 3GL 200 %; Polydye Orange 3R-SF	C.I. Disperse Orange 86
Doracidwalkrot BM	C.I. Acid Red 128
Doramingrau FBH	C.I. Acid Black 80
Dorolanbordeaux SBRL, Lanafastbordo M-B	C.I. Acid Violet 90
Drimarenätzorange X-3LG; Drimarene Discharge Orange X-3LG	C.I. Reactive Orange 11
Drimarenblau K-2RL CDG; Drimarene Blue K-2RL	C.I. Reactive Blue 209
Drimarenblau X-3LR; Reactone Blue S-RL	C.I. Reactive Blue 52
Drimarenbrillantgelb X-6G; Cibacron Brilliant Yellow 2G-E	C.I. Reactive Yellow 161
Drimarenbrillantgrün K-5BJ flüssig 40 %, Levafixbrillantgrün E-5BA; Levafix Brilliant Green E-JBA	C.I. Reactive Green 21
Drimarenbrillantgrün X-6BL; Drimarene Brilliant Green X-6BL	C.I. Reactive Green 25
Drimarenbrillantgrün X-3G; Drimarene Green X-3G; Drimarene Brilliant Green X-3G	C.I. Reactive Green 12
Drimarenbrillantrot K-4BL; Drimarene Brilliant Red K-4BL	C.I. Reactive Red 147
Drimarene Turquoise X2	C.I. Reactive Blue 18
Drimarengelb P-GL CDG; Drimarene Yellow P-GL	C.I. Reactive Yellow 142
Drimarengoldgelb K-2R CDG, Levafixgoldgelb E-RA flüssig 40 %, Levafixgoldgelb E-RA Macrolat; Levafix Golden Yellow E-GRA	C.I. Reactive Yellow 125
Drimarengrün X-2BL; Drimarine Green X-2BL	C.I. Reactive Green 15
Drimarenmarineblau K2B 100 %; Drimarene Navy K-2B	C.I. Reactive Blue 193
Drimarenorange K-GL, Levafix E-5GA Granulat; Drimarene Orange K-GL	C.I. Reactive Orange 69
Drimarenorange PG CDG; Drimarene Orange P-G	C.I. Reactive Orange 93
Drimarenrubinol K-5BL 100 %; Drimarene Rubinole K-5BL	C.I. Reactive Red 171

Tradename/Product	Substance
Drimarenscharlach K-2G, Levafixscharlach E-2GA Macrolat; Drimarene Scarlet K-2G	C.I. Reactive Red 123
Drimarentürkis P-CO; Drimarene Turquoise P-CO	C.I. Reactive Blue 207
Drimarentürkis X-B; Cibacron Turquoise Blue 2G-E	C.I. Reactive Blue 41
Drimarenviolett K-2RL, Levafixrotviolett E-4BLA;Levafix Red Violet E-4BLA; also: CAS 69121-25-1	C.I. Reactive Violet 33
Drimarenviolett X-2RL;Drimarene Violet X-2RL	C.I. Reactive Violet 6
Dryol FE 2%; Imprafix SV 1-3%	Xylenes
DTDMCA; dimethyl ammonium chloride	Dimethylamine hydrochloride
DTPA	Diethylenetriaminepentaacetic acid
Duasyn-Säurehodamin B	C.I. Acid Red 52
Durofastblau B2R; Imcosolblau BRR; Siriuslichtblau BRR 182% (BAYER); also: CAS 87440-96-8	C.I. Direct Blue 71 tetrasodium salt
Durofastblau FGL 200 %	C.I. Direct Blue 200
Durofastblau FRL 200 %	C.I. Direct Blue 201
Durofastgelb 4 RL; Superlitefastgelb EFC 200	C.I. Direct Yellow 106
Durofastgrau 3 LR	C.I. Direct Black 117
Durofastreinblau 2GL	C.I. Direct Blue 106
Durofastrubin 2BL	C.I. Direct Red 83:1
Duron SI; Feran SSG; Feran SSK konz.; Fixan 796; Produkt KB 35; Syntharesin 40119; Syntharesin A	Silicic acid
Durospersblau Z-SF, Palanildunkelblau 3RT-CF 92; Celliton Blue GF3R; also: CAS 61968-29-4	C.I. Disperse Blue 148
Durospersrot 2BSF; Eastman Polyester Red B	C.I. Disperse Red 88
Dybin Scarlet G	C.I. Disperse Red 220
Eastone Brilliant Fast Red 2B-GLF	C.I. Disperse Red 137
Echtrot E; also: CAS 15792-28-6	C.I. Acid Red 13
Echtrot E; also: CAS 15792-28-6	C.I. Acid Red 13 disodium salt
Echtrot 3GL Base spezial	C.I. Azoic Diazo Component 9
Echtrot R Base flüssig 45 %; also: CAS 16047-24-8 (diazonium ion)	C.I. Azoic Diazo Component 34
Echtrotsalz FRN; C.I. 37075	C.I. Azoic Diazo Component 33
Ecotex Arancio GR; Ecotex P Bruno 2CM; Ecotex P Bruno R; Pigmatexorange OL 60461; HIFAST N ORANGE OLY 05-58736; Isol Benzidine Orange GX	C.I. Pigment Orange 34
Ecotex Arancio GR; Permanent Orange G	C.I. Pigment Orange 13
Ecotex P Blue Marino BM; Ecotex P Blue Navy BG; Pigmatexhellmarine 70433; Texilac Blue scuro 05; PAD N BLUE 2G 09-9780; POLYFAST BLUE LGB 05-57188; RESPAD BLUE GH3W 01-8402	C.I. Pigment Blue 15:1
Ecotex P Blue Navy BG; Ecotex P Bruno 2CM; Ecotex P Bruno R; Ecotex P Nero 2K; Pigmatexschwarz NG 60401; HIFAST BLACK 2KR 05-52851; HIFAST N BLACK 4BLV 05-52849; HIFAST BROWN 2KD 05-55156; HIFAST BLACK LVP 05-52172; HIFAST Black 3FC 05-52173; HIFAST N BLACK C 05-52827; PAD N GREY 2K 09-9286; POLYFAST BLACK KB 05-52131; POLYFAST BROWN HWP 05-55165; ARIDYE SXN Black 2K 05-5211; PAD N Grey 09-9299; PAD N GREY 2K 09-9280; RESPAD GREY R3W 01-8600; Carbon Black; Lamp black	C.I. Pigment Black 7
Ecotex P Bruno 2CM; Ecotex P Giallo GC; Ecotex P Giallo GL; Ecotex P Verde GV/2; Pigmatexbrillantgelb RN 60452; AQUAFINE YELLOW LF 05-38154; Vulcan Fast Yellow GR [FIAT]	C.I. Pigment Yellow 13
Ecotex P Giallo 2G; Hansa Brilliant Yellow 10GX	C.I. Pigment Yellow 98

Tradename/Product	Substance
Ecotex P Giallo GL; Ecotex P Verde GV/2; AQUAFINE Mint Green 05-34501; AQUAFINE Yellow 2G 05-38141; AQUAFINE YELLOW B2G 05-38503; AQUAFINE Yellow MV 05-38115; HIFAST N GREEN G 05-54839; PAD N YELLOW 2G 09-98808; Vulcan Fast Yellow G [FIAT]; also: CAS 5468-75-7	C.I. Pigment Yellow 14
Ecotex P Rosso BL; HIFAST N CONC FUCHSIA 05-53769; HIFAST N CONC FUCHSIA 05-53935; HIFAST N Fuchsia 05-53842; POLYFAST PINK 3B 05-53779; Quindo Magenta RV 6803	C.I. Pigment Red 122 (2,9-regioisomer)
Ecotex P Rosso BL; HIFAST N CONC FUCHSIA 05-53769; HIFAST N CONC FUCHSIA 05-53935; HIFAST N Fuchsia 05-53842; POLYFAST PINK 3B 05-53779; Quindo Magenta RV 6803	C.I. Pigment Red 122 (3,10-regioisomer)
Ecotex P Rosso R, Ecotex P Rosso RF	C.I. Pigment Red 2
Ecotex P Rosso RV; PAD N RED GR 09-93832; Segnale Light Red FGR	C.I. Pigment Red 112
Ecotex P Royal OL; HIFAST N ROYAL BLUE 05-57929; HIFAST N Royal Blue R 05-57826; Lapis Lazuli; Ultramarine; also: CAS 57455-37-5	C.I. Pigment Blue 29
EDTA; Trilon TB Pulver; Triolon TB flüssig	Ethylendiamintetraacetic acid (EDTA)
Eganal GES; Imprafix SV 40-45%	Isobutano
Elisiane Turquoise JL	C.I. Reactive Blue 107
Elite Fast Red R	C.I. Acid Red 323
Ellagsäure	Ellagic acid
Emodin	1,3,8-Trihydroxy-6-methylanthraquinone
Emulgator PHN01: colouring auxiliaries; Impranil CLS02 (Lösung): finishing agent; Lavotan DS, Rucogen DW: common purpose textile auxiliary; Vialonechtorange RL 85 flüssig, Vialonechtschwarz 3RL 85 flüssig: acid dye	1-Methoxy-2-propanol
Endrin	Endrin
Enianil Fast Red 3B	C.I. Direct Red 29
Enianil Violet ND	C.I. Direct Violet 37
Entschäumer DCH	Dimethyl-polysiloxane
(-)-Epicatechin	L-Acacatechine
Erichromblau BFF 250 %; Chromeazurol B; also: 15012-28-9 (free acid)	C.I. Mordant Blue 1
Eriochrom Blau-schwarz RSS	C.I. Mordant Black 17
Eriochrom Blau-schwarz RSS	C.I. Mordant Black 17 monosodium salt
Eriochrom Rot B; also: CAS 3618-63-1, CAS 53295-04-8	C.I. Mordant Red 7 free acid
Erionylschwarz M-BN; Vialonechtschwarz 3RL 85 flüssig	C.I. Acid Black 63
Erkantol PAD 5-10%; Finish PU 6%	1-Propanol
Estaflex ATC	Acetyltributylcitrate
Etapuron PAC 2,5-10%; Ethanol 92,4%; PALEGAL LP; Perlit SE 10-15%; Rucogen DAK 1-5%; Rucogen DGA 4%; Spiritus 92,4%	Ethanol
Ethylacetate; Haftvermittler TN 30%; Imprafix BE 18-23%; Imprafix TH 20-30%; Impranil AV 55-65%; Impranil C-LG 65-75%; Scotchgard FC 270 0,1-1%; Scotchgard FX 3563 0,1-1%; Scotchgard FX 3569 0,1-1%; Kiwotex TDK80; Kiwotex TKD50	Acetic acid ethyl ester
Ethylendiamintetra(methylenphosphonsäure)	Ethylendiaminetetra(methylenephosphonic acid) (EDTMP)
Ethylene glycol monoethyl ether	2-Ethoxyethanol
Ethylene glycol monomethyl ether acetate	2-Methoxyethyl acetate (methyl cellosolve acetate)
Ethyleneglycol monomethyl ether	2-Methoxyethanol
EULYSIN N-WP	4-Butyrolactone

Tradename/Product	Substance
Eurozim OXI-500 (INPAX 0.29 mg/mL protein)	Catalase
Evans Blue; Geigy Blue; also CAS: 2150-53-0	C.I. Direct Blue 53
Everding Supra Rubine BL	C.I. Direct Red 83
Fast Blue B salt; C.I. Azoic Diazo Component 48 diazonium ion	C.I. Azoic Diazo 48
Fast Dark Blue Base R	C.I. Azoic Diazo Component 113
Fast Garnet GBC base	C.I. Solvent Yellow 3
Fast Yellow 3G	C.I. Disperse Yellow 4
Fastogen Blue SBL	C.I. Acid Blue 249
Felosan APF 13%; Kollasol GTE 25%; Invadin MC (neu) 12%; Lavotan DSU 13%	2-Methyl-2,4-pentanediol
Felosan TAC (Felosan TAK-NO) 15%	Butyltriglycol
Fenvalerate	Fenvalerate
Feran FEB	Butylacrylate
Finish PU 5%	2-Butoxyethyl acetate
Finish PU 9%	2-Ethoxyethyl acetate
Fisetin	3,3',4',7-Tetrahydroflavone
Fisetin	C.I. Natural Brown 1
Fixapret NF; Rottapret 522	1,3-Dimethyl-4,5-dihydroxyethylene urea
Fixierer E	Poly(dimethyl diallyl ammonium chloride)
Flumethrin	Flumethrin
Fluorescent Yellow L	C.I. Pigment Yellow 101
Formanil Blue 4R	C.I. Direct Blue 177
Formanil Brown R; C.I. 31750	C.I. Direct Brown 190
Formanil Green GB	C.I. Direct Green 21
Formanil Violet BRL	C.I. Direct Violet 85
Foronbrillantblau S-R 200 %; Foron Brilliant Blue S-R; also: CAS 104137-27-1	C.I. Disperse Blue 354
Frangulin A	Emodin-L-rhamnosid
Fumarprotocetrarsäure; also: CAS 81050-85-3	Fumarprotocetrar acid
Fyrol	tris(1,3-dichloroisopropyl)phosphate (TDCP)
Galactomannan, Carboxymethylderivat	Galactomannan, Carboxymethylderivative
Galangin	3,5,7-Trihydroxyflavone
Gallussäure; Gallic acid	3,4,5-Trihydroxybenzoic acid
Gluconsäure	Gluconic acid
Glukose	D-Glucose
Glycerin 99,5%; BAFIXAN Black RB Liquid; BAFIXAN BLUE HL NB 701; ULTRAPHOR SFG Liquid; ULTRAPHOR SFN Liquid; ULTRAPHOR PAB	1,2,3-Propanetriol
Glyezin A	Thiodiglycol
Gummi arabicum	Gummi arabicum
Haematoxylin	Hydroxybrasiline
Hamamelitannin	Hamamelitannine
HBCD	hexabromo cyclododecane
Helaktyn Red F-4BAN	C.I. Reactive Red 88
Heliodecor-Defoamer	2,4,7,9-Tetramethyl-5-decin-4,7-diol
Heliogengrün K 9360	C.I. Pigment Green 36
Heliotrope 2B	C.I. Direct Violet 36
Helizarinweiß RTN; Texilac PO Weiss; ARIDYE PAD WHITE 09-91102; AQUAPRINT WHITE OP 05-51151; AQUAPRINT WHITE OPN O5-51173; CATALYST 04-26 RINGS; CATALYST 04-28 A; CATALYST 04-82; Titanium Dioxide	C.I. Pigment White 6
Heptachlor	Heptachlor
Heptachlorepoxid	Heptachlorepoxide
Heptol EMG; Schwefelsäure; Schwefelsäure (>15%)	Sulfuric acid
Hesperidin	Hesperitin-7-rutinosid
Hexachlorbenzene	Hexachlorbenzene
HIFAST A CONC VIOLET 4B 05-56828	Methylated melamine formaldehyde
HIFAST CHARCOAL CW 0552171	Acrylic copolymer

Tradename/Product	Substance
HIFAST CHARCOAL CW 0552173	Acrylic copolymer
HIFAST N BROWN YB 05-55835; Fastogen Super Red 2R; also: CAS 82643-43-4	C.I. Pigment Red 214
HIFAST N CO PINK Y 05-53982; PAD N PINK Y 09-9383; RESPAD SCARLET DL3W 01-8002; Indofast Brilliant Scarlet Toner R-6300	C.I. Pigment Red 123
HIFAST N CO SCAR 4RF 05-53984; HIFAST N CONC GREEN B 05-54863; HIFAST N CONC GREEN B 05-54865; HIFAST N CONC GREEN B 05-54904; HIFAST N CONC RED BN 05-53976; HIFAST N CONC YELLOW 4GLD 05-58987; HIFAST N GOLDEN YELLOW RF 05-58952; RESPAD BLUE G3W 01-8400; RESPAD BLUE GH3W 01-8402; RESPAD BLUE GL3W 01-8404; RESPAD BROWN BC3W 01-8819; RESPAD GREY R3W 01-8600; RESPAD Red C3W 01-8001; RESPAD RED CM3W 01-8003; RESPAD SCARLET DL3W 01-8002; RESPAD VIOLET V3W 01-8501	(Polyethyl)benzenes
HIFAST N CONC Blue 3G 05-57866; HIFAST N Conc Blue 3GLS 05-57995; HIFAST N CONC BLUE 3GS 05-57704; HIFAST N Conc Yellow 3G 05-58982; PAD N Blue 3G 09-9781; RESPAD BROWN BC3W 01-8819	Aromatic petroleum derivative solvent
HIFAST N CONC PINK 3B 05-53742; HIFAST N Conc Pink 3B 05-53939; PAD N PINK 3B 09-93809; PAD N PINK 3B 09-9381; RESPAD RED CM3W 01-8003	C.I. Pigment Violet 19
HIFAST N Conc Pink 3B 05-53939; PAD N Pink 3B 09-93847	Barium sulfate
HIFAST N CONC RED B 05-53767; PAD N RED B 09-9380; ARIDYE SX Red B 05-5307; PAD N RED C2W 09-93844; RESPAD Red C3W 01-8001; Permanent Carmine FB	C.I. Pigment Red 5
HIFAST N CONC RED BN 05-53976; PAD N SCARLET LB 09-93839; Cromophtal Red BR	C.I. Pigment Red 144
HIFAST N Fuchsia 05-53842	Naphthol Red Pigment
HIFAST N RED DC2B 05-53902	Red Pigment
HIFAST N RUBINE 05-53946	Pigment Rubine shade
HIFAST N RUBINE 05-53946; PAD N GREY 2K 09-9280; PAD N PINK 3B 09-9381; PAD N RED B 09-9380; PAD N VIOLET 4B 09-9680; POLYFAST Blue RB 05-57216; RESPAD BLUE G3W 01-8400; RESPAD BLUE GL3W 01-8404; RESPAD BROWN BC3W 01-8819; RESPAD GREEN GB3W 01-8300; RESPAD Red C3W 01-8001; RESPAD RED CM3W 01-8003; RESPAD SCARLET DL3W 01-8002; Nekanil 910; Sandolanwalkviolett; AQUAFINE Blue BB 05-37505	Nonylphenole ethoxylate
Horsil NV; U; Tylose CR700 (Tylose CR 700 N); Tylose C30NV (Tylose C30)	Sodiumcarboxymethylcellulose
Hostalan Dark Blue G	C.I. Reactive Blue 218
Hostalan Red FG	C.I. Reactive Red 199
Hydrazinhydrat	Hydrazinhydrate
Hydrophobol ZAN 7,5-10%	Zirkonium acetate
Hypericin	Hypericum red
Hyperosid	Quercetin-3ß-D-galactosid
Igenal Brown PRBF	C.I. Acid Brown 89
Imcosolbraun 3R; also: CAS 69013-32-7	C.I. Direct Red 11
Imcosolorange ER; C.I. 40260 + 40265	C.I. Direct Orange 37
Imperongelb K-GGN	C.I. Pigment Yellow 12

Tradename/Product	Substance
Imperonorange K-GR; Hostaperm Orange GR; also: C.I. Vat Orange 7: Indanthrenbrillantorange GR, Indanthrenbrillantorange GR Suprafix Teig	C.I. Pigment Orange 43
Imprafix BE 35-45%; Methylethylketon	Butanone
Imprafix SK 17-22%	p-Toluenesulfonic acid
ImprafixTH 0,1-0,5%; Imprafix TRL 0,1-0,5%	Toluene diisocyanate
Indanthrenblau T-CLF Colloisol; Indanthren Blue CLF	C.I. Vat Blue 66
Indanthrenbordo RR	C.I. Vat Red 15
Indanthrenbraun LBG Colloisol; Indanthren Brown LBG	C.I. Vat Brown 84
Indanthrenbrillantblau RCL	C.I. Vat Blue 6:1
Indanthrenbrillantviolett 3B	C.I. Vat Violet 9
Indanthrendruckbraun HRR Suprafix Teig 2PH; Indanthren Printing Brown HRR	C.I. Vat Brown 57
Indanthrengelb F3GC; Caledon Yellow 4GL	C.I. Vat Yellow 33
Indanthrengelb F2GC; Indanthren Yellow F2GC	C.I. Vat Yellow 37
Indanthrenmarineblau TRR-90	C.I. Vat Blue 22
Indanthrenoliv T-T Colloisol flüssig	C.I. Vat Black 25
Indanthrenrotviolett RRN	C.I. Vat Red 13
Indanthrenscharlach GG	C.I. Vat Red 14
Indigo	Indigo blue
Indigo; C.I. Pigment Blue 66; Leuco-Indigo	C.I. Vat Blue 1
Indigo; C.I. Pigment Blue 66; Leuco-Indigo	C.I. Vat Blue 1 disodium salt (enolate)
Indigokarmin	C.I. Acid Blue 74
Indosolgelb SF-2RL, Indosolmarineblau SF-GLE, Indosolschwarz SF-RL; Indosol Yellow SF-2RL	C.I. Direct Yellow 162
Indoxyl	Indoxyle
Invadin MC (neu) 1%; Irgapadol FFU 1%	2-Ethyl-1-hexanol
Iosol Red	C.I. Solvent Red 68
Irgalan Blau 3GL	C.I. Acid Blue 171
Irgalangrau GL 200 %; Lanasynschwarz BRL 200 %	C.I. Acid Black 132
Irgasol VAT; Intratex P	Ligninsulfonate-sodium salt
Isatin	Isatin
Isohamnetin	3,4',5,7-Tetrahydroxy-3'-methoxyflavone
Isolan Bordo K-RLS; Isolan Bordeaux S-BL	C.I. Acid Red 425
Isolan Brown S-GL	C.I. Acid Brown 415
Isolan Marineblau S-RL (Bayer); Isolan Navy Blue S-RL	C.I. Acid Blue 335
Isolan Scharlach K-GLS	C.I. Acid Red 279
Isolanbordo K-RLS, Lanafastbordo RLS	C.I. Acid Red 277
Isolangelb S-GL; Levalan Yellow N-GLS	C.I. Acid Yellow 232
Isolangrau S-GL; Isolan Grey S-GL	C.I. Acid Black 220
Isolanorange K-RLS 150 %	C.I. Acid Orange 107
Isolanrot S-RL; Isolan Red S-RL	C.I. Acid Red 414
Isophorone Diisocyanate	Methylene-(3,5,5-trimethyl-3,1-cyclohexylene)-ester
Jack-Fruit plant	C.I. Natural Yellow 11
Juglon	5-Hydroxy-1,4-naphthochinone
Kalialaun	Aluminum potassium sulfate
Kämpferol	3,4',5,7-Tetrahydroxyflavone
Kappaquest S12; Knittex catalyst UMP 1-2,5%; Hydrochloric acid (>25%); Sirrix 2UD (Sirrix 2UD flüssig) 3%	Hydrochloric acid
Kappazon K55	Sodium silicate
Kathon 893	2-n-Octyl-4-isothiazolin-3-one
Kaurit S; Urea formaldehyde	Dimethylol urea
Kayacelon Reactive Blue CN-BL; also CAS 89797-01-3	C.I. Reactive Blue 216
Kayacion Blue E-NB	C.I. Reactive Blue 212
Kayalon polyester Blue CR-E	C.I. Disperse Blue 366
Kayarect Blue B	C.I. Reactive Blue 228

Tradename/Product	Substance
Kaylon Polyester Light Scarlet GF	C.I. Disperse Red 153
Kermessäure	Kermesic acid
Kermessäure; Kermeric acid; also: CAS 476-35-7	C.I. Natural Red 3
KIERALON JET-B CONC	alpha-Tridecyl omega-hydroxy poly(oxy-1,2-ethandiyl)
KIERALON JET-B CONC	Polypropylene glycol
KIERALON MFB; KIERALON N-DB	Neopentyl glycol
Kiwotex L3097	Phosphoric acid methylphenyl diphenyl ester
Knittex catalyst UMP 5-7,5%	Maleic acid
Knittex catalyst UMP 2,5-5%; Phosphorsäure 75%; CATALYST 04-26 RINGS; CATALYST H 2-91 WET SPENT CATALYST; CATALYST H1-90 EXTRUDATE 4MM; CATALYST H2-91 REDUCED NEW 4 MM; CATALYST H2-91	Phosphoric acid
Knittex catalyst ZO; Zinknitrat	Zinc nitrate
Kodaflex TXIB (Eastman TXIB)	2,2,4-Trimethyl-1,3-pentanediol diisobutyrate
Kollasol ED	Dioctylphthalate
Lake Red C; Brilliant Red; also: CAS 15958-19-7	C.I. Pigment Red 53
Lanacrongelb S-2G; Lanacron Yellow S-2G	C.I. Acid Yellow 220
Lanacronrot S-G; Avilon Fast Red G-W	C.I. Acid Red 315
Lanafastgelb 3N; Isolan Yellow GL	C.I. Acid Yellow 155
Lanafastgrün GL	C.I. Acid Green 43
Lanafastorange M-RL; Acidol Orange M-RL; also: CAS 55809-98-8	C.I. Acid Orange 142
Lanafastschwarz M-RL; Acidolschwarz M-SRL; Acidol Black M-SRL	C.I. Acid Black 194
Lanasetgelb 4GN; Lanasetorange R; Lanasolgelb 4G; Lanasolmarine MBN; Lanasolorange RG; Lanasolschwarz B; Lanasol Yellow 4G; also: CAS 70247-70-0	C.I. Reactive Yellow 39
Lanasetrot G; Lanasol Scarlet 2R	C.I. Reactive Red 78
Lanasol Black B	C.I. Reactive Black 43
Lanasol Blau 8G	C.I. Acid Blue 185
Lanasol Blue 3G	C.I. Reactive Blue 69
Lanasol Red 2G (Ciba)	C.I. Reactive Red 116
Lanasol Rot B; Cotton Ponceau	C.I. Acid Red 65
Lanasol Rot 6G	C.I. Acid Red 84
Lanasolblau 3R; Lanasolmarine MBN; Lanasol Blue 3R	C.I. Reactive Blue 50
Lanasolrot B; Lanasol Red B	C.I. Reactive Red 65
Lanasolrot 5B; Lanasol Red 5B; also: CAS 70210-39-8	C.I. Reactive Red 66
Lanasolrot G; Lanasol Red G; also: CAS 70210-00-3	C.I. Reactive Red 83
Laviron N	Sodium lauryl ether sulfate
Lawson	2-Hydroxy-1,4-naphthoquinone
Lawsone	C. I. Natural Orange 6
Leather Brown 5RT	C.I. Basic Brown 2
L-(-)-Ethyl lactate	Ethyl lactate
Leuchtsalz G; 2-Hydroxynaphthalin-6,8-disulfonic acid dipotassium-salt	G Acid
Leukophor KNR flüssig; Leukophor KNR	C.I. Fluorescent Brightener 340
Leukophor PC (flüssig)	C.I. Fluorescent Brightener 134
Levacellechtgelb R 125 %; also: CAS 25738-24-3	C.I. Direct Yellow 50
Levacellscharlach 4BN; Derma Red 2002	C.I. Direct Red 239
Levafix Blue P-RA	C.I. Reactive Blue 104
Levafix Navy Blue PN-FRL	C.I. Reactive Blue 226
Levafixblau E-3GLA; Drimarene Blue R-3GL	C.I. Reactive Blue 113
Levafixblau E-GRN, Levafixblau E-RN; Cibacron Blue F-R	C.I. Reactive Blue 182
Levafixbraun E-2R Macrolat; Levafix Brown E-2R	C.I. Reactive Brown 19
Levafixbraun E-RN Macrolat; Levafix Brown E-RA	C.I. Reactive Brown 37

Tradename/Product	Substance
Levafixbrillantblau E-B, Levafixbrillantblau E-B flüssig 40 %; Levafix Brilliant Blue E-B	C.I. Reactive Blue 29
Levafixbrillantblau E-BRA flüssig 29 %, Levafixbrillantblau E-BRA Macrolat; Drimarene Brilliant Blue K-BL	C.I. Reactive Blue 114
Levafixbrillantblau E-FFN Macrolat 150 %; Levafix Briliant Blue E-FFA	C.I. Reactive Blue 181
Levafixbrillantgelb E-3G flüssig 40 %; Levafix Brilliant Yellow E-3G; also: CAS 72139-14-1	C.I. Reactive Yellow 25
Levafixbrillantgelb E-GA 200 % Macrolat, Levafixgelb EGNA; Levafix Brilliant Yellow E-GA	C.I. Reactive Yellow 111
Levafixbrillantrot E-6BA flüssig 40%; Drimarenbrillantrot K-8B; Levafix Brilliant Red E-6BA	C.I. Reactive Red 159
Levafixbrillantrot E-4BA, Levafixbrillantrot E-4BA flüssig 40 %; Levafix Brilliant Red E-4BA	C.I. Reactive Red 158
Levafixbrillantrot E-BA; Drimarene Brilliant Red K-BL	C.I. Reactive Red 124
Levafixbrillantrot E-RN Macrolat; Levafix Brilliant Red E-RN	C.I. Reactive Red 242
Levafixgelb E-3RL Macrolat; Levafix Yellow E-3RL	C.I. Reactive Orange 30
Levafixgelb PN-5G; Cibacron Brilliant Yellow 6G-P	C.I. Reactive Yellow 95
Levafixgoldgelb E-G flüssig 40 %, Levafixgoldgelb E-G 150 % Macrolat; Levafix Golden Yellow E-G	C.I. Reactive Yellow 27
Levafixgoldgelb E-3GA Macrolat; Drimarene Golden Yellow K-L	C.I. Reactive Orange 67
Levafixmarineblau E-BNA flüssig 40 %, Levafixmarineblau E-BNA Macrolat, Levafixorange E-3RN; Levafix Navy Blue E-BNA; also: CAS 108624-00-6	C.I. Reactive Blue 225
Levafixmarineblau E-2R; Levafix Navy Blue E-2R	C.I. Reactive Blue 73
Levafixorange E-3GA Macrolat; Levafix Orange E-3GA	C.I. Reactive Orange 64
Levafixrot PN-FB; Drimarene Brilliant Red P-B	C.I. Reactive Red 187
Levafixroyalblau E-FR flüssig 40 %; Levafix Royal Blue E-FR	C.I. Reactive Blue 224
Levafixsalz PC 45-55%	Monochloro acetic acid, sodium salt
Levafixtürkisblau E-BA; Drimarene Turquoise K-GLD	C.I. Reactive Blue 116
Levalin MIP	Polyacrylamide
Levalin SRN 50-60%; Lurotex A25; Levafixbrillantblau E-BRA flüssig 29% 10-20%; Levafixbrillantblau E-BRA Macrolat 10-20%; Levafixbrillantrot E-4BA 15-25%; Levafixbrillantrot E-4BA flüssig 40% 15-25%; Levafixbrillantrot E-6BA flüssig 40% 15-25%; Levafixmarineblau E-BNA flüssig 40% 5-10%; Levafixmarineblau E-BNA Macrolat 5-10%; Levafixorange E-3RN 5-10%; Levafixbrillantblau E-B 5-10%; Levafixbrillantblau E-B flüssig 40% 5-10%; Levegal RDL 7-12%	Caprolactam
Lindane	gamma-Hexachlorcyclohexan (gamma-HCH)
Lissamin Gelb AE 110 %	C.I. Acid Orange 3
Lithol Fast Yellow 1840	C.I. Pigment Yellow 139
Lobrarsäure	Stereocaulic acid
Lorinol R; Thioharnstoffdioxid	Thiourea dioxide (formamidine sulphinic acid or TDO)
Losin ES spez.; Losin SFLM	N-Methyl-2-pyrrolidone
Lubit LC; Lubit RLN (RL); Tannex BCA	Lecithine
Ludigol Granulat; Matexil PAL (Zetex PA-LN flüssig); Revatol S Granulat; BASOTOL 60%; BASOTOL GRANULES; BASOTOL	3-Nitrobenzenesufonic acid sodium salt
Lutein	Xanthophyll
Luteolin	3',4',5,7-Tetrahydroxyflavone
Lutexal HSD	Benzene

Tradename/Product	Substance
L(+)-Weinsäure	L-(+)-Tartaric acid
Lycopin	Dicarotene
Lycramine Light Red BJ	C.I. Basic Red 42
Lyogen PN flüssig 3%; wetting agent 611 1%; wetting agent CG16 1-5%; PALEGAL LP; Solusoft WMA; HIFAST BLACK 2KR 05-52851; HIFAST EC Black 3B 05-52165; HIFAST N BLACK C 05-52827; HIFAST N Red 2R 05-53733; POLYFAST BLUE LGB 05-57188; POLYFAST BLACK KB 05-52131; POLYFAST BROWN HWP 05-55165; POLYFAST GREEN PB 05-54157; POLYFAST Navy JS 05-57171; POLYFAST RED A2B 05-53263; POLYFAST RED RRL 05-53279; POLYFAST SCARLET 05-53261	2-(2-Butoxyethoxy)ethanol
Lyoprint TFC 16%; Isoparaffin	Isopar B
Magnesiumsulfat wasserfrei (Bittersalz)	Magnesium sulfate
Malvidinchlorid; Primulidinchlorid	Malvidin chloride
Maxilon Blue RBL; Basacryl Blue GL; Atacryl Blue GNA; also: CAS 15000-59-6	C.I. Basic Blue 54
Maxilonblau 5G 200%; Astrazonblau BRL 200% 10-20%; Astrazonschwarz FDL 200 % 1-5%; also: CAS 2787-91-9, CAS 63589-49-9	C.I. Basic Blue 3
Maxilonblau 5G 200%; Astrazonblau BRL 200% 10-20%; Astrazonschwarz FDL 200 % 1-5%; also: CAS 2787-91-9, CAS 63589-49-9	C.I. Basic Blue 3 (2,7-regioisomer)
Maxilonblau TRL 200 % Pulver; Maxilon Blue TRL	C.I. Basic Blue 145
Maxilongelb GL 200 %; Maxilon Yellow GL	C.I. Basic Yellow 45
Maxilongelb 5GL 300%	C.I. Basic Yellow 13
Maxilongelb M-4GL; Calcozine Yellow FW	C.I. Basic Yellow 87
Maxilongelb M-3RL 200 %; Maxilon Yellow M-3RL	C.I. Basic Yellow 91
Maxilonrot M-RL 200%; Basacryl Red X-BL	C.I. Basic Red 51
Maxilonschwarz RM 200%; Basacrylmarineblau FR; Astrazon Green M; Astrazondunkelblau 2 RN 45-55%	C.I. Basic Green 4 carbinol base
Maxilonschwarz RM 200%; Basacrylmarineblau FR; Astrazon Green M; Astrazondunkelblau 2 RN 45-55%	C.I. Basic Green 4 leuco base
Maxilonschwarz RM 200%; Basacrylmarineblau FR; Astrazon Green M; Astrazondunkelblau 2 RN 45-55%; also CAS 18015-76-4	C.I. Basic Green 4 oxalate
Maxilonschwarz RM 200%; Basacrylmarineblau FR; Astrazon Green M; Astrazondunkelblau 2 RN 45-55%; also CAS 68513-86-0	C.I. Basic Green 4
m-Digallussäure	m-Galloylgallic acid
Mecodur R258 Härter; Diphenylmethan-diisocyanate	Methylene diphenyl diisocyanate
Melamine-formaldehyde resins	1,3,5-Triazine-2,4,6-triamine
Melegrana Supra Black MG	C.I. Acid Black 66
Mesamoll 3% org. gebunden	Chlorine
Metadiazol Brown JO	C.I. Direct Brown 158
Methacrylsäure	Methacrylic acid
2-Methoxy-5-methylanilin	2-Methoxy-5-methylanilin
4-Methoxy-m-phenylendiamin	4-Methoxy-m-phenylendiamine
Methylbenzoate	Methylbenzoate
4,4'-Methylenbisbenzenamin	4,4'-Methylenebisbenzeneamine
4,4'-Methylen-bis-(2-chloranilin)	4,4'-Methylenebis-(2-Chlorobenzenamine)
Methylisobutylketon	Methylisobutylketone
2-Methyl-4-nitroaniline	2-Methyl-4-nitroaniline
Methylsalicylat; 2-Hydroxybenzoic acid methyl ester	Methylsalicylate
Milchsäure	Lactic acid
Milling Fast Bordeaux VGN	C.I. Acid Red 119:1
Milling Orange G	C.I. Direct Orange 101
Monascin; also: CAS 21516-68-7	Monascoflavin

Tradename/Product	Substance
Monascorubrin (CAS:13283-85-7 / 13283-90-)	Monascorubrin
Morbidon	Sodium tripolyphosphate
Morin	C.I. Natural Yellow 8
Mottenkugeln	1,4-Dichlorobenzene
Myrecitin	3,3',4',5,5',7-Hexahydroxyflavone
Naphthalene Black 12BR	C.I. Acid Black 28
Naphthamine Blue TBF	C.I. Direct Blue 23
Naphthol AS-E	C.I. Azoic Coupling Component 10
Naphthol Yellow RS	C.I. Acid Yellow 1
Naphthol Yellow RS; Naphthol Yellow S	C.I. Acid Yellow 1 disodium salt
Naphtol AS	C.I. Azoic Coupling Component 2
Naphtol AS-BO	C.I. Azoic Coupling Component 4
Naphtol AS-CA	C.I. Azoic Coupling Component 34
Naphtol AS-D	C.I. Azoic Coupling Component 18
Naphtol AS-G	C.I. Azoic Coupling Component 5
Naphtol AS-ITR	C.I. Azoic Coupling Component 12
Naphtol AS-LB	C.I. Azoic Coupling Component 15
Naphtol AS-RL	C.I. Azoic Coupling Component 11
Naphtol AS-S	C.I. Azoic Coupling Component 32
Naphtol AS-SG flüssig	C.I. Azoic Coupling Component 13
Natriumchlorat	Sodium chlorate
Natriumhypochlorit (Lösung)	Sodium hypochlorite
n-Butanol; Perrustol APF 1%	1-Butanol
n-Butylbenzoate	n-Butylbenzoate
N-Butylphthalimid	N-Butylphthalimide
Neolan Rosa BA	C.I. Acid Red 186
Neolanblau 2RN 200 %	C.I. Acid Blue 158
Nerochemanthrene BB flüssig; also: CAS 28780-10-1	C.I. Vat Green 9
Neutrichrome Red S-JL	C.I. Acid Red 359
New Coccine; also: CAS 12227-64-4	C.I. Acid Red 18 trisodium salt
Niagra Blue HW	C.I. Direct Blue 64
Nigrosin WLF; Nigrosine; also: CAS 68510-98-5	C.I. Acid Black 2
2-nitro-benzenediazonium	C.I. Azoic Diazo Component 6 diazonium ion
2-nitro-phenylamine	C.I. Azoic Diazo Component 6
Nobiletin	Nobiletin
Nylanthrene Scarlet Y-LFW	C.I. Acid Red 420
Nylanthreneblau LGGL 240 %; Nylofastblau E-2GL; Telonblau GGL; also: CAS 16247-34-3	C.I. Acid Blue 40
Nylanthreneblau LGGL 240 %; Nylofastblau E-2GL; Telonblau GGL; also: CAS 16247-34-3	C.I. Acid Blue 40 monosodium salt
Nylanthrenegelb FLW, Nylofastgelb RDL	C.I. Acid Yellow 159:1
Nylanthrenegelb 4NGL 200 %; Telongelb FG; also: CAS 69762-08-9	C.I. Acid Yellow 49
Nylanthreneorange SLF 200 %, Telonorange AGT	C.I. Acid Orange 116
Nylanthrenerubin 5BLF 20, Telonrubin A5B; Neonyl Fast Rubine 5BLF	C.I. Acid Red 299
Nyliton Fast Scarlet DYL; C.I. 26207	C.I. Acid Red 350
Nylofastblau FBX 200 %	C.I. Acid Blue 25
Nylofastblau FBX 200 %	C.I. Acid Blue 25 monosodium salt
Nylofastgelb E-4R; Nylomine Yellow A-R	C.I. Acid Yellow 219:1
Nylofastrot E-2BA 200 %; also: CAS 12217-37-7	C.I. Acid Red 266
Nylofastrot SN-3R 200 %, Säurewalkrot BY	C.I. Acid Red 151 monolithium salt
Nylofastrot SN-3R 200 %, Säurewalkrot BY	C.I. Acid Red 151 monosodium salt
Nylosangelb N-7GL 100 %, Nylosanorange E-GNS 50 %; Nylosan Orange C-GNS; also: CAS 72827-75-9	C.I. Acid Orange 156
Nylosangelbbraun EGL 150 %; Nylosan Yellow Brown E-GLN	C.I. Acid Orange 178
o-Dianisidine; also: Disperse Black 6; can be formed by C.I. 24110	C.I. Azoic Diazo Component 48

Tradename/Product	Substance
Organol Dark Red	C.I. Solvent Orange 14
Organol Orange R	C.I. Solvent Orange 13
ortho-Aminoazotoluene	ortho-Aminoazotoluene
ortho-Toluidine	ortho-Toluidine
Ostacetscharlach S-L2G; Artisil Scarlet 3GFL; 3-{[4-(2-chloro-4-nitro-phenylazo)-phenyl]-(2-cyano-ethyl)-amino}-propionic acid methyl ester	C.I. Disperse Red 54
Ostacetscharlach S-L2G; Artisil Scarlet 3GFL; acetic acid 2-{[4-(2-chloro-4-nitro-phenylazo)-phenyl]-(2-cyano-ethyl)-amino}-ethyl ester	C.I. Disperse Red 54
Ostalangrau BLN 200 %	C.I. Acid Black 60
Ostazinblau S-2G; Procion Blue M-2G; also: CAS 70865-31-5	C.I. Reactive Blue 109
Ostazingelb S-3R; Procion Yellow MX-3R	C.I. Reactive Orange 86
Ostazinrot S-5B; Procion Brilliant Red 5B	C.I. Reactive Red 2
Oxalsäure	Oxalic acid
Oxamine Blue B	C.I. Direct Blue 12
Oxamine Blue BG	C.I. Direct Blue 60
Oxamine Bordeaux BXX	C.I. Direct Red 74
Oxamine Brilliant Red B	C.I. Direct Red 53
Oxamine Brown GX	C.I. Direct Brown 17
4,4'-Oxybisbenzenamin	4,4'-Oxybisbenzenamine
Oxydiamine Violet B	C.I. Direct Violet 42
Ozon	Ozone
PAD N PINK 3B 09-93809; PAD N PINK 3B 09-9381; PAD N VIOLET 4B 09-9680	Ethoxylated styrenated phenole
PAD N RED B 09-9380; PAD N VIOLET 4B 09-9680; PAD N YELLOW 4GL 09-9889	Ethoxylated octylphenole
PAD N RED E 09-93807	Yellow Shade Naphthol
PAD N Yellow 4GL 09-98832; Permanent Yellow FGL	C.I. Pigment Yellow 97
PAD PENETRANT 01-8930	Trimethyl nonyloxypolyethyleneoxyethanol
Palanil Orange RL; Intrasil Direct Orange 3GH; Calcosperse Orange 3RD; also: CAS 12223-33-5, C.I. Disperse Orange 76, Polyspersgelbbraun RL 200 %	C.I. Disperse Orange 37
Palanilbrillantblau BGF flüssig, Palanilbrillantblau BGF-N flüssig; Palanil Brilliant Blue BGF	C.I. Disperse Blue 87
Palanilgelb 3GE 200%; Polyspersgelb 3-GN 360%; Rottasperse Yellow E 3 G; BAFIXAN YELLOW 3GE LIQuid	C.I. Disperse Yellow 54
Palanilgelbbraun R-CF; Polyspersgelbbraun TS 150%; Rottasperse Yellow Brown SR; Dianix Gelb-braun 2RFS	C.I. Disperse Orange 30
Palanilmarineblau TR neu; Palanil Navy BLue TR	C.I. Disperse Blue 330
Palanilorange GL; Resolingelbbraun 3GL 200%; Tertraneseorange P-LH; Rottasperse Orange G	C.I. Disperse Orange 29
Palanilrot 3BLS-CF 100 %; Tertranesegelb P-5R; also: CAS 79300-13-3	C.I. Disperse Red 167:1
Palatin Fast Black WAN ex	C.I. Acid Black 52
PALEGAL A	2-Phenoxyethanol
PALEGAL N-SF; Uvitex MST 3%	Diethanolamine
Paliotol Yellow 4G	C.I. Pigment Yellow 117
Paliotolgelb K 0961 HD; Lithol Fast Yellow 1090	C.I. Pigment Yellow 138
Päonidinchlorid	Peonidin
Para Brown 3G	C.I. Direct Brown 147
Para Brown V	C.I. Direct Brown 151
Para Green B	C.I. Direct Green 57
Paradiazol Bronze J; 31755	C.I. Direct Brown 159
Paradiazol Brown N; C.I. 30035	C.I. Direct Brown 7
Paradiazol Brown RD	C.I. Direct Brown 171
Paramine Fast Bordeaux B	C.I. Direct Red 18

Tradename/Product	Substance
Pararosanilin; Parafuchsin; Paramagenta	C.I. Basic Red 9 acetate
Pararosanilin; Parafuchsin; Paramagenta; Parafuchsinhydrochlorid	C.I. Basic Red 9
Pararosanilin; Parafuchsin; Paramagenta; Parafuchsinhydrochlorid; Pararosaniline (chloride); Basic fuchsin; Parafuchsin hydrochloride	C.I. Basic Red 9 hydrochloride
Parasterol	Benzalkonium chloride
p-Arbutin	Hydrochinon-ß-D-glucopyranosid
p-Dihydroxybenzene	Hydroquinone
2-Phenylphenol	2-Phenylphenol
Phillyrin	Phillygeninglucosid
Phthalsäure	Phthalic acid
Physcion	Emodinmethylether
Physodsäure	Physodalin
Pigmatexgelb 3G 60451; HIFAST N Conc Yellow 3G 05-58982; PAD N YELLOW 3G 09-98824; POLYFAST YELLOW LG 05-58231	C.I. Pigment Yellow 17
Pigmatexhellbraun 2K 70447; PAD N Brown RO 09-9594; Pigment Brown CIBA 2R	C.I. Pigment Brown 22
Pigmatexhellscharlach C 70413; Cromophtal Red G	C.I. Pigment Red 220
Pigmatexrubine 2B 60414; Permanent Rubine F6G	C.I. Pigment Red 184
Plumbagin	Ophioxylin-5-Hydroxy-2-methyl-1,4-naphthochinonee
Polyacrylonitril	Polyacrylonitrile
Polyethyleneglycol 300 monodecylether (fractionated, fraction 5); Polyethyleneglycol monodecylether; C10PEG300/5;	Polyethyleneglycol monodecylether
POLYFAST BLACK KB 05-52131; POLYFAST BLUE LGB 05-57188; POLYFAST Navy JS 05-57171; POLYFAST SCARLET 05-53261; POLYFAST Violet VB 05-56122; POLYFAST YELLOW LG 05-58231	Epoxidized soya oil
POLYFAST PINK 3B 05-53779	solvent-refined heavy paraffinic distillate
POLYFAST RED A2B 05-53263; POLYFAST RED RRL 05-53279; Fast Pink No. 3	C.I. Pigment Red 245
Polymethacrylsäure	Polymethacrylic acid
Polyron 1005 1,6%	Ammonium bifluoride
Polyspersblau BGS, Polyspersblau PBRS; also: CAS 13698-89-0 (methylated 2-(4-hydroxy-phenyl) function), CAS 12222-78-5, CAS 15114-15-5	C.I. Disperse Blue 73
Polyspersblau P2R; Foron Blue SE-2R	C.I. Disperse Blue 183
Polyspersbrillantblau SBL 200 %	C.I. Disperse Blue 87:1
Polyspersbrillantrot SBL; Palanil Brilliant Red BEL	C.I. Disperse Red 92
Polyspersrot FB 200%; Resolinrot FB 200%; Rottasperse Red EB; Resolinrot FB	C.I. Disperse Red 60
Polyspersrot HT-LS 200 %	C.I. Disperse Red 323
Polyspersrubin FLM 200 %	C.I. Disperse Red 73
Polyvinylpyrrolidone K-30; Albigen A; Lamestrip CO; Reduktol AL; also: CAS 9003-39-8	Polyvinylpyrrolidone
Ponceau 5R	C.I. Solvent Red 110
Pontamine Catechu 3G	C.I. Direct Brown 74
Porofor ADCIM (Porofor ADC/M)	Azodicarbonamide (ADC)
Potassium dichromate	Potassium dichromate
Potassium permanganate	Potassium permanganate
Potassiumcarbonate	Potassium carbonate
Pregan E; AM 8 Klebespray 2,5-10%	Dichloromethane
Preventol D6 0,7%	5-Chloro-2-methyl-4-isothiazolln-3-one
Preventol D6 0,7%	2-Methyl-3(2H)-isothiazolone
Preventol GD 97%	Dichlorophen
Primulin; also: CAS 10360-31-3	C.I. Direct Yellow 59

Tradename/Product	Substance
Prisulon 1090/3 0,2%	4-Chloro-3-methylphenole, sodium salt
Procinyl Blau RS; Procinyl Blue R	C.I. Reactive Blue 6
Procinyl Gelb GS; Procion Yellow G	C.I. Reactive Yellow 5
Procinyl Rubin BS; Procinyl Rubine B	C.I. Reactive Red 30
Procion Brilliant Blue HGR; also: CAS 23422-12-0	C.I. Reactive Blue 5
Procion Brilliant Orange 2R; also: CAS 73816-75-8	C.I. Reactive Orange 4
Procion Brilliant Red 8B	C.I. Reactive Red 11
Procion Brilliant Red H3B	C.I. Reactive Red 3
Procion Gelb HAS; also: CAS 4988-30-1	C.I. Reactive Yellow 3
Procion Yellow H-E6G; also: CAS 68991-98-0	C.I. Reactive Yellow 135
Procion Yellow M-8G; also: CAS 70865-29-1	C.I. Reactive Yellow 86
Prociongelb H-E4R; Procion Yellow H-E4R	C.I. Reactive Yellow 84
Propetamphos	Propetamphos
Protocatechuic acid	3,4-Dihydroxybenzoic acid
Protocetrarsäure	Caprar acid
Purpurin; C.I. 58205	Purpurin
Purpuroxanthin	1,3-Dihydroxy-anthraquinone
PV-Echtrot HF 4B; Permanent Pink FL	C.I. Pigment Red 187
PYROSET CP	cyanamide
PYROVATEX CP (CGY)	N-hydroxymethyl-3-dimethoxyphosphoryl-propionicamide
Pyrovatex CP neu 1-3%	Ethyleneurea
Quercetagetin	3,3',4',5,6,7-Hexahydroxyflavone
Quercetin	3,3',4',5,7-Pentahydroxyflavone
QUILON C; QUILON M; QUILON S (Dupont);	stearic acid, chromium complexe
Reactofil Blue 2GL	C.I. Reactive Blue 83
Reactofil Blue 2RLD	C.I. Reactive Blue 84
Reactone Blue S-3GL	C.I. Reactive Blue 70
Redulit C; Rongalit C (BASF)	Sodium formaldehyde sulfoxylate
Remazol Brilliant Blue G	C.I. Reactive Blue 202
Remazol Golden Yellow H4G	C.I. Reactive Yellow 17
Remazol Printing Navy Blue RR	C.I. Reactive Blue 122
Remazol Red B	C.I. Reactive Red 22
Remazolbelbbraun G; Remazol Yellow Brown G	C.I. Reactive Brown 30
Remazolblau BR; Remazol Blue BR	C.I. Reactive Blue 158
Remazolbordo B; Remazol Bordeaux B	C.I. Reactive Red 49
Remazolbrillantblau B; Remazol Brilliant Blue B	C.I. Reactive Blue 27
Remazolbrillantblau BB, Remazolbrillantblau BB flüssig 33 % neu; Remazol Brilliant Blue BB	C.I. Reactive Blue 220
Remazolbrillantgelb GL, Remazolbrillantgelb GL flüssig 25 %; Remazol Brilliant Yellow GL	C.I. Reactive Yellow 37
Remazolbrillantorange FR; Remazol Brilliant Orange FR	C.I. Reactive Orange 82
Remazolbrillantrot 5B; Remazol Brilliant Red 5B	C.I. Reactive Red 35
Remazolbrillantrot 6B; Remazol Brilliant Red 6B; Benactivsuprarot SE-6BL	C.I. Reactive Red 174
Remazolbrillantrot 3BS; Remazol Brilliant Red 3BS	C.I. Reactive Red 239
Remazolbrillantrot F3B; Remazolrot F3B; Remazol Brilliant Red F3B	C.I. Reactive Red 180
Remazolbrillantrot GG; Remazol Brilliant Red GG	C.I. Reactive Red 106
Remazolgelb FG; Rottafast Yellow G; Remazol Yellow FG	C.I. Reactive Yellow 42
Remazolgoldbelb RNL, Remazolgoldgelb RNL flüssig 33%; Remazol Golden Yellow RNL	C.I. Reactive Orange 107
Remazolgoldgelb 3R flüssig; Remazol Golden Yellow 3R	C.I. Reactive Orange 96
Remazolrot 3B; Remazol Red 3B	C.I. Reactive Red 23
Remazolrot RB; Remazolrot RB flüssig 25%; Rottafast Red 3 B; Rottafast Red RB; Remazol Red RB; Benactivrot N-RB	C.I. Reactive Red 198

Tradename/Product	Substance
Remazolschwarz RL; Remazolschwarz RL flüssig 33 %; Remazol Black RL	C.I. Reactive Black 31
Resolin Brillantrot BLS 200 %; Resolin Brilliant Red BLS	C.I. Disperse Red 159
Resolinbalu FBL 150%; Rottasperse Blue ER; also: CAS 31810-89-6	C.I. Disperse Blue 56
Resolinblau BBLS; Resolin Blue BBLS; also: CAS 56532-53-7	C.I. Disperse Blue 165
Resolinblau F2GS; Resolin Blue F2GS	C.I. Disperse Blue 367
Resolinbrillantblau BGLN 200%; Terasilblau BGE 200%; Rottasperse Blue GB; BAFIXAN BLUE HL NB 701	C.I. Disperse Blue 60
Resolinbrillantgelb 7GL 200 %; Resolin Brilliant Yellow 7GL	C.I. Disperse Yellow 93
Resolinbrillantgelb 10GN 200 %; Resolin Brilliant Yellow 10GN	C.I. Disperse Yellow 184:1
Resolingelb 5GL 200 %; Resolin Yellow 3GL	C.I. Disperse Yellow 241
Resolingelb 4GLS; Esteriquinone Light Yellow 3JLL	C.I. Disperse Yellow 42
Resolingelb GNL-SE; Terasil Yellow 4G; also: CAS 86836-02-4	C.I. Disperse Yellow 211
Resolinorange 3GL 200 %; Resolin Orange 3GL	C.I. Disperse Orange 66
Resolinrot BBL; Resolin Red BBL; also CAS: 12223-42-6	C.I. Disperse Red 82
Resolinrot F3BS, Resolinrot F3BS 150 %; Resolin Red F3BS; also: CAS 99035-78-6	C.I. Disperse Red 343
Resolinrot FRL 150 %; Serilenerot RLS 150 %; Tertraneserot P-FTS; Polydye Red AR-SF; also: CAS 58051-98-2	C.I. Disperse Red 177
Resolinscharlach 3GL 200 %; Resolin Scarlet 3GL	C.I. Disperse Red 106
RESPAD BLUE GL3W 01-8404; also: C.I. Vat Blue 4: Benanthrenblau RS	C.I. Pigment Blue 60
RESPAD BLUE G3W 01-8400; RESPAD SCARLET DL3W 01-8002	Butylated melamine-formaldehyde-copolymer
RESPAD EMULSION 01-8900	Solvent naphtha (petroleum)
RESPAD Red C3W 01-8001	Ammonium hydroxide
Respumit BA 2000	Castor oil
Rhamnazin	3,4',5-Trihydroxy-3',7-dimethoxyflavone
Rhamnetin	3,3',4',5-Tetrahydroxy-7-methoxyflavone
Rhodamin B; also CAS 68957-24-4, CAS 68957-24-4, CAS 64381-99-3	C.I. Basic Violet 10
Robinin	Kämpferol-3-O-rahmnosyl-galactosyl-7-rhamnosid
Romapon 311	Monoethanolamine
Rongal 5242	Hydroxyacetone
Rongalit 2PHA	Sulfur dioxide
Roseline OF 1-2,5%	6-Hexanediol
Rottafast Orange 2 R	C.I. Reactive Orange 122
Rottafast Yellow 4 G; Reactofix Yellow ME4GL	C.I. Reactive Yellow 186
Rottasperse Navy Blue ECO; Rottasperse Black ECO ; Sodyecron Blue GBL; also: CAS 83929-84-4	C.I. Disperse Blue 291
Rottasperse Red S 3 B; Foron Rubine S-2GFL; also: CAS 26850-12-4	C.I. Disperse Red 167
Rubiadin	1,3-Dihydroxy-2-methylanthraquinone
Rubixanthin; C.I. Natural Yellow 27; C.I. 75125 + 75135	Lycopene
Rubropunctatin; also: CAS 13471-84-6	Rubropunctatin
Rucogen SFE	Dipentene
Rutln; Quercetin-3-rutinosid	Rutin trihydrate
Saffron; Cape Jasmin	C.I. Natural Yellow 6
Sakoton Blue U; C.I. 24203	C.I. Direct Blue 306
Salazinsäure; Saxatilsäure	Saxatilic acid

Tradename/Product	Substance
Samaron Orange HGRL	C.I. Disperse Orange 34
Samaronrot HGF; Samaron Red HGF	C.I. Disperse Red 358
Samaronscharlach RGSL; Polysynthren Scarlet RGSL	C.I. Disperse Red 183
Samaronviolett 4RS 400 %; Polysynthren Violet 4RS	C.I. Disperse Violet 48
Sandocryl Golden Yellow B-GRL	C.I. Basic Yellow 82
Sandolanbrillantblau	C.I. Acid Blue 142
Sandolanwalkblau N-BL 150 %	C.I. Acid Blue 80
Sarmentogenin	Sarmentogenin
Saturngelb L4G; also: CAS 7248-45-5	C.I. Direct Yellow 44
Saturnrot F3B 200 %; Tertrodirektlichtrot F3B 230 %; also: CAS 25188-41-4	C.I. Direct Red 80
Säureschwarz BGL; Bemaplexschwarz S-BGL	C.I. Acid Black 107
Schwefelschwarz BG 250 %; Diresulschwarz RDT; Immedialschwarz C-BR flüssig	C.I. Sulphur Black 1
Scopoletin	Scopoletin
Scotchgard FC 270 0,1%	Dimethoxane
Seela Fast Black FC	C.I. Acid Black 209
SEQUESTRENE 30A CHELATE	Tetrasodium ethylenediaminetetraacetate
Serilene Blue CB-LS	C.I. Disperse Blue 153
Serilene Navy Blue R-FS; also: CAS 12222-83-2	C.I. Disperse Blue 85
Serisol Blue 3RD	C.I. Disperse Blue 124
Serisolbrillantorange RGL 200 %; also: CAS 61968-38-5	C.I. Disperse Orange 31
Serisolfastcrimson BD 150 %; Cellitonechtrubin B	C.I. Disperse Red 13
Setaron Brilliant Orange 2RL	C.I. Disperse Orange 56
Setaron Brlliant Red 4G; also: CAS 70210-08-1	C.I. Disperse Red 151
Sicomingelb K 1630 S, Sicomingelb L 1930 S; Crocoite; also: CAS 7758-97-6	C.I. Pigment Yellow 34
Sicominrot K 3130 S; Sicominrot K 3030 S; Molybdate Chrome; Chrome Vermilion	C.I. Pigment Red 104
SILIGEN FA; Ethylenoxide-propylenoxide-copolymer	Poloxanlene
Sirius Ligth Blue 3RL; Sirius Supra Blue 3RL	C.I. Direct Blue 93
Sirius Supra Olive GL	C.I. Direct Green 23
Siriuslichtblau FGG 200 %	C.I. Direct Blue 225
Siriuslichtbraun R	C.I. Direct Orange 40
Siriuslichtgelb FGR-LL 200 %	C.I. Direct Yellow 58
Siriuslichtgelb GD 167 %	C.I. Direct Yellow 110
Siriuslichtgrau CG-LL 167 %, Siriuslichtgrau CG-LL 250 %; Superlitefastgrau GLL	C.I. Direct Black 112
Siriuslichtorange GGL-V 143% (BAYER); C.I. 40215	C.I. Direct Orange 34
Siriuslichtrot F4BL 154 %	C.I. Direct Red 212
Siriuslichtrotviolett RLL	C.I. Direct Violet 47
Siriuslichtscharlach BN 182 %	C.I. Direct Red 96
Siriuslichtschwarz L-V; Siriusschwartz L [FIAT]	C.I. Direct Black 51
Sodium bicarbonate	Sodium hydrogencarbonate
Sodium bisulfide	Sodium hydrogensulfide
Sodium fluorborate	Sodium tetrafluoroborate
sodium hypophosphite	sodium monophosphate
sodium maleate	Maleic acid, disodium salt
Sodium perborate	Sodium Perborate Tetrahydrate
Sodiumacetate; Sodiumacetate 99/100%	Sodium acetate
Sodiumbichromate (Sodiumdichromate)	Sodium dichromate
Sodiumbisulfite; Sodiumbisulfite 38 40%; Sodiumbisulfite 65 66%	Sodium disulfite
Sodiumchloride (mill salt); Sodiumhypochlorite (solution)	Sodium chloride
Sodiumchlorite; Sodiumchlorite 20%; Sodiumchlorite 25%; Sodiumchlorite 80%	Sodium chlorite
Sodiumcitrate; Trisodium Citrate	2-Hydroxy-1,2,3-propanetricarboxylic acid, trisodium salt dihydrate

Tradename/Product	Substance
Sodiumnitrate	Sodium nitrate
Sodiumnitrite	Sodium nitrite
Sodiumpersulfate	Sodium peroxodisulphate
Sodiumsulfate; CHEL 330 11% FE	Sodium sulfate
Sodiumsulfite (wasserfrei)	Sodium sulfite
Sodiumthiosulfat (Pentahydrat; Fixiersalz)	Sodium thiosulfate pentahydrate
Sodiumtripolyphosphate	Sodium tripolyphosphate
Solanthrenenavyblue RA Microperle	C.I. Vat Blue 18
Solophenyl Yellow AGL; Solophenyl Yellow AGL	C.I. Direct Yellow 169
Somasolorange GGL; Tertrodirektlichtorange 2GL 140 %; Everding Supra Orange GL	C.I. Direct Orange 39
Somazinbrillantrot HE-3B; Procion Red H-E3B	C.I. Reactive Red 120
SRA Fast Blue FSI	C.I. Disperse Blue 28
SRA Fast Blue III	C.I. Disperse Blue 22
SRA Fast Pink II	C.I. Disperse Red 22
SRA Fat BLue FSII	C.I. Disperse Blue 24
SRA Golden Orange III	C.I. Disperse Orange 15
ß-Lupeol	ß-Lupeol
Stabilisator 1097 20%	Isophthaloyl dichloride
Stannous chloride	Tin(II)-chloride
Stärke, 2-Hydroxyethylether	Starch, 2-Hydroxyethyl ether
Stearinic acid butyl ester	Stearinic acid butyl ester
Stearinsäuretridecylester	Stearinic acid tridecyl ester
Stictinsäure; Stereocaulonic acid	Stictic acid
Sudan Brown 3B	C.I. Solvent Red 2
Sudan III; Sudan Red BK [FIAT]	C.I. Solvent Red 23
Sudan Orange G; C.I. Food Orange 3	C.I. Solvent Orange 1
Sudan Red 402	C.I. Solvent Red 215
Sudan Red BB [FIAT]	C.I. Solvent Red 24
Sudan Red G	C.I. Solvent Red 1
Sudan Rot 7B; Fettrot 7B	C.I. Solvent Red 19
Sudan Rot B; Sudan Red B	C.I. Solvent Red 25
Sudan Schwarz B; Fettschwarz	C.I. Solvent Black 3
Sugar	Sucrose
sulfate salt THPS	tetrakis(hydroxymethyl)phosphonium sulphate (THPS)
sulfonated castor oil	turkey red oil
Sulphuretin	3',4',6-Trihydroxyauron
Sumifix Supra Brilliant Red 2BF; also: CAS 23354-52-1	C.I. Reactive Red 194
Supranol Blau BLW; Alizarine Brilliant Sky BLue GLW	C.I. Acid Blue 221
Supranolgelb 4GL	C.I. Acid Yellow 79
Supranolgrün 6GW; Alizarine Brilliant Green 6GW	C.I. Acid Green 81
Supranolorange GSN	C.I. Acid Orange 95
Supranolrot BL	C.I. Acid Red 260
Supranolrot 3BW	C.I. Acid Red 274
Supranolrot GW	C.I. Acid Red 276
Supranoltürkis GGL; Telonechttürkisblau GGL 167 %; Telon Fast Turquoise Blue GGL	C.I. Acid Blue 279
Supranolviolett RWN; Sandolanwalkviolett	C.I. Acid Violet 48
Talc; CATALYST 04-26 RINGS	Magnesium silicate hydrate
Tecoreduct TH; Thioharnstoff	Thiourea
Telonblau A3GL; Telon Fast Blue A3GL	C.I. Acid Blue 290
Telonblau AR	C.I. Acid Blue 205
Telonblau BRL Micro; Telonlichtblau KBRL 200 %; Supracen Blue GBN	C.I. Acid Blue 324
Telonechtblau AFN; Isonal Blue FGN	C.I. Acid Blue 264

Tradename/Product	Substance
Telongelb A3RL; Telon Fast Yellow A3RL	C.I. Acid Yellow 242
Telongelb 3RL Micro, Telonlichtgelb 3RL 250 %; Telon Yellow 3RLL	C.I. Acid Yellow 240
Telongelb RLN Micro; Telon Yellow RNL	C.I. Acid Yellow 230
Telonlichtgelbbraun 3G	C.I. Acid Brown 248
Telonlichtrot FRL, Telonrot FRL Micro; Merpacyl Red G; also: CAS 12270-02-9	C.I. Acid Red 337
Telonlichtrot K-BRL 200 %, Telon Rot BRL Micro; Telon Red BR-CL	C.I. Acid Red 426
Telonrot AFG; Telon Fast Red AFG	C.I. Acid Red 360
Telonschwarz LDN; Telon Printing Black L; also: CAS 57693-14-8	C.I. Acid Black 172
Tensid NaDBS	Dodecyl benzenesulfonic acid, sodium salt
Terasil Flavin 8GFF; Setaron Brilliant Flavine 8GFF; Coumarin 7; also: CAS 12239-58-6	C.I. Disperse Yellow 82
Terasil Golden Yellow 2RS	C.I. Disperse Orange 149
Terasil Rot 3GS dispergiermittelfrei; Terasil Red 3GS	C.I. Disperse Red 349
Terasilrosa 4BN; BAFIXAN PINK FF3B LIQUID	C.I. Disperse Red 11
Tertranesegelb P-5R konz; SRA Fast Golden Yellow XIII	C.I. Disperse Yellow 23
Tertranesenavy P-HGS flüssig; Rottasperse Navy Blue S 3 G; Foron Marine Blue; also: CAS 3956-55-6	C.I. Disperse Blue 79
Tertraneserubin P-HBRS flüssig; Sodyecron Rubine 2BF	C.I. Disperse Red 313
Tertranesescharlach P-HGF; Latyl Scarlet B-FS	C.I. Disperse Red 135
Tertrodirektdiazoschwarz OB2; Diazol Black (OB)	C.I. Direct Black 80
Tertrodirektlichtblau B-2R 300 %	C.I. Direct Blue 222
1,4,5,8-tetraaminoanthraquinone; Chemilene Brillant Blue EX; Miketon Fast Blue	C.I. Disperse Blue 1
Thamnolsäure; Octellatsäure; Hirtellsäure	Thamnol acid
4,4'-Thiobisbenzenamine	4,4'-Thiobisbenzenamine
Thioflavin S; Thioflavine T; Thioflavin; Thioflavin-T; Rhoduline Yellow; Thioflavin-TCN; also: CAS 68188-80-7	C.I. Basic Yellow 1
THPC	Tetrakis(hydroxymethyl)phosphonium chloride
THPOH	tetrakis-hydroxymethyl-phosphoniumhydroxide
Tinuvin 326	2-(5-Chloro-2H-benzotriazol-2-yl)-6-(1,1-dimethylethyl)-4-methylphenol
2,4-Toluylendiamin; C.I. Oxidation Base 20; also: CAS 1328-62-7	C.I. Developer 14
Toluylene Black Blue GN	C.I. Direct Blue 38
Toluylene Orange GL; C.I. 22385	C.I. Direct Orange 33
Triazol Dark Blue B	C.I. Direct Blue 43
Triazol Violet BN	C.I. Direct Violet 17
Triazol Violet R	C.I. Direct Violet 38
1,2,4-Trichlorbenzol	1,2,4-Trichlorobenzene
Triclosan; Amicor AB fibre; Rhovyl AS	Triclosan
Tricufix Blue 3RL; C.I. 33560	C.I. Direct Blue 163
Triethanolamin 99%; ULTRAPHOR SFG Liquid; ULTRAPHOR SFN Liquid	Triethanolamine
Triflumuron	Triflumuron
Trilon A; Trilon TA flüssig 40%	Nitrilotriacetic acid, sodium salt
2,4,5-Trimethylaniline	2,4,5-Trimethylaniline
TRIS	tris(bromoethyl) phosphate
Trisodiumphosphate	Trisodium phosphate
Trisulfon Blue B	C.I. Direct Blue 50
Trisulfon Bronze B	C.I. Direct Brown 45
Trisulphon Blue R	C.I. Direct Blue 27
Tubiperl P 0,04%	Acrylic acid ethyl ester
Tubotex PCA	Potassium hydroxide

Tradename/Product	Substance
Tyrian Purple; 6,6′-Dibromindigo	C.I. Natural Violet 1
ULTRAPHOR PAB; ULTRAPHOR PAR; Ultraphor SFR	C.I. Fluorescent Brightener 374:1
ULTRAPHOR SFG Liquid; Ultraphor SFG	C.I. Fluorescent Brightener 374
Universalseifenöl	Sodium sulforicinate
used in combination with oleophobic finishes (as extender) in the so-called "Quarpel finishing" from the US Army: Zelan B and Zelan AP (Dupont); Zepel B and Phobotex FTC (CGY)	stearaminomethylpyrimidium chloride
(-)-Usniacin	(-)-Usnic acid
(+)-Usniacin	(+)-Usnic acid
Uvitex ERN-P-250% 1%; AQUAFINE ORANGE RB 05-38112; BAFIXAN TURQUOISE 2B LIQUID; CORIAL® Binder IF; Heliodecor-Defoamer	Propylene glycol
VBr	vinyl bromide
Vialonechtorange RL 85 flüssig	C.I. Acid Orange 89
Vibatex VF 0,01%; Vibatex VM 0,01%; Primasol V; Cibafluid C 0,1%	Acrylamid
Vibatex VM 0,09%	Vinyl acetate
Vibatex VM 0,09%	Ethylene glycol, monoacetate
Victoria Pure Blue FGA; also: CAS 37279-80-4	C.I. Basic Blue 81
Vinnol C 66; Vinnol P70PS; Solvic 367NC; Solvic 376NB	Polyvinylchloride
Violamine B	C.I. Acid Violet 30
Vitexin	Saporanetin
Vulpinsäure	Vulpinic acid
Walkgelb R	C.I. Acid Yellow 42
Walkmarine C-40	C.I. Acid Black 26
Wasserstoffperoxid; Wasserstoffperoxid 35%	Hydrogen peroxide
waterglass; Cotoblanc RS 21%; Verolan LGA 75-80%	Disodium metasilicate
Wool Dark Green AZ	C.I. Acid Green 33
Xanthophyll	3,3'-Dihydroxy alpha-carotin
Yoracil Blue (G); also: CAS 12217-41-3	C.I. Basic Blue 22
Yoracil Red 2G	C.I. Basic Red 18:1
Zambesi Red 4B	C.I. Direct Red 142
Zapon Fast Red CB	C.I. Solvent Red 32
Zeaxanthin	Zeaxanthin
Zinc oxide	Zinc oxide
Zitronensäure	Citric acid

Appendix 4: References Chemical Substances

[1]   n.n.
       Code of Federal Regulations Office of the Federal Register National Archives and Records
       Service, US Government Printing Office General Services Administration Washington DC
       20402 USA 2123 (1981)

[2]   Owens J.E.
       Methods for Preventing Static Damage to Photographic Paper
       Photographic Science and Engineering; 13(5), S. 280 (1969)

[3]   National Association of Photographic Manufactors
       Environmental Effect of the Photoprocessing Chemicals
       NAPM, Volume 1 und 2 (1974)

[4]   Leo A., Hansch C., Elkins D.
       Partition Coefficient and Their Uses
       Chemical Reviews; 71(6), S. 525 - 616 (1971)

[5]   Robinson H.J., Stoerk H.C., Graessle O.E.
       The Toxicologic and Pharmacologic Properties of Thiabendazole
       Toxicol. Appl. Pharmacol.; 7(1), S. 53 - 63 (1965)

[6]   Bringmann, G., Kuehn, R.
       Befunde der Schadwirkung wassergefährdender Stoffe gegen Daphniamagna
       Z. f. Wasser- und Abwasser-Forschung; 10 (5), S. 161-166 (1977)

[7]   Chou J.T., Jurs P.C.
       Computer-Assisted Computation of Partition Coefficients from Molecular Structures Using
       Fragment Constants
       J. Chem. Inf. Comput. Sci.; 19(3), S. 172 - 178 (1979)

[8]   Roth
       Wassergefährdende Stoffe
       4. Erg. Lieferung 1986 ecomed, Landsberg 1982

[9]   National Printing Ink Research Institute
       NPIRI Raw Materials Data Handbook
       Volume 1: Organic Solvents
       National Printing Ink Research Institute Lehigh University, Bethlehem, Pennsylvania
       18015/USA 1974

[10]   National Inst. of Occupational Safety and Health
       Registry of Toxic Effects of Chemical Substances,
       Quarterly Issue
       Hrsg. Lewis R. J., Tatken, R. L.Edition DHHS (NIOSH) Publications, 1980
       NIOSH, (1986)

[11]   OECD-Guideline
       OECD-Guideline for Testing Chemicals; Partition Coefficients
       (n-Octanol-Water)
       Umweltbundesamt, Berlin, 5. Januar 1987

[12]   Mina R.
       Silver Recovery from Photographic Effluents by Ion-Exchange Methods
       J. Appl. Photogr. Eng.; 6(5), S. 120 - 125 (1980)

1112

[13]   Janicke W.
         Chemische Oxidierbarkeit organischer Wasserinhaltsstoffe
         WaBuLo Berichte; 1, S. 30 - 114 (1983)
         Institut für Wasser-, Boden- und Lufthygiene des Bundesgesundheitsamtes
         Dietrich Reimer Verlag, Berlin 1983

[14]   Freier R.K.
         Aqueous Solutions
         Data for Inorganic and Organic Compounds
         Wäßrige Lösungen/Daten für anorg. und org. Verbindungen
         Vol. 1 u. 2
         Walter de Gruyter & Co., Berlin 1976, 1978

[15]   Paulus W.
         Mikrobiozide für Kühlschmierstoffe
         Erdöl, Kohle, Erdgas, Petrochemie; 37(7), S. 303 - 307 (1984)

[16]   Gersich F.M., Mayes M.A.
         Acute Toxicity Tests with Daphnia Magna Straus and Pimephales
         Promelas Rafinesque in Support of National Pollutant Discharge Elimination Permit
         Requirements
         Water Research; 20(7), S. 939 - 941 (1986)

[17]   Holcombe G.W., Phipps G.L., Knuth M.L., Felhaber T.
         The Acute Toxicity of Selected Substituted Phenols, Benzenes and
         Benzoic Acid Esters to Fathead Minnows (Pimephales Promelas)
         Environmental Pollution (Series A); 35(4), S. 367 - 381 (1984)

[18]   Fukuda S., Iida H., Yamagiwa J.
         Toxicological study of DTPA as a drug (II).
         Chronic side effects of orally administered DTPA to rats
         Hoken Butsuri; 19(2), S. 119 - 126 (1984)

[19]   Delcourt A., Deysson G.
         Activitéé antimitotique de quelques dérivés soufrés étude sur la
         cellule végétale
         Ann. Pharm. Fr.; 34 (3-4), S. 81 - 87 (1976) (Annales Pharmaceutiques Francaises)

[20]   Beurteilung der Gefährlichkeit von Fotochemikalien gem. WHG 7a (Entwurf)
         pers. Mitteilung von Agfa-Gevaert, 1989

[21]   Fa. BASF AG, Ludwigshafen (1989)

[22]   Oil and Hazadous MaterialsTechnical Assistance Data System
         US-EPA; File Nr. 7216886, sodium acetat

[23]   Dawson G.W., Jennings A.L., Drozdowski D., Rider E.
         The Acute Toxicity of 47 Industrial Chemicals to Fresh and Salt Water Fishes
         J. Hazardous Materials; 1(4), S. 303 - 318 (1977)

[24]   Fa. Agfa-Gevaert AG, Leverkusen (1989)

[25]   Curtis M.W., Ward C.H.
         Acquatic Toxicity of 40 Industrial Chemicals:
         Testing in Support of Hazardous Substance Spill Prevention Regulation
         J. Hydrol.; 51, S. 359 - 367 (1981)

Substance	CAS-Nr.	Tradename/Product/ Common Name	Function	Process	Application	Literature
Polyurethan	9009-54-5	Baygard EDW; Baypret 10 DU; Dicrylan 7417; Dicrylan 7524; Dicrylan PSC; Finish PU; Protolan 357; Protolan 367; Rotta-Coating 1207; Rotta-Coating 1224; Rotta-Coating 1228	Baygard EDW: Extender; Baypret 10 DU: Polymeric finishing agent; Dicrylan 7417, Dicrylan 7524, Dicrylan PSC: finishing agent; Finish PU: easy-care finishing agent	finishing with fluorocarbon repellents; easy-care finishing of wool (anti-felting); coating	Baygard EDW: Extender for finishing with fluorocarbon product BAYGARD AFF or BAYGARD AFF 300% (Baygard EDW: Foulardprocess: Polyester und Polyamid 5-10 g/l, Polyester/Baumwolle 10-15 g/l, Baumwolle und Viskose 15-20 g/l); Baypret 10 DU: Universal, polymeric finishing agent for all types of fibres (Baypret 10 DU: Foulardprocess 20-60 g/l); Protolan 357: Permanent easy-care finishing of wool (anti-felting), extreme low emissions, nor odour nuisance; Protolan 367: Permanent anti-felting finish of wool; Rotta-Coating 1207: water-soluble coating and foulard application on PA, PES und CO, good and dry handle; Rotta-Coating 1224: coating of all fibre types from aqueous phase, strong, wash- and cleanwashing-proofed permanent film forming; Rotta-Coating 1228: water-repelling, aqueous fine coating of CO, PES, PA und blends, washfast and clean-fast permanent	[642]; [644]; [653]

Substance	CAS-Nr.	Tradename/Product/ Common Name	Function	Process	Application	Literature
Polyvinyl acetate	9003-20-7	Appretan EM; Appretan EMR; Binder DAS (Tubiprint Binder DAS); Lametan M; Peripret KL; Rotta-Finish 202; Rotta-Finish 207; Rotta-Finish 220; Rucogumm KLH; Schlichte UC-1; Stabiform 691; Ukadan 2010; Vibatex HKN	surface-modifying; impregnating agent; Appretan EM, Appretan EMR, Lametan M, Peripret KL, Rucogumm KLH, Ukadan 2010, Vibatex HKN: finishing agent; Binder DAS (Tubiprint Binder DAS): printing auxiliary; Schlichte UC-1: Sizing agent and sizing auxiliary; Stabiform 691: special auxiliaries	finishing: surface treatment, water-repellent treatment; Binder DAS: printing; Schlichte UC1: sizing	aftertreatment; Rotta-Finish 202: stiffening finishing of glas fibres and cotton fabrics, handle-imparting agent finishing on PA, PES u. CO, formaldehyde-free refering to Ökotex Standard 100; Rotta-Finish 207: handle-imparting finishing and coating of mainly CO, PA und Acetat, non-cracking and non-lubricating finish; Rotta-Finish 220: stiffening finish for all fibres; Schlichte UC-1: sizing agent für Stapelfibre yarn made of Cellulose, Polyester-Cellulose-blends, Wool und Polyester-Wool-blends	[642]; [643]; [653]; [746]
Polyvinyl alcohol	9002-89-5	Bevaloid 2655; 88 (teilweise verseift); Chimtex X 81; 4 (Chimgel X 81; 4); Lamephil D; Lamephil OJ; Polyvinylalkohol; Rotta-Rapidschlichte 936; Texogum 12 (teilweise verseift); Tubigum R120; Vinarol DTL (Vinarol DTL 30)	Chimtex X 81; 4 (Chimgel X 81; 4): spinning additives; Lamephil D, Lamephil OJ, Texogum 12, Tubigum R120: printing auxiliary; Bevaloid 2655; 88, Polyvinylalkohol, Vinarol DTL (Vinarol DTL 30): Sizing agent and und sizing auxiliary	pretreatment: desizing; spinning; printing	Rotta-Rapidschlichte 936: fast drying sizing agent for "Kett" machines	[642]; [653]
Polyvinylchloride	9002-86-2	Vinnol C 66; Vinnol P70PS; Solvic 367NC; Solvic 376NB	special auxiliaries; flame retardant	flame-retardant treatment	aftertreatment	[642]; [746]

[54]   Malle K.-G.
         Die Bedeutung der 129 Stoffe der EG-Liste für den Gewässerschutz
         Z. Wasser-Abwasser-Forsch.; 17, S. 75 - 81 (1984)

[55]   Luckey T.D, Venugopal B., Hutcheson D.
         Heavy Metal Toxicity, Safety and Hormology
         Georg Thieme Verlag, Stuttgart 1975

[56]   Dalgaard-Mikkelsen S., Poulsen E.
         Toxicology of Herbicides
         Pharmacol. Rev.; 14, S. 225 - 250 (1962)

[57]   Verschueren K.
         Handbook of Environmental Data on Organic Chemicals
         2. Auflage
         van Nostrand, New York 1983

[58]   Sawhney B.L. , Kozloski R.P.
         Organic Pollutants in Leachates from Landfill Sites
         J. Environ. Qual.; 13(3), S. 349 - 352 (1984)

[59]   Calamari D., DaGasso R., Galassi S., Provini A., Vighi M.
         Biodegradation and Toxicity of Selected Amines on Acquatic Organisms
         Chemosphere; 9(12), S. 753 - 762 (1980)

[60]   DABAWAS
         Datenbank für wassergefährdende Stoffe
         Dortmund, Stand August 1982

[61]   Korte F. et al.
         Überprüfung der Durchführbarkeit von Prüfungsvorschriften und der Aussagekraft der
         Grundprüfung des E. Chem. G. Berichtes der Gesellschaft für Strahlen- und
         Umweltforschung GmbH, Neuherberg
         Inst. f. ökolog. Chemie u. Inst. f. Biochem. u. Toxikologie Abt. Toxikologie Forschungsbericht
         Nr. 10704006/1

[62]   Neumüller O.-A.
         Römpps Chemie-Lexikon 8. Auflage, Bd. 1 - 6
         Franckh'sche Verlagshandlung Stuttgart 1972 - 1988

[63]   Sims R.C., Overcash M.R.
         Fate of Polynuclear Aromatic Compounds (PNAs) in Soil-Plant Systems
         Residue Rev.; 88, S. 1 (1983)

[64]   Koopmanns R.E., Rekker R.F.
         HPLC of Alkylbenzenes: Relationship with Lipophilicities as Determined from Octanol/Water
         Partition Coefficients or Calculated from Hydrophobic Fragmental Data and Connectivity
         Indices; Lipophilicity
         J. Chromatogr.; 285, S. 267 (1984)

[65]   Phipps G.L., Harden M.J., Leonard E.N., Roush T.H., Spehar D.L., Stephan G.E.,
         Pickering Q.H., Buickema A.L. Jr.
         Effects of Pollution on Freshwater Organisms
         J. Water Pollut. Control Fed.; 56(6), S. 725 - 758 (1984)

1116

[66]   Harms H.
Metabolisierung von Benzo(a)pyren in pflanzlichen Zellsuspensionskulturen und
Weizenkeimpflanzen
Landbauforschung Völkenrode; 25, S. 83 (1975)

[67]   May E.W., Wasik S.P., Miller M.M., Tewari Y.B., Brown-Thomas J.M., Goldberg R.N.
Solution Thermodynamics of Some Slightly Soluble Hydrocarbons in Water
J. Chem. Eng. Data; 28(2), S. 197 - 200 (1983)

[68]   Malle K.-G.
Water Protection in Europe
J. Am. Oil. Chem. Soc.; 61(2), S. 302 - 306 (1984)

[69]   Rowe V.K., Hymas T.A.
Summary of Toxicological Information on 2,4-D- and 2,4,5-T-Type Herbicides and an
Evaluation of the Hazards to Livestock Associatedwith their Use
Am. J. Vet. Res.; 15, S. 622 - 629 (1954)

[70]   OECD (VCI)
Production Figures and Use Patterns for Some High Volume Chemicals
Paris, June 1977

[71]   Osterroth Ch.
Development of a Method for the Extraction and Determination of Non-polar, Dissolved
Organic Substances in Sea Water
J. Chromatogr.; 101, S. 289 - 298 (1974)

[72]   Jan J., Komar M., Milohnoja, M.
The Content of Polychlorinated Hydrocarbons in Fish in Slovenia
Biol. Vestn. (Ljubljana); 24(2), S. 109 - 114 (1976)

[73]   Leoni V., Puccetti G., Grella A.
Preliminary Results on the Use of Tenax for the Extraction of Pesticides and Polynuclear
Aromatic Hydrocarbons from Surface and Drinking Waters for Analytical Purposes
J. Chromatogr.; 106, S. 119 - 124 (1975)

[74]   Peterson J. E., Stahl K. M., Meeker D. L.
Simplified Extraction and Cleanup for Determining Organochlorine Pesticides in Small
Biological Samples
Bull. Environ. Contam. Toxicol.; 15(2), S. 135 - 139 (1976)

[75]   Windholz M., Budavari S., Blumetti R.F., Otterbein E.S. (eds.)
The Merck IndexAn Encyclopedia of Chemicals, Drugs, and Biologicals
Tenth Edition
Merck & Co., Inc.Rahway, New Jersey USA 1983

[76]   Chiou C.T., Schmedding D.W.
Partioning of Organic Compounds in Octanol/Water Systems
Environ. Sci. Technol.; 16(1), S. 4 - 10 (1982)

[77]   Kearny P.C., Kaufman D.D., Hrsg.
HerbicidesChemistry, Degradation and made of Action
Vol. 1 u. 2, 2nd Edition
M. Dekker, New York 1975, 1976

[78]   Anonymus
Final Report of the Safety Assessment of Isobutane, Isopentane, n-Butane and Propane
J. Amer. Col. Toxicol.; 1(4), S. 127 - 142 (1982)

[79]   Sabel G.V., Clark T.P.
Volatile Organic Compounds as Indicators of Muncipal Solid Waste
Leachate Contamination
Waste Mange. Res.; 2(2), S. 119 - 130 (1984)

[80]   Callahan M.A., Slimak M.W. et al.
Water Related Environmental Fate of 129 Priority Pollutants
Vol. I and II
Report EPA-440/4-79-029b (1979)

[81]   Janardan S.K., Olson C.S., Schaeffert D.J.
Quantitative Comparisons of Acute Toxicity of Organic Chemicals to Rat and Fish
Ecotox. Environ. Safety; 8, S. 531 (1984)

[82]   LeBlanc G.A.
Acute Toxicity of Priority Pollutants to Water Flea (Daphnia magna)
Bull. Environ. Contam. Toxicol.; 24(5), S. 684 - 691 (1980)

[83]   Kobayashi K.
Safety Examination of Existing Chemicals-Selection, Testing, Evaluation and Regulation in Japan
in: Proc. Workshop Control of Existing Chemicals under the Patronage of the OECD
S. 141 - 143
Umweltbundesamt Berlin (Hrsg.), 10. - 12. Juni 1981

[84]   Dietz F., Traud J.
Zur Spurenanalyse von Phenolen, insbesondere Chlorphenolen, in Wässern mittels
Gaschromatographie-Methoden und Ergebnisse
Vom Wasser; 51, S. 235 - 257 (1978)

[85]   Weast R.C., Astle M.J.
CRC Handbook of Chemistry and Physics
59 th Edition 1978 - 1979
CRC Press, Inc.2255 Palm Beach Lakes Blvd., West Palm Beach, Florida 33409, USA

[86]   Hermens J.L.M., Busser F., Leeuwanch P., Musch A.
Quantitative Correlation Studies Between the Acute Lethal Toxicityof 15 Organoic Halides to
the Guppy (Poecilia reticulata) andChemical Reactivity Towards 4-Nitrobenzylpyridine
Toxicol. Environ. Chem.; 9(3), S. 219 - 236 (1985)

[87]   Lai D.Y.
Halogenated Benzenes, Naphthalenes, Biphenyls and Terphenyls in the Environment: Their
Carcinogenic, Mutaganic and Teratogenic Potentialand Toxic Effects
J. Environ. Sci. Hlth. C2, S. 135 (1984)

[88]   Gottschalk C., Markard C., Hellmann H., Krebs F., Hansen P.D., Kühn R.
Beitrag zur Beurteilung von 19 gefährlichen Stoffen in oberirdischen Gewässern
Hrsg.: Umweltbundesamt Berlin, April 1986

[89]   Frische R., Hachmann R., Rippen G.
Ermittlung und Bewertung der Umweltbelastung und -verteilung von Verbrauchschemikalien.
Beispiel: p-Dichlorbenzol als Geruchsübertöner im Sanitärbereich
Bericht des Battelle-Instituts, Frankfurt am Main, an das Umweltbundesamt, Berlin
Forschungsvorhaben Nr. 105.05019, Dezember 1981

1118

[90]   Dive D., Leclerc H., Persoone G.
        Pesticide Toxicity on the Cilate Protozoan Colpidium Campylum:Possible Consequences of
        the Effect of Pesticides in the Aquatic Environment
        Ecotoxicol. Environ. Saf.; 4(2), S. 129 - 133 (1980)

[91]   Eichelberger J.W., Lichtenberg J.J.
        Persistence of Pesticides in River Water
        Environ Sci. Technol.; 5(6), S. 541 - 544 (1971)

[92]   Kenaga E.E., Goring C.A.J.
        Relationship between Water Solubility, Soil Sorption, Octanol Water
        Partitioning and Bioconcentration of Chemicals in Biota
        in: Aquate Toxicology ASTM Publ. STP 707
        Eaton J.C, Parrish P.R., Hendricks A.C. (eds.), Philadelphia 1980, S. 78 - 115

[93]   Kenaga E.E.
        Guidelines for Environmental Study of Pesticides.
        Determination of Bioconcentration Potential
        Residue Rev.; 44, S. 73 - 113 (1972)

[94]   BP Chemie
        Ethoxypropanol EP
        Technigram EOC1G
        BP Chemicals Limited

[95]   Ballschmiter K.
        Polychlorbiphenyle: Chemie, Analytik und Umweltchemie
        Analytiker Taschenbuch, Springer Verlag 1987, Bd. 7, S. 393 - 432

[96]   Deutsche Forschungsgemeinschaft
        Polycyclische aromatische Kohlenwasserstoffe und krebserzeugende (PAH)
        MAK-WerteToxikologisch-arbeitsmedizinische Begründungen
        Band III, VP, S. 1 - 10
        Verlag Chemie 1987

[97]   BP chemicals
        Ethoxypropylacetat
        Vorausinformationsblatt EOC2G
        BP Chemicals Limited
        Januar 1987

[98]   BP chemicals
        Methoxypropanol
        Technigram EOC4 G
        BP Chemicals Limited
        Juni 1987

[99]   BP chemicals
        Methoxypropylacetat
        Technigram EOC3 G
        Deutsche BP Chemie GmbH, Düsseldorf

[100]   BP chemicals
        Phenoxypropanol (PhP)
        Technigram EOC5G
        Deutsche BP Chemie GmbH, Düsseldorf

[101]   BP chemicals
        Methylglykol, Methylglykolacetat
        Technigram GE 3 G
        Deutsche BP Chemie GmbH, Düsseldorf

[102]   BP chemicals
        Ethylglykol, Ethylglykolacetat
        Technigram GE 4 G
        Deutsche BP Chemie GmbH, Düsseldorf

[103]   BP chemicals
        Butylglykol, Butylglykolacetat
        Technigram GE 5 G
        Deutsche BP Chemie GmbH, Düsseldorf

[104]   BP chemicals
        Diglykolether und Diglykolacetat
        Technigram GE 6 G
        Deutsche BP Chemie GmbH, Düsseldorf

[105]   BP chemicals
        Mathematisches Modell zur Voraussage der Verdunstungsgeschwindigkeit
        Deutsche BP Chemie GmbH, Düsseldorf

[106]   BP Chemie
        Aceton
        Deutsche BP Chemie GmbH, Düsseldorf

[107]   BP Chemie
        Diacetonalkohol DAA
        Deutsche BP Chemie GmbH, Düsseldorf

[108]   BP Chemie
        Hexylenglykol
        Deutsche BP Chemie GmbH, Düsseldorf

[109]   BP Chemie
        Isophoron
        Deutsche BP Chemie GmbH, Düsseldorf

[110]   BP Chemie
        BP Solvent ID
        Deutsche BP Chemie GmbH, Düsseldorf

[111]   BP Chemie
        Ethylacetat
        Deutsche BP Chemie GmbH, Düsseldorf

[112]   Tabellenbuch der Chemie
        Harri Deutsch Verlag, Leipzig, 10. Auflage 1986

[113]   BP Chemie
        N-Butylacetat
        Deutsche BP Chemie GmbH, Düsseldorf

1120

[114]   BP Chemie
         Isobutylacetat
         Deutsche BP Chemie GmbH, Düsseldorf

[115]   BP Chemie
         Isopropanol
         Deutsche BP Chemie GmbH, Düsseldorf

[116]   Friberg I., Piscator M., Nordberg G.
         Cadmium in the Environment
         CRC Press, Cleveland, Ohio 1971

[117]   Beliles R.P.
         Metals
         in: Toxikology, The Basis Science of Poisons
         Casarett L.J., Doull J. (eds.)
         Macmillan Publishing Co.,Inc., New York 1975, S. 495

[118]   Norton T.R.
         Metabolism of Toxic Substances
         in: Toxicology, The Basis Science of Poisons
         Casarett L.J., Doull J. (eds.)
         Macmillan Publishing Co.,Inc. New York 1975

[119]   Bremer K.E.
         Discussion of Polychlorinated Biphenyls in Waste Streams from Paper Recycling
         in: Environmental Aspects of Chemical Use in Printing Operations
         S. 319

[120]   Miyao N., Ishiguro S., Kano I., Yasuda N.
         Toxicity of Carbamate Compounds.
         I. Subchronic Toxicity of 3-Methyl-5-isopropylphenyl-N-methylcarbamate
         Kagoshima Daigaku Nogakubu Gakujutsu Hokoku; 22, S. 131 - 144 (1972)
         Zusammenfassung siehe Chemical Abstracts, Vol. 78, 119931 e (1973)

[121]   Gaines T.B.
         Acute Toxicity of Pesticides
         Toxicol. Appl. Pharmacol.; 14(3), S. 515 - 534 (1969)

[122]   Boyd E.M., Shanas M.N.
         The Acute Oral Toxicity of Sodium Chloride (in Albino Rats)
         Arch. Int. Pharmacolodyn. Ther.; 144(1/2), S. 86 - 96 (1963)

[123]   Kutob S.D., Plaa G.L.
         A Procedure for Estimating the Hepatotoxic Potential of Certain Industrial Solvents
         Toxicol. Appl. Pharmacol.; 4, S. 354 - 361 (1962)

[124]   Ditten D., Klose B., Bienert M., Kiepsch H.-J.
         Untersuchungen zur quantitativen Bestimmung der Exposition gegenüber i-Propanol im
         Offsetdruck mit Alkoholfeuchtung
         Papier und Druck; 37, S. 488 (1988)

[125]   Alexander C.B., McBay A.J., Hudson R.P.
         Isopropanol and Isopropanol Deaths-Ten Years Experience
         J. Forens. Sci.; 27, S. 541 (1982)

[126]   Daniel D.R., McAnalley B.H., Gariott J.C.
         Isopropylalcohol Metabolism After Acute Intoxication in Humans
         J. Anal. Toxicol.; 5(3), S. 110 - 112 (1981)

[127]   Weast R.C., Astle M.J., Beyer W.H.
         CRC Handbook of Chemistry and Physics
         66th Edition 1985 - 1986
         CRC Press, Inc., Boca Raton, Florida/USA

[128]   Schröter W., Lautenschläger K.-H., Bibrack H., Schnabel A.
         Chemie
         VEB Fachbuchverlag, Leipzig, 15. Auflage 1984

[129]   Kunz W., Klencz P.
         Natrium und Natrium-Legierungen
         4. Auflage, Bd. 17, S. 143 - 177
         Ullmanns Encyclopädie der Technischen Chemie
         Verlag Chemie, Weinheim 1979

[130]   Hoppe J.O., Goble F.C.
         The Intravenous Toxicity of Sodium Bisulfite
         J. Pharmacol. Exptl. Therap.; 101, S. 101 - 106 (1951)

[131]   Back K.C. et al.
         Reclassification of Materials Listed as Transportation Health Hazards
         (TSA-20-72-3; PB 214 - 270)

[132]   Born E.
         Lexikon für die graphische Industrie 2. Auflage
         Polygraph Verlag GmbH Frankfurt am Main, 1972

[133]   Frische R., Klöpffer W., Schönborn W.
         Bewertung von organisch-chemischen Stoffen und Produkten in Bezug auf ihr
         Umweltverhalten - chemische, biologische und wirtschaftliche Aspekte
         Studie des Battelle-Instituts e.V., Frankfurt am Main,
         für das Umweltbundesamt Berlin; 1. und 2. Teil, Mai 1979

[134]   Bringmann G., Kühn R.
         Comparison of the Toxicity Thresholds of Water Pollutants to Bacteria, Algae and Protozoa
         in the Cell Multiplication InhibitionTest
         Water Res.; 14(3), S. 231 - 241 (1980)

[135]   Vahrenkamp H.
         Zink, ein langweiliges Element?
         Chem. unserer Zeit; 22(3), S. 73 - 84 (1988)
         (Korrektur in: Chem. unserer Zeit; 22(6), S. 220 (1988))

[136]   Voigt J.L., Edwards L.D., Johnson C.H.
         Acute Toxicity of Arsenate of Lead in Animals
         J. Am. Pharm. Assoc., Sci. Ed.; 37, S. 122 - 123 (1948)

[137]   Anderson B.G., Chandler D.C., Andrews T.F., Jahoda W.J.
         The evaluation of aquatic invertebrates asassay organisms for the determination of the
         toxicity of industrial wastes
         Amer. Petroleum Inst. Project Final Report No. 51 (1948)

[138] Bringmann G., Kühn R.
Vergleichende wassertoxikologische Untersuchungen an Bakterien, Algen und Kleinkrebsen
Gesundh.-Ing.; 80, S. 115 (1959)

[139] Dowden B.F., Bennett H.J.
Toxicity of selected chemicals to certain animals
J. Water Pollution Control Federation; 37(9), S. 1308 - 1316 (1965)

[140] Koch R.
Umweltchemikalien
Physikalisch-chemische Daten, Toxizitäten, Grenz- und Richtwerte,Umweltverhalten
VCH Verlagsgesellschaft, Weinheim
VEB Verlag Volk und Gesundheit, Berlin 1989

[141] Du Pont Sicherheitsdatenblatt
Cyrel Flexosolvent
Du Pont de Nemours, Bad Homburg

[142] Thumann M.E.
Über die Wirkung arsenhaltiger Abwässer auf Fische und Krebse
Angew. Chemie; 54(47/48), S. 500 (1941)

[143] Umweltbelastung durch Asbest und andere faserige Feinstäube
Bericht 80/7, Hrsg. Umweltbundesamt Berlin 1980

[144] Kühn R., Birett K.
Merkblätter Gefährliche Arbeitsstoffe Loseblattsammlung, Bd. 1 - 7
ecomed verlagsgesellschaft mbh, Landsberg/Lech

[145] Quellmalz E.
Das neue Chemikaliengesetz
Handbuch der gefährlichen Arbeitsstoffe
Bd. 1 - 4, Loseblatt-Ausgabe, 1980 ff.
WEKA Fachverlage GmbH, Kissing

[146] Anderson K., Scott R.
Fundamentals of Industrial Toxicology
Ann Arbor Science Publishers Inc./The Butterworth Group
230 Collingwood, P.O. Box 1425, Ann Arbor, Michigan 48106, 1981, S. 37

[147] Karrer W.
Konstitution und Vorkommen der organischen Pflanzenstoffe (exklusiveAlkaloide)
Chemische Reihe Bd. 12 (1976), Bd. 17 (1977), Bd. 25 (1981), Bd. 28(1985)
Birkhäuser Verlag, Basel

[148] Anonymus
Die neue MAK-Werte-Liste
Entsorgungs-Technik; 3, S. 26 (1989)

[149] Anonymus
Entsorgung von Ethylenoxid
Entsorgungs-Technik; 3, S. 23 (1989)

[150]   Fuchs F.
        Gelchromatographische Trennung von organischen Wasserinhaltsstoffen
        Teil III: Untersuchungen zu den Wechselwirkungen zwischen Gelmatrix, Probensubstanz
        und Elutionsmittel
        Vom Wasser; 66, S. 127 - 136 (1986)

[151]   Perkow W.
        Wirksubstanzen der Pflanzenschutz- und Schädlingsbekämpfungsmittel
        Paul Parey Verlag, Berlin-Hamburg 1983

[152]   Drosselmeyer E.
        Grenzwertsetzung für chemische Schadstoffe
        Kernforschungszentrum Karlsruhe Karlsruhe GmbH, Mai 1979

[153]   Chu I., Villeneuve D.C., Viau A., Barnes C.R., Benoit F.M., Qin Y.H.
        Metabolism of 1,2,3,4-, 1,2,3,5- and 1,2,4,5-Tetrachlorobenzene in the Rat
        J. Toxicol. Environm. Health.; 13(4-6), S. 777 - 786 (1984)

[154]   Franck R.
        Kunststoffe im Lebensmittelverkehr
        Loseblattsammlung, Teile A - E
        Heymanns Verlag, Köln-Berlin-Bonn-München

[155]   Meyer H.J., Kretzschmar R.
        Relation between Molecular Structure and Pharmacological Activity of C-6aryl-substituted 4-
        Methoxy-à-pyrones of the Kava Pyrone Type J
        Arzneimittelforschung; 19(4), S. 617 - 623 (1969)

[156]   Grossmann W.
        Abwässer aus photoverarbeitenden Betrieben
        pers. Mitteilung 1987

[157]   Tiegs E.
        Abwasserschäden
        in: Sorauers Handbuch der Pflanzenkrankheiten
        Berlin 1934

[158]   Fachlexikon ABC-Chemie
        Verlag Harri Deutsch, Thun-Frankfurt a. Main 1979, Band 1 und 2

[159]   Garrett J.T.
        Toxicity considerations in pollution control
        Ind. Wastes; 2, S. 17 - 19 (1957)

[160]   Denzer H.W.
        Merkblatt über die Schädigung der Fischerei durch Abwasser
        I. Schwellenwerte für Fische und Fischnährtiere
        Landesanstalt für Fischerei Nordrhein Westfalen 1959

[161]   McKim J.M., Benoit D.A., Biesinger K.E., Brungs W.A., Siefert R.E.
        Effects of pollution on freshwater fish
        J. Water Pollution Control Federation; 47(6), S. 1711 - 1768 (1975)

1124

[162]   Friege H., Claus F., D'Haese M.
Chemie im Kinderzimmer
1. Auflage
Rowohlt Verlag GmbH, Reinbek bei Hamburg, 1986, S. 23

[163]   Hommel G.
Handbuch der gefährlichen Güter,
2. Auflage 1988, Bd. 1 - 3
Springer Verlag Berlin, Heidelberg, New York

[164]   Stöfen D.
Toleranzwerte für Schadstoffe im Trinkwasser
Städtehygiene; 24, S. 109 - 114 (1973)

[165]   Chian E.S.K., Dewalle F.B.
Nature and analysis of chemicals species
J. Water Poll. Control Federation; 48, S. 1042 - 1077 (1976)

[166]   Braun W., Dönhardt A.
Vergiftungsregister Haushalts- und Laborchemikalien, Arzneimittel-Symptomatologie und
Therapie
Georg Thieme Verlag, Stuttgart, 3. Auflage 1981

[167]   Weissenfels W.D., Beyer M., Klein J.
Degradation of Phenanthrene, Fluorene and Fluoranthene by Pure Bacterial Cultures
Appl. Microbiol. Biotechnol.; 32(4), S. 479 - 484 (1990)

[168]   Brown J.R., Mastromatteo E.
Acute Oral and Parenteral Toxicity of Four Titanate Compounds in the Rat
Industr. Med. Surg.; 31, S. 302 - 304 (1962)

[169]   Deutsche Forschungsgemeinschaft
Farbstoffe für Lebensmittel
Harald Boldt Verlag, Boppard 1978

[170]   Eichenhofer K.-W., Roos E.
Hydrazin
Ullmanns Encyklopädie der Technischen Chemie,
4. Auflage, Bd. 13, S. 95 - 107,
Verlag Chemie, Weinheim 1977

[171]   Audrieth L.H., Ogg und B.A.
The chemistry of Hydrazine
Wiley, New York 1951

[172]   Andon R.J.L., Biddiscombe D.P., Cox J.D., Handley R., Harrop D., Herington E.F.G., Martin
J.F.
Thermodynamic Properties of Organic Oxygen Compounds. Part I.
J. Chem. Soc.; 1960(4), S. 5246 - 5254

[173]   Forster A., Kromer H., Trawinski H.F.
Kaolin
Ullmanns Encyklopädie der Technischen Chemie,
4. Auflage, Bd. 13, S. 509 - 516,
Verlag Chemie, Weinheim 1977

[174]   Lockey S.D.
        Reactions to Hidden Agents in Foods, Beverages and Drugs
        Ann. Allergy; 29, S. 461 - 466 (1971)

[175]   Juhlin L., Michaëlsson, G., Zetterström und Ö.
        J. Allergy Clin. Immunol.; 50(2), S. 92 (1972)

[176]   Joint Food and Agriculture Organization of the United Nations (FAO)/WHO Expert
        Committee an Food Additives
        FAO Nutrition Meetings Report Series No. 55, Rom 1975

[177]   Katalyse Umweltgruppe (Hrsg.)
        Was wir alles schlucken müssen
        Zusatzstoffe in Lebensmitteln
        Rowohlt Verlag 1986

[178]   Food and Agriculture Organization of the United Nations (FAO)
        FAO Nutrition Meeting Report Series No. 53 A, Rom 1974, S. 127

[179]   Fiege H.
        Kresole und Xylenole
        Ullmanns Encyklopädie der Technischen Chemie
        4. Auflage, Bd. 15, S. 61 - 77,
        Verlag Chemie, Weinheim 1978

[180]   Bringmann G., Kühn R.
        Ergebnisse der Schadwirkung wassergefährdender Stoffe gegen Daphniamagna in einem
        weiterentwickelten standardisiertem Testverfahren
        Z. f. Wasser- und Abwasser-Forschung; 15, S. 1 - 6 (1982)

[181]   Wellens H.
        Vergleich der Empfindlichkeit von Brachydanio rerio und Leucisusidus bei der Untersuchung
        der Fischtoxizität von chemischen Verbindungen und Abwässern
        Z. Wasser- Abwasser-Forsch.; 15(2), S. 49 - 52 (1982)

[182]   Hoechst
        Ethylacetat DIN-Sicherheitsdatenblatt
        Hoechst AG, Frankfurt, November 1987

[183]   Trénel J., Kühn R.
        Bewertung wassergefährdender Stoffe im Hinblick auf Lagerung, Umschlag undTransport
        und Untersuchung zur Abklärung substanz- u. bewertungsmethodenspezifischer Grenzfälle
        bei der Bewertung wassergefährdender Stoffe
        Umweltforschungsplan des Bundesministers des Innern, Forschungsbericht;
        Institut für Wasser-, Boden- und Lufthygiene des Bundesgesundheitsamtes,
        Berlin 1982

[184]   Clemens H.P., Sneed K.E.
        Lethal doses of several commercial chemicals for fingerling channel catfish
        Special Scientific Report Fisheries No. 316, U.S. Dept. Interior, 1959

[185]   McKee J.E., Wolf H.W.
        Water quality criteria
        Sacramento; Resources Agency, California;State Water Quality Control Board, USA 1967

1126

[186]   Department of Transportation United States Coast Guard
         CHRIS Hazardous Chemical Data
         File 1 A-D, File 2 E-Z
         Commandant Instruction M 16465, U.S. Coast Guard, Washington D.C. 20593,
         12 October 1978

[187]   Lenga R.E. (Ed.)
         The Sigma-Aldrich Library of Chemical Safety Data
         Sigma-Aldrich Corporation,
         Vol. 1 u. 2
         Edition II, 1988

[188]   Ambient Water Quality Criteria for Halomethanes
         US EPA, PB 81 - 117 (1980)

[189]   Persoone G., van Haecke P.
         Evaluation of the Impact of Benzene, Chloroform and Carbon Tetrachloride on the Aquatic
         Environment
         Bericht an die Kommission der EG, 1982

[190]   Ambient Water Quality Criteria: Carbon Tetrachloride
         US EPA, PB-292-424 (1978)

[191]   Domino E.F., Unna K.R., Kerwin J.
         Pharmacological Properties of Benzazoles.I. Relationship between Structure and
         Paralyzing Action
         J. Pharmacol. Exptl. Therap.; 105, S. 486 - 497 (1952)

[192]   Buckingham J. (Ed.)
         Dictionary of Organic Compounds, Fifth Edition, Second Supplement
         Chapman and Hall, New York 1984, S. 75

[193]   Smyth H.F., Carpenter C.P., Weil C.S.
         Range-Finding Toxicity Data: List IV
         Arch. Ind. Hyg. Occupational. Med. 4, S. 119 - 122 (1951)

[194]   Jenner P.M., Hagan E.C., Taylor J.M., Cook E.L., Fitzhugh O.G.
         Food Flavorings and Compounds of Related Structure
         I. Acute Oral Toxicity
         Food Cosmet. Toxicol.; 2(3), S. 327 - 343 (1964)

[195]   Smyth H.F.Jr., Carpenter C.P.
         Further Expierience with the Range Finding Test in the Industrial Toxicology Laboratory
         J. Ind. Hyg. Toxicol.; 30(1), S. 63 - 68 (1948)

[196]   Webb J.M., Hansen W.H.
         Metabolism of Rhodamine B
         Toxicol. Appl. Pharmacol.; 3, S. 86 - 95 (1961)

[197]   Woodard, G., Hagan E. C., Radomski J. L.
         Toxicity of Hydroquinone for Laboratory Animals
         Fed. Proc.; 8, S. 348 (1949)

[198]   Smyth H.F., Carpenter C.P., Weil C.S.
         Range-Finding Toxicity Data
         Arch. Ind. Hyg. Occupational. Med.; 10, S. 61 - 68 (1954)

[199]   Syed I.B., Hosain F.
         Determination of LD 50 of Barium chloride and Allied Agents
         Toxicol. Appl. Pharmacol.; 22(1), S. 150 - 152 (1972)

[200]   Smyth H.F., Seaton J., Fischer L.
         The Single Dose Toxicity of some Glycols and Derivatives
         J. Ind. Hyg. Toxicol.; 23(6), S. 259 - 268 (1941)

[201]   Budavari S., Maryadele J., Smith A., Heckelman P.E. (Editors)
         The Merck IndexAn Encyclopedia of Chemicals, Drugs, and Biologicals
         Eleventh Edition
         Merck & Co,. Inc.Rahway, New Jersey USA 1989

[202]   Howard P.H.
         Handbook of Environmental Fate and Exposure Data for Organic Chemicals
         Vol. I: Large Production and Priority Pollutants
         Lewis Publishers, Inc.Chelsea, Michigan USA 1989

[203]   Taylor B.F., Curry R.W., Corcoran E.F.
         Potential for Biodegradation of Phthalic Acid Esters in Marine Regions
         Appl. Environ. Microbiol.; 42(4), S. 590 - 595 (1981)

[204]   Williams G.R., Dale R.
         The Biodeterioration of the Plasticizer Dioctyl Phthalate
         Int. Biodterior. Bull.; 19(1), S. 37 - 38 (1983)

[205]   Howard P.H., Banerjee S., Robillard K.H.
         Measurement of Water Solubilities, Octanol/Water Partition
         Coefficients and Vapor Pressures of Commercial Phthalate Esters
         Environ. Toxicol. Chem.; 4(5), S. 653 - 661 (1985)

[206]   Sugatt R.H., O'Grady D.P., Banerjee S., Howard P.H., Gledhill W.E.
         Shake Flask Biodegradation of 14 Commercial Phthalate Esters
         Appl. Environ. Microbiol.; 47(4), S. 601 - 606 (1984)

[207]   Robinson H.J., Graessle O.E.
         Toxicity of Tannic Acid
         J. Pharmacol. Exp. Ther.; 77, S. 63 - 69 (1943)

[208]   Brown J.R., Mastromatteo E.
         Acute Toxicity of Three Episulfide Compounds in Experimental Animals
         Am. Ind. Hyg. Assoc. J.; 25(6), S. 560 - 563 (1964)

[209]   Orö L., Wretlind A.
         Pharmacological Effects of Fatty Acids, Triolein, and Cotton-seed Oil
         Acta Pharmacol. Toxicol.; 18, S. 141 - 152 (1961)

[210]   Daniher F.A.
         The Toxicology of tris-(2,3-Dibromopropyl)-phosphate
         Proc. Symp. Text. Flammability; 4, S. 126 - 143 (1976)

[211]   Brown J.R., Mastromatteo E., Harwood J.
         Zirconium Lactate and Barium Circonate.
         Acute Toxicity and Inhalation Effects in Experimental Animals
         Am. Ind. Hyg. Assoc. J.; 4(2), S. 131 - 143 (1963)

1128

[212]   Cliemie I.J.G., Hutson D.H., Stoydin G.
         Metabolism of the Epoxy Resin Component 2,2-Bis-4-(2,3-epoxypropoxy)-phenylpropan, the
         Diglycidyl Ether of Bisphenol A (DGEBPA) in the Mouse. Part I
         Xenobiotica; 11(6), S. 391-399 (1981)

[213]   Cliemie I.J.G., Hutson D.H., Stoydin G.
         Metabolism of the Epoxy Resin Component 2,2-Bis-4-(2,3-epoxypropoxy)-phenylpropan, the
         Diglycidyl Ether of Bisphenol A (DGEBPA) in the Mouse. Part II
         Xenobiotica; 11(6), S. 401-424 (1981)

[214]   National Toxicology Program
         Carcinogenesis Bioassay of Bisphenol A in F344 Rats and B6C3F1 Mice (Feed Study)
         Research Triangle Parc, NC USA
         Report NIH/PUB-82-1771, NTP-80-35 (1982)
         Order No. PB 82-184060 (117 Seiten)

[215]   Bentley P., Biery F., Kuster H., Muakkassah-Kelly S., Sagelsdorff P., Staeubli W.,
         Waechter F.
         Hydrolysis of Bisphenol A Diglycidyl Ether by Epoxide Hydrolases in Cytosolic and
         Microsomal Fractions of Liver and Skin:
         Inhibition by Bis-(epoxycyclopentyl)-ether
         Carcinogenesis; 10(2), S. 321 - 327 (1981)

[216]   Peristianis G.C., Doak S.M.A., Cole P.N., Hend R.W.
         Two Year Carcinogenicity Study on three Aromatic Epoxy Resins
         Applied Cutaneously to CF1 Mice
         Food Chem. Toxicol.; 26(7), S. 611 - 624 (1988)

[217]   Roth L.
         Umgang mit der neuen Gefahrstoffverordnung
         Chem. unserer Zeit; 21(1), S. 27 - 33 (1987)

[218]   Griepentrog F.
         Pathologisch-anatomische Befunde zur karzinogenen Wirkung von Cumarin im Tierversuch
         Toxicology; 1, S. 93 - 102 (1973)

[219]   Die Toxikologie von Atrazin
         1. Mitteilung
         J.R. Geigy AG, Abt. Pharmakologie, Basel 1967

[220]   Palnmer J.S., Radeleff und R.D.
         Toxicologic effects of certain fungicides and herbicides on sheep and cattle
         Ann. N.Y. Acad. Sci.; 111(2), S. 729 - 736 (1964)

[221]   Radeleff R. D.
         Veterinary Toxicology
         Lea and Febiger Publication, Philadelphia 1964

[222]   Bashmurin A.F.
         Toxicity of Atrazine for Animals
         Sb. Rab., Leningr. Vet. Inst.; 36, S. 5 - 7 (1974)
         Zusammenfassung siehe: Chemical Abstracts Vol. 82, 119795 (1975)

[223]   Bathe R., Ullmann R., Sachsse K., Hess R.
         Relationship between Toxicity to Fish and to Mammals:
         A Comparitive Study under Defined Laboratory Conditions
         Proceed. European. Soc. Toxicol.; Vol. XVII, Montpellier, June 1975S. 351 - 355

[224]   Bathe R., Sachsse K., Ullmann L., Hörmann W.D., Zak F., Hess R.
         The Evaluation of Fish Toxicity in the Laboratory
         Proceed. European Soc. Toxicol., Calrsbad; 26, S. 113 - 124 (1974)

[225]   van Logten M.J., Wolthuis M., Rauws A.G., Kroes R.
         Short-Term Toxicity Study on Sodium Bromide in Rats
         Toxicology; 1, S. 321 - 327 (1973)

[226]   van Logten M.J., Wolthuis M., Rauws A.G., Kroes R., Berkvens H., den Tonkelaar E.M., van
         Esch G.J.
         Semichronic Toxicity Study of Sodium Bromide in Rats
         Toxicology; 2, S. 257 - 267 (1974)

[227]   Goßler K., Miess R.
         Verhalten von linearen Alkylbenzolsulfonaten aus Haushaltswaschmitteln bei der
         Abwasserbehandlung - Literaturstudie
         Landesgewerbeanstalt Bayern
         Veröffentlichungen des Bereichs Materialprüfung - Materialprüfungsamt, Heft 5,
         Nürnberg 1987

[228]   Verschuuren H.G., Kroes R., den Tonkelaar E.M.
         Short-Term Oral and Dermal Toxicity of MCPA and MCPP
         Toxicology; 3, S. 349 - 359 (1975)

[229]   Palmer J.S., Radelett R.D.
         The Toxicity of some Organic Herbicides to Cattle, Sheep, and Chickens
         Report No. 106, US Dept. of Agriculture, Washington D.C. 1969

[230]   Cabral J.R.P., Raitano F., Mollner T., Bronzyk S., Shubik P.
         Acute Toxicity of Pesticides in Hamsters
         Toxicol. Appl. Pharmacol.; 48, S. A192 (1979)

[231]   Huber L.
         Stand der Kenntnisse über das ökologische Verhalten von Tensiden
         Münchner Beitr. Abwass.-, Fischerei-, Flußbiol.; 39, S. 189 (1985)

[232]   Schöberl P., Bock K.J.
         Tensidabbau und dessen Metabolite
         Tenside Detergents; 17(5), S. 262 - 266 (1980)

[233]   Steber J.
         Untersuchungen zum biologischen Abbau von (14)C-ring-markiertem linearen
         Alkylbenzolsulfonat in Oberflächenwasser- und Kläranlagenmodellen
         Tenside Deterg.; 16(3), S. 140 - 145 (1979)

[234]   Huddleston R.L., Nielsen A.M.
         LAS Biodegradation: The Fate of the Aromatic Ring
         Soap, Cosmetics, Chem. Spec.; 55(3), S. 34, 36 - 38, 44 (1979)
         Household Pers. Prod. Ind.; 16(3), S. 72 - 74, 82 (1979)

[235]   Boyd E.M., Abel M.M.
         The Acute Toxicity of Barium Sulfate Administered Intragastrically
         Can. Med. Assoc. J.; 94(16), S. 849 - 853 (1966)

[236]   Boyd E.M., Abel M.M., Knight L.M.
         The Chronic Oral Toxicity of Sodium Chloride at the Range of the LD 50 (0,1L)
         Can. J. Physiol. Pharmacol.; 44(1), S. 157 - 172 (1966)

1130

[237]   Auglair M., Hameau N.
        Toxicology and Pharmacology of the Organic Solvents Dimethylacetamide and
        Dimethylformamide
        Compt. Rend. Soc. Biol.; 158, S. 245 - 248 (1964)

[238]   Kulagina N.K., Kochetkova T.A.
        Toxicity of Triethylamine
        Toksikol. Novykh Prom. Khim. Veshchesto No. 7, S. 56 - 76 (1965)
        Zusammenfassung siehe Chemical Abstracts, Vol. 63, 7548 d (1965)

[239]   Boyd E.M., Godi I., Abel M.
        Acute Oral Toxicity of Sucrose
        Toxicol. Appl. Pharmacol.; 7(4), S. 609 - 618 (1965)

[240]   Boyd E.M., Godi I., Krijnen C.J.
        The Acute Oral Toxicity of a Vasicin Derivative
        J. New Drugs; 6(5), S. 269 - 277 (1966)

[241]   Stöfen D.
        The Maximum Permissible Concentrations in the U.S.S.R. for Harmful Substances in
        Drinking Water
        Toxicology; 1, S. 187 - 195 (1973)

[242]   Boyd E.M., Shanas M.N.
        The Acute oral Toxicity of Potassium Chloride
        Arch. Intern. Pharmacodynamic; 313, S. 275 - 283 (1961)

[243]   Hefner R.E., Leong B.K.J., Kociba R.J., Gehring P.J.
        Repeated Inhalation of Diphenyl Oxide in Experimental Animals
        Toxicol. Appl. Pharmacol.; 33(1), S. 78 - 86 (1975)

[244]   Hoppe J.O., Marcelli G.M.A., Tainter M.L.
        The Toxicity of Ferrous Gluconate
        Am. J. Med. Sci.; 230, S. 491 - 497 (1955)

[245]   Noel P.R.B., Barnett K.C., Davies R.E., Jolly D.W., Leahy J.S., Mawdesley L.E.,
        Shillam K.W.G., Squires P.F., Street A.E.
        The Toxicity of Dimethyl Sulphoxide (DMSO) for the Dog, Pig, Rat and Rabbit
        Toxicology; 3, S. 143 - 169 (1975)

[246]   Büchel K.H.
        Pflanzenschutz und Schädlingsbekämpfung
        Georg Thieme Verlag, Stuttgart 1977

[247]   Knudsen I., Verschuuren H.G., den Tonkelaar E.M., Kroes R., Helleman P.F.W.
        Short-term Toxicity of Pentachlorphenol in Rats
        Toxicology; 2, S. 141 - 152 (1974)

[248]   Singh A.R., Lawrence W.H., Autian J.
        Teratogenicity of Phthalate Esters in Rats
        J. Pharm. Sci.; 61(1), S. 51 - 55 (1972)

[249]   Singh A.R., Lawrence W.H., Autian J.
        Embryonic-fetal Toxicity and Teratogenic Effects of Adipic Esters in Rats
        J. Pharm. Sci.; 62(10), S. 1596 - 1600 (1973)

[250]   Verschuuren H.G., Kroes R., van Esch G.J.
         Toxicity Studies on Tetrasull. Acute, Long-term and Reproduction Studies
         Toxicology; 1, S. 63 - 78 (1973)

[251]   Lomonova G.V., Preobrazhenskaya A.A.
         Toxic Properties of Caprolactam
         Tr. Gor'kovsk. Nauchn.-Issled. Inst. Gigieny Truda i Prof. Boleznei,
         Sb.; 1961(9), S. 34 - 40 (Publ. 1962)
         Zusammenfassung siehe Chemical Abstracts, Vol. 59, 15841 a (1963)

[252]   Sommer S., Tauberger G.
         Toxicologic Investigations of Dimethylsulfoxide
         Arzneimittel-Forsch.; 14(9), S. 1050 - 1053 (1964)

[253]   Brown V.K., Robinson J., Stevenson D.E.
         A Note on the Toxicity and Solvent Properties of Dimethyl Sulfoxide
         J. Pharm. Pharmacol.; 15(10), S. 688 - 692 (1963)

[254]   Willson J.E., Brown D.E., Timmens E.K.
         A Toxicologic Study of Dimethyl Sulfoxide
         Toxicol. Appl. Pharmacol.; 7(1), S. 104 - 112 (1965)

[255]   McGavack T.H., Boyd L.J., Piccione F.V., Terranova R.
         Acute and Chronic Intoxications with Sodium Pentachlorophenate in Rabbits
         J. Ind. Hyg. Toxicol.; 23, S. 239 - 251 (1941)

[256]   Horn H.J., Holland E.G., Hazleton L.W.
         Safety of Adipic Acid as Compared with Citric and Tartaric Acids
         J. Agr. Food Chem.; 5, S. 759 - 762 (1957)

[257]   Gurd M.R., Harmer G.L.M., Lessel B.
         Food Cosmet. Toxicol.; 3, S. 883 (1965)

[258]   Decad G.M., Snyder C.D., Mitoma C.
         Fate of Water-insoluble and Water-soluble Dichlorobenzidine- based Pigments in
         Fischer 344 Rats
         J. Toxicol. Environ. Health; 11(3), S. 455 - 465 (1983)

[259]   Andersen J.J., Burrell A.D., Decad G.M., Dabney B.J.
         Evaluation of Office Materials for Genotoxic Effects
         Carcinog. Mutagens Environ.; 4, S. 177 - 186 (1985)

[260]   Parkhie M.R., Webb M., Norcross M.A.
         Dimethoxyethylphthalate: Embryopathy, Teratogenicity, Fetal Metabolism and the Role of
         Zinc in the Rat
         EHP, Environ. Health Perspect.; 45, S. 89 - 97 (1982)

[261]   Hesbert A., Bottin M.C., De Ceaurriz J., Protois J.C., Cavlier C.
         Testing Natural Indigo for Genotoxicity
         Toxicol. Lett.; 21(1), S. 119 - 125 (1984)

[262]   Matsui S., Okawa Y., Ota R.
         Experience of 16 Years' Operation and Maintenance of the Fukashiba Industrial Wastewater
         Treatment Plant of the Kashima Petrochemical Complex - II. Biodegradability of 37 Organic
         Substances ...
         Wat. Sci. Tech.; 20(10), S. 201 - 210 (1988)

1132

[263]   Smyth H.F., Carpenter C.P., Shaffer C.B.
The Toxicity of High Molecular Weight Polyethylene Glycols; Chronic
Oral and Parenteral Administration
Journal of the American Pharmaceutical Association, Scientific Edition; 36(6), S. 157 - 160
(1947)

[264]   Ivey F.J., Shaver K.
Enzymic Hydrolysis of Polyphosphate in the Gastrointestinal Tract
J. Agric. Food Chem.; 25(1), S. 128 - 130 (1977)

[265]   Kanuh S., Hori Y.
Studies on the Fetal Toxicity of Insecticides and Food Additives in Pregnant Rats. 3. Fetal
Toxicity of Food Red No. 105
Oyo Yakuri 24(3), S. 391 - 397 (1982)
Zusammenfassung: CA., Vol. 97, 19699y (1982)

[266]   Hashimoto S., Fujita M.
Isolation of a Bacterium requiring 3 Amino Acids for Polyvinyl Alcohol Degradation
J. Ferment. Tech.; 63(5), S. 471 - 474 (1985)

[267]   Anonymus
In Vitro Microbiological Mutagenicity Studies of Phillips Petroleum Company Hydrocarbon
Propellants and Aerosols
Stanford Research Institute, Menlo Parc, CA, May 13, 1977

[268]   Stoughton R.W., Lamson P.D.
The relative Anesthestic Activity of the Butanes and Pentanes
J. Pharmacol. Exp. Ther.; 58, S. 74 - 77 (1936)

[269]   Aviado D.M., Zakheri S., Watanabe T.
Non-Flourinated Propellants and Solvents for Aerosols
CRC Press, Cleveland, OH (1977)

[270]   Shugaev B.B.
Concentrations of Hydrocarbons in Tissues as a Measure of Toxicity
Arch. Environ. Health; 18(6), S. 878 - 882 (1969)

[271]   Matsui S., Murakami T., Sasaki T., Hirose Y., Iguma Y.
Activated Sludge Degradability of Organic Substances in the Waste-water of the Kashima
Petroelum and Petrochemical Industrial Complex in Japan
Prog. Wat. Tech.; 7(3/4), S. 645 - 659 (1975)

[272]   Roth L.
Krebs erzeugende Stoffe
1. Auflage 1983
Carl Roth GmbH, Karlsruhe
Wissenschaftliche Verlagsgesellschaft mbH, Stuttgart 1983

[273]   Castegnaro M., Sansone E.B.
Chemical Carcinogens
Springer Verlag, Berlin 1986

[274]   Gerarde H.W., Gerarde D.F.
Industrial Expierience with 3,3'-Dichlorobenzidine
Epidemiological Study of a Chemical Manufacturing Plant
J. Occup. Med.; 16(5), S. 322 - 334 (1974)

[275]   Anderson J.A., Styles Br.
        J. Cancer; 37, S. 924 - 930 (1978)

[276]   Garner R.C., Walpole A.L., Rose F.L.
        Testing of some Benzidine Analogues for Microsomal Activation to Bacterial Mutagens
        Canc. Lett.; 1, S. 39 - 42 (1975)

[277]   Lazear E.J., Louie S.C.
        Mutagenicity of some Congeners of Benzidine in the Salmonella Typhimurium
        Assay System
        Canc. Lett.; 4, S. 21 - 25 (1977)

[278]   McIntyre I.
        J. Occup. Med.; 17, S. 23 - 26 (1975)

[279]   Herman
        Kirk-Othmer Encyclopedia of Chemical Toxicology
        2nd Ed., Vol. II
        John Wiley and Sons, Interscience Publication, New York 1966

[280]   National Cancer Institute
        Bioassay of Hydrazobenzene for possible Carcinogenicity
        National Cancer Institute (Carcinog. Test. Program, Bethesda, Md.)
        Report 1978, DHEW/BUB/NIH-78-1342, NC-CG-TR-92, Order No. PB-285791
        Bezug über Gov. Rep. Announce Index (U.S.) 1978, 78(26),82 (114 S.)

[281]   Rochat J., Demenge P., Rerat J.C.
        Toxicological Study of a Fluorescent Tracer: Rhodamine B
        Toxicol. Eur. Res.; 1(1), S. 23 - 26 (1978)

[282]   Gruch W., Steiner P.
        Zur Toxikologie der Insektizide
        Mitt. Biol. Bundesanstalt Land- Forstwirtschaft Berlin-Dahlem; 102, S. 3 - 55 (1960)

[283]   Anonymus
        Some bad News about Toxaphene
        Science; 188, S. 343 (1975)

[284]   Hooper N.K., Ames B.N.
        Toxaphene, a Complex Mixture of Polychloroterpenes and a Major Insecticide, is Mutagenic
        Science; 205, S. 591 - 593 (1979)

[285]   Green T., Odum J., Nash J.A., Foster J.R.
        Perchlorethylene-Induced Rat Kidney Tumors: An Investigation of the Mechanisms Involved
        and their Relevance to Humans
        Toxicol. Appl. Pharmacol.; 103, S. 77 - 89 (1990)

[286]   Asakawa Y., Ishida T., Toyota M., Takemoto T.
        Terpenoid Biotransformation in Mammals IV. Biotransformation of(+)-Longifolene, (-)-
        Caryophyllene, (-)-Caryophyllene Oxide, (-)-Cyclocolorenone, (+)-Nootkatone, (-)-Elemol,
        (-)-Abietic Acid
        Xenobiotica; 16(8), S. 753 - 767 (1986)

[287]   Rubbo S.D.
        The Influence of Chemical Constitution on Toxicityl.
        A General Survey of the Acridine Series
        Brit. J. Exptl. Pathol.; 28, S. 1 - 11 (1947)

[288]   Browning E.
         Toxicity of Industrial Metals
         2nd Edition
         Appleton-Century-Crofts, New York 1969, S. 3 - 22

[289]   Jacobson K.H.
         Acute Oral Toxicity of Mono- and Dialkyl Ring-Substituted Derivatives of Aniline
         Toxicol. Appl. Pharmacol.; 22(1), S. 153 - 154 (1972)

[290]   Haley T.J., Stolarsky F.
         A Study of the Acute and Chronic Toxicity of Toluidine Blue and Related Phenazine and
         Thiazine Dyes
         Stanford Med. Bull.; 9, S. 96 - 100 (1951)

[291]   Koelzer P.P., Giesen J.
         Untersuchungen zur Toxizität der p-Aminosalicylsäure und ihrer Derivate
         Z. Naturforschg.; 6b, 183 - 190 (1951)

[292]   Cheever K.L., Richards D.E., Plotnick H.B.
         The Acute Oral Toxicity of Isomeric Monobutylamines in the AdultMale and Female Rat
         Toxicol. Appl. Pharmacol.; 63(1), S. 150 - 152 (1982)

[293]   Gosselin R.E. et al.
         Clinical Toxicology of Commercial Products
         5th Edition
         Williams & Wilkins, Baltimore, USA 1984

[294]   Philips F.S., Thiersch J.B., Bendich A.
         Adenine Intoxication in Relation to In Vivo Formation and Deposition of 2,8-Dioxyadenine in
         Renal Tubules
         J. Pharmacol. Exp. Ther.; 104, S. 20 - 30 (1952)

[295]   Deichmann W.B. et al.
         The Physiological Response of Experimental Animals Following Absorption of
         2-Aminothiazole
         J. Ind. Hyg. Toxicol.; 30, S. 71 - 78 (1948)

[296]   Woker H.
         Die Temperaturabhängigkeit der Giftwirkung von Ammoniak auf Fische
         Intern. Assoc. Theoret. Appl. Limnol.; 10, 575 - 579 (1949)
         (Intern. Ver. Theoret. Angew. Limnol.)

[297]   Steinmann P., Surbeck G.
         Die Wirkung organischer Verunreinigungen auf die Fauna schweizerischer fließender
         Gewässer
         Preisschreiben der Schweiz. Zool. Ges. Bern 1918

[298]   Helfer H.
         Giftwirkungen auf Fische; ihre Ermittlung durch Versuche und die Bewertung der Ergebnisse
         Kleine Mitteilungen (für die Mitglieder) des Vereins für Wasser-, Boden- und Lufthygiene; 12,
         S. 32 - 62 (1936)

[299]   Gordon J.J., Leadbeater L.
         The Prophylactic Use of 1-Methyl-2-hydroxyiminomethylpyridinium Methanesulfonate (P2S)
         in the Treatment of Organophosphate Poisoning
         Toxicol. Appl. Pharmacol.; 40(1), S. 109 - 114 (1977)

[300]   Holmstedt B.
        Pharmacology of Organophosphorus Cholinesterase Inhibitors
        Pharmacol. Rev.; 11, S. 567 - 688 (1959)

[301]   Sidell F.R., Groff W.A.
        Reactivatibility of Cholinesterase Inhibited by VX [S-(2-diisoprop-ylaminoethyl)
        O-ethylmethylphosphonothiolate] and Sarin in Man
        Toxicol. Appl. Pharmacol.; 27(2), S. 241 - 252 (1974)

[302]   Craig F.N., Cummings E.G., Sim V.M.
        Environmental Temperature and the Percutaneous Absorption of aCholinesterase Inhibitor,
        VX
        J. Invest. Dermatol.; 68(6), S. 357 - 361 (1977)

[303]   Anonymus
        Nerve Gases Unveiled
        Chem. & Eng. News; 31(45), S. 4676 - 4678 (1953)

[304]   Propker M., Pongracz M.J.B., Szabo J.L.J.
        Pharmacological and Toxicological Studies with 1-Benzyl-3-(2,3-di-hydroxypropoxy)indazole
        Arzneim.-Forsch.; 26(7), S. 1393 - 1397 (1976)

[305]   Werner A.C.
        Vapor Pressures of Phthalate Esters
        Industrial and Engineering Chemistry; 44(11), S. 2736 - 2740 (1952)

[306]   Curtis M.W., Copeland T.L., Ward C.H.
        Acute Toxicity of 12 Industrial Chemicals to Freshwater and Saltwater Organisms
        Water Research; 13, S. 137 - 141 (1979)

[307]   Foucar F.H., Gordon B.
        Death Following Ingestion of Ferrous Sulfate
        Am. J. Clin. Path.; 18, S. 971 - 973 (1948)

[308]   Hoppe J.O., Marcelli G.M.A., Tainter M.L.
        A Review of the Toxicity of Iron Compounds
        Am. J. Med. Sciences; 230, S. 558 - 571 (1955)

[309]   BASF
        Paliotol Gelb D 1819
        DIN-Sicherheitsdatenblatt (8/90)
        BASF Aktiengesellschaft
        6700 Ludwigshafen

[310]   Singh A.R., Lawrence W.H., Autian J.
        Mutagenic and Antifertility Sensitivies of Mice to Di-2-ethyl-hexyl Phthalate (DEHP) and
        Dimethoxyethyl Phthalate (DMEP)
        Toxicol. Appl. Pharmacol.; 29, S. 35 - 46 (1974)

[311]   Marcel Y.L., Noel S.P.
        Contamination of Blood stored in Plastic Packs
        The Lancet; 1, S. 35 - 36 (1970)

[312]   Kashyap S.K., Nigam S.K., Karnik A.B., Gupton R.C., Chatterjee S.K.
        Carcinogenicity of DDT (Dichlorodiphenyltrichloroethane) in Pure In-bred Swiss Mice
        Int. J. Cancer; 19(5), S. 725 - 729 (1977)

1136

[313]   Leyder F., Boulenger P.
        Ultraviolet Adsorption, Aqueous Solubility, and Octanol-Water Partition for several
        Phthalates
        Bull. Environ. Contam. Toxicol.; 30, S. 152 - 157 (1983)

[314]   BASF
        Neozapon Schwarz X 51
        DIN-Sicherheitsdatenblatt (10/88)
        BASF-Aktiengesellschaft
        6700 Ludwigshafen

[315]   BASF
        Neozapon Gelb 081
        DIN-Sicherheitsdatenblatt (2/89)
        BASF-Aktiengesellschaft
        6700 Ludwigshafen

[316]   BASF
        Neozapon Rot 346
        DIN-Sicherheitsdatenblatt (5/89)
        BASF-Aktiengesellschaft
        6700 Ludwigshafen

[317]   BASF
        Neozapon Gelb 157
        DIN-Sicherheitsdatenblatt (8/88)
        BASF-Aktiengesellschaft
        6700 Ludwigshafen

[318]   BASF
        Neozapon Gelb 141
        DIN-Sicherheitsdatenblatt (5/89)
        BASF-Aktiengesellschaft
        6700 Ludwigshafen

[319]   BASF
        Neozapon Orange 245
        DIN-Sicherheitsdatenblatt (3/89)
        BASF-Aktiengesellschaft
        6700 Ludwigshafen

[320]   BASF
        Neozapon Rot 335
        DIN-Sicherheitsdatenblatt (3/89)
        BASF-Aktiengesellschaft
        6700 Ludwigshafen

[321]   BASF
        Neozapon Rot 355
        DIN-Sicherheitsdatenblatt (5/89)
        BASF-Aktiengesellschaft
        6700 Ludwigshafen

[322]   BASF
        Neozapon Rot 365
        DIN-Sicherheitsdatenblatt (5/89)
        BASF-Aktiengesellschaft
        6700 Ludwigshafen

[323]   BASF
          Neozapon Blau 807
          DIN-Sicherheitsdatenblatt (9/88)
          BASF-Aktiengesellschaft
          6700 Ludwigshafen

[324]   Ueberberg H., Bauer M., Eckenfels A., Lehmann H., Pappritz G., Serbedija R.
          Tierexperimentelle Untersuchungen zu Verträglichkeit von NAB 365 (Clenbuterol)
          Arzneim. Forsch.; 26(7a), S. 1420 - 1427 (1976)

[325]   Zimmer A., Bücheler A.
          Einmalapplikation, Mehrfachapplikation und Metabolitenmuster von Clenbuterol beim
          Menschen
          Arzneim. Forsch.; 26(7a), S. 1446 - 1450

[326]   Yankell S.L., Loux J.J.
          Acute Toxicity Testing of Erythrosine and Sodium Fluoresceine in Mice and Rats
          J. Periodontol.; 48(4), S. 228 - 231 (1977)

[327]   Spector W.S. (Ed.)
          Handbook of Toxicology Vol. 1
          Saunders, Philadelphia 1956; S. 176 - 177, 182 - 183

[328]   Engelhardt G.
          Pharmakologisches Wirkungsprofil von NAB 365 (Clenbuterol), einem neuen
          Broncholytikum mit einer selektiven Wirkung auf die adrenergen ß(2)-Rezeptoren
          Arzneim.-Forsch.; 26(7a), S. 1404 - 1420 (1976)

[329]   Lehmann H.
          Reproduktionstoxikologische Untersuchungen mit Clenbuterol (NAB 365)
          Arzneim.-Forsch.; 26(7a), S. 1427 - 1430 (1976)

[330]   Pfaender F.K., Alexander M.
          Extensive Microbial Degradation of DDT in vitro and DDT Metabolism by Natural
          Communities
          J. Agr. Food Chem.; 20(4), S. 842 - 846 (1972)

[331]   Christensen H.E. (Ed.)
          Toxic Substances List 1983
          S. 381 ff.

[332]   Bavin E.M., Rees R.J.W., Robson J.M., Seiler M., Seymour D.E., Suddaby D.
          Tuberculostatic Activity of some Thiosemicarbazones
          J. Pharm. and Pharmacol.; 2, S. 764 - 772 (1950)

[333]   Cahen R.L., Tvede K.M.
          Homatropine methylbromide; a Pharmacological Reevaluation
          J. Pharmacol. Exptl. Therap.; 105, S. 166 - 177 (1952)

[334]   Harrison J.W.E., Packmann E.W., Abbott D.D.
          Acute Oral Toxicity and Chemical and Physical Properties of Arsenic Trioxides
          Arch. Ind. Health; 17, S. 118 - 123 (1958)

[335]   Bradley W.R., Fredrick W.G.
          The Toxicity of Antimony - Animal Studies
          Ind. Med. 10, Ind. Hyg. Sect. 2, S. 15 - 22 (1941)

1138

[336]   North W.C., Urbach K.F.
        Effect of Alteration of Size of the Aromatic Dicarboxylic Acid Nucleus on Local Anethic
        Activity
        J. Am. Pharm. Assoc. Sci. Ed.; 45, S. 382 - 385 (1956)

[337]   Goldenthal E.I.
        Compilation of LD 50 Values in Newborn and Adult Animals
        Toxicol. Appl. Pharmacol.; 18(1), S. 185 - 207 (1971)

[338]   National Printing Ink Research Institute
        NPIRI Raw Materials Data Handbook
        Volume 2: Plasticizers
        National Printing Ink Research Institute
        Lehigh University, Bethlehem, Pennsylvania 18015/USA 1974

[339]   Goebel F., Giesen J., Koelzer P.
        Therapeut. Umschau (Bern); 7(10), S.   (1951)

[340]   Jaeger R.J., Rubin R.J.
        Migration of a Phthalate Ester Plasticizer from Polyvinyl Chloride Blood Bags into Stored
        Human Blood and its Localization in Human Tissues
        N. Engl. J. Med.; 287(22), S. 1114 - 1118 (1972)

[341]   Gormley I.P., Brown G.M., Cowie H., Wright A., Davis J.M.G.
        The Effects of Fiber Length on the In Vitro Cytotoxicity of Asbestos Samples in Three
        Different Assay Systems
        NATO ASI Series, Vol. G3
        In Vitro Effects of Mineral Dusts (Ed. by E.G. Beck and J. Bignon)
        Springer Verlag, Berlin 1984, S. 397 - 404

[342]   Davis J.M.G., Bolton R.E., Cowie H., Donaldson K., Gormley I.P., Jones A.D., Wright A.
        Comparisons of the Biological Effects of Mineral Fibre Samples Using In Vitro and In Vivo
        Assay Systems
        NATO ASI Series, Vol. G3
        In Vitro Effects of Mineral Dusts (Ed. by E.G. Beck and J. Bignon)
        Springer Verlag, Berlin 1984, S. 404 - 411

[343]   Tabak H.H., Quave S.A., Mashni C.I., Barth E.F.
        Biodegradability Studies with Organic Priority Pollutant Compounds
        J. Water Control Fed.; 53(10), S. 1503 - 1518 (1981)

[344]   Sota K., Nota K., Maruyama H., Fujihira E., Nakazawa M.
        Antiinflammatory Activities of Compounds Related to Anthranilic Acid
        I. N-Phenylanthranilic acid Derivatives
        Yakugaku Zasshi; 89(10), S. 1392 - 1400 (1969)
        (J. Pharm. Soc. Japan)

[345]   FDA
        Updates Food Additives Status List to Feb. 15, 1979
        FDA Inspection Operations Manual, March 26 (1979)

[346]   Federation of American Societies for Experimental Biology (FASEB)
        Select Committee on GRAS Substances
        Evaluation on the Health Aspects of Tallow, Hydrogenated Tallow,Stearic Acid, and Calcium
        Stearate as Food Ingredients
        FDA Contract 233-75-2004, Bethesda, MD, USA 1975

[347]   Federation of American Societies for Experimental Biology (FASEB)Select Committee on
          GRAS Substances
          Evaluation of the Health Aspects of Magnesium Salts as Food Ingredients
          FDA Contract 223-75-2004, Bethesda, MD, USA 1976

[348]   AVON Products
          Submission of Data by Cosmetic, Toiletry and Fragrance Association (CTFA)
          Unpublished Safety Data on the Lithium Stearate Group. Oral Toxicity
          Avon Products, Jan. 16, 1973

[349]   AVON Products
          Submission of Data by Cosmetic, Toiletry and Fragrance Association (CTFA)
          Unpublished Safety Data on the Lithium Stearate Group. Biological Evaluation Summary
          Report. Zinc Stearate
          Avon Products, Dec. 22, 1976

[350]   AVON Products
          Submission of Data by Cosmetic, Toiletry and Fragrance Association (CTFA)
          Unpublished Safety Data on the Lithium Stearate Group. Biological Evaluation Summary
          Report. Aluminium Stearate
          AVON Products, June 16, 1978

[351]   Penick S.B. et al.
          Submission of Data by CTFA
          Unpublished Safety Data on the Lithium Stearate Group. Bio-Toxicology Laboratories. Acute
          oral LD 50 Toxicity Study. Lithium Stearate
          Aug. 3, 1976

[352]   Penick S.B. et al.
          Submission of Data by CTFA
          Unpublished Data on the Lithium Stearate Group. Consumer ProductTesting Co., Inc. Final
          Report. Magnesium Stearate
          Feb. 9, 1977

[353]   Hagan E.C.
          Acute Toxicity. Appraisal of the safety of Chemicals in Foods, Drugs, and Cosmetics
          Association of Food and Drug Officials of the U.S., as compiled by the staff of the Div. of
          Pharmacology, Food and Drug Administration,
          Dept. of Health, Education and Welfare, Austin, TX, 1959 S. 17 - 25

[354]   Litchfield J.R., Wilcoxon F.
          A Simplified Method of Evaluating Dose-effected Experiments
          J. Pharmacol. Exptl. Therap.; 96, S. 99 - 113 (1949)

[355]   Boyland E., Busby E.R., Dukes C.E., Grover P.L., Manson D.
          Further Experiments on Implantation of Materials into the Urinary Bladder of Mice
          Brit. J. Cancer; 18(3), S. 575 - 581 (1964)

[356]   Schafer E.W., Bowles W.A., Hurlbut J.
          The Acute Oral Toxicity, Repellency, and Hazard Potential of 998 Chemicals to One or
          More Species of Wild and Domestic Birds
          Arch. Environm. Contam. Toxicol.; 12, S. 355 - 382 (1983)

[357]   AVON Products
          Submission of Data by Cosmetic, Toiletry and Fragrance Association (CTFA)
          Unpublished Safety Data on the Lithium Stearate Group. Biological Evaluation Summary
          Report. Ammonium Stearate
          AVON Products, March 27, 1975

[358] Penick S.B. et al.
Submission of Data by CTFA
Unpublished Safety Data on the Lithium Stearate Group Consumer Product Testing Co., Inc.
Final Report. Zinc Stearate
Feb. 9, 1977

[359] Draize J.H., Woodard G., Calvery H.O.
Methods for the Study of Irritation and Toxicity of Substances, Applied Topically to the Skin and Mocous Membranes
J. Pharmacol.; 82, S. 377 - 390 (1944)

[360] AVON Products
Submission of Data by Cosmetic, Toiletry and Fragrance Association (CTFA)
Unpublished Safety Data on the Lithium Stearate Group. Skin Irritation
AVON Products, Jan. 4, 1973

[361] Draize J.H.
Dermal Toxicity. Appraisal of the Safety of Chemicals in Foods, Drugs, and Cosmetics
Association of Food and Drug Officials in the U.S., compiled by the staff of the Div. of Pharmacology, Food and Drug Administration,
Dept. of Health, Education and Welfare, Austin, TX, 1959, S. 46 - 59

[362] AVON Products
Submission of Data by Cosmetic, Toiletry and Fragrance Association (CTFA)
Unpublished Safety Data on the Lithium Stearate Group: Draize EyeTest
AVON Products, Jan. 8, 1973

[363] Gottschewski G.H.M.
Can Carriers of Active Ingredients in Coated Tablets have Teratogenic Effects?
Arzneim. Forschung; 17, S. 1100 - 1103 (1967)

[364] Litton Bionetics
Mutagenic Evaluation of Compound FDA 75-33, Magnesium Stearate.
Report prepared under DHEW Contract No. FDA 223-74-2104, Kensington, MD, USA (1976)

[365] van Duuren B.L., Katz C., Shimkin M.B., Swern D., Wieder R.
Replication of Low-Level Carcinogenic Activity Bioassays
Cancer Res.; 32, S. 880 - 881 (1972)

[366] Szakall A., Schulz K.H.
Die Permeation von Fettalkohol-Sulfaten und Natriumseifen definierter Kettenlänge
(C8 - C18) in die intakte menschliche Haut, ihr Zusammenhang mit den Reizwirkungen
Fette Seifen Anstrichm.; 62(3), S. 170 - 175 (1960)

[367] Luckins J.
Control of Solvent Emissions Printing Processes, Part 1
Professional Printer; 99(1), S. 14 - 19 (1975)

[368] Vernot E.H., MacEwen J.D., Haun C.C., Kinkead E.R.
Acute Toxicity and Skin Corrosion Data for some Organic and Inorganic Compounds and Aqueous Solutions
Toxicol. Appl. Pharmacol.; 42(2), S. 417 - 423 (1977)

[369]   Bartsch W., Sponer G., Dietmann K., Fuchs G.
Acute Toxicity of various Solvents in the Mouse and Rat. LD 50 of Ethanol, Diethylacetamid, Dimethylformamid, Dimethylsulfoxid, Glycerine, N-Methylpyrrolidone, polyethylene, Glycol 400, 1,2-Propane-diol and Tween 20
Arzneim. Forsch.; 26(8), S. 1581 - 1583 (1976)

[370]   Cullen W.R., Reimer K.J.
Arsenic Speciation in the Environment
Chem. Rev.; 89(4), S. 713 - 764 (1989)

[371]   Archer J.R.
Explosion warning in print
Chem. Ind. News; 26, S. 205 (1948)

[372]   Burgoyne F.H., Heston W.E., Hartwell J.L., Stewart H.L.
Cutaneous Melanin production in the Mouse by 5,9,10-Trimethyl,1,2-benzanthracene
Fed. Proc.; 8, S. 351 (1949)

[373]   Smyth H.F., Carpenter C.P., Weil C.S., Pozzani U.C., Streigel J.A.
Range-finding Toxicity Data; List VI
Am. Ind. Hyg. Assoc. J.; 23(2), S. 95 - 108 (1962)

[374]   Smyth H.F.
Toxicology of Industrial Chemicals
Arch. Environ. Health; 8(3), S. 384 - 392 (1964)

[375]   Loomis T.A., Salafsky B.
Antidotal Action of Pyridinium Oximes in Anticholinesterase Poisoning; Comparative Effects of Soman, Sarin, and Neostigmine on Neuromuscular Function
Toxicol. Appl. Pharmacol.; 5(6), 685 - 701 (1963)

[376]   Deichmann W.B., Withrup S.
Phenol Studies VI. Acute and Comparative Toxicity of Phenol and o-, m-, and p-Cresols for Experimental Animals
J. Pharmacol.; 80, S. 233 - 240 (1940)

[377]   Anonymous
Hydrazobenzene
Dangerous Properties of Industrial Materials Report; 6(1),S. 61 - 68 (1986)

[378]   Reichle A., Tengler H.
Methoden zur Bestimmung des Weichmacherübergangs aus Kunststoffenin Lebensmitteln
DLR; 64(5), S. 142 - 145 (1968)

[379]   Pliss G.B.
On some Regular Relationships between Carcinogenicity of Aminodiphenyl Derivatives and the Structure of Substance
Acta Unio Internationalis Contra Cancrum; 19, S. 499 - 501 (1963)
(International Union against Cancer: Acta)

[380]   Deichmann W.B.
The Toxicity of Chlorophenols for Rats
Fed. Proc.; 2, S. 76 - 77 (1943)

1142

[381]   Veith G.D., Macek K.J., Petrocelli S.R., Carroll J.
        An Evaluation of Using Partition Coefficients and Water Solubility to Estimate
        Bioconcentration Factors for Organic Chemicals in Fish
        in: Aquatic Toxicology
        Eaton J.G. (Ed.)
        U.S. Environmental Protection Agency
        ASTM Special Technical Publication 707, US EPA 04-707000-16 (1980)

[382]   Shiu W.Y., Mackay D.
        A Critical Review of Aqueous Solubilities, Vapor Pressures, Henry's Law Constants, and
        Octanol-Water Partition Coefficients of the Polychlorinated Biphenyls
        J. Phys. Chem. Ref. Data; 15(2), S. 911 - 929 (1986)

[383]   Niemitz W., Trenel J. (Hrsg.)
        Results of Ecotoxicological Testing of about 200 Selected Compounds
        OECD Environment Committee/Chemicals Group
        OECD Chemicals Testing Programme Ecotoxicology Group
        Institut für Wasser-, Boden-, Lufthygiene des Bundesgesundheitsamtes
        1000 Berlin 33

[384]   Landesanstalt für Wasser und Abfall Nordrhein-Westfalen
        Checkliste zu Beurteilung der Wassergefährlichkeit von Stoffen
        KfW-Mitteilungen
        Kuratorium für Wasserwirtschaft, Bonn-Bad Godesberg (Hrsg.), 3/1977

[385]   Ellis M.M.
        Detection and Measurement of Stream Pollution
        U.S. Bur. Fisheries, Bull.; 22, S. 365 - 437 (1937)

[386]   Ghosh T.K., Konar S.K.
        Toxicity of Chemicals and Wastewaters of Paper and Pulp Mills to Worms, Plankton and
        Molluscs
        Indian J. Environ. Hlth.; 22(4), S. 278 - 285 (1980)

[387]   Fischer G.W., Riemer F., Grüttner S.
        Reaktivität und Toxizität homologer Brom- und Dibromalkane
        J. prakt. Chem.; 320(1), S. 133 - 139 (1978)

[388]   Silvestrini B., Barcellona P.S., Garau A., Catanese B.
        Toxicology of benzydamine
        Toxicol. Appl. Pharmacol.; 10, S. 148 - 159 (1967)

[389]   Anderson B.G.
        The Toxicity Thresholds of Various Substances Found in Industrial Wastes as Determined
        by the Use of Daphnia Magna
        Sewage Works J.; 16(6), S. 1156 - 1165 (1944)

[390]   Anderson B.G.
        Industrial Wastes
        The Toxicity Thresholds of Various Sodium Salts Determined by the Use of Daphnia Magna
        Sewage Works J.; 18(1), S. 82 - 87 (1946)

[391]   Ames B.N., Durston W.E., Yamasaki E., Lee F.D.
        Carcinogens are Mutagenes: A Simple Test System Combining Liver Homogenates for
        Activation and Bacteria Detection
        Proc. Nat. Acad. Sci. USA; 70(8), S. 2281 - 2285 (1973)

[392] McCann J., Choi E., Yamasaki E., Ames B.N.
Detection of Carcinogens as Mutagens in the Salmonella/microsomeTest: Assay of 300 chemicals
Proc. Nat. Acad. Sci. USA; 72(12), S. 5135 - 5139 (1975)

[393] Levinskas G.J., Ribbelin W.E., Shaffer B.C.
Acute and Chronic Toxicity of Pimaricin
Toxicol. Appl. Pharmacol.; 8(1), S. 97 - 109 (1966)

[394] Kosenko H.M.
Parameters of Acute Toxicity of some Alkylbromides
Toksikol. Gig. Prod. Neftekhim. Neftekhim. Proizvod., Vses Konf., (Dokl.), 2nd 1971 (publ. 1972), S. 104 - 108
Zusammenfassung siehe Chemical Abstracts 80, 91722 (1974)

[395] Fischer G.W., Jentzsch R., Kasanzewa V.
Reaktivität und Toxizität cyclischer Schwefelsäureester
J. prakt. Chem.; 317(6), S. 943 - 952 (1975)

[396] Druckrey H., Kruse H., Preussmann R., Ivankovic S., Landschütz Ch.
Cancerogene alkylierende SubstanzenIII. Alkylhalogenide, -sulfate, -sulfonate und ringgespannte Heterocyclen
Z. Krebsforsch.; 74, S. 241 - 270 (1970)

[397] Benoit D.A.
Toxic Effects of Hexavalent Chromium on Brook Trout (Salvelinus fontinal and Rainbow Trout (Salmo gairdneri)
Duluth, MN: Environmental Research Laboratory, EPA 1976

[398] Obst U., Resch K., Feuerstein T.
Einfacher Toxizitätstest für Wasser und Abwasser auf biochemischer Basis
Vom Wasser; 65, S. 199 - 202 (1985)

[399] Krebs F.
Toxizitätstest mit gefriergetrockneten Leuchtbakterien
Gewässerschutz, Wasser, Abwasser; 63, S. 523 - 532 (1979)

[400] MacGregor D.C., Schönbaum E., Bigelow W.G.
Acute Toxicity Studies on Ethanol, Propanol, and Butanol
Can. J. Pysiol. Pharmacol.; 42(6), S. 689 - 696 (1964)

[401] Starling E.H.
The physiological action of alcohol
Practitioner; 113(4), S. 226 - 235 (1924)

[402] Vogel G., Lehmann H.
On the Acute Toxicity of Methanol
Med. Exptl.; 3, S. 268 - 271 (1960)

[403] Regierungspräsidium Stuttgart
Wasserbehörde, in Zusammenarbeit mit dem Umweltministerium
Interne Mitteilung 1988

[404] Bringmann G., Kühn R.
Grenzwerte der Schadwirkung wassergefährdender Stoffe gegen Blaualgen (Microcystis aeruginosa) und Grünalgen (Scenedesmus quadricauda) im Zellvermehrungshemmtest
Vom Wasser; 50, S. 45 - 60 (1978)

[405]   Seinfeld J.H.
         Atmospheric Chemistry and Physics of Air Pollution
         John Wiley & Sons, New York 1985, S. 60 - 75

[406]   Singh H.B., Salas L., Shigeishi H., Crawford A.
         Urban-Nonurban Relationships of Halocarbons, SF(6), N(2)O and other Atmospheric Trace
         Constituents
         Atmos. Environ.; 11, S. 819 - 828 (1977)

[407]   Dilling W.L., Bredeweg C.J., Tefertiller N.B.
         Organic Photochemistry: Simulated Atmospheric Photodecomposition Rates of Methylene
         Chloride, 1,1,1-Trichloroethane, Trichloro-ethylene, Tetrachloroethylene and Other
         Compounds
         Environ. Sci. Technol.; 10, S. 351 - 356 (1976)

[408]   Lunde G., Bjorseth A.
         Polycyclic Aromatic Hydrocarbons in Long-Range Transported Aerosols
         Nature; 268, S. 518 - 519 (1977)

[409]   Gay B.W., Hanst P.L., Bufalini J.J., Noonan R.C.
         Atmospheric Oxidation of Chlorinated Ethylenes
         Environ. Sci. Technol.; 10, S. 58 - 67 (1976)

[410]   Blau L., Guesten H.
         Quantum yields of the Photodecomposition of Polynuclear Aromatic Hydrocarbons Adsorbed
         on Silica Gel
         in: Polynuclear Aromatic Hydrocarbons: Physical and Biochemical Chemistry, S. 133 - 144
         Cooke M., Dennis A.J., Fischer G.L. (eds.)
         Batelle Press, Columbus (Ohio) and Springer Verlag New York 1982

[411]   Hanssen M.
         E = eßbar? Die E-Nummernliste der Lebensmittelzusatzstoffe
         Hörnemann Verlag, Bonn 1985

[412]   Hirzy J.W.
         Carcinogenicity of General-Purpose Phthalates: Structure-Activity Relationships
         Drug Metabolism Reviews; 21(1), S. 55 - 63 (1989)

[413]   Toxicological Profile for Di(2-ethylhexyl)phthalate
         Agency for Toxic Substances and Disease Registry, Atlanta, GA/U.S.
         Environmental Protection Agency, Washington DC, December 1987

[414]   Department of Transportation United States Coast Guard
         CHRIS Hazardous Chemical Data, File 1 A-D, File 2 E-Z
         Commandant Instruction M 16465
         U.S. Coast Guard, Washington D.C. 20593, 12. October 1978

[415]   Merck E.
         Sicherheit im Labor Salze, Laugen, Ätzalkalien
         Merck, Darmstadt 1, Deutschland (1990)

[416]   Schafer E.W., Bowles W.A.
         Acute Oral Toxicity and Repellency of 933 Chemicals to House and Deer Mice
         Arch. Environm. Contam. Toxicol.; 14, S. 111 - 129 (1985)

[417]   Karpe H.J., Schoppe U., Storp J.
        Schwermetallbelastung von Fischen der unteren Ruhr
        Bericht 1/84
        Institut für Umweltforschung (INFU)
        Universität Dortmund, 4600 Dortmund 50 (1984)

[418]   Merck E.
        Sicherheit im Labor Säuren
        Merck, Darmstadt 1, Deutschland (1990)

[419]   Thiericke R., Zeeck A.
        Biosynthesis of manumycin: origin of the polyene chains - incorporation of (13C)acetate into
        manumycin, and determination of biosynthetic source of 13C side chain in Streptomyces
        parvullus
        J. Antibiotics; 41(5), S. 694 - 696 (1988)

[420]   Zähner H.
        Einige Aspekte der Antibiotica-Forschung
        Angew. Chemie; 89(10), S. 696 - 703 (1977)

[421]   Buzzetti F., Gäumann E., Hütter R., Keller-Schierlein W., Neipp L., Prelog V., Zähner H.
        Stoffwechselprodukte von Mikroorganismen: Manumycin
        Pharm. Acta Helv.; 38, S. 871 - 874 (1963)

[422]   Grindley J.
        Toxicity to rainbow trout and minnows to some substances known to bepresent in waste
        water discharged to rivers
        Ann. Appl. Biol.; 33, S. 103 - 112 (1946)

[423]   Gleisberg D.
        Phosphate und Umwelt
        Chem. unserer Zeit; 22(6), S. 201 - 207 (1988)

[424]   Malle K.-G.
        Wie schmutzig ist die Nordsee?
        Chem. unserer Zeit; 21(1), S. 9 - 16 (1988)

[425]   Couillard D.
        Évaluation de la Pollution et des Répercussions des Rejets des Industries des Pâtes et
        Papiers sur la Vie Aquatique
        Sci. Total Environ.; 14(2), S. 167 - 184 (1980)

[426]   Christensen H. E. (Ed)
        Toxic Substances List (1974)
        S. 765

[427]   Hodge H. C., Maynard E. A., Blanchet H. J. Jr., Spencer H.C., Rowe V. K.
        Toxicological Studies of o-Phenylphenol (Dowicide 1)
        J. Pharmacol. Exp. Ther.; 104, S. 202 - 210 (1952)

[428]   Doris V. Sweet
        Registry of Toxic Effects of Chemical Substances
        Microfiche edition (January 1987)
        National Inst. of Occupational Safety and Health
        Cincinnati, Ohio 45226 (1987)

1146

[429]   Cikryt P.
        Die Gefährdung des Menschen durch Dioxin und verwandte Verbindungen
        Nachr. Chem. Tech. Lab.; 39(6), S. 648 - 656 (1991)

[430]   Bridié A.L., Wolff C.J.M., Winter M.
        The acute Toxicity of some Petrochemicals to Goldfish
        Water Research; Vol. 13, S. 623 - 626 (1979)

[431]   Clayton G. D., Clayton F. E.
        Patty's Industrial Hygiene and Toxicology
        3rd. Ed., Vol. 2A
        Wiley-Interscience, New York 1981; S. 2326

[432]   Isomaa B., Bjondahl K.
        Toxicity and Pharmacological Properties of surface-active Alkyltrimethylammonium
        Bromides in the Rat
        Acta Pharmacol. Toxicol.; 47(1), S. 17 - 23 (1980)

[433]   Cochran J. D., Mazur M., DuBois K. P.
        Acute Toxicity of Zirconium, Columbium, Strontium, Lanthanium, Cesium, Tantalum and
        Yttrium
        Arch. Ind. Hyg. Occup. Med. 1; S. 637 - 650 (1950)

[434]   Smyth H. F. Jr., Carpenter C. P.
        The Place of the Range-finding Test in the industrial Toxicology Laboratory
        J. Ind. Hyg. Toxicol. 26; S. 269 - 273 (1944)

[435]   Ambrose A. M.
        Studies of the Physiological Effects of Sulfamic Acid and Ammonium Sulfamate
        J. Ind. Hyg. Toxicol. 25; S. 26 - 28 (1943)

[436]   Nishie K., Waiss A. C. Jr., Keyl A. C.
        Toxicity of Methylimidazoles
        Toxicol. Appl. Pharmacol. 14(2); S. 301 - 307 (1969)

[437]   Druckrey H., Kruse H., Preussmann R., Ivankovic S., Landschütz Ch.
        Cancerogene alkylierende SubstanzenIII. Alkyl-halogenide,- sulfate, -sulfonate und
        ringgespannte Heterocyclen
        Z. Krebsforsch. 74(3); S. 241 - 270 (1970)

[438]   n. n.
        Verätzungen, Allergien und Krebs durch Polyesterharze in der Kunststoffindustrie
        Arbeit & Ökologie-Briefe Nr. 11, S. 13 - 15 (1990);
        Verlag der ökologischen Briefe;

[439]   n. n.
        ADEMA, D.M.M. Tests und desk studies carried out by MT-TNO during 1980-1981
        Für ANNEX II of Marpol 1973 .DELFT, TNO 1982.
        (REP.NO. CL82/14)

[440]   n.n.
        Maximale Arbeitsplatzkonzentrationen und Biologische Arbeitsstofftoleranzwerte 1991;
        Mitteilung XXVII der Senatskommission zur Prüfung gesundheitsschädlicher Arbeitsstoffe;
        DFG Deutsche Forschungsgemeinschaft
        VCH Verlagsgesellschaft mbH, Weinheim, 1991

[441]   n. n.
        CAGAAK Canada Gazette Part II Ottawa Ontario Canada
        1987 * 121 2304 1987

[442]   Plunkett und E. R.
        Handbook of industrial toxicology. Chemical Publishing CO., INC.,
        New York 1976.

[443]   n. n.
        Code of Federal Regulations office of the Federal Register National Archives and Records
        Service , US Government Printing Office General Services
        Administration Washington DC 20402 USA 21114, 1981.

[444]   Ministerstvo Zdravooljrawenia
        Orientirovochnye bezopanye urovni vozdeistvia (obuv) zagrazniai shchikh veshchestu v
        atmosfernom vozdukhe nasekennykh mest
        (tentative safe exposur limits (Tsel) of contaminants in ambien air ofresidential areas)
        Ministerstvo Zdravooljrawenia SSSR Moscow USSR 2947 -83 1983.

[445]   Dreisbach RH.
        Handbook of poisoning
        Los Altos, Lange Medical Publications, 1983.

[446]   NIOSH
        Occupational diseases : A guide to their recognition U.S. Department of health, education
        and welfare.
        NIOSH June, 1977.

[447]   n. n.
        Official Journal of the European Communities Commission of the European Comminities
        Luxembourg L56 20 1987

[448]   C. Schmegel
        Struktur - Wirkungsuntersuchungen in der prospektiven Analyse von Umweltgefährdungen
        am Beispiel der Substanzklasse der Benzothiazole
        Dissertation, Universität Bremen 1995

[449]   Ministerstva Zdravotnictvi
        Hygienicke Predpisy Ministerstva Zdravotnictvi CSR (Hygienic regulations ofministry of
        health of CSR)
        Avicenum Malostranske Nam. 28 Praha 1 CS - 118 02 Czechoslovakia 42 1987.

[450]   International labour office
        Encyclopedia of occupational health and safety ILO
        Geneva, 1983.

[451]   World Health Organization Geneva Switzerland
        Who food additives series
        World Health Organization Geneva Switzerland 5 8,   1974.

[452]   n. n.
        PATTY'S industrial hygiene and toxicology: Theory andrationale of industrial hygiene
        practice.
        Wiley - Interscience Publication, 1979.

1148

[453]   NIOSH/OSHA
         Occupational health guidelines for chemical hazards U.S. Department of labor
         DHHS (NIOSH) Publication N. 81 - 123,   January 1981.

[454]   Tayor. et al
         Aquat. Toxicol., 7, 135-144, 1985.

[455]   Ariyoshi T. et al
         Bull. Envir. Contam. Toxicol., 44, 643-649, 1990.

[456]   B. C. J. Zoetemann et al
         Persistant organic pollutants in river water and groundwater of the Netherlands
         Chemosphere, 9, 231, (1980).

[457]   Reeves Al. Barium . In: Friberg L, Nordberg GF und Vouk V.
         Handbook on the toxicology of metals
         Amsterdam, Elsevier Science Publishers, 1986,
         Vol II, PP 84-94.

[458]   Ministerstvo Zdravookhraneniya SSSR
         Predelno dopustimye kontsentratsii zagryaznyayushchikh ves chestv v atmosfernom
         vozdukhe naselennykh mest (Maximum allowable concentrations (MAC) of contaminants in
         the ambient air of residential areas)
         Ministerstvo Zdravookhraneniya, SSSR Moscow USSR, 3086-84, 1984.

[459]   MUNDA und I. M.
         Commission intenationale pour l'exploration scientifique de la mer Mediterranée.
         P. 727-731, Monaco C.I.E.S.M., 1985.

[460]   International Agency for research on cancer
         IARC Monographs on the evaluation of carcinogenic risks to humans: Overall evaluations of
         carcinogenicity
         An updating of IARC Monographs Vol. 1 to 42 WHO-IARC. LYON, 1987.

[461]   Martin und M. et al.
         Mar. Pollut. Bull., 12, 305-308, 1981.

[462]   n. n.
         American Conference of Government Industrial Hygienists Cincinnati Pob 1937
         Ohio 45201 USA 1987 - 88, 11.

[463]   Institut Hygieny a Epidemiologie Srobarova
         Acta hygienica, epidemologica et microbiologica
         Institut Hygieny a Epidemiologie Srobarova 48 Praha 10 Czechoslovakia
         Suppl. 6 1975.

[464]   n.n.
         Arbeitsschutz beim Plasmaspritzen
         Deutscher Verband für Schweißtechnik e.V., Merkblatt DVS 2307 Teil 4 (Mai 1987);
         Deutscher Verlag für Schweißtechnik (DVS), Düsseldorf

[465]   Directoraat - Genaral van der Arbeid. Ministry of social affairs
         Natinale MAC-Ljist (National MAC-List) Arbeidsinspectie, Directoraat-General van der
         Arbeid. 2270 MA Voorburgp. O . Box 69 The Netherlands 1986.

[466]   Swedmark und M. et al.
         Mar. Biol . 9, 183 - 201, 1971.

[467]   Bariaud A. and Mestre J-C.
NVIRON Contam. toxicol. 32, 597-601, 1984.

[468]   Palawski und D. et al.
Trans. AM. Fish. SOC., 114, 748-753, 1985.

[469]   W. E. Coleman et al.
Identification of organic compounds in a mutagenic extract of a surface drinking water by a computerized gas chromatography/Mass spectrometry system
(GC/MS/COM). ENVIR. SCI. TECH., 14, 576, (1980).

[470]   Denton und G. R. W. et al.
Chemy ecol., 1, 131, 1982.

[471]   n. n.
Official Journal of the European Communities Commission of the European Communities
Luxembourg, 149, 38, 1986.

[472]   Eisler et al.
Water Res. 6, 1009-1027, 1972.

[473]   Woelke C. E.
Tech. Rep. Wash. St. Dep. Fish. No. 9, 1972.

[474]   Erickson und S. J. et al.
J. Wat. Pollut. Control Fed., 42, 329- 335, 1970.

[475]   Wong P. T. S. et al.
Can. J. Fish. Aquat. Sci. 39, 483-488 1982: R34/37; S7/8/26.

[476]   Saigbl Sangyo Igaku
Japanese Journal of Industrial Health. Japan Association of Industrial Health Bldg. 78,
Shinjuku 1 - 29-8 Shinjuku-Ku Tokyo 160 Japan, 29 397-433, 1987.

[477]   Commissariat general a la promotion du travail (Ministry of labour)
Threshold limit values (Valeurs limites tolerables)
Rue Belliard 53 Bruxelles B- 1040, Belgium 1984.

[478]   Italian Assoc. Ind. Hygienists Italy
Valori limite ponderati
Data are extracted from Ilo occupational safety and health seriesnr. 37. Italy 1978.

[479]   n. n.
Code of Federal Regulations Office of the Federal Register National Archives and Records
Service, US Government Printing Office General Services Administration Washington D.C.
20402, USA 2123 1981.

[480]   D. (Ed.) Henschler
Gesundheitsschädliche Arbeitsstoffe Toxikoligisch-arbeitsmedizinische Begründung von
MAK-Werten
Band 5 und Band 6
VCH Verlagsgesellschaft, Weinheim, 1992, 1 - 18. Lieferung

1150

[481]   MAK- und BAT-Werte-Liste;
          Maximale Arbeitsplatzkonzentrationen und biologische Arbeitsstofftoleranzwerte
          Deutsche Forschungsgemeinschaft - Senatskommission zur Prüfung
          gesundheitsschädlicher Arbeitsstoffe, Mitteilung 31
          VCH, Weinheim, 1995

[482]   n.n.
          Material Safety Data Sheet 4-(N-ethyl-N-2-hydroxyethyl)-2-methylphenylenediamine sulfate
          Eastman Kodak Company, Rochester, New York 14650, S. 1 - 8200000752/F/USA-F-
          0048.000I
          Approval Date: 03/17/1993, Print Date: 03/20/1993

[483]   n.n.
          Material Safety Data Sheet 4-(N-ethyl-N-2-methanesulfonylaminoethyl)-2-methylphenylene-
          diaminesesquisulfate monohydrate
          Eastman Kodak Company, Rochester, New York 14650, S. 1 - 8200000751/F/USA-F-
          0047.000G
          Approval Date: 10/28/1992, Print Date: 10/31/1992

[484]   Hommel G.
          Handbuch der gefährlichen Güter
          6. Auflage 1994
          Springer-Verlag Berlin, Heidelberg, New York

[485]   J.R.E. Jones
          Fish and river pollution, Chapter 7 of "Aspects of river pollution"
          Chapter 7 of "Aspects of river pollution" edited by L. Klein
          London: Butterworth Scientific Publ. 1957

[486]   n.n.
          Katalog wassergefährdender Stoffe
          Bekanntmachung des Bundesministers des Innern vom 1. März 1985 (GMBHI.S.175)

[487]   A.M. et al. Bernhardt
          Aquat. Toxicol., 7, 1-13, 1985

[488]   J.H Canton und D.M.M Adema
          Hydrobiologia, 59, 135-140 (1978)

[489]   W. Sloof
          Aquat. Toxicol. 4, 73-82 (1983)

[490]   D.J. et al Call
          J. Environ. Qual. 13, 493-498 (1984)

[491]   J. et al Castritisi-Cathario
          Revue Trav. Inst. Pech. Marit., 44, 355-364 (1980)

[492]   D.M.M. Adema
          Tests and desk studies carried out during 1982 by MT-TNO for ANN II of Mapol 1973
          Delft, TNO, 1983; Rep.No. R 83/15

[493]   K.R. Rao und P.J. Conklin
          Biology of benthic marine organisms: Techniques and Methodes as applied to the indian
          ocean;
          eds. Thompson, M.-F.; Sariojini, R.; Nagabhushanoam, R.;
          p. 523-534; Rotterdam, A.A. Balkema (1986)

[494]   B.-E. Bengtsson und M. Tarkpea
        Mar. Pollut. Bull., 14, 213-214 (1983)

[495]   Y. Hashimoto und Y Nishiuchi
        Pesticide Chemistry: Human Welfare and the Environmental Proceedings of the 5th int.
        Congress of Pesticide Chemistry; Kyoto, Japan 1982
        Volume 2; p.355-358; ed. Miyamoto, j. et al.;
        Published in 1983 by IUPAC

[496]   H.E. Christensen
        Toxic Substance List (1972), S. 129

[497]   Rosenfeld und Wallace
        Arch. Ind. hyg. Occup. Med. 8 (1953), S. 466

[498]   Morra C.F. et al
        Organic Chemicals measured during 1978 in the River Rhine in the Netherlands
        R.I.D. Mendeling 3 (2979)

[499]   U.S. Department of Commerce
        Niosh Manual of Analytical Methods Vol. 3, Page S 264-1 (Apr. 1977)

[500]   T.M. Hellmann und F.H. Small
        J. Air Pollut. Control Assoc. Vol. 24

[501]   Walsh G.E. et al.
        Chemosphere 14, 383-392 (1985)

[502]   Niosh und Osha
        Oxxupational Health Guidelines for Chemical Hazards
        National Institute for Occupational Health and Safety
        Center for Disease Control; USA (1978)

[503]   Ahlers J., Beulshausen T., Diderich R., Maletzki D., Regelmann J., Riedhemmer C.,
        Schwarz-Schulz B., Weber C.
        Bewertung der Umweltgefährlichkeit ausgewählter Altstoffe durch das Umweltbundesamt,
        Teil II
        Texte 38/96 Umweltbundesamt 1986

[504]   International Labour Office
        Encyclopedia of Occupational Health and Safety
        ILO., Geneva (1989)

[505]   Bundesanstalt für Arbeitsschutz (BAU)
        Bekanntmachung der Liste der gefährlichen Stoffe und Zubereitungen nach §4A der
        Gefahrstoffverordnung
        Wissenschaftsverlag NW, Verlag für neue Wissenschaft GmbH
        Schriftenreihe der Bundesanstalt für Arbeitsschutz (1994)

[506]   Shell Chemicals
        Isopropylalkohol
        EG-Sicherheitsdatenblatt 4/95,
        Deutsche Shell Chemie GmbH, Eschborn

[507]   World Health Organization
        The WHO recommended classification of pesticides by hazard guidelines classification
        Pesticide development and safe use unit division of vector biology and control, WHO,
        Geneva (1986-1987)

[508]   L. Parmeggiana
        ECDIN Toxicological Data Projekt
        Study Contract N. 1490-85-03-ED-ISP-CH
        Occupational Health Institute, University of Geneva (1985)

[509]   n.n.
        Organismen- und Stoffliste 3.1
        Landesanstalt für Immissionsschutz NRW, Wallneyer Str. 6, 45133 Essen (LIS) (7/1993)

[510]   LEMRO Chemieprodukte
        DBE-4 Dicarbonsäureester
        Sicherheitsdatenblatt 1/95
        LEMRO Chemieprodukte Michael Mrozyk KG, Grevenbroich,

[511]   Hoechst
        Dimethylacrylsäure
        Sicherheitsdatenblatt 5/93
        Hoechst AG Frankfurt,

[512]   THOR Chemie GmbH
        Algon P-Pulver
        EG-Sicherheitsdatenblatt 1/94
        THOR Chemie GmbH, Speyer,

[513]   Bergvik Kemi
        Bevitack 210
        Sicherheitsdatenblatt Bevitack 210 8/94,
        Bergvick Kemi, Sandarne, Schweden

[514]   Ciba Additive
        Uvitex OB
        Sicherheitsdatenblatt 4/94,
        Ciba Additive GmbH, Frankfurt a. M.

[515]   Angus
        AMPD
        Sicherheitsdatenblatt 4/93,
        Angus Chemie GmbH, Ibbenfüren

[516]   Angus
        Comso 101-X
        Sicherheitsdatenblatt 2/95,
        Angus Chemie GmbH, Ibbenbüren

[517]   Neste Chemicals
        n-Butyraldehyd
        Sicherheitsdatenblatt 12/94,
        NESTE OXO AB, Stenungsund, Schweden

[518]   Neste Chemicals
        n-Butanol
        Sicherheitsdatenblatt 8/94,
        NESTE OXO AG, Stenungsund, Schweden

[519]   Neste Chemicals
        2-Ethylhexanol (2-EH)
        Sicherheitsdatenblatt 8/94,
        NESTE OXO AG, Stenungsund, Schweden

[520]   Neste Chemicals
        Isobutyraldehyd
        Sicherheitsdatenblatt 12/94,
        NESTE OXO AB, Stenungsund, Schweden

[521]   Neste Chemicals
        Isobutanol
        Sicherheitsdatenblatt 8/94,
        NESTE OXO AB, Stenungsund, Schweden

[522]   Hoechst
        Chloracetamid
        EG-Sicherheitsdatenblatt 3/93,
        Hoechst AG, Frankfurt a. M.

[523]   Dow Deutschland Inc.
        Ethylenglycol
        EG-Sicherheitsdatenblatt 5/95,
        Dow Deutschland Inc., Rheinmünster

[524]   Air Products
        Surfynol 61 Surfactant
        Sicherheitsdatenblatt 8/94,
        Air Products, Utrecht, Nederland

[525]   Dow Deutschland
        Propylen Glycol Industrial
        EG-Sicherheitsdatenblatt 5/95,
        Dow Deutschland Inc., Schwalbach

[526]   Shell Chemicals
        Shell Solvent 2831
        EG-Sicherheitsdatenblatt 2/95,
        Deutsche Shell Chemie GmbH, Eschborn

[527]   Shell Chemicals
        Diacetonalkohol
        EG-Sicherheitsdatenblatt 1/95,
        Deutsche Shell Chemie GmbH, Eschborn

[528]   Shell Chemicals
        Butyldiglycol
        EG-Sicherheitsdatenblatt 4/94,
        Deutsche Shell GmbH, Eschborn

[529]   Shell Chemicals
        Toluol
        EG-Sicherheitsdatenblatt 4/95,
        Deutsche Shell GmbH, Eschborn

[530]   Shell Chemicals
          Methylisobutylcarbinol
          EG-Sicherheitsdatenblatt 1/95,
          Deutsche Shell GmbH, Eschborn

[531]   Shell Chemicals
          Hexylenglykol
          EG-Sicherheitsdatenblatt 1/95,
          Deutsche Shell GmbH, Eschborn

[532]   EXXON
          Solvesso 200
          Sicherheitsdatenblatt 5/95,
          Deutsche Exxon Chemical GmbH, Köln

[533]   SKW
          Dyhard UR 300
          Sicherheitsdatenblatt 1/94,
          SKW Trostberg AG, Trostberg

[534]   SKW
          Dyhard MI
          Sicherheitsdatenblatt 1/94,
          SKW Trostberg AG, Trostberg

[535]   Rhone-Poulenc
          Ethylacetat
          EG-Sicherheitsdatenblatt 8/94,
          Rhone-Poulenc, GmbH, Frankfurt a. M.

[536]   Rhone-Poulenc GmbH
          Butylacetat
          EG-Sicherheitsdatenblatt 5/94,
          Rhone Poulenc GmbH, Frankfurt a. M.

[537]   Monsanto
          Santiciser 261
          Sicherheitsdatenblatt,
          Monsanto, Düsseldorf

[538]   BASF
          Ultramarinblau L 6398
          DIN-Sicherheitsdatenblatt 6/88,
          BASF AG, Ludwigshafen

[539]   n.n.
          2-Mercaptobenzothiazol und Salze
          BUA-Stoffbericht 74, Beratergremium für umweltrelevante Altstoffe (BUA) der Gesellschaft
          Deutscher Chemiker, VCH, Weinheim (1991)

[540]   Heubach
          Heudocur-Gelb 251, 252, 254, 255, 256, 259, 262
          Sicherheitsdatenblatt 10/94,
          Heubach GmbH, Langelsheim

[541]   Hüls
Witamol 207
DIN-Sicherheitsdatenblatt 2/95,
Hüls AG, Marl

[542]   ISP
Surfadone LP-100
EG-Sicherheitsdatenblatt 3/94,
ISP Global Technologies GmbH, Frechen

[543]   ISP
HEP
DIN-Sicherheitsdatenblatt 7/92,
ISP Global Technologies GmbH, Frechen

[544]   Grillo Zinkoxid
Zinkoxid 2011
Sicherheitsdatenblatt 5/93,
Grillo Zinkoxid GmbH, Goslar

[545]   Hoechst
Depanol I
EG-Sicherheitsdatenblatt 10/94,
Hoechst AG, Frankfurt a. M.

[546]   Herberts Polymer Powders
Coatylene
EG-Sicherheitsdatenblatt 6/94,
Herberts Polymer Powders, Bulle, Schweiz

[547]   n.n.
Anilin
BUA-Stoffbericht 171, Beratergremium für umweltr   er Gesellschaft
Deutscher Chemiker, Hirzel, Stuttgart (1995)

[548]   Cabot
CAB-O-SIL TS-720
Sicherheitsdatenblatt 8/93,
Cabot GmbH, Hanau

[549]   ciba
Tinuvin 144
Sicherheitsdatenblatt 1/95,
ciba Additive GmbH, Bensheim

[550]   EXXON
Jayflex 911-Z
Sicherheitsdatenblatt 11/94,
Deutsche EXXON Chemicals GmbH, Köln

[551]   Heubach und Lindgens
Lindstab HLC 1 B Bleicarbonat
Sicherheitsdatenblatt 3/94,
Heubach & Lindgens, Köln

1156

[552]
HEUCO Blau 501510
Sicherheitsdatenblatt 3/95,
Dr. Hans Heubach GmbH & Co. KG, Langelsheim

[559]   Hoechst
          Ceridust
          EG-Sicherheitsdatenblatt 94,
          Hoechst AG, Frankfurt a.M.

[560]   Sichler
          Pottasche
          EG-Sicherheitsdatenblatt 11/93,
          Sichler Chemikalien, Braunschweig

[561]   Flexsys
          Santovar TAHQ
          Sicherheitsdatenblatt 10/96;
          Flexsys Additive für die Kautschuk Industrie, Düren

[562]   Flexsys
          Santowhite BBMC
          Sicherheitsdatenblatt 10/96;
          Flexsys Additive für die Kautschuk Industrie, Düren

[563]   Flexsys
          Santocure TBBS
          Sicherheitsdatenblatt 10/96;
          Flexsys GmbH & Co. KG, Düren

[564]   Flexsys
          Santonox TBMC
          Sicherheitsdatenblatt 10/96;
          Flexsys GmbH & Co KG, Düren

[565]   Akzo Nobel
          Perkalink 300 J
          Sicherheitsdatenblatt 6/96;
          Flexsys GmbH & Co KG, Düren

[566]   Krahn Chemie
          Robac TETD
          Sicherheitsdatenblatt 6/95,
          Krahn Chemie GmbH, Hamburg

[567]   Göbel + Pfrengle
          Ekaland DPG
          Sicherheitsdatenblatt 7/94;
          Göbel + Pfrengle GmbH, Bingen

[568]   n.n.
          N-Phenyl-1-naphtylamin
          BUA-Stoffbericht 113, Beratergremium für umweltrelevante Altstoffe (BUA) der Gesellschaft
          Deutscher Chemiker, VCH, Weinheim (1993)

[569]   n.n.
N,N'-Diphenylguanidin
BUA-Stoffbericht 96, Beratergremium für umweltrelevante Altstoffe (BUA) der Gesellschaft
Deutscher Chemiker, VCH, Weinheim (1992)

[570]   n.n.
Persönliche Mitteilung
Beratergremium für umweltrelevante Altstoffe (BUA) der Gesellschaft Deutscher Chemiker,
VCH, Weinheim (1996)

[571]   n.n.
Persönliche Mitteilung
Beratergremium für umweltrelevante Altstoffe (BUA) der Gesellschaft Deutscher Chemiker,
VCH, Weinheim (1996)

[572]   n.n.
2,2'-Dithiobisbenzothiazol (Mercaptobenzothiazoldisulfid)
BUA-Stoffbericht 126, Beratergremium für umweltrelevante Altstoffe (BUA) der Gesellschaft
Deutscher Chemiker, VCH, Weinheim (1993)

[573]   Falbe J., Regitz M.
Römpp Chemie Lexikon, 9. Ausgabe
Georg Thieme Verlag Stuttgart - New York (1995)
ISBN 3-13-102759-2

[574]   n.n.
Ethylendiamintetraessigsäure/Tetranatriumethylendiamintetraacetat
BUA-Stoffbericht 168, Beratergremium für Umweltrelevante Altstoffe (BUA) der Gesellschaft
Deutscher Chemiker, VCH, Weinheim (1995)

[575]   n.n.
Acetessigsäureethylester; Aceton
BUA-Stoffbericht 169-170, Beratergremium für umweltrelevante Altstoffe (BUA) der
Gesellschaft Deutscher Chemiker, VCH, Weinheim (1995)

[576]   n.n.
1,2-Dichlormethan
BUA-Stoffbericht 163, Beratergremium für umweltrelevante Altstoffe (BUA) der Gesellschaft
Deutscher Chemiker, VCH, Weinheim (1994)

[577]   n.n.
Diethanolamin
BUA-Stoffbericht 158, Beratergremium für umweltrelevante Altstoffe (BUA) der Gesellschaft
Deutscher Chemiker, VCH, Weinheim (1994)

[578]   n.n.
4-Aminodiphenylamin
BUA-Stoffbericht 131, Beratergremium für umweltrelevante Altstoffe (BUA) der Gesellschaft
Deutscher Chemiker, VCH, Weinheim (1993)

[579]   n.n.
Tetrachlorethen (PER)
BUA-Stoffbericht 139, Beratergremium für umweltrelevante Altstoffe (BUA) der Gesellschaft
Deutscher Chemiker, VCH, Weinheim (1993)

1158

[580]   n.n.
        1,2-Dichlorpropan
        BUA-Stoffbericht 155, Beratergremium für umweltrelevante Altstoffe (BUA) der Gesellschaft
        Deutscher Chemiker, VCH, Weinheim (1994)

[581]   Taimr L., Pospisil J.
        Antioxidants and Stabilizers, 103
        Angew. Makromol Chem., 149 (1987), S. 119-127

[582]   n.n
        Diethylphthalat
        BUA-Stoffbericht 104, Beratergremium für umweltrelevante Altstoffe (BUA) der Gesellschaft
        Deutscher Chemiker, VCH, Weinheim (1992)

[583]   n.n.
        Resorcin (1,3-Dihydroxybenzol)
        BUA-Stoffbericht 99, Beratergremium für umweltrelevante Altstoffe (BUA) der Gesellschaft
        Deutscher Chemiker, VCH, Weinheim (1993)

[584]   n.n.
        Chloroform
        BUA-Stoffbericht 1, Beratergremium für umweltrelevante Altstoffe (BUA) der Gesellschaft
        Deutscher Chemiker, VCH, Weinheim (1985)

[585]   n.n.
        Di(2-ethylhexyl)phthalat
        BUA-Stoffbericht 4, Beratergremium für umweltrelevante Altstoffe (BUA) der Gesellschaft
        Deutscher Chemiker, VCH, Weinheim (1986)

[586]   n.n.
        Dibutylphthalat
        BUA-Stoffbericht 22, Beratergremium für umweltrelevante Altstoffe (BUA) der Gesellschaft
        Deutscher Chemiker, VCH, Weinheim (1987)

[587]   n.n.
        Dichlormethan
        BUA-Stoffbericht 6, Beratergremium für umweltrelevante Altstoffe (BUA) der Gesellschaft
        Deutscher Chemiker, VCH, Weinheim (1986)

[588]   n.n.
        Chlortoluole
        BUA-Stoffbericht 38, Beratergremium für umweltrelevante Altstoffe (BUA) der Gesellschaft
        Deutscher Chemiker, VCH, Weinheim (1989)

[589]   n.n.
        Tetrachlormethan
        BUA-Stoffbericht 45, Beratergremium für umweltrelevante Altstoffe (BUA) der Gesellschaft
        Deutscher Chemiker, VCH, Weinheim (1990)

[590]   n.n.
        Chlortoluidine (Chlormethylaniline)
        BUA-Stoffbericht 55, Beratergremium für umweltrelevante Altstoffe (BUA) der Gesellschaft
        Deutscher Chemiker, VCH, Weinheim (1991)

[591]   n.n.
        4,4'-Methylendianilin (Bis(4-aminophenyl)methan)
        BUA-Stoffbericht 132, Beratergremium für umweltrelevante Altstoffe (BUA) der Gesellschaft
        Deutscher Chemiker, VCH, Weinheim (1993)

[592]   n.n.
o.-Dichlorbenzol (1,2-Dichlorbenzol)
BUA-Stoffbericht 53, Beratergremium für umweltrelevante Altstoffe (BUA) der Gesellschaft
Deutscher Chemiker, VCH, Weinheim (1990)

[593]   n.n.
Chlorbenzol
BUA-Stoffbericht 54, Beratergremium für umweltrelevante Altstoffe (BUA) der Gesellschaft
Deutscher Chemiker, VCH, Weinheim (1990)

[594]   n.n.
Benzol
BUA-Stoffbericht 24, Beratergremium für umweltrelevante Altstoffe (BUA) der Gesellschaft
Deutscher Chemiker, VCH, Weinheim (1988)

[595]   n.n.
Butylhydroxytoluol (2,6-Bis(1,1-dimethylethyl)-4-methylphenol)
BUA-Stoffbericht 58, Beratergremium für umweltrelevante Altstoffe (BUA) der Gesellschaft
Deutscher Chemiker, VCH, Weinheim (1991)

[596]   n.n.
1,4-Dioxan
BUA-Stoffbericht 80, Beratergremium für umweltrelevante Altstoffe (BUA) der Gesellschaft
Deutscher Chemiker, VCH, Weinheim (1991)

[597]   n.n.
Schwefelkohlenstoff (Kohlenstoffdisulfid)
BUA-Stoffbericht 83, Beratergremium für umweltrelevante Altstoffe (BUA) der Gesellschaft
Deutscher Chemiker, VCH, Weinheim (1991)

[598]   n.n.
Trichlorethen
BUA-Stoffbericht 95, Beratergremium für umweltrelevante Altstoffe (BUA) der Gesellschaft
Deutscher Chemiker, VCH, Weinheim (1991)

[599]   n.n.
Triethylentetramin
BUA-Stoffbericht 89, Beratergremium für umweltrelevante Altstoffe (BUA) der Gesellschaft
Deutscher Chemiker, VCH, Weinheim (1992)

[600]   n.n.
Harnstoff; Isobutylidendiharnstoff; Kaliumamylxanthal; Kaliumisobutylxanthat
BUA-Stoffbericht 76-79, Beratergremium für umweltrelevante Altstoffe (BUA) der
Gesellschaft Deutscher Chemiker, VCH, Weinheim (1992)

[601]   n.n.
Ameisensäure, Formiate; Diglykol-bis-chloroformiat
BUA-Stoffbericht 81-82, Beratergremium für umweltrelevante Altstoffe (BUA) der
Gesellschaft Deutscher Chemiker, VCH, Weinheim (1992)

[602]   n.n
Glutarsäure; Dicarbonsäuregemisch; Cyclohexanon
BUA-Stoffbericht 136-138, Beratergremium für umweltrelevante Altstoffe (BUA) der
Gesellschaft Deutscher Chemiker, VCH, Weinheim (1994)

1160

[603]   n.n.
         1,3-Dinitrobenzol
         BUA-Stoffbericht 102, Beratergremium für umweltrelevante Altstoffe (BUA) der Gesellschaft
         Deutscher Chemiker, VCH, Weinheim (1992)

[604]   n.n.
         Hexamethylendiisocyanat
         BUA-Stoffbericht 112, Beratergremium für umweltrelevante Altstoffe (BUA) der Gesellschaft
         Deutscher Chemiker, VCH, Weinheim (1993)

[605]   n.n.
         Phenylhydrazin
         BUA-Stoffbericht 120, Beratergremium für umweltrelevante Altstoffe (BUA) der Gesellschaft
         Deutscher Chemiker, VCH, Weinheim (1993)

[606]   n.n.
         Tetramethylplumban; Tetraethylplumban
         BUA-Stoffbericht 130, Beratergremium für umweltrelevante Altstoffe (BUA) der Gesellschaft
         Deutscher Chemiker, VCH, Weinheim (1994)

[607]   n.n.
         Toxicity and safe handling of rubber chemicals - B.R.M.A. code of 1985
         British Rubber Manufacturer's Association, 2. Auflage, White and Farell Ltd., 1985

[608]   Ahlers J., Beulshausen T., Diderich R., Maletzki D., Regelmann J., Riedhammer C.,
         Schwarz-Schulz B., Weber C.
         Bewertung der umweltgefährlichkeit ausgewählter Altstoffe durch das Umweltbundesamt
         Teil II
         Umweltbundesamt, Berlin; Fachgebiet IV 1.2, Dr. Beatrice Schwarz-Schulz (5/1996)

[609]   n.n.
         Blue Book 1995
         Rubber World Magazine, Lippincott & Peto Inc., Akron, Ohio

[610]   n.n.
         Rubber Doc
         Sablowski Datacon GmbH, K arlsruhe (1996)

[612]   n.n
         Di(2-ethylhexyl)phosphat/Tri(2-ethylhexyl)phosphat
         BUA-Stoffbericht 172, Beratergremium für umweltrelevante Altstoffe (BUA) der Gesellschaft
         Deutscher Chemiker, VCH, Weinheim (1996)

[613]   n.n.
         Morpholin
         BUA-Stoffbericht 56, Beratergremium für umweltrelevante Altstoffe (BUA) der Gesellschaft
         Deutscher Chemiker, VCH, Weinheim (1990)

[614]   Göbel + Pfrengle
         Ekaland CBS-c
         Sicherheitsdatenblatt 2/95;
         Göbel + Pfrengle GmbH, Bingen

[615]   Göbel + Pfrengle
         Ekaland DOTG-c
         Sicherheitsdatenblatt 1/95;
         Göbel + Pfrengle GmbH, Bingen

[616] Göbel + Pfrengle
       Ekaland MBS
       Sicherheitsdatenblatt 1/95;
       Göbel + Pfrengle GmbH, Bingen

[617] Göbel + Pfrengle
       Ekaland DTDM PD
       Sicherheitsdatenblatt 1/96;
       Göbel + Pfrengle GmbH, Bingen

[618] Krahn Chemie
       Robac DETU
       Sicherheitsdatenblatt 91;
       Krahn Chemie GmbH, Hamburg

[619] Krahn Chemie
       Plasthall DBS
       Sicherheitsdatenblatt 91;
       Krahn Chemie GmbH, Hamburg

[620] Peroxid-Chemie
       DTBP
       Sicherheitsdatenblatt 11/95,
       Peroxid-Chemie GmbH, Pullach

[621] Peroxid-Chemie
       DHBP
       Sicherheitsdatenblatt, 3/94,
       Peroxid-Chemie, Pullach

[622] Pergan
       Peroxan DB
       Sicherheitsdatenblatt 5/95,
       Pergan GmbH, Bocholt

[623] Pergan
       Peroxan HX
       Sicherheitsdatenblatt 7/94,
       Pergan GmbH, Bocholt

[624] Raschig
       Ralox 64
       Sicherheitsdatenblatt 4/96,
       Raschig AG, Ludwigshafen

[625] Raschig
       Ralox BHT food grade
       Sicherheitsdatenblatt 4/96,
       Raschig AG, Ludwigshafen

[626] Krahn
       Robac ZDBC OTD
       Sicherheitsdatenblatt 6/95,
       Krahn Chemie GmbH, Hamburg

[731] Mura J.-L. (Sandoz A.-G.; Sandoz Erfindungen Verwaltungsgesellschaft m,b,H.; Sandoz-Patent-GmbH, Switz.)
Use of 4H-3,1-benzoxazin-4-one compounds for improving the lightfastness of dyed textile materials
Eur. Pat. Appl. EP 674038 A1 27 Sep 1995, 7 pp

[732] Uchida J., Shimada M., Kamano T., Wakita K., Okawa M. (Nicca Chemical Co., Ltd., Japan)
Light stabilizers for textile materials and process for their manufacture
Eur. Pat. Appl. EP 661401 A2 5 Jul 1995, 23 pp

[733] Reinehr D., Reinert G., Rembold M. (Ciba-Geigy A.-G., Switz.)
Process for photochemical and thermal stabilization of undyed and dyed polyester fibrous materials
Eur. Pat. Appl. EP 584044 A1 23 Feb 1994, 9 pp

[734] Burdeska K., Reinehr D., Reinert G. (Ciba-Geigy A.-G., Switz.)
Process of improving the light and heat stability of undyed and dyed or printed polyester fibres
Eur. Pat. Appl. EP 557247 A1 25 Aug 1993, 15 pp

[735] Fuso F., Reinert G. (Ciba-Geigy A.-G., Switz.)
Preparation of [(tetramethylpiperidinylamino)triazinylamino]naphthalenesulfonates and analogs as polyamide fiber light and heat stabilizers
Eur. Pat. Appl. EP 546993 A1 16 Jun 1993, 26 pp

[736] Reinert G., Fuso F., Hilfiker R. (Ciba-Geigy A.-G., Switz.)
Raising the solar protection factor of celullosics with vat dyes and reactive UV absorbers
Ger. Offen. DE 19613671 A1 10 Oct 1996, 20pp

[737] Jariwala C. P., Klun T. P., Linert J. G., Stern R. M. (3M Innovative Properties Company, USA)
Water- and oil-repellent fluorochemical composition for fibres, films and coatings
PCT Int. Appl. WO 2001096654 A1 20 Dec 2001, 74pp

[738] Lenti D., Trombetta T., Carignano G. (Ausimont S.P.A., Italy)
Hydro- oil-repellent compositions for textiles
Eur. Pat. Appl. EP 1038919 A1 27 Sep 2000, 18 pp

[739] Strauch, I.
Book of papers
American Association of textile chemists and colorists.
In: Research Triangle Park, NJ: Dyeing wool. Njersey, USA:, 1996, S. 51-57

[740] Yen, P. H., Chen, K. M.
Preparation and properties of novel low-foaming dyeing auxiliaries.
Part 2: preparation and dyeing properties of anionic derivatives of polyoxyethylenated stearylamine
In: JSDC 115 (1999), Nr. March, S. 88-91

[741] Lee, W. J., Choi, W. H., Kim, J.P.
Dyeing of wool with temporarily solubilised disperse dyes
In: Color. Technol. 117 (2001), Nr. 4, S. 211-216

[742] Baier, K.
Stofftransport bei Färben von Celluloseacetat
In: Universität Stuttgart: Dissertation. Stuttgart, 1994

1162

[627]   Krahn
        Robac ZDMC OT
        Sicherheitsdatenblatt 7/95,
        Krahn Chemie GmbH, Hamburg

[628]   Reverte
        Microcarb 60 T
        Sicherheitsdatenblatt,
        Reverte Mineralprodukte GmbH, Köln

[633]   Heubach
        Zinkweiß Harzsiegel Stand. CF, UF, F, GR, CF/GR
        Sicherheitsdatenblatt 12/94,
        Heubach GmbH & Co. KG, Langelsheim

[634]   European Chemicals Bureau
        IUCLID-International Uniform Chemical Information Database
        Edition I – 1996

[635]   National Center for Manufacturing Sciences- NCMS
        SOLV-DB 1998
        Datenbank aus dem Internet: http://solvdb.ncms.org/

[636]   ChemFinder.com
        Internet Searching and Information, CambrigdeSoft Cooperation
        Datenbank aus dem Internet: http://chemfinder.cambridgesoft.com

[637]   Beilstein Informationssysteme GmbH
        Beilstein Comander 4.0, Netzwerkdatenbank

[638]   n.n.
        Phenol
        BUA-Stoffbericht 209, Beratergremium für umweltrelevante Altstoffe (BUA) der Gesellschaft
        Deutscher Chemiker, VCH, Weinheim (1998)

[639]   n.n.
        Chloroform, 1,1,2,2-Tetrachlorethan, Dichlorethen, Chlorethan, 1,2,4,5-Tetrachlorbenzol,
        N,N'-Diphenylguanidin, Phenylendiamine, Aminofen
        BUA-Stoffbericht 210 (Ergänzungsbericht IV), Beratergremium für umweltrelevante Altstoffe
        (BUA) der Gesellschaft Deutscher Chemiker, VCH, Weinheim (1998)

[640]   n.n.
        BUA-Stoffbericht, Beratergremium für umweltrelevante Altstoffe (BUA) der Gesellschaft
        Deutscher Chemiker, VCH, Weinheim (1998)

[641]   Integrated Pollution Prevention and Control (IPPC): Reference Document on Best Available
        Techniques for the Textiles Industry (BREF Documents)
        In: European Commission DG JRC Feb. 2001. Aufl., 2001

[642]   Bundesministerium für Umwelt, Jugend und Familie (Österreich)
        Textilchemikalien in Österreich
        Einsatzmengen, Anwendungsgebiete und ökologische Bewertung
        (Band 1: Textilhilfsmittel), Oktober 1994

[643]   BASF
         http://www.basf.de/de/produkte/farbmittel/farben/textil/
         https://worldaccount.basf.com/wa/PublicMSDS
         http://www.basf.com/static/OpenMarket/Xcelerate/Preview_cid-982931201475_pubid-
         974236726510_c-Article.html

[644]   Bayer Textilhilfsmittel

         http://www.textilhilfsmittel.bayer.de/

[645]   Roth/Kormann/Schweppe

[646]   A.Riva

[647]   Cai,Z.; Jiang,G.; Yang,S.
         Chemical finishing of silk fabric
         Color. Technol. (117), 2001, S. 161-165

[648]   bib Ando

[649]   P. Nousianen

[650]   Bartl, H.
         Aminierung der Baumwolle zur Verbesserung der Färbbarkeit mit Reaktivfarbstoffen -
         Möglichkeiten und Grenzen
         Dissertation, Universität Stuttgart, 1997

[651]   Prabaharan,M.; Venkata Rao,J.
         Study on ozone bleaching of cotton fabric - process optimisation, dyeing and finishing
         properties
         Color. Technol. (117), 2001, S. 98-103

[652]   Weber, T.
         Über die Eignung von Cyclodextrinen als Hilfsmittel für das Färben mit Reaktivfarbstoffen
         Dissertation, Universität Stuttgart, 1995

[653]   Rotta Textilhilfsmittel

         http://www.rotta-group.com/deu/geschaeftsfelder/

[654]   Bundesinstitut für gesundheitlichen Verbraucherschutz und Veterinärmedizin (BgVV)
         ICSC-Datenbank
         http://www.bgvv.de/datenbanken/

[655]   Bundesinstitut für gesundheitlichen Verbraucherschutz und Veterinärmedizin (BgVV)
         CIVS-Datenbank
         http://www.bgvv.de/datenbanken/

[656]   World Health Organization (WHO)
         International Chemical Safety Cards (ICSC), updated version 93/94
         WHO, Genf, 1994

[657]   GSBL Datenlieferung Sommer 1996

[658]   Welzbacher, U.
         Neue Datenblaetter fuer gefaehrliche Arbeitsstoffe nach der Gefahrstoffverordnung Weka-
         Verlag, Loseblatt-Ausgabe mit Aktualisierungen, Augsburg, 1987

1164

[659]   Datenbank RESY (GSBL)

[660]   RTECS Registry of Toxic Effects of Chemical Substances (RTECS)
         National Institute of Occupational Safety and Health (NIOSH)

[661]   Kommission der Europaeischen Gemeinschaften (EU)
         Richtlinie 93/72/EWG der Kommission vom 1. Sept. 1993, Anhang Bd I und II (EU
         Gefahrstoff-Verordnung), mit Ergaenzungen bis 1999 Amtsblatt der Europaeischen
         Gemeinschaften L 258 A, 36. Jahrgang, 16.Okt. 1993, Ergaenzungen bis 1997

[662]   World Health Organization (WHO)
         The WHO Recommended Classification of Pesticides by Hazard and Guidelines to
         Classification 1998-1999 WHO/PCS/98.21/Rev.1, Genf, 2000

[663]   Aldrich Chemical Co. Ltd. Sigma-Aldrich
         Material Safety Data Sheets on CD-ROM
         Aldrich Chem. Co. Ltd., Gillingham-Dorset, England, 3. Update, 1989

[664]   Knie, J. et al.
         Ergebnisse der Untersuchungen von chemischen Stoffen mit vier Biotests
         Deutsche Gewaesserkundliche Mitteiliungen, Vol. 27, 1983, S. 77-79

[665]   Adema, D.M.M., Vink, G.J.
         A Comparative Study of the Toxicity of 1,1,2-Trichloroethane, Dieldrin, Pentachlorophenol
         and 3,4-Dichloroaniline for Marine and Fresh Water Organisms
         Chemosphere, Vol.10, No.6, 1981, S. 533-554

[666]   Johnson, W. W., Finley, M. T.
         Handbook of acute toxicity of chemicals to fish and aquatic invertebrates. US Department of
         the Interior.
         Fish and Wildlife Service / Recource Publication 137, Washington D.C., 1980, 98 pp.

[667]   AQUIRE Aquatic Toxicity Information Retrieval Data Base US-EPA, Environmental
         Research Laboratory, Duluth MN 55804, 1981-1989

[668]   Institut der Feuerwehr (IDF)
         Feuerwehrrelevante Bewertung von Stoffen und Stoffgruppen.
         IDF, Heyrothsberge, 1995

[669]   Deutsche Forschungsgemeinschaft (DFG)
         MAK- und BAT-Werte-Liste 1999 (Maximale Arbeitsplatzkonzentrationen und biologische
         Arbeitsstofftoleranzwerte)
         VCH Verlagsgesellschaft mbH, Weinheim, 1999

[670]   Lewis, R. J. sen.
         Carcinogenically Active Chemicals. A Reference Guide.
         Van Nostrand Reinhold, New York, 1991

[671]   Amann, W. et al. (Komission Berwertung wassergefaehrdender Stoffe)
         Datenblaetter zum Katalog wassergefaehrdender Stoffe Bundesminister fuer Umwelt,
         Naturschutz und Reaktorsicherheit 1988

[672]   Boettger, A. et al.
         Belastung der Anwohner von Chemisch-Reinigungsanlagen durch Tetrachlorethylen
         Vortrag: Tagung der Deutschen Gesellschaft fuer Hygiene und Mikrobiologie, Kiel, 29.-
         30.9.1988

[673]   Landesanstalt fuer Immissionsschutz des Landes NRW Organismen und Stoffliste, Version
3.0 Datenbank der L I S , Essen, April 1992

[674]   Ryan, J.A. et al.
Plant Uptake of Non-Ionic Organic Chemicals from Soils
Chemosphere, Vol. 17, No. 12, 1988, S. 2299-2323

[675]   Wagner, B.O., Muecke, W., Schenck, H.-P.
Umweltmonitoring: Umweltkonzentrationen organischer Chemikalien - Literaturrecherche
und Auswertung
ecomed Verlagsgesellschaft mbH, Landsberg/Lech, 1989

[676]   American Conference of Governmental Industrial Hygienists Threshold Limit Values and
Biological Exposure Indices for 1991-1992 Cincinnati, Ohio, 1988 NIOSH

[677]   UNEP/IRPTC International Register of Potentially Toxic Chemicals, 1990 United Nations
Environment Programme/ International Register of Potentially Toxic, Palais des Nations, CH-
1211 Genf 10

[678]   Industrieverband Agrar e.V.
Wirkstoffe in Pflanzenschutz- und Schaedlingsbekaempfungsmitteln. Physikalisch-
chemische und toxikologische Daten IVA, Industrieverband Agrar, 2. Aufl., 1990

[679]   BIG, Brandweer Informatiecentrum Gevaarlijke Stoffen v.z.w B I G Datenbank BIG,
Technische Schoolstr. 43A, 2240 Geel, Belgien

[680]   Swarup, P. A. et al.
Toxicity of Endosulfan to the freshwater fish Cirrhinus mrigala
Bull. Environm. Contam. Toxicol., Vol.27, 1981, S.850-855

[681]   Hemmer, M.J.; Middaugh, D.P.; Comparetta, V.
Comparative acute sensitivity of larval topsmelt, Atherinops affinis, and inland silverside,
Menidia beryllina, to 11 chemicals
Environmental Toxicology and Chemistry 11, 401-408, 1992

[682]   Fluka Chemika-Biochemika
Fluka-Katalog 1986/87,
Buchs. Schweiz. 1986.

[683]   Personal communication of Jungpeter,C. (Europe press office Lewi Strauss & Co., Brussel)
Glossy Finishing of Lewi Strauss Jeans
30.08.01

[684]   Nabert K., Schoen G.
Sicherheitstechnische Kennzahlen brennbarer Gase und Daempfe,
2. Auflage Deutscher Eichverlag GmbH, 1 Berlin 30, 1963.

[685]   ECDIN Environmental Chemicals Data and Information Network Joint Research Centre
(IRC) of the Commission of the European Communities (CEC), Ispra, Italien

[686]   Abernethy, S., Bobra, A.M., Shiu, W.Y., Wells, P.G., Mackay, D.
Acute lethal toxicity of hydrocarbons and chlorinated hydrocarbons to two planctonic
crustaceans: The key role of organism-water partitioning
Aquatic Toxicology, Vol. 8 (3), 1986, S. 163-174

1166

[687]   Ruetgerswerke AG, Verband der chemischen Industrie (VCI)
        Grunddatensaetze zu Altstoffen der VCI-Liste
        Ruetgerswerke AG, 1988

[688]   Schuchardt & Co
        MERCK-Schuchardt "BULK-Katalog" (Diskette)
        Schuchardt & Co, 14.4.1991

[689]   Streit, Bruno
        Lexikon Oekotoxikologie
        1. Aufl., VCH Verlagsgesellschaft, Weinheim 1991

[690]   Basler, A., von der Hude, W.
        Erbgutveraendernde Gefahrstoffe
        MMV Medizin Verlag Muenchen, 1987 (bga-Schriften 3/87)

[691]   Berufsgenossenschaft der chemischen Industrie
        Toxikologische Bewertungen
        Loseblattsammlung der BG Chemie, Heidelberg

[692]   Roberts, B.L., Dorough, H.W.
        Relative toxicities of chemicals to the earthworm Eisenia foetida
        Environmental Toxicology and Chemistry, Vol 3, 1984, S. 67-78

[693]   Toxicology Data Base (TDB) TDB
        (Vorlaeufer-Datenbank der HSDB), National Library of Medicine (NLM)
        8600 Rockville Pike Bethesda, MD 20014, USA

[694]   Shenai, V.A
        Hazardous chemicals and dyes in textile
        Textile dyer and printer, volume 31, no. 13, 1998, S. 10-15

[695]   Kastl, B.
        Strukturveränderungen von Cellulosematerialien durch Netz-/Trockenprozesse und deren
        Auswirkungen auf das färberische Verhalten
        Dissertation, Universität Stuttgart, 1993

[696]   Haarer, J.
        Neue Reaktiv-Hilfsmittel für die Reservierung von Wolle
        Dissertation, RWTH Aachen, 1993

[697]   V. Golob

[698]   Runge, A
        Steigerung der Farbausbeute beim Färben von Baumwolle durch partielle Acetylierung
        Dissertation, Universität Stuttgart, 1997

[699]   Zuwang, Wu
        Recent developments of reactive dyes and reactive dyeing of silk
        Review of progress in coloration and related (28), 1998, S. 32-38

[700]   Kim, Sung-Hoon; Han, Sun-Kyung
        High performance squarylium dyes for high-tech use
        Color. Technol. (117), Ausgabe 2, 2001, S. 61-67

[701]   T. Leaver

[702] Gießmann, M.
Unkonventionelle Verfahren zum Färben von Polyester/Wolle
Dissertation, RWTH Aachen, 1998

[703] Chou, J.T., Jurs, P.C.
Computer-assisted computation of partition coefficients from molecular structures using fragment constants
J. Chem. Inf. Comput. Sci., Vol. 19 (3), S. 172-178, 1979

[704] Roempp Roempp's Chemielexikon
Roempp's Chemielexikon 8. Auflage

[705] Bundesgesundheitsamt, Abteilung Chemikalienbewertung
Programm zur Gesundheitsvorsorge der Bevoelkerung durch chemische Stoffe:
Toxikologische Bewertung nach dem Chemikaliengesetz (ChemG)
unveroeffentlicht

[706] Bridie, A.L., Wolff, C.J.M., Winter, M.
The Acute Toxicity of Some Petrochemicals to Goldfish Water Research, Vol. 13, 1979, S. 623-626

[707] Kuehn, R. et al.
Schadstoffwirkungen von Umweltchemikalien im Daphnien-Reproduktions-Test als Grundlage fuer die Bewertung der Umweltgefaehrlichkeit in aquatischen Systemen.
Umweltforschungsplan des Bundesministers fuer Umwelt, Naturschutz und Reaktorsicherheit.
Forschungsbericht 10603052, Maerz 1988

[708] Kuehn, R. et al.
Results of the Harmful Effects of Water Pollutants to Daphnia magna in the 21 Day Reproduction Test Water Research, 23 (4), 1989, S. 501-510

[709] Kuehn, R., & Pattard, M.
Results of the harmful effects of water pollutants to green algae (Scenedesmus subspicatus) in the cell multiplication inhibition test Wat. Res., 24 (1),31-38, 1990

[710] Fraunhofer-Institut fuer Umweltchemie und Oekotoxikologie, D-5948 Schmallenberg
SAR-Programm (UBA/Version 2.3) zur Abschaetzung des umweltchemischen und oekotoxikologischen Verhaltens von Stoffen - berechneter Wert
Umweltbundesamt

[711] Green, F.J. The SIGMA-ALDRICH Handbook of Stains, Dyes and Indicators
Aldrich Chemical Company, Inc., Milwaukee, Wisc., 1990

[712] World Health Organisation (WHO)
International Chemical Safety Cards, 1988
folgende WHO, Genf, 1989

[713] Carpenter, Ch. P., Weil, C. S., Smyth, H. F.
Range-Finding Toxicity Data: List VIII
Toxicol. Appl. Pharmacol. 28, 1974, 313-319.

[714] Brooke, L.T. et al. (Hrsg.) Acute toxicities of organic chemicals to Fathead Minnows
(Pimephales promelas) Volume I Center for Lake Superior Environmental Studies, University of Wisconsin-Superior, 1984

[715]   Weast, R. C. (Hrsg.) CRC
         Handbook of Chemistry and Physics
         CRC Press, Inc., Boca Raton, Florida, USA, 67. Auflage, 1986

[716]   Sonneborn, M., Kayser, D. (Hrsg.)
         Gesundheitliche Bewertung ausgewaehlter chemischer Stoffe
         MMV Verlag Muenchen, 1985, (bga Schriften, 4/1985)

[717]   Beratergremium fuer umweltrelevante Altstoffe (BUA) (Hrsg.):
         Stoffberichte (fortlaufend),
         VCH Verlagsgesellschaft mbH, Weinheim, 1986-1999

[718]   World Health Organization (WHO)
         Environmental Health Criteria Serie.
         WHO. Genf.

[719]   European Chemical Industry Ecology and Toxicology Centre (ECETOC)
         Joint Assessment of Commodity Chemicals ECETOC - Berichte, Bruessel

[720]   Phipps, G. L., Holcombe, G.W.
         A Method for Aquatic Multiple Species Toxicant Testing: Acute Toxicity of 10 Chemicals to 5
         Vertebrates and 2 Invertebrates
         Environmental Pollution (Series A), Vol 38 (2), 1985 S.141-157

[721]   Deutsches Institut fuer Medizinische Dokumentation und Information (DIMDI)
         Sammlung internationaler Datenbanken DIMDI, Koeln, fortlaufend

[722]   Deutsches Institut fuer medizinische Dokumentation und Information (DIMDI)
         Toxikologische Datenbanken. DIMDI, Koeln, 1994

[723]   A Better Choice For Research Chemicals (ABCR)
         www.abcr.de

[724]   CCD Chemexper Chemical Directory
         www.chemexper.com/ccd/power/search_5.shtml

[725]   W. Brennich
         *Hilfsmitteleinflüsse auf Farbstoffaggregation und Echtheiten beim Färben von Polyamid mit
         Säurefarbstoffen,* in: *Dissertation* (Universität Stuttgart, Hrsg.), Stuttgart 1992.

[726]   Poly.

[727]   Acros Organics
         www.acros.be

[728]   Kemi Kemikalieinspektionen
         The N-CLASS Database on Environmental Hazard Classification
         www.kemi.se/nclass

[729]   Chemical Abstracts 2001 CD-ROM

[730]   Fuso F., Reinert G. (Ciba-Geigy A.-G., Switz.)
         Water-soluble triazine derivatives containing piperidinyl groups as stabilizers for polyamide
         fibres
         Eur. Pat. Appl. EP 702011 A1 20 Mar 1996, 17 pp

1170

[743]   Hönings, R.
        Untersuchungen zum Recycling von Farbstoffen durch Anwendung von Ionenaustauschern
        bei der Abwasserreinigung der Wollfärberei
        In: RWTH Aachen: Dissertation. Aachen, 1995

[744]   Soewondo, Prayanti
        Zweistufige anaerobe und aerobe biologische Behandlung von synthetischem Abwasser mit
        dem Azofarbstoff C.I. Reactive Orange 96
        In: TU Berlin: Dissertation. Berlin, 1997

[745]   Peters, R.
        Reduzierung der Schadstoffbelastung Metallkomplexfarbstoff-haltiger Abwässer durch
        Anwendung von Ozon und von chelatisierenden Ionenaustauschern bei der
        Abwasserreinigung der Wollfärberei
        In: RWTH Aachen: Dissertation, Aachen, 1997

[746]   Chemicals in textiles – report of a Government Comission
        In: KEMI Report (Swedish National Chemicals Inspectorate, Hrsg.)
        Bd. 5, PrintGraf, Stockholm 1997

[747]   Young Hee Kim and Gang Sun
        Text. Res. J. (2000), Nr. 80 (8), S. 728-733

[748]   Tzanov, T., Costa, S., Guebitz, G. M., Cavaco-Paulo, A.
        Dyeing in catalase-treated bleaching baths
        In: JSDC 117 (2001), Nr. 1, S. 1-5

[749]   M. Peter, H. K. Rouette
        Grundlagen der Textilveredlung : Handbuch der Technologie, Verfahren und Maschinen
        13. überarb. Aufl., Frankfurt/Main, Dt. Fachverlag GmbH, 1989. – 3-87150-277-4

[750]   Fischer, K., Marquart, K., Schlüter, K., Gebert, K., Borschel, E.-M., Heimann, S., Kromm, E.,
        Giesen, V. et al.
        Textile auxiliaries
        In: Ullmann: Ullmann's Encyclopedia of Industrial Chemistry, Bd. Electronic Database, 6.
        ed., Aufl. electronic release, Wiley, 2001

[751]   Du, F., Lewis, D. M.
        Discharge printing, In: Advances in Colour Science & Technology
        (Leeds, UK) (1999), Nr.2 (March), S. 104-108

[752]   Basu, T., Chakrabarty, M.
        Recent achievements in the field of eco-processing of textiles
        In: Colourage 44 (1997), Nr. 2, S. 17-23

[753]   S. E. Laursen, J. Hansen, J. Bagh, O. K. Jensen, I. Werther
        Environmental Assessment of Textiles
        In: Danish Danish Environmental Protection Agency: Miljoprojekt Nr. 369, 1997

[754]   L. Perenius, E. Ljung, M. Palmquist, S. Flodström, K. Gustafsson und E: Westin, *The flame
        retardants project -Final report-*, in: *KEMI Report* (Swedish National Chemicals Inspectorate
        Ule Johansson, Hrsg.), Bd. 5, PrintGraf, Stockohlm 1996.

[755]   F. Belet, *personal communication* (F 55310 Tronville en Barrois Rhovyl SA, Hrsg.) 2002.

[756]   S.K. Patra, *Colourage* **45** (1998) Nr. 3, S. 37-38

[757]   322) W. Baumann, K. Hesse, D. Pollkläsner, K. Kümmerer und T. Kümpel, *Gathering and review of environmental Emission Scenarios for biocides*, in: *Gathering, review and development of environmetal emission scenarios for biocides (EUBEES)* (Institute for environmetal Research (INFU), Hrsg.), Dortmund 2000.

[758]   Walter Bender (Sanitized A.-G.), *Antimicrobial composition comprising 1,2-benzisothiazolin-3-one and its use in fabric finishing EP 1184507 A1, 12 pp*, 2002.

[759]   R. Koch und J.H. Nordmeyer, *Textile printing* , in: *Ullmann´s Encyclopedia of Industrial Chemistry* (Ullmann, Hrsg.), 6. ed.. Aufl., Bd. Electronic Database, Wiley, electronic release 2001.

[760]   R. Cox, *The benefits of antimicrobial additives in fibres. Amicor (Pure)-the science behind it.*, in: *technical Paper of www.amicor.co.uk/science.htm* (UK Acordis Acrylic Fibres, Hrsg.), UK 09.07.2002.

[761]   G. Nelson, *Rev. Prog. Coloration* **21** (1991), S. 72-85.

[762]   Michael Brier, *Process for producing cotton fabric and fabric blends having water-resistance and/or antimicrobial properties for clothing and/or undergarments US 20020042956 A1, 5 pp*, 2002.

[763]   H. El-Sayed, A. Kantouch, E. Heine und H. Höcker, *Color. Technol.* **117** (2001) Nr. 4, S. 234-238.

[764]   A. Ratka, *Untersuchung zur Genotoxizität von veredelten Textilien*, in: *Dissertation* (RWTH Aachen, Hrsg.), Aachen 1995.

[765]   C.S. Powell, *American dyestuff reporter, New York* **87** (1998) Nr. 9, S. 51-53.

[766]   A. Krasowski, *Optimierung von Prozessen in der Seidenveredlung*, in: *Dissertation* (RWTH Aachen, Hrsg.), Aachen 1998.

[767]   K. Kosswig, *Surfactants - Nonionic surfactants*, in: *Ullmann´s Encyclopedia of Industrial Chemistry* (Ullmann, Hrsg.), 6.. Aufl., Bd. Electronic Database, Kap. 7, Wiley, electronic release 2001.

[768]   Bohnen, *Entwicklung einer neuen, sicheren und umweltfreundlichen Alternative für die Detachur in der Textilindustrie*, in: *Forschungsvorhaben des Freistaates Bayern Nr. 0703/68560/922/99/776/00* (wfk-Forschungsinstitut, Hrsg.) 2000.

[769]   *Lecture documents: "Trevira Bioactive - die Hygienefaser für mehr erfolg mit innovativen Textilien* (Trevira GmbH The Fibre Company, Hrsg.), personal communication; Frankfurt/Main 07.2002.

[770]   T. Schewe, K. Markgraf, C. Schewe, S. Fischer, R. Getter und M. Mayer, *Melliand Textilberichte* (1997) Nr. 9, S. 631.

[771]   C. M. Welch, *American Dyestuff Reporter* (1994) Nr. sept., S. 19-26.

[772]   Ullmann, *Ullmann´s Encyclopedia of Industrial Chemistry*, in: *Electronic Database*, 6. ed.. Aufl., Wiley, electronic release 2001.

[773]   Roland Wald (Clariant Finance (BVI) Ltd.; Clariant International Ltd., Virgin I.), *Reactive azo dyes, their production and their use WO 2002012399 A1, 16 pp*, 2002.

1172

[774] Takado Suzuki (Hiraoka & Co., Ltd., Japan), *Halogen-free flame-retardent resin-coated fabrics JP 2001353827 A2, 21pp*, 2002.

[775] Tomoyuki Aranaga, Hideo Isota, Mikiya Hayashibara und Kenji Yoshino (Toyobo Co., Ltd.), *Antimicrobial agents in textile JP 2000248438 A2, 9 pp.*, 2000.

[776] Rainer Jeschke und Karl-Heinz Scheffler (Henkel K.-G. a. A.), *Color protectants for laundry treatment agents DE 10021538 A1, 12pp.*, 2001.

[777] Nobuhiro Kuwahara, Toshizo Abe und Kiyoshi Mori (Toyobo Co., Ltd.), *Fiber structures comprising cellulosic fibers with good wash-and-wear properties and deodorant antibacterial properties manufactured by treating the structures with mixtures of metal compounds and natural functional agents and subsequently treating the structures with crosslinking agents JP 2002088649 A2, 8pp*, 2002.

[778] Kenichi Kamemaru und Kenji Hasegawa (UNitika Ltd.), *Antistatic water-repellent finishing nylon fabrics with good washfastness by treatingthe fabrics with polyoxyalkylene-polyurethanes and subsequently treating JP 2000080568 A2, 6pp*, 200.

[779] Marie S. Chan und Lawrence F: Kind (MIlliken & Company), *Antimicrobial transfer substrates for textile finishing WO 2001088080 A1, 31pp*, 2001.

[780] Zhiquo Wei, Wei Tian, Weiyuan Shi, Ning Zhu und Zhidong Wang (Weixin Special Fabrics Co., Ltd., Wuxi, Peop. Rep. China), *Long durable fire-, oil- and water-resistant blend fabrics and their manufacture CN 1300894 A, 9 pp*, 2001.

[781] Cai Xiang, Song Xinyuan und Su Kaidi, *Journal of China Textile University* **17**.

[782] Kunihide Hoshino und Kazutoshi Sakurai (Takasago Perfumery Co., Ltd.), *Cleaning composition for clothe containing perfume and hydrophobic polymer JP2001335800 A2, 7pp*, 2001.

[783] Ismail I. Walele und Samad A. Syed (Finitex, Inc.), *Preparation of quaternary ammonium compounds as softening an conditioning agents WO 2001095867 A1, 57pp.*, 2001.

[784] Ian Dietrich, Peter Kummer und Ilona Stiburek (Star Coating A.-G.), *Transfer material useful in ink-jet printing on textiles EP 1184508 A1, 9 pp*, 2002.

[785] R. Dombrowski, *Journal of coated fabrics* **25** (1996) Nr. Jan., S. 224-238.

[786] M. Mazen Al-Bahra, K. Schäfer und H. Höcker, *Chininderivate zur antimikrobiellen Ausrüstung von Textilien*, in: *Aachen Textile Conference* (Deutsches Wollforschungsinstitut an der RWTH Aachen e.V., Hrsg.), Aachen 2001, S. 405-409.

[787] K. Kosswig, *Surfactants - Anionic surfactants*, in: *Ullmann´s Encyclopedia of Industrial Chemistry* (Ullmann, Hrsg.), 6.. Aufl., Bd. Electronic Database, Kap. 6, Wiley, electronic release 2001.

[789] Rainer Nusser (Clariant Finance (BVI) Ltd.; Clariant International Ltd., Virgin I.), *Reactive monoazo copper complex dyes, their production and thier use WO 2002031057 A2, 20 pp*, 2002.

[790] Mark Kenworth (Avecia Limited), *Sulfo- and phenylaminosulfonyl-substituted phthalocyanine compounds for ink-jet printing US 6332918 B1, 12 pp*, 2001.

[791]   R. Schneider, *Formaldehydfreie waschbeständige Flammschutzausrüstung für Baumwolle*, in: *Dissertation* (Universität Stuttgart, Hrsg.), Stuttgart 1992.

[792]   E. Heine, N. Wyrsch, M. Fabry und H. Höcker, *Konzepte zur hygienischen Funktionalisierung*, in: *Aachen Textile Conference* (Deutsches Wollforschungsinstitut an der RWTH Aachen e.V., Hrsg.), Aachen 2001, S. 53-61.

[793]   D. Farrington und J. Oldham, *J.S.D.C.* **115** (1999) Nr. March, S. 83-85.

[794]   William Harold Humphries (Sterling Textiles Ltd.), *Treating a textile material with fire retardant GB 2358879, 17 pp*, 2001.

[795]   Josette Chardon und Philippe Olier (Rhodia Chimie), *Treating textile materials with polyorganosiloxanes WO 2002029152 A1, 19 pp.*, 2002.

[796]   J. Reichert, *Der Hilfsmitteleinfluß auf Hydrolyse-, Fixier- und Färbekinetik von Reaktivfarbstoffen unter den Bedingungen der Ausziehfärbung von Baumwolle*, in: *Dissertation* (Universität Stuttgart, Hrsg.), Stuttgart 1990.

[797]   G. Nelson, *Rev. Prog. Color.* **31** (2001), S. 57-64.

[798]   GRYCHTOL, K.; MENNICKE, W.
Metal-complex dyes - uses of metal-complex dyes
In: ULLMANN Ullmann´s Encyclopedia of Industrial Chemistry, Vol. Electronic Database ,6. ed. Ed., Wiley, electronic release :2001#276

[799]   GRYCHTOL, K.; MENNICKE, W.
Metal-complex dyes - Formazan dyes
In: ULLMANNUllmann´s Encyclopedia of Industrial Chemistry, Vol. Electronic Database ,6. Ed. Wiley, electronic release :2001

[800]   ROBERT, G.:

Kreppeffekte im Druck

Textilverdlung 21, No. 10, pg. 338-341 (1986)

[801]   YEN, P.H.; CHEN, K.M.:

Preparation and properties of novel low-foaming dyeing auxiliaries. Part 1-Preparation and

properties of ethoxilated hydroxysulphobetaines in nylon dyeing

J. S. D. C. 114, No. May/June, pg. 160-164 (1998)

[802]   DAWSON, T.L.; HAWKYARD, C.J.:

A new millenium of textile printing

Rev. Prog. Color. 30, pg. 7-19 (2000)

[803]   REINERT, G.; FUSO, F.:

Stabilisation of textile fibres against ageing

Review of progress in coloration and related topics 27, pg. 23-41 (1997)

1174

[804]   MOURA, J.C.V.P.; OLIVEIRA-CAMPOS; A.M.F.; GRIFFITHS, J.:

The effect of additives on the photostability of dyed polymers

Dyes and Pigments 33, No. 3, pg. 173-196 (1997)

[805]   SCHÄFER, T.

Emission Scenario Documents on Textile Finishing Industry (draft)

In: OECD ENVIRONMENTAL HEALTH AND SAFETY PUBLICATIONS Series on Emission Scenario

Documents: 2002

[806]   BAUMANN, W.; HERBERG-LIEDTKE, B.
Papierchemikalien
In: INSTITUT FÜR UMWELTFORSCHUNG (INFU), Universität Dortmund: Daten und Fakten zum
Umweltschutz, Springer Verlag, Berlin :1994, pg. 110-122
ISBN: 3-540-57593-6

[807]   SCHÖNBERGER, H.; ENVIROTEX GMBH

Best verfügbare Techniken in Anlagen der Textilindustrie: Integrierter Umweltschutz bei

bestimmten industriellen Tätigkeiten (IVU-Richtlinie)

In: UMWELTBUNDESAMT BERLIN UBA-Bericht F+E-Nr.: 2000-94-329, Berlin :2001

[808]   SCHWEPPE, H.

Handbuch der Naturfarbstoffe

ecomed Verlagsgesellschaft, Landsberg/Lech: 1993

Appendix 5:   Subject Index

MIX
Papier aus verantwortungsvollen Quellen
Paper from responsible sources
FSC® C105338

If you have any concerns about our products,
you can contact us on
ProductSafety@springernature.com

In case Publisher is established outside the EU,
the EU authorized representative is:
Springer Nature Customer Service Center GmbH
Europaplatz 3, 69115 Heidelberg, Germany

Printed by Libri Plureos GmbH
in Hamburg, Germany

Springer-Verlag Berlin
Heidelberg GmbH

Engineering ONLINE LIBRARY

http://www.springer.de/engine-de/

K. Lacasse · W. Baumann

Textile Chemicals

K. Lacasse · W. Baumann

Textile Chemicals

Environmental Data and Facts

With 105 Figures and 224 Tables

Springer

Dr. Katia Lacasse
Dr.-Ing. Werner Baumann

Institut für Umweltforschung (INFU)
Universität Dortmund
Otto-Hahn Straße 6
Chemiegebäude C 2-06
44221 Dortmund
Germany

ISBN 978-3-642-62346-2   ISBN 978-3-642-18898-5 (eBook)
DOI 10.1007/978-3-642-18898-5

Cataloging-in-Publication Data applied for
Bibliographic information published by Die Deutsche Bibliothek.
Die Deutsche Bibliothek lists this publication in the Deutsche Nationalbibliografie;
detailed bibliographic data is available in the Internet at <http://dnb.ddb.de>.

springeronline.com

© Springer-Verlag Berlin Heidelberg 2004
Originally published by Springer-Verlag Berlin Heidelberg New York 2004
Softcover reprint of the hardcover 1st edition 2004

The use of general descriptive names, registered names, trademarks, etc. in this publication does
not imply, even in the absence of a specific statement, that such names are exempt from the
relevant protective laws and regulations and therefore free for general use.

Typesetting: Camera-ready copy by authors
Cover-design: design and production, Heidelberg
Printed on acid-free paper   52 / 3020 hu - 5 4 3 2 1 0

This book is based on a report made by the **Institute for Environmental Research (INFU-Institut für Umweltforschung)** of the University of Dortmund. The research project (Nr. 201 67 426) was made on behalf of the **German Environmental Protection Agency (UBA- Umweltbundesamt, Berlin)** and financially supported by the **Federal Ministry for the Environment, Nature Conservation and Nuclear Safety (BMU-Bundesministerium für Umwelt, Naturschutz und Reaktorsicherheit)**.
The authors express their thanks to them.

Contents

Index of figures and tables

Abbreviations

μg	microgram
^{0}C	Degree Celsius
a	Annum (year)
Al	Aluminium
AOX	Adsorbable organic halogen compounds
APEO	alkylphenolethoxylates
As	Arsenic
BAT	Best Available Techniques
BBP	Butylbenzylphtalate [85-68-7]
BOD$_5$	Biochemical oxygen demand in five days
Bp	Boiling point
BREF-Documents	Best Available Techniques Reference Documents
C.I.	Color index
Ca	Calcium
CA	Cellulose acetate
CAS or CAS-No.	Chemical Abstract System Number
Cd	Cadmium
CFC	Chlorofluorocarbon
CH$_4$	Methane
Cl	Chlorine
CO	Carbon monoxide
CO	Cotton
Co	Copper
CO$_2$	Carbon dioxide
COD	Chemical oxygen demand
Cr	Chromium
Cu	Copper
CV	Viscose
dB	Decibel
DBP	Dibutylbenzylphtalate [84-74-2]
DBT	Dibutyltin (organic tin compound)

XXII

DEHP	Di(2-ethylhexyl)-phtalate [117-81-7]
DIDP	Diisodecylphtalate [26761-40-0]
DIN	Deutsche Industrienorm
DINP	Di-iso-nonylphtalate [28553-12-0]
DNOP	Di-noctylphtalate [117-84-0]
e.g.	Exempli gratia, for example
EDTA	Ethylenediaminetetraacetic acid [60-00-4]
EPA	Environmental Protection Agency (USA)
ETAD	Ecological and Toxycological Association of the Dyes and Organic Pigments Manufacturers
EURO €	European currency
Fe	Iron
H_2O	Water
Hg	Mercury
i.e.	Id est, that is
INFU	Institut für Umweltforschung: Institut for Environmental Research
K	Potassium
kg	kilogram
kWh	kiloWatthour
l	liter
LD 50	Lethal doses for 50% of the test animals
LR	Liquor ratio
m	meter
m^3	Cubic meter
MBT	Monobutyltin (organic tin compound)
Mg	Magnesium
N.N.	No name
Na	sodium
nd	Not detectable
NH3	Ammonia
NH_4^+	Ammonium
Ni	Nickel

NO_x	Nitrogen oxides
OEKOPRO	Chemicals Database for product integrated environmental protection
OU	Odour Unit
P	Phosphorus
PAC	Polyacrylonitrile fibre
PAH	Polycyclic aromatic hydrocarbons
Pb	Lead
PBB	Polybrominated biphenyls [59536-65-1]
PCB	Polychlorinated biphenyl
PES	Polyester fibre
pH	$-\log[H_3O^+]$
ppm	Part per million
PVC	Polyvinyl chloride
s	second
Sb	Antimony
Sn	Tin
T	Temperature
t	ton (1.10^6 gram)
TA	Technische anleitung
TBT	Tributyltin (organic tin compound)
TEGEWA	Verband der Textilhilfsmittel-, Lederhilfsmittel-, Gerbstoff- und Wasch-rohstoff-Industrie e.V.
TEPA	Tris-(aziridinyl)-phosphinoxide [5455-55-1]
TFI	Textile finishing industry
TOC/DOC	Total and dissolved organic carbon
TRIS	Tri-(2,3-dibromopropyl)-phosphate [126-72-7]
UBA	Umweltbundesamt (Germany)
VOC	Volatile organic compound
vol%	Percentage of volume
weight%	Percentage of weight
WO	Wool
Zn	Zinc

Preface

Clothing is an inherent necessity for human beings. Textiles protect us from unfavourable weather and other environmental calamities. Moreover, textiles are instruments of social and cultural affiliation and self-acceptance while at the same time fulfiling our desire for individuality. These reasons motivated textile development that results in ever more sophisticated clothing in all ethnic societies today. Fashion becomes something like body language, a "second skin" that accentuates style and rank, sex and power, or their opposites.

In our modern society, fashion attains a new dimension as synthetic fibres are manufactured and new chemical finishing treatments developed. Considering the wool of a sheep and an end-fashioned pullover, it is evident that, in course of time, textiles have become "complicated"! Trying to answer the question "how does the sheep fibre become the pullover" is simultaneously the answer of "what is textile finishing".

Almost 2500 different chemicals can be used to colour and prepare a certain fibre in such a way that it will be able to fulfil modern functionalized requirements such as having easy-care properties, etc.

This book considers the textile finishing process from an ecological perspective. A short survey of the textile chain is followed by a detailed description of finishing processes; from pretreatment, dyeing and printing to functionalized finishing. Of substantial interest are the chemicals involved in the different treatments involved. The modular layout of the book allows the reader to follow step by step the treatments of a specific fibre and the chemicals involved to obtain a specific textile function. Besides conventional finishing methods, the book focuses on innovative treatments with microcapsules and novel coating processes. Tables compiling alphabetically all the chemicals used, the process in which they may be used, their function and application details are given in a separate section. Toxicological aspects of wearing specific clothes as well as the practical recommendations on textile labels are also part of the book. Further information on toxicology and physico-chemical properties of the chemicals, characterised by their CAS-number, can be easily found by consulting "www.oekopro.de", the online chemical database.

Another important aspect of the book is its focus on environmental protection in textile finishing. The preventive approach to environmental protection, i.e. stopping the generation of waste and emission at the source, is part of the overall goal of sustainable development. A substantial reduction in the consumption of raw materials and energy frequently brings economic benefits to a company due to the fact that preventing the generation of waste and emissions also reduces the demand for costly raw materials and energy. With this in mind, the book summarises environmental considerations for textile processes and chemicals. For the sake of completeness, end-of-pipe techniques, which focuses on achieving environmental quality standards by treating the waste and emissions already generated, as well as ecological/toxicological recommendations for substituting chemicals or processes and an extensive data collection on emissions and consumption are an important part of this book.

The authors had thought to limit the scope of this work by assessing substances which are actually in use. Unfortunately, there was no, or very little, substantial support given regarding specific numbers of chemicals and the quantities used by the textile industry. However, some important manufacturers of textile chemicals and textile finishers gave us constructive interviews, allowing a pertinent view on the industry and its problems.

The extensive assessment of chemicals and all the other tasks relevant for this project were carried out by F. Hölter, M. Mentel, R. Tannert, L. Mense, F. McKean, I. Grothues, H. Lota, D. Pollkläsner, S. Konarski and W. Hammer. The authors thank them for their support and collaboration.

The authors thank further Dr. S. Meyer-Stork (TVW GmbH) and Dr. H. Schoenberger for their friendly cooperation. Numerous were people who assisted the drafting of this book and placed their time, knowledge and experience at our disposal. The authors particularly express their thanks to them.

1 General information

The textile industry is one of the most complicated industrial chains in the manufacturing industry. The complexity of the sector is reflected by the difficulty in finding a clear-cut classification system for the different activities involved. Historically, the textile "bond" has been fragmented into five more or less independent but determined industrial branches.

- the cotton planters and sheep growers;

- the manufacturers of synthetically fibres;

- the spinners: weavers and knitters, etc. who produce textile surfaces or fabrics;

- the pretreatment, dyeing, printing, finishing and impregnating of textile fabrics, yarns, fibres or goods is manufactured by the so-called textile finishing industry;

- the ready-made clothing section where fabrics are cut and assembled.

The European textile sector, as described in most information brochures of the textile federations, most often encloses groups 3 and 4. The groups have been merged into one since nowadays it has become impractical to classify the textile activities by reference to the fibre. Instead, the Federations now refer mainly to the manufactured products [32, 33, 45, 47]:

- The sub-sector "Spinning and preparation" includes the preparation and production of filaments (mainly PA), of fibres (PA, PES, PP …), of yarns (pure and blend) of cotton, wool, linen, etc.

- The sub-sector "Interior textiles" includes carpets (woven squares and bathroom rugs, needle felt, tufted, …), furnishing fabrics (flat weaves, pile fabrics, plain, jacquard, printed,…), upholstery fabrics (curtain fabrics, wall coverings,…), household linens (kitchen linen, bed linen , bath linen, table linen), mattress ticking, blankets, coverlets, and trimmings.

- The sub-sector "Clothing textiles" includes the woven fabrics and knitted fabrics for sportswear, rainwear, nightwear, work wear, underwear, fashion articles, leisure wear. It also includes ready to wear or knits such as infant and children's wear, sweaters and other outerwear, tights, stockings, socks, gloves, berets, etc. However, it is important not to confuse this sub-sector with the ready-made clothing sector where fabrics are cut, assembled, and sewn into clothing!

- The sub-sector "Technical textiles" includes the geotextiles and textiles for construction, textiles for agriculture, gardening and fisheries, textiles for defence, protection and safety, textiles for vehicles, textiles for medical purposes, textiles for transport and packing, and textiles for industrial applications (means of filtration, etc.).

- The sub-sector "Textile finishing" involves washing, bleaching, printing and coating many textile products (for example, yarns, woven fabrics, carpets, knitted fabrics, non-woven fabrics, ready-to-wear articles, etc); making them soil repellent, shrink resistant or flame retardant, etc. The sub-sector includes commission finishing as well as integrated textile companies.

The sector of ready-made clothing has nearly disappeared in Europe in part due to competition from countries with different labour practices. However, the textile fabric, the stock, the material delivered to the ready-made apparel sector is commonly supplied by European manufacturers. The majority of this heterogeneous sector is dominated by small and medium companies. The textile industry is active right across Europe, but is mostly concentrated in a few EU countries.

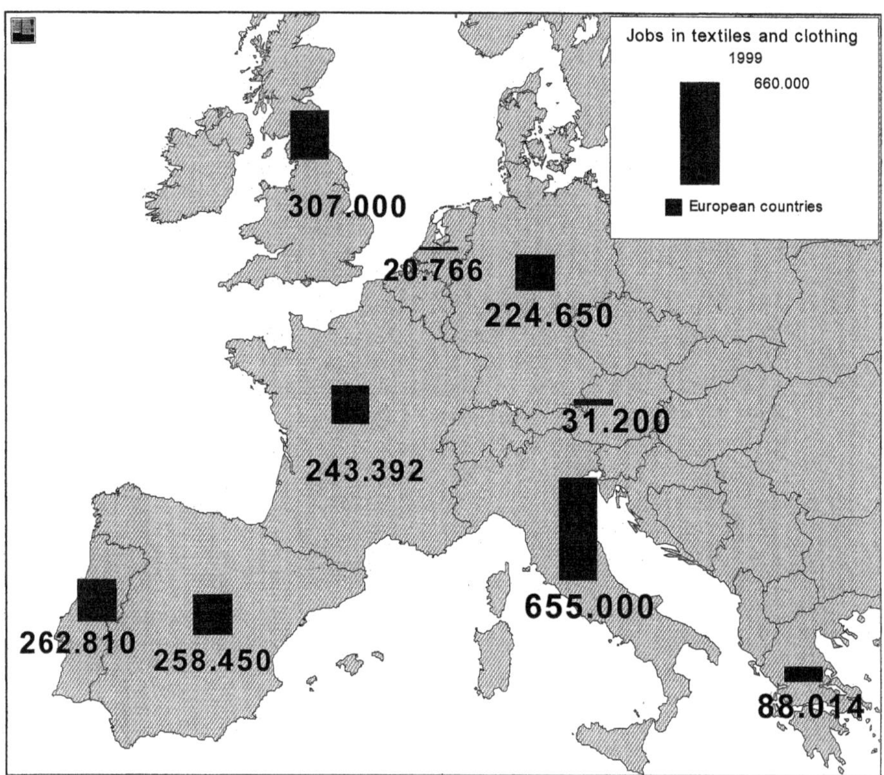

Data from [286]

Figure 1-1:   ***Jobs in textiles and clothing in the different EU countries in 1999***

Based on a combination of the indicators "turnover", "value added", and "employement", Italy is by far the most important Textile/clothing country in Europe (with a share of 31% of the EU total), followed by the United Kingdom (15%), Germany (14%), France (13%), Spain (9%), and Portugal (6%).

The Textile/Clothing chain is composed of a wide range of industrial sub-sectors, using the entire range of fibres. European industry is still enganged in all production stages, ranging from raw materials (in particular, the production of man-made fibres), to semi-processed articles (in particular, spinning, weaving, knitting, and finishing activities), to the final products (e.g. home textiles, carpets, technical textiles, garments). An approximation of the relative importance of individual fibres in Europe's Textile/Clothing sector is given in the following table. In terms of industrial consumption, man-made fibres accounted for about 72% (in 1998, industrial consumption in terms of volume). Cotton is the most important natural fibre [435].

Textile fibre	Importance
Cotton	22%
Wool	7 %
Polyester	25 %
Polypropylene	12 %
Polyamide	12 %
Acrylic	6 %
Cellulosics (man-made)	10 %
Others (man-made)	6 %

Note: no comparable information is available for "flax" and "silk", which together are estimated to represent about 5% of total fibre consumption.

Table 1-1: **Relative importance of textile fibres**

The main distinction to be made in the Textile/Clothing sector is that between "textiles" and "clothing" products, with textiles accounting for about 60% of Community activity (based on combination of turnover, added value, and employement). Their special characteristics as well as performance can be characterised as follows (figures for 1999):

	Textiles	Clothing
Weight in total Textile/Clothing sector	60 %	40 %
Importance of factors of production	Capital intensive	Labour intensive
Productivity as % of average productivity in EU manufacturing	66 %	46 %
Turnover (€ bn)	109	69
Investment (€ bn)	5	1.2
Imports (€ bn)	17	41
Exports (€ bn)	22	13
Trade balance (€ bn)	+ 5	- 28
Import penetration rate	23 %	46 %
Employment	1,160,000	924,000
% of companies with less than 20 employees	75 %	> 80 %

Table 1-2: **Comparision between textiles and clothing industry**

According to industrial activities, the "textile" industry can be further broken down into various subsectors. Industry indicates their relative importance as follows [435]:

Sub-sector	Share (%)
Woven fabrics	22
Technical/industrial textiles (incl. Carpets)	21
Knitted fabrics and articles	18
Yarn and thread	16
Textile finishing	12
Home textiles	11
Total Textiles	100

Table 1-3: **Relative importance of sub-sectors of the textiles industry**

In recent years, technical textiles have become a vital component of EU industry (reaching a share of 27.6 % in total production in 1999, after 25.8 % in 1998), and its importance is bound to increase. Within the EU, the main producers of technical textiles are Germany (17% of the EU total), closely followed by the UK and France (16% each), Belgium (15%) and Italy (14%). Examples of high-tech (or technical) products are high tenacity yarns, or special elastic or coated fabrics, all of which have a high technology content. The vehicles and transport industry is the principal industrial user of technical textiles (29% in total EU consumption of such products in 1999), followed by furniture/home furnishing (14%) and construction/civil engineering (11%). Given that innovation in new materials, processes and products is an inherent feature of this sub-sector, expenditure on R&D is higher in this field than for "conventional" textiles (reaching up to 8-10% of turnover, compared to the industrial average of 3-5%). In development of fibres, yarns and fabrics, functional aspects – such as antibacterial, antistatic, UV protective, thermal, or biodegradable functions – are playing an increasingly important role [435]. For this reasons, in the following work, particular attention was payed to those themes and a special section is dedicated to technical textiles(see Intelligent textiles section 6.6).

In spite of the considerable potential of the market for technical textiles, it is sayed to remain a niche market.

2 Legal regulations

2.1 Air and noise

2.1.1 EU Immission protection

The following table summarises the most important european directives on immission protection. Comments on this legislation are made referring to [466] and stated below.

	Legislation
2000/479/EC 1999/391/EC 96/61/EC	Council Directive 96/61/EC of 24 September 1996 concerning integrated pollution prevention and control Commission Decision of 17 July 2000 on the implementation of a European pollutant emission register (EPER) according to Article 15 of Council Directive 96/61/EC concerning integrated pollution prevention and control (IPPC)
1999/13/EC	Council Directive 1999/13/EC of 11 March 1999 on the limitation of emissions of volatile organic compounds due to the use of organic solvents in certain activities and installations
2002/3/EC	Directive 2002/3/EC of the European Parliament and of the Council of 12 February 2002 relating to ozone in ambient air
2001/839/EC	Commission Decision of 8 November 2001 laying down a questionnaire to be used for annual reporting on ambient air quality assessment under Council Directives 96/62/EC and 1999/30/EC (notified under document number C(2001) 3405) (Text with EEA relevance) (2001/839/EC) Information to be provided on an annual basis under Article 11 of Directive 96/62/EC, in conjunction with Annexes I, II, III, IV and V, and Articles 3, 5 and 9(6) of Directive 1999/30/EC.
2001/80/EC	Directive 2001/80/EC of the European Parliament and of the Council of 23 October 2001 on the limitation of emissions of certain pollutants into the air from large combustion plants
2001/81/EC	Directive 2001/81/EC of the European Parliament and of the Council of 23 October 2001 on national emission ceilings for certain atmospheric pollutants
2000/76/EC	Directive 2000/76/EC of the European Parliament and of the Council of 4 December 2000 on the incineration of waste
2000/69/EC	Directive 2000/69/EC of the European Parliament and of the Council of 16 November 2000 relating to limit values for benzene and carbon monoxide in ambient air
1999/30/EC	Council Directive 1999/30/EC of 22 April 1999 relating to limit values for sulphur dioxide, nitrogen dioxide and oxides of nitrogen, particulate matter and lead in ambient air
96/62/EC	Council Directive 96/62/EC of 27 September 1996 on ambient air quality assessment and management
94/67/EC 98/C214/02	COUNCIL DIRECTIVE 94/67/EC of 16 December 1994 on the incineration of hazardous waste (see also 2000/76/EC)
88/609/EEC	Council Directive 88/609/EEC of 24 November 1988 on the limitation of emissions of certain pollutants into the air from large combustion plants: no longer in force (see also 2001/80/EC)
84/360/EEC	COUNCIL DIRECTIVE of 28 June 1984 on the combating of air pollution from industrial plants (84/360/EEC)

Table 2-1: *EU legislation on immission protection*

Council Directive 96/61/EC of 24 September 1996 concerning integrated pollution prevention and control

The purpose of this Directive is to achieve integrated prevention and control of pollution arising from the activities listed below. It lays down measures designed to prevent or, where that is not practicable, to reduce emissions in the air, water and land from the above mentioned activities, including measures concerning waste, in order to achieve a high level of protection of the environment taken as a whole, without prejudice to Directive 85/337/EEC and other relevant Community provisions.

Moreover, the directive lays down the requirements that Member States shall involve in their legislation concerning granting of permits for new installations or reconsidering of permits for existing installations. Among others, Member States shall take the necessary measures to ensure that an application to the competent authority for a permit includes a description of:

- the installation and its activities,

- the raw and auxiliary materials, other substances and the energy used in or generated by the installation,

- the sources of emissions from the installation,

- the conditions of the site of the installation,

- the nature and quantities of foreseeable emissions from the installation into each medium as well as identification of significant effects of the emissions on the environment,

- the proposed technology and other techniques for preventing or, where this not possible, reducing emissions from the installation,

- where necessary, measures for the prevention and recovery of waste generated by the installation,

- measures planned to monitor emissions into the environment.

An application for a permit shall also include a non-technical summary of the details referred to in the above indents.

Another point lays down that Member States shall take the measures necessary to ensure that the conditions of, and procedure for the grant of, the permit are fully coordinated where more than one competent authority is involved, in order to guarantee an effective integrated approach by all authorities competent for this procedure.

The categories of industrial activities referred to in the directive and relevant for textile finishing industry are:

- Combustion installations with a rated thermal input exceeding 50 MW

- Plants for the pre-treatment (operations such as washing, bleaching, mercerization) or dyeing of fibres or textiles where the treatment capacity exceeds 10 tonnes per day

- Installations for the surface treatment of substances, objects or products using organic solvents, in particular for dressing, printing, coating, degreasing, waterproofing, sizing, painting, cleaning or impregnating, with a consumption capacity of more than 150 kg per hour or more than 200 tonnes per year.

Commission Decision of 17 July 2000 on the implementation of a European pollutant emission register (EPER) according to Article 15 of Council Directive 96/61/EC concerning integrated pollution prevention and control (IPPC)

Member States shall report to the Commission on emissions from all individual facilities with one or more activities as mentioned in Annex I to Directive 96/61/EC. The report must include the emissions to air and water for all pollutants for which the threshold values are exceeded; both pollutants and threshold values are specified (see table below, in section "EU legislation on air protection"). Member States shall report to the Commission every three years. The first report by Member States shall be sent to the Commission in June 2003 providing data on emissions in 2001 (or optionally 2000 or 2002, when data for 2001 are not available). The second report by Member States shall be sent to the Commission in June 2006 providing data on emissions in 2004. From the year T=2008 onwards and dependent on the results of the second reporting cycle, Member States are encouraged to send annually the next reports to the Commission in December of the year T providing data on emissions in the year T-1.

List of pollutants to be reported if threshold value is exceeded: see section 2.2.1, below.

Council Directive 1999/13/EC of 11 March 1999 on the limitation of emissions of volatile organic compounds due to the use of organic solvents in certain activities and installations

The purpose of this Directive is to prevent or reduce the direct and indirect effects of emissions of volatile organic compounds into the environment, mainly into air, and the potential risks to human health, by providing measures and procedures to be implemented for the activities defined in Annex I, in so far as they are operated above the solvent consumption thresholds listed in Annex IIA (see tables below).

Member States shall take the appropriate measures, either by specification in the conditions of the authorisation or by general binding rules to ensure that preventive action is taken to protect public health and the environment against the consequences of particularly harmful emissions from the use of organic solvents and to guarantee citizens the right to a clean and healthy environment. All installations mentioned in Annexe I shall comply with (a) either the emission limit values in waste gases and the fugitive emission values, or the total emission limit values, and other requirements laid down in the directive; or (b) the requirements of the reduction scheme specified in the directive (i.e. the purpose of the reduction scheme is to allow the operator the possibility to achieve by other means emission reductions, equivalent to those achieved if the emission limit values were to be applied). For fugitive emissions, Member States shall apply fugitive emission values to installations as an emission limit value. For installations not using the reduction scheme, any abatement equipment installed after the date on which this Directive is brought into effect shall meet all the requirements of Annex IIA.

Moreover, the Commission shall ensure that an exchange of information between Member States and the activities concerned on the use of organic substances and their potential substitutes takes place. It shall consider the questions of:

- fitness for use,

- potential effects on human health and occupational exposure in particular;

- potential effects on the environment, and

- the economic consequences, in particular, the costs and benefits of the options available,

with a view to providing guidance on the use of substances and techniques which have the least potential effects on air, water, soil, ecosystems and human health. Following the exchange of information, the Commission shall publish guidance for each activity.

Member States shall also ensure that this guidance is taken into account during authorisation and during the formulation of general binding rules. That means in particular that substances or preparations which, because of their content of VOCs classified as carcinogens, mutagens, or toxic to reproduction under Directive 67/548/EEC, are assigned or need to carry the risk phrases R45, R46, R49, R60, R61, shall be replaced, as far as possible, by less harmful substances or preparations within the shortest possible time.

The Annex I of the directive contains the categories of activity referred to in Article 1. When operated above the thresholds listed in Annex IIA, the activities mentioned in this Annex fall within the scope of the Directive. In each case the activity includes the cleaning of the equipment but not the cleaning of products unless specified otherwise. Categories contained in ANNEX I of the directive 1999/13/EC that are relevant for textile finishing industry are described shortly below.

Adhesive coating: any activity in which an adhesive is applied to a surface, with the exception of adhesive coating and laminating associated with printing activities.

Coating activity: any activity in which a single or multiple application of a continuous film of a coating is applied to:

- textile, fabric, film and paper surfaces,

- leather. It does not include the coating of substrate with metals by electrophoretic and chemical spraying techniques. If the coating activity includes a step in which the same article is printed by whatever technique used, that printing step is considered part of the coating activity. However, printing activities operated as a separate activity are not included, but may be covered by the Directive if the printing activity falls within the scope thereof.

Dry cleaning: any industrial or commercial activity using VOCs in an installation to clean garments, furnishing and similar consumer goods with the exception of the manual removal of stains and spots in the textile and clothing industry.

Manufacturing of coating preparations, varnishes, inks and adhesives: the manufacture of the above final products, and of intermediates where carried out at the same site, by mixing of pigments, resins and adhesive materials with organic solvent or other carrier, including dispersion and predispersion activities, viscosity and tint adjustments and operations for filling the final product into its container.

<u>Printing</u>: any reproduction activity of text and/or images in which, with the use of an image carrier, ink is transferred onto whatever type of surface. It includes associated varnishing, coating and laminating techniques. However, only the following sub-processes are subject to the Directive:

> - flexography - a printing activity using an image carrier of rubber or elastic photopolymers on which the printing areas are above the non-printing areas, using liquid inks which dry through evaporation,

> - laminating associated to a printing activity - the adhering together of two or more flexible materials to produce laminates,

> - rotogravure - a printing activity using a cylindrical image carrier in which the printing area is below the non-printing area, using liquid inks which dry through evaporation. The recesses are filled with ink and the surplus is cleaned off the non-printing area before the surface to be printed contacts the cylinder and lifts the ink from the recesses,

> - rotary screen printing - a web-fed printing activity in which the ink is passed onto the surface to be printed by forcing it through a porous image carrier, in which the printing area is open and the non-printing area is sealed off, using liquid inks which dry only through evaporation. Web-fed means that the material to be printed is fed to the machine from a reel as distinct from separate sheets,

> - varnishing - an activity by which a varnish or an adhesive coating for the purpose of later sealing the packaging material is applied to a flexible material.

<u>Surface cleaning</u>: any activity except dry cleaning using organic solvents to remove contamination from the surface of material including degreasing. A cleaning activity consisting of more than one step before or after any other activity shall be considered as one surface cleaning activity. This activity does not refer to the cleaning of the equipment but to the cleaning of the surface of products.

	Activity (solvent consumption threshold in tonnes/year)	Threshold (solvent consumption threshold in tonnes/year)	Emission limit values in waste gases (mg C/Nm^3)	Fugitive emission values (%of solvent input)		Total emission limit values		
				New	Existing	New	Existing	
3	Other rotogravure, flexography, rotary screen printing, laminating or varnishing units (>15) rotary screen printing on textile/cardboard (>30)	15 – 25 > 25 > 30 [1]	100 100 100					
4	Surface cleaning(>1)[10]	1 – 5 >5	20 [11] 20 [11]	15 10				
5	Other surface cleaning (>1)	2 – 10 >10	75 [12] 75 [12]	20 [12] 15 [12]				
8	Other coating, including metal, plastic, textile [6], fabric, film and paper coating (>5)	5 – 15 > 15	100 [2] [4] 50/75 [3] [4] [5]	25 [5] 25 [5]				
11	Dry cleaning					20 g/kg [7] [8] [9]		
17	Manufacture of coating preparations, varnishes, inks and adhesives (>100)	100 – 1000 >1000	150 150	5 3		5% of solvent input 3% of solvent input		*

[1] Threshold for rotary screen printing on textile and on cardboard

[2] Emission limit value applies to coating application and drying processes operated under contained conditions

[3] The first emission limit value applies to drying processes, the second to coating application processes

[4] For textile coating installations which use techniques which allow reuse of recovered solvents, the emission limit applied to coating application and drying processes taken together shall be 150

[5] Coating activities which cannot be applied under contained conditions (such as shipbuilding, aircraft painting) may be exempted from these values, in accordance with Article 5(3)(b)

[6] Rotary screen printing on textile is covered by activity No 3

[7] Expressed in mass of solvent emitted per kilogram of product cleaned and dried

[8] The emission limit in Article 5(8) does not apply for this sector

[9] The following exemption refers only to Greece: the total emission limit value does not apply, for a period of 12 years after date on which this directive is brought into effect, to existing installations located in remote areas and/or islands, with a population of no more than 2000 permanent inhabitants where the use of advanced technology equipment is not economically feasible.

[10] Using compounds specified in Article 5(6) and (8)

[11] Limit refers to mass of compounds in mg/Nm3, and not to total carbon

[12] Installations which demonstrate to the competent authority the average organic solvent contentz of all cleaning material used does not exceed 30% by weight are exempted from application of these values

* The fugitive emission value does not include solvent sold as part of a coatings preparations in a sealed container

Table 2-2: *Thresholds and emission controls of activities relevant for textile finishing*

Directive 2001/80/EC of the European Parliament and of the Council of 23 October 2001 on the limitation of emissions of certain pollutants into the air from large combustion plants

This Directive shall apply to combustion plants, the rated thermal input of which is equal to or greater than 50 MW, irrespective of the type of fuel used (solid, liquid or gaseous).

Not later than 1 July 1990 Member States shall draw up appropriate programmes for the progressive reduction of total annual emissions from existing plants. The programmes shall set out the timetables and the implementing procedures. Member States shall continue to comply with the emission ceilings and with the corresponding percentage reductions laid down for sulphur dioxide in Annex I, columns 1 to 6, and for oxides of nitrogen in Annex II, columns 1 to 4, by the dates specified in those Annexes, until the implementation of the provisions that apply to existing plants. Waste gases from combustion plants shall be discharged in controlled fashion by means of a stack.

Directive 2002/3/EC of the European Parliament and of the Council of 12 February 2002 relating to ozone in ambient air

The major purpose of this Directive is: (a) to establish long-term objectives, target values, an alert threshold and an information threshold for concentrations of ozone in ambient air in the Community, designed to avoid, prevent or reduce harmful effects on human health and the environment as a whole; (b) to ensure that common methods and criteria are used to assess concentrations of ozone and, as appropriate, ozone precursors (oxides of nitrogen and volatile organic compounds) in ambient air in the Member States. In accordance with Article 7(3) of Directive 96/62/EC, Member States shall draw up action plans, at appropriate administrative levels, indicating specific measures to be taken in the short term, taking into account particular local circumstances, for the zones where there is a risk of exceedances of the alert threshold, if there is a significant potential for reducing that risk or for reducing the duration or severity of any exceedance of the alert threshold.

The Commission shall submit to the European Parliament and the Council by 31 December 2004, at the latest, a report based on experience of the application of this Directive.

Directive 2001/81/EC of the European Parliament and of the Council of 23 October 2001 on national emission ceilings for certain atmospheric pollutants.

The aim of this Directive is to limit emissions of acidifying and eutrophying pollutants and ozone precursors in order to improve the protection in the Community of the environment and human health against risks of adverse effects from acidification, soil eutrophication and ground-level ozone and to move towards the long-term objectives of not exceeding critical levels and loads and of effective protection of all people against recognised health risks from air pollution by establishing national emission ceilings, taking the years 2010 and 2020 as benchmarks.

This Directive covers emissions from all sources of the pollutants sulphur dioxide (SO_2), nitrogen oxides (NO_x), volatile organic compounds (VOC) and ammonia (NH_3) which arise as a result of human activities, to amounts not greater than the emission ceilings specified in the directive.

Directive 2000/76/EC of the European Parliament and of the Council of 4 December 2000 on the incineration of waste

The aim of this Directive is to prevent or to limit as far as practicable negative effects on the environment, in particular pollution by emissions into air, soil, surface water and groundwater, and the resulting risks to human health, from the incineration and co-incineration of waste. This aim shall be met by means of stringent operational conditions and technical requirements, through setting emission limit values for waste incineration and co-incineration plants within the Community. This Directive covers incineration and co-incineration plants. Without prejudice to Article 11 of Directive 75/442/EEC or to Article 3 of Directive 91/689/EEC, no incineration or co-incineration plant shall operate without a permit to carry out these activities. Incineration plants shall be operated in order to achieve a level of incineration such that the slag and bottom ashes Total Organic Carbon (TOC) content is less than 3 % or their loss on ignition is less than 5 % of the dry weight of the material. If necessary appropriate techniques of waste pretreatment shall be used.

Directive 2000/69/EC of the European Parliament and of the Council of 16 November 2000 relating to limit values for benzene and carbon monoxide in ambient air.

The objectives of this Directive shall be: (a) to establish limit values for concentrations of benzene and carbon monoxide in ambient air intended to avoid, prevent or reduce harmful effects on human health and the environment as a whole; (b) to assess concentrations of benzene and carbon monoxide in ambient air on the basis of common methods and criteria; (c) to obtain adequate information on concentrations of benzene and carbon monoxide in ambient air and ensure that it is made available to the public; (d) to maintain ambient air quality where it is good and improve it in other cases with respect to benzene and carbon monoxide.

Council Directive 1999/30/EC of 22 April 1999 relating to limit values for sulphur dioxide, nitrogen dioxide and oxides of nitrogen, particulate matter and lead in ambient air

The objectives of this Directive shall be to:

- establish limit values and, as appropriate, alert thresholds for concentrations of sulphur dioxide, nitrogen dioxide and oxides of nitrogen, particulate matter and lead in ambient air intended to avoid, prevent or reduce harmful effects on human health and the environment as a whole,

- assess concentrations of sulphur dioxide, nitrogen dioxide and oxides of nitrogen, particulate matter and lead in ambient air on the basis of common methods and criteria,

- obtain adequate information on concentrations of sulphur dioxide, nitrogen dioxide and oxides of nitrogen, particulate matter and lead in ambient air and ensure that it is made available to the public,

- maintain ambient-air quality where it is good and improve it in other cases with respect to sulphur dioxide, nitrogen dioxide and oxides of nitrogen, particulate matter and lead.

COUNCIL DIRECTIVE of 28 June 1984 on the combating of air pollution from industrial plants (84/360/EEC)

The purpose of this Directive is to provide for further measures and procedures designed to prevent or reduce air pollution from industrial plants within the Community, particularly those belonging to the categories set out in the following. Categories of plants are "…combustion installations with a nominal heat output of more than 50 MW; …". List of the most important polluting substances:

1. Sulphur dioxide and other sulphur compounds

2. Oxides of nitrogen and other nitrogen compounds

3. Carbon monoxide

4. Organic compounds, in particular hydrocarbons (except methane)

5. Heavy metals and their compounds

6. Dust ; asbestos (suspended particulates and fibres), glass and mineral fibres

7. Chlorine and its compounds

8. Fluorine and its compounds

2.1.2   Relevant laws in Germany

In Germany: Bundes-Immissionsschutzgesetze (BImSchG)

Aims of the german "Bundes-Immissionsschutzgesetz" is to

1.   "protect … humans, animals, plants, earth, water, atmosphere as well as culture and other real assets from harmful environmental detrimental effects, and further prevent harmful detrimental effects"

2.   "as equipment needing administrative permissions is concerned: allow an integrated prevention and reduction of harmful environmental effects from emission to air, water and soil, including waste management, and further protect and prevent against risks, sustantial disadvantages and nuisance that may be caused in otherwise" [465].

Ordinances for establishing the law (as they may be relevant for textile finishing industry)

- 1.BImSchV (klein und mittlere Feuerungsanlagen)

- 2.BImSchV (Emissionsbegrenzungen von leichtflüchtigen halogenierten organischen Verbindungen)

- 4.BimSchV (genehmigungsbedürftige Anlagen)

- 5. BImSchV (Immissionsschutz- und Störfallbeauftragte)

- 9.BImSchV (Genehmigungsverfahrens-Verordnung)

- 11.BImSchV (Emissionserklärungs-Verordnung)

- 12.BImSchV (Störfallverordnung)

- 13.BImSchV (Großfeuerungsanlagen)

- 22.BImSchV (Immissionswerte)

- 31.BImSchV (Begrenzung der Emission flüchtiger organischer Verbindungen bei der Verwendung organischer Lösemittel in bestehenden Anlagen)

- Geruchsimmissionsrichtlinie (GIRL)

- Landes-Immissionsschutzgesetze: Richtlinie für die Bekanntgabe und die Zulassung von sachverständigenstellen im Bereich des Immissionsschutzes (MeßstellenRL)

- TA-Luft

- TA-Lärm

Comments on the ordinances refering to the main emission pathways

As not otherwise mentioned, the comments are based on the current wording of the laws as published in [465].

Generation of process steam

The 1.BimSchV is relevant for most of the combustion plants used in textile finishing industry, depending on their size. Combution plants having heat capacity of 10-20 MW with petroleum and natural gas combustion have recently been affiliated in §§ 11a, 17a, 18a and 23a to the 1.BimSchV. The requirements and regulations for these combustion plants were precendently codified in the corresponding permition regulating ordinances for immission protection of the TA Luft, and in documents about the best available techniques [342].

Facilities according point 10.23 of the annexe to the 4.BImSchV

Mainly finishing processes using a stenter frame after padding of chemicals on fabric (such as singeing, thermofixing, thermosolating, impregnating and functional finishing processes) are summarised under this point. A variety of volatile organic substances may be emitted during drying. These emission are partially accompanied from odour nuisance [342].

Facilities using organic solvent in finishing textiles

The facilities for coating, impregnating and finishing using organic solvent are affiliate to point 5.1 in annexe of the 4.BimSchV, as a specific amount of solvent is exceeded. The textiles produced from these facilities are special goods like for example canvas or sailcloths [342].

<u>Facilities for preatment and dyeing of fibres and textiles</u>

In order to complain with the Commission Decision of 17 July 2000 (2000/479/EC) on the implementation of a European pollutant emission register (EPER) according to Article 15 of Council Directive 96/61/EC concerning integrated pollution prevention and control (IPPC), the point 10.10 of annexe to 4.BimSchV has been completely new drafted. In column 1, pre-treatment and dyeing facilities for washing, bleaching, mercerising and dyeing with production capacities of more than 10 t/d are affiliated, and thus needing newly authorisation referring to relevant immission protection ordinances.

In column 2a and 2b, facilities such as bleaching with chlorine or chlore containing substances, (with capacities lower than 10 t/d), and facilities for non-printing dyeing with carriers (with capacities of 2-10 t/d) which needs authorisation are listed [342; 451].

Technische Anleitung (TA) Luft Vom 24. Juli 2002

The TA-Luft refers to facilities as listed in the 4. BlmSchV. Facilities that do not require official approval can be treated according to the § 24 BlmSchG.

The TA-Luft further contain specifications such as instructions for measuring immissions and emissions (gas, dust, vapour, etc), regulations for permits, rules for limiting emission and lists of substances classified referring to their danger potential. Threshold values for emission concentration and mass flow of substances are also specified. The substances are categorised referring to their toxicity, odour intensity, carcinogenity, and persistence [74; 452]. The TA-Luft takes into consideration the state-of-the-art technology.

The following table shows several examples for the classification of relevant solvents [74, updated].

	Examples	Mass flow in kg/h	Concentration in mg/m^3
Class I	Formaldehyde Formic acid tetrachloroethane	0.1	20
Class II	Acetic acid Butylglycol trichloroethylene	2.0	50

Table 2-3:   ***Classification of solvents according to the TA-Luft***

Organic substances in offgases, with exception of dusty organic substances, may not exceed mass flow of 0.50 kg/h – mentioned as total carbon content of 50 mg/m3. Specific request for some facilities (relevant for textile finishing) are formulated for facilities for textile finishing such as thermofixing, thermosolating, coating, impregnating or functional finishing, including the corresponding facilities for drying. Constructional and operational requests are that the concentration of emission relevant substances on the textile fabric (e.g. residual monomer, preparations like spinning additives, lubricants and sizing agents) are to be hold as low as possible. For this purpose, some of the following recommendations are made:

1.   use of thermostable preparation agents

2.   reducing of the application amount

3.   pre-treatment of the fabric, e.g. washing

4.   optimisation of pre-treatment, e.g. improving wash efficiency

The mass concentration referres to a air-fabric ratio of 20 m^3/kg. The air-fabric ratio is a ratio of the total gas volume (in m^3/h) of a thermic treatment aggregate during a finishing process, and of the fabric mass flow (in kg/h). By multiplication of the authorised mass concentration of the emitted substance with the relevant air-fabric ratio of 20 m^3/kg, a specific emission factor (mass of the emitted substance (in g) pro mass finished textile (in kg)) (see section 7.1.5 Emission factor concept).

Critical substance and preparation are to be replaced by less harmful ones. Old facilities which not have the possibilty to respect the recommandations regarding the maximal mass concentration have the possibility to optimised the plants taking account of the state of the art technologies.

Technische Anleitung (TA) Lärm vom 26. August 1998

The TA-Lärm (Technical Instruction for Noise) refers to the protection of persons indirectly affected, e.g. neighbours or general public. The immission values for the noise level listed below referees to immission points situated outside of buildings.

		Day	Night
a)	In industrial area	70 dB(A)	
b)	in industrial parks	65 dB(A)	50 dB(A)
c)	in main areas, village and mixed areas	60 dB(A)	45 dB(A)
d)	in residencial zones and small urban areas	55 dB(A)	40 dB(A)
e)	in pure residencial areas	50 dB(A)	35 dB(A)
f)	in areas such as hospitals, etc.	45 dB(A)	35 dB(A)

Table 2-4:   ***Guidelines on the effect of noise according to the TA-Lärm***

2.2   Water / waste water

2.2.1   EU protection of water

The most important legislation on water protection of the European Community is listed in the following table. Comments, stated below, are made referring to the wording laws as published in [466].

	Legislation
2000/60/EC	Directive 2000/60/EC of the European Parliament and of the Council of 23 October 2000 establishing a framework for Community action in the field of water policy
2455/2001/EC	Decision No 2455/2001/EC of the European Parliament and of the Council of 20 November 2001 establishing the list of priority substances in the field of water policy and amending Directive 2000/60/EC
76/464/EEC	Council Directive 76/464/EEC of 4 May 1976 on pollution caused by certain dangerous substances discharged into the aquatic environment of the Community; amended by Directive 2000/60/EC of the European Parliament and of the Council of 23 October 2000 establishing a framework for Community action in the field of water policy
96/61/EC	Council Directive 96/61/EC of 24 September 1996 concerning integrated pollution prevention and control
2000/479/EC	Commission Decision of 17 July 2000 on the implementation of a European pollutant emission register (EPER) according to Article 15 of Council Directive 96/61/EC concerning integrated pollution prevention and control (IPPC) (notified under document number C(2000) 2004) (Text with EEA relevance)
91/676/EEC	COUNCIL DIRECTIVE of 21 May 1991 concerning urban waste water treatment
86/280/EEC	Council Directive 86/280/EEC of 12 June 1986 on limit values and quality objectives for discharges of certain dangerous substances included in List I of the Annex to Directive 76/464/EEC
76/464/EEC	Council Directive 76/464/EEC of 4 May 1976 on pollution caused by certain dangerous substances discharged into the aquatic environment of the Community
86/280/EEC	Council Directive 86/280/EEC of 12 June 1986 on limit values and quality objectives for discharges of certain dangerous substances included in List I of the Annex to Directive 76/464/EEC
84/491/EEC	Council Directive 84/491/EEC of 9 October 1984 on limit values and quality objectives for discharges of hexachlorocyclohexane
84/156/EEC	Council Directive 84/156/EEC of 8 March 1984 on limit values and quality objectives for mercury discharges by sectors other than the chlor-alkali electrolysis industry
83/513/EEC	Council Directive 83/513/EEC of 26 September 1983 on limit values and quality objectives for cadmium discharges

Table 2-5:   ***EU legislation on protection of water***

Directive 2000/60/EC of the European Parliament and of the Council of 23 October 2000 establishing a framework for Community action in the field of water policy

The purpose of this Directive is to establish a framework for the protection of inland surface waters, transitional waters, coastal waters and groundwater which:

(a) prevents further deterioration and protects and enhances the status of aquatic ecosystems and, with regard to their water needs, terrestrial ecosystems and wetlands directly depending on the aquatic ecosystems;

(b) promotes sustainable water use based on a long-term protection of available water resources;

(c) aims at enhanced protection and improvement of the aquatic environment, inter alia, through specific measures for the progressive reduction of discharges, emissions and losses of priority substances and the cessation or phasing-out of discharges, emissions and losses of the priority hazardous substances;

(d) ensures the progressive reduction of pollution of groundwater and prevents its further pollution, and

(e) contributes to mitigating the effects of floods and droughts and thereby contributes to:

> - the provision of the sufficient supply of good quality surface water and groundwater as needed for sustainable, balanced and equitable water use,
>
> - a significant reduction in pollution of groundwater,
>
> - the protection of territorial and marine waters, and
>
> - achieving the objectives of relevant international agreements, including those which aim to prevent and eliminate pollution of the marine environment, by Community action under Article 16(3) to cease or phase out discharges, emissions and losses of priority hazardous substances, with the ultimate aim of achieving concentrations in the marine environment near background values for naturally occurring substances and close to zero for man-made synthetic substances.

An indicative list of the main pollutants is cited in the directive:

1. Organohalogen compounds and substances which may form such compounds in the aquatic environment.

2. Organophosphorous compounds.

3. Organotin compounds.

4. Substances and preparations, or the breakdown products of such, which have been proved to possess carcinogenic or mutagenic properties or properties which may affect steroidogenic, thyroid, reproduction or other endocrine-related functions in or via the aquatic environment.

5. Persistent hydrocarbons and persistent and bioaccumulable organic toxic substances.

6. Cyanides.

7. Metals and their compounds.

8. Arsenic and its compounds.

9. Biocides and plant protection products.

10. Materials in suspension.

11. Substances which contribute to eutrophication (in particular, nitrates and phosphates).

12. Substances which have an unfavourable influence on the oxygen balance (and can be measured using parameters such as BOD, COD, etc.).

Moreover, a list of priority pollutants are added to this directive (see Decision No. 2455/2001/EC, commented below)

The "limit values" and "quality objectives" i.e. emission limit values and environmental quality standards are established in the following Directives (see comments on these directives as relevant for textile industry, below):

(i) The Mercury Discharges Directive (82/176/EEC);

(ii) The Cadmium Discharges Directive (83/513/EEC);

(iii) The Mercury Directive (84/156/EEC);

(iv) The Hexachlorocyclohexane Discharges Directive (84/491/EEC); and

(v) The Dangerous Substance Discharges Directive (86/280/EEC).

Council Directive 86/280/EEC of 12 June 1986 on limit values and quality objectives for discharges of certain dangerous substances included in List I of the Annex to Directive 76/464/EEC (list of dangerous substances: see comments on Directive 2000/60/EC, above)

This Directive lays down limit values for emission standards for the substances in discharges from industrial plants, quality objectives for the substances in the aquatic environment, the times for compliance with the conditions specified in the authorizations granted by the competent authorities of Member States in respect of existing discharges, the reference methods of measurement enabling the content of the substances in discharges and in the aquatic environment to be determined. Further, this Directive establish a monitoring procedure, lays down a set of general provisions applicable to all the substances and relating, in particular, to limit values for emission standards, quality objectives and reference methods of measurement, and a set of specific provisions which amplify and supplement those headings in respect of individual substances.

Limit values for industrial plants which discharge dangerous substances are said to be determined by the Council in a later stage. Meanwhile, the Member States were independently set emission standards for discharges of such substances on the basis of the best technical means available. The directive however contains some specific provision on limit values for carbon tetrachloride, DDT and pentachlorophenol.

The directive was further amended (by Council Directive 90/415/EEC) by adding for 1,2-dichloroethane (EDC), trichloroethylene (TRI), perchloroethylene (PER) and trichlorobenzene (TCB)'. Further, specific provisions on limit values for 1,2-dichloroethane (EDC) CAS - No 107-06-2 were added.

Council Directive 84/491/EEC of 9 October 1984 on limit values and quality objectives for discharges of hexachlorocyclohexane

This Directive; among others, lays down limit values for emission standards for HCH in discharges from industrial plants.

Council Directive 84/156/EEC of 8 March 1984 on limit values and quality objectives for mercury discharges by sectors other than the chlor-alkali electrolysis industry

This Directive, among others, lays down limit values for emission standards for mercury in discharges from industrial plants.

Council Directive 83/513/EEC of 26 September 1983 on limit values and quality objectives for cadmium discharges

This Directive- in pursuance of Directive 76/464/EEC, lays down limit values for emission standards for cadmium in discharges from industrial plants at which cadmium or any substance containing cadmium is handled.

Decision No 2455/2001/EC of the European Parliament and of the Council of 20 November 2001 establishing the list of priority substances in the field of water policy and amending Directive 2000/60/EC

The list of priority substances established by this Decision shall replace the list of substances in the Commission Communication of 22 June 1982. This list, as it appears in the Annex to this Decision, shall be added to Directive 2000/60/EC as Annex X.

	CAS Number [1]	EU Number [2]	Name of priority substance	Identified as priority hazard-ous substance
1	15972-60-8	240-110-8	Alachlor	
2	120-12-7	204-371-1	Anthracene	(X) (***)
3	1912-24-9	217-617-8	Atrazine	(X) (***)
4	71-43-2	200-753-7	Benzene	
5	Not applicable	Not applicable	Brominated diphenylethers(**)	X(****)
6	7440-43-9	231-152-8	Cadmium and its compounds	X
7	85535-84-8	287-476-5	C10-13-chloroalkanes(**)	X
8	470-90-6	207-432-0	Chlorfenvinphos	
9	2921-88-2	220-864-4	chloropyrifos	(X) (***)
10	107-06-02	203-458-1	1,2-dichloroethane	
11	75-09-2	200-838-9	Dichloromethane	
12	117-81-7	204-211-0	Di(2-ethylhexyl)phthalate (DEHP)	(X) (***)
13	330-54-1	206-354-4	Diuron	(X) (***)
14	115-29-7	204-079-4	Endosulfan	(X) (***)
15	959-98-8	Not applicable	(alpha-endosulfan)	
16	206-44-0	205-912-4	Fluoranthene (****)	
17	118-74-1	204-273-9	Hexachlorobenzene	X
18	87-68-3	201-765-5	Hexachlorobutadiene	X
19	608-73-1	210-158-9	Hexachlorocyclohexane	X
20	58-89-9	200-401-2	(gamma-isomer, lindane)	
21	34123-59-6	251-835-4	Isoproturon	(X) (***)
22	7439-92-1	231-100-4	Lead and its compounds	(X) (***)
23	7439-97-6	231-106-7	Mercury and its compounds	X
24	91-20-3	202-049-5	Naphthalene	(X) (***)
25	7440-02-0	231-111-4	Nickel and its compounds	
26	25154-52-3	246-672-0	Nonylphenols	X
27	104-40-5	203-199-4	(4-(para)-nonylphenol)	
28	1806-26-4	217-302-5	Octylphenols	
29	140-66-9	Not applicable	(para-tert-octylphenol)	
30	608-93-5	210-172-5	Pentachlorobenzene	
31	87-86-5	201-778-6	Pentachlorophenol	X(***)
32	Not applicable	Not applicable	Polyaromatic hydrocarbons	X
33	50-32-8	200-028-5	(Benzo(a)pyrene)	
34	205-99-2	205-911-9	(Benzo(b)fluoranthene)	
35	191-24-2	205-883-8	(Benzo(g,h,i)pyrene)	
36	207-08-9	205-916-6	(Benzo(k)fluoranthene)	
37	193-39-5	205-893—2	Indeno(1,2,3-cd)pyrene)	
38	122-34-9	204-535-2	(Simazine)	X(***)
39	688-73-3	211-704-4	(Tributyltin compounds	X

	CAS Number [1]	EU Number [2]	Name of priority substance	Identified as priority hazard-ous substance
40	36643-28-4	Not applicable	tributyltin-cation)	
41	12002-48-1	234-413-4	(Trichlorobenzenes	(X)(***)
42	120-82-1	204-428-0	1,2,4-Trichlorobenzene)	
43	67-66-3	200-663-8	Trichloromethane (Chloroform)	
44	1582-09-8	216-428-8	Trifluralin	(X)(***)

(*)	Where groups of substances have been selected, typical individual representatives are listed as indicative parameters (in brackets and without number). The establishment of controls will be targeted to these individual substances, without prejudicing the inclusion of other individual representatives, where appropriate.
(**)	These groups of substances normally include a considerable nunber of individual compounds. At present, appropriate indicative parameters cannot be given.
(***)	This prioority substance is subject to a reviewfor identification of possible « priority hazardous substance ». The Commission will make a proposal to the European Parliament and Council for its final classification not later than 12 months after adoption of this list.
(****)	Only Pentabromobiphenylether CAS-number 32534-81-9
(*****)	Fluoranthene is on the list as an indicator of other, more dangerous Polyaromatic Hydrocarbons
[1]	CAS: Chemical Abstract Services
[2]	EU-number: European Inventory of Existing Commercial Chemical Substances (EINECS) or European List of Notified Chemical Substances (ELINCS)

Table 2-6:   ***List of priority substances in the field of water policy (*)***

Council Directive 96/61/EC of 24 September 1996 concerning integrated pollution prevention and control

The purpose of this Directive is to achieve integrated prevention and control of pollution arising from the activities listed below. It lays down measures designed to prevent or, where that is not practicable, to reduce emissions in the air, water and land from the abovementioned activities, including measures concerning waste, in order to achieve a high level of protection of the environment taken as a whole, without prejudice to Directive 85/337/EEC and other relevant Community provisions. Among the categories referred to in the directive: "…Combustion installations with a rated thermal input exceeding 50 MW; … Plants for the pre-treatment (operations such as washing, bleaching, mercerization) or dyeing of fibres or textiles where the treatment capacity exceeds 10 tonnes per day; … Installations for the surface treatment of substances, objects or products using organic solvents, in particular for dressing, printing, coating, degreasing, waterproofing, sizing, painting, cleaning or impregnating, with a consumption capacity of more than 150 kg per hour or more than 200 tonnes per year; …".

Acting on a proposal from the Commission, the Council set emission limit values. Indicative list of the main polluting substances to be taken into account if they are relevant for fixing emission values:

AIR

1. Sulphur dioxide and other sulphur compounds

2. Oxides of nitrogen and other nitrogen compounds

3. Carbon monoxide

4. Volatile organic compounds

5. Metals and their compounds

6. Dust

7. Asbestos (suspended particulates, fibres)

8. Chlorine and its compounds

9. Fluorine and its compounds

10. Arsenic and its compounds

11. Cyanides

12. Substances and preparations which have been proved to possess carcinogenic or mutagenic properties or properties which may affect reproduction via the air

13. Polychlorinated dibenzodioxins and polychlorinated dibenzofurans

WATER

1. Organohalogen compounds and substances which may form such compounds in the aquatic environment

2. Organophosphorus compounds

3. Organotin compounds

4. Substances and preparations which have been proved to possess carcinogenic or mutagenic properties or properties which may affect reproduction in or via the aquatic environment

5. Persistent hydrocarbons and persistent and bioaccumulable organic toxic substances

6. Cyanides

7. Metals and their compounds

8. Arsenic and its compounds

9. Biocides and plant health products

10. Materials in suspension

11. Substances which contribute to eutrophication (in particular, nitrates and phosphates)

12. Substances which have an unfavourable influence on the oxygen balance (and can be measured using parameters such as BOD, COD, etc.).

Moreover, considerations are to be taken into account generally or in specific cases when determining best available techniques, bearing in mind the likely costs and benefits of a measure and the principles of precaution and prevention.

List of the directives referred to in this directive:

- Directive 87/217/EEC on the prevention and reduction of environmental pollution by asbestos

- Directive 82/176/EEC on limit values and quality objectives for mercury discharges by the chlor-alkali electrolysis industry

- Directive 83/513/EEC on limit values and quality objectives for cadmium discharges

- Directive 84/156/EEC on limit values and quality objectives for mercury discharges by sectors other than the chlor-alkali electrolysis industry

- Directive 84/491/EEC on limit values and quality objectives for discharges of hexachlorocyclohexane

- Directive 86/280/EEC on limit values and quality objectives for discharges of certain dangerous substances included in List 1 of the Annex to Directive 76/464/EEC, subsequently amended by Directives 88/347/EEC and 90/415/EEC amending Annex II to Directive 86/280/EEC

- Directive 89/369/EEC on the prevention of air pollution from new municipal waste-incineration plants

- Directive 89/429/EEC on the reduction of air pollution from existing municipal waste-incineration plants

- Directive 94/67/EC on the incineration of hazardous waste

- Directive 92/112/EEC on procedures for harmonizing the programmes for the reduction and eventual elimination of pollution caused by waste from the titanium oxide industry

- Directive 88/609/EEC on the limitation of emissions of certain pollutants into the air from large combustion plants, as last amended by Directive 94/66/EC

- Directive 76/464/EEC on pollution caused by certain dangerous substances discharged into the aquatic environment of the Community

- Directive 75/442/EEC on waste, as amended by Directive 91/156/EEC

- Directive 75/439/EEC on the disposal of waste oils

- Directive 91/689/EEC on hazardous waste

Commission Decision of 17 July 2000 on the implementation of a European pollutant emission register (EPER) according to Article 15 of Council Directive 96/61/EC concerning integrated pollution prevention and control (IPPC)

Member States shall report to the Commission on emissions from all individual facilities with one or more activities as mentioned in Directive 96/61/EC. Member States shall report to the Commission every three years. The first report by Member States shall be sent to the Commission in June 2003 providing data on emissions in 2001 (or optionally 2000 or 2002, when data for 2001 are not available).

Pollutants to be reported if threshold value is exceeded are listed in the following table.

Pollutants/substances	Identification	Air	water	Threshold air in kg/year	Thresholds water in kg/year
1. Environmental issues	(13)	(11)	(2)		
CH4		X		100 000	
CO		X		500 000	
CO2		X		100 000 000	
HFCs		X		100	
N2O		X		10 000	
NH3		X		10 000	
NMVOC		X		100 000	
NOx5	As NO2	X		100 000	
PFCs		X		100	
SF6		X		50	
Sox	As SO2	X			50 000
Total-nitrogen	As N		X		5000
Total phosphorus	As P		X	150000	
2. Metal and compounds	(8)	(8)	(8)		
As and coumpoun1	Total as As	X	X	20	5
Cd and compact	Total as Cd	X	X	10	5
Cr and and compounds	Total as Cr	X	X	100	50
Cu and compounds	Total as Cu	X	X	100	50
Hg and compounds	Total as Hg	X	X	10	1
Ni and compound	Total as Ni	X	X	50	20
Pb and compounds	Total as Pb	X	X	200	20
Zn and compounds	Total as Zn	X	X	200	100
3. Chlorinated organic substances	(15)	(12)	(7)		
Dichlorothethane-1,2 (DCE)		X	X	1000	10
Dichloromethane (DCM)		X	X	1000	10
Chloro-Alkanes (C10-13)			X		1
Hexachlorobenzene(HCB)		X	X	10	1
Hexachlorobutadiene (HCBD)		X			1
Hexachlorocyclohexane(HCH)		X	X	10	1
Halogenated organic compounds	As AOX		X		1000
PCDD+PCDF(Dioxins+furans)	As Teq	X		0,001	
Pentachlorophenol (PCP)		X		10	
Tetrachloroethylene(PER)		X		2000	
Tetrachloromethane(TCM)		X		100	
Trichlorobenzenes(TCB)			X	10	
Trichloroethane-1,1,1 (TCE)			X	100	
Trichloroethylene (TRI)			X	2000	

Pollutants/substances	Identification	Air	water	Threshold air in kg/year	Thresholds water in kg/year
Trichloromethane			X	500	
4. Other organic compounds	(7)	(2)	(6)		
Benzene		X		1000	
Benzene, toluene, ethylben-zene, xylenes,	as BTEX		X		200
Brominated diphenylether			X		1
Organotin-Compounds	As total Sn		X		50
Polycyclic aromatic hydrocar-bons		X	X	50	5
Phenols	As total C		X		20
Total organic carbon (TOC)	As total C or COD/3		X		50 000
5. Other compounds	(7)	(4)	(3)		
Chlorides	As total C1		X		2000 000
Chlorine and inorganic com-pounds	As HCl	X		10 000	
Cyanides	As total CN		X		50
Fluorides	As total F		X		2000
Fluorine and inorganic com-pounds	As HF	X		5000	
HCN		X		200	
PM10		X		50 000	
Number of pollutants	50	37	26		

Table 2-7: **EPER List of pollutants to be reported if threshold value is exceeded**

Council directive of 21 May 1991 concerning urban waste water treatment

This Directive concerns the collection, treatment and discharge of urban waste water and the treatment and discharge of waste water from certain industrial sectors.

The objective of the Directive is to protect the environment from the adverse effects of the above-mentioned waste water discharges.

Council Directive 86/280/EEC of 12 June 1986 on limit values and quality objectives for discharges of certain dangerous substances included in List I of the Annex to Directive 76/464/EEC (86/280/EEC)

This Directive lays down mainly, pursuant of Article 6 (1) of Directive 76/464/EEC, limit values for emission standards for the substances referred to in Article 2 (a) in discharges from industrial plants as defined in this Directive. The directive further lays down quality objectives for the substances referred to in this Directive in the aquatic environment.

Council Directive 76/464/EEC of 4 May 1976 on pollution caused by certain dangerous substances discharged into the aquatic environment of the Community

Member States shall take the appropriate steps to eliminate pollution of the waters by the dangerous substances in the families and groups of substances (List I, below) and to reduce pollution of the said waters by the dangerous substances (List II, below).

List I contains certain individual substances which belong to the following families and groups of substances, selected mainly on the basis of their toxicity, persistence and bioaccumulation, with the exception of those which are biologically harmless or which are rapidly converted into substances which are biologically harmless:

1. organohalogen compounds and substances which may form such compounds in the aquatic environment,

2. organophosphorus compounds,

3. organotin compounds,

4. substances in respect of which it has been proved that they possess carcinogenic properties in or via the aquatic environment (1),

5. mercury and its compounds,

6. cadmium and its compounds,

7. persistent mineral oils and hydrocarbons of petroleum origin,

and for the purposes of implementing Articles 2, 8, 9 and 14 of this Directive:

8. persistent synthetic substances which may float, remain in suspension or sink and which may interfere with any use of the waters.

List II contains: a)substances belonging to the families and groups of substances in List I for which the limit values have not been determined; b) certain individual substances and categories of substances belonging to the families and groups of substances listed below, and which have a deleterious effect on the aquatic environment, which can, however, be confined to a given area and which depend on the characteristics and location of the water into which they are discharged.

Families and groups of substances referred to in the second indent are

1. Some metalloids and metals and their compounds

2. Biocides and their derivatives not appearing in List I.

3. Substances which have a deleterious effect on the taste and/or smell of the products for human consumption derived from the aquatic environment, and compounds liable to give rise to such substances in water.

4. Toxic or persistent organic compounds of silicon, and substances which may give rise to such compounds in water, excluding those which are biologically harmless or are rapidly converted in water into harmless substances.

5. Inorganic compounds of phosphorus and elemental phosphorus.

6. Non persistent mineral oils and hydrocarbons of petroleum origin.

7. Cyanides, fluorides.

8. Substances which have an adverse effect on the oxygen balance, particularly : ammonia, nitrites.

2.2.2   Relevant laws in Germany

-    Wasserhaushaltsgesetz (WHG)

-    Abwasserabgabengesetz (AbwAG)

Ordinances for establishing the law (as their may be relevant for textile finishing industry)

-    Verordnung über Anforderungen an das Einleiten von Abwasser in Gewässer Abwasserverordnung (AbwV)

-    Verwaltungsvorschrift wassergefährdende Stoffe (VwVwS)

-    "Anhang 38" (Textilherstellung / Textilveredlung)

-    Grundwasserverordnung (GrundwV)

-    Trinkwasserverordnung (TVO)

-    Muster-Anlagen VO (MusterVAwS)

-    Wasch- und Reinigungsmittelgesetz (WRMG)

-    Tensidverordnung (TensV)

-    Phosphathöchstmengenverordnung (PhöchstMengV)

Moreover, following ordinances in the responsability of the Federal States are cited:

-    Anlagenverordnung (VAwS)

-    Wasserrechtliche Eignung von Bauprodukten

-    Indirekteinleiterverordnung (VGS)

- Selbst(Eigen-)überwachungsverordnungen

- Löschwasser-Rückhalte-Richtlinie (LöRüRL)

- Kommunale Satzungen

Comments on the ordinances and laws

As not otherwise mentioned, comments are made referring to the current wording of laws as published in [465].

Wasserhaushaltsgesetz WHG (law on the water household)

The pollution freight in waste water must be at least as low as it possible in accordance with the acknowledged technological regulations. The state-of-the-art technology has to be applied in the case of hazardous chemicals.

Abwasserabgabengesetz AbwAG (law on waste water taxes)

This regulation refers to the so-called direct dischargers, e.g. industries with their own sewage plants or local authority districts that discharge their waste water directly into the sewage. They are taxed according to the degree of the pollution freight..

Abwasserverordnung AbwV vom 15. Oktober 2002 (decree on waste water of 15th October 2002)

This decree replaces the "Abwasserverwaltungsvorschriften" (regulations on waste water administration). The decree determines the requirements that have to be met for the issuing of an approval to be allowed to discharge one's waste water into lakes, rivers and canals.

The appendix 38 of this waste water decree (the so-called "Anhang 38") is valid for waste water, of which the pollution freight derives essentially from commercial and industrial treatment and processing of spinning products and threads, as well as from the textile finishing industry. This appendix is not valid for waste water from the cleaning of raw wool, from the photo and electro-plating sector (e.g. making of printing stencils or printing cylinders), from the chemical cleaning of textiles using solvents with halogen carbohydrates, from the processing of industrial water and from indirect cooling systems. When only 5 m^3 or less of waste water are discharged per day, then only parts of the requirements of this appendix are valid.

The pollution freight has to be kept as low as it is possible after having checked the condition in individual cases by the following measures:

1. Processing and re-use of cleaning water from the printery, which is used during the process of the cleaning of the printing gear (stencils, cylinders, chassis etc.)

2. Renunciation of synthetic sizing agents, which do not reach a DOC-elimination degree of 80 percent after 7 days according to the number 408 of the appendix "Analysen- und Mess-verfahren" (analysis and gauging procedures).

3. Renunciation of organic chelating agents which do not reach a DOC-decomposition degree of 80 percent after 28 days according to the number 406 of the appendix "Analysen- und Messverfahren" (analysis and gauging procedures). Exceptions constitute the usage of phosphates, polyacrlates and Maleinic acid-Copolymerisates for the textile finishing.

4. Renunciation of surfactants, which do not reach a DOC-elimination degree of 80 percent after 7 days according to the number 408 of the appendix "Analysen- und Messverfahren" (analysis and gauging procedures). Surfactants are organic surface-active substances with cleaning and wetting properties, which - at a concentration level of 0.5 percent and a temperature of 20 °C - reduce the surface tension of distilled water to 0,045 N/m or less

5. Renunciation of printing pre-treatment with chlorine of wool and wool mixture substrata.

6. Renunciation of the use of Alkylphenolethoxylates (APEO) except for polymer dispersions that are put on textile surface patterns to remain there at least at 99 percent.

7. Minimization of the amount and holding back or re-use of:

     7.1 Synthetic sizing agents coming from desizing processes,

     7.2 Rest padding liquors from dyeing process,

     7.3 Rest padding liquors from finishing process,

     7.4 Rest bath liquors from coating and laminating

     7.5 Rest of bath liquor of undersurface layer of textile floor covering and other surface textiles

     7.6 Rest of printing pastes

8. If re-use is not possible: Treatment of part of the sewage waters listed under number 7 with procedures that guarantee an elimination of the COD or TOC of at least 80 percent, or, in case of rest padding dye liquors and rest printing pastes, a reduction of the dye of at least 95 percent.

The following requirements have to be met with waste water at the point of discharge:

	Qualified sample or a 2-hour- composite sample	
Chemical oxygen demand (COD)	mg/l	160
Biochemical oxygen demand in 5 days (BSB$_5$)	mg/l	25
Phosphorus, total	mg/l	2
Ammonium nitrogen (NH$_4$-N)	mg/l	10
Nitrogen, total, adding Ammonium, Nitrite and Nitrate nitrogen (Nitratstickstoff) (N$_{tot}$)	mg/l	20
Sulfit	mg/l	1
fish toxicity (T$_F$)		2
Colouring: Spectral absorption coefficient at:		
436 nm (yellow sector)	m^{-1}	7
525 nm (red sector)	m^{-1}	5
620 nm (blue sector)	m^{-1}	3

The requirements for ammonium nitrogen and nitrogen, total, are valid for a waste water temperature of 12 °C and above, within the drain of the biological reactor of the waste water treatment facility.

The requirement for phosphorus, total, is not valid for waste water from the use of organic phosphorus compounds of the flame retardant finish.

The following requirements have to be met with other waste waters before the mixing:

	Qualified sample or a 2-hour- composite sample mg/l
Adsorbed organic halogens (AOX)	0,5
Sulfide	1
Chrome, total	0.5
Copper	0.5
Nickel	0.5
Zinc	2
Tin	2

Waste water from the following fields must not contain a higher pollution freight than the freight that amounts to the following concentration details and to the discharged waste water volume as noted in part B.

	Chrome, total mg/l	Copper mg/l	Nickel mg/l
Rest padding liquors from dyeing	0,5	0,5	0,5
Dyeing liquors of more than a 3 percent exhaust dyeing and less than a 70 percent fixing rate	0,5	0,5	0,5
Rest printing paste, not re-usable	0,5	0,5	0,5

After a continuous pre-treatment of knitted fabrics from synthetic fibres or fibre mixtures with pre-dominant share of synthetic fibres, the concentration of carbohydrates, total, has to be kept below 20 mg/l in the waste water.

The waste water at the position of where the chemicals are processed must not contain:

1. Chlorine organic carriers,

2. chlorine separating bleaching agents, excepting sodium chlorite for bleaching of synthetic fibres,

3. free chlorine from the use of sodium chlorite,

4. arsenic, mercury and their compounds, as well as tin organic compounds from the use as a preservative agent,

5. Alkylphenolethoxylate (APEO) from washing and cleansing agents,

6. chrome VI-compounds from the use as oxidation agent for sulphur and vat dyes,

7. EDTA, DTPA und Phosphonate from the use as chelating agents in process water,

8. not used rests from chemicals, dyeing agents and textile auxiliaries, and

9. remaining printing paste in the printing gear when printing.

Furthermore, waste water may only contain such halogenic solvents that have been approved of for chemical cleaning by the "Zweiten Verordnung zur Durchführung des Bundes- Immissionsschutzgesetzes" (second decree on the enforcement of the BimSchG of December 10th 1990; BGBl. I S. 2694). The concentration of chrome VI in waste water must not exceed the amount of 0.1 mg/l in the sample. § 6 section 1 is not applied. The evidence that the requirements according to section 1 are met, can be done by listing all employed processing and auxiliary substances in a diary. These substances must not, of course, contain any of the above-mentioned substances or substance groups according to the giving of the producer.

There are differing requirements for existing drains of waste water of facilities that had been in operation according to law or that had been in the process of construction before June, 1st 2000:

-   The requirements according to part D section 2 for the dyeing baths of more than 3 percent exhaust dyeing and less than a 70 percent fixation rate, as well as part E section 1 No. 9 are not applied.

- For AOX there is a differing concentration limit put down (deviating from part D section 1): 1 mg/l in the sample.

- For copper there is a differing concentration limit put down (deviating from part D section 1 and 2): 1 mg/l in the sample.

Vorschriften über den Umgang mit wassergefährdenden Stoffen - VwVwS (regulations on the use of water polluting substances)

This regulation described the substances that are intended to sustainably modify negatively the physical, chemical or biological qualities of water (substance hazardous for water). The substances are classified referring to their physical, chemical and biological characteristics into so-called Wassergefährdungsklassen WGK (i.e. categories referring to their hazard potential to water). The regulations also referres to groups of substances and mixtures of substances. Here, the requirements for the storage, filling and transshipping of water polluting substances are also laid down. Industrial facilities, in which water polluting substances are used, are to be installed and maintained by expert firms.

Wasch- und Reinigungsmittelgesetz vom 5. März 1987 (law on detergents and cleansing agents)

Detergents and cleansing agents are - according to this law - products that are meant to be used for the cleaning or that aid the cleaning in accordance to the requirements and - as experience shows - that can end up in the water cycle. That means not only surfactants but also other relevant auxiliaries are concerned. Specific for the Textile finishing industry are products like scouring agents, mercerising agents and auxiliaries, boiling-off auxiliaries, carbonising auxiliaries, spotting agents, wetting agents, desizing agents, as well as detergents, dispersing and emulsifying agents, auxiliaries used for soaping treatments after colouring, and agents to remove printing thickeners [74].

Detergents and cleansing agents may only be introduced, so that after their use no further damage on water quality is to be expected. This particularly concerns quality characteristics important for the eco system, the drinking water supplies and the maintenance of wastewater treatment plants. Thus, detergents and cleansing agents are to be used with consideration to water and according to their purpose, particularlly the dosage recommendations have to be respected. Technical plants for cleaning have to be constructed so that amounts of detergents and cleansing agents as well as water and energy are as low as possible.

Tensidverordnung – TensV vom 30. Januar 1977

Anionic and non ionic surface-active substances in detergents and cleansing agents must in the average be biodegradable to 90%.

Phosphathöchstmengenverordnung – PhöchstMengV vom 4. Juni 1980

This regulation is applicable to detergents and cleansing agents used in household and dry-cleaning of textiles. For this detergents and cleansing agents, dosage recommendations with regard to their phosphate content have to be done.

2.3   Waste

2.3.1   EU legislation on waste

The most important legislation on waste of the European Community is listed in the following table. Comments on these directives are stated below and were made referring to the current wording of the laws such as published in [466].

	Legislation
EC 2150/2002	Regulation (EC) No 2150/2002 of the European Parliament and of the Council of 25 November 2002 on waste statistics (Text with EEA relevance)
2000/76/EC	Directive 2000/76/EC of the European Parliament and of the Council of 4 December 2000 on the incineration of waste
2000/532/EC	Commission Decision of 3 May 2000 replacing Decision 94/3/EC establishing a list of wastes pursuant to Article 1(a) of Council Directive 75/442/EEC on waste and Council Decision 94/904/EC establishing a list of hazardous waste pursuant to Article 1(4) of Council Directive 91/689/EEC on hazardous waste
2001/118/EC	Commission Decision of 16 January 2001 amending Decision 2000/532/EC as regards the list of wastes
2001/573/EC:	Council Decision of 23 July 2001 amending Commission Decision 2000/532/EC as regards the list of wastes
1999/31/EC	Council Directive 1999/31/EC of 26 April 1999 on the landfill of waste
2003/33/EC	Council Decision of 19 December 2002 establishing criteria and procedures for the acceptance of waste at landfills pursuant to Article 16 of and Annex II to Directive 1999/31/EC
2000/738/EC	2000/738/EC: Commission Decision of 17 November 2000 concerning a questionnaire for Member States reports on the implementation of Directive 1999/31/EC on the landfill of waste

*Table 2-8:   **EU legislation on waste management***

Regulation (EC) No 2150/2002 of the European Parliament and of the Council of 25 November 2002 on waste statistics

Member States and the Commission, within their respective fields of competence, shall produce Community statistics on the generation, recovery and disposal of waste, excluding radioactive waste, which is already covered by other legislation. The statistics are to be compiled for all activities classified within the coverage of Sections A to Q, of NACE REV 1. These Sections cover all economic activities. Moreover, the statistics are also to be compiled for (a) waste generated by households; (b) waste arising from recovery and/or disposal operations. Statistics for the different waste categories are to be produced.

2000/532/EC (and 2001/118/EC) Commission Decision of 3 May 2000 replacing Decision 94/3/EC establishing a list of wastes pursuant to Article 1(a) of Council Directive 75/442/EEC on waste and Council Decision 94/904/EC establishing a list of hazardous waste pursuant to Article 1(4) of Council Directive 91/689/EEC on hazardous waste

A list of waste is adopted, which have the following chapters:

01	Wastes resulting from exploration, mining, dressing and further treatment of minerals and quarry
02	Wastes from agricultural, horticultural, hunting, fishing and aquacultural primary production, food preparation and processing
03	Wastes from wood processing and the production of paper, cardboard, pulp, panels and furniture
04	Wastes from the leather, fur and textile industries
05	Wastes from petroleum refining, natural gas purification and pyrolytic treatment of coal
06	Wastes from inorganic chemical processes
07	Wastes from organic chemical processes
08	Wastes from the manifacture, formulation , supply and use (MFSU) of coatings (paints, vanishes and vitreous enamels), adhesives, sealants and printing ink
09	Wastes from the photographic industry
10	Inorganic wastes from thermal processes
11	Inorganic metal-containing wastes from metal treatment and the coating of metals, and non-ferrous hydrometallurgy
12	Wastes from shaping and surface treatment of metals and plastics
13	Oil wastes (except edible oils, 05 and 12)
14	Wastes from organic substances used as solvents (except 07 and 08)
15	Waste packaging; absorbents, wiping cloths, filter materials and protective clothing not otherwise specified
16	Wastes not otherwise specified on the list
17	Construction and demolition wastes (including road construction)
18	Wastes from human or animal health care and/or related research (except kitchen and restaurant wastes not arising from immediate health care)
19	Wastes from waste treatment facilities, off-site waste water treatment plants and the water industry
20	Municipal wastes and similar commercial, industrial

Wastes specific for the textile industry is further newly categorised in 2001/118/EC.

In textile finishing mills, beside the "usual" wastes categories (i.e. packaging, machines, oil wastes, filter materials, etc), more branch specific wastes can be outlined. Referring to the above mentioned classification, the following table compiles these wastes [342].

EWC (old)	Waste	EU waste category from 01.01.2002
04 02 01 to 04	Waste from unprocessed textile fibres	04 02 21
04 02 05 to 08	Wastes from processed textile fibres	04 02 22
04 02 09	Wastes from composite materials (impregnated textile, elastomer, plastomer)	04 02 09
04 02 10	Organic matter from natural products (for example grease, wax)	04 02 10
04 02 11	Wastes from finishing containing halogenates Remaining padding liquor from finishing	04 02 14* with org. solvents 04 02 15 other than those mentioned in 04 02 14
04 02 12	Wastes from finishing not containing halogenates Remaining padding liquor from finishing	
04 02 13	Dyes and pigments: Remaining padding liquor from colouring	04 02 16* containing dangerous substances 04 02 17 other than those mentioned in 04 02 16
07 02 02	Sludges from on-site effluent treatment	04 02 19* containing dangerous substances 04 02 20 other than those mentioned in 04 02 19
08 03 08	Aqueous liquid waste containing ink	08 03 08
13 06 01	Oil wastes: oil condensates from exhaust cleaning	13 05 06 oil from oil/water separators 13 08 99 wastes not otherwise specified *
16 03 01/02 08 04 01-08	Wastes from coating and laminating	08 04 09*/11* 08 04 10/12 16 03 03*/05* 16 03 04/06
16 05 02/03	Discarded chemicals	16 05 07*/08* inorganic/organic chemicals containing dangerous substances 16 05 09 other than those mentioned above
15 01 99 15 01 01-06	Contaminated packaging	15 01 10* packaging containing residues of or contaminated by dangerous substances 15 01 01 to 09 paper, plastic, wooden, metallic, composite, mixed, glass or textile packaging
* waste requiring special supervision		

Table 2-9:   ***Branch specific waste from Textile finishing industry***

The wastes referred as remaining waste from finishing are in most case not containing dangerous substances, and thus not require special supervision. Yet, concentrated waste liquors from finishing requiring special supervision are:

- Remaining printing pastes from gasoline printing (technique nor longer applied)

- Remaining liquors from finishing with flame retardants

- Remaining liquors from antimicrobial finishing

- Remaining liquors from finishing with biocides (protection against damage caused by insects, etc)

Commission Decision of 16 January 2001 amending Decision 2000/532/EC as regards the list of wastes

Decision 2000/532/EC is amended by this Commission Decision as follows: wastes classified as hazardous are considered to display one or more of the properties listed in Annex III to Directive 91/689/EEC and, as regards H3 to H8, H10(6) and H11 of the said Annex, one or more of the following characteristics:

- flash point < = 55 °C,

- one or more substances classified(7) as very toxic at a total concentration > = 0,1 %,

- one or more substances classified as toxic at a total concentration > = 3 %,

- one or more substances classified as harmful at a total concentration > = 25 %,

- one or more corrosive substances classified as R35 at a total concentration > = 1 %,

- one or more corrosive substances classified as R34 at a total concentration > = 5 %,

- one or more irritant substances classified as R41 at a total concentration > = 10 %,

- one or more irritant substances classified as R36, R37, R38 at a total concentration > = 20 %,

- one substance known to be carcinogenic of category 1 or 2 at a concentration > = 0,1 %,

- one substance known to be carcinogenic of category 3 at a concentration > = 1 %

- one substance toxic for reproduction of category 1 or 2 classified as R60, R61 at a concentration > = 0,5 %,

- one substance toxic for reproduction of category 3 classified as R62, R63 at a concentration > = 5 %,

- one mutagenic substance of category 1 or 2 classified as R46 at a concentration > = 0,1 %,

- one mutagenic substance of category 3 classified as R40 at a concentration > = 1 %."

Council Directive 1999/31/EC of 26 April 1999 on the landfill of waste

In respect of the technical characteristics of landfills, this Directive contains, for those landfills to which Directive 96/61/EC is applicable, the relevant technical requirements in order to elaborate in concrete terms the general requirements of that Directive, i.e. provide for measures, procedures and guidance to prevent or reduce as far as possible negative effects on the environment, in particular the pollution of surface water, groundwater, soil and air, and on the global environment, including the greenhouse effect, as well as any resulting risk to human health, from landfilling of waste, during the whole life-cycle of the landfill.

Yet, Member States shall set up a national strategy for the implementation of the reduction of biodegradable waste going to landfills: Further, Member States shall take measures in order that only waste that has been subject to treatment is landfilled. This provision may not apply to inert waste for which treatment is not technically feasible, nor to any other waste for which such treatment does not contribute to the objectives of this Directive, i.e. reducing the quantity of the waste or the hazards to human health or the environment.

2.3.2   Relevant laws in Germany

Kreislaufwirtschafts- und Abfallgesetz (KrW-/AbfG)

Law to support the recycling management and to safeguard to ecological disposal of wastes ("Gesetz zur Förderung der Kreislaufwirtschaft und Sicherung der umweltverträglichen Beseitigung von Abfällen").

Ordinances for establishing the law (as their may be relevant for textile finishing industry)

- TA-Abfall

- Abfallverzeichnis-Verordnung (replaces EAKV Verordnung zur Einführung des Europäischen Abfallkatalogs , see 2000/532/EC, etc

- Bestimmungsverordnung besonders überwachungsbedürftiger Abfälle - BestbüAbfV

- Bestimmungsverordnung überwachungsbedürftiger Abfälle zur Verwertung - BestüVAbfV

- Verordnung über verwertungs- und Beseitigungsnachweise – NachwV

- Verordnung zur Transportgenehmigung - TgV

- Verordnung über Entsorgungsfachbetriebe - EfbV

- Abfallwirtschaftskonzept- und Abfallbilanz-Verordnung - AbfKoBiV

- Bioabfallverordnung – BioAbfV

- Klärschlammverordnung – AbfKlärV

- Verpackungsverordnung – VerpackV

- Verordnung über Betriebsbeauftragte für Abfall – AbfBetrbVO

- Altölverordnung – AltölV

- Batterieverordnung – BattV

- Verordnung über die Entsorgung gebrauchter halogenierter Lösemittel – HKWAbfV

- Gesetz über die Überwachung und Kontrolle der grenzüberschreitenden Verbringung von Abfällen – AbfVerBrG

- Landesabfallgesetze

Comments on the ordinances and laws

As not otherwise mentioned, comments are made in reference to the wording of the laws such as published in [465].

Technische Anleitung Abfall" TA-Abfall (technological regulation on wastes of March, 12th 19919

Second general administration decree to support the waste law part 1: Technological regulation about the storing, the chemical/physical and biological treatment, incineration and deposition of wastes needing special surveillance in the version of March, 12th 1991.

Here, substance-depending ways of waste disposal and waste disposal systems are determined. This includes e.g. a strict prohibition to alter or mix substances, as well as regulations about how to extract pollutants (i.e. in the process of the pre-treatment of wastes). Examples for this are photographic fixing and developping bathes, rests of paints, etc. Wastepaper is not listed in the waste catalogue and is - as a reusable material - to be recycled. In the "TA Abfall", appendix C, notices on disposal and recommendations, among others, are given.

Abfallverzeichnis-Verordnung (replaces EAKV Verordnung zur Einführung des Europäischen Abfallkatalogs , see 2000/532/EC, etc)

This decree is to determine the specification of wastes and the classification of wastes according to their need for surveillance. The waste are categorised referring to the European directive 2000/532/EC and his amendments (see discussion above).

2.4 Chemicals

2.4.1 EU legislation on chemicals

The most important legislation on chemicals of the European Community is listed in the following table. Comments on these directives are stated below and were made referring to the current wording of the laws such as published in [466].

	Legislation
1999/13/EC	Council Directive 1999/13/EC of 11 March 1999 on the limitation of emissions of volatile organic compounds due to the use of organic solvents in certain activities and installations
1999/45/EC	Directive 1999/45/EC of the European Parliament and of the Council of 31 May 1999 concerning the approximation of the laws, regulations and administrative provisions of the Member States relating to the classification, packaging and labelling of dangerous preparations
98/8/EC	Directive 98/8/EC of the European Parliament and of the Council of 16 February 1998 concerning the placing of biocidal products on the market
(EC)142/97	Commission Regulation (EC) No 142/97 of 27 January 1997 concerning the delivery of information about certain existing substances as foreseen under Council Regulation (EEC) No 793/93
(EC) 1488/94	Commission Regulation (EC) No 1488/94 of 28 June 1994 laying down the principles for the assessment of risks to man and the environment of existing substances in accordance with Council Regulation (EEC) No 793/93
(EC) 3093/94	Council Regulation (EC) No 3093/94 of 15 December 1994 on substances that deplete the ozone layer - No longer in force, see further 2000/22/EC
(EEC) 793/93	Council Regulation (EEC) No 793/93 of 23 March 1993 on the evaluation and control of the risks of existing substances
(EC) 1179/94	Commission Regulation (EC) No 1179/94 of 25 May 1994 concerning the first list of priority substances as foreseen under Council Regulation (EEC) No 793/93
(EC) 2268/95	Commission Regulation (EC) No 1179/94 of 25 May 1994 concerning the first list of priority substances as foreseen under Council Regulation (EEC) No 793/93
	Commission Regulation (EC) No 143/97 of 27 January 1997 concerning the third list of priority substances as foreseen under Council Regulation (EEC) No 793/93
(EC) 143/97	Commission Regulation (EC) No 2364/2000 of 25 October 2000 concerning the fourth list of priority substances as foreseen under Council Regulation (EEC) No 793/93
(EC) 2364/2000	
2002/755/EC	Commission Recommendation of 16 September 2002 on the results of the risk evaluation and risk reduction strategy for the substance diphenyl ether, octabromo derivative
2001/838/EC	Commission Recommendation of 7 November 2001 on the results of the risk evaluation and the risk reduction strategies for the substances: acrylaldehyde; dimethyl sulphate; nonylphenol phenol, 4-nonyl-, branched; tert-butyl methyl ether
1999/721/EC	1999/721/EC: Commission recommendation of 12 October 1999 on the results of the risk evaluation and on the risk reduction strategies for the substances: 2-(2-butoxyethoxy)ethanol; 2-(2-methoxyethoxy)ethanol; Alkanes, C10-13, chloro; Benzene, C10-13-alkyl derivs. (notified under document number C(1999) 3232)
93/67/EEC	Commission Directive 93/67/EEC of 20 July 1993 laying down the principles for assessment of risks to man and the environment of substances notified in accordance with Council Directive 67/548/EEC
91/155/EEC	Commission Directive 91/155/EEC of 5 March 1991 defining and laying down the detailed arrangements for the system of specific information relating to dangerous preparations in implementation of Article 10 of Directive 88/379/EEC – i.e.Safety Data Sheet
88/379/EEC	Council Directive 88/379/EEC of 7 June 1988 on the approximation of the laws, regulations and administrative provisions of the Member States relating to the classification, packaging and labelling of dangerous preparations - No longer in force

Table 2-10:   ***EU legislation on chemicals***

Council Directive 1999/13/EC of 11 March 1999 on the limitation of emissions of volatile organic compounds due to the use of organic solvents in certain activities and installations

The purpose of this Directive is to prevent or reduce the direct and indirect effects of emissions of volatile organic compounds into the environment, mainly into air, and the potential risks to human health, by providing measures and procedures to be implemented for the activities defined in Annex I, in so far as they are operated above the solvent consumption thresholds listed in Annex IIA. See further section 2.1.1 relevant to air and noise for more details on activities concerned.

Directive 1999/45/EC of the European Parliament and of the Council of 31 May 1999 concerning the approximation of the laws, regulations and administrative provisions of the Member States relating to the classification, packaging and labelling of dangerous preparations

This Directive aims at the approximation of the laws, regulations and administrative provisions of the Member States relating to:

- the classification, packaging and labelling of dangerous preparations, and to

- the approximation of specific provisions for certain preparations which may present hazards, whether or not they are classified as dangerous within the meaning of this Directive,

when such preparations are placed on the market of the Member States. The evaluation of the hazards of a preparation shall be based on the determination of:

> - physico-chemical properties,

> - properties affecting health,

> - environmental properties.

Directive 98/8/EC of the European Parliament and of the Council of 16 February 1998 concerning the placing of biocidal products on the market

This Directive concerns:

> (a) the authorisation and the placing on the market for use of biocidal products within the Member States;

> (b) the mutual recognition of authorisations within the Community;

> (c) the establishment at Community level of a positive list of active substances which may be used in biocidal products.

This Directive shall apply to biocidal products i.e. active substances and preparations containing one or more active substances, put up in the form in which they are supplied to the user, intended to destroy, deter, render harmless, prevent the action of, or otherwise exert a controlling effect on any harmful organism by chemical or biological means. An exhaustive list of 23 product types with an indicative set of descriptions within each type is given in Annex V of the directive.

Biocidal products types and their descriptions as referred in this directive are:

MAIN GROUP 1: Disinfectants and general biocidal products

These product types exclude cleaning products that are not intended to have a biocidal effect, including washing liquids, powders and similar products.

Product-type 1 Human hygiene biocidal products: products in this group are biocidal products used for human hygiene purposes.

Product-type 2 Private area and public health area disinfectants and other biocidal products: products used for the disinfection of air, surfaces, materials, equipment and furniture which are not used for direct food or feed contact in private, public and industrial areas, including hospitals, as well as products used as algaecides; usage areas include, inter alia, swimming pools, aquariums, bathing and other waters; air-conditioning systems; walls and floors in health and other institutions; chemical toilets, waste water, hospital waste, soil or other substrates (in playgrounds).

Product-type 3 Veterinary hygiene biocidal products: products in this group are biocidal products used for veterinary hygiene purposes including products used in areas in which animals are housed, kept or transported.

Product-type 4 Food and feed area disinfectants: products used for the disinfection of equipment, containers, consumption utensils, surfaces or pipework associated with the production, transport, storage or consumption of food, feed or drink (including drinking water) for humans and animals.

Product-type 5 Drinking water disinfectants: products used for the disinfection of drinking water (for both humans and animals).

MAIN GROUP 2: Preservatives

Product-type 6 In-can preservatives: products used for the preservation of manufactured products, other than foodstuffs or feedingstuffs, in containers by the control of microbial deterioration to ensure their shelf life.

Product-type 7 Film preservatives: products used for the preservation of films or coatings by the control of microbial deterioration in order to protect the initial properties of the surface of materials or objects such as paints, plastics, sealants, wall adhesives, binders, papers, art works.

Product-type 8 Wood preservatives: products used for the preservation of wood, from and including the saw-mill stage, or wood products by the control of wood-destroying or wood-disfiguring organisms. This product type includes both preventive and curative products.

Product-type 9 Fibre, leather, rubber and polymerised materials preservatives: products used for the preservation of fibrous or polymerised materials, such as leather, rubber or paper or textile products and rubber by the control of microbiological deterioration.

Product-type 10 Masonry preservatives: products used for preservation and remedial treatment of masonry or other construction materials other than wood by the control of microbiological and algal attack.

Product-type 11 Preservatives for liquid-cooling and processing systems: products used for the preservation of water or other liquids used in cooling and processing systems by the control of harmful organisms such as microbes, algae and mussels. Products used for the preservation of drinking water are not included in this product type.

Product-type 12 Slimicides: products used for the prevention or control of slime growth on materials, equipment and structures, used in industrial processes, e.g. on wood and paper pulp, porous sand strata in oil extraction.

Product-type 13 Metalworking-fluid preservatives: products used for the preservation of metalworking fluids by the control of microbial deterioration.

MAIN GROUP 3: Pest control

Product-type 14 Rodenticides: products used for the control of mice, rats or other rodents.

Product-type 15 Avicides: products used for the control of birds.

Product-type 16 Molluscicides: products used for the control of molluscs.

Product-type 17 Piscicides: products used for the control of fish; these products exclude products for the treatment of fish diseases.

Product-type 18 Insecticides, acaricides and products to control other arthropods. products used for the control of arthropods (e.g. insects, arachnids and crustaceans).

Product-type 19 Repellents and attractants: products used to control harmful organisms (invertebrates such as fleas, vertebrates such as birds), by repelling or attracting, including those that are used for human or veterinary hygiene either directly or indirectly.

MAIN GROUP 4: Other biocidal products

Product-type 20 Preservatives for food or feedstocks: products used for the preservation of food or feedstocks by the control of harmful organisms.

Product-type 21 Antifouling products: products used to control the growth and settlement of fouling organisms (microbes and higher forms of plant or animal species) on vessels, aquaculture equipment or other structures used in water.

Product-type 22 Embalming and taxidermist fluids: products used for the disinfection and preservation of human or animal corpses, or parts thereof.

Product-type 23 Control of other vertebrates: products used for the control of vermin.

Council Regulation (EEC) No 793/93 of 23 March 1993 on the evaluation and control of the risks of existing substances

This Regulation shall apply to (a) the collection, circulation and accessibility of information on existing substances; (b) the evaluation of the risks of existing substances to man, including workers and consumers, and to the environment, in order to ensure better management of those risks within the framework of Community provisions.

On the basis of the information submitted by manufacturers and importers, and on the basis of the national lists of priority substances, the Commission shall regularly draw up lists of priority substances or groups of substances (referred to as priority lists) requiring immediate attention because of their potential effects on man or the environment. The factors to be taken into account in drawing up the priority lists shall be:

- the effects of the substance on man or the environment,

- the exposure of man or the environment to the substance,

- the lack of data on the effects of the substance on man and the environment,

- work already carried out in other international fora,

- other Community legislation and/or programmes relating to dangerous substances.

The extent of data reporting required depends on the quantities of substances produced or imported. The Regulation differentiates between on high volume production or import of existing substances in quantities exceeding 1 000 tonnes per year, and in quantities exceeding 10 tonnes per year but no greater than 1 000 tonnes per year. Yet, some substances shall be exempt from the provisions; however, information on these substances may be requested by the Commission if necessary.

Commission Regulation (EC) No 142/97 of 27 January 1997 concerning the delivery of information about certain existing substances as foreseen under Council Regulation (EEC) No 793/93

The manufacturer(s) and importer(s) of the substances listed in the Annex (i.e. table below) to the Regulation shall deliver all relevant and available information concerning exposure to man and the environment of these substances to the Commission. The information relevant to the exposure information concerns the emission of, or exposure to, the chemical to human populations or environmental spheres at various stages during the life cycle of the substance. The human populations are workers, consumers and man exposed via the environment; the environmental spheres are aquatic, terrestrial and atmosphere, as well as information related to fate of the chemical in waste water treatment plants and it's accumulation in the food chain; the life cycle of a substance is seen as manufacture, transport, storage, formulation into a preparation or other processing, use and disposal or recovery.

	EINECS Number	CAS Number	Substance name
1	200-268-0	56-35-9	Bis(tributyltin) oxide
2	215-147-8	1306-23-26	Cadmium sulphide
3	215-717-6	1345-09-1	Cadmium mercury sulphide
4	218-743-6	2223-93-0	Cadmium distearate
5	220-017-9	2605-44-9	Cadmium dilaurate
6	231-901-9	7778-39-4	Arsenic acid
7	232-466-8	8048-07-5	Cadmium zinc sulfide yellow
8	235-758-3	12656-57-4	Cadmium sulfoselenide
9	261-218-1	58339-34-7	Cadmium sulfoselenide red

Table 2-11:   *Critical substances referring to Commission Regulation (EC) No 142/97*

Commission Regulation (EC) No 1488/94 of 28 June 1994 laying down the principles for the assessment of risks to man and the environment of existing substances in accordance with Council Regulation (EEC) No 793/93

This Regulation lays down general principles for the assessment of the risks posed by existing substances to man and the environment as required by Article 10 of Council Regulation (EEC) No 793/93.

Commission Recommendation of 7 November 2001 on the results of the risk evaluation and the risk reduction strategies for the substances: acrylaldehyde; dimethyl sulphate; nonyl-phenol phenol, 4-nonyl-, branched; tert-butyl methyl ether

All sectors importing, producing, transporting, storing, formulating into a preparation or other processing, using, disposing or recovering the following substancessummarised in table below should take into account the results of the risk evaluation as summarized in this recommendation and include them, where appropriate, in the safety data sheets. The risk reduction strategies should be implemented.

Name	CAS-Number	EINECS Number
Acrylaldehyde	107-02-8	203-453-4
The substance is only used as an intermediate for the manufacturing of a number of different substances (e.g. animal feed additives, biocides, pesticides, leather tanning agents, fragrances). Outside the European Community the substance is also used as an effective broad-spectrum biocide, tissue fixative, in etherification of food starch and production of colloidal metals.		
Other sources of exposure of the substance to man and the environment in particular releases of the substance from industrial combustion processes, automobile exhaust gases and tobacco smoke, which do not result from the life-cycle of the substance produced in or imported into the European Community were identify.		

Name	CAS-Number	EINECS Number
dimethyl sulphate	77-78-1	201-058-1
The substance is mainly used as an intermediate and methylating agent in production of many organic chemicals (dyes, perfumes, pharmaceuticals). Other uses reported are as a sulphating agent in the manufacturing of various products (e.g. dyes, fabric softeners). Other sources of exposure of this substance to man and the environment were identified, in particular releases of the substance from combustion of sulphur containing fossil fuels and formation in the atmosphere as a reaction product of sulphur dioxide and organic compounds, which does not result from the life-cycle of the substance produced in or imported into the European Community.		

Name	CAS-Number	EINECS Number
nonylphenol	25154-52-3	246-672-0
The substance is mainly used as an intermediate in the production of nonylphenol ethoxylates (e.g. in detergents and paints) and in the production of resins, plastics and stabilisers in the polymer industry. Other uses include the manufacture of phenolic oximes for use outside the EU in the metal extraction industry and in some speciality paints.		

Name	CAS-Number	EINECS Number
phenol, 4-nonyl-, branched	84852-15-3	284-325-5
The substance is mainly used as an intermediate in the production of nonylphenol ethoxylates e.g. in detergents and paints and in the production of resins, plastics and stabilisers in the polymer industry. Other uses include the manufacture of phenolic oximes for use outside the EU in the metal extraction industry and in some specialty paints.		

Name	CAS-Number	EINECS Number
tert-butyl methyl ether	1634-04-4	216-653-1
The substance is mainly used as a fuel-additive in petrol. Other uses are in chemical and pharmaceutical industry and laboratories.		

Table 2-12:   ***Critical substances referring to commission recommendation 1999/721/EC***

For example, the conclusions of the assessment to risk for nonyl phenol, a cleavage product of common surfactants and, thus, as a substance having of particular interest for textile finishing industry are summarised in the following table. The risk assessment is based on current practices related to the life-cycle of the substance produced in or imported into the European Community as described in the comprehensive risk assessment forwarded to the Commission by the Member State Rapporteur.

Nonylphenol	CAS No 25154-52-3
	EINECS No 246-672-0
HUMAN HEALTH	The conclusion of the assessment of the risks to
	WORKERS, CONSUMERS and HUMANS EXPOSED VIA THE ENVIRONMENT is that there is a need for further information and/or testing. This conclusion is reached because there is a need for better information to adequately characterise the risks for human health.
ENVIRONMENT	The conclusion of the assessment of the risks to the
	ATMOSPHERE is that there is at present no need for further information and/or testing or for risk reduction measures beyond those which are being applied.. Risk reduction measures already being applied are considered sufficient.
	AQUATIC ECOSYSTEM and TERRESTRIAL ECOSYSTEM are that there is need for further information and/or testing and that there is a need for specific measures to limit the risks.
	MICRO-ORGANISMS IN THE SEWAGE TREATMENT PLANT is that there is at present no need for further information and/or testing or for risk reduction measures beyond those which are being applied.

Table 2-13:   ***Risk assessment results on nonylphenol***

The strategy for limiting risks for the environment are further described. Marketing and use restrictions should be considered at Community level to protect the environment from the use of nonylphenol/nonylphenol ethoxylates (NP/NPEs) in particular in:

- industrial, institutional and domestic cleaning,

- textiles processing,

- leather processing,

- agriculture (biocidal products, in particular use in teat dips),

- metal working,

- pulp and paper industry,

- cosmetics including shampoos and other personal care products.

Further work is necessary to establish those uses for which derogations can be justified. In addition to the above, and recognising development of new Community procedures, additional measures for nonylphenol and nonylphenol ethoxylates should be considered including pollution prevention measures at Community level, as appropriate, for the following sectors:

-    production of nonylphenol and nonylphenol ethoxylates;

-    use of nonylphenol ethoxylates in the synthesis of other chemicals (captive use);

-    use of nonylphenol ethoxylates in emulsion polymerisation in particular use in acrylic esters used for specialist coatings, adhesives and fibre bonding;

- production of phenol/formaldehyde resins using nonylphenol;

- production of other plastic stabilisers using nonylphenol.

Pollution control measures should be applied to the above sectors and those listed below:

- formulation (in sectors where nonylphenol/nonylphenol etoxylates use will continue);

- civil and mechanical engineering including the manufacture of wall construction materials, road surface materials and also in the cleaning of metals;

- additives in lubricating oil and in the blending of fuel additive packages;

- electronics/electrical engineering in particular use in fluxes in the manufacture of painted circuit boards, in dyes to identify cracks in printed circuit boards and as a component of chemical baths used in the etching of circuit boards;

- the photographic industry (small and large scale) in particular use in products intended for home use by amateur photographers, for photo developers who develop film for amateur photographers, some professional products and also use in x-ray film;

- production of phenolic oximes/epoxy resins;

- the preparation of paint resin and also as a paint mixture stabiliser.

The need for further marketing and use restrictions should be considered at Community level if the measures taken in these sectors are shown to be inadequate.

For possible use in biocides as an active substance, within the legislative framework currently in force at Community level for biocidal products, it is recommended that due consideration be taken of the results of the risk assessment. For use in pesticides as an active substance, within the legislative framework currently in force at Community level for plant protection products, national authorities when granting authorisation decisions and in particular in cases where significant environmental impact is already experienced at local level should take into due consideration the results of the risk assessment. In such cases encouragement should be given to the development and use of alternatives to nonylphenol and nonylphenol ethoxylates. For the use as an adjuvant/co-formulant in pesticide and biocidal products national authorities when granting authorisation decisions and in particular in cases where significant environmental impact is already experienced at local level should take into due consideration the results of the risk assessment. Encouragement should be given to the development and use of alternatives to nonylphenol and nonylphenol ethoxylates and the adoption of other measures aimed at modifying consumer behaviour. For the possible uses of nonylphenol and nonylphenol ethoxylates in veterinary medicinal products, within the legislative framework currently in force at Community level for veterinary medicinal products, it is recommended to holders of marketing authorisations for products containing the substances that they should substitute them with less harmful alternatives. For the use of sludge containing nonylphenol and nonylphenol ethoxylates, within the legislative framework currently in force at Community level for sludge management, it is recommended that consideration be given to the development of provisions on concentration limit values for nonylphenol and nonylphenol ethoxylates when sludge is spread on land.

The conclusions of the assessment of the risks for phenol, 4-nonyl-, branched are similar than those for nonylphenol.

Commission Recommendation of 16 September 2002 on the results of the risk evaluation and risk reduction strategy for the substance diphenyl ether, octabromo derivative

All sectors importing, producing, transporting, storing, formulating into a preparation or other processing, using and disposing or recovering diphenyl ether, octabromo derivative (CAS No 32536-52-0; EINECS No 251-087-9) should take into account the results of the risk evaluation set out in this recommendation. The substance is mainly used as flame retardant mostly in applications in the plastics and textile industries.

The conclusions of the assessment of the risks to WORKERS are:

1. that there is a need for further information and/or testing. This conclusion is reached since information is needed on transthyretin-T4 competition with octabromodiphenyl ether as well as information on the extent of excretion of commercial octabromodiphenyl ether into the breast milk and information on the effects of prolonged exposure; and

2. that there is a need for limiting the risks; risk reduction measures which are already being applied shall be taken into account. This conclusion is reached for manufacture (bagging and cleaning activities) and for compounding and master batching (bag emptying). There are concerns for:

   - systemic effects after inhalation and dermal repeated exposure,

   - local effects in the respiratory tract after inhalation repeated exposure, and

   - effects on female fertility after inhalation and dermal repeated exposure.

The conclusion of the assessment of the risks for CONSUMERS is that there is at present no need for further information and/or testing or for risk reduction measures beyond those which are being applied already. This conclusion is reached because consumer exposure is considered negligible.

The conclusion of the assessment of the risks for HUMANS EXPOSED VIA THE ENVIRONMENT is that there is a need for further information and/or testing. This conclusion is reached since further information is needed on emissions into the environment from use or on soil-plant transfer; on the extent of excretion of commercial octabromodiphenyl ether into the breast milk and cow's milk. Depending upon the results submitted by Industry on milk excretion further information might be requested. There is a need for exposure information from local and regional sources on the concentration of octabromodiphenyl ether in cows milk. Information is needed as well on transthyretin-T4 competition with octabromodiphenyl ether and on the effects of prolonged exposure.

The conclusion of the assessment of the risks to HUMAN HEALTH (PHYSICO-CHEMICAL PROPERTIES) is that there is at present no need for further information and/or testing or for risk reduction measures beyond those which are being applied already.

The conclusions of the assessment of the risks to the ENVIRONMENT are

1. that there is a need for further information and/or testing. This conclusion applies to the risk of secondary poisoning from all sources of octabromodiphenyl ether. It is possible that the current

PEC/PNEC approach for secondary poisoning may not be appropriate in terms of both the PEC and the PNEC, and could underestimate the risk. This issue needs further investigation. A second aspect of the concern for secondary poisoning is that although the substance is persistent, there is evidence that it can degrade under some conditions to more toxic and bioaccumulative compounds. There is a high level of uncertainty associated with the suitability of the current risk assessment approach for secondary poisoning and the debromination issue. The combination of uncertainties raises a concern about the possibility of long-term environmental effects that can not easily be predicted. It is not possible to say whether or not on a scientific basis there is a current or future risk to the environment.

2. that there is at present no need for further information and/or testing or for risk reduction measures beyond those which are being applied already. This conclusion applies to the environmental assessment of risks to the aquatic (surface water, sediment and waste water treatment plants), terrestrial and atmospheric compartments by the conventional PEC/PNEC approach for octabromodiphenyl ether itself from all sources (including the assessment of the hexabromodiphenyl ether component);

3. that there is a need for limiting the risks; risk reduction measures which are already being applied shall be taken into account. This conclusion applies to the assessment of secondary poisoning via the earthworm route for the hexabromodiphenyl ether component in the commercial octabromodiphenyl ether product from the use in polymer applications.

While the outcome of the human health risk assessment for exposure via the environment is that further information/testing is required, Member States noted the uncertainties regarding the risk characterisation for infants exposed to commercial octabromodiphenyl ether from human breast or cow's milk. In particular, there was concern that it would take a significant time to gather the information and that the resulting refined risk assessment could then indicate a risk to breast-feeding infants. Any risk reduction measures proposed for the substance must take account of the concern about infants exposed via milk. The legislation for workers' protection currently in force at Community level is generally considered to give an adequate framework to limit the risks of the substance to the extent needed. Within this framework it is recommended to develop at Community level occupational exposure limit values for the substance. Until such time as occupational exposure limit values for the substance have been adopted at Community level, exposure in the workplace should be reduced as low as technically feasible. The use of non-inhalable forms (pellets etc.) in place of the powder form should be considered. The need for such measures will be dependent on the outcome of proposals to protect human health and the environment. Marketing and use restrictions should be considered at Community level to protect the environment from the use of octabromodiphenyl ether.

2.4.2   Relevant laws in Germany

-    Chemikaliengesetz- Gesetz zum Schutz vor gefährlichen Stoffen (ChemG)

Version from 20. June 2002:

Purpose of this law is to protect people and the environment from harmful influence by hazardous substances; especially to make them discernible, to avert them, and to prevent their production. Diese Gesetz regelt u.a. die Anmeldebestimmung dieser sog. Gefährliche Stoffe. Ergänzende Bestimmungen betreffend Biozid-Produkte sind seit 2002 diesem Gestz hinzugefügt worden um es der Directive 98/8/EC anzugleichen (see above).

Ordinances for establishing the law (as their may be relevant for textile finishing industry)

-    Gefahrstoffverordnung (GefstoffV)

-    Chemikalienverbotsverordnung (ChemVerbotsV)

-    Technische Regeln für Gefahrstoffe (TRGS)

-    Verordnung über brennbare Flüssigkeiten (VbF)

-    Technische Regeln für brennbare Flüssigkeiten

-    Verordnung über elektrische Anlagen in explosionsgefährdeten Bereichen (ElexV)

Comments for establishing the laws

As not otherwise mentioned, comments are made with reference to the wording of the laws such as published in [465].

GefStoffV – Gefahrstoffverordnung Neufassung vom 15. November 1999

Purpose of the decree is to protect people against work-related and other health risks by regulating the classification, specification and packaging of hazardous substances, dangerous processes and certain hazardous products; especially by making them discernible, by averting them and by preventing their production, if there are no special regulations according to this in other decrees.

The European directives referred to for this decree are: Directive 67/548/EEC (amended by Directives 96/56/EC, 98/98/EC), Directive 1999/45/EC, and Directive 76/769/EEC (amended by Directives 97/56/EC and 97/64/EC), Directive 75/324/EEC (amended by Directives 80/232/EEC , 94/1/EC), Directives 91/155/EEC and 88/379/EEC (amended by 93/112/EC), Directive 96/59/EC and Directive 98/8/EC

Verordnung über Verbote und Beschränkungen des Inverkehrbringens gefährlicher Stoffe, Zubereitungen und Erzeugnisse nach dem Chemikaliengesetz ChemVerbotsV - Chemikalien-Verbotsverordnung

Substances listed in the annexe of these ordinance are said no to be used. Examples of such chemicals are:

- Detergents, solvents, and agents for cosmetic care with a mass content of more than 0.2 percent formaldehyde must not be put into circulation.

- Substances mentioned in Directive 76/769/.

- Substances containing cadmium with more than 0.01% per weight synthetic rubber

- Water-free and neutral lead carbonate [598-63-0], lead hydroxycarbonate [1319-46-6] and lead sulphate [7446-14-2 and 15739-80-7] as contained in dyestuffs and dyestuff preparations

"Responsible-care concepts"

VCI-concept for storing of chemicals

This concept contains regulations for storing different chemicals. The basis of this concepts are German laws, decrees and technological regulations that deal with the storage of chemicals. Additionally, recommendations, publications, and discussion papers by associations and firms are given. The storage classifications are following the "Gefahrgutklassen" (i.e. hazardous materials transport categories) of the transport laws, the characteristics of hazardous substances of the "GefStoffV" (decree on hazardous substances), and other regulations.

Voluntary renoucement of critical textile auxiliaries

The chemical industry, under the leadership of TEGEWA, the association of manufacturers of textile auxiliaries, paper auxiliaries, leather and fur auxiliaries and surfactants, elaborates a classification concept for textile auxiliaries based on their water pollution relevance. The german textile finishing is said to voluntary renounce on those auxiliaries classified as critical (e.g. alkylphenolethoxylates) [454] (see section 2.5.3)

## 2.5	Other ecological regulations

### 2.5.1	Fire safety standards

General requirements for fire protection through relevant government legislation is the basis for standards and 'codes of practise', which are again based on recognised technical principles. In this legislation the requirements are normally kept in quite general terms. Proof of their fulfilment requires determination of verifiable criteria. The following review on fire safety standards is taken from [22], as not otherwise mentioned.

Determination of criteria for fire safety is where the different standardisation organisations come into the equation. These Organisations master the knowledge and experience in their field. The members are representatives from governments, test institutes, industrial societies, and insurance companies. Depending on the area of application the standards are either national or international.

Most building standards are national since every country has specific sets of rules that have developed over time. Efforts to harmonise building codes are being made and have already occurred in the Nordic countries, where fire testing of building materials is almost identical.

In the EU the harmonisation of requirements is the responsibility of the EU Commission. The technical requirements to which the products must comply are defined by European Standards. These European Standards are issued by the European Committee for Standardisation (CEN) and the European Committee for Electrotechnical Standards (CENELEC). These standards also assist in eliminating technical barriers to trade between Member States as well as between these and other European states. Examples of international standards are *IEC* (the electrical field International Standards are being developed by the International Electrotechnical Commission (IEC) in order to remove trade barriers), *ISO* (all other technical fields are covered by the International Organisation of Standardisation (ISO). The aim of ISO is to promote the worldwide development of Standards in order to break down trade barriers and to encourage cooperation in intellectual, scientific, and economic activities). In the Nordic countries they have Nordtest (NT), Internordic Standards (INSTA), and of course the national standards covered by Dansk Standard (DS), Svensk Standard (SS), etc. The Standardisation Organisations in Germany are Deutsches Institut für Normung (DIN) and Verband Deutscher Elektrotechniker (VDE). In the UK they rely on British Standard (BSI). A few examples of Official Approving Institutions are: in Denmark ETA-Danmark A/S and Søfartsstyrelsen; in Germany Deutsche Institut für Bautechnik, See-Berufsgenossenschaft and Germanischer Lloyd; and in the UK Lloyds Register and the local building authorities.

Legislation and standards in UK

The UK has got the most rigorous requirements for textiles set out in The Upholstered Furniture (Safety) Regulations, introduced in 1980.

These regulations state that furniture of any description which is ordinarily intended for use in a dwelling, including caravans, has to comply with certain standards and must be labelled accordingly.

According to the regulations, upholstered furniture including baby cots, prams, and loose pillows must comply with the British Standard BS 5852: Part 1:1979 and BS 5852: Part 2: 1982. These two standards are from 1990 collected in BS 5852:1990 which is equal to, but not superseding the two previous standards, since the law has not been adjusted accordingly.

The general principle of BS 5852:1990 is that the test specimen is to be subjected to smouldering and then to flaming ignition; the smouldering source being a cigarette and the flaming sources being selected from a series of three butane gas flames and four burning wooden cribs. The series is designed to represent a range of intensities that might be encountered in various end-use environments.

Mattresses and bed bases are regulated by the British Standard BS 6807:1990. The principle of this particular standard is that the test specimen must be subjected to smouldering and flaming ignition sources placed on top of and/or below the test specimen. The test can be made with or without covers, like bed covers.

Curtains are regulated by the British Standard BS 5867 part 2 which again refers to BS 5438. This standard contains three different tests:

A wide vertical strip of fabric or assembly is taken, and a specified small butane flame is applied to the face of the strip for a prescribed time. Through this test, the minimum flame application time is found at which ignition of the specimen would begin.

A wide vertical strip of fabric or assembly is taken, and a specified small butane flame is applied to the face of the strip for a prescribed time. The extent of vertical and horizontal spread of flame is observed. Flaming debris behaviour may be described and the duration of flaming and afterglow as well as the extent of hole formation may be measured.

A wide vertical strip of the fabric or assembly is taken and a specified small butane flame is applied to the face of the strip for a prescribed time. The rates of vertical and horizontal spread of flame are measured. Flaming debris behaviour may be described and the duration of flaming and of afterglow may be measured.

Protective clothing is regulated by the European Standards EN 531, EN 533, EN 470-1, and EN 469, just as in Germany and Denmark.

Legislation and standards in Germany

Contrary to Denmark, Germany has regulations for some textiles in particular.

No specimen shall give flaming or molten debris. Curtains, draperies, and large tents are regulated by ISO 6941 or EN 1101. ISO 6941 is an International Standard which specifies a method for the measurement of flame spread properties of vertically oriented textile fabrics intended for apparel, curtains, and draperies in the form of single- or multi-component fabrics. The principle of the method is that a defined ignition flame from a specified burner is applied for a defined period of time to textile specimens which are vertically oriented. The flame spread time is the time measured in seconds for a flame to travel between marker threads located at defined distances. Other properties relating to flame spread may also be observed, measured, and recorded. EN 1101 is a European Standard which refers to the international ISO 6940 as the method of testing. The principle of ISO 6940 is that a defined ignition flame from a specified burner is applied to textile specimens which are vertically oriented. The time necessary to achieve ignition is determined by means of the time measured for the ignition of the fabric.

Upholstered furniture is regulated by the European standards EN 1021-1 and EN1021-2. EN 1021-1 (smouldering cigarette) the principle of this test method is to subject an assembly of upholstery materials to a smouldering cigarette ignition source. The assembly is arranged to represent in stylised form a junction between a seat and back (or seat and armrest) such as it might occur in a typical chair. The ignitability of an assembly is determined by applying smoker's materials such as a cigarette to the test subject. The test method measures the ignitability of the overall composite of materials, i.e. cover(s), interliner, infill material, etc., as constructed on the test rig. The result shall not be stated as being applicable to the general behaviour of any individual component.

The principle of EN 1021-2 is the same as for EN 1021-1 except that the ignition source is a small gas flame.

Mattresses are regulated by the European Standard EN 597-1 and EN 597-2.

The standard EN 597-1 lays down a test method to assess the ignitability of mattresses, upholstered bed bases, and mattress pads when subjected to a smouldering cigarette. Air mattresses and water beds are excluded from this standard. The principle of the test is to subject full upper surface or upper surface features of the mattress, the bed base, or the mattress pad to the contact of smouldering cigarettes so that all the zones having different characteristics are tested.

The standard EN 597-2 lays down a test method to assess the ignitability of mattresses, upholstered bed bases, and mattress pads when subjected to a gas flame equivalent to a match flame. Air mattresses and water beds are excluded from this standard as well. The principle of the test is to subject full upper surface or upper surface features of the mattress, the mattress pad or of the bed base to the contact of a gas flame equivalent to a match flame, so that all the zones having different characteristics are tested.

Protective clothing is regulated by EN 531, EN 533, EN 470-1, and EN 469 as in Denmark (see below).

Floor coverings are regulated by DIN 4102 part 14, a test method which describes a procedure for measuring the critical radiant flux of horizontally mounted floor covering systems exposed to a flaming ignition source in a graded radiant heat energy environment in a test chamber. The basic elements of the test chamber are: An air-gas fuelled radiant heat energy panel inclined 30° and directed at a horizontally mounted floor covering specimen. The radiant panel generates a radiant energy flux distribution ranging, along 100 cm length of the test specimen from nominal maximum of 1.1 W/cm2 to a minimum of 0.1 W/cm2. The test is initiated by open-flame ignition from a pilot burner. The distance burned to flame-out is converted to W/cm2 from a flux profile graph.

Legislation and standards in Denmark

There are no fire requirements for clothing textiles except for protective clothing, which are regulated by four different Danish/European standards:

Protective clothing for industrial workers exposed to heat

DS/EN 531 which concerns protective clothing for industrial workers exposed to heat. This standard refers to test method DS/EN 532, the test method for limited flame spread. This test uses six test specimens in the dimensions of 200x160 ± 1mm, three with the longer dimension in the width direction of the material, and three in the length direction. The specimens are mounted vertically in a special holder. The igniting flame is applied for 10 seconds. When tested according to DS/EN 531 the material has to meet the following requirements:

No specimen shall give flaming to the top or either side edge.

No specimen shall give hole formation.

The mean value of after-flame time shall be * 2 s.

The mean value of afterglow time shall be * 2 s.

Protection against heat and flame

DS/EN 533 which concerns protective clothing - protection against heat and flame. Performance is expressed in terms of limited flame spread index based on the results of testing by DS/EN 532. Three levels of performance are specified:

Index 1 materials must do spread flame, but may form a hole on contact with a flame.

Index 2 materials and material assemblies do not spread flame and do not form a hole on contact with a flame.

Index 3 materials and material assemblies spread flame and do not form a hole in contact with a flame. They give only limited after flame.

Welding and Allied Processes

DS/EN 470-1, which concerns protective clothing for use in welding and allied processes, is also tested according to DS/EN 532 and has to comply with the same requirements as DS/EN 531.

Fire fighters

DS/EN 469 concerns protective clothing for fire fighters. These are also tested according to DS/EN 532 and must meet the same requirements as in DS/EN 531 & 470-1 except for part 2 which is changed to:

58

No specimen shall give hole formation in any layer, except for the outer layer of a multilayer assembly.

Upholstered furniture, mattresses and curtains

There are no fire requirements for upholstered furniture, mattresses, and curtains.

Carpets

Fire requirements for carpets are given in the Danish Standard DS 1063.2, Fire classifications - Floorings. The carpets are tested according to the Danish Standard/Inter Nordic Standard, DS/INSTA 414. The principles of the test are: A specimen is mounted at an angle of 30* to the horizontal plane with a forced air flow passing over the exposed surface. A burning wooden crib is placed on the surface of the specimen. Damage inflicted to the specimen and light absorbed by the smoke are observed.

A carpet can be classified as a class G flooring according to DS 1063.2 if four specimens, two cut in one direction and two cut perpendicular to the first two, meet the following requirements:

> That the mean damage of the carpet is less than 550 mm from the centre of the burning crib.

> That the mean damage of the underlay is less than 550 mm from the centre of the burning crib.

> That the length of the damage of both the carpet and the underlay for each test are less than 800 mm from the centre of the burning crib.

> That the mean of the four maximum smoke densities measured within the first 5 minutes are less than 30%.

> That the mean of the four maximum smoke densities measured within the first 10 minutes are less than 10%.

It is not likely that Brominated flame retardants BFRs are used to meet the requirements, since there are more cost efficient flame retardants available for these kinds of products (see discussion in section 6.4.8).

2.5.2   Azo colourants

The use of azo-dyes which may cleave into one of the 22 potentially carcinogenic aromatic amines listed below is banned according to the 19th amendment of Directive 76/769/EEC on dangerous substances [406]. The directive is based on the so-called German Ban on azo dyes (i.e. German Consumer Goods Ordinance). Thus, azo dyes which, by reductive cleavage of one or more azo groups, may release one or more of the aromatic amines listed, in detectable concentrations (i.e. above 30 ppm in the finished articles or in the dyed parts thereof, may not to be used in textile and leather articles which may come in direct or prolonged contact with the human skin or oral cavity [406].

	CAS Number	Index Number	EC Number	Substances
1	92-67-1	612-072-00-6	202-177-1	Biphenyl-4-ylamine 4-aminobiphenyl xenylamine
2	92-87-5	612-042-00-2	202-199-1	Benzidine
3	95-69-2		202-441-6	4-chloro-o-toluidine
4	91-59-8	612-022-00-3	202-080-4	2-naphthylamine
5	97-563	611-006-00-3	202-591-2	o-aminoazotoluen-2´,3-dimethylazobenzene 4—o-tolylaso-o-toluidine
6	99-55-8		202-765-8	5-nitro-o-toluidine
7	106-47-8	612-137-00-9	203-401-0	4-chloroaniline
8	615-05-4		210-406-1	4-methoxy-m-phenylenediamine
9	101-77-9	612-051-00-1	202-974-4	4,4´-methylenedianiline 4,4´-diaminodiphenylmethane
10	91-94-1	612-068-00-4	202-109-0	3,3´-dichlorobenzidine 3,3´-dichlorobiphenyl-4,4´-ylenediamine
11	119-90-4	612-036-00-X	204-355-4	3,3´-dimethoxybenzidine odianisidine
12	119-93-7	612-041-00-7	204-358-0	3,3´-dimethylbenzidine 4,4´-bi-o-toluidine
13	838-88-0	612-085-00-7	212-658-8	4,4´-methylenedi-o-toluidine
14	120-71-8		204-419-1	6-methoxy-m-toluidine p-cresidine
15	101-14-4	612-078-00-9	202-918-9	4,4´-methylene-bis-(2-chloro-aniline) 2,2´-dichloro-4,4´-methylene-dianiline
16	101-80-4		202-977-0	4,4´-oxydianiline
17	139-65-1		205-370-9	4,4´-thiodianiline
18	95-53-4	612-091-00-X	202-429-0	o-toluidine 2-aminotoluene
19	95-80-7	612-099-00-3	202-453-1	4-methyl-m-phenylenediamine
20	137-17-7		205-282-0	2,4,5-trimethylaniline
21	90-04-0	612-035-00-4	201-963-1	o-anisidine-2-methoxyaniline
22	60-09-3	611-008-00-4	200-453-6	4-amino azobenzene

Table 2-14:   List of aromatic amines banned according to the 19th amendement of the Directive 76/769/EEC

However, more than 100 dyes with the potential to form carcinogenic amines are still available on the market [2]. The German ordinance restricts the use of only about 5% of azo dyes. The 5th Amendement bans their use in the manufacture (in Germany) of regulated consumer goods, and their presence in detectable amounts (i.e. yielding greater than 30 mg individual listed amine / kg consumer good) in regulated products placed on the German market. A similar restriction applies in the Netherlands, Austria, and is pending in France. The Dutch and French restrictions apply only to certain azo dyes, not to any azo pigments. Most azo pigments are exempted from the bans as it aknowledge that, due to their generally extremely low solubility, they do not pose a risk to consumer health. Some azo pigments are sufficiently soluble under analytical test conditions to yield detectable amounts of a listed amine (i.e. greater than 30 mg/kg consumer good) and these azo pigments are not exempted [63]. The following table summarises azo pigments involved and already tested by ETAD.

	C.I. Name	C.I. Number	EINECS Number	CAS Number	Regulatory status
1	Pigment Yellow 12	21090	228-787-8	6358-85-6	A
2	Pigment Yellow 13	21100	225-822-9	5102-83-0	A
3	Pigment Yellow 14	21095	226-789-3	5468-75-7	A
4	Pigment Yellow 14			7621-06-9	A
5	Pigment Yellow 17	21105	224-867-1	4531-49-1	A
6	Pigment Yellow 49	11765	220-802-6	2904-04-3	C
7	Pigment Yellow 55	21096	228771-0	6358-37-8	A
8	Pigment Yellow 63 Pigment Yellow 121		238-611-1	14569-54-1	C
9	Pigment Yellow 83	21108	226-939-8	5567-15-7	A
10	Pigment Yellow 87	21107-1	239-160-3	14110-84-6	C
11	Pigment Yellow 114	21092	271-879-8	68610-87-7	C
12	Pigment Yellow 124	21107	267-243-4	67828-22-2	C
13	Pigment Yellow 126	21101	290-823-3	90268-23-8	A
14	Pigment Yellow 127	21102	271-878-2	68610-86-6	A
15	Pigment Yellow 152	21111	250-799-7	31775-20-9	C
16	Pigment Yellow 170	21104	250-797-6	31775-16-3	C
17	Pigment Yellow 171			53815-04-6	C
18	Pigment Yellow 172	21109		76233-80-2	C
19	Pigment Yellow 174	21098	279-017-2	78952-72-4	A
20	Pigment Yellow 176	21103	290-824-9		
21	Pigment Orange 3	12105			
22	Pigment Orange 13	21110	222-530-3		
23	Pigment Orange 14	21165	229-920-2		
24	Pigment Orange 15	21130	228-789-9		
25	Pigment Orange 16	21160	229-388-1		
26	Pigment Orange 34 Pigment Orange 35 Pigment Orange 37	21115	239-898-6		
27	Pigment Orange 44	21162	241-469-3		
28	Pigment Orange 63				
29	Pigment Red 7	12420	229-315-3		
30	Pigment Red 8	12335	229-100-4		
31	Pigment Red 17	12390	229-681-4		
32	Pigment Red 22	1235	229-245-3		
33	Pigment Red 37	21205	229-986-2		
34	Pigment Red 38	21120	228-788-3		
35	Pigment Red 41	21200	229-389-9		
36	Pigment Red 42	21210	228-790-4		

	C.I. Name	C.I. Number	EINECS Number	CAS Number	Regulatory status
37	Pigment Red 114	12351	228-774-7		
38	Pigment Blue 25	21180	233-354—1		
39	Pigment Blue 26	21185	226-614-0		
40	Pigment Green 10	12775	262-934-7		
41	Pigment without C.I. Generic name			171091-00-2	C
42	Pigment without C.I. Generic name			169873-88-5	C
43	Pigment without C.I. Generic name			169873-87-4	C
44	Pigment without C.I. Generic name			169798-13-4	C
45	Pigment without C.I. Generic name			169798-12-3	C
46	Pigment without C.I. Generic name			169798-08-7	C
47	Pigment without C.I. Generic name			169873-87-4	C
48	Pigment without C.I. Generic name			160611-26-7	C
49	Pigment without C.I. Generic name			124236-34-6	C
50	Pigment without C.I. Generic name			103621-95-0	C
51	Pigment without C.I. Generic name			103621-93-8	C
52	Pigment without C.I. Generic name			103621-94-9	C
53	Pigment without C.I. Generic name		304-380-1	94249-03-3	C
54	Pigment without C.I. Generic name		300-272-3	93924-77-7	C
55	Pigment without C.I. Generic name		288-428-6	85721-17-1	C
56	Pigment without C.I. Generic name		280-397-7	83399-84-2	C
57	Pigment without C.I. Generic name		279-221-1	79665-33-1	C
58	Pigment without C.I. Generic name			79952-70-2	C
59	Pigment without C.I. Generic name			78245-94-0	C
60	Pigment without C.I. Generic name			76822-91-8	C

	C.I. Name	C.I. Number	EINECS Number	CAS Number	Regula-tory status
61	Pigment without C.I. Generic name		276461-9	72207-62-6	C
62	Pigment without C.I. Generic name			71130-18-2	C
63	Pigment without C.I. Generic name		272-732-0	68910-13-4	C
64	Pigment without C.I. Generic name		255-508-7	41709-76-6	C
65	Pigment without C.I. Generic name		250-798-1	31775-17-4	C
66	Pigment without C.I. Generic name			30496-22-1	C
67	Pigment without C.I. Generic name			26841-50-9	C
68	Pigment without C.I. Generic name			5629-79-8	C

Data taken from [63]; Key: Regulatory s tatus A: exempted under 5th Amendement; B: restricted under 5th Amendement; C: test data not available

Table 2-15: ***Azo pigments falling within the scope of the 5th Amendement of the Consumer Goods Ordinance***

64

2.5.3 Waste water relevance classification of auxiliaries according to TEGEWA

The Association of Textile auxiliaries suppliers, called TEGEWA Verband der TExtilhilfsmittel-, Lederhilfsmittel-, GErbstoff- und WAschrohstoff-Industrie e.V. (D-60329 Frankfurt) worked out since 1995, on recommendation of the german federal ministry of environment BMU, a "Method of classification of textile auxiliaries according to their waste water relevance" [413]. The following description of this classification tool is taken from [2]. More details on other classification concepts (e.g. Netherlands RIZA concept, Swiss BEWAG concept) can be found in [4]. The dänish SCORE scheme is further presented in section 2.5.4.

The proposed TEGEWA scheme provides a logic system for the classification of textile auxiliaries in 3 classes of relevance:

Class I Minor relevance to waste water

Class II Relevant to waste water

Class III High relevance to waste water

The main criteria for the classification are the content of certain harmful (including bioaccumulative) substances, biological degradation or elimination and aquatic toxicity of the sold products (see scheme below).

The introduction of the classification concept rests essentially on the following pillars:

• *Classification* by producers on their own responsibility, guided by the association of textile auxiliaries suppliers, called TEGEWA

• *Screening* of correct classification of textile auxiliaries in the three classes by an expert.

• A *monitoring report* on the effectiveness of the voluntary commitment which will be communicated to the authorities. For this purpose numbers and quantities of textile auxiliaries classified in classes I, II and III and sold in Europe are collected by a neutralconsultant from the manufacturers.

• The triggering of market mechanisms towards the *development of environmentally sounder products.*

It is not claimed that the classification concept allows a differentiated ecotoxicological evaluation of textile auxiliaries. The purpose of the classification concept is rather to allow users to select textile auxiliaries also from ecological aspects. Ecological competition is intended to trigger a trend towards the development of environmentally more compatible textile auxiliaries.

The German Association of the Textile Finishing Industry (TVI-Verband, D-Eschborn) is officially supporting this concept and has signed and published a self-commitment to recommend the textile finishing industries to use classified products only and preferably such of classes I and II.

A classification of the textile auxiliary is possible both on the basis of data of the preparation and on the basis of data of the ingredients by calculating mean values for the ingredients. For data to be newly determined, it is recommended to determine those data on the basis of the ingredients.

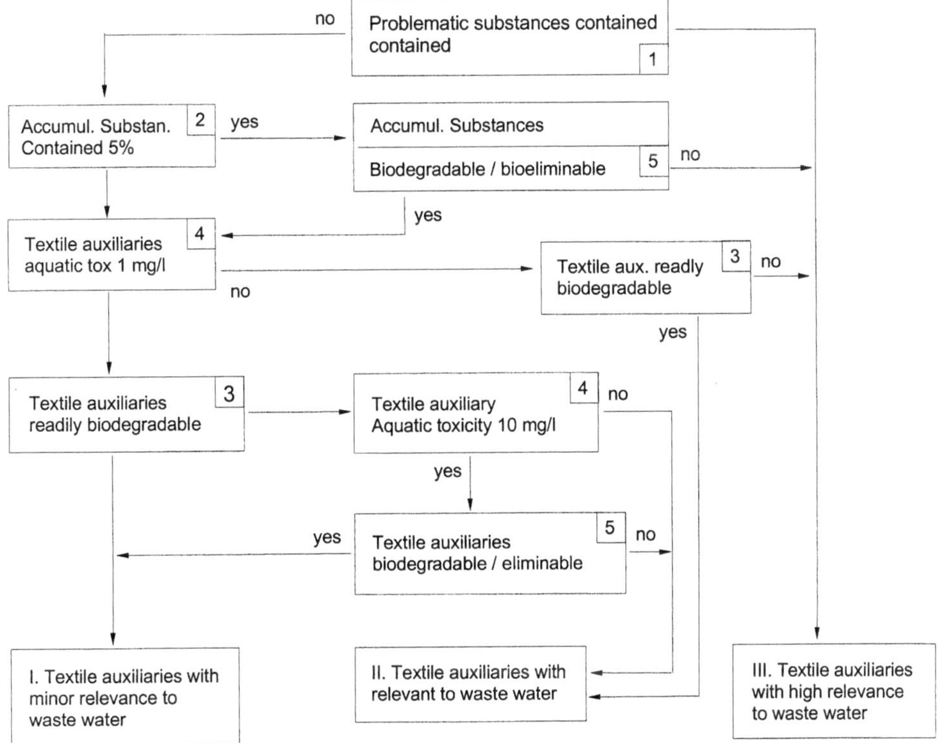

Figure 2-1:   ***TEGEWA classification scheme***

Footnotes mentioned in the classification scheme:

1. Problematic substances are

    1.1 CMR substances which are - according to Annex I to Directive 67/548/EEC -

        • classified as "carcinogenic" cat. 1 or cat. 2 and labelled with R45 (May cause cancer) or R49 (May cause cancer by inhalation),

        • classified as "mutagenic" cat. 1 or cat. 2 and labelled with R46 (May cause heritable genetic damage) or R60 (May impair fertility),

- classified as "toxic for reproduction" cat. 1 or cat. 2 and labelled with R61 (May cause harm to the unborn child).

1.2 Ingredients which have an aquatic toxicity (definition see footnote 4) of < 0.1 mg/l and are not readily biodegradable (definition see footnote 3),

1.3 Low-molecular halogen hydrocarbons (halogen share > 5%, chain length C1 - C12),

1.4 Arsenic and arsenic compounds,

1.5 Lead and lead compounds,

1.6 Cadmium and cadmium compounds,

1.7 Tri- and tetra-organotin compounds,

1.8 Mercury and mercury compounds,

1.9 Alkylphenolethoxylate APEO,

1.10 EDTA, DTPA (i.e. Ethylenediaminetetraacetic acid [60-00-4], Diethylenetriaminepentaacetic acid [67-43-6])

2. In connection with classifications made within this voluntary commitment, substances shall be considered "accumulative" which are labelled either with R-phrase 53 "May cause long-term adverse effects in the aquatic environment" alone, or with R53 in combination with other R-phrases.

3. Readily biodegradable = OECD tests 301 A-F with > 60% BOD/COD or CO_2 formation, respectively, or > 70% DOC reduction in 28 days.

4. Aquatic toxicity of textile auxiliaries = LC 50 daphnia (if not available to be substituted by fish).

5. Biodegradable/eliminable = OECD test 302 B: > 70% DOC reduction in 28 days, or OECD test 302 C: > 60% O2 consumption, or Proof of a > 70% reduction in precipitation typical of sewage treatment plants.

Note: for textile auxiliaries the evaluation "readily biodegradable (3)", "aquatic toxicity" (4), and "biodegradable/bioeliminable" (5) can be made not only on the basis of test data of the readyfor-use preparation but also on the basis of valid data obtained by calculating mean values for the various ingredients.

The classification of textile auxiliaries by referring to their water relevance has gain in the last years in importance. Most European textile finishers rely on these categories when buying process chemicals. This matter of fact reflected the disease of the branch towards negative media headlines, and thus their customers. Yet, this classification is a beginning but by far not enough as important aspects such as consumption for example have been unaccounted for. Aspects that may be essential for an integrated, sustainable and affordable environmental protection.

2.5.4   Classification of auxiliaries according to the SCORE system

The score system is an administrative method of sorting chemicals on the basis of information especially from the chemical supplier's specification sheets. The sorting permits a priority selection of chemicals which, because of actual consumption and information on environmental behaviour, should be subject to closer examination. The description of the classification system is taken from [2].

The score system is based on the parameters usually considered to be the most interesting in connection with characterisation of substances injurious to the environment of industrial sewage:

A Discharged amount of substance

B Biodegradability

C Bioaccumulation

D Toxicity

The parameter A is a score on the estimated amount of chemical, which is discharged into the environment as waste water. B is a score on biodegradability, and C is a score on bioaccumulation. The structure of the score system appears from the table stated below.

Together, A, B and C indicate the potential presence of the substance in the environment; (exposure); how much of, how long and how is the substance present in the aquatic environment. A influences the effect of B and C, while B influences the effect of C. The total score, which is obtained by multiplying the score for A, B and C, is called the exposure score. Effects of chemical exposure depend on the toxicity of the chemical. The toxicity (D) should be evaluated concurrently in proportion to the exposure.

Each parameter is given a numerical value between 1 and 4 with 4 indicating the most critical environmental impact. Missing information involves highest score. The result is that each substance can be given a score as to exposure (A_B_C), and independent of this, a score as to toxicity (D). Subsequently, it will be possible to make a ranking of the chemicals.

Application of the system implies that the system is worked into the waste water permits or environmental approvals of the companies. Hereafter, the companies should send in information on consumption of chemicals as well as environmental data. The first time, information on all chemicals employed should be submitted, but following, reporting of new chemicals may take place concurrently with the employment of these. At least once a year, the statement of consumption should be updated.

The Federation of Danish Textile and Clothing Industries is prepared to act as "consultant" for the individual companies, and it has established a data base management system for storing of information on chemicals and calculation of score. By means of the data base facilities, it will thus be possible to print out a list of the employed chemicals and the calculated score (a Score Report) specifically for each company. This list could subsequently be supplemented with a detailed analysis of the chemicals, which were given a high score.

The information now available should form the basis of the environmental authority's (municipality/county) evaluation as to possible "interventions".

As regards mixtures of substances solely consisting of inorganic compounds, the parameter "biodegradability" is without meaning. A calculation of the "exposure score" A_B_C is thus not relevant to such substances/mixtures.

It is advisable that the data used as score basis as far as possible have been obtained according to internationally approved methods of examination.

Within the parameters B and C and D, data on different levels are used. The highest level represents data generated on basis of examination conditions, which seen in proportion to data from lower levels are most comparable with a natural aquatic environment. As regards the parameter C, data obtained from standardised bioaccumulation tests with fish are thus more realistic than data from examinations based on determination of the distribution of the substance in a two-phased mixture of octanol and water (Pow-data). However, Pow has a more direct correlation with bioaccumulation than solubility data.

The highest level is stated at the top within each parameter. When preparing the score system, it has been taken into consideration that when data from the lowest quality level are used, the certainty will be less.

It is a prerequisite that data on the highest available level should always be used.

In order to secure the practical execution of the C score, it has been necessary to accept that the score can be established on the basis of qualitative information on solubility. With this end in view, there has been prepared a "diagram for establishment of the C score on the basis of qualitative information on solubility".

Score System for Sorting of Chemicals on Basis of Environment Data and Information on Consumption:

Score figure: Parameter	1	2	3	4
A Discharged amount of substance				
kg/week	< 1	1 – 10	>10 – 100	> 100
kg/year	< 50	50 - 500	>500 - 5000	> 5000
B Biodegraddability				
Surface water (%)	> 60 (50 – 100)	10 – 60	< 10	
Sludge culture (%)		> 70	20 - 70	< 20
BOD/COD ratio		> 0.5		≤ 0.5
C Bioaccumulation				
Bioconcentration Factor (BCF)	> 100			≥ 100
Or C1, C2; C3				
C1 If Mw > 1000 g/mol	*			
C2 If 500 ≤ Mw ≤ 1000 g/mol				
Pow-data	< 1000	≥ 1000		
Water solubility g/l	> 10	10 - 2	> 2	
C3 If Mw < 500 g/mol				
Pow-data	< 1000			≥ 1000
Water solubility g/l	> 100	100 - 2	> 2 – 0.2	> 0.02
No information				*

Score figure: Parameter	1	2	3	4
D Effect concentration				
Divided by effluent concentration	> 1000	1000 - 101	100 - 10	< 10
No information				*

Table 2-16:   ***Score system for sorting chemicals***

The SCORE system is implemented in Denmark since 1992, as a part of the waste water discharge permit and autority monitoring regulations. In the praxis, each textile finishing mill has to submit to the Dänish Textile Federation once or twice a year a list of the chemicals employed and their consumption data. The classification system was originally developed as a tool for priorising specific chemicals, principly with regard to their consumption. The SCORE system is said to be basically not a system intended to identifying critical chemicals and their formulations [4]. In Germany, the TEGEWA scheme was thus preferred (see 2.5.3).

3 The textile chain (from raw materials to finished goods)

3.1 The nature of textile fibres

The textile chain begins with the production or harvest of raw fibres. Two general categories of fibres are used in the textile industry: natural and man-made fibres. Man-made fibres encompass both purely synthetic materials of petrochemical origin, and regenerative cellulose material from wood fibres.

A more detailed classification of fibres is given in Figure 3-1 and Figure 3-2 (taken from [42]). A categorisation based on the chemical characteristics of the fibre surface may be useful when considering finishing treatment processes. The overall terminology "cellulosic material" is especially useful, as the term generally regroups either natural and half-synthetic fibres vegetable origins such as cotton, flax, viscose, etc.

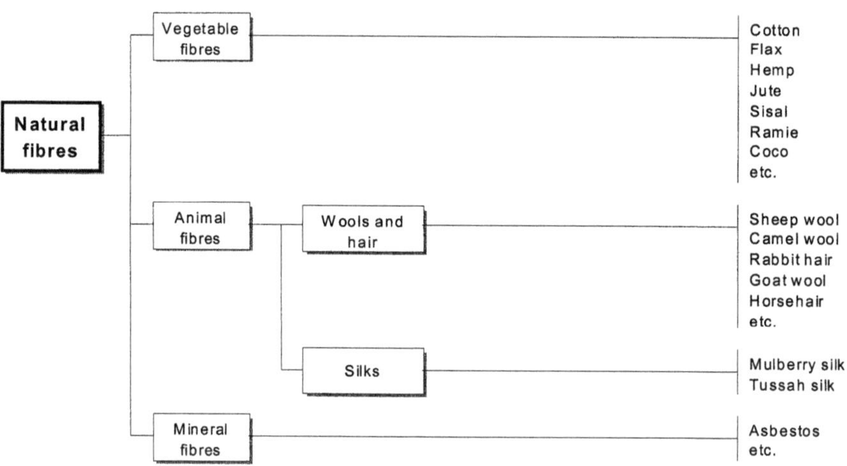

Figure 3-1:　　　*Classification of fibres – Natural fibres*

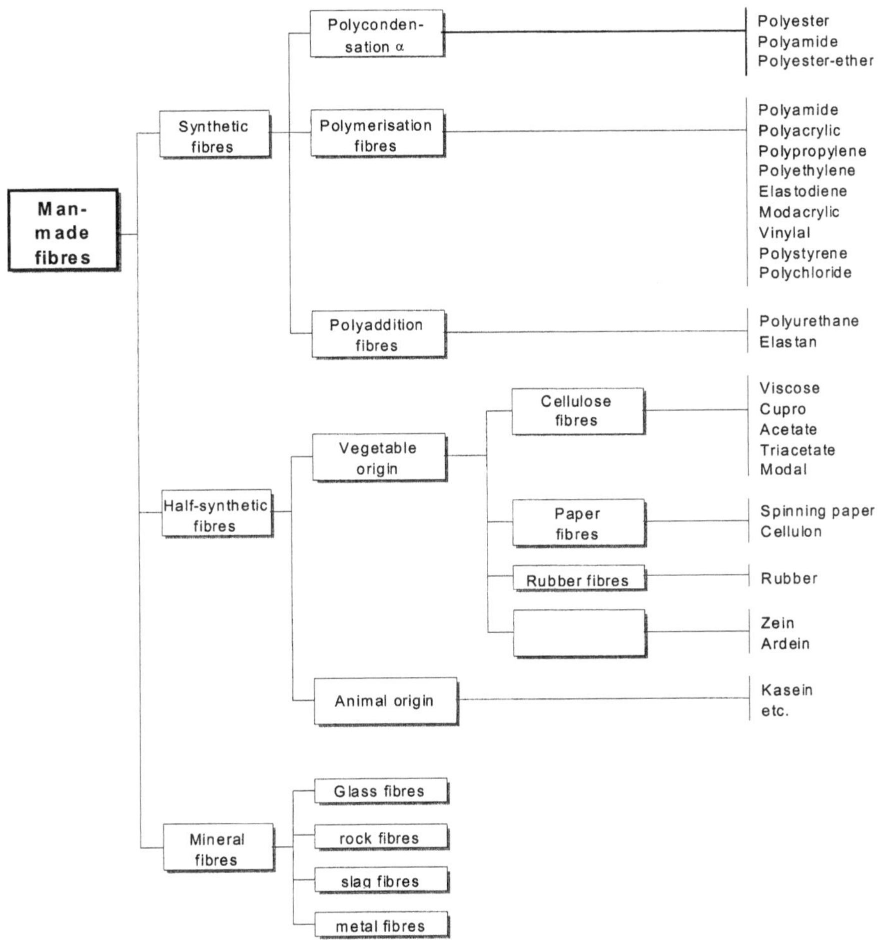

Figure 3-2:   ***Classification of fibres – Man-made fibres***

Textile raw materials and their by-products play a crucial role concerning the ecological impacts (esp. waste water and off-gas) in textile finishing. Especially the following items are of interest [273]:

- natural impurities from cotton, wool, silk, etc

- fibre solvents (in cases where man-made fibres are produced by dry spinning or solvent spinning processes)

- monomers (esp. caprolactam ex polyamide 6)

- catalysts (e.g. antimony trioxide in polyester fibres)

- sizing agents (woven textiles esp. cotton and cotton blends)

- preparation agents (esp. woven and knitted textiles made of man-made fibres)

The native cellulose fibre cotton consists mainly of cellulose and some other components with varying composition. The organic material in natural cotton, which is released during pretreatment processes (pectines, proteins, waxes, seed capsules etc.), creates COD in the waste water. Also inorganic substances (salts of K, Na, Fe etc.) are removed from cotton in the pretreatment processes. In cotton production besides fertilizers, fungizides, insecticides, herbizides, growth regulators, and defoliants are used. Normally the pesticides are applied in growth periods before the cotton boll is opened. Biocides can be applied to protect cotton fibres during transport and storage. According to an analysis by order of the Bremer Baumwollbörse the pesticide content in raw cotton fibres is negligible [273].

The natural by-products of wool (grease, suint, dirt, vegetable matters) are removed during wool scouring. Greasy wool contains residues of biocidal chemicals used to prevent or treat infestations of sheep by external pests (ectoparasites), such as ticks, mites and blowfly. Like the natural by-products they are removed in wool scouring and load the waste water. Biocide content of the wools processed varies widely, according to the countries of origin of the wools:

- Organochlorines: 0,2–5 g/t greasy wool

- Organophosphates: 1-19 g/t greasy wool

- Pyrethroids: 0,05-6,3 g/t greasy wool.

Any remaining dirt and vegetable matter on the raw wool, together with short fibre fragments, are removed either mechanically during carding or chemically by carbonizing. The washing of fabrics during pretreatment removes preparation agents (spinning oils, combing oils, etc.) [273]

Preparation agents, applied during fibre processing, spinning and fabric formation cause the main ecological charges in pretreatment of textiles made of man-made fibres. The preparation agents are mainly based on the following chemistry:

- Mineral oils

- Ethylene-propylene oxide adducts

- Common fatty acid esters

- Steric hindered fatty acid esters (low-emission products)

- Polyolesters (low-emission products)

- Polyester-/polyetherpolycarbonates (low-emission products).

Table 3-1 shows the main application points and characteristic add-on levels (amount of preparation based on the dry weight of the fibres) of preparation agents and sizes. Besides preparation agents the following inherent ecological loads are imported from man-made fibres into the pre-treatment processes in textile finishing (data from [273]).

Fibre	Impurities, by-products	Content
Polyamide 6	Caprolactam Oligomers	Up to 1% (therefrom up to 90% extractable during wet processes, up to 50% fugitive in thermal processes)
Polyester	Antimony trioxide (catalyst) Oligomers	300 ppm Sb (appro. 80 ppm Sb can be extracted during High Temperature dyeing)
Polyacrylonitrile	Solvent (mainly N,N-Dimethylformamide, N,N-Dimethylacetamide)	0.2% - 2%
Elastane	Solvent (N,N-Dimethylacetamide)	< 1%
m-Aramide	Solvent (N,N-Dimethylacetamide, N-methylpyrrolidone)	1% - 3%

Table 3-1: ***Inherent ecological loads of man-made fibres***

However it cannot be the scope of this book to discuss in details all the aspect of man-made fibre production, the problem of antimony based catalyst in polyester fibres is highligted shortly here. The polymerisation reaction of polyethyleneterephthalate (main polyester type used in the textile industry) is carried out with catalysts based on antimony oxides or antimony acetates in more than 99,9 % of the PES production world-wide. Antimony content in commercial PES fibres is in the range 200 to 300 ppm. In wet pre-treatment processes, HT-dyeing, and in alkalisation of PES some of the catalyst can be washed out. However, PES fibres can also be produced with catalysts based on hydrolytically stable titanium/silicon mixed oxides or esters of the titanoic acid, components with no adverse health or environmental effects as far as known. A reduced antimony content compared to the well established antimony compound catalysts can be found. The fibre made with titanium compound based catalyst is only suited for a limited number of applications, where colour and dyeability are not required. PES fibres made with titanium compound based catalyst shows nearly the same mechanical properties as antimony compound based catalyst PES fibres (however ageing resistance in practise has to be proofed). The fibre made with titanium compound based catalyst can be converted like antimony compound based catalyst PES fibre types; e.g. for lower quality fibrefill and some non-woven products. However, there are limitations for the use of titanium compound based catalyst polyester fibres when good light fastness is required, e.g. for white polyester curtains. Yet, to overcome the yellowish colour, optical brighteners have to be used. Also, the price of titanium compound catalyst based PES fibres is higher compared to the antimony compound based ones. But some advantages in dyeing lead to energy saving and dye stuff reduction: dyeing at lower temperature (at the same dyeing time), shorter dyeing cycles (at the same dyeing temperature), or reduced dyestuff concentration (at the same dyeing time and temperature) [273]. Recently, optimised finishing processes of Polyester made of antimony-free catalysts was presented [463].

New fibres were developed in the last years, mainly to comply with the demand of environmental friendly manufacture and process. Thus, looking at environmentally friendlier ways of spinning regenerated cellulose, fibres with the generic name "lyocell" as been developed and marked. First commercialised fibres has been characterised by specific fibrillation properties but further development has been achieved by functionalising (chemically cross linking) the fibres yet during manufacturing [93]. Thus, these new fibres may offer additional advantages such as the ability to be treated with fibre-modifying agents, even during manufacture process, to improve dyeability, smoothness, etc [80, 97,100, 138, 140].

Micro fibres (i.e. polyester or polyester/nylon mixtures) have been established as the purely synthetic fibre route to high-comfort fabrics; however, dyeing them remains problematic (see 5.2.7). Some further improvements to polyester fibres in terms of biodegradability were also obtained by replacing the polymer needed for synthesising the fibres (e.g. PES 3GT from Shell). Biotechnological synthetic routes were also investigated in order to develop either monomers for synthetic fibres or silk made from spiders [80].

3.2   Textile processing

The typical process from fibres to finished goods represents the textile chain and is summarized in the following diagram.

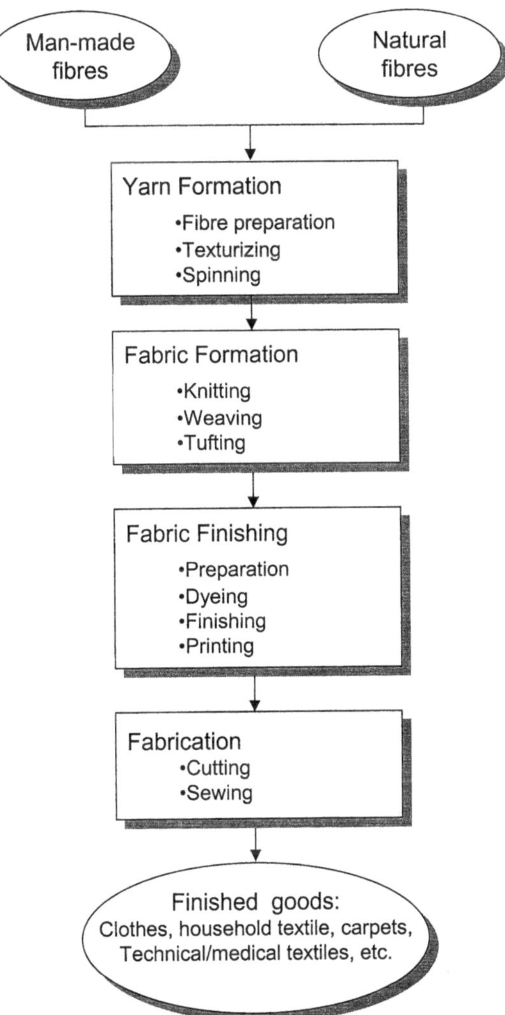

Figure 3-3:   ***Typical textile processing flow-chart***

During yarn formation, textile fibres are converted into yarns by using grouping and twisting operations to bind them together. Methods of making spun yarn from man-made fibres are similar to those used for natural fibres. Natural fibres must go through different preparation steps before being spun into yarn, for example, raw wool must be cleaned by wet processes before the fibre can be dry processed to produce fibre, yarn or fabric. This initial wet cleansing is called scouring or wool scouring. For man-made fibres, only one step of texturising is needed before spinning.

Thus, the two major methods used to form a textile fabric are weaving and knitting. Weaving is the most common process and consists of interlacing yarn. Tufting is a process used to make most carpets. Another special fabric formation technique is needle-felting (mechanical bonding of a fibre to form a non-woven structure).

The basic treatments which follow are abridged under the terminology "textile finishing". Figure 3-3 gives as an example a schematic survey of textile finishing processes when treating a fabric made of cotton.

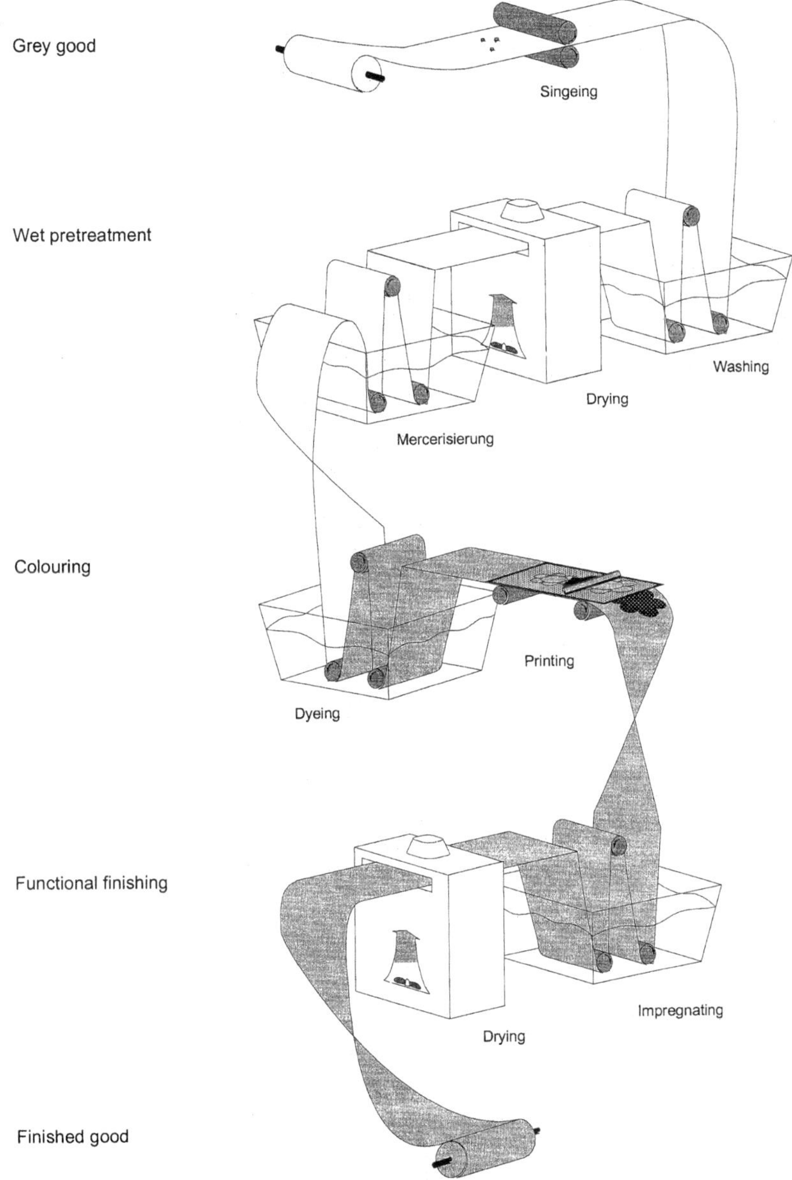

Figure 3-4: ***Schematic survey of textile finishing processes***

78

Nevertheless, textile finishing is not a well defined step in the so-called "textile pipeline" (i.e. typical flow-chart of Figure 3-3). One may make distinction between floc finishing, yarn finishing, fabric finishing and finishing of "ready-to-wear" articles, depending on the production step where finishing is applied [285].

"Textile finishing," (i.e. washing, bleaching, printing and coating, etc of textile products such as yarns, woven fabrics, carpets, knitted fabrics, non-woven fabrics, ready-to-wear articles, etc) are processes that impart textiles colours and properties such as softness, soil repellency, shrink resistance, flame retardancy, and others. This sub-sector includes commission finishing as well as integrated textile companies. Textile finishing is a diverse sector due to the raw materials, manufacturing techniques and finalized products associated with the industry. It cannot be defined as a standard sequence of treatments, but rather as a combination of unit processes that can be applied within the production of a textile product, depending on the requirement of the final user [2].

As the following diagrams point out, the finishing treatments can take place at different stages of the production process, depending for example on the design of textile products that have to be treated (data from [2])

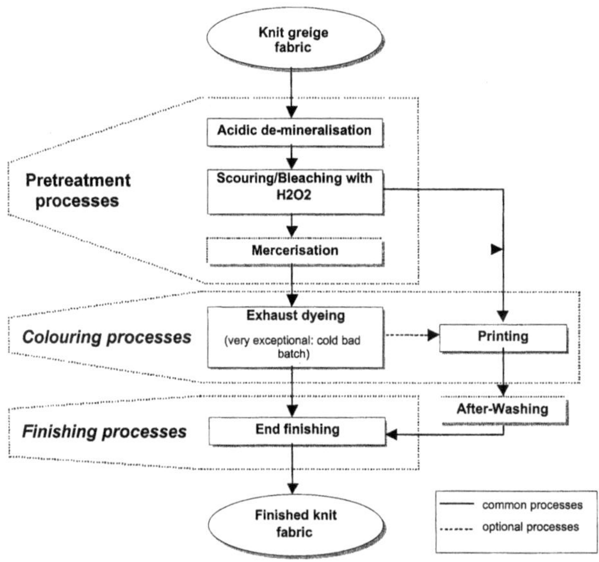

Figure 3-5:   *Typical process sequence for finishing of knitted fabric mainly consisting of cotton*

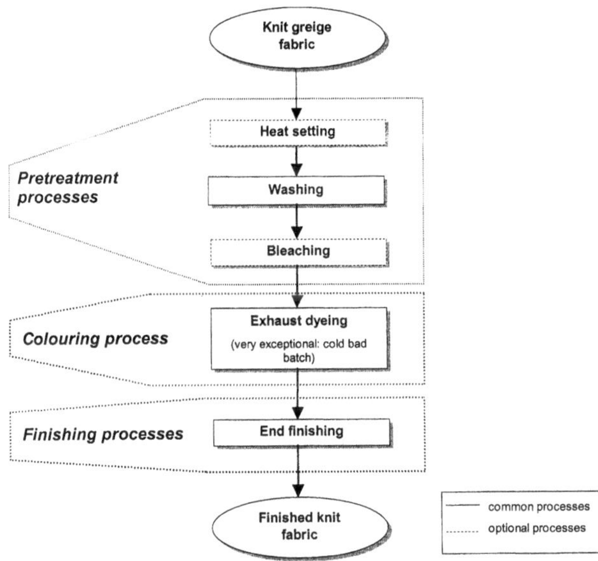

Figure 3-6: *Typical process sequence for finishing of knitted fabric mainly consisting of man-made fibres*

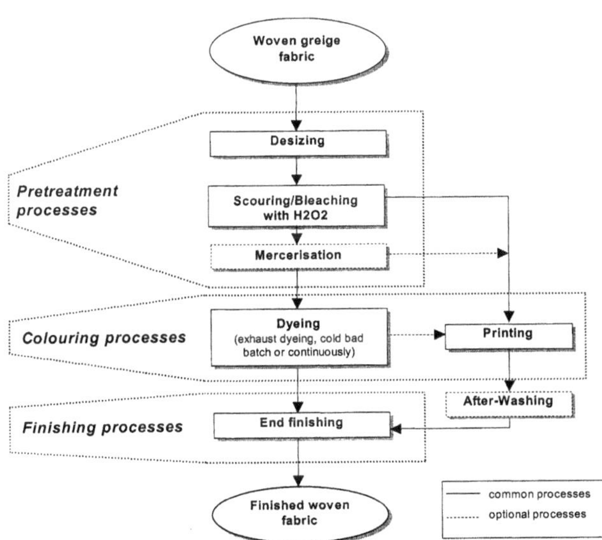

Figure 3-7: *Typical process sequence for finishing of woven fabric mainly consisting of cotton*

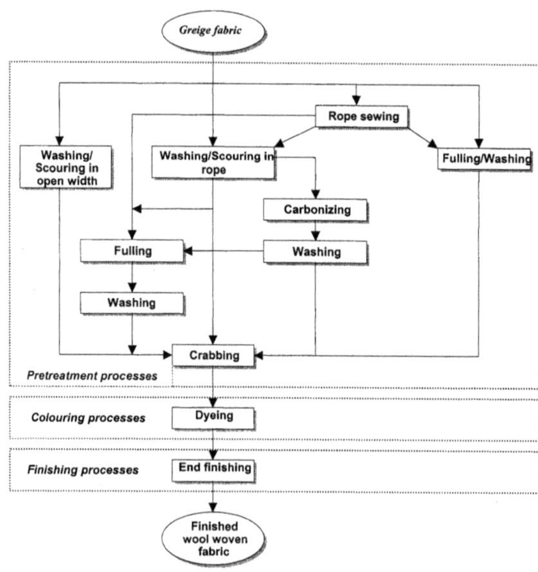

Figure 3-8: *Typical process sequence for finishing of woven fabric mainly consisting of wool*

The scope of this document is to asses all of the chemical substances used in the industrial subsector of "Textile finishing". The number of textile products (such as yarns, carpets, woven or knitted fabrics, ready-to-wear clothes,) treated in the sector makes it necessary to restrict the scope of our study. Due to its very specialized nature, the carpet manufacturing industry is always considered a stand-alone sector, even though many of the operations carried out are very similar to those used elsewhere in the textile finishing [2]. As well as the special area of technical textiles, the carpet sector will not be treated in all its particularities.

The denomination "Textile finishing" is somewhat misleading in English as the term "finishing" also describes the techniques where textiles or fabrics are coated, roughed, calendared, etc (named "Appretur" in German). It is important to bear in mind that the term also depicts techniques such as dyeing, printing, and pretreatment methods.

3.3 Wet-processing in textile finishing

Considering the processes used to finish a textile fabric (i.e. pretreatment, colouring, and special finishing), there are two main types of processes discernable: the mechanical/physical treatments (such as brushing, cutting, roughing, etc) and the so called wet processes (such as dyeing, washing, printing, etc).

For the most part, in the first sequence of treatments no chemicals are added. As the scope of this study focuses on the chemicals used in textile finishing and their ecological impacts, this kind of "dry processes" will not attract our interest.

The major processes of interest to us are the sequences of treatments where a special chemical product is applied, impregnated, or soaked with the textile fibre or fabric. These products can be a dye, a pigment, a bleaching substance, a base liquor, a flame retardant, etc.

A defined sequence of treatments can then be followed by another sequence of treatments using another chemical substance, if needed. Typically, the treatments are arranged as to permit a continuous mode of sequences.

Looking for example at the sequence of treatments in the dyeing process, two major techniques of applying the dyestuff is described: the exhaust (or batch) dyeing and the foulard/padding mangle (or pad batch) dyeing methods (see section 5.2.2 for detailed information). These two types of techniques, batch and foulard, are alternatives to most of the "wet process" in textile finishing. Depending on the factory, the degree of automation needed, the available machinery, or the proceeding finishing steps, either one or the other technique will be preferred.

3.4 Class of main chemicals used in the TFI

A huge number of products are applied in the textile industry. According to the well-known TEGEWA nomenclature, the products used can be subdivided as follows [1]:

chemical fibres: natural and man-made (see figure 3-1);

dyestuffs for textiles: preparations on the basis of dyes or pigments (see section 5.4);

textile auxiliaries;

textile chemicals: basic chemicals such as e.g. acids, bases, and salts.

The name "textile auxiliaries" is the historically founded heading for chemical products which are used for the manufacture of textile fibres, yarns, and textile structures as well as the processing of textiles.

When textile auxiliaries are used, they become attached to the textile.

82

After they have carried out their auxiliary function, they may be removed at some stage of textile manufacture (non-permanent auxiliaries), or they may remain on the textile (permanent auxiliaries), so that the finished good then consists of the fibre, the textile structure and the auxiliaries, which at that time function as finishing agents.

According to environmental considerations, a further distinction between substances and preparations may be advisable:

Substances are chemical elements or compounds of natural or synthetic origin;

Preparations consist of two or more substances, and may be mixtures or solutions.

Most textile auxiliaries are preparations. Many lists and catalogues classifying these preparations can be found in the Literature Index of this document. The intent of this book is to look "behind" these preparations and present a classification based on the chemical substances these preparations are made of. According to their functional use in the production process, the chemicals are classified using for example the well-established TEGEWA nomenclature for auxiliary chemicals [1;282].

The consumption of chemicals, auxiliaries, and dyes in German finishing industry for example is estimated to [273]

204.000 t chemicals;

102.000 t auxiliaries;

13.000 t dyes.

A classification of these chemicals according to their use in textile processes gives the following typical distribution (referring to the overall consumption) [7]:

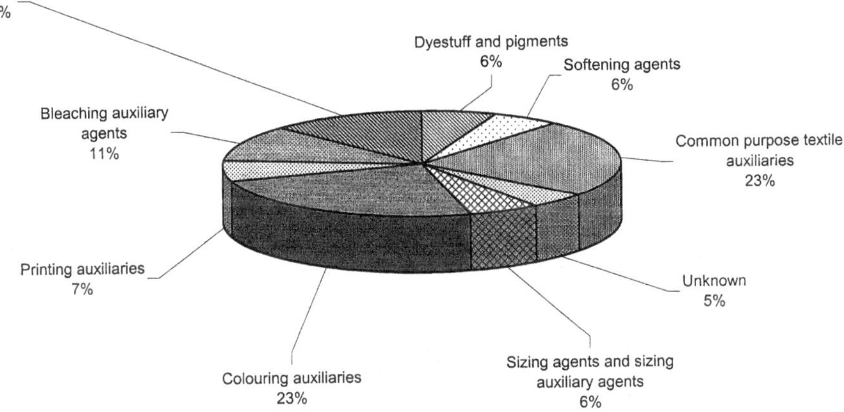

Figure 3-9:   ***Distribution of textile auxiliaries according to their total consumption***

4 Pretreatment

4.1 Introduction

Most fabric that is dyed, printed, or finished, with the exception of denim and certain knit styles, must first be prepared. This preparation is the so-called pretreatment.

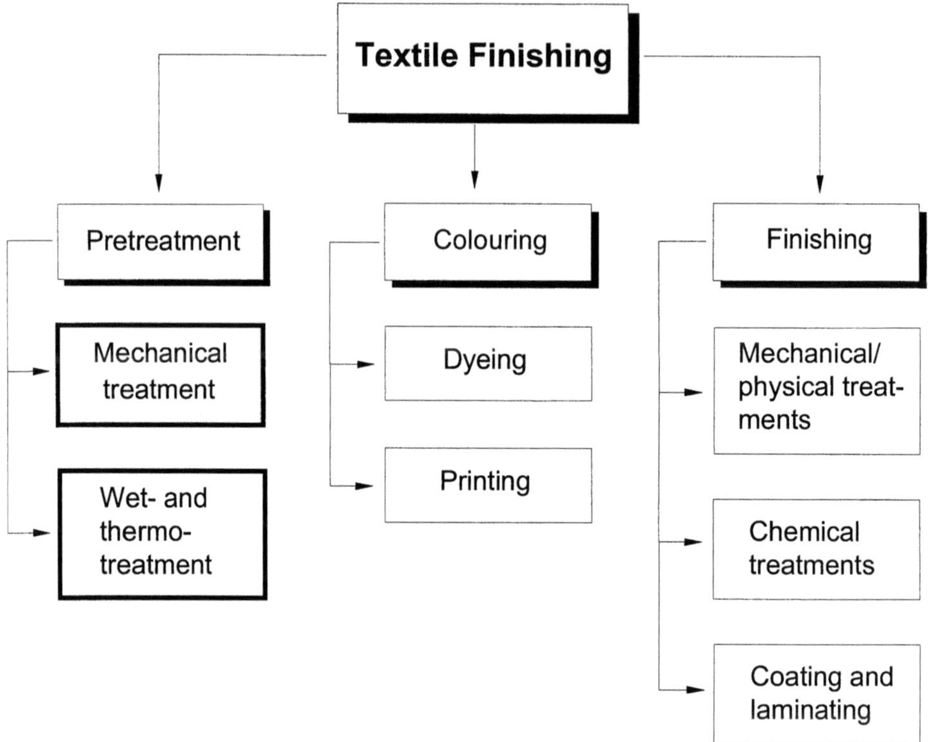

Figure 4-1: **Survey on textile pretreatments**

In preparation, the mill removes natural impurities or processing chemicals that interfere with dyeing, printing and finishing. Many of the pollutants from pretreatment result from the removal of previously applied processing chemicals and agricultural residues. Most mills use the same pretreatment equipment for the entire range of products they produce.

Pretreatment consists of a series of various treatments and rinsing steps critical to obtain good results in subsequent textile finishing processes. Depending on the fabric and the fibre type, one or more steps described next may not be applicable.

The following table provides a survey on the different categories of pretreatment processes and their aims.

Pretreatment operations	Aims
Mechanical treatments: cutting, minting, brushing, roughing, etc.	The optional mechanical treatments to remove impurities such as knots, end filament, sizing dust, peelings of cotton, etc. are applied to dry fabrics. Some treatments can also be applied to obtain specific textile structures or handle.
Singeing	Singeing is a dry process used on goods that must have a smooth finish. It removes surface fibres protruding from yarns or fabrics ("frostings" which enhance dyeing processes) by passing the fabric through a gas flame.
Heat-setting	Heat-setting (also called thermo fixation) is carried out on fabrics of man-made fibres or blends with natural fibres. The treatment is applied in order to relax tensions in the textile / fibres. These tensions are due to upstream processing (i.e. fibre, yarn, and fabric preparation). The heat-setting treatment improves the dimensional stability of the textiles. Heat-setting can be done on grey fabrics as a pretreatment step, as an intermediate step after dyeing, or as a finishing step. The heat-setting is a thermo treatment process. Due to volatile substances (e.g. preparational agents) on the raw material, heat-setting can cause considerable exhaust load.
Desizing and scouring	The following two operations are often combined. Desizing is a process for removing sizing compounds (e.g. starch, Polyvinyl Alcohol PVA, and Carboxymethyl Cellulose CMC) applied to yarns prior to weaving or spinning. Sizing compounds are necessary for controlling friction and electrostatic charges. After solubilisation the size is discharged and the fabric is washed and rinsed. Scouring is a cleaning process for removing foreign (natural or acquired) impurities from textiles, fibres, and fabrics (e.g. wax and pectin). It also supports subsequent bleaching and dyeing processes. Scour baths usually contain alkalis, anti-static agents, lubricants, detergents, and emulsifiers. In the case of wool, this term can address both the removal of the grease and dirt present on raw wool (wool scouring process) and the removal of spinning oils and residual contaminants from yarn or fabric.
Carbonising	Sometimes scoured wool contains vegetable impurities that cannot always be completely removed by mechanical operations. Sulphuric acid is the chemical substance used for destroying these vegetable particles. Carbonising can be applied on floc/loose fibre or on fabric goods.
Bleaching	Bleaching is a process to whiten cotton, wool, and some synthetic fibres by treatment in solutions containing hydrogen peroxide, chlorine dioxide, hypo chloride, sodium per borate, etc.
Mercerising	Mercerising is a process for increasing the tensile strength, lustre, sheen, dye affinity, and abrasion resistance of cotton and cotton/polyester goods by impregnating the fabric with sodium hydroxide solution. Mercerising typically follows singeing and may either precede or follow bleaching.
Surface modification	These new kinds of treatments are applied to increase the ability of fibres to take up specific dyes. The treatments are based on chemical modification of the fibre/fabric surface.

Table 4-1: **Main categories of pretreatment processes and their aims**

As we want to focus on the chemicals involved in these processes, it is more likely to refer to the nature of the fibre involved, first. We will then discuss the fibre specific treatments.

Figure 4-2 gives an overview of the fibre specific pretreatment processes.

Pretreatment

Wet- and thermo-treatment

natural fibres vegetable origin
(cotton and blends, linen, flax, jute)
- desizing of woven fabrics
- scouring / alkaline extraction / kiering
- bleaching
- mercerizing / caustic soda treatment
- optical brightening
- cationiozation (new treatments)

natural fibres animal origin

➢wool
- raw wool scouring
- carbonising
- scouring /desizing
- crabbing / thermofixing /sanforizing
- fulling / felting
- antifelting treatments of wool
- (easy-care finishing)
- bleaching / optical brightening

➢silk
- degumming / boiling-off
- weighting
- bleaching / optical brightening

man-made fibres
half-synthetics (regen. cellulose,etc)
- alkaline treatment
- desizing
- saponification of acetate
- S-Finish (saponification
- cationising

synthetics
- washing (scouring)
- thermo fixing
- alkalizing of polyester
- bleaching / optical brightening

Mechanical treatment

- Singeing (all fibres)
- Cutting of velour and cord
- Minting, brushing and roughing

Figure 4-2: ***Overview of the fibre specific pretreatment processes***

4.2 Pretreatment techniques

4.2.1 Mechanical treatment techniques

Most fabrics and yarns are still brushed, sheared and emerised in the spinning mills. The optional mechanical treatment process to remove impurities like knots, end filament, sizing dust, peelings of cotton, etc, are applied on dry fabrics. Main mechanical treatments are:

singeing (all fibres);

cutting of velour and cord;

minting, brushing and roughing.

Singeing can be carried out both on yarns and fabrics. The singeing of fabric is more common, especially on cotton and cotton/PES or PA blends. Singeing of synthetic fibres, especially polyester, reduces the "pilling effect" and is usually applied after dyeing. Singeing is a method of removing the protruding filament ends on the fabric surface (known as "frosting" interference when dyed). The fabric therefore passes over a row of gas flames or a very hot metal plate/cylinder. The fabric is then immediately immersed into a quench bath of cold water to extinguish the sparks and cool the fabric. For cotton and viscose fabrics this step is usually coupled with a desizing bath. The double velour fabric is flitched into two parts by special cutting machines. Also, the knuckles of the cord are cut on specially designed machines. Roughing is the inverse action of singeing, as filament ends are torn up from the fabrics. Roughing is applied on cotton of low quality to remove peels, etc before singeing. Wool fabrics can be roughed before felting. If a special structure or creping of the fabric is needed, a minting calendar is applied [17].

Processes that alter, enhance or are used to finish a fabric via a physical change in the cloth, in particular to needlfelts include, further to singeing, calendaring, embossing, and heatsetting. Heatsetting as a process used to dry and cure wet processed fabrics made of thermoplastic fibres is commonly described in the section dealing with those fibres. Calendering is a process which typically uses a series of heated cans to press the fabrics. By varying the process controls (e.g. temperature and pressure), the fabric's surface, thickness and/or permeability can be altered. Embossing is a process similar to calendaring, in that heat cans or rollers are used to alter the fabric. Instead of using smooth steel or cloth covered rolls, one or both rolls has a pattern etched or cut into its surface. In a typical embossing setup a thermoplastic fibre is used [196].

Novel pre- treatments techniques that show promising results are the surface modification techniques using plasma technology. These kind of treatments and their effects on colouring are discussed more intensively in section 6.6.2.

4.2.2 Wet- and thermo treatment techniques

In a succinct manner, the aims when applying wet- and thermo-treatments in pretreatment processes are:

- remove foreign materials from the textile substrate to improve their affinity to dyestuffs and finishing treatments;

- relax tensions in synthetic fibres.

The cleaning medium can be water or Perchloroethylene, with eventual addition of textile auxiliaries. The textile material treated can be fibres, yarn, or knitted/woven fabrics. This group of processes follows the principle of applying or soaking a special chemical substance to the textile substrate. The techniques and machines used are therefore nearly the same as those used for other finishing process, for example dyeing (see further section 5.2.2 for more information). The chemicals used mostly depend on the wet processes applied and, thus, on the fibres treated. In order not to repeat ourselves, the techniques related to these processes are described in further detail in the following sections.

Note that the sequence of treatments always dependent on the fibre type, the eventual spinning, weaving, or knitting step and the textile quality and subsequent treatment needed. Bear in mind that not all of the following treatments are indispensable and that the sequence of treatments do not imperatively follow the ensuing order.

4.3   Pretreatment of cotton, linen, flax and jute

Most common sequence of operations for e.g. cotton (usually pre-singed material) [17]:

- desizing of woven fabric (impregnating, dwelling depending on size, rinsing);
- alkaline extraction/kiering/scouring (impregnating, dwelling, rinsing);
- bleaching (impregnating, steaming, rinsing);
- mercerising / caustic soda treatment (impregnating, reacting, stabilising or washing under tension, rinsing);
- optical brightening.

A following drying step will complete the pretreatment before colouring.

4.3.1   Desizing of woven fabric

Desizing is applied to remove size components previously applied to the warp.

Sizing agents are film-forming and fibre-bonding products applied to yarns to render them more slippery and supple, as well as stronger and more stable for the operation of weaving. The sized yarns are also more easily separable and more resistant to mechanical influences. Additionally to the sizing agent, sizing additives are added to the bath in order to soften, smooth, and prevent electrostatic effects. These additives are oils, fats and natural or synthetic waxes. All these products (sizing agents and sizing additives) must be removed before colouring.

The main methods to remove size from textile substrate are summarised in Table 4-2 [17].

Aims	Principle of the method	Chemicals used
a) removal of water soluble size	with surfactants	Water soluble sizes are mainly synthetic macro-molecular products (polyvinyl alcohol, polyacrilates, carboximethyl cellulose, etc.). The removal of these synthetic sizes from yarns with hot water (and additional surfactants) is possible. As recycling of the size from desizing baths is achievable, these synthetic size products have recently gained importance**.
b) removal of starches*	b1) enzymatic method	Desizing is generally effected by means of enzyme preparations, e.g. preparations based on starch- and protein-splitting ferments (such as malt diastases, pancreatic, or bacterial amylases). The desizing enzymes (and also often additives like dispersing and wetting agents) impregnate first the fabric and remain on the fabric for a period of time to ensure chain reduction. The starch chain may be reduced into more water soluble dextrines or further into the sugars. These are subsequently washed out. When high temperature resistant enzymes are used (like Enzylase HT or Termamyl), the impregnating and reduction step can be accomplished faster. The overall process takes place in a continuous mode.
	b2) alkali method	This method is in fact an enzymatic method. As the desizing bath is alkali, the desizing may be combined with the bleaching. The enzymes are then added to the sodium chlorite bleaching bath. The pH of the bath is stabilised and adjusted by special activators. Another combined method uses a specially stabilised Peroxigen compound (Albone DS).Continuous desizing and bleaching methods are e.g. Diaxal-STP-process (where Enzylase and Natrium chlorite are used) and the strongly alkali hypochlorite process. The continuous desizing may also be combined with a colouring step (Diaxal DP process).
	b3) oxidative method	Additional important products for desizing are agents with an oxidising effect such as mono- and dispersulphates which do not only degrade starch but also cause a depolymerisation of synthetic sizes.
	b4) with acid (hydrolytic)	The impregnating of woven fabric with sulphuric acid (foulard or pad batch) is a cheap but difficult and unreliable desizing method that needs the addition of wetting agents.

* The term starch (water insoluble size) encompasses macro-molecular natural products and their derivatives such as starch, starch derivatives, cellulose derivatives, pectin and allied polysaccharides, protein products as well as other natural products. The desizing may be carried out by swelling and reduction of the chain length, so that they can easily be removed from the fabric during subsequent washing operations.
**See section 7.1.2 for more information about "Recovery of sizing agents by ultra filtration "and below for "Application of the oxidative route for efficient, universal size removal"

Table 4-2:   ***Main desizing methods***

Chemical	[g Telquel/kg textile substrate]		Explanations
	Continuous and optimised process	**Discontin. Process**	
Complexing agent	1	3 – 15	Complexing agents polyacrylates and phosphonates are applied but not EDTA or DTPA
Surfacant	1 – 3	4 – 20	Surfacants, a mixture of non-ionic (about 70 % average, e.g. ethoxy lated fatty alcohol) and anionic surfacants (about 30 %, especially alkylsulphonates but also alkyl sulphates and linear alkylbenzene-sulphonates are applied; to a minor extent alkyl ether sulphates and alkylethoxi-phosphoric esters). For recovery of sizing agents desizing is carried out without surfacants; more washing compartments are needed in order to remain under a residual content of 1.2% sizing agent. Very often surfacant formulations already contain defoaming agents (0.1 – 1 g/kg); if not dosage of defoaming agents is needed. Usually polysiloxanes are used (very low dosage) and to a lesser extent hydrocarbons (higher dosage) and trialkyl phosphoric esters.
Soda Or NaOH (100 %)	0 – 3 0 – 2	0 – 3 0 – 2	
Water consumption [l/kg textile substrate]	4 – 6 or 8 – 12	ca. 50 (winch)	4 - 6 l/kg for multi-usage of water otherwise 8 - 12 l/kg; in a continuous washing process. Bleaching and/or scouring is used for desizing

Table 4-3:   ***A typical recipe for the desizing of woven fabric consisting of cotton and cotton blends sized with water-soluble sizing agents.***

Chemical	[g Telquel/kg textile substrate]	Explanations
Enzyme	5	
Complexing agent	1	
Surfacant	1 - 8	For discontinuous processes, e.g. desizing in a winch with liquor ratio of 1:20 up to 30 g Telquel/kg, textile substrates are applied.
Water consumption [l/kg textile substrate]	4 - 6	

Table 4-4: **A typical recipe for enzymatic desizing of woven fabric consisting of cotton and cotton blends.**

Application of the oxidative route for efficient, universal size removal [2]

Depending on the origin and quality of the substrate, many woven fabrics contain a variety of different sizing agents. Most textile finishers deal with many different types of fabrics, and therefore sizing agents, so they are interested in fast, consistent and reliable removal of non-fibrous material (be it the impurities and fibre-adjacent material or any preparation agent) independent of the origin of the fabric.

Enzyme desizing removes starches but has little effect in removing other sizes. Under specific conditions (above pH 13), commonly used H_2O_2 will generate free radicals which efficiently and uniformly degrade all sizes and remove them from the fabric. This process provides a clean, absorbent, and uniform base for subsequent dyeing and printing, no matter which size or fabric type is involved.

Table 4-5 shows a standard recipe for removal of water-insoluble sizing agents using a cold oxidative desizing method [2]. The process is semi-continuous and the liquor for the oxidative desizing is added at room temperature in a padder with a pick-up of 70-80%. The reaction takes place with a retention time of 16-24 h (max.72 h), after which the fabric is thoroughly rinsed [2]. Further details on recipes can be found in [114].

Chemical	[g Telquel/kg textile substrate]	Explanations
NaOH (100 %)	10 – 20 continuous and optimised process	Usually applied as with 33 % or 50 %solution
H$_2$O$_2$ (100 %)	15 – 25	Usually applied as with 33 % or 50 %solution
Surfactants	1.5 – 3	As surfactants a mixture of non-ionic (about 70 % average, e.g. ethoxylated fatty alcohol) and anionic surfactants (about 30 %, especially alkylsulphonates but also alkyl sulphates and linear alkylbenzene-sulphonates are applied
Complexing agents	2 – 4	As complexing agents polyacrylates and phosphonates are applied but not EDTA or DTPA
MgSO$_4$	0.15 – 0.3	Usually applied as 40 % solution
Water glass (100 %)	5 – 8	Usually applied as 40 % solution
Na-peroxodisulphate (100 %)	3 – 6	Usually applied as 20 % solution
Water consumption [l/kg textile substrate]	4 – 6 or 8 – 12	4 - 6 l/kg in case of multi-usage of water or high efficient washing compartments; otherwise 8 - 12 l/kg

Table 4-5:   ***Standard recipe for the desizing of woven fabric consisting of cotton and cotton blends sized with water-insoluble sizing agents***

Recent studies [203] show that above pH 13 the oxide radical anion O*- is the predominant form in the oxidative desizing bath. This species is highly reactive, attacking non-fibrous material (sizing agents, etc.) rather than cellulose, for various reasons. First because it is negatively charged like the cellulose polymer in strongly alkaline medium (coulombic repulsion effect) and secondly because, unlike the OH* it does not react by opening the aromatic rings.

It is recommended, however, to remove first the catalyst that is not evenly distributed over the fabric (e.g. iron particles, copper, etc.). One possible process sequence would therefore be:

- removal of metals (modern pretreatment lines are equipped with metal detectors);
- oxidative desizing (peroxide and alkali);
- scouring (alkali);
- demineralisation (acid reductive or, better still, alkaline reductive/extractive);
- bleaching (peroxide and alkali);
- rinsing and drying.

The proposed technique allows significant environmental benefits: reduced water & energy consumption along with improved treatability of the effluent.

The oxidative route is a very attractive option where peroxide bleaching is carried out. Taking advantage of the fact that hydrogen peroxide is also used as an active substance for bleaching, it is advantageous to combine alkaline bleaching with scouring and regulate the counter-current flow of alkali and peroxide through the different pretreatment steps, saving water, energy, and chemicals.

Thanks to the action of the peroxide free radical, the size polymers are already highly degraded. The process produces shorter and fewer branched molecules, glucose, and more carboxylated molecules such as oxalate, acetate, and formate, which are easier to wash out with a reduced amount of water in efficient washing machines.

The pre-oxidation of size polymer is also advantageous at the waste water treatment level (improved treatability). Even with enzymatic desizing, starches are not completely degraded (the long molecules are not completely broken down after desizing). This means higher organic load to be degraded in the biological plant and it is often the cause of problems such as the production of bulky difficult-to-sedimentate sludge.

It is well known that in an oxidative alkaline medium (with hydrogen peroxide) there is potential risk of fibre damage during bleaching if OH* formation is not controlled. Size and the cellulose have similar molecular structures and therefore the attack of the cellulose polymer from non-selective OH* is possible. To achieve good results and avoid damage to the fibre when removing starch-like size, it is essential to add hydrogen peroxide at pH >13. In these operating conditions there is only a minimum fraction of OH* radical, which is the active substance responsible for cellulose damage.

An example of an oxidative desizing padding recipe for PVA/starch blends is:

- detergent (0.3%);
- sequestrant (0.1%);
- sodium hydroxide (0.7-2.0%);
- hydrogen peroxide (0.2-0.4%);
- salt (0.04%);
- emulsifiers as needed.

The technique is particularly suitable for commission finishers (independent of their size), who must be highly flexible due to the fact that their goods do not all come from the same source (and consequently they cannot have goods treated with the same type of sizing agents). In the interest of high productivity, these companies need to operate with a universally applicable technique in order to go for the right-first-time approach.

There is no need for sophisticated control devices as these should normally already be available for control of oxidative bleaching. The equipment is no different from modern preparation lines.

The steps and liquors are combined so that the resource consumption is optimised at minimal cost.

With the increased usage of hydrogen peroxide as a replacement for hypochlorite in bleaching, the cost of hydrogen peroxide will continue to drop relative to other oxidants. Selective use of hydrogen peroxide (minimising non-selective reaction pathways) will be important for the reduction of overall costs, including raw material, energy, and environmental clean-up [2].

4.3.2 Scouring/alkaline extraction/kiering

Scouring/alkaline extraction and kiering are applied to remove natural impurities such as wax, proteins, pectin, earth alkali, and paraffin. The treatments further remove foreign impurities such as lubricating oils and spin finishes. This kind of treatment is often coupled with desizing and more recently with mercerising (see 4.3.4).

Moreover, the treatment can be applied as a separate step or in combination with other treatments (usually bleaching or desizing) on all kinds of textile substrates: woven fabrics (sized or desized), knitted fabric and yarns. The types of fibres treated are cellulosic fibres and their blends, i.e. cotton, cotton/polyester blends, linens, coco fibres, bast, and jute

Methods	Principle
Scouring (washing)	Scouring (washing) is the treatment of textile materials in aqueous or other solutions in order to remove natural fats, waxes, proteins and other constituents, as well as dirt, oil and other impurities. Other impurities such as lubricating oils and spin finishes are removed by the treatment of the fabrics with organic solvent (so-called solvent scouring). Note: The treatment vanes with the type of fibre.
Kiering (kier boil)	kiering (kier boil)is the process of prolonged boiling of cotton or flax materials with alkaline liquors in a large steel container known as a kier, either at or above atmospheric pressure (open boil and pressure boil at 140-210 kPa). Either their have some advantage, the discontinuous method (kierboiling in the autoclave or hank dyeing machine) of alkaline washing are nowadays mainly replaced by other continuous method such as the impregnation/steaming process (pad-steam) or by prolonged hot treatment.
Enzymatic scouring	Enzymatic desizing using amylases is an established process that has been in use for many years. More recently, pectinases have shown promise in replacing the traditional alkaline scouring treatment. Some suppliers of auxiliaries have introduced an enzymatic process to remove hydrophobic and other non-cellulosic components from cotton. The new process operates at mild pH conditions over a broad temperature range and can be applied using equipment such as jet machines. It is claimed that, due to a better bleachability of enzyme-scoured textiles, bleaching can be carried out with reduced amounts of bleaching chemicals and auxiliaries. Enzymes actually make the substrate more hydrophilic (which could explain better bleachability), but they are not able to destroy wax and seeds, which are therefore removed in the subsequent bleaching process. See further below, for detailed information about this new process.

Table 4-6: **Main scouring methods**

During treatment with caustic liquors, intra- and intermolecular hydrogen bonds of cellulose are broken and the polar hydroxyl groups of the polysaccharides are solvated. Swelling of the fibre which takes place favours transport of the impurities from the inside to the outside of the fibres. The treatment also causes a hydrolytic decomposition of leaves, fruit pods and seed husk residues of the raw cotton. Fat and waxes are also hydrolysed. These decomposition products usually need the subsequent bleaching stage to completely be eliminated from the fabric. To prevent a "crusty" handle, knitted fabric may not be treated by alkaline liquors.

The following table summarises the kiering or scouring agents and kier-boiling auxiliary agents used in caustic liquors [17, 266].

Kiering/scouring liquors	Chemicals
Alkali	Sodium hydroxide, Sodium carbonate
Solvent	Water
Kier-boiling auxiliaries	
Emulsifying agents (alkali-stable wetting agents/detergents)	Non-ionic surfactants (e.g.. alcohol ethoxylate, alkyl phenol ethoxylate)
	Anionic surfactants (e.g. alkyl sulphonate)
Chelating/complexing agents	Sodium salts of nitrilotriacetic acid (NTA)
	Ethylendiaminetetraacetic acid (EDTA)-Na
	Diethylentriaminepentaacetic acid (DTPA)-Na
	Sodium salt of gluconic acid
	Sodium salt of phosphonic acids
Surfactant-free dispersing agents	e.g. polyacrylates, phosphonates
Reducing agents	Sulphite, dithionite
Fibre protecting agents	Mainly organic products such as protein fatty acid condensates and guanidine derivatives
Solvent	Water, perchloroethene

Table 4-7:   ***Main kiering and scouring chemicals***

Chelating agents are used to remove metal ions (in particular iron oxides), which catalyse the degradation reaction of cellulose when bleaching with hydrogen peroxide. Reducing agents are added to avoid the risk of formation of oxycellulose when bleaching with hydrogen peroxide and thus act as fibre protecting agents. Economical interest leads to the fact that sewage water coming from the mercerising process (flushing step) is often used to kierboil. On the other hand, the use of complexing agents can be reduced if an *acidic treatment* consistency, either italicise or is carried out prior to scouring, either for woven and knitted fabrics. Though, this possibility is very seldom practised in Germany [2]. The reason may be the quality of the tap water, which is sometimes highly charged with ions [378].

Standard recipes for scouring and acidic demineralisation are compiled in Table 4-8 and Table 4-9, respectively.

Chemical	[g Telquel/kg textile substrate]		Explanations
	continuous and optimised process	discontin. process	
NaOH (100 %)	20 – 80	20 - 80	The quantity depends both on the percentage of cotton in blends and on the applied processes
Complexing agents	1 – 6	3 - 30	Some suppliers for complexing agents do not recommend more than 2 g/kg for continuous processes. The application of complexing agents are necessary to extract calcium. For this purpose NTA is not efficient enough. Normally a mixture of different complexing agents such as phosphonates, gluconates, polyphosphates, NTA, polyacrylates and in some cases still EDTA and DTPA are in use. The use of complexing agents can be reduced significantly if an acidic treatment is carried out prior to scouring. In Germany this possibility is very seldom practised. In some cases combinations of complexing agents and reducing agents are used.
Surfactant	5 - 6	5 - 30	Some suppliers recommend 2 – 4 g/kg for continuous processes. The composition concerns the one which is given for desizing of water-soluble sizing agents
Water consumption [l/kg textile substrate]	8 - 10	ca. 50	Rinsing is included: in case of continuous processes the consumption can be lower if water-recycling is practised.

Table 4-8: **Standard recipe for scouring of woven fabric consisting of cotton and cotton blends**

Chemical	[g Telquel/kg textile substrate]	Explanations
Inorganic or organic Acid	0 - 2	
Complexing agents	1 - 3	The same chemicals are applied like for scouring of woven fabric
Surfactant	1 - 3	The same chemicals are applied like for desizing of water-soluble sizing agents
Water consumption [l/kg textile substrate]	n.d.	

Table 4-9: **Standard recipe for neutral/acidic demineralisation of knit fabric consisting of cotton and cotton blends**

The consumption of chemicals for pretreatment of knit fabric is similar to the one for woven fabric. However, the range is wider because knit fabric is treated much more often discontinuously. "Light scouring" –also called "alkali pre-washing"- is only applied if bleaching is not needed; this is the case for fabric to be dyed in dark shades (black, brown, dark marine or turquoise, etc).

Chemical	[g Telquel/kg textile substrate]	Explanations
Soda or	ca. 50	There is a wide range of applied alkali quantity
NaOH (as 100 %)	ca. 50	
Surfactant	1 – 3	
Water consumption [l/kg textile substrate]	n.d.	

Table 4-10: **Standard recipe for "light scouring" of knit fabric consisting of cotton and cotton blends**

Enzymatic scouring

Enzymatic treatments have been a focus of interest for cotton finishing pertaining to fabric softness, good performance, and fashionable looks as well as the potential to simplify and cheapen the manufacturing process. Complete or partial replacement of pumice stones by cellulose enzymes for the effect of "stone-washing" on denim is well established, and the concept of "bio-polishing" has been extended to knitted structures and blended fabrics (see further 6.3.2) [301].

The enzymatic scouring process can be applied to cellulosic fibres and their blends (for both woven and knitted goods) in continuous and discontinuous processes. When enzymatic desizing is applied, it can be combined with enzymatic scouring. The process can be applied using jet, overflow, winch, pad-batch, pad-steam or pad-roll equipment. Price performance is claimed to be economical when considering the total process costs.

Sodium hydroxide used in conventional scouring treatment is reported to be no longer necessary. This is only conditionaly right as seeds cannot be fully remove by enzymes, and the white grade is thus lower. Nevertheless, the following advantages are reported of enzymatic scouring over the traditional procedure (see next table) [2; 179].

	Enzymatic scouring	Enzymatic scouring + bleaching with reduced concentration of hydrogen peroxide and alkali
Reduction in rinsing water consumption	20%	50%
Reduction in BOD-load	20%	40%
Reduction in COD-load	20%	40%

Table 4-11:   ***Environmental benefits achieved with an enzymatic scouring process***

A typical process for a pad-batch process combining scouring and desizing in one step is as follows:

- impregnation at 60°C (pH 8-9.5) with:
    - 2-3 ml/l wetting agent;
    - 2-5 ml/l emulsifier;
    - 5-10 ml/l enzymatic compound;
    - 4-6 ml/l amylase;
    - 2-3 g/l salt;
- storing for 3-12 h, depending on the amount and type of starch;
- extraction and rinsing.

The environmental benefits remain as yet unclear as enzymes contribute to the organic load and their action is based on hydrolysis rather than oxidation. The organic load which is not removed with enzymatic scouring may appear in the later wet processing steps. A more global balance would probably reveal no significant improvement.

Quality aspects (good reproducibility, reduced fibre damage, good dimensional stability, soft handle, increased colour yield, etc.), technical aspects (e.g. no corrosion of metal parts) as well as ecological and economical aspects are reported as reasons for the implementation of the enzymatic scouring technique [309, 303]. Yet, enzymatic hydrolysis to decrease stiffness, ease stretchability, and generally loosen the structure of fabrics was found to be also abliable to other cellulose fibres such as linen, ramie, and regenerated cellulosics [301].

4.3.3 Bleaching

Bleaching improves the whiteness of textile material, with or without the removal of natural colouring matter and/or extraneous substances.

The textile substrates treated are mainly woven and knitted fabrics, but yarn can also be bleached. Textile fibres that can be bleached are greige goods of natural fibres such as cotton, linen, jute, ramie coco, as well as wool, silk and synthetic fibres (see sections concerned for more details).

A more specific application of bleaching processes are their use as reparing treatment of unintentional felting of cotton fabrics [378].

Types of treatment:

<u>Oxidative bleaching</u>: the bleaching agent is a chemical reagent who decomposes in alkali solution and produces active oxygen. This active oxygen is in fact the intrinsic bleaching agent as it will further destroy partly or completely the colouring matter present in textile materials, and leave them white or considerably lighter in colour. The bleaching agents used are:

- hydrogen peroxide (H_2O_2);
- sodium hypochlorite (NaClO);
- sodium chlorite ($NaClO_2$);
- potassium permanganate ($KMnO_4$);
- ozone;
- peracetic acid.

<u>Reductive bleaching</u>: the bleaching agent will destroy the colouring matter by reductive reaction of sulphur dioxide SO_2.

The bleaching agents used are:

- sodium dithionite ($Na_2S_2O_4$) also called Hydrosulphite;
- thiourea dioxide;
- hydroxylamine sulphate.

Bleaching may be carried out as a single treatment with or in combination with other treatments such as scouring and desizing. A combination of all three treatments is also feasible (see section 4.3.4).The bleaching treatment involves similar operational steps and machines as scouring treatments. To produce completely white articles using natural fibres, a second bleaching (with more of the same or with a different bleaching agent) is often necessary. The bleaching treatment will influence primarily the subsequent finishing treatments. However, it is also important to bear in mind that the pretreatment steps will influence the success of the bleaching. An alkaline scouring, for example, will improve the bleaching effect and at the same time simplify the bleaching process as fewer and less aggressive treatments are necessary. The ecological impacts of a good cogitate pretreatment sequence are evident.

In section 4.7.1, the bleaching agents and their characteristics are summarised in Table 4-12.

The specificity of the different bleaching agents leads to characteristic bleaching treatments and whiteness grade. Combined bleaching treatments are necessary for bright white results. The first bleaching is often a Hypo chlorite or Chlorite bleaching. The second step would then be a Peroxide treatment (e.g. the so-called CE/ES bleaching of cotton knitwear). Sometimes the fabric may be bleached in a reused Peroxide bleaching bath first, after which a bleaching with Hypo chlorite follows. The bleaching bath with Hydrogen peroxide which finished the treatment is then reused in subsequent scouring bath (so-called "Mohr" bleaching). A new and well applied method of combined bleaching treatments is the so-called Solvay method. The fabric is impregnated with Sodium Hypochlorite and left to react for 10-20 min. The subsequent bleaching with Hydrogen peroxide takes place without drying the fabric ("active Hydrogen" bleaching). In a similar treatment Sodium Chlorite may be used first to impregnate the fabric [17].

Auxiliaries which can be used in bleaching processes are summarized in the following table [266; 273; 93].

Function	Chemicals
Stabilisers	Mixture of complexing agents (see also 7.2.2), sugar polymers, organic hydroxylic compounds and carboxylic acids, phosphonic acid derivatives, organic phosphorous compounds, phosphonates, protein-fatty acid condensate, salts of organic polyacids, acrylic polymers, protective colloide, organic metal complex compounds, silicates, polycarboxilic acids
Co-stabilisers	polyacids, anionic and non-ionic surfactants (APEO-free), organic phosphorous compounds
Activators	sodium chlorite, sodium hydroxide, silicates, enzymes (catalases), sodium sulphite, mixture of organic activators for acid bleaching (urea, boric acid), mixture of complexing agents for acid bleaching, peroxide activator (e.g. tetraacetylethylenediamine)
Wetting agents/detergents and de-aeration agents	surfactants stable in acidic or alkali conditions: alkensulphonate with alkyl polyglycol ether, combination of anionic and non-ionic components, phosphoric esters with emulsifiers, defoamed non-ionic surfactants (APEO-free) (see further 4.7.2)
anti-corrosion agent	nitrates
anti-slipping agent	polyacrylamide

Table 4-12: **Bleaching auxiliaries**

See further section 7.1.2 dealing with environmental issues of pretreatment processes, where the substitutions of sodium hypochlorite and chlorine-containing compounds in bleaching operations are discussed.

Bleaching of cotton

The bleaching steps necessary to whiten cotton depend on many factors such as desired bleaching grade, quality of the cotton, structure of the fabric, etc. Combined treatments using different bleaching agents are usually applied.

Compromises are obligatory as each bleaching step will also reduce the polymerisation of the cellulosic material. The bleacher may, to a certain extent, choose the reaction conditions to mild in order to avoid an overly and strong destruction of the cotton.

Mainly knitted or woven cotton fabrics are bleached; however, the bleaching of yarn is also occasionally required.

Continuous bleaching treatments usually involve the following operations steps:

- impregnating of the fabric with cold or hot bleaching liquor;
- heating with steam or;
- sitting in a steamy atmosphere;
- washing.

A thoroughly washing of the fabric, prior to bleaching may also be advisable in order to avoid unnecessary bleaching (and by the way unnecessary consumption of bleaching chemicals) of impurities and soil.

Discontinuous treatments are also possible.

Standard recipes for bleaching processes are compiled in the Table 4-13, Table 4-14 and Table 4-15, data from [2].

Chemical	[g Telquel/kg textile substrate]		Explanations
	continuous and Optimised process	discontinous process	
H_2O_2 (100 %)	5 – 15	5 – 15	Stabilised by phosphoric acid and organic stabilisers
NaOH (100 %)	4 – 10	4 – 30	At the beginning of the bleaching process the phosphoric acid is neutralised and looses its stabilising effect
Complexing agents*)	0 – 2	0 – 2	For complexing calcium and heavy metal ions the same compounds are used like for scouring; magnesium may not be complexed because it is needed for the stabilisation of H_2O_2
Organic stabiliser*)	0 – 10	0 –20	For the stabilisation of H_2O_2, many products are available which contain complexing agents for calcium and heavy metal ions, such as gluconate, NTA/EDTA/DTPA, polyacrylates and phosphonates; in Germany DTPA is no more applied and EDTA to a minor extend
Surfactant	2 – 5	2 – 10	The same compounds are applied like for desizing and scouring
Sodium silicate*)	8 – 20		Sodium silicate acts as pH buffer, alkali supplier, anti-catalyte and stabiliser
Water consumption [l/kg textile substrate]	6 – 12	ca. 50	Rinsing is included
*) The consumption of complexing agents, organic and inorganic (silicate) stabilisers vary in total from 0 – 20g/kg. Like for scouring the consumption can be significantly reduced by acidic pretreatment.			

Table 4-13: **Standard recipe for bleaching of woven fabric consisting of cotton and cotton blends**

Chemical	[g Telquel/kg textile substrate]		Explanations
	continuous and optimised process	discontin. process	
NaOCl (as active chlorine)	5 – 6	ca. 30	
NaOH (100 %)	1 – 3	5 - 15	
Surfactant	2 – 5	2 - 10	
Water consumption [l/kg textile substrate]	n.d.	n.d.	

Table 4-14: **Standard recipe for bleaching with hypochlorite of knitted fabric consisting of cotton and cotton blends**

Chemical	[g Telquel/kg textile substrate]		Explanations
	continuous and optimised process	discontin. process	
H_2O_2 (100 %)	5 - 15	5 – 15	
NaOH (100 %)	4 – 10	4 - 30	Usually the lower dosage is applied because in case of knit fabric seed shells are already removed to a high extend
Complexing agents	0 – 2	0 - 2	See Table 4-13
Organic stabiliser	0 – 10	0 - 20	See Table 4-13
Surfactant	2 – 5	2 - 10	See Table 4-13
Sodium silicate	8 – 20	0 - 20	See Table 4-13
Water consumption [l/kg textile substrate]	n.d.	n.d.	

Table 4-15: **Standard recipe for bleaching with hydrogen peroxide of knitted fabric consisting of cotton and cotton blends**

Hydrogen peroxide is at present the most commonly used bleaching agent. This technology is ecologically acceptable and economically feasible. However, the washing step after bleaching is a step which consumes large amounts of water, since residual hydrogen peroxide has to be removed to avoid problems in the subsequent dyeing processes (especially when dyeing with reactive dyes). Catalase is an enzyme for textile applications which can decompose residual hydrogen peroxide in fabric prior to dyeing and is applied after draining the bleaching bath [212] (see further 7.1.2, for process-specific treatment techniques of waste water).

Bleaching of linen (flax)

The non-cellulosic material of linen is higher than in cotton and the fibre is therefore very difficult to bleach correctly. Grass bleaching (crafting) is no longer used as a method. Nowadays, different combined bleaching treatments are standard. Many of them include steps in which the linen material is submitted to a hot alkali bath.

Bleaching of ramie

This fibre is itself white, so that a one step bleaching treatment with sodium hypochlorite, sodium chlorite or hydrogen peroxide may be sufficient.

Bleaching of jute

Jute is a fibre which is difficult to bleach. Hydrogen peroxide or sodium chlorite is often used. If sodium chlorite is used a second bleaching with hydrogen peroxide is necessary.

Bleached jute has very poor light proofing properties as lignin impurities remain on the fibres. A better bleaching method may be a treatment with potassium permanganate in a strong phosphor acid bath, followed by a washing with sodium bisulphite.

Bleaching of coco

This fibre may be whitened by a hydrogen peroxide or a sodium dithionite treatment. A combination of the two treatments is often used.

4.3.4   One-step desizing, scouring and bleaching of cotton fabric

Combining three operations in one allows for significant reductions in water and energy consumption. The following description of the process is taken from [2].

For woven fabric and its blends with synthetic fibres, a three-stage pretreatment process has been the standard procedure for many years, comprising:

- desizing;
- scouring;
- bleaching.

New auxiliaries' formulations and automatic dosing and steamers allow the so-called "Flash Steam" procedure which telescopes desizing, alkaline cracking (scouring) and pad-steam peroxide bleaching into a single step.

Within the space of 2-4 minutes (with tight strand guidance throughout), loom-state goods are brought to a white suitable for dyeing. This is a big advantage, especially when processing fabrics that are prone to creasing. The chemistry is simple and completely automated with full potential for optimum use.

The recipe consists of:

- 15-30 ml/kg Ciba Tinoclarite FS (phosphorus-free mixture of bleaching agents, dispersant,

wetting agent and detergent: see sections 4.7.1 and 4.7.2);
- 30-50 g/kg NaOH 100%;
- 45-90 ml/kg H_2O_2 35%.

The sequence of the "Flash Steam peroxide bleach" is:

1. application of the bleaching solution;
2. steam 2-4 min (saturated steam);
3. hot wash off.

Companies with new machinery suitable for this process can apply this technique.

4.3.5 Mercerising/caustic soda treatment

Mercerising/caustic soda treatments are applied:
- to improve tensile strength, dimension stability and lustre of cotton;
- to improve the ability to take up dyes(increased level of dye exhaustion).

The textile substrates treated are yarn, woven and knitted fabric.

Textile fibres that can be mercerised/soda treated are cellulosic materials such as cotton, viscose and blends (cotton/silk, cotton/wool, cotton/synthetics), as well as linen.

Types of treatments:

- mercerising with tension;
- causticising or slack mercerising (without tension);
- ammonia mercerising.

Mercerisation is the treatment of cellulose textiles in yarn or fabric form with a concentrated solution of caustic alkali whereby the fibres are swollen, the strength and dye affinity of the materials are increased, and their handle is modified.

The process takes its name from its discoverer, John Mercer (1844). The additional effect of enhancing the lustre by stretching the swollen materials while wet with caustic alkali and then washing off was discovered by Horace Lowe (1889).

The modern process of mercerisation involves both swelling in caustic alkalis and stretching to enhance the lustre, to increase colour yield, and to improve the strength of the cotton.

The mercerising treatment usually involves usually the following operational steps:

- Impregnating with caustic liquor;
- Stretching;
- flushing under tension;
- reducing the acidity (first with hot water and steam; second with acetic acid);
- flushing.

A related process, the so-called liquid ammonia treatment, produces some of the effects of mercerisation.

For effective mercerising, complete penetration (wetting) of the fibres by the concentrated caustic liquor must occur. Besides the addition of wetting agents, the following special treatments may be applied:

- <u>Hot mercerisation</u> is the treatment of cellulose fabric with a hot concentrated solution of caustic alkali to facilitate uniform penetration prior to cooling and stretching etc., so as to improve the degree of mercerisation.

- <u>Slack mercerisation</u> is the mercerising of a fabric in absence of tension, or under reduced tension. After washing-off, the fabric remains in a shrunken condition, and consequently a high degree of yarn crimp is obtained and the fabric becomes more extensible. There are two reasons for operating this process: to produce a stretch fabric or as part of the process for suede imitation (the so-called "Simplex" textiles). Dye absorption is increased but lustre is not.

<u>Post mercerisation of linen</u>: crease resistant linen fabrics may be produced by treatment with urea formaldehyde resin followed by a mercerising treatment in order to improve durability and suppleness.

The following table presents a summary of the chemicals used during the treatments [17]:

Function	Chemicals	Application
Mercerising asset	conc. caustic soda conc. KOH/NaOH ammonia	270-300gNaOH/l for cotton/viscose blend
Mercerising and causticising auxiliaries: Wetting agents	derivative of special alcohol alkanol sulphonate alkyl sulphonate alkyl sulphate sulphated alcohol comb. sulphonates + sulphated fats	See further section 4.7.2 and 4.7.3
Fibre protecting agent in pretreatment	glycerine sodium chloride	as cotton/silk or cotton/wool are mercerised as cotton/viscose is mercerised

Table 4-16:   **Main mercerising chemicals**

4.3.6 Optical brightening

Optical brighteners increase the apparent reflectance of the textile in the visible region by converting ultra-violet radiation into visible light and so increase the whiteness or brightness.

Optical brightening is in fact a colouring technique as a substance is added to the textile substrate. This treatment may also be applied before colouring to hide the impurities still present after, for example, scouring. The synonym terminology of fluorescent brightening may therefore only be used as the brightening substance remains on the end-product.

The addition of blue to counter the natural yeollow creaminess of cotton and wool has been known for some time. Blue was added even after bleaching. In the 1930s and 1940s, home laundering of white cotton shirts was normally accompanied by the addition of blueing in the final rinse water. The use of Prussian blue and Ultramarine in final rinses was accepeted as standard practice. Later, substantive materials that absorbed energy from the UV and re-emit it in the visible were developed, thereby enabling "whiter-than white" cotton. One of the most succesfull of these products was 4,4′-Diaminostilbene-2,2′-disulphonic acid [81-11-8]. Stability to high temperatures and chemical systems has been improved to allow incorporation of these in industrial belaching recipes [201]. Examples of optical / fluorescent brighteners are listed in the following table.

Name	CAS-Number	Examples of products
C.I. Fluorescent Brightener 113	12768-92-2	Blankophor BA 267%; Blankophor BA
C.I. Fluorescent Brightener 119	12270-52-9	Blankophor REU 170%; Blankophor REU Pulver 300%; Blankophor REU
C.I. Fluorescent Brightener 134	3426-43-5	Leukophor PC (flüssig)

Table 4-17:   *Examples of optical brighteners*

4.3.7 Cationisation (surface modification)

Chemical modification of the cellulosic surface (i.e. introducing cationic sites) improves the ability to uptake anionic dyes.

A number of methods for cationisation have been developed so far, however, the ideal method has not yet immerged. A new, practical, economical, and dyer-friendly method for cationising cotton, in particular, remains needed by the industry [151].

The modification of cotton with amino groups on the fibres surface can be obtained with a number of reactive substances containing primary, secondary or tertiary amino groups, or rather quaternary ammonium groups. Either modification processes in alkali or acidic medium were developed. However, only modification with primar and secondary amino groups shows promising improvement of dye uptake in exhaust process. Dyeing with reactive dyes is thus possible without addition of electrolyte. The fixation rate of dyes is improved, but level dyeing remain difficult. Yet, a significant yellowing of the fabric occur, if no further bleaching is made. Another disadvantage of the process is that fabrics have to be intensively washed to remove unfixed dyes [240].

Another kind of surface modification of cotton is an improved easy-care treatment with classical crosslinking agents (6.4.5). The surface modification agent N-methylglucamin, for example, is added to the crosslinking reactant, but show only interesting results when bright and medium shade are needed. Modification with imidazole derivatives such as bishydroxymethyl-imidazol (and $MgCl_2$ catalyst) or monohydroxymethyl-imidazole as alternative formaldehyde-free crosslinking systems also show promising results [240]. The main surface modification of cellulose fibres are summarised in the following table.

Surface modification	Examples of modification agents	Comments
Reactive quartenary ammonium compounds	Mainly ammonium salts with N-epoxy-2,3-propyl or N-3-halogen2-hydroxypropyl group, e.g. N-epoxy-2,3-propyl-N,N,N-triethylammonium chloride	System can not be applied using continuous process, leads to odour nuisance and toxicological by-products (i.e. epichlohydrine residual)
Reactive halogen-triazine compounds	Mainly monochloro-triazin chlorine salt derivates	Continuous application process
Reactive amines, in alkaline medium	Aminoalkyl-halogenide, carbonic-, phosphoric or sulphuric acid esters containing amino groups, e.g. 2-chlorethylamine, 1,1-dimethyl-3-hydroxyazetidiniumchloride, 2-sulfatoethyldimethylamine, 1,3-diamino-2-sulfatopropan, sulfatoethylendiamin, trisulfatopropylamine, disulfatodiethylamine	System was optimised to be applied with padding-thermofixing technique, without addition of electrolyte; method may release toxic ethylimin Most patented systems have no practical interest till now (see text)
Reactive amino compounds, in acidic medium (ammonium addition)	Hydroxymethylated imidazole compounds like for example 2-methyl-4,5-dihydroxymethyl-imidazole or 4-methyl5-hydroxymethyl-imidazole(with additional catalysts like MgCl2 + NaBF4 or citric acid, or acetic acid)	Ammonium is fixed directly to the fibre surface by means of chemical reaction of the reactive group incorporated in the substance (see text) The continuous process needs no additional electrolytes
Non-reactive amino compounds, in acidic medium (ammonium addition)	N-methylol crosslinking compounds (DMDHEU, trimethylolacetyl urea) with additives like e.g. cholinchloride, mono-, di- or triethanolamine, 4-(2-hydroxyethyl)-morpholine, 1-(2-hydroxyethyl)-piperazine, car-bamoylethylamine derivates	Ammonium is fixed by means of simultaneous crosslinking reactions of a reactant crosslinker (easy-care treatments, see text)

Table 4-18: **Main surface modification systems for cellulosic fibres**

4.4 Pretreatment of wool

As wool has to be treated, it is important to verify if the reaction of the treatment will target:

- the impurities and foreign materials present on/in the wool fibres after being shaped;
- the surface of the wool, to made characteristic feltings, etc or improve the colouring properties;
- the inherent properties of the wool to thermo treat or to relax the material.

An important aspect of wool is the fact that the fibre is made of protein. This protein -known as keratin - enables many types of chemical reactions to influence the properties of the textile. It is important to bear in mind that after each reaction/treatment, the amphoteric character of the fibre must always be respected. The pH may therefore always be brought to the isoelectrical point.

After shearing, wool is mechanically treated to shake out dirt and open the fleece in order to improve the efficiency of subsequent scouring. The raw wool is then scoured by aqueous washing; solvent scouring is less widely practised. The most common treatments before colouring wool are:

- raw wool scouring: aqueous and/or solvent washing;
- carbonising;
- scouring (desizing treatment);
- fulling/crabbing/thermo fixing;
- easy-care treatments and anti-felting, anti-shrinking treatments: walking/felting/softening;
- bleaching.

The special treatments such as easy-care, anti-felting and anti-shrinking will be exposed in the chapter concerning special finishing treatments (6.4.5). Further novel treatments such as plasma treatment for imparting better dyeing ability are discussed in section 6.6.2.

4.4.1 Raw wool scouring

The washing of raw wool – so-called raw wool scouring- has several aims:
- to remove natural impurities such as wool grease, suint (dried perspiration) and dirt;
- to remove residues of insecticides, acaricides or insect growth regulators (veterinary medicines to protect sheep from ectoparasites, such as lice, mites, etc.);
- to make the wool suitable for further processing.

When considering the ability of solving the different contaminants present in raw wool, one may be aware of the specificity of wool washing treatments. Wool grease is insoluble in water (but soluble in non-polar solvents such as dichloromethane or hexane) and needs, therefore, the addition of special surfactants to water. Suint arises from the secretion of the sweat gland in the skin and is soluble in polar solvent such as water and alcohol. Dirty materials present on raw wool can be mineral dirt, sand, clay, dust, and organic materials.

Scouring can occur with: [17]

- water, especially soda treatment at pH 10-11 with additional surfactants, at different temperatures (this is the most common washing treatment);

- organic solvent like perchloroethene, dichloromethane, or "Freon" (difluorochloroethane). Solvent washing is not as widely used as the treatments mainly used to remove grease. Combined water/Isopropanol/hexane washing may be therefore applied (e.g. Sover-de-Smet process)(see further discussion below: wool scouring with organic solvent).

No matter what kind of washing is used, all these treatments will destroy the grease so that additional greasing with lubricants is necessary before wool is to be spun, knitted or weaved. Therefore yarns, knitted and woven fabrics must be re-washed ("desized or scoured") before bleaching and colouring.

Raw wool scouring with water

The process is done by passing the wool through a series of wash bowls and subsequent squeeze presses. The machine is often a so-called "Leviathan" scouring machine, where clean water is added to the last bowl and passes via a counter flow system from bowl to bowl. The final discharge in the first bowl occurs in a controlled manner as wool fat –Lanolin- is recycled and effluent may be decontaminated of impurities such as ectoparasiticides.

Table 4-19 points out the different scouring agents necessary for raw wool scouring [17].

Treatment steps	Scouring agents and additives
1. washing (bowl)	hot water (40 – 45 0C) sodium carbonate or other alkali (as detergent builder) at pH 10-11 detergent (synthetic non-ionic like alcohol ethoxylate and alkyl phenol ethoxylate)
2. washing (bowl)	hot water (nearly 38 0C, melting point of wool fat) some builders and detergents as above mentioned, usually at lower concentration sodium bisulphite solution (optional)
rinsing cycle	hot water (nearly 38 0C) anti-electrostatic agents (last rinsing step) ph adjustment (last rinsing step)

Note: as washing occurs near pH 4,6 – the isoelectrical point of wool – the fibre damage is minimised. Special acid resistant detergents are offered for this kind of washing; however, this acid wool scouring treatment is not used in practice as the acid washed wool may have less suitable properties when spun.

Table 4-19: ***Scouring agents and auxiliaries used in raw wool scouring***

Before wool is suitable for further processing, the ph of the fibres must be readjusted to isoelectrical point in the last rinsing bath. Anti-electrostatic agents may also be added to facilitate easier subsequent spinning.

In Table 4-20 a typical recipe for the raw wool scouring is compiled [2].

Chemical	[g Telquel/kg textile substrate]	Explanations
Soda	n.d.	
Surfactant	n.d.	Non-ionic types See 4.7.2
Water consumption [l/kg textile substrate]	ca. 4	In case of optimised continuous process

Table 4-20: ***Standard recipe for the raw wool scouring***

The removing of residues like insecticides and other so-called ectoparasiticides from raw wool will have important implications for the discharge of scouring effluent. The chemicals known to be present in raw wool include [2, 30]:

- Organochlorine insecticides (OCs);

- Organophosphorous insecticides (OPs);
- Synthetic pyrethroids insecticides (SPs);
- Insect growth regulators (IGRs).

The permitted legal use of these sheep treatment medicines varies in each country. Manufacturers of raw wool may therefore use a database containing quantitative information on the OC, OP, and SP content of wool from major producing countries [2].

Wool scouring with organic solvent

The description of the treatment is mainly taken from [2], as not other wise mentioned. The Wooltech wool cleaning system involves the use of a non-aqueous solvent (trichloroethylene) and does not use any water in the washing process.

The technique is reported to be applicable to any kind of wool. Typically, plants with 250 kg/h or 500 kg/h of clean wool (852 kg/h of greasy wool) capacity are used; however, smaller plants may also be considered. Scarcity of water is most likely the main driving force for the implementation of this technique.

The use of water is avoided in the actual wool cleaning process. The only source of water emission is moisture introduced with the wool, steam used in vacuum ejectors and moisture recovered from air drawn into the equipment. This water is treated in two steps comprising a solvent air stripping unit and a residual solvent destruction unit. Here the residual traces of solvent are destroyed using a free-radical process based on the Fenton reaction (iron and hydrogen peroxide).

Since pesticides adhere strongly to the solvent and are discharged with the grease, the clean wool is reported to be pesticide free. This has positive implications for the downstream processes where wool is finished.

Another positive effect of this technique is the reduction in energy consumption due to the low latent heat of evaporation of an organic solvent compared to water.

A nominal consumption of 10 kg/h of solvent is reported for the production of 500 kg/h of clean wool. Part of this solvent ends up in the water stream, as described above, and is destroyed. The remaining portion is partly emitted as exhaust vapour (0.01 kg/h), part of which is accounted for as uncaptured losses (5 kg/h).

It is reported that uncaptured losses can generally be very low; however, this is directly related to how the plant operators undertake maintenance and how the plant is managed. The "Wooltech process" has prepared a Code of Conduct for operators with strict maintenance, quality control and management practices to address all environmental, health and safety issues.

The "Wooltech system" uses trichloroethylene as its solvent. Trichlorethylene is a non biodegradable and persistent substance. Unaccounted losses of this solvent arising from spills, residues on the fibre, etc. may lead to diffuse emissions resulting in serious problems of soil and groundwater pollution.

114

4.4.2 Carbonising

Carbonising is a chemical treatment used to remove vegetable impurities which may remain on scoured wool after mechanical treatments.

The textile substrates treated are:

- floc/loose fibre (only fibre used to produce fine fabric for garments, so-called worsted fabrics);
- fabric (not applied in the carpet sector).

Carbonising may be practiced on fabrics before or after felting (depending on the quality) as well as before or after colouring. Carbonising of raw fibre is rare as the material is then difficult to dye (e.g. afterchromic dyes cannot be used or different carbonised yarns will lead to irregularities in the colour affinity of the woven fabric)

Synthetic fibres (PA, PAC, PES, etc), which are not damaged by the treatment, can also be carbonised. The carbonising treatment can also be applied on wool blends.

The principle of the process is treatment using a strong acid (mainly sulphuric acid) to transform cellulose easily (mechanically) removable hydrocellulose. The best effects are obtained with good pre-washed and dried material. Some processes therefore recommend pre-washing or impregnating the fabric with Perchloroethylene.

The classical carbonising treatment of fabrics usually involves the following operational steps:

- impregnating with sulphuric acid (6-9 % of acid);
- squeezing, exhaustion or whizzing of the surplus acid solution (5% solution relative to fabric weight may remain);
- baking at 60-90 °C to concentrate the acid;
- baking at 105-130 °C (carbonising);
- rumbling and rapping (mechanical treatments) to remove the carbonised particles;
- washing and neutralising with dilute ammoniac.

The use of wetting agents leads to thorough wetting of the greige goods and reduces impregnation time. To avoid damage of the wool, an excess of sodium carbonate may be added to the neutralising liquor.

Table 4-21 gives an overview of the carbonising liquors and assistants used [17]. A typical recipe is compiled in Table 4-22, from [2].

Liquors	Carbonising assistants
Carbonising liquors: Mainly: 6 – 9 % H2SO4 HCl gas or acid solution (especially when recovering wool from rags) Aluminium chloride/hydrochloric acid at 130 °C (special United States-method) Aluminium chloride (for wool/synthetic fibres blends)	Wetting agents which are acid-stable: Alkyl aryl sulphonates Alkyl sulphonates Alkyl sulphates e.g. Alkylnaphtalene sulphonate; alkylphenol ethoxylates; alkyl polyglycol ethers
Neutralising liquors	
Dilute ammoniac + excess sodium carbonate	

Table 4-21: **Carbonising agents and auxiliaries**

Chemical	[g Telquel/kg textile substrate]	Explanations
H_2SO_4 (100 %)	35 – 70	
Surfactant	1 - 3	
Water consumption [l/kg textile substrate]	ca. 3	In case of optimised continuous process

Table 4-22: **Standard recipe for wool carbonising**

4.4.3   Scouring/desizing

The combined treatment of scouring and desizing removes lubricants – also called lubricating oils, rag pulling oils or batching oils - and in some cases also removes sizing agents from woollen yarns and fabrics.

Typical substances that must be removed by scouring wool can be classified as:

- soluble in water;
- insoluble in water, but able to emulsify with detergents;
- insoluble in water and non/poorly emulsifying with detergents. These substances are only removable with organic solvent.

The washing will therefore occur with water or with organic solvent (dry cleaning).

Water washing	Sodium carbonate or bicarbonate solution (neutral or weakly alkaline conditions)
	Detergents: mixtures of anionic and non-ionic surfactants (e.g. alkyl sulphates, fatty alcohols, alkylphenol ethoxylates)
Dry cleaning (less common)	Perchloroethylene (most widely used)
	Water and detergents (optional to provide a softening effect)

Note: in wool carpet yarn production, the scouring process with water can be combined with chemical setting of yarn twist (by addition of reductive agents such as sodium metabisulphite) and/or insect-resistance impregnation [17].

Table 4-23: ***Washing (scouring) solutions for wool***

Worsted (or combed) wool undergoes a short water washing (10 – 20 s dipping) with strong non-ionic detergents. The treatment usually occurs on the same machine used for subsequent dyeing. Coloured worsted wool is first washed with an ammoniac solution to remove non-fixed dyes. The treatment is finished with a washing in a solution of formic acid and anti-electrostatics.

Woven or knitted fabrics are commonly washed not only to remove lubricants but also to give the fabric a special lustre or handle. Furthermore, the fabric is relieved from tensions of the proceeding knitting or weaving. Here to, ammoniac solution may be used to pre-wash the fabric.

A typical recipe is shown in Table 4-24, from [2].

Chemical	[g Telquel/kg textile substrate]	Explanations
Soda or	0 – 5	
ammonia (100 %)	ca. 2.5	
Surfactant	3 – 20	
Water consumption [l/kg textile substrate]	n.d.	

Table 4-24: ***Standard recipe for wool washing and felting***

4.4.4 Crabbing / thermo-fixing / sanforizing

These kinds of treatments are mainly applied to

- improve dimension stability of woollen fabrics and in so doing avoid shrinking during subsequent treatments;
- dispatch folding and breakings which might have occurred during washing.

The textile substrates treated are mainly worsted yarns and special fabrics.

Crabbing is a process used in the worsted trade to set fabric in a smooth flat state so that it will not cockle, pucker or wrinkle during the subsequent wet processing. The fabric is treated in open-width and under warp-way tension in a hot or boiling aqueous medium, the tension being maintained while the fabric is cooling. The term flat setting is particularly used in the finishing of woven wool fabrics, where setting is usually achieved by steaming under pressure.

The appellation *thermo-fixing* (or thermo-setting) is used to describe the use of hot vapour to set the textile substrate (often in combination with colouring treatments).

The treatments may be applied before or after colouring; the treatment before colouring is the preferred method.

There are many possible treatments and specially adapted machines available on the market for this purpose. Many of them are trade marked processes.

Sanforizing is a controlled compressive shrinkage process. The trade mark Sanforized(r) is owned by Cluett-Peabody Inc. and can be applied to fabrics which meet defined and approved standards of washing shrinkage.

Despite the fact that hot water or steam is used to fix the fabric, many of these processes apply special chemicals to improve the dimension stability of wool. The "Siroset" process for example, applies Monoethanolaminsulphite (MEAS). These special finishing treatments will be reported in more detailed in section 6.4.5 [17].

4.4.5 Fulling / felting

There are several different treatments depicted under this heading.

Felting is the matting together of fibres during processing or during use (see milling, fabric finishing, and felt).

Fulling/milling (as fabric finishing) is the consolidation or compacting of fabrics which usually contain wool or other animal fibres. Note: the treatment which is often done in a rotary milling machine or in milling stocks produces relative motion between the previously soaked fibres of a fabric depending on the type of fibre, the structure of the fabric and on variations in the conditions of milling. A wide range of effects can be obtained varying from a slight alteration in handle to dense matting with considerable reduction in size.

Continuous yarn felting is a process whereby slivers, rovings, slubbings, or yarns are felted on a continuous basis. This is achieved by passing wool-rich material through a unit where it is agitated in an aqueous medium where felting takes place. The process is used to produce a yarn or to consolidate a spun yarn.

A felt is a textile fabric characterized by the entangled condition of many or all of its component fibres.

Three classes of felt can be distinguished:

- pressed felt (mechanical or sheet felt), which is formed from a web or vatt containing animal hair or wool consolidated by the application of moisture, mechanical action and heat which cause the constituent fibres to mat together;
- woven or knitted felts formed from staple fibre fabrics having some wool or animal hair content. These are subjected to the processes identified in (a) to such a degree that the original fabric construction is completely obscured by the smooth felted surface;
- needle felt (also defined as needle-bonded, needle-punched, or needled fabric): a non-woven structure formed by the mechanical bonding of a fibre web or batt by needling.

Hardening (felt manufacture) is a process in the pressed felt industry as well as in the hat manufacture industry in which a mass of loose fibres, after being roughly shaped by carding and forming, is subjected to a high-speed vibratory motion in the presence of steam while under considerable mechanical pressure.

Tumble felting is a method of felting hanks of wool yarn in either aqueous or other solvent media using rotary washing or dry cleaning machines.

Structured needle felt is a pile fabric formed by subjecting a previously needled web or batt to a further punching operation with forked, single barb, or side-hook needles. Rib, velour and patterned structures may be produced [17, 83].

4.4.6 Anti-felting treatments for wool (easy-care finishing)

Easy-care treated wool is reasonably resistant to disturbance of fabric structure and appearance during wear and washing and requires a minimum of ironing or pressing.

There are 3 types of treatments able to inhibit the natural property of wool to felt [17]:

- subtractive treatments will chemically modify the surface and inherent properties of wool;
- additive treatments will permanently impregnate the shelter layer with a film or selectively weld it;
- combined treatments.

The principle of <u>subtractive treatments</u> happens when the bisulphite bonds of the cuticle cysteine are split up. The actions of enzymes or alkali in organic solvents are said to be processes no longer in use. Nowadays, the treatment applies chemicals which oxidize the surface cysteine bonds. Oxidation agents which come into consideration are listed in the following table, the information are taken from [17; 206; 278]:

Oxidation agent	Characteristics
Potassium permanganate	The oxidation of the shelter layer with potassium permanganate shall be completed by a second treatment with sodium bisulphite (to remove the manganese oxide)
Sodium peroxymonosulphate (SPMS)	SPMS is used in the production of wool goods which require relatively low shrink resist performance and has long been known to produce an inferior shrink resist effect to chlorine; environmental problems occur as the treatment produces effluent containing sulphate; the mechanism of action is similar as the one proposed for SMPP[206]
Sodium monoperoxyphtalate (SMPP)	SMPP treatment first oxidise the cysteine moieties of the wool scales and opens the disulphide bonds for a subsequent treatment with sodium sulphite; newest method proposed an after-treatment with the enzyme Papain to permit reaction of the pre-oxidised wool and enhance felting resistance, a pretreatment with lipase is essential for no ball formation [206]
Chlorine: Gaseous Sodium hypochlorite Sodium dichloroisocyanurate	Chlorination of wool occurs with gaseous chlorine (dry chlorination), hypochlorite or sodium dichloroisocyanurate (DCCA) (see below for details). After the treatment, the wool shall remain free of chlorine. The less reactive acid, or salts of potassium or sodium of dichloroisocyanurate are used in improved chlorination processes
Peroxymonosulphuric acid	H_2SO_5
Potassium peroxymonosulphate	See SPMS
Peracetic acid	
Hydrogen peroxide	See also section dealing with bleaching agents
Sodium sulphite	See also section dealing with bleaching agents, used as alternative to chlorination (see below)
Sodium dithionite	See also section dealing with bleaching agents, used as alternative to chlorination (see below)
Ozone	The process not overcome the test stage (Disruptomatic-C-process Irnel 2000, ITF-process [17])

Table 4-25: **Oxidation agents for anti-felting treatments of wool**

The oldest and best oxidation agent for wool is sodium hypochlorite (the process is therefore often referred too as "chlorination of wool"). This oxidation agent has been used for years to prepare woollen fabrics before printing. The treatment also improves the ability of the fabric to take up dyes and gives the textile a better handling and easy-care properties. The risk of damage to the fibre during this process is high, which is why formic acid is occasionally added and temperatures lower than 10 °C are used. Buffer agents ("chlorination carrier") such as cationic active amine may also be added to better control the reaction.These auxiliaries combine with the liberated chlorine to form chloramines that react with the wool slowly and gradually. Alternatively, sodium dichloroisocyanurate (DCCA) is used as an oxidation agent as it is easier to control the chemical reaction (so-called neutral chlorination, even though the pH of the reaction may be 5,5) [278].

During the "Vantean" process, a lustering finishing process for worsted wool yarns, the wool is pretreated with Nickel(III) salts, washed to remove the surplus of salts and then chlorinated with hypochlorite [179].

120

A chlorination process for wool as pretreatment before printing or as shrink-resist treatment leads to enormous environmental problems. As yet, this problem remains unresolved; however, alternatives have been pointed out, such as peroxy acids or enzyme-based processes (see table below) [206].

Typical recipes are given in Table 4-26 and Table 4-27, from [2]

Chemical	[g Telquel/kg textile substrate]	Explanations
Dichloroisocyanurate (1.2 – 3.8 % active chlorine)	20 – 60	
Formic/acetic/sulphuric acid	10 – 30	
Sodium disulphites or dithionite	20 – 40	
Surfactant	2 – 5	
Polymers (100 %)	10 – 30	Mainly cationic products
Water consumption [l/kg textile substrate]	n.d.	

Table 4-26: **Standard recipe for the pretreatment of wool before printing using chlorine-containing substances (chlorination process)**

Chemical	[g Telquel/kg textile substrate]	Explanations
Peroxomonosulphates	20 – 60	
Sodium sulphite or dithionite	20 – 60	
Surfactant	2 – 5	
Polymers (100 %)	10 – 30	Mainly cationic but padding with anionic polymers is also common. Cationic and anionic polymers are also applied without pre-oxidation
Water consumption [l/kg textile substrate]	n.d.	

Table 4-27: **Standard recipe for the pretreatment of wool before printing using an alternative chlorination process**

By <u>additive treatments</u>, the scales of the wool are masked or fixed by polymers. The handle of the wool becomes therefore quite harder. There are two methods of coating the wool with polymer: the monomers could be added onto the fibre and then polymerised, or a pre-polymerised polymer film may be added and the coated fibres than selectively welded (spot-welding). Some additive processes could only be applied before, others only after colouring the wool. Treatments of this kind will be discussed in further detail in section 6.4.5.

Experience has shown that neither subtractive nor additive treatments can alone suppress the shrinkage and felting properties of wool during household wash; therefore, combined treatments are very often used. A light chlorination, for example, will best prepare the wool for subsequent coating treatments ("Hercosett-Superwash" treatment e.g.).

The following table summarises the major anti-felting treatments of wool [17, 179]

Principle	Name of the process	Chemicals used in the process
Oxidation	CSIRO	Potassium permanganate
	IWS WB7	Potassium permanganate in sodium sulphate solution
	Dylan XB, XC	Peroxymonosulphuric acid (Caro's acid)
	Dylan XC II	Potassium peroxymonosulphate
Oxidation by chlorination dry	WIRA, Wollindras	Chloric gas
wet	Kroy	Chloric gas + water mixture
	Dylan FTC	Sodium hypochlorite
	Sitt	Ditto
	Melafix (CGY)	Sodium hypochlorite + buffer
	Nikrulan (Ca)	Ditto
	Basolan (BASF)	Sodium dichlorocyanurate =DCCA
	Orced (Pechiney)	Ditto
	Ficlor (Wiffen Ltd)	Ditto
Combination of various oxidation processes	Dylan Z	1) Sodium hypochlorite; 2) Potassium permanganate
	Dylan XB2, XC2	1) Potassium peroxymonosulphate; 2) DCCA
Masking and interfacial polymerisation IFP Ester formation	Wurlan	1) Hexamethylene diamine, aqueous solution
	Bancora	2) Sebacyl chloride in organic solvent
	DWI-Zahn-Bara	Sebacic acid ester emulsion + Hexamethylene diamene
Additive processes	Wurset	Spraying with polyurethane preliminary condensate in a chloro-ethanol fixation with triethylenetetramine.
	Lancrolan SHR3	Polyetherpolymer
	Hercosett	Single-bath application of Hercosett 57 (cationic polyamide pi-chlorohydrine)
	CSIRO-Sirolan BAP	Synthappret BAP (By) = bisulphite adduction of an interlacable polyisocyanurate in solution or emulsion
	ditto new	ditto + PUR-dispersion (Impranil DLN (By
	IWS-DC-109 Silicon	Product of Dow Corning in organic solvent
	Synthappret LKF (By)	Interlacable polymethane-elastomer
	Tegosivin W 503 (Goldschmidt)	Polysiloxane + organic hardeners
Oxidation and additive treatment	CSIRO new or IWS-Superwash	1) Hypochlorite, acidic 2) Polyamide resin (Hercosett 57)
	Dylan GR, GRC	Simultaneous application of DCCA and polyamide polymer
	Dylan Plus	Oxidation with DylanXC2 + new polymer
	SAWTRI/DCCA	1) DCCA; 2) alkylated methylol amine resin
	USDA-Ozon-Hercosett	1) Ozone; 2) Hercosett 57

Table 4-28: **Major anti-felting treatments for wool**

4.4.7 Bleaching / optical brightening of wool

Bleaching is applied in order to

- give the whiteness necessary for dyeing with pastel tones or to enable the wool to be used for white articles;

- brighten the colour of the raw wool and give it a more pleasing appearance (as bleaching agents are added during raw wool scouring).

However, bleaching of wool is not as important as the bleaching of natural cellulose fibres [263].

Wool can be bleached in nearly all processing stages, such as for example, loose fibre, yarn, worsted yarn, knitted or woven fabric. Pastel toned fabrics may simultaneously be bleached and dyed.

The bleaching process is a chemical treatment of the fibre. The chemical groups on the surface of the fibres may be oxidized or reduced (see for further information chapter Bleaching of cotton). Optical brighteners are substances which may be added and permanently impregnate the fibres so that they then "seem" to brighten. As wool is a natural product with a more or less creamy colour, even after scouring, the fibres are conventionally bleached oxidatively and then undergo a second bleaching with reductive agents. Most of these reductive bleaching agents are provided with additional optical brighteners. These whiteners remain permanently on the fibres and avoid the well-known yellowing of wool in normal household washing and use. This yellowing shall be retarded by using thiourea and formaldehyde.

Other than the conventional two-stage bleaching, other processes are also used [17]:
- rapid acid bleaching with hydrogen peroxide (continuous or discontinuous process);
- reductive bleaching with stabilised sodium dithionite or thiourea dioxide, with or without whiteners;
- reductive bleaching based on activated sulphinic acid derivatives, enabling simultaneous whitening;
- oxidative and reductive bleaching in the dye-bath (for clear colour shades).

The following table recapitulates the characteristics and application conditions for most of the different bleaching agents for wool and other animal hair products (see also section 4.7.1, for further information) [17].

Bleaching agent	Characteristics	Auxiliary agents need
Hydrogen peroxide H_2O_2	most frequently used bleaching agent; may be applied in alkali or acid medium a wide range of bleaching process can be used, ecologically favourable; acid bleaching: by virtue of the alkali sensibility of wool; the advantages are controversial, the bleaching may be more intensive and lasting natural coloured wool shall be first treated with a solution of metallic salts or modified metallic salts of iron, cobalt, nickel, manganese and copper (catalytic mordanting of animal hairs) as acid bleaching is need	pH 9,5 50-60°C + stabilisers* (Na-Pyrophosphate or Na-Oxalate + Na-Pyrophosphate); the pH is regulated by addition of ammoniac (as no silicates are used); cold dwell is possible by addition of special auxiliaries; pH 4,5-5,5 + activators (formic acid, per acetic acid or Prestogen W (BASF) to form peroxicarboxylic acid, which activates in a similar manner the hydrogen peroxide); chelating agents may be added as metallic ions must be remove (catalytic mordanting)

Table 4-29:   Oxidative bleaching agents for wool

Note that stabilisers used in the bleaching of cotton with Hydrogen peroxide were found to be not suitable for oxidative bleaching of wool. Other oxidative bleaching agents have also been tested. Bleaching with potassium permanganate has yet to be used in a suitable application. Oxidative bleaching with peracetic acid or performic acid is in fact a hydrogen peroxide bleaching where these substances act as activators/catalysers of the H_2O_2 in an acid medium [17].

Regarding the standard recipe for wool bleaching, it must be stressed that the dosage of chemicals can vary considerably depending on time span and temperature the process in question demands [2].

A typical recipe is compiled in Table 4-30, from [2].

Chemical	[g Telquel/kg textile substrate]	Explanations
H_2O_2 (100 %)	50 – 75	Because of high dosage the process is often carried out on standing bath
Complexing agents (stabiliser)	5 – 30	
Ammonia (100 %)	0 – 20	pH 8 – 9 with buffer system (usually on base of sodium tripolyphosphate)
Water consumption [l/kg textile substrate]	n.d.	

Table 4-30:   Standard recipe for bleaching of wool

As wool persistently restrains hydrogen peroxide, reductive bleaching processes must be finished with an efficient swilling. To avoid complications during the subsequent dyeing, the overall bleaching process is generally ended with a reductive bath or bleaching.

Bleaching agent	Characteristics	Auxiliary agents used
Sodium dithionite $Na_2S_2O_4$	Most common reductive bleaching agent. The reduction products have to be efficiently washed out of the textile, to avoid reoxidation	Stabilisers to prevent the reducing agent to be rapidly decomposed Buffered with phosphates; Complexing agents to prevent formation of precipitations; Wetting agents and detergents may be used (alkylphenol ethoxylates, fatty alcohol ethoxylates, ev. mixed with alkyl sulphonates or alkyaryl sulphonates)
Thiourea dioxide	Ditto $Na_2S_2O_4$, but less wider used	Ditto $Na_2S_2O_4$

Table 4-31:   ***Reductive bleaching agents for wool***

4.5   Pretreatment of silk

Silk is the protein fibre forming the cocoons produced by silkworms. The term is also used to describe yarns, fabrics, or garments produced from silk. Raw silk is obtained from continuous lines of filaments or strands from silk cocoons and contains no twists, drawn offs, or reels. Note that the spelling 'tussah', although considered erroneous by etymologists, is in common usage in the textile industry for the name given to fibres and filaments. In fact tussah silk is a coarse silk produced by a wild silkworm.

The raw fibres of the cocoon of the silk moth are largely afflicted with sericin. This sericin sheath is responsible for the brittleness, harsh handle, mat appearance and yellowisch colour of raw silk.

The most common sequence of pretreatment operations for silk is therefore:

- degumming / boiling-off;
- fixation of serecin on silk;
- weighting;
- plasma treatment of degummed silk;
- bleaching / optical brightening.

4.5.1 Degumming / boiling-off

Boiling-off – so-called degumming- partially or completely removes the sericin (silk gum) from silk yarns or fabric, or from silk waste prior to spinning.

The textile substrates that can be treated are yarns or fabrics as well as silk wastes.

Degumming is a controlled, hot, mildly alkaline treatment intended to have little or no effect on the underlying fibroin. Besides a glossy and soft feeling, the treatment also causes a loss in strength. (In modern methods, this loss in strength is counter-acted by prior treatment of the silk with cross-linking agents to fix the serecin: see below).

A classical degumming method is to treat the silk with so-called "Marseille soap" (an alkali-free olive soap) in a bath at 90-98 C° for 2-4 h. After boiling-off with soap and soda, the silk is then subjected to weak ammoniac rinsing. Other, more modern degumming methods are listed in the following table [17, 265, 230]:

Degumming method	Characteristics
Classical degumming	Treatment with "Marseille soap", followed by a boiling-off and weakly ammoniacal rinsing
Enzyme method	Treatment with enzyme (e.g. papain, trypsin or alkalase), followed by a boiling-off with hot water under pressure and weakly alkaline solution ($NaHCO_3$, ammonia) or acidic solution (tartaric or citric acid ,e.g.)
Physical method	Treatment with ultra-sound at –80 °C Treatment with water under pressure at 121 °C
Newest method for continuous process	Treatment with powder products containing sodium salts (carbonate and phosphate), sometimes with a soap additive; Treatment with liquid products containing, additionally to sodium salts, anionic surfactants, chelating agents and fibre-protective agents.

Table 4-32:   Degumming methods

The use of ultrasound can be regarded as an appropriate method for accelerating various degumming processes; especially with respect to the degumming methods with Marseille soap, tartaric acid and papain [230].

Despite that, in principle, any dyeing machine can be used to degum raw silk, special new machines which operate more or less continuously from degumming to dyeing are commercially available.

The degree or evenness of degumming silk can be evaluated qualitatively by means of a dyeing test with C.I: Direct Red [266]. The following three types of silk can be differentiated, depending on the extent of degumming:

- cuite silk: the silk gum is completely removed (weight loss is up to 30%) and the fibrous material is very glossy and soft;
- souple silk: semi-degummed silk with a weight loss of 6-12%;
- ecru silk: the silk gum is not, or only very slightly removed (weight loss of 1-4%).

4.5.2 Fixation of serecin on silk

Partial or complete fixation of the serecin, with cross-linking agents prior to degumming, improves the strength of the material. However, the so-treated silk is not as lustrous and has a lower degree of whiteness compared to conventionally degummed silk [230].

Cross-linking agents that can be used to fix the serecin on the raw silk are cyanuric chloride, triglycidyl isocyanurate or hexamethylene diisocyanate. Glutaraldehyder and N,N′-dihydroxyethylene bisacrylamide are less suitable cross-linking agents as they lead to a significant discolouration of the silk fabrics [230].

4.5.3 Weighting of silk

The so-called weighting of silk compensates the loss in weight caused by degumming and thus increases the mass and imparts a firmer handle to silk.

Textile materials that can be treated in such a way are yarns or fabric.

Weighting is of less importance in processing tussah since the weight lost by degumming this kind of silk is much lower than the weight lost with cultivated silk.

The principle of the weighting treatment is the addition of metallic salts, plant material or, recently, synthetic substances into silk fibroin. In this process, the fibre volume increases, the lustre and the handle is improved. The weighting agents are fixed permanently onto the fibre. As water-soluble compounds such as dextrin are used, the weighting and, thus, the properties of the fibres are therefore not wash-fast.

The old method of weighting with tin phosphate silicate, the so-called mineral weighting, plays only a minor role nowadays. These classical methods, as well as more recent treatments with synthetic resins, are accurately described in the next table [17, 265]. Further details on chemical modification of silk, in view of improving its low wet resiliency, is given in the section 6.4.4 dealing with functional finishing.

Weighting methods	Characteristics
Mineral weighting	pretreatment in a acid bath (repeated before each weighting bath);
	Successive treatments with aqueous solutions of tin (IV) chloride and disodium hydrogen phosphate;
	treatment with a solution of aluminium sulphate (optional)
	conversation of tin phosphate formed into tin sodium silicate (wash-fast) in a concentrated silicate bath;
	each bath is followed by accurate spin-drying.
Mineral weighting with tanning agents or logwood extracts	Similar treatments as above;
	Used principally for material that is to be dyed black;
	Often combined with tin chloride/disodium hydrogen phosphate treatments
Weighting with synthetic resins	e.g. methacrylamide
	the material is generally dyed first and then weighted by graft polymerisation* (only possible with resistant dyes!)

*Note: Graft polymerisation is the production of a copolymer formed when sequences of one repeating unit are built as side branches on to a backbone polymer derived from another repealing unit. Grafting, as a potentially powerful method for modifying chemically both natural and synthetic fibres, involves a variety of chemical initiators [126].

Table 4-33: ***Weighting methods***

Too much weighting will damage the silk, reduce the quality and make it less resistant to sunlight and moisture. The degree of weighting will also influence the affinity to dye as well as the wash-fastness of dyed material. For these reasons, silk is weighted today only to improve lustre, handle, drape and fullness for e.g. ties, borders, embroidery.

4.5.4 Plasma treatment of degummed silk

Treatment of silk fabrics in a corona or glow discharge (in oxygen or argon) results in an improved wettability of silk fabrics. The plasma treatment leads to the formation of functional groups on the filament surface which can react as acids. Therefore, an improvement in dyeability is observed when dyeing in an unbuffered neutral dyeing liquor with acid dyes. However, under commonly used dyeing conditions, there is no change of dyeability after plasma treatment of silk [230]. Further chemical modifications of silk are discussed in section 6.4.4, as their mainly fall into category "finishing with cross-linking agents".

4.5.5 Bleaching of silk / optical brightening

The bleaching of silk, often combined with addition of optical brighteners, achieves clear white and brilliant light shades, thus improving the subsequent degumming process (removal of the coloured pigment impurities).

Textile materials treated in this method are yarns and fabrics as piece goods. Bleaching and degumming are usually carried out in the same bath.

Oxidative and reductive bleaching, or both, may be used. The bleaching is usually performed after weighting, as it damages the fibres less compared to mineral weighting. Optical brighteners may also be added to the reductive bleaching bath to achieve full whiteness [17].

Silk with intense inherent colour, such as wild tussah silk, requires significantly stronger bleaching conditions such as mulberry silk. Full whiteness will result in fibre damages and should therefore the degree of whiteness should be carefully considered before using this stronger bleaching method.

Reductive bleaching agents which can be used for silk are sulphur dioxide, dithionite or hydrogen sulphite. Easy handle, lower costs and fibre preservation are properties which favour sulphur dioxide as the reductive bleaching agent.

However, the advantage of a persistent bleaching and a bleached material free of odours may only be offered by oxidative bleaching. The bleaching with hydrogen peroxide or H2O2-releasing salts become, therefore, the most used bleaching method. For more detailed discussions about bleaching agents, please consult the precedent chapter on wool bleaching.

4.6　　Pretreatment of man-made fibres

The most common operations used before colouring synthetic fibres are thermo-fixing (heat-setting) and washing. Depending on the hydrophobicity or hydro affinity of the fibres, the applied treatment may have a wetter or more "thermo" character.

Less hydrophobic character

- regenerative cellulose
    viscose
    acetate
    triacetate
- polyamide
- polyacrylnitril
- polyurethane
- polyester
- polyolefin

More hydrophobic character

Wet treatments may be used for fibres with a high hydrophobic character, for example polyester, in order to improve their hydro-affinity (the so-called alkalisation or peel-off treatment). Nevertheless, fibres with a high hydrophilic character, such as viscose, will not be thermo-fixed as the hydrogen bonds may snap.

The principle of a thermo-fixing treatment is:

- the heat-up and vaporising of residual water: as the temperature rises, polymeric site-chains become more loose and tension disappears;
- during the whole treatment, the knitted or woven fabric may be mechanically leaded and presented to the fixing medium (heat or vapour);
- the temperature is chosen in order that the polymeric material undergoes a form of "re-crystallising". The treatment at this maximum temperature and the subsequent cooling off will "fix" the material as the fabric is under mechanical tension.

The position of thermo-fixation within the treatment depends on the make-up and the fibre. There are several possible sequences for thermo-fixation, washing and dyeing. Thermo-fixation after dyeing is also possible.

The purpose of the washing process is to remove from yarns the preparation agents and/or remove from fabrics the sizing agents. The terminology "preparation agents" is frequently used as a heading for the textile auxiliaries, lubricants, coning, warping and twisting oils, conditioning and stabilising agents as well as conditioning ("avivage") agents. These agents are surface-active substances and their formulations with mineral oils, ester oils, or silicone oils as well as with ethylene oxide-propylene oxide mixed adducts. The surface-active substances are, for example, ethoxylation products of fatty acids, fatty amines, fatty alcohols, fatty amides or alkyl phenols, fatty acid condensates, alkyl or alkyl ether phosphates as well as sulphated oils and fats [282].

Most preparation agents (95%) are removed at the washing stage (ethoxylated fatty alcohols are commonly used as emulsifying agents). Preparation agents mostly made of silicone oils are used on elastomeric fibres (elastan) and are very difficult to wash off (40% remain on the fibre). To improve their removal it is common practice to use ethoxylated nonyl phenols [2]. It would be desirable that silicone oils may in future be replaced by thermo stable preparation agents [223]. Those thermo stable preparations belong to the so-called product category carbonic acid polyester. Favorable results were obtained by synthetising of fat alcohols (or fat alcohol ethoxylates) linked with polyethylene glycols by the means of ester functions. Carbonate bridges further linked together small molecules of these products, and made them easier biodegradable [128].

When pretreating woven fabric, the extraction of sizing agents is achieved thanks to the actions of:

- surfactants (non-ionic or mixtures of non-ionic and anionic) which act as wetting and emulsifying agents and promote the solubilisation of the size;
- complexing agents (e.g. phosphonates) used since there is a risk of precipitation of the sizing agent components;
- alkali (caustic soda or sodium carbonate) chosen according to the sizing agent employed (and thus according to the fibre type).

Another impurity which must be removed before colouring is the so-called brandmark-colouring of the different fibre qualities. These dyestuffs are added to coning oils or size to tell the different fibres apart. Despite the fact that these dyestuffs are chosen so that they have no affinity to the fibre, these colorants may be removed by oxidative or reductive bleaching subsequent to washing [17].

4.6.1 Pretreatment of half-synthetic fibres (regenerative cellulose, cellulose ester)

Viscose is commonly treated with alkali. Subsequent bleaching with hydrogen peroxide is carried out occasionally; therefore, the applied quantities of chemicals are lower then for cotton since viscose does not contain natural by-products to be removed. In the case of knit fabric, the dosage of caustic soda and hydrogen peroxide for bleaching is reduced to 40 – 70%. [2].

Alkaline treatment of viscose and cupro

Some viscose and cupro yarns are, in addition to washing and desizing treatments, also treated with an alkali solution of sodium and/or potassium (see further section dealing with pretreatment of natural fibres of vegetable origin for more details about washing and desizing treatments).

The treatment with an alkaline solution improves the handle and uniformity of the fabric. Thanks to alkaline treatments, some size – especially linseed oils- are more easily removed from fabrics. During the alkaline process, the fabric is treated in open-width form without any tension in a similar manner as during the desizing or boiling-off processes [17].

Typical recipe for treatment of viscose are compiled in the following tables, taken from [2].

Chemical	[g Telquel/kg textile substrate]	Explanations
NaOH (100 %)	40 – 60	Normally strength of applied caustic soda lye is 6°Bé
Surfactant	3 – 20	
Water consumption [l/kg textile substrate]	n.d.	

Table 4-34: **Standard recipe for alkali treatment of woven fabric consisting of viscose**

Chemical	[g Telquel/kg textile substrate]	Explanations
NaOH (100 %)	ca. 30	In case the scouring process is applied as single stage
Surfactant	3 - 20	
Water consumption [l/kg textile substrate]	ca. 10	

Table 4-35: **Standard recipe for scouring of woven fabric consisting of viscose**

Fabrics made of acetate may only be treated with alkaline under very mild conditions to avoid saponification.

Crepping is a process to make crepe fabrics such as crèpe de chine, crèpon, Georgette, etc. The fabric must be waved through with highly twined thread in the warp and/or the weft. When this fabric is then wet treated, these threads shrink and causes a very interesting pattern. To obtain a uni-

132

form and special pattern, a so-called crepe calendar may be applied to the fabric prior to wet treatment.

Saponification of woven fabric made of acetate [17]

Prior to dispersion dyes coming on the market, saponification was necessary as it was difficult to colour acetate fibres. Nowadays, saponification is only applied to acetate/cotton blends or regenerated cellulosic fibres that must be printed (as white and coloured etching on acetate is difficult).

The principle of saponification is a uniform film of regenerated cellulose which covers the surface of the acetylcellulosic core. This regenerated cellulose film is then easy to colour with substantive dyes.

Saponificated acetate fibres become insoluble in Acetone. In contrast, the saponification treatment will not cause a matting of the fibres.

S-Finishing or saponification of triacetate [17]

The aims of the saponification treatment of triacetate with a strong and hot sodium hydrogen solution (S-Process) are different from other saponification treatments. This kind of saponification will:

- improve the colour fastness;
- soften the handle;
- reduce the affinity to electrostatic charge;
- improve the soil-release;
- emphasise the application possibility of synthetic resin finishing.

A disadvantage of the treatment is the impaired drafting of dispersion dyes. That is why the S-process takes place after dyeing if marine blue or black colours are wanted.

4.6.2 Pretreatment of synthetics

Synthetic fabrics will primarily be treated by thermal processes, even though washing, rinsing and relaxation steps play a part in their treatment.

Woven fabric and knit fabric consisting of synthetic fibres are washed in order to remove sizing agents and preparation agents which are normally water-soluble. Scouring is not carried out. The application of bleaching polyester and polyacrylnitrile with chlorite is no more common [2].

Washing of floc, top and yarn

The pre-washing treatment is usually integrated into the bleaching and/or dyeing processes. The conditioning agents, such as spinning additives, etc are preferably washed out using non-ionic detergents, as well as dispersing and emulsifying agents.

Washing of woven fabric

In addition to spinning additives and preparation agents, the fabric must also be relieved from size. In the majority of cases, these sizes are water soluble polymeric size such as acrylate, vinylacetate, polystyrol, etc. Protein and gelatine based size are becoming very rare.

Starch and cellulose size are only used for synthetic/cellulosic blends. The desizing treatment is then simplified. The use of fully hydrolysed polyvinylalkohol size makes an alkaline peroxide bath necessary.

Some emulsifying agents of spinning preparation may precipitate in hot water. To avoid this, the fabric should be rinsed with temperate water, first.

Synthetic size can also be removed by a "displacement" treatment: the fabric is first impregnated with water, squeezed, put on on docks and rinsed with perchloroethene.

As the fabric is woven without size, the pre-washing takes place during the dyeing or bleaching phase by rinsing with a non-ionic detergent bath.

A typical recipe is compiled in the following table, taken from [2].

Chemical	[g Telquel/kg textile substrate]	Explanations
Alkali	0 – 2	For pH-adjustment depending on the kind of sizing agents; normally NaOH, soda or ammonia hydroxide are used, seldom sodium phosphate
Complexing agents	0.5 – 15	
Surfactant	0.5 – 30	
Water consumption [l/kg textile substrate]	4 – 8	In case of micro fibres up to 60 l/kg

Table 4-36: **Standard recipe for washing of woven fabric consisting of synthetic fibres (continuous and discontinuous processes)**

Washing of knitted fabric

The preparation agents are applied in higher concentration in knitted fabric than on waved fabric. These preparation agents must be carefully removed from knitted fabric to avoid problems during subsequent direct dyeing or bleaching operations. Special care is needed as PES fibres must be dyed with dispersion dyes.

Cationic preparation agents are removed by treatment with hot formic acid solution.

A standard recipe is compiled in the following table, taken from [2].

Chemical	[g Telquel/kg textile substrate]	Explanations
Complexing agents	0 – 10	Polyacrylates are predominantly applied, more seldom polyphosphates
Surfactant	2 – 20	
Water consumption [l/kg textile substrate]	n.d.	

Table 4-37: **Standard recipe for alkali treatment of knit fabric consisting of synthetic fibres (continuous and discontinuous processes)**

Solvent washing with perchloroethene is sometimes used to treat piece fabrics. The perchloroethene remains on PES fabric at temperatures higher then 70 °C and acts as a carrier during subsequent dyeing processes.

Fixing of synthetic yarns and fabrics

The spinning process provokes important intra molecular tensions in yarns and fabrics. Stabilising, presetting, warping, or thermo-fixing are the most important treatment steps to remove these tensions. Further advantages of such fixing treatments are:

- stabilisation of the material to avoid shrinking during subsequent treatment or use;
- minimising the felting tendency of synthetic fabric.

The most important process is the heat-setting method. The first step of the treatment is a warming up, followed by a cooling step where relaxation occurs. The details of operation such as temperature and duration depend to a large extent on the type of fibre used.

The thermo-fixing treatment can take place before or after washing/desizing. Some preparation agents are not thermo stable and would be burned into the material [223].

The fixing treatment can take place before or after dyeing. It is even possible to fix woven fabric while simultaneously doing a dye fixing treatment (thermosol process). Conditions are then chosen in order that the fabric is in the open-width form during the overall finishing processes.

The fixing of synthetic blends is only advisable if the synthetic percentage in the fabric is high; otherwise, the different types of fibres are fixed independently from each other, respective to their own properties [17].

Bleaching / optical brightening

Although synthetic fibres do not contain coloured by-products as natural fibres do, bleaching is necessary when perfectly white materials are desired. However, in practice, bleaching is also applied before colouring dark fabrics (especially when brilliant colours are required) [378]. Optical brighteners are often added to synthetic materials during fibre manufacturing [17].

The choice of bleaching chemicals to use strongly depends on the type of fibre. The following table summarises the possible bleaching processes of synthetic materials (mostly woven and knit fabric), and was taken from [17].

	Bleaching agents					
Fibre	$Na_2S_2O_4$	Methanesufinic acid	NaOCl	$NaClO_2$	H_2O_2	Peroxyacetic acid
Regenerated cellulose and cellulose acetate	-	-	++	++	-	-
Polyester	-	-	-	++	-	0
Polyamide	++	++	0	-	0*	-
Quiana (PA)	0	0	0	-	0*	-
Polyacrylics, Modacrylics	0	0	0	++	0	0
Polypropylene	0	0	0	++	0	0
Polyvinylchloride	0	0	0	++	0	0
Polyvinylalcohol	0	0	++	++	0	0
Elasthan/spandex	++	++	0	0	++	0

Table 4-38: **Bleaching processes of synthetic fibres**

Standard recipes are taken from [2] and are compiled in the following tables.

Chemical	[g Telquel/kg textile substrate]	Explanations
Sodium dithionite containing formulation	10 – 30	
Optical brightener	5 – 15	
Surfactant	1 – 2	
Water consumption [l/kg textile substrate]	n.d.	

Table 4-39: **Standard recipe for reductive bleaching and optical brightening of polyamide**

Chemical	[g Telquel/kg textile substrate]	Explanations
NaClO$_2$ (100 %) Formic acid pH 2.5 – 3.5	5 – 15	Contains in addition buffer salts and stabilisers
or oxalic acid pH 2.5	n.d.	
Corrosion inhibitor	10 – 20	
Water consumption [l/kg textile substrate]	n.d.	

Table 4-40: ***Standard recipe for bleaching of Polyester and Polyamide with sodium chlorite***

Moreover, due to the sensitivity of all polyurethanes to light, elastane fibres contain oxydation protecting agents which have been introduced indirectly (via initial products in synthesis) or by direct addition to the spinning dope. Derivatives of the so-called sterically hindered phenols, e.g. the well-known Butylated Hydroxytoluene BHT, are frequently used for this purpose. These problematic compounds are, either, capable of migrating, or react with air to form yellow nitrophenates. Depending on pH, the self-colour of these nitrophenates is reversible which has increasingly led to serious quality problems (especially for microfibres). Succes in counteracting the risk of yellowing has been achieved in finishing through the specific application of so-called free-radical scavengers, e.g. compounds based on N-methyl-2-pyrrolidone, as well as by adjusting the pH values to 4.5 [223].

Alkalising of Polyester

Nowadays synthetic fabrics meet the requirement of natural or similar natural material such as easy-care and handle. Polyester especially is a material that best fulfils the needs. Some additional treatments make it possible to give polyester

- a handle like silk;
- gentle felting properties.

There are two methods to obtain these properties [17]:

- the use of so-called microfibres, fibres of ultra fine polyester fibres;
- the alkalising of polyester or treatment with an alkali hydroxide solution at high temperature.

Alkaline hydrolysis treatment is in fact a controlled degradation of the polyester in order to reduce the weight of the material. With the relative surface of the fibre raised, the material was given a typical silk-like finish. This treatment produces very problematic sewage water due to the high concentration of sodium hydrogen and terephtalate produced.

The chemical hydrolysis reaction conditions may be optimised by using special catalysts or alkali stable wetting agents.

Enzyme-assisted pre-treatment

At least two hot rinses are necessary in order to completely and effectively remove any residual peroxide after peroxide bleaching of cotton substrates containing elastanes in batchwise processing. Yet, the use of so-called catalase enzymes during the rinsing stage now makes it possible to dispense with a double or multiple afterwash following the bleaching process. Valuable resources such as machine running time, water and energy can thus be saved. Moreover, the process changeover is accompanied by an improvement in quality since subsequent dyeing stage is more reliable and the elastane component is subjected to less thermal-mechanical stress. Despite a certain increase in costs for enzyme preparation, a long-term evaluation revealed that the new process has led to an overall cost-saving of 6 to 8% compared to conventional process. At the same time, a significant decrease in environmental pollution is a welcome bonus of the new process [223].

4.7   Pretreatment agents and auxiliaries

4.7.1   Bleaching agents and auxiliaries

Bleaching agents and auxiliaries are additives for the optimisation of more even bleaching and whitening effects. Depending on the chemism of the bleaching processes, these products are stabilising or activating agents – such as   e.g. silicates, polycarboxilic acid and alkyl sulphates. Bleaching auxiliaries can furthermore be applied to mask heavy metals (e.g. products on a triethanolamine basis), cause anti-corrosion effects (e.g. by means of nitrates), result in effects for the prevention of slipping and crease (e.g. by means of polyacylamides), reduce chlorine dioxide formation and increase wetting and cleaning properties [282].

The following table summarises the main application conditions for each of the commonly used bleaching agents. Characteristics as well as the auxiliary agents needed for bleaching with a specific bleaching chemical are also specified [17, 266, 2].

Bleaching agent		Application	Characteristics	Auxiliary agents need
Hydrogen peroxide	H_2O_2	all kind of natural animal and vegetable fibres, as well as for many man-made fibres: mainly cotton; cotton/wool	most important bleaching agent a wide range of bleaching process can be used (cold pad batch, bleaching under steaming conditions, impregnating methods, bleaching in a long bath, etc) ecological favourable: the decomposition of hydrogen peroxide which take place during the bleaching process forms only water and oxygen effects achieved: seed husks are mostly completely removed (yet, prior scouring remain necessary); residual size and its degradation products are hydrolysed, oxidized and removed; whiteness is achieved with the minimum decrease in the DP value (degree of polymerisation of the cellulose); absorbency of the material is made uniform.	The textile is treated in a solution containing H_2O_2, caustic soda and : stabilisers: sodium silicate together with Mg salts ($MgCl_2$ or $MgSO_4$) and sequestering/complexing agents (EDTA, DTPA, NTA, gluconates, phosphonates and polyacrylates); surfactants with emulsifying, dispersing and wetting properties, usually mixtures of anionic compounds (alkyl sulphonates and alkyl aryl sulphonates) with non-ionic compounds (alkylphenol ethoxylates or fatty alcohol ethoxylates) Bleaching in weakly acidic conditions (pH range 6.5-8) is also possible: - for alkali-sensitive fibres (e.g. cotton/wool blends); - as dyed yarns are bleached - after bleaching with hypochlorite in order to save water in the subsequent washing process (see: Anti-chlorine treatment) The activators needs are: acetylated amines, mixed anhydrides of acetic acid with inorganic acids such as phosphoric and phosphorous acids, or nitriles. A buffer must also be added to the bleaching bath.
Sodium hypochloride	NaOCl	cotton (mainly yarn and knitted fabrics) linen (flax)	cheap bleaching method pre-bleach treatment for cotton, with a peroxide bleaching following (as a high bleaching degree is need) in decline for ecological reasons the process must be carried out at room temperature because of the high reactivity of the hypochlorite fibre damage may be minimised by operating at lower	Precise control of pH and reaction time is necessary: buffer: caustic soda addition of sodium chlorite to allow higher hypochlorite concentration smooth water has to be used to prepare the bleaching bath. This avoid the precipitation of insoluble chloramines released by that kind of bleaching

Bleaching agent		Application	Characteristics	Auxiliary agents need
			hypochloride concentration, in a pH range 9.0-11.5	
Sodium chlorite	$NaClO_2$	cotton linen flax jute other cellulosic fibres (CO/PES)	fibre damage is limited by applying this treatment when used in combination with hydrogen peroxide bleaching (before or after) high reflectance is obtained in decline for ecological reasons not applicable for continuous open-width process because of the severe corrosivity of sodium chlorite (mean reason of decline of this bleaching method)	
Potassium permanganate	$KMnO_4$	cotton (mainly jeans treatments)	rare Tussah applied by stone-washed or snow-washed treatments of jeans	The manganese peroxide hydrate, a brown screed, will remain on the textile and have to be removed after swilling by a second washing with sodium bisulphite
Ozone	O_3	linen cloth	old method also called grass bleaching (crofting): a process for bleaching linen cloth after it has been washed by exposing it while spread out on a grass lawn or field known as a green to the action of the elements (sun); special machines called "ozonisator" are used to produce electrically ozone; this bleaching method has no economical relevance	
Sodium dithionite	$Na_2S_2O_4$	brightening of animal fibres (wool, silk); final bleaching of wool	most common reductive bleaching agent; reductive bleaching is less effective than oxidative bleaching, only whitening of the textile may be obtained; used in combination with other bleaching as a final bleaching treatment; treatment take place at 70-90 °C;	

Bleaching agent		Application	Characteristics	Auxiliary agents need
			the reduction products have to be completely washed out of the textile as otherwise a reoxidation of impurities may take place	
Thiourea dioxide	$CH_4N_2O_2S$	dito $Na_2S_2O_4$	dito $Na_2S_2O_4$ used only to a smaller extend	
Hydroxylamin sulphate	$H_8N_2O_6S$	dito $Na_2S_2O_4$	dito $Na_2S_2O_4$	
Peracetic acid	CH_3COO_2H			

Notes:
1. Mg salts may not be added as a hard water is used to prepare the bleaching bath
2. sodium silicate: it is difficult to wash sodium silicate out after the bleaching process is closed. The remaining substance will give the fabric a hardly handle, but also silicate encrustations on machines occurs. For this reason, tripolyphosphate or phosphonate acids are added. Sodium silicate may therefore also be replaced with sodium borate. [17] Silicate-free bleaching in the presence of organic stabilisers (with or without surfactants) has become established. The bleaching then takes place in modern steamers with reaction times up to 30 min.
3. In the European textile industry, the increasing importance attached to the limits on AOX (absorbable organic halogens) in wastewater may lead to the complete prohibition of chlorine- containing bleaching agents

Table 4-41:   ***Bleaching agents and their main application characteristics***

4.7.2 Surfactants

The term surfactant is derived from the description surface active detergent. A surface active chemical is one which tends to accumulate on a surface or interface. Surfactants therefore provide remarkable benefits in many wet textile processes. The chemical process which takes place on the solid/liquid surface between textile fibres and water often determines the success or failure of the process.

Examples of important events in textile chemical processes involving interaction of surfaces include wetting, dispersing, emulsification, chemical or dye absorption, adhesion, vaporization, sublimation, melting, heat transfer, catalysis, as well as foaming and defoaming. Specific functions of surface active agents include removing soil (scouring), wetting, softening, retarding dyeing rate, fixing dyes, making emulsions, stabilizing dispersions, coagulating suspended solids, making foams, preventing foam formation and defoaming liquids. Surfactants can be the essential active substance in a textile auxiliary or can be used as additives in the formulation of auxiliaries, dyes, printing pastes, and coating pastes (e.g. dispersing agents in dyestuffs, emulsifiers in preparation agents, etc.)

A detailed description of surfactants is now given in order to avoid repetition in other parts of this book [271; 2].

Chemically, surfactants are amphipathic molecules. That is, they have two distinctly different characteristics, polar and non-polar, in different parts of the same molecule. Therefore, a surfactant molecule has both hydrophilic (water-loving) and hydrophobic (water-hating) characteristics. Symbolically, a surfactant is represented as having a polar "head" and a non-polar "tail".

Surfactants are classified according to the nature of the hydrophilic group:

- anionic: hydrophilic head is negatively charged;
- cationic: hydrophilic head is positively charged;
- non-ionic: hydrophilic head is polar but not fully charged;
- amphoteric: molecule has potential for both positive and negative groups, the charge depends on the pH of the medium used.

Moreover, a distinction according to the nature of the hydrophobic group is made when this hydrophobic group contain heteroatoms (i.e. bolc copolymers of propylene oxide and ethylene oxide, silicone-based groups, fluorinated hydrocarbons).

Different classes of surfactants, their characteristics, and their use in textile processing are described in the following. For each surfactant class, a table summarises the discussion.

Anionic surfactants

Anionic surfactants have several advantages:

- good oil emulsifiers and dye dispersants;
- excellent wetting agents;
- not expensive;

- generate high levels of foam. Sulphate surfactants can be sensitive to calcium and magnesium.

Anionic surfactants types:	Examples of compounds used in textile industry [271, 283, 203]
Carboxylates: Soaps i.e. alkali metal salts of fatty acids	Fatty acids (most common): Stearic acid $C_{17}H_{35}COOH$ sat. Palmitic acid $C_{16}H_{33}COOH$ sat. Lauric acid $C_{11}H_{21}COOH$ sat. Oleic acid $C_{17}H_{33}COOH$ unsat. C9-C10 Alkali metal: sodium, potassium, ammonium
Fatty acid condensation products	C9-C13-alcohol polyethylene glycol carboxylic acids C12-C14-alcohol polyethylene glycol ether carboxylic acids C13-alcohol polyethylene glycol ether carboxylic acid
Sulphonates: Alkylsulphonates Alkylbenzene sulphonates Lignin sulphonates Naphtalene sulphonates Petroleum sulphonates Sulphosuccinates	n-C10-C13-alkylbenzene sulphonate, Na salts castor oil sulphonate, Na salt Di-2-ethylhexyl sulphosuccinate, Na salt
Sulphates: Alcohol ethoxysulphates Alkanolamides sulphates Sulphated vegetable oils	Sodium, diethanolamine, triethanolamine or ammonium salts of sulphated fatty acids or amines: C12-C14-alcohol ether sulphate, salt Lauryl sulphate, sodium salt
Alkyl ether phosphates	2-Ethylhexyl polyethylene glycol ether (3 EO) partial ester of phosphoric acid, Na salt C12 and C13 -alcohol partial ester of phosphoric acid C13-alcohol polyethylene glycol ether (3, 6 or 20 EO) partial ester of phosphoric acid C12-C18-alcohol polyethylene glycol ether (5 EO) partial ester of phosphoric acid Tallow fatty alcohol polyethylene glycol ether (6 or 11 EO) partial ester of phosphoric acid Oleyl alcohol polyethylene glycol ether (7 EO) partial ester of phosphoric acid C20-C22-alcohol polyethylene glycol ether (12 EO) partial ester of phosphoric acid Nonylphenol polyethylene glycol ether (6, 7, 9 or 20 EO) partial ester of phosphoric acid
	Anionic derivatives of polyoxyethylenated stearylamine prepared by reaction of maleic anhydride with polyoxyethylenated stearylamine

Table 4-42:   ***Anionic surfactants***

144

Soap is effective as a cleaning agent only in an alkaline aqueous medium. Thus, the most commonly used are the linear, more biodegradable of the sulphonates or sulphates. The sensitivity to water hardness is a disadvantage for some applications (e.g., textile washing). In contrast, the so-called super soaps, the sodium salts of carboxymethylated ethoxylates (also called carboxymethylated ethoxylate or polyether carboxilates) exhibit an extreme hardness resistance combined with good water solubility. Since they have outstsnading dispersion and emulsification properties, they are suitable for a wide range of uses, for example as industrial emulsifiers [384].

Sulphonates are nowadays the most important group among the synthetic surfactants. Besides conventional sulphonates, lignin sulphonates and petroleum sulphonates are also industrially important. Being outstanding dispersants, lignin sulphonates are used to improve the viscosity of concrete mixtures and drilling muds, while petroleum sulphonates are used mainly as oil-soluble surfactants for producing water-in-oil emulsions [384].

Recalcitrant anionic surfactants are the common lignin sulphonates and condensation products of naphthalene sulphonic acid with formaldehyde; which are widely used as dispersants for vat, sulphur and disperse dyes.

Sulphonated lignin is a very good dispersing agent for solids in water and is used in a textile application mainly as a dispersing agent in speciality chemicals. The dark colours of these sulphonates make their use unsuitable for many applications.

Alkylnaphtalenesulphonates, with molar ration so that n is between 2 and 3, are salts products with outsanding dispersants for finely divided solids, and are thus used for example as pigment dispersants [384].

Alkanesulphonates below C8 are not surface active. C12-C18 sodium alkanesulphonates are readily soluble in water. On account of their proportion of species with central sulphonate groups ("effective surfactants") the alkane sulphonates are good wetting agents. They are preferably used in liquid formulations, but can also be incorporated in powders [384].

Since they have a long-chain hydrophobic residue and a terminal hydrophilic group, α-olefins are efficient surfactants with high detergent power and good foaming ability in water. On account of their good water solubility sulphonates obtained from 1-dodecene to 1-hexadecene are widely used in liquid detergents and cleansing agents. Sulphonates obtained from α-hexadecene to α-octadecene can be used in powder formulations. Sulphonates obtained from β-branched α-olefins are only slightly water-soluble, they are good wetting agents, but are less suitable for detergemnts and cleansing agents. In industrial products they are used as a blend with linear α-olefin sulphonates in a maximum proportion of 30% [384].

Further, the α-sulpho fatty acid esters based on coconut, palm kernel or tallow fatty acids have good emulsifying properties. They are relatively insensitive to water hardness and their aqueous solutions foam well and, thus, have good cleaning ability with respect to textiles. They are accordingly used as components of soap bars and detergents, and are handled as sodium salts form of 40% pastes or slurries [384].

Esters of sulphosuccinic acid, such as dioctyl (2-ethylhexyl) sulphosuccinate (DOSS), are effective fast-wetting surfactants. Yet, since they hydrolyse in hot acid or alkali and not emulsify, they are not used as scouring agents or under strong conditions. Their solubility in organic solvent makes them useful in dry cleaning [203]. The dialkyl sulphosuccinates with short-chain alkyl groups R such as butyl, hexyl, or ethylhexyl are readily soluble in water and have outstanding wetting power (fast wetters) and dispersing properties, and are therefore used in textile processing and dyeing. They crystallise readily, like the sulphosuccinamates, and are therefore ideally suited as components of dry cleaning agents. Table 4-45 gives some typical data of industrial products, which may contain a few percent of a solvent (isopropanol) in order to render them clear [384].

Various fatty alcohols can react with chlorosulphonic acid or sulphur trioxide to produce their sulphuric acid esters. The properties of these surfactants, classified under sulphates, depend on the alcohol chain length as well as the polar group and are often mixtures or blends comprised of several alcohols of different lengths. These sulphates are more hydrophilic but less stable to hydrolysis than the sulphonates. Sodium Lauryl sulphate is an excellent foaming agent, unless unsulphated fatty alcohol is retained in the product [203]. More generally, other industrially important sulphates are derived from dodecyl and tetradecyl alcohols (coconut oil and palm kernel alcohol). These sulphates are water-soluble and resistant to water hardness, and form good detergents, foaming agents, and emulsifiers. Their good dispersant properties are offset by apoor soil-suspending power. The sodium salts of the sulphates of hexadecyl and octadecyl alcohols (tallow fat alcohol) are fairly insoluble in water, especially in hard water; however, because the solubility increases markedly with increasing temperature, these sulphates are very active at elevated temperature (e.g., in textile processing). The fatty alkyl sulphates are generally commercially available as 30% pastes; the linear, primary alkyl sulphates crystalise well and are therefore also handled as powders [384].

Due to their insensitivity to water hardness, good foaming power, soil suspending power, and dermatological compatibility, the fatty acid-derived salts of acyloxyethansulphonic and acylamino-ethansulphonic acids are industrially fairly important (e.g. in the textile industry). They are prepared by reacting the corresponding acid chlorides with sodium isethionate or N-methyltaurine [384].

Ether sulphates is the short name for salts of sulphuric acid hemi-esters of alkyl or alkylaryl oligoglycol ethers. The oligoglycol group of the ether sulphates results in better water solubility and higher stability to water hardness. The most important surfactants of this group are the alkyl ether sulphates derived from ethoxylates of dodecanol and tertradecanol (coconut and palm kernel fatty alcohols) with a mean degree of ethoxylation of 2-4. Instead of natural alcohols, synthetic fatty alcohols are also used. These ether sulphates have achieved considerable importance due to their good stability to hard water, dermatological compatibility, foaming and detergent power, their good emulsifying and lime dispersing power, their rheological behaviour, and also account of synergestic effects they exhibit in conjunction with some other anionic surfactants (sulphonates). Solutions of ether sulphates are protected against autocatalytic decomposition by adding citrate, lactate, or phosphate buffers. A well known property of ether sulphates is their ability to thicken, i.e. the increase in viscosity on adding electrolytes [384].

Phosphate esters of fatty acids are also useful surfactants. However, since they are not resistant to acid and hardness ions, and have relatively high cost, their use is limited to speciality products. Their advantages as excellent emulsifiers under strong alkaline conditions make them effective for scouring of oil and wax from textile materials [203]. Generally the alkyl phosphates consist of mixtures of monoalkyl and dialkyl esters of phosphoric acid. Phosphoric partial esters with short-chain alkyl groups (e.g. butyl phosphoric acids) are strong acids, which have corrosion-inhibiting and bactericidal action. They are readily soluble in hard water and act as wetting and dispersing agents, and are therefore used in acid-adjusted cleansing agents. The sodium salts of long-chain alkyl phosphoric acids readily dissolve on water, have low sensitivity to water hardness, and are resistant to saponification, especially in alkaline media. They are good wetting agents and emulsifyers, the salts of monoalkyl phosphoric acids inhibit foam formation by other anionic or non-ionic surfactants [384]. See for further information 6.5.1.

A novel series of anionic derivatives of polyoxyethylenated stearylamine have been recently developed which demonstrate *low-foaming properties and good wetting properties*. These derivatives are most successfully used as *levelling agents* (so-called *retarders*) when dyeing cotton with direct dyes [203].

Typical characteristics of some commercial surfactants are listed in the following tables, taken from [384].

Carboxymethylated fatty alcohol ethoxylate (n=4), based on coconut oil alcohol	
CAS no.	[33939-64-9]
Active substance content, %	88-90 % (acid form), 21-23 % (Na salt)
Water content, %	Approx. 10 % (acid form); 78% (Na salt)
Degree of carboxymethylation, %	Approx. 95%
Density, 20 C, g/mL	1.01 (acid form); 1.03 (Na salt)

Table 4-43: **Typical characteristic data of a commercial carboxymethylated fatty alcohol ethoxylate**

Sodium α-olefinsulphonate, C14/C16	
CAS no.	[68439-57-6]
Active substance content, wt%	37 %
Of which disulphonate, wt%	4 %
Sodium sulphate, %	1 %
Sodium chloride	trace
Unsulphonated substance, wt%	1.5

Table 4-44: **Typical characteristic data of an industrial sodium α-olefinsulphonate**

Sodium diethylhexyl sulphosuccinate, anionic surfactant of the sulphosuccinate type	
CAS no.	[577-11-7]
Active substance content, wt%	68 - 70 %
Density, g/cm^3	1.0

Table 4-45: **Typical characteristic data of an industrial sulphosuccinate**

Fatty alkyl sulphate (sodium salts) (C12/C14 fatty alcohol)	
CAS no.	[97375-27-4]
Active substance content, wt%	30 %
Na_2SO_4, % max	1.0 %
Nonsulphated portion, % max	0.5
Density, g/cm^3	1.03

Table 4-46:   ***Typical characteristic data of an industrial fatty alkyl sulphate***

Ether sulphates (sodium salts) of C12/C14 fatty alcohol; degree of ethoxylation 2	
CAS no.	[9004-82-4]
Active substance content, %	28 %
NaCl, % max	0.3 %
Na2SO4, % max	1.0
Density, g/cm^3	1.05

Table 4-47:   ***Typical characteristic data of an industrial ether sulphate***

Dodecylbenzensulfonic acid, anionic surfactant of the alkylbenzenesulphonate type	
Content of alkylbenzensulfonic acid.	97 – 98 %
Content of sulphuric acid	Approx. 0.5 %
Content of water	0 %
Content of unsulphonated compounds	1.5 - 2 %
g Sodium salt/100 g acid	103 - 105 g
Colour	Yellow to brown

Table 4-48:   ***Typical characteristic data of a high quality dodecylbenzenesulfonic acid***

Cationic surfactants

Compared to anionic and non-anionic surfactants, use of cationic surfactants is low in the textile production industry.

Cationic surfactants are important as corrosion inhibitors, fuel and lubricating oil additives, germicides and hair conditioners. Important applications for cationic surfactants in textiles include their use as *fabric softeners*, *fixatives* for anionic dyes and dyeing rate *retarders* for cationic dyes.

Cationic surfactants are compatible with non-ionics and zwitterionics, but not with anionics.

Two common types of cationic surfactants are:

- long chain amines;
- quaternary amine salts.

148

The most important cationic surfactants are the quaternary nitrogen compounds: tetraalkylammonium salts, N,N-dialkylimidazolinium compounds and N-alkylpyridinium salts. Other cationic surfactants, e.g. the quaternary phosphonium salts or tertiary sulphonium salts are less important industrially, although they are useful as phase-transfer catalysts in synthesis [382].

Cationic surfactant types	Examples of compounds used in textile industry [283, 383]
Alkylamine ethoxylates (alkylamine polyethylene glycol ethers)	Lauryl amine polyethylene glycol ether (10 EO) Coco amine polyethylene glycol ether (10 or 15 EO) Tallow amine polyethylene glycol ether (15, 20, 45 or 50 EO) Stearyl amine polyethylene glycol ether (25 EO) Oleyl amine polyethylene glycol ether (6,9,20 or 25 EO)
Imidazolines	4,5-dihydro-1-methyl-2-nortallow alkyl-3-(2-tallow amidoethyl), Me sulphates [86088-85-9]
Quaternary ammonium compounds	Cocoalkyltrimethylammonium methosulphate Cocoalkyltrimethylammonium chloride Cocoalkylbenzyldimethylammonium chloride Cocoalkyldihydroxyethylmethyl metosulphate Quaternized cocoalkylamine polyethylene glycol ether

Table 4-49:   ***Cationic surfactants***

Typical data of some simple quaternary ammonium chlorides that are stored and transported in the form of aqueous or aqueous-alcoholic solution in stainless steel or plastic drums are listed in the following tables, taken from [383].

Stearytrimethylammonium chloride	
CAS no.	[112-03-8]
Consistency	Liquid
Active substance content, %	50-52 %
Content of free amine and hydrochloride, %	1 %
Isopropanol content, %	30 %
Density, g/mL	0.89

Stearylbenzyldimethylammonium chloride	
CAS no.	[122-19-0]
Consistency	Liquid
Active substance content, %	50 - 52 %
Content of free amine and hydrochloride, %	1 %
Isopropanol content, %	0 %
Density, g/mL	0.95

Ditallowalkyldimethylammonium chloride	
CAS no.	[61789-80-8]
Consistency	Liquid-solid
Active substance content, %	74 – 76 %
Content of free amine and hydrochloride, %	2 %
Isopropanol content, %	16 %
Density, g/mL	0.90

Ditallowacyloxyethyl hydroxyethylmethyl ammonium methyl sulphate ("ester quat")	
CAS no.	[93334-15-7] [91995-81-2]
Consistency	Liquid-solid
Active substance content, %	Approx. 90 %
Content of free amine and hydrochloride, %	
Isopropanol content, %	10 %
Density, g/mL	0.96

Table 4-50:   *Typical data of some quaternary ammonium chlorides*

Long chain amine types are made from natural fats and oils or from synthetic amines. They are soluble in strongly acidic medium but become uncharged and insoluble in water at pH greater than 7.

Quaternary amine type cationic surfactants are very often used as fabric *softeners*. They are applicable in neutral, alkaline and acidic medium. These substances are water-soluble recalcitrant substances, with by far the highest toxicity of all classes of surfactants [2]. Examples are distearyldimethylammonium chloride (DSDMAC) or, more correctly, since the long alkyl residues are tallow fat alkyl residues, ditallow alkyl dimethyl ammonium chloride (DTDMAC), which for a long time were the most important component in fabric softeners. They were recently been replaced by less toxic ammonium compounds, which contain ester group as cleavage sites which leads to rapid breakdown of the compounds in water. These are the so-called esterquats obtained from fatty acid, triethanolamine or N-methyldiethanolamine, and dimethyl sulphate [383].

Condensation of fatty acids with ethylenediamine or substituted ethylenediamine yields substituted imidazolines. Such surfactants have properties similar to those of acylic quaternary ammonium salts; they are dermatological extremely compatible, are antiseptic, and are used as *wetting agents, dispersants and cleaning agents*, including body care products. Another important fabric softener is the imidazoline derivative [86088-85-9] [383].

Cationic surfactants have a natural affinity to the often negatively charged surface of textile fibres. They then form a film on the surface of the fibre. This property is used when applying cationic surfactants as *conditioning agents or as antistatic finishing agents* [239].

Non-ionic surfactants

Non-ionic surfactants are widely used in the textile industry. They are important as washing/dispersing agents, levelling agents, etc.

Among the diverse types of non-ionic surfactants, the most important substances used in textile processing are summarized in Table 4-51.

The large variability of the hydrophobic group as well as the option to achieve any desired degree of ethoxylation, make the ethoxylates an extremely versatile class of surfactants. Irrespective of the degree of ethoxylation, ethoxylates with identical hydrophobic groups have the same CAS numbers.

By substituting the hydrogen atom of the terminal hydroxyl group of an ethoxylate by hydrophobic residues such as benzyl, butyl, or methyl groups, terminally blocked ethoxylates are obtained that are more chemically resistant, especially in alkyline media. Since blocked ethoxylates also less foam in aqueous solution, they have a certain value in (alkaline) cleaning processes involving strong mechanical action.

Polyhydroxy compounds such as glycerol, diglycerol, polyglycerol, erythritol, pentaerythritol, sucrose, and other glucosides that are partially esterified with fatty acids have surface-active properties. Fatty acid esters of glycerol are insoluble in water, and when they contain alkali metal salts of fatty acids, they are self-emulsifying. The fatty acids that are used are predominantely from the tallow fat range (palmitic and stearic acids). Fatty acid esters of sorbitol are non-toxic, do not irritate the skin, and are fully biodegradable. Sucrose is moreover a plentifully available natural raw material. However, these surfacatants have not gained wide industrial acceptance due to a certain instability of the sucrose glycoside bond, and expensive industrial synthesis. Dimethylformamide or dimethyl sulfoxide must be use as solvent during synthesis, and completely removed after. Alkyl Polyglycosides (APG) are strictly speaking alkyl oligoglucosides, though the incorrect terminology has persist. Alkyl polyglycosides are waxy, soft to glassy-solid, and colored yellow due to impurities. As APG are non toxic, only slightly irritating to the skin, and biodegrade rapidly, they have recently attracted increased attention. They are moderate foaming agents and outstanding emulsifiers. They are suitable for *washing textiles* and hard surfaces, particulary in combination with other anionic and non-ionic surfactants, with wich they give synergistic effects [383]. However, they tendency to foam as high mechanical action is apply (i.e. in most textile process) have restrain their use in these application field.

Surfactant amine oxides such as lauryldimethylamine oxide are insensitive to water hardness. They are mainly used as constitutents of dishwasher detergents, shampoos and soaps, due to mildness to skin and satisfactory foaming ability. Amine oxides in neutral aqueous solution should be regarded as non-ionic surfactants. They are protonated in acid solution and thus represent the transition to cationic surfactants [383].

Non-ionic surfactant types	Examples of compounds used in textile industry [283]
Fatty alcohol ethoxylates:	
Linear alcohol ethoxylates	C10-alcohol polyethylene glycol ether (3 EO)
	C12-alcohol polyethylene glycol ether (4 EO)
	C12-C14-alcohol polyethylene glycol ether (4, 5, 6,7, 9,11,12 or 30)
	C12-C15-alcohol polyethylene glycol ether (3 EO)
	C12-C16-alcohol polyethylene glycol ether (7 EO)
	C12-C18- alcohol polyethylene glycol ether (8 EO)
	C16-C18- alcohol polyethylene glycol ether (5,6,11,18,20,25 EO)
	Oleyl alcohol polyethylene glycol ether
	C12-C15-alcohol polyethylene glycol ethers (20 EO)
	C13-alcohol polyethylene glycol ethers
Branched alcohol ethoxylates	C13-alcohol polyethylene glycol ethers (3,4,5,6,7,8,9,10 or 12 EO)
	C12-C14-alcohol polyethylene glycol ether (5 or 8 EO), tert.-butyl blocked
Terminally blocked linear alcohol ethoxylates	
Fatty amines ethoxylates	
Fatty acids ethoxylates	
Triglycerides ethoxylates	
Alkylphenol ethoxylates	Nonylphenol polyethylene glycol ethers (7 to 100 EO)
	Octylphenol polyethylene glycol ethers (3,10,40 EO)
Ethylene oxide/propylene oxide adducts	C10-C12-alcohol polyalkylene glycol ethers
	C10-alcohol polyalkylene glycol ethes
	C11-alcohol polyalkylene glycol ether
	C12-C14- alcohol polyalkylene glycol ether
	C18- alcohol polyalkylene glycol ether
Alkyl polyglucosides	C8-C10-fatty alkyl polyglucoside
	C12-C14-fatty alkyl polyglycoside

Table 4-51: **Nonionic surfactants**

Fatty alcohols ethoxylates adjusted by means of the degree of ethoxylation are used among others as emulsifiers in textile industry. Fatty acid polyglycol esters have numerous uses as emulsifiers in textile treatment. The same is also true of fatty acid alkanolamides and their ethoxylates. Fatty amine ethoxylates are used as finishing agents and antistatics in textile treatment and leather processing [383].

Among all the non-ionic surfactants, the most common are the polyoxyethylenated alkylphenols and the polyoxyethylenated linear:

$$C_8H_{18} - C_6H_4 - O\,(CH_2CH_2)_x \qquad x:\text{ usually 1-40}$$

Ethoxylated p-octylphenol

152

The hydrocarbon group is the hydrophobic part of the surfactant while the chain of ethylene oxide groupings is the hydrophilic part of the molecule.

The main properties (and advantages) of non-ionic surfactants are:

- compatibility with other types of surfactants;
- low-foaming tendency;
- good dispersing properties;
- effective soil remover from hydrophobic fibres (better than sulphonated surfactants);
- inferior soil remover from cotton fibres (worse than anionic surfactants);
- precipitation in solution at elevated temperature (so-called typical "cloud point" of the surfactant);
- tailoring possibilities for particular uses by controlling the relative amounts of hydrophobic and hydrophilic character (expressed in the HLB -i.e. the hydrophile-lipophile balance – of the surfactant.

The property to precipitate at elevated temperatures may be a disadvantage. On the other hand, the activity of the surfactant may be deliberately destroyed by elevating the temperature if desired.

In many cases, mixed surfactant systems are produced to obtain better emulsification.

However, the content of active substance of an ethoxylated surfactant is generally given as 100%, despite the fact that ethoxylates contain amounts of polydiols (as by-product of synthesis) that increase with increasing degree of ethoxylation. An industrial lauryl alcohol ethoxylate containing 5 mol of EO/mol contains, e.g. , approx. 0.5%, an ethoxylate with 15 mol EO/mol contains 1.0%, and one with 30 mol EO/mol contains 3.0 % of polydiol [383].

A specific environmental case is shown in the use of <u>nonylphenol ethoxylates</u> (see also 7.1.2 C. Substitution of chemicals). Nonylphenol ethoxylates are used in several processes of textile manufacturing, including scouring, fibre lubrication and dye levelling. The main use is in wool scouring where the natural oils are removed from the wool. Nonylphenol ethoxylates are used because of their detergent and fibre lubricating (conditioning) properties and because they are not adsorbed into the wool (unlike anionic surfactants). As nonylphenol might be released into the environment due to the breakdown of nonylphenol ethoxylates, there is a need for limiting the risks in all applications. The amount of nonylphenol ethoxylate used within the textile processing industry in the EU is reportedly at 8.000 tonnes for 1997. Industry estimates that approximately 40% of this amount is exported outside of the EU. Industry also estimates that there are approximately 1.000-2.000 textile processing sites within the EU. In Europe, a voluntary ban on the use of nonylphenol ethoxylates in domestic detergents has been agreed to by all the major manufactures of detergents. However, the phase-out of nonylphenol ethoxylates as cleaning agents for industrial uses varies between different countries. In Switzerland their use has been banned. In the Netherlands their use is reported as terminated. In Belgium, use has greatly decreased and a screening study of the use and discharge in all sectors in Belgium is due to begin. In Sweden, uses of nonylphenol ethoxylates in cleaning agents were reduced by 70-80% during the period 1990-1995. This reduction is a result of both administrative actions and voluntary actions from the industry. In Germany, manufactures and processors of nonylphenol ethoxylates agreed to look into possible substitution of nonylphenol ethoxylates in industrial uses (wetting agents and detergents in the textile industry discussed by January 1989; use in leather and fur, paper, textiles and industrial cleaners by January 1992). Based on these voluntary commitments, the use of alkylphenol ethoxylates in detergents and cleaning agents was reduced by about 85% from 1986 to 1997. In Finland, PARCOM Recommendation 92/8 had not yet been implemented in 1997. In the UK there is no specific legislation aimed at nonylphenol or nonylphenol ethoxylates. However, they are covered indirectly by legislation such as integrated pollution control (IPC). In 1996/97, the British Association for Cleaning Specialities (BACS) and the Soap and Detergent Industry Association (SDIA) reached a voluntary agreement to remove all alkylphenol ethoxylates from industrial and institutional detergent in 1998. This agreement does not cover solvent degreasers [329].

Amphoteric surfactants

Amphoteric surfactants, also called zwitterionic surfactants, are not widely used in the textile industry. Their main characteristics are:

- use in combination with either cationic and anionic surfactants;
- soluble and effective in the presence of high concentration of electrolytes, acids and alkalies;
- expensive;
- use required only in specialised situations where a wide range of compatibilities are needed.

The common types of amphoteric surfactants are either betaine or ampholyte ones (Table 4-52):

- quaternary ammonium compound derivatives (very rarely applied, as others have lower toxicity);
- betaine derivatives;
- imidazolines derivatives;
- modified fatty amino ethylates (very good emulsifying and dissolving capacity for removing oligomers in the reductive cleaning of polyester fibres).

Amphoteric surfactant types	Examples of compounds used in textile industry [283]
quaternary ammonium compound derivatives	
Betaine derivatives	Lauric acid amidopropylbetaine
imidazolines derivatives	
Modified fatty amino ethylates	Coconut fatty acid amidopropylbetaine

Table 4-52:   *Amphoteric surfactants*

Nowadays only true betaines are of economic importance, especially acid amide betaines and the betaines derived from imidazolines. Betaines are insensitive to water hardness and pH value of industrial water, are only slightly toxic, are compatible with the skin and mucous membranes, and have antimicrobial properties. They have good washing and foaming performance and are highly compatible with other classes of surfactants, and are therefore ideally suited for use in bodycare products. Lecithin or phosphatidylcholine, a naturally occurring phospholipids also belong to the class of betaines [383].

Surfactants with heteroatoms in the hydrophobic group

Among these three main groups can be distinguished:

1. block copolymers of propylene oxide and ethylene oxide;

2. silicone-based surfactants;

3. fluoro surfactants.

The incorporation of propoxy groups in a surfactant increases its hydrophobicity. A wide range of block copolymers can be synthesized by ethoxylation reaction of suitable starter molecules such as methanol, ethanol, propanol, higher alcohols, diols such as butanadiol and triols such as glycerol, or propylene glycol and ethylendiamine, to form block copolymers of propylene oxide and ethylene oxide. The outstanding property of these surfactants is the lack of foaming ability of their aqueous solutions, they also suppress the foam of strongly foaming solutions. The block copolymers are therefore preferably used as wetting and cleaning agents in processes involving high mechanical stress and in high speed cleaning machines. They are also used as demulsufiers and dispersants. However, their unsatisfactory biodegradability prevents their widespread use [383]. For more details on defoamers, consult section 6.5.1.

Silicone-based surfactants are mainly derived from methylsilicones (see also Table 6-7). They lower the surface tension of water to a greater degree than hydrocarbon-based surfactants, and in this respect are inferior only to fluorosurfactants. Selective synthesis of basic structured substances results for example in non-ionic surfactants of the ethoxylate type, or carrying further additional functional groups. Thus, the choice of the siloxane building blocks, selective hydrolysis, and dequilibration enables a wide variety of silicone surfactants to be synthetised. The polysiloxane residues of most silicone surfactants have a polymeric character, in contrast to the previously discussed hydrocarbon-based surfactants. Polar and non-polar groups alternate in the polymer chain, similar to the polypropylene glycol derivatives or the polypeptides. Thus, polydimethylsiloxane residue forms relatively strong film i.e. layer on the water surface. Polysiloxanes modified with polyethers are therefore important as integrated constituents of polyurethane foams, in which they act as foam stabilisers. The stability of the films of silicone surfactants in aqueous foams makes them useful as additives to aqueous fire-extinguishing agents. Although silicone surfactants form stable foams, they are stable to destroy foams of hydrocarbon-based surfactants, which they displace from the surface because of their higher surface activity. Silicone-based surfactants are used in a wide range of special applications, for example in the production of fibres and textiles, as wetting agents, dispersants, as defoaming agents, emulsifiers, demulsifiers and water repellents (see also 6.4.6) [382].

Fluoro surfactants used nowadays can be regarded as analogues of surfactants containing aliphatic hydrocarbon groups, in which the hydrogen atoms have been wholly or partly replaced by fluorine atoms. Yet, the fluorinated hydrocarbons are extremely hydrophobic, even compounds with short carbon chains such as perfluorobutyric acid and its salts already show considerable surface-active ability. Moreover, fluoro surfactants have extremely low surface tensions (i.e. ≤ 20

mN/m), and are already active at very low concentrations, wich for some extent compensate their high costs. According to their high chemical and thermal stability and their ability to diffuse rapidly in aqueous solution, the fluoro surfactants are used for special applications or in high-speed industrial processes. Fluoro surfactants are used as wetting, emulsifying and flow-control agents, as absorption agents for imparting water-repellent and soil-repellent properties to textiles, leather and paper (see 6.4.6), and as additives in fire-extinguishing agents (see 6.4.8).

4.7.3 Other pretreatment agents

Fibre protecting agents in pre-treatment are used in all pre-treatment steps to reduce affection of the fibre during processing. They are made of protein fatty acid condensates and guanidine derivatives [273]

Kierboiling auxiliaries (or scouring auxiliaries) are used to remove fibre by-products like wax, fats, pectines, inorganics, etc. from cellulosic materials. They are made of strong alkali, and strong alkali-resistant and electrolyte-resistant surfactants (fatty acid ethoxylates, alkane sulphonates, complexing agents). More details on their composition can be found in section 4.3.

Mercerising and causticizing auxiliaries are made of strong alkali (sodium hydroxide, ammonia), wetting agents stable in highly concentrated lyes (low molecular weigth alkyl sulphates, alkane sulphonates), antifoaming agents as shorter-chain alkyl phosphates and complexing agents. More details on their composition are given in the corresponding sections.

Carbonising auxiliaries and assistants are used to remove vegetable impurities with acid or acid salts. They are made of strong sulphuric acid and acid-stable wetting agents (alkyl arylsulphates, alkane sulphates, fatty alcohol ethoxylates). More details on their composition are given in the corresponding sections.

Sizing agents and sizing additives are used to protect warp yarns during weaving and are usually applied in weaving mills. As they are washed-out during subsequent processes, they can be found in waste water. Details about their composition are given in section 4.3.1, desizing of cellulosic materials.

Desizing agents and auxiliaries are used to remove sizing agents from textile materials, their composition depends on the kind of desizing treatment applied and were described in detail in corresponding section.

Wetting or hydrophilizing agents are auxiliaries for multipurpose use. They are mainly made of surfactants (see section 4.7.2) like alkyl sulphates, alkane sulphonates, alkyl ether sulphates, alkyl aryl sulphonates, alkyl ester of sulphosuccinic acids, ethoxylation products, phosphoric acid esters [273].

Antifoaming agents are multipurpose auxiliaries and were discussed in more details in section 6.5.1.

5 Colouring

5.1 Introduction

Colouring is a method in which colour -by the way of a colorant- is added to a textile material.

A colorant is a chemical substance in which the molecule contains a chromophoric group (conjugated system) capable of interacting with light, thus giving the impression of colour.

This physical nature of colour and our perception of colour lead to a classification of the colouring technologies based on [17]:

- uniform light reflection of a surface due to uniform colouring such as dyeing and bleaching;
- composition of many different coloured light reflections and local coloured patterns due to spinning or waving of different types of fibres, or due to printing.

The main technologies for colouring are therefore (figure 5-1):

- bleaching;
- dyeing;
- printing.

Bleaching is more commonly used as a pretreatment method and was described in the appropriate sections (see 4.3.3, 4.4.7, 4.5.5 and 4.7.1).

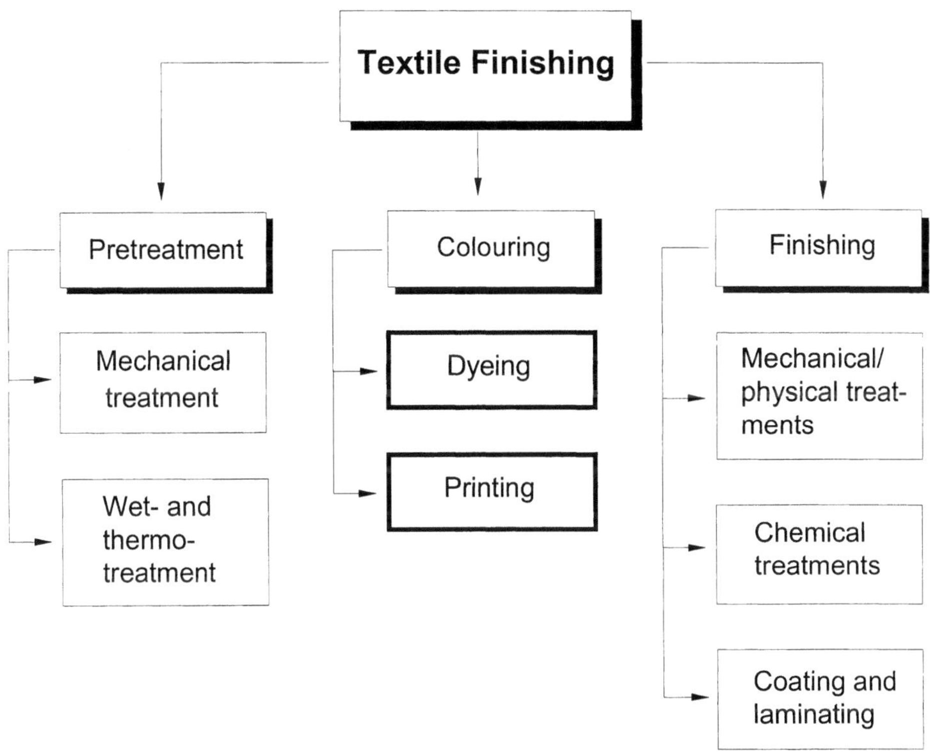

Figure 5-1:   ***Survey of textile colouring treatments***

Historically, uniform colouring and coloured patterns were obtained by dyeing or printing, respectively. The strict separation of dyeing and printing technologies is no longer correct, as new technologies, such as infusion and spray techniques, erase the differences between them. A pattern may be generated without the typical tool for the printing technologies, such as screens and rollers. Likewise, the dyeing process can be performed in such a way so that some parts of a fabric are treated with a reservation agent, a classic printing auxiliary. Also possible nowadays is the ability to integrate the dyeing treatment within other process (spinning, etc.). Fibres may also be pretreated differently so that, after waving, the difference in dye affinity provokes a non-uniform colouring.

Common to dyeing and printing processes are the colorants, i.e. the colouring matter. It is important to correctly differentiate between the terminologies colorants, dyes, and pigments. Colorants may be subdivided into dyes, i.e. substances which are soluble in the application medium, and pigments, i.e. substances which are essentially insoluble in the application medium. Both pigments and soluble dyes give colour to a substrate, i.e. yarn, fabric, etc, by altering its reflective characteristics.

A systematic overview of colouring agents is given in figure 5-2, taken from [281]. A typical substitute is given for each group, but not all the mentioned colouring agents are used in textile dyeing or printing.

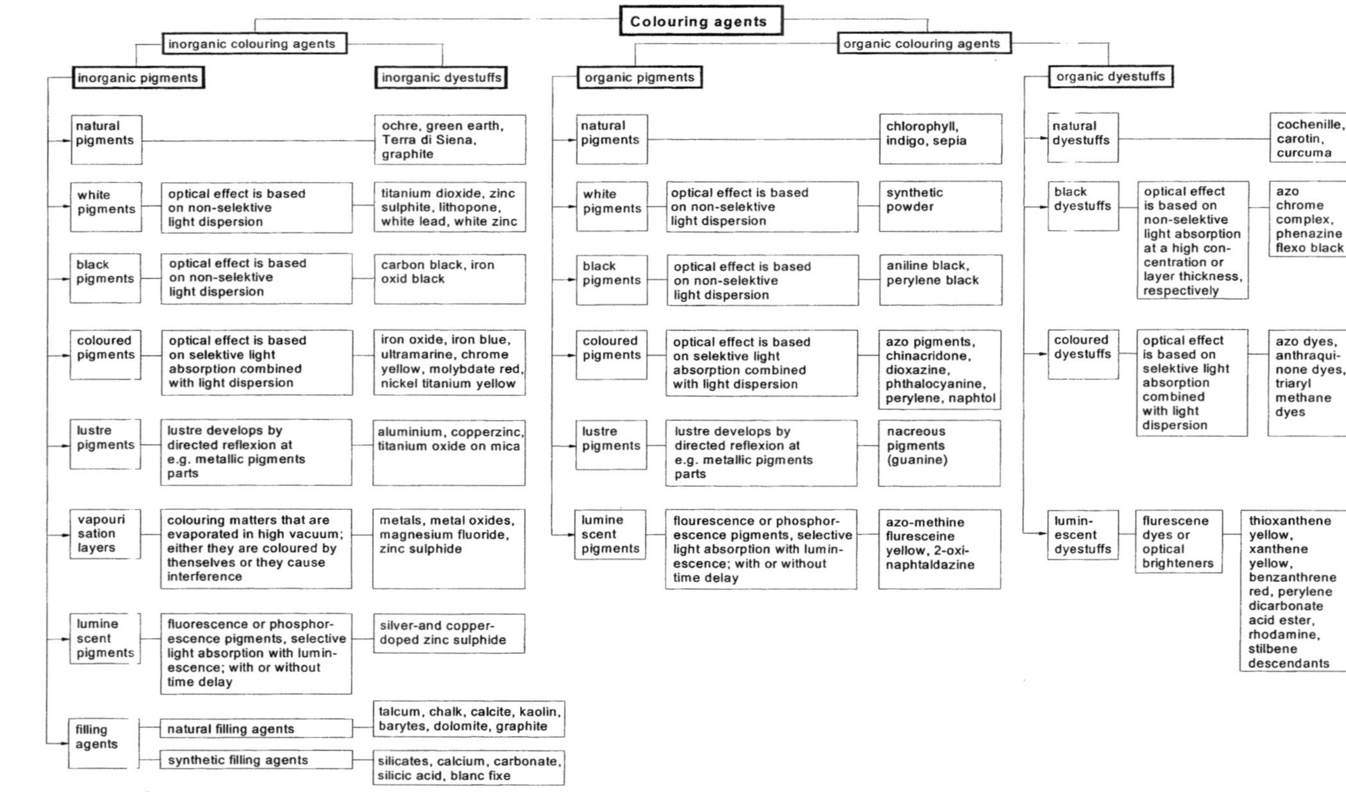

Figure 5-2: **Systematic of colouring agents**

Textile dyes and pigments can be classified according to their chemical composition, i.e. components of the molecule, or according to their application class, i.e. technical requirements. A general overview on the thematic is given in section 5.4 Dyestuffs.

5.2   Dyeing

In the following chapter the general principles of dyeing and the most commonly used dyeing techniques are described. The chapter concludes with presentations of all the chemicals involved in the dyeing of different fibres.

5.2.1   General principles of dyeing

Dyeing is a method for colouring textile material in which a dye is applied to the substrate in a uniform manner to obtain an even shade.

Various dyeing techniques exist:

- mass dyeing/gel dyeing, in which a dye is incorporated into the synthetic fibre during its production (this technique is the most commonly applied process for PP fibres and is of interest also for PAC);
- pigment dyeing, in which an insoluble pigment, without affinity for the fibre, is deposited onto the textile substrate and then fixed with a binder;
- dyeing processes which involve the diffusion of a dissolved or at least partially dissolved dyestuff into the fibre.

The first group of processes, relating to specific production steps of fibres, will not be described in this document. Nevertheless, considering the environmental issues of dyeing of fibres during production, some of these techniques shall be taken into account in order to permit an integrated discussion of the overall textile chain.

Dyeing with pigments is a method which has many analogies to printing with pigments, especially with regard to chemicals involved (see also 5.4.12 and 5.2.3).

The group of processes which will be discussed in more detail in this chapter is the last cited.

Dyeing with soluble dyes includes a group of processes where the dye is formerly dissolved or dispersed into so-called dye liquor. These dye liquors must first be prepared by the dyer on the basis of commercially available dyestuff formulations (containing dyestuff and some auxiliaries, e.g. dispersing agents) and process-specific chemicals.

From a molecular point of view, four characteristic steps are involved:

- diffusion of the dye from the dye liquor to the substrate;
- accumulation of the dye on the surface of the textile material;
- migration of the dye into the interior of the fibre until it is uniformly dyed;

- fixation of the dye onto the substrate.

These operations are controlled by temperature, time and the affinity (substantivity) of the colorant to the fibre. A lot of auxiliaries are necessary in order to promote these processes. Since auxiliaries in general do not remain on the textile substrate after dyeing, they are ultimately found in the emissions.

Textiles can be coloured at any stage of the manufacturing process so that the following dyeing processes are mentioned [2]:

- flock (or stock) dyeing;
- top dyeing: fibres are shaped in lightly twisted roving before dyeing;
- tow dyeing: dyeing the mono-filament material (the tow) produced during the manufacture of synthetic fibres;
- yarn dyeing;
- piece (e.g. woven, knitted and tufted cloths) dyeing;
- ready-made goods (finished garments, carpets, rugs, bathroom-sets, etc.).

5.2.2 Dyeing techniques

Historically, there are two great principle groups of treatments used to achieve dyeing with soluble dyes:

- discontinuous (batch or exhaust) dyeing processes;
- continuous and semi-continuous dyeing processes.

Discontinuous dyeing process

Discontinuous dyeing is also called batch dyeing or exhaust dyeing. A certain amount of textile material is loaded into a dyeing machine (formerly a batch) and brought into equilibrium with a solution containing the dye and the auxiliaries over a period of minutes to hours. At the end of the operation, the spent dye-bath liquor is drained off. The post-dyeing stage consists of washing with water to remove unfixed amounts of dyestuff from the textile substrate.

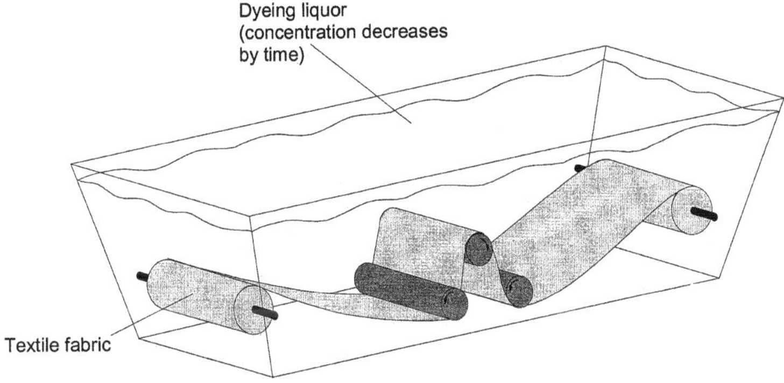

Figure 5-3:   ***Principle of (discontinuous) batch dyeing***

During the exhaustion process, the concentration of the dye in the liquor continuously decreases.-

In batch techniques, also used for pretreatment processes, common methods include beam, beck, jet and jig processing. These machines differ from their working principles as textile goods and batch liquor are stationary or circulating, respectively. The principles of such batch dyeing machines are listed in the following table, taken from [2].

Machine type	Textile good	Batch liquor
Beam dyeing, loose fibre dyeing, sliver dyeing, hanks and cones dyeing machines	Stationary	Circulating
Jiggers and winches	Circulating	Stationary
Washing machines	Circulating	Circulating (counter-current)
Dyeing machine	Circulating	Circulating (direct current)
Jet overflow	Circulating (induced by the circ. Liquor)	Circulating
Airflow	Circulating (induced by compressed air)	Circulating

Table 5-1 :   ***Principles of batch dyeing machines***

In the process of applying a dyestuff in solution or in suspension, the factor which must be taken into account is the specific liquor ratio ("ratio of mass of fabric to volume of dye bath") which determines the depth of colour obtained. So, for example, a liquor ratio of 1:10 means that we have 10 litres of water for 1 kg textile material [2]. This parameter is very important because it influences the environmental impact of discontinuous dyeing processes (see further 7.1.3). Discontinuous dyeing equipment characteristics are summarised in the following table, taken from [2].

Make-up		Process	Equipment	Liquor ratio
Loose/stock fibre (also card sliver and tow)		Loose stock dyeing	Autoclave (loose stock dyeing)	1:4 - 1:12
Yarn	Bobbins/ cones	Yarn dyeing	Autoclave (package dyeing)	1:8 - 1:15
	Hank	Hank dyeing	Hank dyeing machines	1:15 - 1:25
Woven and knitted fabric, tufted Carpet	Rope	Piece dyeing in rope form	Winch beck	1:15 - 1:40
			Overflow	1:12 - 1:20
			Jet -for fabric -for carpet	1:4 - 1:10 1:6 - 1:20
			Airflow	1:2 - 1:5
	Open-width	Piece dyeing in open-width form	Winch (only for carpet)	1:15 - 1:30
			Beam dyeing Beam + washing machine	1:8 - 1:10 1:10-1:15
			Jig dyeing Jigger + washing machine	1:3 - 1:6 1:10
Ready-made goods (e.g. garments, rugs, bathroom-sets, etc.)		Piece dyeing	Paddle Drum	1:60 (not exceptional) Very variable

Table 5-2:   *Discontinuous dyeing equipment and liquor ratios*

An emerging technique of the last few years is the process of dyeing using supercritical fluids instead of water. An overview of these very promising environmental friendly dyeing techniques is given in "Dyeing in nonaqueous systems", further in this section.

Continuous and semi-continuous dyeing process

The Padding technique is the most commonly used to treat continuous (or semi-continuous) textile goods. The technique may be used either in colouring, pretreatment or finishing processes.

Textiles are fed continuously into a dye range. Commonly, the textile is then impregnated with dyestuff (or other textile auxiliary liquor) by means of a foulard. Textiles are then fed continuously in open width through a dip trough filled with the dye liquor. The substrate absorbs an amount of dye solution and leaves the dip trough through two rollers that control the pick-up of the dye. The surplus of stripped dye flows back into the dye bath. Moreover, special application systems are also encountered in which the dyestuff is poured, jet-sprayed or applied in the form of foamed liquor. Foulard dyeing processes typically consist of dye application, dye fixation with chemicals or heat and washing (Figure 5-4).

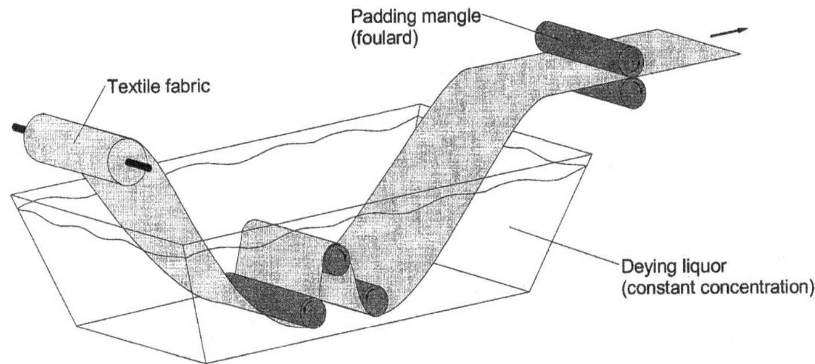

Figure 5-4:   ***Principle of (continuous) foulard dyeing***

Dye fixation to the fibre occurs much more rapidly in continuous dyeing (immersion followed by squeezing the dye solution from the fabric) than in bath dyeing. In these processes the factor that must be taken into account is the pick-up percentage ("grams of liquor picked up by 100 grams fabric"). The concentration of the dye in the dye bath is thus much higher than in exhaustion processes and remains nearly constant during the treatment (eventually by continuous addition of dye liquor).

The only difference between continuous and semi-continuous processes is the fact that in semi-continuous dyeing the application of the dye is performed continuously by padding, while fixation and washing are discontinuous [2]. Equipment and processes are summarised in the following table, taken from [2].

Make-up		Process		Equipment
Woven & knitted fabric, tufted Carpet	Rope	Continuous		Padding machine for piece in rope form + J-box or conveyor + washing machine
	Open-width	Semi- continuous	Pad-batch(or Carp-O-Roll for carpet)	Padding machine + washing machine
			Pad-roll (or Carp-O-Roll for carpet)	Padding machine + washing machine
			Pad-jig	Padding machine + jigger + washing machine
		Continuous	Pad-steam	Padding machine [1] + steamer + washing machine
			Pad-dry	Padding machine [1]+ stenter frame + washing machine
			Thermosol	
Notes:				
(1) different applicators are used to dye carpets on continuous ranges				

Table 5-3:   ***Semi-continuous and continuous dyeing equipment and processes***

Nevertheless, there are special techniques and individually designed machines for special purposes such as carpet dyeing (e.g. great format colouring) or fully-fashioned articles (e.g. socks). Other special impregnation techniques are based on flex nip, foam application, spraying, etc.

Typical steps of a dyeing process:

1. preparation of the dyeing liquor;
2. preparation of the dyeing bath;
3. impregnating of the fabric or exhausting;
4. drying;
5. fixing of the dye;
6. washing/rinsing;
7. drying.

Despite the fact that the make-up of textiles influences the colouring technologies, the individual interactions between fibre and dyestuff are the most important factors.

Dyeing in non aqueous systems

Bearing in mind the increasing costs of using and disposing of water, attempts are being made to develop non-aqueous dyeing systems which produce an effluent that would not be discharged into the aqueous environment.

However, most of the organic solvent systems evaluated for solvent dyeing were based on chlorinated hydrocarbons, especially perchloroethylenes, which are now subject to controls. Yet, solvent recovery can never be 100% sufficient; it will always give rise to air pollution problems.

A great deal of interest was thus awakened with the ITMA 1995 demonstration by Joseph Jasper, Ciba and the research group at the German North West Textile Research Institute (DTNW) in Krefeld, which revealed a new method of dyeing from an environmentally safe solvent, supercritical carbon dioxide [80].

Since 1995, growing international interest in this technology has been observed worldwide. The approach started by UHDE Hochdrucktechnik GmbH, Hagen and the DTNW resulted in a new CO_2 dyeing pilot plant with an autoclave of 30 l for dyeing a maximum of two bobbins or a fabric wound on a dyeing beam. Currently, the system is claimed to be suitable for dyeing polys(ethylene terephtalate) (PETs). Recently, results were reviewed in [326] and prospects of the technique pointed out.

Above the critical point of 74 bar, 31 °C, the carbon dioxide has properties of both a liquid and a gas. In this way, supercritical CO_2 has liquid-like densities which are advantageous for dissolving hydrophobic dyes, and gas-like low viscosities and diffusion properties which can lead to shorter dyeing times in relation to water. Compared to water dyeing, the extraction of spinning oils, the dyeing and removal of excess dye can all be carried out in one plant in the carbon dioxide dyeing process which simply involves changing the temperature and pressure conditions; drying is not required since at the end of the process CO_2 is released in a gaseous state. The carbon dioxide can be recycled easily, up to 90% after precipitation of the extracted matter in a separator [326]. Thus, a typical dyeing procedure may be summarised by:

1. loading the autoclave with goods;

2. running, in supercritical carbon dioxide, a first extraction to remove spinning oils;

3. addition of a charge of pure dye and dyeing by impregnating the goods in supercritical fluid;

4. levelling-out of the dyed goods by circulation of the supercritical/dye mix;

5. running, in pure supercritical carbon dioxide, a second extraction to remove excess dye;

6. decompression;

7. recovery of the carbon dioxide.

Although some other gases such as N_2O or $CClF_3$ have very similar boiling points and critical data as carbon dioxide, for environmental and safety reasons carbon dioxide is the best choice for textile applications because it is cheap, non-explosive, inert, and non-toxic.

For industrial applications of this technology some open questions still exist which must be answered.

The dyeing system is claimed to be suitable for dyeing polyester, aramid, and polypropylene fibres. Until recently it was not possible to dye polar fibres in the supercritical medium. It is important to improve the dyeability of these market relevant fibres and blends in order to establish the CO2 dyeing technology. The problem of dyeing natural fibres in carbon dioxide arises from the inability of carbon dioxide to break the hydrogen bonds with suitable results. Thus, the diffusion of the dyes into fibres such as cotton and viscose, but also wool and silk, is hindered. Furthermore, disperse dyes only show minimal interactions with polar fibres, leading to unacceptable, low fastness data; whilst reactive, direct, and acid dyes which are used in conventional water dyeing are nearly insoluble in supercritical carbon dioxide.

A number of different methods have been described to overcome the limitations of the CO2 dyeing process for natural fibres [326]:

1. impregnation of swelling agents (e.g. high-molecular weight polyether derivative, polyethylene oxide or propylene glycol) prior to dyeing;

2. impregnation and permanent fixation of high concentrations of cross-linking agents (e.g. based on dimethylol dihydroxyethylene urea and dimethylol urea) prior to dyeing;

3. use of co-solvents (e.g. water or alcohols);

4. permanent modification of the fibre surface by introducing hydrophobic functional groups (e.g. cotton modified with alkylamino groups or 1,3,5-trichloro-2,4,6-triazine groups).

However, all the dyeing experiments on natural fibres described so far lose the main advantages of the water-free supercritical carbon dioxide dyeing because in all processes presented, pretreatment and in some cases after-cleaning of the dyed fibres is carried out in water or other solvents to remove the pre-impregnated substances from the fibre surface, etc. As a result, other concepts have to be developed. One of the concepts which could overcome the problems is to modify CO2-

soluble disperse dyes with functional groups which are able to react with the fibre by formation of chemical bonds [229]. Reactive groups modifying disperse dyes determined up to now are [326]:

- sulphonylazide groups modified disperse dyes for application on impregnated cotton;

- 1,3,5-trichloro-2,4,6-triazine groups modified disperse dyes for application on cotton and protein fibres;

- SO_2- chloride, bromine, iodate, acetate, phenolate or toluensulphonate groups modified disperse dyes for application on protein fibres;

- 2-Bromoacrylic acid ester or amide groups modified disperse dyes for application on cotton and protein fibres;

- vinyl sulphone groups modified disperse dyes for application on cotton and protein fibres (the most suitable for dyeing amino groups containing fibres).

Up to this point, no concepts exist in literatures which are suitable for commercialisation; however, this is an important challenge for the breakthrough of the technology.

Another application which could have potential for commercialisation is the sterilisation and disinfection of textiles and related material in the medical field with carbon dioxide in liquid and supercritical state. Preliminary results are very promising [326].

Perhaps other non-aqueous media will outshine supercritical carbon dioxide. For instance, ionic liquids could have an impact on dyeing technology as well as dye manufacture. It has been discovered that when certain reactive ionic solids are mixed together, a clear, colourless liquid forms spontaneously without recourse to heat or any special treatments. The key advantage of using such liquids is that they have no vapour pressure and thus none of the problems encountered with volatile organic solvents. This type of transport media, together with supercritical fluids, may have an enormous impact on the dyehouse of the 21st century [81].

5.2.3 Dyeing of c ellulose fibres

Cellulose fibres can be dyed using a wide range of dyestuffs, namely [2, 267]:

- Reactive;
- direct (substantive);
- vat (reduced);
- sulphur (leuco sulphur or solubilised sulphur);
- naphtol (azoic dyes developed on the fibre).

Figure 5-5 shows the consumptions referring to the main dyestuff classes (in %, based on Mio. DM) [394].

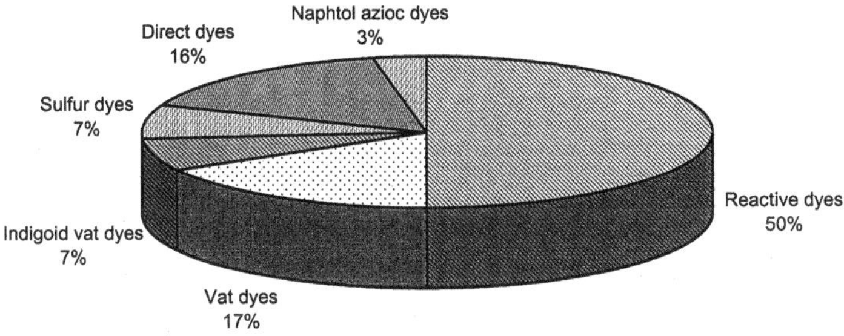

Figure 5-5: Dyes used on cellulose fibres

Dyeing cellulose fibres with the following dyestuffs may have some advantages [267]:

- pigments;
- leuco esters of vat dyes;
- mordant dyes;
- acid dyes;
- basic dyes;
- mineral dyes;
- oxidation dyes;
- phtalogen dyes;
- coupling and diazotisation dyes.

More specifically, plant fibres like bast, jute, flax, etc can be dyed with [267, 17]:

- direct or reactive dyes;
- acid and metal-complex dyes (as the non-cellulosic portion of the fibres is high, i.e in blends);
- basic dyes (if colour must be brilliant, but fastness may be poor).

However, jute and coir (from coconut) have a strong, persistent (even if bleached), natural colour.

The advantages (or disadvantages) of using the mentioned dyestuffs and the resulting dyeing techniques are discussed more intensively in the following pages. Moreover, the most common dyestuffs and resulting dyeing techniques for cellulose fibres are summarised in table 5-4.

Dyestuff	Chemicals and auxiliaries/ typical application conditions	Technique
Reactive	- pH 9.5 - 11.5 by addition of sodium carbonate and/or sodium hydroxide - Salt is used to increase dye bath exhaustion: higher concentrations are used for low-affinity dyes and for deep shades	Batch
	- Application temperatures vary from 40 °C to 80 °C depending on the class of the dyestuff	Pad-batch
	- In padding processes urea or cyanoguanidine is usually added to the pad liquor	Pad-steam
	- After dyeing, the material is soaped at and then washed off with addition of surfactants to remove unfixed dye	Pad-dry
Direct	- Salt is used to increase bath exhaustion	Batch
	- Mixtures of non-ionic and anionic surfactants are used as	Pad-batch
	wetting/dispersing agents	Pad-jig
	- After-treatment is usually necessary to improve wet-fastness (possible use of fixative cationic agents, formaldehyde condensation products)	Pad-steam
Vat	- Alkali and reducing agents (sodium dithionite, sulphoxylic acid derivatives, thiourea dioxide, and other organic reducing are agents) applied to convert the dye to the sodium leuco form - Poorly degradable dispersants are present in the dye formulation and are further added in other steps of the process - Levelling agents are sometimes necessary - Temperature and the amount of salt and alkali required vary according to the nature of the dye (IK, IW, IN)	Batch
	- Dye is fixed to the fibre by oxidation, generally using hydrogen per-oxide, but halogen-containing oxidising agents can also be used - After-treatment takes place in a weakly alkaline detergent liquor at boiling temperature - In continuous processes, anti-migration and wetting agents are used	Pad-steam
Sulphur	- Reducing agents (Na_2S, NaHS, glucose-based combination of reducing agents) and alkali are applied to convert the dye into soluble form, unless ready-for-use dyes are used	Batch
	- Dispersants and complexing agents are used in batch dyeing - In batch dyeing, the dye generally absorbs at 60 - 110 °C, while in the pad-steam process the material is padded at 20 - 30 °C and then subjected to steaming at 102 - 105 °C	Pad-steam
	- Oxidation is carried out mainly with hydrogen peroxide, bromate and iodate	Pad-dry/ pad-steam
Azoic	- Preparation of the naphtholate (caustic soda and, in some cases, addition of formaldehyde is required to stabilise the naphthol on the fibre) - Impregnation of the naphtholate by exhaustion or padding processes - Preparation of the diazotised base (with $NaNO_2$ and HCl)	Batch
	- Developing stage (the textile is passed through the cold developing bath or the developing solution is circulated through the stationary textile in the dyeing machine)	Padding methods

Table 5-4: **Most common dyestuffs and resulting dyeing techniques for cellulose fibres.**

Reactive dyes

One third of dyes used for cellulose fibres today are reactive dyes. They are most commonly applied according to the pad-batch and continuous processes for woven fabric; while batch processes are the most common for knitted fabric, loose and yarn [266].

Dyeing techniques are:

- Exhaustion (or batch) dyeing (usually with highly and moderately substantive dyes): dye, alkali, and salt are added to the dye bath in one step, at the start of the process, or stepwise. The stepwise process then consists of an exhaustion phase and a fixation phase. After dyeing, the liquor of all batch dyeing processes must be drained off by rinsing and washing using additional auxiliaries;
- Pad dyeing, an impregnating process: dye, additives, and alkali are applied to the textile by dipping, followed by squeezing out. Fixing has to take place in a subsequent step, during separate storage (semi-continuous process) or continuously by special steaming or thermofixing processes. After fixation, the material is always washed off and dried.

Dyeing cellulose fibres with reactive dyes may imply the use of the following chemicals and auxiliaries:

- alkali (sodium carbonate, bicarbonate and caustic soda), the amount is determined by the reactivity of the system and the desired depth of shade;
- salt (mainly sodium chloride and sulphate) to improve dye exhaustion. The amount is also strongly dependant on the system and the depth of shade desired;
- urea may be added to the padding liquor in continuous processes in the one-bath method;
- sodium silicate may be added in the cold pad-batch method.

A typical recipe for padding liquors is listed in the following table, taken from [2].

Component	[ml/l]	Remarks
Reactive dyestuffs	x [g/l]	
NaOH 38°Bé	20 - 40	
Water glass 37/40° Bé	30 - 50	Today, there are recipes available without water glass, with alkali only
Wetting agent	1 - 2	
Complexing and sequestering Agents	1 - 3	Mainly phosphonates and polyacrylates in order to minimise silicate deposits
Urea (45 %)	about 200 g/l	Applied for reactive dyestuffs with comparatively low water solubility

Table 5-5: **Typical recipe for padding liquors for cold pad batch dyeing of cellulosic fibres (cotton and viscose) with reactive dyestuffs**

Dyeing cellulosic fibres with reactive dyes has been identified as a major contributor to the problem of coloured effluents. Another important problem is the requirement when dyeing cellulosic fibres with anionic reactive dyes, to use large amounts of electrolyte in order to suppress the negative charge on the fibre surface [80]. Poor dye fixation has been a long-standing problem with reactive dyes in particular with batch dyeing of cellulose fibres, where a significant amount of salt is normally added to improve dye exhaustion (and therefore also dye fixation).

On the other hand, shade reproducibility and level dyeing were the major obstacles using the most efficient dyes (high exhaustion and fixation rate).

In past years, many attempts have been made to remedy the weak points of reactive dyeing systems as much as possible. The most important developments are [266]:

- development of effective chromophores (e.g. introduction of the triphenyl dioxazine and copper-formazan chromophores in the blue range). However, especially in the red range, these new reactive dyes are still inferior to vat and naphtol dyes;
- development of homo- and heterofunctional dyes, meaning multiple-anchor dyeing systems. Compared to conventional monofunctional reactive dyes (i.e. having only one anchor per molecule), these new dyeing systems with several (same or different) functional anchors per molecule show much more favourable fixation yields in the exhaustion process. Moreover, the possibility to adapt the dye by choosing anchors of different reactivity opens up the possibility of having dyes with a wide range of properties. At the same time, process reliability and dyefastness are improved. Thus far, combinations of triazine and vinylsulphone anchors (refer to section 5.4 for further information) have had the most important effect;
- development of short-liquor techniques for exhaustion dyeing;
- development of new applications for reactive dyes such as, for example, dyeing warp yarns with reactive dyestuffs in the "Color Denim Process", using a cationisation step [124; 180; 187; 188]
- development of special processes to improve the fixation yields by chemically modifying cellulose fibres. The degrees of exhaustion and fixation yields of reactive dyes are significantly increased by introducing nucleophile groups (e.g. amino groups) into the cellulose fibre. Furthermore, the possibility of bonding not only reactive dyes but also nucleophilic direct dyes covalently to cellulose arises when reactive groups are introduced to cellulose (for further information consult section 4.3.1);
- development of special processes to improve fixation yields by combining finishing and dyeing. The first commercially successful system was the BASF Basazol process where the cellulose fibre is finished first with the trifunctional cross-linking agent 1,3,5-triacroylaminohexahydro-1,3,5-triazine, and then dyed with dyes containing sulphonamide groups. The Indosol process of Sandoz, still used today, combines finishing with aminated resins and dyeing with copper complex dyes, which form mixed complexes with resins.

However, the practical importances of most of these techniques are still relatively low.

Direct (substantive) dyes

Direct dyes are also quite important in cellulose fibres dyeing: 75 % of the total consumption of these colorants is used when dyeing cotton or viscose substrates [266].

Direct dyes are especially sensitive to differences in fibre affinity. A careful pretreatment of the cellulose fibres to improve dye uptake is therefore imperative.

According to the colouring principles of direct dyes, the applied techniques for cellulose dyeing are:

- exhaustion (batch) dyeing: the dye is made into a paste, dissolved in hot water, and added to the dyeing batch. After dyeing, the textile is drained off and washed with cold water. After-treatment is recommended;
- high-temperature dyeing in a closed apparatus up to ca. 130 °C (especially for polyester/cotton blends): suitable dyes are necessary;
- pad process (continuous or semi-continuous): the impregnation step is followed by a fixation step (cold storage, thermal treatment, or salt treatment in a jigger). All these processes are finished by rinsing with cold water. After-treatment is also recommended.

Dyeing cellulose fibres with direct dyes may imply the use of the following chemicals and auxiliaries:

- electrolytes (usually sodium chloride or sodium sulphate) to favour the aggregation of dye ions on the fibre;
- wetting and dispersing agents, mixtures of non-ionic (ethoxylated fatty alcohols, fatty amines, fatty acids, alkylphenols or propylene oxide polymers) and anionic (fatty alcohol sulphates, alkyl aryl sulphates) surfactants are used for this aim (see also below);
- after-treatment agents to improve wet-fastness properties. The most commonly used are the so-called cationic agents, usually quaternary ammonium compounds with long hydrocarbon chains; formaldehyde condensation products with amines, polynuclear aromatic phenols, cyanamide, or dicyanamide may also be used.

Wetting and dispersing agents such as mixtures of non-ionic surfactants are used for retarding or exhausting the dyeing process. Elimination of foaming in the dye bath is essential for successful dyeing performance, most traditional surfactants are not adequate. Newly developed anionic surfactants prepared from ethoxylated hydroxysulphobetaines of polyoxyethylanated stearylamine demonstrated low-foaming and beneficial surface-activity properties [203] (for more details about surfactants consult section 4.7.2).

Products referred to as "levelling agents" for dyeing with reactive dyes (or sulphur dyes) actually consist of wetting and dispersing agents. The task of these products is not so much to prevent too rapid adsorption of the dye, as this can be controlled by salt addition, but more to ensure thorough wetting, and to disperse soil, preparations, dye deposits, etc. Mixtures of non-ionic and anionic surfactants have long been used for this purpose. Nonionic components include ethoxylated fatty alcohols, fatty amines, fatty acids, alkylphenols, or propylene oxide polymers. Anionic components include fatty alcohols sulphates, alkylaryl sulphates, and Turkey red oil (i.e. Sulfonated castor oil [8002-33-3]) [266].

After-treatment is a key process to improve fastness of the fabrics dyed with direct dyes, especially for increasing colour depth. Two principles exist:

- o removing the unfixed dye, dye aggregates, or dye degradation products by washing with complexing agents , surfactants or organic solvents with a dispersing effect;

o   reducing the solubility of the fixed anionic dye by blocking the hydrophilic groups.

The blockage of the hydrophilic groups via the formation of salt-like compounds with cationic after-treatment agents can occur by various techniques:

- fixative cationic agents: these are complex substances that form with the anionic dye a salt-like compound less soluble than the original dye. Quaternary ammonium compounds with long hydrocarbon chains, polyamines and polyethyleneimine derivatives can be used for this purpose;
- metal salts: copper sulphate and potassium dichromate can form with certain azo dyes metal-complex with higher light fastness;
- agents based on formaldehyde condensation products with amines, polynuclear aromatic phenols, cyanamide (the use of these condensation products leads to the formation of sparingly soluble adducts with the dye molecules);
- diazotised bases: diazotisation is made after dyeing, by coupling with aromatic amines or phenols containing hydrosolubilising groups.

Vat dyes

Approximately 10-15% of cellulose fibres or cellulose-containing blends are dyed using vat anthraquinone dyes. The total consumption of vat dyes is approximately 22 000 t/a (1993) of commercial products, not including indigo [266].

Vat dyes have excellent fastness properties and are often used with fabrics subject to hard use such as uniforms, towels, jeans, etc.

According to their chemistry and dyeing principle, vat dyes are dye preparations which consist of vattable coloured pigments and dispersing agents. The leuco form of anthraquinoid dyes are often used for dyeing cellulose fibres. Due to the low affinity of vatted indigoid dyes for fibres, these dyes are used mainly in textile printing. Indigo, for example, is used almost exclusively in the dyeing of warp yarn destined for blue denim clothing. Being identical to the natural material, indigo is also being used in the dyeing of environmentally friendly clothes [266].

The colouring principles of vat dyes are the dissolving of the dye (by reduction/vatting in alkaline medium into the leuco form), absorption and oxidation on the fibre (by converting into the insoluble pigment form) and the after-treatment of the dyeing process.

Thus, the applied techniques for dyeing are:

- Exhaustion (batch) dyeing: leuco process (textile goods are introduced into the batch after the vatting of the dye), pre-pigmentation process (textile goods and pigment dyes are introduced into the batch, prior to vatting), semi-pigmentation process (textile goods are introduced simultaneously to vatting) and high-temperature process (dyeing is conducted at 90-115 °C);
- Continuous dyeing (especially suitable for vat dyes) are almost exclusively used for woven fabrics and rarely for knitwear: pad-steam or wet-steam processes(textile goods are impregnated with aqueous dye dispersion and anti-migration and wetting agents; vat-

ting takes place in a chemical padder). In the pad-steam process, the impregnated fabric must be dried before vatting and subsequent rinsing, oxidizing, and soaping steps. The after-treatment (soaping step) consists of washing the material in slightly.

Dyeing cellulose fibres with vat dyes may imply the use of the following chemicals and auxiliaries:

- reducing agents: sodium dithionite, thiourea dioxide and sulphoxilic acid derivatives, hydroxyacetone (as a sulphur-free alternative);
- caustic soda;
- sodium sulphate;
- anti-migration agents (in the padding process): polyacrilates and alginates;
- dispersing agents: formaldehyde condensation products with naphtalenesulphonic acid and ligninsulphonates;
- levelling agents: surfactants (including fatty amines ethoxylates, fatty alcohol ethoxylates) and other components such as betaines, polyalkylenamines, polyvinylpyrolidone, polyamide amines;
- oxidants: hydrogen peroxide, perborate, 3-nitrobenzensulphonic acid;
- after-treatment agents: soap, weak alkaline detergent liquor (see 4.7.2).

The use of available solutions for pre-reduced vat dyes, especially indigo vat dyes, may considerably reduce the amount of reducing agent required for dyeing. A typical recipe for padding liquors is given in the following table, taken from [2].

Component	[g/l]
Vat dyestuffs	x
Wetting agent	1 - 2
Sequestering agents	1 - 3
Anti-migration agent	10 - 15
For reduction	
NaOH 38°Bé	60 - 120
Na-dithionite	60 - 100
Wetting agent	1 - 2

Table 5-6: Typical recipe for padding liquors when dyeing cellulosic fibres (cotton and viscose) with vat dyestuffs

Because of the affinity of the reduced leuco form of many vat dyes for the cellulose fibre, the textile is dyed very rapidly and unevenly. Levelling agents with an affinity for dyes compete for the cellulose fibres with the leuco for of the vat dye. This retards the absorption and improves levelling. The substances with an affinity for the dye that are the most suitable for vat dyeing are stable in the strong alkaline dye liquor. As foam formation seriously affects the dyeing process in modern dyeing equipment, the substances are classified according to their surface active properties [266]:

- Surface Active Compounds: fatty alcohol ethoxylates (stripping agent), fatty amine ethoxylates (stripping agent), alkylbenzimidazole sulphonates;

- Nonsurface Active Compounds: betaines (N-pyridiniumacetic acid), polyalkyleneamines, oligomeric aminoamides (most important levelling agents for vat dyes), polyvinylpyrrolidone (stripping agent);

Sulphur dyes

Cellulose fibre dyeing (also cellulose/polyester blends) of piece, yarn and flock are the main fields of application for sulphur dyes. Their favourable price give them a selection advantage when deeper, muted shades of black, dark, blue, olive, brown and green are needed.

Sulphur dyes may be combined with other dyes for reasons of shade, fastness and/or tone-in-tone dyeing (polyamide/cellulose blends). This may be done in a single or successive dyeing baths, according to the dye properties and desired effect.

Due to the large variety of sulphur dyes, there are many possible techniques for dyeing. For the most part, continuous (pad-steam, pad-roll, pad-heat, etc) dyeing techniques are applied, although batch dyeing is possible (jigger dyeing with/without pre-pigmentation, circulating-liquor dyeing, jet dyeing, etc).

Dyeing cellulose fibres with sulphur dyes may imply the use of the following chemicals and auxiliaries [266]:

- reducing agents (may already be present in the formulation): sodium sulphide, sodium hydrogensulphide or glucose/sodium dithionite, glucose/thiourea dioxide;
- alkali (caustic soda);
- salt (sodium chlorite and sulphate);
- dispersing agents: usually naphathalensulphonic acid-formaldehyde condensates, ligninsulphates and sulphonated oils;
- complexing agents (EDTA or polyphosphates) are used in circulating-liquor processes;
- oxidizing agents (hydrogen peroxide, halogenated compounds such as bromate, iodate, chlorite) to fix the dye onto the textile substrate.

A typical recipe for padding liquors is given in the following table, taken from [2].

Component	[g/l]
Sulphur dyestuffs	x
NaOH 38°Bé	20 - 30
Anti-foaming agent	1 – 2
Wetting agent	1.5 – 3
Reducing agent (liquid)	20 – 30

Table 5-7: Typical recipe for padding liquors when dyeing cellulosic fibres (cotton and viscose) with sulphur dyestuffs

Dyeing with sulphur dyestuffs is presented as an environment-friendly dyeing technique for cotton. Further details about applicability and operational data are given in section 7.1.3 Substitution of dyestuffs.

For electrochemical dyeing i.e. the chemical reducing agent is replaced by electrons produced from electrical current, see above, in section dealing with vat dyes. However, the technique is quite new and by far not obtainable at industrial scale.

Naphtol dyes (azoic dyes developed on the fibre)

Nearly all cellulosic fibres can be dyed in every processing state by using Naphtol AS combinations. Other dyes rarely give the same depth of colour and shade. Moreover, the possibility of dyeing cellulosic fibres partially coated with wax has led to a large number of special processes and articles (e.g. batik). Another use of interest to the industrial and commercial industries is the production of denim articles for which special processes have been developed. The coupling component of the dye is then already added to the size (warp sizing padding processes or warp sizing and dyeing processes).

Nevertheless, their popularity has declined due to application costs and the possible presence of arylamines on the fabric and in the effluent [2].

According to the application principles of dyeing with azoic colorants, a number of delicate steps are involved in the process (described in detail in section 5.4):

- preparation of the naphtolate and application to the fibre by an impregnating process:
    - hot solution process (dissolving and boiling with caustic soda and a protective colloid) or cold solution process (solubilization with alcohol and caustic soda);
    - addition of formaldehyde (specific naphtol dyes) to enable air stability of the naphtolate/fibre complex;
    - addition of sodium chloride to enable a substantive attachment of the naphtolate/fibre;
    - lower temperature when using a long liquor dyeing (e.g. hank yarn) or high temperature and intermediate drying, when using a padder (e.g. pieces);

- developing i.e. diazotisation of the base and formation of the dye on the fibre:
    - cold diazotisation (eventually by addition of ice) by using sodium nitrite in hydrochloride (alternatively in paste form, stirred in the HCl solution);

- addition of sodium acetate, disodium phosphate, or similar compound to neutralize excess of mineral acid;
- addition of an alkali-binding agent (e.g. acetic acid, aluminium sulphate) to the developing bath (as impregnated textile is passed through it) to neutralize the alkali carried over and prevent decomposition of the diazonium salt.

- rinsing and after-treatment to remove excess colour lake from the fibre surface.

The use of naphtols and bases in solution is safer and simpler to apply.

Pigments

Pigment dyeing is commonly used for heavy textiles (e.g. canvas), light printing grounds, dress materials, shirting, bed linen, and furnishing articles. Usually, only light shades are produced by pigment dyeing. Recent developments in polyurethane-based binders which form elastic films make deeper colouration possible [266].

Since pigments are insoluble products, they are used in a non-ionic preparation and fixed to the fibre with a binder, i.e. an aqueous dispersion of cross-linkable mixed polymers (copolymers or polymer blends, basis polyacrylate, polystyrene and polyurethane). The film, with the embedded pigment particles, is formed on the fibre by cross-linking at high temperatures (compare with 6.4.13).

Piece goods are impregnated continuously using a liquor containing the pigment, the binder, an anti-migration agent, a cross-linking agent (if necessary), an acid donor, and a softener. Drying at 90-120 °C and further fixing at 160-180 °C, without after-washing, rounds off the process. A resin finishing (crease-resistance, anti-shrink finishing, etc.) can be carried out at the same time (see chapter 6 Finishing for more details).

Nowadays, a washout effect on cotton is produced with pigments in an exhaustion process (to obtain for example stonewashed effects on jeans). Cotton is therefore pretreated by impregnating the fibre with a cationic product which can attach to the pigments. The amount of binder is reduced and fixation can be carried out at lower temperatures (120-130 °C). Nevertheless, this process is environmentally criticisable as much of the pigments are lost and subsequently contaminates the wastewater [180; 187; 188; 266].

Leuco Esters of vat dyes

The leuco esters of vat dyes are anthraquinoid or indigoid vat dyes which have been made water soluble by reduction and esterification of the hydroxyl groups with sulphuric acid. After application to the fibre, the esters are hydrolysed, usually using sulphuric acid at room temperature or slightly elevated temperatures (up to 70 °C), and the original vat dye is recovered by oxidation (e.g. with sodium nitrite) [267].

Leuco esters of vat dyes are most commonly used for high-quality articles of cellulose fibres in light colours and polyester/cellulose blends in moderate depths of colour.

The advantages are:

- good levelness (evenness) and penetration;
- excellent fastness.

The disadvantages are:

- low affinity of the leuco ester to cotton fibre;
- relatively high dye costs;
- toxicological problems during production.

The dyeing processes are:

- batch dyeing is not commonly used for this process: one- and two-bath processes do, however, exist (as bottoming –i.e. striking in the presence of salt in weakly alkaline medium- and development of the dye are made simultaneously or not). Auxiliaries added to the bath(s) are sulphuric acid and nitrite;
- continuous processes provide more favourable dye yields: padding processes with or without intermediate drying and with/without steaming are mentioned. Auxiliaries added to padding liquor are dye, soda and nitrite, and the usual after-treatment agents.

The importance of leuco esters in vat dyes is decreasing as they can now be easily replaced by pigment colouring, and also by reactive or vat dyes.

Mordant dyes

Dyeing with mordantic dyes includes, first of all, the treatment of the fibre with metallic salts (i.e. mordanted). These compounds produce on the fibre poorly soluble coloured complexes (lakes) with certain azo and anthraquinone derivatives. Alizarin (1,2-dihydroxyanthraquinone) is the best known anthraquinone derivative. This natural dye was once extracted from the root of the madder plant; nowadays, it is been replaced by a synthetic product [266].

Suitable azo dyes contain, for example, hydroxyl and carboxyl groups in the o-position to the azo group on one or both of the aromatic nuclei. The shade of the dye depends on the type of metallic mordant used. Alizarin and Aluminium-Calcium salts produce the well-known Turkish red.

Mordant dyes are used for:

- dyeing with natural dyes;
- dyeing of e.g. cambric and bunting. Today, easier methods using developing dyes and vat dyes have replaced this process.

The main advantages when using mordant for dyeing cellulose fibres are the excellent light and wet-fastness colours obtained.

The main disadvantage is that the dyeing process is relatively tedious and often requires 10 steps or more. The necessary auxiliaries range from rancid olive oil (or sulphoricinoleic acid), tanning agents, and mordanting agents to acids and soaps.

Acid dyes

Acid dyes are azo or anthraquinone dyes made water soluble by introducing to the molecule sulphonic acid groups.

Acid dyes are occasionally used for dyeing cotton. The process is no longer important but presents some advantages when dyeing vegetable hard fibres such as jute and sisal. Those fibres contain substances with basic groups which allow the formation of salt-like binding between the acid dyes and these basic groups [267].

However, the disadvantages when using acid dyes on cellulose fibres are:

- no sufficient substantivity for cellulose;
- the only useable dyes are which can form a metal complex on the fibre when applied together with a metallic salt;
- contamination of wastewater with the surplus of heavy metals.

Basic (cationic) dyes

Suitable dyes are to be found in the azo, diphenylmethane and triphenylmethane series, and among thiazine, azine, oxazine, thiazole, and quinoline derivatives.

The method of using basic dyes to dye cellulose fibres is of little significance. The main advantage is that bright colours are obtained at low cost with rhodamine, auramine, fuchsin, or methylene blue, among others

The disadvantages are:

- poor fastness (especially light-fastness);

- relatively laborious pretreatment (tanning)of the fibre is necessary as basic dyes have no substantivity for cellulose.

The dyeing processes are:

- pretreatment of cellulose with tannic acid (which contain phenolic OH groups). The tanning mordant is insolubilised with antimony salts (tartaric emetic), synthetic products;
- dyeing in weakly acidic medium as a salt-like bond was formed with the acidic phenolic hydroxyl groups.

Bast fibres do not need mordanting for dyeing with basic dyes.

Mineral dyes

Inorganic metallic salts are applied to cotton (by pad process) and then converted in an alkaline medium to the corresponding oxide (by treatment with steam).

The mineral dyes are used for dyeing tarpaulin and uniform materials; mainly for brown and khaki shades (mineral khaki). The method is still important in some countries.

The main advantages of dyeing with mineral dyes are that the method is inexpensive and produces lightfast, water- and rot-proof colourings.

The main disadvantages are:

- contamination of waste water with chromium and iron salts;
- hardening of the fabric.

Oxidation dyes

Aromatic amines form insoluble polyazine derivatives in the fibre. This is in fact the actual dye. The oxidation of these amines occurs in a hydrochloric acid medium with e.g. dichromate. For the chief representative of this group, aniline black, the chromophore consists of dibenzopyran rings.

Oxidation dyes are decreasing in importance when dyeing cellulose. However, they are occasionally used for printing grounds, as the dyes are easily reservable.

The main advantage is the full bluish black shade of excellent fastness obtained. On the other hand, the main disadvantage is that the aniline and other aromatic amines, as well as the bichromate used for this purpose, are toxicologically hazardous.

Phthalogen dyes [267]

The actual dye used in this process is the insoluble phthalocyanine pigment formed in the fibre itself. Dye precursors are involved in the dyeing process.

Phthalogen dyes are suitable when washfast and weatherproof articles are needed. The main advantages are the high brilliance and excellent fastness colours obtained. Further advantages are that no danger of photochromism exists if a finishing operation is performed with synthetic resin products.

When using *low molecular phthalogen developer*, the process follows these steps:
- aminoiminoindolenine (or its derivatives) and heavy-metal donors (preferentially Cu or Ni) are applied by padding;
- formation of the pigment by heating (150 ˚C) and addition of weak reducing agents (e.g. glycols);
- after-treatment with hydrochloric acid and addition of sodium nitrite to remove secondary products.

The most important aminoiminoindolenine is C.I. Ingrain Blue 2:1

When using *high molecular phthalogen developer*, the process follows these steps:

- pretreating the cellulose with anionic products (optional);

- development of heavy metal complexes(Ni or Cu) of indolenine (so-called polyindo-lenines) by wet treatment (exhaustion process) in the presence of reducing agents in al-kaline medium with hydrosulphite.

Coupling and diazotization dyes [267]

Diazotization dyes are dyes based on direct dyes which contain aromatic amino groups. These aromatic amino groups are diaozotised on the fibre by "developing" agents such as a phenol, naphtol, or aromatic amine.

These methods may be used as a form of after-treatment for textiles dyed with direct dyes (for more information refer to section 5.2.3 dealing with the dyeing of cellulose fibres using direct dyes). Wet-fastness is improved by enlargement of the molecule, and of course, the shade also changes.

Coupling dyes are dyes based on azo dyes which contain amino or hydroxyl groups capable of coupling. These dyes react with a diazonium compound (usually diazoted 4-nitroaniline as a stabi-lised diazonium salt) to form so-called polyazo (or coupling) dyes.

This after-treatment of textiles dyed with water soluble, substantive azo dyes results in colours of excellent wet-fastness.

5.2.4   Dyeing of wool

Worldwide wool production is currently about 1.6×10^6 t, with a very low growth rate. Wool consti-tutes only about 4% of all textile fibres, but because deep shades such as blue, brown, and black dominate, the corresponding fraction of total dye consumption is twice as great, namely 8% [276].

Dyeing properties of wool vary largely depending on biological and environmental factors. Careful sorting of wool provenances and fleece components is inevitable. Wool can be dyed with the fol-lowing dyestuffs:

- acid (metal-free) dyes;
- chrome (mordant) dyes;
- 1:1 and 1:2 metal complex dyes;
- reactive dyes;
- disperse dyes (temporarily solubilsed);
- vat dyes, leuco esters of vat dyes (used in the past).

The advantages (or disadvantages) of using the mentioned dyestuffs and the resulting dyeing techniques are discussed more intensively in the following section. Moreover, the most common dyestuffs and resulting dyeing techniques for cellulose fibres are summarised in Table 5-8, taken from [2].

Dyestuff	Chemicals and auxiliaries/ typical application conditions	Technique
Acid dyes (metal-free)	- Strongly acidic conditions for equalising dyes (by formic acid) - Moderately acidic conditions for half-milling dyes (by acetic acid) - More neutral conditions for milling dyes (by acetic acid and sodium acetate or ammonium sulphate) - Salt: sodium sulphate or ammonium sulphate - Levelling agents (not necessary for equalising dyes)	Batch dyeing
Chrome Dyes (mordant)	- pH 3 to 4.5 - sodium sulphate - organic acids: acetic and formic acid (tartaric and lactic acids can also be used) - reducing agent: sodium thiosulphate - after-chrome with Na or K dichromate	Batch dyeing (After-chrome method)
1:1 metal- complex dyes	- pH 1.8 to 2.5 (pH 2.5 in the presence of auxiliary agents such as alkanolethoxylates) - sulphuric or formic acid - salt: sodium sulphate - ammonia or sodium acetate can be added to the last rinsing bath	Batch dyeing
1:2 metal- Complex dyes	- pH 4.5 to 7 - ammonium sulphate or acetate - levelling agents (non-ionic, ionic and amphoteric surfactants)	Batch dyeing
Reactive dyes	PH 4.5 to 7 formic or acetic acid levelling agent after-treatment with ammonia for highest fastness	Batch dyeing

Table 5-8: **Summary of the most common dyestuffs and dyeing techniques for wool**

Acid dyes

Acid dyes consist of simple chromophoric systems which are made water soluble by the introduction of sulphonic acid groups. Nearly 25 – 30 % of acid dyes are used for dyeing wool.

Acid dyes are subdivided into levelling, milling and super-milling dyes, with increasing affinity for the fibre (approx. increasing size of the dye molecule), respectively. The more important classes for wool dyeing are [267]:

- disulphonated levelling (also called equalizing) dyes:
    - dyes with poor affinity for the fibre and thus very good levelling properties;

- o easiest to apply, because they have a relatively small molecular size and are readily soluble in water;
  - o wet-fastness is sometimes poor and thus limited to pale/medium shades;
  - o need strong acidic conditions (e.g. formic acid);
  - o trichromic dyeing can be conducted;
  - o example: C.I. Acid Blue 25 [190].
- acid and super milling dyes:
  - o dyes with good affinity to the fibre and therefore do not migrate well at boiling point
  - o acid milling dyes are made of larger molecules and require only a weak acid (e.g. acetic acid);
  - super milling dyes usually have the highest molecular weight and are applied at a pH close to neutral, they are not very soluble in water;
  - o very good wet fastness and thus used mainly for specific dyeing such as dyeing of loose fibre which will receive further wet treatments, dyeing of milling (mild felted) woollen fabrics, etc.;
  - o examples: C.I. Acid Green 25 (acid milling dye); C.I. Acid Red 85 (super milling dye) [190].

According to the role played by the dye/fibre affinity, dyeing with acid dyes in batch dyeing processes would consist of:
- preparation of the fibre by reaction of the acid (usually 10 min): starting temperature is 60, 50, or 30 °C as levelling, milling or super-milling dyes must be used;
- addition of salt (reaction time 10 min);
- addition of the dissolved dye;
- heating of the batch to 95 °C or 80 °C;
- addition of acid at the end of the dyeing process;
- warm and cold rinsing follows;
- optional further improvement in fastness.

Because of their poor levelling properties, super milling dyes must be applied under controlled exhaustion in an almost neutral bath (without any acid). The dyeing is performed using ammonium salts such as ammonium sulphate or ammonium acetate [190].
Dyeing of wool at temperatures below the boiling point (so-called low-temperature dyeing) is a well established method. Dyeing at temperatures in the range of 85-90 °C is especially interesting when dyeing wool blends of synthetic fibres, this method also has several other advantages. For low-temperature dyeing, wool is prescoured with a surfactant which modifies the surface of the wool. After this pretreatment (or modified scour), dyeing is in most cases performed without using levelling agents. Excellent results have been obtained with acid levelling, acid milling, sulphonated, and unsulphonated 2.1 premetalized and reactives dyes, on both shrinkresist-treated and untreated wools [190].

Other interesting and novel features of pretreatment and functional finishing of wool are significant enough to be mentioned. Chlorinated wool such as "Superwash Wool" is treated with synthetic resins (polyamide/epichlorohydrine or polyurethane). A treatment with methylol amides compounds may improve dye fastness. Moreover, both fastness and anti-felting properties can be improved by the application of a polyquaternary compound (see further 6.4.5). Similar treatment is the application of anionic condensation products on the surface of the dyed fibre to bleed it. For more details on this special finishing of wool, please consult section pre-cited.

The most common chemicals and auxiliaries applied when dyeing with acid dyes are:

- acid;
- Sodium sulphate (for level-dyeing and fast acid dyes), sodium acetate and ammonium sulphate (for acid milling dyes);
- pH regulators: acetic, formic and sulphuric acid;
- levelling agents, mainly cationic compounds such as ethoxylated fatty amines.

Levelling plays an important role in dyeing with acid dyes. Many non-ionic, cationic, anionic, and amphoteric surfactants are used as levelling agents. Examples of levelling agents are ethoxylated fatty amines, quaternary ammonium compounds and other non-ionic surfactants such as ethoxylated fatty alcohols, fatty acids, alkylphenol and fatty mercaptans, which may also be found in specific products [2]. Addition of salts to the dyeing bath also exhibits retarding and levelling effects. Nonionic surfactants form a hydrophilic complex with the anionic dye, and thus are products with affinity to the dye. The molecules contain a hydrophilic group consisting of long polyglycol ether chains, and a hydrophobic portion, usually fatty alcohols, alkyl phenols, fatty acid alkylolamides, etc. The ionic surfactants include cationic compounds having affinity both for fibres and dyes, and only have alevelling effect above a critical micelle concentration. Typical compounds of this group include polyglycol ethers of fatty amines, fatty acid amide amines, and fatty alkylpolyamines. Anionic surfactants exhibit fibre affinity. They include alkylnaphthalinesulphonic acids, fatty alkyl sulphates, alkylbenzensulphonates, alkyl polyglycol ether sulphates, and polycarboxylates. Amphoteric products combine the properties of cationic and anionic surfactants. Typical products include ethoxylated nitrogen-containing fatty alkyl compounds with an anionic group on nitrogen or at the end of the polyether chain. Commercially available levelling agents for wool include many kinds of synergistic mixtures of surfactants of various ionic types [266].

Chrome (mordant) dyes

Chrome – also called mordant – dyes are in principle selected acid dyes which form complexes with chromium ions (added as dichromate or chromate salt). An example of a chrome dye is C.I. Mordant Black 11 [190].

Advantages and uses:

- good levelling properties;
- very good wet fastness (after-chroming);
- used principally to obtain dark shades at moderate cost.

The main disadvantages are:

- long dyeing times;
- difficulties with shading;
- risk of chemical damage to the fibre during chroming;
- environmental problems as chromium may be released in waste water.

A number of techniques have been developed for the application of mordant dyes [267]:

The after-chroming method (chrome-developing dyes) is an exhaust dye bath process. The dye is applied first and the fibre is then chromed in a separate step:

- preparation of the liquor by mixing formic acid (pH 3.5 – 3.8), calcined sodium sulphate and wool protectant;
- addition of the dissolved dye (after 10 min) and heating to 90 ´C;
- dyeing during 30 – 45 min (and eventual adjustment with formic acid);
- cooling to 70 ´C;
- addition of potassium dichromate and heating to 90 – 100 ´C;
- after 15 min, addition of sodium sulphate (or other reducing and complexing agents) to support the chemical reaction by detaching the bounded chromate (as CrVI) from wool and make it accessible to complex formations (as CrIII));
- chroming during 30 – 45 min;
- neutralization with ammonia (pH 8).

The after-chroming process nowadays supersedes the old mordant processes where the fibre was chromed prior to dyeing with the chromable dye.

The metachrome process is a one-bath chroming method where complex formations are preceded by dye diffusion. As dye and chromium salt are applied simultaneously, the release of Cr(VI) must be delayed (essentially by pH adjustments):

- preparation of liquor by mixing a metachrome mordant (a mixture of sodium chromate and ammonium sulphate) and crystalline sodium sulphate;
- pre-run of 10 min, at 40 – 50 ´C;
- slowly heating to boiling point;
- dyeing for 45 – 90 min;
- addition of acetic acid.

The most common chemicals and auxiliaries applied when dyeing with mordant dyes are:

- potassium dichromate or chromate salt (as chrome donors, so-called mordants);
- pH regulators: Formic or acetic acid ;
- other organic acids such as tartaric, lactic or formic acid (enhanced conversion of Cr VI to Cr III);
- sodium and ammonium phosphate (or other reducing and complexing agents);
- other auxiliary agents such as ethoxylated fatty alcohols, alkylphenols and fatty amines as levelling agents (as reduced acid use is preferable).

Metal-complex (or pre-metallised) dyes

Metal-complex dyes are chemically very similar to chrome dyes. Their advantage compared to chrome dyes is that the dye/metal complex is formed during dye production and, thus, the risk of fibre damage is reduced. Owing to the special operative conditions, 1:1 metal-complex dyes are particularly suitable for piece-dyeing of carbonised wool.

Examples of these dyes are C.I. Acid Blue 158 and C.I. Acid Black 60 [190]. The most important 1:1 and 1:2 chromium and 1:2 cobalt wool dyes are listed in Table 5-9, data taken from [276].

fibre damage is reduced. Owing to the special operative conditions, 1:1 metal-complex dyes are particularly suitable for piece-dyeing of carbonised wool.

Coupling component	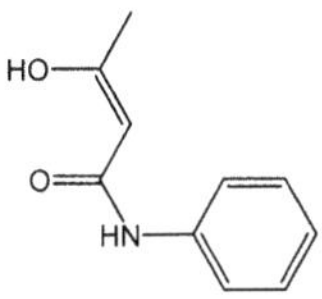 (pyrazolone / acetoacetanilide)	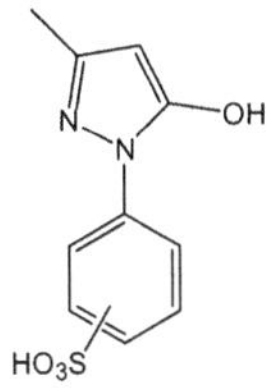 (pyrazolone)	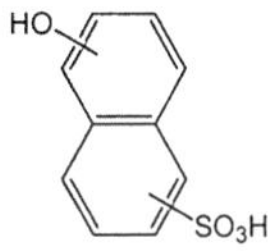 (naphthol sulfonic acid)	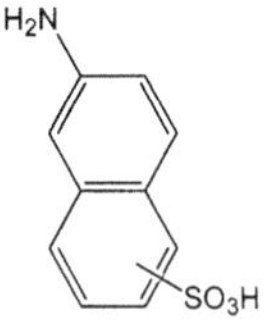 (aminonaphthalene sulfonic acid)
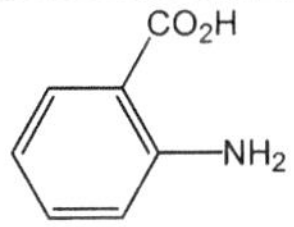 CO_2H, NH_2 (anthranilic acid)		yellow		
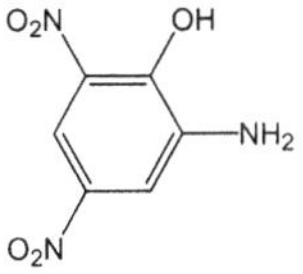 O_2N, OH, NH_2, O_2N	yellow	orange	bordeaux violet brown gray	green olive
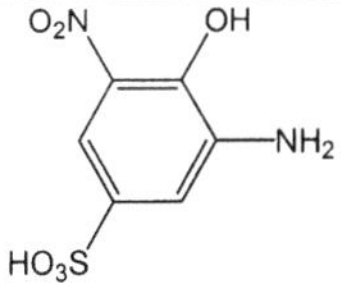 O_2N, OH, NH_2, HO_3S		scarlet	blue black	green gray
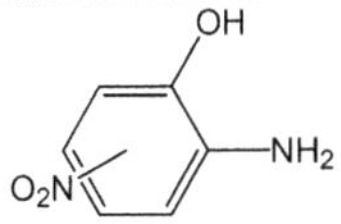 OH, NH_2, O_2N		red	blue black	
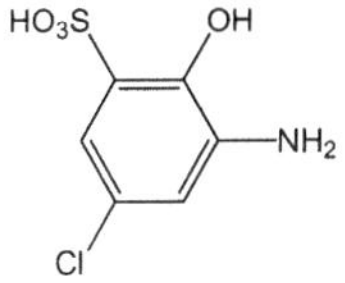 HO_3S, OH, NH_2, Cl	yellow	red	violet gray	
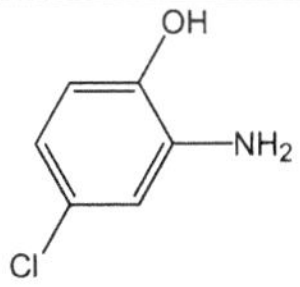 OH, NH_2, Cl			violet	
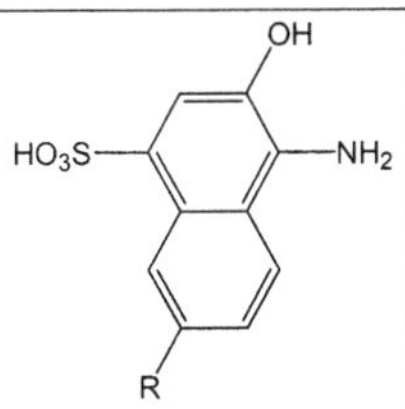 OH, HO_3S, NH_2, R		bordeaux	blue black	

Table 5-9: *Most important metal-complex dyes for wool*

Dyeing process with 1:1 metal-complex dyes follows the following operative steps:

- adjustment of the bath to pH 1.9 –2.2 with sulphuric acid (or pH 3 –4 with formic acid) in the presence of auxiliary agents;
- addition of calcined sodium sulphate;
- treatment of the textile material during 10 min (at 40 –50 °C);
- addition of the dissolved dye;
- after 10 min, heating to boiling point (or to 80 °C if ethoxylated fatty amines are present);
- dyeing during 90 min;
- rinsing in several steps;
- addition of ammonia or sodium acetate to the last rinsing bath (optional).

The addition of auxiliaries, such as alkanethoxylates, allows a decrease in the amount of acid used and acts as a levelling agent. Other synergistic amphoteric mixtures are mentioned.

Dyeing with 1:2 metal-complex dyes (the most important group) occurs in a similar manner in more moderately acidic conditions. Here no hydrolytic attacks by sulphuric acid and/or oxidative attacks by Cr-VI need be feared:

- adjustment of the bath to pH 4-7 with acetic acid (depending of the dye type);
- ammonium sulphate or ammonium acetate is added to the liquor;
- addition of calcined sodium sulphate;
- treatment of the textile material for 10 min at 30 – 50 °C;
- addition of the dissolved dye (and auxiliaries);
- heating to boiling point;
- dyeing for 30 – 60 min;
- rinsing;
- addition of formic acid for acidification and improvement of feel and wet-fastness.

Levelling agents are very important when dyeing with metal-complex dyes. The auxiliary agents used for this purpose are the same as for acid dyeing (see corresponding section above, for more details) Of particular interest are ethoxylated fatty amines, as they form adducts with the dye which break down at higher temperatures. Glauber´s salt is also added.

Reactive dyes

Reactive dyes for wool are not identical to those used for cellulose dyeing. The principal reactive anchor groups for wool dyeing are:

- N-Methyltaurine ethylsulphone- (e.g. Hostalan E, Procilan E dyes);
- ß-Sulphatoethylsulphone- (e.g. Remalan dyes);
- Acrylamide-, chloroacetyl- (e.g. Procilan dyes);
- α-Bromoacrylamide- (e.g. Lanasol, selected Lanaset dyes);
- 2,4-Difluoro-5-chloropyrimidyl- (e.g. Drimalan F dyes).

As the reactivity of the wool is considerably higher, level dyeing is achieved by the addition of special auxiliary agents (so-called levelling agents) which block reactive groups by forming adducts with the fibre. These adducts are destroyed when the temperature is elevated, at which point dyeing reaction may be controlled (see further below, disperse dyes).

The process steps are:

- addition of an auxiliary agent and pH-adjustment of the liquor with formic acid (or acetic acid) to pH 3 – 4;
- treatment of textile material at 40 C;
- addition of dissolved dye;
- after 20 –30 min, adjustment of pH to 5 – 6 with sodium dihydrogenphosphate;
- dyeing at boiling point for 1 h;
- after-treatment with ammonia (pH 8.5 – 9.0);
- rinsing steps (the last being weakly acidified).

Disperse dyes

In the past few years, attempts have been made to find alternatives to dyeing wool with reactive dyes and special levelling agents. The use of temporarily solubilised disperse dyes derived from aminophenyl-4-(ß-sulphatoethylsulphone) is the most successful method.

These dyes have sufficient hydrophobic character to be soluble at room temperature; however, as the temperature is increased, conversion to the reactive vinylsulphone form gradually occurs [208].

Dyeing and after-treatment profiles are almost the same as those used when dyeing wool with conventional reactive dyes.

Vat dyes, leuco esters of vat dyes

Vat dyes play an important role in the dyeing of wool. Due to its fastness to wool, Indigo was long consider to be irreplaceable. Notable disadvantages were difficulties handle the dyes and the negative effects when using reducing agents and alkali on wool. Today, indigo and its derivatives have been replaced by the other classes of dyes, mentioned below in this chapter [267].

5.2.5   Dyeing of silk

Silk has, compared to wool, a similar but considerably lower affinity for ionic dyes. Moreover, the stability of silk is lower than that of wool. The lower affinity results in accurately controlled process conditions (i.e. controlled addition of acid and temperatures not exceeding 90 °C) [267, 168].

Silk is dyed with the same dyes as wool. In addition, direct dyes can also be used. The dyeing pH is slightly higher than that of wool; therefore, the cited dyes for silk are:

- acid dyes (the most important): dyeing can be conducted in a soap bath used for degumming (consult section 4.3.1 dealing with pretreatment of silk), as sodium sulphate is added to protect the fibre;
- direct dyes (results in good fastness dyeing): a little of the degumming liquor (weak acid with acetic acid) can be added to the dyeing liquor as a levelling agent;
- metal-complex dyes: 1:1 metal-complex dyes (of little importance) can be applied with after-chroming processes (in weakly acidic medium at 90 °C) and produce excellent fastness values; 1:2 metal-complex dyes (best suited) are applied in weakly acidic medium and produce good fastness;
- reactive dyes: only applied when brilliant shades and higher colourfastness comparable to acid dyes are needed;
- developing dyes, vat and leuco esters of vat dyes, and cationic dyes: less important classes of dyes.

To improve the colourfastness when dyed with acid, direct and metal-complex dyes, an after-treatment with 8% tannic acid and 4% acetic acid (30%) heated at 35 – 40 °C for 60 min is recommended. The treatment is finished with a rinsing in a fresh bath containing 4% potassium antimony (III) oxide tartrate at 20-25 °C, without intermediate rinsing.

Moreover, an after-treatment of silk is necessary to give the fibre its typical texture. Usually, this is made by reviving the fabric in a bath containing 1-2 g/L of formic, acetic, lactic or citric acid.

5.2.6   Dyeing of polyamide fibres (nylon)

Polyamide fibres (PA 6 and PA 6,6) are easily dyed using various types of dyes. Due to their hydrophobic characteristics, they can be dyed with disperse dyes; whereas, thanks to the presence of the groups NH-CO- and NH2- in the chain of the polymer, acid, reactive and 1:2 metal-complex dyes can also be used. However, in practice acid levelling dyes are increasingly used. Polyamide fibres can be dyed using:

- disperse dyes;
- acid dyes;
- metal-complex dyes;
- reactive dyes;
- basic dyes (for polyamide modified by incorporation of sulphonic acid groups).

Before dyeing, fabrics must generally be pre-fixed to compensate for material-related differences in affinity and to reduce the sensitivity to creasing during the dyeing process. Moreover, modification of the fibre affinity can be attained by reaction with fibre-reactive products, such as chlorotriazine derivatives to block parts of the amino groups [17, 267].

The advantages (or disadvantages) of using the mentioned dyestuffs and the resulting dyeing techniques are discussed more intensively in the following table. Additionally, the most common dyestuffs and resulting dyeing techniques for polyamide fibres are summarised in table 5-7, taken from [2].

Dyestuff	Chemicals and auxiliaries/ typical application conditions	Technique
Disperse	- pH=5 by acetic acid - dispersing agents (sulphoaromatic condensation products or non-ionic surfactants) - dyeing is conducted at near-boiling temperature	Batch
Acid dyes	- pH conditions from acid to neutral depending on the affinity of the Dye - optimal bath exhaustion and level dyeing are achieved by either pH or temperature control methods (levelling agents are also used) - in the acidic range, electrolytes retard the exhaustion - with levelling dyes, wet-fastness is often unsatisfactory and after-treatment with synthanes can be necessary	Batch
1:2 metal-complex dyes	- dyes containing sulphonic groups are preferred because they are more water-soluble and produce better wet-fastness - to improve absorption of low-affinity dyes (especially for disulphonic) dyeing is carried out in weakly acidic conditions using acetic acid - high-affinity dyes are applied in neutral or weakly alkaline medium using amphoteric or non-ionic levelling agents	Batch
Reactive dyes	- in principle the reactive dyes used for wool are also suitable for PA - dyeing is conducted at near-boiling temperature in weakly acidic Conditions - after-treatment is performed at 95 °C using a non-ionic surfactant and sodium bicarbonate or ammonia	Batch

Table 5-10:   ***Summary of the most common dyestuffs and dyeing techniques for polyamide fibres***

With polyamide fibres, it is often difficult to obtain a high enough dyeing temperature, especially when dyeing in a jigger. The dyeing properties are therefore improved either by means of pre-treatment with a benzyl alcohol-ethanol mixture, or by the direct addition of benzyl alcohol to the dye bath [266].

Disperse dyes

Disperse dyes used for polyamide fibres are more than 50 % azo compounds, about 25% are anthraquinones and the rest are methane, nitro and naphthoquinone dyes. These dyes were originally developed for dyeing acetate fibres and are finely dispersed products which have a solubility in a bath of about 0.1 g/L The solubility of polyamide dyes are somewhat higher than that of polyester dyes.

Disperse dyes are especially applied for lighter shades, as the wet-fastness deteriorates with increasing depth of colour. The material is dyed in acidic conditions (pH 5) using acetic acid. A dispersing agent is always added to the liquor, in order to stabilise the dispersion. Dyeing is conducted near boiling point. With rapid acting processes, e.g., the dyeing of hosiery special mixtires of surfactants with wetting, washing, and dispersing effects are used. These contain polyglycol ethers as dispersants as well as non-ionic ethoxylation products and anionic conditioning agents. High molecular mass polyglycol ethers improve stripping of the hosiery products from the patterns [266].

Acid dyes

Acid dyes are derived from mono- and diazo compounds and from anthraquinones; 70 –75% are applied to polyamide fibres [267].

As with acid dyeing of wool, with increasing dye affinity, the hydrophobic interaction in the initial phase must be repressed to achieve uniform absorption. This means that for high-affinity dyes the liquor must be neutral at the start and the acidification slowly increased to optimise exhaustion.

The acidity level of the bath is regulated either by means of pH-controlling instruments or by adding retarding agents (0.25-1 g/L of acid donors, such as ammonium sulphate, sodium pyrophosphate or special auxiliaries based on esters of organic acids, which release acid during the dyeing process).

Optimal exhaustion and uniform dyeing can also be achieved by controlling the temperature profile.

Auxiliary agents (anionic, cationic, non-ionic surfactants) are normally added to the dyeing liquor (0.2-2 g/L) to improve the levelling effect. See further section 5.5.2 for novel low-foaming levelling agents based on ethoxylated hydroxysulphobetaines which fullfill the need of (i.e. surfactants) faster dyebath circulation due to new macine technology. Anionic levelling and resist agents with affinity for fibres are used. These are mono- and polysulphonates of high molecular mass aliphatic and aromatic compounds. They also prevent formation of "stripes" on dyed polyamide. Cationic levelling agents (e.g. fatty amines) are similar or identical to those products used in wool dyeing (see section 5.2.4). Nonionic surfactants (ethylene oxide adducts such as ethoxylated fatty alcohols) form a complex with the anionic dye, thus having dye affinity. Uniform adsorption of the dye can be achieved by pH control as well as by the use of retarding agents. This is carried out automatically metering acid into the dye bath, or by adding substances that gradually release acid (i.e. ph regulators – acid or alkyli releasing agents) [266].

The wet-fastness of dyeing with acid dyes on polyamide fibres is often unsatisfactory. After-treatment is often necessary. Two kinds of finishing treatment are possible:

- the old process involved tannic acid (polygalloyl glucose) and potassium antimony (III) oxide tartrae (tartar emetic) used to form adducts which shield the dyed material. The process is expensive and said to be carcinogenic;
- the synthanes (synthetic tanning agents) process in which these agents are added to the exhausted bath or to fresh liquor at pH 4.5 by formic or acetic acid. The material is treated at 70 - 80 °C and is then rinsed.

Synthanes are high molecular mass condensation products of aromatic sulphonic acids with formaldehyde or condensation products of phenol, cresol, catechol, and naphtol with formaldehyde, which are made water soluble by reaction with bisulphite. The treatment increases the contact fastness of acid and metal-complex dyes and, to a lesser extent, their wash-fastness. The fastness to chlorinated water in swimming pools is hardly improved. Synthanes also have a stain-repelling effect on floor-coverings. Nevertheless, the treatment has a lot of disadvantages: the adhesive strength of coatings or laminating is reduced; the treated material becomes poorly resistant to dry heat, after-fixing and steam; it feels harder; the shade changes slightly; the light-fastness is reduced; and, in the presence of softeners, the rubbing fastness is decreased. Despite all of these disadvantages, synthanes are frequently used; addition of 1-2 % per weight of fibre is common [267]. A special synthane used for treatment of bathing suits is "Fadex CL" of Sandoz (limited in the application due to its brown colour).

Metal-complex dyes

Approximately 30% of PAs are dyed using 1:2 metal-complex dyes.

Among 1:2 metal-complex dyes molecules containing sulphonic groups are the most suitable for polyamide fibres. These are readily soluble in water, are applied in weakly acidic dye baths, and provide even dyeings with good fastness: examples of these were given in the chapter dealing with metal-complex dyestuffs [276]. A disadvantage of these dyes is their tendency to mark structural differences in the material. Their use is therefore limited to dark shades.

The disulphonated acid dyes have the advantage of giving good light- and wet-fastness, despite their poorer build-up properties.

The absorption of the dye increases with decreasing pH levels. Dyeing conditions vary from weakly acidic by the addition of ammonium sulphate and acetic acid to neutral or moderately alkaline for high-affinity dyes. For high-affinity dyes, amphoteric or non-ionic levelling agents are usually added.

The washfastness of metal complex dyes can be improved by an aftertreatment with a syntan (synthetic tanning agent – see Acid dyes, above). The enhancement of the results obtained on such aftertreatment has been reported to be achieved by a subsequent use of selected cationic compounds. A commercial syntan/cationic system has been reported [108].

Reactive

In principle, the reactive dyes used for wool are also suitable for polyamide[267].

The dyeing process is carried out in weakly acidic conditions (pH 4.5 - 5). The process is started at 20 – 45 °C and then the temperature is increased to close to boiling point.

Non-ionic surfactants and sodium bicarbonate or ammonia are used in the after-treatment (soaping) step.

5.2.7   Dyeing of polyester fibres

Polyesters are quantitatively the most important synthetic fibre. Polyester fibres used for textile clothing are essentially mixed with cotton or wool. Pure PES fibres are employed in the knitwear sector.

As the fibres are hydrophobic, water-soluble dyes do not attach. Since the preferred dyeing medium is an aqueous liquor, the poorly water-soluble dyes must be dispersed before application. Instead of this, water-insoluble dyes of small molecular weight, originally developed for dyeing cellulose acetate, may be used.

A large variety of disperse dyes are available for colouring PES fibres. However, chemically identical dyes can exhibit marked differences not only in colouring strength and shade, but also in their preparation and finish. Especially in modern dyeing processes, exacting standards are set for fine dispersion and dispersion stability.

Most common dyestuffs and techniques are summarised in the following table, taken from [2].

Dyestuff	Chemicals and auxiliaries/ typical application conditions	Technique
Disperse	- pH 4 - 5 by acetic acid - levelling agents (aliphatic carboxylic esters, ethoxylated products, combinations of alcohols, esters or ketones with emulsifying agents) - possible addition of complexing agents (EDTA) for dyes sensitive to heavy metals	Batch dyeing at 125 - 135 °C under pressure (HT)
	- this techniques requires the use of carriers unless modified polyester fibres are employed	Batch dyeing below 100 °C
	- pH 4 - 5 by acetic acid - thickeners such as polyacrylates and alginates are added to the padding liquor in order to prevent migration of the dye during Drying - after-treatment with a solution containing sodium hydrosulphite and sodium hydroxide (dispersing agents are added to the last washing bath)	Thermosol Process

Table 5-11: **Summary of the most common dyestuffs and dyeing techniques for polyester**

Articles made of pure PES are dyed almost exclusively using batch dyeing techniques, and among these, dyeing under high-temperature conditions is the most commonly applied. The most common dyeing processes for PES are [267, 17]:

- dyeing polyester fibres under atmospheric conditions (below 100 °C) was frequently done in the past with the aid of carriers. Since these substances are ecologically harmful, dyeing below 100 °C is no longer in use today for pure PES fibres, unless the *carrier-free dyeable* fibres are employed (see modified PES fibres, below);
- concerning high-temperature dyeing, the process is usually carried out in acidic conditions (pH 4 - 5) with addition of acetic acid under pressure at 125 – 135 °C. In these conditions, levelling agents are necessary in order to prevent excessively rapid absorption. Examples of levelling agents used are ethoxylated castor oil, stearic acid, alkylphenols, mixtures of alcohols, and esters or ketones of medium chain length with emulsifying systems [2]. Hazardous carriers were used in the past as levelling agents, today they are no longer used in the HT-dyeing processes. Provided alkali-stable dyes are used, dyeing in alkaline medium (pH 9 - 9.5) is also possible. This technique has been developed in order to counteract the migration of oligomers typical in PES fibres. In fact, oligomeric components (cyclic trimers of ethylene terephthalate are especially harmful) tend to migrate out of the fibre during dyeing, thus forming with the dye agglomerates that can deposit on the textile or on the dyeing equipment. To achieve level effects, ethoxylated products are used as levelling agents (see text below);
- the thermosol process is another applied technique, although it is primarily used for PES/cellulose blends. It is the most important continuous dyeing process. The dye is pad-

ded on the textile together with an anti-migration agent. A drying step at 100 – 140 °C is carried out. The dye is then fixed (200 – 225 °C for 12 – 25 seconds). For lighter shades, the material needs only to be rinsed or soaped after dyeing. For dark shades, in order to ensure high light fastness, an after-cleaning step is most often times necessary. This usually consists of an alkaline reductive treatment followed by post-rinsing in weakly acidic conditions. Information about alternative processes is reported below;

- the pad roll process is another continuous or semi-continuous dyeing process, where the disperse dye is fixed only partially to PES fibres by padding. After retention in saturated vapour atmosphere, the colours obtained are light, but the production is cheap and of adequate fastnes;
- continuous dye application in foam is only possible if the fabric is carefully pretreated. Despite that, foam application offers the advantage of dyeing floor coverings using greatly reduced liquor volumes, the method is not attractive for dyeing PES piece goods;
- continuous dye fixation with microwave is applied as the moist fabric (padded with dye liquor) is subsequently treated with microwaves in the presence of vapour. The addition of urea as a carrier is recommended.

Further auxiliaries which can be added to dye baths are:

- dispersing agents;
- complexing agents such as EDTA types (as dyes sensitive to heavy metals are used. e.g. anthraquinoid red products).

Levelling agents necessary to give uniform dyeing in the high-temperature process are classified in three typical groups: dyeing accelerants (carriers), ethoxylated products, and new special products. The group of the carriers includes the same compounds as those used in dyeing polyester fibres at boiling temperatures: halogenated benzenes, halogenated toluene, 2-phenylphenol, diphenyl ethers, salicylic esters, methylnaphthalenes,etc. However, these compounds often have disadvantages such as reduced lightfastness, environmental pollution, excessive fibre swelling, and strong odour. As alternatives aliphatic carboxylic esters are used; yet, the carrier effect is inadequate when dyeing at boiling temperatures. Ethoxylated products are ethoxylated castor oil, stearic acid, alkylphenols, and the sulphuric or phosphoric esters of ethoxylated fatty alcohols or alkylphenols. Special levelling agents are ussally products consiting of combinations of alcohols, esters, or ketones of medium chain length (C6-C12 or C7-C16) with emulsifying systems. The effect of cyclodextrins as levelling agents for dyeing polyester under high temperature conditions was also reported [266].

The most important active substances used in dyeing accelerants for polyester fibres are cited as 1,2-dichlorobenzene; 1,2,4-trichlorobenzene; 2-phenylphenol; diphenyl; diphenyl ether; metyl, butyl and benzyl benzoate; methyl salicylate, dimethyl phthalate; tertralin; α- and β-methylnaphthalene, phthalic acid N-butylimide; and chlorophenoxyethanol. Chlorobenzenes, methylnaphthalene, and carboxylic esters are particular suitable for polyester-wool blends [266].

After-treatments are often necessary when dyeing PES fibres; especially when dyeing in dark shades the nonfixed dye components must be removed in order to increase fastness. Oligoesters (oligomers) leaving the fibre would also interfere with further weaving and spinning. These troublesome substances are usually not rinsed out thoroughly enough by traditional soaping after dyeing. Therefore, loose material, and yarn in particular, must often be reductively treated with alkaline solution of "hydrosulphite" (i.e. sodium dithionite) in the presence of an emulsifying washing agent.

Organic reducing agents, benzophenone or triazole compounds, and other stripping agents may also be used in the dye bath or as an after-treatment to improve fastness.

Polyester fibres may also be dyed in an alkaline medium to reduce the oligomer problem and to facilitate the process of finishing (desizing and dyeing in one step). Levelling agents of the ethoxylated product type are used for this, and special products are also used to buffer the liquor in the pH range 9-9.5 [266].

Microfibres are fibres with a fineness of less than 1 dtex. The problems encountered when dyeing fibres of such a large surface are the risks of unevenness, lighter appearance of the colour necessary, great amount of dye required and, thus, lower light- and wet-fastness [267]. Similar dyeing behaviour is encountered when PES fibres are pretreated with alkali in order to peel the surface.

In order to increase the rate of dye strike, the PES fibres can be chemically or physically altered. The modified polyester fibres also have some further advantages:

- reduced pilling tendency;
- increased shrinkage and elasticity;
- reduced flammability;
- improved dye receptivity and, thus, *carrier-free dyeable*;
- dyeing with basic (cationic) dyes and disperse dyes are possible.

The inconveniences of such modified fibres are their tendency to hydrolyse and their often lower light fastness. The joint use of modified and normal PES fibres can be exploited for different dye effects.

PES fibres can be dyed with cationic dyestuffs, provided that acidic components (e.g. sulphated aromatic polycarboxylic acid such as 5-sulphoisophtalic acid) are used as co-monomers during the manufacturing of the fibre (creation of anionic sites, chemical modification of the PES fibre).

Modified polyester fibres known as NCD (noncarrier dyeable)fibres can be dyed with disperse dyes at boiling temperatures without addition of carriers. To prevent unlevel effects caused by excessively rapid adsorption of the dye, levelling agents of the ethoxylated product type are used [266].

5.2.8   Dyeing of cellulose acetate (AC) and cellulose triacetate (CT)

Cellulose 2.5-acetate (AC) and cellulose triacetate (CT) are commonly processed as filaments. They have a silk-like feel, dull gloss, and pleasant drapping quality. Nevertheless, cellulose acetates are being increasingly replaced by synthetic polyamide and polyester fibres.

In contrast to the other regenerated cellulose fibres, CA and CT are hydrophobic (and not comparable with viscose rayon, from a dyeing point of view). Therefore, they can be dyed with disperse dyes under conditions which are very similar to those applied to PES fibres [267].

Cellulose acetate is dyed using the exhaustion method with disperse dyes in the presence of nonionic or anionic dispersing agents in weakly acidic conditions (pH 5 - 6). Dyeing is normally done at 80 – 85 °C. However, a series of less wet-fast dyes already absorb onto the fibre at 50 - 60 °C, whereas more wet-fast dyes require temperatures up to 90 °C.

Compared to CA, CT dyeing and finishing characteristics are more similar to purely synthetic fibres such as PES. Cellulose triacetate, like CA, is dyed using disperse dyes in a weakly acidic medium in the presence of levelling auxiliaries. Applied dyeing techniques for CT are:

- batch dyeing process, usually at 120 °C, but if these conditions are not possible a dyeing accelerant (based on butyl benzoate or butyl salicylate) is required;
- thermosol process (see Dyeing of PES, for more details).

For stress relaxation, articles made of CT are heat set (thermofixed) after dyeing or alkali treated at high temperatures (S-finish) before dyeing (see corresponding chapter for more information).

Moreover, CT and CA have the inconvenient tendency of absorbing gases from the air (industrial waste, etc). In order to protect the coloured fibres from eventual destruction emanating from the adsorbed gases, they should be after-treated with special cationic products. These products undergo a salt-like bond with the mostly acidic gases and protect the textile (coloured for e.g. with red and blue anthraquinone dyes) from gas fading.

When dyeing acetate fibres with disperse dyes, levelling agents with a dispersing action are used (non-ionic or anionic surfactants, see Dispersants and protective colloid in 5.5.2). These products often also need to have a detergent action to remove fibre preparations during dyeing and to maintain them in emulsified form. Triacetate fibres dyed with dispersed dyes need the same levelling agents as those that are used for dyeing other fibres (see polyester, polyamide, and acetate). When dyeing at 100 °C, special carriers are often used. The dyeing accelerants are only necessary for dyeing triacetate when increased dye yield is need for very deep tones or with dyes that do not diffuse well. The most commonly used compounds are esters of benzoic acid, salicylic acid, or phthalic acid [266].

In addition, the range of disperse dyes intended for PES fibres contain numerous products that are very well suited to CT, in particular.

Moreover, CA and CT can also be dyed using developing dyes. The process, which was used in the past for various shades, is still being employed for black. Despite the process being more tedious, the produced dyeings are fast to wet treatments. The process for CA implies the following steps:

- application of an amino-group containing diazotisable disperse dye;
- diazotisation on the fibre;
- coupling with a naphtol (e.g. 2-hydroxynaphtoic acid) as developer.

The process for dyeing CT using developing dyes is somewhat altered since CT is more easily accessible for ionic products:

- application of the diazotisable azo dye;
- application of the developer at higher temperatures;
- diazotisation is performed in the cold, and simultaneous coupling of the diazonium salt formed with the developer already present on fibre.

5.2.9 Dyeing of acrylic fibres

Acrylic fibres represent the third most important synthetic fibres, after PES and PA. In western Europe and the united states, ca. 60% are used for clothes and 30 % for household textiles [267].

So called PAC fibres are hydrophobic and contain anionic groups in the molecule. As a result, they can be dyed using disperse and cationic dyes. With the introduction of cationic co-monomers in the polymer (see also below, Modacrylic fibres), the fibre can also be dyed using acid dyes.

The following table summarises the most common dyestuffs and techniques, taken from [2].

Dyestuff	Chemicals and auxiliaries/ typical application conditions	Technique
Disperse	- dyeing conditions correspond to those used for polyester - addition of carriers is not required	
Cationic	- Acetic acid (pH 3.6 - 4.5) - Salt (sodium sulphate or sodium acetate) - Retardant auxiliaries (usually cationic agents) - Non-ionic dispersing agents	Batch
	- Acetic acid (pH 4.5) - Dye solvent - Steam-resistant, readily-soluble dyes (usually liquid) are required	Pad-steam process with Pressurised Steam
	- Dye solvent - Rapidly diffusing dyes are required	Pad-steam process with saturated steam

Table 5-12:　　*Summary of the most common dyestuffs and dyeing techniques for polyacrylic fibres*

Batch dyeing is commonly applied for cable or stock (package dyeing), yarn in hank form or packages and for fabric. Piece dyeing can be performed using beam, overflow, paddle (for knitwear, ready-made bath sets), or drum (socks). Stock, cable, and top can also be dyed on special machine, using the pad-steam process, preferably with pressurised steam to obtain short fixing times. Piece goods, especially upholstery material (velour), are also dyed according to the pad-steam process, but in this case fixing is carried out with saturated steam. This implies longer fixing times, which means that rapidly diffusing cationic dyes and dye solvents are required.

Nevertheless, a tendency for using other dye application processes such as gel dyeing [267] is increasing. To avoid severe shrinkage of polyacrylonitrile fibres, dyeing is carried out below the glass transition temperature Tg in the presence of dyeing accelerants. Ethylene and propylene carbonate and particularly benzyloxypropionitrile are suitable [266].

Certain modified polyacrylonitrile fibres become yellow and delustered or lose strength if they are dyed at 100 $^{\circ}$C. Such fibres can be dyed at low temperatures using dyeing accelerants. Dyeing accelerants for the Verel (modified acrylic) fibres include triisobutyl phosphates [266].

Disperse dyes

Disperse dyes are used to produce light to medium-deep shades. The dyeing techniques correspond to those used on polyester fibres. However, dyeing can be performed at temperatures <100 $^{\circ}$C without carriers. Furthermore, due to the good migration properties of disperse dyes, levelling agents (carriers) are not required.

Cationic dyes

Typical recipes used in *batch dyeing* include an electrolyte (sodium acetate or sodium sulphate), acetic acid, a non-ionic dispersant and a retarding agent. Dyeing is conducted by controlling the temperature at the optimum range for the treated fibre. Finally, the bath is cooled down and the material is rinsed and submitted to after-treatment.

Continuous processes commonly applied are:

- pad-steam process (fixation with pressurised steam at more than 100 $^{\circ}$C) - this process has the advantage of reducing fixing time. Pad liquor typically contains a steam-resistant cationic dye (usually liquid brand), acetic acid and a dye solvent;
- pad-steam process (fixation with saturated steam at 100 - 102 $^{\circ}$C) - this process requires a longer fixing time. Rapidly diffusing cationic dyes and dye solvents, which exhibit a carrier effect, are required.

When dyeing with basic dyes, special levelling agents (anion active or cation active products - also called retarding agents) are widely used in order to control the absorption rate of the colorant on the fibre, thus improving level dyeing. Cationic products known as retarders are of greatest importance. These can be of "permanent" or "temporary" type, the more important being the permanent retarders which have affinity for the fibre. More commonly, the auxiliaries that can be added to the dyeing baths are:

- cationic retarders: colourless compounds which adsorb like dyes and compete for the acidic groups in/on the fibre (i.e. quaternary ammonium salts, quaternary amines with an aromatic ring substitute or an aliphatic chain, commonly with C_{12}-C_{14} alkyltrimethyl or C10-C14 alkyldimethylbenzyl side chains), polymeric compounds or polyethoxylated amines are also often used;
- cationic softeners: compounds which act like cationic retarders, and reduce the consumption of the last;
- migration aids: colourless cationic auxiliary agents which have a considerably lower affinity for fibre that dyes. Quaternary ammonium salts with aromatic ring systems (e.g. trimethylbenzylammonium chloride), electrolytes (e.g. NaCl, Na2SO4) or organic salts with larger cations increase migration;

- electrolytes: these compounds have a similar effect on dye migration;
- polycationic retarders as levelling agents: i.e. compounds (usually polymeric) with numerous cationic groups;
- anionic retarders: compounds which contain two or more sulphonic acid groups per molecule, capable of forming a soluble addition complex with the dye.

Other levelling agents used in PAN dyeing include anionic products with an affinity for the dye (e.g. naphtalenesulphonic acid-formaldehyde condensation products). The possibility of precipitation of the dye-auxiliary adducts can be avoided by adding non-ionic dispersing agents [266].

The conditions when dyeing special PAC fibres usually proceed on exhaustion techniques. Nevertheless, some particular rules have to be observed:

- dyeing of high-bulk material: anionic retarders and cationic dyes with $K \geq 4$ are preferred;
- dyeing of pore fibres: three times more dye is required to achieve a given shade, navy and black shades are hardly dyeable, other deep hues must then be cleaned reductively with ammoniac, more softener is required;
- dyeing microfibres: two times or more is required to achieve a given shade, starting temperature for dyeing is higher, more cationic retarder is required, reductive after-cleaning is sometimes necessary and the use of special dyes is recommended;
- dyeing modacrylic fibres: these kind of fibres contain more than 20% vinyl chloride or vinylidene chloride as co-monomer and are used because of their reduced flammability. The fibre types and their dyeing properties change frequently. General characteristics are an increased plasticity and a strong tendency to shrink at higher temperature; light-fastness is considerably poorer. Use of these dyes is therefore limited but the relustering required in the past after dyeing is no longer necessary.

5.2.10 Dyeing of other synthetic fibres

Poly (Vinyl Chloride) fibres (PVC) [267]

PVC fibres have the advantage of good flame retardancy and are used for this reason e.g. for seat covers, quilt fillings and technical purposes.

The fibres are dyed preferably using *disperse dyes* at moderate temperatures to avoid shrinkage. Hence, some fibres are dyed at 60 –65 ´C, using dyeing accelerants. Others can be dyed at 100 ´C without carrier (a few even at 110 ´C).

When dyeing with cationic dyes and anionic auxiliaries, average depths of shade are achieved, but selected dyes give the possibility of good light-fastness.

Similar to certain modacrylic fibres, some PVC must be relustered (dry heat at 110-130 ´C) after dyeing.

Elastomeric (polyurethane) fibres [267]

Polyurethanes fibres are contained in most stretch articles and also in fashion materials and knitted fabrics. Moreover, mixtures with polyamide are used in many technical and medical purpose materials. Articles of cotton/elastomeric blends and PES/Cotton/elastomeric blends are also very common. The companion fibre is often spun around the elastomeric thread, which makes separate dyeing of the polyureathane unnecessary.

Polyurethanes fibres can be dyed with:

- acid dyes;
- metal-complex dyes;
- chrome dyes;
- disperse dyes.

In all dyeing processes for elastomeric fibres, dyeing equipment which permits low-strain guidance of the material and the lowest possible thermal stress are important.

In general, higher processing temperatures are not possible as fibres tend to degrade. The inadequate dyeing receptivity of the polyurethane is often circumvented with the aid of fibre-affinitive cationic dyeing auxiliaries combined with ethoxylated fatty alcohols or fatty amines.

Polyamide/Polyurethanes blends can be dyed using disperse dyes (however the wet-fastness is lower on Polyurethane), acid and metal-complex dyes but rarely with chrome dyes (as elasticity is lost and the feel becomes brittle).

Mixtures of polyurethane/polyester must be dyed using small molecular, rapidly diffusing dyes, similar as when dyeing PES fibres.

Cotton/polyurethane blends can be dyed with vat dyes, sulphur dyes, and combinations of substantive and acid dyes.

Polypropylene fibres

Polypropylene fibres are:

- inexpensive;
- dimensionally stable;
- low weightening;
- low water absorbing;
- resistant to chemicals and rot-proofed.

The pure aliphatic hydrocarbons character of these fibres make the dyeing with dyes normally used for textile dyeing impossible. Hence, other solutions must be applied:

- lipophilic dyes, which are employed for dyeing mineral oil, are occasionally used for specific materials. However, the dyeings are of such poor fastness that the use for textile purpose is not recommended;
- mass dyeing with pigment formulations is the method of choice for dyeing unmodified-

polypropylene, hence treatment temperatures must be kept below 120 ´C;

- modifications of the polypropylene fibres make them dyeable in aqueous liquor. Polypropylene containing nickel compounds, for light stabilization, is dyeable using dyes that are capable of forming nickel complexes (water-insoluble, chelating dyes such as for example C.I. Disperse Red 91). A modification of the polypropylene using basic components make it accessible to acid dyes commonly used for wool and polyamide fibres. However, a pretreatment with an acid or an alkylsulphonate is required before dyeing. A third modification of the polypropylene is the introduction of a polyether or a polyamide, making the fibre accessible to disperse dyes. Preliminary tests are required to determine the type of modification, and subsequently, the type of dyeing used [267].

Since a high degree of ligthfastness is required, the material is polymerised in the presence of nickel salts. Subsequent treatment with dyes capable of complexation results in the formation of nickel complexes during the dyeing process. Appropriate dyes include for example CAS-Nr. [83156-84-7] [276].

Poly(Vinyl Alcohol) (PVA) fibres [267]

PVA fibres have some interesting properties which make them suitable for sewing thread and for canvas and other articles used outdoors:

- a cotton-like feel;
- a high strength, a low moisture absorption;
- good rot resistance;
- waterproofness.

Nevertheless, the importance of these fibres in the textile industry is decreasing greatly.

The ability of PVA to be dyed depends on the cross-linking degree of the fibres with formaldehyde (acetalization). In general, PVA does not need to be bleached. The fibres resemble cellulose and polyamide in their dyeing properties. Several types of dyes are more or less suited:

- disperse dyes: poor light- and wet-fastness restrict their use to light shades;
- direct dyes: their wet-fastness can be improved by the usual after-treatment; deep shades can also be obtained;
- cationic, reactive and sulphur dyes: exhibit varying fastness;
- vat dyes: the most suited (e.g. Indanthren brands), they produce a fastness which is comparable to or better than that obtained with cotton. Nevertheless, really deep shades are difficult to obtain;
- metal-complex dyes: the best suited are poorly water-soluble , the weakly acidic dyeing is performed with a levelling agent (e.g. an ethoxylated fatty alcohol sulphate). A very fast dyeing is produced which is also suitable for weatherproof articles.

Aramid fibres [267]

Aramide fibres are high-performance fibres and are polyamides made from aromatic amines and dicarboxylic acids. Their textile application properties are similar to polyamide and polyester fibres.

The aramides are highly heat resistant and flame retardant, and are for this reason used for protective clothing. However, aramides are expensive and so further applications in the textile sector are reduced. Moreover, only moderate light-fastness of the colours is obtained.

The most commonly used aramide fibres for textile purpose is Nomex (Du Pont). The treatment processes for Nomex involve the following steps:

- heat setting by steam (at 120 or 90 °C) before wet finishing;
- thorough washing;
- colouring with cationic dyes, at pH 3-4 and 120 °C for 2h, addition of a carrier , and addition of 25 g/L of sodium nitrate, for better levelling;
- thorough after-washing, with additional sodium hydrogensulphite to remove superficially adhering dye;
- faulty dyeing can be largely stripped by treatment at 120 °C with benzyl alcohol or with a carrier and a retarder which has a levelling effect in the presence of hydrosulphite in an alkaline liquor.

The cationic dyes suitable for aramides like Nomex are:

- C.I. Basic Yellow 15, 21, 23, 25, 49, 53, 79;
- C.I. Basic Orange 22, 35;
- C.I. Basic Red 29, 46;
- C.I. Basic Blue 41, 54;
- C.I. Basic Green 6.

The usual carriers can be employed whenever benzyl alcohol (in amounts of 10-40 g/L) is preferred. Further dyeing accelerants cited are butyl benzoate, salicylic esters, benzaldehyde, and acetophenone [266].

Other very strong or high-temperature-resistant fibres (e.g. poly(tertafluoroethylene) or carbon fibres) cannot be dyed with the methods commonly employed in textile dyeing [171, 170, 280]).

5.2.11 Dyeing of Fibre blends

Natural/synthetic fibre blends are becoming more and more important in the textile industry due to the fact that they allow the combining of favourable technological properties of synthetic fibres with the pleasant feel of natural fibres. Of the worldwide consumption of PES fibres, 55 – 60 % is used in blends with cellulose fibres or wool. About 40 % of polyamide is used in blends, while 50 % of polyacrylic fibres are used especially in blends with wool for knitwear [2, 267].

Fibre blends can be produced according to three different methods:

- fibres of different types in the form of staple fibres are mixed at the yarn manufacturing stage, during spinning;
- fibres of different types are separately spun and the resulting yarns are wound together to give a mixed yarn;
- fibres of different types are separately spun and combined together only at the weaving stage where one or more fibre yarns are used as warp and the other ones as weft.

Dyeing of blend fibres is always longer and more difficult as an operation compared to pure fibre dyeing. Despite these disadvantages, dyeing tends to be placed as close as possible towards the end of the finishing process. In fact, this enables the dyer to satisfy the requests of the market without the need to store large amounts of material already dyed in flock or yarn form in all available shades.

When dyeing blend fibres, the following methods can be applied:

- the two fibres are dyed in the same tone ("tone on tone") or in two different shades using the same dyes;
- only one fibre is dyed (the colourant is not absorbed by the other ones);
- the different fibres are dyed in different tones.

For "tone on tone" dyeing, it is sometimes possible to use the same dye for the different fibres. When dyes of different classes need be employed, the dyeing process is easier to control when the selected colourants have affinity only for one fibre and not for the other. In reality, however, this situation is exceptional and the dyeing of fibre blends remains a complex operation. Some research has been done to allow dyeing of all fibres with the same type of dye. Modifying the natural fibres with suitable auxiliaries is one method to permit this (see polyester-wool blends, below)

Blend fibre dyeing can be done in batch, semi-continuous and continuous processes. Batch processes include:

- dyeing in one bath and one step (all dyes are added in the same bath in one single step);
- dyeing in one bath and in two steps (dyes are added to the same bath in subsequent steps);
- dyeing in two baths (dyes are applied in two steps in two different baths).

The most common fibre blends will be discussed in the following.

Polyester-cellulose blends

A large part of the production of PES (ca. 45 %) is used to make this mixture. Polyestercellulose blends are used for all types of clothing as well as for bed linen. The cellulose component is usually cotton, but viscose staple fibres and occasionally linen are also used. The preferred mixing ratio is 67:33 PES: cellulose (for textiles worn close to the skin), 50:50 and 20:80 [267].

In dyeing PES-cellulose mixtures, disperse dyes are used for the polyester component, while the cellulose portion is usually dyed with reactive, vat and direct dyes. Pigment dyeing is also commonly used for lighter shades.

Disperse dyes stain cellulose fibres only slightly and they can easily be removed by subsequent washing or, if necessary, by reductive after-treatment. Most of the dyes used for cellulose stain PES very slightly or not at all.

A typical recipe for padding liquors is given in the following table, taken from [2].

Component	[g/l]
Vat and disperse dyestuffs	X
Wetting agent	1 – 2
Sequestering agents	1 – 3
Anti-migration agent	10 – 15
Acetic acid (60 %)	0.5 – 1

Table 5-13: Typical recipe for padding liquors for the dyeing of polyester/cellulose blends with reactive dyestuffs (using a one-bath method)

Moreover, some metal-complex dyes can be used to print and dye cotton-polyester blends in various shades (examples CAS-Nr. [103850-03-9], [79828-44-7] and [79817-89-3]). Yet, special auxiliaries are required when printing or dyeing with such substances because they act as disperse dyes [276].

PES-cellulose blends are commonly dyed in continuous processes. Nevertheless, for yarn and knitwear, batch dyeing is of major importance.

In *batch dyeing,* the application of dyes can be done in one or two steps taken in one bath or in two different baths in subsequent stages. The disperse dye is generally applied at high-temperatures (HT) without the use of carriers. The one-bath/one-step procedures are preferred, being more economic, but present more difficulties due to the presence of salt increasing the tendency of disperse dyes to stain the cotton fibre of the blend. Recently developed low-salt reactive dyes are claimed to show good performance and high reproducibility in this application (see section 5.4.8).

In the one-bath/one-step procedure, special auxiliaries, so-called acid donors, are used which lower the pH value when the temperature is increased. In this way it is possible to fix the reactive dyes in alkaline conditions and then reach the optimal dyeing conditions (pH 5 - 6) for disperse dyes by increasing the temperature. Alternatively, it is advantageous to operate at pH 8 - 10 using alkali-stable disperse dyestuffs, which also avoid oligomer problems.

In *continuous processes* the dyes are usually applied in one bath. The fabric is subsequently dried and disperse dye is fixed to the PES component by a thermosol process. Afterwards, the second dye is developed according to the procedure typical for each class; in general using pad steam, pad-jig, or pad-batch processes.

Table 5-14 presents a summary of the most frequently applied processes, taken from [2]. Dyes are applied according to application conditions typical for their class. For more details regarding a given class of colourant, please refer to the specific section.

Technique			Disperse/ vat	Disperse/ reactive	Disperse/ direct	Pigment
Batch	One-bath process				Y K	W [1]
	Two-bath process			Y K		
	One-bath two-step process		Y K	Y K	Y K	
Continuous	I stage	II stage				
	Application of all	Thermosol + pad-jig	W			
	dyes in one bath					
	by padding +	Thermosol + pad-batch		W		
	drying followed					
	by	Thermosol +pad-steam	W	W	W	
Y = yarn W = woven fabric K = knitted fabric (1) Pigment dyeing includes padding with the pigment, a binder and auxiliaries, drying and polymerisation at 140 °C for 5 min.						

Table 5-14:   ***Summary of dyestuff and dyeing techniques for polyester-cellulose blends***

Polyester-wool blends

Polyester-wool blends are widely used, especially for woven goods and knitwear. The most frequently ratio found is 55:45 PES: wool.

Wool cannot be dyed at the high temperatures typical of the HT dyeing process for PES fibres and PES-cellulose blends. The dyeing time should also be as short as possible so that the wool is not damaged. For large productions it is therefore preferable to dye wool and PES separately, blending the two fibres at the yarn manufacturing stage. However, quick changes in fashion and short-term planning frequently do not allow separate dyeing.

When dyeing polyester-wool blends, disperse dyes are used for polyester and anionic (acid and metal-complex dyes) for wool.

Only disperse dyes which stain wool as little as possible or are easily removable by washing can be used for dyeing wool-polyester blends. Disperse dyes, in fact, tend to stain wool and a reductive after-treatment is not always possible (appropriately stable dyes are required). Frequently used dyes are [267]:

- C.I. Disperse Yellow 23, 54, 64;
- C.I. Disperse Orange 30, 33;
- C.I. Disperse Red 50, 60, 73, 9, 167, 179;

Alternative wool protecting additives are water-soluble proteins or alkylsulphonates and alkylsulphonic esters, yet the protection is qualitatively lower than with formaldehyde. Newly developed formaldehyd-free wool protecting agents are based on halohydrine groups or activated C=C bonds [229].

The one-bath process method is preferred in practice; the two-bath process is only applied when deep shades and high fastness are required. The material is first dyed with disperse dyes; then, in some cases, a reductive intermediate treatment is applied before dyeing the wool.

In both dyeing methods, after dyeing, an after-treatment is applied to remove disperse dye attached to the wool, if the dye used for wool can withstand it. The material is treated with ethoxylated fatty amine in weakly acid liquor at 60 °C. Reductive after-treatment (see section 5.4) is also sometimes possible.

Polyamide-cellulose blends [267]

Since PA fibres have an affinity for almost all dyes used for cellulose, different possibilities are available for dyeing this blend:

- direct and disperse dyes (pH 8) e.g. C.I. Direct Yellow 44, Direct Red 81 and Direct black 51);
- acid or 1:2 metal-complex dyes (pH 5 - 8);
- vat dyes (exhaust and pad-steam processes are used) e.g. C.I. Vat Orange 26, B. 4 and 14, Brown 55, Black 9 and 25;
- reactive dyes.

Application conditions are those typical for each class of dye. They have already been described in the previous chapters. Although PA fibres are more or less strongly dyed by all dyes normally used for cellulose, the shades often do not correspond. A careful dye selection must be made and the dyeing process adapted. A typical adaptation of the process is the addition of a special auxiliary agent called resist which prevents the direct dye to exhaust mainly on the PA component (see also resist printing in section 5.3.6).

Polyamide-wool blends [267]

Blends with polyamide/wool ratios varying from 20:80 to 60:40 are used. This blend is particularly important in the carpet sector. On the other hand, the addition of 5 – 20 % of polyamide (PA) fibres to wool increase the strength of woollen articles and make them suitable for functional clothes such as, for example, thermal underwear , etc (so-called stretch fabrics).

In principle, both types of fibres can be dyed with the same classes of dyes, i.e. acid and 1:2 metal-complex dyes. However, due to better accessibility, the PA fibre is dyed more deeply than wool when lighter shades are applied. On the contrary, when applying deep shades, the higher bonding capacity of woollen surfaces will result in a darker colour.

Alternative wool protecting additives are water-soluble proteins or alkylsulphonates and alkylsulphonic esters, yet the protection is qualitatively lower than with formaldehyde. Newly developed formaldehyd-free wool protecting agents are based on halohydrine groups or activated C=C bonds [229].

The one-bath process method is preferred in practice; the two-bath process is only applied when deep shades and high fastness are required. The material is first dyed with disperse dyes; then, in some cases, a reductive intermediate treatment is applied before dyeing the wool.

In both dyeing methods, after dyeing, an after-treatment is applied to remove disperse dye attached to the wool, if the dye used for wool can withstand it. The material is treated with ethoxylated fatty amine in weakly acid liquor at 60 °C. Reductive after-treatment (see section 5.4) is also sometimes possible.

Polyamide-cellulose blends [267]

Since PA fibres have an affinity for almost all dyes used for cellulose, different possibilities are available for dyeing this blend:

- direct and disperse dyes (pH 8) e.g. C.I. Direct Yellow 44, Direct Red 81 and Direct black 51);
- acid or 1:2 metal-complex dyes (pH 5 - 8);
- vat dyes (exhaust and pad-steam processes are used) e.g. C.I. Vat Orange 26, B. 4 and 14, Brown 55, Black 9 and 25;
- reactive dyes.

Application conditions are those typical for each class of dye. They have already been described in the previous chapters. Although PA fibres are more or less strongly dyed by all dyes normally used for cellulose, the shades often do not correspond. A careful dye selection must be made and the dyeing process adapted. A typical adaptation of the process is the addition of a special auxiliary agent called resist which prevents the direct dye to exhaust mainly on the PA component (see also resist printing in section 5.3.6).

Polyamide-wool blends [267]

Blends with polyamide/wool ratios varying from 20:80 to 60:40 are used. This blend is particularly important in the carpet sector. On the other hand, the addition of 5 – 20 % of polyamide (PA) fibres to wool increase the strength of woollen articles and make them suitable for functional clothes such as, for example, thermal underwear , etc (so-called stretch fabrics).

In principle, both types of fibres can be dyed with the same classes of dyes, i.e. acid and 1:2 metal-complex dyes. However, due to better accessibility, the PA fibre is dyed more deeply than wool when lighter shades are applied. On the contrary, when applying deep shades, the higher bonding capacity of woollen surfaces will result in a darker colour.

These inconveniences are obviated by adjusting the fibre affinity of PA with fibre-affinitive retarding agents (also called PA reserving/blocking agents such as aromatic sulphonates) when colouring with lighter shades. Consequently, the level of auxiliary agents depends on the depth of colour and is between 0.5 – 4 %. Monosulphonated acid dyes are the most suitable.

Dyeing is performed in the presence of acetic acid and sodium sulphate. Due to limited fastness of acid dyes, 1:2 metal-complex dyes are required for darker shades [267].

When dyeing wool-polyamide blends with anionic dyes, and the individual compenents of the fibre blend are not dyed to the same colour intensity, the use of an auxiliary with an affinity for the fibre can reduce the dye affinity of that component of the mixture with the greater affinity. The products used for this levelling effect are the same as those used as chemical resist agents (see Resist printing in 5.3.6) [266].

Polyacrylonitrile-cellulose blends [267]

PAC-cellulose blends are used for household textiles (drapery and table linen) and imitation fur ("peluche" in which the pile consists of PAC fibres and the back is made of cotton). The percentage of PAC in the mixtures varies between 30 and 80 %.

PAC can be dyed with cationic or disperse dyes, while direct, vat or reactive dyes can be used for the cellulose component. The following methods are the most commonly used for dyeing this type of blend:

- *continuous dyeing* with cationic and direct dyes according to the pad-steam process. To avoid precipitation of cationic and anionic dyes present in the pad liquor at relatively high concentration, a combination of anionic and non-ionic surfactants are added to the solution to keep the differently charged dyes in separate solution phases. Moreover, so called fixing accelerators are added to achieve deep penetration of PAC fibres;
- *batch dyeing* (usually according to the one-bath, two-steps method) with cationic and vat dyes (the so-called pigment process), or with cationic and reactive dyes.

Polyacrylonitrile-wool blends [267]

Among synthetic fibres, PAC fibres are the most suitable for obtaining blends with wool that keep a wool-like character. This makes the blend widely used, especially for knitwear and household textiles. The blending ratio of PAC to wool varies from 20:80 to 80:20.

Metal-complex, chrome, and reactive dyes are the dyestuffs typically used for the wool part, while PAC is commonly dyed using cationic dyes.

Cationic dyes stain wool fibre. As a matter of fact, cationic dyes attach first to wool and then migrate to PAC fibre at higher temperatures. Even if well-reserving dyes are selected, dyeing must be conducted for a sufficiently long time (from 60 to 90 minutes) in order to obtain good wool reserve [2].

PAC-wool blends can be dyed using the following exhaustion methods:

- one-bath one-step;
- one-bath two-step;
- two-bath.

The first one allows shorter dyeing times and lower consumption of water. However, it is not always applicable due to the simultaneous presence in the dye bath of anionic and cationic compounds which can produce precipitation of formed adducts on the fibre. Precipitation can be prevented using dispersing agents and selecting appropriate dyes.

When dyeing with the one-bath, two-step method, use of reserve agents are not necessary. In fact, wool absorbs the cationic dye and slowly releases it, acting as a retarding agent (exerting a retardant effect on PAC).

Other synthetic fibre blends [267]

Nearly all fibres have already been combined with each other to create new, fashionable or technical effects. Blends of synthetic fibres may also have some interesting advantages.

Mixtures of PES and PAC fibres are frequently used for outerwear or furnishing fabrics. Selected disperse and cationic dyes are used for dyeing. However, tone-on-tone dyeing and bi-colour dyeing are also possible but carriers must often be added [129].

Mixtures of PA and PAC fibres are occasionally used for producing skiing articles and for wool/PA imitations. Cationic dyes are used for dyeing the PA component, while sulpho group containing 1:1 metal-complex dyes are applied to the PAC fibres in the same bath. The stability of the bath can be improved by the addition of a non-ionic auxiliary (e.g. an ethoxylated fatty alcohol).

5.3   Printing

The art of textile printing is probably as old as civilisation itself. In Europe, there are records of textile printing using hand blocks and oil-bound pigments similar to those employed for paper from the 15th century; however, the earliest cloth samples still in existence date from about 1650. From approximately 1760 (hand-block printing) and 1790 (engraved copper roller printing), the UK industry grew rapidly to be the most important world-wide, reaching it is zenith just before the First World War. Afterwards, there was a general decline in production and this trend continues still, despite considerable technical innovations. The reasons for the decline were many and varied but principally resulted from considerable investments in new printworks outside Europe, particularly in the Middle and Far East. World-wide production of printed textile goods is summarised in Figure 5-, showing that around half the world's print output is from Far Eastern countries [335].

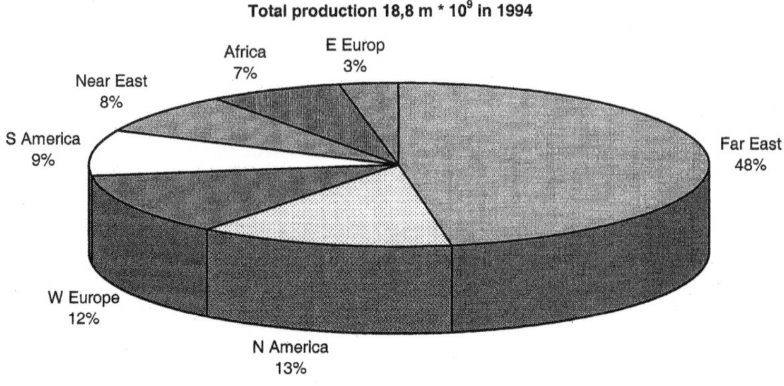

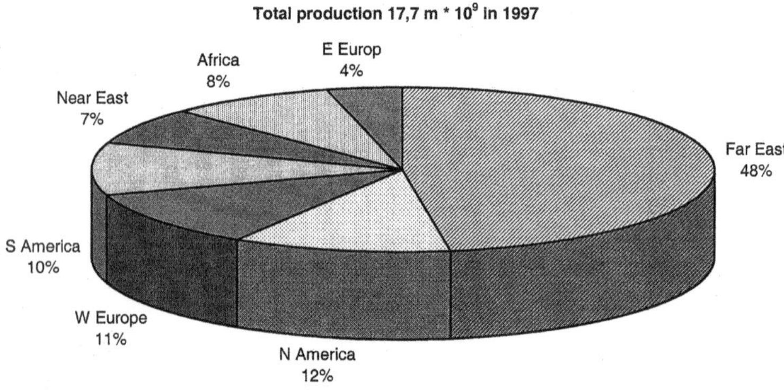

Figure 5-6:   *World-wide printed textile production*

The table shows present trends in the use of individual fibres in printing [335]. Cellulose fibres constitute some 60% of the total marked, 80% of this being cotton.

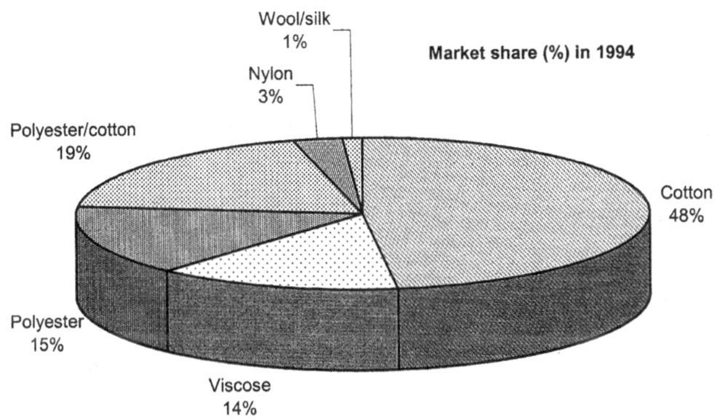

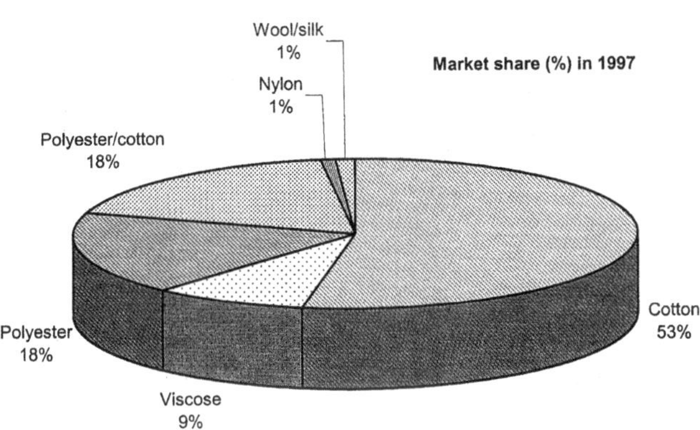

Figure 5-7:   ***Fibre usage trends in printing***

Concerning printing machine types, screen printing (particularly with rotary screens), has continued to displace roller printing over time. Increasingly sophisticated controls have been fitted to the new machines. Today, some 89% of all printed textiles are produced with flat or rotary screens. The trends in printing techniques are depicted in the following figure.

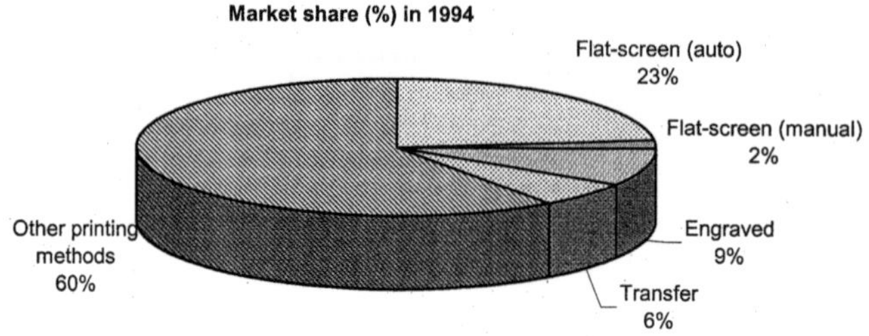

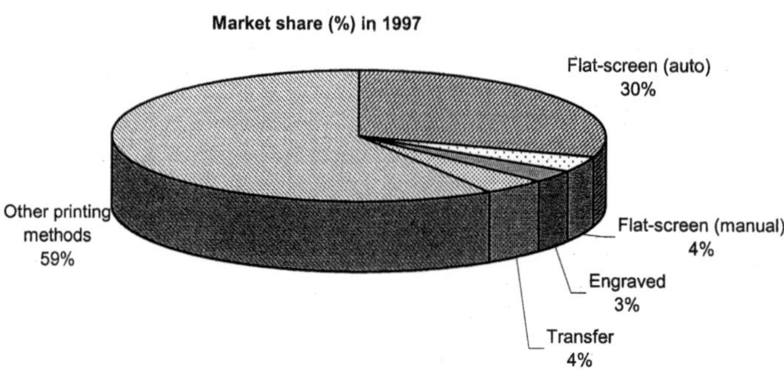

Figure 5-8:   ***Trends in printing techniques***

Despite improvements in machine productivity yielding right-first-time production, several factors have arisen as a result of the present fashion and marketing trends. The increasing trend towards short run lengths (less than 1000 m per colourway as compared with 3000 m in other markets), with frequent small repeat orders and a shorter design life may greatly influence further developments in printing machines. In the ideal modern printworks, which aspires to total quality management and on time delivery, the sequence from design to bulk print production needs to be fully recorded and all operations closely integrated. Several proprietary computer-aided design (CAD) and computer-aided manufacturing (CAM) systems are now available.

The calibrated video display units (VDU) generate colorimetric data which may be used to produce sample fabric patterns using ink-jet printers, for laser engraving print screens, or to optimise dye recipes for production [335].

In the following chapter, the general principles of printing and the most commonly used printing techniques will be described. The chapter concludes with a presentation of all the chemicals involved in the printing of different fibres.

5.3.1   General principles of printing

Printing, like dyeing, is a process of applying colour to a substrate. However, instead of colouring the whole substrate (cloth, carpet, or yarn) as in dyeing, dye preparations (so-called printing pastes) are applied only to specified areas in order to obtain a desired pattern. These mostly ornamental patterns consist of one or several colours.

Printing involves different techniques and different machinery compared to dyeing, but the physical and chemical processes which take place between the dye and the fibre are analogous to dyeing.

The typical steps involved in textile printing are:

- preparation of a pattern form (the pattern form depends on the technique used);
- preparation of a printing colour paste (based on dyes or pigments);
- application of the paste to the substrate (i.e. cellulose, synthetics or protein fibres, in different makeup's like yarn or fabric);
- fixation of the colour to the substrate (e.g., by the action of steam or hot air);
- optional after-treatment such as washing and drying of the printed substrate.

All theses steps (and the possible alternatives) are discussed below, with special attention given to the chemicals involved.

Some noticeable differences in the above mentioned schema occur when considering special methods such as:

- resist printing;
- discharge printing;
- transfer printing;
- two-phase printing.

We can speak of *discharge printing* if, in the fixation process which follows the application of the printing paste, there is local destruction of a dye applied previously. If the etched (discharged), and previously dyed area becomes white, then the process is called *white discharge*. If, on the contrary, a coloured pattern is to be obtained in the etched area after the destruction of the previously applied dye, the process is then called *coloured discharge*. In this case the printing paste must contain a reduction-resistant dye (so-called *illuminating* dye) along with the chemicals needed to destroy the previous one. As a result, the pre-dyed background is destroyed according to a pattern, and the dye, which is resistant to reduction, takes its place [2, 195].

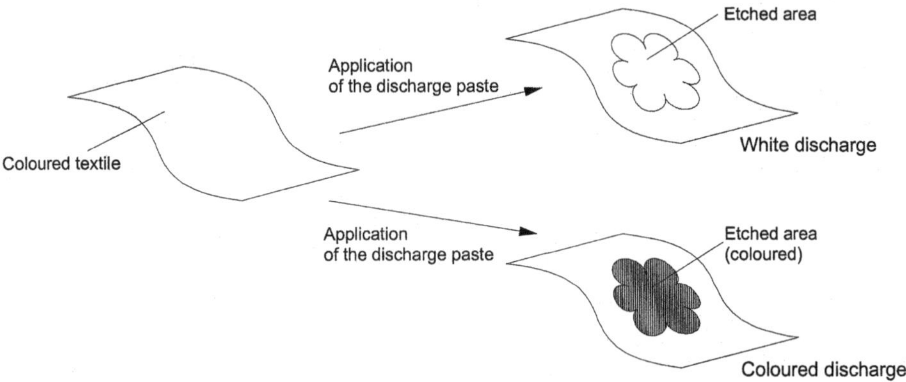

Figure 5-9:   ***Schematic representation of discharge printing***

In the case of *resist printing*, a special printing paste (called "resist") is printed onto certain areas of the fabric to prevent dye fixation. In the case of *physical resist,* the material is printed with an impermiable resin which inhibits the penetration of a dye applied in a second stage. On the other hand, with a *chemical resist*, dye fixation is prevented by a chemical reaction [2]. The so-called batik effect, achieved today in several ways, is a typical resist effect, even though the classic Batik process (working with wax as resin) is not a printing process.

Depending on the way the process is carried out, one can speak of pre-printing, intermediate or over-printing resists. One common procedure is the wet-on-wet process in which the resist paste is initially printed. The material is then overprinted with full cover screen and finally fixed and washed. Over-printing resists can be applied only if the dye, already present in the previously dyed and dried fabric, is still in its unfixed form, as in the case of developing dyes.

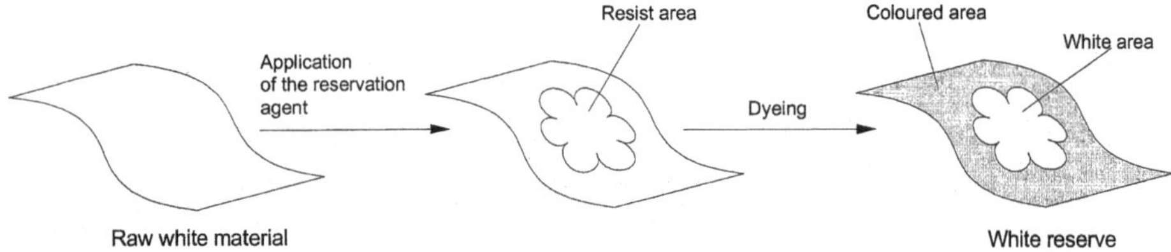

Figure 5-10:   ***Schematic representation of resist printing***

In *transfer printing*, the pattern is first created on an intermediate carrier (e.g. paper) using selected disperse dyes and then transferred from there to the textile. The dye is usually fixed by placing the printed paper in contact with the fabric into a thermal pressure system. Under the influence of the heat, the dye sublimates and diffuses from the carrier into the fibre of the textile substrate. There is no need for further treatment such as steaming, washing, etc. This technique is applied for polyester, polyamide, and some acrylonitrile fibres, using selected disperse dyestuffs according to the specific type of fibre (see section 5-33).

Strictly speaking, transfer printing is not a textile printing method, but rather a specific textile colouring method. The paper used for textile transfer printing can be processed by all the various paper-printing techniques. In order to simplify the polemic, textile transfer printing can be subordinate as a surface printing technique (see figure 5-13).

Two-phase printing refers to the separate application of dye and fixing agent, and is not a specific printing technique. The two-phase printing is an essential method when applying vat dyes.

All these textile printing methods differ with respect to the mechanism of action of the various chemicals, as well as in the dyes used.

Considering the principle of textile printing, differences are made between the various application modes. All the application principles can be conducted by any of the standard printing techniques and either by hand or mechanically [278]. A standard classification of printing techniques is described in detail in [231]. A distinction is made between:

- relief printing;
- gravure printing;
- stencil printing;
- surface printing;
- instant printing (e.g. ink-jet printing).

Relief, gravure, stencil, and surface printing are techniques in which a printing form is used to apply the printing paste onto the substrate. Instant printing techniques are techniques in which the pattern is applied without use of a printing form.

5.3.2 Printing techniques

The following figure summarizes the various techniques available for printing on textiles [278]. Our interest will be focused in the subsequent discussions concerning automatic or semi-automatic techniques, with exception of the carpet printing techniques.

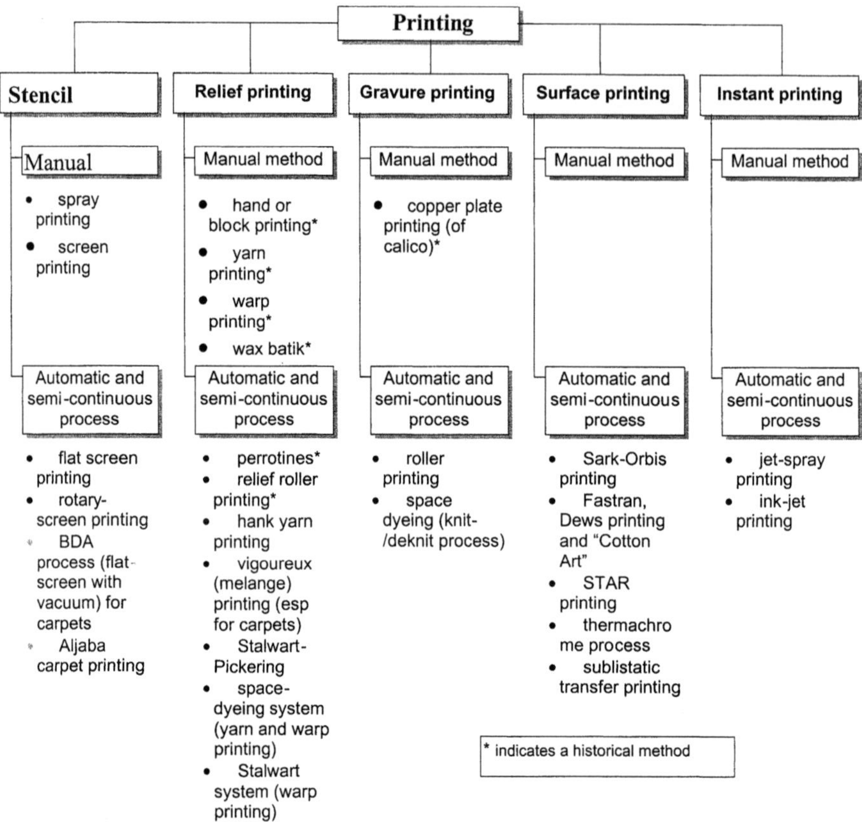

Figure 5-11:   ***Textile printing technologies***

Stencil (screen)printing

Stencil printing (called screen printing) is a technique in which the pattern surfaces of the printing form are permeable for the colour paste (DIN 16609). The printing paste needs therefore to be pressed by squeezing, through the pores of a stencil (or screen), and to be applied on the textile substrate [281, pg. 34].

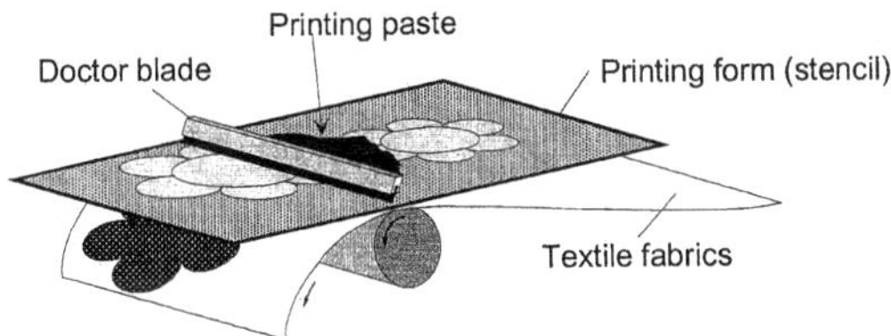

Figure 5-12:   ***Stencil (screen) printing process***

The printing form is a screen (also called stencil), a device which permits dye to be applied to the textile underneath through openings that correspond to the proposed pattern.

Mechanized screen printing has become the established method for short production runs, in part due to the width of textiles currently being printed. Figure 5-12 gives a survey of the textile processes based on stencil printing.

A number of different screen-printing devices have been developed based on the relatively primitive manual techniques. Among the most widely practiced today, two major principles can be distinguished:

- flat-screen printing;
- rotary-screen printing.

During *flat-screen printing*, the textile fabric lays flat (or horizontally moved and placed stationary during printing). The screen is mobile (vertically) and is placed when printing a few millimetres above the textile. A squeegee (doctor blade) slides the printing paste over the screen. The screen is wiped in order to bring the paste in contact with the textile. Squeegees of many different types are used, including wipers, rollers, and, magnetic rollers.

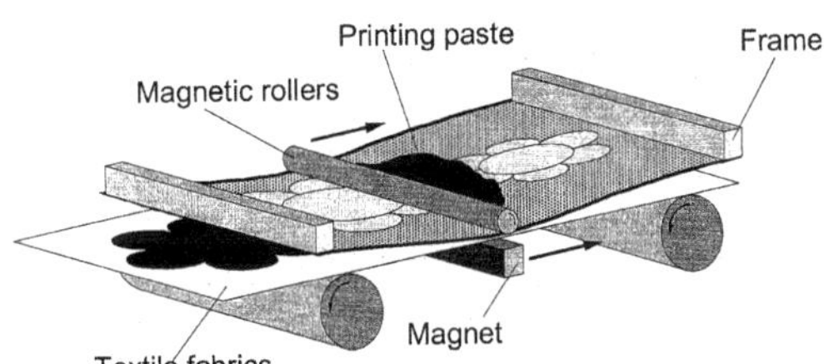

Figure 5-13:   ***Flat-screen process***

The machines can be manual, semi-automatic, or completely automatic, and consist basically of a facility for moving the textile. The machine is a gluing device which causes liquid glue to be applied by a squeegee to the under-side of the textile and the printing equipment itself.

When belts pre-coated with thermoplastic glue are used, the textile is squeezed first by a heating roller, causing the glue in the immediate vicinity of the textile to soften and instantly adhere to the belt. Permanent adhesives can also be used. The textile can then simply be fixed by placing it in position and pressing down. The endless rubber belt, after pulling away the fabric, is moved downward in continuous movement over a guide roller and washed with water and rotating brushes to remove the printing paste residues and the glue, if necessary. After this, the belt is sent back to the gluing device. Details about the chemistry of the glue are given in section 5.3.3.

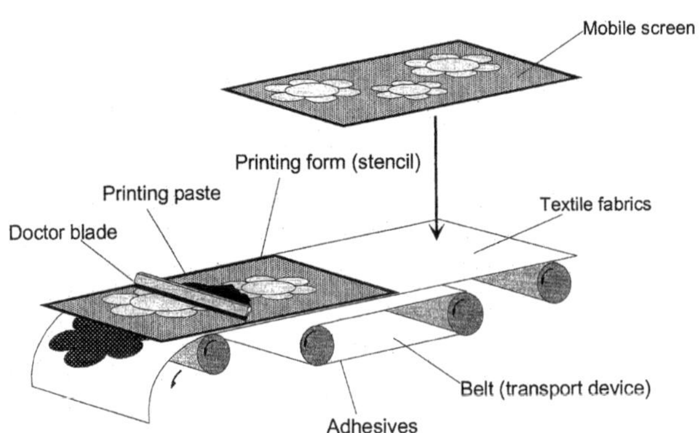

Figure 5-14A: ***Schematic representation of a flat-screen printing machine***

In fully mechanised machines, all the colours are printed at the same time. A number of stationary screens (from 8 to 12, but some machines are equipped with up to 24 different screens) are placed along the printing machine. The screens are simultaneously lifted, while the textile, which is glued to a moving endless rubber belt, is advanced to the pattern-repeat point.

The screens are then lowered again and the paste is squeezed through the screens onto the fabric. The printed material moves forward one frame after each application and as it leaves the last frame it is finally dried and it is ready for fixation.

Rotary-screen printing machines use the same principle described earlier, but instead of flat screens, the colour is transferred to the fabric through lightweight metal foil screens, which are made in the form of cylinder rollers. The fabric moves along in continuous movement under a set of cylinder screens, while at each position the print paste is automatically fed into the inside of the screen from a tank and is then pressed through onto the fabric. A separate cylinder roller is required for each colour in the design.

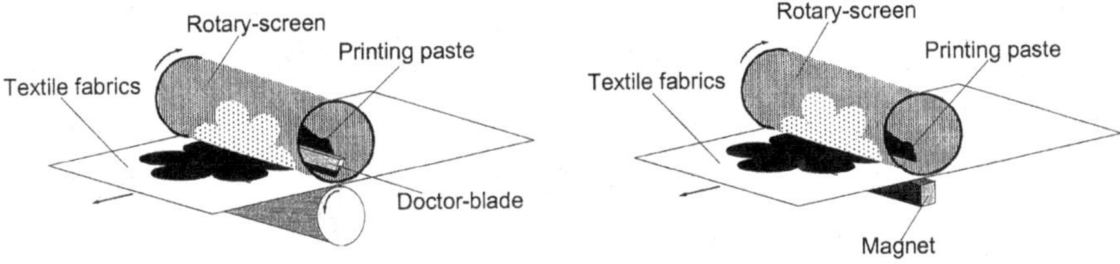

Figure 5-14B: ***Schematic representation of the rotary-screen printing process***

Conventional so-called printing paste input systems for rotary-screen printing machines need quite high fill volumes. As a consequence, the amount of paste residue that has to be removed at each colour change is also fairly significant. Various systems have been introduced in order to lower the volume configuration of this equipment, which also reduces the amount of waste. These will be further discussed in section 7-3 dealing with environmental issues of printing. Rotary-screen printing machines are equipped with both gluing and washing devices analogous to those described earlier for flat-screen printing. The belt is washed in order to remove the residues of paste and adhesive. Not only the belt, but also the screens and the paste input systems (hoses, pipes, pumps, squeegees, etc.) have to be cleaned for each colour change.

An alternative colour paste application with squeegees is spraying the dye through a stencil (the so-called *Brush Printing*). This method results in very good penetration and is most used in the printing of flags and in making imitation fur and other "long-pile" materials.

Flock printing is sometimes used in conjunction with screen-printing tables. For this, the textile is first coated with an adhesive and immediately "sprinkled" with "flocks" 0.3-3 mm in length (usually pretreated viscose). An electrostatic field (20000-60000 V) is applied to orientate the flocks in a single direction, and obtain something like small spears on the textile that can further be printed. By inverting the electrostatic field or heating the textile after fixation with concurrent suction, loose flock dust not subject to printing can be removed. Whereas flock covering of complete surfaces has become firmly established, flock patterns (as the adhesive is applied following a pattern) are less popular.

Relief (block) printing

Relief printing is a technique in which the printing form (spots impregnated with the colour paste) is raised (DIN 16514)[281].

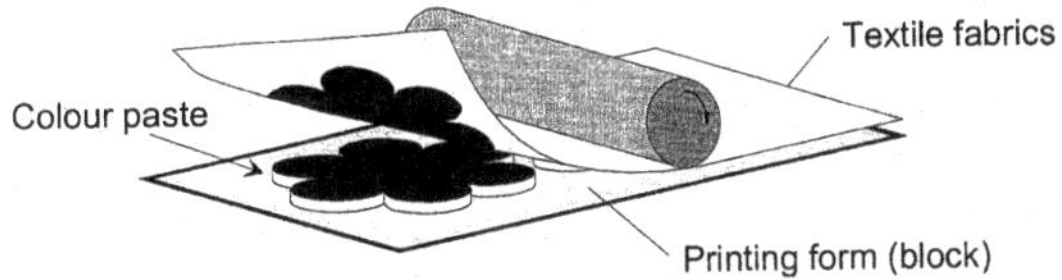

Figure 5-15:   ***Relief (block) printing process***

First, the raised areas of the printing form are covered with colour paste. Printing is accomplished by laying the prepared printing form on the fabric and pressing or striking it.

Printing forms for textile printing can consist of a wood block (so-called block printing), or a rubber block, in which the areas where printing should not occur are carved out.

Block printing, as a manual process, still finds use today, mainly in the fine arts field. The *Perrotine process* is the attempt to mechanize this historical process, but these machines are only rarely used. Other relief printing machines once widely distributed, such as relief roller printing machines, have suffered a similar fate, although they are still used in carpet printing (in modified versions [30]) and in the so-called *Vigoureux-print*. Vigoureux printing is a printing process in which bands of thickened dye paste, with intervening blank areas, are applied across slubbings of wool or other fibres. The slubbing is subsequently steamed, washed, and then combed to produce a very even mixture of dyed and undyed lengths of fibre

The *Stalwart-Pickering system* for carpeting is a flexo-printing process, in which pieces of foam corresponding to the pattern are attached to rollers by means of an adhesive. A low-viscosity dye solution is then picked up from a tank (continuous process). As well as other carpet printing methods, e.g. knit-deknit process, these techniques are not emphasised in this survey.

The so-called *Golgas process* is often associated with batik printing, as special printing effects are obtainable. For this mechanical resist system, several layers of textile are pressed together between metal plates bearing a relief. The textiles and the plates are then immersed in dye liquor. Consult chapter Dyeing, for more information about chemicals used for dyeing different types of fibres.

Yarn printing, known as *pearl or flame printing*, is a technique using two relief rollers bearing axial stripes or "discs" running in precise opposition to each other, providing both pressure and back-pressure. Each roller has its own dye application device. The hank is stretched between two beams and is printed by being passed several times through the rollers.

Gravure printing

Gravure printing techniques are techniques in which the printing areas of the printing form are recessed (DIN 16544). [281].

Figure 5-16:   ***Gravure printing process***

The printing paste is applied to the entire surface of the printing form. A doctor blade is used to remove excess paste from the surface, leaving it only in depressions (engraved areas).

Printing a textile is accomplished by laying (or rolling) it on a surface somewhat able to be deformed. The prepared printing form (usually a roller) is then applied to the fabric at a relatively high pressure level, causing the cloth surface to be pressed into the engraved areas.

Roller printing is a process which is declining steadily in importance. The older type of machinery, used mainly for printing staple-cotton fabrics with a maximum width of 90 cm, has been almost completely displaced by screen printing techniques. Figure 5-17 shows the schematised figure of a roller print. In textile roller printing machines, a roller is used for each colour to be printed (mounted in series).

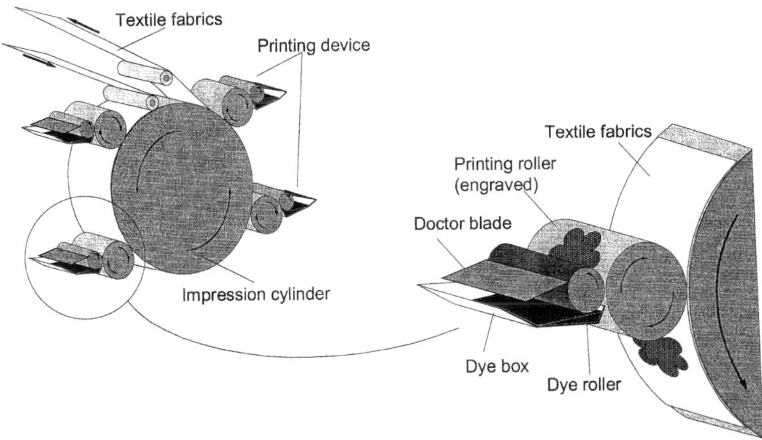

Figure 5-17:   ***Schema of a roller printing form***

An engraving suitable for textile printing is always deeper and coarser than one intended for paper printing. Preparation of the printing rollers involves considerable cost (see further section dealing with chemicals used). The technique is therefore only justified for large outputs and limited changes in colour and design.

Surface printing

In surface printing, the printing and not printing areas of the form are almost on the same layer (DIN 16529) [281].

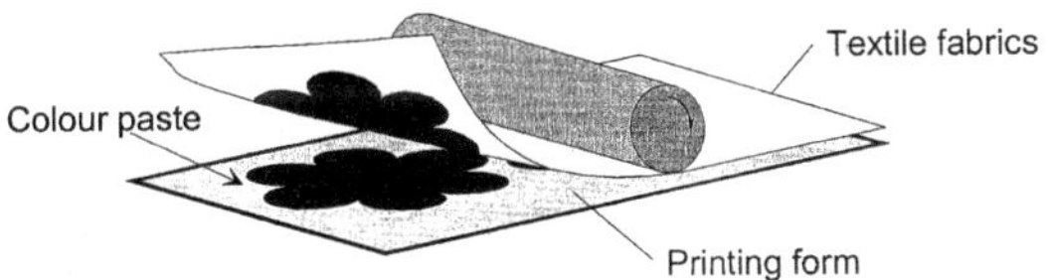

Figure 5-18:   ***Surface printing process***

The printing and the not printing areas of the form have distinct physical-chemical properties. Surface printing is an indirect printing technique in which an intermediate carrier (usually a special paper in the case of textile printing) is used to transport the coloured pattern to the substrate.

The colour pastes for surface printing characteristically do not contain volatile solvents. The pastes dry by diffusing into the substrate and/or by oxidative cross-linking.

Among wet transfer techniques, two kinds of processes dominate [278]:

- Sark process (also called Orbis process);
- Fastran, Dew-Print and "Cotton-Art" processes.

The principle of the Sark/Orbis process consists of a pattern generated on a metal roller [278]. This pattern is made using a printing-dye mix in which the dyes and auxiliaries are present as a soapy, plastic mass: the printing-dye mix is cut and glued on the roller. This printing intermediate not necessitates additional colouring paste, but has a restricted use-time. The pattern is then transferred by rolling the prepared metal roller onto a textile previously impregnated with a solvent/water mixture. The transfer step is followed by steaming and washing. Although the process can be used on all types of fibres, it has so far seen service only for silk and artificial silk.

Common for the *Fastran*, *Dew-Print* and the Danish *"Cotton-Art" processes* is the use of paper as an intermediate carrier. The papers are first printed using paper-printing methods [281] and are usually limited to four colours. The pattern is transferred to the textile which has initially been impregnated with auxiliaries. Printing includes fixing by heat (100-105°C), followed by a short-washing period (as most auxiliaries and un-fixed dye remain on the paper). The technique can be used for all types of fibres, including wool and cotton.

Neither of the wet-transfer processes described have become significant, due to lower production volume. Only the development of dry-transfer processes account for the fact that transfer printing is today applied to $700-800.10^6$ m^2 of textile per year.

In *STAR printing*, the intermediate carrier is also paper, but a specially prepared paper containing thermoplastic binders. The picture on the paper is printed with conventional paper-printing techniques (see section 5.3). This coloured picture is then transferred to the textile by squeezing and heating the fabric and the paper by way off a roller. The transferred pattern is subsequently fixed to the textile by steaming. Nevertheless, a chemical cleaning is necessary to remove residues of the thermoplastic film from the textile. The technique is so far practiced by only a single company; even though the process is applicable to all classes of dyes, with the exception of developing, oxidation and pigment dyes.

An interesting variation is the *thermachrome process*, where the thermoplastic binder first printed on the paper is formulated in such a way that it acts as a binder on textile as well. For this purpose, pigment and special binder are used (see section 5.3.3). As no cleaning step is required subsequent to transfer, the thermachrome process is of some importance in label printing, and for printing emblems containing photographically precise patterns on finished items of clothing (e.g. T-shirts) [278].

Even so, the only important transfer printing process, from a quantitative standpoint, is the *sublistatic process*. Well over 90% of the annual transfer-prints of $700\text{-}800.10^6$ m^2 are printed using this technique. Analogous to the STAR process, the intermediate is a paper first printed using (usually four-colour) paper-printing techniques. Yet, thermoplastic binders are avoided and the only colouring material used are disperse dyes which sublime unchanged in the range 180-230°C. During textile printing at 200-220 °C for 60-20 s, only the dye is transferred from the paper to the textile. No after-treatment is required. The process is restricted almost exclusively to polyesters (over 90%) and polyester blends (mainly polyester/wool), because the fibres must be capable of absorbing a disperse dye, but have a low thermoplasticity in the temperature range used.

Mainly rollers are used in transfer machines, either presses can be used to print single items. Special machines apply vacuum to reduce transfer temperature and time, and preserve the structure of the textile.

Attempts have been made to extend the process based on sublimable disperse dyes to natural fibres, especially cotton. It is clear, however, that transfer printing would claim a bigger market share if an equally simple process could be devised similar to that for printing polyester fibres. Pigmented melt-transfer and film-release papers have long been available for printing motifs on garments and T-shirts. However, as the handle and durability of such prints leaves much to be desired the search for ways to transfer reactive dyes has continued. Thus, pretreatments based on modification of the fibre surface (e.g. esterification of cotton) has been suggested, followed by wet-transfer where the optimisation of dye yield leads to lower moisture and light fastness. The Cotton Art process developed in Denmark uses a special transfer paper from which it is claimed that 90% of the dye is transferred [335]. Transfer printing of polyester/cotton blends poses a further problem due to the disperse dye tendency to stain the cotton as well as transferring to polyester. If certain products such as polyglycols are incorporated, more dye is transferred to the cellulosic fibre but with a loss in fastness. Pretreatment with melamine-formaldehyde resin (see 6.4.4) increases sublimation transfer of disperse dyes and produces prints with good fastness but only moderate light fastness and impaired fabric handle. Nevertheless, some printing results on polyester/cotton blends might be acceptable for reasons of fashion. Similar pretreatment results on silk have been reported [335].

Instant printing

In contrast to the above described techniques, instant printing makes it possible to have a given pattern "instantly" printed onto the substrate, without using preparation of a printing form [281]; meaning that the technology is capable of taking images from a computer screen and directly transposing them to the fabric. The new terminology of "instant" printing was recommended to avoid the difference of opinion concerning notions such as "non-print" or "non-impact".

Among the recommended differentiations between photomechanical and electronic processes, the only processes of interest for textile printing are those based on direct electronic transfer – the so-called jet and ink-jet printing on textile.

Jet printing (or bubble-jet) is an application system originally developed for printing carpets, but is now increasingly used in the whole textile sector. The process of spraying printing dyes through independently controllable jets was perfected by many equipment manufacturers.

At present, there are two ways of carrying out a jet-printing process:

- a separate fixed jet holder is assigned to each colour and the textile moves in warp direction under mounted jet holders;
- the jets are mounted on a sliding frame which can itself be moved in the direction of the warp, while the fabric remains stationary.

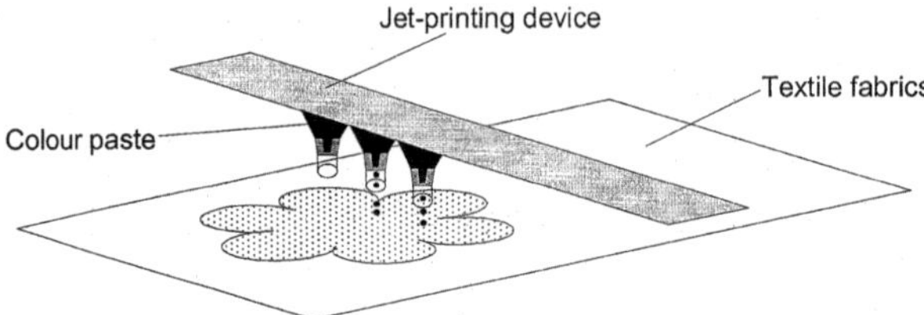

Figure 5-19:   ***Schematic representation of jet-printing***

Jet-printing machines differ also from one another in respect to the method used for controlling the dye jets:

- a continuous stream of dye, directed either onto the textile or diverted into a channel for return to the dye-storage tank;
- the dye stream is switched on and off by a magnetically operated needle valve ("drop-on-demand" method).

Several textile jet printing machines for both natural and synthetic fibres are now offered. These usually print at ca. 1.5 m wide and use one of the three main technologies [207]:
- piezo drop on demand (DOD) systems (e.g. Vutek, Innotech, Mimaki, Epson)
- thermal ink jet (bubblejet) DOD devices (e.g. Encad, Canon, Colorspan)
- continuous jet, charged drop printers using either a binary-charge system (Stork´s Truprint) or a multilevel-charge drive (Stork´Amethyst, Zimmer´s Chromatex).

The following technical description of the machines refers to depictions from [2].

The first commercial jet printing machine for carpets was the Elektrocolor, followed by the first Millitron machine. In the Millitron printing system the injection of the dye into the substrate is accomplished by the switching on and off a dye jet by means of a controlled air stream. The carpet moves along without any parts of the machine being in contact with the face of the substrate.

Air streams hold <u>continuously flowing dye jets</u>, deflected into a catcher or drain tray. This dye is drained back to the surge tank, filtered, and re-circulated. When a jet is requested to fire, the air jet is momentarily switched off, allowing the correct amount of dye to be injected into the textile substrate. The dye is continuously supplied to the main storage tank to compensate for the amount of dye consumed.

Spray printing systems and first generation jet printing methods cannot be controlled to produce a pre-specified pattern. Thus the equipment must first be employed to produce a wide range of effects, only then can selections be made from these by the designer or marketing staff.

A first improvement was made with the first digital carpet printers (Chromotronic and Titan by Zimmer and Tybar Engineering, respectively). These machines are based on the so-called "drop on demand principle DOD", namely the use of switchable electromagnetic valves placed in the dye liquor feed tubes to allow the jetting of discrete drops of dye liquor in a predetermined sequence according to the desired pattern.

In these machines, although the amount of dye applied can be digitally controlled at each point of the substrate, further penetration of the dye into the substrate is still dependent on capillary action of the fibre and fibre surface wetting forces. This can lead to problems for reproducibility (e.g. when the substrate is too wet) and means it is still necessary to use thickeners to control the rheology of the dye liquor.

The latest improvement is now represented by the "injection dyeing method" (Milliken's Millitron and Zimmer's Chromojet), in which the colour is injected with surgical precision deep into the face of the fabric without any machine parts touching the substrate. Here, the control of the quantity of liquor applied to the substrate (which may vary, for example, from lightweight articles to heavy quality fabrics) is achieved by varying not only the "firing time", but also the pumping pressure.

The material is accumulated into a J-box, and is then steamed and brushed. When it reaches the printing table it is stopped. The jets are mounted on a sliding frame that can itself be moved in the direction of the warp while the carpet remains stationary during the printing process. In the Chromojet system, the printing head is equipped with 512 nozzles, which are magnetically controlled and can open and close up to 400 times a second.

Ink-jet printing is a digital printing technique with its origins in paper printing technology [281] which is now also increasingly being used in the textile industry. In ink-jet printing, colour is applied to the surface of the substrate without variation in firing time, pressure, or velocity.

The potential advantages and expectations for all these techniques are high [195, 207, 215, 217]. Yet, excellent print quality can be obtained: detail level is claimed to be 0,08 mm with an overlap precision of 0,04 mm (screen printing typically 0,2 and 0,3 mm) [80].

Conventional printing uses so-called spot clours, i.e. the printer chooses individual colours from a wide range of dyes or pigments, and these are mixed to produce each shade in the pattern. On the other hand, most digital printers utilise cyan, yellow, magenta and black (CMYK) inks, the required shade being produced by projecting the droplets of ink into a predetermined micromatrix arrangement (i.e. so-called process colours). This limits both the total number and the gamut of shades that can be produced, although increasingly machines and software that allows the use of up to eight "primaries" are being introduced [335]. At present, the ranges of ink-jet dyes commercially available are: reactive dyes for cellulosic fibres, disperse dyes for polyester, acid dyes for nylon, silk and wool, with special pigment colour and polymer binder system under development (see for more details section 5.4.13). The dyes used for jet printing are much more costly than conventional colours [215].

Xerographic printing on textiles has been evaluated but there are few suitable toners [335].

The technical and economic problems of digital printing are gradually being resolved. At the moment, however, most jet printing machines operate by scanning action across the width of the substare which greatly reduces their output (typically 0.2 m/min). Another disadvantage of the technique is that, at present, the substrate requires a special pre-treatment. To attain maximum colour yield on textile substares, the pre-treatment should minimise the jetted drops from spreading laterally on the fibre surface but must nevertheless allow for rapid wetting, absorption and drying of the ink. The incorporation of absorbents (e.g. fumed silica) on cotton seems to be more beneficial than the use of either a cationic dye-fixing agent or thickener (xanthan gum) alone. More generally, for jet printing using piezo or bubblejet printers, the fabric is first given a pre-treatment by padding with a solution of thickener (and a variety of other agents to facilitate dye adsorption and fixation) followed by drying [215].

Ink jet printing has already established itself for initial sample production since this offers very fast customer response, versatility and economy [207]. If durable, multi-head and truly continuous printers can be produced, digital printing may become more widely adopted. In the meantime, success is more likely in those areas for which conventional printing is less suited. Examples are for printing of complex halftone i.e. photorealistic designs, some types of exclusive "haute couture" fabrics or panels for print/cut and sew production of garments for the mass customisation market [215].

Recently Canon has launched a new machine for the textile industry which can print fabric at 1m/min to a maximum width of 1,65m. Inks are available for cotton, silk, viscose, nylon, wool, and polyester. Fixation of the print is carried out by normal steaming or thermosol techniques.

Xeros has adopted a different approach to digital printing on textiles. The company markets an electrostatic printing machine that applies disperse dyes to a paper carrier, which is subsequently used to transfer-print polyester piece-goods using a calendar [335].

The TAK system is another printing system which can still be found in the carpet industry. With this technique irregular patterns can be produced. The carpet, previously dyed with a ground shade, is given coloured spots by way of drippings. The size and the frequency of the coloured spots can be varied by adjusting the overflow groove placed along the carpet width.

5.3.3　Chemicals used for machine preparation and maintenance

Stencil printing

The first stencils were made of reinforced paper in Japan. Later, woven screens were used and the parts in which no printing occurs were simply covered over. For dye application with a spray pistol, metallic (e.g. zinc sheet) and plastic stencils were developed: the patterns were cut out, machined or etched.

Today, these techniques are seldom practiced, except sporadically for distinguishing the joins between large repeating patterns.

<u>Flat screens</u> consist of a **frame** which has been covered with a **gauze**. Historically, the frame was made of wood, and the mono- or multifilament of the gauze (natural silk) was covered manually with paint to create a pattern on those area where printing is to be prevented. Today, the **frames** are mostly made of welded metal tubes (aluminium). The stretched pre-stressed **gauze** consists mostly of artificial fibres such as polyamide, polyester, metallic polyester, carbon-polyamide or stainless (nitro or V2A-) steel. This gauze is attached to the frame by using adhesives made of two-components, polyurethane-, and unsaturated polyester resins. Newly developed are UV-hardened adhesives containing different photo cross-linking monomers of acrylates. After processing, the adhesives are hardened and protected by a lacquer containing urethane pre-polymer or polyester resins as binding components, and naphthalene or ethyl acetate as solvents. In the case of two-component adhesives, tri- or poly isocyanides are used as hardeners.

The coating of the fixed gauze occurred traditionally with a light-hardening photosensitive resist. Colour separations (film diapositives) are further placed over the coated screens and illuminated. The resist is made of diazo- or dichromate sensitive colloids (polyvinyl alcohol or polyvinyl alcohol/polyvinyl acetate). Synthetic resins such as polymethacrylate or polyvinyl chloride as well as colour pigments (e.g. phtalocyanin, violet pigment, thiazion (dyestuff) are often added to the colloid solution. The ratio of dichromate in the chromate sensitive soluble layer is approx. 1%. After illumination and photographic development of the colour separations, the unhardened screen coating is washed out. The remaining hardened photo-resist is further strengthened by relacquering and fixation with a solution containing 2% formaldehyde and 1% ammonium dichromate.

Traditional methods (i.e. coating a polyester screen mesh with photosensitive polymer, exposure to UV light through the colour separation positive film and then washing out the polymer from the un-exposed areas) are still frequently used to make flat screens. However, it is now possible to use CAD data to drive the screen-making process. For example, the pattern can be applied using a scanning, ink-jet print head which projects drops of black ink onto the screen to which a photosensitive coating has been applied, after which it is exposed in the usual manner. This obviates the need for producing colour-separated positive films. Equipment is also made which allows an image of a colour separation to be projected directly onto coated flat screens [335].

Rotary screens for "printing cylinders" can be prepared by any of the following methods:

- a thin-walled nickel cylinder is etched to obtain the pattern;
- a cylindrical screen is perforate over its entire surface and the pattern obtained:
  - by the (above described) photo-resist method ;
  - or, by coating over with a paint which is partially burnt out using a laser to obtain the pattern (computer controlled digitalized design data CAD).
- a cylinder is coated with photo-resist and illuminated with a colour separation and a half-tone screen. After dissolution of the unfixed photo-resist and drying, the cylinder is connected up to the cathode in an electrolytic bath. A nickel coating is then applied, varying from a few hundred to a few tenths of a millimetre depending on the size of the screen. This results in a thin-walled cylinder bearing the pattern (direct electrolytic method).

It should be noted that the electrolytic method is capable of producing smaller apertures separated by less metal (e.g., 78-100 apertures per cm). This leads to fine colour gradations and noticeable reductions in dye consumption (for transfer printing onto paper, for example).

Rotary screens can also be produced applying a similar jet application process as the production of flat screens: the jet printer applies the pattern with an opaque hot-melt wax resist onto a pre-coated lacquer screen. However, until recently most rotary screens were produced by electrode-position process (either the lacquer screen process introduced by Stork in 1963 or the Zimmer galvano-nickel screen system). The traditional methods yield a screen mesh which has tapered, hexagonal holes, and it is not possible to attain mesh sizes finer than 100 dpi. This led to the intro-duction of screens which have hourglass profile holes that are less restrictive to the flow of print paste and allow for higher definition prints (125-250 dpi), (e.g. so-called PentaScreen or No-vaScreen) [335].

Laser engraving is increasing in importance, and now approximately 20% of screens are produced by this method. A rotary screen is pre-coated with polymer and engraved with a powerful beam from a carbon dioxide laser. The laser beam is modulated by a computer using digital data for col-our separations, producing screen "mesh" holes of different sizes [335]. The screens can thus be used to produce half-tone effects, which further offers a way to produce multicolour patterns with the cyan, magenta and yellow primaries used in paper printing [343]. Laser engraving is estimated to be 15% cheaper than conventional methods; however, the hot-melt jet printing method offers 40% savings. The disadvantage of laser engraving is that it is relatively slow when producing fine meshes. Laser engraving may also be used to produce flat screens but a less powerful argon ion laser must be used so as not to damage the underlying screen mesh.

For further details concerning chemicals involved in preparing screens, please consult chapter 5.2.2 of this book [281].

Coated screens and rotary screens made by electrolytic application are not able to be recycled or give a new pattern. On the other hand, screens coated with resistant paint can only be reused a few times for creating a new pattern without damaging it. This reality leads to great warehouse capacity problems for printing mills. Fast paced changes in the fashion industry produce a lot of new printing patterns but, until further inquiry into customer needs, the discarded patterns must be stored.

For further details concerning chemicals involved in washing and decoating screens, please con-sult chapter 5.3.3 of this book [281].

Another use of screen printing machines is the device which permits the transport of the fabric un-derneath the screens. The gluing machines are usually made of rubber belts, or blankets, imbued with suitable glues. Glues used for this purpose are mostly thermoplastic adhesives consisting of poly(vinyl acetate), poly(vinyl chloride), and an organic solvent. Sometimes the fabric is fixed using a cotton black grey placed between the blanket and the fabric, usually when fine textiles are to be printed. The fabric is then bonded to the black cloth using gum-Cordofan (1:1) and/or dextrin-water 1:1, or 20% poly(vinyl alcohol).

When knitted fabrics of polyacrylonitrile are to be printed, adhesives made of gum resins-Cordofan 1:1, dextrin-water 1:1 and 15-20 % poly(vinyl alcohol) are mixed and applied between the fabric and a black grey. Partial replacement of water in the solvent is possible [278]. Heavy fabrics can be directly glued to the rubber printing blanket or undercloth.

Relief printing

Printing forms destined for relief printing are made of materials which permit etching or resolving of the non-printing areas of the printing block. The printing forms are thus metallic or plastics substrates coated with light sensitive substances. The fixing of the printing pattern on the light sensitive substrate is obtained by creating a master copy using contact light. The areas of photosensitive layers which are striked by light become hardened. The areas of the form which were not struck by the light remain soft and are subsequently washed out during photo-development. Therefore, the relief occurs on these areas, as elsewhere the needed pattern becomes raised.

Printing plates can thus be obtained as:

- metallic plates made of zinc, magnesium or copper are photo-sensitized with chromate colloid or diazo methods;
- photopolymeric synthetic materials such as polymerisable resin with a photo sensor, or polymerisable monomers with a resin binder, a plasticiser and a photo initiator.

For further details about chemicals involved in the preparation of the printing form, please consult chapter 6.3.3 of this book [281].

Gravure printing

Hollow copper cylinders constitute the heart of the roller-printing process. Depending on its size, a cylinder may have a weight of 40 – 70 kg. The printing roller can be engraved using various types of cutting instruments (graving chisels, hooks), either by hand or mechanically. Embossing or etching is also applied. An engraving suitable for textile printing is always deeper and coarser than an engraving used for printing paper. When printing on textiles, higher pressure, and larger dye volumes are required to overcome the pillowy textile structure.

Modern methods are so far the optoelectronically or magnetoelectronically controlled engraving machines [281]. The very superficial engraving which results is rarely applied for textile printing, but rather for printing "transfer papers". Photogravure is so far the most interesting method to obtain an engraved cylinder appropriate for textile printing. The copper roller is coated with a photosensitive resist (formerly chrome gelatine) and colour intensities captured as grey levels on a transparent film are transferred onto it. The colour shades are reproduced using a half-tone screening technique. The engraving is realised by etching the cylinder after the removal by washing off of all photosensitive resist not exposed to light.

The engraved copper rollers are further plated with a thin layer of chromium (max. depth 0.04 mm), to avoid damage of the rollers (due for example to doctor blades). The electroplated rollers have considerably longer life.

For further details about chemicals involved in the preparation and washing of printing forms, please consult chapters 7.2.2, 7.3.1, and 7.3.3 of this book [281].

Regarding the devices necessary for transporting the fabric continuously through the printing machines, the principles are similar to the ones used in stencil printing.

The gluing machines are usually made of rubber belts or blankets, imbued with suitable glues. Glues used for this purpose are usually thermoplastic adhesives consisting of poly(vinyl acetate), poly(vinyl chloride), and an organic solvent. Commonly, the fabric is then fixed using a cotton black grey placed between the blanket and the fabric, most often when fine textiles are to be printed. The fabric is then bonded to the black cloth using gum-Cordofan (1:1) and/or dextrin-water 1:1, or 20% poly(vinyl alcohol) [278].

Surface (textile transfer) printing

Papers used for transfer printing are of very good quality and have a weight of 60-80 g/m^2. They are coated on the printing side with a thin layer of starch (approx. 3 g/m^2).

The papers are prepared by all the various paper-printing techniques; textile-printing equipment can also be used [278]:

- gravure printing (from roll to roll): very fine half-tones, shadings and colour sequences are produced;
- flexography gravure printing (from roll to roll): less demanding designs characterised by large, uniform surfaces are feasible;
- offset surface printing (from sheet to sheet): very half-tone reproductions are possible only from sheet to sheet;
- screen printing (from sheet to sheet, or roll to roll): lower costs by preparing the corresponding stencils make this technique particular interesting;
- textile printing equipment like roller and gravure printing (very fine half-tone images and shadings), or rotary-screen printing (simpler design, less expensive): printing is from roll to roll with aqueous printing pastes.

Transfer printing paper may also be printed using a digital application system. Digital printing of transfer papers using disperse dyes for polyester fabrics are now commercially available [335].

When using classic textile printing and hence aqueous pastes, the papers used must be more absorbent (60-80 g water/m^2 in 60 s) than those used when printing with solvent (alcohol or toluene) based pastes.

Dye manufactures supply the selected disperse dyes in various forms, suitable for the preparation of either solvent or water-based printing pastes. Performance and properties of the printing pastes are similar to conventional ones, but the additives contained in the formulation of the paste must be carefully selected. Resins similar to polyester, nylon, etc. are to be avoided as they may hold the dye and give a weak transfer. Cellulose derivatives such as ethyl cellulose are ideal for printing the transfer paper by gravure and flexo. Flexography also uses water-based systems for which polyvinyl acetate, fumaric and acrylic resins can all be used. Thickeners such as bean gum or alginate are also recommended. The following table shows a typical water-based printing paste used to print a heat-transfer paper with flexographic (gravure) printing [262].

Additives	Formulation ratio
Dispersed dyestuff	15.0 %
Alkali solubilised aqueous acrylic	65.0 %
Anti-foaming agent	2.0 %
Wetting agent	0.5 %
Water	15.5 %
Amine	2.0 %

Table 5-15:   *Example of a typical water-based printing paste used to print a heat-transfer paper with flexography (gravure) printing*

For further details concerning chemicals involved when using the above listed printing techniques, please consult the relevant chapters of the book [281].

A new technique used to prepare the transfer is the ink-jet printing technology. Transfer materials suitable to be printed by ink-jet technique and further by transferred to a T-shirt made of cotton are specially produced 30-µm polyester or polyamid films. The transfer materials comprises carriers covered with hot-melt transfer-ink absorber layers of fusible polymer matrixes in which fine particles of fillers, which improve ink uptake, are embedded [370].

Instant printing

The increasing use of CAD systems, with the consequent ability to store patterns in digital form, makes it particularly attractive to use some electronic methods of carrying out the printing operations and thereby eliminating the costly and time-consuming process of screen-making [335].

The dyes used in ink-jet printing technologies, mainly specialy formulated, salt-free preparations of metal-complex dyes are discussed in section 5.4.13.

The special application when using ink-jet printing technique for transfer printing on textiles is described regarding the chemicals used, in the paragraph dealing with instant printing, section 5.3.2.

5.3.4   Primary chemicals in printing pastes

Printing paste formulation

The composition of a textile printing paste is determined by the printing method (direct, discharge, resist, or transfer printing), the substrate, the application method, and the fixation method. Nevertheless, the paste should be capable of being applied to a variety of synthetic and natural fibres, and be washfast and dry clean resistant, once applied to the textile.

Printing pastes consist of four main components: the colouring matter, the binding agent, the solvent, and the auxiliaries [281]:

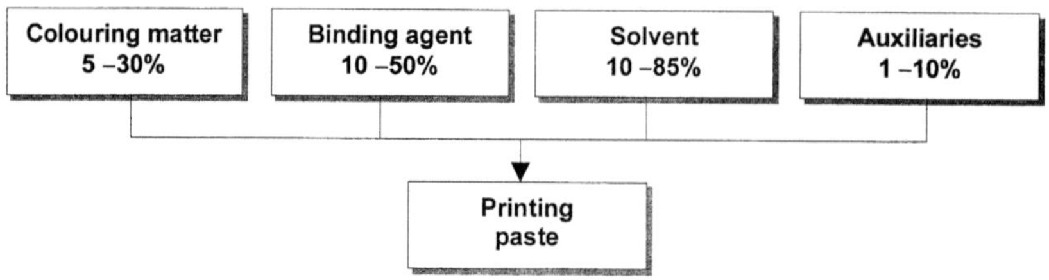

Figure 5-20:   ***Main components of a printing paste***

The most important *auxiliaries* are thickening agents. Thickening agents, supplied in already prepared *solvent* solutions are called thickeners. These thickeners impart a printable, pasty consistency to an otherwise aqueous printing liquor. Some thickening agents may of course also play the
role of a binder (see further Thickening agents in textile printing)

The *colouring agents* are dyestuffs, i.e. pigments or dyes, but grimes and fillers are also part of this
group. Dyes are soluble in the application solution; pigments, however, are not so soluble. A systematic overview of colouring agents is given in Figure 5-2. In order to avoid repetition, a detailed
discussion on dyes and pigments is part of section 5.4. Characteristics of the processes, such as
dyestuffs and auxiliaries used, when printing on cellulose, synthetic or protein fibres are further
exposed in sections 5.3.5, 5.3.6 and 5.3.7.

There are two main types of paste used [262]:

- pigmented emulsions;
- plastisol printing pastes.

Emulsions pastes are:

- used for direct printing of material;
- suitable for all types of fibres;
- able to dry by evaporation at room temperature;
- able to cure at 160 °C for 2-3 minutes, to achieve washing and dry-clean fastness.

Suitable printing pastes are based on aqueous dispersion of an auto crosslinking acrylate polymer.
A typical formulation of an oil-in-water solution is given in Table 5-16 (taken from [262]), where the
oil is in fact white spirit.

Components	Ratio
Water	10.0 %
Emulsifier	1.0 %
Thickener	4.0 %
White spirit	62.0 %
Catalyst solution	3.0 %
Binder	15.0 %
Pigment dispersion	5.0 %

Table 5-16: **Typical formulation of a pigment emulsion printing paste (based on aqueous dispersion)**

Pigment dispersions are specifically formulated dispersions for textile printing, usually based on organic pigments.

Printing pastes which are entirely water-based are obtained by replacing the white spirit with water. The binder could be an acrylate copolymer which is capable of cross-linking in the presence of a catalyst under heat. Catalysts used are ammonium salts of inorganic acids, e.g. diammonium phosphate or ammonium thiocyanate. Moreover, specific properties of printing pastes are controlled by the addition of auxiliaries such as, for example, lubricants, accelerators, thickeners, humectants, or softeners.

Plastisol pastes are printing pastes:

- used for direct printing of material and for transfer pastes;
- based on a vinyl resin dispersed in plasticizer;
- characterised by virtually 100 % non-volatility, no solvent is present;
- used frequently for printing on dark or dark-coloured fabrics.

Suitable printing pastes are formulated as:

- <u>PVC homopolymer</u> (i.e. vinyl resin) dispersed in phthalate plasticizer;
- <u>liquid plasticiser</u> (e.g. dialkyl phthalate or di-iso-octyl phthalate);
- heat and light <u>stabilisers</u> (e.g. liquid barium/cadmium/zinc combined with epoxy plasticiser);
- high proportion of <u>extender</u> to improve wet-on-wet properties.

The optimum composition of a printing paste is determined by the mutual interactions between specific fibre materials and dyestuff types. The following sections deal with details concerning the chemicals involved when printing different types of fibre.

Since between 5 and 10 different printing pastes are usually necessary to print a single pattern (in some cases up to 20 different pastes are applied), in order to reduce losses due to incorrect measurement, the preparation of the paste is done in automated stations. In modern plants, with the help of special devices, the exact amount of printing paste required is determined and prepared continuously for each printing position, thus reducing leftovers at the end of the run.

234

It is common practice in many printing houses to filter the printing pastes before application, using, for example, a filter cloth. This operation is especially important for thickeners to prevent free particles from blocking the openings of the screens [2].

Binders in textile printing

Binders are typically added to printing paste based on pigments in order to [281, 2]:

- coat the pigment and allow printing of very fine dispersions;
- protect the pigment from mechanical abrasion;
- fix the pigment to the fibres;
- gives the paste good drying properties.

Binders used in textile printing are in general self-crosslinking polymers which reticulate during the fixation step. They are supplied as aqueous polymer dispersions, based mainly on acrylates and less commonly on butadiene and vinyl acetate, with solid contents of approx. 40-50%. The amount used depends on the amount of pigment and textile substrate, and usually varies within the range of 50-150g per kg of print paste. The surface active substances neede to produce a stable dispersion are responsible for the compatibility of the binder with the other components of the print paste. The fastness, i.e. the resistance of the binder film (approx. 10 µm) to mechanical stress and its swelling tendency in water and organic solvents, must be increased to an acceptable level by the cross-linking reaction of the binder. Whereas the older types of cross-linkable binders reacted with separate fixing agents during condensation process (hot air at 150 ^{0}C), self-cross-linking binders are now well established. These contain reactive groups, usually from copolymerisation with monomers such as N-methylolacrylamide or similar compounds. Three-dimensional cross-linking of the binder film can be achieved by acid catalysis under the usual condensation conditions. Binder films based on butadiene can age by the action of light and oyxigen, i.e they can become yellow, and their fastness properties can deteriorate. Butadiene binders are therefore not recommended for pigment printed textiles that a continuously exposed to light [266].

Binders made of natural wood resin, wax, stand linseed or safflower oils and chitosan were tested in order to obtain biodegradable printing paste. Promising results were reported when using chitosan as binder, no solvent is further necessary [449]. Such ecologically optimised paste are already market [450].

Solvents in textile printing

Solvents are usually already added in the formulation of the so-called thickeners, typical for textile printing. The type of printing paste (emulsion or plastisol) and thickening agent used determine the appropriate solvent. Solvents that can be used for textile printing are for example white spirit (mixture of aliphatic hydrocarbons with C12-C50 chain length).

For further information refer to specific sections dealing with the printing of various fibres. See also heading "Dye solubilising and dispersing agents" in Auxiliaries in textile printing, following.

Auxiliaries in textile printing

Apart from the dyestuff, printing pastes contain a thickening agent and various other auxiliaries, which can be classified according to their function as follows:

- oxidising agents (e.g. m-nitrobenzenesulphonate, sodium chlorate, hydrogen peroxide);

- reducing agents (e.g. sodium dithionite, formaldehyde sulphoxylates, thiourea dioxide, tin(II) chloride);

- discharging agents for discharge printing (e.g. anthraquinone);

- substances with a hydrotropic effect, like urea;

- dye solubilisers, which are polar organic solvents like glycerine, ethylen glycol, butyl glycol, thiodiglycol, etc.;

- resists for reactive resist printing (e.g. sulphonated alkanes);

- defoamers, (e.g. silicon compounds, organic and inorganic esters, aliphatic esters, etc.).

The composition of the pastes is even more complex and variable when printing with dyes. Important factors determining the composition are beside the dye itself, the printing technique, the substrate, the application, and the fixation methods applied. In principe a distinction can be made between printing processes based on pigments, which have no affinity for the fibre, and dyes, which have such an affinity.

The essential auxiliaries for *pigment* printing are necessary to adhere the pigments permanentely to the fibre, they remain on the fibre and give colour fastness [266]:

- thickening agents

- binders

- fixing agents

- hand modifiers

- emulsifiers

- other additives such as antifoaming agents (see also 6.5.1) and acid donors (in solvent-based printing)

In the case of *dyes* with an affinity for the fibre, the auxiliaries are generally removed from the fabric in a final wash[266]:

- thichening agents

- oxidising agents

- reducing and discharging assistants

- auxiliaries for discharge printing

- fixation auxiliaries

- dye solubilising and dispersing agents

- auxiliaries for reactive resist printing

- auxiliaries for burn-out printing

- aftertreatment agents and detergents

Other auxiliaries such as preservatives (e.g. formaldehyde in natural thickeners), coagulation agents (e.g. borax or aluminium sulphate for flash-age printing of vat dyes), acids (e.g. citric acid or ammonium sulphate when printing with disperse and cationic dyes), antifoams (see also 6.3.2), "print oils" (mineral oils for reduced mechanical friction) may also be add to either pigment or dyes printing paste.

Textile printing adhesives have further to be add when screen printing techniques are used, in order to prevent moving of the textile goods during the process (see 5.3.3).

A more detailed discussion about the auxiliaries need for printing follows in sections 5.3.5 to 5.3.7.

Thickening agents [278]

Printing paste normally contains 40-70% thickener solution; this typically corresponds with 2.5-10% (max. 16%) thickening agent.

Oil/water emulsions, used in the past as thickeners for paste based on dyes, have now been largely replaced by formulations similar to those used for warp sizes. Thanks to the improvements made in the characteristics of the starting materials, thickening agents are now supplied almost exclusively in cold-soluble form.

Water-in-oil emulsions were also widely used in the past as thickeners based on pigments. They contained up to 70 % white spirit (mixture of aliphatic hydrocarbons with C12-C50 chain length), which resulted in emissions of volatile organic carbons into the exhaust air from drying and curing ovens. Half-emulsion printing pastes (oil in water) are only occasionally employed today. Nevertheless, modern thickeners can still contain approximately 10 % of mineral oils, which are ultimately found in exhaust air. Next generation thickeners have been developed which do not contain any volatile solvents. They are supplied in the form of non-dusting granules.

The standard classification system for thickening agents, according to the categories alginate, etc. (see derivative or synthetic thickening agents) should instead be supplanted by chemical criteria. However, the information such as, for example, the chemical constitution, and ionic charge of the various dissolved long-chain polymers are rarely available. The practitioner therefore rather follows the recommendations provided by the producer (product information sheet).

Thickening agents	Relevancy
Non-ionic unmodified polysaccharides	
Starch of wheat, corn and rice	Rarely used nowadays
Gum Arabica	Rarely used nowadays
Gum tragacanth	Rarely used nowadays
Guar flour (finely ground)	Carpet printing
Non-ionic modified polysaccharides*	*modified (hydrolysed) by acids, alkalis, oxidising agents, enzymes, influence of high temperature
Starch products**: British gum Swelling starches	**introduced at concentrations of 30-50% and very resistant to alkalis
Non-ionic starch ethers and starch esters:	In combination formulations, as adhesives for woollen cellulose
Gum resin: Crystal gum Industrial gum (e.g. Cordofan)	Expensive, and thus used in combination or for high-quality thickeners
Gallactomannans (polysaccharides): Carob flour Guar derivatives	Today, rarely used unmodified Obtained by reaction with ethylene oxide or propylene oxide
Cellulose derivatives: Methyl derivatives Ethyl derivatives Hydroxyethyl derivatives Hydroxypropyl derivatives	Increasingly recommended but seldom used alone; formerly also used as stabilizing agents for emulsion thickeners containing naphta (e.g. white spirit)
Anionic polysaccharides	
Alginates[1]: Sodium alginate Magnesium alginate Ammonium alginate	Become increasingly important due to his use when printing with reactive dyes Most widely used Alternative to sodium alginate Alternative to sodium alginate, when using reactive dyes fixed under acidic conditions
Carboxymethylated polysaccharides[2]: Anionic starch ethers Anionic etherified see flours Carboxymethyl celluloses and their sodium salts	Become extremely important Alone, or in combination, in Africa prints Mainly based on guar, alone or in combination Usually in combination
Xanthan (bio-polysaccharide)	Produced by controlled fermentation of glucose Used in printing of thick-pile carpet By addition of special auxiliaries in the printing paste, the

Thickening agents	Relevancy
	Xanthan is made compatible with cationic dyes, used in combination with e.g. seed-flour products
Cationic polysaccharides	Little practical importance[3]
Synthetic polymeric agents[4]	
Poly(acrylic acids)	Only important synthetic thickener today
Copolymerisation products of maleic anhydride (ethylene, styrene, or vinylmethyl ether with polyfunctional monomers (e.g. divinylbenzene)	Not important
Aqueous emulsion copolymers of 20-40% (meth)acrylic acid, olefinic compounds (e.g. ethylacrilate) and 2% polyfunctional monomers	Have same importance as well

[1] addition of sequestering agents is sometimes need
[2] obtained by reaction of the alcoholic hydroxyl groups of starch, galactomannans, or cellulose with chloroacetic acid
[3] reaction of guar with 2,3-epoxy propyl trimethyl ammonium chloride lead to a thickener recommended for special effects
[4] see further discussion below

Table 5-17:　　　*Thickening agents in textile printing*

Synthetic thickeners are long-chain polymers bearing carboxylic groups partially cross-linked. The substances have the ability to swell considerably in water upon neutralisation and form high-viscosity gels. Synthetic thickeners are most effective in neutral or slightly alkaline mediums. The commercial products are supplied either in powdered form or as special liquid preparations (i.e. "concentrates" or "clear"). The products are either already neutralised or need the addition of a defined amount of alkali (e.g. ammonia, sodium hydroxide, or an amine) to swell in water.

The most important advantage of polymeric thickening agents is their ease to be handle, i.e. the short swelling times and the stability of the preparations. These thickeners were first introduced in pigment printing and lead to the near extinction of printing emulsions based on heavy naphta. Later, the properties of these polymers were exploited for printing with acid and metal-complex dyes.

An important disadvantage of the substances is their sensitivity to electrolytes. This leads to the development of special "non-ionic" grades of dyes with low electrolyte content (so far only disperse dyes). However, the use of completely synthetic thickeners for printing on polyester textiles or transfer paper is still very limited [278].

The most commonly used pigment printing thickening agents are liquid, easily pourable preparations of synthetic polymers in a mineral oil. They can be aqueous formulations, completely neutralised with ammonia and with a solids content of approx. 25%, or anhydrous, partially neutralised products with a solids content uo to 60%. The latter require the addition of a predetermined amount of ammonia to the print paste. Completely solvent-free granulated solid products are also gaining in importance. With these, pigment printing can be a practically emission-free process [266].

Natural thickening agents, both unmodified and chemically modified, are today widely used in printing with dyes. They have largely replaced emulsion thickenings based on white spirit. Etherified or carboxymethylated starches are often used for printing with disperse dyes, and alginates for reactive printing. Recently, synthetic polycarboxylates, specially developed for reactive printing, have become established. These have improved dye fixation yields and are easy to use, swelling rapidly in water, and having good resistance to bacterial attack. Advantages of the alginates include ease of removal in after-wash, resulting in a printed fabric with a soft hand, and also low sensitivity of the thickening effect towards electrolytes in the print paste [266].

Fixing agents

Additional fixing agents are sometimes necessary when printing with pigments, to enhance the level of wet-fastness, especially with smooth fibres such as PES. Melamine-formaldehyde condensates are used for this purpose. In order to reduce the consequent formaldehyde emissions, modified compounds of the same chemical type, but with low formaldehyde content, are now common (see also discussion in section 6.4.4). Alternative fixing agents of different chemical bases such as aziridines or isocyanates are occassionaly used, but these should be treated with circumspection as experience of their use is limited, and toxicological hazards cannot be excluded [266].

Plasticisers

Plasticizers in pigment printing paste are mainly silicones or fatty acid esters, which are used to improve the dry rubbing fastness and give a smooth dry handle to the fabric. See further hand modifiers in section 5.5.2.

In so-called plastisol paste, the plasticisers can be liquid plasticiser (e.g. dialkyl phthalate or di-iso-octyl phthalate) (see below) [262].

Emulsifiers

In high- and low solvent pigment printing pastes, the emulsifiers serve to stabilise the solvent (white spirit). In solvent-free pigment printing they are used to prevent agglomeration of the pigment, screen blocking, and separation of components of the print paste [2]. Non-ionic surfactants such as aryl- and alkyl polyglycol ethers are most commonly used for this purpose.

Discharge agents and assistants

Discharge agents for discharge printing processes consist of two main types; namely, oxidising agents and reducing agents. Nowadays, the most important methods of discharging are based on reduction; indeed, the terms *reducing agent* and discharge agent are synonymous for many printers. The most widely used reducing agents are sulphoxilic acid derivatives and tin salts. The following reducing agents are commercially available: sodium formaldehyde sulphoxylate (Rongalit C®, BASF), zinc formaldehyde sulphoxylate (Decrolin®, BASF), calcium formaldehyde sulphoxylate (Rongalit H®, BASF), trisodium aminomethane sulphoxylate (Rongalit FD®, BASF), thiourea dioxide, and stannous chloride [195].

Discharging assistants such as anthraquinone are often used in order to improve the discharge effect of a reducing agent and are therefore used on fabrics which have been dyed with the azo dyes which are more difficult to discharge. Leucotropes (Leucotrope W® and Leucotrope O®, BASF) are compounds of certain tertiary amines with benzoyl chloride and its substitution products; they are also used to improve the discharge effect. These sulphonated dimethylphenylbenzylammonium salts are benzylating agents, which are sulphonated in both aromatic rings, and, enable white discharge prints of indigo and certain vat dyes. The dye after reducetion, is converted by benzylation into a water-soluble, oxidation-resistant derivative that can easily be washed out [266]. Other assistants that may be added in discharge printing pastes are sodium carbonate, zinc oxide, sodium dichromate, sulphuric acid, oxalic acid, alkali, penetrating agents, and wetting agents [195]. White pigments such as zinc oxide, titatnium dioxide or barium sulphate can also be added to discharge print pastes, as they cover the remaining undischarge ground dyes, and produce a plastic effect in patterns. Optical brighteners can intensify the white effect in white discharge prints, and are mainly used with polyester [266]

Penetrating agents are often necessary with white discharge, especially on knitted fabrics. Additives of this type include glycerol, ethylene glycol, and thiodiglycol which are effective mainly due to their humectant properties. *Wetting agents* are also necessary when printing on fabric of low absorbency which may be coated with a dried film of thickener from the preliminary pad-dyeing [195].

Oxidising agents

Oxidsing agents are used in old discharge printing processes to discharge most indigo-dyed and some selected reactive-dyed fabrics. Oxidising agents such as chlorine, bromine, perchloric acid, chromic acid and benzoyl peroxide are mentioned [195]. Hydrogen peroxide is used as in dyeing to reoxydised printed vat dyes. Sodium chlorate is used only occasionally to prevent reductive dye decomposition when printing disperse dyes. Sodium m-Nitrobenzenesulphonate is used in direct reactive printing on cellulose fibre (smooth and problem-free printing), and is also used in combination with natural thickening agents in direct disperse printing on acetate, triacetate, and polyester fibres. It is recommended for use with polyamide fibres as yellowing can occur [266].

Dye solubilising and dispersing agents

When printing with dyes, dye solubilising agents have the task of dissolving the water-soluble dyes during the preparation of the paste. Many polar organic solvents are recommended and used for this purpose, e.g., ethanol, ethylene glycol, ethylene diglycol, butyl glycol, glycerine, and thiodiglycol. Thiodiglycol is widely used in textile printing. It is recommended for solubilising cationic dyes, acid dyes, metal complex dyes, substantive dyes, naphtol, and leuco esters of vat dyes.

Dispersing agents can cause insoluble dyes to become finely dispersed during the preparation of the print paste, and stabilise this state of dispersion.

The agents are ussaullly already present in the dye preparations (see section 5.5.1), so that a separate addition to the print paste is not necessary [266]

Others auxiliaries used in printing paste

For typical printing auxiliaries such as resins, surfactants, softeners, drying or fixing accelerators, neutralising agents, see also further [281] and refer to sections dealings with printing on specific fibres (see 5.3.5 to 5.3.7).

Other auxiliaries such as fungicides, biocides, perfumes, etc may be incorporated in printing formulations. Some of them are similar to those used in dyestuff formulations (see 5.5.1 and 5.5.2), others have multipurpose uses in textile finishing (consult also 6.5).

5.3.5   Printing on cellulose

Colourants used to print on cellulose are:

- pigments;
- vat dyes;
- reactive dyes;
- disperse dyes;
- acid and metal complex dyes;
- others.

Pigments are by far the most important colouring agents for printing on cellulose, only a small number of dye categories accounts for the rest.

Printing with pigments

Pigment printing has gained in popularity and importance. For some fibres, (e.g. cellulose fibres) pigments are by far the most commonly applied technique. Pigments can be used on almost all types of textile substrates, and, thanks to increased performance of modern auxiliaries, it is now possible to obtain high-quality prints using this technique.

Pigment printing pastes contain a thickening agent, a binder and, if necessary, other auxiliaries such as fixing agents, plasticizers, defoamers, etc.

White spirit-based emulsions, used in the past as thickening systems, are now used only occasionally (mainly half-emulsion thickeners). Today solvent-free synthetic thickening agent such as Lutexal P® (BASF) and Alcoprint PTP® (Ciba) are being increasingly adopted [335].

242

More information regarding the characteristics of auxiliaries used can be found in sections 5.5.2, 5.4.12 and 5.3.4.

In the past the most common criticism of pigment prints was the inferior fastness to solvents, rubbing and abrasive washing conditions. Ifgoods to be pigment printed required a resin finish, this is usually applied before finally printing. However, post-finishing is also claimed to produce better results. When printing on dark backgrounds, maximum opacity of the pigment paste is required, but the use of excessive amounts of titanium dioxide reduces the colour value of the other pigments used. In this cases the incorporation of diatomaceous earth as the opacifier into the print paste has been shown to overcome this problem.

Improved adhesion of prints on polyester (or cotton/polyester blends) was obtained by pretreating the fabric surface with UV laser light. Adhesion is also improved by augmenting the self-crosslinking properties of the binder, using a small addition of crosslinking agent (which is also available in a low-formaldehyde form, see discussion in section 6.4.4) [335].

An example of a pigment printing paste is given in the following [284].

Chemical	Typical range [g/kg paste]
Thickener (acrylate, 5-10 % mineral oil)	10 -30
Emulsifier (n-surfactant)	10 - 15
Pigment binder (polyacrylate)	50 - 250
Crosslinking agent, fixing agent (methoxymethylate melamine)	2 - 5
Softening agent (dicarbonic acid ester, polysiloxane)	10 - 20
Defoamer (silicone emulsion)	1 - 3
Urea	10 - 20
Preservative / biocide (isothiazolon based)	0.5 – 2.0
Colouring pigment preparation	0 - 50

Table 5-18:   ***Typical recipe of a pigment printing paste***

Ecological aspects gain even more in importance when preparing pigment printing paste. Especially human toxicological reasons lead to the development of paste with reduced hazardous substances such as formaldehyde, residual monomers or fission product (e.g. acrylamide, acrylnitrile, butylacrylate or ammoniac, depending on the auxiliaries) [284]. Further development lead to biodegradable printing paste; yet, these paste are made of chitosan as binders and vegetable natural pigments [449; 450].

After applying the printing paste, the fabric is dried and the pigment is normally fixed with hot air (depending on the type of binder in the formulation, fixation can also be achieved by storage at 20 °C for a few days). The advantage of pigment printing is that the process can be done without subsequent washing (which, in turn, is needed for most of the other printing techniques).

Pigment discharge printing can also use a "dry" process which utilises hot, dry air to activate the discharge agent in order to destroy the dyes without subsequent steaming and washing treatments (compared to discharge printing with vat and reactive dyes, below). The discharge printing paste employed in the "dry" process consists of a binder system, pigment, discharge agent and other auxiliaries, which become fixed on the surface of the fabric during the baking stage; the fixed binder contains destroyed dyes and decomposed discharge agents at the end of the baking stage. Hence, the dry discharge system requires superior discharge agents which can be sufficiently activated during baking in order to destroy the dyes present in the ground. There are many benefits to this process, which include simpler production operations, lower production costs, and lower effluent levels [195].

Printing with vat dyes

Vat dyes are the oldest and most versatile dyes used for printing on cellulose fibres including cotton, regenerated cellulose, and line. They are widely used in various direct and discharge printing processes, but seldom in resist printing.

Printing with vat dyes incorporates the following characteristic steps:

- applying/printing of the water-insoluble pigments onto the fabric;
- conversion into alkali-leuco form (by the reaction of alkali and a reducing agent in an atmosphere saturated with water);
- absorption into the fibres;
- re-oxidation into the vat crystalline form (by reaction of oxidising agents, e.g. air);
- boiling with alkali and soap.

Extremely fine pigmented dye powders are supplied either in powder, granulates or liquid formulations (see further details on vat dyes in section 5.4.10).

Furthermore, additives are added by the manufactures to increase the extent of dispersion and provide stabilisation and homogenisation. Moreover, in liquid formulations auxiliaries are added to protect against sedimentation, drying and frost damage (see 5.5.1).

Depending on the fixation process used (all-in or two-phase processes, see below), special additives can also be contained in the formulations.

In the *all-in process*, the printing paste contains not only the dye but also all the chemicals necessary for fixation. The process may also be referred to as sulphoxylate or Rongalit C-potash process, depending on the reducing agent used. It is equally suitable for direct printing or for producing colour-discharge effects. The chemicals that may be present in the printing paste are listed in Table 5-19, taken from [278].

Function	Chemicals
Colouring matter	Vat dyes
Reducing agent	Sodium hydroxymethane sulphinate CAS-Nr. 149-44-0 (CI Reducing Agent 2)
	Disodium iminobismethane sulphinate CAS-Nr. 8065-69-8
	Keton derivative (liquid)
Alkali (in thickener or printing paste)	Potassium carbonate (potash)
	Sodium carbonate
	Sodium hydroxyde (in pre-reduced dyes are used)
	Sometimes:
	Triethanol amine (or other aliphatic bases like sodium nitrite or sodium chlorate, when blue dye varieties are used)
Thickening agent	Starch/britisch gum/tragacanth combinations (formerly widely used)
	Starch ethers/seed flour derivatives/ special alginates or gums formulations
Other auxiliaries	Glycerine
	Glycols
	Glycol ethers
	Glucose
	Thioglycols
	urea
	printing oils (optional)
	defoamers (optional)

Table 5-19:   ***Chemicals in printing paste used for printing with vat dyes on cellulose, with the all-in process***

When printing with vat dyes and during vat discharge printing, thioglycol is often added, since it increases the solubility of the leuco-form of the dye and hence improves the fixation rate of certain vat dyes [266].

After printing and drying, the fabric is often cooled by air before it is steamed in order to fix the printing. As an after-treatment, the printed textile is washed. Washing begins with a thorough rinsing in cold water. The re-oxidation is then finally carried out with hydrogen peroxide in the presence of small amounts of acetic acid. A soap treatment with sodium carbonate closes the process.

Many precautionary measures are necessary when using the all-in process but it is still widely used today.

In the *two-phase processes*, dye and chemicals are applied in two separates steps:

- dye and thickener (the "solid phase") are applied;
- chemicals, i.e. reducing agent and alkali (the "liquid phase"), sometimes with other auxiliaries, contained in an aqueous solution are applied by impregnating (with a padding device) the fabric.

The chemicals that may be involved in two-phase processes are pointed out in Table 5-20, taken from [278].

Function	Chemicals
Reducing agent	Sodium dithionite, CAS 7631-94-9
	Sodium hyposulphite, CI Reducing Agent 1
	Sodium hydroxy methane sulphinate, CI Reducing Agent 2
	Stabilised derivative of hydroxy methane sulphunic acid, CI Reducing Agent 13
Alkali	Sodium hydroxide
	(sometimes mixed with sodium carbonate or potassium carbonate)
Thickening agent	Starch ethers (more common today)
	Starch/seed flour derivatives/ special alginates or gums formulations
Thickener coagulant	Borax (when thickeners like seed-flour derivatives are used)
	Aluminium sulphate (when thickeners like alginates are used)
Other auxiliaries	Alkali-resistant wetting agents

Table 5-20: **Chemicals used for printing with vat dyes on cellulose, using the two-phase process**

Typical formulations for padded developing liquors are given in Table 5-21 [278]. The uptake of liquor is 70 – 80 %, applying the typical concentrations listed below.

Reducing agent and chemicals	Long duration steaming
Water*	700 ml
Sodium hydroxide	40 g
Borax	0-10 g
CI Reducing Agent 2, sodium hydroxymethane sulphinate	80 – 100 g
Reducing agent and chemicals	Short duration steaming
Water*	700 ml
Sodium hydroxide	60 g
Borax	0 – 10 g
CI Reducing Agent 1, hydrosulphite conc.	80 – 100 g
Reducing agent and chemicals	Short duration steaming
Water*	700 ml
Sodium hydroxide	60 g
Borax	0 – 10 g
CI Reducing Agent 13	80 – 100 g

*Additional water is added for a total batch weight of 1000 g

Table 5-21: **Typical formulations for padded developing liquors**

Immediately after padding with the developing liquor, the wet fabric is steamed. The washing and re-oxidation steps take place continuously after steaming, and are similar to those used in the all-in process.

Discharge printing processes are used for white discharging of light to medium colours shades, or for colour discharge by illuminating other ground colours.

Special auxiliaries have been developed to increase the discharge effect, and also permits good fixation discharge of the colours [195]:

- Anthraquinone;
- dimethylphenylammonium chloride (Leukotrope W®, BASF);
- calcium salt of a disulphonic acid of dimethylphenylbenzylammonium chloride (Leucotrope O®, BASF);
- alkalis: sodium carbonate, potassium carbonate, sodium hydroxide solution;
- hydrotopic agents or dispersants (also named penetrating agents and wetting agents).

However, augmented discharge pastes of this type have the disadvantage of poor paste stability, poor storage stability, unsatisfactory reproducibility, and the risk of fibre damage. Moreover, these substances are not suitable for regenerated cellulose [278].

In discharge printing, aqueous solutions of the weak oxidising agent are applied to the fabric by padding, either alone or in combination with non-volatile organic acids, especially glycolic or lactic acid, using a foulard or a special padding machine. The fabric is then dried and steamed. The risk of defective printing is high, as impurities coming from malfunctioning rollers, etc, often appear only after steaming. To avoid these troubles, optical brighteners can be added (5 – 20 kg of printing paste) that fluoresce under UV light, using special lamps mounted on the printing machines [278].

Reducing agent And chemicals	Vat dye as ground dye	Vat dye as ground dye	Substantive dye as ground dye	Insoluble azoic dye as ground dye
Thickener*	450 g	350 g	450 g	450 g
Zinc oxide 1:1	150 g	100 g	100 g	100 g
Sodium hydroxy methane sulphinate, CI Reducing Agent 2	240 g	240 g	150 g	200 g
Leukotrop W conc.	60 g	160 g		80 g
Sodium nitrobenzene sulphate	30 g	30 g		
Sodium hydroxide (solution, 38°Bé)		180 g		
Potassium carbonate			0 – 90 g	60 g
Anthraquinone				20 g
Water or thickener to 1000 g				
*gum resin/British gum mixtures or alkali resistant seed-flour ether thickeners				

Table 5-22: **Typical formulation of a white discharge paste for printing with vat dyes (ground dye)**

Colour-discharge printing can be achieved using vat dyes to illuminate other ground colours such as substantive dyes, insoluble azo dyes and reactive dyes. The illumination is obtained by using the same reducing agent as is used in the sulphoxylate process (see below) to cleave the ground colour and simultaneously fix the vat dye. The formulations are identical to those used in the all-in process; also, 50 – 150 g of the reducing agent (Sodium hydroxy methane sulphinate, CI Reducing Agent 2) may be added per kg of printing paste. After printing and drying, the fabric must be steamed quickly. The conditions applicable for the post-printing steps are comparable to those already described for the all-in process.

The process of discharge printing using oxidising agents such as chlorine, bromine, perchloric acid, chromic acid, and benzoyl peroxide was originally developed to discharge most indigo-dyed fabric and some selected reactive-dyed fabrics. Discharging assistants were sodium dichromate, sulphuric acid and oxalic acid (for example using chromic acid to give a white discharge), or alkali (using benzoyl peroxide for use on grounds that have been dyed with azo dyes). Nowadays the most important methods of discharging are based on reduction [195].

However, a particularly useful technique which allows continuous production is alkaline discharge printing. This method is useful for discharge prints on cellulosic fabrics which have been pre-padded with vinyl-sulphone reactive dyes. It is also applicable to discharge prints on polyester fabrics which have been dyed with alkali-stable dischargeable disperse dyes. Alkali discharge printing employs strong alkali in the printing paste [195].

Resist printing, neither the mechanical (paste resist) nor the chemical, is still used nowadays with vat dyes. The reasons for this are the difficult process steps and environmentally critical chemicals used (heavy-metal salts). The only resists which are still popular are those used in certain traditional processes such as the typical wax resist with indigo and certain African printing.

Printing with reactive dyes

The importance of reactive dyes in textile printing is steadily increasing. The reasons for this are the brilliance and wide range of available colours, as well as the ease with which the dyes are applied. Other advantages are the stability of the fibre-dye bond, the facile removal of unfixed dye by washing, a high fixation yield, good build-up properties, and good stability of the printing paste prepared with them.

The most important reactive dyes in textile printing are:

- monochlorotriazine MCT dyes;
- sulphatoethylsulphone SES dyes.

Moderately reactive dyes (i.e. MCT) are the only ones used in the one-phase process. More reactive ranges (i.e. SES) are applicable only in the two-phase process. All the other types of reactive dyes are of minor importance in direct printing.

A concise list of all the chemicals involved in printing cellulose with reactive dyes is given in Table 5-23, taken from [278].

Function	Chemicals
Colouring agent	reactive dyes, mainly MCT or SES types
Thickening agent and auxiliaries	Commercial grades of alginates, especially sodium salts of alginic acids obtained from seaweed
	Preservatives (i.e. in-can preservatives, see section 6.5.6)
	Sequestering agents (polyphosphate)
	Half-emulsions of oil-in-water type of e.g. sodium alginate
	Kerosene
	Emulsifier
	*Carboxymethylcellulose CMC of high substitution grade (>2)
	Synthetic thickeners (i.e. sodium salts of poly(acrylic acids)), in combination with alginates and auxiliaries cited below
"Wetting of the fabric" (for one-phase method only, see below)	Urea
Alkali	Weak bases like sodium hydrogen carbonate, sodium trichloroacetate, etc, when using highly reactive dyes (SES, DCC, FCP, DFT, etc.)
	Mainly sodium carbonate, when using moderately reactive dyes (e.g. MCT)
	Sodium hydrogen carbonate can also be used with intense colours, but a yield reduction of 10 % is to be expected.
Oxidising agent (optional, to avoid reduction)	Weak oxidising agents like derivatives of benzenesulphonic acid

*in Asiatic world, mainly

Table 5-23:   ***Chemicals involved in printing cellulose with reactive dyes***

It is conventional to use sodium alginate as the thickening agent for reactive dye print pastes. It is one of the few naturally derived polymers which does not overwhelmingly interfere with the dye's fixation process to cellulose. However, natural thickeners exhibit less shearingthinning rheology than synthetic thickeners. Thus, new products based on modified polyacrylic acid were designed specifically for printing fibre reactive dyes. The technology is said to surpass alginate performance in many ways: enhanced colour brilliance, better levelness, reduced dye concentration, reduced urea consumption, elimination of oxidising agent as an additive in stock paste, and reduce stock hydration time from hours to minute [395]. Moreover, the use of modified polysaccharide and synthetic polyelectrolyte as thickening agents in reactive printing constitutes an interesting alternative to the alginates used up to now. These new carboxymethylated systems based on cellulose, guar and starch as well as polymerizate thickeners were shown to be equally suitable for reactive printing and actually increase the technical printing and colouristic possibilities with reactive dyes [360].

When using a *one-phase method* (also known as an all-in process), the alkali is already contained within the printing paste. To permit the dye to diffuse from the printing paste into the fibres, urea is added to the printing paste. The concentration of this environmentally critical substance in the paste depends on the fixation mode used. Steam fixation requires the use of 50-80 g/kg of urea for cotton, and 100-150 g/kg for viscose rayon. Hot-air fixation (suitable for cotton) requires even larger amounts of urea [278].

Thickener system	Sodium alginate system	Semi-emulsion system	Synthetic thickener system
Water			
Urea	50 – 150 g	50 – 150 g	50 – 150 g
Oxidising agent	10 g	10 g	10 g
Sodium carbonate or	15 g	15 g	15 g
Sodium hydrogen carbonate	25 g	25 g	25 g
Sodium alginate (4%)	450 g	150 g	150 g
Dye			
Emulsifier		10 g	
Kerosene		400 g	
Synthetic thickener (emulsion)			40 – 70 g

Table 5-24: *Typical formulations for 1000 g of paste, suitable for a one-phase method*

Urea is widely used in printing with reactive dyes. It is hydrotropic properties significantly improve the fixation rate of the dye, which is especially important for rgenerated cellulose fibres. Alkalies such as sodium carbonate or sodium hydrogencarbonate are also necessary for the fixation of reactive dyes. Alternativevely, special procducts such as sodium salts of a chlorinatedcarboxylic acid can be used. These salts act as alkali-releasing agents agents, i.e. the alkali is only liberated during the dye fixation process (steaming) [266].

Alkali-free printing pastes are applied in the *two-phase method*. The paste consists only of sodium alginate, oxidising agent, and dye; urea is not required. After printing and drying, an alkali-liquor is applied by special padding or batching devices. The fixation occurs subsequently, without intermediate drying, by steaming.

When using sodium silicate as an alternative additive to the sodium sulphate or carbonate, no further addition of alkali is needed (see Table 5-25, taken from [278]).

Chemicals	Alternative 1	Alternative 2
Sodium sulphate	180 g	
Sodium carbonate	150 g	
Potassium carbonate	50 g	
Sodium silicate		800 g
NaOH (d=1.36, 38 °Bé)	100 ml	200 ml

Table 5-25: *Typical formulations of alkali baths, used in two-phase printing of cellulose with reactive dyes*

The two-phase printing process is somewhat undesirable from an environmental point of view, as large amount of water are needed for the final wash.

Textiles printed with reactive dyes, whether fixed by a one-phase or a two-phase method, can be ultimately washed by a thorough cold rinsing followed by a boiling step. At sufficiently high temperatures, detergents are not required. When alginates are used as thickeners, complexing agents are added to the boiling step.

Prints based on reactive dyes are unusually subject to fastness problems, when treated at too high of a temperature, or excessively exposed to acidic or alkaline mediums.

Discharge printing on a reactive dye ground is of great importance worldwide. The printed colours are usually vat dyes. The reducing agent and the alkali act as both developing and discharging agents (see also former section dealing with cellulose discharge printing with vat dyes).

Chemicals	Amount
TiO2 (white) or vat dye	100 g/kg
CI Reducing agent 2 (Rongalit C®, BASF)	150 g/kg
Potassium carbonate	90 g/kg
Thickener (seed-flour derivative)	

Table 5-26:   ***Typical formulation of a discharge paste***

The discharge paste is first printed onto the reactive dye ground (usually SES type), dried, and then steamed straight away in the absence of air.

Resist printing known as "pigment-under-reactive" is applied, although the application properties of the pigments are usually poor. The resist is optimised when replacing the usual organic acids (i.e. tartaric and citric) by water-soluble organic acids in the form of their ammonium salts (i.e. pyrazolone carboxylic acid derivative). A typical system consists of [278]:

- pre- printing of a normal pigment paste additionally containing:
    - 20 – 40 g/kg of seed-flour derivative;
    - 30 – 40 g/kg of 25% ammonia;
    - 40 – 60 g/kg of resist agent.
- over-printing (without intermediate drying) of a normal alkaline reactive paste containing MCT or SES type dyes;
- drying, fixing in saturated steam, and finishing in the usual way.

A special resist printing is the so-called reactive/reactive resist. The system consists of:

- pre-printing of a standard formulated MCT reactive dye, containing sodium carbonate and additionally 30 – 40 g/kg of a special resist (i.e. stabilised sodium hydrogensulphite compounds);

- over-printing (without intermediate drying) of a standard formulated SES printing paste, containing sodium hydrogen carbonate;
- drying, fixing in saturated steam, and finishing in the usual way.

Crepe effects are obtained by controlled shrinking of cotton articles. The method consists of over-printing the article (must not be mercerised or alkali treated) with a solution of sodium hydroxide.

Printing with substantive (direct) and acid dyes

These dyes are commonly used together when printing on cellulose. Their low price is the main advantage when producing inexpensive goods.

A typical printing paste for printing with substantive or acid dyes consists of:

- dyes dissolved in hot water;
- addition of urea and a solvent (ethylene glycol, thioethylene glycol, glycerine or similar substance);
- thickener (easily removable by washing);
- small amounts of oxidising agents.

The fixation of the print occurs by steaming, usually saturated for 30 –60 min. During the final wash, the fabric is often treated with auxiliaries which improve wetfastness (i.e. cationic quaternary polyammonium compounds).

Discharge printing occurs by printing dischargeable ground dyes, often made of substantive dyes with azo bridges, easily subjectable to reductive bond breaking. The reduction agent used is sodium hydroxy methane sulphinate. Discharge auxiliaries can be anthraquinone (as reduction catalyst) or quaternary ammonium compounds. For improving whiteness effects, white pigments (i.e. zinc oxide or titanium dioxide), optical brighteners, as well as humectants, wetting agents and, sometimes, alkali can be added.

An "over-loading" of the substantively dyed ground is prevented by treating the fabric, before or after printing, with the following chemicals:

- oxidising and/or acidic compounds such as hydrogen peroxide or sodium m-nitrobenzenesulphonate (typically 5-15 g/L of oxidising agent, 3-8 g/L of acid);
- optionally combined with non-volatile organic acids, preferably glycolic or lactic acid.

Resist printing techniques are today restricted to batik articles. A wax pattern is printed on cotton fabric. The fabric is subsequently dipped in a cold solution of substantive dyes (containing groups capable of reacting with diazotised bases or diazonium salts, i.e. fast colour salts). After drying with air, the coupling with the diazonium salt takes place. Rinsing and boiling-off in water finishes the process.

Printing with cationic and mordant dyes

These two classes of dyes are now almost never used in cellulose printing, despite their favourable economics. Environmental problems are encountered when using cationic dyes as they need a mordant for fixing (i.e. a synthetic tanning agent) and for after-treatment, an antimony salt. Similar problems appear when using mordant dyes as the mordants are heavy metal salts, especially chromium salts. Moreover, both types of dyes need the addition of special thickening agents and dye-specific formulations.

Printing with other dyes

Sulphur dyes behave in colouring processes much like vat dyes, except that they can be converted to vat form using weak reducing agents such as sodium sulphide or glucose (see chapter dealing with Dyestuffs and dyeing of cellulose). Black grades are the only ones used in textile printing. The black versions of sulphur dyes can be used in two-phase printing processes together with vat dyes using identical formulations.

Leuco esters of vat dyes are only rarely used today in textile printing as they are comparatively inexpensive.

Naphtol dyes (azoic dyes produced on the fibre) are used in printing on cellulose as one of the oldest colouring processes. The printings are obtained by a two-phase treatment:

- application by padding of naphtol preparation (containing the coupling component);
- drying;
- immediate printing of a paste containing the diazotised base (developing agent);
- drying and washing to remove unreacted naphtol, or an additional fixing step if other types of dyes are added (to produce specific colour shades).

The following tables are taken from [278] and summarise the chemicals involved in the process.

Function	Chemicals
Coupling component ("the naphtol")	2-hydroxy-3-naphtoloic acid anilide CAS 92-77-3
Caustic solution	sodium hydroxide
Alcohol	
Dispersing agent	

Table 5-27:　　　***Naphtol preparation for printing on cellulose***

Function	Chemicals
Developing agent	diazotised base or stabilised diazonium salts*
Thickener	
Auxiliaries	sodium acetate and acetic acid
Optional dyes supplements	reactive dyes, phtalogen dyes, or pigments

*diazonium salts are complex double salts of diazonium ions, with e.g. zinc chloride, 1,5-naphtalene disulphunic acid, or tetrafluoroboric acid; see further section explaining Dyestuffs for examples of developing agents.

Table 5-28: ***Printing paste for printing on cellulose with naphtol dyes (developing paste)***

Printing with specific dyes as a supplement is still important in African printing, in conjunction with sophisticated resist techniques.

Printing with a single-step method which applies mixtures of diazo and coupling components is now no longer popular due to ecological, toxicological, and technical considerations. Mixtures of this type were used for direct or reserve printing with aniline black and phthalogen dyes.

Phtathalocyanine developing dyes can be described as the reaction product of an isoindolenine with a heavy-metal compound.

The printing paste typically contains:

- an isioindolenine (i.e. 1-Amino-3-imino-isoindolenine);
- a heavy-metal compound (i.e. copper, cobalt or nickel compound);
- auxiliaries to improve solubility, suppress hydrolysis, and liberate ammonia upon heating.

For direct printing, the dyes are mixed in a printing paste with a solvent (i.e. glycols, glycol ethers, amino alcohols, amides). An ammoniacal solution of a copper or nickel complex, as well as a thickener, is further added. The printing pattern is first colourless, but appears during subsequent drying steps. Fixation occurs by steaming or hot-air treatment. Ensuing acid treatments remove excess heavy-metals, as subsequent rinsing and boiling-off remove thickener and deposited dye-pigments. The strong-acid can be replaced by a Trilon B bath, as copper compounds and auxiliary dyes were used.

Combinations of phthalogen dyes are possible with many of dyes. Simultaneous printing is achievable with reactive dyes, naphtol dyes, leuco-vat esters, and pigment dyes. When printing with reactive dyes, acidification is carried out with 5-10 g of formic acid, instead of the usual hydrochloric acid. When using vat dyes, the chemicals are applied using a two-phase printing process. Combination with disperse dyes in a single paste is interesting for printing on fibre blends of low cotton ratio.

Metal-complex dyes are a precursor of the actual phthalocyanine. The complex is developed in the usual way by steaming, hot air treatment or wet development with reducing agent (see section 5.2.3 Dyeing on cellulose).

Development with reducing agent can be used for direct or two-phase printing in conjunction with vat dyes. Their use is limited to suitable pretreated cotton. The thickeners used are starch-tragacanth thickeners or starch ethers etherified to a specific degree.

The most important complex dye from a commercial standpoint is *Phthalogen Blue IBN*. It is a cobalt complex that has been rendered water-soluble by the presence of a basic group. The solubility of the product in dilute acetic acid is high, so no additional auxiliary is required. The basic group can be cleaved either by thermal fixation methods or reductive treatment [278]. The insoluble cobalt phthalocyanine pigment is obtained using direct printing, or over-printing of a naphtol impregnated textile (see above).

Chemicals	Amount
Metal complex dye (Phthalogen Blue IBN)	30 g
Acetic* acid 60%	10 g (up to 30 g for an alkaline Naphtol AS)
Thickener	500 g
Starch-tragacanth thickeners or starch ethers etherified to a specific degree	
Water (or additional thickener)	460 g

*for storage stability replace with lactic acid

Table 5-29:   ***Typical formulation for a printing paste using a metal-complex dye (1000 g paste)***

5.3.6   Printing on synthetic fibres

The difficulties encountered when printing on synthetic fibres are nearly the same as those met when dyeing them (see therefore chapter relating to dyeing on synthetic fibres). Fabrics based on regenerated cellulose are printed with the same dyes used for cotton (see printing on cellulose). However, fibres derived from cellulose esters and synthetic polymers can need specifically developed dyes and printing methods. Moreover, the nature of the textile surface to be printed (woven, knitted, or tufted) is also important.

Specifics when printing with pigment are described in a separate section.

Printing with pigments

Referre to printing with pigments in section 5.3.5

Printing on 2,5 Acetate

Printing on acetate is carried out either on tables or with roller or rotary-screen printing machines. For further details consult the section dealing with preparation of the printing machines.

Woven and knitted acetate fabrics can be printed with [278]:

- disperse dyes (almost exclusively);
- cationic dyes;
- acid dyes and metal-complex dyes.

When using selected disperse dyes (and sometimes cationic dyes), liquid preparations are preferred and pre-dispersion is not necessary. Additional auxiliaries added to the printing paste can be an organic base to inhibit so-called "fume-fastness". The prints are fixed using steaming, rinsing, and washing with an anionic detergent and once again rinsed.

When using acid and metal-complex dyes, the fixation occurs during drying. For this purpose, the printing paste must contain high concentrations of alcohol to permit swelling of the acetate during printing.

Fixation auxiliaries for printing on acetate fibres (and on polyester) aree mainly fatty acid derivatives and products based on polyglycols [266].

Chemicals	Amount
Dye	10 – 60 g
Urea	30 g
Water	280 – 330 g
Solvent mixture:	130 g
Thiodiethylene glycol CAS 111-48-8	30 g
Benzyl alcohol	50 g
Ethyl glycol	50 g
Thickener solution:	500 g
2-hydroxyethyl methyl cellulose CAS 9032-42-2	40 – 50 g/1000 g solution
Ethyl alcohol	600 g/1000 g solution
Water	280-290 g/1000 g solution
Ammonium rhodanide CAS 1762-95-4	70 g/1000 g solution

Table 5-30: **Typical printing paste (1000 g) formulation when printing on acetate with acid or metal-complex dyes**

Discharge printing can be made on a ground dyed with select disperse dyes and cationic dyes. The best white discharge is obtained when using as discharging agent zinc formaldehyde sulphoxylate CAS 24887-06-7. With colour discharge dyeing, tin (II) chloride, or formamidine sulphunic acid CAS 1758-73-2 are used as discharging agents.

Blends can be printed just like pure acetate, especially using disperse and acid dyes. Very fashionable discharge prints can be obtained with selected disperse dyes as ground, cationic dyes as colour-discharging system and tin (II) salt as the discharging agent.

Printing on Triacetate

Today, prints on polyester are largely more popular than those on Triacetate. However, printing on triacetate still has a small interest for triacetate/polyamide blends.

Printing is carried out on tables or with roller, rotary screen, or flat-screen printing machines. For further details consult the section dealing with the preparation of printing machines.

Only certain disperse dyes are used to print on triacetate. Fixation accelerants, to intensify colour and improve dye yields, are added in nearly all printing pastes, except when steaming under pressure is subsequently applied for fixing the prints. The treatment is followed by careful cold and warm washing steps. Small amounts of hydrosulphite (1-2 g/l) or sodium hydroxide solution (1-2 cm^3/l) are usually added to the wash baths. After washing, the fabric is rinsed, sometimes neutralized, and then dried [278].

No discharge or resist process was specially developed for triacetate.

Printing on polyester/triacetate blends occurs using selected disperse dyes and the same chemicals as those used with fixation agents already mentioned for pure triacetate.

Printing on Polyamide

Woven and knitted fabrics based on polyamide 6 (made from ε-caprolactam) and polyamide 66 (made from hexamethyldiamine and adipic acid) are almost the only polyamides suitable for printing.

Printing is carried out on tables, roller and screen-printing, when pretreated woven and knitted polyamide fabrics are to be printed. Velour knits are preferably printed on roller and rotary-screen printing machines. Goods and fabrics that display high elasticity and poor dimensional stability are almost exclusively printed on screen-printing tables. For further details consult the section dealing with the preparation of printing machines.

Polyamide can be *conventionally printed* using [278]:

- selected metal-complex dyes;
- disperse dyes;
- reactive dyes;
- substantive dyes (occasionally).

Apart from the dyes and their associate auxiliaries, the printing paste is made of solvents such as thiodiethylene glycol (CAS 111-48-8) and urea (or thiourea) to increase dye solubility and colour intensity of the print. Other solubilising agents used are diethylenglycol monobutyl ether (CAS 112-34-5), and in special cases cyclohexanol. The pH is stabilised between 5 and 3, by the eventual addition of ammonium sulphate [278]. Certain fixation auxiliaries containing nitrile groups have proven to be especially suitable for printing on polyacrilonitrile fibres. They can be used with cationic dyes and some disperse and metal complex dyes [266].

Thickeners suitable for polyamide printing have low-viscosity and a solids content higher than 12-16%. They are mostly etherified seed-flour and guar products combined with degraded starches. When printing with reactive dyes and mildly acidic printing paste, the thickening agents used are high- and medium-viscosity alginates and guar ethers, but none containing starch.

After printing, the fabric is steamed (at least 20-30 min at approx. 102°C) and than washed thoroughly. The washing steps comprise cold rinsing, washing at 40-45 °C and rinsing again. To prevent bleeding onto a white ground and/or improve fastness to moisture, auxiliaries (2-3%) can be added to the rinsing bath. These substances are usually condensation products of formaldehyde with aromatic sulphonic acids (see also 6.4.4), and formic acid as a pH adjusting chemical (i.e. pH regulator). Very heavy fabrics can be washed in a bath containing sodium carbonate and alkyl ammonium polyglycol ether. The washing of reactive dye based prints occur in a cold rinsing bath with 2 g/l of sodium carbonate (at pH 9) and, if necessary, a complexing agent to remove water hardness. An alternative to this is a hot alkaline rinsing, followed by a washing with a liquor containing 0.5-1 g/l at 80-90 °C. After hot and cold rinsing, neutralization is obtained by adding an acetic acid to the last rinse.

White discharge prints are obtained using Decrolin (i.e. reserving agent). The ground can be died with selected acid and Isolan 1:2 metal-complex dyes, however, some disperse dyes – and even a number of substantive dyes- are also suitable. An after-treatment to improve wetfastness is sometimes done with Mesitol PS or NBS.

For *Colour-discharge* printing using vat dyes, and grounds coloured with acid or metal-complex dyes, the preferred reducing agent is CI Reducing agent 2 (Rongalit C). The most suited vat dyes are indigoid, thio indigoid and a few anthraquinoid dyes. The reoxidation takes place at the pH of acetic acid and, more problematically, with hydrogen peroxide and ammonia.

Discharging with tin(II) chloride is the most important discharge printing process on polyamides. Both white and colour discharging are suited.

Further details concerning discharge printing processes were already discussed in the above section concerning printing on cellulose. The resist process is rarely applied to polyamides.

Blends of polyamides with elasthane (spandex) marked under the trade names polyamide/Lycra and polyamide/ Dorlastan are important in the production of swim-wear. Despite the fact that special pretreatments steps such as a Mesitol PS bath are necessary, printing with acid and metal-complex dyes takes place using analogous formulations to those employed with pure polyamide.

Printing on Polyacrylonitrile

Polyacrylonitriles have characteristics very similar to that of wool.

Printing is carried out on roller printing machines (gravure printing) or flat- or rotary screen presses (stencil printing).Consult for further details section dealing with preparation of the printing machines.

Polyacrylonitriles are conventionally printed using cationic dyes. The dyes chemically characterised as triphenylmethane, oxazine, antrhraquinone, azo, naphtthalimide, methane, and cycloammonium dye types (see section 5.4).

Eventual addition of a 30% solution of sodium chlorate shortly before printing can improve the sensitivity of certain dyes to steaming.

Suitable paste formulations are made of thickeners with high solid contents, as well as substances that form an elastic film after the drying of the printed fabric. Moreover, levelling of the dyes can be achieved by the addition of carboxymethyl cellulose, or other anionically active materials. Suitable substances are dispersing agents such as the condensation products of the naphthalene sulphonic acids with formaldehyde, or alginate thickeners. Moreover, some deep shades necessitate the addition of CAS 69071-73-4 in the printing paste to be adapted to continuous fixing conditions [278].

Fixation ideally occurs using high-pressure steaming, but continuous steaming at 102 °C is also feasible.

After-treatment includes the following steps:

- rinsing with cold water containing ammonia or sodium carbonate;
- washing at 40-60 °C with an anionic detergent and hydrosulphite, and eventual addition of an enzymatic desizing agent (if a starch containing thickener was used);
- rinsing and washing with a fresh liquor at 60-70 °C, containing eventually 5-10 g/l of a softening agent at pH 5 (citric or acetic acid);
- dewatering by spinning or suction;
- drying at 100-110 °C on a tentering frame.

Discharge printing on polyacrylonitrile fabric are somewhat popular, despite printing is usually carried out on dyed knitted goods. White discharge effects can be obtained by using Decroline or tin(II) chloride (see discharge printing on cellulose). However, these methods are largely replaced by over-printing techniques using pigments. Colour-discharge with tin(II) chloride takes place on grounds preliminary dyed with selected cationic dyes. The printing paste then contains selected discharge– resistant cationic dyes (eventually supplemented with metal-complex dyes), and 40-80 g/kg of tin(II) chloride.

Among the other dyes used to print on polyacrylonitrile, selected disperse dyes have some specific advantages when printing bright colours, or for sharp pattern outlines. For this purpose, e.g. an anionic disperse black is mixed with a cationic black.

Modifications of the polyacrylonitrile fibres can be obtained (during production or pretreatment) to make them receptive to acid and metal-complex dyes (see sections Dyeing of synthetic fibres and Pretreatment of synthetic fibres, respectively 5.2.9 and 4.6.2).

Blends	Main dyes used for printing
Polyacrylonitrile/cellulose	Cationic and reactive dyes
Polyacrylonitrile/wool	Metal-complex and cationic dyes
Polyacrylonitrile/polyester	Disperse dyes and cationic dyes
Polyacrylonitrile/PVC-vinyl chloride copolymers (Modacryl fibres with flame resistant properties)	Disperse and cationic dyes

Table 5-31:   ***Printing on polyacrylonitrile blends***

Printing on Polyester

Polyester is the most important fibre for textile printing. Nearly 25 – 35% is printed using transfer techniques, the remainder using classical direct, discharge and resist methods. The fabrics are mainly destined for the clothing sector. Over 90% of the synthetic fibre market are fibres based on polyethylene terephthalate, the others are principally polydimethylocyclohexane terephtalate or anionically modified fibres.

Printing is carried out on tables or with flat or rotary screen-printing machines, as well as with graved roller devices. The fabric is glued either to a black grey, or directly to the rubber blanket.

Only selected disperse dyes are used for conventional printing on unmodified polyester. Cationic dyes are applicable to anionically modified polyester [278]. The wet fastness of textile printed with these selected disperse dyes is significantly reduced by excessive amounts of non-ionic products, i.e. detergents, carriers, fixing accelerators, softening agents or antistatic agents. With respect to this behaviour, the printing pastes are carefully formulated, depending on the dye and the fixation process used.

The most common paste system used for printing polyester is based on low-solids thickener such as low-viscosity alginates or seed-flour derivatives, sometimes in combination with starch and cellulose ethers. The auxiliaries of the thickener solution are defoamers and/or printing oils, and a non volatile acid donor. Many disperse dyes necessitate the addition of monosodium phosphate (as acid donor), to avoid chemical degradation in the alkaline medium of the thickener. When using other types of dyes, the addition of approx. 5 g/kg printing paste of an oxidising agent such as sodium chlorate or sodium nitro benzene sulphonate is common [278].

Synthetic thickening agents such as those used in printing with pigment (i.e. thickening agent based on ethylene-maleic anhydride polymers and poly(acrylic acid)), promise to have interesting application properties. However, these paste formulations are today exclusively available for carpet printing.

Moreover, specific auxiliaries (mainly carriers, also called fixation accelerators) are required as a function of the fixation process:

- *fixation by HT steam* (7min., 175°C) is the best process for printing on polyester. Only dyes very resistant to high temperatures are suitable; mixed alginate and starch ethers, (4:1 to 3:1) thickening agents, and seed-flour mixing are also encountered.

- 1-3 g/kg paste of polyphosphate is added when using alginates, and a fixation auxiliary (i.e. an ethoxylated substance);
- *fixation using high-pressure saturated steam* (30min, 2.5 bar) is a process which gives very good results the higher the pressure is added(60-90% dye yield at 2.5 bar). The addition of carriers is not justifiable, as they only slightly influence the dye yield;
- *thermosol fixation* (dry heat, 1min. at 200°C) is in general only suitable for woven fabrics; mean dye yields of 50-70% are achieved without a carrier;
- *fixation using saturated steam* (30 min, 102 °C) is a process which is only rarely used when printing on polyester as it necessitates the use of selected dyes and large amounts of carrier.

After-treatment consists first of repetitive washings, cold and hot rinsing steps, followed by an alkaline reduction step (2g/l of NaOH, 2g/l of hydrosulphite, 1g/l of a wetting agent) at a bath temperature of 40-50 °C. Alternatively, these washing sequences can take place at a temperature of 70-80°C with lower concentrations of chemicals, and are closed by cold and warm acidic rinses and drying at temperatures of 110-130°C under low tension.

Fixation auxiliaries for printing on polyester fibres (and on acetate) rae mainly fatty acid derivatives and products based on polyglycols [266].

Further finishing with fabric conditioners (softening, easy-care and crease-resistant finishings) and antielectrostatic agents are frequently applied after printing on polyester. Please consult the chapters dealing with finishing for more detailed information on the chemicals used.

Discharge and resist printing on polyester are methods of increasing importance for producing very fine and short repeating patterns. Three methods are available:

- <u>true discharge printing on a dyed ground</u>

Usually zinc formaldehyde sulphoxilate (Decrolin) or tin(II) chloride are used with a hydroxydiphenyl carrier (discharge intensifier) to obtain white effects. However, neither white discharging nor colour discharging of this type is recommended for reasons such as the durability of the effects.

- <u>discharge resist on an unfixed ground</u>

First, a ground is printed (high–viscosity thickener) or dyed (padding) and dried, <u>without fixing the dyes</u>. In a second step, a paste including the discharge agent is printed on the pretreated ground. Only during the third step are the ground and printed pattern simultaneously fixed. The discharge paste can be printed using a two-stage fixing method (pre-steaming at 100°C followed by post-steaming 170°C) or the single-stage process (HT steam at 170°C). The single-stage method not only requires the addition of polyglycol in the discharging paste, but also twice as much reducing agent (e.g. counter 60-100 g of tin salt – water 1:1 usually used for the two-stage fixing). The discharging agent can be tin(II) chloride, Decrolin (zinc formaldehyde sulphoxilate) or Rongalit DS (Sodium hydroxymethane sulphinate?). However, for practical reasons such as difficult dosage of chemicals, the preferred reducing agents are tin(II) chloride or Rongalit DS, despite corrosive risks when using tin(II) salt (presence of hydrochloride acid).

- <u>ordinary resist on an unfixed ground</u>

The process is based on so-called alkaline discharge printing. First, the ground is coloured with special disperse dyes that can be hydrolysed by alkali (e.g. dyes containing N(RCOOR)-ester groups able to form carboxylate groups when treated with strong alkali) and gently dried. In a second treatment step, the dry ground is printed with pastes that contain sodium carbonate, sodium hydroxide or sodium silicate solution, and alkali-resistant disperse dyes; followed by steaming to fix the dyes after the hydrolysis takes place according to the pattern. The process is environmental friendly and inexpensive as it allow continuous production techniques [195]. On the other hand, the printed patterns are diffuse and the process conditions are difficult to optimise [278].

Optical brighteners may be added as auxiliaries in white discharge printing as they intensify the white effect on polyesters [266].

Crimped effects with polyester can be achieved by applying a printing paste containing approx. 400 g/kg of p-phenylphenol and then fixing the printed product [278].

Polyester fibres modified by the incorporation of anionic (acidic) groups can be dyed using basic (Aztrazon type) dyes, analogously to polyacrylonitrile (see Printing on polyacrylonitrile).

Table 5-32 revues the dyes suitable for printing on polyester blends.

Blends	Main dyes used for printing
Polyester/cellulose: Polyester/cotton (mainly) Polyester/viscose	Pigments Mixture of disperse and reactive dyes* Selected disperse dyes with swelling agents (i.e. poly-glycol or their ethers and esters) Disperse dyes with acidic metals (burn-out textiles**)
Polyester/wool	Combinations of disperse dyes with selected acid and metal-complex dyes
Polyester/other synthetic fibres	No commercial importance

*printing paste made of dyes, urea, sodium nitrobenzene sulphate , and sodium hydrogen carbonate

Table 5-32:   ***Main dyes used for printing polyester blends***

Burn-out effects have achieved considerable importance in the fashion industry. The process is based on the property of cellulosic fibres (cotton, in our case) to be destroyed by heating in the presence of strong acids or their salts. Polyester filaments that have been surrounded during the spinning process by cotton or viscose staple fibre (so-called core-spun yarns) are printed with a special printing paste. This paste contains disperse dyes and strongly acidic metal salts(e.g. sulphuric acid or aluminium sulphate). The subsequent heat treatment carbonises and destroys the cellulose fibres and simultaneously fixes the dyes to the polyester component. The carbonised cellulose is removed by a mechanical treatment followed by intensive washing. The process is environmentally problematic due to the acidic salts used (and remaining in the waste water) but also for reasons of low-yields of the dyes associate with the salts used.

The origin of this process is a technique used in India to produce Saris. Blended yarns of polyester and cotton are woven, and dyed or printed using disperse dyes. The fabric is then treated with 70% sulphuric acid to remove cotton components.

5.3.7   Printing on protein fibres (wool and silk)

Wool chlorination and degumming of silk are the most important pretreatment processes with respect to printing. See sections 4.4 and 4.5 dealing with pretreatment of wool and silk.

Conventional direct printing on protein fibres can occur using the following colourants [278]:

- acid dyes (mainly);
- metal-complex dyes;
- reactive dyes;
- chrome dyes;
- basic and substantive dyes (theoretically);
- pigments.

Yet, special printing techniques such as breakthrough effects ("Devoré"), printing with pigments (matt, bronze, etc) may also be applied on silk, either as direct or discharge printing, in a similar manner than for other fibres.

Printing with acid dyes

Auxiliaries in printing paste are summarised in Table 5-33, from [278].

Function	Chemicals
Dye (formulated)	Acid dyes
Solvent	Urea or thiourea
Solubilising agents	Thioethylenglycol
Aqueous solvent	Hot water
Dispersing agents (optional)	Glycerine (only for wool)
Other solvent (optional)	Polyglycol ethers
Thickening agents (alone or combined)	Seed-flour derivatives (mainly guar)
	Cold soluble British gum
	Tragacanth and gum arabica (not longer in use)
Acid donor (promote dye fixation)	e.g. ammonium sulphate, tartrate, or oxalate
	Acetic or glycolic acid (optional)
Oxidation/neutralising agents (optional)	Small amounts of sodium chlorate
Others auxiliaries (optional): Defoamers Printing oils	Silicone or high-boiling alcohols
Levelling agents (prevent frosting effects)	Alkyl aryl polyglycol ether

Table 5-33:   ***Main chemicals used for printing with acid dyes on protein fibres***

Fixation usually requires saturated-steam (occasionally previously sprayed) at 100-102°C for 30-60 min.

The after-treatment process includes very mild, with respect to mechanical stress and temperature, washing steps. Auxiliaries that can be added to the washing baths are:

- anionic synthetic detergents (0.5-1 g/L);
- products based on the condensation of high molecular mass aromatic sulphonic acids with formaldehyde (5-6% of textile weight), to improve fastness (synthetic tanning agents);
- acetic or formic acid;
- polyammonium compounds (2-3 g/L).

Printing on silk was for long time the main domain of acid or metal-complex dyes. The dyeing process can be resumed as follows [362]:

Printing on silk with acid or metallkomplex dyes

X g	Dyes
20 – 40 g	Solvent
10 – 20 g	Levelling agent
(50 g	Urea)
X g	Water
X g	Thickener
30 – 60 g	Acid or acid donor (organic acids, ammonium salts)
Total: 1000 g	
Steaming	25 – 60 min at 102/105 C
Washing	Cold, max. 30 C, soaping
	Cationic aftertreatment

Printing with metal-complex dyes

Printing with metal-complex dyes is carried out using almost the same process and chemicals used as in printing with acid dyes (see above), although the printing must be accomplished without acids or acid donors.

Printing with reactive dyes

Despite additional costs, reactive dyes are willingly used when goods with very high fastness properties are wanted (e.g. "Woolmark").

Reactive dyes necessitate almost the same printing process and chemicals as acid dyes (see above), except that formic acid is often included in the paste to ensure acidity. However, the final wash must be carried out adding synthetic tanning agents (e.g. Mesitol or Erional MWS), disodium phosphate with ammonia added to pH8 (2 g/L) and an anionic detergent [278].

An alternative treatment when printing on silk can be used which produces prints of inferior quality.

The process takes place in an alkaline medium (sodium hydrogen carbonate) with alginate thickening agents. Printing on silk with reactive dyes have almost replace printing with acid or metal complex dyes in the last years, not only for washproofed goods. The process present some advantages i.e. reduced steaming time, very good wet proofing, good light proof, uncomplicated afterwashing, and good reproducibility. Yet, reactive dyes are more expensive than acid or metal complex ones. The process is summarised in the following scheme, from [362].

Printing on silk with reactive dyes

X g	Dyes
X g	Water
100 g	Urea
10 – 20 g	Oxidation agent (e.g. sodium nitrobenzene sulphate)
10 g	Wetting and levelling agent
20 – 30 g	Sodium bicarbonate
10 g	Polyphosphate
X g	Alginate thickener (low viscose)
Total 1000 g	
Steaming	10 – 20 min at 105 C
Washing	Cold, 50 C, 80 C soaping

Printing with chrome dyes

The technique is rarely used because of uniformity in suitable dyes, and environmental problems associated with the use of chrome dyes [278].

The printing paste contains mainly:

- chromium (III) salts (chromium fluoride, rarely the acetate);
- formic acid (or oxalic acid).

Discharge printing

Discharge-printing techniques on wool and silk are carried out following the classical manufacturing steps of dyeing the textile with dischargeable substantive or acid dyes, followed by printing the material with discharge-resistant acid or substantive dyes. Moreover, the chemicals implied in the process are the usual wide range of auxiliaries and discharging agents such as sodium or zinc formaldehyde sulphoxylate (see further 5.3.5 Printing on cellulose).

Although a mild reducing agent such as thiourea dioxide (formamidine sulphonic acid) can be used to prevent fibre damage, this alternative process entails restrictions in suitable dyes [278].

Colour-discharge printing is restricted to a very small palette of suitable dyes. In principle, the following can be used for colour-discharge printing on protein fibres [278]:

- vat dyes, according to the sulphoxylate (all-in-one) process;

- basic dyes, using tin(II) chloride as reducing agent;
- selected-discharge resistant pigment dyes, using soft binders (softening agents) and zinc formaldehyde sulphoxylate as reducing agent;
- selective discharge-resistant substantive and acid dyes, using sodium or zinc formaldehyde sulphoxylate as reducing agent (the best process in this case).

Discharge printing on silk have always had a particular importance, independent from fashion trends. Dischargeable dyeings are metal complexe or reactive ones. The reduction agents used are tin salt (tin-2-chlorid $SnCl_2$) or formaldehyde-sulphoxylate (sodium or tin salt). In the following, some discharge printing processes on silk are summarised, from [362].

Discharge printing on silk with tin salt

X g	Dyes
X g	Water
50 g	Urea
10 – 20 g	Oxidation agent (e.g. sodium nitrobenzene sulphate)
50 g	Wetting and levelling agent
40 - 100 g	Tin salt $SnCl_2$
X g	Thickener (acid resistant)

Total 1000 g	
Steaming	20 – 40 min at 102 C
Washing	Cold, max. 30 C

Discharge printing on silk with formaldehyde sulphoxylate

X g	Vat dye
X g	Water
0 - 50 g	Glycerin
80 – 140 g	Sodium formaldehydesulphoxylate (Rongalit C)
20 g	Wetting and levelling agent
40 – 60 g	Soda or potash
40 g	Dispersing agent
X g	Thickener (ether starch/galactommannane)

Total 1000 g	
Steaming	10 – 15 min at 102/105 C
Washing	Cold, oxidation at 30/40 C, soaping at 80 C , neutralisation

Discharge printing on silk with formaldehydsulphoxylate and reactive, direct or basic dyes

X g	Dyes
X g	Hot water
30 - 60 g	Urea
80 – 100 g	Sodium formaldehydsulphoxylate
20 g	Ammonium chloride or ammonium sulphate
X g	Thickener (ether starch / galactommannane)
Total 1000 g	
Steaming	15 – 30 min at 102/105 C
Washing	Cold, soaping at 30/40 C, cold washing and neutralisation

Printing on blends

Blends containing protein fibres are not of great importance in textile printing.

Wool/silk blends are printed (direct or discharge) following exactly the same procedure as for pure wool, except for small adaptations to the pretreatment requirements.

Wool/cellulose blends ("half-wool") can also be printed following the procedure of pure wool printing. However, special after-treatment agents have been developed (e.g. cationic quaterneray poly-amminium compounds, etc) [278].

Silk/wool blends ("half-silk") are pretreated like pure silk and printed like "half-wool".

5.4   Dyestuffs

In order to distinguish between the various types of dyestuffs used in the textile industry it is advisable to consult the Colour Index published by the Society of Dyers and Colourists together with the American Association of Textile Chemists and Colorists. Dyes are classified for specific usage and may be included in more than one entry; for example food dyes include acid, solvent, and natural dyes as well as pigments. Table 5-34 shows the Colour Index classification in which colourants are arranged strictly on the basis of their chemical structure [262]. The code number refers to a special chemical structure and form the heading of an undoubtedly identifiable commercially available colorant, e.g. C.I. 16055 for Acid Violet 56.

As our interest focuses on the application conditions, a categorization of dyestuffs according to application classes is advisable.

The following application classes will be considered and discussed more intensively [2]:

- acid dyes;
- basic (cationic) dyes;
- direct (substantive) dyes;
- disperse dyes;
- metal-complex (solvent) dyes (pre-metallised dyes);
- naphtol dyes (azoic dyes developed on the fibre);
- reactive dyes;
- sulphur (leuco sulphur or solubilised sulphur) dyes;
- vat (reduced vat) dyes;
- natural dyes;
- pigments.

Chemical composition	C.I. Number
Nitroso	10 000 – 10 299
Nitro	10 300 – 10 999
Azo-	
Monoazo	11 000 – 19 999
Diazo	20 000 – 29 999
Triazo	30 000 – 34 999
Polyazo	37 000 – 36 999
Azoic	37 000 – 39 999
Stilbene	40 000 – 40 799
Carotenoid	40 800 – 40 999
Diphenylmethane	41 000 – 41 999
Triarylmethane	42 000 – 44 999
Xanthene	45 000 – 45 999
Acridine	46 000 – 46 999
Quinoline	47 000 – 47 999
Methane and polymethine	48 000 – 48 999
Thiazole	49 000 – 49 399
Indamine and indophenol	49 400 – 49 999
Azine	50 000 – 50 999
Oxazine	51 000 – 51 999
Tiazine	52 000 – 52 999
Sulfur	53 000 – 54 999
Lactone	55 000 – 55 999
Aminoketone	56 000 – 56 999
Hydroxyketone	57 000 – 57 999
Anthraquinone	58 000 – 72 999
Indigoid	73 000 – 73 999
Phthalocyanine	74 000 – 74 999
Natural organic colouring agents	75 000 – 75 999
Oxidation bases	76 000 – 76 999
Inorganic colouring agents	77 000 – 77 999

Table 5-34:   *Colour index classification by chemical composition*

Table 5-35 , taken from [268], gives a distribution of each chemical class between the major application classes.

Chemical class	Distribution between application ranges/%								
	acid	basic	direct	disperse	mordant	pigment	reactive	solvent	vat
Unmetalised azo	20	5	30	12	12	6	10	5	
Metal-complex azo	65		10				12	13	
Thiazole		5	95						
Stilbene			98						
Anthraquinine	15	2		25	3	4	6	9	36
Indigoid	2					17			81
Quinophthalene	30	20		40			10		
Aminoketone	11			40	8		3	8	30
Phthalocyanine	14	4	8		4	9	43	15	3
Formazan	70						30		
Methine		71		23		1		5	
Nitro, nitroso	31	2		48	2	5		12	
Triarylmethane	35	22	1	1	24	5		12	
Xanthene	33	16			9	2	2	38	
Acridine		92		4				4	
Azine	39	39				3		19	
Oxazine		22	17	2	40	9	10		
Thiazine		55			10			10	25

Table 5-35: ***Distribution of each chemical class between the major application classes***

The next table summarises the application characteristics and properties of these dyestuffs, as well as the auxiliaries needed when colouring with them, table taken from [2]. A more detailed discussion follows in section 5.4.1.to 5.4.12.

The properties and chemical characteristics, as well as the environmental issues of the different classes of dyes are given in the following sections, mainly based on description taken from [2] as not otherwise mentioned.

A more detailed discussion on dyestuffs, with respect to their general application conditions for the different types of fibre can be found within sections 5.2 and 5.3.

Dyestuff class	Applications / use	Properties	Chemicals and auxiliaries need
Acid dyes	Dyeing and printing: Mainly used for polyamide (70-75%) and wool (25-30%) dyeing; Also used for silk and some modified acrylic fibres	Bright colours Poor to excellent fastness to light and washing	For dyeing: Sodium sulphate (for level-dyeing and fast acid dyes), sodium acetate, and ammonium sulphate (for acid milling dyes) pH regulators: acetic, formic and sulphuric acid Levelling agents: mainly cationic compounds such as ethoxylated fatty amines For printing: Thickening agents Solubilising agents such as urea, thiourea, thiodiglycol, glycerine Acid donors: ammonium sulphate, tartrate or oxalate Defoamers: (e.g. silicone oils organic and inorganic esters) and "printing oils" (mainly mineral oils) After-treatment agents such as formaldehyde condensates with aromatic sulphonic acids
Basic (cationic) dyes	Formerly used to dye silk and wool (using mordant); Nowadays almost exclusively used on polyacrylic fibres	Excellent fastness performance on polyacrylnitrile fibres Poor fastness on silk and wool	For dyeing: Weak acid conditions, as solubility is greater in organic solvents like acetic acid, ethanol, and ether Specific levelling agents (so-called retarders): quaternary ammonium compounds with long alkyl side-chains (most important group), but also electrolytes and anionic condensation products between formaldehyde and naphtalenesulphonic acid

Dyestuff class	Applications / use	Properties	Chemicals and auxiliaries need
Direct (substantive) dyes	Used for dyeing cotton, rayon, linen, jute, silk and polyamides fibres; Occasionally used in direct printing processes	Bright and deep colours Light-fastness greatly varies depending on the dyestuff Wash-fastness is limited unless the textile is after-treated	For dyeing: Electrolytes, usually sodium chloride or sodium sulphate Wetting and dispersing agents: mixtures of non-ionic and anionic surfactants After-treatment agents: usually quaternary ammonium compounds with long hydrocarbon chains (so-called fixative cationic agents), or also formaldehyde condensation products with amines, polynuclear aromatic phenols, cyanamide, or dicyanamide
Disperse dyes	Widely used for dyeing: Mainly used for polyester; Also for cellulose (acetate and triacetate), polyamide, and acrylic fibres; Also widely used for printing synthetic fibres	Quite good fastness to light Fastness to washing depends on the fibre (e.g. therefore polyamides and acrylics are dyed nearly exclusively in pastel shade)	For dyeing: Dispersants (all disperse dyes already have a high content of dispersants in their formulation!) Carriers for polyester dyeing (especially polyester/wool blends) as dyeing is performed at temperatures below 100 'C Thickeners (in padding processes): polyacrilates or alginates Reducing agents: mainly sodium hydrosulphite, added in solution with alkali in the final washing step
Metal-complex (solvent) dyes (also called pre-metallised dyes)	Dyeing: Have great affinity for protein fibres (wool, silk, ?); 1:2 metal-complex dyes are also suitable for polyamide fibres (30%)	Excellent light-fastness Washing fastness is not as good as with chrome dyes (in darker shades particularly)	For dyeing: pH regulators: sulphuric, formic, and acetic acid Electrolytes: sodium sulphate, ammonium acetate, and sulphate Levelling agents: mixtures of anionic, and non-ionic surfactants
Mordant (chrome) dyes	Generally used for protein (wool and silk) dyeing; Practically no longer used for polyamide fibres or for printing	Good levelling properties Very good wet fastness Principally used to obtain dark shades (greens, blues, and blacks) at moderate cost	For dyeing: Potassium dichromate or chromate salt (as chrome donors) pH regulators: Formic or acetic acid Other organic acids such as tartaric and lactic acid (enhance conversion of Cr VI to Cr III Sodium or ammonium phosphate

Dyestuff class	Applications / use	Properties	Chemicals and auxiliaries need
Naphtol dyes (azoic dyes developed on the fibre)	Used for dyeing of cellulosic fibres (particularly cotton); Also applied to rayon, cellulose acetate, linen, and sometimes polyester	Excellent wet fastness Good light, chlorine, and alkali fastness Poor rubbing fastness	For dyeing: Coupling components. Usually derivatives of the anilides of the 2-hydroxi-3-naphtoic (also called naphtol AS, see figure 9.7XY for more details), Containing caustic soda as formulated in liquid form Developing agents: derivatives of aniline, toluidine, orto and meta anisidine, and diphenyl amine (see figure 9.8-9.10XY for more details) Sodium nitrite and hydrochloric acid to prepare the diazotised base (avoided when using fast colour salt)
Reactive dyes	Dyeing and printing: Mainly used for dyeing cellulose fibres such as cotton and rayon; Sometimes used for wool, silk, and polyamide	High wet fastness (better than the less expensive direct dyes) Level dyeing is difficult to obtain Chlorine fastness and light fastness (under severe conditions) are slightly poorer than that of vat dyes The wide range of available dyes enables use of wide range of dyeing techniques	For dyeing cellulose fibres: Alkali (sodium carbonate, bicarbonate and caustic soda) Salt (mainly sodium chloride and sulphate) Urea (for continuous processes in the one-bath method) Sodium silicate (for cold pad-batch method) For dyeing wool or polyamide fibres: Levelling agents: special amphoteric agents Ammonium sulphate, in solution at pH 4.5 to 7 For printing: Thickening agents (mainly polyacrilates in combination with alginates) Urea Alkali (e.g. sodium carbonate and bicarbonate) Oxidising agents (mainly benzensulphonic acid derivatives) as steam sensitive dyes are used

Dyestuff class	Applications / use	Properties	Chemicals and auxiliaries need
Sulphur (leuco sulphur or solubilised sulphur) dyes	Mainly used for cotton and viscose substrates; May also be used for dyeing blends of cellulose and synthetic fibres (including polyamides and polyesters); Occasionally used for dyeing silk; Not used in textile printing (apart from black shades)	Very good bleach and wash fastness Moderate to good light fastness Poor resistance to light and laundering of lighter shades (i.e. mostly used for dark shades)	For dyeing: Dispersing agents as dispersible pigments are used for pad-dyeing: usually naphtalenesulphonic acid-formaldehyde condensates, ligninsulphonates and sulphonated oils Reducing agents: mainly sodium sulphide and sodium hydrogensulphyde; alternatively binary system made of glucose and sodium dithionite (hydrosulphite) or thiourea dioxide are used Oxidising agents: hydrogen peroxide or halogen-containing compounds such as bromate, iodate, and chlorite Alkali (mainly caustic soda) Salt (sodium chloride and sulphate) Complexing agents (sometimes): EDTA and polyphosphates

Dyestuff class	Applications / use	Properties	Chemicals and auxiliaries need
Vat (reduced vat) dyes	Most often used in dyeing and printing of cotton and cellulose fibres; Can also be applied for dyeing polyamide and polyester blends with cellulose fibres	Excellent fastness when properly selected (i.e. often used for fabric subject to severe washing and bleaching like uniforms, towelling, etc. Wide range of colours but shades are generally dull	For dyeing: Reducing agents: sodium dithionite, thiourea dioxide and sulphoxilic acid derivatives Caustic soda Sodium sulphate Anti-migration agents in padding process: polyacrylates and alginates Dispersing agents: formaldehyde condensation products with naphtalenesulphonic acid and ligninsulphonates Levelling agents: surfactants (including ethoxylated fatty amines) and other components such as betaines, polyalkylenamines, polyvinylpyrrolidone Oxidants: hydrogen peroxide, perborate, 3-nitrobenzenesulphonic acid Soap For printing: Thickening agents: starch esters with seed flour derivatives Reducing agents: sulphoxilic acid derivatives (most common), hydrosulphite (in the two-phase process) Alkali: potassium carbonate, sodium carbonate, sodium hydroxide Oxidising agents: the same as for dyeing Soap

276

Dyestuff class	Applications / use	Properties	Chemicals and auxiliaries need
Natural dyes	Nearly only restricted nowadays to some ethnographic application purpose, or for colouring textile material destinated to an environmental friendly clientele; Most important applications on natural fibres like wool, silk, cotton (printing), but also on polyamide	Said to be consumer friendly, due to rather low toxic-ity/allergenic properties; Main disadvantages are to poor wash- and lightfastness, and large variations in colour tone that make a widespread use quasi impractical	Fixing agents (mordantings) such as polluting chromium and tin deriva-tives are often necessary
Pigments	Most important colouring agents for printing on cotton, polyester/cotton, poly-ester and viscose; Universally applicable for dyeing of all fibres, but only commonly used for dyeing heavy textiles (e.g. canvas, etc)	Pigments can be used on al-most all types of textile sub-strates with a great ease of application; inferior fastness to solvent, etc are nowadays overcome; Main advantage of pigment printing is that the process can be done without subsequent washing	For printing: Typical recipe contain a thickener (today mainly solvent-free and syn-thetic), emulsifier, a pigment binder (e.g. polyacrylate derivatives), crosslinking/fixing agent (e.g. methoxymethylate melamine type), soften-ing agents, deafomers, urea, preservatives; For dyeing: A binder (e.g. aqueous dispersion of crosslinkable mixed polymers), an-timigration agents, a crosslinking agent (if necessary), acid donors, a softener, and eventually a resin finishing agent; Washout effects on cotton (jeans) are produced by pretreating the cotton with a cationic agent/surfactant.

Table 5-36:   *Dyestuffs and their main applications*

5.4.1 Acid dyes

Chemical characteristics

Acid dyes are azo (the largest group), anthraquinone, triphenylmethane chromophoric systems which are made water-soluble by the introduction in the molecule of up to three sulphonate groups.

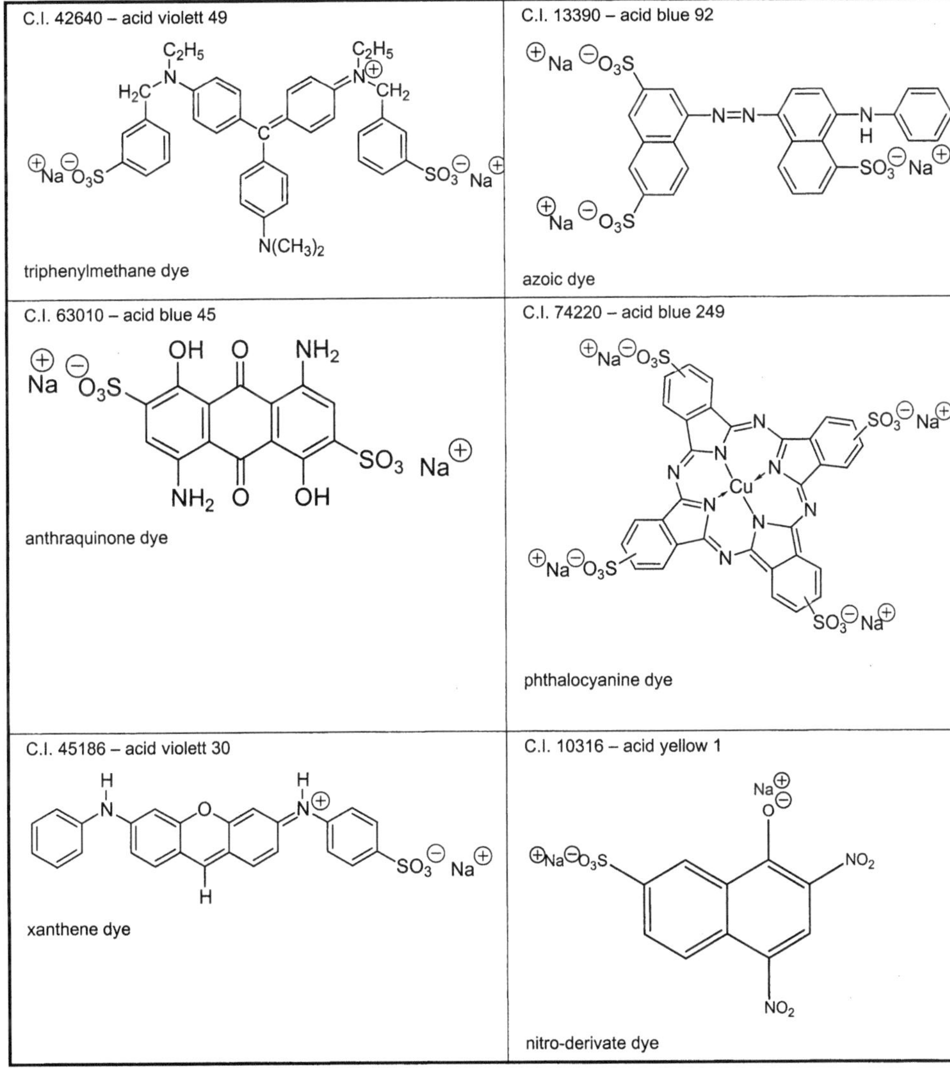

Figure 5-21: **Examples of acid dyes**

Their interaction with the fibre is based partly on ionic bonds between sulphonate anions and the ammonium groups of the fibre, as shown below for wool and for polyamyde, at different pH conditions.

Moreover, the fibre/dye interaction is based on secondary bonds such as Van der Waals forces. Secondary bonds are established in particular in the case of higher molecular weight dyes, which form aggregates with high affinity for the fibre.

In use, acid dyes are classified by their dyeing behaviour and wet fastness properties rather than chemical composition, hence the generic term acid dyes includes several individual dye classes.

The arbitrary classification normally adopted, in order of increasing fastness, is:

- level-dyeing or equalising acid dyes;
- fast acid, half-milling or perspiration-fast dyes;
- acid milling dyes;
- supermilling dyes.

Level-dyeing or equalising dyes are subdivided into two classes, monosulphonated (mainly for PA), and disulphonated (mainly for wool). Due to their poor affinity for the fibre, they all have very good levelling properties. Their wet fastness is, however, sometimes poor, limiting their use to pale/medium shades.

Fast acid dyes (also known as half-milling dyes or perspiration-fast dyes) are used only for PA. They are generally monosulphonated and exhibit superior fastness properties to level-dyeing acid dyes, while retaining some of the migration properties. The shade range available in this class is not as wide as that of the levelling or milling dyes and they therefore tend only to be used when alternatives would have poorer fastness properties.

Acid milling dyes are so named because they have a degree of fastness to the wet treatments employed when milling (mild felting) woollen fabrics. The class is further sub-divided to include supermilling dyes, which have good wet fastness properties arising from long alkyl side-chains attached to the chromophore. Due to their high molecular weight, milling dyes have a good affinity to the fibre and do not migrate well at boiling point. Milling dyes are used mainly for wool in applications where good wet fastness is required; for example in the dyeing of loose fibre which will receive a further wet treatment during hank scouring.

Depending on the class they belong to, acid dyes are applied under pH conditions which vary from strongly acidic to more neutral (pH 3 – 7.5). For low-affinity dyes it is necessary to increase the level of cationisation of the fibre (by acidification) in order to improve dye uptake. Conversely, dyes with higher molecular weight and high affinity would adsorb too rapidly on the fibre if applied under such strongly acidic conditions [2].

Acid dyes often have very low solubility in water, and dye solubilising agents must be added if they are to be used in pad liquors or printing pastes for wool or polyamide, especially with dark colors. Suitable materials include ethanol, propanol, di- and triglycol, various glycol ethers, and non-ionic surfactants [266].

Environmental issues

The ecological properties of acid dyes are assessed under the following parameters. The table below, taken from [2], does not consider the environmental issues related to chemicals and auxiliaries employed in the dyeing process.

Parameters of concern	Comments
Bio-eliminability	
Organic halogens (AOX)	
Eco-toxicity	Acid dyes are in general not toxic. However, two dyes (Acid orange 156 and Acid orange 165) have been classified as toxic by ETAD. Acid Violet 17(triphenylmethane dye) is reported to have an allergenic effect
Heavy metals	
Aromatic amines	
Unfixed colourant	Degrees of fixation in batch dyeing are found to be in the range of 85 - 93 % for monosulphonated dyes and in the range of 85 - 98 % for di- and tri-sulphonated dyes
Effluent contamination by additives in the dye formulation	

Table 5-37:   ***Overview of the ecological properties of acid dyes***

5.4.2   Basic (cationic) dyes

Chemical characteristics

Cationic dyes contain a quaternary amino group which can be either an integral part (more common) or not of the conjugated system. Sometimes a positively-charged atom of oxygen or sulphur can be found instead of nitrogen [2].

Ionic bonds are formed between the cation in the dye and the anionic site on the fibre.

C.I. 51004 - basic blue 3

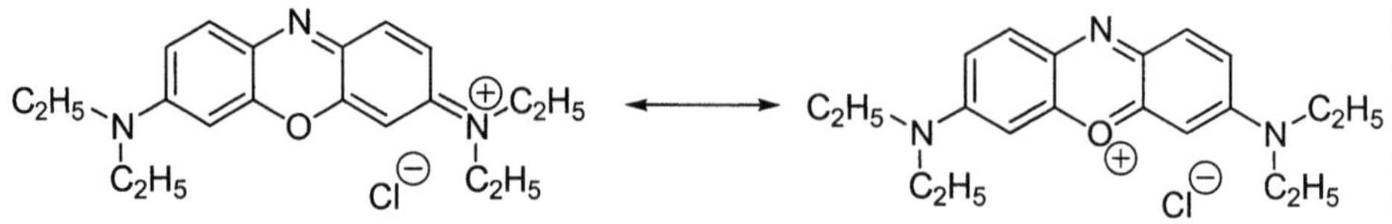

C.I. 11085 – basic red 18

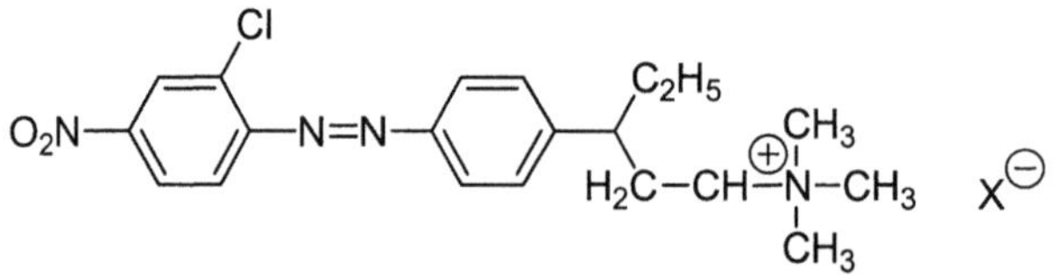

Figure 5-22: ***Examples of typical basic dyes***

Cationic dyes are slightly soluble in water, while they show higher solubility in acetic acid, ethanol, ether, and other organic solvents. In dyeing processes, they are applied in weak acid conditions. Basic dyes are strongly bound to the fibre and do not migrate easily. In order to achieve level dyeing, specific levelling auxiliaries, (also called retarders) are normally employed. The most important group is represented by quaternary ammonium compounds with long alkyl side-chains (cationic retarders). Electrolytes and anionic condensation products between formaldehyde and naphthalenesulphonic acid may also be found.

Environmental issues

Many basic dyes exhibit high aquatic toxicity, but when applied properly, they show fixation degrees close to 100 %. Problems are most often attributable to improper handling procedures, spill clean-up, and other upsets.

The following dyestuffs have been classified as toxic by ETAD, the Ecological and Toxicological Association of Dyes and Organic Pigments Manufacturers:

- Basic Blue 3, 7, 81;
- Basic Red 12;
- Basic Violet 16;
- Basic Yellow 21.

5.4.3 Direct (substantive) dyes

Chemical characteristics

Direct dyes (also called substantive dyes) can be azo compounds, stilbenes, oxazines, and phtalocyanines. These dyes always contain solubilising groups (mainly sulphonic acid groups, but carboxylic and hydroxyl groups can also be found) which ionise in aqueous solution.

Direct dyes are characterised by long planar molecular structures which allow these molecules to align with the flat cellulose macromolecules, the dye molecules being held in place mainly by Van der Waals forces and hydrogen bonds [2].

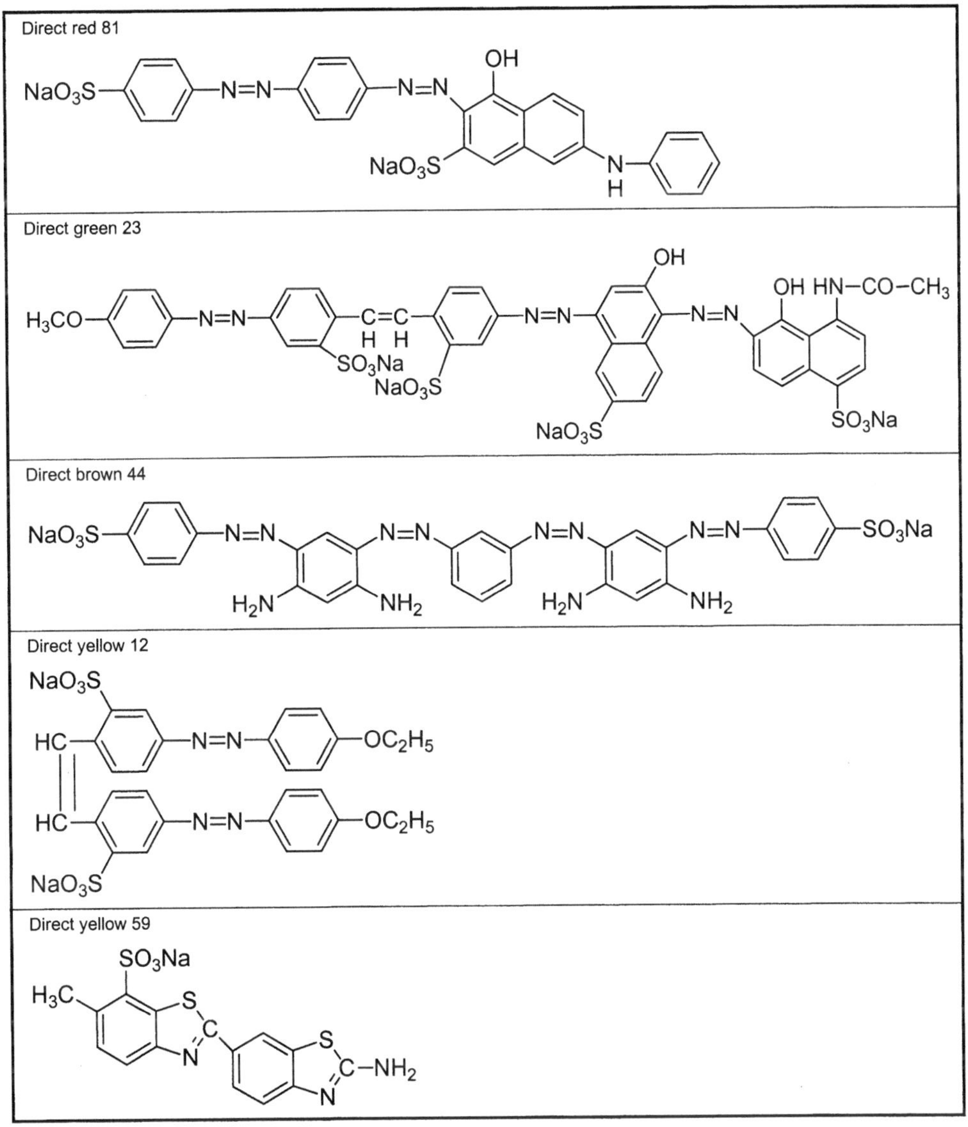

Direct red 81

Direct green 23

Direct brown 44

Direct yellow 12

Direct yellow 59

Figure 5-23: *Examples of typical direct dyes*

During the last few years of the nineteenth century, a new range of disazo and triazo dyes with the remarkable property of substantivity for unmordanted cotton came into excistence. Alternatives to benzidine (which is claimed to be carcinogen) as key intermediates have been investigated.

Among these 4,4′-diaminostilbene-2,2′disulphonic acid, 4,4′-diaminobenzanilide, 2-(4-aminophenyl)-5(6)-amino benzimidazole and diaminodiphenylphenylamine derivatives were cited. Simultaneously, some progress has been made into the areas of direct dyes where 1-naphthylamine derivatives are used as middle components. These recent trends in the synthesis of metal-free and benzidine-free direct dyes are presented in [305].

Environmental issues

The ecological properties of direct dyes are assessed under the following parameters. Table 5-38 , taken from [2], does not consider the environmental issues related to chemicals and auxiliaries employed in the dyeing process due to the fact that those issues are discussed in a specific annex.

Parameters of concern	Comments
Bio-eliminability	
Organic halogens (AOX)	
Eco-toxicity	Direct Orange 62 has been classified as toxic by ETAD
Heavy metals	
Aromatic amines	The main emphasis of research for direct dyes was actually on the replacement of possibly carcinogenic benzidine dyes
Unfixed colourant	Degree of fixation in batch dyeing processes ranges from 64 - 96 % EURATEX (70 - 95 % according to EPA)
Effluent contamination by additives in the dye formulation	

Table 5-38:   ***Overview of the ecological properties of direct dyes***

5.4.4   Disperse dyes

Chemical characteristics

Disperse dyes are characterised by the absence of solubilising groups and low molecular weight.

From a chemical point of view, more than 50 % of all disperse dyes are simple azo compounds, about 25 % are anthraquinones and the rest are methine, nitro, and naphthoquinone dyes.

The dye-fibre affinity is the result of different types of interactions:

- hydrogen bonds;
- dipole-dipole interactions;
- van der Waals forces.

Disperse dyes present in their molecule hydrogen atoms capabilities of forming hydrogen bonds with oxygen and nitrogen atoms on the fibre.

Dipole-dipole interactions result from the asymmetrical structure of the dye molecules which makes possible electrostatic interactions between dipoles on the dye molecules and polarised bonds on the fibre. Van der Waals forces take effect when the molecules of the fibre and colourant are aligned and close to each other. These forces are very important in polyester fibres because they can differentiate between the aromatic groups of the fibre and those of the colourant.

Disperse dyes are supplied as both powder and liquid products. Powder dyes contain 40 – 60 % dispersing agents, while in liquid formulations the content of these substances is in the range of 10 – 30 %. Formaldehyde condensation products and ligninsulphonates are commonly used for this purpose.

Disperse dyes are widely used not only for dyeing, but also for printing synthetic fibres. Many of them are not only used for dyeing polyester, but also for nylon and triacetate where they can easily migrate out of the fibres and cause harm if dyes with allergenic effects are used [153].

Typical disperse dyes used for transfer printing are for examples of CI Disperse Yellow 3 CAS 11855; CI Disperse Red 4 CAS 60755; CI Disperse Blue 3 CAS 61505 and CI Disperse Red 60 CAS 6075 [262].

Environmental issues

The ecological properties of disperse dyes are assessed under the following parameters. Table 5-39 , taken from [2], does not consider the environmental issues related to chemicals and auxiliaries employed in the dyeing process because these issues are dealt with in a specific annex.

Parameters of concern	Comments
Bio-eliminability	Owing to their low water-solubility, they are largely eliminated by absorption on activated sludge in the waste water treatment plant
Organic halogens (AOX)	Some disperse dyes can contain organic halogens, but they are not expected to be found in the effluent after waste water treatment (because they are easily eliminated by absorption on the activated sludge)
Toxicology	The following disperse dyes potentially have an allergenic effect: Disperse Red 1, 11, 17, 15; Disperse Blue 1, 3, 7, 26, 35, 102, 124; Disperse Orange 1, 3, 76; Disperse Yellow 1, 9, 39, 49, 54, and 64.
Heavy metals	
Aromatic amines	These dyes are still offered by some Far East dealers and Manufacturers (ETAD)
Unfixed colourant	Level of fixation is in the range of 88 - 99 % for continuous dyeing and 91 - 99 % for printing
Effluent contamination by additives in the dye formulation	Conventional dispersants (formaldehyde condensation compounds, lignosulphonates, etc.) are poorly biodegradable (<30 % or ca. 15 %, according to different studies). Some dyes are formulated with more readily eliminable dispersants (albeit not suitable for all formulations). More information is

Table 5-39:   ***Overview of the ecological properties of disperse dyes***

5.4.5   Metal-complex dyes

Chemical characteristics

Metal-complex dyes may be broadly divided into two classes, 1:1 metal-complexes, in which one dye molecule is co-ordinated with one metal atom and 1:2 metal complexes, where one metal atom is co-ordinated with two dye molecules. The dye molecule will typically be a monoazo structure containing additional groups such as hydroxyl, carboxyl, or amino groups, which are capable of forming strong co-ordination complexes with trivalent transition metal ions, typically chromium and cobalt. Typical examples of pre-metallised dyes are shown in Figure 5-24 and Figure 5-25, taken from [2].

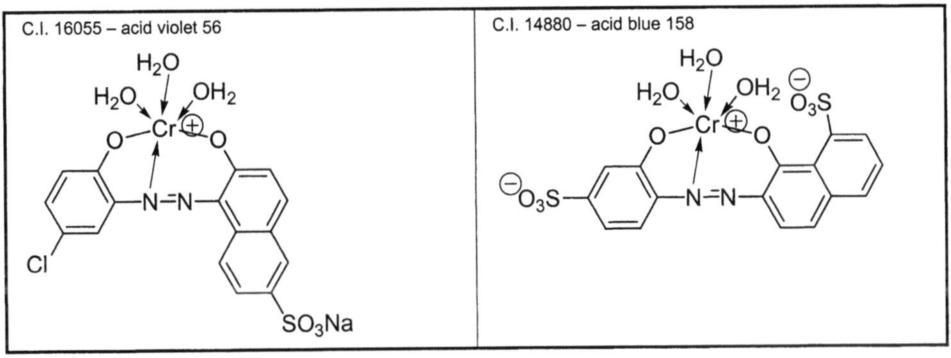

Figure 5-24: *Examples of molecular structures typical of 1.1 metal-complex dyes*

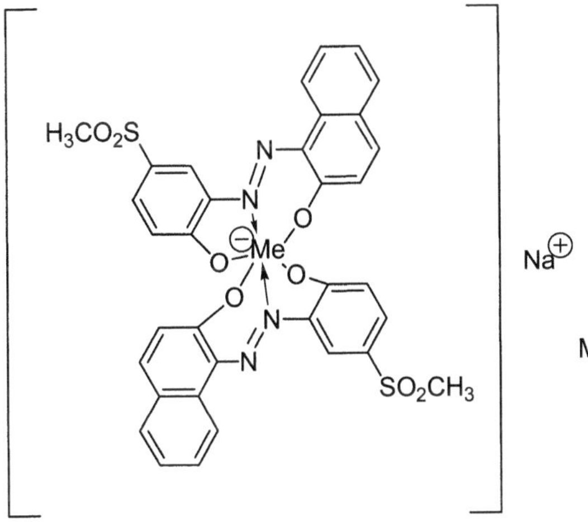

Figure 5-25: *Molecular structure typical of 1.2 metal-complex dyes*

When used in dyeing processes, metal-complex dyes are applied in acidic conditions. The pH levels range from strongly acidic (1.8 - 4 for 1:1 metal complex dyes) to moderately acidic neutral(4 – 7 for 1:2 metal complex dyes).

1:1 metal-complex dyes exhibit excellent level dyeing and penetration characteristics and have the ability to cover irregularities in the substrate. Their light and wet fastness properties are good even for deep shades. They are particularly suitable for yarn and for piece dyeing of carbonised wool.

1:2 metal-complex dyes are used for both wool and polyamide. They form the most important group in this class and may be divided into two sub-groups:

- weakly polar 1:2 complexes – solubilised by the inherent anionicity of the complex or containing non-ionic, hydrophilic substituents such as methylsulphone (-SO$_2$CH$_3$). These dyes exhibit excellent fastness to light and wet treatments and excellent penetration properties;

- strongly polar 1:2 complexes – solubilised by one or more sulphonic or carboxylic acid residues, these dyes possess lower levelling power than the weakly polar dyes mentioned above but superior wet fastness properties and are generally suitable for use in applications in which mordant dyes are used. This second group is also more suitable for dyeing polyamide fibres.

However, metal-complex dyes are unsurpassed in terms of range of application. Apart from certain restrictions affecting a few synthetic fibres, virtually all substrates can be dyed or printed with these substances but withdull shades. No other class of dyes provides such a generally high level of fastness, particularly lightfastness. Countless shades fromm greenish yellow to uniform black can be obtained by using different metals and combining different metal-complexe dyes [276]. Details on metal-complex dyes used in textile colouring can be found in the respective sections, dealing with dyeing of wool and polyamides (5.2.4 and 5.2.6), cotton (5.2.3) and polypropylene (5.2.10). Dust-free preparations used in textile colouring are further discussed in section 5.5.1. More miscellaneous uses of metal-complex dyes such as solvent and ink-jet dyes, and in pigments are discussed in sections 5.4.13 and 5.4.13, respectively.

Another type of metal-complex dyes are *formazan dyes*, metal complex dyes with a special chromophore; the metallised formazan compounds can be used for textile dyeing and become important reactive dyes for cotton. The blue to blue-green complexes of quadridentate formazans are particulary important because of their colour clarity, which is similar to that of anthraquinone dyes.They can also be combined easily with yellow, orange, and red azo dyes and therefore present a low-price alternative to blue anthraquinone dyes for trichromic dyeing. Copper complexes from quadridentate formazans are preferred on account of their high stability. Some dicyclic complexes of tridentate formazans also show good fastness and good application properties.

Water-soluble formazan complexes can be used to dye wool and polyamide, examples are CI Acid Blue 267 and 297, and the 1:2 cobalt complex CI Acid Black 180. As with acid dyes, the formazan dyes can be applied in a neutral to weakly acid bath. As environmentally friendly alternatives to Cr(III) and Co(III) metal complex acid dyes a range of 1:2 iron complex formazan dyes was synthetised, which produce violet, blue, black and brown shades, furnishing dyeings on wool and polyamide with good wet and light fastness [402].

Metal-complex dyes often have very low solubility in water, and dye solubilising agents must be added if they are to be used in pad liquors or printing pastes for wool or polyamide, especially with dark colors. Suitable materials include ethanol, propanol, di- and triglycol, various glycol ethers, and non-ionic surfactants [266].

Environmental issues

The ecological properties of metal-complex dyes are assessed under the following parameters.

Table 5-40 , taken from [2], does not consider the environmental issues related to chemicals and auxiliaries employed in the dyeing process because these issues are dealt with in a specific annex.

Parameters of concern	Comments
Bio-eliminability	Great differences from dye to dye (bio-eliminability can be <50 %)
Organic halogens (AOX)	Some products contain organic halogens: AOX in waste water, therefore depends on the eliminability of the dyes concerned)
Eco-toxicity	
Heavy metals	Cr III is an integral part of the chromophore. Metals can therefore be found in the effluent due to unfixed dye
Aromatic amines	
Unfixed colourant	Degree of fixation ranges from moderate to excellent (from 85 to 98 % and greater in some cases)
Effluent contamination by additives in the dye Formulation	Inorganic salts are present in the preparation of powder dyes. These salts, however, do not present any ecological or toxicological problems

Table 5-40: **Overview of the ecological properties of metal complex dyes**

5.4.6 Mordant dyes (chrome dyes)

Chemical characteristics

The *Colour Index* classifies these colourants as mordant dyes, but chromium has become the almost universally used mordant and the class is commonly referred to as chrome dyes.

From a chemical point of view they can be regarded as acid dyestuffs which contain suitable functional groups capable of forming metal complexes with chrome. They do not contain chrome in their molecule, which instead is added as dichromate, or chromate salt to allow dye fixation. Interaction with the fibre is established through ionic bonds formed between the anionic groups of the colourant and ammonium cations available on the fibre. In addition, chromium acts as a link between dye and fibre. This gives rise to a very strong bond which is reflected in the excellent fastness obtained. Figure 5-26 , taken from [2], shows the ionic and coordination bonds in the case of wool.

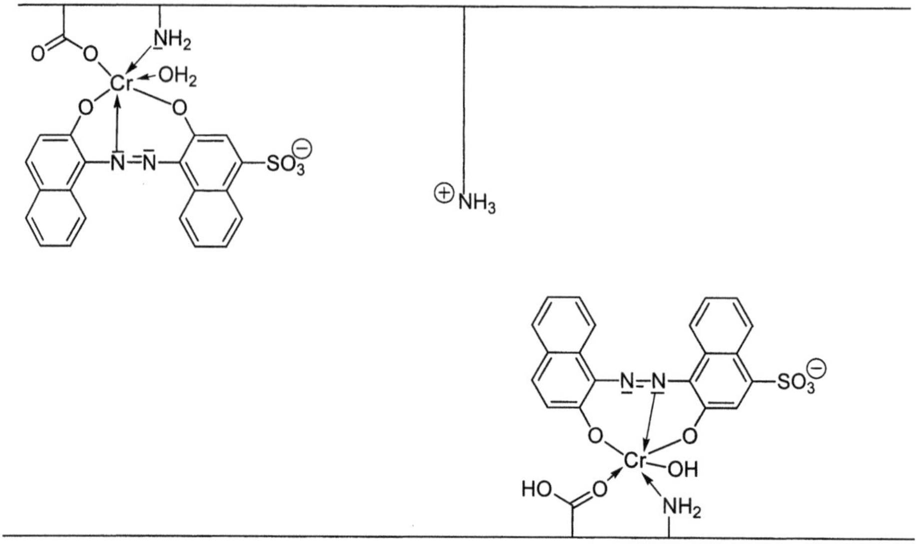

Figure 5-26: *Representation of possible ionic and coordination bonds between wool and chrome dyes*

Environmental issues

For this section the only important mordant dyes are the chrome dyes for wool, almost universally applied for the after-chrome process (see 5.2.4). Despite numerous predictions for the demise of these dyes over the last 30 years, it is clear that they are still important in the market place due to their extraordinary fastness properties and low cost, especially in full shades of navy and black. However, the hexavalent form of chromium, as present in bichromate salts used for fixation, is highly toxic. For this reason, attempts are being made to replace the toxic bichromate used in current industrial chrome dyeing procedures with fibre substantive Cr(III)/organic acid anionic complexes (metachrome process). An additional advantage lies in the fact that the oxidative damage to wool associated with the use of bichromate salts will be greatly reduced [80].

The ecological properties of chrome dyes are assessed under the following parameters. Table 5-41 , taken from [2], does not consider the environmental issues related to chemicals and auxiliaries employed in the dyeing process because these issues are discussed in a specific annex (see 7.3).

Parameters of concern	Comments
Bio-eliminability	
Organic halogens (AOX)	
Eco-toxicity	
Heavy metals	Chromium present in the final colourant is not contained in the molecule, being instead added as Dichromate, or chromate salt during the dyeing Process to allow dye fixation
Aromatic amines	
Unfixed colourant	
Effluent contamination by additives in the dye Formulation	

Table 5-41:   **Overview of the ecological properties of chrome dyes**

5.4.7 Naphtol dyes (azoic dyes developed on the fibre)

Chemical characteristics

From a chemical point of view, naphtol dyes are very similar to azo dyes, the main difference being the absence of sulphonic solubilising groups.

They are made up of two chemically reactive compounds which are applied to the fabric in a two stage process. The insoluble dye is synthetised directly in the fibre as the result of the coupling reaction between a diazotized base (developing agent) and a coupling component. The coupling components are usually derivatives of the anilides of the 2-hydroxi-3-naphtoic acid (also called naphtol AS). These naphtols are available in powder form or in liquid form. In the case of liquid forms, the solution also contains caustic soda, the naphtol concentration ranges between 30 % and 60 %).

290

C.I.	Formula	Name of commercial product
37505	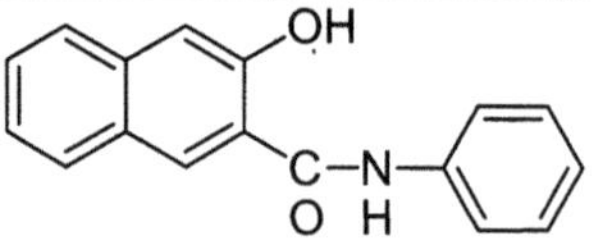	Naftol AS (P,L)
37560	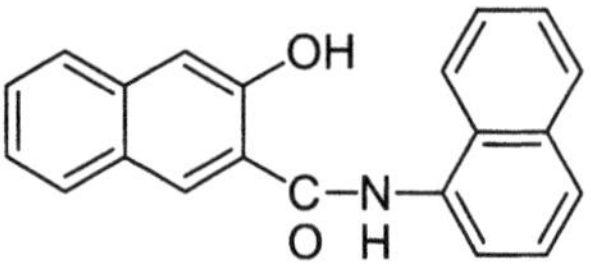	Naphtol AS-BO (P,L)
37610	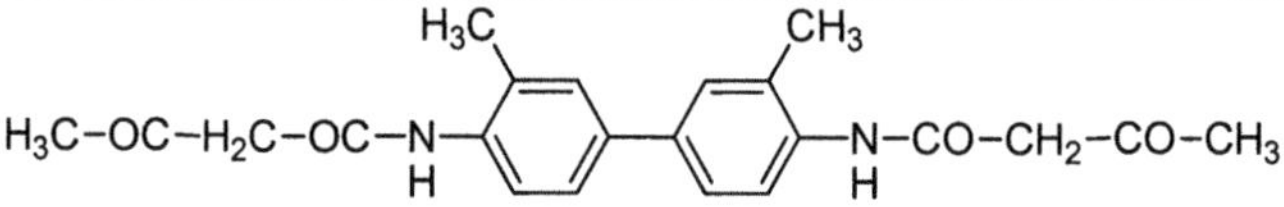	Naftol AS-G (P)
37510	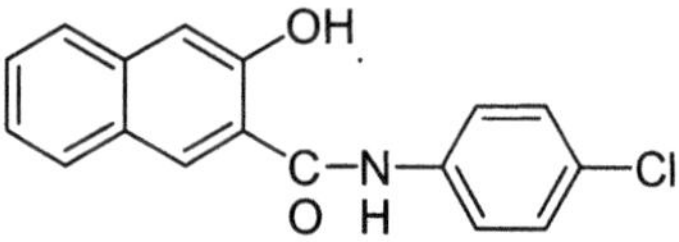	Naftol AS-E (P)
37535	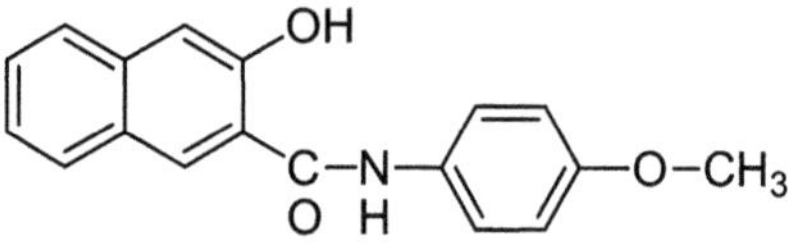	Naftol VS-RL (P)
37550	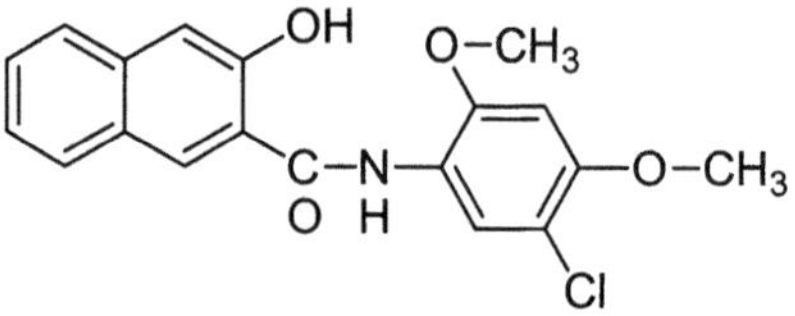	Naftol AS-ITR (P,L)
37600	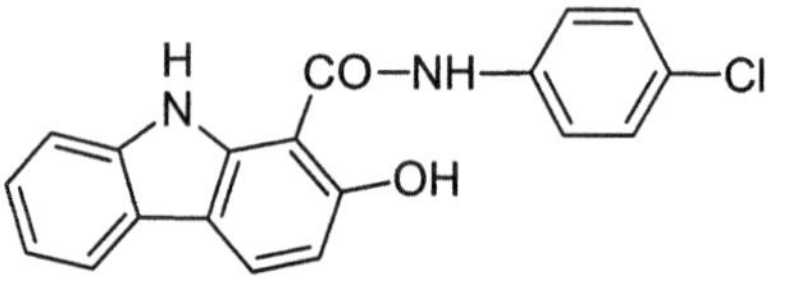	Naftol AS-LB (P,L)
37520	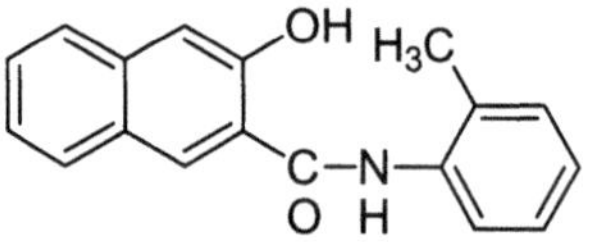	Naftol AS-D (P,L)

Table 5-42:   ***Examples of typical coupling components for naphtol dyes***

Developing agents can be derivatives of aniline, toluidine, orto and meta anisidine, diphenyl amine. They are available as:

- free bases (fast colour bases) ;
- liquid bases (these formulations are aqueous dispersions of the aromatic amines and are safer and simpler to apply than solid bases);
- fast colour salts (these are already diazotized diazonium compounds which are marketed in stabilised forms and do not need to be diazotized before use in dyeing: some examples are given in the figure below, taken from [2]).

C.I.	Formula
37005	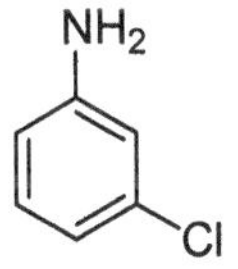
37010	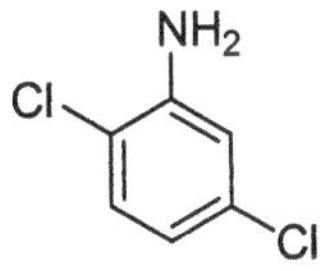
37025	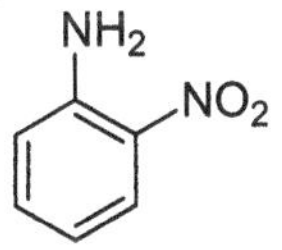
37090	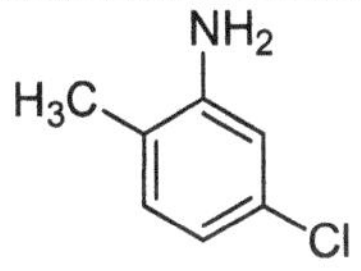
37125	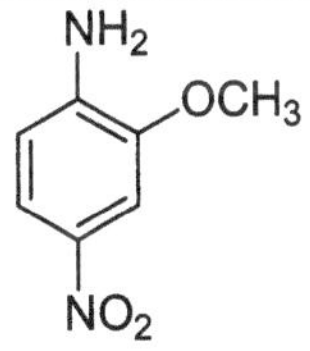
37165	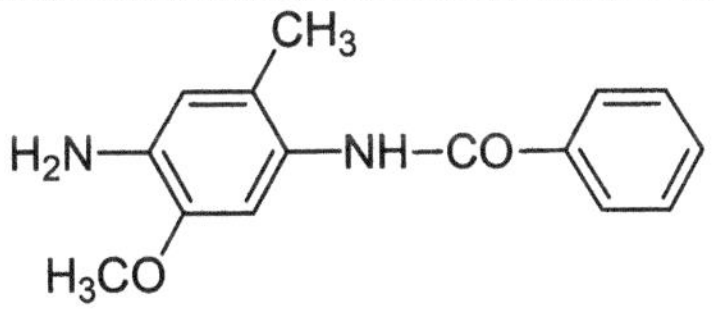
37255	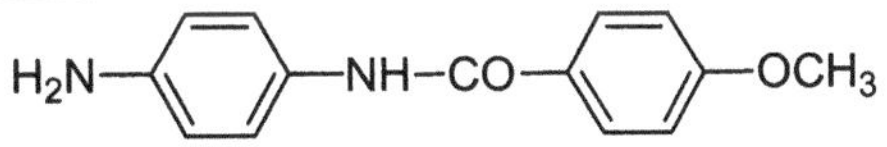

Table 5-43: ***Examples of typical developing agents (fast colour base) for naphtol dyes***

C.I. Azoic diazo component 5 stabilised as salt with 1,5 naphthalene disulphonic acid
C.I. Azoic diazo component 10 stabilised as salt with zinc chloride
C.I. Azoic diazo component 34 stabilised as salt with borontetrafluoride

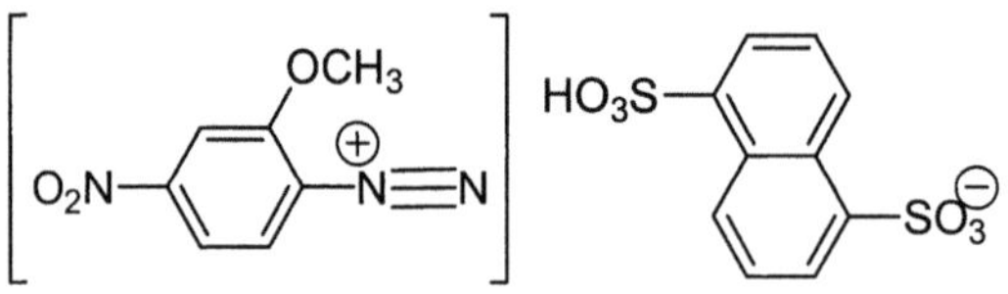

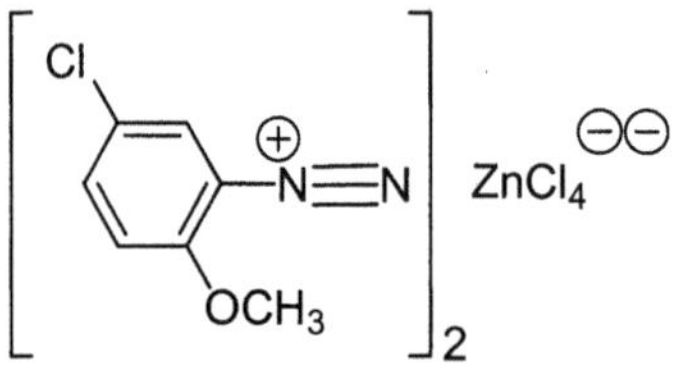

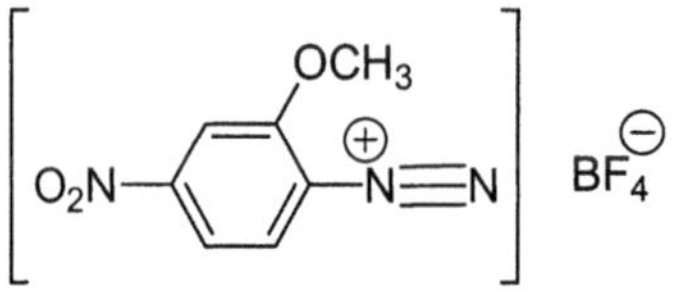

Table 5-44: **Examples of typical fast colour salts**

Application of azoic colourants involves a number of steps:

- preparation of the naphtolate solution: naphtol is converted into naphtolate form in order to be able to couple with the diazonium salt;
- application of the naphtolate to the fibre;
- preparation of the diazotized base: in order to make the coupling reaction possible, the base must first be diazotized in the cold using sodium nitrite and hydrochloric acid (this step can be avoided when using fast colour salts);
- formation of the azoic dye into the fibre.

To dissolve naphtols by the cold dissolution process, ethanol or certain heterocyclic bases (pyridine derivatives, N-methylpyrrolidone) are used as solvent [266].

Sparingly soluble aminoisoindolones and other precursors of the phthalogen developing dyes are dissolved with special mixtures of glycols, amines, and surfactants [266]

Environmental issues

The ecological properties of naphtol dyes are assessed under the following parameters. Table 5-45 , taken from [2], does not consider the environmental issues related to chemicals and auxiliaries employed in the dyeing process because these issues are discussed in a specific annex.

Parameters of concern	Comments
Bio-eliminability	
Organic halogens (AOX)	
Eco-toxicity	
Heavy metals	
Aromatic amines	Developing agents are all diazotisable amines, diamines, Substituted anilines, toluidines, anisidines, azobenzenes, or diphenylamines. Some of these amines, and in particular p-Nitroaniline, chloroaniline, and ß-naphtilamine, are on the 1980 US EPA priority list as harmful pollutants and their use is forbidden.
Unfixed colourant	Degree of fixation in continuous dyeing processes ranges between 76 and 89 % and between 80 and 91 % in printing Processes
Effluent contamination by dispersants and additives in the dye	

Table 5-45:   ***Overview of the ecological properties of naphtol dyes***

5.4.8   Reactive dyes

Chemical characteristics

Reactive dyes are unique in that they contain specific chemical groups capable of forming covalent links with the textile substrate.

The energy required to break this bond is similar to that required to degrade the substrate itself, thus accounting for the high wet fastness of these dyes.

The structure of Reactive Black 5, one of the most important reactive dyestuffs in terms of amount used, is illustrated in Figure 5-27, taken from [2].

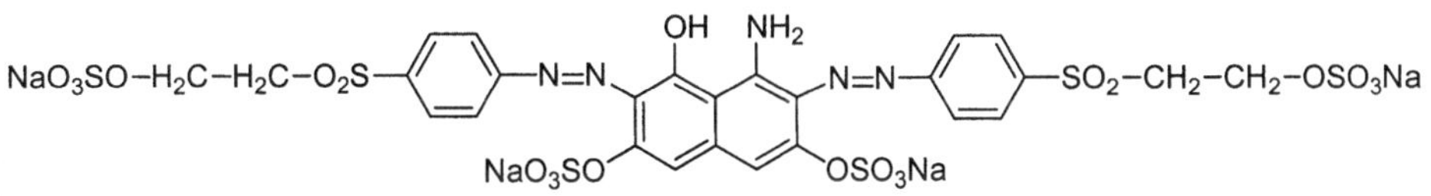

OH   NH$_2$
NaO$_3$SO–H$_2$C–H$_2$C–O$_2$S—N=N—N=N—SO$_2$–CH$_2$–CH$_2$–OSO$_3$Na
NaO$_3$SO   OSO$_3$Na

Figure 5-27:   ***Reactive Black 5***

Chemical structure of reactive dyes can be schematically represented by the following formula:

Col-B-R, where:

- Col is the chromophore, which is in general consists of monoazoic, anthraquinone, phthalocyanine and metal-complex compounds;
- B is the linking group between the chromophore and the reactive group;
- R represents the reactive group (anchor system with the linking group). The anchor systems are characterised by their reactivity. Based on this, they are classified as hot, warm and cold dyers.

Some typical examples of reactive systems for cellulose and wool or polyamide fibres are reported in the following tables.

Moreover, so-called formazan dyes can also be used in their metalsied form to dye and print cotton, or wool and polyamide (see also 5.4.5). Yet, the most important formazan dyes are those containing reactive groups for dyeing and printing on cellulose fibres. They are usually blue, occasionally green copper complexes containing sulphonic acid and reactive groups; examples are CI Reactive Green 15, Reactive Blue 70, 83, 84, 104, 157, 160, 182, 202, 209, 212, 216, 218, 220, 221, 226, 228, 235. The increasing importance of blue formazan dyes is mostly due to their suitability as a cheap constituent of triple dyes [402].

Anchor system	Denomination	Commercial name
(structure: dichloro-s-triazine)	Dichloro-s-triazine (cold dyer)	Procion MX
(structure: amino-fluoro-s-triazine)	Amino-fluoro-s-triazine (warm dyer)	Cibacron F
(structure: trichloro-pyrimidine)	Trichloro-pyrimidine (hot dyer)	Cibacron T-E Dimaren X, Z
-SO2-CH2-CH2-O-SO3Na	Beta-sulphate-ethyl-sulphone (warm dyer)	Remazol
(structure: 2,4-difluoro 5-chloro pyrimidine)	2,4-difluoro 5-chloro pyrimidine	Verofix Drimalan F
-SO2-CH2-CH2-O-SO3Na	Beta-sulphate-ethyl-sulphone	Remazolan
-SO2-NH-CH2-CH2-O-SO3H	Sulphate-ethyl sulphonamide	Levafix
-NHCO-CBr=CH2	Bromoacrylamide	Lanasol

Table 5-46: **Typical anchor systems for wool and polyamide fibres**

The reactive groups of the colourant react with the amino groups of the fibre in the case of protein and polyamide fibres, and with the hydroxyl groups in the case of cellulose.

In both cases, depending on the anchor system, two reaction mechanisms are possible: a nucleophilic substitution mechanism or a nucleophylic addition mechanism.

An important issue to consider when dealing with reactive dyes is the fact that two competing reactions are always involved in the colouring process:

- alcoholysis: dye + fibre → dye fixed to the fibre;
- hydrolysis: dye + water →hydrolysed dye washed away after dyeing (undesired reaction).

This fact has important consequences, especially in the case of cellulose fibres. In fact, the alkaline conditions in which reactive dyes react with cellulose fibres increases the rate of the hydrolysis reaction. The characteristics of the resulting hydrolysed dye are such that the dye is no longer a reactive substance and it is therefore discharged in the effluent.

In continuous dyeing of cellulose fibres with reactive dyes by the pad dry thermofix process, large amounts of urea (50-100 g/l) are adde to the liquor. These increase the solubility of the dye in paddeying liquor and, during the fixing process, form a melt which allows the dye to diffuse into the fibre. In many cases, this improve the yield. Dicyandiamide, which has a lower tendency to sublime, can be used instead of urea [266].

Poor dye fixation has been a long-standing problem with reactive dyes, in particular with batch dyeing of cellulose fibres, where a significant amount of salt is normally added to improve dye exhaustion (and therefore also dye fixation). On the other hand, shade reproducibility and level dyeing were the major obstacle in "right-first-time" production using the most efficient dyes (high exhaustion and fixation rate).

Research and development has been faced with a number of objectives, all of which have been or are in the process of being successfully achieved. These include:

- increasing the robustness of individual dyes and dye combinations (trichromatic systems);

- optimising the washing-off properties of the dye, thus improving wash fastness;

- enhancing reproducibility of trichromatic combinations used in most commonly applied dyeing processes;

- reducing salt consumption and/or unused dye in the effluent;

- improving fastness properties (e.g. light fastness, fastness to repeated laundering).

With the use of sophisticated molecular engineering techniques it has been possible to design reactive dyes (e.g. bifunctional dyes and low-salt reactive dyes) with considerably higher performance than traditional reactive dyes [150]. Some examples of successes are the introduction of non-anthraquinone bright blues (e.g. CI Reactive Blue 198) based on the triphenon-dioxiazine chromophore, new anthraquinone-based chromophore (particular suitable alternative to phtolocyanine dyes for viscose), or improved reactive dyes designed for wool and silk [335]. Recent developments in bifunctional reactive dyes are described in more detail in the section dealing with the dyeing of cellulose (see 5.2.3). Specially purified and formulated reactive dyes for ink-jet printing are now also marked to meet specific application properties of this new technique (see further 5.3.2 Instant Printing).

Another important development is the improvement of the dyeing process when dyeing cellulose with selected reactive dyes. The Econtrol® process, for example, provides a very simple Pad-dry process by controlling the relative humidity content, and needs only reduced amounts of auxiliary chemicals and no urea [2, 150]. This approach is described in more detail in the section 7.1.3, dealing with techniques minimising consumption of chemicals.

Environmental issues

The ecological properties of reactive dyes are assessed under the following parameters. Table 5-47 , taken from [2], does not consider the environmental issues related to chemicals and auxiliaries employed in the dyeing process because these issues are discussed in a specific annex.

Parameters of concern	Comments
Bio-eliminability	Because both unfixed reactive dye and its hydrolysed form are readily soluble they are difficult to eliminate in biological waste water treatment plants
Organic halogens (AOX)	Many reactive dyes contain organic halogens. However, a distinction has to be made between halogens bonded to the chromophore and halogens bonded to the anchor group (see Section 2.7.8.1 for more detailed discussion).
Eco-toxicity	
Heavy metals	Heavy metals can be present both as impurities from the production process (limits have been set by ETAD) and as an integral part of the chromophore. The latter concerns phthalocyanine dyes, which are still widely used especially for blue and turquoise shades (substitutes have not yet been found)
Aromatic amines	
Unfixed colourant	Fixation rate can be poor (1) (see also discussion in Section 2.7.8). Efforts have been made to increase the level of fixation. Some reactive dyes can reach >95 % of fixation even for cellulosic fibres (see Sections 4.6.10, 4.6.11 for recent developments)
Effluent contamination by dispersants and Additives already in the dye	
Notes:	
(1) [EURATEX] Fixation degree for:	
- cotton batch dyeing: 55 - 80 %	
- wool batch dyeing: 90 - 97 %	
- printing (general): 60 %	

Table 5-47: **Overview of the ecological properties of reactive dyes**

Heavy metals like copper and nickel, which can be present in green, turquoise and blue reactive dyes are yet not bio-available, but can be removed from fabric by washing or wearing.

However, alternatives to reactive dyes for dyeing are till now not found. Alternatives for printing pastes are otherwise cited, such as for example natural component on the basis of mineral pigments (i.e. ultramarine blue, ferrous oxide brown, etc) [448].

5.4.9   Sulphur dyes

Chemical characteristics

Sulphur dyes are made up of high molecular weight compounds obtained by the reaction of sulphur or sulphides with amines and phenols. Many colourants exist which contain sulphur in their molecule, but only dyestuffs which become soluble in water after reaction with sodium sulphide under alkaline conditions can be called sulphur dyes.

The exact chemical structure is not always known because these are mixtures of highly complex molecules. Amino derivatives, nitrobenzenes, nitro and aminobiphenyls, substituted phenols, substituted naphhalenes, condensed aromatic compounds, indophenols, azines, oxazine, thiazol, azine and thiazine rings can be part of these compounds. Sulphur dyes contain sulphur both as an integral part of the chromophore and in polysulphide side chains.

Cellulose fibre dyeing (also cellulose/polyester blends) of piece, yarn and flock are the main fields of application for sulphur dyes. Their favourable price give them a selection advantage when deeper, muted shades of black, dark, blue, olive, brown and green are needed.

As has already been mentioned, sulphur dyes are insoluble in water, but after reduction under alkaline conditions they are converted into the leuco form, which is water-soluble and has a high affinity to fibre. After absorption into the fibre they are oxidised and converted into the original insoluble state.

Sulphur dyes are available in various modifications, which are classified under the following names:

- sulphur dyes - available as amorphous powders or dispersible pigments. Amorphous powders are insoluble or partially soluble in water and are brought into the solution by boiling with sodium sulphide and water. Dispersible pigments can be used in this form for pad dyeing with the presence of a dispersing agent. They can contain a certain amount of reducing agent already in the formulation and in this case are called "partly reduced pigments;"

- leuco-sulphur dyes (ready-for-use dyes) - available in liquid form and already contain the reducing agent required for dyeing. Therefore, they must simply be diluted with water before application. Low-sulphide types are also available on the market;

- water-soluble sulphur dyes - available in the form of Bunte salts ($Col\text{-}S\text{-}SO_3Na$) obtained by treating the dye in its insoluble form ($Col\text{-}S\text{-}S\text{-}Col$) with sodium hydrosulphite. These dyes can be dissolved in hot water but they do not have an affinity for the fibre. The addition of alkali and reducing agent makes them substantive for the fibre.

Sodium sulphide and sodium hydrogensulphyde are generally employed as reducing agents to bring the dye into the solution (unless ready-for-use sulphur dyes are applied). Binary systems made of glucose and sodium dithionite (hydrosulphite) or thiourea dioxide are also used as alternative reducing agents.

In all processes the dye is finally fixed to the substrate by oxidation. Nowadays, hydrogen peroxide or halogen-containing compounds such as bromate, iodate and chlorite are the most commonly used oxidising agents.

For novel colouring technique avoiding the use of chemical reduction agent, see further sections 5.4.10 and 5.2.3 dealing with electrochemical dyeing.

Environmental issues

The ecological properties of sulphur dyes are assessed under the following parameters. Table 5-48 , taken from [2], does not consider the environmental issues related to chemicals and auxiliaries employed in the dyeing process because these issues are discussed in a specific annex.

Parameters of concern	Comments
Bio-eliminability	
Organic halogens (AOX)	
Eco-toxicity	
Heavy metals	
Aromatic amines	
Unfixed colourant	Degree of fixation ranges between 60 and 90 % in continuous dyeing and 65 - 95 % in printing
Effluent contamination by additives in the dye Formulation	Poorly biodegradable dispersants are present. New formaldehyde condensation products with higher elimination (>70 %) are already available

Table 5-48: **Overview of the ecological properties of sulphur dyes**

5.4.10 Vat dyes

Chemical characteristics

From a chemical point of view vat dyes, can be divided into two groups: indigoid vat dyes and anthraquinoid dyes. Indigo dyes are almost exclusively used for dyeing warp yarn in the production of blue denim.Yet, in the last years, the market share of vat dyes stabilised as vat dyes are nowadays preferred dyes when colouring high-quality cellulose textiles with essentially good colour fastness (see also Figure 5-). An important subgroup among indigoid dyes are indanthrene-like dyes (" indigo of anthracen"), which main representative and much used dyestuff is C.I. vat Blue 4 [394].

Like sulphur dyes, vat dyes are normally insoluble in water, becoming water-soluble and substantive for the fibre after reduction in alkaline conditions (vatting). They are then converted back to the original insoluble form by oxidation and in this way remain fixed onto the fibre.

Vat blue 1 C.I. 73000	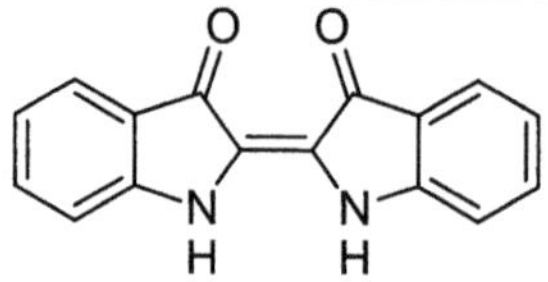
Vat blue 4 C.I. 69800	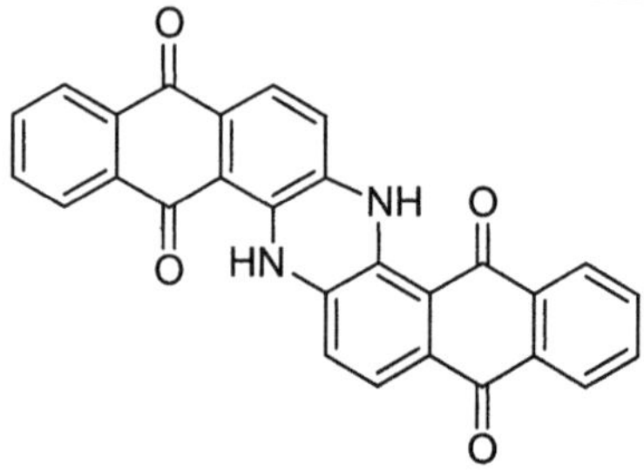
Vat orange 3 C.I. 59300	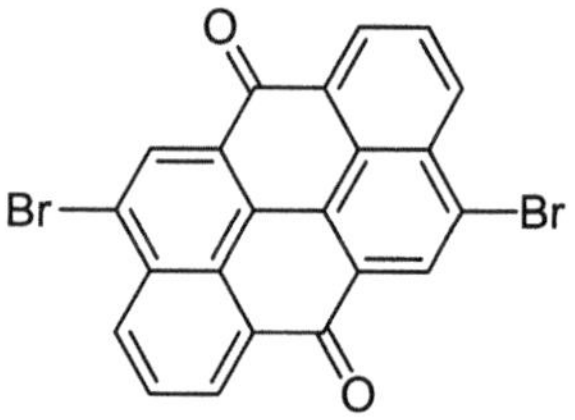
Vat yellow 1 C.I. 70600	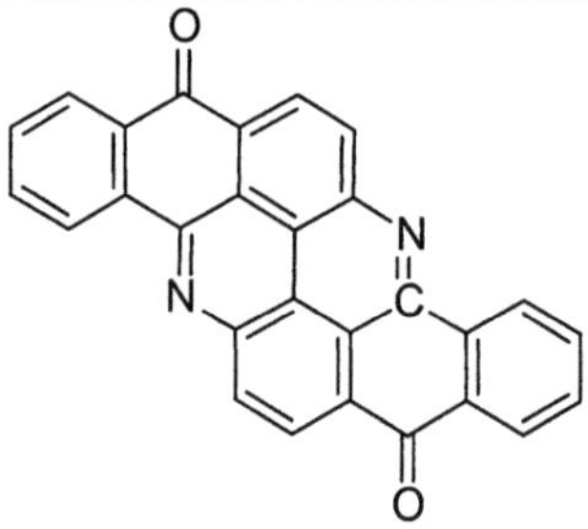
Vat orange 9 C.I. 59700	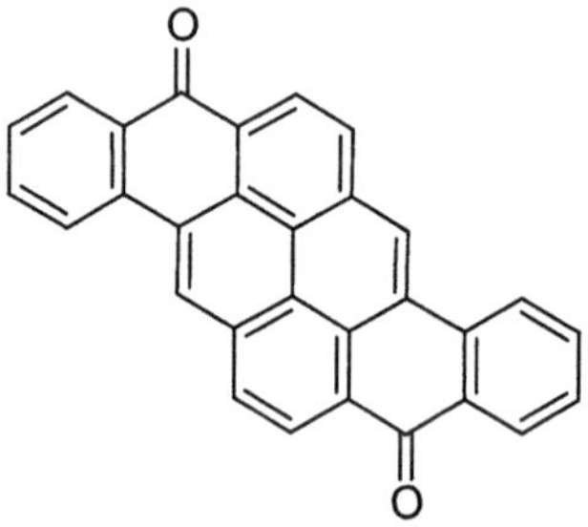
Vat blue 20 C.I. 59800	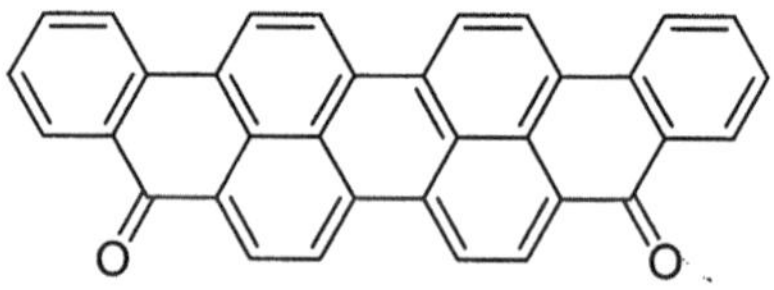

Figure 5-28:   ***Examples of typical vat dyes***

Vat dyes are preparations which consist of a vattable coloured pigment and a dispersing agent (mainly formaldehyde condensation products and ligninsulphonates). They can be supplied in powder, granules, and paste form.

A wide range of different techniques are used in colouring processes using vat dyes; the consumption of vat dyes referring to the application technique are given in Figure 5-29 [394].

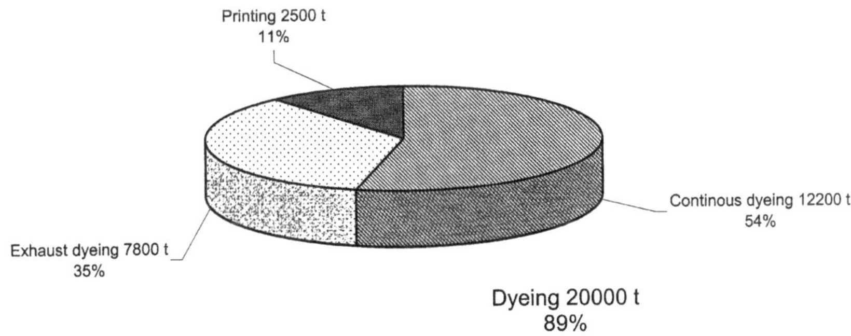

Figure 5-29:   ***Consumption of vat dyes, referring to the application technique***

Nevertheless, all processes involve three steps:

- vatting;
- oxidation;
- after-treatment.

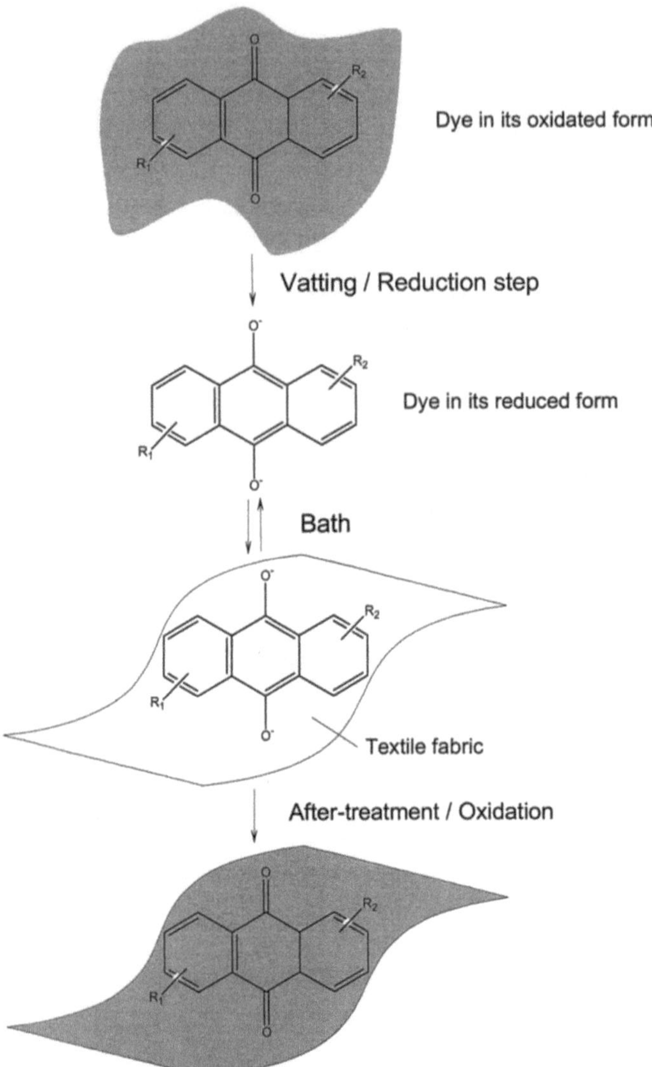

Figure 5-30:   ***Molecular view of colouring with vat dyes***

The step in which the reduction of the dyestuff into its leuco-form takes place is called *vatting*.

Vat dyes are generally more difficult to reduce than sulphur dyes. Various reducing agents are used; however, sodium dithionite (hydrosulphite) is still the most widely employed although it has some limits. Sodium dithionite is consumed by reduction of the dye and also by reaction with atmospheric oxygen, therefore an excess of reducing agent has to be used and various techniques have been proposed to reduce these losses.

In addition, sodium dithionite cannot be used in high temperature or pad-steam dyeing processes because over-reduction can occur with sensitive dyes. In these application conditions and also for printing, sulphoxylic acid derivatives are normally preferred.

Thiourea dioxide is also sometimes used as a reducing agent, but a risk of over-reduction exists as its reduction potential is much higher than that of hydrosulphite. Furthermore, the oxidation products of thiourea dioxide contribute to nitrogen and sulphur contamination of waste water.

Following increasing environmental pressures, biodegradable sulphur-free organic reducing agents such as hydroxyacetone are now available. Their reducing effect, however, is weaker than that of hydrosulphite, so they cannot replace it in all applications. Nevertheless hydroxyacetone can be used in combination with hydrosulphite, thus reducing to a certain extent the sulphite load in the effluent.

In classical vat dyeing, after absorption by the fibre, the dye in its soluble leuco form is converted to the original pigment by *oxidation*. This process is carried out in the course of wet treatment (washing) by the addition of oxidants such as hydrogen peroxide, perborate or 3-nitrobenzenesulphonic acid to the liquor.

The final step consists of *after-treating* the material in weakly alkaline liquor at boiling point with a detergent. The soap treatment is not only aimed at removing pigment particles, but also allows the crystallisation of amorphous dye particles, which gives the material the final shade and the fastness properties typical of vat dyes.

Vat dyeing conditions can vary widely in terms of temperature, amount of salt and alkali required, depending on the nature of the dye applied. Vat dyes are therefore divided into the following groups according to their affinity to the fibre and amount of alkali required for dyeing:

- IK dyes (I = Indanthren, K = cold) have low affinity, they are dyed at 20 – 30 °C and require little alkali and salt to increase dye absorption;
- IW dyes (W = warm) have higher affinity, they are dyed at 40 – 45 °C with more alkali and little or no salt;
- IN dyes (N = normal) are highly substantive and applied at 60 °C requiring much alkali, but no addition of salt.

Electrochemical dyeing, a novel process where the chemical reduction agent is replaced by electrons from an electric current is said to be one of the most promising innovation of the last years. The technique can moreover be used for all dyestuffs needing reduction agents (e.g. sulphur dyes, indigo dyes, indanthrene dyes). A distinction is made between direct and indirect electrolysis. In the case of sulphur dyes, direct electrolysis is applied i.e. the electrons are transfered immediately to the dye and reduce it to a coloured form. On the other hand, when using vat dyes and indigo which are comparable to insoluble pigments, a good soluble and regenerable mediator have to transfer the electrons from the electrode surface to the dye molecules [394]. The conventional and the electrochemical processes are compared in the following figure.

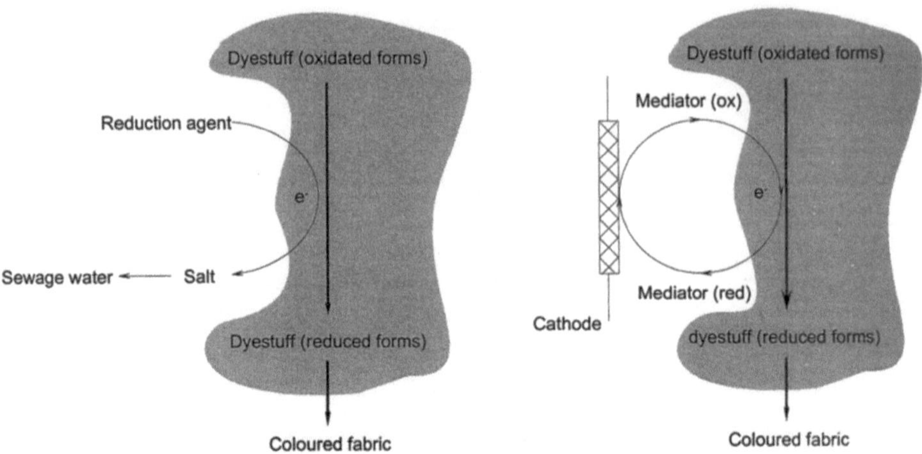

Figure 5-31:   ***Comparative shema of classical and electrochemical dyeing processes***

A good soluble ferrous complex is the convenient mediator for indirect electrochemical dyeing. The complexe moving free in the dyeing bath transfers electrons by ceding them to the dyestuff molecule. The regeneration of the mediator take then place at the cathodic electrode, where the mediator is once again bring in its activated form. The regulation of the voltage i.e. the redox potential allows precise vatting of even sensitive dyes.In the so-called batch process, the water, alkali, mediator and textile auxiliaries are first added, the voltage adjusted and the dyestuff portionly dosed to the mixture. On the other hand, the so-called all-in process started with all the chemicals mentioned below, but the amount of dyestuff need is added in one portion as the voltage is adjusted.

The electrochemical dyeing is said to have some very interesting advantages concerning the consumption of chemicals. Table 5-49 shows a comparative table of consumption data of conventional and electrochemical dyeing processes using indanthrene dyes (100 kg cotton, liquor ratio 1:10). The conventional dyeing is applied using sodium dithionite, in different colour depths [394].

Chemicals	Electrochemical (bright to deep colours)	Conventional (Bright colour)	Conventional (Medium colour)	Conventional (Deep colour)
Mediator (ferrous complex)	13.6 g/l i.e. 2050 g	-	-	-
Reduction agent (sodium dithionite)	-	3 g/l i.e. 3000 g	5 g/l i.e. 5000 g	8 g/l i.e. 8000 g
Caustic soda	32 ml/l i.e. 2100 g	14 ml/l i.e. 6160 g	19 ml/l i.e. 8360 g	24 ml/l i.e. 10560 g
Reductive purifycation (sodium dithionite)	-	-	2 g/l i.e. 2000 g	2 g/l i.e. 2000 g
Caustic Soda	-	-	2 ml/l i.e. 880 g	2 ml/l i.e. 880 g
Total	4140 g	9160 g	16240 g	21440 g
Water consumption	150 l *	1000 l	2000 l	2000 l

Notes: colour depths were obtained applying a 0.3% (bright), 2% (medium) or 4% (deep) reduction; 15% lose of water during electrochemical dyeing has been supposed.

* water which must be replenished, assuming that approx. 15 % of the dyeing liquor remains on the textile

Table 5-49: **Consumption of processing chemicals (conventional versus electrochemical dyeing)**

The recovery of processing water after electrochemical dyeing allows to reduce the chemical load of sewage water. Moreover, the amount of fresh water need is considerably lower than for conventional dyeing process. Another advantage that may improve reliability of dyeing is the possibility of exact contol of the chemical reaction by regulating the process potential. In practice, still existing dyeing equipment can be refit with appropriate electrolysis devices [394].

Environmental issues

The ecological properties of vat dyes are assessed under the following parameters. Table 5-50 , taken from [2], does not consider the environmental issues related to chemicals and auxiliaries employed in the dyeing process because these issues are discussed in a specific annex.

Parameters of concern	Comments
Bio-eliminability	Vat dyes can be regarded to as highly eliminable due to their high degree of fixation and to the fact that they are water-insoluble
Organic halogens (AOX)	
Eco-toxicity	Since they are sparingly soluble they are not bio-available
Heavy metals	Vat dyes contain heavy metal impurities (Cu, Fe, Mn, Ba and Pb) due to their production process (in some cases it is still difficult to keep these limits Below the ETAD standards)
Aromatic amines	
Unfixed colourant	Vat dyes show high exhaustion levels (70 - 95 % in continuous dyeing processes and 70 - 80 % in printing)
Effluent contamination by additives in the dye formulation	Dispersants are present in the dye formulation. Since they are water-soluble and poorly degradable, they are found in the waste water. New formaldehyde condensation products with higher elimination (>70 %) are already available And more readily eliminable substitutes are being developed

Table 5-50:   ***Overview of the ecological properties of vat dyes***

5.4.11 Natural dyes

Natural dyes are made from plants, animals and shells such as indigo, madder, walnut shells and cochineal insects. Natural dyes have no built-in affiliation for textile fibres, therefore fixing agents (normally polluting heavy metals such as chromium and tin), so-called mordants are used. In comparison to synthetic dyes, natural dyes have poor light and wash fastness. They further have large variations in colour tone, making colour matching difficult. In addition, large quantities of resources are needed for a small amount of dye – as concentrations of dye found in nature tend to be extremely low – making their widespread use quasi impractical [156, 400; 401].

The knowledge about the chemical composition of naturally occurring dyestuffs is primary important for archeological and ethnographical studies. However, the consolidated knowledge about the chemical structure of natural dyes is even today most useful to synthesize improved dyes.

The synthesis of Indigo and Alizarin are examples of successful researches of the past century on this field.

Nowadays, natural dyes still have a very important application as colouring agents in food and drug ingredients, in cosmetics, etc. They are further used for colouring paper and leather, as components in artist' pigments, and also as indicators or analytical reagents. Their use as colouring agents for textile is today nearly only restricted to some ethnographic application purposes. In industrial application, natural dyes have completely disappeared, making place for cheaper and improved synthetic dyes. Yet, in the last year some attempts have been made to optimize some of them for large scale application. The main disadvantage of natural dyes remains their poor wash- or ligthfastness; thus, apart some restricted application for colouring textile material destinated to an environmentally friendly clientele, the attempt failed. Natural occurring pigments are surely an exception; however, most of them can today be used as synthesized products (see 5.4.12). Especially in India, researchs of the last years were undertaken to study the old traditional art of vegetable dyeing on textile fibres with a scientific approach [156; 157; 189].

The most important application of natural dyes as textile colouring agent are summarized in the following table.

Nature of the textile material	Colouring products
Polyamide, silk	Extracts of logwood, quercitron or fustic Rottlerin
Wool (fashion nuance)	Extracts of logwood, quercitron , fustic, fisethwood or redwood
Cotton printing	Extracts of logwood, quercitron, fustic or Buckthorn berries

Table 5-51: **Most important use of natural dyes for textile colouring, today**

About 160 years ago,a classification according to the applicationwise natural dyes mentioned two groups: substantive dyes (i.e. colourant directly dye the fibre) and adjective dyes (i.e. mordant dyes which are applied on materials mordanted with metallic salts). The above classification was replaced by an equivalent subsequent classification i.e. direct dyes and mordant dyes. Another classification divided them into monogenetic dyes and polygenetic dyes. Monogenetic dyes produce only one colour irrespective of the mordant while the colour generated on the fibre by the polygenetic dye depends on the mordant used. Refering to the applicationwise classification used for synthetic dyes, the following table gives typical examples of dyes, basic, mordant and vat natural dyes [82].

Classification of natural dyes	Typical examples	Comments
Direct dyes	Turmeric Annatto Carthamin	Many natural dyes belong to this category. Fibres dyed with them are normally treated with metal salts. Used on cellulosic fibres
Acid dyes	Saffron	Majority of them have carboxylic acid groups as against the sulphonic groups contained in the artificial colourants. The acid dyes material are usually subjected to an after-treatment with tannic acid and tartar emetic (back tannin) which enhances the washfastness. Used on wool and silk
Basic dyes	Barberine	The dyes have very low ligthfastness. Used on wool and silk, but also on cotton mordanted with tannic acid, tartar emetic or other metal salts
Mordant dyes	Several natural dyes belong to this class and many are extracted along with the tannin from the vegetable matters in which case the dye is directly taken by the untreated cellulosic materials.	All dyes which form complex with mordants are grouped under this heading. Formation of metal complexes on the fibre may be achieved by simultaneous application of the mordant and the dye, or by after-treatment.
Vat dyes	Indigo	These dyes are converted from their insoluble form to a soluble so-called leuco form that have affinity for the natural fibres. By exposion to air, the leuco form once into the fibre structure is back oxidized, treatment with hot solution gives the true colour.

Table 5-52: **Examples of natural dyes, according to applicationwise classification**

With the exeption of natural dye Lawsone, the natural dyes do not present an alternative to synthetic dyes for application on synthetic fibres [82].

In the following tables the natural dyes components are classified according to their chemical structures. For each colouring component extracted from natural product capable of being used in textile processes, the occurrence (i.e. plant, champignon, root, etc) is explained and details about its use in textile processes are given. The tables refer to information taken from [296].

Natural dyes of the Carotenoid Group

Characteristics and Sources

In the following tables, only the chemical characteristics of the main natural dyes of the carotenoid group which can be used for textile purposes are listed.

Name and C.I. Number	Sources
α Carotene (C.I. 75130)	*Trace component in Saffron *Trace component in Gorse *Trace component in Broom
β-Carotene (C.I.75130)	*Trace component in Saffron *Trace component in Gorse *Trace component in Broom
γ-Carotene (C.I. 75130)	*Trace component in Saffron *Trace component in Broom
Rubixanthin	*Trace component in Marigold *Trace component in French Marigold
Xanthophyll, Lutein	*Trace component in Saffron *Trace component in Broom *Component in Anthyllis vulneria *Component in African Marigold *Component in French Marigold *Component in Sunflower *Component in Scots pine
Zeaxanthin (C.I. 75137)	*Trace component in Saffron
Violaxanthin (C.I.75138)	*Trace component in Marigold *Component in Gorse *Component in French Marigold *Component in Sunflower *Component in Scots pine
Lycopin (C.I. 75125)	*Trace component in Marigold *Trace component in Saffron
Plectaniaxanthin	
Flavoxanthin	*Trace component in Marigold *Trace component in Gorse *Trace component in Broom
Kryptoxanthin	*Component in Sunflower *Component in African Marigold
Azafrine	*Main component in Escobedia scabrifolia
Bixin	*Main component in Annato
Crocetin	*Trace component in Saffron *Main component in Tree of sorrow *Trace component in Annato
Crocin	*Main component in Saffron *Main component in Cape Jasmin *Component in Indian Mahogany

Table 5-53: **Examples of carotenoid dyes for textile purposes**

Typical Applications

Saffron (C.I. Natural Yellow 6) can be used as a direct dye for wool, silk, and cotton. It can be dyed with or without mordant such as alum and tin. On wool without mordant, one obtains an orange yellow colour; on cotton, orange is obtained when also steeped in tin salt.

Cape Jasmine (C.I. Natural Yellow 6) can be used as a direct dye on silk without previous mordant. The essence of the fruit in powder form can be used for dyeing after adding 2 grams of alum and 1 gram of oxalic acid to each litre of the dyeing fluid. Before dyeing, cotton can be steeped in acetate of aluminium, or in pyroligneous acid.

Tree of sorrow (C.I. Natural Yellow 19): cotton, silk, and wild silk are steeped in alum mordant and lemon juice and then dyed with the essence of the petal. The flowers from Trees of sorrow are often used in combination with other flowers (e.g. Butea monosperma) as a dye.

Indian Mahogany (C.I. Natural Red 1, C.I. Natural Yellow 4): on alum mordanted wool one obtains yellow, with tin mordant one obtains orange, and with iron liquor dark brown.

Marigold (C.I. Natural Yellow 27): pale yellow tints can be obtained on wool and silk previously steeped in alum.

Annatto (C.I. Natural Orange 4) is, as with Saffron, used for dyeing wool, silk, and cotton in tints from orange to yellowish orange without using mordant. Concerning wool: 100% of Annato dyeing on wool mordanted with 25% alum and 6 % tartar produces deep orange, the second dyeing produces yellowish-orange (the dyestuff is previously mixed with soda. With equal quantities of Annatto and Soda, silk can be intensively coloured gold at 50°C (dyeing duration: 1 hour). A subsequent treatment with tartaric acid provides an orange red colour.

Natural dyes of the Diaryloylmethane Group

Characteristics and Sources

Name and C.I. Number	Sources
Curcumin	*Main component in Turmeric
Demethoxycurcumin	*Trace component in Turmeric
Bisdemethoxycurcumin	*Trace component in Turmeric

Table 5-54:   ***Examples of diaryloylmethane dyes for textile purposes***

Typical Applications

Turmeric (C.I. Natural Yellow 3) is used as a direct dye for dyeing cotton, wool, and silk into greenish yellow colours. It is also used for dyeing alum mordanted wool orange yellow, chrome mordanted wool brown, tin mordanted wool orange, and wool steeped in iron liquor brown. The iron bath should not be alkaline and the dyeing temperature should not exceed 60 °C, otherwise the brightness and intensity of colour would be lower than expected.

Natural dyes of the Benzoquinone Group

Characteristics and Sources

Name and C.I. Number	Sources
Polyporenic acid	*Main component in Hapalopilus nidulans
Atromentin	*Trace component in Paxillus involtus
	*Trace component in Paxillus atromentos
	*Trace component in Xerocomus chris-entheron
Telephoric acid	*Component in Lungwort
Grevilline	*Component in Suillus Grevillei
Boviquinone	*Main component in Suilllus Bovinus
Carthamin (C.I. 75140)	*Main component in Safflower

Table 5-55:   ***Examples of benzoquinone dyes for textile purposes***

Typical Applications

Hapalopilus nidulans: the Fungus is reduced into small pieces and boiled for about one hour with 1% ammoniac. It can then be used for dyeing wool, at 90°C for an hour; to obtain the following colours: on wool without mordant violet, on alum mordanted wool violet, on tin mordanted wool violet, on copper mordanted wool auburn, and on wool with iron liquor purplish-black.

Hapalopilus nidulans: wool without mordant gives an olive green colour. Wool with alum gives olive grey, with copper purplish-black, and with iron liquor green.

Paxillus involutus: wool without mordant turns a brownish-orange colour. Wool with alum is dyed brownish-orange, with tin gold, with copper olive green, and with iron liquor brown.

Xerocomus chrysenteron: wool without mordant is dyed yellowish green. Wool with alum gives a yellowish-brown colour, with tin orange, with copper green, and with iron olive green.

Suillus Bovinus: wool without mordant turns yellow. Wool with alum is dyed yellow, with tin orange, with copper greenish yellow, and with iron greenish yellow.

Suillus grevillei : wool without mordant is coloured beige. Wool with alum gives beige, with tin orange, with copper olive green, and with iron olive.

Safflower (C.I. Natural Red 26): generally, safflower yellow is used as a dye on alum mordanted wool. One obtains a yellow tint which is comparable to several hydroxyflavone colours. Safflower on cotton and silk: such dyes require careful preparation of the dyeing fluid to eliminate the water soluble safflower yellow.

Natural dyes of the Naphtochinon Group

Characteristics and Sources

Name and C.I. Number	Sources
Lawson (C.I. 75480)	*component in Egyptian privet
Lapachol	*Main component in Tecoma ipé *Main component in Bignonia tecomoides *Main component in Tecoma ochracea *Main component in Tecoma Lapacho *Main component in Tecoma Leucoxylon *Main component in Tecoma araliacea *Main component in Ocotea rodiaei
Desoxylapachol	*Trace component in Tecoma ipé
Menachinon	*Trace component in Tecoma ipé
α-Lapachon	*Trace component in Tecoma ipé
β-Lapachon	*Trace component in Tecoma ipé
Lapachonon	*Trace component in Tecoma ipé
Dehydro-α-Lapachon	*Trace component in Tecoma ipé
Lomatiol	*Main component in Lomacia ilicifolia *Main component in Lomacia longifolia
uglon	*Trace component in Walnut-tree
Droseron	*Component in Drosera whittakeri
Methylnaphthazarin	*Component in Drosera whittakeri
Hydroxydroserone	*Main component in Dyer´s Bugloss *Main component in Onosma *Trace component in Lithospermum arverse
Alkannan (C.I. 75520)	*Trace component in Dyer´s Buglos
Shikonin (C.I. 75535)	*Main component in Lythospermum erythrorhizon *Trace component in Lythospermum officinale
Isobutylshikonin	*Trace component in Lythospermum erythrorhizon
β,β-Dimethylakrilshikonin	*Trace component in Lythospermum erythrorhizon
β-Hydroxy-isovaleryshikonin	*Trace component in Lythospermum erythrorhizon
Teracrylshikonin	Trace component in Lythospermum erythrorhizon

Table 5-56:   ***Examples of Naphtochinon dyes for textile purposes***

Typical Applications

Egyptian Privet (C.I. Natural Orange 6): wool and silk can be directly dyed without previous mordant. Orange brown is obtained on non-mordanted wool.

Walnut tree (C.I. Natural Brown 7): the leaves and shells from walnut trees can dye mordanted and non-mordanted wool. With or without alum mordant, brown tints are achieved.

Butternut Tree: the leaves, shells, and roots are used as a brown dye on wool. One can even obtain dark brown tints and almost black tints without using mordant.

Dyer's Bugloss (C.I. Natural Red 20) can be used as a dye on wool with 25% alum mordant and 6% tartar. Dye duration: 45 min. at 90°C. With alum mordant one obtains violet tints, with iron liquor greyish violet tints. The tints are very sensitive to light and to alkaline.

Bignonia Tecomoides (C.I. Natural Yellow 16) is heated with lime to dye cotton in a bath.to obtain a yellow colour.

Natural dyes of the Anthrachinone Group

Characteristics and Sources

316

Name and C.I. Number	Sources
Alizarin (C.I. 75330)	*Trace component in Madder *Component inWild madder *Trace component in Rubia cordifolia *Trace component in Rubia akane *Component in Sweet woodruff *Trace component in Dyer's woodruff *Main component in Chay root *Trace component in Morinda citrifolia *Trace component in Morinda umbellata
6-Methylalizarin	*Trace component in Coprosma lucida
1-Hydroxy-2-methylanthraquinone	*Trace component in Madder *Trace component in Sweet woodruff *Trace component in Morinda citrifolia *Trace component in Morinda umbellata
3-Hydroyx-2-methylanthraquinone	*Trace component in Coprosma lucida
Digitolutein	*Component in Foxglove
Hydroxyanthraquinone	*Trace component in Madder *Trace component in Sweet woodruff *Trace component in Morinda citrifolia *Trace component in Morinda umbellata
Alizarin-1-methoxymethane	*Trace component in Sweet woodruff *Trace component in Chay root *Trace component in Morinda citrifolia *Trace component in Morinda umbellata
Alizarin-2-methoxymethane	*Trace component in Madder *Trace component in Woodruff *Trace component in Morinda citrifolia *Trace component in Morinda umbellata
Purpuroxanthene (C.I. 75340)	*Trace component in Madder *Trace component in Rubia cordifolia *Component in Sweet woodruff *Trace component in Relbunium hypcarpium *Trace component in Morinda citrifolia *Trace component in Morinda umbellata
Rubiadin (C.I. 75350)	*Trace component in Madder *Trace component in Sweet woodruff *Trace component in Morinda citrifolia *Trace component in Morinda umbellata *Trace component in Coprosma lucida
Lucidin	*Trace component in Rubia akane *Trace component in Sweet woodruff

Name and C.I. Number	Sources
	*Trace component in Morinda citrifolia
	*Trace component in Morinda umbellata
	*Trace component in Coprosma lucida
Nordamnacanthal	*Trace component in Madder
	*Trace component in Rubia cordifolia
	*Trace component in Rubia akane
	*Trace component in Morinda citrifolia
	*Trace component in Morinda umbellata
Munjistin (C.I. 75370	*Trace component in Madder
	*Trace component in Rubia cordifolia
	*Trace component in Relbunium hypcarpium
Rubiadin-1-methoxymethane	*Trace component in Morinda citrifolia
	*Trace component in Morinda umbellata
Damnacanthal	*Trace component in Morinda citrifolia
	*Trace component in Morinda umbellata
Chinizarin (C.I. 58050)	*Trace component in Madder
Hystazarinmonomethoxymethane	*Trace component in Chay Root
Christofin	*Trace component in Madder
2-Hydroxymethylchinizarin	*Trace component in Madder
Chinizarin-2 –carboxylic acid	*Trace component in Madder
6-Methyl-purpuroxanthene	*Trace component in Morinda citrifolia
	*Trace component in Morinda umbellata
Soranjidiol (C.I.75390)	*Trace component in Morinda citrifolia
	*Trace component in Morinda umbellata
	*Trace component in Coprosma lucida
Phomarin	*Component in Foxglove
Anthragallol (C.I. 58200)	*Trace component in Madder
	*Trace component in Coprosma lucida
Purpurin (C.I.75410)	*Component in Sweet woodruff
	*Trace component in Dyer´s woodruff
	*Trace component in Relbunium hypcarpium
Digitopurpon	*Component in Foxglove
Pseudopurpurin (C.I.75420)	*Trace component in Madder
	*Trace component in Wild madder
	*Trace component in Rubia cordifolia
	*Component in Sweet woodruff
	*Main component in Dyer´s woodruff
	*Component in Relbunium hypcarpium
Morindon	*Main component in Morinda citrifolia

318

Name and C.I. Number	Sources
(C.I.75430)	*Main component in Morinda umbellata
	*Trace component in Coprosma lucida
Copareolatin	*Trace component in Coprosma lucida
Copareolatindemethyläther	*Trace component in Coprosma lucida
Chrysophanol (C.I. 75400)	*Trace component in Rhubarb
	*Trace component in Bitter dock
	*Trace component in Common sorrel
	*Trace component in Tanner's Dock
	*Trace component in Alder Buckthorn
	*Trace component in Sagradabark
	*Trace component in Aloe
Chrysophanolanthron	*Trace component in Bitter Dock
	*Main component in Andira araroba
Aloe-emodin	*Trace component in Rhubarb
	*Trace component in Bitter Dock
	*Trace component in Sagradabark
	*Trace component in Aloe
Rhéin	*Trace component in Rhubarb
Emodin	*Trace component in Rhubarb
	*Trace component in Bitter Dock
	*Trace component in Common sorrel
	*Trace component in Alder Buckthorn
	*Trace component in Sagradabark
	*Trace component in Red creeper
	*Trace component in Andira araroba
	*Trace component in Common yellow wall lichen
	*Component in Xanthoria elegans
	*Component in Dermocybe sanguinea
	*Trace component in Dermocybe semisanguinea
	*Component in Common buckthorn
	*Main component in Alatrernus
	*Main component in Petiolaris
	*Component in Chestnut tree
Physcion	*Trace component in Rhubarb
	*Trace component in Bitter Dock
	*Trace component in Common sorrel
	*Trace component in Tanner's Dock
	*Trace component in Alder Buckthorn
	*Trace component in Red creeper
	*Trace component in Rubia cordifolia
	*Component in Common Yellow wall lichen
	*Component in Xanthoria elegans

Name and C.I. Number	Sources
	*Component in Dermocybe sanguinea
	*Component in Dermocybe semisanguinea
Physcionanthranol A	*Trace component in Red creeper
Physcionanthranol B	*Trace component in Red creeper
Fallacinol	Trace component in Common yellow wall lichen
	*Component in Xanthoria elegans
Fallacinal	*Trace component in Common Yellow wall lichen
	*Trace component in Xanthoria elegans
Parietic acid	*Trace component in Common Yellow wall lichen
Dermoglaucin	*Component in dermocybe sanguinea
	*Component in Dermocybe semisanguinea
Dermocybin	*Component in dermocybe sanguinea
	*Component in Dermocybe semisanguinea
Dermolutein	*Component in dermocybe sanguinea
	*Component in Dermocybe semisanguinea
Dermorubin	*Component in dermocybe sanguinea
	*Component in Dermocybe semisanguinea
5 Chlordermolutein	*Component in dermocybe sanguinea
	*Component in Dermocybe semisanguinea
5 Chlordermorubin	*Component in dermocybe sanguinea
	*Component in Dermocybe semisanguinea
Xanthorin	*Component in Xanthoria elegans
Erythroglaucin	*Component in Xanthoria elegans
Kermesic acid (C.I. 75460)	*Main component in Kermes
	*Trace component in Cochineal
	*Trace component in Polish cochineal
	*Trace component in Porphyorophora hameli
	*Trace component in Lac insect
Laccainic acid	*Trace component in Kermes
	*Trace component in Cochineal
	*Trace component in Polish cochineal
	*Trace component in Porphyorophora hameli
	*Component in Lac insect
Carminic acid (C.I. 75468)	*Main Component in cochineal
	*Main component in Polish cochineal
	*Main component in Porphyorophora hameli
Laccainic acids A,B,C and E	*Main component in Lac insect
Erythrolaccin	*Component in Lac insect
Desoxyerythrolaccin	*Component in Lac insect
Isoerythrolaccin	*Component in Lac insect

Table 5-57:   ***Examples of natural Anthrachinone dyes for textile purposes***

Typical Applications

Tanner's Dock roots are used for dyeing on alum mordanted wool to obtain yellow, orange and auburn. The tints possess good fastness to light and washing.

Alder Buckthorn's bark is used for dyeing to obtain brown on alum mordanted wool; an addition of potassium carbonate to the dyeing fluid creates dark auburn. On wool steeped in chrome mordant one obtains auburn as well.

Aloe: a mixture of Aloe and water directly dyes wool a dark cherry brown colour. Post-treatment with potassium bichromate makes brown tints darker. With iron sulphate one obtains maroon.

Red Creeper (C.I. Natural Orange 1): the pigment created from the bark of the root provides different tints when fibres are steeped in different mordants. On cotton steeped in alum mordant one obtains red, on cotton with iron liquor one gets lilac, and on alum mordanted cotton and iron liquor mordanted cotton one obtains brownish-violet. When dyeing wool, calcium acetate is added to the dyeing fluid to correct the acidity of the mordanted fibres. Red is obtained with alum mordant, brownish-violet with chrome mordant, violet with iron liquor, and red with tin.

Rubia cordifolia (C.I. Natural Red 16): when used on alum mordanted wool, a brownish-red colour is created.

Rubia akane: one obtains red on alum mordanted wool.

Lady's Bedstraw (C.I. Natural Red 14): wool steeped in alum mordant is coloured red.

Hedge Bedstraw (C.I. Natural Red 14): the roots are used for dyeing purposes and when applied to wool with alum mordant, red tints are the result. The tints have good fastness to washing and light.

Common Cleavers (C.I. Natural Red 14): one obtains red on wool mordanted with alum.

Sweet Woodruff (C.I. Natural Red 14): wool mordanted with alum is dyed red.

Dyer's Woodruff (C.I. Natural Red 13): one obtains red tints on alum mordanted wool.

Relbunium hypcarpium: red tints are obtained on wool mordanted with alum.

Chay Root (C.I. Natural Red 6): when dyeing clothes with Chay Root it is very important to add 2% chalk to the dyeing fluid so as to prevent chay root's acidic substances from dissolving the mordant. One obtains bluish-red when dyeing wool with alum mordant.

Morinda citrifolia (C.I. Natural Red 18): at first, cotton is washed and dried. It is then treated in a hot mixture of water, soda, and ricinus oil (or sesame oil), and soaked until the mixture gets almost white (about 12 days later). Afterwards, the cotton is taken out and dried. The bark of Morinda citrifolia roots is added to water and boiled until the water gets dark red; the cotton then put into the solution and left to soak for 3 to 4 days in the dyeing liquid.

Harungana madagascariensis: yellowish-brown is obtained on cotton previously steeped in alum mordant.

Tectona grandis leaves are used for dyeing alum mordanted silk and used to make yellow and olive tints.

Andira araroba: dark violet is obtained on wool mordanted with 25% alum and 6% tartar.

Common Yellow Wall Lichen: on wool with chrome mordant one obtains pink; golden yellow is obtained on non-mordanted wool.

Dermocybe sanguinea: non-mordanted wool gives a brownish-orange colour. Wool with alum is dyed red, with tin red, with copper brownish-red, and with iron liquor purplish-black.

Dermocybe semisanguinea: non-mordanted wool: brownish-orange, wool with alum: red, wool with tin: orange red, wool with copper: brownish red, wool with iron: purplish-black.

Polish Cochineal (C.I. Natural Red 3): tints from scarlet to carmine are obtained on alum mordanted silk.

Porphyorophora hameli is used as a dye on alum mordanted wool to obtain a carmine colour; scarlet is obtained when used on tin mordanted wool.

Natural dyes of the Indigoid group

Characteristics and Sources

Name and C.I. Number	Sources
Fagopyrin	*Component in Buckwheat
Indigo (C.I. 75780, C.I. Natural Blue 1) (C.I. 73000, C.I. Vat Blue 1)	*Main component Indigo plant *Main component in synthetic indigo *Component in Banded dye-Murex
Indirubin (C.I. 75790, C.I. Natural Blue1) (C.I.73200, C.I. Vat Dye (synthetic))	*Trace component in Indigo plant *Trace component in Synthetic indigo *Component in Banded Dye-Murex
Indican	*Main component in Dyer´s Knotweed
Isatan B	*Main component in Woad *Trace component Rock-shell
6,6´-Dibromindigo (C.I. 75800)	*Component in Spiny Dye-Murex *Component in Banded Dye-Murex *Component in Dog-whelk *Main component in wide-mouthed pur-pura *Main component in Rock-shell
6,6´-Dibromindirubin	*Component in Spiny Dye-Murex
Isatin	*Trace component Indigo plant *Component in Dog-whelk
Tyriverdin	*Component in Dye-Murex

Table 5-58:   *Examples of natural Indigoid dyes for textile purposes*

Typical Applications

Yoruba Indigo: On cotton one obtains tints from pale blue to dark blue.

Indigo carmine (C.I. Natural Blue 2, C.I. Natural Acid Blue 74): dyeing wool with Indigo carmine is not difficult, one need only treat the wool in a boiling bath containing indigo carmine and alum with or without tartar addition (as alum provides a lasting quality to the tint). Silk which is to be dyed with indigo carmine is previously mordanted with alum. Whereas indigo sulphon acid is preferred for wool dyeing, indigo carmine is particularly suitable for silk and cotton dyeing.

Natural dyes of the Flavanoid Group

Characteristics and Sources

Name and C.I. number	Sources
Chrysin	*Component in Black poplar
	*Component in Golden Rod
Liquiritigenin	*Component in Common Robinia
	*Component in Dahlia pinnata
	*Component in Adamen Redwood
	*Component in Red sanders wood
Apigenin (C.I. 75580)	*Component in Weld
	*Component in Sawwort
	*Component in Dyer´s chamomile
	*Component in German chamomile
	*Component in Parsley
	*Component in Black poplar
	*Component in Tea
Baicalein	*Component in Golden rod
Luteolin (C.I. 75590 ; C.I. Natural Yellow 2)	*Component in Wild indigo
	*Component in Weld
	*Component in Broom
	*Component in Dyer´s chamomile
	*Component in Tansy
	*Component in Parsley
	*Component in Holy herb
	*Component in Artichoke
	*Component in Salvia triloba
	*Trace component in Arnica montana
	*Component in Foxglove
	*Component in Dahlia pinnata
	*Component in Tea
Pectolinarigenin	*Trace component in Red clover
Salvigenin	*Component in Salvia triloba
Mulberrin	*Component in White Mulberry
Cyclomulberrin	*Component in White Mulberry
Mulberrochromen	*Component in White Mulberry
Cyclomulberrochromen	Component in White Mulberry
Galangin	*Trace component in Chinese Ginger
	*Trace component in Bastard Hemp
	*Component in Black poplar
Galangin-3-methyläther	*Trace component in Chinese Ginger
Gallangin-7-methyläther	*Component in Black poplar
Garbanzol	*Component in Japanese Sumac
Campfer oil (C.I. 75640;	*Trace component in Walnut-tree
	*Trace component in Woad

Name and C.I. number	Sources
C.I. Natural Yellow 13,10)	*Trace component in Weld
	*Component in Sawwort5
	*Component in Hemp agrimony
	*Trace component in Red clover
	*Trace component in Onion
	*Component in Anthillis vulneria L.
	*Component in Black poplar
	*Component in Canadian Golden Rod
	*Component in Laurel
	*Component in Ash-Tree
	*Trace component in Chinese Pagoda-tree
	*Component in Common Buckthorn
	*Component Rhamnus Petilolaris
	*Component in Jung Fustic
	*Component in Old Fustic
	*Trace component in sweet gale
	*Component in Gossypium Malvaceae
	*Component in Black nigrum L
	*Component in Hollyhock
	*Component in Fumitory
	*Component in Sicilan Sumac
	*Component in Buck'shorn
	*Component in Chestnut-tree
	*Component in Mastich tree
	*Component in French Tamarisk
	*Component in Larch
	*Component in Tea
Datiscetin (C.I. 75630; C.I. Natural Yellow 12)	Main component in Bastard Hemp
Fisetin (C.I. 75620; C.I. Natural Brown 1)	*Component in Young Fustic *Component in Smooth Sumac *Component in Japanese Sumac *Component in Schinopsis Lorentuis
Pratoletin	*Trace component in Red clover *Trace component in White clover
Morin (C.I. 75660; C.I. Natural Yellow 8, 11)	*Component in old Fustic *Component in White Mulberry
Rhamnetin (C.I. 75690; C.I. Natural Yellow 13)	*Component in Black poplar *Component in Common Buckthorn *Trace component in Alaternus

Name and C.I. number	Sources
	*Main component in Rhamnus petiolaris
	*Component in French Tamarisk
Xanthoramnin (C.I. 75695; C.I. Natural Green 2, C.I. Natural Yellow 13)	*Component in Rhamnus infectorius
Isorhamnetin (C.I. 75680; C.I. Natural Yellow 10)	*Component in Betel nut
	*Component in Canadian golden Rod
	*Trace component in Marigold
	*Component in Dyer's chamomile
	*Component in Tansy
	*Trace component in Bastard Hemp
	*Component in Anthyllis vulneria L.
	*Component in Black poplar
Rhamnazin (C.I.75700; C.I. Natural Yellow13)	*Component in Buckthorn
	*Main component in Rhamnus Petiolaris
Quercetin (C.I. 75670; C.I. Natural Yellow10,13; C.I. Natural Red 1)	*Component in Indian Mahogany
	*Trace component in Walnut-tree
	*Trace component in Bitter Dock
	*Trace component in Gorse
	*Component in Chamomile
	*Component in German Chamomile
	*Component in Tansy
	*Component in Common germander
	*Trace component in Bastard Hemp
	*Trace component in White clover
	*Main component in Golden Rod
	*Component in Common buckthorn
	*Main component in Rhamnus petiolaris
	*Component in Young fustic
	*Component in Sweet gale
	*Component in Gossypium Malvaceae
	*Main component in Elder
	*Component in Black nigrum L
	*Component in Hollyhock
	*Component in Logwood-tree
	*Component in Common poppy
	*Component in Fumitory
	*Component in Mealy tree
	*Component in Buck'horn
	*Component in Rhus semiatala
	*Component in Bearberry
	*Component in Chestnut tree

326

Name and C.I. number	Sources
	*Component in Mastich tree
	*Component in French tamarisk
	*Component in Malpighia punicifolia
	*Component in Scots spine
	*Component in Larch
	*Component in Tea
	*Component in Uncaria gambier
Quercetin –3-methyläther	*Component in Inula viscosa
	*Component in Ash-tree
	*Component in White Mulberry
Quercetagetin	*Component in Dyer´s chamomile
	*Component in African Marigold
Myricetin	*Component in Tea
	*Trace component in White clover
	*Component in Black walnut
	*Trace component in White clover
	*Trace component in Common heather
	*Component in Young fustic
	*Component in Sweet gale
	*Component in Black nigrum L.
	*Component in Sicilian Sumac
	*Component in Rhus semiatala
	*Main component in Buck'shorn
	*Component in Bearberry
	*Component in Mastich tree
	*Component in Malpighia punicifolia
Jaceosid	*Component in Broom knapweed
Jacein	*Component in Broom knapweed
Robinetin	*Component in Common robinia
Daidzein	*Trace component in Red clover
Formononetin	*Trace component in Red clover
	*Trace component in White clover
	*Component in Adaman Redwood
Genistein	*Component in Wild indigo
	*Trace component in Dyer´s broom
	*Component in Broom
	*Trace component in Red clover
	*Trace component in Chinese Pagoda-tree
Prunetin	*Component in Adaman Redwood
	*Component in Muningaholz

Name and C.I. number	Sources
Biochanin A	*Component in Wild indigo *Trace component in Red clover
Santal	*Component in Camwood
Muningin	*Component in Adaman Redwood
Baptigenin	*Component in Wild indigo
Tectorigenin	*Component in Wild indigo *Component in Muningaholz
Pseudobaptigenin	*Component in Muningaholz
Naringenin	*Component in Dahlia pinnata
Butin	*Component in Common Robinia *Component in Bur-Marigold *Component in Pallas-tree *Component in Dahlia pinnata
Sakuranetin	*Component in Black Walnut
Fustin	*Component in Young fustic *Component in Smooth Sumac *Component in Japanese Sumac *Component in Schinopsis lorentui
Eriodictyol	*Component in Dahlia pinnata
Homoeriodictyol	*Component in Holy herb
Taxifolin	*Component in Scots pine
Dihydrorobinetin	*Component in Common robinia
Ampelopsin	*Component in Woodbine
Morelloflavon	*Component in Indian Cambodge-tree
Butein (C.I. 75760; C.I. Natural Yellow 28)	*Component in Common robinia *Component in Bur-Marigold *Component in Pallas-tree *Component in Dahlia pinnata *Component in Acacia mearnsii
Isoliquiritigenin	*Trace component in Gorse *Component in Dahlia pinnata *Component in Adaman Redwood
Flemingine	*Component in Wild hops
Robtéin	*Component in Acacia mearnsii
Rottlerin (C.I. 75310)	*Component in Mallotus phillippinensis
Sulfuretin	*Component in Bur-Marigold *Component in Young fustic *Component in Pallas-tree *Component in Dahlia pinnata *Component in Japanese Sumac

Table 5-59:   *Examples of natural Flavanoid dyes for textile purposes*

Typical Applications

Weld (C.I. Natural Yellow 2): with alum mordant one obtains a bright yellow tint. If 0.1% copper sulphate is added to the dyeing fluid, the tint gets a bit yellowish-olive, it improves the light-fastness of the tint. One obtains olive tints with copper mordant; olive brown is obtained using iron liquor.

Dyer's Broom: citreous is obtained on alum mordanted wool; after-treatment with ferrous sulphate gives a dark brown colour, and after–treatment with copper sulphate results in greenish-olive.

Gorse: tints with alum mordant are yellow, and after-treatment with a solution of copper sulphate gives a moss-green colour.

Broom: yellow tints are obtained with alum mordant; after–treatment of the tints with copper sulphate creates green tints.

Sawwort: with alum mordant one obtains greenish-yellow; after-treatment with ferrous sulphate results in dark olive brown. After-treatment using copper sulphate gives a yellowish-green colour.

Dyer's Chamomile: with alum mordant one obtains yellow, with alum and tartar one obtains golden yellow. The tints possess excellent fastness to washing and to light.

Roman Chamomile: yellow is obtained with alum mordant.

German Chamomile: wool previously steeped in alum mordant is dyed yellow. After-treatment with tin sulphate gives a very nice yellow tint, and after-treatment with ferrous sulphate gives blackish-brown. Cotton and linen mordanted with acetate of aluminium or with tin are dyed a very nice yellow.

Yarrow: on wool with alum mordant one obtains yellow; after-treatment with ferrous sulphate makes dark olive.

Tansy: when using alum mordanted wool with tansy herbs one obtains citreous. Olive is obtained with copper mordant, and dark olive brown with iron liquor.

Parsley: on wool steeped in alum mordant one obtains a pale yellow; after-treatment with copper sulphate results in yellowish-green.

Cow Parsley: using the essence of the petals one obtains yellow on wool mordanted with alum. Using cow parsley herbs one obtains green on alum mordanted cotton.

Burrweed: with the petals, herb, flowers, and fruit (especially when unripe) one obtains a nice yellow tint with alum mordant.

Chinese Ginger: wool previously steeped in alum mordant is dyed brownish-yellow.

Holy Herb: golden yellow is obtained on alum mordanted wool.

Common Germander: one obtains yellow on wool mordanted with alum.

Artichoke: on wool mordanted with alum (and tartar) one obtains bright yellow tints which possess good light-fastness and fastness to washing as well.

Hemp Agrimony: yellow is obtained on alum mordanted wool.

White Clover (C.I. Natural Yellow 10): on alum mordanted wool one obtains yellow tints; after-treatment with copper sulphate results in greenish-olive.

Onion: On wool mordanted with alum (and tartar) one obtains golden yellow tints.

Buckwheat (C.I. Natural Yellow 10): yellow tints are obtained on alum (and tartar) mordanted wool.

Inula viscose: wool mordanted with alum is dyed golden yellow.

Yellow Larkspur: on alum mordanted silk one obtains yellow tints. The use of chrome mordant results in brownish-orange. Iron liquor results in brownish-olive and bright orange is obtained with tin mordant.

Anthyllis vulneraria: yellow is obtained on alum mordanted wool.

Greek Hay: on wool mordanted with alum one obtains yellow; after-treatment of the tint with a solution of copper sulphate results in a green tint which possesses good fastness to washing as well as excellent light-fastness.

Euphorbia cyparissias herb is used for dyeing wool with alum mordant pale yellow. With iron sulphate one obtains umber. Cotton steeped in iron sulphate and copper sulphate is dyed green.

Common Heather: dyes alum mordanted wool in tints from yellow to brownish-yellow; post-treatment with potassium bichromate results in brown.

Meadowsweet: the leaves and petals are used for dyeing alum mordanted wool golden yellow; after-treatment with ferrous sulphate results in brownish-black. One obtains citreous with tin mordant.

Silver Birch: the leaves are used for dyeing alum mordanted wool bright golden yellow. One obtains a nice olive green tint after a post-treatment with a diluted solution of copper sulphate. Non-mordanted wool is dyes reddish-brown using essence of Silver Birch bark; a similar colour is obtained with alum mordant. Dark auburn is obtained using chrome mordant and greyish-violet is obtained with iron liquor.

Vine: one obtains yellow tints on wool mordanted with alum; the tint becomes fawn-coloured when treating it with ferrous sulphate.

Black poplar: one obtains yellow on wool previously steeped in alum; post-treatment with a solution of ferrous sulphate results in grey.

Hazel: the leaves are used for dyeing alum mordanted wool to obtain a yellow colour.

St John's Wort: one obtains yellow on wool steeped in alum mordant; after-treatment with ferrous sulphate results in olive brown, and post-treatment with copper sulphate results in an olive green colour.

Foxglove: yellow is obtained on wool steeped in alum mordant.

Common Robinia: the leaves create a yellow coloured dye.

African marigold: with alum mordant on wool and silk one obtains yellow; post-treatment with ferrous sulphate results in green, and the post-treatment with potassium bichromate results in golden brown.

Ragwort: colours (when gathered before it completely flourishes) wool dark red. Adding potassium makes the green colour darker. The colour is fairly durable, but fades when exposed to strong light.

Canadian Golden Rod: the whole plant, especially the leaves and petals, are used as a direct dye to achieve a pale yellow colour. Using alum mordant results in citreous. One obtains blackish-brown with iron vitriol.

Bur-Marigold: wood steeped in alum mordant is dyed golden yellow. Post–treatment of the colour with ferrous sulphate results in dark brown, and the post-treatment with copper sulphate gives olive yellow.

Sunflower: wool mordanted with 20 % alum is dyed in a nice and durable golden yellow tint. Post-treatment with potash makes the colour more red; post-treatment with copper sulphate results in olive.

Laurel: one obtains yellow on wool previously mordanted with alum. Post-treatment with ferrous sulphate gives a fawn-coloured tint, and with copper sulphate olive green.

Golden Rod: one uses the herbs of the plant for dyeing alum mordanted wool golden yellow.

Ash-tree leaves are used for dyeing alum mordanted wool yellow; post-treatment with ferrous sulphates makes blackish-brown. The bark of the plant is used for dyeing alum mordanted wool yellow, with ferrous sulphate green, and with copper sulphate an olive or a pale olive green is achieved.

Black Oak (C.I. Natural Yellow 10): dyes wool pale yellow. One can boil the bark of the plant with an equal quantity of alum (or one third more) with water for 10 minutes and then immerse wool in it. To get more saturated colours, one can use 15% alum mordant (No tartar) and then dye with 20 % plant bark. The tint becomes brighter by adding 1% chalk to the dyeing fluid (the wool is let to soak for 8 to 10 minutes) to obtain golden yellow. With tin mordant on wool one obtains orange yellow. Nice green tints are obtained when adding chalk to an indigo dyeing fluid. Post-treatment of Black Oak's tints with ferrous sulphate gives several bronze and olive tints on wool mordanted with alum.

Chinese Pagoda-Tree (C.I. Natural Yellow 10): one obtains golden yellow with alum mordant, orange yellow with tin mordant, dark olive with iron liquor, olive yellow with copper, and orange with chrome mordant.

Common buckthorn (C.I. Natural Yellow 13): one obtains golden yellow on wool mordanted with alum and tartar. Using the bark, one can obtain dark yellow with alum mordant and red if left to dye longer.

Alaternus (C.I. Natural Yellow 13): one gathers the bark in spring and then uses it to dye wool with alum mordant for a sand brown tint; adding potash gives auburn. One also obtains auburn on wool with chrome mordant. The fruit gathered in July and August is used for dyeing alum and tartar mordanted wool, one obtains a golden yellow tint which has good light-fastness as well as excellent fastness to washing.

Rhamnus infectorius: one obtains golden yellow on wool steeped in alum mordant and tartar.

Rhamnus lycioides (C.I. Natural Yellow 13): one obtains golden yellow with alum mordant.

Rhamnus petiolaris: on wool mordanted with alum one obtains a durable dark yellow tint.

Young Fustic (C.I. Natural Brown 1): the leaves are used as a tanning agent but are also used for dyeing iron salts and mordanted wool black.

Old Fustic (C.I. Natural Yellow 11): using alum mordant one obtains different tints like golden yellow and brownish tints. The most bright and genuine yellow tints are obtained when using tin mordant. On chrome mordanted wool one obtains pale to dark olive yellow. Using copper sulphate as a mordant gives olive; using ferrous sulphate gives dark olive.

Jack-Fruit plant (C.I. Natural Yellow 11): the wood is used for dyeing wool and silk previously mordanted with alum to obtain golden yellow. One can also obtain khaki using the wood of the Jack-fruit plant.

Osage orange: golden yellow tints are obtained on alum mordanted wool.

White Mulberry: the leaves gathered in May and June can be used for dyeing cotton and linen in citreous (using acetate of aluminium mordant).

Sweet Gale: with alum mordant one obtains yellow; post-treatment with copper sulphate results in yellowish-brown, and with ferrous sulphate a greyish-green.

Myrica esculenta: beige is obtained on alum mordanted wool.

Pallas tree (C.I. Natural Yellow 28): yellow can be obtained on alum mordanted wool; with iron liquor and copper sulphate one obtains olive.

Wild Hops (C.I. Natural Yellow 22) is used for dyeing wool and especially for dyeing silk. It is not suitable for dyeing cotton and linen. One dyes silk with a boiling mixture of wild hops and soda to obtain golden yellow and orange tints.

Gossypium herbaceum: the petals are used for dyeing dark yellow with alum mordant, brownish-yellow with chrome mordant, and olive with iron liquor.

Dahlia pinnata: using the essence of the petals one obtains orange yellow tints on wool with alum mordant.

Natural dyes of the Authocyane and Betalaine Groups

Characteristics and Sources

Name and C.I. Number	Sources
Pelargonidin	*Main component in Common poppy
	*Main component in Guinea corn
Cyanidin	*Component in Vaccinium myrthillus
	*Component in Blackthorn
	*Main component in Common poppy
	*Main component in Guinea corn
Delphinidin	*Component in Vaccinium myrthillus
	*Component in Blackthorn
Betanidin	*Component in Pokeweed
	*Component in Red beet
Vulgaxanthin	*Component in Red beet
Isobetanidin	*Component in Pokeweed

Table 5-60: **Examples of natural Anthocyane and Betalaine dyes for textile purposes**

Typical Applications

Elder berries are used for dyeing copper sulphate and mordanted cotton violet blue. Post-treatment with soap suds makes the dyeing fluid sky-blue; it becomes lilac if treated with vinegar. Wool previously steeped in alum mordant is dyed brownish-violet.

Dwarf elder: ripe berries of Dwarf elder are used for dyeing with blue. It also dyes alum and vinegar mordanted leather and linen dark blue.

Billberry: violet blue is obtained on wool steeped in alum mordant, using tin mordant obtains bluish-violet, and using iron mordant results in bluish-black.

Bramble: the fruit gathered from September to October are used for dyeing alum mordanted linen carmine. Post-treatment with potash makes the dyeing fluid blue. Without mordants linen turns amethyst-coloured; a post-treatment with vinegar makes it become red. The branches and leaves gathered in the springtime are used for dyeing in grey tints with iron liquor.

Black currant: one uses the black juice of black currant (fruit) for dyeing silk mordanted with tartar. Emetic to produce violet blue. Violet is obtained when using acetate of aluminium as a mordant.

Woodbine: alum mordanted wool is dyed violet (the colour is light-fast but not alkali-fast).

Blackthorn: the decoction of the fruit of Blackthorn dyes linen red; the tint turns faint blue when washed with soap.

Bird-Cherry: using the ripe fruit one obtains violet and grey tints on wool mordanted with alum. The bark gathered in autumn is used for dyeing alum mordanted wool orange, and ferrous sulphate mordanted wool dark brown.

Privet: the decoction of the privet is used for dyeing linen, wool, and cotton with tin II chloride pale blue. Taking equal quantities of alum and ferrous sulphate one can dye linen a mat blue (blackish-blue), cotton a faint greyish-blue, and wool a rich blackish-blue. The decoction of privet and juniper berries is used for dyeing cotton; a post-treatment with copper and aluminium acetate gives a nice green tint. Yellow or yellowish-brown tints are obtained on wool mordanted with alum and tartar (using the essence of the green leaves); the tints possess a good fastness to washing and a good light-fastness as well. Using the essence of the berries and leaves on wool mordanted with alum one obtains green.

Commelina communis (C.I. Natural Blue 2): the pigment of the petals is used for dyeing silk with blue tints.

Hollyhock: when using cotton one obtains black when using strong iron liquor, with weaker iron liquor it turns blackish-blue, using aluminium mordants results in violet blue, tin mordant in bluish violet. Silk turns violet when used with tin mordant. Wool becomes dark violet when used with tin mordant, with iron liquor bluish-black or greyish-blue, and with alum mordant grey or violet blue.

Common Poppy: with tin mordant on wool (especially), linen, cotton, and silk one obtains nice amaranth red tints.

Hibiscus rosa-sinensis: cotton is dyed brown with tin mordant and tartar, from lavender to purplish-grey with iron liquor, and yellow with chrome and alum mordants.

Pokeweed: wool steeped in alum mordant and tartar is dyed in a dyeing bath of acetic acid (pH 2-3) in a fuchsin red tint. The dyeing temperature should not exceed 60° C to prevent the tint from getting brown. The light-fastness of pokeweed tints is poor.

Pigweed: with iron liquor or alum and copper mordants one obtains bright moss-green tints.

Natural dyes of the Neoflavanoid Group

Characteristics and Sources

Name and C.I. Number	Sources
Brasilin	*Main component in Sappan wood *Main component in Brazil wood *Main component in Braziletto wood
Hämatoxylin	*Component in Logwood-tree
Hämathein	*Component in Logwood-tree

Table 5-61: **Examples of natural Neoflavonoide dyes for textile purposes**

Typical applications

Braziletto Wood: the soluble red wood is used for dyeing wool with alum and tartar in tints from red to bluish-red, tin II chloride and tartar mordanted wool is dyed carmine, and wool steeped in copper mordant is dyed dull red. All the tints possess poor fastness to light and washing and are destroyed by acids and alkali.

Logwood-tree: on wool with alum mordant one obtains blue, with tin violet, with copper mordant bluish-black, and with iron liquor black. One often prefers to use copper mordant or chrome and copper mordant to dye wool black because those mordants give more light-fastness than the other mordants. Logwood is very good for dyeing silk. To dye it violet, blue, or black, one steeps it in alum mordant and in tin II chloride and then applies together (in case of dark colourings) some tannin and some Alnus glutinosa. One obtains chrome black on silk previously steeped in nitrate of iron. For cotton and linen, one obtains black on cellulose fibres when using tannin and iron salts as mordants. If one adds small quantities of copper sulphate to the mordants, one can prevent tint fading. A post-treatment with chrome salt is also necessary.

Natural dyes of the Insoluble Redwoods Group

Characteristics and Sources

Name and C.I. Number	Sources
Santalin	*Component in Camwood
Tetra-O-methyl-santarubin	*Component in Camwood
Homopterocarpin	*Component in Adaman Redwood
	*Component in African Padauk
	*Component in Camwood
	*Component in Red Sanders wood
Ptreocarpin	*Component in African Padauk
	*Component in Camwood
	*Component in Red Sanders wood
Maackiain	*Component in Adaman Redwood
	*Component in African Padauk
	*Component in Camwood
	*Component in Red Sanders wood

Table 5-62: **Examples of natural Redwood dyes for textile purposes**

Typical Applications

Red Sanders wood (C.I. Natural Red 22): since the pigments of red sanders wood are water-insoluble, one confects an essence from rasped or powdered red sanders wood in methanol and then dyes mordanted wood in it. In so doing, one obtains a bright red tint with tin mordant, tints from orange red to scarlet with alum mordant, and dark violet with iron sulphate.

Camhood (C.I. Natural Red 22): the tints are bluish in colour.

False red sandalwood: on wool mordanted with alum one obtains roseate and with tin mordant carmine.

Natural dyes of the Xanthon Group

Characteristics and Sources

336

Name and C.I. Number	Sources
Euxanthon	*Component in Mesua ferrea
Gentisin	*Component in Great Yellow Gentian
Isogentisin	*Component in Great Yellow Gentian
Gentisein	*Component in Great Yellow Gentian
1,3,7-Trimethoxyxanthon	*Component in Great Yellow Gentian
Mesuaxanthon A	*Component in Mesua ferrea
Meuaxanthon B	*Component in Mesua ferrea
1,5-Dihydroxyxanthon	*Component in Mesua ferrea
Euxanthon-7-methylether	*Component in Mesua ferrea
Mangiferin	*Component in Mangifera indica L. *Component in Garden Iris
Homomangiferin	*Component in Mangifera indica L.
Mangostin	*Component in Mangosteen
β-Mangostin	*Component in Mangosteen
γ-Mangostin	*Component in Mangosteen
Dracorubin (C.I. 75200)	*Component in Daemonorops draco
Dracorhodin (C.I. 75210)	*Component in Daemonorops draco
Carajucin (C.I. 75180)	*Main component in Bignonia chica
Magnoflorin	*Component in Coptis japonica *Component in Barberry *Component in Xanthoriza Simplicissima *Component in Meadow-tree *Component in Bull bay *Component in Nandina domestica *Component in Michelia champaca
Berberrubin	*Component in Barberry
Berbamin	*Component in Barberry *Component in Oregon Grape
Jatrorrhizin	*Component in Barberry *Component in Barberry *Component in Xanthariza Simplicissima *Component in Jateoriza palmata *Component in Nandina domestica *Component in Coptis japonica *Component in Coptis chinensis *Component in Coptis teta

Table 5-63: ***Examples of natural Xanthon dyes for textile purposes***

Typical Applications

Great yellow Gentian: when dyed with great yellow gentian, wool mordanted alum turns pale yellow, with iron liquor beige brown, and with copper mordant greyish green.

Mangifera indica: using a decoction of the dried leaves for dyeing alum mordanted wool, one obtains yellow. One also obtains yellow on wool with tin mordant. Greyish-olive is obtained on wool with iron liquor.

Mangosteen: wool, previously treated with alun can be dyed yellow using a decoction of fruit parings. Stanous mordants also produce yellow tones, ferrous mordants rather grey olive tones.

Bignonia chica (C.I. Natural Orange 5): directly dyes non-mordanted wool a nice orange colour.

Natural dyes of the Basic Group

Characteristics and Sources

Name and C.I. Number	Sources
Berberin (C.I. 75160)	*Component in Blood wood *Component in Barberry *Component in Golden seal *Component in Phellodendron amurensee *Component in Xanthoriza simplicissima *Component in Toddalia asiatica *Component in Meadow rue *Component in Angelica tree *Component in Oregon grape *Component in Coptis japonica *Component in Coptis chinensis *Component in Coptis teta *Component in Coptis trifolia *Component in Coptis anemonefolia
Oxyacanthin	*Component in Barberry *Component in Xanthoriza Simplicissima *Component in Oregon grape
Magnoflorin	*Component in Coptis japonica *Component in Barberry *Component in Phellodendron amurensee *Component in Xanthoriza simplicissima *Component in Meadow rue *Component Bull bay *Component in Nandina domestica *Component in Michelia champaca
Berberrubin	*Component in Barberry
Berbamin	*Component in Barberry *Component in Oregon grape
Jatrorrhizin	*Component in Barberry *Component in Jateorhiza palmata *Component in Xanthoriza simplicissima *Component in Nandina domestica *Component in Coptis japonica *Component in Coptis chinensis *Component in Coptis teta
Columbamin	*Component in Barberry *Component in Jatheoriza palmata *Component in Coptis japonica *Component in Coptis chinensis
Isotetrandin	*Component in Barberry
Sanguinarin	*Component in Blood root *Component in Prickly poppy

Name and C.I. Number	Sources
Hydrastin	*Component in Golden seal
	*Component in Oregon grape
	*Component in Prickly poppy
Canadin	*Component in Golden root
	*Component in Oregon grape
Hydrastinin	*Component in Golden seal
Phellodendrin	*Component in Phellodendron amurensee
Coptisin	*Component in Coptis japonica
	*Component in Coptis chinensis
	*Component in Coptis teta
	*Component in Blood root
	*Component in Prickly poppy
Worenin	*Component in Coptis japonica
	*Component in Coptis chinensis
Chelerythrin	*Component in Toddalia asiatica
	*Component in Blood root
	*Component in Prickly poppy
Palmatin	*Component in Barberry
	*Component in Jateorhiza palmata
	*Component in Phellodendron amurensee
	*Component in Coptis japonica
	*Component in Coptis chinensis
	*Component in Coptis teta

Table 5-64: **Examples of natural Basic dyes for textile purposes**

Typical Applications

Barberry (C.I. Natural Yellow 18): the roots or bark can be used as a direct dye on wool, silk, or cotton. Wool and silk are dyed in a source of light at 50 to 60°C; cotton can be dyed with tannin mordant or with tartar emetic to obtain dark yellow tints.

Nandina domestica: one uses a decoction of the wood for dyeing wool mordanted with iron salts to obtain bluish-brown. Yellowish-brown is obtained using calcium salt.

Greater Gelandine: the herb collected in May is boiled in water to create a yellow decoction which dyes non-mordanted wool a nice brownish-yellow colour. If one uses alum mordant on wool the tint changes just slightly but the fastness to washing becomes better.

Blood root: tints from orange to red are obtained on silk and wool previously mordanted with alum.

Natural dyes of the Alkaloid Group

Characteristics and Sources

Name and C.I. Number	Sources
Harmalol	*Component in Syrian rue
Harmalin	*Component in Syrian rue
Harman	*Component in Syrian rue *Component in Sickingia rubra K.SCHUM
Harmin	*Component in Syrian rue *Component in Sickingia rubra K.SCHUM
Vasicin	*Component in Syrian rue *Component in Malabar nut tree
Vasicinon	*Component in Syrian rue *Component in Malabar nut tree
Oxyvasicin	*Component in Malabar nut tree
Deoxyvasicinon	*Component in Syrian rue
Pegamin	*Component in Syrian rue
Peganol	*Component in Syrian rue
Erythramin, Erythratin	*Component in Cockspur coral tree
β-Erythroidin	*Component in Cockspur coral tree
Hypaphorin	*Component in Cockspur coral tree
Protopin	*Component in Prickly poppy *Component in Fumitory
Cryptopin	*Component in Prickly poppy *Component in Fumitory
Sinactin	*Component in Fumitory
Ushinsunin	*Component in Michelia Champaca

Table 5-65:   ***Examples of natural Alkaloid dyes for textile purposes***

Typical Applications

Syrian rue: as the pigment of the seeds are only slightly water-soluble, one confects first the powdered seeds in methanol and lets the decoction sit in tepid water over night; then one dilutes the decoction with double the amount of water and uses the liquid for dyeing wool with alum mordant (at 90°C for 60 min) to obtain an orange colour.

Malabar nut tree: alum mordanted wool is dyed yellow.

Peumus boldus: on alum mordanted wool one obtains orange brown.

Indian coral tree: wool is dyed red.

Fumitory: on wool previously steeped in bismuthate one obtains nice yellow (which is appropriate for green dyeing in combination with Indigo).

Natural dyes of the Benzophenone Group

Characteristics and Sources

Name and C.I. Number	Sources
Maclurin	*Component in old fustic *Component in White Mulberry *Component in Symphonia globu-lifera
Cotoin	*Component in White mangrove
Hydrocotoin	*Component in White mangrove *Component in Aniba pseudocoto
Methylhydrocotoin	*Trace component in Sagradabark *Component in White mangrove *Component in Aniba pseudocoto
Protocotoin	*Component in White mangrove *Component in Aniba pseudocoto
Methylprotocotoin	*Component in White mangrove *Component in Aniba pseudocoto

Table 5-66: *Examples of natural Benzophenone dyes for textile purposes*

Natural dyes of the Gallotannin Group

Characteristics and Sources

342

Name and C.I. Number	Sources
Gallic acid	*Component in Caesalpinia coriaria
	*Trace component in Arnica montana
	*Component in Silva Birch
	*Component in Mealy tree
	*Component in Japanese Sumac
	*Component in Chestnut tree
	*Component in Pomegranate
	*Trace component in Ink nut tree
	*Trace component in Belleric Myrobalans
	*Component in Indian Almond
	*Component in Indian Gooseberry
	*Component in Tea
	*Component in Schinopsis Lorentui
	*Component in Betelnut
m-Digallic acid	*Component in Sicilian Sumac
	*Component in Tea
Chebullagic acid	*Component in Ink nut tree
	*Component in Belleric Myrobalans
	*Component in
	Indian Gooseberry
	*Component in Schinopsis Lorentui
Chebulinic acid	*Component in Ink nut tree
	*Component in Belleric Myrobalans
	*Component in
	Indian Gooseberry
Corilagin	*Component in Ink nut tree
	*Component in Belleric Myrobalans
	*Component in
	Indian Gooseberry
	*Component in Japanese Sumac
	*Component in Indian Almond
	*Component in Caesalpinia Coriaria
	*Component in Schinopsis Lorentui
Ellagic acid	*Component in Gipsywort
(C.I. 75270)	*Component in Sweet gale
	*Component in Sicilian Sumac
	*Component in Mealy tree
	*Component in Japanese Sumac
	*Component in Bearberry
	*Component in Chestnut tree
	*Component in French Tamarisk
	*Component in TPomegranate

Name and C.I. Number	Sources
	*Component in Malpighia punicifolia
	*Component in Spruce
	*Component in Belleric Myrobalans
	*Component in Indian almond
	*Component in Indian Gooseberry
	*Component in Caesalpinia Coriaria
	*Component in Schinopsis Lorentui
Castalin	*Component in Chestnut tree
Castalagin	*Component in Chestnut tree
Valonic acid	*Component in Valoniac oak
Valonic acid-dilactone	*Component in Valoniac oak
Flavogallol	*Component in Pomegranate

Table 5-67:   ***Examples of natural Gallotannin dyes for textile purposes***

Typical Applications

Sicilian Sumac (C.I. Natural Brown 6): the leaves and branches are used for dyeing wool, which have been previously impregnated in alum mordant, olive yellow. One also obtains pale olive on wool steeped in bichromate of potassium, pale yellow on tin mordanted wool, and grey to black tints on iron liquor mordanted wool.

Japanese Sumac: using equal quantities of wood essence and caesalpinia sappan wood essence, one can dye silk mordanted with vinegar and potash bright orange.

Bearberry: the decoction of the leaves is used for dyeing alum mordanted wool a nice yellow colour, and iron liquor mordanted wool grey to black.

Chestnut tree: the bark is used for the dyeing process. Wool steeped in bismuthate is dyed dark brown. One uses the green fruit shells for dyeing non-mordanted wool, in which case brown is obtained. A post-treatment with bichromate improves fastness to light and washing without considerable modification of the tint. With the leaves one obtains greenish-yellow on wool with alum mordant. If one adds potash to the dyeing fluid one obtains gold yellow. Using a mixture of alum and copper gives olive brown, a mixture of alum and iron liquor results in olive green tints.

Sticky Alder tree: with the essence of the plant bark one obtains pale brown on alum mordanted wool. A post-treatment of the tint with ferrous sulphate results in deep black, and with copper sulphate a blackish-brown.

Valonian oak: beige brown is obtained on non-mordanted wool. One obtains grey and black tints with iron liquor.

French tamarisk: wool mordanted with iron sulphate is dyed in tints from grey to black. One obtains yellow tints with alum mordant.

Ink nut tree: wool and cotton can be dyed. Without mordants one obtains greyish-beige. Black or grey tints are obtained using ferrous sulphate. The use of alum mordant results in yellow.

Pomegranate: from a mixture of the powdered shells and water, decoction is made for dyeing wool. If one afterwards uses a diluted solution of potash or alum mordant one will obtain yellow. A post-treatment using a diluted solution of pyroligneous acid results in brown; a final treatment of the tint with a diluted solution of potash results in violet blue.

Alchemila vanthochlora: the decoction (of dried and powdered leaves) is used for dyeing alum mordanted wool citreous.

Agrimony: one obtains golden yellow on wool with alum mordant.

Natural dyes of the Condensed Tanning Agent Group

Characteristics and Structure

Name and C.I. Number	Sources
Catechinic acid	*Component in Sessile oak *Component in Spruce *Component in Tea *Component in Cola nuts *Component in Uncaria gambier *Component in Betel nut
Leucoanthocyane	*Component in Laurel *Component in Sessile oak *Component in Malpighia punicifolia *Component in Betel nut
Polyeucoanthocyane	*Component in Larch *Component in Juniper *Component in Betelnut
(-)-Epicatechin(+)-Catechin, B_1	*Component in Scots pine *Component in Larch *Component in Western Hemlock
(-)-Epicatechin(+)-Catechin, B_2	*Component in Scots pine *Component in Western Hemlock
(-)-Epicatechin(+)-Catechin, B_3	*Component in Scots pine *Component in Hemlock
(+) Catechin (-) Epicatechin, B_4	*Component in Scots pine *Component in Western Hemlock
trimeric (+)Catechine (-)Epicatechine, C_1	*Component in Scots pine *Component in Western Hemlock
trimeric (+)Catechine (-)Epicatechine, C_2	*Component in Scots pine *Component in Larch
Picea tannin	*Component in Spruce
Picea tannin diglucoside	*Component in Spruce
Dihydro-picea tannin	*Component in Spruce

Table 5-68:   ***Examples of natural tanning agent for textile purposes***

Typical Applications

Conifers, willows and other materials containing natural tanning agents were used mainly for tanning leather but applications as dyeing material for wool or cotton were also reported.

Spruce: reddish-brown is obtained on wool steeped in alum. Using a decoction made from the branches of Spruce, one obtains grey on wool with ferrous sulphate.

Larch: brown-yellow is obtained on alum mordanted wool; a post-treatment with copper sulphate results in a greyish-green colour.

Western Hemlock: a decoction of the bark is used for dyeing non-mordanted wool beige. One obtains pink with alum mordant, yellowish-brown with bichromate of potassium, and grey with iron liquor.

Juniper: using a decoction of the fruit one obtains light brown on alum and cooking salt mordanted wool; olive is obtained with copper sulphate mordant.

Goat Willow. using a decoction of the leaves one obtains yellow on wool with alum mordant. Bronze is obtained on wool with copper sulphate, greyish-green on wool with ferrous sulphate. If one uses the bark of the plant for dyeing, one will obtain reddish-yellow on wool with alum mordant (adding a little bit of potash makes the tints redder). One obtains pale brown with copper sulphate , grey with ferrous sulphate, and fawn-brown with bichromate of potassium .

Schinopsis lorentzii: one uses the essence of the plant for dyeing. Yellowish–brown is obtained on wool with alum, brown with copper sulphate.

Cutch: pale brown is obtained on wool mordanted with alum. On non-mordanted wool and cotton with copper sulphate one respectively obtains brown and reddish-brown.

Areca catechu: a decoction made from the nuts is used for dyeing. One obtains reddish-brown on wool with alum mordant, brownish-black is obtained with ferrous sulphate.

Acatia nilotica: A decoction made from the bark is used for dyeing. One obtains yellowish-olive on non-mordanted wool, brown is obtained with alum mordant, and grey or black with ferrous sulphate.

Rhizophora mucronata: a cinnamon colour is obtained on wool without mordant, brownish-red is obtained with alum mordant, dark brown, grey, or black is obtained with ferrous sulphate.

Tea. the essence is used for dyeing. One obtains brown on wool with alum mordant (adding some copper sulphate solution to the dyeing fluid). Reddish-brown is obtained on wool mordanted with bichromate of potassium.

White Water lily: a nice brownish-yellow tint is obtained on wool with alum mordant; with ferrous sulphate one obtains grey and black tints.

Bracken: auburn is obtained on non-mordanted wool, olive grey is obtained on alum and copper sulphate mordanted wool, and pale violet is obtained on silk steeped in ferrous sulphate with the addition of cooking salt.

Apple tree: a decoction made from the bark of an old apple tree is puce coloured and bitter and can be used without mordant for dyeing wool, one obtains buff colour. Using alum mordant one obtains citreous, greenish-black is obtained using iron salts. When using only the inner bark one obtains a pure yellow tint on cotton with acetate of aluminium.

Tormentil: a decoction made from the plant is used for dyeing wool previously steeped in alum mordant and tartar yields a yellowish-brown colour. One obtains auburn on wool using a copper-sulphate+potassiumbichromate mordant.

Pterocarpus: dyes alum mordanted wool orange. One obtains reddish-brown with iron sulphate.

Natural dyes from the Lichen and Fungus Group

Characteristics and Sources

Name and C.I. Number	Sources
Orselic acid	*Component in Orchella weed
Lecanoric acid	*Component in Orchella weed *Component nRocella phycopsis *Component in Crawfish *Component in Cudbear Lichen
variolaric acid	*Component in Crawfish *Component in Pertusaria dealbescens
Montagnetol	*Component in Rocella phycopsis
Erythrin	*Component in Orchella weed *Component in Rocella phycopsis
Gyrophoric acid	*Component in Cudbear Lichen *Component in Lungwort
Physodic acid	*Component in dark crottle
Orcin	*Component in Rocella phycopsis *Rock thipe *Component in Dark crottle
Atranorin	*Trace component in Common Wall Lichen *Component in Pertusaria dealbescens *Component in Cudbear Lichen *Component in Dark crottle *Component in Crottle Franz *Component in Cladonia rangiferina
Chloratranorin	*Component in Dark crottle
Amnolic acid	*Component in Dealbescens *Component in Usnea florida *Component in Usnea hirta
Physodalic acid	*Component in Dark crottle
Psoromic acid	*Component in Orchella weed
Lobaric acid	*Component in Crottle Franz *Component in Usnea hirta
Salazinic acid	*Component in Crottle Franz *Component in Usnea hirta *Component in Usnea florida
Norstictinsäure	*Component in Lungwort
Stictinic acid	*Component in Usnea florida *Component in Usnea hirta
Usnic acid	*Component in Usnea hirta *Component in Usnea florida *Component in Cladonia Manguiferina
Variegatic acid	*Component in Suillus bovinus *Component in Xerocomus chrysenteron

Name and C.I. Number	Sources
	*Component in Suillus Variegatus
Xerocomic acid	*Component in Xerocomus chrysenteron
Cinnabarine	*Component in Pycnoporus cinnabarinus
Cinnabarinic acid	*Component in Pycnoporus cinnabarinus
Purpurogallin	*Component in Fomes fomentarius

Table 5-69: **Examples of natural Lichen and Fungus dyes for textile purposes**

Typical Applications

Dark Crottle: wool steeped in alum mordant is dyed yellowish-brown, one obtains golden brown when the dyeing duration is longer; orange is obtained after drying the tint in the sun.

Crottle: on non-mordanted wool one obtains orange. A subsequent treatment with ammoniac produces beige; an intensive use of ammoniac results in a fawn colour.

Lungwort: a decoction made from the plant is used for dyeing non-mordanted wool tints from golden yellow to golden brown. Wool steeped in chrome mordant is dyed brown.

Usnea hirta: one obtains reddish brown on wool without mordant. A reddish-brown colour is obtained using alum mordant; with potassium bichromate one obtains middle brown.

Cladonia rangiferina: a decoction made from cladonia rangiferina dyes non-mordanted wool yellow; in case of longer dyeing duration one obtains golden brown. An after-treatment with copper sulphate results in moss-green.

Suillus variegates: wool without mordant is coloured citreous, with alum mordant yellow, with stannous chloride orange, with copper + iron sulphate mordant yellowish-green.

Xerocomus chrysenteron: wool without mordant is dyed yellowish green, with alum yellowish brown, with stannous chloride orange, with copper sulphate green, and with iron sulphate olive green.

Pycnoporus cinnabarinus: wool without mordant is dyed brownish-yellow, with alum brownish-yellow, with stannous chloride brownish-orange, with copper sulphate reddish-brown, with iron sulphate olive brown.

Fomes fomentarius: wool without mordant is dyed beige, with alum orange brown, with stannous chloride brownish-orange, with copper sulphate yellowish-brown, with iron sulphate dark brown.

Natural dyes from the Naphtaline Derivates Group

Characteristics and Sources

Name and C.I. Number	Sources
Diospyrol	*Component in Gossypium herbaceum
β-Sorigenine	*Component in Rhamnus japonica
Nepodin	*Trace component in Common sorrel

Table 5-70: ***Examples of natural naphtaline dyes***

Dye plants and Dyestuffs of unknown constitution

Dyestuff of unknown constitution	Sources	Characteristics	Dyeing information
Safflower yellow C.I. Natural Yellow 5	In Safflower blooms (25-30%)	No lightfastness; Soluble in cold water	Dyes wool: Yellow with alum mordant Brown with iron sulphate Olive yellow with cupper sulphate
Safflower carmine C.I. Natural Red 26	In Safflower blooms (3-6%)	Posses a slight lightfastness	used for dyeing silk red
Tanning agent of Grislea Tomentosa	In Grislea Tomentosa C.I. Natural Red 17 (20 %)		Grislea Tomentosa is used in combination with Morinda citrifolia for red Dyeing on wool Its tanning agent is used for dyestoff fixation on cotton
Calycian	In Calysaccion longifolium WIGHT C.I. Natural Red 29		Buds and blooms of the plant are used for red and yellow dyeing The colours possess excellent lightfastness
Chinese green C.I. Natural Green 1	In Rhamnus chlorophorus		Bark, branches and roots of Rhamnus chlorophorus are used in making the dyestoff. Cotton and silk are dyed bluish green and the colour is of great light resistance Can also be used as a vat dye
Juice brown C.I. Natural Brown 12	In Cassels brown Braun	Watersoluble	Dyes non mordanted wool brown
Soga(brown dyestuff)	Peltophorum pterocarpum BACKER		A decoction of the bark is used for dyeing alum mordanted wool brown

Table 5-71: ***Examples of natural dyes of unknown constitution***

5.4.12 Pigments

Pigments are insoluble products, usually dispersed in a non-ionic preparation.

Pigments are widely used in printing processes (pigment printing), and also in textile ennobling to obtain lustrous, metallic, etc effects.

Being insoluble products, pigments can only be fixed to the surface of the fibre. For pigment colouring, very fine (particle size $\leq$ 0.5 µm) inorganic or organic pigments are used in a non-ionic preparation. They are fixed with the help of a binder. The binder is an aqueous dispersion of cross-linkable mixed polymers (copolymers or polymer blends, basis polyacrylate, polystyrene, polyurethane). A film in which the pigment particles are embedded, is formed on the fibre. Cross-linking occurs during heating. The binder film must adhere firmly to the substrate without the material becoming too stiff or sticky. The type and amount of binder used depend on the amount of pigment and determine not only the feel, but also the rubfastness and wetfastness of the dyeing.

Pigment dyeing offers the advantages of universal applicability to all fibres (including glass fibers). It is a single-stage process, even for fiber mixtures. After-treatment is not required. Raw cotton is covered well (see 5.2.3, for more details on process chemicals). Pigment dyeing is commonly used for heavy textiles (e.g. canvas), light printing grounds, dress materials, shirting, bed linen, and furnishing articles [266].

Pigment printing refers to producing printed texties by the application of coloured pigments with the aid of pigment binders, softening agents, flow modifiers, defoamers, and special thickeners. The coloured pigments consist mainly of organic products of the azoquinacridone, dioxazine, and phtalocyanine types, to mention only few examples. These are supplemented by carbon black and inorganic white pigments, mainly titanium dioxide, and sometimes with iron oxides for brown shades. All these pigments are used in textile printing in the form of 25 – 50 % dispersions reduced in size mechanically (by grinding) to the optimum particle-size distribution and mixed with various additives (emulsifiers, dispersing agents, evaporation inhibitors, and preservatives). The resulting viscosity properties should be as stable as possible, and it is important to strive for a consistency that facilitates pumping and metering so that the preparation can be processed by automatic metering equipment. Special effects sometimes call for the use of copper and aluminium alloys in powered form ("bronze printing"), basic dyes modified with synthetic resins ("luminescent pigments"), or mica that as been coated with titanium dioxide ("nacreous effect") [287].

Pigments are insoluble in water and organic solvents. Organic pigments are for a large part derived from benzoids. Inorganic pigments are derivatives of metals such as titanium, zinc, barium, lead, iron, molybdenum, antimony, zirconium, calcium, aluminium, magnesium, cadmium, and chromium [2]. In section 5.1, Figure 5-2 gives a systematic of colouring matters and the most important pigments are also listed.

Among *organic pigments* azo and azomethine pigments are metal-complex dyes which contain bi-, tri-, and tetracyclic planar systems and are devoid of solubilising compounds. Complexes of azomethine dyes play a much greater role than azo pigments with complex-bound metals. Nevertheless, a few azo dyes with low molecular masses display pigmenting properties as well. For example, a bicyclic 1:1 nickel complex with CAS-Nr. [106335-41-5] is suitable for mass dyeing polyolefin, polyamide, or polyester fibres.

Examples of yellow metal-complex pigments include 1:1 nickel compounds containing symmetric or unsymetric heterocyclic azo moieties with CAS-Nr. [88717-24-2]. A greenish yellow pigment can be obtained with the bicyclic 1:1 copper azomethine dye CAS-Nr. [21405-81-2] [266].

Pigments occurring in nature are listed in tables below [296].

Name of the plant	Colour index of the pigment
Orpiment	C.I. Pigment Yellow 39; C.I. 77086
Massicot	C.I. Pigment Yellow 46; C.I. 77577
S. Gelberde	C.I. Pigment Yellow 42 and 43; C.I. 77492
Realgar	C.I. Pigment Yellow 39; C.I. 77085
Iron red	C.I. Pigment Red 101, 102 ; C.I. 77491
Cinnabar	C.I. Pigment Red 106; C.I. 77766
Minium	C.I. Pigment Red 105; C.I. 77578
Ultramarine	C.I. Pigment Blue 29
Azurite	C.I. Pigment blue 30; C.I. 77420
Egyptian blue	C.I. Pigment Blue 31; C.I. 77437
Berlin blue	C.I. Pigment Blue 27; C.I. 77510
Viridian green (terra verde)	C.I. Pigment Green 23; C.I. 77009
Malachite	C.I. Pigment Blue 30; C.I. 7742
Carbon black	C.I. pigment Black 9; C.I. 77267
Flake black	C.I. pigment Black 18; C.I. 77011
Manganese black	C.I. Natural Balck 14; C.I. 77728
Ferric oxid black	C.I. Pigment Black 11; C.I. 77499
Umbra	C.I. Pigment braun 7
Manganese brown	C.I. Pigment Brown 8; C.I. 77727,77730

Table 5-72:   ***Natural anorganic pigments***

5.4.13 Solvent and ink-jet dyes

Solvent dyes are substances that are sparingly soluble in water but readily soluble in organic solvents such as alcohols, esters, and ketones. They have many applications, including foil printing and thread dyeing. Anionic 1:2 chromium and cobalt complexes (see also 5.4.5) are examples of dyes best suited for this purpose as they are particularly lightfast. To increase their solubility they are sometimes mixed with organic bases such as long-chain aliphatic amines, guanindines, or cationic dyes (see also 5.4.2). Laking converts the sodium salts produced during synthesis into salts containing organic cations. Due to their insolubility in water, solvent dyes can be completely free from salts by washing with water. They are marked as 100% dyes without additives. Solubilities up to 1000 g/l can be achieved in organic solvents [276].

Ink-jet printing is a new application area of metal-complex dyes. In the ink-jet process, ink droplets are transferred to the substrate by spraying (see principles of instant printing in 5.3.2). The dye solutions are normally based on water, glycols, or cyclic aliphatic amides. The most important requirement is a total absence of salt because, otherwise, the capillaries of expensive print heads might become blocked or degraded by corrosion. The dye must further not crystallize. To obtain the desired properties, standard chromophores are replaced by residues such in CAS-Nr. [104815-64-7], CAS-Nr. [104815-63-6] or CAS-Nr. [109973-79-7], a so-called formazan dye, or in CAS-Nr. [116932-38-8]. Other examples include the 1:2 copper complex with CAS-Nr. [113989-79-0], a lithium salt used as an ink-jet dye [276].

Referring to new patents further dyes such as violet reactive monoazo copper complex dyes with CAS-Nr [41258-31-7], [412358-32-8], [412358-33-9] and [412909-22-9] for cotton and jet-inks are cited [371]. A yellow dye for application on cotton is mentioned under CAS-Nr. [394223-99-5] [372]. Further sulpho- and phenylaminosulphonyl-substituted phtalocyanine compounds for ink-jet printing produce prints with good optical depth, light- and water fastness [385].

5.5   Colouring auxiliaries

5.5.1   Dyestuffs formulations

Depending on the dye class and the application method employed (e.g. batch or continuous dyeing, printing) different additives are present in the dye formulations. Since these substances are not absorbed by the fibres, they are completely discharged in the waste water. Typical additives are listed in the table below, taken from [2].

Additive	Chemical composition	COD mg O_2/l	BOD$_5$ mg O_2/l	TOC elimination [1]
Dispersants	- Lignin sulphonates	1200	50	15 %
	- Naphthalene sulphonates Condensation products with Formaldehyde	650	50	15 %
	- Ethylene oxide/ propylene oxide Copolymers			
Salts	Sodium sulphate, sodium chloride			
Powder binding Agents	Mineral- or paraffin oils (+ additives)			
Anti-foaming Agents	Acetyl glycols			
Anti-freeze Agents	- Glycerine	1200	780	90 %
	- Glycols	1600	10	95 %
Thickening Agents	- Carboxymethyl cellulose - Polyacrylates	1000	0	30 %
Buffer systems	Phosphate, Acetate			

[1] Statistical elimination test (Zahn-Wellens Test)

Blank cells mean that data is not available

Table 5-73:   ***Ecological properties of dye formulations additives***

While these additives are not toxic to aquatic life, they are generally poorly biodegradable and not readily bioeliminable. This applies in particular to the dispersants present in the formulations of vat, disperse, and sulphur dyes, which are water-insoluble and require special auxiliaries in order to be applied to the textile in the form of aqueous dispersions. These dispersants consist mainly of naphthalene sulphonate-formaldehyde condensation products and lignin sulphonates, but sulphomethylation products derived from the condensation of phenols with formaldehyde and sodium sulphite can also be found. Other not readily eliminable additives are acrylate and CMC-based thickeners and anti-foam agents.

The difference between liquid and powder formulations should also be mentioned. Dyes supplied in liquid form contain only one third of the amount of dispersing agent normally contained in powder dyes (see Table 5-74, taken from [2]). The reason for this difference stems from the manufacturing process of powder dyes: the very small particles generated during grinding must be protected during the subsequent drying process and this is possible only by adding high proportions of dispersing agents.

Formulation component	Powder formulation	Liquid formulation
Dye	30 - 50 %	20 - 40 %
Dispersing agent	40 - 60 %	10 - 30 %
Salts	0 - 20 %	-
Powder binding agents	0 - 5 %	-
Anti-foaming agents	0 - 5 %	0 - 5 %
Anti-freeze agent	-	10 - 15 %
Thickening agent	-	0 - 5 %
Water	5 - 10 %	40 - 60 %

Table 5-74: **Proportion of additives and dye in powder and liquid dyes (disperse dyes)**

Formulation component	Powder formulation	Liquid formulation
Dye	50 - 80 %	15 - 30 %
Salts	0 - 10 %	-
Powder binding agents	0 - 5 %	-
Surfactants	10 - 40 %	0 - 15 %
Buffer	5 – 10 %	1 - 5 %
Water	5 - 10 %	40 - 60 %

Table 5-75: **Proportion of additives and dye in powder and liquid dyes (reactive dyes)**

Considering the formulation characteristics of reactive dyes, the ratio dye/auxiliaries is near 5:1 for powder and 15:1 for liquid formulation (see Table 5-75, taken from [121]). Yet, the absolute differences between liquid and powder formulations are here not as great, as formulation with reactive dyes need effectively lower amounts of auxiliaries.

Note that liquid formulations include liquid dispersions and true solutions (solutions without solubilising aids), whereas powder dyes can be supplied as dusting, free-flowing, non-dusting powders or granulates.

Toxicological, ecological, and process technology considerations have led to a demand for dye preparations that do not produce dust. Such formulations greatly simplify handling on the part of the customer. The problem that can be approached in several ways, including the addition of high boiling mineral oils, use of liquid preparations, or dye granulation. The latter two variants have been intensively studied by major dye manufactures in recent years.

The chief requirements with respect to liquid preparations are a highstorage stability, a high concentration, and good miscibility with water . These are met by adding water-soluble solvents such as polyglycols, poly(glycol ethers), or cyclic lactams. An example of such a liquid preparation is CI Acid Black 52, with CAS-Nr. [5610-64-0]. Liquid dyes can also be prepared by phase separation. Another route for the production of highly concentrated, stable liquid preparations entails exchanging the usual counteractions for ions that impart better solubility.

For example, sodium ions required during synthesis can be replaced by lithium or substituted hydroxyalkyl-ammonium species. Finally, salts produced during synthesis that interfere with the preparation of high-concentration liquid formulations can be removed by membrane separation techniques [276].

Dye granulates are solid dye preparations, which are much more soluble in cold water than dye powders that have been treated with *dust-reducing agents*. A lot of dust-reducing agents are available (e.g. water, sugar solution, oil, etc.); yet, only optimised formulation based on mineral- or paraffin oils are actually used. The advantage of dye granulates over dye powders are moreover their better solvating and dispersing properties. A major disadvantage is their higher cost, due to higher energy need for granulation process [121].

Being insoluble products, *pigments* can only be fixed to the surface of the fibre. For pigment colouring, very fine (particle size ≤ 0.5 µm) inorganic or organic pigments are used in a non-ionic preparation. They are fixed with the help of a binder. The binder is an aqueous dispersion of cross-linkable mixed polymers (copolymers or polymer blends, basis polyacrylate, polystyrene, polyurethane). More details on formulation of pigment products are given in sections 5.3.4 and 5.4.12 .

5.5.2   Other colouring auxiliaries

Colouring auxiliaries necessary for dyeing specific fibres are already described in detail in sections 5.2.3 to 5.2.11. In the same way, auxiliaries for printing are referred to in sections 5.3.3 to 5.3.7. Moreover, chemicals in printing paste are discussed in section 5.3.4. In the following section, some specific auxiliaries are described succinctly:

1. Stabilisers: UV absorbers and antioxidants

2. Complexing agents

3. Wetting and penetrating agents

4. Dispersing agents and protective colloids

5. Dyestuff solubilising agents and hydrotopic agents

6. Levelling agents

7. Acid donors / dispensers, pH-regulators and alkali dispensers

8. Antifoaming agents

9. Carriers

10. Powder binding agents, dust-preventing agents

11. Crease-preventing agenst

12. Dyestuff protecting agents, boildown protecting agents

13. Padding auxiliaries

14. Fixing accelerators for continuous dyeing and printing

15. Aftertreatment agents for fastness improvement

16. Bonding of fibres – agents and additives to promote bonding of fibres and threads

17. Printing adhesives

18. Edge adhesives

19. Brightening and stripping agents

20. Fibre-protective agents in dyeing

21. Reducing agents

22. Oxidising agents

23. Resist agents for dyeing and printing

24. Hand-modifiers for textile printing

25. Stripping agents

1. *Stabilisers: UV absorbers and antioxidants*

The main candidates for treatment with stabilisers are technical textiles and dyed, long-lasting items often exposed to extreme climatic conditions. The so-called ageing of fibrous materials are undesirable degradation processes due to influence of light, heat and oxygen. A fibre specific classification of types of stabilisers is given in the following table, taken from [141].

Fibre	Stabiliser	Effects
Polyester	UV absorber	High Temperature light fastness of dyeings Substrate stabilisation
Polyamide	Antioxidant*	Improvement of HT light fastness of dyeings Photochemical and thermal fibre stabilisation
	Antioxidant**	Thermal and photochemical fibre stabilisation Improvement of HT light fastness and heat resistance of dyeings
	UV absorber	Improvement of HT light fastness, particularly in conjunction with antioxidants
Wool	UV absorber	Improvement of light fastness of dyeings and their chemical properties Retardation of photo bleaching and photo yellowing
*peroxide decomposer type **radical scavenger type		

Table 5-76:   ***Textile fibre stabilisers of current interest***

A UV absorber is a molecule which is incorporated within a host polymer and which absorbs ultra-violet light efficiently and converts the energy into relatively harmless thermal energy. UV absorbers are technically important for preventing photo degradation. Lightfastness of dyes are often improved when UV absorbers are incorporated into the dye molecule itself. Dyes containing a built-in UV absorber moiety such as 2-hydroxybenzophenone have been used as reactive dyes for cotton, and dyes containing a 2,4-dihydroxybenzophenone residue have been described for polypropylene fibres. Similar approaches have been used for cationic dyeing as 2,2′-dihydroxy-4,4′-dimethoxybenzophenone was used on cationically dyed poly(m-phenyleneterephtalalimide) fibres. Typical UV absorbers other than the 2-hydroxyphenone types are 2-hydroxyphenylbenzotriazoles and 2-hydroxyphenyl-s-triazines. Many dyes were synthesised containing built-in photostabilisers based on these absorbers. Also, azo dyes for cotton, wool and leather exist using the ortho-hydroxybenzophenone moiety as the coupling component. Figure 5-32 shows an example of a disperse dye containing a built-in hindered amine residue designed for improved lightfastness of dyeings used in automotive materials and awnings [137].

Ivonuals	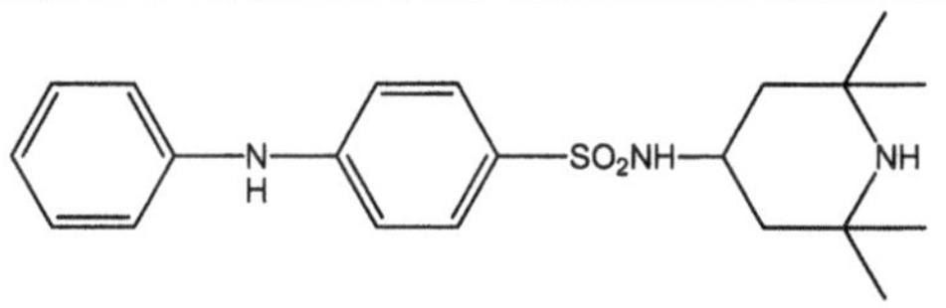

Figure 5-32:   ***Example of a disperse dye containing a built-in hindered amine residue for improved lightfastness***

Moreover, suitable tailored UV absorbers have been described for application to fibres during or after the dyeing process.

Traditionally, the UV absorbers used for polyester dyeings have been benzophenone derivatives (e.g. Uvinul D-49, GAF, BASF). Formulations based on Tinuvin 326 (Ciba) are nowadays widely used for polyester. Yet these formulations are only suitable for batch applications under mild post-fixation conditions because of their moderate resistance to sublimation. UV absorbers of the mono- or di-(o-hydroxyphenyl)triazine class have proved to be more effective for application in all normal processing operations, including pad-thermofix dyeing and printing. The triazine structure makes it possible to formulate a wide range of different derivatives. Patent applications also cover derivatives of o-hydroxyphenylpyrimidine and benzoxazine-4-one [141].

Uvinul D-49	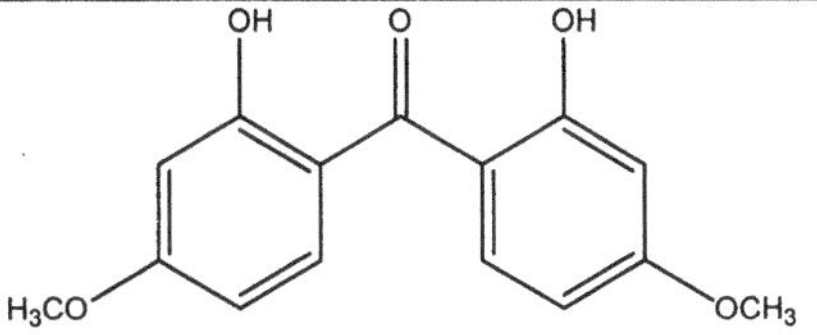

Uvinul D-49 (GAF, BASF), figure taken from [141]

Figure 5-33: ***Example of a traditional UV absorber for polyester dyeing***

Tinuvin 326	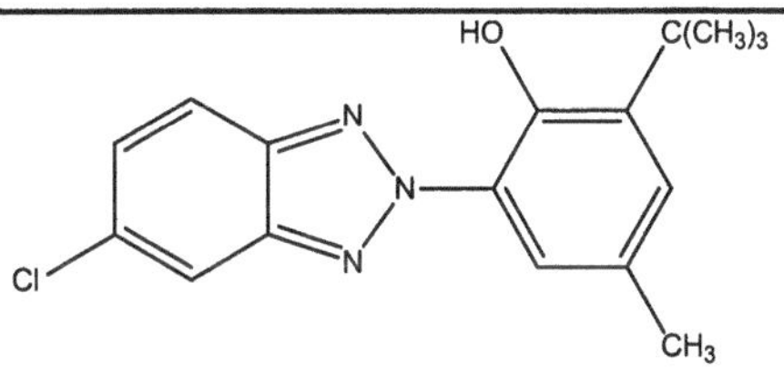

Tinuvin 326 (Ciba), taken from [141]

Figure 5-34: ***Example of a widely used UV absorber for polyester dyeing***

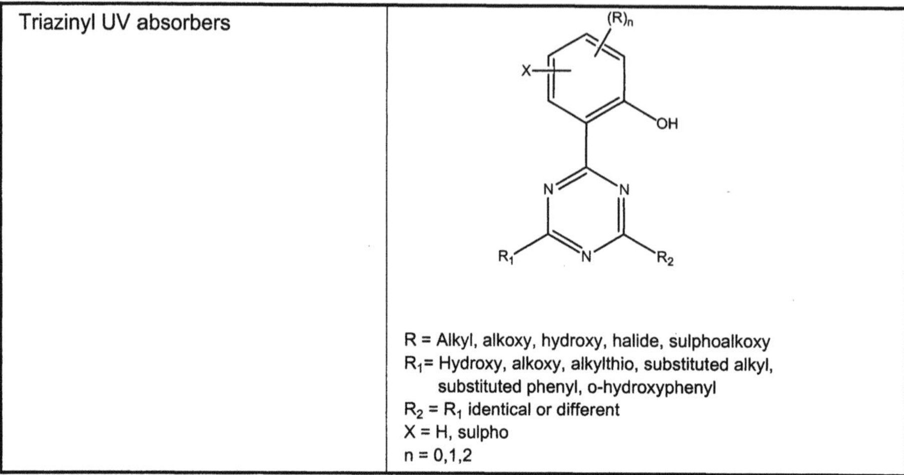

Figure taken from [141]

Figure 5-35:   **Triazinyl UV absorber**

Water-soluble UV absorbers are used for polyamide, wool, silk and cotton. Commercial products are sulpho group-containing benzophenones and o-hydroxyphenylbenzotriazoles [141]. Benzotriazoles were successfully used with disperse dyes on polyester, nylon, cotton and on wool. Benzotriazoles have also been used as stabilisers for disperse dyes in coating films and for anionic reactive dyes on protein fibres. Commercial UV absorbers for dyeing on polyester for lightfast fabrics suitable for automobile interiors are available for quinone dyes, quinophtalone dyes and bis(indolylazo)triazolium dyes [137]. Other products suitable for textile application are derivatives of oxalic acid. From this last UV absorber system, further water-soluble, bifunctional reactive derivatives are obtainable which reduce the permeability to UV radiation of woven and knitted cotton fabrics [141].

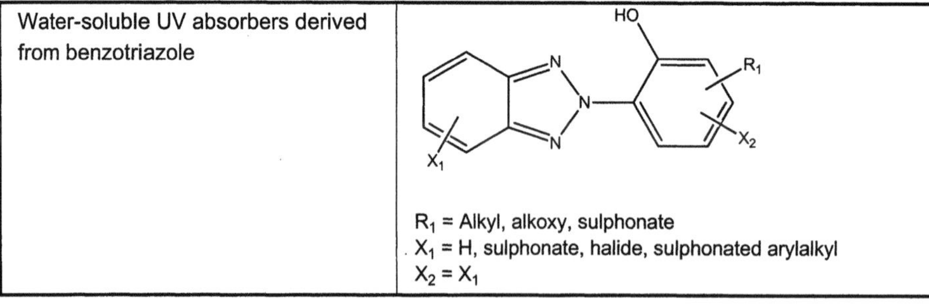

Figure taken from [141]

Figure 5-36: **Water-soluble UV absorbers derived from benzotriazol**

Water-soluble UV absorbers derived from oxalic acid	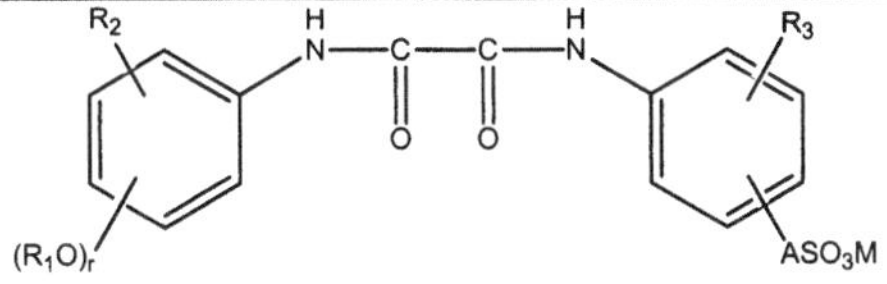 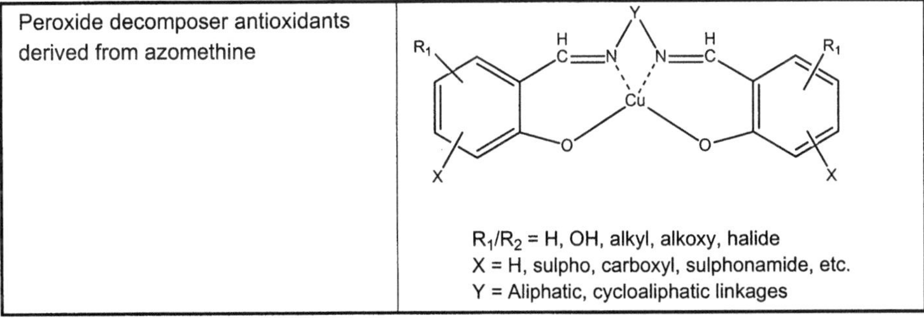

Figure taken from [141]

Figure 5-37: **Water-soluble UV absorbers derived from oxalic acid**

On the other hand, any substance which scavenges free radicals or reacts with hydroxyperoxides in such a way that it neutralises their propagating effect can be a useful photostabiliser. For this reason, up to 50 ppm Manganese (II) compounds are added to the spinning melts for high quality polyamide fibres. For technical polyamide fibres, copper (I) compounds are used instead. Treatment with copper (II) complexes improves the performance of spun polyamide fibres. Azomethine derivatives have shown very good results. Selected copper complexes of this type can also be applied directly from the liquor in all important dyeing processes for polyamide. Patent applications propose the addition of manganese (II) ions to the dyebath to improve dyeing properties of both regular and acid-modified, very fine polyamide fibres [141].

Peroxide decomposer antioxidants derived from azomethine	

Figure taken from [141]

Figure 5-38: **Peroxidedecomposer antioxidants derived from azomethine**

Improved lightfastness of disperse dyes containing built-in hindered amine residue were reported. Hydroquinone, used in after-treatment when dyeing nylon with vat dyes, also fulfils the scavenging effect [137]. Other types of antioxidants used on textile materials are hindered phenols and triazine soluble hindered amine light stabiliser (HALS) derivatives [137]. These radical scavenger antioxidants have to be applied in larger amounts than peroxide decomposer.

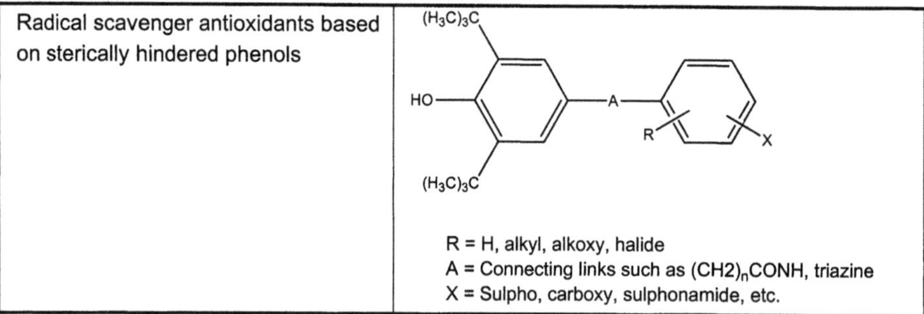

Radical scavenger antioxidants based on sterically hindered phenols	R = H, alkyl, alkoxy, halide A = Connecting links such as $(CH2)_nCONH$, triazine X = Sulpho, carboxy, sulphonamide, etc.

Figure taken from [141]

Figure 5-39: **Radical scavenger antioxidants based on sterically hindered phenols**

Radical scavenger antioxidants based on sterically hindered amines	R_1 = H, oxyl, hydroxyl, acyl, alkyl, alkoxy A = O, NH R_2 = Alkyl, aryl, substituted aryl R_3 = R_2 identical or different X,Y = H, sulpho, carboxyl, etc.

Figure taken from [141]

Figure 5-40: **Radical scavenger antioxidants based on sterically hindered amines**

Better lightfastness of reactive dyes on wool were obtained using tertiary amines (dimethylethanolamine) in the dye bath.

2.   *Complexing agents*

Purified and softened water is used in textile finishing to avoid formation of disturbing saltlike compounds or stable complexes due to the presence of alkaline earth and /or heavy metal salts. Moreover, complexing agents are added to the dye bath to combine with multivalent cations, especially the calcium, magnesium, and iron salts which are carried into the dye liquor by the textile material (e.g. cotton). The use of these products is also extremely important for washing out unfixed dye after completion of the dyeing stage. In general the products used are the same as those used in the washing and cleaning processes of textile pre-treatment. EDTA (ethylenediaminetetraacetate), DTPA (diethylenetriaminepentaacetate), NTA (nitrolotriacetate) and derived phosphonic acids are very effective on a wide range of cations including heavy metal ions and those from hard water.

Specific products to combat the effects of water hardness include mild complexing agents such as polyphosphates and various polycarboxilic acids. These also have a dispersing action on precipitates from water hardness (see dispersants and protective colloids).

Specific mild complexing agents for heavy metal ions of iron, copper, and manganese include various polyhydroxy compounds, e.g. sorbitol, gluconic acid, glucoheptanoic acid, and alkanolamines. With metal complex dyes, the use of these weak complexing agents is preferable, so that the metal is not removed from the dye molecule. Strong complexing agents are suitable for stripping these dyes, as the matel-free dye is less strongly bound to the fibre [266].

3.   *Wetting, penetrating, and de-aerating agents*

This group of products is perhaps the most difficult to define in terms of technical function. Wetting and de-aerating agents often perform the same function: that of expelling air from the textile assembly contained in the dyebath. The use of penetrating agents is invariably associated with the dyeing of yarns with a high twist factor, where they enhance transport of the dye into the yarn assembly. In this respect it could be argued that they are in fact a levelling agent. All the products in this class are invariably powerful surfactants (see 4.7.2). Commonly used commercial products are readily bio-eliminable compounds such as alcohol polyglycol ethers and esters (also in blends with alkane sulphone), but poorly degradable products such as ethoxylated amines can also be encountered [2].

4.   *Dispersing agents*

Vat, disperse and sulphur dyes already have a high content of dispersing agents in their formulation, which allows the application of these colourants in the form of aqueous dispersions. Additional amounts of dispersants are usually added (also for other classes of dyes) in the subsequent steps of the dyeing process to maintain the stability of the dispersion throughout the dyeing (or printing) process (see further 5.2 and 5.3). Powdered dispersion and vat dyes contain 50-80% of these products, and dyes prepared in the liquid form 10-30%. Also during the dyeing of plant fibres (e.g. raw cotton) which have not been pretreated, considerable amounts of impurities in the form of waxes, pectinates, and water hardness rae introduced into the dye baths. The dispersants must also prevent these from being precipitated [266].

Dispersants used in textile finishing can be divided into two classes:

1. water-soluble oligo- and polyelectrolytes ("protective colloids", see below)

2. surfactants.

Substances commonly used as dispersing agents are condensation products of naphthalene sulphonic acid with formaldehyde, lignosulphonates. Anionic and non-ionic surfactants (e.g. ethoxylated alcohols, phosphated alcohols, and naphthalene sulphonates) are also applied [2]. Specific dispersants are available for dyes, plant fibre impurities, precipitates due to water hardness. For example, condensation products of ß-naphthaline sulphonic acids with formaldehyde have been known since 1913, and are still used as dispersant in dye production and dyeing. In addition to these, condensation products of phenol with formaldehyde and sodium sulphite (sulphomethylation products) are now also used as dispersing agents for dyes. The degree of condensation depends on the conditions of the reaction with formaldehyde, and can give products with 2 – 10 aromatic nuclei. However, the structure of this, the most common dispersing agent, has not yet been fully elucidated. Conventional formaldehyde condensation products and the lignosulphonates described below are only approx. 30% degraded in biological wastewater treatment plants (test method OECD 302B). However, some formaldehyde condensation product which can be >70% eliminated from wastewater has been recently commercially available [266]. Lignosulphonates are products based on natural lignins and form a further large group of dispersants for finishing and as auxiliaries in the dye bath. They are produced from sulphite pulping liquor or from alkali lignins produced in the kraft pulping process. The molecular mass of industrial lignosulphonates, whose structure is still not completely elucidated, lies between 2000 and 100 000. The basic building block is phenylpropane, from which a large number of derivatives can be obtained. Some undesirable properties of the lignisulphonates include a reducing action on sensitive azo dyes during high temperature dyeing (130^0C) and possible soiling of the fibre due to dark colour of these products. Polysaccharides, alginates, cellulose derivates, polyacrylates and polyvinyl compounds further are dispersants, used especially in the production of pigments. Dispersants for cotton impurities and precipitates from water hardness are polycarboxylates, which are homopolymers and copolymers of acrylic and maleic acids with relative molecular masses of 1000 – 10 000. With higher molecular mass, the protective colloid effect becomes a flocculating action (application in dyeing cellulose processes were low foaming and nor dye retention are need) [266].

Protective colloids are used to promote the stability of dyestuff and pigment dispersion (see also 5.5.1). The colloids envelop dispersed particles of the same charge and thus prevent flocculation caused by changes of temperature and concentration, i.a. when electrolytes are added. The colloids are often applied together with dispersing agents. Protective colloids can be made of sulphated oils, alkylsuphates, fatty acid and protein condensates, naphthalene sulphonic acid formaldehyde condensates, ligninsulphonates or polyacrylates [282] (see also 4.7.2).

5.   *Dye solubilising and hydrotropic agents*

Solubilizing and hydrotropic agents are used to increase the solubility of the dye and allow to dissolve large amounts of a dye in a small amount of water. This is mainly necessary when dye baths are used in padding processes, dye stock solutions and printing pastes. Solvents are used in dyeing and printing to wash dye residues from equipment and apparatus. Many auxiliaries used in continuous dyeing contain solvents, hydrotropic agents, and surfactants, not only because of their ability to solubilise dyes, but also to improve the fixing process, produce fibre swelling, and to provide wetting and foaming properties, etc. The commercial products supplied for dissolving dyes often contain mixtures of solvents, dispersants, and surfactants.

Solvents and hydrotropic agents are neede when dyeing with the following classes of dyes: developing dyes, phtalogen dyes (i.e. aminoisoindolines), reactive dyes, and acid dyes and metal-complex dyes [266]. Details on the auxiliaries need for the different classes of dyes are given in sections 5.4.1, 5.4.5, 5.4.7 and 5.4.8. Further specification on colouring processes are given in the corresponding sections.

6. Levelling agents

Levelling agents are used in batch dyeing processes to improve the uniform distribution of the dye in the fibre. They are probably the most important class of dyeing auxiliaries, as a grossly unlevel dyeing is of no commercial value and is difficult to correct. They are employed for different types of fibres, therefore the substances employed can be different. Nevertheless, two main groups of levelling agents can be identified: products which have an affinity for the fibre and products which have an affinity for the dye. Products which have an affinity for the fibre compete with the dye for dye-sites on the fibre. In this way they reduce the rate of absorption of the dye and improve their migration. To the second group belong substances which form loosely bound complexes with the dye, reducing its mobility and in some cases neutralising the electrostatic attraction between the dye and the fibre [2]. Common substances used as levelling agents are reported in an upcoming section, dealing with the dyeing processes divided on the basis of the fibre to which they are applied and by the dyestuff used (see sections 5.2.3 to 5.2.11). Fibe-substantive levelling agents include the anionic surfactants used in the dyeing of wool or nylon with acid dyes, or the dyeing of cotton with direct dyes. Dye-substantive levelling agents include polyoxyethylenated alkylamines and some amphoteric surfactants, which are used in dyeing of wool and cotton. Ethoxylated amphoteric surfactants for wool dyeing are also commercially available. See further section 4.7.2 for more details on surfactants.

Yet, advances in dyeing machine design have resulted in faster dyebath circulation and low-foaming levelling agents have to be designed as many traditional surfactants were no longer adequate. Ethoxylated hydroxysulphobetaines prepared by reaction of polyoxyethylenated stearylamine and sultone are examples of such novel low-foaming levelling agents used for dyeing nylon with acid dyes [302].

7. Acid donors/dispensers, pH-regulators and alkali dispensers

The so-called acid donors represent a more sophisticated range of formulated products designed to create shifts in dyebath pH. They are hydrolysable acid esters which break down during dyeing, progressively lowering the pH. They are widely used for wool and/or polyamide fibres to control the absorption of anionic dye into the fibre. They are also employed for cotton and polyester blends when dyeing with disperse and reactive dyes in the one-bath, one-step procedure. Organic acid esters, fatty alcohol ethoxylates, and aromatic sulphonates are commonly found in commercial products. Acid donors usually have good bio-eliminability [2]. More generally, the products used as pH-regulators are organic acids, acids or buffering salts or mixtures of such compounds [282]. For more details on the chemicals used, consult the corresponding chapters in section 5.2.

8. Antifoaming agents

Formulated products designed to suppress foam formation are used, which do not adversely influence the quality of the resultant dyeing. The majority are based on silicone derivatives.

366

Examples of antifoaming agents are given in section 6.5.1.

9.   *Carriers*

Dyeing accelerants (so-called carriers) are used in batch dyeing of synthetic fibres (particularly polyester fibres) to promote the absorption and diffusion of disperse dyes into the fibre under low-temperature conditions. They are still important for dyeing blended fibres of wool and polyester, as wool cannot withstand dyeing under high temperature conditions (above 100 °C).

Typical carrier formulations contain 60 – 80 % active substance and 10 – 30 % emulsifier and sometimes a small percentage of solvent.

Typical active substances for dyeing accelerants include:

- liquid halogenated benzenes (1,2 dichlorobenzene; 1,2,4-trichlorobenzene; dichlorotoluene);

- aromatic hydrocarbons such as alpha- and beta-methylnaphthalene, diphenyl, trimethyl benzene, etc.;

- phenols such as o-phenylphenol, benzylphenol, etc.;

- carboxylic acid and their esters such as methyl, butyl and benzyl benzoate, methylsalicylate, phthalic acid, dimethylphthalte, dibutylphthalate and diethylhexylphthalate;

- alkyl phthalimides such as N-butylphthalimide.

Most of the above-mentioned substances are toxic to humans, aquatic organisms, and sewage sludge. Hydrophobic carriers exhaust approximately 75 – 90 % onto the substrate, while hydrophilic types like phenols derivatives (e.g. o-phenylphenol), benzoate, N-alkylphthalimides, and methylnaphthalene are mainly found in waste water. With the exception of benzoate and N-alkylphthalimide derivatives, all others are poorly bio-degradable and could pass through the waste water treatment system. On the other hand, the carriers which remain on the textile material are partially volatilised during the subsequent heat treatments (drying or fixing processes), thus producing air emissions.

Carboxylic acid esters and alkylphthamides derivatives are the substances which are most frequently used in Europe as carriers. However, it is reported that carriers such as methyl naphthalene, mono-, di-, tri-chlorobenzene, biphenyl, orthophenyl phenol, and benzyl alcohol are still found to be in use [2].

10.   *Powder binding agents, dust-preventing agents*

These are auxiliaries in powder formulations of dyes add to circumvent dusting. The dust can be immobilised by a great variety of binding agents such as water, sugar solutions, oils, etc. The basis of modern powder binding agents are mineral and paraffin oils. Granulation techniques moreover allows formation of very fine dry granulates, that needs no further binding agents [121] (see further 5.5.1).

11. Crease-preventing agents

Products which are to prevent creases during skein-dyeing of piece goods. Anti-creasing agents may also be applied for other presentations of the textile goods (e.g. ready-to-wear knit-wear) as well as other wet processes (e.g. in pretreatment and fulling) in order to prevent creases (see 6.3.2, 6.4.3 and 6.4.4). These products are agents with slipping and smoothing effects e.g. based on polyglycol ethers and polycaprolactam, of fatty acid derivative as well as of fatty alcohols, phosphoric acids and esters or sulphated oils and fats. The following are the main classes of compounds used [266]:

- synthetic products based on fatty acids or their esters, amides, akylol esters, and alkylolamides also fatty alcohols, usually ethoxylated. Apart from these non-ionic compounds, ionic compounds with carboxylic, sulphonic, or phosphoric acid groups can also be used.

- Products based on lecithin.

- Products based on water-soluble alkoxylated high molecular mass polyamides

- High molecular mass polyethoxylated, polyacrylates, and acrylamide-acrylic acid co-polymers.

Frequently mixed products are also used as anti-creasing agents which do not only contain a lubricant but also other auxiliaries such as e.g. wetting agents, levelling agents, dispersing agents, plasticiszing agents or anti-foaming agents [282].

12. Dyestuff protecting agents, boildown protecting agents

Under unfavourable conditions, certain dyes can be changed or destroyed during application. Special protecting agents are then added to the dye baths. Boildown effects occur when dyeing wool and wool-cellulose blends, meaning that the azo dyes used are reductively decomposed by breakdown products from the wool proteins, or undergo changes in shade. The products used to prevent these effects are generally preparations based on buffer and/or oxidizing substances, e.g. urea, ammonium salts and polyphosphates, possibly with surface-active substances such as protein degradation products, fatty acid protein condensates and ammonium salts of alkane sulphonic acid or aromatic nitrocompounds [282]. Yet, similar defects can occur on dyeing with reactive dyes, which can be modified through reduction by cellulose degradation in the presence of alkali at elevated temperatures. The dye is protected by the mild oxidising agent sodium 3-nitrobenzenesulphonate. The product is also used to protect the dye from reduction when boiling off before bleaching coloured piece goods. When dyeing bleached cotton with reactive dyes, which are very sensitive to oxidation and reduction, even small amounts of residual hydrogen peroxide must be destroyed by weak reducing agents. Vat dyes of the indanthrone type tend to give cloudy and green tints at dyeing temperatures above 60°C owing to over-reduction. This effect can be prevent by adding sodium nitrite or glucose [266].

13. Padding auxiliaries

These are products which are added to pad liquors i.e.[266; 282]

- antimigration agents: water-soluble highmolecular natural substances such as alginates and guar derivatives, or synthetic polymers such as polyacrylates or polyacrylamides); compounds used to a lesser extent are cellulose ethers, starch ethers, carboxymethyl celluloses, modified polysaccharides, and poly(vinyl alcohols)

- antifrosting auxiliaries to promote dyeing of protruding parts of the fibre: foaming surfactants such as ethylene oxide adducts, or products increasing the viscosity and thickness of the liquor film to prevent the fibres from protruding, such as high molecular mass polyacrylates and acrylamide-acrylic acid copolymers

- products increasing wet pick-up: solutions of e.g. polyacrylamides polymers and copolymers, which are products that increase viscosity, optimised wetting also increase we pick up

- dispersants and protective colloids (see above),

- wetting agents (see above),

- or dye solubilising agents and hydrotropic agents.

14.   Fixing accelerators for continuous dyeing and printing

Products which are used in continuous dyeing processes and printing to accelerate the fixing of dyestuffs, to cause a more rapid diffusion of the dyestuffs into the fibre and a higher dyestuff yield. With regard to their chemical composition, fixing accelerators are i.e. aliphatic or aromatic ethoxylates, ethers, esters, glycols, alkyl aryl sulphonates or fatty acid derivatives [282].

15.   Aftertreatment agents for fastness improvement

Aftertreatment agents are applied in an aftertreatment process subsequent to dyeing in order to improve the fastness of dyes (see 5.2.3 to 5.2.11). In order to improve the rubbing fastness - possibly also the wet fastness- so-called *soaping aftertreatment agents* (based on detergent substances) or dye-affinitive polymers are used with which the non-fixed dye fraction is removed from the fibre. In order to improve wet fastness -particularly of direct and reactive dyes- so-called *cationic fixing agent* (e.g. polyquaternary ammonium compounds, cationic formaldehyde condensates and other nitrogen derivatives) are used (see also section 6). These products form difficultly soluble compounds with the water-soluble dyestuffs in the fibre [282]. Aftertreatment with metal salts such as copper sulphate or potassium dichromate leads to complexation with certain substantive dyes, by reducing their aqueous solubility. On the other hand, aftertreatment with diazotised bases can only be used with dyes that have amino and hydroxyl groups in suitable positions, and, for example couple with diazotised 4-nitroaniline [266]. In order to improve wet fastnesses of polyamide dyeing with anionic dyestuffs it is frequently made use of *anionic aftertreatment agents* (e.g. polysulphonates). In order to improve light fastness, heavy metal salts such as copper and chromium salts can be used in case of certain metallizable dyestuffs -e.g. selected direct and acid dyes. In case of polyamides, copper benzotrieazoles are used, whilst in case of polyesters, benzophenones for light fastness improvement of the dyes are applied (more details on this product group are given under the heading *UV stabilisators*, above) [282]. In addition to the use of cationic products to improve wetfastness, dark coloured sulphur-dyed materials must be aftertreated with sodium carbonate or sodium acetate to neutralise the sulphuric acid produced by oxidation of the sulphur dyes on staorage, which can damage the fibre [266].

16. Bonding of fibres - agents and additives to promote bonding of fibres and threads

These products are intended to achieve the mutual adhesion of fibres or threads or to increase this adhesion. As a result, the fibres or threads are combined into a system. These agents are also known as "binders". Agents to promote bonding of fibres and threads are solutions and dispersions as well as solids. They are high molecular natural or synthetic compounds based on e.g. acrylic acid esters, acrylonitrile, ethylene, butadiene, chloroprene, propylene, styrene, vinyl chloride, vinylidene chloride, vinyl acetate, latex or starch derivatives. The additives to promote bonding of fibres and threads are intended to improve the processing properties and to modify the properties of the bonded fabric - such as e.g. elasticity, flexibility, resistance to washing and drycleaning as well as ageing and light exposure (see also UV stabilisators and further section 6). With regard to their chemical constitution these additives cover a very broad range. They include for instances fatty acid derivatives, polyethers and N-methylol compounds [282] (see further 6.5.7).

17. Printing adhesives

Printing adhesives are products intended to fasten the goods to be printed onto the support (printing blanket) in case of screen printing. The following products are used: -water-soluble adhesives based on natural substances, similar to the printing thickeners (e.g. starch and starch derivatives as well as vegetable gum) or synthetic water-soluble polymers (polyvinyl alcohol, polyvinylcaprolactam etc.). -water-insoluble adhesives (permantent adhesives or thermo-plastic adhesives) based on synthetic copolymers (polyvinyl acetate, polyacrylic acid esters, etc.) which are applied from volatile solvents or as dispersions [282] (see also 6.5.4).

18. Edge adhesives

Edge adhesives (edge stiffening agents) are intended, particularly in case of cut open hosery for the hardening of edges, so that the latter do not role up in case of treatment in broad form, such as dyeing, leaching, mercerising, raising and printing [282] (see also 6.3.3).

19. Brightening and stripping agents

Brightening agents permit partial removal of the dye already absorbed and fixed or adhering to the surface from the fibre without modifying the dyestuff chemically. The products suitable for this purpose are e.g. polyvinyl pyrrolidone, polyglycol ether, fatty amine ethoxylates or dyeing accelerators. Stripping agents are products which are intended for the removal or destruction of the dyes and auxiliaries on the textiles. This concerns e.g. reductive or oxydative operations under application of sodium dithionide (hydrosulfide), thiourea dioxide, sodium or zinc formaldehyde sulphonic acids, hypochlorite or sodium chloride [282] (see also 4.7.1 and 4.3.2). Stripping agents suitable for metal-complexes can further be made of complexing agents (see 2., above)

20. Fibre-protective agents in dyeing

Fibre-protective agents of this type are intended to prevent or reduce to an acceptable extent damage to the fibre during dyeing, finishing and use. These products are e.g. based on protein hydrolysates, protein fatty acid condensates, lignosulphonates, formaldehyde-elimination products, benzophenone, benzotriazole and alpha-cyanoacroylic acid derivatives [282].

21.   *Reducing agents*

In dyeing, reducing agents are used for the following purpose:

- reduction of vat and sulphur dyes to form the leuco compound

- aftertreatment for improving the colourfastness of textiles dyed and printed with disperse dyes

- stripping of defectively dyed textiles by reductive decomposition of the dye

- in dye protection agents, for reducing residual hydrogen peroxide in belached cotton dyed with reactive dyes

The reducing agents used can be divided into three groups [266]:

1. Sulphur-containing compounds. These are directely or formally derived from di-thionous acid and sulphunic acid (i.e. sodium dithionite, hydroxyalkylsulphinates, thiourea dioxide/formamidinesulphunic acid), sulphurous acid (i.e sodium sulphite, hydroxyalkylsulphonates), hydrogen sulphide (i.e. sodium sulphide, sodium hydro-gen sulphide)

2. Organic compounds. These include substances with α-hydroxycarbonyl structure (reductones): glucose, hydroxyacetone

3. Complex hydrides: Na BH$_4$

Following increasing environmental pressures, biologically degradable sulphur-free organic reduc-ing agents have been investigated. Hydroxyacetone is significantly more effective than glucose, but cannot match the range of application of sodium dithionite, which is still the dominant reducing agent for vat dyes. Alternatives sulphur-free reducing agents for reducing sulphur dyes include low-mixtures of organic reducing agents with sodium dithionite or thiourea dioxide, hydroxyace-tone, and glucose [266].

22.   *Oxidising agents*

Oxidisng agents are required when dyeing cellulose fibres with vat dyes, leuco esters of vat dyes, and sulphur dyes, and also for the production of aniline black.

The agents employed in dyeng are mostly the same as those used in textile bleaching, i.e. hydro-gen peroxide, sodium peroxosulphate, sodium peroxoborate, sodium hypochlorite, and sodium chlorite (see Table 4-41). For special applications, sodium chlorate, sodium nitrite, sodium dichro-mate, and sodium 3-nitrobenzensulphonate are also used [266].

23.   *Resist agents for dyeing and printing*

In some dyeing operations, resists are employed to prevent dyes from being absorbed on certain parts of the textile, to produce special effects. Resist areas can be produced mechanically or chemically by using resist agents. In textile printing, there are may ways of obtaining resist effects (see 5.3). Not only can a textile be made resistant to dyeing, but it can also be made resistant to the acquisition of other surface qualities, e.g., abrasiveness, a crêpe effect, or roughness effects.

Resist agents to give uniform uniform dyeing of fibre blends are mainly used in dyeing of wool-cellulose, polyamide-cellulose, and wool-polyamide fibres with acid, metal-complex, and direct dyes. Resist agents for dyeing are for examples sodium salt of dichlorotriazine-p-sulphanilic acid (so called Sando-Space process of polyamide-wool blends), polycondensation products of aryl- or alkylarylsulphonic acids with formaldehyde (protection of wool and polyamide in cellulose blends), or fatty alcohol sulphonates, alkylarylsulphonates, sulphonated castor oil (tone-in-tone dyeing of wool-polyamide blends) [266].

24.   *Hand-modifiers for textile printing*

Hand modifiers are textile auxiliaries necessary in textile printing processes using pigments. Two types of hand modifiers can be distinguished (see also 6.3.2):

a. Silicones. Mainly poly(dimethylsiloxanes) used in conjunction with fixing agents (e.g. etherified melamine-formaldehyde condensates) make it possible to produce high-quality pigment printed materials.

b. "True" softeners. Dioctyl phthalate and fatty acid esters cause the binder film to be more mobile, resulting in a considerably softer hand [266].

25.   *Stripping agents*

When dyeing and printing, any defective textile products that may sometimes be produced must be rectified for economic reasons. Depending on the severity of the defect, the dyed material may be simply brightened (partial dye removal), or the dye may be chemically destroyed by reduction or oxidation, and thus completely removing it from the fibre. Brightening is often possible using an auxiliary having affinity for the dye, thus having the same composition as a levelling agent (see above). Chemical decomposition of the dye is carried out with the usual reducing agents, oxidising agents, and discharging assistants used in dyeing and printing. Examples of suitable products and treatments used for brightening dyed cellulose materials are treatments with sodium carbonate, strong solutions of formic acid, or diluted hydrochloric acid, in conjunction with levelling agents. Stripping is performed with alkaline sodium dithionite, sodium hypochlorite, or sodium chlorite solution. Materials dyed with reactive and naphtol dyes cannot be brightened, though in expetional cases. Stripping is performed similar than for direct dyes, or with alkaline sodium dithionite solution with an added "reduction catalyst" (i.e. anthraquinone) as destroying of naphtol dyes is need. Materials dyed with vat and sulphur dyes can be brightened in a "blind vat" (alkaline sodium dithionite solution) by an auxiliary with an affinity for the dye (e.g. fatty amine ethoxylates, polyvinylpyrrolidone). Wool dyed with acid or metal-complex dyes can be brightened by boiling with levelling agenst and sodium sulphate. Reductively stripping is performed with zinc formaldehyde sulphoxylate and formic acid in the presence of a levelling agent (e.g. fatty amine ethoxylate). Brigthening dyed polyamide can be reached in solutions of sodium carbonate and levelling agent. Brightening of material dyed with disperse dyes is performed with non-ionic levelling agent and dispersing agents, and stripping is obtained by reduction with zinc formaldehyde sulphoxylate or oxidation with sodium chlorite. Polyester and triacetate dyed with disperse dyes are very difficult to be stripped (chlorite bleaching with additional carrier), brightening is obtained by using non-ionic levelling agent and carriers [266].

6 Finishing

6.1 Introduction

The term "finishing" covers all those treatments which serve to impart to the textile the desired end-use properties. These can include properties relating to visual effect, handle and special characteristics such as waterproofing and non-flammability [2].

Finishing may involve mechanical/physical and chemical treatments. In mechanical treatments, chemical agents are often used to enhance, facilitate, or make durable the effect of the treatments. Typical mechanical/physical treatments are harshening, sanding, emerising, cutting, calendering and squeezing, but also steaming and sanforizing. Among chemical treatments, we can further distinguish between treatments which involve a chemical reaction of the finishing agent with the fibre and chemical treatments where this is not necessary (e.g. softening treatments). One can further distinguish treatments which impart characteristic look and feel qualities, and those which lead to more *functional* properties of the textile material, which are often fibre specific ones.

Some finishing treatments are more typical for certain types of fibre (for example, easy-care finishes for cotton, antistatic treatment for synthetic fibres and mothproofing and anti-felt-treatments for wool). Other finishes have more general applications (e.g. softening). Thus far, the cotton finishing system predominates and can be assumed in this chapter unless another system is specified. Several classifications also refer to ennobling and conditioning treatments in order to avoid repeating of the term "finishing".

Coating and laminating are processes usually applied in the fabrication of technical textiles. However, coated or laminated materials are nowadays more and more used for classical clothing such as sophisticated sports and leisure wear, metallic glimmered clothes, etc. These treatments will be succinctly described under this heading; however, the production of technical textiles cannot be discussed in all its aspects.

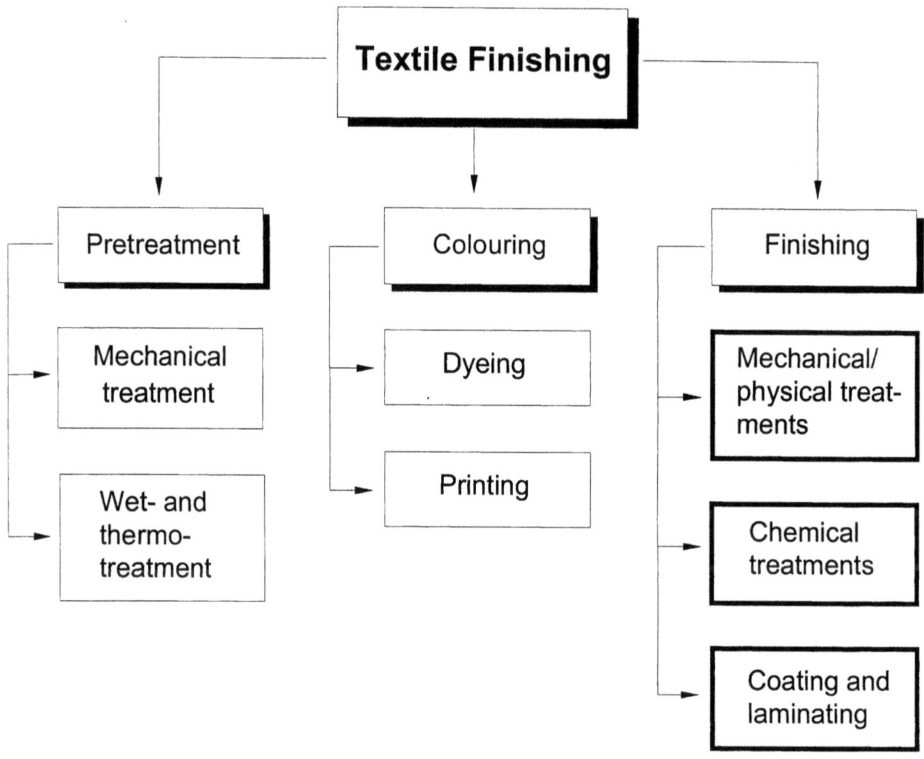

Figure 6-1: *Survey of textile finishing treatments*

In the case of fabric (including carpets in piece form), the finishing treatment often takes place as a separate operation after dyeing. However, this is not a rule: in carpets, for example, mothproofing can be carried out during dyeing and, in pigment dyeing, resin finishing and pigment dyeing are combined in the same step by applying the pigment and the film-forming polymer in the dyeing liquor.

The following figure asses the finishing of different textile products.

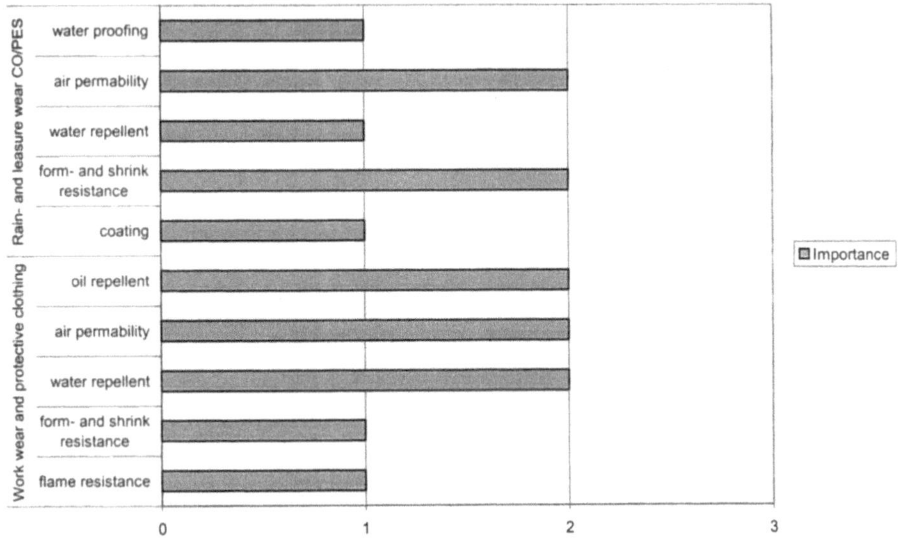

Rain- and leasure wear CO/PES
water proofing
air permability
water repellent
form- and shrink resistance
coating
Work wear and protective clothing
oil repellent
air permability
water repellent
form- and shrink resistance
flame resistance
Importance
0
1
2
3

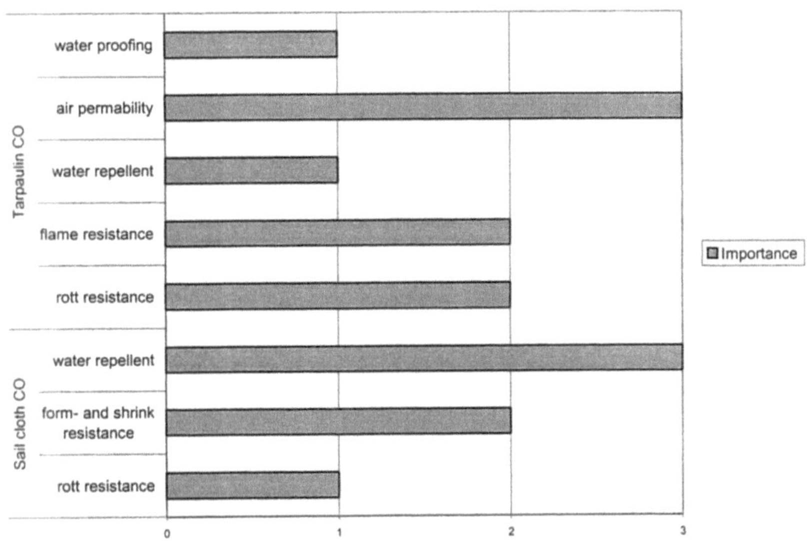

Tarpaulin CO
water proofing
air permability
water repellent
flame resistance
rott resistance
Sail cloth CO
water repellent
form- and shrink resistance
rott resistance
Importance
0
1
2
3

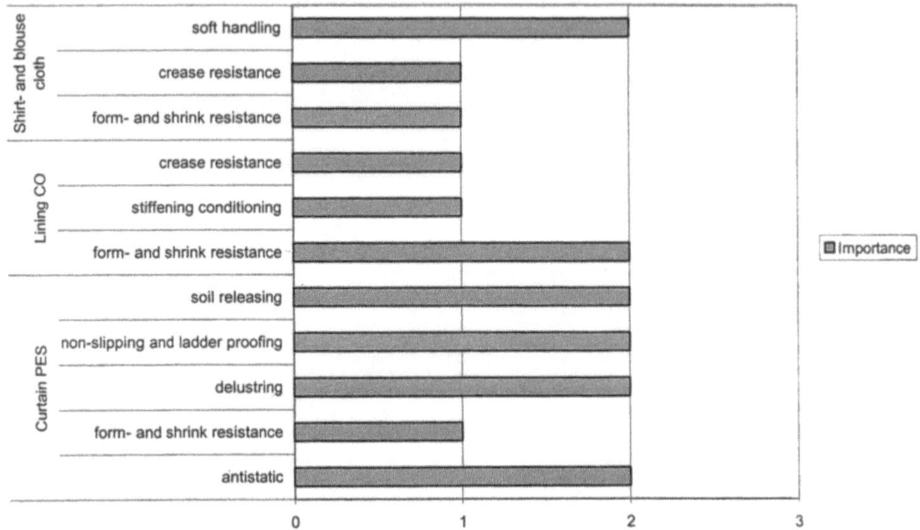

Figure 6-2: ***Importance of the finishing of different textile products***

6.2 Finishing techniques

6.2.1 Mechanical/physical treatments

Mechanical treatments are mainly applied to produce webs such as cord and velvet. These fabrics are obtained by harshening, sanding, emerising, and cutting a textile surface, using appropriate machines. Depending on the kind of cord and velvet, the ground material is made of a (woven, knitted, or non-woven) surface of cotton, polyamide, polyester, or polyurethane, and the web is made of wool, cotton, silk or synthetics [17].

Prior to mechanical treatments, the materials are prepared by applying stiffening or softening agents. Bee wax is sometimes applied to the web prior to brushing, to obtain lustring of the material. The mechanically treated fabrics usually undergo subsequent chemical treatments such as shrink-resistant treatments. Some materials also necessitate the application of lustring agents.

Physical treatments apply steam or vapour in conjunction with pressure or stretching techniques. The effects of treatments such as calendering, pressing, etc are comparable to those of ironing: the material is laid out suitably, lustring and handle are improved. Different machines are employed and differ in the types of material they are able to treat. Steam is more suited to fashion surfaces made of hydrophilic fibres, whereas contact heat is best adapted for ennobling synthetics. Special machines even allow the application of pressed patterns to obtain surfaces such as moiré, gauffré or plissé, etc.

These effects are often made permanent by applying so-called permanent press finishing agents. These products are frequently called non-creasing or non-shrinking agents, and are also frequently referred to as "cross-linking agents" (reactant types) or "prepolymers. Expressions such as "synthetic resin finishes", "synthetic resins", "resins" and "aminoplasts" – although misleading - are also frequently used. Such an agent is *monoethanolaminsulphit*, used for fixing gaufrage made of cotton, or for permanent fixing of lustre on cellulose material made of melamine resins. Treatments combining mechanical/physical and chemical methods are further discussed in the chapter discussing chemical finishing, as well as in the section relating to finishing chemicals.

6.2.2   Chemical treatments

The refinement of textile materials using chemical substances became more and more popular in the past few years. This might be due to the fact that the only way for European textile finishing industry to subsist seems to be the development and promoting of supplementary sophisticated textiles, especially products derived from technical textiles.

Historically, three general finishing systems have evolved based on the processing of the three major natural fibres; cotton, wool and silk. These general systems differ in the processes and equipment used. The cotton finishing system predominates. The synthetic fibres and their blends with natural fibres are finished in the general system which best fits the fabric type in which they are used.

For most chemical finishes, such as easy care, soil-release, water repellents, and fire retardants, the fabrics must be properly prepared and be free of fibre finishes and contaminants, residual sizes, and inorganic salts if optimum results are to be obtained.

Although there have been some attempts to use solvent systems to apply chemical finishes, most are applied commercially from aqueous systems [266]. The traditional method for applying finishes is described in the following sections.

In more than 80 % of cases, the finishing liquor, in the form of an aqueous solution/dispersion, is applied by means of padding techniques. The dry fabric is passed through the finishing bath containing all the required ingredients, and is then passed between rollers to squeeze out as much as possible of the treating solution before being dried and finally cured. Washing as a final step tends to be avoided if not absolutely necessary.

In order to reduce the pick-up, other so-called *minimum application techniques* are gaining importance. These are topical application methods such as (see further the heading below, coating and laminating):

- kiss-roll (or slop-padding) application (the textile is wetted by means of a roller, which is immersed in a trough and which applies a controlled amount of liquor on only one side of the textile);

- spray application;

- foam application (air rather than water dilutes the finishing chemicals).

In the case of foulard application (see principle in section 5.2) the pick-up is approximately 70 %, while with minimum application systems this can be about 30 %. In the minimum application techniques, however, the liquors are more concentrated by a factor of 2 to 3 in order to allow the same amount of active ingredient to be applied [198].

In the wool yarn carpet sector the functional finishes are applied to the yarn or to the loose fibre either during the dyeing process or in the subsequent rinsing bath.

Apart from particular cases where there are problems of incompatibility between the different auxiliaries, both with padding and long liquor application techniques (batch processes), all the finishing agents necessary to give the textile material the desired properties are applied in a single bath rather than in different steps [2, 266].

6.2.3   Coating and laminating

The auxiliaries for production of technical textiles are applied by the usual processes, e.g., padding, with nip rollers, spraying, coating and strewing. Wet processes of surface finishing may involve the use of foam. Dry processes are increasingly used, both to apply powders, e.g., for sintering and melting, and in transfer processes. The well-known conditions for drying and curing are generally the same as those used in classical textile finishing. To these must be added molding operations and adhesion processes [266]. However, important auxiliaries for the finishing of technical textiles differ from the classical ones; for example, polymer dispersions for fibre bonding or coating, cross-linking agents, resins, etc. As particular substances gain importance in the finishing of even traditional clothing, it is important to consider processes such as coating and laminating. Comprehensive descriptions of those particular processes are given in the following sections in order to permit an assessment of the chemical substances involved.

A laminate is obtained when a textile surface and another material are coupled. In the cases we are interested in, the textile usually dominates in the produced laminate. Examples of products obtained using laminates are upholstery furniture, protective clothing with signal colour, shoes, tent canvas, leisure wear, etc. The techniques used are mainly spraying, printing, foaming, extruding, coating, bonding and laminating.

Bonding is the term used to describe a technique where a textile fabric is glued to another textile material, using glue or thermoplastics. When the textile surface is glued to other materials like paper, plastic film or foam, one speaks of *laminating*. Heat or glue, even as film can be used to bond the different surfaces together.

Coating is more specifically the applying of a film on one side of the textile material. The application is performed using techniques based on doctor blades, or smelting. The film can be applied directly, or using a transfer principle. The following table summarises the main application techniques [17].

Application technique	Principle	Examples of textile materials
Direct coating	Doctor blade or rollers	Most used technique when pastes are to be applied
Reversal or Transfer coating	Direct coating of a paste on an intermediate surface (e.g. siliconised paper) and subsequent smelting on the textile	Coating of work wear and publicity banners (see also transfer printing technique)
Exhaustive coating	Dipping the textile fabric completely into the liquor	Not a popular method, used mainly to produce canvas for marquee and tarpaulin
Coating using a calendar	Polymeric (PVC or polyurethane) pastes are mixed and applied by smelting on the substrate, as a film or spots	Engraving is possible Applications are e.g. sealed tablecloth, synthetic leather, shower curtain, floor and wall covering, tarpaulin, etc
Direct coating using an extruder	The same principle as for calendaring, but the smelting occurs in a screwed extruder and the polymeric mass is applied as a film on the substrate	Mainly coating with polyolefin film
Foaming	Special polymeric emulsions are continually mixed and sprayed, foamed on the substrate (or an intermediate support)	Production of cracked leather (Baycast process); Modified processes are being devised
Floc coating	A glue is first applied by direct coating on the textile surface, flocs (short textile filaments) are then shaken out and electro statically directed on the glued surface.	Carpets, some cords, and velvets

Table 6-1: **Main application techniques for coating and their principles**

Common to all coating and laminating processes are, besides the applying of paste, film or material, the fixing together of the surface components; particularly the hardening of a coating which is an important factor and can be obtained using the following principles [17]:

- volatilising or vaporising;

- gelification;

- cross-linking;

- cooling;

- coagulating;

- combinations of the different principles.

Hardening techniques	Principles	Examples of application
Volatilising or Vaporising	A hard polymer is solvated or dispersed in a solution or solvent; after application, the solvent or dispersing agent is evaporated	One-component polyurethane, polyamide, acrylate, and multi component polymers of PVC; for mass PVC ethylacetate is used as solvent
Gelification	Elevation of temperature (160-200 °C, depending on the plasticizer used) promotes a homogenised mass	PVC plastisols (polymer powders dispersed in fluid and oil plasticizers)
Coagulating	A solvated polymer is applied on the textile surface and subsequently exhaust in a bath containing a not-miscible and not-solvating solution; the polymer precipitate and the remaining solvent is washed out	Mainly one-component polyurethane An example is the production of synthetic leather
Smelting	Some polymers are able to vitrify or plasticise when heated for a defined time	Mainly polyolefin (Polyethylene, polypropylene) as well as PVC and Polyamide
Cross-linking (external or internal) (vulcanising*)	After a controlled chemical reaction among molecules of the polymer, called vulcanisation, the polymer remains in an elastomeric condition; catalysts have to be added for cross-linking the polymers (see further text below)	Natural (NR latex) and synthetic lattices like Butadien-Acrylnitril; Butadien-Styrol or Polychloropren polymerics (NBR-, SBR- or CR-latex, respectively) Applications of these synthetic textile materials are, beside conventional technical articles and carpets, to an increasing degree in the production of home textiles, bags, fashioned clothes, etc

* consult for more details [306]

Table 6-2:   ***Hardening techniques of coating and laminating processes, and examples of applications***

Cross-linking of the polymers applied to a textile is a very common technique. Besides the hardening of the coated film, cross-linking enables swelling of the fibre and shrinkage of the textile to be minimised, as well as high wet and dry strengths to be achieved. Cross-linking of the polymer can be produced by two methods:

1. externally, by the addition of a cross-linking agent to the polymer (see further 6.5 Finishing chemicals);

2. internally, by means of a cross-linking component copolymerised into the polymer (self-cross-linking). The polymer on the fibre cross-links in the presence of acid catalysts and heat [266]

The possibility of directly polymerising monomers onto the fibre to form coatings and to provide fibre bonding has been investigated for many years. However, this has so far not been possible in large-scale textile production, whether by initiation with peroxides, cerium compounds, etc., or by the use of UV, or electron beam radiation, or gamma-rays [266].

6.3   General finishing: refinement of look and feel

The following finishes affect the optic and handle of textile materials. These effects are mainly obtained through the application of chemical substances which do not react chemically with the textile material.

6.3.1   Optical brightening

These processes are attached to the bleaching section. For more details about chemicals involved in this process, please consult the corresponding chapters.

6.3.2   Softening

Softening is applied in order to improve the handle of woven and knitted fabrics, and the lubricity of fibre, yarn, and fabrics. The improved lubricity exhibits itself in improved tear strength, reduced needle breakage during sewing, improved fabric drape, and softer feel. Three methods of softening are used, either alone or in combination:

- mechanical softening;

- chemical softening;

- biological softening (or bio-polishing).

The mechanical production of soft handle is the oldest method of handle modification at a time when mainly filing and weighting agents were applied in order to achieve a softer handle by loosening the stiff, hard, board-like woven fabric. Even crushing a woven fabric on a calendar between paper or cotton rollers gives a softer handle [75] (see also 6.2.1).

Chemical softening is a treatment in which a (mainly) aqueous solution containing softening agents is applied to fabric. The chemicals used to obtain the desired effect are anionic, cationic and non-ionic substances which can be added after dyeing. Softening agents are surface-active substances with a long chain hydrophobic part and a short chain hydrophilic water solubilising group, and, thus, are surfactants (see 4.4.2 Surfactants). Softeners form a film of high tenacity on the material they wet. Anionic softeners account for less than 10 % of the total market, the remainder is almost equally divided between the other softeners [17, 266]. Simple substances such as emulsified or sulphurised vegetable oils and fats are nowadays usually substituted with synthetic products.

Softening agents are prepared from sulphated fatty alcohol, substitute quaternary ammonium derivate, polyoxiethylene derivatives, fatty acid derivatives of melamine resins, siloxane, etc. Some products impart a permanent soft handle. For the best possible softening effects the chain length of the fatty group should be about C_{18}. The fatty group is connected to a hydrophilic solubilizing group. A great variety of linkages and solubilizing groups are used.

Broadly, all the available softeners are divided into two groups: non-permanent and permanent. A classification on the basis of their substantivity is also possible [266; 280; 199; 75]:

- substantive softeners;

- non-substantive softeners;

- reactive softeners;

- amphoteric softeners;

- special softeners.

Substantive softeners are generally cationic compounds which are attracted to the negatively charged textiles in aqueous baths. The softening effect produced is durable to washing treatments. Cationic softeners are the most widely used softeners in the garment processing industry due to their cost efficiency and wide range of potential textures [199].

The simplest *cationic softeners* are primary, secondary, and tertiary amino compounds and their salts formed by neutralisation with a quaternising agent such as acetic acid. Reaction of amines with alkylating agents such as methyl chloride, benzyl chloride, etc. produces quaternary softeners (i.e. "quat"). Quaternary methylammonium compounds containing one or two fatty alkyl groups are used extensively as cationic softeners in home laundering, but only to a small extend in fabric finishing. Quaternary ammonium compounds including dimethyl ammonium chloride (DTMAC), distearyl dimethyl ammonium chloride (DSDMAC) and di(hardened tallow) dimethyl ammonium chloride (DHTDMAC) have been cited [3].

Amino esters form an important group of cationic softeners, prepared by the reaction of fatty acids or acid chlorides with amino alcohols or hydroxy ethylene diamine [75]. Fatty amides of diamines, such as aminoethylethanolamine, which react with acetic acid to form acetate salts have been used as substantive softeners, but these compounds tend to yellow with heat or aging. Complex products formed by the reaction between amino amides with ethylene oxide, followed by quaternization with chloromethane or methyl or ethyl sulphate exhibit less tendency to yellow and are therefore widely used. The amino amides may also be cyclicised to form imidazoles before being converted into acid salts or quaternised [266]. Imidazolines constitute an important class of softeners; the cyclic compound imidazoline has a low melting point and higher solubility than the parent amidoamine. Alkylamines, formed by the reaction of fatty acid and diethanolamine, can also be used as softeners by making them cationic [75].

Application:

- cationic softeners are substantive to cellulosic fibres and can be applied by exhaustion as well as by padding;

- cationic softeners are more effective at increasing the drape and limpness of cellulose containing fabrics than the nonionics are.

Noticeable recent developments in cationic softener chemistry are quaternary imidazolinium salts. Moreover, dioleyl dimethylammonium chloride cationic softeners were found to give good softness to cotton terry towel, compared to distearyl dimethylammonium chloride [75].

Cationic softeners	Examples of structures
Amine salts and quaternaries	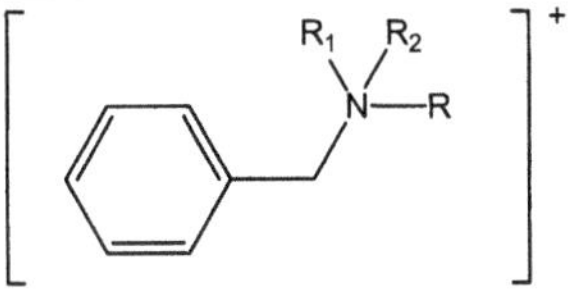 e.g. Dimethylamine hydrochloride [506-59-2]
Amino esters	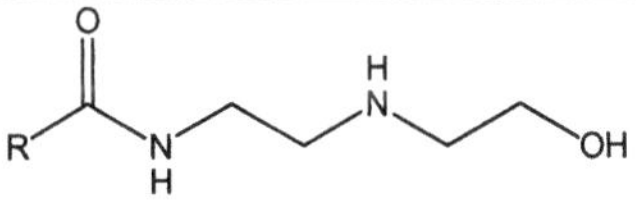
Reaction product of fatty acid and polyamines	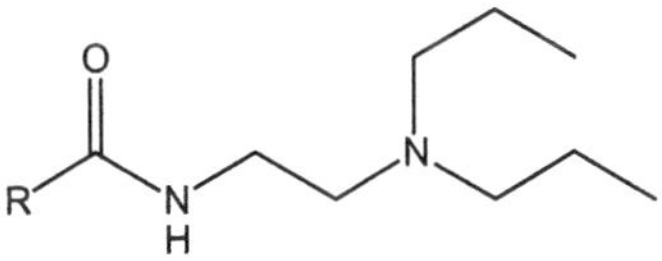 e.g. Aminoethylethanol amine, acetate salt
Imidazoline	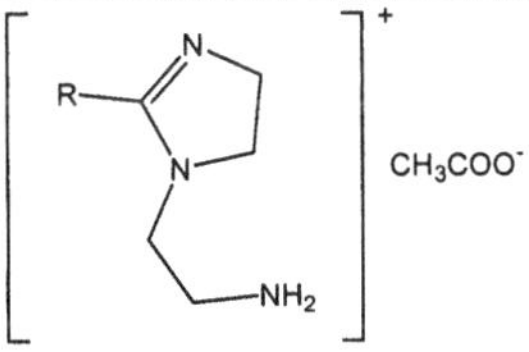
Fatty alcohol based	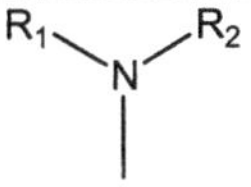 e.g. Distearyl dimethylammonium chloride [107-64-2]
Difatty amido-imidazoline based	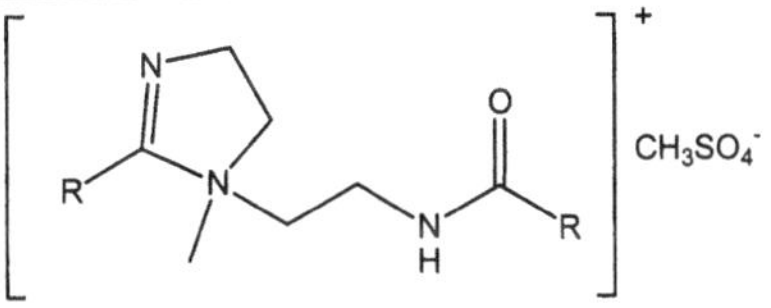
Difatty bis-imidazoline based	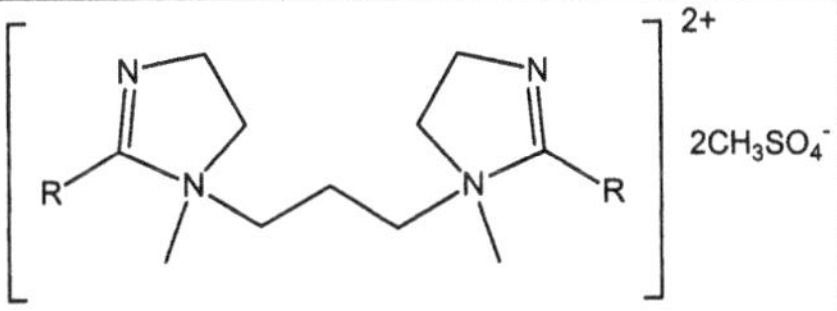
Difatty amido-amine based	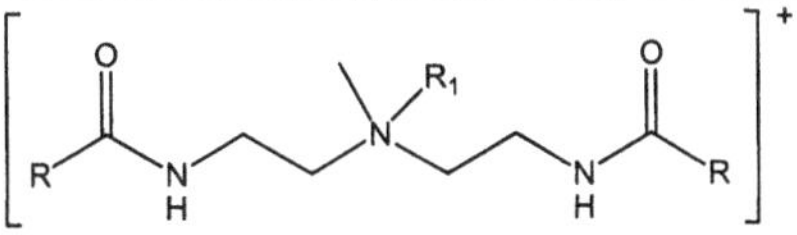

Cationic softeners	Examples of structures
Dicyanidiamide/stearylamine based	$[HO-CH_2CH_2-N(H_2)-C(=NH)-N(H)-C(=NH)-N(H)-C_{18}H_{37}]^+$ CH_3COO^-
Diethanolamine based	$R-C(=O)-N(CH_2CH_2OH)_2$

Table 6-3:   ***Examples of cationic softeners***

<u>Non-substantive softeners</u>, like *nonionic softeners*, are compatible with all finishing agents and, thus, are among the most useful finishing auxiliaries. When applied on the substrate, the molecules align themselves by mechanical deposition. Their water solubility depends on the number of centres of hydration.

Fatty acid derivatives, (about C_{18}. chain length) when linked to ester or ether group, and the hydrophilic portion of the molecule may be glycerine, polyoxyethylene, sorbitan, or ethoxylated sorbitan are typical examples of non-ionic softeners [266]. The glycerides, fats and oils, in actual use dispersed by sulphated oil, are available in the form of cream coloured paste. They are non-yellowing softeners for cotton and synthetic fibres when applied along with optical brighteners [75].

<u>Application</u>:

- nonionic softeners are especially useful where protection from yellowing is important, or where compatibility with anionic components such as optical brighteners is needed;

- nonionic softeners tend to give surface smoothness to fabric, without excessive drap;

- nonionic softeners are often used as lubricants to assist in napping and other chemical processes which involve metal-fibre friction.

Nonionic softeners	Examples of structures
Polyethylene glycol/fatty acid based	$R-C(=O)-O-(CH_2CH_2O)_nH$ $R-C(=O)-O-(CH_2CH_2O)_nCOR$

Table 6-4:   ***Examples of nonionic softeners***

<u>Non-substantive softeners</u>, like *anionic softeners*, are only slightly adsorbed, as most of the textile materials show anionic nature in aqueous baths, and thus repel negatively charged molecules and colloids.

During padding, softener is mechanically deposited and the amount orients itself in a characteristic manner with the hydrophobic portions as external coatings of the oil. Anionic softeners are not popular due to poor exhaustion, but are particularly useful for cellulosics and cottons before sanforising (see 4.3.1) [75].

Emulsion of oils, fats and waxes are made of anionic or non-ionic surfactants (see 4.4.2) as emulsifying agents and are stabilised against development of rancidity and discolouration. Sulphonated fats show excellent softening and emulsifying properties [75].

Softeners consisting of sulphonated oils or fatty esters, often blended with unsulphonated oils, are widely used on plain finish fabrics, such as denims, to facilitate comprehensive shrinkage of the fabrics. The products act as lubricants as well as wetting agents [280].

Soaps of sodium or potassium stearate type with glycerol monostearate can be used to impart smooth, bulky handle to bleached cottons and rayons. Superfatted stearic acid soaps impart to silk material a bulk and soft handle, difficult to obtain with synthetic softening agents [75].

Furthermore, sulphated oils and tallow are used, having the hydrophilic radical near the centre of the molecule, which is said to permit a greater amount of oily matter on the fibre surface. However, they tend to yellow and become rancid due to oxidation. By adding antioxidants and preservatives, this can be minimised. Sulphated fatty alcohols, when applied in low concentration, tend also to produce a smooth, waxy handle. In certain cases, mixture of either sodium stearate or triethanolamine salt of stearic acid and fatty alcohol sulphate in the presence of liquor ammonia is used as an anionic softener for cotton and other fabrics. Half esters or short chain dicarboxilic acids with fatty akylamides are also used as anionic softeners [75].

Soluble oils - so-called sulphonated oils - were the first step towards overcoming the weakness of soaps towards hard water. Turkey Red oil was the forerunner of these compounds. The introduction of sulphuric acid residue renders fatty acid soluble in water and imparts certain amount of resistance to acid, compared with soap [75].

Anionic softeners however have limited durability to laundering and dry cleaning. Since affinity to fibre is low, relatively large amounts of the softeners must be applied in order to obtain a softening effect.

Anionic softeners	Examples of structures
Oil, fat, and wax emulsion (see 4.2.2)	
Soaps of sodium or potassium stearate type with glycol monostearate	$C_{17}H_{35}-\!\!\!\overset{\displaystyle O}{\underset{\displaystyle O^-}{\diagup\!\!\!\diagdown}}\ Na^+$ e.g. Sodium stearate [822-16-2]
Sulphated oils and tallows	
Sulphated fatty alcohols	
Soluble (sulphonated) oils	$C_8H_{17}CH(OSO_3H)CH_2C_7H_{14}COOH$

Table 6-5:   ***Examples of anionic softeners***

Another class of <u>non-substantive softeners</u> are *emusion softeners* made of wax or polyethylene.

Waxes like paraffin wax, bees wax, carnuba wax, etc. are applied in an emulsified form on textile material to impart a soft and supple handle. Stabilised paraffin wax emusion provides softening and finishing to cotton and rayon. Slightly dilute emulsions may be applied by padding, without washing when dried. For lustre effect, the fabric is further calendered. More dilute emusion can be applied in a jigger. Wax emusion can be used as a binding agent for china clay for combined dulling and weighting of rayon (see 4.3.4). It is also used in sizing mixtures (see 4.3.1) [75].

Polyethylene emulsions are secondary emulsions of low molecular mass oxidized polyethylenes. They may be used as pure finish and applied on fabrics made of natural or synthetic fibres. After padding, no curing is required. Moreover, polyethylene emulsions gain in popularity by virtue of their ability to reduce losses in tear strength during resin finishing (see 6.4.4). In resin finishing, 15 to 20 g/L of the polyethylene emulsion may be used. The handle of the fabric is improved when used alone or in combination with other finishing ingredients such as quaternary ammonium compounds, silicone emusion, etc [75].

Softening action is due to the deposition of a relatively soft, smooth surface film. The important products belonging to this group are the polyethylene emulsions, yet polyester emulsion, etc are also available. They are prepared by polymerisation of the monomer, which has been emulsified in the water phase.

<u>Application:</u>

- polyethylene emusions are widely used in finish baths where they function more as lubricants than as handle-modifying agents;

- they improve the tear strength and abrasion resistance of fabrics as well as ease of sewing but increase seam slippage.

Wax and polyethylene softeners	Examples
Bees wax, carnuba wax, stabilised paraffin wax	
Polyethylene emulsion	

Table 6-6: ***Examples of polyethylene softeners***

<u>Non-substantive softeners</u>, like *silicone emulsions* (or resins), have siloxane chains as their fundamental units. Silicone forms oil-in-water and water-in-oil emulsion. This emulsion is suitably diluted before using. The fabric after impregnation is dried and cured. For satisfactory durability, a catalyst is introduced to the emulsion system to promote cross linking [75].

Silicones, systematically termed polyorganosiloxane, used for textile purposes are mostly polymers with a linear structure (i.e. repetitive dimethylsiloxyl groups $-RSiO-$). These polymeric chains are partially hydrolysed with alkoxy-dimethylsiloxy functions, or ended with trimethylsilyl groups. These alkoxy-dimethylsiloxi groups may afford cross-linkage in presence of water and form the so-called H-siloxane. The cross-linkage can further form dense, three dimensional polymeric nets. Silicones with relatively polar side-chains such as aminopropyl-, amido-, pierazino-, or cyclohexyl groups are mainly used for hydrophobic and softening purposes. Polyoxyalkyl-side-chains improve the soil-release abilities of siloxanes [186] (see further 6.4.2 Finishing with repellents).

Chemical modifications of the silicones are necessary to obtain finishes which do not alter at high temperatures (i.e. yellowing of the textile after curing). The simplest method to reduce yellowing is to use amino silicones containing a reduced amount of amino groups. Another modification is to prepare silicone based on $Si-C_3H_6-NH_2$ elements. However, the basic silane is difficult to be synthetised, which makes it more expensive. Alternatively, the amine can be alkylised to $Si-C_3H_6-NH-C_2H_4-NR_2$ (R=Me or Et), or it can be involved in more complicated ring systems. Yet, the easiest method is to acylate the amine. The acylation with acetan hydride is a cheap and rapid method. However, this chemical substance is difficult to obtain in some countries, as the substance is also used to acetylate opium base into heroin. Other acetylations are proposed with butyrolacton. All these modifications commonly reduce the yellowing tendency of silicones, but also blocks the anker nitrogen. A reduced softening effect is the consequence [351].

Silicones are classified as non-reactive, conventional reactive and organo reactive [75]:

- non-reactive silicones are dimethyl polysiloxanes. Dimethylsilicone fluid emulsions are often used as softeners and are particularly effective on synthetic fabrics. They impart a unique surface smoothness to fabrics. The softening is not very durable to washing, since there is no reactivity in polydimethyl polymer. Introducing amino group via alkyl group as a pendant group in the siloxane macromolecule (i.e. amino silicones) considerably enhances softening. However, the fabric yellows during curing and thus are only recommended for dark coloured fabric;

- conventional reactive silicones are dimethyl siloxane polymers which have been modified using silane, silanol or ester functional groups;

- organo reactive silicones are also dimethyl polysiloxane polymers, but are modified with functional groups capable of reacting with fibres, durable press resin, latex systems or with themselves. The amino mercapto and epoxy groups are an example of such functional groups. Organo-modified silicones containing epoxy, hydroxy, or amino groups are often used on fabrics containing cellulose. Epoxy modified silicones react with cellulosic fibres by virtue of both the silanol end group and the reactive epoxy group; they are soluble in water and do not require emulsifying agent. Amino silicones are particularly effective softeners but tend to yellow; they are often blended with fatty cationic softeners. The chemical modification of an amino silicone emulsion using dialkyl oxalate results in the formation of a stable emulsion of amide modified silicone with non-yellowing attributes and distinguishable change in softness.

Application:

- simple silicon emulsion, partially obtainable as microemulsion are able to be incorporated between the fibres, but are not permanent;

- methyl- and amino- modified silicone resins are cross-linked after incorporation between the fibres and thus impart a permanent soft- and smooth handle.

Silicone emulsion softeners	Examples
Non-reactive silicones (dimethyl polysiloxanes)	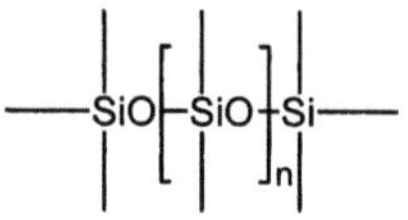 $-SiO-[SiO]_n-Si-$
Conventional reactive silicones (dimethyl siloxane polymers modified with silane, silanol or ester functional group)	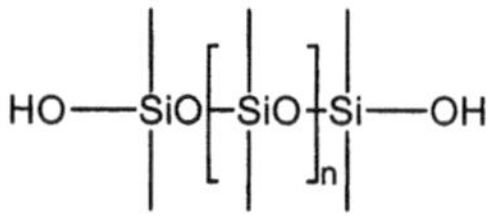 $HO-SiO-[SiO]_n-Si-OH$
Organo reactive silicones (dimethyl polysiloxane polymers modified with reactive group) e.g. epoxy modified silicone e.g. amino functional siloxane	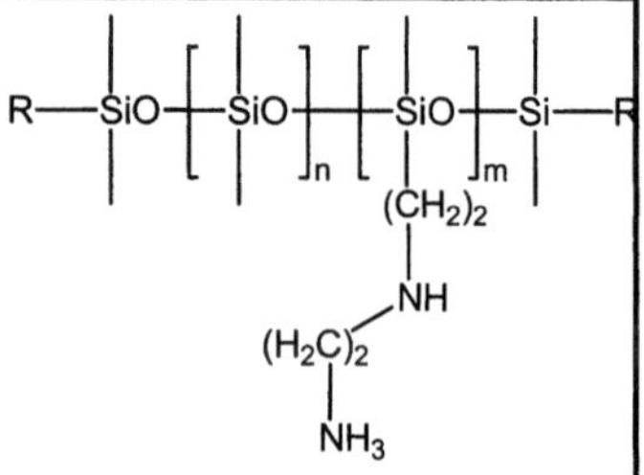 $R-SiO-[SiO]_n-[SiO]_m-Si-R$, with $(CH_2)_2-NH-(H_2C)_2-NH_3$

Table 6-7: **Examples of silicone emulsion softeners**

Siliconemulsions with reduced propensity to thermomigrate or either to yellow indigo jeans are obtained by using alternative non-ethoxilatated emulsifiers. Example of such textile specific silicone emulsifiers are alkylpolyglycosides [351] (see further 4.7.2).

Newly developed permanent and hydrophilic softeners based on silicone are the so-called polyquaternary polysiloxanes. The structure of this silicone is characterised by linear polymeric chain fragments of siloxanes separated by one negatively charged azote atom. The hydrophilic ammonium-functionalised polysiloxane are said to produce a finish with both good handle and washproofing. Moreover, the yellowing tendency is reduced and the hydrophilicity of the softener is raised [352; 356]. An example is compound with CAS-Nr. [409318-77-0], a polyorganicsiloxane having piperidinyl functions [391]. Another amino-functional organosilicone compounds exhibiting low foaming and providing organic fibres with good softness is manufactured under CAS-Nr. [395667-44-4] [377].

Reactive softeners have reactive groups in them which react with the fibre substance and yield a softening effect. This bond is a definite covalent bond, formed in the presence of an acid catalyst at elevated temperatures.

Thus softeners posses a reactive group, such as sulphonic acid, isocyanate group, etc. which react with the hydroxyl groups of the substrate. Their application is also similar to non-ionic softeners, (temporary effects are obtained when not cured) and to durable softeners.

Stearyl amidomethyl pyridinium chloride is one of the oldest products of this class. Yet, due to liberation of pyridine and possible yellowing, its use is restricted. The reaction product of diisocyanate monoethanolamine and higher alkyl isocyanate are softeners based on diisocyante monoethanolamine. Further, products prepared from cyclopropane monocarbonic acid, monoethanolamine and higher alkyl isocyanate are used as reactive softeners. N-methylol based derivative with higher fatty acids produce reactive softeners. Softeners based on 1,3,5 triazine are prepared using the idea of reactive dyes: a strong hydrophobic higher alkyl group is attached through –NH- bridge to a mono or dichloro-1,3,5 triazine group. Moreover, a great variety of polyethylene glycol modified triazine compounds are available as reactive softeners.

Softeners based on octadecyl ethylene urea impart durable water repellency (see 6.4.6 Finishing with repellents) with a softening effect. They may be applied to cellulosic fabrics along with crosslinking agents such as DMDHEU, DMEU, etc by pad-dry-cure techniques (refer to 6.4.4). For good softening and water repellency a solution of 0,6-2,5 %owf can be used.

Softeners based on epoxy compounds are applied to cotton and wool fibres. Recently developed softeners are condensation products of appropriate carbamates with formaldehyde. On the other hand, amidourethane with cyclopropanyl reactive groups are softeners reacting without a catalyst. Stearylamine epichlorohydrin based softeners also produce durable softening.

Reactive softeners	**Examples**
Stearyl amidomethyl pyridinium chloride	$C_{17}H_{35}$–$CO\text{-}NHCH_2(C_2H_5N^+)Cl^-$
Softeners based on diisocyante monoethanolamine	
Softeners based on cyclopropane monocarbonic acid	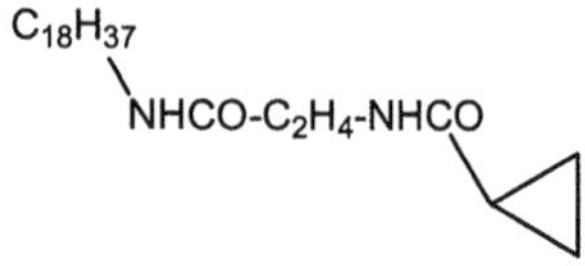
Softeners based on N-methylol based derivative with higher fatty acids	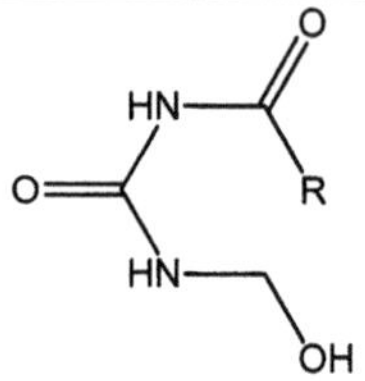
Softeners based on 1,3,5 triazine	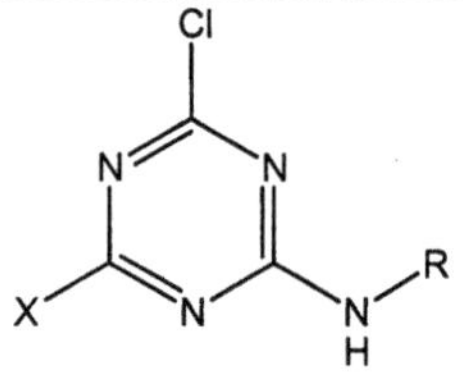
Softeners based on polyethylene glycol modified triazine compounds	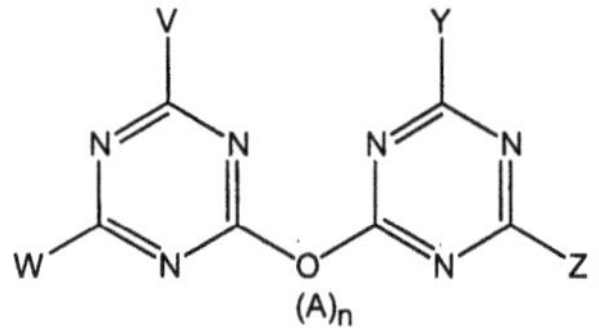
Softeners based on octadecyl ethylene urea	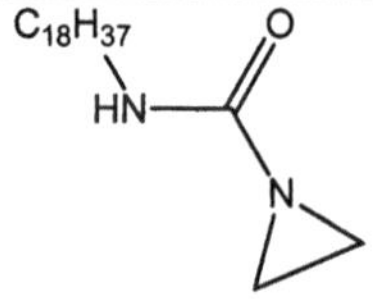
Softeners based on epoxy compounds	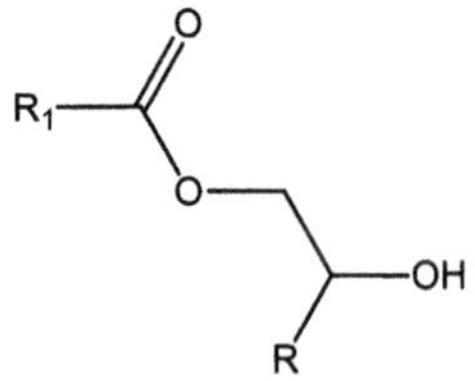
Softeners based on carbamates	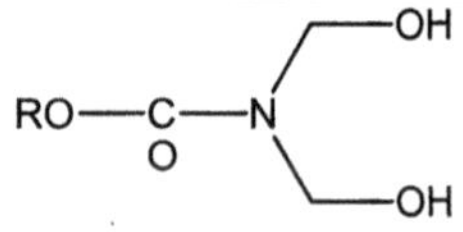

Reactive softeners	Examples
Amidourethane with cyclopropanyl reactive group	$C_{18}H_{35}NCO$ + HO—[amidourethane structure with NH, C=O groups]
Stearylamine based softeners (stearyl amino epichlorohydrin based and stearyl amine/urea reaction based)	$C_{18}H_{37}NHCH_2$ [structure with OH and Cl groups]

Table 6-8:   ***Examples of reactive softeners***

Amphoteric softeners consist of one or more long chains attached to a polar nucleus, which contains both cationic and anionic properties. The effective polarity of the molecule as a whole depends on the pH of its environment.

Amphoterics

- impart a greater antistatic effect,

- are more durable and;

- are better softeners than anionics.

Further, they are not as permanent as cationics but compatible with other classes of softeners. However, amphoteric softeners are quite expensive and have not found wide acceptance.

Typical molecules are substituted amino acids, sulphobetaines, amines oxides and imidazolines

Amphoteric softeners	Examples
Substituted amino acids	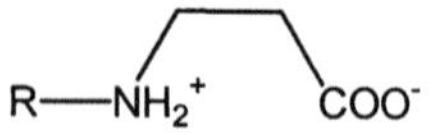 $R\!-\!NH_2^+ \quad COO^-$
Sulphobetaines	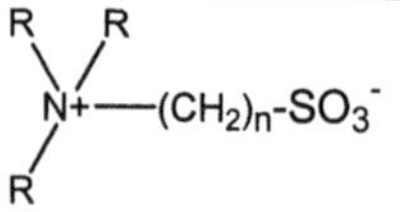 $\begin{array}{c} R \quad R \\ \backslash \ / \\ N^+\!-\!(CH_2)_n\text{-}SO_3^- \\ / \\ R \end{array}$
Amines oxids	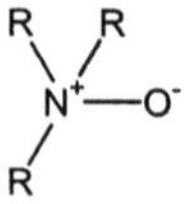 $\begin{array}{c} R \quad R \\ \backslash \ / \\ N^+\!-\!O^- \\ / \\ R \end{array}$
Imidazolines	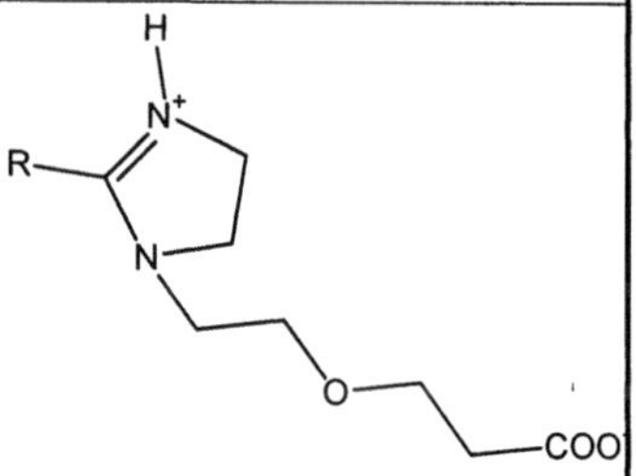 (imidazoline structure: R attached to ring with $N^+\!-\!H$, ring N bearing $-CH_2CH_2-O-CH_2-COO^-$)

Table 6-9:   ***Examples of amphoteric softeners***

<u>Special softeners</u> did not come under any of the classes above, but can be used along with the other products for multiple advantages.

A novel use of biotechnology in textile processing is *bio-polishing*. The treatment of cellulosic fibres with specific cellulase enzymes in order to improve surface appearance is a controlled hydrolysis. Cellulase reacts aggressively with 1-4 glycoside bonds in the cellulose and destroys part of the surface; consequent enzyme treatment should be optimised by the maximum weight loss at minimum strength loss of the material. Three types of enzymes are available: acid stable, neutral stable and alkaline stable. The acid enzymes are used exclusively for biopolishing, as they are the more time and cost effective. Alkaline stable is used in some laundering detergents to remove stains. Conventional machines such as winch, drum, padding mangle, etc. can be employed for enzyme finishing at any time during wet processing, but it is most conveniently applied after bleaching, either combined with other treatments or as a separate operation. Bio-polishing is a permanent finish which further lowers the tendency to pill, increases the flexibility and thus makes a soft handle, smooth surface and clear surface appearance. The treatment is applicable to jute, ramie, flax, etc.. Cellulase enzymes are also used for stone washing of denim jeans. Mostly, neutral and acid enzymes are used. Acid enzymes are faster than neutral enzymes but impart back staining properties [152].

Additional speciality softeners are polymeric softeners such as polyacrylamide, polyvinylalcohol, polyvinyl acetate and polyacrylate formulations.

They are used with other functional chemicals (e.g. silicones and amino silicones, reactive softeners, resins, etc.) and impart softness and anti-crease properties.

Latex based softeners are the latest ones on the marked. They are hydrophilic latex based softeners used for woven and knitted cotton, dyed cotton yarns, jute-woollen blends and terry towels, which have multiple advantages. For soft and silky handle, synthetic latex-based softeners can be used in the form of emulsion.

Special softeners	Examples
Enzymes	
Polymeric softeners	
Latex based softeners	

Table 6-10:   ***Examples of special softeners***

Another kind of textile softening is obtained when delayed-cure system using microencapsulated reactants are used (see Easy-care finishing of natural and regenerated cellulose in 6.4.4). As the capsule walls are made of ethylcellulose, the residue of the wall material after curing contributes to the physical properties of the fabric, i.e. it functions as a fabric softener [379].

Some specific process characteristics when finishing synthetics with softeners can be found in [71; 72]. Other than for cellulosic fibres, the pH during application of cationic and amphoteric softeners have to be led in neutral or light alkali bath, and temperatures up to 50/60 C are usefull for continuous finishing. Application of chemicals using continuous technique is particular problematic on polyester fibres. The low substantivity of the polyester fibres make it necessary to use further specific electrolyte preparation which provoke a controlled precipitation of the finishing substances on the fibre surface.

6.3.3   Stiffening

Stiffening fabrics can be done by applying substances that swell and solvate the surface, by sintering (vitrifying) thermoplastic fibres, or by impregnating the surface with stiffening and agglutinating agents.

Swelling processes are used to obtain textiles called organza, glassy lawn, etc. These fabrics are made of cotton mousseline previously treated with concentrated sulphuric acid (or other mineral acid). A mercerising under tension is applied before and after the acid treatment. Strictly speaking it is not a finishing treatment, even though the result is a transparent and stiffened, but elastic material. A subsequent colouring is also feasible.

Stiffening processes use impregnation with various permanent or non-permanent stiffening agents. Fabrics made of polyamide are treated with solutions of zinc or calcium chloride to obtain, after drying and treatment with hot air, a permanent stiffening effect. Some organza imitations are obtained by treating mousselines with polymeric solutions or dispersions.

Permanent stiffening of knitted and woven fabrics are obtained by impregnation using polymeric resins, or combinations of water soluble products containing OH-groups (such as starch, polyvinyl alcohol, alkyl cellulose, etc) with formaldehyde amine resins to stiffen. The polymeric resins are based on acrylic acid ester, vinyl acetate, and vinyl chloride. In finishes on cellulose-containing fabrics, soluble and emulsion types of stiffeners are used. The soluble types include poly(vinyl alcohols) and modified starches (e.g. hydroxyethyl starches). The most widely used emulsion polymers are poly(vinyl acetate) and acrylate and methacrylate copolymers. The effects are washfast but not resistant to organic solvent washing. An improvement can be obtained by addition of temperable resins like prepolymer of urea, melamine-ethylurea, polyacrylamidmethylol, or triazonformaldehyde [17]. These copolymers contain reactive groups, such as methylol amide or epoxy groups, which undergo cross-linking on curing, making the polymers more insoluble and resistant to laundering. Polymeric methylated urea- and melamine-formaldehyde resins are to be preferred on 100% synthetic fabrics. Stiffeners made of polymeric compounds are also called hand builders [266]. Further details on synthetic resins are given under the heading functional conditioning.

6.3.4   Special breakthrough effects such as ajoure, devore, crêpe, etc.

Ajoure is an embroidery technique which creates open areas, often in figured patterns, usually on a woven fabric. Devore is more specifically the production of a pattern on a fabric by printing with a substance that destroys one or more of the fibre types present. A lot of such breakthrough effects exists, they are mainly obtained by destroying one of the fibres of a textile surface made up of different fibres.

Depending on the nature of the fibres that have to be destroyed, several treatments and chemicals are possible. A fabric made of silk and cotton, or polyamide and viscose, can be broken by destroying the cellulose fibres during carbonising with aluminiumsulphate, or boiling with caustic soda. Benzoylperoxide is the substance which is printed on acetate fibres to destroy them and produce devore. Consult further discharge printing of the different fibres (in chapter 5.3) to obtain more information on oxidising and reduction agents.

A so-called burning (a newly re-discovered fashion) is obtained by impregnating, with mineral acids, a fabric made of cellulose and embroidered silk or wool [17].

Beside the "true" crêpe qualities manufactures by weaving, crêpe articles produced by treatment with chemicals are actually to be considered printed products (5.3). Principally, chemically produced crêpe effects can be obtained using two different methods [361]:

- imprinting a fabric with a base;

- printing with reserve paste.

The first method is based on imprinting of a thickenered concentrate sodium hydroxide solution, which lead to a local mercerising and crimping of the printed place. A typical recipe includes:

- 980 g caustic soda 40 Bé;

- 20 g solvitose thickener;

- optional wetting agents.

After crimping, the fabric must be carefully washed and the remaining caustic soda further neutralised with acetic acid. A last washing step with small amount of formic acid may also improve the handle of the crimped fabric. A further treatment with reactant crosslinking agents (easy-care finishing, see also 6.4.4) will further improve the washfastness of the crêpe effect. An appropriate finishing bath may thus contain:

- 150 g/l Dimethyloldihydroxyethylen urea or Dimethylolethylen urea;

- 30 – 40 g/l Polyethylene emulsion (approx. 33 %);

- 0.6 g/l Magnesiumchloride;

- 0.6 g/l citric acid.

Compared to the caustic soda method, the reserve printing uses a dextrin or britisch gum thickener that is applied on the fabric, dried and further padded through a caustic soda liquor. Special dyestuffs can optionally be added to the reserve paste, to obtain interesting coloured crêpe effect. An interesting alternative to classical reserving agent is the treatment with highly active hydropic repelling agents (see 6.4.6). A typical reserve paste containing reactive dyes contain thus:

- 320 g Alginate thickener;

- 200 g urea;

- 10 g Revatol® S Gran;

- 100 – 180 g acrylate binder;

- 20 g silicone softening agent;

- 30 – 80 g hydrophobic repellent (based on fluorocarbon);

- 40 – 80 g sodium trichloroacetate;

- X g Dystuff, to prepare 1000 g paste.

Some interesting lustring effects can be obtained by further calendering the crêpe. The reactive dyes can also be replaced by pigments or glossy pearl preparation. The receipt thus can enclose:

- 600 g Galactomannane thickener;

- X g Water, to prepare 1000 g paste;

- 50 g Permethylated glyoxal resin;

- 40 g Silicone based hydrophobic repellent (with crosslinking agent and catalysator);

- 20 g Silicone softening agent;

- 15 g Zinc nitrate;

- Y g Pigment or glossy pearl preparation, to obtain 1000 g paste.

Moreover, crêpe effects can also be obtained on wool. Mostly unchlored wool mousseline is crimped using diverse chemicals such as calcium rhodanide (mainly), calcium nitrate, barium rhodanid, zinc or aluminium salts. The recieopt include:

- 500 – 600 g/kg calcium rhodanid;

- 500 – 400 g g/kg cellulose ether thickener;

- optional fast-fixing acid dyes.

Crêpe effects on silk are obtained using ammonium rhodanid. Moreover, synthetic polyamides can be treated with a variety of shrinking agents. The most popular chemicals are phenol and resorcine (10 – 35% conc., thickened with galactomannane). Coloured shrinking effects are obtained with additional acid or disperse dyestuffs, matt-, silver- or gold pigment preaparation combined with binders [361].

6.3.5 Delustring

Delustring of some high gloss synthetic fibres is sometimes necessary.

Acetate fibres have the difficult property of delustering when heated wet over 80 °C. The delustring treatment thus consists of exhausting the fabric for nearly an hour into a boiling bath containing surfactants. The delustring effect is improved by addition of swelling agents such as phenol, turpentine oil, pine oil, etc. The effect is not permanent as it disappear when the fabrics are wet ironed.

Triacetate fibres can be delustered by impregnating the material with urea, then drying and heating at 165 °C to deluster.

The delustring of other synthetics consists of applying a cloudy film on the surface of the material, before or after dyeing. This cloudy film can be obtained by various methods:

1. precipitation of white or coloured pigments on the fibre surface, by two successive treatments with salts which precipitate consecutively. This old process is mainly applied on coloured fabrics. Salt combinations are, for example, sodium sulphate + barium chloride; alkali sulphide + zinc sulphate; sodium stannate + barium chloride; zinc sulphate + ferro cyanide; alkali molibdate + barium chloride. Coloured pigments are obtained using metallic salts of, for example, cobalt, chrome, etc. Addition of adhesives and softeners can improve the fastness and the handle of the delustered material;

2. application of dispersed white pigments on the fibre surface (padding or foulard delustring). The method is only used on dyed fabrics. The dispersion of white pigments (titan dioxide, zinc sulphide, lithopone) contain further adhesives, filling and softening agents.

This delustering technique is not wet fast and produces a disturbing white film on dark coloured textiles;

3. application of pigments to the fibre surface using substantively twitting auxiliaries as carrier substances (substantive delustring). The dispersions are made of cationic active pigments which have a great affinity for (mainly) negatively charged fibre surfaces. The pigments used are the same as those used for the preceding treatment, but the particles in this case are previously charged. The treatment is similar than that for continuous dyeing and can be controlled by temperature and by the addition of salts. A disadvantage is the negative influence on the light fastness of some dyes;

4. production of pigments on the fibre surface by treatment with a solution containing substances which precipitate at elevated temperatures. The precipitation of the water-insoluble pigments occurs by progressively elevating the temperature or by the addition of appropriate auxiliaries. Prepolymers made of urea/formaldehyde are best suited for this type of treatment. Precipitation of the insoluble end-condensate occurs when an acid acting as catalyst is added to the solution. Other substances are complex metal salts, which are easily soluble in cold water but become hydrolysed at elevated temperatures and precipitate (e.g. ammonium titane oxalate, ammonium zinc oxalate and ammonium phtalate);

5. mechanical treatment of the fibre surface (see further mechanical finishing treatments).

6.3.6 Lustring and metallic effects

A metallic film can be produced on textile materials by electrically applying or vacuum nebulising metallic or lustring pigments. In this field may be mentioned pigment printing systems based on the application of materials on the fibre surface which alter their appearance in reflected light using metallic (gold, silver and bronze), pearlescent, sparkle and thermochromic pigment additives (see 5.4.12) [335]. A less effective method is imbuing the fabric with synthetic adhesives and subsequently either pollinating with metallic powders or coating with a film.

Lustring agents can be combined with mechanical treatments and are generally emulsions of paraffins, waxes, polyolefines, polyglycols, or polysiloxanes. Products mentioned under softening can also be used. Some conditioning agents, which are applied as such or from aqueous or non-aqueous solutions onto textile materials in order to simplify processes such as spinning, weaving, sewing, etc. are also sometimes used to obtain lustring effects. These products are generally preparation of surface-active agents (see section on surfactants) mixed with natural and/or synthetic oils, fats or waxes [282]. Further, cellulase enzymes can be used to improve the gloss or lustre of cellulosic fibres (i.e. denim stone washing and bio-polishing, see also 6.3.2 and 4.3.2) [152].

Some recent problem of a manufacturer of Jeans with a special glossy finish revealed that the lustring finish was obtained by applying a polyurethane to the fabric. Isophorone diisocyanate (CAS-No. 4098-71-9) yields the polyurethanes, saying to have with high stability, resistance to light discoloration, and chemical resistance. However, the glossy prepared jeans had the inconvenient of releasing a desagreable and feared to be toxic odour was released when ironing [122].

6.3.7 Sculptured effects such as seersucker, crepe, cloque, etc.

Fabrics characterized by crinkled or puckered surfaces, sometimes contrasted by flat areas, are easily obtained by using fabrication fibres of different shrinking properties. For example, material made of triacetate fibres and polyamide need only be treated with in a hot bath to crinkle.

A puckered pattern can be produced on a uniformly made fabric by locally applying a solution containing swelling agents. Phenol and resorcinol are substances suitable for polyamide fabrics. Caustic soda [335] or specific reserving agents are suitable for crinkling cotton (see further printing on cotton, reserve printing). Nowadays, synthetic resins are most widely used to obtain interesting, fashionable textiles. The copolymerisates are colourless, or coloured with the addition of white, coloured or metallic pigments, or reactive dyes (see further 5.4 , for dyes and pigments). The substances are printed on the textile surface (see further section 5.3.1) and remain soft and lustrous areas. Further details about copolymerisates are given under heading 6.4 Functional conditioning.

6.4 Functional conditioning (ennoblement)

The fastness and effectiveness of finishing treatments are improved by chemically converting the finishing agent with itself or with the fibre. This type of conditioning is more likely defined as functional finishing, as the term also refers to the easy-care finishing treatments of cotton, which is somewhat misleading.

6.4.1 Waterproof handle and filling refinement

Handle and filling refinement are imparted by products containing filling and stiffening agents, weighting agents or/and softening agents (compare further with sections 4.3.3, 6.3.2, 6.3.3).

Filling textiles in order to mimic a better quality is an old method no longer used today. Fabrics made of cotton or line were treated with preparations based on starch and Chinese clay to fill-out the pore of the fabric. Products nowadays have a better handle as well as a greater resistance to scrubbing, and are washfast.

Permanent handle-imparting agents are subdivided into two main groups [17]:

1. washfast to 40 °C. These products are made of polymeric emulsion: polyacryl resins and polyvinyl resins which impart a soft handle, whereas polymethacrylic resins stiffen the fabric. A typical example of an application is the finishing treatment of cotton fabrics for pillows. The so-called inlets are filled to prevent feathers from passing through the fabric;

2. washfast to 95 °C. These permanent finishes are obtained using derivates of cellulose (copperoxide ammoniac cellulose, oxiethyl cellulose) and cross-linkable amines. The principle of the "Hecowa" process was a treatment with a solution of cellulose in cuoxam. Ether cellulose are applied in a complicated process no longer in use. Preparations made of sodium cellulose derivates (xanthat) or agents based on synthetic resins are now more commonly used. The resins are especially marked in many different formulations, imparting more or less supple, soft or stiff, water insoluble films (see further coating and laminating, as well as cross-linking agents). A handle-imparting treatment also providing an

improvement to scrubbing can be obtained using the "Hajdu/Forcylor" process. The treatment uses an emulsion of sodium silicate, surfactants and vaseline oil fixed on the fibre in a second bath containing calcium chloride. The "texylon" process uses resins combined with a silkon derivate (tetraethylsilicate).

Differing from the treatments of cellulose fabrics, softening agents are only rarely advisable for the finishing of articles made of wool. Softening of poor quality wool to obtain a better article is therefore no longer possible. Handle-imparting agents for wool mostly contain filling agents; the addition of a weighting agent is also possible.

6.4.2 Swelling resistance finishing

Synthetic fibres made of regenerated cellulose tend to swell when wet. A water repellent finishing only delays the swelling. Formerly, anti-swelling treatments for these fibres were based on formaldehyde or formaldehyde-splitting substances, and the action of an acid catalyst in order to "cross-link" the cellulose molecules (e.g. "Avcoset/Avisco" process). Nowadays, these treatments are no longer necessary as easy-care finishings such as non-creasing are much better at imparting a swelling resistance to these fibres (see below). Moreover, alternative fibres with lower swelling tendencies (i.e. modal) are available on the market.

The shrink-resistance of wool can be improved by treatment using aliphatic and aromatic di- and polyisocyanates (see further 4.4 and 6.4.5) [17].

6.4.3 Shrink resistance finishing

Dimension stability of textile materials is an important factor for both the end-user and the manufacturer. Some of the treatments available were already described in previous sections (e.g. 4.3.5, 4.4.4, 4.4.6 and 4.6.2). Synthetic fibres, for example, are fixed by vapour and tension (thermosetting, thermofixing) during pretreatment. On the other hand, wool is made stable by treatment in hot water, followed by deterrent cold water (crabbing). Shrink-resistant treatments can principally be divided into mechanical and chemical treatments. Whereby combinations of treatments have become more and more usual, they enhance dimensional stability as well as produce easy-care properties.

1. mechanical treatments are mostly applied to fabrics made of cotton, pure or fabrics blended with synthetics. These kinds of processes are based on controlled shrinking under pressure (i.e. so-called "sanforising");

2. chemical treatments assimilate anti-shrinking with anti-swelling. For cotton and their blends with synthetics (mainly Polyester), the shrink resistance finishing is part of the permanent-press finishing (see below). Wool treated against felting remains dimensionally stable; the best suited treatment is a fixing using monoethanol amine sulphide (see further Easy-care finishing of wool, below and under 4.3.2). Shrink resistance and swelling resistance treatments are synonymous with textiles made of regenerated cellulose [17].

400

6.4.4 Easy-care finishing: non-creasing and permanent press conditioning

The main property of an easy-care textile is non-creasing, i.e. the ability to refund its original form after felting. For the most part, native and regenerated cellulose materials have a tendency to permanently felt. This negative character is prohibited by incorporating synthetic resins between the amorphous cellulose. The improvement of such treatments created even better and more diverse care properties when the cellulose chains of the fibres where further cross-linked with the resins or even with themselves. Historically, the evolution of easy-care finishing treatments increased from non-creasing to wash-and-wear, and finally to permanent press finishing. These chemical finishes all reduce the propensity of cellulose-containing fabrics to wrinkle in the wet and dry state and stabilise them against progressive shrinkage during laundering. The terms easy-care, wrinkle resistance, wash-and wear, no-iron, durable or permanent press have all been applied to this type of finish, and although they may denote different levels of performance, they are often used interchangeably [266].

The main application field for these finishing treatments are woven fabrics. The principle of the treatment is that *cross-linking* between the cellulose molecules of cotton and rayon are introduced; this results in a fabric with a "memory" which tends to return to the state it was in when the cross-links were introduced, thus smooth and flat, or specially creased and felted for example, depending on the effect required.

Cross-linking processes are based on 2 main groups; however, dry cross-linking is by far the most applied process [17]:

1. dry cross-linking process: a dry fabric is impregnated with the prepolymer resins (already mixed with auxiliaries and catalysts), further dried and cured to enable the condensation of the resins;

2. wet or moist cross-linking process: the cellulose fibres of the already wet (or even moist) fabric are swelled, the cross-linking agent is further impregnated into the fabric in strong alkali or mineral acidic medium and the overall product is left for nearly 24 hours in order to permit cross-linking (the catalyst can be applied in the same impregnating bath as the cross-linking agent, or in second, separated bath); complete drying and application of high temperatures only occur when the cross-linking reactions have already finished;

3. two-step cross-linking process: a combination of the two previously mentioned finishing processes: for example, first, a dry cross-linking with aminoplastic synthetic resins takes place and in the second part of the finishing a cross-linking in alkali medium is initiated.

The effects of these methods are quite different. The dry cross-linking reactions, using so-called aminoplastic synthetic resins, impart, for example, good constancy when wrinkled in the dry state but only moderate stability after wetting. On the contrary, resin-free cross-linking improves the wet wrinkle resistance, whereas the creasing tendency of the dry fabric is high. For practical reasons the different kinds of cross-linking reactions are therefore combined in a single process (conjugated finish).

Dry cross-linking processes: are the oldest and most widespread easy-care finishing processes. They are best suited for finishing native and regenerated cellulose fibres. For the most part, aminoplastic resins are used for non-crease finishing. Fabrics made of regenerated cellulose are mainly treated with urea-formaldehyde prepolymers, whereas melamine and glyoxal derivate reaction resins are mostly used on cotton and linen. Blends of cotton/synthetics are conditioned primarily with melamine derivatives, and blends of polyester with reaction resins.

The processes follow the reaction scheme described in Figure 6-3. A dry fabric is impregnated with the cross-linking agents and with the reaction auxiliaries by means of a foulard. Subsequently, a mild drying step follows the curing of the resins on specially designed curing machines. Cross-linking of the prepolymers to form long chains of resins or links to the fibre surface takes place. The condensation is initiated by the addition of acid or substances splitting acid at high temperatures. Four groups of reaction catalysts are distinguished [17]:

1. free acids (e.g. lactic acid, tartaric acid, glycol acid);

2. ammonium salt (chloride, sulphate), mono- and di- hydrogenphosphate;

3. salts of organic bases (alkanolamine chlorinated hydrate);

4. metal salts (magnesium chloride, zinc chloride, zinc nitrate, aluminium chloride, etc.

The most widely used catalysts are those based on magnesium chloride. Zinc salts were previously used but have been mostly abandoned for environmental reasons. The nitrate salts were used extensively during a period when there was speculation that chloride catalysts might give rise to the known carcinogen bis(chloromethyl) ether when used with formaldehyde-containing compounds. This speculation is said to be unfounded, and chloride catalysts replaced the nitrates again. Magnesium chloride is often used alone, but it can be combined with organic acids such as citric acid, or more acidic salts such as aluminium chloride to provide "hotter" catalysts which cure the cross-linkers at lower temperatures or in shorter times than pure magnesium. These mixed catalysts often also allow the combination of the drying and condensation steps into one process (so-called "shock"-catalysts).

Post-cured permanent press, in which the cross-linker is left uncured or only partially cured in the fabric by the finisher and then fully cured in garment oven after the garment is sewn, became very popular in the 1960s, and many plants installed garment curing ovens for this purpose. Later it was found that procured fabrics could be reformed on hot heat presses to smooth seams and install creases, and the use of garment ovens declined [266].

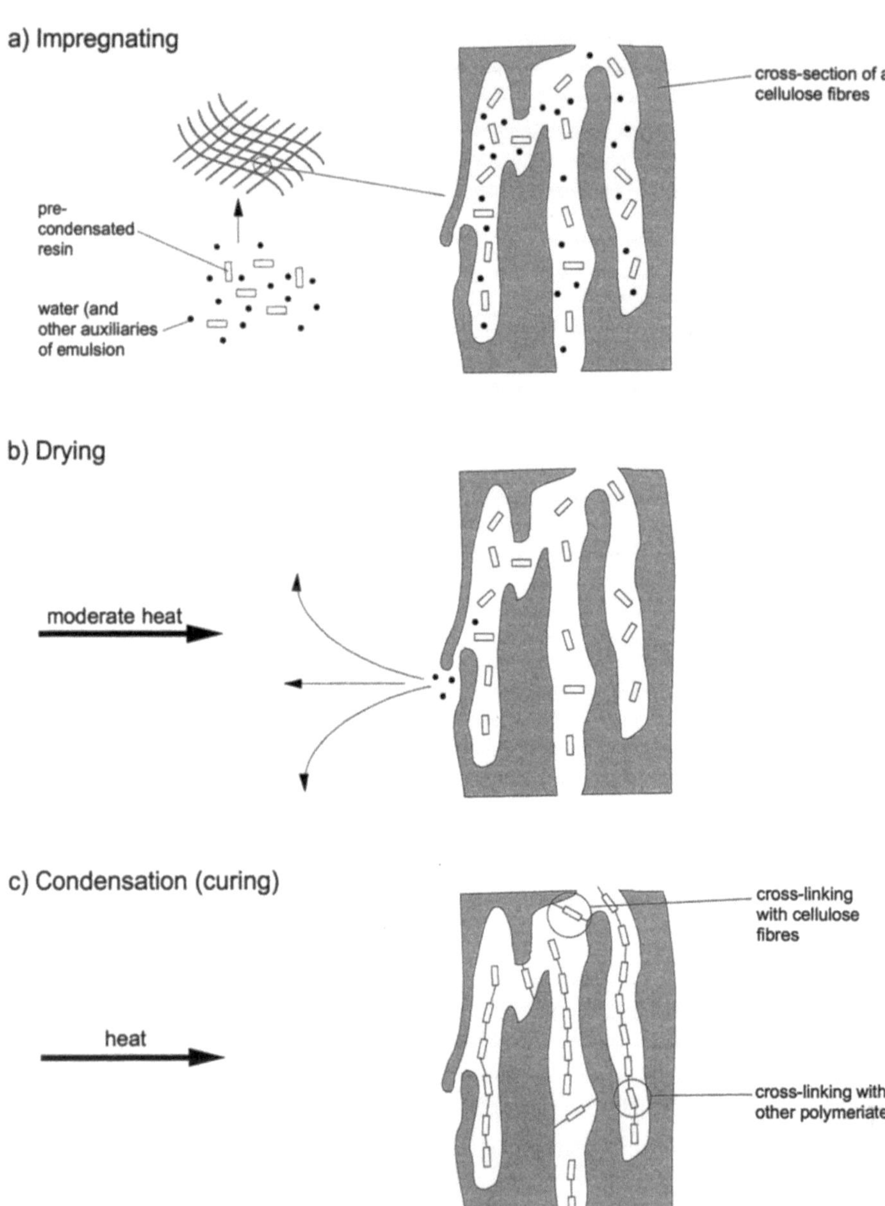

Figure 6-3:   *Impregnating, drying and condensation (curing) steps of the chemical cross-linking of cellulose with reaction resins*

The phenomenon known as <u>chlorine retention</u> is characteristic of all resins derived from unsubstituted urea. When fabrics containing them are bleached with hypochlorite, they tend to form chloramides. Upon heating, as with ironing, these chloramides decompose to form hydrogen chloride, which can seriously degrade the fabric. Urea-formaldehyde finishes also tend to <u>release formaldehyde</u> from fabrics treated with them [266]. Free formaldehyde can be introduced on the fabric with the prepolymer or can be released from hydrolyse of the resin. Release of the formaldehyde during washing operations (after curing) can be limited by the addition of sodium hydrogen sulphite or sodium boric hydride to the bath. Further improvements are the addition of urea or ethylene urea to the prepolymers, and the use of prepolymers with low formaldehyde content. Yet, the stabilities of the resins are quite different, and the type of catalyst used also have an influence on the formaldehyde release of a treated fabric. Moreover, the finished fabric can produce "fishy" odours due to formations of methylamines if not prepared properly or if cured with ammonium salt catalysts. These odours can be cancelled by treating the fabric with ozone air [17].

<u>Phototropism</u> is another disadvantage of finishing using synthetic resins when the fabric was dyed with soluble copper phthalocyanine dyes. For a short time, when subjected to intensive light, the dyed fabric becomes violet. This phenomenon can be counteracted by using proper catalysts and washing of the fabric; addition of copper nitrate to the finishing is also a possibility.

The resin finishing of cotton often comes with a diminishing of the abrasion resistance and tensile strength. These negative effects on the mechanical properties can sometimes be cancelled-out by special stretching treatments during finishing.

The most important cross-linking agents for cotton and cellulose fibres are summarised in the following table. Some of the main advantages and properties of the obtained finishes are also discussed [17]. The key products are aminoplastic resins (reacting mainly by self-condensation, with low cross-linking to cellulose) or reaction resins (reacting even by self-condensation and with the cellulose). The newest agents are also used in solutions for wet or moist cross-linking processes.

Name of the finishing type	Methylol derivates of urea (in alkali medium) Carbamide resins
Formula	$$HO-CH_2-NH-\overset{\overset{\textstyle O}{\|}}{C}-NH-CH_2-OH$$
Examples of typical cross-linking agents	Dimethylol urea, N,N′-bis(hydroxymethyl) urea [140-95-4]; N,N′-dimethoxy urea [68071-45-4]
Cross-linking reaction	Self-condensation (aminoplastic) as well as cross-links with cellulose
Characteristics of the finishing	The methylol derivatives of urea itself were the first compounds used as cross-linking agents for commercial easy-care finishes. They are still used to some extent, particularly on rayon fabrics and where more sophisticated products may not be readily available; The finished fabrics are characterised by high springiness, low wash resistance, harsh handle, and chlorine retention; No fibre damage

Name of the finishing type	Methyl derivatives of melamine (in alkali, heated medium) Melamine resins
Formula	(structural formula of methyl derivatives of melamine)
Examples of typical cross-linking agents	Derivatives containing up to 6 methylol groups per molecule, particularly those in which the methylol groups have been partially or completely converted into methoxymethyl groups; a widely used commercial product is: Dimethyl ether of trimethylol melamine [1852-22-8]
Cross-linking reaction	Self-condensation (aminoplastic)
Characteristics of the finishing	Finishes tend to yellow when bleaching with hydrochlorite and evolve considerable formaldehyde on storage; treated fabrics show little crease resistance and the finishing is only moderately wash proofed; handle is soft; no chlorine retention, no fibre damage; The products are not used extensively today, except for stiffening synthetic fabrics, where the methoxymethyl products are used and in special finishes such as fire-retardants and rot-resistant fabric finishes; used alone or in combination;

Name of the finishing type	Cationic methylol derivatives (reaction of methylol derivatives with amines)
Formula	$H_2\overset{\oplus}{N}(Cl^{\ominus})\!\!\diagup\!\!\begin{smallmatrix}CH_2\!-\!CH_2OH\\CH_2\!-\!NHCO\!\cdot\!NHCH_2\!-\!OH\end{smallmatrix}$
Examples of typical cross-linking agents	
Cross-linking reaction	Self-condensation (aminoplastic)
Characteristics of the finishing	Not relevant as functional finishing treatment, but important as after-treatment auxiliary for improving colour fastness of direct dyes; → insoluble salts of resin-cation and dye-anion

Name of the finishing type	Formaldehyde (wet impregnating process) Form W Form D (moderately swelled) Formaldehyde-spender (e.g. formamide) Formaldehyde gas Polyoximethylene POM (condensated formaldehyde, linear or cyclic)
Formula	CH_2O
Examples of typical cross-linking agents	Formaldehyde Gaseous formaldehyde Hexamethylenetetramine (Urotropin) as formaldehyde spender
Cross-linking reaction	Resin-free cross linking of the cellulose chains
Characteristics of the finishing	Wet dwelling processes using pure formaldehyde are now obsolete; Good crease recovery after wetting as well as wet and dry non-creasing properties. Usually attended with a reduction of fabric strength; Difficulties reproduce results; great deal of odour annoyance during finishing; finishes are susceptible to chlorine retention

Name of the finishing type	Acetals Polyformal (i.e. linear polymeric acetal of polyols)
Formula	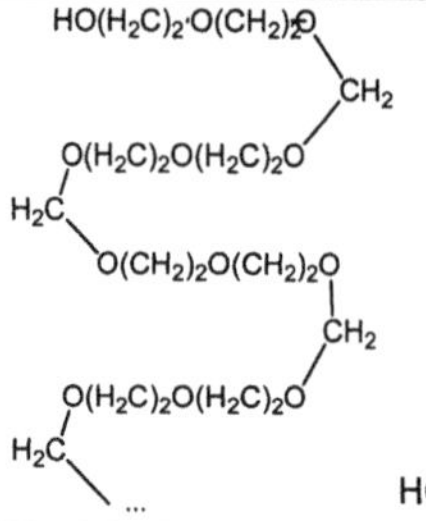 HO(H₂C)₂·O(CH₂)₂O ... CH₂ ... O(H₂C)₂O(H₂C)₂O ... H₂C ... O(CH₂)₂O(CH₂)₂O ... CH₂ ... O(H₂C)₂O(H₂C)₂O ... H₂C ... $HO(H_2C)_2-O(CH_2)_2O-CH_2-O-(CH_2)_2OH$
Examples of typical cross-linking agents	Pentaerythritol acetal
Cross-linking reaction	Reversed acetylation → cross linking (reactant)
Characteristics of the finishing	Soft handle, good abrasion resistance; No formaldehyde release during finishing; No chlorine retention on the finishes; Moderate improvement of non-creasing; good shrink resistance; insufficient dry non-creasing

Name of the finishing type	Oxo-formaldehyde derivatives
Formula	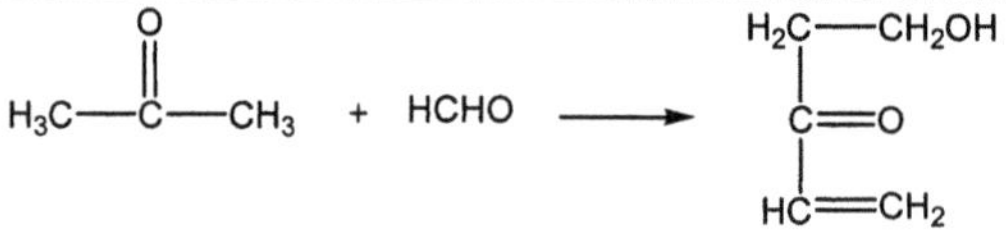 $H_3C-\overset{\overset{O}{\|\|}}{C}-CH_3$ + HCHO ⟶ $\underset{HC=CH_2}{\overset{H_2C-CH_2OH}{C=O}}$ Further condensation or polymerisation is possible
Examples of typical cross-linking agents	
Cross-linking reaction	Incorporation of synthetic resins and cross linking
Characteristics of the finishing	Unsatisfying effects Yellowing of the fibre

Name of the finishing type	Glyoxal (Sanforset)
Formula	$O{=}\overset{\text{H}}{C}{-}\overset{\text{H}}{C}{=}O$
Examples of typical cross-linking agents	Oxalaldehyde [107-22-2]
Cross-linking reaction	Cross linking of the cellulose
Characteristics of the finishing	Yellowing of the fibre Decrease in strength

Name of the finishing type	Dimethylol-ethylene (or propylene) urea derivatives: Ethylene and propylene ureas are produced by reacting primary ethylene- and propylenediamines with urea at high temperatures; with the evolution of ammonia, these ethylene or propylene ureas further react with formaldehyde to form the resins.
Formula	a) imidazolidon derivatives (methylol derivatives of ethylene urea) $\begin{array}{l}\text{HN}-\text{CH}_2\\ \text{O}{=}\text{C}\quad\text{CH}_2\\ \quad\;\;\text{N}\\ \quad\;\;\text{H}\end{array}\quad\longleftarrow\quad\begin{array}{l}\text{NH}_3+\\ \text{RCHO}+\\ \text{NH}_3\end{array}$ b) pyrimidone derivatives (methylol derivatives of propylene urea)
Examples of typical cross-linking agents	a) dimethylol ethylene urea DMEU [136-84-5] b) dimethylol propylene urea DMPU [3270-74-4]
Cross-linking reaction	Reaction resins
Characteristics of the finishing	DMEU was widely used as cross-linkers in the 1950s and 1960s. Pyrimidone derivatives have some advantages over DMEU, such as improved freedom from discoloration and improved durability, but is more expensive and never gained commercial importance; Chlorine retention is low; Good wash resistance; good non-creasing properties, improved tear strength; good dimensional stability.

Name of the finishing type	Triazones: made by reacting urea with formaldehyde and a primary amine
Formula	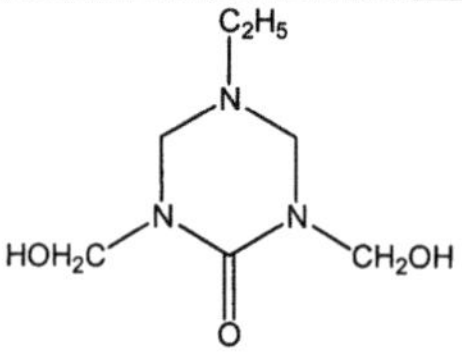 C_2H_5 attached to ring N; HOH$_2$C and CH$_2$OH on the two lower ring nitrogens; ring carbonyl O (hexahydro-s-triazinone structure)
Examples of typical cross-linking agents	Dimethylolmethyl triazinone (triazone) Hydroxy-1,3-bis(hydroxymethyl)hexahydro-s-triazin-2-one [1852-21-7]
Cross-linking reaction	Reaction resin
Characteristics of the finishing	Triazones were used extensively as cross-linkers during the 1950s, mostly in combination with other cross-linkers such as methylol ureas where they have a "depressant" effect upon chlorine damage; they were abandoned because of their tendency to yellow fabrics, generate amine odours, and evolve formaldehyde.

Name of the finishing type	Urons: made by reacting 1 mol of urea with 4 mol formaldehyde and cyclicising the tetramethylol compound. They are usually methylated with methanol under acidic conditions.
Formula	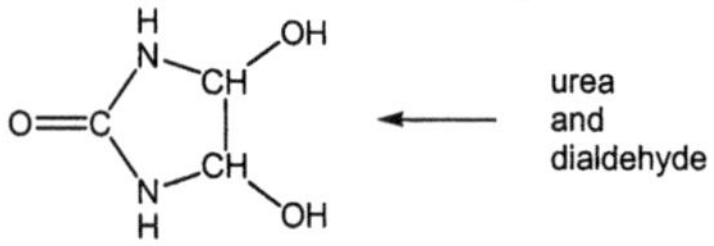 O=C ring with two N (each bearing H) and two CH groups bearing OH groups ← urea and dialdehyde
Examples of typical cross-linking agents	N,N′-bis(methoxymethyl)uron [7388-44-5]
Cross-linking reaction	Reaction resin
Characteristics of the finishing	Used alone or in combination with other products such as melamine resins.

Name of the finishing type	Methylol derivates of carbamates: Produced by reacting the appropriate hydroxy compound with urea at elevated temperatures.
Formula	CH_2OH N—CH_2OH =O ⟵ Urethane + CH_2O O—C_2H_5
Examples of typical cross-linking agents	Methyl carbamate [598-55-0] Methoxyethyl carbamate [1616-88-2] Dimethylolmethyl carbamate Dimethyloethyl carbamate
Cross-linking reaction	
Characteristics of the finishing	The products were used commercially and produced finishes which were resistant to severe laundering conditions, showed no yellowing, but considerably evolved formaldehyde.

Name of the finishing type	Methylol derivatives of dihydroxyethylene urea: produced by reacting glyoxal with urea e.g. Dimethylol dihydroxyethylene derivatives (ureine)
Formula	$R-CH_2-N\diamond N-CH_2-R$ (with X above and Y below the ring) $R = -OH; -OR'; -NR_3$ $X = \ \ C=O \quad C=S \quad SO_2 \quad PO_2$ $Y = -C-C-C-C-$
Examples of typical cross-linking agents	[3720-97-6] DMDHEU [1854-26-8] 1,3-dimethoxymethyl DHEU [3001-61-4] [4356-60-9]
Cross-linking reaction	Reaction resins
Characteristics of the finishing	These products have almost replaced all of the other products formerly used as cross-linkers in easy-care finishing; The products are the agents of choice for permanent press because of the lower formaldehyde evolution potential (both in the cured' and uncured state) and the stability in the uncured or partially cured state (see post-cured permanent press process); DMDHEU modifications (buffered versions, and versions with slightly less than 2:1 formaldehyde to DHEU ratio of the original glyoxal-urea product) offered better fabric whiteness with certain catalyst systems and slightly lower formaldehyde evolution from the finished fabric; Products with varying degrees of methylation appear later (commercial products are commonly 25-50% methylated) and are prepared by reacting DMDHEU with methanol at low pH and provide lower formaldehyde evolution on fabrics; Hydroxyl-containing compounds with low volatility (i.e. glycols, glycerin or nitroalcohols) can be added to or react with either DMDHEU or methylated DMDHEU to provide even lower formaldehyde evolution potential from treated fabric (see further discussion on formaldehyde "scavenger", in text below)

Name of the finishing type	Dimethyl dihydroxyethylene urea: Made by reacting dimethyl urea with glyoxal
Formula	(chemical structure: 4,5-dihydroxy-1,3-dimethyl-2-imidazolidine ring with two N-methyl groups and two OH groups)
Examples of typical cross-linking agents	4,5-dihydroxy-1,3-dimethyl-2-imidazolidine [3923-79-3]
Cross-linking reaction	Reaction resin
Characteristics of the finishing	See also other cyclic urea derivatives; The product has been available commercially but has not significant been used because of his high cost, low effectiveness, and colour and odour problems; Improved derivatives are commercially available.

Name of the finishing type	Polycarboxylic acids
Formula	(chemical structure with O, OH, COOH, HO, COOH groups)
Examples of typical cross-linking agents	Citric acid [77-92-9] Butane tetracarboxilic acid BTCA [1703-58-8]
Cross-linking reaction	Ester cross linking reactions using hypophosphite salts as catalysts
Characteristics of the finishing	Zero-formaldehyde system; little commercial success because of high costs and colour problems (see further discussion on formaldehyde-free systems below).

Table 6-11: *Main cross-linking agents and the characteristics of their corresponding finishing treatments for cotton and cellulose-containing fibres*

Multifunctional methylol derivatives of urea, substituted ureas, or melamine produced by reacting formaldehyde with these compounds have been used almost exclusively as the cross-linking agents for commercial easy-care finishes. In order to replace the early cross-linking agents such as N,N'-dimethylolurea and to alleviate the chlorine retention problem, cyclic urea products were developed. However, these substituted ureas, including mainly ethylene and propylene ureas, triazones and urons, did little to reduce formaldehyde evolution from fabrics treated with them.

With the advent of durable press methods in the mid-1960s, after-washing as a cost and energy intensive step was eliminated from most finishing processes. Products with lower formaldehyde potential then became particularly necessary. Many compounds which are capable of cross-linking cellulose have been proposed as easy care finishes and some have been run commercially on a small scale but have since been abandoned for cost, environmental, or deficiency reasons. These include polyepoxy compounds, polyaziridinyl compounds, dihydroxyethylsulphone, polyacetals and severals dialdehydes [266, 17]. The only product group presenting the advantages of good easy-care finishing properties and low formaldehyde evolution potential are the methylol derivatives of dihydroxyethylene urea (DMDHEU derivatives). The properties of the treated fabrics concerning stability, even in the uncured or partially cured state, promotes the popularity of the so-called post-curing processes. Beside the original DMDHEU, several buffered versions and versions with slightly less formaldehyde, as well as products with varying degrees of methylations, appeared. For the most part, the newly developed products provide lower formaldehyde evolution on fabrics.

Further improvement of this positive effect was the addition of specific formaldehyde "scavengers". Among these hydroxyl-containing compounds with low-volatility, such as glycols or glycerin which even sometimes react with either DMDHEU or methylated DMDHEU, play an important role. Yet non-volatile hydroxy compounds also work, nitroalcohols are more specifically mentioned. Hydroxy and active methylene compounds are also used commercially to some extent. Among all the modifications of the glyoxal-urea type products, the ones which have been both methylated and which contain hydroxy compounds afford the lowest formaldehyde evolution potential of all commercially available easy care finishes of the methylol type [266].

Easy care finishes free of formaldehyde or formaldehyde precursors have also been proposed:

- dimethyldihydroxyethylene urea, 4,5-dihydroxy-1,3-dimethyl-2-imidazolidone was improved and used for this purpose commercially;

- polycarboxilic acids such as citric acid and butane tetracarboxilic acid, with hyposphosphite salts, imidazoles or sodium maleate, sodium tartrate or sodium citrate as catalysts and citric acid as extender [159; 314];

- systems based on polyacrilics, polyurethane, and silicones.

Presently, these zero-formaldehyde finishing systems do not appear to compete with DMDHEU-type products. The main difficulty in BTCA treatment, for example, is its higher cost. By adding suitable additives such as polyhydric alcohols (e.g. glycerol, triethanolamine), phosphorous catalysts or sodium salt of hydroxy acids (e.g. sodium salt of maleic acid), the cost may be reduced [152]. Reactive polymeric silicones appear to be interesting as they impart simultaneously non-creasing, waterproof and soil-release properties [186].

Wet or moist cross-linking processes: as already mentioned, are based on the reaction, in strong alkaline or mineral acidic medium, of the swelled cellulose with an appropriate cross-linking agent. Even the cellulose may be cross-linked (so-called resin-free cross-linking), but the cross-linking agent may self-condensate (reaction resins). The processes are thus discontinuous and somewhat obsolete for practical and ecological reasons.

The most popular systems are those using acid mediums. Auxiliaries are, beside sulphuric acid and pH buffers, N-methylol derivatives (reaction resins), often modified propylene urea and strong acid catalysts. Some processes work with separated resin and catalyst baths (e.g. Triatex®), others use perchloroethene vapour to condensate after impregnating the reactants on the fabric and partial drying (e.g. Shirley-Fiberset®).

Impregnation in an alkaline medium is a less widespread finishing due to the tendency of the fabrics to yellow lower their abrasion resistance. The reactants used can be [17]:

- bifunctional aliphatic chlorhydrin, e.g. epichlorohydrin (106-89-8] or 1,3-dichloropropanol (DCP);

- sulphonium derivates, e.g. tetramethylene sulphone [126-33-0] or tris-beta-sulphato-ethylsulphonium (Dinatrium salt).

Combined processes are for example:

- permanent press (durable press) processes in which easy-care treatments are complemented by stabilisation of form and crease effects. Fabrics made of synthetics such as polyester, polyamide and polyacrylic need only a heat treatment to obtain thermoplastification of the material and permanent creasing. Materials made of cellulose, or blends containing more than 20 % of it, necessitate further impregnating with prepolymers;

- post-curing processes are nearly obsolete today and were characterised by a primary impregnation with prepolymers and gentle drying. Curing, condensation of the resins took place after confection. The prepolymers used are mainly DMEU and DMDHEU derivatives, and seldomly DMMC products (see further Table 6-11, and note below);

- pre-curing processes are those in which the impregnated material is only partially cured. Crease and pleating are fixed later by heat pressing;

- double-curing processes associate permanent press and easy-care effects by applying, simultaneously or successively, cross-linking agents of different reactivity. Primary treatment steps stabilise dimension and formation of resins (dry non-creasing properties), a second set of treatments improve the form stability and wet properties by cross-linking resins/cellulose fibres.

Note: post-curing process, also called delayed-curing are newly become already attractive as microencapsulated reactants are used. The reactants (cross-linking agent and/or catalyst) are encapsulated in ethylcellulose and are thus protected against chemical attack; the release of volatile or malodorous ingredients is inhibited. As the capsules are made of ethylcellulose, the residue of the wall material after curing contributes to the physical properties of the fabric, i.e. it functions as a fabric softener (see for microcapsules further 6.6.1).

In the last years, many attempts have been made to develop special processes to improve fixation yields of reactive dye by combining easy-care finishing and surface modification treatment of cellulose. Basically, two possibilities exist [240]:

1. a compound containing the amino group is fixed on the cellulosic fibre by means of a reactant crosslinking agent;

2. a compound containing either the amino group and a cellulose reactive group reacts directly with the cellulose surface.

However, strong yellowing and restricted application to small dye molecules are some of the disadvantages that the process has to overcome before industrial use. For more details on the chemicals that may be involved, consult 4.3.7.

Removal of finishes using cross-linking reactions is always difficult. Non-creasing finishes based on urea/formaldehyde or melamine/formaldehyde can be removed by treatment in a hot acid bath. Conditioning based on reaction resins are only partially removable, the colours are thereby often damaged. The spotting agents must be removable, without any leftover residue, by air blowing – if necessary after prior spraying with water or solvents. Fluorpolymers and silicone based finishes adhere even more strongly to the textile material.

A considerable amount of work has also been carried out on the chemical *modification of silk* with view to imrproving its low wet resiliency. These studies have included graft copolymerisation, dibasic anhydrides treatment, amino-formaldehyd resin finishing (such as trimethylol melamine TTM), polycarboxilic acids cross-linking (mainly citric acid and 1,2,3,4-butanetetracarboxilic acid BTCA) and epoxides treatments. Among the chemical modifications, the epoxide treatment onto silks looks promising. Conventional treatment is conducted with an epoxide solution in tertachloroethylene, which is applied on an industrial scale in Japan. One of the major problems of this process is the use of the organic solvent, which is responsible for environmental pollution in work place and can be dangerous to health of exposedworkers. Moreover, the treatment of silk fabrics at relatively low temperatures for long time periods can enhance the risk of diminishing the intrinsic physico-chemical and mechanical properties of the silk goods. A comprehensive research program has been undertaken to study new aqueous epoxy agents such as TDEA and TDEB (multi-functional epoxy-resins). As both agents also result in a substantial influence on the handle of the silk, alternative modifying agents have been developed. For this purpose, a new modifying agent constituted of silicone-containing epoxy cross-linking agent (so-called EPSIA agent) was developed and applied with a pad-dry-steam process from an aqueous bath containing further dispersion agent (i.e. non-ionic surfactant) and catalyst (i.e. potassium thiocyanate). This non-formaldehyde finishing was shown to be suitable for crease-resistance finishing of silk fabric and either enhance silk resilience or improve its shrinkage, as well of improving the handle of the silk fabric [213]

6.4.5 Easy care finishing of wool: anti-felting and shrink-resistance

The aims of the treatments are principally to stabilise the textile surface, but also the permanent fixation of creases. Classical *anti-felting treatments* for wool are also able to produce a more stabilised material (see further pretreatment of wool). Ensuing hot vapour pressing treatments further improve the dimension stability of woollen materials. These processes use additional bases and reduction agents [17]:

- an impregnation using glyoxal bisulphite followed by pressing and curing steps (3-steps permanent press process) are used to permanently stabilise wool. PU-prepolymers can be used for the same purpose (see below);

- impregnation with monoethanol aminsulphite or monoethanol aminecarbamte and further sanforising with vapour have also been proposed (Siroset ND, Thioset M processes);

- spotting of specific areas of a confectioned textile with a reactive sulphonium derivate and further pressing is a process used for permanently fixing creases. Ammonium thioglycolate is today replaced by monoethanolamin sulphite (MEAS) or monoethanolamine carbamate;

- further chemicals used in similar processes are sodium hydrogensulphite and urea, or ethyleneglycol and diethanolamine carbonate with urea (Immacula process). Some processes also use organic solvent; other, more specific, treatments for crimpy wool use m-glutaraldehyde and sodium bisulphite.

Shrink resistance of wool can be obtained using a number of processes (see also 4.4 Pretreatment of wool). One of the processes most used commercially involves subjecting the fibres to a light chlorination, which confers some degree of shrink-proofing, then coating them with a resin, which masks the surface scales. These chlorination-polymer treatments have been in commercial use since the 1970s and account for about 80% of all machine-washable wool fabrics. The polymer used is a polyamide-epichlorhydrine polymer capable of self cross-linking, it is applied at 2wt% solids on the fabric in a bath adjusted to pH7.5-8.0 with sodium bicarbonate or ammonia and exhausted by raising the temperature to 30°C. After treatment, the fabrics or garments are extracted and dried. Nonchlorination processes which utilise polymers alone have been developed. One such process uses a reaction product of sodium bisulphite with a prepolymer formed by capping poly(propylene oxide) with an aliphatic diisocyanate (Synthappret BAP), or an aqueous anionic dispersion of a polyurethane (Impranil DLN). The polymers are exhausted from a bath containing magnesium chloride at pH 7.5-8.0 by raising the temperature from 30°C to 60°C over 30 min, after which the pH is increased to 9.0 and the temperature maintained at 60°C for 30 min to cure the polymer [266].

Although there have been a number of reputably commercial enzyme-based continuous processes over the years, there are still no large scale successful enzyme-based processes for wool in the manner of the cellulase processing of cotton. The other principal alternatives to the oxidative treatments are those based on electrical discharge processes- either glow discharge in a vacuum or corona discharge at atmospheric conditions. Despite that, these processes have many attractive features. They are not suitable for developing garment processing routes and are consequently restricted in use. Nonchlorination processes combining oxidative pretreatment with permonosulphate, followed by application of a polymer, have been recently presented (Exo-S; Simpl-X) [184].

6.4.6 Finishing using repellents

Conditioning with substances which repel or attract foreign matter from textile surfaces are:

1. repellence of soil (active in dry medium);

2. repellence of oil (active in dry medium);

3. repellence of water (active in wet medium);

4. releasing of soil (active in wet medium).

Some may thus differentiate between hydrophobic and hydrophilic treatments, i.e. treatments that improve either the affinity to or the repellence of the fabric towards water.

An important factor for these finishes is the surface tensions of the textile fabrics. Especially fluorocarbon compounds and organo silicate compounds have the property to modify the surface tension in order to either repel oil and water or dry soil, respectively.

416

Hydrophobic treatments make the fabric either waterproof (i.e. completely resistant to water) or water repellent (i.e. permeable to air and vapour). The principle of the treatment is, however, the same: water repellents and insoluble compounds are introduced into the fibres. Waterproofing can also be obtained by coating (see below). The design of the weave and quality of the fibre also have a great influence on the outcome of the finishing.

The earliest waterproofing treatments consist of coating fabrics with various substances which are impervious to water, such as natural fats and oils, waxes, pitch, and asphalt. Later, vulcanised natural rubber became an important waterproofing material. Coating materials used for water-proofing are applied as hot melt, latexes, or solvent solutions. However, coated rainwear, often known as "slickers", were very uncomfortable for extended use because of its impermeability and stiffness. Yet, coated fabrics are still used for tents and tarpaulins, but fabrics treated with repellents which do not reduce permeability to air and water vapour have largely replaced them for rainwear[266].

Treatments combining water repellence and permeability to air and water vapour are subdivided into three main categories [17]:

1. mechanical treatments consisting of storing a water repellent matter between the fibres (durable effect);

2. chemical treatments based on reaction of hydrophobic matter with the fibres (durable effect);

3. treatments based on coating the fibres with a water repellent film (durable effect).

Mechanical treatments using <u>wax-based repellents</u> are characterised by the following process steps:

-   impregnation using a soap or tensed solution containing emulsified paraffin or wax;

-   drying and impregnating using aluminium formate or aluminium acetate (old method), or stabile emulsion of paraffins, waxes and aluminium salts or zirconium salts. Usually the products also contain a protective colloid such as glue, poly(vinyl alcohol) or an acrylic polymer [266].

The wax-salt repellents are still in use (especially those with zirconium salts), they are inexpensive and provide good water repellency, but have poor durability to laundering or dry cleaning.

Chemical modifications of the fibres improve permanent repellent effects. The principle is an esterification or an etherifaction of the cellulose with water repellents such as

-   fibre affine and cationic fatty acid derivates (reactive quaternary repellents);

-   fatty acid derivates containing metals (organometallic repellents);

-   fatty modified synthetic resins (resin-based repellents).

<u>Reactive quaternary repellents</u> were the first truly durable water repellents. They are based on stearaminomethylpyrimidinium chloride. Commercial products contain not only the quaternary but other by-products and derivatives such as methylol stearamides and methylenedistearamide. The quaternary compounds react with the hydroxyl groups of the cellulose on curing, chemically linking the hydrophobe with the cellulose.

The bound hydrophobe tends to retain other unbound hydrophobic materials on the fabric .The quaternary type repellents are dispersible in water and are applied through aqueous baths, followed by drying and curing at 135-205 °C. The products have fallen into disuse because of the necessity of after-washing fabrics treated with them to remove by-products such as pyridine salts [266].

<u>Organometallic repellents</u> derived from fatty acids, such as stearic acid, form complexes with chromium which can be used as water repellents for natural and synthetic fibres. They are neutralised with an amine (e.g. hexamethylenetetramine) or sodium hydroxide and applied using a pad-dry-cure process. Chrome complexes have fair to good durability to washing and dry cleaning but are sensitive to alkali and some detergents and soaps. They are green in colour and can cause a slight colour change in the fabric. Aluminium complexes are colourless but less effective than the chromium complexes. The organometallic complexes have also fallen into disuse in recent years [266].

<u>Resin-based repellents</u> are produced by condensing fatty materials with methylolated melamines and emulsifying the resulting product (for more information please refer to easy-care finishing, cross-linking agents, above). Some of the manufacturing processes for these products are quite complex, as exemplified by Phobotex FTC, which is made up of a three-step process involving methylated methylol melamine, stearic acid, diglycerides, triethanolamine, monochlorobenzene, and paraffin wax. They produce durable water repellency on a broad range of fibres and fabrics. They are less expensive than the fluorochemical, silicone, or reactive quaternary types. The chemicals are applied using the pad-dry-cure process, often together with cross-linking agents. They require an acid catalyst and curing temperatures of up to 175 °C for maximum repellency and durability and are normally applied at a rate of 1-4 wt% of repellent solids on the fabric. The resin-based repellents have been used as extenders for more expensive fluorochemical repellents [266].

Coating treatments are mainly used for synthetic fabrics; however, natural fibres can also be treated. They consist of applying a film made of silicone or fluorochemical repellents on the fibre.

<u>Silicone repellents</u> are methylhydrogen- and dimethylsiloxane copolymers which react in the presence of a catalyst to form cross-linked water-repellent films. The polysilioxanes can be used in combination with durable press/easy-care finishes such as modified fatty acid aminoplastics or epoxy resins (two-component system). When applied to cellulose fibres, the addition of melamine prepolymers or reaction resins is preferred. Typical catalysts are zirconium, tin, or aluminium salts, zinc octoate, tin (II) oleate, copper naphtenate, or metal-free compounds such as epoxy amines or amides. The repellents are usually applied using a pad-dry-cure (150 °C) process in the form of emulsified oils. Application in the form of foam is also possible. Yet, some commercial products marked the silicone in organic solvents which can be applied by padding and foulard techniques; the elastomeric character of the obtained film is lost.

418

Silicone repellents on cellulosics exhibit good dry-cleaning fastness but poor washfastness; however, on synthetics they have good fastness. They are more expensive than wax-salt repellents but less expensive than the newer fluorochemical finishes. Silicone repellents are normally applied at a level of 0.5-1.5 wt% solids on the fabric. In recent years, organo-modified silicones with various reactive functional groups have become available which offer the possibility of greater durability; however, these have found more use as softeners than as water repellents [266] (see 6.3.2).

Fluorochemical repellents used for textiles are mainly copolymers of fluoroalkyl acrylates and methacrylates. The comonomers are esters of acrylic and methacrylic acids containing a variety of alkyl and substituted alkyl groups chosen to modify the physical properties of the polymers, improve performance, and reduce cost. For best repellency, at least four fully fluorinated carbon atoms should be present and the end group should be trifluoromethyl. Although they are the most expensive water repellents, they have become the most widely used repellents due to the additional oil and soil repellency which some of them produce (dual-action effect, see below). They are marked under the trade names Scotchgard® (3M), Zepel® and Teflon® (Dupont), Persistol® (BASF), and Repellan® (Henkel). An example is outlined in the following figure, taken from [17].

$$
\begin{array}{ccc}
C_8F_{17} & & C_8F_{17} \\
| & & | \\
SO_2 & & SO_2 \\
| & & | \\
N{-}CH_3 & & N{-}CH_3 \\
| & & | \\
CH_2 & & CH_2 \\
| & & | \\
CH_2 & & CH_2 \\
| & & | \\
O & & O \\
| & & | \\
C{=}O & & C{=}O
\end{array}
$$

$$
H\text{--}[HC\text{--}CH_2]_3\text{--}S\text{--}[CH_2\text{--}CH\text{--}\overset{O}{\overset{\|}{C}}\text{--}O(CH_2CH_2O)_4\text{--}\overset{O}{\overset{\|}{C}}\text{--}CH\text{--}CH_2]_{10}\text{--}S\text{--}[HC\text{--}CH_2]_3\text{--}H
$$

Figure 6-4:   ***Example of a fluorochemical repellent blocpolymer***

Fluorochemical repellents are applied using a pad-dry-cure process with the cure being optional but usually used for the benefit of other finishing bath components such as cross-linkers. They are often used with "extenders" which could be other repellents such as quaternary or resin-based types or even materials normally used as softeners. With extenders, the amount of fluorochemical required can often be reduced by 50% or more resulting in greatly improved economics [266].

The problem with finishing treatments such as soil-release and anti-soiling is very complex and must be considered individually as [17]:

- repelling of dry soil (antisoiling, soil-repellent finishing);

- repelling of wet soil from dry textiles (hydrophobic treatments, finishing with oil- and fat repellents);

- easy wear of soil during laundry (stain-release and soil-release finishing);

- repelling of wet soil from wet textiles during laundry (soil-redeposition).

The repelling of dry soil is particularly interesting for synthetic fibres and is often anticipated by applying antistatic substances which also act as antisoiling and bacteriostatic agents. Hydrophilic treatments such as treatments with acrylate are also useful, whereas soaping the fibre surface is more appropriate for polyester. Many products for this purpose are based on chlorofluorocarbons. Soil repellents are also called soil inhibitors or stain blockers and are mostly applied to synthetic fibres (i.e. polyamide) during carpet production. The finishing treatment usually consists of a two step application; first, the stain blocker itself, followed by a treatment with fluorocarbons.

Stain blockers of the 1st. generation are anionic polymers. Of these, two different types can be distinguished:

- sulphonated phenolic condensation products, mainly phenol/formaldehyde polycondensation products of phenolsulphonates, naphtolsulphonates and sulphonates of 4,4'-Bis(hydroxyphenyl)sulphon;

- polymers based on maleic acid or ethacrylic acid and containing carboxylic groups.

The sulphonated phenolic condensation products produce a finish with an acceptable permanence regarding alkaline washing, but tend to yellow under UV light. The carboxylic groups containing polymers do not yellow as easily but also do not provide as good resistance to alkaline washing. Most stain blockers of the 1st generation thus contain a mixture of the two product classes. However, stain blockers of the 2nd generation outmatch these properties. The substances are prepared using basic catalised condensation of 4,4'-Bis(hydroxyphenyl)sulphon with formaldehyde. The stain blockers thus have no ionic group and are can therefore be applied in a neutral medium. The affinity toward polyamide is high and the permanence toward mechanical stress is very good [354].

	1st Generation		2nd Generation
	Sulfonated phenol-condensation-products	Carboxylat-functional-polymere	
Functional groups	Anionic $SO_3^-Na^+$	anionic $SO_3^-Na^+$	X
Stain blocking	Medium up to high	medium up to high	extremely high
Resistance to alkaline washing	Medium	Low	high
Resistance to mechanical stress	Medium	Medium	high
Yellowing tendency	High	Low	low up tomedium
Application	Acid range	acid range	pH neutral

Figure 6-5: ***Characteristics of soil repellents***

Easy wear or soil release finishing is part of the easy care treatment group. They are most effective when applied in a thin, negatively charged, non-adhering and non-plasticising film.

The repelling of oil (oleophobic finishing) is obtained using stain repellents such as fluoropolymers, mainly long chained perfluored aliphatic acids (e.g. perfluorooctanoic acid). These cationic active substances are applied as dispersions or in solutions with organic solvents using exhaust or foulard processes (for example, Scotchgard® process of 3M, or Oleophobol® process of Pfersee). To improve the stain release effect, the products are combined with hydrophobic agents (so-called extenders). This reduces the concentration of the expensive oil repellents without reducing the effect [17].

However, it became generally recognised that any finish which imparts a hydrophilic surface to textiles will improve soil release. Numerous products of various types have been proposed, patented, and marketed. Although there are dozens of such products, few have gained appreciable commercial significance [266].

Novel hydrophobic treatments of cotton and synthetic fibres such as plasma treatments are discussed in section 6.6.2. These treatments are said to be interesting and ecological alternatives to conventional hydrophobisation treatments.

Hydrophilic treatments improve the ability of the textile to wet, i.e. to absorb water. The absorbency of some textiles (for example, towelling) can be improved by special weaving techniques, blending with hydrophilic fibres, or functional finishing. Among the finishing methods, absorbency is obtained by:

- inserting hydrophilic groups (e.g. the Refresca® process which applies polyacrylic acid on Polyester fibres under vacuum conditions);

- or, coating the fibre surface with hydrophilic (anionic, cationic or non-ionic) film: the most popular hydrophilics are emulsions based on polyamide (e.g. Lurotex A25®, Nylamid®, Sanumid SR®), and on acrylic or methacrylic acids or esters (e.g. Migafar FS®); some products are based on polyglycolether (e.g. Permalose T®) or silicone (Emulsion BA 322®).

The treatment of synthetic fibres with hydrophilic polymers is in general called soil-release finishing, as the treatment makes the soil adhering the hydrophobic fibres more accessible to water.

The most widely used soil-release agents are [266]:

1. anionic polymers;

2. low molecular weight polyesters;

3. caustic treatments on polyester;

4. fluorochemicals.

The anionic polymers may be either emulsions or solutions. They are usually vinyl copolymers containing carboxyl groups, although almost any anionic polymer which can be fixed to the fibre surface will work. A variety of monomers have been proposed, including acrylic, methacrylic, and maleic acids. Acrilic acid is commercially the most important. Comonomers are used to improve the flexibility and durability of the polymer, typically lower alkyl acrylates such as methyl or ethyl acrylate are used for this purpose (at least 15% of the carboxylic acid monomer is needed). Comonomers such as N-methylolacrylamide provide limited cross-linking of the polymer when used in small amounts (1-2 %) and adds durability to the finish.

The anionic polymers are usually supplied in concentrations of 20-30% solids, and up to 15 wt% of the products supplied are used on fabric. They are usually applied in finishing baths along with other chemicals in pad-dry-cure systems. These products can adhere to fabric by absorption. Chemically fixing the polymer on the fabric must be incorporated into the finish to obtain durability, in other words:

- internal reactive monomer components reacting with the fibre;

- or reaction with an external cross-linking agent.

The anionic soil-release agents are probably the least expensive of these finishes; yet, their main disadvantages are:

422

- incompatibility with cationic agents (e.g. softeners);

- interference with the catalysis of some durable press (easy care) finishes;

- pick-up of metal-ion during laundering;

- yellowing;

- loss of fastness of pigment dyes.

Low molecular mass polyester types are used mostly on polyester fabrics, where they are claimed to "co-crystallise" with polyester fibre components. The polyesters contain large hydrophilic poly-glycol segments as recurring segments along short blocks of poly(ethylene terephtalate) units.

The products are usually supplied in concentrations of 15%, and up to 15 wt% of the product is used on fabric. They are usually applied to the fabric using padding and are fixed by heating which causes them to absorb into the surface of polyester fibres. Alternatively, they can be exhausted onto polyester fibres in baths at elevated temperatures under conditions similar to those used for dyeing. Finishes of this type sometimes has adverse effects on the fastness of dyes. Products are supplied under the name Cirrasol PT®, Permalose T®, Milease T®, etc. This type of finish is not effective on cellulosic fibres, where methods using oxyethylated products of alkylphenol derivates are preferred [17].

Caustic treatments on polyester fibres produce a hydrolysis of the fibre surface, liberating carboxyl and hydroxyl groups, and resulting in soil-release properties in the fibres. Strong alkalis such as sodium or potassium hydroxide are used and sometimes combined with auxiliaries such as qua-ternary compounds to enhance the effect. The soil-release properties are durable until the fabrics are heated (i.e. ironing will irreversibly rearrange the fibre surface).

The fluorochemicals used for soil release differ from those used solely for water and oil repellency in that they contain hydrophilic groups as well as perfluoro alkyl groups (dual action fluoro poly-mers). The hydrophilic groups are usually polyethoxylene chains. These dual-action fluorochemi-cals were first offered by 3M as FC-216 and FC-218, other versions have been marketed by 3M and other suppliers. A typical example of such a dual-action polymer is Poly-[N-methyl-perfluoro-octanyl-sulphonamido-ethyl-acrylate].

Both non-ionic and cationic products are available, as are low-flash products containing acetone and high-flash point products without acetone. The products are supplied at concentrations from 15 to 30%. Application of 0.3-0.4 wt% of active solids on the fabric is recommended. The fluoro-chemical agents are usually applied with other finish bath ingredients in durable press formulations by a pad-dry-cure system. They are the most expensive soil-release agents; however, they are probably the most widely used types due to their performance, compatibility with durable press finishes and freedom from deleterious side effects [266].

Besides fluoroacrylate, fluorocarbon dispersions also contain a number of other comonomers and auxiliaries which serve a variety of functions (Figure 6-6).

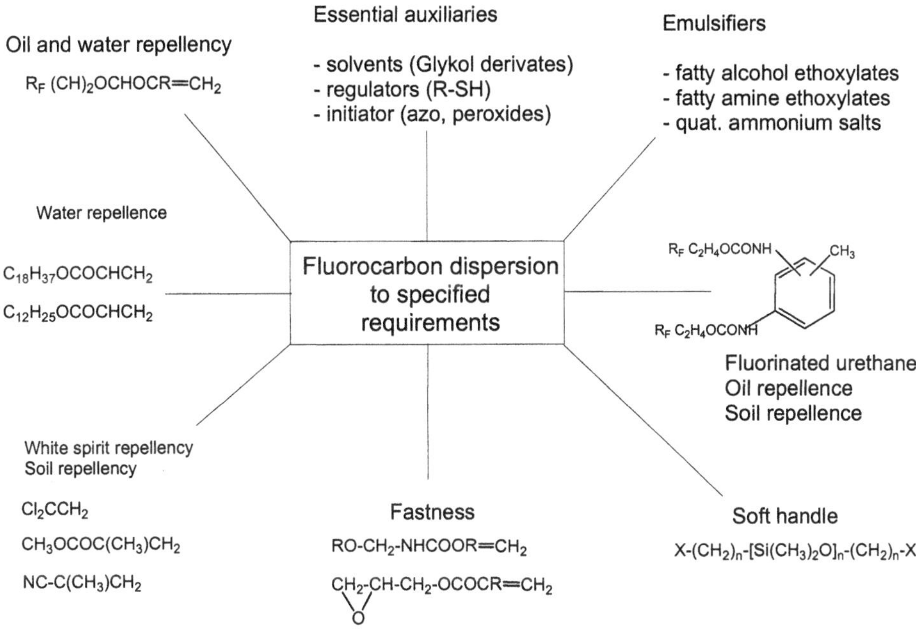

Figure 6-6:   ***Most important components of typical fluorocarbon dispersion***

Fluoroacrylate is the crucial component. It is responsible for oil repellency as well as for water repellency. Fluorocarbons almost always contain long-chain fatty alcohol acrylates such as lauryl or stearyl acrylate, which increases water repellency. Other frequently used comonomers are vinyl chloride, vinylidene chloride, methyl methacrylate, and acrylonitrile. These products achieve special effects such as soil repellency or white spirit and solvent resistance. Reactive monomers such as acrylates with methylol or epoxy functional groups improve wash-fastness by reacting with themselves or with functional groups on the surface. Siloxane compounds, generally higher-molecular polydimethyl-siloxanes, are occasionally incorporated, imparting a soft handle (intermolecular or intramolecular additions [186]). If necessary, fluorinated urethane structures can be used which produce additional effects such as oil repellency. The precise structure of the urethane can be widely variable. Naturally, emulsifiers (surfactants) are necessary to stabilise the aqueous emulsion or dispersion. Combinations of several surfactants are normally used. Necessary auxiliaries are: solvents, regulators, (or chain transfer agents) and initiators. The solvent is required to synthesise the emulsion and assist in the film-forming process. Regulators reduce the molecular weight of radical acrylate polymerisation, which is started by initiators such as azo or peroxide compounds. The necessary components are selected from those sub mentioned in suitable ratios to meet a specified requirements profile [134]. Figure 6-7 shows the theoretical structure of a polymer film formed from fluoroacrylate.

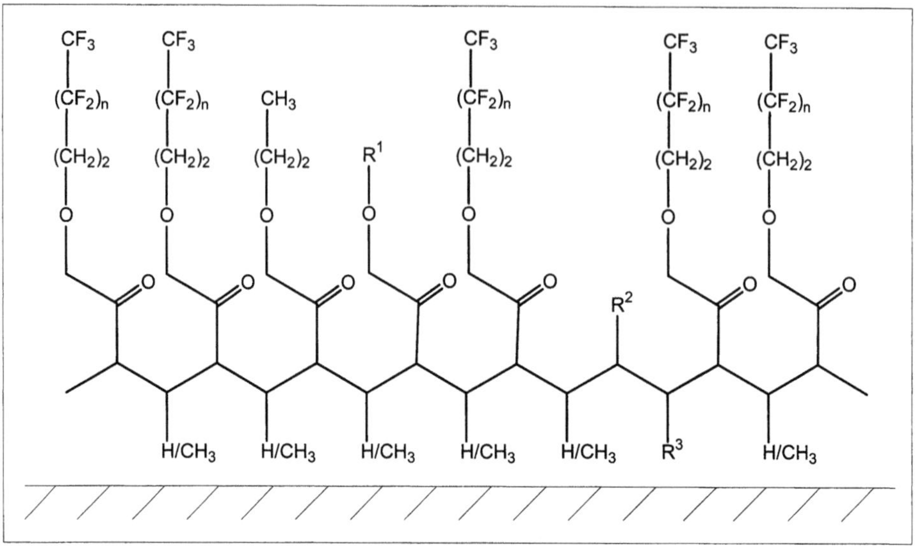

Figure 6-7:   ***Theoretical structure of a polymer film formed from fluoroacrylate***

Depending on the effects required, some additional auxiliaries are required during the process. These auxiliaries always depend on the requirement profile. Extenders such as melamine compounds or capped isocyanates, for example, can be added to the finishing bath for Polyamide and Polyethylene fabrics (rainwear manufacturing). These cross-linking agents further increase the wash-fastness through chemical reactions. A catalyst for the reaction is also need. The finishing of polyamide carpets requires the addition of 2% stain blockers, which are higher-molecular anionic polymers or condensation products which are intended to block the cationic functions of the carpet in order to prevent the absorption of anionically charged contaminants [134]. Moreover, in the past few years much research has been done to investigate topics such as the combined properties and effects of fluorochemicals and silicones [186].

In May 2000 a US manufacturer (leading world producer) of fluorochemicals announced that, due to environmental concerns, it was ceasing the creation of products containing perfluorooctanyl sulphonate (PFOS), a by-product of perfluorocarbons synthesis (i.e. for preparation of Scotchgard® products). This decision will have large repercussions for the entire sector [111;112;113; 319]. However, the concurrence of products using another synthesis will still be obtainable (i.e. as Teflon® products).

6.4.7   Non-slip, ladder-proof and anti-snag finishes

An important aspect of mechanical stability is the prevention of the movement of fibres, fibre systems, or yarns, within the textile structure [266].

Non-slip, ladder-proof and anti-snag finishing treatments reduce the slipping of the various yarn systems in fabrics, the formation of ladders in knitwear, or prevent snags in hosiery and other ready-made goods of continuous-filament yarns. Moreover, they contribute to the increasing seam stability of fabrics. The negative properties of some fibres or specialty goods are additionally reinforced by the action of some softeners, including those used in private laundry. The two fundamental treatments to remedy to these problems are

- impregnation using an adhesive and thin film forming substance;

- or applying a substance which creates a harsh fibre surface.

Products used earlier contained colophony emulsified in soapy solutions. Newer products are synthetic substances, generally preparations based on plastics, natural resins, silicic acid, or metallic oxides. Permanent effects are obtained when using self-cross-linking acrylic polymers (e.g. Mace-Gard® process) or silicone ester hydrolysed on the fibres. Harshening of fibre surfaces is obtained using metal complex salts or silicic acid dispersions. Some polymers may also be applied using foaming techniques [282, 17].

Polymer dispersions with internal cross-linkings are noted to be less effective against slipping than their chemical counterparts without reactive groups. Poly(vinyl alcohol) (Tgca. 70°C), poly(vinyl acetate) dispersions (Tg 30-35°C), and copolymer dispersions with Tg between 15 and +30°C (hard-film formers) are suitable. To give a softer handle, polymer dispersions with a Tg of –5 to –20°C are used. The addition of cross-linking agents such as N-methoxymethylmelamine compounds to polymer dispersions does not improve slip resistance.

Moreover, PVC plastisols are used for strengthening lattice woven materials and layered yarn structures. Slipping can also be reduced by polyurethane dispersions combined with vinyl acetate-ethylene copolymer dispersions. Products based on silica are the most typical textile non-slip agents. The cationic silica non-slip agents are often very effective. Silica products dry to form a brittle, powdery material. They are often combined with other textile auxiliaries. [266].

6.4.8 Finishing with flame retardants

Flame retardants are a key element of safety in many products of daily life and in the workplace environment. Like many plastics, textiles are also quite flammable and burn well. In a number of application areas, this fire risk has to be reduced by measures such as the use of flame retardants. However, over the past few years, certain types of flame retardants have been criticized due to their proven or alleged effects on man and the environment. Moreover, publications often refer to flame retardants as if they were a homogenous product group. This is not the case, since flame retardants derived from a number of totally different chemical compounds which only have their ultimate effect on ignitability in common [320]. Figure 6-8 summarizes the chemical substances which can be used as flame retardants [291]. Flame retardants in the US market, for example, can be grouped into six categories: bromine based, antimony based, phosphorous based, chlorine based, aluminia trihydrate and other (i.e. including magnesium hydroxide and boron-, molybdenum- and nitrogen-based) [136].

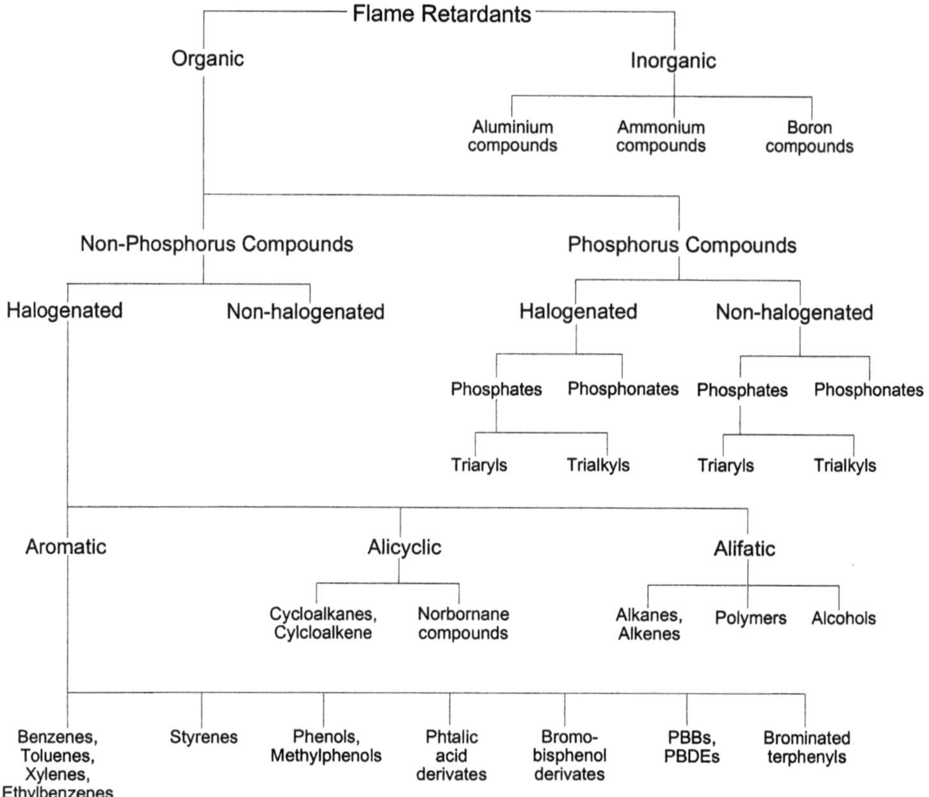

Figure 6-8-:   ***Chemical substance groups which can be used as flame retardants***

Considering the propensity of different fibres to burn as well as their burning mechanisms, one should be aware of the diversity of flame retardant treatments.

Cotton and rayon present serious fire hazards, particularly in certain fabric constructions and in certain end uses. Wool, in contrast, is difficult to ignite and burns very slowly. Thermoplastic synthetic fibres, such as nylon, polyester, and polyolefin, are generally less serious fire hazards than cellulosics because they tend to melt away from a flame, but present the additional hazard of molten drippings. When blended with cellulosics, thermoplastics represent a greater hazard because the cellulosics form a matrix which retains the molten thermoplastics and prevents them from dripping away from the flame [266].

The available concepts for obtaining flame proofing on textiles are as follows [17]:

- tightening of fabric construction (e.g. special weaving techniques);

- development of new yarns (e.g. copolymerised Modacrylics; Viscose, Acetate or Acrylic with additives; Nomex);

- chemical modifications of fibres (e.g. grafting vinylchlorid on Acrylics);

- conditioning with flame retardants.

The current portfolio of effective and commercially available flame retardant treatments and inherently flame retardant or resistant textiles is a consequence of the perceived need for increased safety and the intensive research into flame retardants during the period of 1950-80. The biggest change in flame resistance in the last 20 years is in improved application systems [136]. The most commonly used flame retardant agents can be classified as follows:

- inorganic (non-durable finishes and wool finishes with flame retardants);

- antimony-trioxide based (in conjunction with halogenated – i.e. brominated - organic compounds as synergistic agents);

- phosphor-organic, reactive (i.e. durable, based on halogenate-free phosphonate derivatives);

- phosphor-organic, non-reactive (semi-durable treatments).

Table 6-12 lists a currently valid selection of flame retardant textiles comprising both treated or finished examples as well as inherently flame retardant ones [65; 222].

428

Fibre	Flame retardant structural components	Examples of trade name	Mode of introduction
Natural:			
Cotton	Organophosphorus and nitrogen-containing monomeric or reactive species Antimony-organo-halogen systems	Proban CC (Albright and Wilson), Pyrovatex CP (Ciba), Aflammit P and KWB (Thor), Flacovon WP (Schill & Seilacher) Flacavon F12/97 (Schill & Seilacher), Myflam (Bostik, form. Mydrin)	chemical finish
Wool	Zirconium hexafluoride complexes	Zipro (IWS), Pyrovatex CP (Ciba), Aflammit ZR (Thor)	chemical finish
Regenerated:			
Viscose	Flame retardant additives : organo-phosphorus and nitrogen/sulphur-containing; polysilicic acid complexes	Sandoflam 5060 (Clariant form. Sandoz), in FR Viscose (Lenzing) Visil AP (Sateri)	additive introduced during fibre production
Synthetic:			
Polyester	Organophosphorus species: phosphonic acidic comonomer phosphorous containing additive	Trevira CS (Trevira GmbH form. Hoechst) Fidion FR (Montefibre)	copolymeric modifications / additive introduced during fibre production
Modacrylic	Halogenated comonomer (35-50% w/w) plus antimony compounds	Velicren (Montefibre), Kanecaron (Kaneka Corp.)	copolymeric modifications
Polypropyl-ene	Halo-organic compounds usually as brominated derivates	Sandoflam 5072 (Clariant form Sandoz)	additive introduced during fibre production
Inherent:			
Polyhaloalke-nes	Polyvinyl chloride Polyvinylidene chloride	Clevyl (Rhône-Poulenc) Saran (Saran Corp.)	homopolymer
Polyaramids	Poly(m-phenylene isophthalamide) Poly(p-phenylene terephthalamide)	Nomex (DuPont), Conex (Teijin) Kevlar (DuPont), Twaron (Enka)	aromatic homo- or copolymer (for high heat and flame resistance)
Poly(aramid-aramid)		Kermel (Rhone-Poulenc)	aromatic homo- or copolymer (for high heat and flame resistance)
Novoloid		Kynol (Kynol Japan)	aromatic homo- or copolymer (for high heat and flame resistance)
Polybenzimid azole		PBI (Hoechst-Celanese)	aromatic homo- or copolymer (for high heat and flame resistance)
Carbonized acrylics	Semicarbon	Panox (RK Textiles)	aromatic homo- or copolymer (for high heat and flame resistance)

Table 6-12:   ***Durable-finish and inherently flame retardant fibres in common use***

Fibres which have inherently flame retardant structures usually have aromatic char-forming polymer backbones (e.g. polyaramides, novoloid, etc) or halogen atoms present (e.g. modacrylic).

Non-durable finishes are nowadays nearly obsolete; however, they are effective. They are suitable only for fabrics which are seldom or never laundered and can be retreated whenever laundering is done, such as buntings and some draperies. The flame retardants are applied through an aqueous solution by padding or spraying and drying, usually at concentrations of 10-15%. The compounds are made of water soluble salts able to form or give rise to Lewis acids on pyrolisis. Some of the compounds which have been used include [266, 17, 69, 143, 182, 136]:

- diammonium phosphate (DAP) and monoammonium phosphate (MAP);

- boric acid – borax mixtures ($Na_2B_4.10\ H_2O$; H_3BO_3);

- aluminium sulphate;

- ammonium sulphate;

- sulphamic acid;

- ammonium sulphamate;

- zinc chloride;

- sodium stannat;

- various phosphate salts (e.g. ammonium di- or mono-hydrogenphosphate; $Na_3PO_4.12H_2O$), various ammonium salts, and combinations thereof;

Ammonium phosphate and ammonium polyphosphate of different natures and polymerisation grade are the most popular anorganic phosphor-based flame retardants. Elemental red phosphor shows, for example, on polyacrylonitril and polyester substrates, polyurethane foams and polyamide, a flame retarding effect. However, the use of red phosphor on textiles is restricted due to its intensive colouration. Moreover, red phosphor is sensitive to high temperatures combined with water. Red phosphor is therefore often proposed as a coating product [321]. Phosphoric and boric acids and their salts also prevent or inhibit afterglow, as well as serving as flame retardants.

Finishes based on the incorporation of metal oxides (titan, antimony, zinc, tin) and additional chlorinated organic compounds (paraffin, PVC) are able to withstand some laundering cycles, but are no longer used (e.g. treatments with titanyl chloride or antimony trichloride, and further alkalising in a soda bath) [17].

Other *semi-durable finishes* for *cellulose* present more advantages. The phosphorilation of cellulose with a mixture of phosphoric acid and urea results in phosphate ester of cellulose, a fire retardant. However, the ester picks up anions from laundering to form sodium, calcium, or magnesium salts and must be regenerated by reconverting it to the acid or ammonium form after each laundering.

Another semi-durable finish for cellulose is based on the formation of an insoluble resin within cellulosic fibres. The treatment consists of applying a combination of ammonium phosphate with a dicyandiamide-formaldehyde condensation product, followed by baking. Various modifications of this finish have been proposed. Cyanamide and phosphoric acid (Pyroset CP) also produce semi-durable fire retardancy when applied to cellulosic fabrics, dried and cured. The application of 3mol of cyanamide per mole of phosphoric acid solution is optimum, and the fire resistance withstands nearly 10 laundry cycles when 45% solids add-on where applied. However, the fabric must be re-activated by scouring and ammonia treatment after each laundering. This type of finishing is thus only practical for some commercial uses, especially on draperies [266].

Durable finishes are more likely treatments based on chemical reactions between the fibres (*cellulosics, as well as some synthetics*) and substances containing nitrogen or phosphor. The durability concepts are chemical bindings between the flame retardant and the reactive groups of the fabric (reactant cross-linking), polymerisation of the flame retardant on the fabric (self-cross-linking), encapsulating of the flame retardant between the fibre after "opening" with high temperatures (thermosol-cross-linking), as well as ionic exchange of flame retardant and substrate (ionic linkage). The principal steps of the different treatment types are schematised in the following diagrams [69].

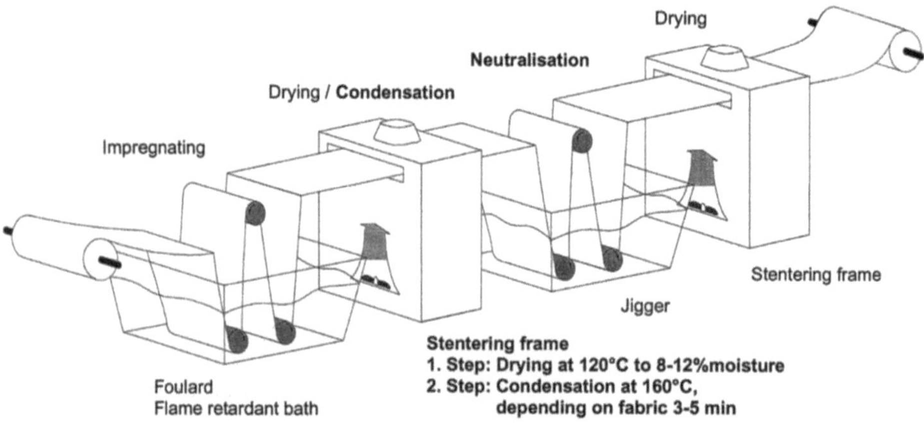

Figure 6-9:   ***Typical durable flame retardant finishing process based on reaction cross-linking***

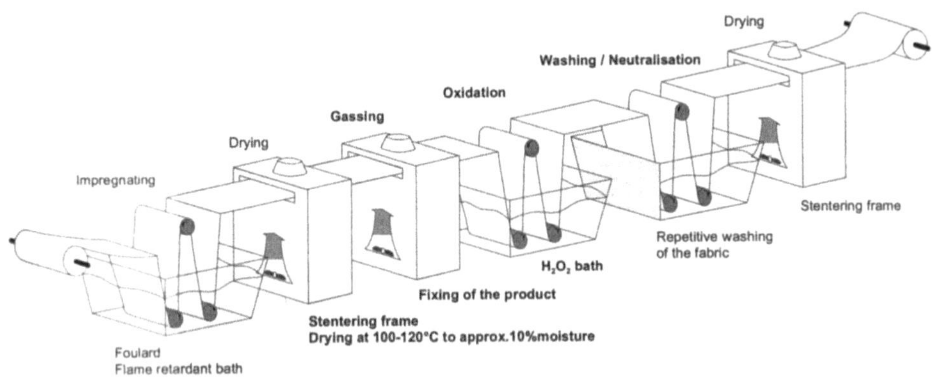

Figure 6-10:   ***Typical durable flame retardant finishing process based on self- cross-linking***

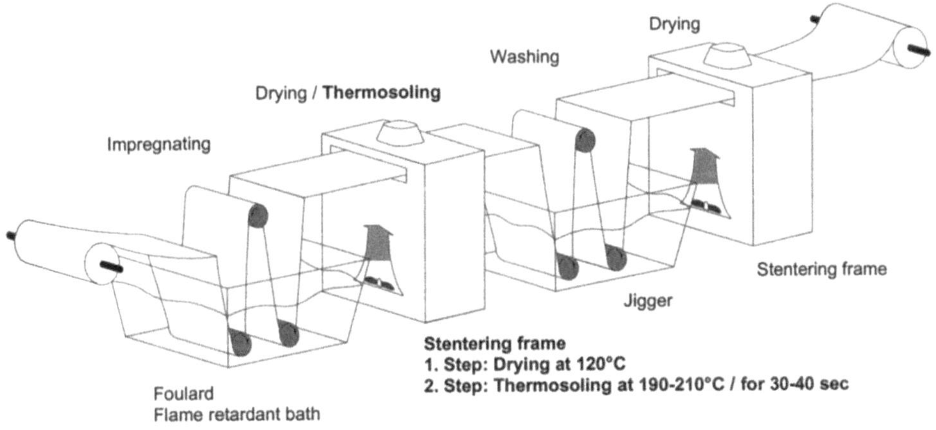

Figure 6-11:   ***Typical durable flame retardant finishing process based on thermosoling***

Some of the finishes developed, such as APO (tris-aziridinyl phosphine oxide) which was promoted for *cotton*, and tris(bromoethyl) phosphate (TRIS), which was promoted for *polyester*, are no longer in use because the reactants were found to be carcinogenic.

Many of the most successful finishes have been based upon <u>tetrakis (hydroxymethyl) phosphonium chloride (THPC) or its derivatives</u> [266, 17]:

- in the Proban process, THPC is reacted with urea to form a water soluble compound which is stable in solution. This compound is applied to fabric in a pad-dry process.

- The fabric is then exposed to ammonia and ammonium hydroxide consecutively to produce an insoluble polymer within the fibres by reaction of the methylol groups of the THPC with urea and ammonia;

- in the THPC-amide process, THPC is applied with urea, trimethylol melamine and sodium hydroxide in a pad-dry-cure process (with typical concentrations of 17%, 10%, 10% and 1.5%, respectively). Although the finishes become discoloured by chlorine bleaching, the treated fabrics are very durable to laundering;

- padding with a 30% solution of THPOH (a conversion product of THPC with alcoholic sodium or potassium hydroxide) and further drying to 10-20% moisture and treatment with ammonia, also produces a fire-resistant fabric. The finish shows little loss in strength, little stiffness, good durability, but discoloration by chlorine bleaching, and no improvement in wrinkle recovery;

- the lowest cost treatment of the THPC types is obtained when a methylolmelamine is combined with THPOH and an ammonia treatment, followed by curing. A typical bath contains approx. 18.5% THPOH and 11.5% trimethylolmelamine. The finish shows little loss in strength, only a little increase in stiffness and good durability, but discoloration by chlorine bleaching, and no increase in wrinkle recovery;

- THPOH-amide treatments are similar to THPC-amide processes. A typical finishing bath contains 16% THPOH, 10% urea, and 10% trimethylolmelamine. With this finish about 90% of the fabric strength is retained, with a slight increase in stiffness. Durability is very good, recovery is greatly increased, and yellowing with chlorine bleach is very slight.

Tetrakis(hydroxymethyl) phosphonium salt pre-reacted with urea or another nitrogenous material is often designated as "precondensate". The reaction products are complex oligomers; exact compositions are proprietary information of chemical suppliers. The precondensate treatment using gaseous ammonia gas to polymerise the precondensate in the fibre is the largest commercial use of flame retardant in the US. A generalised precondensate formulation, applicable to a range of fabric and constructions, is as follows [136]:

- precondensate 20.0 to 50.0 %wt;

- sodium acetate (anhydrous) 0.8 to 2.0 %wt (the amount is 4% of the amount of precondensate used);

- non-ionic surfactant 0.2 %wt;

- water 79.0 to 47.8 %wt.

The final steps in the process are oxidation of the phosphorous polymer, washing of the fabric, and adjustment of the fabric pH. Oxidation can be done on either batch or continuous equipment using hydrogen peroxide. For batch processing, 10% hydrogen peroxide (50% active solution), based on the weight of the fabric, at 54° to 60°C with a 20:1 liquor-to-fabric ratio can be used. For open-width, continuous oxidation, 10% hydrogen peroxide is padded onto the fabric. After conversion of the phosphorous to the pentavalent, durable, state and washing to remove trace of odours, rinsing with warm water or dilute (2% to 5%) sodium carbonate solution completes the wash [137].

All THPC and THPOH finishes must be after-washed in order to removed unreacted materials and by-products. THPC has been replaced by sulphate salt THPS because of possible toxicity with THPC, which is no longer manufactured [266].

Another durable fire retardant used commercially for *cotton* is the methylol derivative of the addition product of a dialkyl phosphite with acrylamide (Pirovatex CP® [20120-33-6]). The product is used alone or in combination with trimethylolmelamine. It is a pad-dry-cure process with add-ons of approx. 20-25% on cotton. The principle of these treatments is that the flame retardants are fixed durably on the fibre by chemical cross-linking with the different melamine derivatives (see also 6.4.4). Some cross-linkings or covalent bondings with the hydroxyl groups of the fibre surface also occur. The reaction between such a flame retardant, the cellulose surface and etherified methyol-melamine is shown in the following diagram [236].

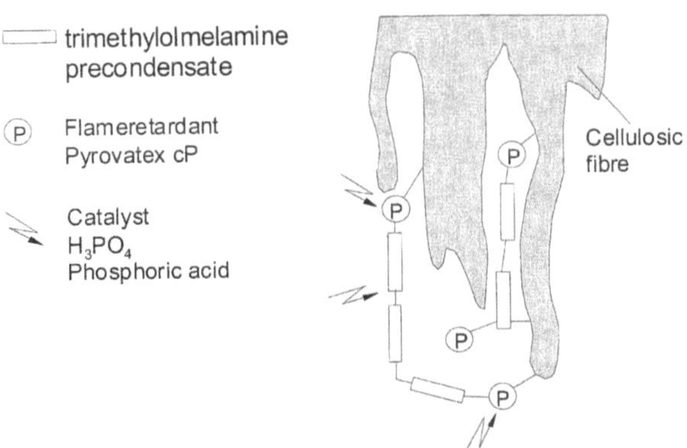

Figure 6-12:   ***Schema of the reaction of Pyrovatex CP and trimethylolmelamine with cellulosic fibres***

Flame retardant systems based on formaldehyde-free durable treatments have been developed. One option is to synthesise flame retardants made of a flame retardant component and a reactive group component which can react with the cellulosic surface. These reactive groups are similar to those used in reactive dyes, i.e. vinylsulphone or trichlorotriazine derivatives. Yet, first results with these so-called reactive flame retardants show intensive yellowing of the fabrics. Another possibility is to fix the phosphoric flame retardant to the cellulose by graft polymerisation. The grafting of diethyl-2-(acroyloxy)-ethylphosphat (DAEP) in the presence of 2-methoxy-2-(1-oxo-2-propenyl) amino methyl acetate (Magme 100) shows good durability and flame resistance; however, the handle is not as negatively influenced as with dimethyl-(acroloyloxy)-methylphosphonate (DAP) grafting. Phosphorilation of specially aminated cellulose surface with dimethylphosphonate in Dimethylformamide also gives promising results [236], as well as the sulphatation of cellulose with sulphamate in the presence of urea derivatives [182]. Simultaneous sulphatation and phosphorilation treatments with ammonium sulphamate and tris(N,N′,N″-methyl phosphoramide (TPA) also improve the durability and provide other advantages [182].

434

Polymerics are commonly made more flame-resistant by reducing the organic, and hence flammable, components, for example by adding fillers which are non-flammable or of low flammability (for example quartz flour, glass, wollastonite and the like). However, especially for polymeric fibres, these adducts are only desirable to some extent as they can modify considerably the fibre properties. Another possibility is the addition of classical flame retardants such as inorganic compounds and halogenated compounds (see above). Halogenated phosphoric acid esters are disclosed as flame retardant additives for plastics. Yet, the use of flame retardant organophosphorous compounds which are not incorporated in the polymers (e.g. in synthetic polymeric fibres) results in a kind of plasticising effect, which affects the inherent properties of the polymers. Nevertheless, halogen-free sterically hindered phosphonates and phosphates, of which some were still disclosed as image dye stabilisers for photographic layers, can increase the flame resistance without substantially affecting their other properties. Cyclic phosphates and thiophosphates protected by voluminous groups of the general formula shown below are reported to be used for application on halogen-free polymers [364].

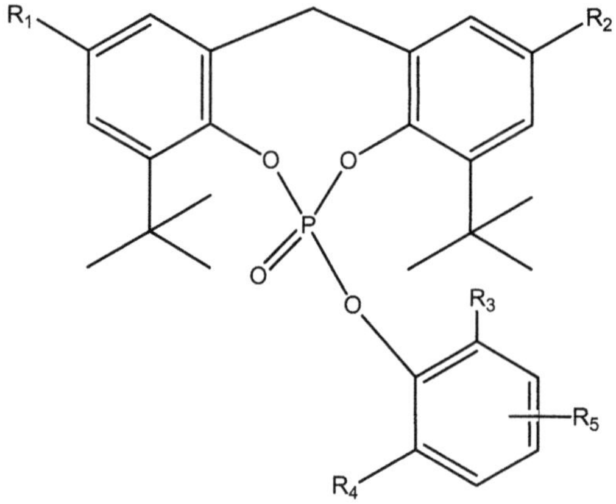

Figure 6-13: **Examples of cyclic phosphate and thiophosphate flame retardants for polymers**

Polyester-cotton blends can be permanently treated for fire retardancy using a combination of a specially formulated halogen-free phosphonate with a THPC-urea ammonia process. The phosphonate alone is claimed to afford durable flame retardency on pure polyester fabrics when approx. 5% is applied by padding, drying, and thermosoling. Various additives and co-monomeric modifications are available, see the following table [22].

Generic name	Nature
Phosphine acid derivative (Trevira®CS)	Co-monomer
Bisphenol S (Toyobo®GH)	Additive
Cyclic phosphonate (Amgard®1045)	Dimeric additive

Table 6-13:   ***Flame retardant modifications for polyester fibres***

The synthesis of phosphor-modified polyethylenterephtalates used as flame retardants for *polyester* is described in the following figure [321]. The most popular representative of this class is the polycondensation product trademarked under Trevira®CS.

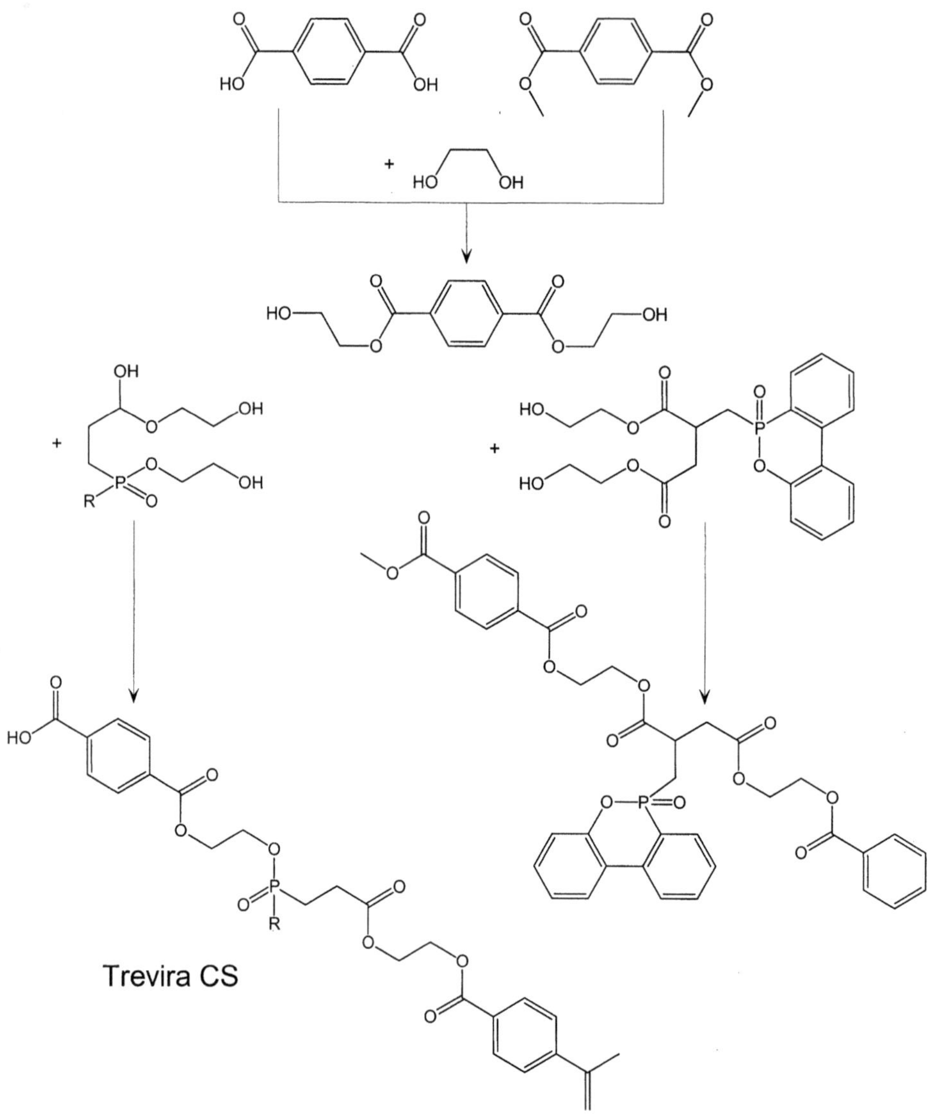

Trevira CS

Figure 6-14: **Synthesis of flame retardant modifications for polyester fibres**

Speciality resins, such as methylated thiourea-formaldehyde resins, have been used to flameproof *nylon, acetate,* and *acrylic fabrics* [266].

Cyclic phosphonate esters (CPEs) are a unique type of liquid flame retardant which can be applied to *polyester* or *nylon* fabrics using the thermosoling process. CPEs are also suitable for use in backcoating and other binder applications due to their high compatibility with binders such as acrylics. Use of CPEs in combination with an insoluble additive, such as one of the halogen flame retardants, reduces their negative property to leaching [143].

Although *wool* has inherent flame retardancy, most carpets made of wool are treated to increase the flame retardant effects. Treatments with zirconium or titanium potassiumhexafluor complexes, which are applied by foulard (i.e. Zirpo process), even simultaneously with colouring baths, are the most interesting. Specific agents used for this purpose are potassium hexafluoro zirconate K_2ZrF_6 and potassium hexafluoro titanate, K_2TiF_6 [22]. Various modifications of this process have been made to improve durability and compatibility with shrink-proof finishes. Treatments with zirconiumtungsten complexes or tetrabromophtalic acid are also mentioned [17]. The flame retardancy of wool with sulphamic acid in the presence of urea has also been tested with good results [182].

A specific problem is to work out the proper formula for a flame retardant used on coated fabric (upholstery fabric, etc). Textile coatings are often made of a mixture of polymer systems. A compound or formulation which effectively flame retards a polyester fabric may not be effective when the fabric is coated with an SBR latex. Furthermore, combining a flame retardant treated fabric with a flame retardant containing coating does not always lead to a flame retardant coated textile. In addition to the proper flame retardants already mentioned, so-called "dilution flame retardants", can be used either alone or in combination with other flame retardants. Dilution compounds can be effective in any type of polymer matrix. Generally speaking, they are the least efficient form of combustion modifier in terms of load levels required. However, the extremely low cost of some of these additives (i.e. fillers) makes them very competitive with other flame retardant technologies [132]:

- metal hydrates (e.g. aluminium hydroxide);

- inert fillers such as calcium carbonate, glass, clay, talc, etc.;

- dilution of volatile fuel gases with water, halogens, carbon dioxide, and nitrogen.

However, chlorine-containing coating polymers based on polyurethane or polyacrylate are made flame-retardant by dispersed additives based on Antimony-Brome; although the treatment is not as permanent as desired. Another disadvantage of treatment with antimony- and halogene-derivatives is the ecologically ominous additional step: to the flame-retardants must be added highly concentrated dry pulver during the foaming of the aqueous polymer dispersion, which in turn makes the foaming of the obtained highly viscose compounds difficult [333]. Newer concepts to obtain flame-proofing effects for (mainly technical) textiles are, beside the use of classical flame retardants finishes, the microencapsulation of flame retardants [266] (see further 6.6 Intelligent textiles).

The market for flame resistant fabric is limited to hospitality, institutional, health care, military, and institutional settings, and any settings where flame resistance is mandated by law. Many point out the problems that using fire retardant chemicals on upholstery fabrics will cause. The treatments not only affect the other finishing treatments, but also introduce issues of toxic waste disposal as well as other environmental problems associated with some of them. Some note that fire retardants effective for open flame will not protect from smouldering fires (cigarettes) [38].

General requirements for fire protection from government through relevant legislation are the basis for standards and "codes of practise", which are again based on recognised technical principles. These standards are national and international. Since every country has specific sets of rules which have developed over time, efforts are made to harmonise the standards [22]. More details are given in section 2, Legal regulations.

During the past few years, new results showing that halogenated –i.e. especially brominated-flame retardants have a tendency to accumulate and spread in the environment have further increased the focus on these compounds. A recent Danish study on brominated flame retardants, summarising the main application fields of these compounds in textiles and pointing out same alternatives, is cited in the following [22].

Flame retardants are one of the major categories of chemicals used in textiles. The dominating flame retardant system for textiles based on bromine is hexabromocyclododecane (HBCD) and decabromodiphenyl ether (DeBDE) in conjunction with antimony trioxide. Both DeBDE and HBCD are *additive substances*.

The use of brominated flame retardants for textiles within the EU takes place mainly in the United Kingdom and Ireland, where there are strict requirements for flame retardancy treatment of upholstered furniture (see section 2, Legal regulations).

Based on international experience, the following types of applications of brominated flame retardants in textiles are possible:

Clothing, particularly protective clothing	*Protective clothing*
	No use of brominated flame retardants has been identified for civil purposes. In the past though it has been normal to use e.g. the bromine-antimony system for some types of protective clothing. The disadvantage of the bromine based flame retardant systems for clothing, is the lack of softness of the treated product.
	The only known use of BFRs in textiles for clothing in Denmark is connected to ABC uniforms from 1984 (ABC: atomic, biologic, chemical), produced for the Danish Army. The used mixture consists of the antimony/decabromodiphenyl ether system in combination with inorganic phosphorus compounds. The ABC uniforms are designed to be worn for maximum 30 days and to stand one wash at 30°C. When a uniform has been used (e.g. in war zones), the clothing is used for training purposes in Denmark and through repeated laundering, most impregnation will be washed out. On the basis on information from the Danish Army round 4 tonnes decabromodiphenyl ether will be present in the stockpile.
	Children's night-dress
	Within the UK and the USA, requirements regarding the flammability of children's night-dresses exist, and night-dresses fulfilling these requirements are also found on the Danish market. According to major producers of flame retardants for textiles, the use of organophosphates is absolutely dominant, and possibly no brominated compounds are used. The only possible use might occur in 100% polyester products, in which BRF represents a cheap solution, meeting the requirements.
Carpets	No use of brominated flame retardants in Denmark has been identified. Demands regarding flame retardancy exist only within the contract market. The contract market is defined as products purchased to public or private institutions, business, e.g. for offices, industry, canteens, hospitals, and kindergartens. The absolutely predominant flame retardancy system is based on aluminium hydroxide combined with various fillers, incorporated in the back side layer.
	DeBDE might to some extent be used for synthetic carpets, but it is unlikely that these products reach the Danish market in significant amounts, whereas existing requirements for flame retardancy are reached by cheaper alternatives. Still industry information and indicate that PBDEs or other BFRs might be present in flame retarded carpets based on cheaper synthetic fibres, where they are encapsulated within the polymer fibres.
Curtains	Flame retarded curtains are not normally used in Denmark. It is in textiles based on plastic that brominated flame retardants are most likely to be found, and the most likely products are blackout curtains, roller blinds and cinema screens. Bromine/antimony systems with PBDEs or HBCD are likely to be used. No actual consumption has been identified, but a small consumption is likely to occur.
Upholstered furniture	*Upholstered furniture*
	In Denmark, furniture used for the contract market are normally flame retarded. The flame retardant may be added to both the textile and the padding.
	Among the main Danish textile finishers supplying the furniture industry, the general statement is that no brominated flame retardants are used.
	The main entries to the Danish market of furniture with textile treated with brominated flame retardants are furniture for the 'contract market'. A normal practise among some suppliers of contract furniture is to sell products produced for the English civil market, as these fulfil the requirements stipulated by the British Standard, that are regarded as some of the most rigorous rules for fire protection of furniture.
	Foam and stuffing for upholstered furniture
	Seemingly, no Danish producer of various types of foam for furniture, cars, etc., uses brominated flame retardants. Chlorinated organophosphates (e.g. TCPP) and melamine are normally used for slap stock foam, but it must be expected that foreign pro-

	duced foams may contain brominated flame retardants. The bromine analogue to TCPP has had a widespread use. Other used systems might be phosphorus derivatives used with penta-bromodiphenyl ether. The expanded polystyrene stuffing in sack chairs, health mattresses, nurse cushions, etc., is normally flame retarded with between 0.5% and 1% hexabromocyclododecane. This may correspond to a yearly consumption of HBCD between 200 and 700 kg.
Tents	Internationally, tents are one of the major textile end-products for brominated flame retardants. They are used for both military tents and civil tents especially 'party' tents. Apparently there are no such consumption in Denmark. According to the Danish military other solutions than bromine antimony systems are used, but some import of flame retarded tents may take place. The possible consumption is assumed to be low, most probably under 1 tonnes.

Table 6-14:   ***Examples of applications of brominated flame retardants in textiles***

Seemingly no applications of brominated flame retardants for textiles take place in Denmark. This information is based on inquiries among Danish industries and major foreign suppliers of brominated flame retardants for textiles. Inquiries among Danish producers of slap-stock foams indicate that no brominated flame retardants are used in Danish production of foams.

The main supply of brominated textiles to the Danish market is through import of furniture or textiles for furniture. A major part of upholstered furniture produced for export to the UK is made with textiles treated or produced in the UK. A large part of the imported flame retarded is most likely re-integrated into the market as furniture for the UK market and the contract market.

The largest Danish consumer of BFRs within the category "textiles" is related to furniture. BFRs might be present in imported special curtains and related textile products made on plastic basis and in imported carpets made from synthetic fibres; although no cases have been identified.

The total consumption of brominated flame retardants with textiles in 1997 is estimated at 2-11 tonnes as shown in Table 6-15.

Product group	Total consumption of BFRs		Consumption of specific compounds (tonnes) [1]				
	Tonnes	Trend	PBDE	TBBPA	PBB	HBCD	Other BFRs
Protective clothing	<0.1	Downward	<0.1			<0.1	<0.1
Curtains, carpets and tents	<1	Downward	<1			<0.5	<0.5
Furniture [2]	2-8	Downward	<3			2-8	<3
Foam and stuffing [3]	0.2-1.7	Downward	<1			0.2-0.7	<1
Total (round)	2-11		<5			2-9	<5

[1] For some applications the flame retardants are indicated as either-or (for instance either TBBPA or PBDE) and the sum total of BFRs is lower than the sum of the single groups.

[2] The estimate is based on the following base assumptions: Textiles used within the contract market are generally flame retarded. The contract market for furniture is estimated to be 20-25% of the whole consumption of textiles for furniture. The estimate of the whole consumption for furniture is based on the assumption that on average 1 m2 textile is used per 5 kg upholstered furniture (less for swivel chairs) and on average 4 m2 per upholstered furniture, (1 m2 per swivel chair). Combined with information from Statistics Denmark these assumptions indicate that around 1-2 million m2 textiles are used yearly within the contract market for furniture. According to industry contacts approx. 10-15% of this can be assumed to be flame retarded with a brominated substance. It is assumed that round 0.05 kg flame retardant is used per m2, and that the flame retardant contains round 40% brominated substances.

[3] Foam and stuffing for upholstered furniture cover two areas: The first is EPS pellets. The second area is flame retardants for flexible PUR foam, where the use of BFRs (predominantly PeBDE /5/) now in general seems to be phased out, and the consumption is assumed to be low.

Table 6-15:   ***Consumption of brominated flame retardants with textiles in Denmark 1997***

It is expected that emissions into waste water from washing of furniture textiles in offices, etc., will be negligible. It is assumed that the emission from textiles which are washed regularly will lead to emissions into waste water. This is relevant to protective clothing. It is assumed that, on average, half of the flame retardants will be washed out before the products are discarded. Furthermore, the consumption of protective clothing with BFRs for civil purposes has in the past been larger. Hence, the emission to waste water is expected to be <150 kg BFRs per year. Correspondingly it is expected that 150 kg BRF are disposed of with solid waste.

On average, around 50 kg DeBDE is likely to be released per year into waste water from ABC uniforms through washing processes (the used uniforms are put to training use and are washed repeatedly).

It is assumed that a volume corresponding to the consumption is disposed of in solid waste.

The future trends in consumption are very dependent on specific fire regulations. At the level of the EU, negotiations on this issue are underway. These will be of essential importance to the future consumption of flame retardants for textiles and may have consequences on the choice between different technical solutions (i.e. the use of brominated flame retardants).

Aromatic BFRs are substituted by aliphatic BFRs (e.g. HBCD). Furthermore, the general tendency is that BFRs are being substituted by halogen-free alternatives, including inherently flame retardant textiles.

In general, the use of halogen antimony systems for protective clothing has disappeared. The prevalent systems are either based on cotton treated with an organo-phosphorus washable treatment, or inherently flame retardant synthetic fibres, such as modified polyesters. Often, the textile must be both heat and flame resistant, and hence char forming meta-aramides and para-aramides fibres are often chosen. Some heavy duty clothes, e.g. for use in welding, may imply the use of flexible glass fibre, where the binder might be flame retarded with a brominated compound, but also phosphorus based flame retardants may be used. It is most unlikely that other types of clothing other than protective clothing are to be found containing flame retardants.

Substitution of brominated flame retardants in the upholstery sector is somewhat difficult to establish. The relative advantage of brominated flame retardants, and probably an explanation for the widespread use in the United Kingdom, is the applicability to almost all fibre types and fabric constructions, meeting the correct level of flame retardancy according to the British Standard, combined with a relatively low cost. These features enable the application to any product, even though the original design and choice of materials do not include considerations regarding fire retardancy.

It is, however, possible to avoid the use of halogenated flame retardants including BFRs and still meet the requirements stipulated by BS 5852:1990 required by the British Upholstered Furniture Safety Regulations, and that is the normal required standard within the contract market for textiles in Denmark (e.g. for use in offices, theatres, institutions).

As an example from a Danish textile industry, a producer of fabrics reports that it is possible to replace the brominated flame retardants with flame retardants based on phosphorus, nitrogen, and zirconium, depending on the textile. The phase out has had no consequences for the fulfilment of various standards. The producer supplies to both transportation industries and the contract market, fulfilling the requirements of aircraft, car industry, and contract products for institutions and offices.

Moreover, in the last decade, brominated flame retardants have been totally phased out of flexible foams produced in Denmark. The alternatives used are chlorinated phosphate esters, in some cases combined with melamine. Halogen-free additives, containing ammonium polyphosphates, and reactive phosphorus polyols are used or will be used in the near future for automotive seats and foam-lamination of textiles.

The most used flame retardant for carpeting is aluminium trihydroxide, and all known requirements can be fulfilled without the use of brominated flame retardants [3].

Moreover, new systems based on nitrogen-containing compounds are combined with intumescent systems. Nitrogen-compounds alone have little flame retardant properties, except when present with phosphorous, where they have a synergistic effect enhancing char formation. Intumescent systems such as 1. ammonium polyphosphate, melamine, pentaerythritol, and 2. melamine phosphate and dipentaerythritol are dispersed throughout flame resistant cotton fibres. These systems can form more char resistance to oxidation, and may be effective for backcoating fabrics or cotton composite barriers [136].

In conclusion, one may observe that current market trends for flame retardants show a shift towards non-halogenated systems. However, most likely there will never be a single flame retardant which fulfils all fire safety requirements, material properties, and price interests equally well [320].

Additives which facilitate the detection of an unseen fire hazard are nowadays also added to textiles. However, *warning agents* like bis(thiol) carbonate which liberates n-butanethiol at temperature increasing 190˚C unfortunately have breakdown partially during textile processing. Microencapsulation technology was thus investigated as a means of protecting these early warning agent during processing. The concept of swelling starch granules or short cellulosic fibres in liquid ammonia containing dissolved sensory early warning agent precursor show some success. Microcapsules prepared in this way have been applied to cotton fabrics and other textiles, for use in upholstery and similar applications [379] (see also 6.6.1).

6.4.9 Anti-electrostatic finishes

The accumulation of electrostatic charge on textile fabrics is mainly a problem when using synthetic fibres. It can be avoided using either special antistatic fibres, or applying a conductible film to the fibre surface.

Antistatic fibres are made inherently conductible by [17]

- incorporation of microencapsulated air (to increase capillary activity);

- incorporation of additives (e.g. fluoromonomers);

- incorporation of graphite;

- grafting of a copper sulphide film.

During carpet formation, thin chrome/nickel wires are spun between the other fibres in order to obtain antistatic effects. Some processes apply a thin conductible layer between the backcoating and the textile [17].

Numerous substances are now available which impart antistatic properties, durable even for washing or chemical laundering. These antistatic agents have a cationic, anionic, amphoteric or nonionic character, and are able to build a conductible film on a textile surface. The conductibility is further increased by the action of surface active substances, orienting their hydrophobic extremity to fibre.

Table 6-16 summarises the main antistatic agents used in functional finishing [17]. From a chemical point of view, formulated products are mostly based on:

- quaternary ammonium compounds;

- phosphoric acid derivatives.

Antistatic agent	Typical formula	Examples
Poly(ethylene glycole)s	$H(CH_2CH_2O)_xH$	Glycerol alpha-methyl ether CAS-No. 260402-72-0
Fatty acid poly(ethylene glycole) esters	$R-C(=O)-O-(CH_2CH_2O)_xH$	
Fatty acid amide poly(ethylene glycole) ethers	$R-C(=O)-NH-(CH_2CH_2O)_xH$	
Ethoxylated amines	$R-N[(CH_2CH_2O)_xH]_2$	Tallow alkyl amines, ethoxylated CAS-No. 61791-26-2
Aminoxides	$R_2-N^+(R_1)(R_3)-O^-$	
Quaternary fatty acid aminide amines	$[R_5-C(=O)-NH-R_2-N^+(R_1)(R_3)-R_4]^+ \ X^-$	
Alkyl poly(ethylene glycole) ethersulphates	$R-O-(CH_2CH_2O)_x-SO_3^- \ M^+$	
Phosphoric acid esters	$O=P(OR)_3$	

Antistatic agent	Typical formula	Examples
Alcohols ethoxylated with phosphoric acid esters	$O{=}P{\equiv}[O\text{-}(CH_2CH_2O)_x\text{-}R]$	
Ammonium salts of phosphoric acid esters	$\left[\begin{array}{c} O\text{---}R_1 \\ O{=}P\text{---}O\text{---}R_2 \\ O \end{array}\right]^{-} \quad \left[\begin{array}{c} R_1 \\ H_2N \\ R_2 \end{array}\right]^{+}$	
Quaternary polymers of e.g. vinylpyridine	(vinylpyridine structure)	
Quaternary copolymers of e.g. vinylpyridine and vinylpyrrolidone	(vinylpyridine structure)	
Ammonium salts	$\left[\begin{array}{c} R_1 \\ R_4\text{---}N\text{---}R_2 \\ R_3 \end{array}\right]^{+} X^{-}$	Quaternary ammonium compounds, bis(hydrogenated tallow alkyl)dimethyl, chlorides; CAS-No. 61789-80-8
Quaternary ethoxylated amines	$\left[\begin{array}{c} R_1 \\ R_2\text{---}N\text{---}(CH_2CH_2O)_xH \\ R_3 \end{array}\right]^{+} X^{-}$	

Table 6-16: **Main antistatic agents used in functional finishing**

The effects of antistatic agents depend to a great extent on the type of synthetic fibre used.

An antistatic agent for nylon based on urethane oligomer (i.e. polyalkylene polyurethane) is for example a solid compound with CAS-Nr. [260402-75-3]. The proposed finishing include dyeing of the woven fabric of textured yarns, treating with a fixing agent, and subsequent treating with the solution containing 30 g/l of the antistatic product (30% solids). The solution is squeezed to pick-up 60%, and heat-set 1 min at 160C.

446

The treated fabric was washed , dried, treated with a solution containing a fluoropolymer water repellent, a blocked isocyanate crosslinking agent and further a melamine crosslinking agent, squeezed to pick-up 50%, dried, and heat-treated 1 min at 170 C [373].

6.4.10 Antipilling finishing

The pilling tendency of (mainly) synthetic fibres can be diminished by impregnating the fabric (prior to sanding/singeing) with substances forming adhesive films on the surface. These adhesives are, for example, acrylic or vinylic polymers. Roughing of the textile surface to diminish the slippage propensity of the fibres is obtained by applying dispersions of aluminium hydrate. Swelling of the fibre ends occur by spraying an organic solvent on them.

Finishing agents which make the fibre surface slippery will always increase the pilling effect. Softeners, used in private laundering, and silicones belong to this category [17].

6.4.11 Stabilizing against UV radiation and light

The trends in special textile applications such as car production and technical textiles have exposed the limitations of the ageing stability of certain dyed textile fibres. In the case of polyester, polyamide, and wool, ways have now been found to overcome this problem. However, no solutions have been found so far for cotton and polyacrylonitrile. The chemical industry developed new dyes and stabilisers individually applicable in an aqueous medium. Stabilisers encountered in textile finishing differ from those used as plastic additives [141]. More details about stabilisers applied in conjunction with dyes can be found in chapter 5.5.2.

Another field of application for UV absorbers is the improvement of sun protection factors (SPF) of textile products such as swimsuits, hats, and other sports and leisure wear. Scientific investigations of skin protection through textiles, and the improvement thereof, are only recent areas of interest. On the basis of studies made in Australia, the Australian authorities prepared a "sun protection clothing evaluation and classification" (DR 94321) which will be used for labelling on textiles. It was found that in particular fabrics of cotton, silk, polyamide and polyamide/elasthane blends (the latter slightly delustred) provided inadequate skin protection against strong UV radiation, especially in light colours. However, provided these fabrics exhibit good structural tightness, their UV protectiveness can be appreciably improved through the application of UV absorbers. The effect of lowering the permeability toward UV radiations of textile fabrics is also called "UV-cutting" [311]. Water-soluble derivatives of oxalic acid are used to reduce the permeability to UV radiation of woven and knitted cotton fabrics [141; 365].

UV-Absorber	Examples
Water-soluble UV absorbers derived from oxalic acid	R_1 = Sustituted, unsubstituted alkylbenzyl R_2 = H, halide, alkyl, phenylalkyl R_3 = R_2 identical or different A = Direct bond or alkylene linkage r = 0,1,2

Figure 6-15: *Water-soluble UV absorber derived from oxalic acid, used to reduce the permeability to UV radiation of cotton fabrics*

However, some products do not contain sophisticated substances to obtain satisfying UV protection, but rather use semi-permanent softener (see 6.3.2). Classic biodegradable softeners have no influence on UV protection factor (UPF) [349].

6.4.12 Finishing with biocides

Biocides in the textile industry are used to prevent deterioration by insects, fungi, algae and micro-organisms and to impart hygienic finishes for specific applications. Moreover, biocides are added to a wide range of textile preparations in order to increase their storage stability (see further 6.5.6).

Sensitivity of the fibres differs on a case by case basis, but textiles made from natural fibres are generally more susceptible to biodeterioration than synthetic, man-made fibres. Synthetic fibres are hardly ever subject to deterioration by micro-organisms or insects; nevertheless, two polymers are more sensitive than others: Polyvinyl chloride (PVC) and Polyurethanes (PUR), both of which require biocides. Natural man-made fibres, such as rayon, are readily degraded by mildew and bacteria, whereas acetate is more resistant. Animal fibres (keratin: wool, silk) are susceptible to attack by both micro-organisms and insects. Cellulose fibres (cotton, linen...) are susceptible to attack by micro-organisms, but not by insects. Yet, cellulose fibres are more sensitive to rot and mildew than animal fibres.

Treatment with biocides can take place before textile processing (e.g. during storage and transport of the raw fibres) and at various stages of textile processing. Both yarns and fabrics may be treated. Different techniques can be applied according to the fibre used, the end-product, etc.

Fabrics exposed to outdoor conditions and carpets are especially in need of being treated with biocides. Preserved textiles are used for tents, tarpaulins, awnings, blinds, parasols, sails, waterproof clothing, etc. Virtually all textiles used for outdoor applications, except clothing, seem to be preserved with biocides. For indoor applications, mainly woollen articles are of concern as well as shower curtains, and in some instances, mattress ticking. It is actually only for cotton textiles that the primary function of the preservatives is to preserve the fibres themselves.

448

Today, cotton seems mostly (apart from clothing) to be used for garden furniture fabric, whereas it has been replaced by synthetic fibres for other applications. According to the producers of tents, awnings, etc. one of the reasons for this substitution is that the biocides on the market today do not provide the necessary protection for cotton fabrics. Cotton fabrics were formerly preserved with pentachlorophenol (PCP), which is now prohibited in most EU countries [164].

details the main active components in biocides used in textile application, worldwide. The repartition is mainly between silver, copper, organometallic derivatives, phenols, quaternary ammonium derivatives ("Quat´s") and biguanides (guanylguanidin derivatives). Yet, the range of applicable biocides is limited to those used in Europe [348].

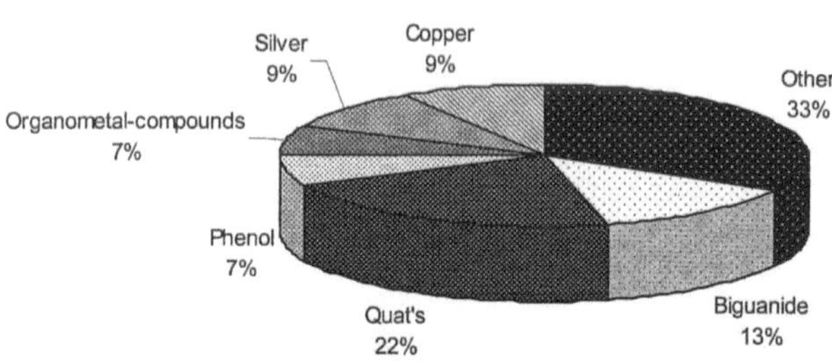

Figure 6-16:   ***Main active components of biocides in textile applications***

Hence, it is convenient to distinguish between protection against micro-organisms (antimicrobial finishing) and protection against damage caused by insects and other pests (mothproofing).

Antimicrobial finishings are applied to textiles in order to prevent deterioration or other negative effects such as odours, lack of hygiene, transmission of contaminations, etc. due to uncontrolled growing of micro-organisms on textiles. The bactericide and fungicide finishes are also called active care treatments. The treatments are mainly applied to fabrics made of cellulose fibres (i.e. cotton and linen). The effects of antimicrobiotic agents can be either active or passive. The agents either interfere immediately with the membrane, the metabolism, or the genome of the micro-organism cell (active), or prohibit the microbiotic colonisation (passive) [323]. Such organic or inorganic antimicrobials are introduced into textiles

- either by "co-extruding" them into man made fibres at the spinning stage;

- or, more flexibly, by coating them via a topical specialty finish onto fabrics and garments [349].

A variety of antimicrobial finishes have now been developed for application on textiles. The agents used mainly for protective wear are, for example [17]:

- copper naphthenate [1338-02-9];

- copper oxychinolate/ copper quinolinolate [10380-28-6];

- cadmium selenide [1306-24-7];

- pentachlorophenol fatty acid ester;

- dimethyldithiocarbamate (e.g. zinc salt [137-30-4];

- dichlorodiphenylmethane (e.g. [2051-90-3], trichlorocarbanilide [101-20-2]);

- tetramethyl thiuramidisulphide;

- salicylanilide [87-17-2];

- pentachloro phenol [87-86-5];

- trialkyltin derivatives (e.g. Tributyltin TBT [56573-85-4]);

- organic mercury derivatives.

Further types of fungicides and bactericides which have the ability to interrupt the usual metabolism of microorganisms and inhibit their growth, thereby imparting antibacterial and antifungal activity to cellulose fibres are [397]:

- metal salts and organometallics;

- iodine and iodophors;

- quaternary ammonium salts;

- formaldehyde and formaldehyde-containing derivatives;

- amines, ureas and guanidines;

- phenols and thiophenols;

- antibiotics.

The durability of the treatment can be improved by adding zirconium salts (mostly zirconium acetate). Moreover, zirconium and chrome salts may improve the weather-proofing of cotton articles [17].

Recently, suitable antimicrobial agents such as quaternary ammonium compounds, were already added during textile dyeing of polymeric fabrics. Dye molecules often contain reactive groups such as sulphonate, amino, and hydroxyl that serve as auxochrome in dyes, but are chemically reactive and potentially useful as linkers for attaching moieties to synthetic fibers. Thus, using these reactive groups as a means of functionalising textile materials was proposed. As an example of this innovative finishing technology, acid dyed nylon i.e. polyamid fabrics were finished in a quaternary ammonium salt solution with CAS-Nr. [50744-87-1], and durable and refreshable antimicrobial functions were conferred on the fibres [390].

For cellulose fibres, preservatives are mainly applied to prevent rot and mildew. They are often applied in the finishing process of the fabrics, where biocides are added together with antistatics, water repellents, dyes, etc. They are applied in aqueous solutions of 0.25 – 1% in baths through which the fabric is transported. 70 – 80 % of the biocides are adsorbed by the fabric. The fixation is very high (up to almost 100 %), if the agents are applied in a bath process where the liquor ratio influences the degree of fixation (e.g. in dyeing baths).

Other typical biocides used in the textile industry are [322]:

- 2,2'-Dihydroxy-5,5'-dichlorodiphenylmethane;

- 2-Phenylphenol [90-43-7];

- quartenary ammonium salts;

- dichlorophene, disodium salt [22232-25-3];

- zinc naphthenate [12001-85-3];

- thiabendazole [148-79-8];

- organo tin derivatives;

- 2,4-Dichlorobenzyl alcohols;

- 2-bromo-2-nitropropane-1,3-diol;

- sodium-o-phenyphenolate [132-27-4];

- alkylated amino functional silicone oil, example [394248-09-0] [388].

Referring to the Textilhilfsmittel-Kataloge 2000 [1] further substance groups can be identified [358; 410]:

Chemical characteristics	Examples of biozide [CAS-No.]
Benzimidazol derivatives (Benzimidazol carbamates Carbendazim)	[17804-35-2]; [14255-88-0]; [3878-19-1]; [10605-21-7]; [27386-64-7]; [62732-91-6]; [
Isothioazolone derivatives	[2682-20-4]; [26172-55-4]; [26530-20-1]; [57063-29-3]; [26530-09-6]; [2682-20-24]; [26172-55-4]; [64359-81-5]; [57373-19-0]; [64359-80-4]; [66159-95-3]
Isothiazolinone derivatives	[2634-33-5]
Organotin derivatives (Tri-, Di, Mono-)	[56573-85-4]; [56-35-9]; [1983-10-4]; [2155-70-6]; [56-36-0]; [688-73-3]TBT, [1461-22-9]; [4342-36-3]; [28801-69-6]; [14275-57-1]; [26239-64-5]; [26354-18-7]
Fatty alkanolamides of undecenoic acid	
Dichlorophen derivatives (2,2´-methylene-bis(4-chlorophenol)-esters)	[97-23-4]
Polyhexamethylenebiguanides	[32289-58-0]
Sodium pyrithione	[1121-31-9]
2-(thiocyanomethylthio)benzothiazole (TCMBT) in combination with o-phenylphenole and copper-8-hydroxyquinoline	TCMBT= 2-(methylthio)benzothiazole [615-22-5]
Quaternary ammonium derivatives	

Table 6-17:   ***Examples of antimicrobiotics***

An example of a wash- and heat-resistant antimicrobial and partly acaricidal product for finishing cotton, wool, polyester and polyamide fabrics comprises the active substance based on benziso-thiazolone CAS-Nr. [2634-33-5] (or preferably in combination with permethrin [52645-53-1]), the solvent 1-methyl-2-pyrrolidone with CAS-Nr [872-50-4], and polyethyleglycol surfactants with CAS-Nr. [25322-68-3] [387].

Many application techniques have been used to impart antibacterial or antimicrobial activity of controlled durability through:

1. fibre reaction and formation of metastble bonds;

2. interaction with thermosetting agents;

3. formation of coordination compounds;

4. ion-exchange method.

All of the aforementioned methods are based on the controlled-released concept. Such release is usually brought about by moisture present in the fibre, or may be induced by air oxidation or pho-tochemical exposure of the treated substrate [397].

Furthermore, so-called bacteriostatical and fungistatical finishes are treatments which deprive the micro-organisms of their living conditions. For this purpose, the cellulose can be acetylated or cyanoximethylated. Yet, more auspicious are treatments based on the incorporation of aminoplas-tics. The growth inhibition simultaneously has a desodourising effect (so-called impedoring).

Textiles which come into consideration for such an anti-microbial treatment are mainly socks, linings, hospital textiles, etc. A variety of sanitising anti-microbial finishes have been developed. In addition to the effective control of bacteria (and maybe yeasts and fungi) such finishes must also be safe for both the consumer and the manufacturer, and durable to repeated laundering.

For example, Magnesium Hydroperoxyacetat and Magnesium Dihydroperoxid are active antimicrobiotic substances used on cotton. A regenerative functionalising of the anti-microbiotic finishing may also be obtained by first applying a preliminary chemical of the active agent Monomethylol-5,5-dimethylhydantoin. The substance may then be activated or regenerated by further chlorine bleaching. Other processes use bifunctional agents to increase the permanence of the applied metallic salts. The permanence of a tin-complex of pyrithion may be obtained by applying it in urea medium, to fix the pyrithion to cotton fibres. A permanence of the finish may also be obtained by spraying a PU-hot melt on the finished textile (see further 6.4.13 Chemicals in Coating and Laminating). Yet, heavy metals and formaldehyde derivatives are being replaced more and more by active ingredients containing polycationic molecules able to anchor the cotton [346].

A new approach for imparting antibacterial activity to cellulose-containing fabrics is the incorporation of certain polyvalent metal salts catalyst and low-viscosity poly(vinyl alcohol) (that does not contain acetyl groups) into easy-care finishing preparation. N-methylol crosslinking agent such as DMDHEU was used for easy-care finishing. Softening agents used to enhance both fabric smoothness and resistance to microbial deterioration were commercial formulations of silicone elastomer, cationic fatty acids condensation products and amphoteric condensation product. It was shown that antibacterial activity can be explained in terms of the ability of poly(ninyl alcohol) (up to 10 g/l) to modify the surface related properties via coating and/or encapsulation (see further 6.6.1), thereby hindering diffusion of microorganisms into the cellulose structure, as well as its ability to form with metal cations complexes that themselves are toxic inhibitors. The results revealed that the enhancement of easy-care properties as well as antibacterial activity imparted to the finished samples were determined by the nature of the metal salt-catalyst and followed the decreasing order: $CuSO4.5H2O > ZnSO4.7H2O > NiSO4 > 3\ CdSO4.8H2O > none$ [397].

An interesting tendency of the last few years is the steadily increased availability of fibres already functionalised during manufacturing (by "co-extruding"). The development of these so-called functionalised fibres is becoming a necessity for the textile industry to increase the added value of products, and respond to the expectations of the consumer. Fibres with antimicrobial performances are only one category of these new types of fibres. Due to the range of applications for the functional fibres the products are characterised with appellations like "smart", "intelligent" or "high-tech" textiles [323].

The initial target markets for antimicrobial fibres were socks and shoe linings and next to the body wear (underwear and sports apparel), mainly in cotton blends. The attributes of these blends were quite simply the promotion of all day freshness, which is substantiated by the ability to prevent the explosive growth of bacteria and fungi within the product. From the initial market development, the technique has moved into home textiles were duvets, pillows, blankets, sheets, and mattress protectors have all been integrated. Further markets are therefore bedding textiles for hospitals, work wear for hospital workers and medical devices. The fibres are available in a cut staple or continuous tow form and can be converted into yarns, fabrics or nonwoven composite structures through the use of conventional equipment. [324].

Presently, the antibacterial and/or antifungal performance of functional synthetic fibres can be achieved through two different methods [323; 346]:

1. coating the fibre with bacteriostatical and /or fungistatical chemicals;

2. incorporation into the fibre structure of well-established bacteriostatic and fungistatical chemicals. This is achieved using modern spinning technology in which stable dispersions of these chemicals are "late-injected" into the polymer stream prior to fibre formation. The resulting fibres contain a reservoir of finely dispersed organic molecules which will continue to diffuse into the fibre surface by a concentration gradient mechanism for the lifetime of the product [324].

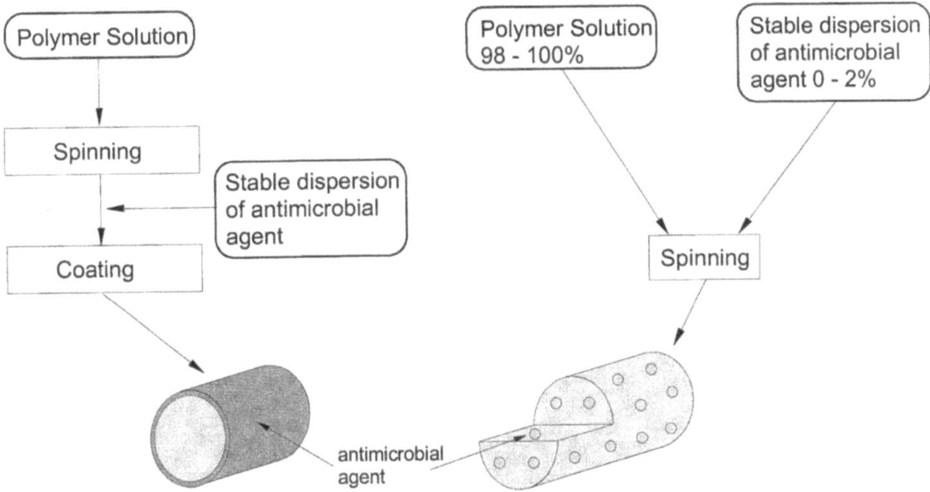

Figure 6-17:   ***Main methods for conditioning functional fibres (antimicrobial fibres)***

Examples of chemical additives which are used as antibacterial/antifungal agents in functionalised fibres are [324; 347; 359; 379]:

*   Triclosan, used to prevent the growth of bacteria (e.g. in Amicor AB®, Rhovyl AS®);

*   Tolnafate, an "over-the-counter" fungistatic agent (e.g. in Amicor AF®);

*   benzyle benzoate, an acaricidic agent (e.g. in Rhovyl AS+®);

*   silver nitrate, an oxidising agent used as biocide (e.g. in Actipore SN®);

However, the active substance has to be present in high concentrations during "co-extruding", compared to conventional application processes.

The efficiency of the treatment depends on a variety of factors and, thus, is only applicable to a few specific fibres. Polypropylene and acrylate fibres are convenient materials for this purpose [346].

The newest technologies apply the anti-microbiotics in the form of microcapsules on the fibre structure. The method is already used for application onto cotton and is based on a foulard process. The microcapsules are covalently bonded to the fibre surface and are thus wash-proofed. The active microbiotic agent diffuses very slowly out of the capsules [347] (see further 6.6.1, for more details on microcapsule chemistry).

An interesting alternative to anti-microbiotic chemicals is the incorporation into the fibre structure of ceramic substrates on which silver ionens are implanted (e.g. Bioactive® from Trevira, Diolen Bactekiller® from Akzo). The mode of action is the permanent fixation of silver ions to ceramic substrates, which are distributed uniformly onto the fibre; thus interfering in the metabolism of the bacteria (cysteine bonds) and denaturing it [325]. The ceramic substrates incorporated into the polyester or polyamid fibres are made of zeolites [379]. Alternatively to zeolite, titansilicate of an even lower particle diameter (< 1 µm) may be used. Alternatively to silver, other metallic cations may be used. Yet, ionic exchange reactions are also used to incorporate zirconium phosphate into polyester fibres. Moreover, a method of transferring the anti-microbial finishing agent via a donor substrate such as dryer sheets and subsequent tumble drying has already been reported. Such a treatment preferably comprises silver ions, particularly as constituents of inorganic metal salts or zeolites [367].

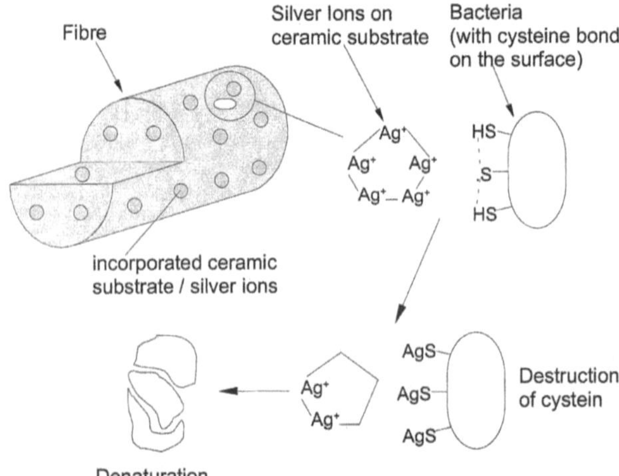

Figure 6-18: **Mode of action of incorporated silver ions/ceramic substrates with anti-microbial effects**

The advantages of these newly developed fibres over conventional coated fibres are impressive. Compared to other systems based on the incorporation of chemicals, even lower allergenic reactions due to migration into the skin are expected.

A process between the finishing and the co-extruding phase is a process in which the active substance is incorporated into the outer layer of the fibre during the colouring process. The amount of active substance needed is lower than that needed for co-extruding and the permanence is said to be five times better [346].

Another approach to reduce bad odours associated with textiles consists of fixing into the fabric smell absorbers or substances which have the capability of binding the organic sweat components which are the precursors of odours via bacterial degradation. Textile bearing cyclodextrines were recently developed for this purpose. The cage-like molecules work like garbage cans for sweat. Incorporated in automotive or upholstery fabrics they can also absorb tobacco smoke or other environmental pollutants [349].

Moreover, chitin derivatives were recently developed to allow antimicrobiotic finishes for wool. Therefore, chitosan – a biopolymeric derivative of chitin – is quaternised to improve its anti-microbiotic capacities. Derivatives such as N-triethylchitosaniodid, N,O-triethylammoniummethyl-Chitosaniodid and chitooligosaccharides were developped; the products show further to good antimicrobiotic effects and a strong binding to wool [355].

A newly patented method describes a process to enhance antibacterial wash and wear properties of cellulosic fabrics using a mixture of metal compounds and natural functional agents such as chitosan. A woven cotton fabric is scoured, bleached, treated with liquid ammoniac to pickup 70%, dried, treated with an aqueous solution containing 3% chitosan powder and 5% ZnO, squeezed to pickup 70%, and dried and cured for 3 min at 145 °C. The fabric is then treated with an aqueous solution containing 3% dihydroxyethyleneurea, squeezed to pickup 70%, dried for 3 min at 110 °C (compare with 6.4.4 Easy-care finishing), mercerized, made into a shirt, and treated with formaldehyde in a gas phase [366].

Moth- and beetleproofing is necessary to protect keratine based fibres (e.g. wool) from deterioration due to insects (moths, beetles, etc). The agents used to combat these insects are contact poisons or products which attack the digestive tract of the insects. The latter method is preferred, as contact poisons may also be active against other creatures. Yet, an agent active against moths is no longer useful against beetles.

Agents which may not longer be used for environmental reasons are general-purpose insecticides such as those based on DDT (dichlorodiphenyltrichloromethane, pentachlorophenole, or dieldrin).

The first mothproofing agents were all based on the modification of Martius yellow (an old colourant for wool) and marked in 1926 under the trade name Eulan® by Bayer. Numerous modifications occurred in order to improve durability and eliminate yellowing. The development of Eulan® products based on sulphonamide lead to the most widely used moth-proofing agent, polychloro-2-(chloromethylsulphonamide)diphenyl ether (PCSD). The advantages of these products are their universal application possibilities: the products can be applied in nearly all wet processes and are characterised by high durability. A new generation of products, introduced due to environmental pressures, are synthetic pyrethroid insecticides, such as permethrin and cypermethrin. Table 6-18 summarises the main moth-proofing agents for wool [17; 266].

Denomination	Commercial name	Comments
Dimethanonaphth[2,3-b]oxirene [60-57-1]	Dieldrin®	General purpose insecticide, no longer used due to environmental reasons.
Martius Yellow 2,4-Dinitro-1-naphthol; Acid Yellow 24; C.I. 10315 [605-69-6]		An old colourant for wool which imparts moth resistant to fabric dyed with it; no longer used industrially.
Chlorokresotinic acid [3687-70-5]	Eulan® RHF (Bayer) DRP 469 094, 1926	First modification of Martius yellow, trade marked under Eulan® in 1926; not waterproof finished.
	Eulan® new (Bayer) DRP 503 256, 1930	Better wet proofing than Eulan® RHF
Benzenesulfonic acid, 2-(bis(3,5-dichloro-2-hydroxyphenyl)methyl)-5-chloro-, monosodium salt [4430-22-2]	Eulan® CN (Bayer)	
	Eulan® FL (Bayer) DP 877 764, 1951	Improved product of the Eulan-series for finishing without yellowing.
	Eulan® NK (Bayer) DRP 506 987, 1930	
	Eulan® BL (Bayer)	Application in organic solvent.
	Eulan® BLN (Bayer) DP 869 137, 1944	Application in organic solvent.
	Eulan® WA conc. (Bayer)	Application in organic solvent.
Sodium 1,4',5'-trichloro-2'-(2,4,5-trichlorophenoxy) methanesulfonanilide [69462-14-2]	Eulan® U 33 (Bayer) DP 890 883, 1953	Sulphonamid based product, applicable universally in all wet processes for highly durable finishes.
	Eulan® WA new (Bayer)	Comparable to Eulan® U33 but less expensive and less durable.
	Mitin FF® (Ciba) Swz.P.215328, 1938 Swz.P.220682, 1940	Application in aqueous solution; mothproffing agent based on urea derivatives make the wool unedible for pests.
	Eulan BLS® (Bayer)	Application with organic solvent.
	Eulan-Asept® (Bayer)	Combined mothproofing and fungistatic effects.
	Gardone® (Shell)	Organo-phosphor derivative.
	Dicaphtone® (AMCY)	Organo-phosphor derivative.
3-trimethoxisylil propyldimethyl octadecyl ammoniumchloride	Sylgard® (Dow Corning)	
Cypermethrin [52315-07-8]		Synthetic pyrethroide derivative.
Cyfluthrin (trans/cis) [68359-37-5]	Eulan SP® (Bayer)	Synthetic pyrethroide derivative.
Permethrin	Mitin BC® (CGY)	Most used synthetic pyrethroide derivative.

Denomination	Commercial name	Comments
[52645-53-1]	Perigen (Wellcome)	
Hexahydro pyrimidin derivative: 4-hydroxy-3,4-pyrazolopyrimidine HHP [315-30-0]	Mitin BC® (CGY)	Biocide active against beetles; often combined with other biocides such as Permethrin, cyflu-thrin, etc.

Table 6-18:   ***Main moth-proofing agents for wool***

6.4.13   Chemicals in coating and laminating

Textile coating agents are products intended to produce firmly adhesive layers on textile fabrics [282]. A variety of substances can be used as coating material, either solvated in organic solvents or dispersed in aqueous solutions, foamed or not. The most common Polymers are [17]:

- polyvinylchlorid/plasticizers (so-called plastisols);

- polyurethanes in aqueous dispersion;

- polyacrylic esters in aqueous dispersion;

- silicone elastomers.

Even today, some articles are still coated using organic solvents. This mode of application necessitates explosion-proofed machines and sophisticated techniques for air exhaust. For economic and environmental reasons, polymers are now applied to textiles in water or as dry powders. Alternatively, low-melting textile fibres can bond other textile fibres [266].

Polymers are rarely applied alone; instead, mixtures are used containing dyestuffs, fillers, stabilisers, etc. which influence the properties of the coating (i.e. so-called textile coating additives). Essential components are chalk and carbon black [17]. Starch and modified starches are also standard constituents to produce stiffening, reduce thermoplasticity, etc., often in combination with polymer dispersions [266]. Further auxiliaries are indispensable to obtain products with specific properties. Textile coating additives also include preparations of vulcanising agents [282].

In the same manner, laminating additives are intended to improve product properties when two or more textile fabrics, etc. are bonded [282].

A list of auxiliaries for technical textiles with TEGEWA nomenclature is given below [266]:

Auxiliaries used alone or as polymer additives

- additives in polymer dispersions;

- additives in polymer powders;

- polymer solutions;

- cross-linking agents;

- nonslip agents;

- hydrophobic agents;

- oleophobic agents;

- flame-proofing agents;

- anti-static agents;

- affinity promoters;

- anti-microbial agents.

Auxiliaries mainly used as additives

- plasticizers;

- thickeners;

- surfactants as emulsifiers, dispersants and foaming agents;

- wetting agents;

- anti-foams;

- light stabilisers;

- pigments;

- carbon black;

- inorganic fillers.

Most of these auxiliaries have already been discussed in previous chapters (especially 4.7, 5.5 and 6.3 to 6.5).

Apart from the water repellents used in classical textile finishing, ammonium stearate is used as a hydrophobic component of polymer dispersion coating pastes. Oil-repellency is most commonly achieved by the presence of perfluoro groups ($\geq$C6) in polymers. They are usually applied as dispersions and are generally used in combination with polymer dispersions which do not contain perfluoroalkyl groups. For example, a thin, oil-repellent polyester is obtained by impregnation (padding process) with a liquor containing a vinyl acetate-ethylene copolymer dispersion (Tg – 18°C) 50%, an oleophobic agent based on a perfluoromethacrylate (tg 47°C, mp 75°C) with a fluorine content 16,5%, a melamine cross-linking agent 50%, and amine hydrochloride as a catalyst. The fabric is dried at 120°C and cured for 3min. at 150°C [266].

Polymers which form brittle films such as homopolymers can be softened by copolymerisation with a monomer which creates a soft film when polymerised (internal plasticisation). Subsequent addition of a plasticiser such as a dialkyl (dibutyl or dioctyl) phthalate or dioctyl sebacate, e.g. to PVC powder or polymer dispersion, is known as external plasticisation. In a similar approach, a monomer with a thickening effect (e.g. acrylic acid) can be incorporated into a polymer. Problems can be caused by migration of the plasticiser/softener [266].

Polymers contain the auxiliaries used in their production. The production of <u>polymer dispersions (latexes)</u> in an aqueous medium normally requires a redox system consisting of peroxides (hydrogen peroxide, organic peroxides) or peroxosulphates, reducing agents (dithionite, bisulphite), polymerisation initiators, and dispersing/emulsifying agents (protective colloids or surfactants) [266].

A typical composition of a polymer dispersion is [266]:

Components	Ratio
Copolymer of monomer I (60%), monomer II (33%), monomer III with dispersive effect (1%) and reactive monomer (6%)	47.0 %
Emulsifier (ionic or non-ionic)	2.0%
Production auxiliaries: reducing/oxidising agents, buffers, pH regulators	0.7 %
Preservative and anti-foam	0.1 %
Residual monomer	0.2 %
Water	50.0 %

Table 6-19:　　　***Typical composition of a polymer dispersion***

<u>Polymer solutions</u> used in the form of aqueous solutions include [266]:

- sizing agents: poly(vinylalcohols), cellulose ethers, starches, polymers and copolymers of acrylic acid (see also 4.3.1 for more details on sizing agents);

- protective colloids for the production of polymer dispersions;

- some dispersants such as maleic anhydride copolymers, surfactants, ethoxylated alkylphenol, ethoxylated fatty alcohol;

- some finishing agents based on polyacrylamide:

- textile print adhesives: poly(vinyl alcohol);

- many thickening agents (see 5.3.4 Chemicals in Printing paste).

<u>Polymer powders</u> used without water offer significant environmental advantages as emissions are minimized compared to aqueous polymer systems. Polymer powders and hot-melts are characterized by their melting behaviour, adhesive properties, resistance to water and solvents, and their adhesive bond strength even when subjected to high temperatures. The polymer powders used as hot melt adhesives provide a strong adhesive bond.

Yet, adhesive bonds are also formed between a plastic film (PVC, polyurethane, polyester) and a textile. Polymer powders are available in various particle sizes from 0 to 500 µm. The polymers with the largest market share in Western Europe as hot melt adhesives are those based on ethylene-vinyl acetate [266].

Suitable products for chosen applications and some practical formulations are provided in the following table:

Application	Practical formulation
Coating for a cotton textile, medium hard handle	75 parts polyacrylate dispersion 45%, Tg ca. 25°C 25 parts water 15 parts titanium dioxide parts pigment 2.5 parts thickeners 30%, viscosity 6000 mPa.s
Soft-elastic coating on woven fabric	As above, with polyacrylate dispersion 50%, Tg –9°C
Impregnation of vertical blind of Trevira CS; stiffening without reduction of flame-retardant properties	500 g/L polyurethane secondary dispersion 35%, Tg ca. –31°C
Coating a fabric for later flocking	100 parts polyacrylate dispersion 45%, Tg-15°C 0.2 parts antifoaming agent 0.8 parts N-methoxymethylmelamine cross-linking agent 50% 4.5 parts thickeners 30% ammonia to adjust pH to 8, viscosity ca. 6000 mPa.s

Table 6-20: **Some coating applications and their typical formulations**

The well-known Gore-Tex® membrane, for example, is a patented composite of two polymers. The first polymer is expanded polyfluoroethylene (ePTFE) which is a film containing nine billion pores per square inch. Each pore in the ePTFE is 20,000 times smaller than a raindrop, but 700 times larger than a molecule of water. The second film in Gore-Tex® is an oleophobic (oil hating) material which blocks contamination by oils and other chemicals to the ePTFE membrane (refer also to finishing with repellents). It is the second material along with lamination to outer fabrics which makes this kind of material unique. Polytetrafluoroethylene is an addition polymer, otherwise known as Teflon. In addition polymerisation, the monomers (in this case tetrafluoroethylene) react in a way in which a long chain of monomers are created through the un-pairing and re-pairing of electrons. The carbon atoms in the tetrafluoroethylene are covalently bonded to one another with the four flourines on the top and the bottom. The people at Gore Inc. take the polytetrafluoroethylene and stretch it out, creating a thin membrane. The waterproof properties of the polytetrafluoroethylene remain, while the material is able to be used in the textile industry [338].

More specific additives in polymer coatings are microcapsules. The application of fragrances, skin softeners, anti-microbial agents, etc. using micro-encapsulation techniques is discussed in more detail in section 6.6.1. Interesting alternative to classical coating technique is a novel kind of plasma treatment, where polymerisation of the synthetic fibre surface prior to coating or laminating greathly improved the stability of the composite (see further 6.6.2).

6.5   Other finishing chemicals

6.5.1   Antifoams

The increased rate of machine operation and material transport in modern textile mills implies an enormous expenditure of mechanical energy. Foam formation must be anticipated in any operation in which air is permitted to enter the treatment baths. Three general approaches have been proposed for solving the textile industry's foam problems:

1. mechanical-technological solutions;

2. introduction of foam inhibitors;

3. use of low-foaming surfactants in the formulation of textile auxiliaries.

In most cases, a combination of measures is required [330].

Anti-foaming agents (foam inhibitors) are multi-purpose textile auxiliary products, such as phosphoric acid esters, emulsified fats and oils, high molecular alcohols, as well as silicon and fluorine derivatives [282]. Antifoaming agents are used in pretreatment as well as in dye baths (esp. in jets), finishing liquors, and printing pastes. Antifoaming effects can be reached by products which are insoluble in water and have a low surface tension. They displace foam producing surfactants from the air/water boundary layer.

More specially, the preferred method of foam control in pretreatment processes relies on phosphate esters of alcohols containing four to eight carbon atoms (e.g. tributyl phosphate). These esters are stable in solutions containing high concentrations of alkali and electrolytes. Mixed ether formulations represent one modern solution to foam problems, especially in bleach baths. Dyeworks are the largest consumers of foam-control agents in the textile industry and dyers often utilize special silicone antifoaming agents [330].

Antifoaming agents are often based on mineral oils (hydrocarbons). Typical active ingredients of alternative products are silicones, phosphoric acid esters (esp. tributylphosphates), fatty acid compounds, high molecular alcohols, fluorine derivatives, and mixtures of these components.Minimisation of hydrocarbons in the effluent as well as a reduction of the VOC content in the off-gas are the main reasons to substitute mineral oils containing antifoaming agents.

If alternative products are used, hydrocarbon content in wastewater- often limited in national/regional regulations - is minimised. Specific COD of the alternative products is lower compared to hydrocarbon-containing products; the alternative products can have a high bioelimination rate. For example, a product with a chemistry based on triglycerides of higher fatty acids and fatty alcohol ethoxylates (COD: 1245 mg/l; BOD5: 840 mg/l) is eliminated in biological wastewater treatment to an amount of more than 90 % (determined in the modified Zahn-Wellens-Test according to OECD 302 B). Furthermore organic-carbon content (VOC) caused by carry-over of the antifoaming agents into thermal processes (esp. drying after dyeing, heatsetting and finishing) is reduced.The alternative products can be applied similar to conventional products. Effectiveness has to be regarded. If antifoaming agents based on silicones are used operational reliability (danger of silicone spots on the textile and silicone precipitates in the machinery) should be regarded.

It has to be taken into account that silicones are eliminated only by abiotic processes in wastewater and tributylphosphates are smell intensive and strongly irritant. Also high molecular alcohols are very smell intensive and can therefore not be used in hot liquors. Achieving certain concentrations, silicone oils may reduce oxygen input in activated sludge plants for wastewater treatment. The alternative antifoaming agents are in use in German finishing mills and world-wide as well. There are various suppliers for these products. The products can be used similar to conventional products. If silicone products are used normally, due to the high effectiveness of these products, the required quantity can be reduced to a considerable amount. Prices of mineral oil free products are similar to conventional products [273].

Nowadays, antifoamers are added in nearly all mechanical processes in such great amount that a verification of they usefulness and effectiveness would be preferable in order to limite their uncontrolled and growing consumption. Sustainable environmental protection in form of resource savings and economic savings would be the welcome result.

6.5.2 Fillers

Inorganic fillers are used in considerable quantities in combination with polymer dispersions, especially for technical textiles [266] (see further 5.4.4):

Fillers for polymer dispersions	Properties
carbon black (aqueous dispersion)	black pigment, e.g. for black-out coating antistatic agent for carpet backing
Graphite	antistatic agent
Calcium carbonate (chalk)	filler for flat and foamed coatings for carpet backings
Aluminium hydroxide	flame-resistant component
Kaolin	filler with a soft filled structure
Sand (fine)	for coating glass textiles
Barium sulphate	to make a heavily-weighted textile

Table 6-21: **Fillers for polymer dispersions**

6.5.3 Surfactants

Surfactants have a wide range of uses; especially for finishing technical textiles (see also 4.4.2):

- emulsification, dispersing, dissolution;

- increasing the mechanical stability (shear stability) of liquid products, and preventing deposition on rollers;

- improvement of the spraying properties of auxiliaries;

- improvement of the stability of auxiliaries towards salts;

- increasing the amount of filler which can be incorporated in a liquid product;

- improvement of dyeing yield;

- production of foamable products;

- wetting of particles or textiles and improvement of penetration;

- increasing hydrophilicity and water absorption capacity.

Surfactants can affect the volatility of water vapour and the reduction of the hydrophobicity and oleophobicity of coatings and the strength of adhesive bonds between the textiles and coatings [266]. Yet, surfactants are ubiquitous as textile auxiliaries. Due to a variety of applications, two main groups of surfactants should to be differentiated. Some surfactants are applied as textile auxiliaries that are removed completely from textile fibre after use. The other types of surfactants are those which remain partially or permanently on the fibre surface. Examples of this class are anti-static agents, softening agents, hydrophiling, and hydrophobing agents [350].

6.5.4 Polymers

The terms polymer dispersion and latex describe the same form of a polymer, i.e. finely dispersed water-insoluble polymer particles in water produced by means of dispersants (emulsifiers, protective colloids). Dispersed polymers are particularly suitable for textile applications. The terms "emulsion", derived from emulsion polymerisation and "resin" are also used. Typical polymer emulsions include the silicone emulsions used to give textiles hydrophobic properties [266]

Polymer dispersions can be produced by radical polymerisation. The ultimate properties of the textile are closely linked with the polymersiable monomers "concealed" in the polymer. The fundamental properties of the polymers can be improved by including reactive (functional) monomers in the polymer chain such that the reactivity of the reactive groups are still present and utilisable. Permanence properties (wet and strength and stability towards water, washing processes, solvents, and dry cleaning) are improved by copolymerisation with the reactive monomer N-hydroxymethyacrylamide (NHMAM) (N-methylolacrylamide, NMAM). Other commonly used reactive groups include the epoxy group of glycidyl methacrylate and the hydroxyl group of hydroxyethyl acrylate [266] (see also 6.4.13).

Cross-linking of the polymers applied onto the textile is necessary, especially for application in the technical sector. Cross-linking of the polymer can be produced by two methods:

1. externally, by the addition of a cross-linking agent to the polymer;

2. internally, by means of a cross-linking component copolymerised into the polymers (self-cross-linking).

Melamine cross-linking agents (e.g. N-hydroxymethylmelamine, partially or fully etherified) are preferably used with polymer dispersions. When melamines are added to polymer dispersions, they give improved resistance to water, washing, reduced shrinkage, etc. Alone, it has a flame retardant effect due to the nitrogen content. The cross-linking agents used in resin finishes for classical textiles (see 6.4.4 and 6.4.5) are also used [266].

6.5.5   Stain blockers / soil repellents / soil release agents

Protective antistain and –soil chemicals are often applied during the commercial production of carpet or carpet tiles. The procedure is usually in two steps: a stainblocker application followed by a treatment with a fluorocarbon [354]. Soil repellents are polysiloxane derivatives, alkane sulphonates, fluorocarbon resins, polyisocyanates, isoparaffin, polyurethanes, and mixtures of them [1]. Soil release agents are mainly made of polyurethane derivatives, ethoxylated carbon acid derivatives, fluorocarbon resins, polyacrylates, alkan sulphonates and mixtures of these substances [1].

See further 6.4.6.

6.5.6   Biocides

Biocidal products are used in the textile industry for three main purposes:

1. to improve the <u>storage stability</u> of aqueous raw materials and auxiliaries as well as liquors by preventing microbal material destruction. The preservation of manufactured products in cans, tanks or other closed containers by controlling microbial deterioration to ensure their shelf life. In many cases, the same substance is also the active substance which preserves the film from mould, mildew, and algae growth. This kind of substance can be found in products used in the overall textile chain;

2. to preserve fibrous material from microbiological deterioration. For cellulose fibres (wool, cotton), <u>preservatives</u> are mainly applied to prevent rot and mildew. Moreover, the products, applied mostly for permanent finishing, reduce further the risk of propagation of undesired germs and prevent odours produced by micro-organism activity (see section 6.4.13);

3. to protect keratin-containing textiles from damage caused by insect pests (moths, carpet beetles, etc). The products can be applied to the textile material either immediately after harvesting and fibre preparation or during finishing processes (so-called <u>moth-proofing</u>) (see section 6.4.12).

Products of the first group, used for storage stability, can be classified referring to [322]:

In-can preservatives are used to prevent for example pH-reduction, loss of viscosity, evolution of gas, coagulation, foul smell (biological degradation), colour changes, breaking of emulsion, or colonies on surface.

There is a potential overlap with product types used as film preservatives or as fibre, leather, rubber, and polymerised material preservatives for products stored in cans and applied in films, such as paints, coatings and glues. Another area of overlap can be the use of lubricants.

The relevant sub-groups for in-can preservatives are:

* washing and cleaning fluids (professional use), human hygienic products (professional and non-professional use);

* detergents (professional and non-professional use);

- paints and coatings (see film preservatives), (professional and non-professional use);

- fluids used in paper, textile and leather production (see film preservatives and fibre, leather, rubber, and polymerised material preservation), (professional use);

- lubricants (in metal working fluid), (professional use).

In-can preservatives are e.g. [322; 410]:

- etheric oils (for example, thyme oil, rose oil);

- alcohols (for example, benzyl alcohol, bronopol);

- carbonacidesters, -amides (for example, 4-hydroxybenzoeacidester, chloracetamide);

- carbamidacid derivates (for example, 3-iod-2-propinyl-buthylcarbamate);

- dibromdicyanobutane;

- formaldehyde;

- slow-release formaldehydes (for example, n-formale, o-formale);

- isothiazol derivates (for example, methylisothiazolinone): chlorinated and non-chlorinated isothiazolinone derivatives, partly formaldehyde donors are added – typically approx. 15 ppm for chlorinated actives and 50-100 ppm for non-chlorinated actives are added;

- mercaptobenzthiazoles;

- organic acid;

- phenol derivates (for example, 3-methyl-4-chloro-phenole);

- chlorinated cresol derivatives i.e. chlorocresols [1321-10-4] (for example 4-Chloro-3-methylphenol [59-50-7]);

- sodium benzoate [532-32-1];

- potassium sorbate [590-00-1];

- Sodium ortho-phenylphenate [132-27-4];

- 2-Bromo-2-nitropropane-1,3-diol [52-51-7];

- quaternary ammonium salts (for example, benzalkoniumchloride Parasterol [8001-54-5]).

For product types used in washing and cleaning fluids, a very heterogeneous range of products is applied. Please refer to [322] for more details.

Phosphates, such as Diethylentriaminpenta-methylenphonacids (DTPMP), are used to stabilise alkalic hydrogen peroxide solutions. In acidic detergents, citric-, glycolic-, and lactic acids are used. In detergents, the use of mono- and triisopropylammonium-ethersulphates is a relatively new development.

The relevant sub-groups for film preservatives are:

- paints and coatings (see in-can preservatives), (professional and non-professional use);

- plastics (see fibre, leather, rubber, and polymerised material preservation), (professional use);

- glues and adhesives (professional and non-professional use);

- fluids used in paper, textile and leather production (see in can preservatives and fibre, leather, rubber, and polymerised material preservation), (professional use).

The main film preservatives (**zinc pyrithione and iodopropynyl butyl carbamate (IPBC)**) are used in all sub-groups indicated above.

Dry film preservatives which protect the surface coating from mould, mildew, and algae growth are typically fungicides. The dominant fungal species can vary with environment, climate, and condition of the applied film. Optimum fungal growth conditions include a humid environment, a neutral to acidic environment with an organic food source. On the other hand, algae growth requires high humidity, a neutral to alkaline environment, and light, to allow for photosynthetic processes. Most fungicides used as dry film preservatives are not good algaecides. One dry film fungicide particularly suited to both fungal and algae protection is **zinc pyrithione.**

Zinc pyrithione, although still relatively new to the industry, has been well-received as both a fungicide and algaecide. During the last 10 years, the industry has not had many choices of new dry-film preservatives. However, zinc pyrithione is actually not a new fungicide -- it has been used for more than 30 years as the fungicide in anti-dandruff shampoos and similar personal care products.

Zinc pyrithione is also known as zinc 2-pyridinethiol-n-oxide. It has a water solubility of 8 ppm at neutral pH. This low solubility makes the zinc pyrithione suitable for use in outdoor products that require protection against micro organisms.

UV degradation of zinc pyrithione in a film is gradual, and therefore, efficacy in direct sunlight can be expected for years. Its stability at high temperatures is also very good -- zinc pyrithione can withstand temperatures of 100°C for at least 120 hours, with a decomposition temperature of 240°C. Another concern for fungicides is alkaline stability.

Because pyrithione is an excellent chelating agent, zinc pyrithione cannot be used in applications which rely on metal carboxalates for film curing. The metal, particularly cobalt, will trans-chelate with the zinc and lose the ability to catalyze the film curing. Also, if the water supply contains high concentrations of soluble iron, a sequestering agent should be used to chelate with the iron.

Zinc pyrithione is used, among other uses, for fungal protection of carpet backing, for applications such as dry-film preservation of architectural and industrial paints and coatings, as well as for adhesives, etc.

Iodopropynyl butyl carbamate (IPBC) is an industrial fungicide used in textiles, as well as plastic product applications, to prevent dry film fungal growth. In coating applications, 0,3 – 0,5 % of Iodopropynyl butyl carbamate (IPBC) (active material), in relation to the weight of the total formulation, will protect against mildew growth.

Biocides in the textile industry are used to prevent deterioration by insects, fungi, algae and micro-organisms, and to impart hygienic finishes for specific applications. Sensitivity of the fibres differs on a case by case basis, but textiles made from natural fibres are generally more susceptible to biodeterioration than synthetic man-made fibres (Hamlyn, 1990). Synthetic fibres are hardly ever subject to deterioration by micro-organisms or insects; nevertheless, two polymers are more sensitive than others: Polyvinyl chloride (PVC) and Polyurethanes (PUR) for which both biocides are added. Natural man-made fibres, such as rayon, are readily degraded by mildew and bacteria whereas acetate is more resistant. Animal fibres (keratin, wool, silk) are susceptible to attack by both micro-organisms and insects. Cellulose fibres (cotton, linen...) are susceptible to attack by micro-organisms, but not by insects (Van der Poel, 1999). Yet, cellulose fibres are more sensitive to rot and mildew than animal fibres. The treatment with biocides can take place before textile processing (e.g. during storage and transport of the raw fibres) and at various stages of textile processing. The treatment can be applied to at the yarn phase or to the fabric. Different techniques can be applied according to the fibre used, the end-product, etc. Fabrics exposed to outdoor conditions and fabrics such as carpets especially require treatment with biocides.

6.5.7 Agents and additives to promote bonding of fibres and threads

These products are used to achieve the mutual adhesion of fibres and threads, or to increase adhesion. The fibres or threads are thus combined into a system (e.g., in blends, etc.). The products used for this purpose, also called "binders", are solutions and dispersions as well as solids. They are high molecular, natural, or synthetic compounds based on, for example, acrylic acid esters, acrylonitrile, ethylene, butadiene, chloroprene, propylene, styrene, vinyl chloride, vinylidene chloride, vinyl acetate, latex, or starch derivatives. Additives which can be added to these active agents are intended to improve the processing properties and to modify the properties of the bonded system [282]. With regard to their chemical constitution, these additives cover a very broad range (e.g. softeners, UV stabilisers, etc.), (please consult sections 6.3 and 6.4 for more details on chemicals which may be involved).

6.6 Intelligent textiles

Intelligent textiles represent a variety of different types of fabrics and garments. Their so-called intelligence arises from the incorporation of particular components into the fabric. The components may be:

- electronic devices;

- specially constructed polymers;

- some types of colourants, or other chemical substances which may improve functionality [331].

However, the innovative functions which an intelligent textile (also called "smart textile") may acquire are often obtained through a combination of special materials and modern textile processing [341].

Whatever their role, intelligent textiles can either alter their nature in response to external factors or confer additional benefits to their users; they are thought to be "materials that think for themselves".

The applications of intelligent textiles will be extraordinarily wide ranging: for example, for biomedical applications, for protective clothing, for sports and leisure activities, for fashion, etc. Their use is almost certain to expand to construction materials, geotextile materials and engineering textiles [331].

6.6.1 Finishing with microcapsules

Reviewing the various types of intelligent textiles, the major concept for functionalising textiles which can be retained is the use of micro-encapsules, either or alone or combined with laminating and coating processes (see also 6.4.13 Chemicals in coating and laminating), or with printing, dyeing, or finishing processes (see 5.2, 5.3 and 6.4).

Micro-encapsulation is a micro-packaging technique which traditionally involved the deposition of thin polymer coatings on small particles of solids, droplets of liquids or dispersions of solids in liquids. The ingredients to be encapsulated are referred to as core, internal phase, active, encapsulate, payload, or fill; whereas terms applied to the coating of the micro-capsules include wall, shell, external phase, or membrane. The technique was primarily established as the basis for the carbonless copy paper industry and is now used widely in a number of industries [339; 340; 379]. Research aiming at incorporating cosmetic compositions into textiles started to intensify in the late 80s [349]. One of the early important patents in Europe was described as "an invention relating of microcapsules encapsulating a substance having a function to improve physiological conditions of human skin ...; treating liquids containing such microcapsules; and textile structures treated with such a treating liquid ent, micro-capsules contained on textiles are typically prepared according to [349]:

1. encapsulation of a cosmetic of medical formulation, preferably by in-situ or interfacial polymerisation of a urea-formaldehyde resin;

2. fabric treatment with a "water repellent" to minimize its subsequent stiffening because due to binder penetration;

3. application of microcapsules with a binder, preferably silicone or polyurethane based, from an aqueous dispersion;

4. drying or heat setting.

In more general terms, micro- or sub-micrometer dimensioned hollow bodies may be created similar to natural ones (e.g. Golgi vesicle). The simplest forms are those in which the walls are single-layered. The manufacturing principle is as follows: a finely dispersed solid is suspended in a polymeric solution; drops are then formed and further hardened. The wall is thus the continued phase of the particle and the solid is embedded in a polymeric material, forming a continuous matrix. In fact, there are over 50 different known wall materials; both natural and synthetic polymers can be used to form micro-capsules. These include the natural polymers gelatine, gum arabicum, carrageenan and alginate, and synthetic polymers such as ethylcellulose. The finished capsules can be modified by cross-linking further depositions of layers of wall material, dyeing, waxing, and grafting. The range of commercial micro-encapsulation techniques fall into six distinct categories [379]:

1. Spray coating methods		
Processes	**Principles**	**Chemicals**
Pan coating Fluid-bed coating Wurster air suspension coating (Coating Place)	Batch processes where fine particles are encapsulated, as they are suspended in an upwards-moving air stream. The coating solution is sprayed on the particles, the wall materials harden onto the particles.	Wall materials used are e.g. sugars, gums, cellulose derivatives, and other materials such as chitosan.

2. Wall deposition from solution		
Processes	**Principles**	**Chemicals**
Complex coaservation (Eurand) Organic phase-separation coaservation (Eurand) Hydroxypropylcellulose encapsulation (Mead) Urea-formaldehyde encapsulation (3M)	The process of complex coaservation (i.e. involving more than one colloid) consists of four separate stages, each stage is carried out under continuous agitation. First, the core material is dispersed within the wall material, which is in liquid form. Three immiscible chemical phases are than formed by changes in pH, temperature, ionic strength, or the addition of a non-solvent or an incompatible polymer. The coating material is then deposited on the core materials by means of further physical influences. The liquid polymer on the surface of the core is finally hardened by cross-linking, thermal curing, or desolvatation.	The technique can be used to encapsulate water-soluble and water-insoluble liquids, solids, or dispersions - e.g. gelatine in gelatine/gum arabicum. For more detailed examples see text below.

3. Interfacial reaction		
Processes	**Principles**	**Chemicals**
Interfacial polycondensation (Pennwalt, Moore) Isocyanate process (Stauffer) Parylene free radical condensation (Union Carbide) Alginate polyelectrolyte membranes (Damon) Direct olefin polymerisation (National Lead) Surfactant crosslinking (Champion) Clay-hydroxy complex walls (Ryan) Protein crosslinking (Frippak)	An active agent (e.g. pesticide) is dispersed in an organic diacid chloride by mechanical agitation in water. The emulsion formed is stabilised using a surface-active agent. Once the appropriate droplet size is achieved, an aqueous solution of a diamine is added. Isocyanates are often added to increase hardening of the capsules by crosslinking the wall material. The capsules can be dried, although formulation into stable liquid suspensions by adding appropriate thickening or suspending agents is more common. The active agent is released by simple diffusion or by passage through microscopic pores.	The walls are formed by reaction of organic diacid chloride and a diamine. Hardening can be increased by the addition of isocyanates. The core includes the active agent as well as surface-active agents. Additives such as UV absorbers and antioxidants that are soluble within the oil phase and do not interact with the building blocks of the wall material may also be included within the capsules. Formulation additives can be thickeners, or suspending agents (emulsifiers). For more detailed examples see text below.

4. Physical processes

Processes	Principles	Chemicals
Vacuum metallisation Annular-jet encapsulation (SWRI, 3M) Liquid membranes (Exxon) Gas-filled capsules (Materials Technology) Fast-contact process (Washington University)	These processes involve nozzle devices. E.g. a fluid core material is pumped through a central tube while liquefied wall material is pumped through a surrounding annular space. The extruded rod of material then breaks up into droplets. Hardening takes place during passage through a heat-exchanger. The immiscible carrier fluid is subsequently filtered, reheated and recycled.	Fluid core material Liquefied wall material Immiscible carrier fluid, solvent, or air

5. Matrix solidification

Processes	Principles	Chemicals
Spray drying Spray cooling Emulsified-melt solidification Solvent evaporation (Fuji, Southern RI) Starch–based processes (USDA) Nanoparticle formation (Speiser, Krauter) Cellulose acetate particles (Moleculon)	A combined solution of core and wall material is atomised using spray techniques. Hardening is obtained by evaporation of water or other solvents, or by cooling if wall materials are made of fat or wax. Air stream carries the solid capsules along until separation takes place in a cyclone. Further cleaning may be necessary involving filtration, scrubbing, or incineration.	The solution of the core/wall materials can contain water or other solvents. The wall materials can be, for example, a melt of fat or wax, although other materials are also possible.

6. Naturally occurring pre-formed capsules		
Processes	**Principles**	**Chemicals**
Encapsulation of fat-soluble materials using yeast, filamentous fungi or protozoa (J. L. Shank, USP 4001480, 1997)	Some micro-organisms (especially yeast) have the property of accumulating fat within their cells when growing on specific media (up to 40-60% fat by weight). Proteolitic enzymes could be added to aid release by softening the capsules. Hardening can be obtained by cross linking of the cell wall material using formaldehyde or glutaraldehyde.	Examples of yeasts are *Torulopsis lipofera, Endomyces vernalis, and Saccharomyces cerevisiae.* Fat-soluble substances which can be incorporated are dyes, lubricants, flavours, aroma compounds, and adhesives. Cross linking agents and softening enzymes are further additives of the processes.
Encapsulation of dyes using lipid-extending substances and yeast (Dunlop)	Yeast with more natural fat content (i.e. less than 40%) are used to encapsulate core material such as dye. The dye must be soluble or freely dispersible within a so-called lipid-extending substance to be absorbed by the yeast, as a component of the core material.	Lipid-extending substances such as e.g. aliphatic alcohols C_4-C_5 have been employed to prepare cells containing leuco dye (cf. preparation of carbonless copy paper [343]).
Refined Dunlop process (AD2, Birmingham)	Yeast containing low levels of fat (less than 10%) can be used as microcapsules without so-called lipid-extending substances. Yeast cells incubate at elevated temperature in small volumes of solution or dispersion of core material. The core material is able to diffuse across the yeast cell wall. It has been proposed that an unknown natural surfactant present in the yeast aids the encapsulation process. The products can remain as a suspension or dried. The contents of the capsules are released by simple diffusion or by subjecting the cell walls to physical pressure, or chemical or microbial attack.	The solvent used is usually water, but other solvents such as ethanol or isopropanol can also be used. Treatments of wall material by proteolytic enzymes or chemicals such as sodium hydroxide or magnesium salts increase the permeability of the cells. The list of possible core materials is almost endless but includes flavours and fragrances, pheromones, insecticides, dyes, vitamins, drugs, detergents, rodenticides, nematocides, insect repellents, herbicides, fungicides, molluscicides, insect and plant growth regulators, as well as food colorants.

Table 6-22:   ***Commercial micro-encapsulation techniques***

Different encapsulating processes for textile purposes are possible, depending what kind of particle properties are needed [346]:

- spray drying (perfum oils in gum arabic);

- hardened emulsion (core: enzyme; wall: polystyrol, ethyl cellulose, silicone);

- building of liposomes (phospholipid vesicles);

- complex coaservation (gelatine and gum arabic), i.e. the core material is emulgated in a gelatine/gum arabicum solution which further partially precipitate (coaservate formed by pH influence) and orient themselves around the core particles. The hardening of the gelatine/gum arabicum walls occurs by decreasing the temperature (gelatinising) and adding formaldehyde or glutaraldehyde (see further [340; 339]);

- surface polymerisation (carbonic acid chloride and amine or alcohol; polyester, polyurea, polyurethane), for example, the formation of polyurea capsules made of polyisocyanates, occurs immediately after the addition of a cross-linking agent based on polyamine. The polyisocyanate dispersed in oil drops reacts on its surface with the cross-linking agents to form polyurea wall material (see for more details on isocyanate and amine used [339; 340]);

- self organisation, a deposition in layers of polyelectrolytes (e.g. sodium polystryrol sulphonate and cationic polyelectrolyte) on a supporting substrate. Layers of 10 to 100 μm are prepared and further dissolution of the substrate may transform the coated particles in hollow balls ($\cong$ 4 μm) (e.g. melamine-formaldehyde core can be dissolved in acidic solution of pH < 1.6). The diffusion of the core particles (of nearly 1 nm) proves that the formed membrane is permeable. A core made of polystryrol latex can be destroyed by heat;

- if smaller particles are wished, block copolymers are synthesised and further arranged into polymer micelles. Polymeric micelles having a diameter ranging from 10 to 100 nm are made of polyisopren and polystyrol as core material and polyacrylic acid and poly(tertbutylacrylate) walls. The envelope remains semi permeable, even after cross-linking.

The aim of the encapsulation process is to isolate the core material from the environment. However, a release of the material must occur during use. Most particle walls can be destroy through application of pressure or gravitational force; others by the action of solvents, enzymes, chemical reactions, hydrolysis, or slow abrasion. The mechanism of controlled release replaces the process of repeated metering of non-capsulated systems, and thus decreases their toxicity potential by avoiding high starting concentrations.

The microcapsules used in the textile industry are typically of diameters ranging from 2 to 2000 μm and have wall thicknesses of 0.5 to 150 μm. The proportion of core material in the capsule is usually between 20 and 95% per mass; however, there may be applications where lower levels of encapsulant are desired. Microcapsules are generally manufactured in the form of a free-flowing powder, although some commercial preparations are suspensions or even solid cakes or bricks of material [379].

The capsules are used, for example, in colouring (dyeing and printing) processes and for hygienic, deodourising, and medical purposes. Encapsulated perfumes are especially used for application on non-woven fibres; however, application of embedded biocides on textile products such as underwear, socks, and sport wear, etc. are also common today (see further 6.4.12) [346]. Other applications include dyes, vitamins, skin softeners, phase change materials, etc. [337].

Application fields	Examples
Dyeing and printing textiles	microcapsulated dyes and pigments, duplex multicoloured fabric, transfer printing, electrical colouring, etc.
Hygienic, deodorant, and medical uses	fragrance, insect repelling, cleaning, antimicrobiotic, cosmetic, aromatherapy, flame-retarding, etc.
Textile processing	delayed-cure systems for easy-care finishing, systems for high-secure handling, formation of functionalised fibres, etc.
New application fields	bioreactor systems, colour-changing effects, functionalised hosiery, military applications, etc.

Table 6-23: ***Main textile applications of microencapsulation***

The use of encapsulated dyes in <u>dyeing or printing processes</u> presents several advantages. Classical *transfer printing* is usually limited to the use of dyes able to volatise at temperature lower than the melting point of the textile. This restriction can be surmounted by encapsulated dyes able to be released by pressure or chemical action can be a solution to surmount this restriction. The application field is especially interesting when printing with transfers on polyester and polyamides. Another application field of encapsulated dyes in the dyeing process is to obtain *multicoloured specks effects on textiles*. Disperse dyes encapsulated in methylcellulose are marked for dyeing polyester (e.g. Fine Colour N Type, Matsui Shikiso Chemical Co.). Other disperse dyestuffs are encapsulated in gelatine, pectin, agar, methylcellulose, acrylic or maleic acid. Multicoloured effects can be obtained on polyester, cotton, acrylics, polyamide, and wool (e.g. MCP HP Dyestuffs, Hayashi Chemical Co.). Colour specks of 50-3000 µm in diameter are obtained. For dyeing textiles using an aqueous method, the capsule walls must be hydrophilic, thickening agents are required to control dye diffusion through capsule walls. The capsules containing disperse dye are 10-200 µm in diameter and can be ruptured on steaming. On preparing a dye liquor a suitable carrier must also be added, dye and carrier do not come into contact. Yet, *rotary-screen printing* was also adapted for encapsulated dyes, by increasing the mesh of the screen. Moreover, filtering the encapsulated dyes and further addition of thickener in the paste is recommended. Although basic and acid microencapsulated dyes are available, these types can so far only be used to produce small multicoloured specks by single-phase printing. Textile fabrics with dual surfaces of different colour tones can also be produced using microencapsulated printing technique (i.e. duplex multicoloured fabric, on both sides) [379].

A technique ensuring good dyeing characteristics on different fibres with little migration of colorant and producing a wash and rubbing fast finish is the technology described by Rotring-Werke Riepe KG, Germany. The microencapsulation process is not affected by the nature of the colorant, provided substantial insolubility and particle size of less than 1 µm. The colorant is dispersed in a solvent (10 –200 g/l, in e.g. methylene chloride) by adding a wetting agent consisting of an anionic surfactant (e.g. ethoxylated alcohols, sorbitan derivatives or naturally occurring compounds such as lecithin). A polymeric film or non-film former with limited solubility to water is added to the mixture. After emulsification and further evaporation of the solvent and part of the water, the microcapsules have wall constructed from polymers such as styrene/maleic anhydride copolymers or epoxy resins such as those of the bisphenol-A-glycidyl ether type with a catalytic curing agent of the modified aliphatic amine type. On application on textile, the colorant is released by melting the capsule walls.

Undesired migration of the dye in textile processing can also by combated by mixing microcapsules containing dye, with other containing *fastness-improving agent*. Dyes are encapsulated at 30% (by mass) of the polymeric wall material and fastness agents (e.g. sodium carbonate) with 60% (by mass) achieve best results. The wall materials used include methylcellulose, polyacrylamide, and carboxymethylcellulose (Fuji Photo Film Co.). The capsules (20-200 µm diameter) are ruptured on heating, releasing dye or fastness agent. A different approach to the problem is the in situ preparation of microcapsules during screen printing and other colouration process. For this, Milliken Research Co. developed a method where the textile material is first pretreated with an aqueous solution containing a skin-forming ionic component. Examples of such components are anionic ones like anionic bipolysaccharides, poly(acrylic acid) and anionic acrylic copolymers. Cationic ones can be polyacrylamide copolymers. The application amounts of the ionic polymer are 0.5-5.0 % by mass. The textile material may be then dried and the dye liquor made of acid, disperse or direct dyes added. Additive of the liquor is an ionic component of opposite charge to the primary treatment. A water-insoluble dye-impermeable skin around the individual dye droplets is thus formed by ionic interaction. Thereby, unwanted migration of the dye is controlled. The process can be used to pattern dye on a whole range of material such as natural and synthetic ones. It can also be incorporated into jet-injection printing. Release of the dye is controlled by application of steam, thus melting the capsule walls [379].

Printing on textile using electric fields can be performed using dyes particles encapsulated in a wall material having dielectric properties. Dispersing agents and solvents are not usually required but can be co-encapsulated with the dielectric liquid if required. Suitable wall materials include vinyl resins such as polyacrylate and polyacrylamide, polyester resins and polyamide resins. Numerous dye types can be used for printing on knitted or nonwoven materials made of wool, polyester, regenerated cellulose, cotton, etc. The dye carrier liquid can be water, alcohols such as methanol, ethanol or propanol, or ethylene alcohols. Rupturing of the capsules (less than 50 µm diameter) is achieved by means of pressure, heat, or appropriate solvents. The advantage of method is that no further addition of rigid resin binder is necessary to ensure fixing of the dye on textile [379].

The 3M Company has developed a *novel transfer printing technique* using microcapsulated system which can release colourant by simply rubbing of the transfer paper onto the target textile material. Up to 50% of the colorant is bound to the exterior surface of the microcapsule, to enable a small time delay between rupturing of the capsules and colouring. A wetting agent enables the colourant to be carried from the material containing the bound microcapsules. The hydrophobic inner phase of the microcapsules may be fragrant oils, mineral oils, triglycerides such as castor oil, plasticisers such as phthalate esters, or polybutene. The most common preparation process of the capsules (10-80 µm) is aminoplast polymerisation (see Table 6-22) [379].

Further examples of encapsulating are the use of *liposomes* during dyeing processes of wool. In recent years, liposomes have been examined as way of delivering dyes to textiles in a cost-effective and environmentally sensitive way (see 5.2.4). Amphipathic lipid molecules may form double-layered lipids, due to their tendency to rearrange themselves. The vesicle formed may be multilamellar (MLV) where the layers are spaced by liquid, unilamellar (ULV, 100 µm), or small vesicles (SUV, < 100 nm) [346]. Liposomes are prepared using a liquid or a combination of lipids; most commonly, phospholipids such as phosphatidycholine are used. Especially for application on wool, the liposomes can also contain lipids such as cholesterol found in wool lipid.

Several procedures can be used to prepare liposomes including thin film hydration, sonification, extrusion, use of a French press, ethanol injection, detergent dialysis, or reverse-phase evaporation. Recent studies conclude that wool dyeing using liposomes is cost-effective and reduces fibre damage by permitting a lowered dyeing temperature. Liposome concentrations of 1% allow a dyebath exhaustion greater than 90% at a low temperature of 80 °C. Moreover, there was a significant saving of energy costs and the impact of the dyeing process on the environment was also reduced, with chemical oxygen demands being reduced by about 1000 units [337].

<u>Hygienic, deodourant, and medical uses</u> are certainly bearing the most diverse application field. A large variety of ingredients have already been incorporated in microcapsules. Water-insoluble materials such as fragrances or insect repellents were encapsulated by dispersing in coating solvents (see 6.4.13) or mixing them in aqueous systems containing appropriate additives (e.g. viscosity builders/thickeners, surfactants). The microcapsules are sprayed onto non-woven material with a binder such as PVA or acrylic, and adhere between the strands of the fabric. Coating weights of between 2 and 30 g/m2 have been achieved, yet, leaving the surface characteristics unchanged [379]. As well as frangrance and insect repellents, disinfectants and cleaning agents can be included. This coating technique can also find use by application on other textile material, especially in the case of special work wear, etc.

Microcapsules incorporated into sizing bath or other finishing liquor are already obtainable. Fragrances such as lavender oil or pine oil have been encapsulated in gum arabicum and gelatine capsules. Yet, other encapsulated essential oils (e.g. apple spice) were also impregnated onto numerous textile materials, for so-called aromatherapy (Kanebo Ltd). The microcapsules (5 –10 μm) are attached to the fabric as an extra process at the end of fabric dyeing. For example, a pair of stockings would contain approx. 200 million fragrant microcapsules and persistent well smelling to hand washing up to ten times. Other incorporated materials are e.g. herb armur cork (Phelodendron amurense), vitamin C, seaweed extracts, antimicrobial agent, and insect repellent (see 6.4.12).

Fragrant fibrous materials have also been produced that consist of perfumes bound to a variety of fibres using a low-temperature reactive organopoly-siloxane resin. Urea-formaldehyde or melamine-formaldehyde have been used as wall materials to prepare capsules that contain approx. 90% by mass of a perfume such as jasmine oil or sandalwood oil. The capsules are applied by soaking, padding, coating or printing, and further curing of the resin. However, a pretreatment of the textile material with a water-repellent agent such as wax emulsion (see 6.4.6) to prevent penetration of the binder (i.e. preferably silicone binders) into textile material. In fibrous structures that are treated with polyurethane elastomers, such as nonwovens or knitted fabrics, no resin binding stage is necessary as the microcapsules can be incorporated into the elastomers before application; resins are also unnecessary where fibre composites are employed [379].

Capsules made of yeast (wall) and moth-proofing agents (core) are used to obtain a permanent hygienic finish on textiles. The yeast serves as nutrients for the moth and the active ingredients are released by eating. Microcapsules containing fragrance may be applied via a binding agent as disperse paste on cotton, polyester, or polyamide. Two major techniques of incorporating water-insoluble or fat-soluble ingredients into microcapsules were described (see Table 6-22). The ingredients used were alkali-soluble biocides (e.g. dichlorophen), water-insoluble biocides (e.g. Kathon 893) and essential oils (e.g. mint, clove, cedar oil) [379].

The traditional "scratch and sniff" application of fragrance containing *gelatine or synthetic capsules* was made using screen printing, litho, or web printing techniques. Systems comprising aqueous dispersions of encapsulates can be applied by pad, exhaustion or hydroextraction techniques to a wide variety of substrates. Durability to washing and handle (or feel) may be further improved by incorporating suitable formaldehyde-free binders and softeners. For screen-printed applications, the encapsulates are simply mixed with water-based, solvent-free inks or binders (see further 5.3.4 Main chemicals in printing paste). Once printed, the fabric is then cured, as with standard textile inks, to achieve a good bond to the fibres. Usually a softener is also required , as unsoftened fabric containing microcapsules can sometimes appear to be stiffened. The microcapsules prepared using melamine-formaldehyde systems show, when attached to cotton, that the smaller the capsules, the better they survive laundering. This phenomenon may be due to the relative thickness of a capsule within an adhesive film binding the capsules to the textile substrate [337].

The use of microencapsulation processes in detergent formulations is widespread, principally for the protection of sensitive ingredients during storage and for prolonging the activity of ingredients such as enzymes during wash cycle. A novel product type is a kind of transfer cloth or felted sheet that must be added during garment laundering. The transfer cloth contains encapsulated perfumes or deodorant which become entrained in the fabric and enter the pores of the garment. The active ingredient can further by released by physical pressure during common wearing. The wall of the capsules (10-200 μm diameter, 0.1-10 μm thick) are made of urea-formaldehyde polymers and have loading of perfume oil over 50% by mass [379].

Manufacturing fibres with a hollow centre core is one way of utilising microencapsulation technology in textile industry without affixing microcapsules to textile material. The fibres are thus made with identical or at least similar process and materials as for microcapsules walls (see Table 6-22), and exhibit the same release characteristics. For example, fibres made of a polyethylene core containing aromatic perfumes or essential oils (for up to 10% of the mass) and coated with polyester sheet are still marked (Mitsubishi Rayon Co.). Other examples are the fibres marked under the trade name Accurel ® (Enka/Akzo group). The matrix material are polyolefins such as polyethylene, polypropylene and poly(vinylidene fluoride), yet, copolymers such as ethylene/acrylic acid salts and condensation polymers such as nylon 6, polyactidiacid and poly(ethylene oxide) can also be used. The matrix is different of other encapsulation systems in that the material is microporous, the pores on the capsule and fibre surface being between 0.1 and 1.5 μm in diameter. Within the capsules the pores are interconnected giving sufficient internal space for incorporation of 75% core material by mass. Supplies of the products can be obtained with or without core material [379] (see also functionalised fibre by co-extruding in 6.4.12). Another fibre is based on a polyacrylonitrile (Actipore ® by Focus Polymers, Courtaulds group) and can incorporate as active agents silver nitrate (o.5% by mass), polyvinylpyrrolidone-iodine complex (0.92% by mass), copper chloride (15% by mass), chlorohexidine and its salts, hydrocortisone and other transdermal drugs, non-adherents for wound dressings, and lanolin. Tetracycline and polyvinylpyrrolidone-iodine complex have also been incorporated in fibres formed from polycaprolactone (biodegradable), polyethylene and polypropylene (both non-biodegradable), with up to 25% by mass of active ingredient [379].

An important application field of microcapsules in <u>textile processing</u> is the market of easy-care articles made of natural or regenerated cellulose fibres. Fabrics are treated with cross-linking agents and/or catalysts during finishing, but the resin formation only occur after fashioning of the garment (so-called delayed-cure, see 6.4.4). The system have to be stable during storage and transport.

478

Microencapsulation of the reactants ensures that less care is required in selecting the appropriate cross-linking material, as the capsule wall protects the reactants from chemical attack and inhibits the release of volatile or malodorous ingredients (e.g. formaldehyde). The capsules employed are between 75 and 175 µm in diameter and, as the capsule walls are made ethylcellulose, the residue of the wall material after curing contributes to the physical properties of the fabric (i.e. functions as a fabric softener).

Custom-made microcapsules were also manufactured for use in non-aqueous solvent systems (e.g. Kanegafuchi Boseki Kabushiki Kaisha Co.). The capsules contain solutions of hydrophobic agents for treating textiles i.e. anti-pilling agent, flameproofing agent, felting agent, UV absorber, anti-static agent, anti-soiling agent, water-repellent agent, softening agent, cross-linking agent or colourant. The wall materials, formed by interfacial polymerisation, are prepared using polyure-thanes, silicone resins, polyamides, epoxy resins, polyamides or polyester, and have low breaking strength [379].

Microcapsules (1-10 µm) have also been prepared using phase separation technique which can be incorporated into spinning solutions and, thus, being incorporated into an extruded fibres (see also Functionalised fibres Figure 6-17, in 6.4.12). More generally, core materials that are chemi-cally, thermally or mechanically unstable can be encapsulated with amounts of 0.5% to 40% by mass. A number of polymeric substances have been used including gelatine, ethylcellulose, poly-ester and polyamide as wall material. Fibres can be formed using both wet and dry-spinning tech-niques from well-known fibre forming polymers, including polyamides, vinyl polymers, acrylic poly-mers and polyacrylonitriles. The core materials incorporated into these fibres include flame retar-dants, deodorants, softening agents, perfumes, antistatics, antioxidants and UV absorbers (e.g. Exlan Co. process) [379].

<u>New application fields</u> of miscellaneous microcapsules are given in the following.

Paraffin wax which changes from liquid to solid state (and vice versa) solely due to change in tem-perature are so-called *Phase Change Materials (PCM)*. PCMs such as nonadecane ($C_{19}H_{40}$) and other medium chain-length alkanes are microscopic in size and are contained in an outer plastic shell which is very durable (1 µm thick, 20 –40 µm diameter; loading of 80-85% PCM) [337]. PCMs are incorporated into fibre, coated on fabric, or topically applied to foam in order to obtain thermal adaptive functions for the items. The phase-change polymers adjust, absorb, and store excess heat during sport activity for example, and release it further if necessary ("body equalization proc-ess")[345]. Yet, there are a number of limitations when using microcapsulated PCMs. For PCMs incorporated into fibres, the only currently available commercial fibre is acrylic, and there is an up-per limit to the amount of PCM in the fibres, beyond which the fibres´ tensile properties are appre-ciably reduced. Where PCMs have been coated onto fabrics, fabric handle may be compromised, and durability to abrasion during wear and to washing and dry-cleaning may be lowered [331].

Cyclodextrines

 are used as carrier molecules to release application surplus on fabric, or as "catcher" in air ex-haustion processes in the textile industry. Referring to the number of glucose units per ring, α-, β-, or γ-cyclodextrines can be distinguished.

Resulting complexes with gases, oils, and small aliphates or aromates, heterocycles, or further with larger molecules (macromolecules and steroides) can be formed. A reactive β-cyclodextrine with covalent bonding abilities is already available; the cyclodextrine can thus be fixed like a reactive dye on textile. More generally, due to their hydrophilic outer surface, but hydrophobic inner surface, the cyclodextrines are able to absorb small molecules in their core and further release them slowly [346]. This property is thus used to reduce bad odours associated with textiles by binding the organic sweat components (which are the precursors of odours via bacterial degradation) with the help of odour absorbing cyclodextrines. The cage-like molecules incorporated in automotive or upholstery fabrics can also absorb tobacco smoke or other environmental pollutants [349].

New concepts are systems made of shell and core materials capable of "*controlled release*" of the ingredient in the capsules. This can be obtained by activating, with e.g. light, ultra waves, or temperature, an inactive encapsulated substance. Another possible system is the embedding of the active substance in an onion-like system of "hard" shells, separated by soluble layers containing the active substance. These new systems will be optimised for application on both synthetics and natural fibres [346].

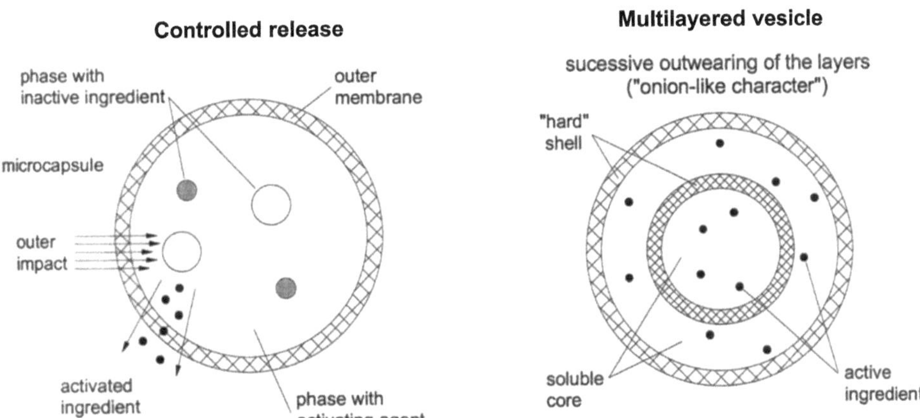

Figure 6-19:   ***Functionalised finishing with microcapsules: concepts of "controlled release" and multi-layered vesicles***

Other applications of microcapsule technologies are *colour-changing systems*. Colour-changing systems are beginning to be seen in textile applications such as product labelling, medical and security applications, and in novelty textiles for purposes such as swimwear and T-shirts. The two major types of colour-changing systems are: thermochromic, which alters colour in response to temperature, and photochromatic, which alters colour in response to UV light. The colour-changing materials are produced in an encapsulated form which protects the sensitive chemicals from the external environment. Today, dyes are available which change colour at specific temperatures for a given application. Physicochemical and chemical processes such as coaservation and interfacial polymerisation have been used to micro-encapsulate photochromic and thermochromic systems. Interfacial polymerisation techniques are the most popular, as they produce durable capsule walls.

480

The most widely used capsule systems for inks involves urea or melamine-formaldehyde shell formation. Micro-encapsulated colour-changing dyes can be applied to textiles using a variety of printing processes, including screen printing and gravure printing. Thermochromic dyes are made of specific liquid crystals for precise colour modifications, or specific leuco dyes if a response over a more general range of temperatures is needed [337]. The most important types of liquid crystals for thermochromic systems are the cholesteric (chiralnematic) types, where adjacent molecules are arranged so that they form helices. Thermochromism results from selective reflection of light by the liquid crystal. An alternative means of inducing thermochromism is through the rearrangement of the molecular structure of a dye, as a result of a change in temperature. The most common types of dye which exhibit thermochromism through molecular rearrangement are the spirolactones. In reversible thermochromic systems a colourless dye precursor and a colour developer are both micro-encapsulated along with a non-volatile, hydrophobic organic solvent. The colour developer can donate a proton to the dye precursor, reacting thus to form the dye itself. On heating, the solvent melts, whereupon the microcapsules become coloured or lose colour. The reverse change occurs if the mixture is then cooled [331].

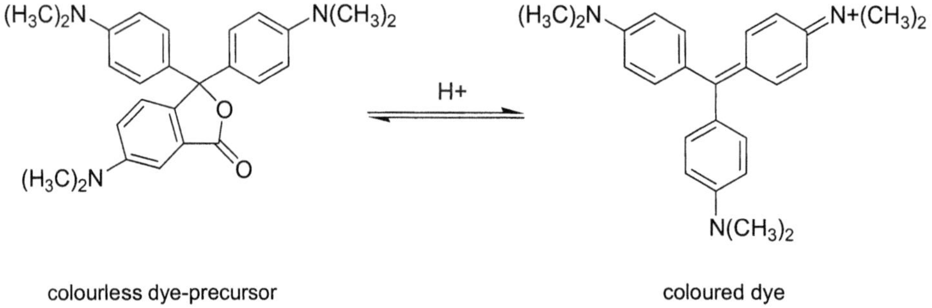

colourless dye-precursor

coloured dye

Figure 6-20: **Example of a spirolactone dye used in thermochromic microcapsule systems**

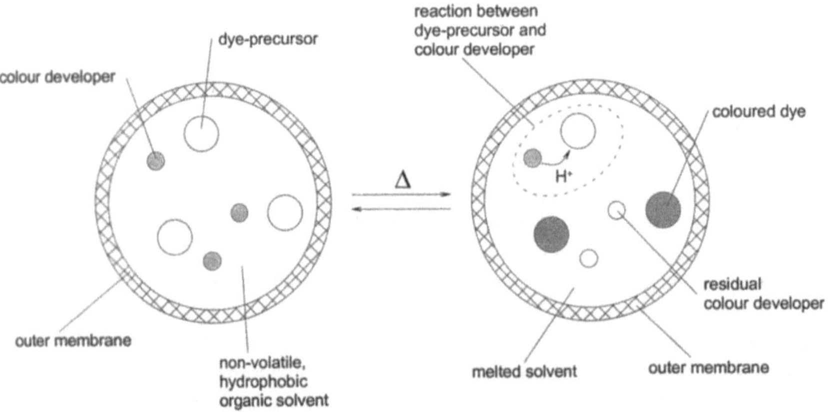

Figure 6-21: **Schematic representation of a thermochromic microcapsule system**

Polychromatic artificial yarns and fibres have also been prepared by incorporating liquid crystals into the internal cavity of a yarn or fibre. The fibres consist of a transparent outer surface and an internal tube that contains an aggregation of microcapsules with a liquid crystal care material. UV absorbers such as iron(III) oxide are coencapsulated to reduce damage to the liquid crystals. The fibres can be knitted or spun and can be mixed with a variety of other fibres to produce interesting products (e.g. Kyoshin Sangyo Co.) [379].

Micro-encapsulation does not protect the dyes completely from the elements, and eventually the properties are lost (usually after 6 months). Particular care must be taken with the solvent and other components within the ink mix (see further 5.3.4) [337]. Photochromatic and polychromatic dyes are also available as encapsulated formulations on textiles. Newer technologies have been developed including hydrochromic dyes, which change colour in contact with water, and piezo-chromic dyes, which change colour in response to pressure.

Another interesting application of microcapsules is their *use in flame retardant finishing*. Both flame retardants and intumescents (see 6.4.8 Finishing with flame retardants) can be encapsulated using a poly(vinyl acetate) resin and applied to textiles, and thus, overcome the usual disadvantage of conventional finishing with flame retardants. The resins also act as the adhesive for attachment of the capsules to the fabric, usually cotton alone or in blends with nylon or polyester. Other systems incorporate the micro-encapsulated fire retardant during spinning of a polyester fibre for blending with cotton. It was found that micro-encapsulation in silicone-containing shells, in particular, vinyl-triethoxysilane, produced significant advantages in decreasing combustibility in poly(ethylene ter-ephtalate) [337].

Microcapsules have also become interesting for *military applications*. The decontamination agent, consisting of 90% syn-bis(N-chloro-2,4,6-trichlorophenyl) urea and 10% zinc oxide, has been en-capsulated in ethylcellulose wall material, employing interfacial polymerisation and phase separa-tion techniques. The microcapsules (content of 75% by mass) have been bonded to fabric using acrylic binders in a resin finish. Irreversible decontamination of mustard gas take place when the gas diffuses into the capsules. Polyamide capsules containing other decontaminant agent such as monoethanol amine and the hypernucleophilic agent 4-(NN-dimethylamino)pyridine were also pre-pared for deactivation of the nerve gas Sarin [379].

Microcapsules *used for combating textile counterfeiting* contain a colour former or an activator ap-plied to, for example, a thread or a label. The microcapsules are applied using printing techniques onto a label as a logo or another printed message. They adhere to the textile and, depending on the type of chemical within the capsules, can be detected at a later date to check authenticity.

Miscellaneous applications are uses such as bandages and support hosiery treated with capsules containing glycerol stearate and silk protein moisturisers. The textiles are in direct contact with skin and thus extensive medical treatment is obtained allowing high comfort and skin quality. Further application of micro-encapsulated octane, tung oil and paraffin oil as cleaning solvents is reported for producing cleaning/wiping clothes made of polypropylene non-woven material.

Yet, the use of alternative insecticidal compounds such as those found in many essential oils and other plant extracts is reported for production of long-lasting acaricide bed sheets (see also 6.4.12 Finishing with biocides) [337].

Currently, although capsules can survive 25-30 wash cycles, conventional ironing and other heat-input processes such as tumble-drying can cause a dramatic reduction in the desired effect. For the future, much research and development regarding such improvement is expected to be done by the micro-encapsulation industry.

6.6.2 Other concepts for intelligent / smart textiles

Beside microcapsules, other concepts were developed to fulfil needs for intelligent textiles.

An alternative approach to confer better insulation properties to textiles is the use of shape-memory effects. The incorporation of *shape-memory materials* can be done with either shape-memory polymers or shape-memory alloys. Shape-memory polymers were originally designed from blends of elastomers and glassy thermoplastics, but recently developed versions are types of polyurethanes. Polyurethane films, for example, can be incorporated between adjacent layers of clothing (see also 6.2.3 and 6.4.13 Coating and laminating). When the temperature of the outer layer has fallen sufficiently, the polyurethane film responds so that an air gap between the layers of clothing becomes wider. Shape-memory alloys, such as nickel/titanium, possess different properties below and above the temperature at which it is activated. The temperature of activation can be chosen by altering the ratio of nickel to titanium in the alloy [331].

Developments in intelligent garments are numerous and applications considerably increase as electronic devises are continually miniaturised. An interesting and potentially important development is the incorporation of tiny conductive fibres or sensors, being weaved or knitted with the fibres constituting the garment [331].

Another technology which leads to a variety of processes to modify fibre or textile materials to fulfil highly desirable requirements is low *plasma technology*. There are two, equally important forms of low plasma technology: glow-discharge technology under reduced pressure and barrier discharge, and corona treatment under atmospheric pressure. In both cases, active particles such as radicals, ions, electrons, and photons are generated which further provoke general reactions with the textile surface. Reactions to be achieved are oxidation of the surface, generation of radicals, and edging of the surface; when using special gases (i.e. reduced pressure treatments) a plasma-induced deposition polymerisation may occur. For the treatment of textiles this means that hydrophilisation as well as hydrophobisation may be achieved; moreover, both the surface chemistry and the surface topography may be influenced to result in improved adhesion or repellency properties as well as in the confinement of functional groups to the surface [353].

Till now, plasma treatments were shown to be suitable for [353]

- desizing of cotton fabrics;

- successful shrink-resistance treatment for wool, with a simultaneously positive effect on dyeing and printing;

- modifying man-made fibres with diffusion barrier layers on their surface in order to improve their stability;

- hydrophobisation treatment of cotton (so-called Lotus effect [399],see also text below).

The morphology of wool is highly complex; yet , the surface is highly hydrophobic. *Plasma treatment of wool* has thus different effects on the surface. Chemical and physical surface modifications due to plasma treatment result in decreased shrinkage behaviour of wool; the felting density decreases from more than 0,2 g/cm3 to less than 0,1 g/cm3. However, with respect to shrink-resist treatment, this effect is too small as compared with state of the art processes, i.e. the chlorine/Hercosett treatment. Therefore, an additional resin coverage of the fibre surface is required (see also 4.4.6). This leads to a smooth surface and an area shrinkage in the range of design, i.e. a little more than 1%. Additional advantages of plasma treatment on wool are in particular; the increasing dyeing kinetics, an enhanced depth of shade, and an improved bath exhaustion. A surface treating barrier discharge machine (i.e. corona treatment on atmospheric pressure) on a pilot plant scale is currently in use in the industry [353]. Moreover, interesting dyeing effects can be obtained with wool treated with different gas plasma. A treatment with SO2-plasma is used to incorporate sulfonic groups into the woollen surface, a treatment with NH3-plasma lead on the other hand to amino groups on the wool surface. As sulphonic groups rather have a retarding effect on dyeing, the hue obtained when colouring this fibre is less intensive as those of amino-wool. Yet, the dyeing of fabrics has to take place rather soon after plasma treatment [398].

Moreover, *plasma treatment of synthetic fibres* can modify the surface by allowing a deposition polymerisation, depending on the special gases used. Polypropylene surfaces, for example, afford a permanent hydrophilisation when using maleic acid anhydride as an assisting agent (i.e. so-called plasma-induced grafting) and a glow-discharge treatment. When polyethylenterephtalate fibres are used as en enforcing material for a polyethylene matrix, an ethylene plasma treatment can increase impressively the adhesion strength of the composite material. With a mixture of ethylene and hexafluoroethane as plasma gas, an alcohol repellency is obtained. Furthermore, polyaramid fibres – so-called high-performance fibres – can be treated with hexafluoroethane / hydrogen plasma in order to improve their resistance to hydrolysis. For this purpose, a diffusion barrier layer is applied to the surface, which also results in high alcohol repellency values, and gives much better resistance to 85% sulphuric acid treatment than conventional fluorocarbon finishing (compare with 6.4.6) [353].

Fibre surfaces modified with plasma treatment are also expected to show improved dust and dirt repellent properties, and hence fibres should also be repellent to bacteria and fungi.

Further example of achieving water repellency using plasma treatment is the plasmapolymerisation of ethen on *cotton fibres*. The method is said to be an ecological interesting alternative to other hydrophobic finishings (see 6.4.6) [398].

7 Environmental considerations for textile processes and chemicals

7.1 Textile Production

The biggest environmental issue relevant to the textile industry is the amount of water discharged and the chemical load it carries. Other important issues include energy consumption, air emissions, solid wastes, and odours.

In the following chapter, the various techniques regarding exhaust air, waste water, and solid waste treatments are outlined. In order to avoid repetition, this survey is presented at the beginning of the chapter. Further environmental considerations are included in more specific sections referring to pretreatment, colouring (dyeing and printing), and finishing processes.

In order to encourage a pollution prevention approach, this section provides both general and process-specific descriptions of some pollution prevention advances.

In general terms, it can be said that pollution prevention techniques have ideally to improve efficiency and increase profits while at the same time minimising environmental impacts. This can be done in many ways such as reducing material inputs, re-engineering processes to reuse by-products, improving management practices, and employing substitution of problematic chemicals. Among general pollution prevention, the following opportunities can be distinguished, examples are based on case studies taken from the US-EPA documents on textile industry [15]:

- Quality control for raw materials (e.g. purchasing of less-polluting raw materials, optimised storage and use of returnable containers)

- Chemical substitution (e.g. replace chemicals with less-polluting ones, or replace chemical treatment with mechanical or nonchemical treatment)·

- Process modification (e.g. use low-liquor ratio dyeing machines, use pad batch dyeing methods, use countercurrent washing, optimise process conditions, or combine processes)

- Process water reuse and recycle (e.g. reuse dyebaths, reuse rinse baths, etc)

- Equipment modification (e.g. install automated dosing systems and dye machine controllers, use continuous horizontal washers, use continuous knit bleaching ranges)

- Good operating practices (e.g schedule dyeing operations to minimise machine cleaning)

The so-called IVU-Richtlinie and the BREF-Documents [273; 2], extensively described recent process-specific technologies, regarding to environmental benefits, applicability and economic points of view. These very comprehensive case studies are take as basis for our following listing. Additional references are cited in the text.

Energy is an aspect that is unfortunately often paid few attention. However, measures for sustainable environmental protection can only be consired as an overall system, deferring of system borders may be necessary. Extensive case studies of rational energy use concepts – i.e. regenerative heat recovery for waste water, power heat coupling, thermal insulation of buildings, etc - for choosed textile mills can further be found in [224].

7.1.1   Techniques for exhaust air, waste water and solid waste treatments

A. Exhaust air [273]

Emissions to air of textile finishing processes originate mainly from the following pathways [342]:

-   Generating of process steam: most mills have install their own machines for generating heat and electricity, to fullfill the demands of textile finishing industry energy supply; the corresponding combustion plants work with petroleum or natural gas to produce process steam.

-   Textile processes, such as singeing, thermofixing, thermosoling, impregnating and functional finishing, using mainly a stentering frame after padding application of textile chemicals.

-   Coating, impregnating and finishing processes using solvents for chemical application.

-   Pre-treatment and dyeing processes, such as washing , bleaching, mercerising and dyeing (when producing more than 10 t/d): yet, no relevant emission to air seems to come from these processes, referring to actual level of awarness (however, some seldom case may show high emission of chlordioxide during chlorine bleaching).

Main achieved environmental benefits when using abatement systems for emissions to air are minimisation of volatile organic carbon (VOC) and special toxic substances in the exhaust, as well as minimisation of odour nuisances.

In principle, the following exhaust abatement systems can be used in textile finishing (as single solutions as well as in a combination of two or more techniques):

-   oxidation techniques (thermal incineration, catalytic incineration);

-   condensation techniques;

-   absorption techniques;

-   electrostatic precipitation;

-   adsorption techniques (seldom in use);

-   biological techniques (not in use).

486

Typical systems in textile finishing are

- heat exchanger (condensation technique; primarily used for energy saving);

- aqueous scrubber (absorption technique);

- combination of aqueous scrubber and electrostatic precipitation;

- combination of heat exchanger, aqueous scrubber and electrostatic precipitation.

<u>Oxidation techniques</u>

Principally the oxidation technique is a transformation of combustible air pollutants into harmless substances by combustion/oxidation. In case of complete oxidation, all hydrocarbon compounds will be transformed to carbon dioxide (CO_2) and water (H_2O). If the oxidation is incomplete, carbon monoxide (CO), formaldehyde (CH_2O) and other partially oxidised substances are generated. Two different oxidation techniques exist:

- thermal incineration and;

- catalytic incineration.

Thermal incineration occurs at temperatures between 750 °C and 1000 °C. The exhaust is lead to a first heat exchanger by ventilation; there the heat content of the cleaned exhaust is exchanged to raw-gas. This preheated exhaust (appr. 500-600 °C) is subsequently heated by a burner, to get the ignition temperature. The clean-gas in turn passes a heat exchanger system. Normally nearly all pollutants are burned off (including odour intensive substances and low boiling solvents).

It is also possible to conduct exhaust to the boiler house where it is used as incineration air. Therefore a special burner which can work with a high air surplus and a high moisture content has to be installed.

Compared to thermal incineration, the advantage of catalytic incineration is the considerable low activation temperature which is between 300 °C and 450 °C. This is due to special catalysts, which reduce the ignition temperature at one hand and accelerate the reaction velocity between pollution substances and oxygen of the air at the other hand.

The disadvantage of thermal incineration is the energy consumption for heating up the exhaust to at least 750 °C. After incineration the temperature of the cleaned exhaust is around 200 °C to 450 °C. Generally there are not sufficient heat consumers in the company, so most of the energy will be wasted. Another problem results from the gas-air-mixture typical for textile finishing. In the textile industry, there are mostlz high exhaust volume flows with comparable low charges, which has to be cleaned. Often there are changing amounts of exhaust, leading to inefficient thermal incineration. In case of catalytic incineration, phosphorous compounds, halogens, silicones, and heavy metal compounds can react as catalytic poisons. These compounds are often found in textile industry, so special care has to be taken by using catalytic oxidation in this field.

Condensation techniques

Besides energy recovery, air/air and air/water heat exchanger cause partial condensation of the pollutants. Exhaust is cooled down in the heat exchangers to a temperature at which the pollutants form drops or a film. The condensed pollutants are already partly separated in the heat exchangers; the residual part can be separated in downstream filters.

Pollutants with a high volatility and in most cases odour intensive substances are removed.

Absorption techniques

The commonly used techniques are aqueous scrubbers. The exhaust-gas is brought into close contact with the washing liquid (water and partially additives like acids, alkali, or oxidising agents)

Depending on the equipment producer there exist different types:

- nozzle vaporizers;

- centrifugal systems;

- systems based on turbulence of washing water.

This leads to

1. cooling of the exhaust (condensation of the pollutants containing vapours);

2. absorption of pollutants in the scrubber liquid (partially emulsions are generated with water-insoluble substances);

3. dissolving of soluble substances in the water drops.

The pollutants get separated in the mist collector installed downstream. Wastewater from aqueous scrubbers can be treated with oil/water separators or other techniques. The scrubber liquid can be cycled or used in a continuous way.

The efficiency of aqueous scrubbers in textile finishing strongly depends on process specific parameters; normally the efficiency is in a range between 40 – 60 %. Applicability for water-insoluble pollutants is limited.

Electrostatic precipitation

Electrostatic precipitation depends on the attraction of different charged particles. In electric precipitators, there are strong potential gradients between the sparkling electrodes and the precipitation electrodes with opposite polarity. The sparkling electrode has a small diameter like for example a wire or the point of a needle, the precipitation electrode has a big area like a plate for example. The exhaust has to pass the potential gradient between the electrodes. The solid and/or liquid particles of the exhaust are charged unipolar in the ionisation area. The charged particles are attracted from the antipoles and precipitated at the precipitation electrodes. They loose their charge after getting in contact with the precipitation electrode and can then easily be removed by washing, vibration or gravity.

The electrostatic process exists of:

- ionisation of the air;

- charging of the pollutant particles;

- transportation of the particles to the precipitation plate;

- neutralisation of the particles;

- cleaning of the precipitation plates from the waste.

Electrostatic precipitators can precipitate dusts and aerosols with a size of 0.01 to 20 μm. Best efficiency will be reached at around 0.1 μm – 1.5 μm. Therefore, the producers recommend to install a mechanical filter before the electric filter, which precipitates most of the particles > 20 μm.

The efficiency for electrostatic precipitators for particle sized solid and liquid pollutants is in a range between 90 % and 95 %. Gaseous pollutants and at the same time odour relevant substances cannot be precipitated. Therefore, for best total efficiency it is important, that mostly all condensable substances, emitted as aerosols, are removed before reaching electrostatic precipitation. This can be achieved by heat exchangers or exhaust scrubbers.

Exhaust cleaning can be installed at both, new and existing installations. However if existing machinery has to be rebuilt, in some cases applicability is limited due to economical, technical and logistic factors. In each case, for installation of an exhaust cleaning system, a tailor-made solution regarding the above mentioned techniques has to be developed.

Exhaust cleaning systems which are delivered from various suppliers are installed in various German textile finishing industries. Systems based on heat exchangers, aqueous scrubbers and electrostatic precipitators dominate.

A not negligeable disadvantage of all these treatment techniques is the high energy demand resp. high amounts of resulting CO_2 by thermal as well as catalytic incineration (i.e. one of the greenhouse gases). Compared to environmental relevance of removed organic compounds, this disadvantage may be negligible. Installation and running costs have also to be considered. Especially costs for the maintenance of the equipment and energy costs should be considered. Compared to the other above mentioned techniques oxidation techniques have by far highest investment cost and running cost. Moreover, in aqueous scrubbers, the pollutants are redistributed from exhaust to the wastewater. Efficient wastewater treatment (oil/water separators, biological wastewater treatment) is required.

Thus, in order to establish effective sustainable pollution control, end-off-pipe techniques always have to be the very last solution [381].

B. Waste water

Textile wastewater is a mixture of many different chemical compounds which can roughly be classified into easily biodegradable, heavily biodegradable (recalcitrant) and non-biodegradable compounds. Typically, textile waste waters have high biological oxygen demand/chemical oxygen demand (BOD/COD), a substantial proportion of which is represented by substances present in a highly emulsified and/or soluble form. The organic polluting load can further be also highly coloured.

Waste water in textile finishing mainly originate from four sectors:

1. pre-treatment (washing, desizing, scouring, bleaching, mercerising, boiling off)

2. dyeing (continuous, semi-continuous, discontinuous)

3. printing

4. finishing

The waste water is thus normaly made up of remaining baths of the corresponding processes [342], further detailed data for some specific processes are listed in sections 7.1.2, 7.1.3, 7.1.4 and 7.1.5 (in A. Process-specific emission and consumption levels):

- desizing baths (CSB: 3000 to 80000 mg O_2/l, depending on process parameters and washing techniques);

- bleaching baths (CSB: 3000 to 10000 mgO_2/l);

- scouring baths (CSB: 2000 to 6000 mg O_2/l, if desizing is made in a separate step);

- exhausting baths (CSB: 400 to 2000 mg O_2/l for reactive dyeing; 5000 to 10000 mg O_2/l for vat or dispersed dyeing; 10000 to 13000 mg O_2/l for naphtol dyeing);

- remaining pad-dyeingbaths (CSB: 10000 to 100000 mg O_2/l);

- remaining finishing baths (CSB: 5000 to 200000 mg O_2/l);

- remaining printing paste (CSB: 50000 to 300000 mg O_2/L).

In order to reduce their polluting charge, waste waters can be treated by physical, chemical, or biological methods. A great number of treatment processes are available (Table 7-1) [315]. Detailed knowledge about the location, waster water loading and amount are necessary for choosing the appropriate process. The best suited process is the one that allows maximum purgation effect with lowest resources inputs. Energy, required space, interference liability, and disposal of residual wastes are factors that have to be considered.

Methods	Processes	Examples of use
Physico-mechanical	Sedimentation	High density solids
	Filtration	Low density solids
	Ultrafiltration, reversed-osmose	Highly molecular compounds, salts
	Evaporation	Highly boiling compounds, salts
Physico-chemical	Adsorption	Adsorbable organics
Chemical	Ionic exchange	Heavy metals
	Precipitation, flocculation	Preciptable or coagulatable compounds
	Oxidation	Heavily biodegradable compounds
Biological	Anaerobe	Highly loaded organic waste water
	Aerobe	Lower loaded waste water

Table 7-1:   ***Major waste water treatment techniques***

<u>Physico-mechanical treatments</u> [77]

The loading compounds remain chemically unmodified after physico-mechanical processes, and can further be landfilled, incinerated, or recycled after appropriate treatment. The disposal of the produced sludges and filter cakes is usually responsible for the major treatment costs. However, today they are techniques to minimise the quantity of the sludge and disposal of sludge by incineration according to the state of the art. Thus, the problem of organic compounds is not just shifted from one media to another.

Precipitation / coagulation methods are based on the principle that the effluent, containing the impurities in dissolved, colloidal, or suspended form, is first treated with coagulants. The produced microflocs can be obtained either by pH adjustment (such as acid craking), or by inorganic coagulants (multivalent metals) or by organic coagulants. Organic coagulants are low molecular mass, highly charged polyelectrolytes that are usually cationic, and can be used either as an alternative or in conjunction with, inorganic coagulants.

When the impurities in the waste water are in the form of microflocs and other suspended solids the second stage of *flocculation* aggregates them into larger agglomerates. This is usually achieved by adding low to moderately charged polyelectrolytes with a very high molecular mass; the charge may be anionic or cationic. Flocculation involves adsorption of the polyelectrolytes onto particle surfaces. These form loops and tails which act as physical bridges across particles, thus binding them together into a polymer-particle matrix or floc, i.e. a bridgeing mechanism.

Solid / liquid separations can be achieved by various means, including gravity *sedimentation, filtration,* and *centrifugation.* Another method gaining in popularity is dissolved air flotation, where solids are induced to float by introduction of microscopic air bubbles which attach to the flocs and accelerate their rise to the surface. The flocs form a float which is skimmed by mechanical scrapers in the form of sludge.

Wastewater treatment by flocculation/precipitation and incineration of sludge is a technique that is applicable both to new and existing installations.

There are many plants in operation in Europe; however, sludge is incinerated in a few cases only. Before flocculation/precipitation, the textile wastewater is equalised. However, compared to biological treatment, equalisation time can be shorter (about 12-h-equalisation). Fibres are removed by a sieve. The dosage of flocculants is about (in case of treatment of mixed wastewater with COD of about 1000 mg O_2/l):

- aluminium sulfate: 400 – 600 mg/l

- cationic organic flocculant: 50 - 200 mg/l

- anionic polyelectrolyte : 1 – 2 mg/l

The quantity of sludge is about 0.7-1 kg dry matter/m³ treated wastewater. Usually, it is de-watered in a chamber filter press. Content of dry matter of 35-40% are usually achieved. Investment cost for a plant for 20 m³/h wastewater (including sieve for fibre removal, reactor, sludge container, chamber filter press, compressed air supply, pipes, and control instruments) vary between 200,000 and 300,000 EURO. Operation cost vary from 0.25 – 1.50 Euro/m³. Costs for incineration in plants according to state of the art vary from 70 – 250 EURO/t [273].

The costs for energy and maintenance (i.e. replacement of filter module) of *ultrafiltration* technologies are very high, and the process thus only profitable if the compounds loading the waste water are subsequently reintroduced in the finishing process. The technique is applicable to all textile finishing industries provided proper wastewater segregation and membrane-compatible selection of single wastewater streams. Recipes have to be checked in terms of membrane compatibility and have to be changed if necessary. For instance the use of water glass has to be avoided for dyeing padding liquors. Wastewater streams containing non-avoidable compounds which can create irreversible scaling of membranes may not be treated in the membrane plant (e.g. pigment paste containing streams, or reactive resins from finishing). Additional pipe system for wastewater segregation and recycling of permeate is needed. To this purpose, also additional tanks for interim storage have to be installed.

Distillation of the waste water is only applicable if the polluants are only highly boiling compounds, and not able to accumulate in the exhaust vapors. *Evaporation* methods need very high energy and are, thus, only suitable if speciality compounds have to be recycled.

Physico-chemical treatments [315]

Polluants are adsorbed on the surface of adsorbent materials by dint of intermolecular bondings. Soluble, dispersed or emulgated organic compounds can thus be removed from waste water. The adsorbent materials can be active carbon, aluminium oxide, synthetic polymer, or numerous either anorganic or organic natural products. The consumption of adsorbent materials can be lowered by additional thermal or extractive recycling of the materials. Adsorptive cleaning steps are generally applied after biological or chemical treatment processes, to remove coloured or strong smelling compounds.

<u>Chemical treatments</u> [315]

The impurities are coagulated or destroyed by chemical reaction. A better separation of coagulated ingredients from water can be obtained. Further treatment steps required are filtration or sedimentation (see also physico-mechanical treatments, above).

Chemical reaction of the impurities in order to transform them in less polluting and/or easy biodegradable compounds is also often advisable. Frequently, oxygen (from air), hydrogen peroxide or ozone are used destroy the polluants by oxidation reactions. The impurities are either directly oxidised to carbon, or a partial oxidation take place, that produce easy biodegradable compounds.

Electrochemical oxidation of textile waste water was also reported. The most convenient and cost effective method is said to be the electrolytically generation of chlorine or hypochlorous acid using seawater or neutral brine liquor. The method is mainly advised for effectively remove colour-causing compounds [211]. However, the production of chlorine species and chlorinated organics – and, thus, raised toxicity - will surely be a limiting factor of industrial scaling of the technique [380].

<u>Biological treatments</u>

During biological treatments, polluants are transformed, by dint of bacteria, in cytosic material, or in gases such carbon dioxide, methane or hydrosulphide. Two distinct biological treatments exist - aerob or anaerob treatments – depending on the kind of bacteria used. Aerobe micro organisms need oxygen for respiration and working; anaerobe bacteria, on the other hand, need to live oxygen free operation conditions.

Aerobe bacteria transform 30 to 50% of the available carbon into cytosic material, i.e. the polluants are mainly transformed into biomass which had to be removed from water in form of sewage sludge. Due to the high growth rate of the micro organisms, aerobe biological systems are less susceptible to disturbance from highly toxic impurities. In highly loaded waste water, the entry of oxygen limited if no supplementary oxygen is added or the system activated by supplementary ventilation. Therefore, the aerobe treatments are generally used for waste water with low organic content.

In contrast, anaerob systems need no oxygen to degrade organic loadings. The degradation reactions are much more complexe and the end product is biogass made of carbon dioxide and methane. Anaerob working bacteria produce even less amounts of biomass, and, thus, less sludge is to be disposed. Hence, this kind of treatment is mainly used if concentration of organic polluants is high, and aerobe cleaning treatment not cost-effective. However, a complete elimination of organic impurities is seldom possible, and, thus, the anaerobe treatment is mainly used as preliminary cleaning step in highly loaded waste water treating process [315].

Biological treatment is usually the most important part of textile wastewater treatment. In most cases, activated sludge systems are applied. In all activated sludge systems, easily biodegradable compounds are mineralised whereas heavily biodegradable compounds need certain conditions, such as low food-to-mass-ratios (F/M) (< 0.15 kg BOD_5/kg MLSS x d), adaptation (which is there if the concerned compounds are discharged very regularly) and temperature higher than 15°C (normally the case for textile wastewater).

Before this background, F/M is the most relevant design parameter. When remaining under the mentioned F/M value, heavily degradable textile chemicals, such as nitrilotriacetae (NTA) [GDCh, 1984], m-nitrobenzene sulfonate and its corresponding amine [Kölbener, 1995], polyvinyl alcohol (PVA) [Schönberger, 1997] and phosphonates [Nowack, 1998] are degradaded and mineralised respectively. Today, many activated sludge systems meet these system conditions (see following examples) which also enable practically complete nitrification. In these cases, both easily and heavily biodegradable compounds can be discharged. Non-biodegradable compounds should be avoided or treated/pre-treated at source but this happens in a few cases also. Therefore, in many cases, in addition to activated sludge further treatment steps have been developed and implemented such as flocculation/precipitation, adsorption to activated carbon and ozonation. The plants, presented as follows meet the requirement of low F/M ratio, adaptation, and temperature higher than 15°C. Most of them also have additional treatment steps to remove remaining dyestuffs (colour) and other non-biodegradable compounds [273].

Activated sludge systems with low F/M ratios and additional treatment steps to remove non-biodegradable compounds are applicable both to new and existing plants for all kinds of textile wastewater. It can also be applied to municipal wastewater treatment plants with low and high percentages of textile wastewater as well as to pure industrial plants in which the wastewater of one or more TFI is treated. Lower F/M-ratios require bigger aeration tanks resulting in higher investment costs. At first order, size of activated sludge systems is directly proportional with F/M. Precise data on investment costs is not available. Additional cost for additional aeration is about 0.30 EURO/m³. The treatment of wastewater at low F/M-ratios, retention time is lower and aeration energy is higher; however significant lower residual COD and ammonia concentrations justifies the additional energy consumption [273].

C. Solid wastes

In textile finishing industries, many different solid and liquid wastes are caused and have to be disposed of. For example, solid waste from yarn production include dust, seed and trash. Solid waste from knitting and weaving consists of yarn remnants, cutting, faulty products and yarn spools. Solid waste from the wet treatment of textiles include sludge from external works, dirt, grease and vegetable matter as well as waste chemicals and packaging. Some of these solid wastes can be recycled or reused, others are incinerated or put to secured landfill; there are also some wastes which (in a few cases) are treated in anaerobic digesters. Many of these wastes are not specific for the textile finishing industry. Therefore, in the following, the distinction is made between wastes which are specific and non-specific for this sector; not every kind of waste will be relevant for every TFI and most of the wastes are not specific for the textile sector [273].

Wastes, non-specific for TFI	Wastes, specific for TFI
<u>Waste, not in need of control</u>	<u>Waste, not in need of control</u>
Waste glass	Waste yarn
Paper, paper board (including cones)	Waste fabric (knit and woven fabric)
	(bad works, trails, selvedge cutting)
Wood	Wastes from shearring and raising
Iron scrap (pipes, old machines etc.)	<u>Waste, in need of control</u>
Electric cables	Residual padding dyeing liquors
Plastic drums (clean)	Residual printing pastes
Metal drums (clean)	Residual padding finishing liquors
Non-contaminated plastic wrap	Oil-containing condensates from off-gas
Rubble from building sites	Treatment (waste gas from stenters)
<u>Waste, in need of control</u>	Sludge from textile wastewater treatment
Waste oil	
Oil contaminated cloth	
Non-halogenated waste solvents	
Soot from oil incinerators	
Glue and adhesive agents	
Contaminated packing material	
Dyestuffs and pigments	
Electronic scrap	
<u>Waste, highly in need of control</u>	
Waste from oil/water separators	
Halogenated waste solvents	
PCB-containing condensers	

Table 7-2:   ***Solid and liquid wastes from textile finishing industries (TFI)***

Information on the quantities is available for twelve textile finishing industries. The available data show a big range of the textile substrate specific quantities. In Table 7-3, for textile waste (waste yarn, waste fabric), available information is compiled. Usually, most of the textile waste is recycled.

Today, there are only a few TFI, which segregate high loaded wastewater streams, such as residual padding dyeing liquors and residual padding finishing liquors. In case of exceeding limits for COD, nitrogen or colour, such measures are applied. It is more common to dispose off residual printing pastes separately. These pastes are disposed in incineration plants or, in case of reactive and vat printing pastes in anaerobic digesters.

There are TFI treating their wastewater by flocculation/precipitation. The volume specific sludge quantity after de-watering (usually in chamber filter presses) including the water content (which is usually 60-65%) is normally within the range 1 - 5 kg/m^3 treated wastewater. Taking into account a specific wastewater flow of 100-150 l/kg, the textile substrate specific sludge quantity is 100-750 g/kg finished textiles [273].

Number of TFI	Specific quantityf or textile waste [kg waste/t textile product]	Comment
TFI 1	39	PA sock manufacturing company; most of the waste is caused during confection of the socks
TFI 2	37	Woven fabric manufacturing industry
TFI 3	20	Woven fabric finishing industry; half of the quantity is fibre dust and the other half waste fabric
TFI 4	32	Woven fabric manufacturing industry
TFI 5	6	Yarn finishing industry
TFI 6	88	Commission finisher for knitted fabrics); high percentage from shearing and raising
TFI 7	52	Finishing plant with weaving and finishing compartment
TFI 8	14	Commission finisher (mainly wool); shearing and raising waste
TFI 9	160	Finishing mill with fabric manufacturing. Raising and shearing waste
TFI 10	7	Finishing mill mainly finishing PES knitted goods
TFI 11	84	Tufting and finishing carpets
TFI 12	43	Finishing plant with coating compartment (selvedge cutting waste) Total waste (textile and non textile waste): 273 kg/t (174 kg/t waste to be recycled 85 kg/t to be incinerated)

Table 7-3:   ***Quantity of textile waste from nine different TFI***

D. Odour nuisance

Textile finishing processes are often accompanied by odour emissions. Smell intensive substances and typical ranges for odour concentrations are summarised in the following table [273].

Data on odour concentrations collected at 16 finishing plants which have all problems concerning complaints on odour nuisances are summarized in Fehler! Verweisquelle konnte nicht gefunden werden. [273].

Substance	Possible source
epsilon-caprolactam	Heat setting of polyamide 6 and polyamide 6 blends; Paste and powder coating with PA 6 and PA 6-copolymers
Paraffines, fatty alcohols, fatty acids, fatty acid esters (less odour intensive substances, but high concentrations)	Heat setting of grey textiles and inefficiently pre-washed textiles
Hydrocarbons	Printing, defoamers, machine cleaner
Aromatic compounds	Carriers
Acetic acid, formic acid	Various processes
Hydrogen sulfide, mercapantes	Sulfur dyeing
Sulfur derivatives	Reducing agents
Ammonia	Printing (ex urea), coating, non-woven processing
Acrylates	Printing (ex thickening agents), coating, non-woven processing
Formaldehyde	Easycare finishing , finishing of non-wovens, permanent flame retardants, burner emission in direct heated stenters
Terpene (d-limonene)	Solvents, machine cleaners
Styrol	Styrene polymers and copolymers
Vinylcyclohexene	Butadiene polymers and copolymers
Aldehydes	Singeing
Acroleine	Decomposition of glycerol
Phosphoric acid esters (esp. tributylphosphate)	Wetting agents, de-aeration agents
Phthalates	Levelling and dispersing agents
Amines (low molecular)	Various processes
Alcohols (octanol, butanol)	Wetting agents, antifoaming agents

Table 7-4: **Smell intensive substances in textile finishing**

Substrate/Process	Range of odour concentration [OU/m³]	Average odour concentration [OU/m³]
PA 6 Heat setting grey fabric	2000-4500	2500
PA 6 Finishing of heatsetted and pre-washed fabrics	500-2000	1100
PES Heat setting grey fabric	1500-2500	2000
PES Finishing of heatsetted and pre-washed fabrics	500-1500	800
CO Finishing	300-1000	500
Fibre blends Heat setting	1000-2500	1500
Fibre blends Finishing of heat setted and pre-washed fabrics	500-2000	1200
Sulfur dyeing		Up to 10.000
Singeing		Up to 60500
Non-wovens (monomer containing binders)		Up to 10000
Printing (mansardes) Pigment (CO) Vat-2-phase (CV) Disperse (PES) Vat discharge (CO)	Data collected at one finishing mill [EnviroTex, 1998c]	300 600 50 300
Printing (steamer) Pigment (CO) Disperse (PES Vat 2-phase (CO)	Data collected at one finishing mill [EnviroTex, 1998c]	700 600 6003

Table 7-5:   ***Typical examples for odour concentrations in textile finishing***

(OU: odour unit)

Odour mass flows can be estimated on the basis of the data compiled in table above assuming an average asir flow in the stenters of 10000 m³/h

For techniques used in treating odour nuisances, refer to section A of this chapter.

7.1.2   Pretreatment

A. Process-specific emission and consumption levels

<u>Pretreatment of cotton knit fabric</u> [273]

In the following two processes are described for continuous pre-treatment which means bleaching and washing as well as three discontinuous processes. The intensity of cotton knit fabric bleaching mainly depends on the kind of cotton quality and the degree of whiteness to be achieved. For subsequent exhaust dyeing with dark shades a less intensive bleach process is necessary only (pre-bleach) whereas for pale shades and non-dyed products the whiteness must be higher and bleaching more intensive respectively.

Continuous pretreatment of cotton knit fabric

Bigger TFI often have continuously working machines for the pre-treatment. In the following a process is described for continuous bleaching/washing with hydrogen peroxide. The process consists of following steps:

- Padding of the bleaching liquor with a pick-up of 130%

- Bleaching reaction in a steamer (30 min) with saturated steam at a temperature of 95-98°C

- Counter-current rinsing

- Padding of liquor containing complexing agents and washing agents with subsequent second steamer (3-5 min with saturated steam)

- Rinsing and drying (in case of non-dyed qualities, before drying softening agents are applied)

A typical recipe is given below.

Recipe	[g/kg textile]	COD of product [g O_2/kg product]	spec. COD-input [g O_2/kg textile]
Padding liquor for bleaching			
NaOH(100%)	8,2		
Wetting agent	6,0	1210	7,3
Complexing agents	4,4	270	1,2
Organic stabilisers	22,0	185	4,1
$MgSO_4$	2,2		
H_2O_2 (50%)	66,0		
Optical brightener	5,0	760	3,8
Washing agent	1,5	2060	3,1
Second padding liquor			
Polyphosphate	1,1		
Washing agent	1,1	1780	2,0
			sum: 21,4
Padding liquor in case of softening			
Softening agents	14,5	684	9,9
Acetic acid (60%)	1,1	645	0,7

Table 7-6: **Typical recipe for the continuous bleaching/washing of cotton knit fabric**

The specific COD-input can vary between 20-30 g/kg textile. The specific water-consumption and wastewater flow is about 30 l/kg (±7 l/kg). Typical values in first rinsing water are:

- COD: 4000-8500 mg O2/l

- Conductivity: 2.5-4.5 mS/cm

- pH: around 10.

Typical values in second rinsing water are:

- COD: 1000-3000 mg O2/l

- Conductivity: 0.5-1.2 mS/cm

- pH: around 8-10

At first order the chemicals and auxiliaries applied for bleaching/washing reach wastewater quantitatively. As already mentioned, the COD-input-factor is 20-30 g O2/kg textile. Measurements in total wastewater showed COD output-factors between 80-100 g O2/kg textile. This means that about 60 g O2/kg textile has been extracted from the greige cotton knit fabric.

The consumption of energy of the described process is not available.

500

The second process described consists of following steps:

- Padding of the de-mineralisation liquor with a pick-up of 130% (inorganic and organic acids) with subsequent reaction at 40°C and rinsing

- Padding with the bleaching liquor (H2O2 as bleaching agent)

- Bleaching reaction in a steamer with saturated steam at a temperature of about 97°C

- Counter-current rinsing

- Depending on the quality addition of softening agents

In principle the recipe for the bleaching liquor concerns the one given above. The specific consumption of chemicals, water, steam and electricity is contained in Fehler! Verweisquelle konnte nicht gefunden werden. It is obvious that this process needs significant lower quantities of water. The input of organic auxiliaries is slightly higher. It can be expected that also here the total specific COD emission is about 80-100 g O2/kg textile. The range is mainly caused by different specific weight and quality of processed knit fabric.

Input	unit	Typical range
Spec. consumption of inorganic chemicals	[g/kg textile]	37-41
Spec. consumption of organic chemicals, as COD (calculated with the recipe in Table 3.13)	[g O_2/kg textile]	29-35
Spec. consumption of water	[l/kg textile]	14-19
Spec. consumption of steam	[kg/kg textile]	1.1-1.6
Spec. consumption of electricity	[kWh/kg textile]	62-79
Spec. COD-output in wastewater caused by the applied chemicals (it is assumed that the wetting agents, complexing agents and organic stabilisers reach wastewater quantitatively whereas the optical brighteners and the softening agents remain to 70% and 90% respectively on the textile substrate)	[g O_2/kg textile]	16-20 (the wetting agents contribute most to the COD in wastewater)

Table 7-7: **Consumption of chemicals, water and energy for a continuous pretreatment process (bleaching/washing) of cotton knit fabric**

Discontinuous pretreatment of cotton knit fabric

For discontinuous bleaching/washing of cotton knit fabric, Fehler! Verweisquelle konnte nicht gefunden werden. provides the standard recipes for bleaching with hydrogen peroxide (H2O2). For the discontinuous pre-bleaching and full-bleaching in a bleaching vessel following values are available (Fehler! Verweisquelle konnte nicht gefunden werden.). Thereby factors can not be calculated because of missing wastewater flow for the single batches. Only the overall specific wastewater flow is known (for the whole process including rinsing, the specific water consumption is 30-50 l/kg).

Parameter	Pre-bleaching			Full-bleaching		
	Exhausted bleaching bath	Hot rinsing (15 min)	Cold rinsing (25 min)	Exhausted bleaching bath	Hot rinsing (15 min)	Cold rinsing (25 min)
COD [mg O2/l]	5200-6500	4200-5400	800-1700	7800-8500	5700-6500	800-1200
PH	11.4-11.7	11.1-11.3	11.1-11.2	12.1-12.5	12.1-12.3	11.3-11.5
Conductivity [mS/cm]	6.4-9.5	5-8	1.5-3.5	16-16.8	12-12.6	2.1-1.5

Note: for exhausted bleaching bath and rinsing water

Table 7-8: **Data for COD, pH and L from pre- and full-bleaching with H2O2 of cotton knit fabric**

Formerly, for cotton knit fabric a combination of sodium hypochlorite and hydrogen peroxide has been applied. Because hypochlorite generates chlorinated by-products it has been phased out to a high extend. Data from 1992 show values for the combined application of hypochlorite and peroxide indicating the big difference of AOX in wastewater. The applied recipe is according to the ones mentioned in previous section. AOX in the exhausted H_2O_2-bleaching bath is up to 6 mg Cl/l because there is no rinsing after hypochlorite bleaching and the knit fabric transports the by-products to the peroxide bleaching bath. The overall specific wastewater flow (for the whole process including rinsing, specific water consumption is 30-50 l/kg)

Parameter	NaOCl- Bleaching	H_2O_2- bleaching	Rinsing
	Exhausted bleaching bath	Exhausted bleaching bath	
COD [mg O2/l]	1500-1800	1500-1600	70-80
AOX [mg Cl/l]	90-100	3.5-6	0.2-0.3
PH	9.3-10.2	10.5-11	8.2-8.3
Conductivity [mS/cm]	10.2-10.5	7.2-8	0.8-0.85

Note: for exhausted bleaching bath and rinsing water (LR = 1:15)

Table 7-9: **Data for COD, AOX, pH and L from combination bleaching with NaOCl/H_2O_2 of cotton knit fabric**

Pretreatment of knit fabric consisting of synthetic fibres [273]

The availability of specific data on the input/output of processes for the pre-treatment of knit fabric consisting of synthetic fibres is limited. The components which are removed from the fibres along with quantities can be seen from previous sections. Together with specific water consumption and wastewater flow respectively the concentration of COD and hydrocarbons can be reliably estimated. Bigger industries have continuous pre-treatment processes (usually washing processes) with low specific water consumption resulting in high COD and hydrocarbon concentrations. For the latter concentrations in the g/l-order are typical.

Continuous pretreatment of woven fabric

Pretreatment of cellulosic woven fabric [273]

For cotton, the most common processes are desizing, scouring and bleaching. In addition, after scouring, mercerisation could take place. Today, these processes are often combined. Fehler! Verweisquelle konnte nicht gefunden werden. shows the process of desizing in case of water-soluble sizing agents which can be removed just with water. The desizing bath contribute to organic load to a high extend. The COD concentration and load can be calculated from the load of sizing agents on the fabric and the specific COD value. According to Fehler! Verweisquelle konnte nicht gefunden werden., water consumption for desizing is 4 l/kg. Suppose the load of sizing agent on the fabric is 6 weight-% and the specific COD is 1600 g/kg (in case of polyvinyl alcohol), the resulting COD concentration is about 24000 mg O2/l and the resulting COD emission factor 96 g O2/kg fabric. The mentioned water consumption (4 l/kg) is very low and can be considered as best achievable value. Older washing machines have higher water consumption, which can be five times. As a consequence, COD concentration is five times lower.

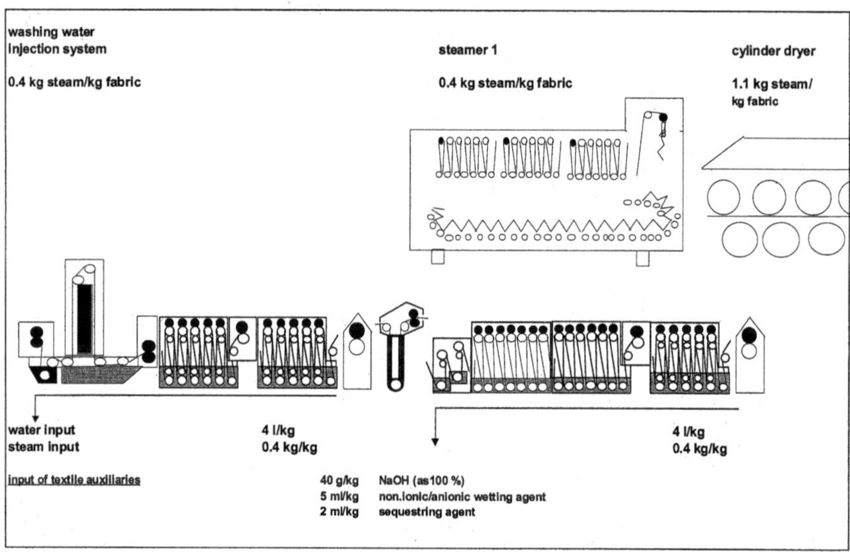

Note: Desizing: first two compartments; scouring process sequence: padding of scouring liquor, steam treatment, washing and drying.

Figure 7-1: **Typical continuous process for desizing and scouring**

In case of starch and modified starch, usually enzymatic desizing or oxidative desizing (cold bleaching) is applied with subsequent washing. In section Fehler! Verweisquelle konnte nicht gefunden werden., typical recipes for enzymatic desizing, for cold oxidative desizing and for desizing of water-soluble sizing agents can be found.

Subsequent bleaching is carried out continuously also (figure following).

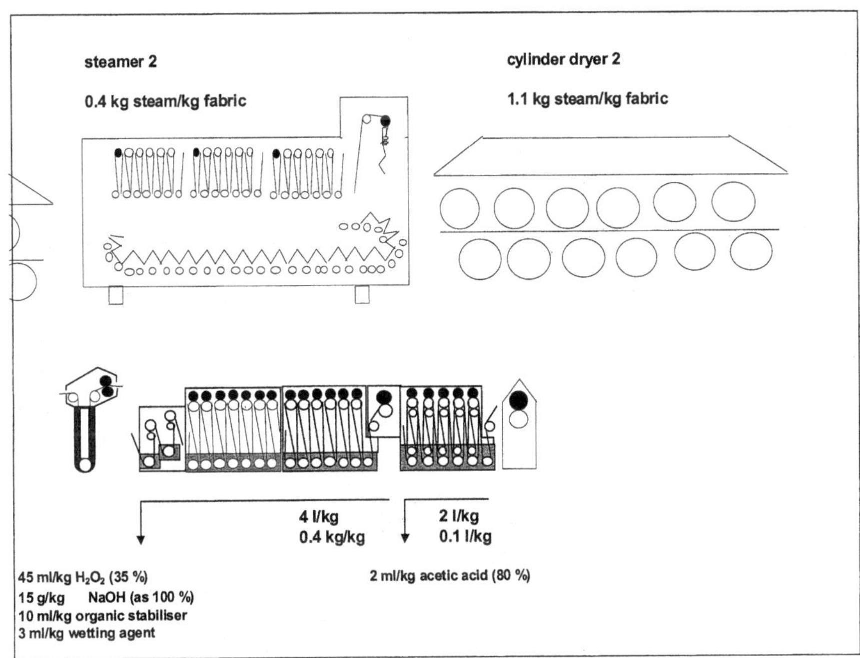

Figure 7-2:   ***Typical continuous bleaching with the process sequence: padding of the bleaching liquor, steaming, washing and drying.***

Regarding water consumption for pretreatment processes of cotton fabric, following values are achieved for modern equipment (Table 7-10.). However, older equipment may have significantly higher consumption. The table also contains the values for steam consumption.

Pretreatment process	Total water consumption [l/kg]	Hot water consumption [l/kg]	Steam consumption without heat exchanger [kg/kg]	Steam consumption with heat exchanger [kg/kg]
Desizing	3 - 4	3 - 4	0.6 - 0.8	0.3 - 0.4
Washing after scouring	4 - 5	4 - 5	0.8 - 1	0.4 - 0.5
Washing after bleaching	4 - 5	4 - 5	0.8 - 1	0.4 - 0.5
Washing after cold bleaching	4 - 6	4 - 6	0.8 - 1.2	0.4 - 0.6

Table 7-10:   ***Specific water consumption and steam consumption for the pretreatment processes of cotton fabric***

Pretreatment of synthetic woven fabric [273]

Synthetic woven fabric is pretreated both discontinuously and continuously. The main purpose is to remove preparation agents.

In case of continuous pretreatment, very high concentrations of hydrocarbons may result. E.g. with a load of hydrocarbons of 1.5 weight-% and a specific water consumption of 5 l/kg, a concentration of hydrocarbons of 3000 mg/l result. As this single wastewater stream is high in hydrocarbon concentration but low in flow, it is considered as a concentrated stream.

In case of fabric with a certain percentage of elasthane, silicon oil is also present. The complete removal of silicone oil can be very difficult. In some cases, still tetrachloroethene is applied; however, totally closed systems are applied to this purpose today having very low losses of tetrachloroethene

Pretreatment of woolen woven fabric [273]

The availability of detailed information on the pretreatment of woolen fabric is limited. Thus, reference is given to the standard recipes for pretreatment in section 4.4 is given only.

B. Process-specific treatment techniques

The principle of treatment techniques for exhaust air, waste water and solid wastes were already described in section Techniques for exhaust air, waste water and solid waste treatments. In the following, more process specific techniques are presented.

General good management practices such as for example planified purchase and storage of chemicals, constant recordal and documentation of in- and output mass flows, etc but also measures anticipating the problems by integrating environmental considerations of preceding textile processes are able to reduce emissions.

Further process-specific techniques to reduce emissions are:

- Recovery of sizing agents by ultrafiltration

- Recovery of caustic soda from mercerising process

- Enzymatic scouring of cotton susbtrate

- Enzymatic remove of hydrogen peroxide after bleaching

- Optimisation of cotton warp yarn

- Optimisation of hydrogen peroxide bleaching

Further more, application of the so-called emission factor concept when choosing adequate auxiliaries for heat-setting treatments of synthetic fabrics may also reduce emissions to air (see 7.1.5B. Emission factor concecpt for minimised air pollution). Substitution of critical substances is discussed in a separate section.

<u>Recovery of sizing agents by ultrafiltration</u> [2]

Sizing agents are applied to warp yarn in order to protect it during the weaving process and must to be removed during textile pretreatment, thus giving rise to 40-70% of the total COD load of woven fabric finishing mills.

Water-soluble synthetic sizing agents such as polyvinyl alcohol, polyacrylates, and carboxymethyl cellulose can be recovered from washing liquor by ultrafiltration. Recently, it has been confirmed that modified starches such as carboxymethyl starch can also be recycled.

The principle of recovery by ultrafiltration is as follow: after sizing and weaving, sizing agents are removed during textile pretreatment by hot washing with water in a continuous washing machine (in order to minimise water consumption, the washing process may need to be optimised). Sizing agent concentration in the washing liquor is between 20-30 g/l. In the ultrafiltration plant, they are concentrated to 150-350 g/l. The concentrate is recovered and can be re-used for sizing, whereas permeate can be recycled in the washing machine. Note that the concentrate is kept at high temperature (80-85°C) and does not need to be reheated.

The following figure shows the mass balance of sizing agents and water for the process with and without recovery in a representative case study. It can be seen that, even with recovery, some losses of sizing agent still occur at various steps of the process, especially during weaving.

Furthermore, a certain amount of sizing agent still remains on the desized fabric and a fraction ends up in permeate. Taking everything into consideration, the percentage of sizing agents which can be recovered is 80-85%.

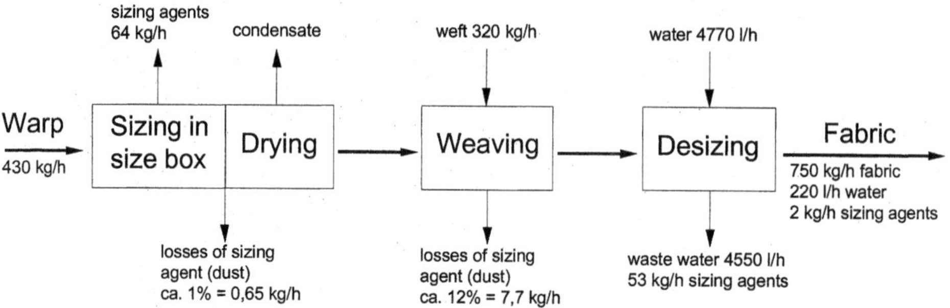

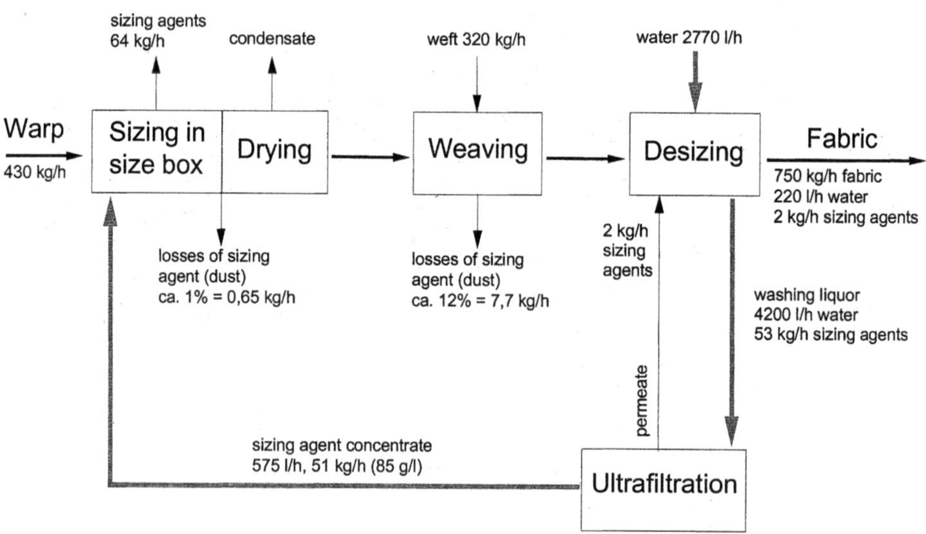

Figure 7-3: *Representative example of mass balance for sizing agents and water with and without recovery*

The environmental benefits of using the waste water treatment are that the COD load of waste water from finishers of woven fabric is reduced by 40-70%. Sizing agents are recovered up to 80-85%. In addition, sizing agents in waste water do not need to be treated.

Thus the energy consumption for the treatment is reduced significantly as well as the quantity of sludge to be disposed of.

Ultrafiltration is very efficient in reducing high organic load from textile mills.

However, it must be remembered that the polymers used for recoverable sizing agents are also widely applied in products such as household detergents, which are found in great quantities in other effluents. Size recovery does not contribute much to reducing the overall organic load originating from the discharge of these compounds.

When desizing coloured woven fabric (dyed warp yarn), the desizing liquor becomes slightly coloured. Dyestuff particles are more difficult to remove and the liquor needs to be submitted to microfiltration (which is more complex, but still feasible).

Moreover, the operation/management of ultrafiltration units for recovery of sizing agents requires qualified staff and accurate maintenance. Re-use in the weaving plant is not always without problems. Stock and the recovered size need to be kept under sterile conditions when stored and mixed with virgin size. Failure to protect against bacterial growth (biological degradation of concentrates and contamination of the ultrafiltration equipment) resulted in the closure of a recycling plant in Belgium.

It is true that ultrafiltration needs energy; however the amount consumed is much less than the energy required to produce new sizing agents (if they are not recovered) and to treat them in a waste water treatment plant.

However, approximately 75% of the sizes are still starch-based and thus, with the exception of CMC, not suitable for recycling. Recoverable sizing agents are usually only recovered in integrated mills having a weaving and a finishing section at the same site. There are mills where recovery is carried out in spite of a considerable distance between the weaving and finishing departments (up to 300 km in one company in the USA). However, long-distance shipments cancel out any ecological advantages because the liquor needs to be transported in adequate conditions in insulated tankers.

When weaving and finishing (desizing) takes place in completely different places, another option would most likely be more practical. The sizing agent could be removed and recovered directly in the weaving mill, which would therefore produce desized fabric. However, while the quantity of processed fabric must be higher than 1000 t/yr to make the process cost-effective in an integrated mill, the minimum amount in a weaving mill producing desized fabric is much higher (about 5000 - 8000 t fabric/yr) because, in addition to the ultrafiltration plant, a washing machine and a dryer must be installed.

To date, the textile finishers' acceptance of already de-sized fabric is limited. Weavers are concerned about the quality of the recovered size. Furthermore, certain effects such as minting can only be done with non-desized fabric.

A cost/benefit assessment of the method should take into account not only the costs of ultrafiltration, but also recipe and overall process and treatment costs, especially when considering that changing over from starch and starch derivatives to synthetic sizing agents has implications for weaving efficiency. Synthetic sizing agents are more expensive than starch-based sizing agents; however, they are applied in lower amounts and weaving efficiency may be higher.

The following table presents a typical example of annual savings achievable when introducing recovery of sizing agents:

Input for sizing	Without recovery [euro/a]		With recovery [euro/a]	
Produced woven fabric [t/a]	8750		8750	
Quantity of warp yarns [t/a]	5338		5338	
Load of sizing agents referred to yarn – in weight- %	13.8		10.0	
Recovered sizing agents [t/a]			427	76095
Starch derivatives [t/a]	470	261435		
PVA [t/a]	264	722500	75	205100
Polyacrylates (100%) [t/a]			32	158400
Wax [t/a]	59	133040	26.7	30485
Fresh water [m3/a]	5075	5840	755	830
Steam [t/a]	890	10780	350	4235
Electricity [kWh/a]	155680	8560	32000	1760
Man power [h/a]	4450	58700	1680	22180
Total cost		1200855		499085
Cost [euro/t warp yarn]		225		93.5

Table 7-11:   ***Typical example of annual savings achievable when introducing recovery of sizing agents***

In the example given in the table, there will be additional savings due to the higher weaving efficiency and reduced cost of pretreatment (time saving and significantly reduced consumption of chemicals for degradation and removal of sizes compared to starch-based products) and waste water treatment. The payback time of an ultrafiltration plant may then be less than one year.

The investment costs for the example illustrated above are the following (in €):

- ultrafiltration plant: 1,000,000

- equalisation tank: 105,000

- installation: 77,000

- start up: 27,500

- miscellaneous: 27,500

- **total investment cost: 1,237,000**

Waste water problems and cost reductions have been the most important driving forces towards implementing the recovery of sizing agents. The first plant for recovery of polyvinyl alcohol went into operation in 1975 in the USA. Meanwhile, there are two other plants which have been in operation in Germany for many years and various other plants in Brazil, Taiwan and the USA. There are not many suppliers of ultrafiltration plants [2; 273].

Yet, ultrafiltrafiltration may be a most questionable method of sustainable pollution control. The re-use of the recovered products is only possible when known and homogenous sizes were used. Moreover, the actual costs for maintaining, supporting and using (energy and water) of such techniques are seldom take into account. Effective use of sizing agents, moisturing of yarn and other techniques, involving larger system limits and considering the overall process of fabric production, enables often considerable savings of sizing agents and simultaneous improving the quality in following finishing processes [381].

<u>Recovery of caustic soda from mercerisation process</u> [273]

During the mercerisation process, cotton yarn or fabric (mainly woven fabric but also knit fabric) is treated under tension in a solution of concentrated caustic soda (270-300 g NaOH/l respectively 170 - 350 g NaOH/kg textile substrate) for about 40-50 seconds. Subsequently, textile substrate is rinsed in order to remove caustic soda. This rinsing water is called weak lye (40 - 50 g NaOH/l) and can be concentrated by evaporation for recycling. After removal of lint, fluff and other solids (in self-cleaning rotary filters or pressure micro filtration), the weak lye first is concentrated, for instance in a three stage evaporation stage. In many cases, purification of the lye is required, normally carried out after evaporation. The purification technique depends on the extend of lye contamination and can be simple sedimentation but also oxidation/flotation by injection of hydrogen peroxide.

The driving force of the evaporation process is a temperature and pressure drop over the stages, with the highest temperature and pressure in the first stage and the lowest temperature and pressure in the last stage. To use the vapours of one stage to heat the next one, the boiling point in the next stage must obviously be lower. This is achieved, despite the higher concentration, by lower pressure in the next stage. The concentration increases over the stages, the temperature decreases. The vapours of the last stage are used to pre-heat the weak lye feed and are then condensed to liquid phase in a condenser by heating up cold water for process use.

The technique is applicable both to existing and new installations. Alkaline burden of wastewater is reduced drastically and required acid for wastewater neutralisation is minimised. First caustic soda recovery plant went into operation more than one hundred years ago. Today, there are more than 300 plants in operation world-wide, especially for recovery of caustic soda from woven fabric mercerisation and yarn mercerisation and some from knit fabric mercerisation; the latter process is not applied very often.

The concentration of weak lye usually is 5-8 °Bé (30-55.g NaOH/l) and is concentrated to 25-40 °Bé (225-485.g NaOH/l), depending on the mercerising process applied; in case of raw mercerisation (dry textile substrate is treated) the concentration is 25-28 °Bé and is 40 °Bé in case non-raw mercerisation. In case of raw mercerisation, the concentration of impurities is significantly higher and thus viscosity which do not allow to go for higher concentrations (circulation in evaporators is disturbed). The more stages for evaporation, the more often the heat is re-used and the lower is the steam consumption and herewith the running cost. Investment however, obviously increases with more stages.

Evaporation requires approx. 0.3 kg steam (bar)/kg water evaporated in a 4-stages evaporation plant. This corresponds to 1.0 kg steam/kg recovered NaOH 28 °Bé or 1.85 kg steam / kg 40 °Bé

510

NaOH. However, energy consumption for production of caustic soda from chloroalkali electrolysis is also considerable.

<u>Enzymatic scouring</u>

Desizing, scouring with strong alkali and bleaching are typical pretreatment steps for cotton finishing mills. Often scouring and bleaching steps are combined. Scouring improves wettability of cotton fibres. Hydrophobic impurities as pectines, waxes are removed from the fibres. With the use of enzymes (generated from genetically modified microorganisms) the alkaline scouring process can be replaced. The enzymes are used in combination with surfactants (wetting agents and emulsifiers) and complexing agents. Due to a better bleachability of enzyme scoured textiles bleaching can be carried out with reduced amounts of bleaching chemicals and auxiliaries [273].

Enzymatic scouring process was already described in section 4.3.2.

<u>Enzymatic removal of residual hydrogen peroxide after bleaching</u> [273]

To achieve reproducible bleaching results residual hydrogen peroxide content of 10-15 % of the initial quantity should be still available after bleaching. The residual hydrogen peroxide content must be completely removed to prevent any change of shade with dyestuffs which are sensitive to oxidation. Reducing agents and several rinsing steps are necessary in common peroxide removal techniques. High energy and water consumption and the use of sulphur containing reducing agents are the main disadvantages of the conventional technique.

Special enzymes (peroxidases) catalyse the reduction from hydrogen peroxide to oxygen and water. No side reactions with the substrate or with dyestuffs occur.

Enzymatic peroxide removal is possible in a discontinuous, semi-continuous, and continuous way. The method is applicable both in new and existing installations. The technique is applied in European textile finishing mills and world-wide as well.

Peroxidases are completely biodegradable. Rinsing steps after peroxide bleaching can be reduced (normally only one rinsing step with hot water is necessary). Peroxidases have no negative influence on downstream dyeing process. Therefore, after treatment with the enzymes in an exhaust process the liquor does not have to be drained prior to dyeing. Savings in energy and water consumption can be achieved. Wastewater pollution with reducing agents (used for conventional processes) id avoided.

A typical process sequence is given below:

Peroxide bleaching - liquor change - one rinsing bath (hot water) - liquor change – enzymatic peroxide removal – dyeing without previous liquor change.

Typical application amounts for the peroxidases in exhaust techniques are in the range of 0,5-2,0 ml/l (40-60 °C; 20 min) [Bayer, 1999], resp. 0,2 ml/l (20-50 °C; 10-15 min) [Stöhr, 1997]. In padding liquors a peroxidase concentration between 1-6 ml/l (100 % liquor up-take) is used [Bayer, 1999].

Due to savings in water and energy consumption cost savings in a range between 6-8 % (exhaust technique) are said to be achieved.

<u>Optimisation of cotton warp yarn pre-treatment</u> [273]

For producing of white, non-dyed sheets to be used under bed sheets and table cloth, cotton woven fabric is in use. To this purpose, cotton warp yarn is bleached before weaving because the fabric is not desized after the weaving process. A five-step process has been applied, consisting of wetting/scouring, alkaline peroxide bleaching and three subsequent rinsing steps whereas the last rinsing water has been reused for the first bath. The existing process has been studied in detail. With the results, the optimised process has been developed. Wetting, scouring and bleaching is combined to one step and rinsing is performed in two steps; the second rinsing bath is reused.

In addition, heat recovery has been introduced. The hot scouring/bleaching bath (110°C) is heating fresh water for first rinsing in a heat exchanger. The bath is cooled down to about 80°C and fresh water is heated to 60-70°C. This cooled scouring/bleaching bath is collected in a tank which also receives the warm rinsing water from first rinsing. Energy of this wastewater then is recovered in a second heat exchanger to heat mixed fresh water and rinsing water from second rinsing. After that, cooled scouring/bleaching bath and first rinsing bath is discharged to a municipal wastewater treatment plant whereas second rinsing water is reused for preparing the scouring/bleaching bath.

The optimisation of the process is possible both for exiting and new installations. Regarding the recovery of heat, space for additional tanks is required which may be a limiting factors in some cases. The quality of the cotton yarn has to be considered (content of iron, seeds etc.) in order to make to sure that the process can be applied.

Water consumption and wastewater discharge before and after optimisation can be seen from tables following.

Process sequence	Process	Water consumption for conventional process [l]	Water consumption for optimised process [l]
1. step	wetting/scouring	6400	6400
2. step	bleaching	5000	
3. step	cold rinsing	5000	5000
4. step	warm rinsing	5000	
5. step	rinsing and pH adjustment with acetic acid	5000	5000
All steps		26400	16400
Recycling of last rinsing bath		- 5000	- 5000
Overall water consumption		21400	11400
Specific water consumption (800 kg yarn/batch)		26.8 l/kg	14.3 l/kg
Residual water content in the yarn		1400	1400
Wastewater flow		20000	10000
Specific wastewater flow		25 l/kg	12.5 l/kg

Table 7-12: *Water consumption and wastewater discharge before and after optimised pre-treatment process of warp yarn*

The consumption of chemicals and energy has also been reduced drastically: Following savings are achieved:

- Process time: about 50%

- Water consumption/wastewater discharge: about 50%

- NaOH: about 80%

- H_2O_2: no reduction

- Complexing agents/stabilisers: about 65%

- Surfactants: about 70 %

- Optical brightener: no reduction

- COD load of wastewater: about 20%

- Energy: 1.2 kg steam/kg warp yarn

In Table 7-13, the conditions of the optimised process are compiled. It also contains the calculation of COD-input and COD-output respectively.

Process and Input			
	quantity	spec. COD-value and -concentration [mg O_2/g] resp. [mg O_2/l]	COD-load per 800 kg batch [kg O_2]
Wetting/scouring/bleaching			
Recipe			
NaOH 38° Be/33%	3.5 g/l	-	-
H_2O_2 35%	3.0 g/l	-	-
Complexing agent and stabiliser	g/l	85	0.53
Surfactant	1.9 g/l	1610	19.35
Optical brightener	0.15 weight-%	2600	<u>3.12</u>
			total : 23
Conditions: pH ca. 12, 110°C, 10 min			
Extracted COD from CO warp yarn			56
First rinsing Conditions: 70°C, 15 min		3000 mg O_2/l	15
Second rinsing Conditions: 70°C, 15 min		1000 mg O_2/l	5
Total			99 kg COD resp. 124 g/kg

Table 7-13: ***Recipe and conditions of the optimised pre-treatment process of cotton warp yarn***

The considerable savings of time, water, chemicals and energy makes the process highly economical. The optimised process does not require new pre-treatment equipment but tanks, heat exchangers, pipes and control devices for energy recovery from wastewater. Two textile finishing industries in Germany are practising the described optimised process successfully.

<u>Optimision of hydrogen peroxide bleaching process</u>

The optimision of the hydrogen peroxide bleaching process essentially leads to minimised consumption of complexing agents [2].

When bleaching with hydrogen peroxide, different more or less reactive oxygen species may be present in water (O_2**, H_2O_2/HOO⁻, H_2O/OH⁻, HOO*/O_2*-, OH*/O*-, O_3/O_3*-). The kinetics of formation and disappearance depends on the concentration of oxygen, the energy for activation, the reduction potential, the pH, the catalyst, and other reagents. These processes are very complex and can only be explained with dynamic simulation models. The bleaching is mostly controlled by

514

the addition of complex formers i.e. complexing/sequestering agents.

Complexing agents which are typically applied in finishing mills are based on polyphosphates (e.g. tripolyphosphate), phosphonates (e.g. 1-hydroxyethane 1,1- diphosphonic acid), and amino car-boxylic acids (e.g. EDTA, DTPA and NTA). The main concerns associated with the use of these substances arise from their ability to form stable complexes with metals (remobilisation of heavy metals), their N- and P- content and their often low biodegradability/bioeliminability.

The use of high quantities of sequestering agents can be avoided by removing the responsible catalysts from the water used in the process and from the textile substrate.

<u>Softening of fresh water</u> is largely applied by textile mills to remove the iron and the hardening al-kaline-earth cations from the process water (magnesium hydrate has a stabilising effect and tech-niques which remove transition metals and calcium are therefore preferred).

As for the iron present on greige goods (originating from fibre impurities, metallic particles, etc.), modern continuous lines are equipped with magnetic detectors for the removal of the iron particles before the bleaching step.

However, this is not sufficient when the goods are heavily contaminated and iron is not evenly dis-tributed over the fabric (rust). Iron can be solubilised and removed from the substrate by <u>acid demineralisation or reductive/extractive treatment of the goods</u> to be bleached. In the case of acid demineralisation, Fe(III) oxide, iron metal, and many other forms (some organic complexes) are solubilised in strongly acidic conditions (in hydrochloric acid at pH 3). This treatment requires that the metal parts of the equipment must be able to withstand these conditions. The advantage of the reductive treatment is that there is no need to use strong corrosive acids. Moreover, with the new non-hazardous reductive agents it is possible to avoid a drastic change of pH.

Moreover, <u>scavenging away the disturbing OH* radicals formed</u> during bleaching minimises fibre damage without the need of complexing agents. The control of the bleaching process is funda-mental to preventing uncontrolled decomposition of hydrogen peroxide and to allow optimum use of hydrogen peroxide.

Under optimal conditions (pH around 11.2, homogeneously distributed catalyst and controlled per-oxide concentration) the hydroxyl radical OH* is scavenged away by hydrogen peroxide, forming the true bleaching agent, the dioxide radical ion. These conditions permit the optimal use of hydro-gen peroxide during reaction. The addition of formic acid (formate ion) as scavenging agent is also useful in order to further control the formation of the OH* radical.

With this newly proposed technique it is possible to bleach cellulose in full to high whiteness, with-out damage to the fibre with:

- no use of hazardous sequestering agents;
- minimal consumption of peroxide (<50 % compared with uncontrolled conditions);
- (pre-)oxidation of the removed substances.

As mentioned above, as an alternative to acid demineralisation, pre-cleaning of heavily soiled fab-ric (rust) is possible in more alkaline conditions using non-hazardous reducing agents, without any need for a drastic change in pH. The reduction/extraction is effective for all types of substrates and qualities of fabrics (highly contaminated, uneven distribution of iron-rust). This step is easy to integrate into discontinuous and continuous processes following the oxidative route under mildly or strongly alkaline bleach conditions

The methods described may be generally applicable to existing and new plants. However, fully automated equipment is necessary for the application of hydrogen peroxide under controlled process conditions. Dosing of the bleaching agent, controlled by a dynamic simulation model, is still limited.

Reduction of peroxide consumption by more than 50% is possible. There is no increase, but rather a decrease in organic load, with better treatability of the effluent. The chemistry needed is not expensive and is reliable, provided that there is an understanding of the complex control parameters.

C. Substitution of chemicals

Chemicals that may be substitute for environmental reasons in pre-treatment processes are:

Alkylphenol ethoxylates and other hazardous surfactants

Non-biodegradable complexing agents

Chlorine-containing bleaching agents

Substitution of alkylphenol ethoxylates (and other hazardous surfactants) [2]

Many surfactants give rise to environmental concerns due to their poor biodegradability, their toxicity (including that of their metabolites), and their potential to act as endocrine disrupters. Concerns currently focus on alkylphenol ethoxylates (APEO) and in particular on nonylphenol ethoxylates (NPE), which are often contained in the formulations of detergents and many other auxiliaries (e.g. dispersing agents, emulsifiers, spinning lubricants).

Alkylphenol ethoxylates are themselves believed to be endocrine disruptors and to cause feminisation of male fish. More importantly, they produce metabolites which are believed to be many times more potent as endocrine disruptors than the parent compounds. The most potent of these are octyl- and nonylphenol. Nonylphenol is listed as a priority hazardous substance under OSPAR and the EC Water Framework Directive, which means that any discharges need to be phased out [2].

Alkylphenol ethoxylates may be present in auxiliary formulations as the main active substances or in small percentages as additives. In both cases substitutes are available. The main alternatives are alcohol ethoxylates (AE), but other readily biodegradable surfactants have also been developed [300].

516

As to other problematic surfactants, substitutes are often available which are readily biodegradable
or bioeliminable in the waste water treatment plant (OECD-test 301 A-F, pass level>70% for tests
based on dissolved organic carbon, or 60% for tests based on oxygen depletion or carbon dioxide
generation; OECD-test 303 A, pass level: DOC or COD generation >80%; OECD-test 302 B, pass
level: DOC-elimination >80% in 7 days) and which do not form toxic metabolites. The finisher
should be able to select the less hazardous products based on the information reported by the
manufacturer on Material Safety Data Sheets [2]. However, due to considerable variability both
between the two chemical classes of APEO and AE and *within* the classes themselves, no general
assessment of toxicity and potential risks should be conducted. Only specific chemicals in specific
applications should be considered. In terms of environmental risk, AE appears to present a clear
advantage over Nonylphenolethoxylate (the most important APEO), chiefly owing to issues of biodegradability [300].

Chemical	Fish Acute	Daphnid acute	Algal acute	Fish chronic	Daphnid chronic	Algal chronic
Ethoxylated Nonylphenol*	2.0	2.0	2.0	0.2	0.2	0.2
Alcohols, C8-C10, ethoxy-lated	24	24	24	2.4	2.4	2.4
Alcohols, C12-C14, ethoxy-lated	2.2	2.2	2.2	0.22	0.22	0.22

*The exact NPE for which the above results are given is not identified in the source document

Table 7-14:   ***Comparison of acute and chronic toxicity values (mg/l)***

Unfortunately, when trying to identify the specific chemicals which act as substitutes in a specific
formulation, it became clear that much of this information was proprietary nature as no details of
composition are given to the finisher.

For the substitution of APEO in detergents with AE, the new washing formulations are reported to
be applied in concentrations similar to the conventional ones. According to other sources, AEs are
slightly less effective detergents than APEOs, which means higher concentrations and feed rates
may be required for equivalent effects. Investigations carried out in the wool scouring sector show
that mills using alkyl phenol ethoxylates used an average of 7.6 g detergent per kg greasy wool
(range 4.5 - 15.8 g/kg), while the users of alcohol ethoxylates consumed an average of 10.9 g detergent per kg greasy wool (range 3.5 – 20 g/kg) [2].

The substitution is generally applicable in all new and existing wet processing installations. However, as long as "hard" surfactants are used in fibre and yarn preparation agents, the largest fraction of potentially hazardous surfactants in wet-processing effluents cannot be controlled by the
dyehouse. The possibility of foaming in rivers exists in cases where sufficient amounts of surfactant pass through sewage treatment works unchanged or as partial metabolites with residual surfactant properties. The formation of foam is, however, typical of many other surfactants, including
APEOs [2].

As with APEOs, it must be noted that these surfactants also have many dry applications (e.g. as dry spinning lubricants in the production of viscose for technical uses). In these cases, the substitution is possible, but it is expensive and it is not a priority. Here the presence of APEOs can be regarded as a less critical problem since the surfactant does not enter the wet processing line.

From an economical point of view, AEs are 20 – 25 % more expensive than APEOs. The fact that they appear to be less effective can further increase the operating costs over those of APEOs. However, mills making the change from APEO to AE are more likely to take care to optimise their use. An example is given of a UK scouring mill which made the substitution in 1996. Annual costs for detergent use were estimated to have increased from EUR 84,700 to EUR 103,600: an increase equivalent of about EUR 1.09 per tonne of wool processed. In the past few years the cost of APEO has been reduced significantly from EUR 1,000/tonne (1997/98) to EUR 700 (1999). As a result, the increase in cost involved with the use of AE could be even higher [2].

Generally speaking, costs of ecologically optimised formulations are comparable, but in some cases can be significantly higher than conventional products. However, the finisher tends to accept the extra costs associated with the use of more environmentally friendly products, especially when the overall environmental balance is considered. The enforcement of regulations at national and European levels, together with voluntary instruments such as the PARCOM recommendations and the eco-labelling schemes, are the main driving forces.

<u>Selection of biodegradable/bioeliminable complexing agents in pretreatment and dyeing processes</u> [2]

Complexing agents are applied to mask hardening alkaline-earth cations and transition-metal ions in aqueous solutions in order to eliminate their damaging effect, especially in pretreatment processes (e.g. catalytic destruction of hydrogen peroxide), but also during dyeing operations.

Typical sequestering agents are polyphosphates (e.g. tripolyphosphate), phosphonates (e.g. 1-hydroxyethane 1,1-diphosphonic acid), and amino carboxylic acids (e.g. EDTA, DTPA, and NTA) (see figure below [2, 273]).

Tripolyphosphate (Sodium tripolyphosphat: CAS-No.: 7758-29-4)	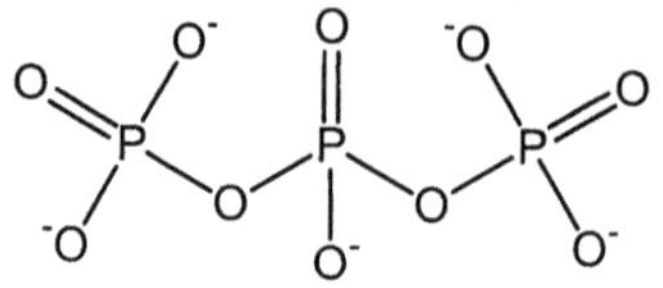
NTA Nitrilotriacetic acid CAS-No.: 139-13-9	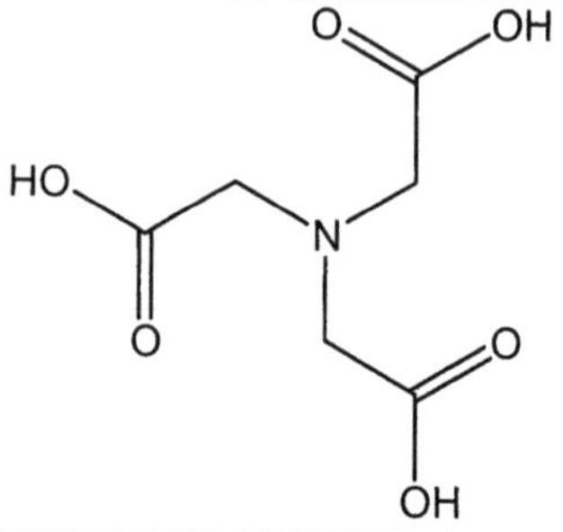
HEDP 1-Hydroxyethan-1,1-diphosphonic acid	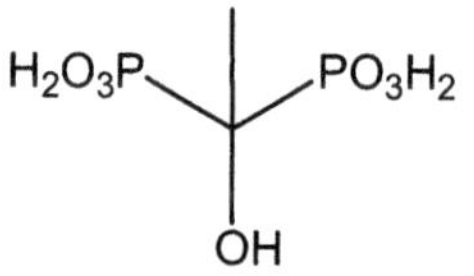

Figure 7-4:   ***Chemical structure of some N- or P- containing complexing agents***

When complexing agents are used polycarboxylates or substituted polycarboxylic acids (e.g. poly-acrylates and polyacrylate-maleinic acid copolymerisates), hydroxy carboxylic acids (e.g. gluco-nates, citrates), and some sugar-acrylic acid copolymers are convenient alternatives to the con-ventional sequestering agents. None of these products contain N or P in its molecule. In addition, the hydroxy carboxylic acid and sugar-acrylic acid copolymers are readily biodegradable.

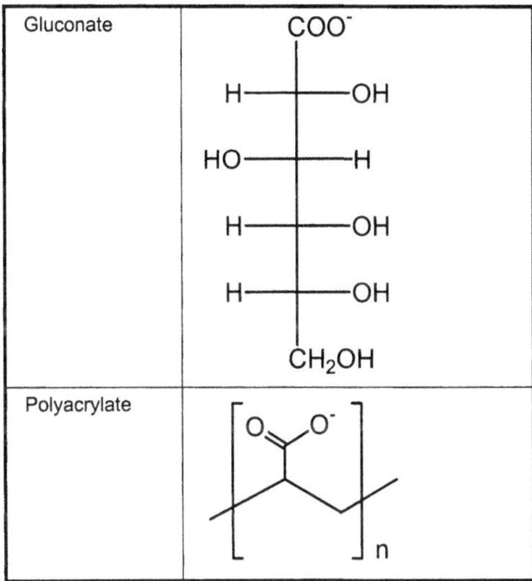

Figure 7-5:   ***Chemical structure of some N- and P-free complexing agents***

The best complexing agent (in a technical, economical, and ecological sense) is one which achieves a good balance of ecological properties and effectiveness.

Effectiveness is measured as the capacity to complex alkaline-earth cations, the dispersing capacity, and the capacity to stabilise hydrogen peroxide.

On the ecological side, the following factors are to be considered:

- biodegradability;
- bioeliminability;
- remobilisation of heavy metals;
- nitrogen content (eutrophication potential);
- phosphorus content (eutrophication potential).

Table 7-15 gives an analysis of the aspects related to the effectiveness of commercially available complexing agents [179, 273].

Ecological property	EDTA, DTPA	NTA	Poly phosphate	Phospho-nates	Poly car-boxylates	Hydroxy carboxylic acid	Sugar co-polymers
Biodegradability	No	Yes	Inorganic	No	No	Yes	Yes
Bioeliminability	No	-	-	Yes (1)	Yes	-	-
N-content	Yes	Yes	No	No	No	No	No
P-content	No	No	Yes	Yes	No	No	No
Remobilisation of heavy metals	Yes	Possible	No	No	No	No	No

Table 7-15:   ***Qualitative assessment of commercially available complexing agents***

The substitution of conventional complexing agents with the substances mentioned above has the following positive effects:

- reduced eutrophication in the receiving water;
- improved biodegradability of the final effluent;
- reduced risk of remobilisation of the heavy metals from sediments.

Complexing agents are applied in textile chemistry in many different fields. Recipes and application techniques are therefore process-specific. However, the use of the optimised products mentioned above does not imply major differences with respect to conventional complexing agents.

Bioelimination/biodegradation rates for some products available on the market are:

- sugar-acrylic acid copolymer: readily biodegradable, (OECD 301 F, mineralisation: 100%; COD: 194 mg O_2/g; BOD_5 40 mgO_2/g);

- sugar acrylic acid copolymer: readily biodegradable (OECD 301C; COD: 149 mg O_2/g);

- hydroxy carboxylic acid: bioeliminable (OECD 302 B, elimination: 92%; COD: 144 mg O_2/g; BOD_5 51 mg O_2/g)];

- carboxylates: readily bioeliminable (OECD 302B, elimination>90%; COD: 280 mg O_2/g; BOD_5 125 mg O_2/g);

- modified polysaccharide: readily biodegradable (OECD 301E, biodegradability: 80%; COD: 342 mg O_2/g; BOD_5 134 mg O_2/g)].

Taking as a reference the application of conventional complexing agents, no cross-media effects need to be mentioned. With polyacrylate-based complexing agents, the residual monomer content in the polymer should be taken into account (note that acrylates are also widely used in large volumes in other sectors as detergent builders, thus overloading the waste water treatment plants significantly more than textile effluents do).

The complexing agents described in this section can be used in continuous and discontinuous processes. The effectiveness of the various products must, however, be considered when replacing conventional complexing agents by more environmentally-friendly ones (see table below).

Properties	EDTA, DTPA	NTA	Poly-phos-phate	Phos-phonate	Poly-carboxy-lates	Hydroxy carbox-ylic acid	Sugar co-polymers
Softening	+	+	+	++	+	0	+
Dispersing	-	-	0	0	+	-	+
Stabilisation of peroxide	+	-	-	++	0	-	+ (special products)
Demineralisation	++	+	0	++	0	0	0

Table 7-16: **Effectiveness of complexing agents**

Costs for N- or P-free compounds, especially for sugar-acrylic copolymers, are comparable to other N- and P-free products, although higher quantities may be necessary in some cases. N- and P-free complexing agents are applied in many plants world-wide. Consumption of polycarboxylates is significantly higher than for sugar-acrylic copolymers and hydrocarboxylic acids. The enforcement of regulations at national and European level, together with voluntary instruments like the PARCOM recommendations and the eco-labelling schemes, are the main driving forces to implement these new product [2, 273].

However, the possibility to reduce consumption by restrained use of more effective chemicals have always to be take in consideration before substitution is favoured. A striking example of sustained pollution control was the case of the mill TVW Textilveredlungs- und Handelsgeselschaft Windel mbH. The finisher reduce drastically the release of P-containing compounds only by reducing the consumption up to 70%. A meticulous verification of old recipes allowed such high savings, either reducing consumption of chemicals and costs [381].

<u>Substitution of sodium hypochlorite and chlorine-containing compounds in bleaching operations</u> [2]

The application of hypochlorite gives rise to subsidiary reactions leading to the formation of a number of chlorinated hydrocarbons such as the carcinogenic trichloromethane (which is also the most frequently formed as it is at the end of the reaction chain). Most of these by-products can be detected as absorbable organic halogens by means of the sum parameter AOX. Similar contributions to the formation of hazardous AOX come from chlorine or chlorine-releasing compounds and strong chlorinated acids (e.g. trichloroacetic acid). Halogenated solvents are a different category of problematic AOX.

Sodium hypochlorite was for a long time one of the most widely used bleaching agents in the textile finishing industry. Although it has been largely replaced in Germany and many other European countries, it is still in use in many parts of the world not only as a bleaching agent, but also for cleaning dyeing machines or as a stripping agent for recovery of faulty dyed goods.

In certain conditions, sodium chlorite may also give rise to the formation of AOX, although to a lesser extent than hypochlorite. However, recent investigations have shown that the cause is not sodium chlorite itself, but the chlorine or hypochlorite present as impurities (from nonstoichiometric production) or used as an activating agent. Recent technologies (using hydrogen peroxide as the reducing agent of sodium chlorate) are now available to produce ClO_2 without generation of AOX.

Hydrogen peroxide, as a substitute for sodium hypochlorite, is now the preferred bleaching agent for cotton and cotton blends.

When a single-stage process using only hydrogen peroxide cannot achieve the high degree of whiteness required, a two-stage process with hydrogen peroxide (first step) and sodium hypochlorite (second step) can be applied in order to reduce AOX emissions. In this way, the impurities on the fibre – which act as precursors in the haloform reaction – are removed, reducing the amount of AOX in the effluent. Nevertheless, a two-stage bleaching process using only hydrogen peroxide is currently possible, thus completely eliminating the use of hypochlorite (cold bleaching at room temperature followed by a hot bleaching step).

There is also increasing support for peroxide bleach under strong alkaline conditions, which achieves a high degree of whiteness after careful removal of catalysts by a reduction/extraction technique. The additional advantage claimed is the possible combination of scouring and bleaching. The reduction/extraction phase followed by a strong oxidative combined bleaching/scouring step (high alkali and high active oxygen concentration) is applicable for bleaching highly contaminated textiles in all make-ups and in all types of machines (discontinuous and continuous). This method takes the oxidative route and uses the active oxygen.

Sodium chlorite is also proposed as an elemental chlorine-free bleach, provided that measures are taken to avoid the presence of chlorine and hypochlorite.

The main environmental benefits when substituting sodium hypochlorite and chlorine-containing compounds is that the presence of hazardous AOX such as trichloromethane and chloroacetic acid in the effluent is avoided.

Particular attention needs to be paid to the combination or sequence of pretreatment operations and the mixing of streams containing hypochlorite or chlorine. For example, the application of the two-step bleaching method where hypochlorite and peroxide are used is potentially hazardous if the hypochlorite bleaching is performed when large quantities of organohalogen precursors are still present on the substrate. The risk would thus be reduced if hypochlorite bleach came as a last step after an alkaline peroxide bleach, which removes the precursors from the fibre. However, no data has been made available which shows the importance of reversing the sequence of the two steps from hypochlorite ¨ peroxide into peroxide ¨ hypochlorite. It is actually more important to avoid mixing hypochlorite bleach waste water with certain other streams and mixed effluents, in particular from desizing and washing, even when the right sequence of pretreatment and bleaching is adopted. The formation of organohalogens is highly possible in combined process streams.

As with chlorite bleach, handling and storage of sodium chlorite needs particular attention because of toxicity and corrosion risks. Machinery and equipment must be inspected frequently due to the high stress to which they are subjected.

Complexing agents (e.g. EDTA, DTPA, phosphonates) are normally applied as hydrogen peroxide stabilisers. The main concerns associated with the use of these substances arise from their ability to form stable complexes with metals (remobilisation of heavy metals), their N- and P- content, and their often low biodegradability/bioeliminability. The addition of strong sequestering agents, however, can be avoided by fine control of the pH conditions during the bleaching process (see section 4.3.3) and with the assistance of silicates, magnesium, acrylates or biologically degradable carboxylates, slowing down the uncontrolled decomposition of hydrogen peroxide.

Optical brighteners are often applied when peroxide bleaching is not sufficient to achieve the required level of whiteness. The resulting COD load and smoke during fixation in the stenter must be taken into account. Moreover, optical whiteners are potentially irritating and thus not always acceptable for white goods coming into close contact with the skin (e.g. underwear, bed sheets).

The substitution of hypochlorite as bleaching agent is applicable to both new and existing installations.

Hydrogen peroxide is a valid substitute for bleaching yarn and woven fabric made of most cellulosic and wool fibres and most of their blends. Nowadays, a full hydrogen peroxide bleaching process is also applicable to cotton & cotton-blend knitted fabric, and a high degree of whiteness (>75 BERGER Whiteness Index) can be obtained (with a strong alkaline scour/bleach after removal of the catalyst).

Exceptions include flax and other bast fibres which cannot be bleached using peroxide alone. Unlike chlorine dioxide, the anionic bleaching agent is not strong enough to remove all coloured material and does not preferentially access the hydrophobic region of the fibre. A two-step hydrogen peroxide-chlorine dioxide bleaching is an option for flax.

It is claimed that a sequence where precursors of halogenation are removed with a peroxide bleach followed by a hypochlorite bleach (or a peroxide pre-bleach followed by a combined hydrogen peroxide/hypochlorite bleach) is still necessary for high whiteness and for fabrics which are considered fragile and would suffer from depolymerisation.

Sodium chlorite is an excellent bleaching agent for flax, linen, and some synthetic fibres.

In general, bleaching with hydrogen peroxide is no more expensive than with hypochlorite due to of market saturation. The two-stage bleaching process with hydrogen peroxide proposed for knitted fabric is reported to be between two to six times more expensive than the conventional process using hydrogen peroxide and hypochlorite [273].

Concerning the use of chlorine dioxide as bleaching agent, investment may be needed (in existing installations) for equipment resistant to the highly corrosive conditions in which this bleaching agent is used.

As far as the production of elemental chlorine-free chlorite is concerned, this process is fully investigated and described in other BREFs (pulp & paper industry). The economic reasons for not using this process in the pulp & paper industry (due to high production capacity required) are not relevant in the textile sector where the quantities used are relatively small.

Market demands for chlorine-free bleached textiles and the requirements set by legislation (regarding waste water discharge) are the main driving forces for the implementation of this technique. Many plants in Europe and worldwide have largely substituted sodium hypochlorite as bleaching agent.

524

7.1.3 Dyeing

A. Process-specific emission and consumption levels

Water and energy consumption in dyeing processes are a function of the dyeing technique, operating practices, and machinery employed.

Batch dyeing processes generally require higher water and energy consumption levels than continuous processes. This is partly due to the higher liquor ratios involved.

The liquor ratio may also play an important role in the level of exhaustion of the dye. This parameter is related to the exhaustion level of the bath through the equation: $E = K/(K+L)$, where:

> K (affinity) = 50 to 1000 for various dye/fibre combinations
> L (liquor ratio) = 5 to 50 for various machines
> E (exhaustion) = 0.5 to 1 (50 to 100 % exhaustion)

From this equation it can be inferred that when L increases, E decreases and a lower amount of dye is absorbed into the fibre when the equilibrium is reached. The effect is more pronounced when using low-affinity dyes.

The liquor ratio also has an influence on the consumption levels of chemicals and auxiliaries. Most of them are dosed on the basis of the amount of bath (o.w.b) rather than the weight of the fibre (o.w.f). For example, in a 1:5 bath ratio, 50 g/l of salt is 250g/kg of fibre, but at 1:40 liquor ratio, the same 50 g/l of salt corresponds to 2 kg/kg of fibre [2].

High energy and water consumption in batch dyeing is not entirely the result of high liquor ratios, but is also a consequence of the discontinuous nature of the batch dyeing operating mode, with particular reference to operations such as cooling and heating.

Shade matching can also be responsible for higher water and energy consumption, especially when dyeing is carried out without the benefit of laboratory instruments. In a manual regime the bulk of the dyestuff is normally applied in the first phase, to obtain a shade which is close to that required in the final product. This is followed by a number of matching operations, during which small quantities of dye are applied to achieve the final shade. Shades which are difficult to match may require repeated shade additions with cooling and reheating between each addition [2].

Furthermore, increased energy and water consumption may also be caused by inappropriate handling techniques and/or poorly performing process control systems. For example, in some cases displacement spillage may occur during immersion of the fibre in the machine, while potential for overfilling and spillage exists where the machines are equipped only with manual control valves failing to control liquor level and temperature correctly.

Continuous and semi-continuous dyeing processes consume less water; however, this also means a higher dyestuff concentration in the dye liquor. In discontinuous dyeing the dye concentration varies between 0.1 to 1 g/l, while in continuous processes this value is in the range of 10 to 100 g/l.

The residual padding liquor in the pads, pumps, and pipes must be discarded when a new colour is started. The discharge of this concentrated effluent can result in a higher pollution load compared to discontinuous dyeing when short lots of material are processed. Modern continuous dyeing ranges, however, have steadily improved in recent years. Small pipes and pumps and small pad-bath troughs reduce the amount of concentrated liquor to be discarded. In addition, it is possible to minimise the discarding of leftovers, thanks to automated dosing systems, which meter the dye solution ingredients in the exact amount needed.

In the following Table 7-17 and Table 7-18, different dyeing technologies are compared with regard to the consumption of water, energy and of some specific auxiliaries, taken from [205].

In both continuous and batch dyeing processes final washing and rinsing operations are water intensive steps. Washing and rinsing operations actually consume greater quantities of water than the dyeing process itself [2].

For environmental issues related to dyestuffs and dye formulations, please refer to 5.4, 5.5, and below.

In the past few years attempts were made to optimise the overall dyeing process. Besides the development of dyes with improved levelling and fixation properties (referred in 5.4 and 5.2.3), studies on the application of ultrasound technology during dyeing show that the technology brings about higher dyestuff uptake and better fixation onto textile substrates [327].

Bearing in mind the increasing costs of using and disposing of water, attempts are being made to develop *nonaqueous dyeing systems* which would produce an effluent that would not be discharged into the aqueous environment. However, most of the organic solvent systems evaluated for solvent dyeing were based on chlorinated hydrocarbons, especially perchloroethylene, which are now subject to controls. Yet, solvent recovery can never be 100% sufficient, it will always give rise to air pollution problems. A great deal of interest was thus awakened with the new method of dyeing from an environmentally safe solvent, supercritical carbon dioxide. Since 1995 growing international interest as been observed worldwide in this technology (see 5.2.2 for further description).

	Technology	Fibre losses (%)	Dyeing efficiency (%)	Specific consumption per kg dry clothing textiles						
				Salt (g)	Caustic soda (ml)*	Hydrosulphite (solid) (g)	Acetic acid (ml)*	Water (l)	Steam (MJ)	Electricity (MJ)
100% cotton (woven, towelling) 0.5kg/m	Latest	< 10	> 80	200	14			25,0	4,53	0,63
	Previous	< 10	> 80	640	24			75,0	11,21	0,45
100% cotton (woven, towelling)	Latest	< 10	> 90		135	30		22,3	4,21	0,63
	Previous	< 10	> 90		216	48		60,0	8,.72	0,90
35% polyester, 65% cotton (woven, dress fabric) 0.29kg/m	Latest	< 5	> 95	200	12,5			20,0	5,08	0,90
	Previous	< 5	> 90	480	22,4			85,0	11,21	1,35
100% wool (woven, outer wear)	Latest	< 5	> 95				5,6	18,9	2,84	0,45
	Previous	< 5	> 95				6,4	40,0	8,72	O,90
55% polyester, 45% wool (woven, outer wear) 0.35kg/m	Latest	< 5	> 95				3,6	18,0	3,46	0,63
	Previous	< 5	> 95				4,8	60,0	8,72	1.35
100% viscose (woven, lining) 0.15kg/m	Latest	< 2	> 95	54				15,7	2,54	0,54
	Previous	< 2	> 95	80				45,0	8,96	1,17

	Technology	Fibre losses (%)	Dyeing efficiency (%)	Specific consumption per kg dry clothing textiles						
				Salt (g)	Caustic soda (ml)*	Hydrosulphite (solid) (g)	Acetic acid (ml)*	Water (l)	Steam (MJ)	Electricity (MJ)
100% cotton (knitted, underwear) 0.25kg/m	Latest	< 6	> 80	200	14,5			25,0	4,53	0,63
	Previous	< 6	> 75	560	23,2			75,0	11,21	0,45
30% polyester, 70% cotton (knitted, leisure clothing) 0.35kg/m	Latest	< 5	> 95	150	12,5			20,0	5,08	0,90
	previous	< 5	> 95	480	20,0			85,0	11,21	0,35
100% viscose (knitted, ladies´dress) 0.3kg/m	Latest	< 2	> 80		12,5			25,0	4,53	0,63
	Previous	< 2	> 80		20,0			75,0	11,21	0,45
100% acrylic (knitted, panty) 0.01kg/m	Latest	<o,5	> 95				3,0	11,0	3,31	0,72
	Previous	< 0,5	> 95				4,8	40,0	872	0,90

Standard depth was always 1/1; * caustic soda 32.5% solution, acetic acid 60% solution; ** first value for disperse dyes, second value for reactive dyes; *** first value for disperse dyes, second value for acid dyes

Table 7-17:   ***Comparative table of textile dyeing technologies for batchwise processes***

528

| | Technology | Fibre losses (%) | Dyeing efficiency (%) | Salt (g) | Caustic soda (ml)* | Sodium bicarbonate | Sodium sulphide (g)* | Soda (solid) (g)* | Water (l) | Steam (MJ) | Gas (MJ) | Electricity (MJ) |
						Specific consumption per kg dry clothing textiles						
100% cotton (woven, shirts) 150g/m2, 70%liquor pickup, high reactivity Light blue 1/3sd (reactive dyes)	Latest	<2	90-95			7			10.7	1.12	2.42	0.77
	Previous	<2	85-90	175	3				15.4	3.42	4.88	0.56
100% cotton (woven, vocational clothing), 250 g/m2, 70%liquor pickup, medium reactivity, medium blue 1/1 (reactive dyes)	Latest	<2	90		4				12.7	1.34	2.38	0.50
	Previous	<2	85	175	6				15.4	2.68	5.01	0.51
100% cotton (woven, towelling), 400 g/m2, 85%liquor pickup, medium reactivity, green 1/1 (reactive dyes)	Latest	<2<	90		5				12.9	1.34	2.89	0.53
	Previous	<2	70	100	3				15.1	2.76		0.16
100% cotton (woven, corduroy trousers), 300 g/m2,	Latest	<2	90		4				16.8	1.81	2.78	0.53

	Technology	Fibre losses (%)	Dyeing efficiency (%)	Specific consumption per kg dry clothing textiles								
				Salt (g)	Caustic soda (ml)*	Sodium bicarbonate	Sodium sulphide (g)*	Soda (solid) (g)*	Water (l)	Steam (MJ)	Gas (MJ)	Electricity (MJ)
	Previous	<2<	75	200	16				19.6	3.37	4.76	0.46
100% cotton (woven, corduroy trousers), 300 g/m2, 160% liquor pickup, medium reactivity, olive 1/1 (sulphur dyes)	Latest	<2	90		4		50	20	17.6	2.22		0.13
	Previous	<2	80				50		18.8	3.37		0.13
65%polyester, 35%cotton (woven, dress fabric), 180 g/m2, 55%liquor pickup, medium reactivity, brown 1/3 (disperse and	Latest	2 – 5	90			5.5			12.6	0.90	3.15	0.83
	Previous	2 - 5	90	137	1			11	15.1	2.76	5.31	0.53
65%polyester, 35%cotton (woven, vocational clothing), 250 g/m2, 55%liquor pickup, medium reactivity, medium blue 1/1 (disperse and reactive dyes)	Latest	<2	90			5.5			12.6	0.90	3.18	0.60
	Previous	<2	90	137	1			11	15.1	2.76	4.98	0.64

Table 7-18: *Comparative table of textile dyeing technologies for padding processes*

530

<u>Exhaust dyeing of knit fabric</u> [273]

Usually knit fabric is dyed discontinuously (exhaust dyeing). Only in some cases it is dyed semi-continuously (cold pad batch dyeing). In the future also continuous dyeing will be practised.

Exhaust dyeing of cotton knit fabric

Cotton knit fabric can be dyed with different kind of dyestuffs such as reactive, direct, sulphur and vat dyestuffs. Today the application of reactive dyestuffs is most common. Direct dyestuffs may be used for lighter shades and sulphur dyestuffs for dark shades. Vat dyestuffs may be used in case of very high light fastness requirements.

Table 7-19 presents typical input factors whereas distinction is made between light, medium and dark shades which reflects the specific input of dyestuffs. The high range for the liquor ratio is not due to different kind of machines but to the non-optimum loading of the soft flow machines having an optimum liquor ratio of 1:8. This occurs in case of small batches dyed in a too big machine.

		light shade	medium shade	dark shade
Liquor ratio	1:8 - 1:25			
Dyestuff input	[g/kg textile]	0.5-4	5-30	30-80
Organic auxiliary input	[g/kg textile]	0-30	0-30	0-35
Salt input	[g/kg textile]	90-400	600-700	800-2000
Inorganic auxiliary	[g/kg textile]	50-250	30-150	30-150

Table 7-19: **Typical input factors for exhaust dyeing of cotton knit fabric with reactive dyestuffs**

Normally, for light shades less rinsing is required and soaping is not needed. Table Fehler! Kein Text mit angegebener Formatvorlage im Dokument. 18 contain the data of the single emitted bath from reactive dyeing at light shade along with values for COD, pH, conductivity and colour (spectral absorption coefficients, SAC) LR = 1: 25; specific water consumption for the whole process: 142 l/kg (including water at loading stage and direct cooling after dyeing). COD values are very low, especially for rinsing water. In contrary such data are presented for a dark shade showing significant higher values for COD, conductivity and colour (Table Fehler! Kein Text mit angegebener Formatvorlage im Dokument. 20, along with values for COD, pH, conductivity and colour (spectral absorption coefficients, SAC) LR = 1: 8.2; specific water consumption for the whole process: 71 l/kg). The values for exhaust dyeing with reactive dyestuffs will be between these extreme cases.

No. of bath	Name of bath	COD [mg O_2/l]	pH	Conduc-tivity [mS/cm]	SAC 436 nm [1/m]	SAC 525 nm [1/m]	SAC 620 nm [1/m]
1	Exhausted dye bath	920	11	72	43	18	6
2	Rinsing bath	180	10.6	10	9	4	2
4	Rinsing bath	33	10	2.8	4	2	1
5	Rinsing bath	23	9	1	2	1	1
6	Rinsing bath	5	8.3	0.8	1	0.5	0.2

Table 7-20: **Sequence of emitted baths from exhaust dyeing (light shade) of cotton knit fabric with reactive dyestuffs**

No. of bath	Name of bath	COD [mg O_2/l]	AOX [mg Cl/l	pH	Conduc-tivity [mS/cm]	SAC 436nm [1/m]	SAC 525m [1/m]	SAC 620 nm [1/m]
1	Exhausted dye bath	4800	3.3	11.5	63	1100	1080	1130
2	Hot rinsing bath	600	0.4	10	3.2	8	8	9
3	Rinsing bath	36	0.03	8.2	0.62	0.5	0.3	0.3
4	Rinsing bath	25	0.04	8	0.34	0.3	0.1	0.2
5	Hot rinsing bath	580	0.3	8.3	1.3	3.5	3.2	3.3
6	Rinsing bath	30	0.04	7.4	0.52	0.1		0.1
7	Rinsing bath	25	0.04	7.4	0.5	0.1	0.02	0.03
8	Hot rinsing bath	390	0.25	8.2	1.5	2.8	2.6	3
9	Rinsing bath	24	0.03	7.6	0.52	0.1		0.08
10	Rinsing bath	12	0.04	7.7	0.5	0.2		0.08
11	Conditioning bath (softening)	2200	1.6	7.7	1.1	15	8	5

Table 7-21: **Sequence of emitted baths from exhaust dyeing of cotton knit fabric with sulphur dyestuffs (dark shade)**

In the following two more examples are submitted, one for dyeing with direct dyestuffs (light shade) (Table 7-20) and one for dyeing with sulphur dyestuffs (dark shade) (Table 7-21). the tables are given along with values for COD, AOX, pH, conductivity and colour (spectral absorption coefficients, SAC).

No. of bath	Name of bath	COD [mg O_2/l]	AOX [mg Cl/l	pH	Conduc- tivity [mS/cm]	SAC 436m [1/m]	SAC 525m [1/m]	SAC 620 nm [1/m]
1	Exhausted dye bath	3000	1.5	10	9.1	50	28	19
2	Rinsing bath	160	0.18	8.2	1.2	8	3	2.8
3	Rinsing bath	50	0.07	7.4	0.6	0.3	0.02	0.02
4	Conditioning bath (softening)	900	0.2	4.8	0.8	13	9	7

Table 7-22: **Sequence of emitted baths from exhaust dyeing of cotton knit fabric with direct dyestuffs (light shade)**

No. of bath	Name of bath	COD [mg O_2/l]	AOX [mg Cl/l	pH	Conduc- tivity [mS/cm]	SAC 436nm [1/m]	SAC 525m [1/m]	SAC 620 nm [1/m]
1	Exhausted dye bath	4800	3.3	11.5	63	1100	1080	1130
2	Hot rinsing bath	600	0.4	10	3.2	8	8	9
3	Rinsing bath	36	0.03	8.2	0.62	0.5	0.3	0.3
4	Rinsing bath	25	0.04	8	0.34	0.3	0.1	0.2
5	Hot rinsing bath	580	0.3	8.3	1.3	3.5	3.2	3.3
6	Rinsing bath	30	0.04	7.4	0.52	0.1		0.1
7	Rinsing bath	25	0.04	7.4	0.5	0.1	0.02	0.03
8	Hot rinsing bath	390	0.25	8.2	1.5	2.8	2.6	3
9	Rinsing bath	24	0.03	7.6	0.52	0.1		0.08
10	Rinsing bath	12	0.04	7.7	0.5	0.2		0.08
11	Conditioning bath (softening)	2200	1.6	7.7	1.1	15	8	5

Table 7-23: **Sequence of emitted baths from exhaust dyeing of cotton knit fabric with sulphur dyestuffs (dark shade)**

Table 7-22 and Table 7-23 clearly indicate that from exhaust dyeing high, medium and low loaded baths occur which are emitted. This directly leads to the approach to recycle the low loaded ones without much efforts.

Exhaust dyeing of knit fabric consisting of synthetic fibres [273]

Table 7-24 shows a typical recipe for exhaust dyeing of PES knit fabric including the application of a UV stabiliser for high light fastness. The conclusion is that disperse dyeing causes significant higher COD emission factors than e.g. reactive dyeing because of the dispersing agents (present in the dyestuffs itself to 40-60 weight-%) and carriers. There are no analytical data available. The same is for exhaust dyeing of other synthetic fibres.: Sequence of emitted baths from exhaust dyeing (dark shade) of cotton knit fabric with reactive dyestuffs

	Input factor [g COD/kg textile]	Output factor Emission to wastewater [g COD/kg textile]
Liquor ratio	1: 10	
Exhaust dyeing		
Dyestuff input	1-100	0.5-50
Dispersing agent	6	5
Organic acid	?	?
Mixture of carriers (especially phthalic acid esters)	23	11
UV absorber	19	4
Defoaming agent	17	16
After-treatment		
NaOH (50%)		
Reducing agent	7	5
Sequestring agent	3	3
		Sum 45-95

Table 7-24: **Example for the typical input and calculated output factors for exhaust dyeing of PES knit fabric with disperse dyestuffs**

Explanations for the calculation:

- disperse dyestuff formulations contain 40-60% dispersing agents, therefore the output factor is 0.5-50

- very small amounts of dispersing agents and defoaming agents remain on the textile substrate, thus they reach wastewater nearly quantitatively

- carriers have affinity to PES fibres, so about 50% remain on PES fibres

- UV absorber have affinity to PES fibres and only about 20% reach wastewater

- reducing agents for after-treatment are partially oxidised (assumption: 30%), so COD contribution to wastewater is lower than the input

<u>Continuous and semi-continuous dyeing of woven fabric</u> [273]

Exhaust dyeing of woven fabric is not described because it is very similar to exhaust dyeing of knit fabric. In principle, the sequence of baths is the same. Thus, semi-continuous and continuous dyeing is described only. Thereby, the application of dyestuffs by padding is the same but fixation is different. The latter can take place at room temperature (in case of cold pad batch dyeing; here after padding, for fixation, the textile is remained by slow rotation for 8-24 h) or at about 100°C by steaming or at up to 220°C by hot air etc. There are various combinations. However, the preparation of the padding liquor is required for all processes. Very often, the whole quantity of padding liquor is prepared in advance. In order to avoid a stop of the process, a surplus of liquor is prepared. Nowadays, still the residual padding liquor in the padder and the residual liquor in the preparation tank is discharged to wastewater. Compared to the overall wastewater flow, the quantity of these concentrated dyestuff liquors is very low. However, they contribute to the overall dyestuff load in wastewater to a high extend. The quantity of liquor in the padder mainly depends on width, weight of dyed fabric and type of construction. The range is about 10-15 l for very modern designs and 100 l for old designs and heavy woven fabric (>200 g/m2). The residues in the preparation tanks depends on applied dosage and control technology and can be a few litres under optimised conditions and up to 150-200 l. The latter is not too exceptional. The quantity of residual padding liquors can be estimated with the number of batches per day (e.g. 40,000 m/d and average batch of 800 m result in 50 batches per day). The number of batches multiplied by the average volume of residual padding liquor per batch results in the daily overall quantity of residual padding liquor.

Provided a realistic pick-up of 100% (representing the magnitude) and a typical range of dyeings from 0.2 - 10%, the dyestuff concentration in the padding liquor varies between 2 - 100 g/l. Concerning the dyestuffs themselves and not considering dyestuff finishing agents (also present in the commercially applied dyestuff products), specific COD of the dyestuffs is in the order of 1 g O2/g. Thus, COD contribution of the dyestuffs in the padding liquors varies between 2000 - 100,000 mg O2/l.

In the following, typical recipes for the most important kind of dyestuffs and padding liquors respectively are mentioned. Thereby, the concentration of dyestuffs is given with "x", but the range for their concentration is mentioned above.

Recipe components	[ml/l]	comment
Reactive dyestuffs	x [g/l]	
NaOH 38°Bé	20 - 40	
Water glass 37/40° Bé	30 - 50	Today, there are recipes available without water glass, with alkali only
Wetting agent	1 - 2	
Complexing and sequestring agents	1 - 3	Mainly phosphonates and polyacrylates in order to minimise silicate deposits
Urea (45%)	about 200 g/l	Applied in case of reactive dyestuffs with comparatively low water solubility

Table 7-25: *Typical recipe for padding liquors for cold pad batch dyeing of cellulosics (CO and CV) with reactive dyestuffs*

Recipe components	[g/l]
Sulphur dyestuffs	x
NaOH 38°Bé	20 - 30
Anti-foaming agent	1 - 2
Wetting agent	1.5 - 3
Reducing agent (liquid)	20 - 30

Table 7-26: **Typical recipe for padding liquors for the application of sulphur dye-stuffs (for dyeing of cellulosics (CO and CV))**

Recipe components	[g/l]
Vat dyestuffs	x
Wetting agent	1 - 2
Complexing and seques-tring agents	1 - 3
Antimigration agent	10 - 15
For reduction	
NaOH 38°Bé	60 - 120
Na-dithionite	60 - 100
Wetting agent	1 - 2

Table 7-27: **Typical recipe for padding liquors for the application of vat dyestuffs (for dyeing of cellulosics (CO and CV))**

Recipe components	[g/l]
Vat and disperse dye-stuffs	x
Wetting agent	1 - 2
Complexing and seques-tring agents	1 - 3
Antimigration agent	10 - 15
Acetic acid (60%)	0.5 - 1

Table 7-28: **Typical recipe for padding liquors for the application of vat and disperse dyestuffs (for dyeing of cellulosics/PES blends with one padding liquor)**

B. Process-specific treatment techniques for exhaust air, waste water, and solid wastes

The principle of treatment techniques for exhaust air, waste water and solid wastes were already described in section 7.1.1.

Process-specific techniques to reduce emissions in dyeing processes are:

- discontinuous dyeing with airflow machines

- minimisation of dyeing liquor in cold pad batch dyeing

- silicate free fixation method for cold pad batch dyeing

- enzymatic aftersoaping in reactive dyeing

- dyeing of loose wool in standing bath

- dyeing of loose wool fibre and combed tops – minimisation of wastewater emissions

<u>Discontinuous dyeing with airflow dyeing machines</u> [273]

Discontinuous processing of textile substrates require more water and energy compared to continuous processes. However, for a long time efforts are undertaken to optimise discontinuous processes with respect to productivity, efficiency and also to minimise energy and water consumption respectively. This lead to dyeing jets. Thereby liquor ratios have been reduced step by step. The latest developments have LR of 1:3 (for woven PES fabric) and 1:4.5 (for woven CO fabric). To achieve such low LR, within the machine (jet), the fabric is moved by moisturised air or a mixture of steam and air only (no liquid) along with a winch. The prepared solutions of dyestuffs, auxiliaries and basic chemicals are injected into the gas stream. The bath level is always below the level of processed textiles in order to maintain low LR. The principle of such an airflow dyeing machine is illustrated in Figure 7-6.

Rinsing is carried in a continuous manner. During the whole rinsing process, the bottom valve is open and rinsing water is discharged without additional contact with the fabric (which is the case in conventional machines). This also allows the discharge of hot bath liquors, also after high-temperature dyeing at 130°C. Thus, in addition to time saving, optimum heat recovery can be performed. The fabric itself is processed with low tension and crease formation is minimised.

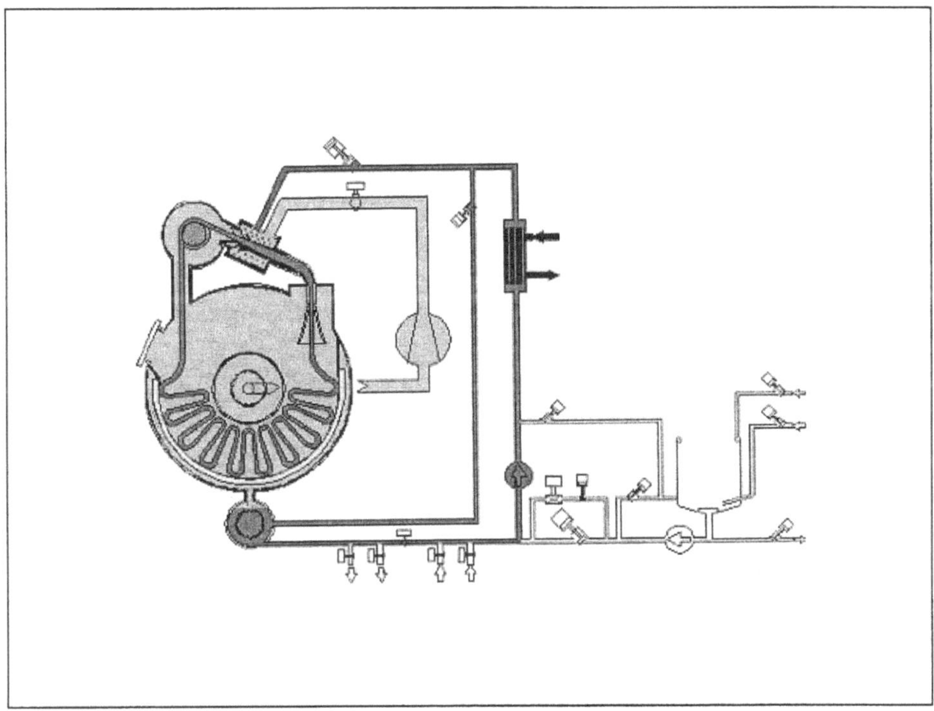

Figure 7-6:   ***Scheme of an airflow dyeing machine (jet) with indication of air ventilation and injection of the concerned bath***

Rinsing performance in an airflow machine (jet), showing the open valve in order to achieve continuous rinsing

Textile processing at low LR and practically continuous rinsing, water saving of about 50% are achieved compared to machines having a hydraulic system (the fabric is moved by injection of process liquor and a winch) at LR of 1:8 up to 1:12. The same is for heating energy. There are also savings of auxiliaries and basic chemicals of about 40%. The savings are compiled in Table 7-29 for exhaust dyeing with reactive dyestuffs

538

Input	unit	Conventional exhaust dyeing at LR 1:8 up to 1:12	Exhaust dyeing in an airflow system at LR 1:4.5
Water	[l/kg]	100 - 150	20 - 80
Auxiliaries	[g/kg]	12 - 72	4 - 24
Salt	[g/kg]	80 - 960	20 - 320
Dyestuffs	[g/kg]	5 - 80	5 - 80
Steam	[kg/kg]	3.6 – 4.8	1.8 – 2.4
Electricity	[kWh/kg]	0.24 – 0.35	0.36 – 0.42

Table 7-29: **Comparison of specific input factors for exhaust dyeing with reactive dyestuffs in dyeing jets**

The application of this technique needs investment in new dyeing machines (see e.g. Figure 7-7). Existing machines can not be retrofitted. The machines can be used both for knit and woven fabric and for nearly kinds of textile substrates. Fabrics consisting of wool or wool blends with a percentage of wool of more than 50% can not be dyed because of felting. It can not be recommended to dye linen fabric with the described system because of scaling of the machines with linen fluffs. For silk, the system has been approved but is still rarely applied for it. Concerning dyeing with vat and sulphur dyestuffs, a process has been developed to minimise the oxidation of dyestuffs by oxygen from injected air (minimisation of oxidation by heating up to steam atmosphere). Elastic fabrics containing polyurethan fibres (lycra) are always difficult to dye with respect to dimension stability but they can be dyed in the airflow system. Also other substrates, such as PES or PES/WO blends are difficult or impossible to process in case of low dimension stability of the fabric.

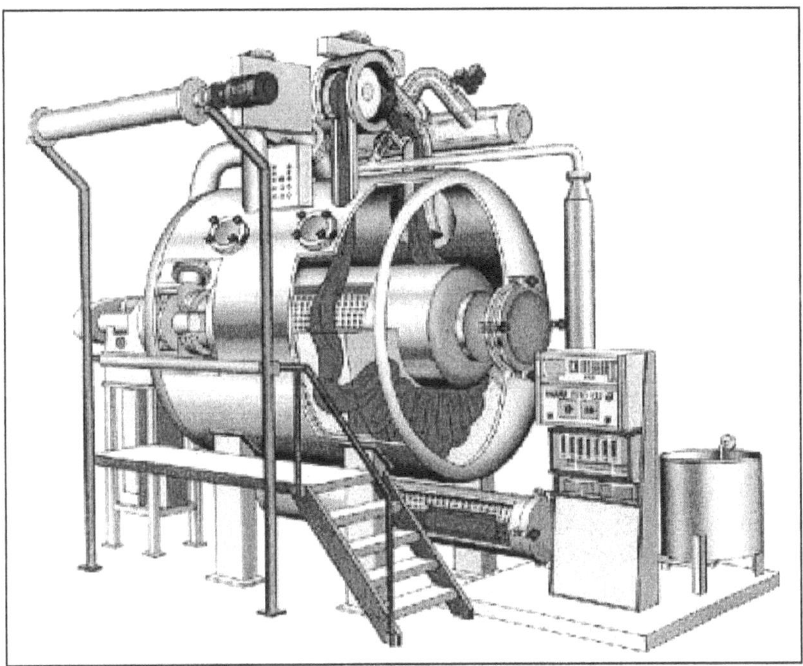

Figure 7-7:   ***Example for an airflow dyeing machine***

Airflow dyeing machines are in operation in many textile finishing industries world-wide. There is only one producer of machines in which the textile substrate is moved by air only achieving lowest water consumption. There are several other producers of machines using air and liquor for moving the textile substrates.

High productivity and reproducibility and minimisation of water, chemicals and energy consumption have been and still are the main driving forces for the application of this technique. However, investment cost for airflow dyeing machines, compared to conventional dyeing jets are around one third higher but due to high savings a short payment period can be achieved.

<u>Minimisation of dyeing liquor losses in cold pad batch dyeing</u> [273]

Cold pad batch (cpd) dyeing is a widespread technique for the semi-continuous dyeing of cellulosic (mainly cotton or viscose) woven and knit fabric with reactive dyestuffs. The dyeing liquor and the necessary alkali for fixation and other auxiliaries are fed to a containment (padder or dyeing trough) for impregnating the textile (Figure 7-8).

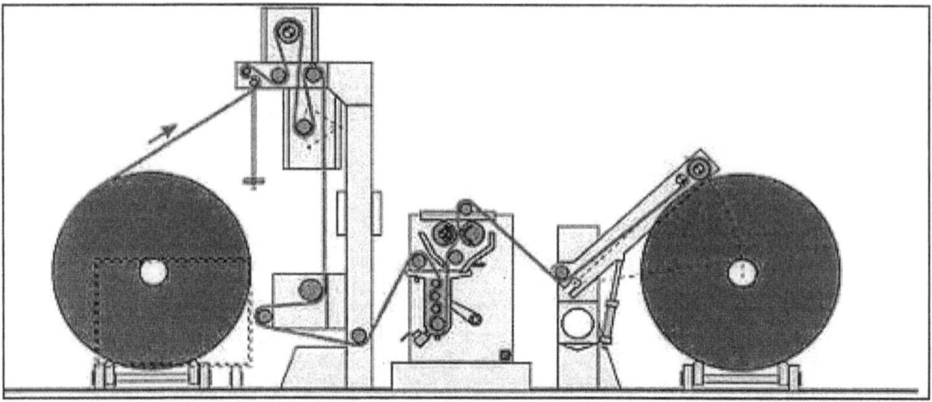

Figure 7-8:   ***Typical scheme for cold pad batch dyeing***

In order to minimise the losses from impregnation bath, the add-on of dyeing liquor can be carried out in a nip (Figure 7-9) or in volume minimised trough (Figure 7-10).

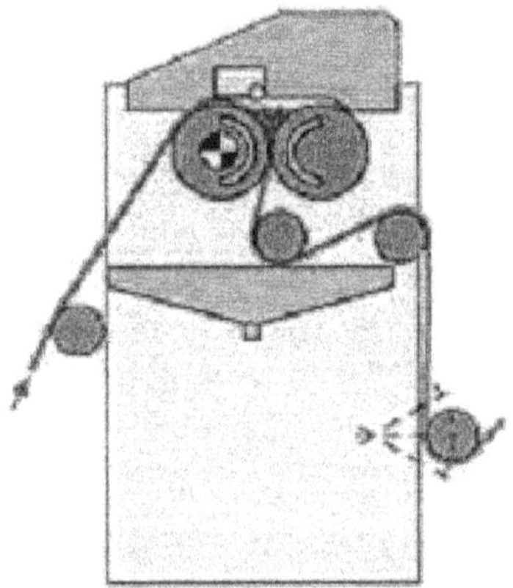

Figure 7-9:   ***Scheme of cold pad batch dyeing by application of the dyeing liquor in a nip***

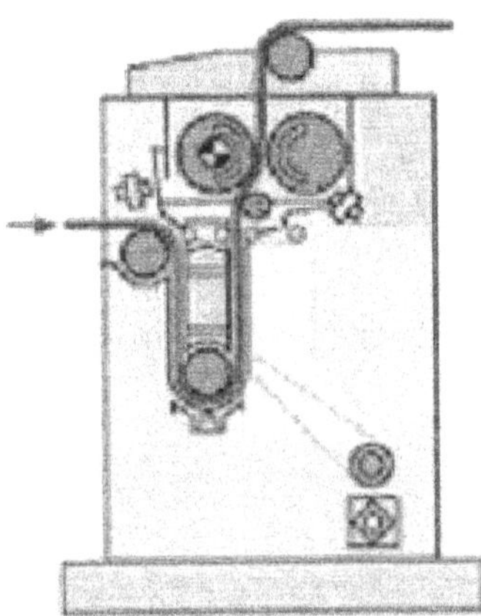

Figure 7-10:   ***Scheme of cold pad batch dyeing by application of the dyeing liquor in a volume-minimised trough, here in a U-shaft***

In case of application of the dyeing liquor in a nip, the loss can be minimised down to about 5 l per batch, in case of a U-shaft down to 12 l. Both values are for a trough width of 1800 mm.

The losses of dyeing liquor can be significantly reduced not only by minimising the trough volume but also by additional measures:

-       Minimisation of auxiliaries' consumption by dosage of auxiliaries depending on shade depth which results in lower wastewater pollution. Dyestuff solution and auxiliaries are dispensed separately and recipe-specific, and are mixed before feeding into the padder and dyeing trough respectively.

-       On-line measurement of pick-up (measurement of consumption of dyeing liquor and determination of quantity of processed fabric (measurement of length and specific weight)) is determined. The determined values are automatically processed and are used for the preparation of the next comparable batch in order to minimise surplus and thus losses of padding liquor

-       Application of rapid batch technique; residual dyestuff liquor in the feeding tanks can be minimised which is at least as important as the minimisation of trough volume. New systems do not prepare the whole dyestuff solution (for the whole batch) before starting dyeing but prepare it just-in-time in different steps. This can be performed by on-line measurement of pick-up (see above). Figure 7-11 shows the dyeing liquors and different auxiliaries, needed for fixation of reactive dyestuffs.

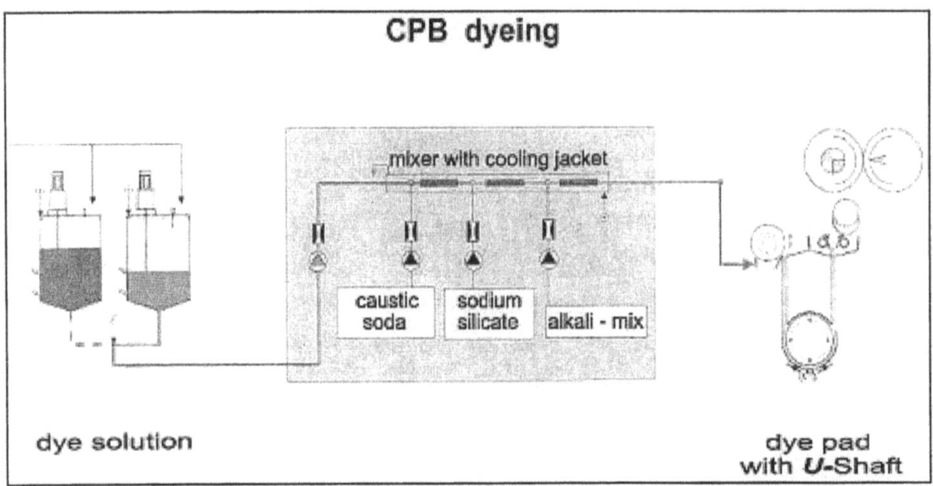

Figure 7-11: ***Typical scheme of an automated dispensing system for cold pad batch dyeing***

The automated process control system guarantees high precision operation corresponding with high accuracy in dyeing liquor preparation with automated control of dosing tolerances. Thus, a bundle of techniques enable the highest reduction of dyeing liquor losses. The minimisation of the whole pad batch dyeing system enables the losses from troughs from 30 l up to 100 l per batch down to about 12 l, in case of nip dyeing even down to about 5 l. Automated dispensing system along with on-line measurement of pick-up allow the minimisation of residual dyestuff liquor in the feeding tanks from up to 150 l down to 5-15 l. In addition, new systems are operated with minimised flow of rinsing water (about 25% savings).

The need for increased reproducibility and productivity, and wastewater problems because of colour have been the main driving forces for implementation of the technique. The technique is applicable both to existing and new cold pad batch dyeing systems. Dyeing in the nip is only possible for light fabrics (up to 220 g/m) and fabric with good wettability. In case of brushed or sheared textile, the pick-up time may be to short and reproducibility is adversely affected. Special attention has to paid to knit fabric and elastic fabric.

In Europe and countries outside Europe, there are about 40 plants successfully in operation. These plants are equipped with the online dosage system for individual dosing of alkali products. The rapid batch dosing system for liquid dyes is successfully applied in a TFI and can be considered to be in the stage of market introduction.

The regular control of the dosage system, such as pumps is very important. The determination of the pick-up has to be checked from time by time. This means the check of the length metering system and the determination of specific weight under standardised conditions of the fabric to be dyed (not of the raw material before textile pretreatment). Thus, precision of the system can be maintained.

Investment of the automated dosage system and a volume minimised trough (e.g. U-shaft) is about 85,000 EURO (related to a width of 1800 mm). In case of 15 batches per day, 230 working days per year, savings of at least 50 l per batch and price of dyeing liquor of 0.5 EURO/l, savings of also about 85,000 EURO result. This means a short pay back time. Thereby, cost for additional waste-water disposal are not taken into account.

<u>Silicate free fixation method for cold pad batch (cpb) dyeing</u> [273]

World-wide, the spreading of cpb-dyeing is approximately 16%. Thus, it became an important dyeing method with increasing relevance. In the early 70ties, sodium silicate was introduced as a problem solver in cpb, mainly to increase the pad liquor stability and to avoid selvage carbonisation with state of the art application technique at these days. However, from this time onwards, the dyehouses had handling problems with sodium silicate. Now, silicate free, highly concentrated aqueous alkali solutions have been designed and developed especially for modern and advanced dosing technique using new designed application technique with reduced liquor content as well. The solution is ready-made and is directly applied for cpb-dyeing; it has not to be prepared by TFI. It is a carefully adjusted mixture of specific alkaline in aqueous solution.

In combination with reactive dyestuffs with high fixation rates (see concerned described technique). Further, there are following advantages:

-   No rests of alkali in formulation tank because alkali can be added ready-made solution and TFI has not to prepare it

-   No deposits (like in case of silicates) on the cpb-dyeing equipment and easy to wash-off

-   No need to add auxiliaries in the padding liquor to avoid deposits

-   Low electrolyte content which reduces the substantivity of the hydrolysed dyestuff in the washing off procedure (reduced energy and water consumption)

-   It allows wastewater treatment based on membrane technique (no crystallisation in filters, pipes and valves and no membrane blocking which is the case for sodium silicate)

The technique is applicable both to existing and new installations. However, for existing installations, additional measures for process optimisation and control may be needed.

In Europe, there are many TFI applying ready-made alkali solutions, mainly in Italy but also in France, Germany and Austria.

The aqueous alkali solution has been designed for direct dosing units. Thus, the delivered, ready-made solutions can be applied. The aqueous alkali solution can be used in conventional state of the art membrane pumps dosing units with 4:1 ratio (alkali solution to dyestuff solution) as well.

Figure 7-12 shows the typical dosing curve. Advantage of using a curve instead of conventional step recommendations of alkali is to increase reproducibility because of adjusted alkali amount referring to the amount of dyestuff in the recipe.

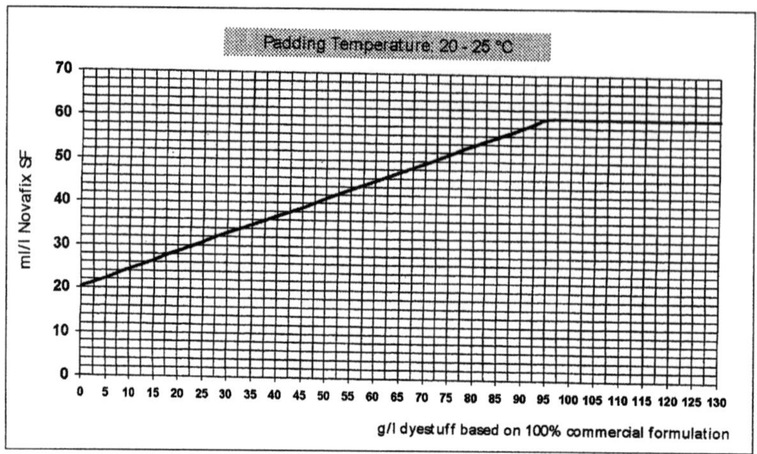

Figure 7-12: ***Dosage of ready made alkali solution depending on applied dyestuff concentration***

Compared with conventional fixation methods, the ready-made alkali solution is more expensive in price per kg. In addition, as a silicate-free alkali with the tendency to lower pad liquor stability, its application needs more efficient temperature control (cooling/heating concepts). Generally spoken it means more additions in the infrastructure around the padder to guarantee constant conditions. The ready-made alkali solution is developed for modern optimised trough designs (see described technique "Minimisation of dyeing liquor losses in cold pad batch dyeing") with very low liquor content and short pad liquor exchange time and therefore there is no need to have this extremely long pad liquor stability time. Also the benefits of indirect cost have to be taken into account as well:

- Investment in advanced dosing unit is cheaper because you need only 2 dosing cycles (1 for dyestuff solution, 1 for the ready-made alkali solution). Conventional fixation methods based only silicate need always minimum 3 dosing cycles (1 for dyestuff solution, 1 for silicate, 1 for caustic soda). 1 dosing cycle using advanced technique is around 12,000 EURO

- No need to remove rubbers in short time periods because of silicate deposits. In Germany, the cost are 7,000 - 10,000 EURO to remove rubbers of a padder.

- Much better washing off of hydrolysed dyestuff means less energy and water consumption.

- Higher productivity of padders and washing ranges

- Better reproducibility because of defined and monitored conditions

The main driving forces for implementation of the technique are:

- Better reproducibility

- Reduction of total process costs

- Easy handling, no deposits and better washing off behaviour

- Possibility using membrane technique for waste water treatment

- Possibility having a liquid form of alkali dosable in supplied concentration without crystallisation problems

Enzymatic aftersoaping in reactive dyeing [273]

Dyeing and printing with reactive dyes affords soaping and rinsing steps to remove non-fixed reactive dyestuffs resp. dyestuff hydrolysates. Consumption of energy, water, and chemicals for the soaping and rinsing steps is high. With enzymatic techniques the removal of non-fixed dyestuffs from the fibre as well as from the exhausted dyebath can be achieved. Usually the application of the enzymatic compounds takes place in the fourth or fifth rinsing step (see Table 1-1).

Common aftertreatment (example)	Enzymatic aftertreatment
5 min overflow rinsing	5 min overflow rinsing
10 min 40 °C	10 min 40 °C; neutralisation
10 min 40 °C; neutralisation	10 min 60 °C
10 min 95 °C	10 min 95 °C
10 min 95 °C	15 min 50 °C; enzymatic treatment
10 min 50 °C	10 min 30 °C
10 min 30 °C	-

Table 7-30: **Comparison between common and enzymatic aftertreatment (exhaust dyeing)**

The amount of rinsing steps can be reduced by means of an enzymatic aftertreatment. Therefore besides the application of environment-friendly enzymes, savings in consumption of detergents, water, and energy are the main advantages concerning environmental aspects.

The technique is applicable for exhaust dyeing with reactive dyestuffs. Application in continuous processes and printing are currently under development. Most of the reactive dyestuffs can be enzymatically decolourised. However, a test on laboratory scale should be performed. Enzymatic aftertreatment is applied in several German finishing mills as well as world-wide.

The enzymatic rinsing step is carried out as follows (exhaust technique):

- Fresh water (50 °C)

- Addition of a process regulator mainly for adjusting optimal pH (1 g/l)

- Control of pH; addition of acetic acid if necessary

- Addition of enzymatic compound (0.25 g/l);

546

- Running time: 10 min

- Draining of the liquor.

Savings in water and energy consumption and reduced process times are advantages in an economical sense. Implementation of the enzymatic technique is, thus, motivated by cost saving potentials and improved quality (better fastness properties can be achieved).

C. Techniques minimising consumption

Major techniques used to minimise consumption in dyeing processes are:

- Dyeing of loose wool in standing bath

- Dyeing of loose wool fibre and combed tops - minimisation of wastewater emissions

Further examples are of minimised consumption are also given in heading D of this section, dealing with substitution of chemicals. See also 7.1.2 Pretreatment Section C: Selection of biodegradable/bioeliminable complexing agents and tables comparing different generations of dyeing technologies.

Dyeing of loose wool in standing bath [273]

It is well-known that wool can be dyed with high exhaustion rates. This is for afterchrome dyes and 1:2 metal complex dyes (see also described technique concerning substitution of chromium containing dyestuffs). Also disperse dyes have high exhaustion rates. In such cases, the exhausted dye bath can be reused for the next batch. In the following, an example for doing so is described. The concerned company is finishing loose material consisting either of wool or of polyester with subsequent spinning unit. The produced yarn is used for the formation of fabrics (in an other company) which are also finished. The latter is the reason for that rinsing of the loose material after dyeing can be minimised. Thus, in case of wool dyeing with afterchrome dyestuffs or metal complex dyestuffs, there is only one rinsing. Disperse dyeing is carried out with reductive after-treatment directly subsequent to dyeing and one rinsing bath. The rinsing and after-treatment bath are discharged (after neutralisation, reduction of hexavalent chromium and chromium(III) precipitation) to a municipal wastewater treatment plant. Along with the introduction of dyeing in standing bath, all ten dyeing stations with 50 to 1000 kg capacity (LR 1:8) have been equipped with temperature and pH control and automated acid dosage. In addition, acetic acid had been replaced by formic acid in order to reduce COD load. The dyeing processes for wool are carried out conventionally. The so-called "Lanaset TOP" process has not been introduced yet. However, dyeing in standing bath is possible. Per day, about 65 batches are dyed.

For dyeing in standing, for 10 storage tanks have been introduced with $17m^3$ each along with a concerned piping system (Figure 7-13). The exhausted dye baths are moved to the tanks by compressed air. A ring pipe is therefore used in order to minimise the installation of new pipes.

Most of the tanks are constantly used for the same type exhausted dye baths (e.g. afterchrome bath for dark shades, such as black and marine or exhausted bath from dyeing with metal complex dyestuffs etc.). For preparation of new dyeing baths, the dyestuffs and chemicals are supplied manually.

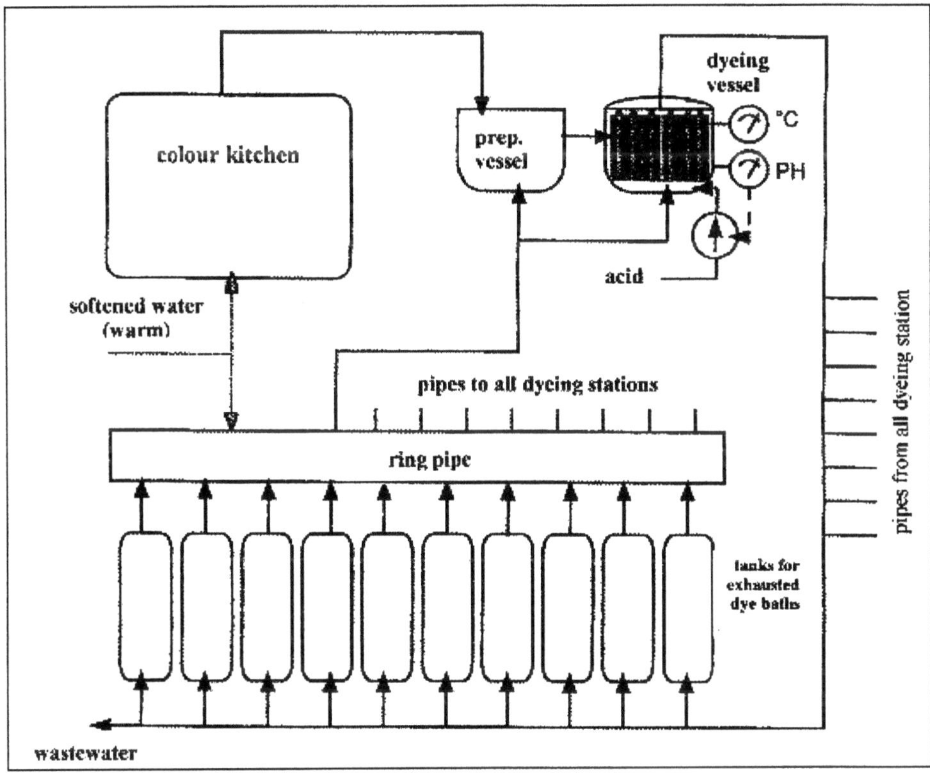

Figure 7-13: **Scheme indicating the installations (tanks and piping system) for dyeing in standing bath**

The process optimisation measures resulted in a 70% reduction of chromate reduction. Dyeing in standing bath lead to the reduction of specific water consumption from 60 to 25 l/kg (absolute: reduction from 150,000 m3/a to 65,000 m3/a) and wastewater flow respectively which is nearly 60%. In case of wool dyeing, the application of sodium sulfate can be completely avoided because of protein degradation compounds -originating from wool- guarantee sufficient levelling; these even improves further wool processing.

Dyeing in standing bath is possible at new and existing installations. Space for the tanks must be available and the number of different shades may not be too large. In case of the described example, the technique has been introduced in practice in a 35 years old dyehouse.

548

Dyeing in standing bath is successfully in operation since 1996. In the start-up phase, experience has to be collected how to prepare new dyeing baths from exhausted ones; but soon it becomes daily routine. Yet, only one reference plant is mentioned in Germany.

Investment for building for the tanks, the tanks themselves, piping and control devices 0.8 million EURO. Fresh water and wastewater cost are 3.20 EURO/m3 (0.6 EURO/m3 for fresh water including treatment and 2.60 EURO/m3 wastewater fee. Thereby, cost for pre-treatment (neutralisation, reduction of hexavalent chromium and precipitation of chromium(III) and disposal of sludge is not taken into account. Thus, annual savings of about 250,000 EUROs are achieved which allows an acceptable pay back time.

Increasing cost for wastewater and increasing requirements on wastewater discharge (especially regarding chromium) have been the driving forces for the company to install the described techniques.

<u>Dyeing of loose wool fibre and combed tops - minimisation of wastewater emissions [273]</u>

Dyeing of loose wool fibre and combed tops is still carried out with afterchrome dyestuffs and metal complex dyestuffs as well. These chromium containing dyestuffs can be substituted by metal free reactive dyestuffs in many cases (see technique " Substitution of afterchrome dyestuffs for dyeing of wool (all make-ups)"). However, when substitution is not possible, the conventional dyeing process can be optimised by applying proper process control (especially pH control). For 1:2 metal complex dyestuffs, the dyeing process can be improved (not suitable for afterchrome dyes) by using a special auxiliary for increasing dye bath exhaustion within shorter time and to replace acetic acid by formic acid. The optimised process is well-known as "Lanaset TOP process" which has been released by a dyestuffs and textile auxiliaries supplier in 1992. It is mainly for dyeing loose wool fibre and combed tops which are still major make-ups (about half of the world-wide annual processed quantity). The control of pH and the application of a mixture of different fatty alcohol ethoxylates (having fibre and dyestuffs affinity) shorten the dyeing time drastically compared to the conventional process (see Figure 7-14). In addition exhaustion rate is almost 100%. This makes dyeing on standing bath easier (see described technique " Dyeing of loose wool and polyester in standing bath")

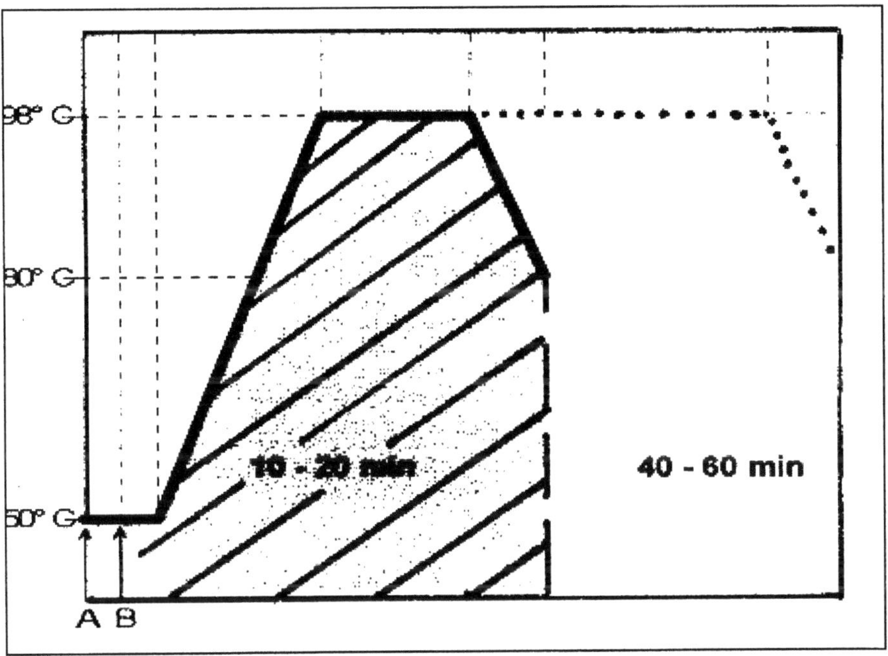

A   Adding of auxiliaries and formic acid

B   Adding of dyestuffs

Key: conventional process (whole curve) and the optimised process (Lanaset TOP process) (hatched part of the curve)

Figure 7-14:   ***Dyeing of loose wool fibre and combed tops - comparison of the dyeing curves***

Because of higher exhaustion and fixation rate respectively, colour in exhausted dye bath is reduced which directly correlates with chromium content. Residual chromium contents in exhausted dye bath down to 0.1 mg/l are achievable. When dyeing in standing bath, no build-up of chromium occurs. The substitution of acetic acid (having a specific COD of 1067 mg O_2/g) by formic acid (having a forth time lower specific COD of 235 mg O_2/g and being a stronger acid than acetic acid) leads to lower COD load in the effluent. During dyeing, boiling time can be shortened to one third which saves not time only but also energy. In addition to environmental advantages, the process enables fast shade and fastness development, leading to reproducible dyeings with very high fastness properties.

The technique is applicable in new and existing installations for dyeing loose wool fibre and combed tops. The process has been successfully introduced into practice in many dyehouses world-wide. Savings are achieved due to shorter process time and less rinsing water.

The requirements to reduce the chromium content in wastewater and the need to increase productivity have been the main driving forces for the implementation of this technique.

D. Substitution of chemicals

Substitution of dyestuffs

The environmental issues related to dyestuffs have already been discussed in more detail for each class of dyestuff in the preceding paragraphs dealing with different dyestuffs classes (section 5.4). Only some general key issues such as fixation rates of dyes, AOX emissions, heavy-metal emissions, and the problematic azo dyes are first considered, to give an overview of the problematics. Concrete case studies taken from the Best Available Technique Documents [2; 273] close the section.

Fixation rates of dyes [2]

Spent dye baths, residual dye liquors, and water from washing operations always contain a percentage of un-fixed dye. The rates of fixations vary considerably among the different classes of dyes and may be especially low for reactive dyes (in the case of cotton) and for sulphur dyes. Moreover, large variations are found even within a given class of colourants. This is particularly significant in the case of reactive dyes. Fixing rates above 60 % cannot be achieved, for example, in the case of copper (sometimes nickel) phthalocyanine complex reactive dyes especially used for turquoise-green and some marine shades. In contrast, the so-called double anchor reactive dyes can achieve extremely high rates of fixation.

The degree of fixation of an individual dye varies according to type of fibre, the shade, and the dyeing parameters used. Therefore, fixation rate values can be given only as approximations. However, they are useful as a guide to the amount of unfixed dyes which can be expected in waste water. Information from different authors is given in the table below [2].

Dyestuffs	EPA	OECD	ATV	Bayer (1)	Euratex	Spain
Acid dyes						
- for wool	10	}7 - 20	}7 – 20	-	}5 - 15	5-15
- for polyamide	20					
Basic dyes	1	2 - 3	2 – 3	2	-	0-2
Direct dyes	30	5 - 20	5 – 30	10	5 - 35	5-20
Disperse dyes						
- for acetate	25	}8 - 20	}8 – 20	}5	}1 - 15	}0-10
- for polyester 1 bar	15					
- for polyester HT	5					
Azoic dyes	25	5 - 10	5 – 10	-	10 - 25	10-25
Reactive dyes (2)						
- for cotton	}50 – 60	}20 - 50	}5 – 50	}5-50	20 – 45	}10-35
- for wool					3 – 10	
Metal-complex	10	2 - 5	2 – 5	5	2 - 15	5-15
Chrome dyes	-	-	1 – 2	-	-	5-10
Vat dyes	25	5 - 20	5 – 20	-	5 - 30	5-30
Sulphur dyes	25	30 - 40	30 – 40	-	10 - 40	15-40

EPA: US Environmental Protection Agency

OECD: Organisation for Economic Co-operation and Development

ATV: Abwasser Technishe Vereinigung (Waste Water Technical Association)

Note:

(1) Now Dystar (including Hoechst, BASF)

(2) New reactive dyestuffs with higher fixation rates are now available (see section 5.4)

Table 7-31: **Percentage of non-fixed dye which may be discharged into the effluent (principal classes of dyes represented)**

As a result of low fixation, dyestuffs which are poorly bio-eliminable pass through the waste water treatment plant and are ultimately found in the effluent. The first undesirable effect in the receiving water is colour. High doses of colour not only cause aesthetic impact, but can also interrupt photo-synthesis, thus affecting aquatic life.

552

Other effects are related to the organic content of the colourant (normally expressed as COD and BOD, but could be better expressed as organic carbon, using TOC and DOC as parameters), its aquatic toxicity, and the presence in the molecule of metals or halogens which can give rise to AOX emissions.

AOX emissions

Vat, disperse and reactive dyes are more likely to contain halogens in their molecule. The content of organically bound halogen can be up to 12 % on weight for some vat dyes. Vat dyes, however, usually show a very high degree of fixation. In addition, they are insoluble in water and the amount which reaches the effluent can be eliminated with high efficiency in the waste water treatment plant through absorption into the activated sludge.

On the other hand, reactive dyes may have low fixation degrees (the lowest level of fixation is observed with phthlocyanine in batch dyeing) and their removal from waste water is difficult because of the low biodegradability and/or low level of absorption of the dye onto activated sludge during treatment. Reactive dyes may also contain halogen atoms. The halogen in MCT (monochlorotriazines) reactive groups is converted into harmless chloride during the dyeing process. In calculating the waste water burden it is assumed that the MCT reactive groups react completely by fixation or hydrolysis so that they do not contribute to AOX emissions. However, many commonly used polyhalogenated reactive dyes, such as DCT (dichlorotriazine), DFCP (difluorochloropyrimidine), and TCP (trichloropyrimidine) contain organically bound halogen even after fixation and hydrolysis. Bound halogen is also found in discharges of dye-concentrate (pad, kitchen) and non-exhausted dyebaths that may still contain un-reacted dyestuff. For the other classes of colourants the AOX issue is not relevant due to the fact that, with few exceptions, halogen content is usually below 0.1 %.

PARCOM 97/1 recommends strict limits for AOX. Even stricter limits are set by EU-Ecolabel and German legislation. Extensive investigation of AOX in textile effluents has been performed, but AOX as an indicator remains a matter of discussion. Dyestuffs containing organically bound halogens (except fluorine) are measured as AOX and the only way to limit AOX from dyeing is through dye selection, more efficient use of dyes, or by treating the resulting effluent (e.g. by decolouration, filtration, and free radical oxidation of the chromophore).

However, it should be noted that AOX from dyes do not have the same effect as the AOX derived from chlorine reactions (haloform reaction, in particular) arising from textile processes such as bleaching, wool shrink-resist treatments, etc. Dyestuffs are not biodegradable compounds and the halogens in their molecule should therefore not give rise to a haloform reaction (the main cause of hazardous AOX). In this respect it is interesting to consider that PARCOM 97/1 does not set a general discharge limit value for AOX, but rather allows discrimination between hazardous and non-hazardous AOX [2].

It is interesting to observe that this type of legislation promotes the development of new kinds of products to reduce the discharges to allowable limits.

For example, in the case of dyeing cellulosic fibres with reactive dyes, many innovative reactive systems (see 5.2.3 and 5.4.2) or fibre pretreatments (4.3.1) were developed (see also case studies, below). Interestingly, organofluorine compounds do not fit into the AOX classification since the fluoride ion liberated in the test protocol as soluble silver fluoride is not detectable. Dye makers thus likely concentrate on vinylsulphone and fluoroheterocycle-containing reactive dyes [80].

Another product class which can lead to high AOX emissions appearing in effluents from subsequent dyeing processes are shrinkproofing agents used in chlorine treatments of wool. Alternative processes to replace chlorine have been developed (e.g. permonosulphiric acid treatment) (see 4.3.2 and 6.4.5).

Heavy metals emissions

Metals can be present in dyes for two reasons: first, metals are used as catalysts during the manufacture of some dyes and can be present as impurities; secondly, in some dyes the metal is chelated with the dye molecule, forming an integral structural element.

Dye manufacturers are now putting more effort into reducing the amount of metals present as impurities. This can be done through the selection of starting products, removal of heavy metal, and substitution of the solvent where the reaction takes place. ETAD has established limits in the content of heavy metals in dyestuffs. The values have been set to ensure that emission levels from a 2 % dyeing and a total dilution of the dye of 1:2,500, will meet the known waste water requirements.

Examples of dyes containing bound metals are copper and nickel in phthalocyanine groups, copper in blue copper-azo-complex reactive dyes, and chromium in metal-complex dyes used for wool silk and polyamide. The total amount of metallised dye used is decreasing, but there remain domains (certain shades such as green colours, and certain levels of fastness to light) where phthalocyanine dyes, for example, cannot be easily substituted.

The presence of the metal in these metallised dyes can be regarded as a less relevant problem compared to the presence of free metal impurities. Provided that high exhaustion and fixation levels are achieved and that measures are taken to minimise losses from handling, weighing, drum cleaning, etc., only a little bit unconsumed dye should end up in the waste water. Moreover, since the metal is an integral part of the dye molecule, which is itself non-biodegradable, there is very little potential for it to become bio-available.

It is also important to take into account that treatment methods such as filtration and absorption into activated sludge, which removes the dye from the waste water, also reduces proportionally the amount of bound metal in the final effluent. Conversely, other methods such as advanced oxidation may free the metal.

Problematic azo dyes

Coloured fabrics, when in contact with human skin , may cause contact dermatitis allergic reactions.

554

Skin irritancy to polyester fabrics dyed with disperse dyes, for example, became stronger as the concentration (% shade) of the dye in the fabric increased. Reduction clearing treatment (with a hot solution of sodium hydroxide and sodium hydrosulphite) which is usually given to dyed fabrics to remove the surface-deposited dyes, reduced skin irritancy. For this reasons, the use of non-sensitizing dyes was recently added to the requirements for the ability to use eco-labels. These are in most cases disperse dyes such as Yellow 3, Orange 3, Orange 37, Orange 76, Red1, Red 17, Blue 3, Blue 106, and Blue 124. Many of these are not only used for dyeing polyester, but also for nylon and triacetate, where they can easily migrate out of the fibres and cause harm [153].

It is also important to mention that about 60 % to 70 % of the dyes used nowadays are azo dyes. Under reductive conditions, these dyes may produce amines and some of them are potentially carcinogenic. A list of potentially carcinogenic amines that can be formed by the cleavage of certain azo dyes is shown in section 2.5.2. Details on legislation are also given there.

The use of azo-dyes which may cleave into one of the 22 potentially carcinogenic aromatic amines listed is banned according to the 19th amendment of Directive 76/769/EEC on dangerous substances [406]. The directive is based on the so-called German Ban on azo dyes (i.e. German Consumer Goods Ordinance). Thus, azo dyes which, by reductive cleavage of one or more azo groups, may release one or more of the aromatic amines listed, in detectable concentrations (i.e. above 30 ppm in the finished articles or in the dyed parts thereof, may not to be used in textile and leather articles which may come in direct or prolonged contact with the human skin or oral cavity [406]. However, more than 100 dyes with the potential to form carcinogenic amines are still available on the market [2].

In the following case studies, concrete substitution operations of dyes are presented, with respect to their environmental and economic benefits. The presented processes using substitute and/or optimised dyestuffs are:

- Exhaust dyeing of cellulosic fibres with polyfunctional reactive dyestuffs

- Exhaust dyeing of cellulosic fibres with low salt reactive dyestuffs

- Environment-friendly dyeing with sulphur dyestuffs

- One-step continuous vat dyeing in pastel to pale shades

<u>Exhaust dyeing of cellulosic fibres with polyfunctional reactive dyestuffs</u> [273]

Polyfunctional reactive dyes contain more than one reactive group in each molecule and offer very high levels of fixation by exhaust dyeing which leads to lower colour usage to achieve a given depth of shade and a lower unfixed colour load in the effluent. Innovative manufacturers have introduced dye ranges of this type over the last few years as pressure to reduce the colour load to wastewater has increased particularly in Western Europe.

The achieved environmental benefits are :

- Reduced colour load

- Reduced Salt Consumption

- Reduced Water and Energy Consumption

- Reduced AOX Load

The main benefit achieved by the use of polyfunctional high fixation reactive dyes is the reduced colour and COD load to the effluent. In the case of a reactive dye containing two or more reactive groups of similar reactivity, the potential for achieving a covalent linkage with the cellulose hydroxyl groups is significantly increased.

The fixation of a reactive dye with cellulose can be expressed either as a percentage of total dye applied (fixation rate, sometime also called absolute fixation) or as a percentage of dye exhausted (exhaustion rate, sometimes also called fixation efficiency). In the case of a monofunctional dye the fixation rate is approximately 60% (with an exhaustion rate of approximately 70%) so that 40% of the dye applied is lost to the effluent which has to be treated to remove colour before it can be discharged to a river or other receiving water. In the case of a reactive dye containing two reactive groups, the increased probability of reaction with cellulose can give rise to figures of 80% fixation rate and over 90% exhaustion rate. This leads to a significant reduction in the amount of colour lost to the effluent.

High exhaustion rate also means that a lower amount of colour is required to achieve a given depth of shade and hence salt loading can be reduced as this normally increases with increasing dyestuff concentration.

High fixation rate minimises the amount of unfixed dye that must be removed at the end of the fixation stage to achieve the desired level of fastness performance. This means that shorter rinsing and soaping sequences are required which leads to considerable savings in water and energy consumption.

For example the recently introduced dyes have very high levels of fixation and consequently require less water and energy in the wash-off stage. A further recent innovation allow much shorter processing times on certain substrates by combining the pretreatment and dyeing steps using polyfunctional dyes which fix at 90°C. Savings of up to 40% in water and energy consumption are claimed.

Some of the most recent polyfunctional dyes use a combination of reactive groups based on modified vinylsulphone or heterocyclic fluoro components, which means that there is no contribution to Adsorbable Organic Halogen (AOX) in the effluent. Consult for examples further section 5.4.

High fixation reactive dyes can be applied on all types of dyeing machines but offer particular advantage on the most modern low liquor ratio dyeing machines fitted with multi-tasking controllers where additional advantages of reduced energy and water consumption can be exploited. Thus, high fixation, polyfunctional reactive dyes have been in widespread use for many years in all European countries and world-wide as well. Individual manufacturers provide comprehensive technical information for their high fixation dye ranges including detailed salt recommendations according to depth of shade, type of substrate, equipment in use, etc. These recommendations should also have been designed to ensure a high level of reproducibility and maximise Right-First-Time performance.

556

Compared to conventional monofunctional reactive dyestuffs, polyfunctional reactive dyestuffs are more expensive when considering the price per kilogram only. However the high fixation efficiency, the savings on salt usage, and reduced water and energy consumption means that the total cost of processing can be significantly reduced.

The main driving force for the development of high fixation, polyfunctional reactive dyes has been the introduction of legislation restricting the colour of effluents discharged to sewer (indirect discharges) or river (direct discharges). Most European countries set colour absorbance limits at various wave lengths which have to be complied with by the discharger. This has meant an increase in charges for colour removal treatments either on-site or at the local municipal wastewater treatment plants. In some countries legislation also exists to limit AOX levels in effluent. An equally important factor has been the drive to reduce the total costs of processing, and high fixation dyes giving high levels of Right-First-Time production can make a significant contribution in this respect.

<u>Exhaust dyeing of cellulosic fibres with low salt reactive dyestuffs</u> [273]

Traditionally, exhaust dyeing of cellulosic fibres with reactive dyestuffs required high amounts of neutral salts usually 50-60 g/l but up to 100 g/l for dark shades. However several manufacturers have developed innovative dyestuff ranges and application processes that only need about two thirds of this quantity. Examples of these systems can be found in section 5.4.8 They are generally polyfunctional reactive dyes (i.e. they contain more than one reactive group) offering very high levels of fixation which brings the added benefit of reduced unfixed colour load in the effluent. These dyestuff ranges have also been designed to perform well on modern low liquor ratio dyeing machines which offer further possibilities for reducing the overall salt requirement as illustrated in Table 7-32.

	Winch LR 20:1	Jet LR 10:1	Low LR Jet LR 5:1
Traditional Reactive Dyes (60g/l salt)	1200 kg	600kg	300kg
Low Salt Reactive Dyes (40g/l salt)	800 kg	400 kg	200 kg

Table 7-32: **Quantities of salt required to dye 1000 kg fabric to a medium depth of shade**

Salt consumption for exhaust dyeing is reduced by about one third of the quantity needed for conventional reactive dyestuffs, with positive impact on effluent salinity and on smooth running of wastewater treatment units. The significantly lower salt usage translates into reduced salt handling and dissolving time. An automation of salt or brine additions is facilitated by lower required salt quantity.

When reducing salt levels it is important to ensure that reproducibility levels are maintained as this can have a major impact on water and energy consumption per unit of production. Under low liquor ratio (LR) dyeing conditions the substantivity of a dyestuff is increased due to increased mechanical pick-up and the exhaustion and fixation levels are also increased, but to a lesser extent.

However migration and level dyeing behaviour are adversely affected unless there is a compensating reduction in salt concentration. It should also be mentioned that rinsing after dyeing needs efficient washing machinery because the non-fixed compounds of the high-affinity type, low salt reactive dyestuffs are not as easy to wash out as low- or medium-affinity dyestuffs.

High affinity low salt reactive dyestuffs can also be favourably used for one-bath dyeing of polyester-cellulose blends, which saves time, water and energy. The lower salt concentration reduces the tendency of disperse dyestuffs to stain the cotton fibres of the blend (beneficial for fastness and reproducibility of shades). High affinity dyestuffs allow efficient coloration under conditions of longer liquor ratios with respect to cotton such as those that exist when dyeing polyester/cellulose blends.

The technique is applicable both to existing and new dyeing machines. Low salt reactive dyestuffs can be applied on all conventional exhaust dyeing machines but offer particular advantage on the most modern low liquor ratio dyeing machines where additional advantages of reduced energy and water consumption can be exploited. Low salt reactive dyestuffs have been in use for the last five years in all European countries and throughout the world-wide.

Individual manufacturers provide comprehensive technical information for their low salt dyestuff ranges including detailed salt recommendations according to depth of shade, type of substrate, equipment in use etc. These recommendations should also have been designed to ensure a high level of reproducibility and maximise Right-First-Time performance.

Compared to conventional reactive dyestuffs, low salt reactive dyestuffs are significantly more expensive when considering the price per kilogram only. However the high colour strength, the savings for salt and increased reproducibility have to be taken into account as well. Depending on the special circumstances of each dye house, the application of low salt reactive dyestuffs can be of economic benefit.

Thus, in areas having arid climate conditions and negative water balance, low salt reactive dyestuffs have been introduced first (e.g. North Carolina in the US and Tirupur, Tamil Nadu in India). They have also found success in areas where the dyehouses are discharging directly to freshwater areas and there is a need to minimise salination effects.

<u>Environment-friendly dyeing with sulphur dyestuffs</u> [273]

World-wide sulphur dyestuffs are of great importance in dyeing cotton in medium to dark shades (esp. black) with a high fastness to light and washing (see also 5.4.9). Sulphur dyes are synthesised by reaction of aromatic nitrogen containing compounds with sulphur or polysulfides. The molecular structure of sulphur dyes which are water insoluble pigments is in most cases not well defined. Dyeing process is carried out with the reduced water soluble „leuco-compound". Common sulphur dyes are available in powder form; before dyeing they have to be reduced with sodium sulfide in an alkaline solution. Also liquid pre-reduced dyestuff formulations are available (sulfide content > 5 %). Surplus of sulfide in wastewater (caused by the dyestuffs and the reducing agent) is responsible for wastewater toxicity and odour nuisances (esp. in working place atmosphere).

558

The following sulphur dyes with an optimised ecological performance are available:

- Prereduced dyestuffs with reduced amount of sodium sulphide (liquid formulations; sulfide content < 1 %)

- Non-prereduced sulfide-free dyestuffs (water soluble in the oxidised form)

- Non-prereduced sulfide-free stabilised dispersed dyestuffs (in powder or liquid form); reduction with hydrosulfite is possible

- Non-prereduced sulfide free dyestuffs (stable suspension); reduction with glucose is possible

Alternative reducing techniques are possible for all sulphur dyestuffs. The following binary systems are in use (glucose is added to sodium dithionite to prevent over-reduction):

- combination of dithionite and glucose

- combination of hydroxyacetone and glucose (seldom)

- combination of formamidine sulfinic acid and glucose (seldom).

Stabilised sulfide free dyestuff types can be reduced with sodium dithionite without addition of glucose. For another type of non-prereduced sulphur dyestuffs the reduction step can be carried out with glucose alone. AOX-free re-oxidation is possible with peroxide instead of potassium dichromate and halogenated compounds (bromate, jodate, chlorite or N-chloro-p-toluene sulfamide) and is meanwhile widely applied.

Sulfide content in wastewater is minimised, if sulfide-low or sulfide-free sulphur dyes are used in combination with sulfide free reducing agents. If peroxide is used for re-oxidation instead of dichromate or halogenated compounds chromium respectively AOX-content in wastewater is avoided.

The dyestuffs and reducing agents can be used in existing and new dyeing machines (exhaust dyeing as well as continuous techniques). Differences of shade compared to common sulphur dyeing are to be regarded.

The dyestuffs and reducing agent system are in use in Europe and world-wide as well. Yet, using sodium dithionite as reducing agent, the sulfite content in wastewater is to be taken into account.

A typical recipe for cotton dyeing on a jet machine (liquor ratio 1:6 to 1:8; dyeing for 45 min at 95 °C is given below:

- Non-prereduced sulphur dye: 10 %

- Wetting agent: 1 g/l

- Caustic soda solution (38 Bé):   15-20 ml/l

- Soda ash: 8-10 g/l

- Salt: 20 g/l

- Glucose: 10-12 g/l

- Sodium dithionite: 8-10 g/l or hydroxyacetone: 4-5 g/l or formamidine sulfinic acid: 4-5 g/l.

Stabilised non-prereduced sulfid-free dyestuffs are more expensive in comparison to common sulphur dyes.

Main motivation in application of sulfide-free or sulfide-low techniques in dyeing with sulphur dyes is to minimise wastewater problems and to meet requirements to wastewater disposal, as well as to reduce odour nuisances and to improve working place atmosphere.

<u>One-step continuous vat dyeing in pastel to pale shades</u> [273]

Conventional continuous (pad steam) vat dyeing comprises padding of the dyestuff pigments, intermediate drying, padding chemicals/auxiliaries (reducing agents), steaming, oxidising and washing (several soaping and rinsing steps).

One-step continuous vat dyeing is possible with special vat dyes and auxiliaries. Padding, intermediate drying and fixation is carried out in a continuous way. The following auxiliaries have to be used:

- Special selected vat dyes with low migration tendency

- Auxiliaries based on polyglycols and acrylic polymers for pad liquor stability, high fastness level and little influence on handle

The process can be carried out without steaming and subsequent washing. Waste water is only loaded with residual padding liquors. Water consumption is minimised to appr. 0.5 l/kg textile. Savings in chemicals consumption and energy are additional environmental benefits.

The technique can be performed on cellulose and cellulose/polyester blends. Applicability of the technique is restricted on pastel to pale shades (up to appr. 5 g dyestuff/l at 50 % liquor pick up). The technique is applied in several finishing mills in Germany as well as world-wide.

Typical recipe of padding liquor:

- 30-40 g/l auxiliary I

- 5-10 g/l sodium sulfate

- 10-20 g/l auxiliary II

- up to 2.5 g/kg dyestuff

Typical process parameters:

- padding: liquor pick-up: 50-65 % (as low as possible); liquor temperature: < 35 °C

- intermediate drying: 100-140°C

- thermofixation: cellulose 30 s at 170 °C; polyester/cellulose: 30 s at 190 °C

Considerable cost-savings due to savings in energy, time, water, and chemicals can be achieved compared to conventional pad-steam vat dyeing.Thus, this is the main motivation to implement the one-step technique.

Substitution of colouring auxiliaries

Colouring auxiliaries were already mentioned and discussed relating to the dyeing process in previous sections. Nevertheless, an overall discussion about their environmental concerns was not done. The following summary referrers mainly to the BREF Documents [2].

Regarding the environmental concerns associated with the chemicals and auxiliaries used in dyeing processes it is worth mentioning the following key issues:

Sulphur-containing reducing agents

Waste water from sulphur dyeing contains sulphides used in the process as reducing agents. In some cases, the sulphide is already contained in the dye formulation; in other cases it is added to the dye bath before dyeing. In the end, however, the excess of sulphide ends up in the waste water. Sulphides are toxic to aquatic organisms and contribute to an increasing COD load. In addition, sulphide anions are converted into hydrogen sulphide under acidic conditions, thereby giving rise to problems of odour and corrosivity.

Sodium hydrosulphite (also called sodium dithionite) is a sulphur-containing reducing agent which is commonly used not only in sulphur and vat dyeing processes, but also as a reductive after-cleaning agent in PES dyeing. Sodium hydrosulphite is less critical than sodium sulphide; however, during the dyeing process sodium dithionite is converted into sulphite, which is toxic to fish and bacteria, and in some cases it is converted to sulphate. In the waste water treatment plant sulphite is normally oxidised into sulphate, but this can still cause problems. Sulphate, in fact, may cause corrosion of concrete pipes or may be reduced under anaerobic conditions into hydrogen sulphide. Hydroxyacetone, although it produces an increase in COD load, is recommended to lower the sulphur content in waste water, but it cannot replace hydrosulphite in all applications. New organic reducing agents with improved reducing effects have been developed. These reducing agents are based on a special short-chain sulphinic acid derivative; they are liquid, have very low toxicity and are readily biodegradable (see also 7.1.3).

Consumption of the reducing agent by the oxygen present in the machine (partially-flooded dyeing machines) also needs to be taken into account.

Instead of applying only the amount of reducing agent required for the reduction of the dyestuff, a significant extra amount of reducing agent often needs to be added to compensate for the amount consumed by the oxygen contained in the machine. This obviously increases the oxygen demand of the effluent.

Oxidising agents

Dichromate should no longer be used in Europe as an oxidising agent when dyeing with vat and sulphur dyes, but it is still widely used for the fixation of chrome dyes in wool dyeing. Chromium III exhibits low acute toxicity, while chromium VI is acutely toxic and has been shown to be carcinogenic towards animals. During dyeing processes with chrome dyes, Cr VI is reduced to Cr III if the process is under control. Nevertheless, emissions of Cr VI may still occur due to inappropriate handling of dichromate during dye preparation.

Emissions of trivalent chromium in the waste water can be minimised, but cannot be avoided, unless alternative dyestuffs are applied.

The use of bromate, iodate and chlorite as oxidising agents in vat and sulphur dyeing processes and the use of hypochlorite as a stripping agent for decolouring faulty goods or for cleaning dyeing machines (e.g. before subsequent lighter-coloured dyeing) may also produce AOX emissions. However, only hypochlorite and elemental-chlorine-containing compounds (e.g. certain chlorite products which contain Cl2 or use chlorine as an activator for the formation of chlorine dioxide gas) are likely to give rise to hazardous AOX.

Salt

Salts of various types are used in dyeing processes for different purposes (e.g. to promote level dyeing or increase dye exhaustion). In particular, large amounts of salt are used in cotton batch dyeing processes with reactive dyes. The amount of salt employed is quite significant compared to other classes of dyestuffs, for example direct dyes (5.2.3) and efforts have been made by dye manufacturers to solve this problem.

Amount of salt employed in cotton batch dyeing processes with reactive and direct dyes [2]

In addition to the use of salt as a raw material, neutralisation of commonly employed acids and alkali produces salt as a by-product. Salts are not removed in conventional waste water treatment systems and they are therefore ultimately discharged into the receiving water. Although the mammalian and aquatic toxicity of the commonly employed salts are very low, in arid or semi-arid regions their large-scale use can produce concentrations above the toxic limit and increase the salinity of the groundwater. Countries have set emission limits at 2,000 ppm or below. River quality standards must also be taken into account.

See further case studie "exhaust dyeing of cellulose fibres withlaw salt reactive dyestuffs", above.

Carriers

Use of these auxiliaries, which were widely employed in the past, has been reduced due to eco-logical and health problems. They are still an issue in the dyeing of polyester blends in wool.

Carriers may already be added to the dyes by manufacturers. In this case, textile finishers will have little knowledge of the loads discharged.

Carriers include a wide group of organic compounds, many of them being steam volatile, poorly biodegradable, and toxic to humans and aquatic life. However, as the active substances usually have a high affinity for the fibre (hydrophobic types), 75 – 90 % are absorbed by the textile and only the emulsifiers and the hydrophilic types such as phenols and benzoates derivatives are found in the waste water. The carriers which remain on the fibre after dyeing and washing are partially volatilised during drying and fixing operations and can give rise to air emissions.

Traces can still be found on the finished product, thus representing a potential problem for the consumer, especially if the fabrics are badly dyed and finished [153].

Dispersing agents [273]

Disperse dyes are only sparingly soluble in water. To achieve an uniform dispersion which is not affected by temperature and shearing stress dispersing agents are added to disperse dyestuff formulations. Ligninie sulfonates and condensation products of naphthalene sulfonic acid with formaldehyde are mainly in use. The dispersing agents are not fixed on the fibres and contribute to a considerable amount to the problematic wastewater load in textile finishing (average COD: 1200 mg O_2/g (lignine sulfonates), resp. 650 mgO_2/g (naphthalene sulfonic acid condensation products).

Elimination in biological wastewater treatment is insufficient for both products. Thus, they contribute to residual (recalcitrant) COD in treated wastewater. Disperse dyes in powder or granulated form contain 30-50 (in some cases up to 70%) of dispersing agents; disperse dyes in liquid form contain 10-30 %.

There are two approaches to increase the bioelimination/biodegradation rate of dispersing agents. With the improved dispersing agents conventional dispersing agents can be substituted in the dyestuff formulations to an extend of max. 70 %.

1. Chemistry of optimised dispersing agent used in liquid dyestuff formulations is based on fatty acid esters. The dispersing capacity of the product is improved; compared to conventional liquid dyestuff formulation. The tinctorial strenght can be increased from 100 % to 200 %. In other words, the amount of dispersing agents in dyestuff formulations can be significantly reduced.

2. An alternative to common dispersing agents for powder and granulate formulations are modified aromatic sulfonic acids (as sodium salt).

The main achieved environmental benefits according the first approach show degradation test according to Zahn-Wellens shows elimination rates between 90 and 93 %. A comparison between common disperse dyestuff and optimised dyestuff formulations (average values considering the whole dyestuff palette) is given in Figure 7-15. Differences in tinctorial strength are taken into account.

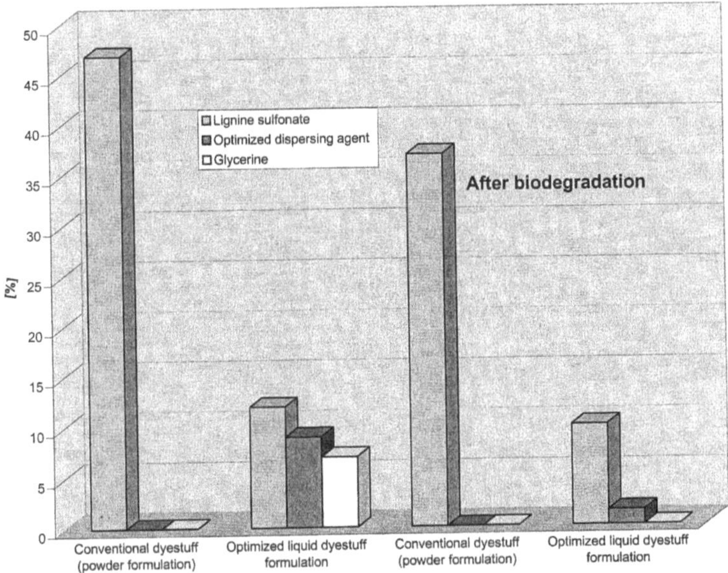

Figure 7-15: *Comparison between the composition of conventional and new dyestuff types (before and after biological treatment)*

According to the second approach, the degree of bioelimination of the dispersing agent is 70 % (test method according to OECD 302 B). The contamination of wastewater by dispersing agents, when HT dyeing with a conventional and optimised dyestuff is carried out, is shown in Figure 7-16. (The conventional dye contains 65 % lignine sulfonates (elimination rate approx. 25 %); the ecologically advanced dye contains 60 % dispersing agent (elimination rate approx. 70 %).)

564

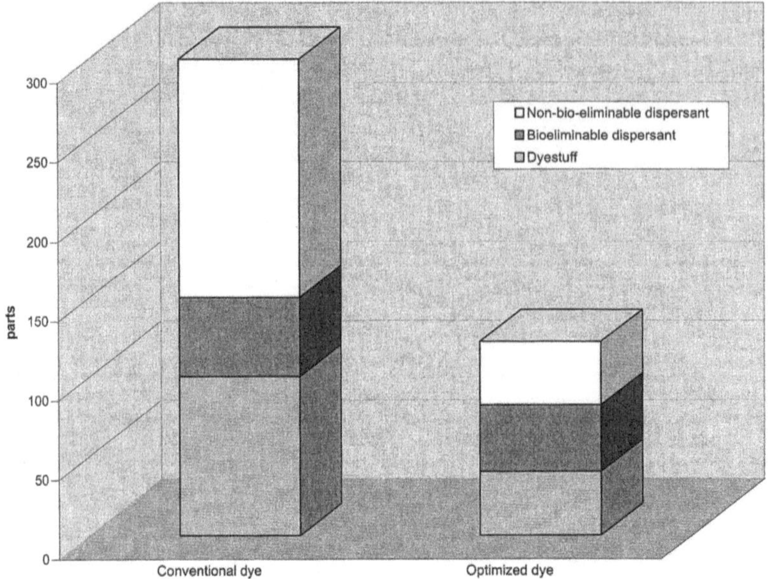

Figure 7-16: ***Comparison between conventional and optimised dyestuffs (tinctorial strength ratio is considered)***

There is no restriction in application fields with exception that the dyestuff palette is currently limited. The ecologically advanced dyestuffs are in use in German finishing mills and world-wide as well. The ecologically optimised disperse dyes can be used similar to conventional disperse dyes. Yet, the costs for the dyestuffs are higher compared to conventional liquid dyestuff formulations. Improvement of the environmental performance is the main motivation to use disperse dyes with a better degree of bioelimination.

Other auxiliaries of environmental interest

Other substances which may be encountered in the dyeing auxiliaries and that may give rise to water pollution are [2]:

- fatty amine ethoxylates (levelling agent);
- alkylphenol ethoxylates (levelling agent);
- quaternary ammonium compounds (retarders for cationic dyes);
- polyvinylpyrrolidone (levelling agent for vat, sulphur and direct dyes);
- cyanamide-ammonia salt condensation products (auxiliaries for fastness improvement);
- acrylic acid-maleic acid copolymers (dispersing agent);
- ethylenediamine tetraacetate (EDTA) complexing agents;
- diethylenetriaminepentaacetate (DTPA);
- ethylenediaminetetra(methylenephosphonic acid) (EDTMP);

- diethylenetriaminepenta(methylenphosphonic acid) (DTPMP).

These are water-soluble, hard-to-biodegrade compounds which can pass untransformed or only partially degraded through waste water treatment systems.

In addition, some of them are toxic (e.g. quaternary amines) or can give rise to metabolites which may affect reproduction in the aquatic environment (APEO).

In the following case studies, some specific substitution of dyeing auxiliaries are considered:

- Exhaust dyeing of polyester and polyester blends - carrier-free or use of ecologically optimised carriers

- Selection of antifoaming agents with improved environmental performance

- More environment-friendly reductive aftertreatment in PES dyeing

- Substitution of afterchrome dyestuffs for dyeing of wool (all make-ups)

Exhaust dyeing of polyester and polyester blends - carrier-free or use of ecologically optimised carriers [273]

Due to the high glass transition point of polyethyleneterephthalate, which is in the range of 80-100 °C, the diffusion rate of disperse dyestuff molecules into the PES fibres at normal dyeing temperatures is very low. Therefore, dyeing conditions used for other substrates are not applicable. Exhaust dyeing of single polyester and polyester blends can be carried out either in autoclaves at high temperature (HT-dyeing; 130 °C, which is usually applied for PES and wool-free blends) or at normal dyeing temperatures (95 °C – 100 °C or 106°C - 120°C with wool protection agent), which is applied for PES/wool-blends) with the help of so-called carriers.

Carriers are absorbed to a great part on the PES fibre. They improve the swelling of the fibres and increase the amorphous parts in the fibre structure. After dyeing and rinsing steps a particular amount is emitted to wastewater. The other part, fixed on the textile, enters the off-gas in downstream drying and heat setting steps or remain on the fibre with possible problems concerning consumer health.

Common substances which can be used in carrier formulations are

- Chlorinated aromatic compounds (mono-chlorobenzene, trichlorobenzenes etc.)

- o-phenylphenol

- Biphenyl and other aromatic hydrocarbons (trimethyl benzene, 1-methyl naphthaline etc.)

- Phthalates (diethylhexylphthalate, dibutylphthalate, dimethylphthalate)

Human toxicity, aquatic toxicity, high volatility, and high odour intensity are the main problems in using common carriers. For special applications (esp. in carpet industry) modified polyethylenterephthalate which is dyeable with cationic dyestuffs can be used. For pure polyester and wool-free blends, HT-dyeing without use of environmental problematic carriers is the best method.

However, dyeing of polyester blends esp. polyester/wool blends and poyester/elasthane blends afford the use of carriers because the sensitivity of the wool substrate to high temperatures. Chemistry of carrier systems which are optimised concerning human toxicology and environmental properties are based on

- Carbonic acid esters/benzylbenzoate

- and N-alkylphthalimide.

Regarding polyester/elasthane blends, it is recently possible to apply certain dyestuffs at 120 - 125°C. These dyestuffs provide very high washing fastness on these blends.

In HT-dyeing of PES wastewater and off-gas is carrier-free. The amount of environmental problematic substances is reduced. Carbonic acid esters/benzylbenzoate based carriers are readily biodegradable (degree of mineralisation: 79 %). Due to their low volatility odour nuisance (esp. regarding working place atmosphere) is negligible. In dyeing with carriers based on N-alkylphthalimide odour nuisance is minimised due to the low volatility of the products.

HT-dyeing can be carried out for all PES qualities. Special HT-dyeing equipment is necessary. Application for PES blends is limited regarding the sensitivity of the fibre blends (esp. PES/WO blends) to high temperature.

Dyeing with optimised carriers is applicable for all PES blends. The effectiveness of the products in comparison to common products has to be kept in mind. However, carriers based on N-alkylphthalimide derivatives are not biodegradable and only partially eliminated in biological wastewater treatment.

Carbonic acid esters/benzylbenzoate carriers are used in a range between 2,0-5,0 g/l (dyeing at boiling temperature; average liquor ratio). N-alkylphthalimide carriers are applied in a range of 2 % (liquor ratio 1:10) to 1 % (liquor ratio 1:20) for dyeing of light shades. For dark shades the amount of carrier is 6 % resp. 3 %.

HT-dyeing and optimised carriers are applied European- as well as world-wide. The price for ecological optimised carriers is approximately the same as for common carriers.

Keeping environmental limit values and improved conditions concerning working place atmosphere are the main motivation to use HT-dyeing or optimised carrier systems.

<u>Selection of antifoaming agents with improved environmental performance</u> [2]

Excessive foaming causes uneven dyeing of yarn or fabric. There is a trend towards higher consumption of defoamers because of the growing preference for high speed and high temperature processing, reduction in water usage, and continuous equipment/processes.

Antifoaming agents are commonly applied in pretreatment, dyeing (especially when dyeing in jet machines), and finishing operations, but also in printing pastes. Low foaming characteristics are particularly important in jet dyeing where agitation is severe.

Products which are insoluble in water and have a low surface tension are suitable for providing antifoaming effects. They displace foam-producing surfactants from the air/water boundary layer. Nevertheless, antifoaming agents contribute to the organic load of the final effluent. Their consumption should therefore be reduced in the first place. Possible measures in this respect are:

- using machines which have a teflon-lined interior (in new machines the parts such as the basket and the jet nozzle, where the fabric comes into contact with the machine, are teflon coated);

- using bath-less air-jets, where the liquor is not agitated by fabric rotation;

- re-using treated baths.

However, these techniques cannot completely avoid the use of defoamers. Therefore the selection of auxiliaries with improved ecological performance is important. Antifoaming agents are often based on mineral oils (hydrocarbons), whereas ecologically improved products are free of mineral oils (hydrocarbons) and are characterised by high bioelimination rates.

Typical active ingredients for alternative products are silicones, phosphoric acid esters (esp. tributylphosphates), high molecular alcohols, fluorine derivatives, and mixtures of these components.

Thanks to the use of mineral oil-free defoamers the hydrocarbon load in the effluent, which is often limited in national/regional regulations, is minimized. Furthermore, these alternative defoaming agents have lower specific COD and higher bioelimination rates than hydrocarbons.

For example, a product based on triglycerides of fatty acid and fatty alcohol ethoxylates (COD: 1245 mg/l; BOD5: 840 mg/l) has a degree of bioeliminability higher than 90 % (determined in the modified Zahn-Wellens-Test, according to OECD 302 B Test method or EN 29888, respectively) [273].

Concerning air emissions, thanks to the substitution of mineral oil-based compounds, it is possible to reduce VOC emissions during high-temperature processes (caused by the carry-over of antifoaming agents on the fabric after wet operations).

The mineral oil-free defoamers can be used in a way similar to conventional products. Because silicone products are highly effective, the required amount can be considerably reduced.

It has to be taken further into account that:

- silicones are eliminated only by abiotic processes in waste water. Furthermore, above certain concentrations, silicone oils may hinder the transfer/diffusion of oxygen into the activated sludge;

568

- tributylphosphates are odour-intensive and strongly irritant;

- high molecular-weight alcohols are odour-intensive and cannot be used in hot liquors.

There are no particular limitations to be mentioned concerning the application of the mineral oil-free formulations. However, the effectiveness of the various alternative products has to be kept in mind. If antifoaming agents based on silicones are used there is a risk of silicone spots on the textile and silicone precipitates in the machinery.

The cost of mineral oil-free products is reported to be comparable to conventional ones [273].

Consult section 6.5.1 and 4.7.2 for further details on antifoaming agents and alkyl phosphate surfactants.

<u>More environment-friendly reductive aftertreatment in PES dyeing [273]</u>

Customers demand a high washing fastness. In order to meet the requirement, aftertreatment is practised to remove non-fixed disperse dyes from the fibres. Aftertreatment in PES-dyeing can be carried out with surfactants or more effective by means of reducing agents. In conventional aftertreatment, sodium dithionite is used as reducing agent. The pH of aftertreatment bathes has to be changed two times:

- Dyebath: acidic

- Reducing step: alkaline

- Rinsing step: acidic (pH of the textile: 4-7.5).

Reducing agents based on special short chain sulfinic acid derivatives can be used directly in the exhausted acidic dyebath. The reducing agents with high biodegradability cause a lower sulfur (resp. sulfite) load in the effluent. Further sulfinic acid products with a similar ecological performance (readily biodegradable, lower sulfite load in effluent) are available; they have to be applied in alkaline conditions.

The reducing agent based on aliphatic short chain sulfinic acid derivatives is readily biodegradable (Biodegradation > 70 % (OECD 302 B - DOC-reduction after 28 d). The sulfur content of the product is appr. 14 % (sodium dithionite: appr. 34 %). Savings in water consumption up to 40 % are possible.

Sodium dithionite primarily reacts to sulfite; sulfate is generated slowly. The sulfinic based reducing agent primarily reacts to 50 % sulfite and 50 % sulfate. Amount of inorganics (sodium sulfate, sodium sulfite) is minimised compared to dithionite (see Data valide for loose fibre dyeing (liquor ratio 1:4), effluents from dyebath, aftertreament bath, and two rinsing baths

Table 7-33).

Recipe	Sulfur concentration in mixed effluent [mg/l]	Spec. sulfur load [mg/kg PES]	Max. sulfite concentration in mixed effluent [mg/l]	Max. spec. sulfite load [mg/kg PES]
Sodium dithionite (3 g/l)	260	4100	640	10300
Sulfinic acid compound (6.25 ml/l) 2 rinsing baths	290	4700	360	5800
Sulfinic acid compound (6.25 ml/l); 1 rinsing bath	390	4700	490	5800

Data valide for loose fibre dyeing (liquor ratio 1:4), effluents from dyebath, aftertreament bath, and two rinsing baths

Table 7-33: ***Sulfur and sulfite concentration in mixed effluent and specific sulfur and sulfite load***

Furthermore working place safety compared to auto-inflammable dithionite is improved, odour nuisances are minimised.

The technique can be performed on PES, PAC, CA, and their blends. In case of blends with elasthane fibres applicability is limited. The alternative auxiliaries can be used in all types of dyeing machines. The technique is applied in more than five finishing mills in Germany and world-wide as well.

A typical process is described below:

- 1.0-1.5 ml/l (medium shades) resp. 1.5-2.5 ml (dark shades) reducing agent is added to the exhausted dyebath (10-20 min; 70-80 °C)

- Hot rinsing

- Cold rinsing.

Cost savings and improvement of the environmental performance (esp. reduction of sulfite content in wastewater) is to be seen as main reason for the substitution of conventional reductive aftertreatment.

Another approach for more environmental-friendly aftertreatment in PES dyeing consists in using disperse dyes that can be cleared in alkaline medium by hydrolytic solubilisation instead of reduction. These are azo disperse dyes containing phtalimide groups. With these kind of dyes, the use of hydrosulphite or other reducing agnets can be avoided, which means a lower oxygen demand in the final effluent. There is a possibility of dyeing PES/cotton blends using a one-bath two-steps dyeing method, as alkali clearability enables these dyes to be applied in the same bath with cotton reactive dyes. This brings about additional environmental benefits in term of water and energy consumption.

570

Provided that the cost of dyestuffs is not higher compared to conventional disperse dyestuffs, the process is expected to bring savings in time (higher productivity) and reduce water, energy and chemicals costs [2].

<u>Substitution of afterchrome dyestuffs for dyeing of wool (all make-ups)</u> [273]

In 1995, world market for wool dyestuffs was about 24,000 t, whereas the percentage in Asia, especially China and Japan, is higher and is lower in Europe.

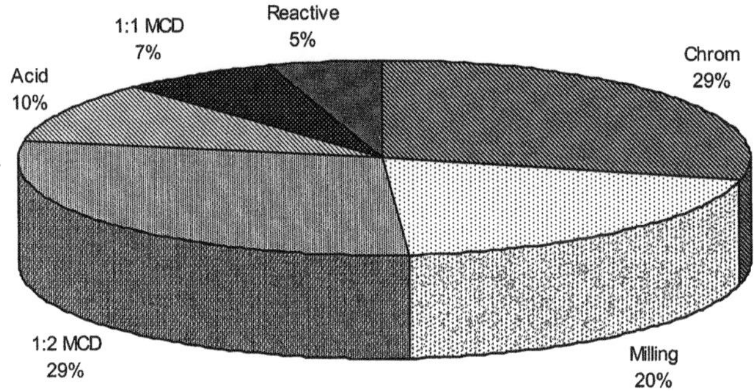

Figure 7-17:   *Percentages of applied quantities of dyestuff classes for wool dyeing on global base; MCD = Metal Complex Dyestuffs*

Due to their lack of brilliance, afterchrome dyestuffs are used for muted shades: 50-60% of afterchrome dyestuffs for wool are applied for black shades, a further 25-30% for navy, and the remaining 10-25% for other restrained colours, such as brown, bordeaux or green (see also 5.4.6).

Part of the chrome used in dyeing appears in wastewater, however its quantity can be minimised by process optimisation, especially by exact pH control (ideal is 3.5 - 3.8) and by adding anionic auxiliaries. However, still considerable amounts of chromium may be present in wastewater, not only in the exhausted dye bath but also in rinsing water and from after-treatment processes.

Quite recently, there are reactive dyestuffs available to substitute afterchrome dyestuffs, also for dark shades. There are six different colours available which are compiled in Table 7-34, along with information on composition and biodegradation.

Trade name	Chemical characterisation (all dyestuff products are pulver formulations)	Danger symbol	Biological degradation and elimination resp. [%], testing method	spec. COD-value [mg O_2/g]	spec. BOD_5-value [mg O_2/g]	Content heavy metals [mg/g]	Content organohalogens [mg/g]	Content of nitrogen [mg/g]
Lanasol Yellow CE	mixture of azo dyestuffs	Xn	40-50, OECD 303A	790	55		65	39
Lanasol Golden Yellow CE	formulation of an azo dyestuff	Xi	<10, OECD 302B	909	0		<1	ca. 10
Lanasol Red CE	mixture of azo dyestuffs	Xi	<10, OECD 302B	700	0		<1	56
Lanasol Blue CE	mixture of azo and anthraquinone dyestuffs, contains reactice black 5	Xn	40-50, OECD 303A	928	329		<1	36
Lanasol Navy CE	mixture of azo dyestuffs, contains reactive black 5	Xn	20-30, OECD 302B	1032	57		<1	64
Lanasol Black CE	mixture of azo dyestuffs, contains reactive black 5	Xn	20-30, OECD 303A	ca. 800	0			96
applied auxiliaries for Lanasol Dyes								
Cibaflow CIR	anionic de-aerating agent containing alkyl-polyalkylene-glycolethers and esters	Xi	80-90, OECD 302B	410	135			
Albegal B	amphoteric hy-droxyethylated fatty acid amine derivate	Xi	60-70, OECD 302B	1.025	0			33

Table 7-34: **Name and data on six reactive dyestuffs for wool dyeing and concerned auxiliaries**

These dyestuffs are based on bifunctional reactive dyestuffs mainly from the bromo-acrylamide or vinylsulfone type in order to achieve the required wet-fastness. A typical structure of a bifunctional reactive dyestuff from the bromo-acrylamide type is shown in Figure 7-18 (see also 5.4.8). The dye range is based on a trichromy with Yellow CE or Golden Yellow CE, Red CE and Blue CE for the coloured shade area and Navy CE and Black CE as basis for high fast navies and blacks.

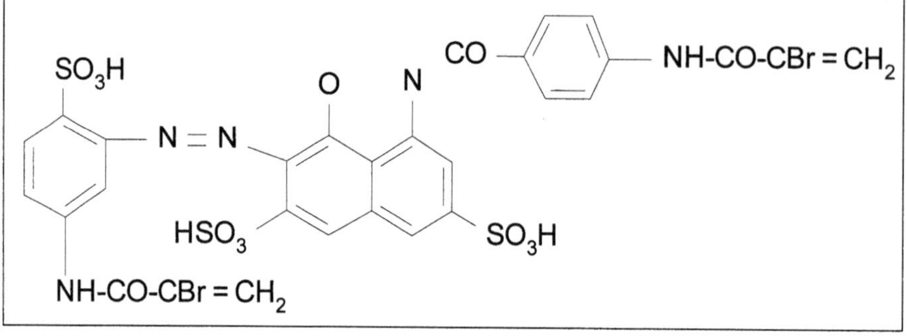

572

Figure 7-18: *Typical example for the chemical structure of a metal free reactive dyestuff for dyeing of wool, appropriate to substitute afterchrome dyestuffs*

The reactive dyestuffs meet the very high standards of fastness like afterchrome dyes.

In Table 7-35 the properties of the reactive dyestuffs, in comparison to afterchrome dyestuffs, are compiled.

	Afterchrome Dyestuffs	**Reactive dyestuffs**
Fixation mechanism	small acid dye molecule, which is complexed with chromium	covalent chemical bond
Formulation	only one chromophore to yield black	dye mixture necessary to yield black
Levelling properties	good fibre levelness	fibre levelness depends on dyeing auxiliaries and combination partners
Dyeing process	two-step dyeing process: dyeing and chroming	one-step dyeing but for dark shades, after-treatment is required
Reproducibility	Shade matching difficult	very good
Impact on wool fibres	fibre damage	wool protection by the dyestuffs themselves
Health and safety aspects	handling of hexavalent chromium (carcinogenic compound)	metal free
Effluent characteristic	chromium in the effluent	more coloured but metal free

Table 7-35: *Properties of reactive dyestuffs for wool dyeing in comparison to afterchrome dyestuffs*

The reactive dyestuffs can be applied for all make-ups in all concerned existing dyeing machines. When controlling pH and temperature properly, adding a suitable levelling agent and carrying out adequate after-treatment exhaustion rates of more than 90% and exceptional fastness level of afterchrome dyestuffs are achieved. In special cases, such as chlorination of the wool after dyeing, high level fastness can not be achieved.

The main environmental benefit of the process is that effluent and wool is free of chromium. Handling of hexavalent chromium, which requires special safety precautions (due to its chronic toxicity and carcinogenic properties) can, thus, be avoided. However, dyeing with reactive dyestuffs require levelling agents which are heavily or non-biodegradable but are eliminated in wastewater treatment plants by adsorption. These compounds have affinity to wool fibres and remain there to an extend of about 50%.

Reactive dyestuffs for wool dyeing are applied for a few years all over Europe and other countries. Reactive dyestuffs can be applied to the same cost compared to afterchrome dyestuffs.

Figure 7-19 shows a typical dyeing curve for wool exhaust dyeing.

A   0.5 g/l Deaeration agent on basis fatty alcohol ethoxylates

        0-5% Glauber's salt

        1-2% Levelling agent (alkylaminethoxylates and alkylaminethersulfates)

        x % acetic acid (80%) and /or formic acid - pH 4.5 - 6

B   y % reactive dyestuffs

C   z % ammonia or soda ash or sodium bicarbonate; after-treatment in a fresh bath at 85°C/20 min/pH 8.5

D   Rinse warm and cold; acidify with 1% formic acid (80%) in the last rinsing bath

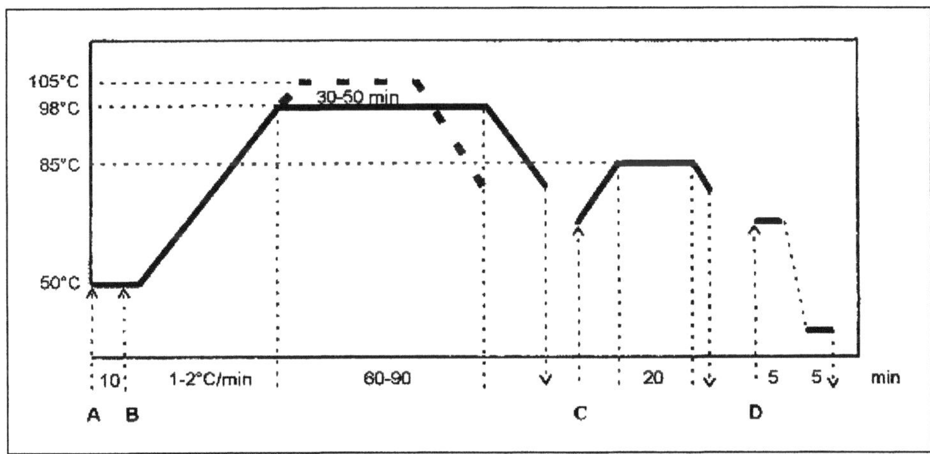

Figure 7-19:   *Dyeing curve for the application of reactive dyestuffs for wool exhaust dyeing*

The avoidance of handling of hexavalent chromium and wastewater problems as well pushed the introduction of reactive dyestuffs substantially.

The same is for the attractive cost of these dyestuffs.

7.1.4 Printing

A. Process-specific emission and consumption levels

Emission sources typical for printing processes are [2]:

- printing paste residues;

- waste water from wash-off and cleaning operations;

- volatile organic compounds from drying and fixing.

Rotary screen printing is considered more extensively. For environmental issues related to dye-stuffs and formulations, please refer to sections 5.4, 5.5 and 7.1.3.

<u>Printing paste residues</u> [2]

Printing paste residues are produced for different reasons during the printing process and the amount used can be particularly relevant.

Two main causes are, for example, incorrect measurements and the common practice of preparing excess paste to prevent a shortfall. Moreover, at each colour change, printing equipment and containers (dippers, mixers, homogenizers, drums, screens, stirrers, squeegees, etc.) must be cleaned. Print pastes adhere to every implement due to their high viscosity and it is common practice to use dry capture systems to remove them before rinsing with water. In this way, these residues can at least be disposed of in segregated form, thus minimising water contamination.

Another significant, but often forgotten source of printing paste residues, is the preparation of sample patterns. Sometimes they are produced on series production machines, which means highly specific amounts of residues produced [2, 17].

There are techniques available which can help to reduce paste residues and techniques for recovery/re-use of the surplus paste [284] (see further headings B and C of this section). Their success is, however, limited due to a number of inherent technological deficiencies of analogue printing technology. Most of these deficiencies are related to the analogue transfer of the pattern, the unavoidable contact between the surface of the substrate and the applicator (screen), and the need for thickeners (paste rheology) in the formulation, which limits the ultimate potential for paste re-use.

Digital printing may offer a solution to these problems (see section 5.3.2).

<u>Waste water from wash-off and cleaning operations</u> [2]

Waste water in printing processes is generated primarily from the final washing of the fabric after fixation, cleaning of application systems in the printing machines, cleaning of colour kitchen equipment, and cleaning of belts.

Waste water from cleaning-up operations accounts for a large share of the total pollution load, even more than water from wash-off operations [2].

Emission loads into water are mainly attributable to dyestuff printing processes, because in the case of pigment printing, although considerable amounts of waste water arise from cleaning operations, pigments are completely fixed onto the fibre without the need for washing-off. Pollutants which are likely to be encountered in waste water are listed in the table below [2]:

Pollutant	Source	Remarks
Organic dyestuff	Un-fixed dye	The related environmental problems depend on the type of dyestuff concerned (these have already been discussed in Section 9)
Urea	Hydrotropic agent	High levels of nitrogen contribute to eutrophication
Ammonia	In pigment printing pastes	High levels of nitrogen contribute to eutrophication
Sulphates and sulphites	Reducing agents by-products	Sulphites are toxic to aquatic life and sulphates may cause corrosion problems when concentration is >500 mg/l
Polysaccharides	Thickeners	High COD, but easily biodegradable
CMC derivatives	Thickeners	Hardly biodegradable and hardly bioeliminable
Polyacrylates	Thickners Binder in pigment printing	Hardly biodegradable, but >70% bioeliminable (OECD 302B test method)
Glycerin and polyols	Anti-freeze additives in dye formulation Solubilising agents in printing pastes	
m-nitrobenzene sulphonate and its corresponding amino derivative	In discharge printing of vat dyes as oxidising agent In direct printing with reactive dyes inhibits chemical reduction of the dyes	Hardly biodegradable and water-soluble
Polyvinyl alcohol	Blanket adhesive	Hardly biodegradable, but >90% bioeliminable (OECD 302B test method)

Pollutant	Source	Remarks
Multiple - Substituted aromatic amines	Reductive cleavage of azo dyestuff in discharge printing	Hardly biodegradable and hardly bioeliminable
Mineral oils /aliphatic hydrocarbons	Printing paste thickeners (half-emulsion pigment printing pastes are still occasionally used)	Haliphatic alcohols and hydrocarbons are readily biodegradable Aromatic hydrocarbons are hardly biodegradable and hardly bioeliminable

Figure 7-20: ***Typical pollutants in waste water from printing processes***

<u>Volatile organic compounds from drying and fixing</u> [2]

Drying and fixing are another important emission source in printing processes. The following pollutants may be encountered in the exhaust air [2]:

- aliphatic hydrocarbons (C10-C20) from binders;

- monomers such as acrylates, vinylacetates, styrene, acrylonitrile, acrylamide, butadiene;

- methanol from fixation agents;

- other alcohols, esters, polyglycols from emulsifiers;

- formaldehyde from fixation agents;

- ammonia (from urea decomposition and from ammonia present, for example, in pigment printing pastes);

- N-methylpyrrolidone from emulsifiers;

- phosphoric acid esters;

- phenylcyclohexene from thickeners and binders.

<u>Rotary screen printing</u> [273]

Concerning rotary screen printing, it is well-known that losses of printing pastes are considerable and therefore of high environmental relevance. In addition, in printing, fixation rates of dyestuffs is significantly lower compared to exhaust dyeing; compared to semi-continuous and continuous dyeing, the difference is even bigger. Also for printing, the fixation rates for copper or nickel phthalocyanine complex dyestuffs is lowest and may be less than 50%.

Depending on diameter and length, the volume of conventional squeegees is 2.5 - 4 kg. The pipes and the pump also contains about 2.5 kg printing pastes. Also the screens contain residual printing pastes (1-2 kg). Thus, for conventional printing paste supplying systems, volumes (= losses) of 6.5 - 8 kg result. Depending of the quantity and pattern of textile substrate to be printed, the losses of printing paste can be higher than the one printed on the textile substrate. E.g. for a quantity of 250 m with 200 g/m and a coverage of printing paste of 80% (ratio of total textile area to the printed area), 40 kg printing paste is required. In case of 7 colours and 6.5 kg per supplying system, the loss is 45.5 kg and therefore higher than the quantity printed on the textile substrate. This calculation has not taken into account the residues in the printing paste buckets.

Printing pastes are concentrated mixtures of different chemicals. Concerning organic compounds, pigment printing pastes are the most concentrated ones whereas reactive printing pastes have the lowest content of organic compounds. In

Figure 7-21:   Typical composition of printing pastes with reactive dyestuffs

to Figure 7-24, typical recipes for reactive, vat, disperse and pigment printing pastes are submitted.

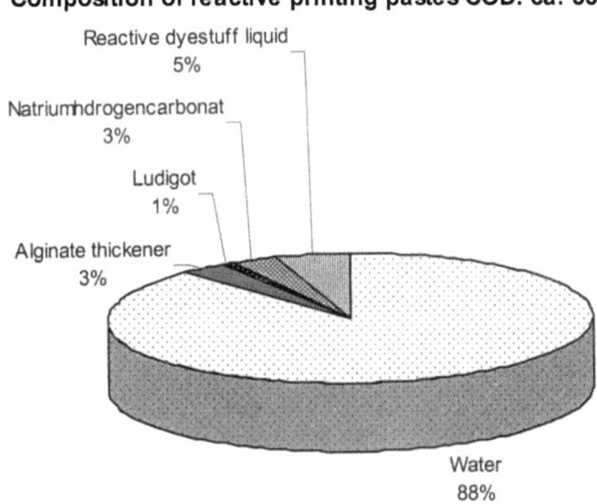

Figure 7-21:   **Typical composition of printing pastes with reactive dyestuffs**

Composition of vat printing paste COD: ca. 160.000 g/kg

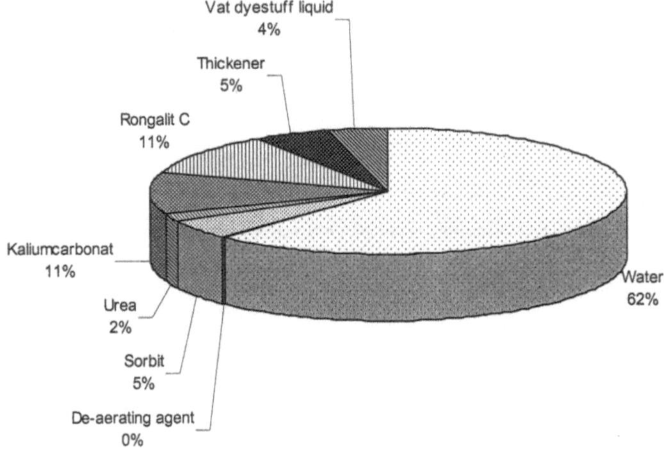

Figure 7-22: *Typical composition of printing pastes with vat dyestuffs*

Composition of pigment printing paste COD: ca. 300.000 g/kg

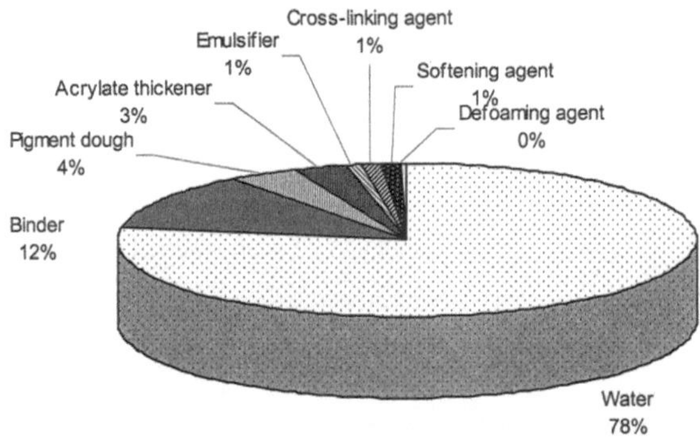

Figure 7-23: *Typical composition of pigment printing pastes*

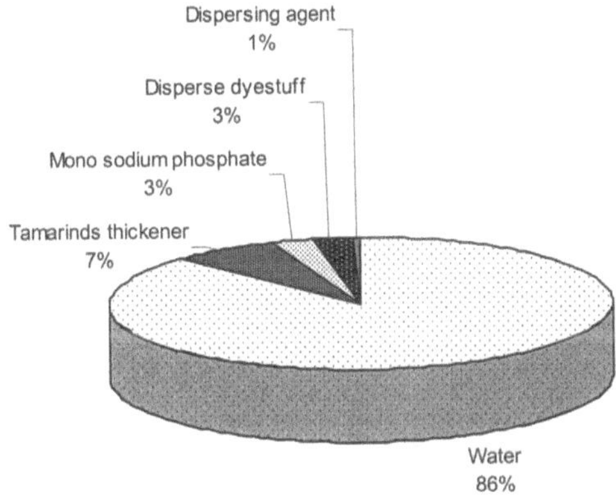

Figure 7-24:   ***Typical composition of printing pastes with disperse dyestuffs***

After having finished a certain dessin, the printing utilities, such as squegee, pipes, pumps and screens are cleaned in special equipment. Typical values for water consumption are as follows:

- 350 l per pump and pipes for one printing paste supplying system

- 35 l per squegee (modern washing equipment)

- 90 l per screen (modern washing equipment)

In addition, water is consumed for printing blanket washing, which is about 1200 l/h. Normally, the washing facility is coupled with printing blanket movement which is only about 25% of time. Further, the blanket of the dryer, subsequent to the printing process is also washed. A typical consumption is about 400 l/h; also here the washing facility is coupled with printing blanket movement.

B. Process-specific treatment techniques

<u>Recycling of residual printing pastes</u> [273]

Printing pastes are high concentrated and consist of dyestuff, thickener and various other chemicals specific for the different kind of printing pastes (mainly pigment, reactive, vat and dispersed printing pastes).

Typically the loss of printing pastes (mainly to wastewater) is 40-60% in case of non-optimised systems. Thus, considerable environmental problems have to be tackled. For a long time, printing pastes have been prepared manually in a concerned colour kitchen. Thereby, since the very beginning, residual printing pastes have been reused but was strongly depending on responsible staff and actual production. Today, printing pastes are usually prepared with computerised systems. Every printing paste has its certain recipe which are saved electronically. Printing pastes are prepared in surplus in order to avoid stop of printing runs. So, considerable amounts of residual printing pastes have to be tackled and a lot are still discharged to effluent which causes severe wastewater problems and are also less acceptable from the economical point of view. When recovery printing paste from the supplying system for rotary screens (see technique "Recovery of printing paste from supplying system of rotary screen printing machines", in heading C of this section) the need for recycling increases.

There are different systems available to recycle residual printing pastes. One option is to weight every paste and direct it to a certain place in a storage facility. The composition is saved electronically and available computer programmes calculate the formulation of new printing pastes considering the reuse of residual printing pastes which are fetched manually from its storage place and is brought to an automatic printing preparing system (see Figure 7-25 as an example).

Note: residual printing pastes can be reused for the formulation of new printing pastes

Figure 7-25:   ***Example for an automatic printing paste preparing system***

Another possibility is to empty all drums with residual printing paste and sort it according to their chemical characteristic, which is mainly kind of dyestuff (e.g. pigments or reactive dyestuffs) and kind of thickener. The drum is cleaned with a scraper to minimise the printing paste loss, then is washed and reused for the preparation of new printing pastes. An example for such an approach can be seen from Figure 7-26 [284]. Here, the storage of residual printing pastes is minimised.

Note: the drums are emptied to certain storage tanks according to their characteristic

Figure 7-26:   ***Example for printing paste recycling***

The quantity of residual printing pastes to be disposed off is significantly reduced both in wastewater and solid waste. The amount of residual printing paste are reduced to 50% at least, in many cases to about 75%.

Systems for recycling of printing pastes are applicable both in existing and new installations. However, for totally computerised systems, the printing section must have a minimum size which is 3 rotary screen and/or flat screen printing machines. World-wide, especially in Europe, there are various plants from different suppliers in operation.

From applying textile finishing industries, it is reported that such systems need some time for implementation in daily routine but after managing starting problems, available systems work satisfyingly. In case of textile finishing industries having only one or two kinds of printing pastes (e.g. pigment printing pastes), the systems are most efficient. In case of industries having various kinds of printing pastes, the number of different single and mixtures of printing pastes may be difficult to manage with respect to logistic aspects. Then, achieved recycling rates may be in the range 50-75% only.

However, investment cost are about 0.5 -1 million EURO depending on size and number of different printing pastes to be recycled. Pay back periods reported, vary between two and five years depending on individual circumstances [273].

Economical considerations and needs respectively and problems of residual printing paste disposal have been the main driving forces.

582

C. Techniques minimising consumption

Selected techniques minimising consumption are taken from BAT-documents [2; 273]:

- Volume minimisation of printing paste supplying systems of rotary screen printing machines

- Recovery of printing paste from supplying system of rotary screen printing machines

<u>Volume minimisation of printing paste supplying systems of rotary screen printing machines</u> [273]

The printing paste supplying system is indicated in Figure 7-27. The volume depends on the diameter of pipes and squeegee as well as on pump construction and length of pipes. ‚The figure is showing the printing paste drum, the pipes, the pump and (the front part of the) squeegee.

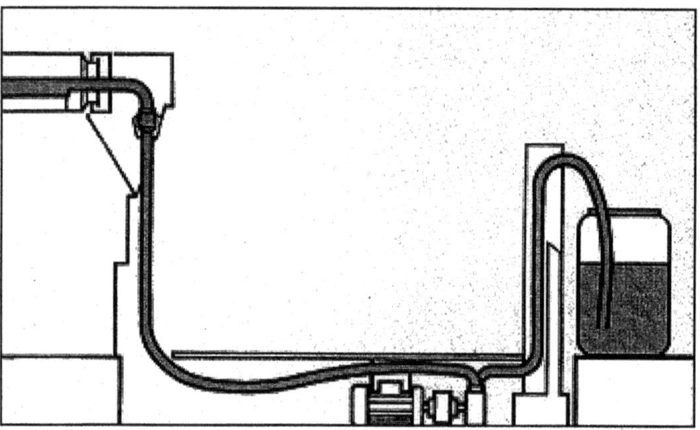

Figure 7-27: ***The printing paste supplying system of rotary screen printing machines***

When changing the colour or pattern, the printing paste supplying systems have to be cleaned and considerable amounts of printing pastes find its way to wastewater. Thereby, printing machines can have up to 20 printing paste supplying systems. For fashion designs, a typical number of different colours per dessin are 7 to 10. Typical system volumes of conventional and modern printing paste supplying systems are compiled in Table 7-36. In addition to this volume, residual printing paste in the rotary screens have to be taken into account which may be 1-2 kg. Thus, in conventional systems the loss per supplying system is up to 8 kg. This quantity has to be related to consumed amount of paste printed on the textile fabric. Then it is obvious that the volume of the supplying system may be higher than the amount printed on the fabric (in case of printing pattern having about 120 m). In Europe, in the past years, average printing batch has significantly decreased and is 400-800 m only.

Minimising the system volume is a major measure to reduce printing paste losses to wastewater. Diameters of pipes and squeegees have been reduced to 20-25mm leading to substantial reductions.

Printing width	Volume of conventional printing paste supplying systems in [l] including pipes, pump and squeegee	Volume of optimised printing paste supplying systems in [l] including pipes, pump and squeegee
164	5.1	2.1
184	5.2	2.2
220	5.5	2.3
250	5.8	2.4
300	6.2	2.6
320	6.5	2.7

Table 7-36:   ***Volume of conventional and optimised printing paste supplying systems of rotary screen printing***

In addition, especially for small run lengths, additional measures may be taken, such as

- non-usage of the supplying system but manual injection of small quantities of printing paste (1-3 kg) directly into the squeegee or manual insertion of small troughs (with a cross-section of 3x3 cm or 5x5 cm)

- minimisation of pipes by supplying the printing pastes by funnels directly positioned above the pumps - in case of small run length

- minimisation of residual printing pastes in the screens by application of squeegees with homogenous paste distribution over width

- manual stop of printing paste supply shortly before finishing a run in order to minimise the residual printing pastes in the rotary screens

- nowadays the pumps can be operated in both directions; thus after finishing a run, some of the printing paste can be pumped back to the drum but there are limits because of sucking air via the holes in the squeegee

Depending on the age of existing printing paste supplying systems, the system volumes and thus the losses can be reduced significantly. Taking into account pumps which can be operated in both directions, the reduction is about one third.

The described measures are applicable both to existing and new installations. Many plants in Europe and world-wide have been retrofitted with minimised printing paste supplying systems being in operation successfully.

However, the manual injection or insertion of printing pastes and the manual stop of printing paste supply shortly before the end of the run needs well educated and motivated staff.

Meanwhile some industries are practising the manual injection or insertion, others report that even for small lots (up to 120 m), the technique is difficult to apply. Reproducibility may be affected because the quantity of printing pastes to be inserted vary with different designs which is difficult to manage for the stuff and a constant level of printing pastes within the screen can not be maintained which may affect constant printing quality.

The installation of 12 sets of volume minimised pipes and squeegees requires investment cost of about 25,000 EURO.

The need of minimising production cost by minimising the loss of printing pastes and problems wirh wastewater disposal have been the main driving forces for implementation of the technique.

Recovery of printing paste from supplying system of rotary screen printing machines [273]

This technique may be combined with the described technique "Volume minimisation of printing paste supplying systems of rotary screen printing machines" (see preceeding heading). The printing paste remaining in the paste supplying system is recovered. Before filling the system, a ball is inserted in the squeegee and then transported by the incoming paste to its end. After finishing a print run, the ball is pressed back by controlled air pressure. At the same time, the pumping direction has been changed and the printing paste in the supplying system is pumped back to the drum. The, the drum contains a defined printing paste which can easily be reused. Therefore, there are different systems available which are described in the technique "Recycling of residual printing pastes".

This process of printing paste recovery from the supplying system is illustrated in Figure 7-28; the ball is indicated in the moment, the pump is transporting the paste back to the drum.

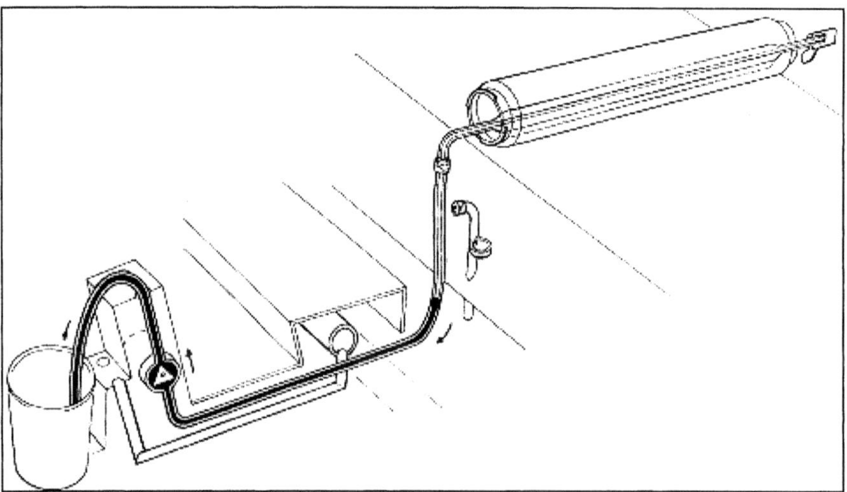

Figure 7-28:   ***Recovery of printing paste from the paste supplying system by pumping back by hand of an inserted ball***

The loss of printing paste are reduced drastically. For instance, at a printing width of 1620 mm, the loss is reduced from 4.3 kg (in case of a non-optimised printing paste supplying system) to 0.6 kg. Rotary screen printing machines have up to 20 supplying systems. However, in practice, for fashion designs 7-10 different printing pastes are common. So, the saving of 3.7 kg per supplying system has to be multiplied. Thus water pollution can be minimised considerably.

The technique is applicable for new installations (new rotary screen printing machines). Certain existing machines can be retrofitted. In the market, there is only one supplier for this technique. World-wide, especially in Europe, there are many rotary screen printing machines in operation, equipped with the described technique.

The textile finishing industries apply the technique successfully, especially in combination with recycling of the recovered printing paste. Investment for retrofitting of a rotary screen printing machine with 12 new squeegees and pipes for a printing width of 1850 mm and the recovery system is about 42,000 EURO. From Note: the number of changes may be higher in practice, also average number of printing pastes per dessin

Table 7-37, the amortisation period can be seen.

Number of changes of printing pastes per day	8
Number of working days per year	250 d
Average number of printing pastes per dessin	7
Saving of printing paste per supplying system	3.7 kg
Price of printing paste	0.6 EURO/kg
Savings per year	**31080 EURO/a**

Note: the number of changes may be higher in practice, also average number of printing pastes per dessin

Table 7-37:   ***Calculation of savings by installation of the printing paste recovery system***

Table 7-37 is in case of using the existing pumps. Then, normally a certain range of viscosity has to be maintained. In case of unlimited range of viscosity, the pumps have also to be replaced by new ones. Then, investment cost are about 90,000 EURO. So, amortisation time is not about one year like for the example but about two years. However, with respect to the above mentioned example, there are indications from textile finishing industries that cost are 25% (112,000 EURO instead of 90,000 EURO) higher. In addition, in practice it has to be taken into account, that not the whole quantity of recovered printing pastes can be reused. This is especially the case in industries having various kinds of printing pastes due to logistic problems (limited storage and handling capacities). Rates of reuse of only 50-75 % are reported which significantly extends the amortisation time.

Severe wastewater problems and the need to decrease losses of printing paste because of economical and environmental reasons have been the main driving forces of the technique.

D. Substitution of chemicals

For substitution of dyestuffs, please consult corresponding heading in section 7.1.3. Following case studies for substitution of problematic printing auxiliaries are:

- Substitution of urea in reactive printing pastes

- Reactive 2-phase printing

- Pigment Printing with low emissions to air

<u>Substitution of urea in reactive printing pastes</u> [273]

Urea is used in reactive printing paste up to 150 g/kg paste. Urea is also used in printing pastes containing vat dyes but at significant lower concentrations (about 25 g/kg paste). The main functions of urea are:

- to increase the solubility of dyestuffs with low water solubility. This hydrotropic effect does not influence fixation rates significantly

- to increase the condensate formation necessary for the migration of dyestuffs from paste to textile fibres

- to form condensates with increased boiling point (115°C); thus the requirements on steam quality can be reduced.

Urea can be substituted by controlled addition of moisture (10 weight-% in case of cotton fabric, 20 weight-% in case of viscose fabric and 15 weight-% in case of cotton blends). This substitution is practised for reactive printing on cotton, viscose and concerned blends.

Application of moisture is either performed by spraying defined quantity of water mist or by add-on as foam. The latter has been qualified best, especially in case of reactive printing on stable viscose fibre fabrics. Figure 7-29 and Figure 7-30 show a plant for controlled application of moisture by spraying water mist and a plant by adding moisture in form of foam.

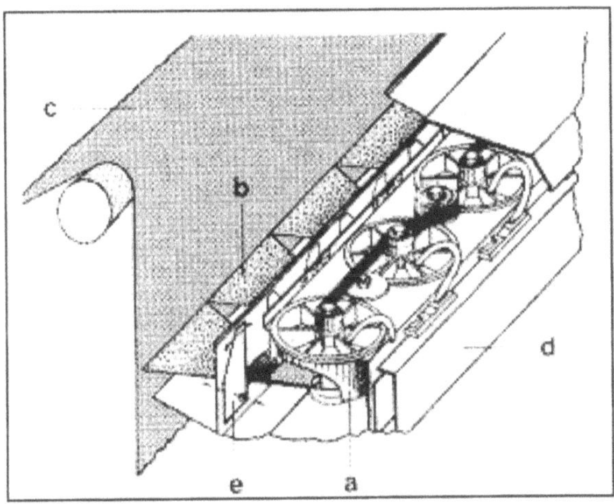

Figure 7-29:   ***Spraying system for the controlled add-on of water on textile fabric***

a = discs, b = spray; c = textile fabric; d = discs frame; e = control of spray intensity

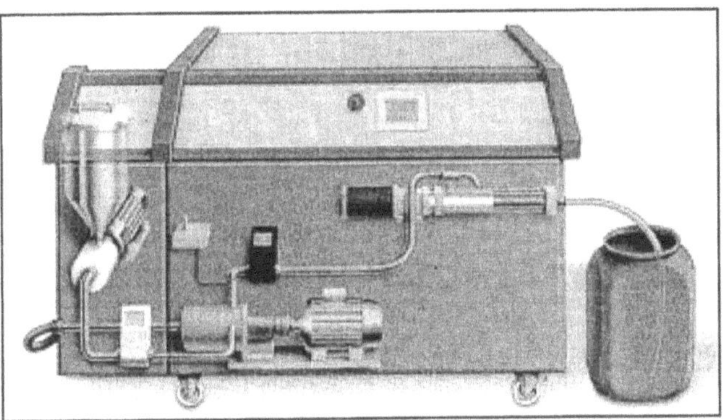

Note: the foam is added by a screen like in rotary printing

Figure 7-30:   ***Water foam preparation system***

In textile finishing industries the printing section is the main source of urea and its decomposition products (NH_3/NH_4^+). During wastewater treatment excess of ammonia needs high consumption of air and energy respectively for nitrification. Discharge of ammonia and nitrate contribute to eutrophication. Substitution/minimisation of urea at source significantly reduces these adverse effects.

In case of reactive printing the urea content in the printing paste can be reduced from 150 g/kg paste to zero by application of moisture. In case of phthalocyanine complex reactive dyes reduction to 40 g/kg paste is possible only because of bad migration properties of these big dyestuff molecules. In mixed wastewater of a textile finishing industry with a printing department the ammonia concentration went down from about 90-120 mg NH_4-N/l to about 20 mg NH_4-N/l.

The substitution of urea is applicable both to new and existing plants performing reactive printing on cotton, viscose and concerned blends. However, the application of moisture needs energy but this consumption is significantly lower than energy consumption for the production of urea.

Cases have been reported where spraying systems did not meet the quality standards of prints on viscose stable fibres. The foam system is applied in practice since several years with very satisfactory results.

Regarding investment cost the spraying system is significantly cheaper compared with the foam system. Investment cost for the spraying system including on-line moisture measurement is about 30,000 Euros, for the foam system about 200,000 Euros.

Stringent limits applied by local authorities for NH_4-N in wastewater, due to eutrophication in surface water have promoted the introduction of this technique. Because of high energy consumption for biological nitrification, many municipalities have changed their fee system and now also charge industrial indirect dischargers on nitrogen emissions also. Such fee systems also strongly promoted the application of the described technique.

<u>Reactive 2-phase printing</u> [273]

In conventional 1–phase printing with reactive dyes urea is used to increase solubility of the dyestuffs and to enhance formation of condensate which is important for migration of the dyestuffs from the printing paste on the textile. Depending on the substrates, quality of pretreatment, fixation conditions and dyestuffs urea is added in an amount of 20 to 200 g/kg printing paste. In 1-phase printing minimisation or even substitution of urea is possible by controlled addition of moisture (see preceeding heading Substitution of urea in printing pastes).

Application of urea in printing is accompanied with the following ecological disadvantages:

- High ammonia content in wastewater with the potential of eutrophication.

- Sublimation of urea and degradation to ammonia in the printing mansardes with consequences for working place atmosphere and off-gas emission

2-phase printing can be carried out without urea. The process steps are as follows:

- Padding of the printing paste which contains thickening stock solution, pigments and water

- Intermediate drying

- Padding with alkaline solution of fixating agents (esp. water-glass)

- Fixation by means of overheated steam

- Washing steps (removal of thickeners, improvement of fastness properties)

Significant reduction of ammonia content in waste water and reduced off-gas problems are the main ecological improvements. In addition life time of printing pastes and therefore the recycling rate of residual printing pastes is increased

The process of 2-phase reactive printing can be carried out on cotton and viscose substrates. Application of the fixation liquor needs the combination of an impregnation device with a steamer. Overheated steam is necessary. Reactive dyes based on monochlorotriazine and vinylsulfone types can be used. The technique is applied world-wide.

A typical recipe for the printing paste is given below:

Thickening stock solution:

Alginate based thickenng agent:	700 g
Oxidising agent	50 g
Complexing agent	3 g
Preserving agent	0.5-1 g
Water	x g
Total	1000 g

Printing paste:

-	Thickener stock solution:	800 g
-	Reactive dyestuff	x g
-	Water:	y g
-	Total	1000 g

Fixation is carried out by means of overheated steam (90 s at 125 °C).

Ecological aspects as well as quality and economic aspects are the reasons for implementation of 2-phase printing. Further details on chemicals used for the process were given in section 5.3.5.

Pigment Printing with low emissions to air [273]

Due to processing conditions during drying and fixation volatile organic components charge the off-gas in pigment printing. Especially if fixation of the printed goods and finishing is carried out in a one-step process kind and quality of the off-gas pollutants are of essential interest.

In Europe white spirit printing seemed to be eliminated, but nevertheless the main sources for off-gas charges in pigment printing are based on aliphatic hydrocarbons. These substances arise from the mineral oil content in thickeners. Their emission potential can be in a range up to 10 g Org.-C/kg textile. Nowadays optimised products are available. These new products are based on polyacrylic acid with a reduced hydrocarbon content. Also hydrocarbons can be substituted by polyethylene glycol. Another kind of new developments is based on synthetic granules/powders, free of hydrocarbons.

Another source of emissions in pigment printing (formaldehyde and alcohols (mainly methanol)) is the fixation agent (crosslinking agents based on methylol compounds (melamin compounds or urea-fomaldehyde pre-condensates)). New formaldehyde-low products are available.

In addition to the above mentioned items with optimised printing pastes ammonia emission in the off-gas caused by ammonia solutions used as additives in the binder systems can be reduced to a considerable amount. Furthermore optimised printing pastes are APEO-free. Conventional products should be substituted due to the high aquatic toxicity and reproductive toxicity of nonylphenols.

Table 7-38 shows concrete examples of the emission rates for the thermal processing steps during pigment printing:

Process	Pigment print recipe I [g Org.-C/ kg textile]	Pigment print recipe II [g Org.-C/ kg textile]	Pigment print recipe III [g Org.-C/ kg textile]
Drying	2.33	0.46	0.30
Fixation	0.04	0.73	0.06
Sum	2.37	1.19	0.36

Table 7-38: **Emissions during pigment printing**

In recipe I an already optimised thickener with hydrocarbons was used, in the optimised recipe II the mineral oil is exchanged for polyethylene glycol, and in the optimised recipe III the thickener is based on a powder. Formaldehyde emissions below 0.4 g CH_2O/kg (assumed air textile ratio: 20 m³/kg textile) can be achieved. Carry-over of volatile substances from printing to finishing processes can be reduced to a level < 0.4 g Org.-C/kg (assumed air/textile ratio: 20 m³/kg). For optimised printing paste recipes ammonia emission can be reduced below 0.6 g NH_3/kg textile (assumed air textile ratio: 20 m³/kg).

The technique is applicable in new and existing installations. Thickeners based on powders can lead to raising dust or closing the stencils. The technique is applied in Europe as well as worldwide.

Economical benefits are given by saving end-of-the-pipe technologies. To keep the limit values concerning off-gas (Organic-C, formaldehyde, ammonia) is the main motivation for the use of VOC-reduced printing pastes.

7.1.5   Finishing

A. Process-specific emission and consumption levels

Among textile finishing processes, the ones involving chemicals are those which are more significant from the point of view of the emissions generated. As in dyeing, the emissions are quite different between continuous and discontinuous processes. Therefore this distinction will be used in the discussion of the main environmental issues associated with finishing [2]. Anti-felt treatments represent a peculiar type of finishing both in terms of applied techniques and emissions. The environmental issues related to this process are therefore discussed in sections 6.4.4 and 6.4.5 together with the description of the process.

<u>Environmental issues associated with continuous finishing processes</u> [2]

With some exceptions (e.g. application of phosphor-organic flame-retardant), continuous finishing processes do not require washing operations after curing. This means that the possible water pollution emissions are restricted to system losses and to the water used to clean all the equipment. In a conventional foulard, potential system losses at the end of each batch are:

- the residual liquor in the chassis;

- the residual liquor in the pipes;

- the leftovers in the batch storage container from which the finishing formulation is fed to the chassis.

Normally these losses are in the range of 1 – 5 %, based on the total amount of liquor consumed; it is also in the finisher's interest not to pour away expensive auxiliaries. However, in some cases, within small commission finishers, losses up to 35 or even 50 % may be observed. This depends on the application system (e.g. size of foulard chassis) and the size of the lots to be finished. In this respect, with application techniques such as spraying, foam, and slop-padding (to a lesser extent due to high residues in the system) system-losses are much lower in terms of volume (although more concentrated in terms of active substance).

Residues of concentrated liquors are re-used if the finishing auxiliaries applied show sufficient stability, or otherwise disposed of separately as waste destined for incineration. However, too often these liquors are drained and mixed with other effluents.

Although the volumes involved are quite small when compared with the overall waste water volume produced by a textile mill, the concentration levels are very high, with active substance contents in the range of 5 – 25 % and COD of 10 to 200 gO_2/litre. In the case of commission finishing mills working mainly on short batches, the system losses can make up a considerable amount of the overall organic load. In addition, many substances are difficult to biodegrade or are not biodegradable at all, and in some cases they are also toxic (e.g. biocides have a very low COD, but are highly toxic).

The pollutants which can be found in the waste water may vary widely depending on the type of finish applied. The typical pollutants associated with the use of the most common finishing agents

592

are discussed in sections 6.3 and 6.4. In particular, the following substances are worth mentioning because they are water-soluble and hardly biodegradable:

- ethylene urea and melamine derivatives in their non cross-linked form (cross-linking agents in easy-care finishes);

- organo-phosphorous and polybrominated organic compounds (flame retardant agents);

- polysiloxanes and derivatives (softening agents);

- alkyphosphates and alkyletherphosphates (antistatic agents);

- fluorochemical repellents.

In drying and curing operations, air emissions are produced due to the volatility of the active substances themselves as well as that of their constituents (e.g. monomers, oligomers, impurities, and decomposition by-products). Furthermore, air emissions (sometimes accompanied by odours) are associated with the residues of preparations and fabric carry-over from upstream processes (for example, polychlorinated dioxins/furans may arise from thermal treatments of textiles which have been previously treated with chlorinated carriers or perchloroethylene). The emission loads depend on the drying or curing temperatures, the quantity of volatile substances in the finishing liquor, the substrate, and the potential reagents in the formulation. The range of pollutants is wide and depends on the active substances present in the formulation, and again on the curing and drying parameters. In most cases, however, the emissions produced by the single components of the finishing recipes are additive. As a result, the total amount of organic emissions in the exhaust air (total organic carbon and specific problematic compounds such as carcinogenic and toxic substances) can easily be calculated by means of emission factors given for the finishing recipes by manufacturers. However, Germany is the only EU Member State for which there is a fully developed system in which the manufacturers provide the finisher with such information on the products supplied [344].

Another important factor to consider with regards to air emissions is that the directly heated (methane, propane, butane) stenters themselves may produce relevant emissions (noncombusted organic compounds, CO, NOx, formaldehyde). Emissions, for example, of formaldehyde up to 300 g/h (2 - 60 mg/m^3) have been observed in some cases which were attributable to inefficient combustion of the gas in the stenter frame [179]. It is therefore obvious that the environmental benefit obtained with the use of formaldehyde-free finishing recipes is totally lost if the burners in the stenter frames are poorly adjusted and produce high formaldehyde emissions.

The active substances in the most common finishing agents and their possible associated air emissions are discussed in sections 6.3 and 6.4. Moreover, a more comprehensive list of pollutants that can be found in the exhaust air from heat treatments in general, is reported in section 7.1.1, with references to [2] and [290].

<u>Environmental issues associated with discontinuous processes</u> [2]

The application of functional finishes in long liquor by means of batch processes is used mainly in yarn finishing, and in the wool carpet yarn industry in particular. Since the functional finishes are generally applied either in the dyebaths or in the rinsing baths after dyeing, this operation does not entail additional water consumption with respect to dyeing. For the resulting water emissions, as with batch dyeing, the degree of exhaustion of the active substances is the key factor which influences the emission loads. The maximisation of the exhaustion level is particularly important when biocides are applied in mothproofing finishing: note here that the finishing agents are dosed based on the weight of the fibre and not on the amount of bath (in g/litre).

The pollutants which may be encountered in waste water vary depending on the finishing agents applied; sections 6.3 and 6.4 provide more details. The main issues worth mentioning are the application of mothproofing agents (emissions of biocides) and the low level of exhaustion of softeners (emissions of poorly biodegradable substances).

<u>Environmental issues associated with coating and laminating</u> [2]

The main environmental concerns in coating/laminating operations relate to air emissions arising from solvents, additives, and by-products contained in the formulations of the coating compounds. A distinction must therefore be made between the various products available (the following information is taken from [2]).

Coating powders

The emission potential of coating powders is in most cases negligible (with exception of polyamide 6 and its copolymers (epsilon-caprolactam is released at standard process temperatures). In some cases softeners (often phthalates) can be found in the emissions.

Coating pastes

The emissions from the coating pastes result mainly from the additives (except in the case of PA 6, which is mentioned above). These are mainly:

- fatty alcohols, fatty acids, fatty amines from surfactants;

- glycols from emulsifiers;

- alkylphenoles from dispersants;

- glycol, aliphatic hydrocarbons, N-methylpyrrolidone from hydrotropic agents;

- aliphatic hydrocarbons, fatty acids/salts, ammonia from foaming agents;

- phthalates, sulphonamides/esters ex softeners/plasticizers;

- acrylic acid, acrylates, ammonia, aliphatic hydrocarbons from thickeners.

Polymer dispersions (aqueous formulations)

The emission potential of polymer dispersions is quite low compared to coating pastes. Components that are responsible for air emissions are the dispersing agents, residual compounds from the polymerisation (especially t-butanol used as catalyst in radically initialised polymerisation reactions) and monomers arising from uncompleted reaction during polymerisation. The latter are particularly relevant to matters of workplace atmosphere and odour nuisances. They include:

- acrylates as acrylic acid, butylacrylate, ethylacrylate, methylacrylate, ethylhexylacrylate and vinylacetate;

- cancinogenic monomers like acrylonitrile, vinylchloride, acrylamide, 1,3-butadien and vinylcyclohexene.

Vinylcyclohexene is not often identified in the exhaust air. However it is always formed (2 + 2 cycloaddition-product) if 1,3-butadiene is used. Acrylamide in the exhaust air is often related to formaldehyde emissions (reaction products of methylolacrylamide).

Melamine resins

Melamine resins are widely applied. Melamine resins are produced by reaction of melamine and formaldehyde and subsequent etherification mostly with methanol in aqueous medium. The products can contain considerable amounts of free formaldehyde and methanol. During their application the cross-linking reaction of the resin with itself or with the fabric (e.g. cotton) is initiated by an acid catalyst and/or temperature, releasing stoichiometric amounts of methanol and formaldehyde (see further 6.4.4).

Polymer dispersions (organic solvent-based formulations)

Solvent coating is not very common in the textile finishing industry. When this technique is applied, exhaust air cleaning equipment based on thermal incineration or absorption on active carbon is normally installed [2].

Typical recipes in textile finishing [273]

Recipes for padding liquors in textile finishing are compiled in Table 7-39. Recipes are collected from 22 textile finishing plants. Different substrates (CO, WO, CV, PA, PES, PAC and blends) and the main finishing agents (softening agents, repellents, non-slip agents, easycare agents, antifelting agents, antistatic agents, optical brighteners, stiffening agents, and flame retardants) are regarded. It is clearly to be seen that in most cases the padding liquor has to fulfill a multifunctional task (e.g. softening agents and crosslinking agents are combined). The amount of active ingredient in padding liquors is in most cases in a range between 5-50 g/l per auxiliary. In some cases a higher concentration of auxiliaries is applied.

Effect	Substrate	Process temperature [°C]	Recipe
Softening	PES/CV/CO	150	Softening agent: 130 g/l Foaming agent: 15 g/l
Softening	PES	170	Softening agent: 40 g/l
Softening	CO	150	Softening agent: 10 g/l
Softening	PES/WO	130	Softening agent: 5 g/l
Softening	PAC	160	Softening agent 1: 10 g/l Softening agent 2: 10 g/l
Softening, optical brightening, anti-electrostatic	PES	185	Softening agent: 5 g/l Optical brightener: 19 g/l Antielectrostatic agent: 6 g/l Wetting agent: 2 g/l Levelling agent; 2 g/l
Softening, stiffening	CO	120	Starch: 50 g/l Softening agent 1: 30 g/l Softening agent 2: 15 g/l Wetting agent: 2 g/l
Softening, stiffening	PES/PAC	130-170	Softening agent: 160 g/l Stiffening agent: 20 g/l Wetting agent: 2 g/l
Softening Antielectrostatic	PA (wet in wet process)	150	Softening agent: 10 g/l Antistatic agent: 10 g/l
Hydrophobic, conditioning	PES	160-190	Hydrophobic agent: 52 g/l Conditioning agent: 27 g/l
Hydrophobic, conditioning Softening	PES	175	Hydrophobic agent: 25 g/l Conditioning agent: 20 g/l Softening agent: 6 g/l
Hydrophobic	PAC/PES	180	Hydrophobic agent: 40 g/l Acetic acid: 2 g/l
Hydrophobic	WO	150-190	Hydrophobic agent: 60 g/l Wetting agent: 0,3 g/l Acetic acid: 1 g/l
Hydrophobic, Oleophobic	PES/CV	160	Repellent 1: 30 g/l Repellent 2: 45 g/l Repellent 3: 30 g/l Catalyst 1: 12 Crosslinking agent: 55 g/l Wetting agent: 10 g/l Acetic acid: 2 g/l

596

Effect	Substrate	Process temperature [°C]	Recipe
Oleohobic	CV/CO/PES	165	Oleophobic agent: 155 g/l Additive: 4 g/l
Non-slip	CO/PES/CV	180	Non-slip agent: 15 g/l
Non-slip	PES/WO	130	Non-slip agent: 30 g/l
Easycare, softening, optical brightening	CO/PES	150-180	Crosslinking agent: 25 g/l Catalyst: 8 g/l Wetting agent: 5 g/l Softening agent:15 g/l Optical brightener: 4 g/l Dyestuff: 0,01 g/l Acid: 0,5 g/l
Easycare	PES	155	Non creasing agent (formaldehyde-free): 25 g/l Additive for easycare: 10 g/l Dispersing agent: 1 g/l Stabilizer: 1 g/l Levelling agent: 5 g/l
Easycare, softening	CV (wet in wet)	170	Crosslinking agent: 150 g/l Catalyst 1: 50 g/l Catalyst 2: 18 g/l Softening agent: 90 g/l Acetic acid: 1 g/l
Easycare, softening	CV	190	Crosslinking agent: 50 g/l Catalyst 1: 20 g/l Catalyst 2: 0,5 g/l Softening agent1: 10 g/l Softening agent 2: 40 g/l Acetic acid: 0,5 g/l
Easycare, softening, optical brightening	CO	100-150	Crosslinking agent: 50 g/l Softening agent 1: 35 g/l Softening agent 2: 10 g/l Optical brightener: 25 g/l
Easycare, softening, dyeing aftertreatment	CO/EL	170	Crosslinking agent: 20 g/l Catalyst: 8 g/l Softening agent: 30 g/l Dyeing aftertreatment: 10 g/l Acetic acid: 1 g/l
Easycare, softening, optical brightening	CO	150	Crosslinking agent: 40 g/l Catalyst 1: 12 g/l Softening agent 1: 25 g/l Softening agent 2: 20 g/l Optical brightener: 2 g/l

Effect	Substrate	Process temperature [°C]	Recipe
Easycare, softening	CV/PA 6	180	Crosslinking agent: 65 g/l Catalyst 1: 20 g/l Catalyst 2: 0,2 g/l Softening agent 1: 50 g/l Softening agent 2: 15 g/l
Easycare, softening	CV/PES	170	Crosslinking agent: 50 g/l Softening agent 1: 50 g/l Softening agent 2: 30 g/l Catalyst 1: 20 g/l Acetic acid: 1 g/l
Easycare, softening, non-slip	LI/CO	180	Crosslinking agent: 70 g/l Catalyst: 40 g/l Non-slip agent: 35 g/l Softening agent 1: 10 g/l Softening agent 2: 40 g/l Deaeration agent: 2 g/l
Antielectrostatic, non-slip	PES	100	Non-slip agent: 90 g/l Antielectrostatic agent: 5 g/l
Antielectrostatic, optical brigthening	PES	190	Optical brightener: 9 g/l Antielectrostatic agent: 7 g/l
Antifelting	WO	140-160	Antifelting agent 1: 35 g/l Antifelting agent 2: 35 g/l Deaeration agent: 5 g/l
Antifelting	PES/WO/LY	160-190	Antifelting agent: 30 g/l Coating: 30 g/l Wetting agent: 0,3 g/l Sodium carbonate: 2 g/l
Flame retardant	CO	145	Flame retarder: 160 g/l

Table 7-39: **Typical recipes in textile finishing**

It is to be noted that the emission potential of each finishing recipe – and thereby, the total emission potential of a textile finishing plant caused by chemicals and auxiliaries - can be calculated on the basis of substance emission factors, recipe data and liquor pick-up (see formula below and B. Emission factor concecpt for minimised air pollution).

Textile based emission factor [g/kg textile] =

- Substance emission factor [g Y /kg aux.] x liquor conc. [g aux. /kg liquor] x liquor pick up [kg liquor/kg textile]/1000

- Y = g Organic-C (sum parameter for non- or low toxic organic substances)

- Y = g substance (more toxic organic substances or special inorganic substances (ammonia, hydrogen chloride etc.)

The substance specific emission factor is defined as the amount of organic and inorganic substances in gram which can be released at defined process parameters (curing time, curing temperature, substrate) from one kg auxiliary. The textile specific emission factor is defined as the amount of organic and inorganic substances in gram which can be released at defined process parameters (curing time, curing temperature, substrate) from one kg textile (see further the so-called "Bausteinkonzept" in application in Germany, described below.

<u>Finishing of cellulosic fibres</u> [273]

There is a big number of different chemicals and even more recipes available in order to finish textile substrates with certain using properties. For woven fabric, these chemicals are applied in a continuous process by padding the finishing liquor with subsequent reaction and fixation in a stenter. In most cases, there is no after-washing. In some cases, after-washing is required. Then, wastewater problems may occur. Outstanding examples are the finishing with reactive flame retardants (organo phophorous compounds) and with reactive easy-care (for non-ironing effects) compounds. For the latter, a typical recipe is presented in Table 7-40.

Components	Quantity [g/l]	remarks
Dimethyloldihydroxy ethylene urea as cross-linking agent	130 - 200	The reaction is carried out at acidic conditions (pH 2-3), reaction time is 20 - 40 h at 25-30°C
Sulfuric acid (48%)	15 - 30	
Washing agents	2	Fatty acid ethoxylates

Note: COD of the padding liquor is about 130,000 mg O2/l

Table 7-40:   ***Standard recipe for the finishing of cotton woven fabric with reactive easy-care (for non-ironing effects) compounds***

The chemicals, applied both for flame retardancy and non-iron finishing are non-biodegradable and pass biological treatment almost unchanged. Also adsorption to activated sludge is very low.

Regarding cotton woven fabric, agents for the improvement of crease and shrink resistance are widely applied. In this case, no after-washing is carried out. One example is presented in Table 7-41.

Component	Quantity [l/1000m]	x 0,91 because of dilution	spez. COD [g O₂/kg]	COD [mg/l]
Levelling and dispersing agent	5	4,55	645	2934,75
Methyloldihydroxiethylene urea	40	36,40	790	28756
MgCl$_2$	10	9,10		
Natrium F-borate	0,15	0,14		
Optical brightener	2	1,82	360	655,2
Additive for cross-linking agents	20	18,20	628	11429,6
Smoothness agent	40	36,40	340	12376
Softening agent 1	30	27,30	530	14469
Softening agent 2	30	27,30	440	12012
	177,15			
	Total: 195 l liquor/1000m		Total	82632,55

Table 7-41: **Typical recipes for the improvement of crease and shrink resistance**

In this case, there is no after-washing. Thus, the residual finishing liquor in the padder and the preparation tank is discharged. The reactive component (methyloldihydroxiethylene urea) , the optical brightener and the softening agents are not biodegradable and contribute to residual COD in the treated effluent of biological wastewater treatment plants.

B. Emission factor concecpt for minimised air pollution

In general, it is well known that the input of processes very often determine the output and emissions respectively. The cleaner production approach follows this basic recognition and promotes pollution prevention at source. According to this approach, in Germany, with respect to emissions to air, a so-called emission factor concept has been developed in co-operation between public authorities (national and federal states level), the German Association of textile finishing industry (TVI-Verband) and the Association of textile auxiliaries, leather and for auxiliaries, paper auxiliaries and surfactants manufacturing industry (TEGEWA). The emission factor concept concerns facilities for textile finishing by heat setting, thermosol processes, impregnation, and finishing. The following description of the concept is taken from the so-called IVU-BAT [273], more examples of emission factors can also be found there.

The aim of the concept is to minimise the air pollution potential of the applied textile auxiliaries and thus minimising emissions to air. A further aim of the concept is to receive clarity and transparency, knowledge and a better control on the emissions of the large amount of auxiliaries and recipes. To this purpose, the textile substrate as well as the applied textile auxiliaries are characterised by so-called emissions factors (see also [344]).

Normally, emissions are regulated by emission mass concentrations (i.e. *mg substances/m³) air* and emission mass flows (i.e.*g substances/h production)*.

In contrary to these common emission values, the emission factors (textile substrate based emission factor and auxiliary based substance emission factor) relate the emission potential of auxiliaries to the produced amount of textiles resp. the auxiliary themselves.

The *textile material based emission factor* is defined as the amount of organic and inorganic substances in gram which can be released under defined process parameters from one kg of textile material in:

- g organic C/kg textile substrate

- g special substances/kg textile substrate (like toxic, cancerogenic, mutagenic, teratogenic substances). This means more dangerous substances with respect to the European chemical law.

It is to be noted that the textile substrate based emission factors are calculated with an air-to-textile ratio of 20 m3 air/kg textile as a standard condition.

The *auxiliary based emission factor* is defined as the amount of organic and inorganic substances in gram which can be released under defined process parameters from one kg of auxiliary in:

- g organic C/kg auxiliary

- g special substances/kg auxiliary

On base of substance emissions factors for the auxiliaries, the emissions of a recipe can be predicted. On this way the operator knows the emissions of his process before carrying out it. Therefore he can spend work in minimising the emissions, for example in reducing the amount of auxiliaries or replacing auxiliaries with high emission potential.

The auxiliary based emission factors has to be provided as product information (further to information in Material Safety Data Sheets) from the supplier (chemical industry) to the user (textile finishing industry). All substances according to class I 3.1.7 TA-Luft exceeding 500 ppm in the auxiliary have to be declared. In addition, information on substances classified under item 2.3 TA-Luft (cancerogenic substances) exceeding 10 ppm is obligatory. They are either measured or calculated by a concept of the chemical industry (i.e. the so-called TEGEWA concept from 1994 [4]). It is important to know, that in more than 90 % of all cases the single components behave additionally. Nevertheless, there may be substances which show emission values strictly depending on the adjusted process parameters, mainly curing temperature, time, and substrate.

The concept can be characterised as a self-learning integrated system to control and prevent air emission in textile finishing. Already during product and process design the system can be applied successfully. Typical auxiliary based emission factors are summarised in [273].

As a result of the concept, the following limit values can be achieved in textile finishing industry:

- 0.8 g organic C/kg textile (for substances categorised in class II and III item 3.1.7 TA-Luft), if the mass flow is equal to or higher than 0.8 kg C/h

- 0.4 g substance/kg textile (for substances categorised in class I item 3.1.7 TA-Luft (formaldeyde, acetic acid etc.)), if the mass flow is equal to or higher than 0.1 kg/h

- special limit values for carcinogenic and inorganic substances

The concept is applicable to existing and new installations. The concept has been developed with the world-wide textile chemistry and the German finishing industry. The concept is generally applied in Germany. It is suitable for facilities for textile finishing by heat setting, thermosol processes, impregnation, and finishing (without singeing; for coating and industrial textiles it is not generally applicable).

The situation today is that for nearly all textile auxiliaries on the common market the needed emission factors are available (or may be easily evaluated). About 10 % are validated by measurements, 90 % are calculated with respect to the acknowledged system of TEGEWA. The textile finishing mill has to check its recipes according to the emission factor concept at least one time a year.

Staff costs for calculating the finishing recipes according to the emission factor concept are negligible. There are no other costs for textile finishers. The reduction of chemical consumption lead to cost savings in purchase as well as in less wastewater treatment costs. In some cases installation of exhaust-air cleaning can be avoided.

The main advantages which force the implementation of the emission factor concept are:

- Comparability of auxiliaries (g emission/kg auxiliary)

- Comparability of processes (g emission/kg textile)

- More transparency for the finisher and the authorities

- Exchange of emission relevant recipes

- Pre-calculation of emissions enables the finisher to meet the emission limit values

- Auxiliary add-on can be minimised

- Identification of the main sources for process emission (proper priority setting!)

- Air/textile ratio (m³/kg) can be reduced (energy saving!)

- Low emission auxiliaries mean higher content of active ingredients on textilen substrate

- Cost intensive emission measurements can be reduced

C. Techniques minimising consumption

Selected techniques for minimising consumption of finishing processes are [2; 273; 342]:

- Selection of auxiliaries according to the emission factor concept (see 7.1.5 B. Emission factor concecpt for minimised air pollution, above)

602

- Stenter with optimised energy consumption

<u>Stenter with optimised energy consumption</u> [273]

Stenters are mainly used in textile finishing for

- Heatsetting

- Drying

- Thermosol processes

- and finishing treatments.

It can be assumed (rough estimation) that in fabric finishing, as an average, every textile substrate is treated 2.5 times in a stenter which is therefore often the bottle neck in textile finishing mills. Regarding the investment cost and running cost for a stenter, it is obvious that energy consumption of stenters is the main item concerning ecology of stenter technology (see Table 7-42).

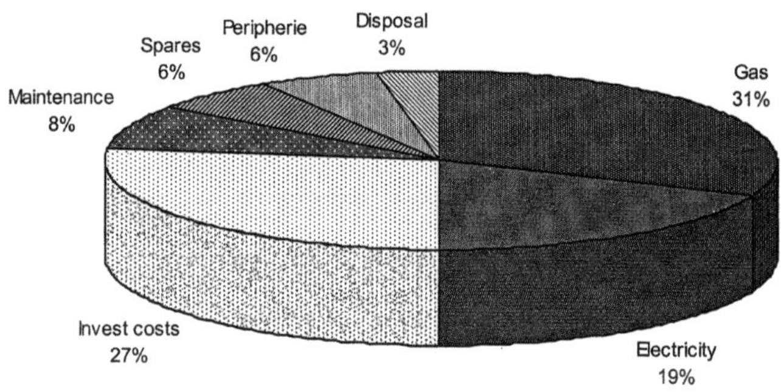

<u>Note</u>: 10 years running time considered (depreciation time: 10 years)

Table 7-42:   **Cost distribution for a stenter**

Technologies reducing energy consumption of stenters are compiled below:

Heat recovery

With air/water heat exchanger, up to 70 % of energy can be saved. Existing machinery can be reconstructed. Hot water can be used in dyeing. Electrostatic filtration for off-gas cleaning can be installed optionally.

If demand on hot water is not given air/air heat exchanger can be installed (only new installations!). Appr.30 % savings in energy can be achieved. An aqueous scrubber with subsequent electrostatic filtration can be installed optionally for off-gas cleaning.

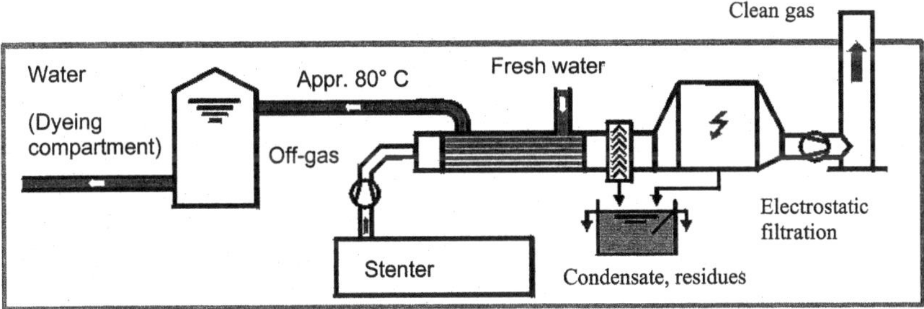

Figure 7-31:   ***Air/water heat exchanger***

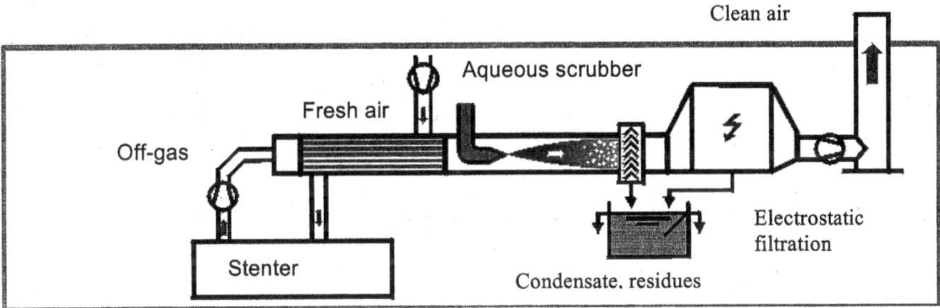

Figure 7-32:   ***Principle of air/air heat exchanger***

Isolation

Proper isolation of stenter encasement reduces heat losses to a considerable amount. Savings in energy consumption to 20 % can be achieved if the isolation thickness is enhanced from 120 to 150 mm (provided the same isolation material is taken).

Monitoring and control systems for temperature, air flow and moistness of textiles and air

If the air flow is controlled by means of monitoring moisture content in the off-gas respectively circulating air moisture contents in the air, up to 150 g water/kg off-gas in drying processes can be achieved. Due to the fact that moisture content is directly proportional to the air/textile ratio, the air flow can be reduced to a considerable amount. A reduction of fresh air consumption from 10 kg fresh air/kg textile to 5 kg fresh air/kg textile results in 57 % energy saving.

Control of temperature on the textile by means of pyrometers and adjusting of an optimised curing time and air temperature is an additional method to minimise the energy consumption

Moistness of incoming textiles should also be minimised by means of vacuum techniques or optimised squeezing rollers. Energy consumption in a stenter can be reduced to 15 % if moisture of incoming textiles is reduced from 60 % to 50 %.

Indirect heating with gas

By means of a flue gas/air heat exchanger the heat which is generated by the burner flame is directly transferred to the circulating air in the stenter [Prinzen, 2001]. A higher efficiency factor is achieved compared to conventional indirect heating system using mainly thermo oil. Reactions of off-gas compounds with emissions from the textile materials and auxiliaries (esp. generation of formaldehyde) can be avoided.

Burner technology

With optimised burner systems and sufficient maintenance of burners in direct heated stenters, the methane emissions can be minimised. A typical range for an optimised burner is: 10-15 g methane (calculated as organic carbon)/h (however it has to be taken into account that methane emission of burners strongly depends on actual burner capacity)

Miscellaneous techniques

With optimised nozzle systems and air guidance systems, energy consumption can be reduced especially if nozzle systems are installed which can be adjusted to the width of the goods

Savings in energy consumption and therefore minimisation of off-gas caused by machine based emission (esp. carbon dioxide and VOC (methane)) is the main ecological advantage using optimised stenter technologies.

The described methods are applicable for all new installations. If existing equipment have to be rebuild, the applicability in some cases can be limited due to the fact that re-construction is too costly or a technological problem.

However, condensed substances (mainly preparation oils) from heat recovery systems have to be collected separately. If aqueous scrubber systems are installed wastewater is discharged instead of off-gas. However, compared to total wastewater load of a textile finishing plant the impact is negligible and abatement by means of a biological wastewater treatment in most cases efficient enough.

The described technologies are in use in German finishing mills and world-wide as well. The indirect heating system based on flue-gas/air exchanger is currently to be installed in several finishing plants. Minimising energy consumption at stenters, especially if heat recovery systems are installed affords proper maintenance (cleaning of the heat exchanger and stenter machinery, checking of control/monitoring devices, adjusting of burners etc.). Proper scheduling in finishing minimises machine stops and heating-up/cooling down steps and is therefore a prerequisite for energy saving. Often heat recovery systems which themselves can have –however limited - off-gas cleaning efficiency due to the fact that substances in the off-gas are condensed, are combined with an aqueous scrubber or electrostatic filtration systems or a combination of this techniques.

Pay-back data for heat recovery systems are compiled in Table 7-43:

		1-shift		2-shift		3-shift	
	Process	Savings [EURO]	Pay-back period [a]	Savings [EURO]	Pay-back period [a]	Savings [EURO]	Pay-back period [a]
Air/water Fresh water temp.:15°C	Drying	32050	5.7	64150	2.6	96150	1.7
	Heatsetting	34450	5.4	68900	2.4	103350	1.5
Air/water Fresh water temp.:40°C	Drying	18050	12.6	36100	5.9	54150	3.3
	Heatsetting	23350	8.6	46700	3.7	70050	2.4
Air/air Fresh air temp.:20°C	Drying	8000	> 20	16000	15.6	24000	8.5
	Heatsetting	11000	> 20	22000	9.6	33000	6.6

Table 7-43:   ***Return on investment assuming different processes, heat recovery systems and working times***

Minimisation of energy consumption respectively energy costs are the main reason to install optimised stenter technology respectively to re-built existing machinery.

D. Substitution of chemicals

In order to reduce consumption of environmental critical substances, processes using alternative substances are presented below. However, it is obvious that also application of the emission factor concept (see above) can reduce consumption and thus emission of critical substance.

Formaldehyde-low easycare finishing [273]

Easycare finishing (in other words: non-creasing and non-shrinking finishing) is mainly carried out on cellulosic fibres and their blends with the intention to increase the crease recovery and/or dimensional stability of the fabrics. Easycare finishing agents are mainly compounds synthesized from urea, melamine, cyclic urea derivatives, and formaldehyde. Reactive (crosslinking) groups are composed of free or etherificated N-methylol groups (see Figure 7-33).

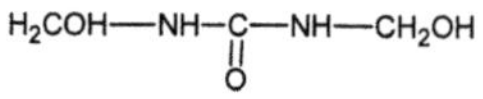

606

$$H_2COH\text{—}NH\text{—}\underset{\underset{O}{\|}}{C}\text{—}NH\text{—}CH_2OH$$

Dimethylol urea and Dimethylol urea derivatives

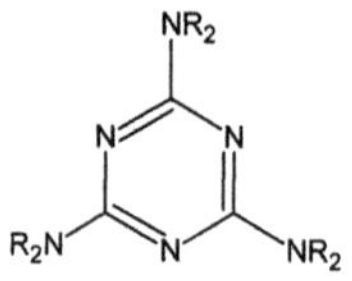

Melamine derivatives (R = H, CH$_2$OH, CH$_2$OCH$_3$

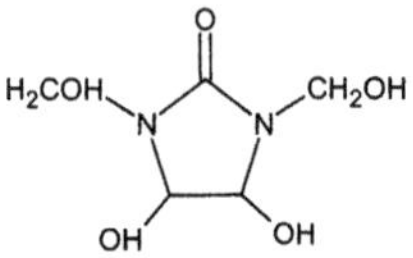

1,3-Dimethylol-4,5-dihydroxyethen urea

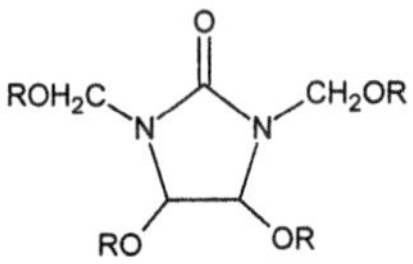

1,3-Dimethylol-4,5-dihydroxyethen urea derivatives (R= H, CH$_3$)

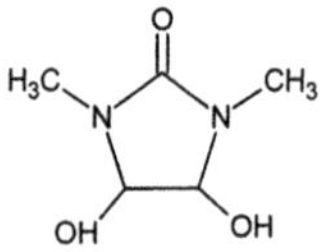

1,3-Dimethyl-4,5-dihydroxyethen urea (DMeDHEU)
(1,3-Dimethyl-4,5-dihydroxyimidazolidinon-2; DMDH)

Figure 7-33:   ***Chemical structure of crosslinking agents***

Catalysts mainly based on metal salts are used to accelerate the rate of cross-linking reactions.

Formaldehyde-low or even (if required quality resp. non creasing effect is achieved) formaldehyde-free products are an alternative.

A rough overview on different product types and their potential to release formaldehyde is given in Table 7-44. further information can be found in section 6.4.4.

Type of crosslinking agent	Formaldehyde release
Dimethylol urea	High
Melamine formaldehyde condensation products	High
Dimethyloldihydroxyethen urea (DMDHEU)	High
Dimethyloldihydroxyethen urea DMDHEU derivatives (mostly used)	Low
Modified dimethyldihydroxyethen urea	Formaldehyde-free

Table 7-44: **Overview on formaldehyde releasing capacity of the most important crosslinking agents**

With formaldehyde-low or formaldehyde-free products a reduction of formaldehyde emissions in finishing is achieved. Formaldehyde residues on the textiles can be minimized (< 75 mg/kg textile). With optimised catalysts curing temperature and therefore energy consumption can be reduced.

The products can be applied similar to conventional products. Kind and amount of catalysts as well as curing time and temperature has to be adjusted. Required quantity for formaldehyde-free products is appr. two times higher. When formaldehyde-free or formaldehyde-low products are applied it has to be taken into account that in case of direct heated stenters formaldehyde is also generated in a considerable amount by the burners.

All above mentioned crosslinking agents are hardly biodegradable. However, only small amounts (esp. residual liquors) of the products are introduced to the waste water. Non optimised formaldehyde-free products can be smell intensive. Auxiliaries for formaldehyde-free and formaldehyde-low easycare finishing are supplied from various companies and applied world-wide.

Typical recipe for formaldehyde-low finishing of cotton (woven fabric):

- 40-60 g/l crosslinking agent

- 12-20 g/l catalyst

- liquor pick-up: 70 %

- drying and condensation (150 °C, 3 min)

Typical recipe for a formaldehyde free finishing of cotton:

- 80-120 g/l crosslinking agent (integrated catalyst)

- liquor pick-up: 80 %

- acidifying with acetic acid

- drying and condensation (130 °C, 1 min).

Crosslinking compounds are often applied in combination with wetting agents, softeners, products which increase ripping strength etc.

Prices for formaldehyde-free products are significant higher than for formaldehyde-low products. Yet, regulations concerning formaldehyde in the off-gas and compliance to various codes of conducts concerning consumer health (eco-labels) are the main motivation for the use of the formaldehyde-free or formaldehyde-low products.

7.2 Textile use

7.2.1 Toxicology

In recent years, alarms have been raised from time to time concerning hazardous chemicals in textiles [20; 21]. In the last years, the mass media highlighted the problem of chemicals in clothes. For example, it was reported that azo dyes were found in diverse textiles like Babywear [407], etc. Formaldehyde, used in crease-resistant treatment has occassionaly been found in bedwear [408], and other textiles. Tin organic substances were depicted to be problematic substances on sportswear [409] and rain clothes [191]. Yet, different European countries held hearing with representatives of textile industry, commercial organisations, and various public authorities and carried out study for the purpose of identifying and studying the scope of the problem of chemicals in clothing [20; 21;290; 405; 411]. However, considering the great amount of chemicals used in textile production and finishing, the numbers of incompatibility due to textile use reported is relatively low, allergic reactions rather seldom. The reason therefore is that the chemicals on textiles are only to a very low extend free- available. Four main escapments for skin reaction on textiles are distinguished: physical-irritating causes (e.g. due to closely weared trousers); chemical-toxic stimulating effects (at most on the workplace); intelorance and pseudo allergic phenomenes such as allergic reactions. Irritations are the most usual skin reaction on textiles (e.g. due to sensitizing toward wool). Allergic reactions towards textile chemicals appear seldom as immediate reaction (typ I), but most often as tardily reaction (typ IV). Against, allergic reactions may also be due to component of textile accessories such as belts and buttons made of nickel or rubber [43]. Overview on the problematic of textile allergies are given in [23; 313].

Nevertheless, not all the chemicals that are used in textile manufacturing according to this book remain in finished textiles. This depends on the way the chemicals are used in the production, their specific properties and the degree to which they are washed out in the washing steps. With certain exceptions, most chemicals in the fabric preparation of textile materials are consumed and washed away. Relatively many chemicals from the processes in the dyeing/printing and finishing of textiles remain in the textile material. The following table gives as examples two typical compositions of a cotton labelled 100% cotton [23].

Example 1		Example 2	
73%	Cotton	77%	Cotton
2%	Polyacryl	2%	Elasthan
8%	Dyestuff	4%	Dyestuff
14%	Urea-formaldehyde resin	10%	Resin for shrink-resist ance
3%	Softening agent	2%	Softening agent, optical brightener, etc.
0.3%	Optical brigthener	5%	Reinforcement, lifts, sewing threads

Table 7-45: **Possible composition of a textile labelled 100% cotton**

From these examples, the complexity of delimiting the problem of textile allergy can be seen. Yet, this study focus on the chemicals that may be introduced to textiles by finishing processes. Some aspects of specific chemicals and dyes are discussed at the end of the chapter.

A number of criteria have been developed to sort out chemicals that can reasonably be expected not to remain in finished textile materials or products. These criteria are based on the fact that chemicals have certain properties or that they are used in a way that makes it likely that they will not remain in finished goods. The KEMI report on chemicals in textiles mentioned as rejection criterion[290]:

- Substances with good chemical water solubility are removed in the washing steps;

- Volatile substances (boiling point < 100 C) evaporate in treatments up to finished goods

- Auxiliary chemicals are removed after use; the function of auxiliaries is to facilitate certain processes without being incorporated in the material;

- Certain process chemicals are removed after use or degrade during use; examples of the latter are bleaching agents and certain oxidation or reduction agents.

This means that most surfactants, i.e. detergents, emulsifiers and other water-soluble chemicals such as inorganic salts, alkalis, acids etc., are washed out, provided that washing is performed and is effective. There are exceptions, however, such as auxiliaries in print pastes for e.g. pigment printing, which are normally not washed out, but remain to some extent in the textile material. Some other chemicals may also remain in finished textile materials or products due to the fact that they have been incompletely removed in washing or in other processes, for example hydrolised or poorly fixed dyes. According to these criteria, a list of chemicals possibly remaining in textile materials and products was compiled [290]. Problematic dyestuffs were not included in the list as they are compiled below in separate tables. Dyestuffs were further described in previous sections (see 2.5.2, 5.4 and 5.5.1).

Fibre production

Substance	CAS no.	Function
lead	7439-92-1	metal impurities
cadmium	7440-43-9	metal impurities
mercury	7439-97-6	metal impurities
tin	7440-31-5	metal impurities

Pretreatment - Bleaching, optical brightenning

Substance	CAS no.	Function
potassium dichromate	7778-50-9	Oxydation/reduction agent
Stilbene derivatives		Optical brighteners
Distyryl biphenyl derivatives		Optical brighteners
styryl derivatives		Optical brighteners
coumarins		Optical brighteners
benzoxazole derivatives		Optical brighteners
benzimidazole derivatives		Optical brighteners
pyrazoline derivatives		Optical brighteners
pyrenoxazole derivatives		Optical brighteners
Naphthalimides		Optical brighteners

Colouring – Dyeing and printing

Substance	CAS no.	Function
1,2,4-trimethylbenzene	95-63-6	carrier
propylbenzene	103-65-1	carrier
chlorobenzene	108-90-7	carrier
Dichlorobenzene 1,2-1,4-1,3-	95-50-1/106-46-7/541-73-1	carrier
Trichlorobenzene	87-61-6/120-82-1	carrier
o-chlorotoluene	95-49-8	Carrier
Dichlorotoluene	95-73-8/118-69-4/95-75-0/98-87-3	Carrier
(2-chlorophenoxy)ethanol	1892-43-9	Carrier
Pentachlorophenol	87-86-5	Carrier(preservative)
Biphenil	92-52-4	Carrier
Phenylphenol, hydroxybiphenyl	90-43-7/92-69-3	Carrier
Methylbiphenyl	28652-72-4	Carrier
Diphenyl oxide	101-84-8	Carrier
2,2´,a,4´-tetrachlorobiphenyl	2437-79-8	Carrier
Polychlorinated biphenyls	PCP 1336-36-3	Carrier
Methylbenzoate	95-58-3	Carrier
Butyl benzoate	136-60-7	Carrier
Benzyl benzoate	120-51-4/136-60-7	Carrier
2-hydroxy-3-chloro-benzoicacid butyl ester		Carrier
2-hydroxy-3-methyl-benzoic acid methyl ester		carrier
2-hydroxy-benzoic acid methyl ester	119-36-8	Carrier
Acetic acid(dichlorophenoxy) ethyl ester	5333-23-3	Carrier
Acetic acid phenoxyethyl ester	2555-49-9	Carrier
Methyl cresotinate	23287-26-25	Carrier

Colouring – Dyeing and printing		
Substance	**CAS no.**	**Function**
Naphthalene	91-20-3	Carrier (solvent, moth repellent, insecticide)
Methyl naphthalene	90-12-0/91-57-6	Carrier
Dimethyl naphthalene	28804-88-88	Carrier
1-chloronaphthalene	939-27-5	Carrier
Tetrahydronaphthalene	119-64-2	Carrier
1-chloronaphthalene phtalic acid esters	90-13-1	Carrier
Dimethyl phthalate	131-11-3	Carrier
Diethyl phthalate	84-66-2	Carrier
Dimethyl terephthalate	120-61-6	Carrier
N-alkyl-phthalimides		Carrier
Chlorinated etthylenes		carrier
Sodium/potassium dichromate	7778-50-9	Oxidizing/reducing agent
Copper acetate	142-71-2	Oxidizing/reducing agent
Copper nitrate		Oxidizing/reducing agent
Stannic chloride	7772-99-8/7646-78-8	Oxidizing/reducing agent
Diethylene hexylphthalate	117-81-7	Fixation, printing
Butyl benzyl phtalate	85-68-7	Fixation, printing
1,2,4-butanetriol	30-68-00-6	Fixation, printing
Dimethylformamide	1968-12-02	Fixation, printing
Diethylene gycol	111-46-6	Fixation, printing
N-vinylpyrrolidone	88-12-0	Fixation, printing
Chromium compounds		Fixation(dye)
Zinc sulphoxylate formaldehyde	7440-47-3	Fixation
Zinc compounds	24887-06-7	Fixation
Cobalt compounds	7440-48-4	Dye
Copper compounds	7440-50-8	Dye
Chromium compounds	7440-47-3	Dye(fixation)
Nickel compounds	7440-02-0	Dye
Surfactants-see below		Emulsifier, dispersion agent, detergent
Organic solvants see below		solvent

Finishing – Easy-care treatments		
Substance	**CAS no.**	**Function**
Formaldehyde	50-00-0	Impregnenting agent
Urea	57-13-6	Wrinkle-resistant treatment
Urea formaldehyde (UF)	9011-05-6(ex)	Wrinkle-resistant treatment
Dimethylol urea	140-95-4	Wrinkle-resistant treatment
Methoxy dimethylol urea		Wrinkle-resistant treatment
Dihydroxy ethylene urea		Wrinkle-resistant treatment
Dimethylol-4 methoxy-5,5-dimethylpropylene urea	3720-97-6	Wrinkle-resistant treatment
Dimethylol-4-methoxy-5,5-dimethylpropylene urea	13747-12-1	Wrinkle-resistant treatment
Dimethylol-4-dihydroxyethylene urea (DMDHEU)	1854-26-8	Wrinkle-resistant treatment
Dimethylol ethylene urea (DMEU)	136-84-5	Wrinkle-resistant treatment
Dimethylol propylene urea(DMPU)	3270-74-4	Wrinkle-resistant treatment
Tetramethylol acetylene diurea	5395-50-6	Wrinkle-resistant treatment
Propylene urea	6531-31-3	Wrinkle-resistant treatment

Finishing – Easy-care treatments

Substance	CAS no.	Function
Dimethylol ethyl carbamate	3883-23-6	Wrinkle-resistant treatment
Dimethylol carbamate		Wrinkle-resistant treatment
Dimethylol methyl carbamate	4913-31-9	Wrinkle-resistant treatment
Tris-methylol-2-carbamoyl ethylamine		Wrinkle-resistant treatment
Melamine	108-78-1	Wrinkle-resistant treatment
Melamine formaldehyde (MF)	9003-08-1(ex)	Wrinkle-resistant treatment
Polymethoxymethylol melamine	Polymer	Wrinkle-resistant treatment
Polymethylol melamine	Polymer	Wrinkle-resistant treatment
Methylol acrylamide	924-42-5	Wrinkle-resistant treatment
Dimethylol ethyltriazone	134-97-4	Wrinkle-resistant treatment
Dimethylol-5-oxa-1,3-piperazine-2-on	73-27-69-7	Wrinkle-resistant treatment
2-amino-2-methylpropanol hydrochloride	3207-12-3	Wrinkle-resistant treatment
Alkanolamine hydrochlorides		Wrinkle-resistant treatment
Aminohydrochlorides		Wrinkle-resistant treatment
Di(hydroxyethyl)amine	114-42-2	Wrinkle-resistant treatment
Glyoxal	107-22-2	Wrinkle-resistant treatment
Polysiloxane emulsion	63148-62-9 (ex) + water	Wrinkle-resistant treatment
Zinc fluoroborate	13826-88-5	Wrinkle-resistant treatment
Magnesium chloride	7786-30-3	Catalyst,wrinkle-resistant treatment
Zinc chloride	7646-85-7	Catalyst, wrinkle-resistant treatment
Zinc nitrate	7779-88-6	Catalyst wrikle-resistant treatment
Organic solvents- see below		solvent

Finishing – Softening treatment

Substance	CAS no.	Function
Acrylic polymers		Surface-modifying
Polyethylene	9002-88-4	Surface-modifying
Polyvinyl acetate	9003-20-7	Surface-modifying(impregnating agent)
Styrene polymer	9004-67-5	Surface-modifying
Methyl cellulose	9004-57-3	Surface-modifying
Carboxymethylcellulose (CMC)	9000-11-7	Surface-modifying
Potato starch	9005-25-8	Surface-modifying
Dextrin	9004-53-9	Surface-modifying
Sugar	57-50-1	Surface-modifying
Glycerin	56-81-5	Surface-modifying
Paraffin	8002-74-2	Surface-modifying (impregnating agent)
Wax		Surface-modifying (impregnating agent)
Casein	9000-71-9	Surface-modifying
Barium sulphate	7727-43-7	Surface-modifying
Zinc chloride	7646-85-7	Surface-modifying (catalyst, wrinkle-resistant treatment)
Calcium carbonate	471-34-1-	Surface-modifying
Calcium chloride	10043-52-4	Surface-modifying
Kaolin	1332-58-7	Surface-modifying
Surface-modifying Talc	148-07-96-6	Surface-modifying
Silicone polymer		Surface-modifying (impregnating agent)
Water glass	6834-92-0	Surface-modifying
Amide-modified esters		Plasticizer

Finishing – Softening treatment		
Substance	**CAS no.**	**Function**
Methylolsteraramide	3370-35-2	Plasticizer (impregnating agent)
Octadecylethylene urea	4991-32-6	Plasticizer (impregnating agent)
Polyacrylic amides	9003-05-8 (ex)	Plasticizer
polyacrylates	(C4H4O2) X.Y Me (group)	Plasticizer
Fatty alkohol sulphates		Plasticizer
Polyglycol ether,polyoxyalkylene glycols		Surface-modifying
Poly(oxyethylene-oxypropylene)glycole ethers + fat group		Plasticizer
Fatty aminoethoxylates		Plasticizer
Quaternary ammonium salts		Plasticizer
Stearic acid	1957-11-04	Plasticizer
Stearates		Plasticizer
Oleates		Plasticizer
Oleic acid	112-80-1	Plasticizer
Palmitates		Plasticizer
Pentachlorobiphenyls	25429-29-2	Plasticizer
Polychlorinated biphenyls	13636-36-3	Plasticizer
Bis(2-ethylhexyl)phtalate	117-81-7	Plasticizer
Dibutyl phtalate	84-74-2	Plasticizer
Phosphates		Plasticizer
silicone		Plasticizer (impregnating agent, spinning and spooling)

Finishing – Water-repellent treatment		
Substance	**CAS no.**	**Function**
Melamine formaldehyde (MF)	9003-08-1 (ex)	Impregnating agent (wrinkle-resistant agent)
Octadecylethylene urea	4991-32-6	Impregnating agent (plasticizer)
1-(octa cyloxymethyl)pyridinium chloride	855507-99-9(C16-18)	Impregnating agent
Alkylpyridine compounds		Impregnating agent
Stearamidomethylpyridinium chloride	4261-72-7	Impregnating agent
Methylolstearamid	3370-35-2	Impregnating agent (plasticizer)
Acrylic polymers		Impregnating agent
Ethyl acrylate:acrylic acid	140-88-5: 79-10-7	Impregnating agent
Polyvinyl acetate	9003-20-7	Impregnating agent (surface-modifying)
Polyvinyl chloride		Impregnating agent (plasticizer, spinning and spooling)
Silicone		Impregnating agent (surface-modifying)
Silicone polymer flurinated		Impregnating agent (surface modifying)
Fluorocarbons	HFC+FC; Grupp	Impregnating agent
Paraffin	8002-74-2	Impregnating agent (surface modifying)
Fatty acid salts, insoluble soaps		Impregnating agent
Waxes modifyied with: -Aluminium salts -zirconium salts		Impregnating agent(plasticizer, spinning and spooling)

Finishing – Water-repellent treatment		
Substance	CAS no.	Function
Protein compounds as complexes with		
-aluminium salts		Impregnating agent
-dichromates	7440-31-5	Impregnating agent
-tin	50-00-0	Impregnating agent
-formaldehyde		Impregnating agent
Aluminium triacetate	8006-13-1	Impregnating agent
Aluminium triformate	7360-53-4	Impregnating agent
Chromium/fatty acid complex		Impregnating agent
Zinc salts		Impregnating agent
Organic solvents-see below		Solvent

Finishing – Soil-repellent treatment		
Substance	CAS no.	Function
Melamine formaldehyde	9003-08-1 8 (ex)	Impregnating agent (wrinkle-resistant agent)
1-(octa cyoxymethyl)pyridinium chloride	85507-99-9(C16-18)	Impregnating agent
Stearamidomethylpyridinium chloride	4661-72-7	Impregnating agent
Methylol stearamide	3370-35-2	Impregnating agent (plasticizer)
Polyurethane		Impregnating agent
Polyester		Impregnating agent
Polyacryltate		Impregnating agent
Acrylic polymers	140-88-5: 79-10-7	Impregnating agent
Ethyl acrylate: acrylic acid		Impregnating agent
Fluorcarbon polymers		Impregnating agent
Paraffin	8002-74-2	Impregnating agent (surface-modifying)
Silicon	7440-21-3	Impregnating agent (plasticizer, spinning and spooling)
Silicon polymer		Impregnating agent (surface-modifying)
Zirconium salt		Impregnating agent
Protein compounds as complexes with		
-aluminium		Impregnating agent
-dichromates		Impregnating agent
-tin	7440-31-5	Impregnating agent
-formaldehyde	50-00-0	Impregnating agent

Finishing – Flame-retardant treatment

Substance	CAS no.	Function
Borates		Flame retardant
Pentabromodiphenyl ether	32534-81-9	Flame retardant
Decabromodiphenyl esther	1163-19-5	Flame retardant
Hexabromocyclododecane	25637-99-4	Flame retardant
Chlorinated paraffins	9002-86-2	Flame retardant
Tetrachlorophtalic acid	632-58-6	Flame retardant
Tetrabromophtalic acid	13810-83-8	Flame retardant
Tetrakis(hydroxymethyl) phosphonium acetate	7580-37-2	Flame retardant
Tetrakis(hydroxymethyl)phosphonium phosphate	22031-17-0	Flame retardant
Tetrakis(hydroxymethyl) phosphonium chloride (THPC)	124-64-1	Flame retardant
Tetrakis(hydroxymethyl)phosphonium sulphate (THPS)	55566-30-8	Flame retardant
THP oxalate	52221-67-7	Flame retardant
THPOH	512-82-3	Flame retardant
Tris(1,3-dichloroisopropyl)phosphate Fyriol	13679-87-8	Flame retardant
Tris(1-aziridinnyl)phosphine oxide	545-55-1	Flame retardant
Tris(dibromopropyl)phosphate	126-72-7	Flame retardant
Tris(chloroethyl)phosphate	115-96-8	Flame retardant
Tris(chloropropyl)phosphate	13674-87-5	Flame retardant
Vinyl phosphonate polymer		Flame retardant
Phosphonated N-methylolamides		Flame retardant
Thiourea melamine complex		Flame retardant
Triethanolamine	102-71-6	Flame retardant
Antimony trioxyde	1017-56-7	Flame retardant
Titanium tetrachloride	1309-64-4	Flame retardant
Potassium hexafluorotitanate	7550-45-0	Flame retardant
Potassium hexafluorozirconate	16923-95-8	Flame retardant
Tungsten oxide	1314-35-8	Flame retardant
Tin halides	7440-31-5	Flame retardant

Finishing – Antimicrobial treatment

Substance	CAS no.	Function
Chlorophenol		biocide
Trichlorophenol		Biocide
Pentachlorophenol	87-86-5	Preservative (carrier)
Quaternary aluminium salts		Biocide (detergent, softener,antistatic agent)
Mercury compounds	7439-97-6	Biocide
Copper compounds	7440-50-8	Biocide
Tin compounds	7440-31-5	Biocide
Zinc compounds	7440-66-6	biocide

Finishing – treatment against moths and other insects

Substance	CAS no.	Function
Naphtalene	91-20-3	Carrier (solvent, moth repellent, insecticide)
Pyethrins		insecticide
pyrethroids		insecticide
Pentachlororophenol	87-86-5	Preservative (carrier)

Multipurpose auxiliaries – Washing and chemical additives in formulations		
Substance	**CAS-Number**	**Function**
Alkylaryl sulphonate		Detergent, emulsifier, dispersion agent
Alkyl sulphonate		Detergent, emulsifier, dispersion agent
Fatty acid condensation products		Detergent, emulsifier, dispersion agent, softener, antistatic, biocide
Quaternary ammonium salts		Detergent, emulsifier, dispersion agent
Nonylphenyl ethoxylates	9016-45-9 (ex)	Detergent, emulsifier, dispersion agent
Polyethoxylates		Detergent, emulsifier, dispersion agent
Polyglycol ether		Detergent, emulsifier, dispersion agent

Multipurpose auxiliaries - solvents		
Substance	**CAS-Number**	**Function**
2,4-dimethyl phenol	108-95-2	Solvent
Phenol	108-95-2	Solvent
Hexachlorobutadiene	87-68-3	Solvent
Nitrophenol	100-02-7	Solvent
p-chloro-m-cresol	59-50-7	Solvent
Toluen	108-88-3	Solvent
Xylene	1330-20-7	Solvent

Table 7-46:   ***List of chemicals possibly remaining on textile materials***

From this list, hazardous substances have been identified as a basis for risk assessment studies of chemicals in textiles. The following tables resumes the health and environmental hazard of the substances, i.e. their inherent potential for causing harm to human health and the environment. The probability that these hazardous properties will effectively cause harm can only be judged via risk assessments, that means considering other factors such as emission paths and exposure conditions, mainly.

Among substances dangerous to health, substances with skin-sensitizing properties in particular have been identified , since such properties can pose a danger with textiles that come in contact with skin [304; 313].

Substance	Risk Phrase	R45	R340	R43	Function
Formaldehyde			X	X	Wrinkle-resistant agent
Pentachlorophenol, PCP			X		Biocide
Phenol	R24/25				Solvent
2,4-dimethylphenol	R24/25				Solvent
Dichlorotoluene			X		Carrier
Sodium/Potassium Dichromate		X			Oxidation agent
Mercury compounds	R26/27/28			X	Biocide
Antimony trioxide			X		Flame retardant
Potassium hexafluorozirconate	R23/25				Flame retardant
R23 Toxic by inhalation; R24 Toxic in contact with skin; R25 Toxic if swalled; R26 Very toxic by inhalation; R27 Very toxic in contact with skin; R28 Very toxic if swallowed; R43 May cause sensitization by skin contact; R45 May cause cancer; R340 Some risk of cancer cannot be excluded after frequently repeated exposure					

Table 7-47: **Substances from Table 7-46 classified as toxic**

Substances wich are restricted due to their health and environmental properties in some general kind of use, not specifically for textiles, have also been identified

618

Substance	CAS Number	Restricted substance	Observation substance	Function
Formaldehyde	50-00-0	X	X	Wrinkle resistant agent
Dimethylformamide	1968-12-02	X		Solvent
Pentachlorophenol, PCP	87-86-5	X		Biocide
Pentachlorobiphenyl	25429-29-2	X		Plasticizer
Polychlorinated biphenyler	1336-36-3	X		Carriers
Diphenyl oxide	101-84-8		X	Carrier
Phenol	108-95-2		X	Solvent
Dichlorobenzene ,1,2-1,3	106-46-7			Carrier
Dichlorobenzene 1,4-	106-46-7	X		Carrier
Toluene	108-88-3		X	Solvent
Hexachlorobutadiene	87-68-3		X	Solvent
Dialkyl phthalate	131-17-9	Phthalate	Phthalate	Carrier
Dimethyl phtalate	131-11-3	X	Ditto	Carrier
Diethyl phthalate	84-66-2	Phthalate	Ditto	Carrier
Dibutyl phthalate	84-74-2	X	Ditto	Plasticizer
Diethylene hexylphthalate	117-81-7	Phthalate	ditto	Plasticizer
Butyl benzyl phthalate	85-68-7	Ditto	Ditto	Plasticizer
Dimethyl terephthalate	120-61-6	Ditto	Ditto	Plasticizer
Quaternary ammonium salts		DSDMAC	DSDMAC	Softener
Nonyl phenol ethoxylates	9016-45-9 etc	X	X	Detergent emulsifier, etc
Chlorinated paraffins	9002-86-2	Parrafins, C10-13	Parrafins, C10-13	Flame retardant
Tris(dibromopropyl)	126-72-7	X	-	Flame retardant

Table 7-48: **Substances from Table 7-46 that are restricted substances and/or on observation**

Substance	CAS Number	Function
Chromium compounds		Oxidizing agent
Sodium dichromate	10588-01-9	Fixing agent
Potassium dichromate	7778-50-9	Fixing agent
Chromic fatty acid salt		Impregnating agent
Cadmium	7440-47-3	Pigment
Zinc salts	40-66-6	Catalyst
Zinc chloride	7646-85-7	Catalyst
Zinc nitrate	7779-88-6	Catalyst
Zinc fluoroborates	13826-88-5	Impregnatinng agent
Zinc sulphoxylate formaldehyde	24887-06-7	Fixing agent
Nickel compounds	7440-02-0	Dye
Tin compounds	7440-31-5	Biocide
Phenyl mercury	7439-97-6	Biocide

Table 7-49: **Metals and metal compounds from Table 7-46 that are included in the list of restricted Substances and/or observation**

Substances judged to have dangerous properties to human health and the environment have also been identified. Examples are substances used as carriers for colouring, solvents in defferent processes, flame retardants, impregnating agents for waterproofing and oilproofing, and preservatives.

Substance	CAS Number	R21	R38	Function
Biphenyl	92-52-4	X	X	Carrier
Methyl biphenyl	28652-72-4		X	Ditto
Phenylphenol	90-43-7		X	Ditto
Naphthalene, naphthalin	91-20-3	X		Ditto,moth repellents
tetrahydronaphthalene	119-64-2		X·	Ditto
Methylnaphthalene	90-12-0		X	Ditto
	91-57-6		R43	
1-chloronaphthalene	90-13-1	X		Ditto
Fluorocarbons				Impregnating agents
Ditto	16919-27-0			Flame retardants
Ditto	16923-95-8			Ditto
Tris(chloroethyl) phosphate	115-96-8		X	Ditto
Chlorophenol		X		Preservative
Trichlorophenol		X		Ditto
2-chloro-3-methylphenol	59-50-7		X	Ditto, solvent
2-nitrophenol	100-02-7	X		solvent
R21 Harmful in contact with skin; R38 Irraitating to skin; R43 May cause sensitization by skin contact				

Table 7-50: **Examples of substances from Table 7-46 judged to have hazardous properties**

Approximatily 4,000 dyes have been tested with regard to acute toxic properties according to ETAD (Ecological and Toxicological Association of the Dyestuffs Manufacturing Industry). Approximately 10 % of these dyes are judged to have properties hazardous to human health, of which 1% can be regarded as toxic [290]. Examples of toxic dyestuffs are compiled in the following table.

Dye	C.I. Number	Hazard	R45	R25	R36
Direct blue	24400	T, C	X		
Direct brown 95		T	X		
Direct red 28	22120	T	X		
Azoic diazo Comp.20	37175	T		X	
Azoic diazo Comp 41	37265	T	X	X	
Disperse blue 1	64500	C			
Acid red 26	16150	C			
Acid orange 156		T			
Acid red 114	28682	T, C	X		
Basic red 9	42500	C			
Basic red 12	48070	T	X		
Basic yellow 2	41000	C			
Basic yellow 21	48060	T		X	
Basic blue 2	51005	T		X	
Basic vilolet 16	48013	T		X	X
T Toxic; C Judged to be possibly carcinogenic (to humans) according to IARC; R45 May cause cancer; R25 Toxic if swallowed; R36 Irritating to skin					

Table 7-51: **Examples of toxic dyes**

In the following tables examples of sensitizing dyes are compiled. Yet, most common sensitizing dyes are disperse dyes. These dyes produce dyeings of more or less high colourfastness, and may in some case come into direct contact with skin.

Dye	C.I. Number	Hazard	R43	Dye type
Disperse blue 1	64500			Antraquinone dye
Disperse blue 3	61505	Xi	X	Antraquinone dye
Disperse blue 7	62500			Antraquinone dye
Disperse blue 35		Xi	X	Antraquinone dye
Disperse blue 106		Xi	X	Antraquinone dye
Disperse blue 124		Xi	X	Azo dye
Disperse orange 1	11080	Xi	X	Azo dye
Disperse orange 3	11005	Xi	X	Azo dye
Disperse orange 37		Xi	X	Azo dye
Disperse red 1	11110	Xi	X	Azo dye
Disperse red 15	60710			Antraquinone dye
Disperse red 17	11210			Azo dye
Disperse yellow 1	10345			Nitro
Disperse yellow 3	11855	Xn	X	Azo dye
Disperse yellow 9	10375			Nitro dye
Disperse yellow 39				Azo dye
Disperse yellow 49				Nitro dye
R43 May cause sensitization by skin contact				

Table 7-52: **Examples of sensitizing disperse dyes**

Reactive dyes react with the textile fibre, bonding tightly to it, giving them high colourfastness. Their sensitizing properties are therefore not judged to pose any serious danger on skin contact with textile fabrics or products, provided that excess dye has been thoroughly washed out.

Dye	C.I. Number	Hazard	R42	R43	Dye type
Reactive black 5		Xn	X	X	Azo dye
Reactive blue 198		Xn		X	
Reactive orange 4		Xn	X	X	Azo dye
Reactive orange 12		Xn	X	X	Azo dye
Reactive orange 16		Xn	X		Azo dye
Reactive orange 35		Xi		X	Azo dye
Reactive orange 64		Xn	X	X	Azo dye
Reactive orange 67		Xn	X	X	Azo dye
Reactive orange 86		Xn	X	X	Azo dye
Reactive red 11		Xi		X	
Reactive yellow 86		Xi		X	
Reactive yellow 134		Xi		X	Azo dye
Acid blue 40	62125	1)			Anthraquinone dye
Acid yellow 23	19140	2)			Azo dye
Acid violet 17	42650	3)			X
Xn Harmful to health; Xi Irritating;					
R42 May cause sensitization by inhalation; R43 May cause sensitization by skin contact					

Table 7-53: **Examples of sensitizing reactive and acid dyes**

A risk assessment from specific textile dyes was already carried out. The report addresses the question of risks for human health (specifically for workers and consumers) posed by 8 disperse dyes used on fabrics, namely Disperse Blue 1, 35, 106 and 124, Disperse Red 1, Disperse Yellow 3 and Disperse Orange 3 and 37. These dyes are bound to the fabric by physical forces only. The report focuses only on risks of sensitisation and carcinogenicity, apparently after consultation with EU authorities, on the basis of these effects being the main concerns. Yet, the report is based on very limited toxicological and other data, especially for carcinogenesis, for which no data at all appear to exist for 6 of the 8 dyes. A valid risk assessment can thus only be conducted for 2 of these dyes. For workers, despite the high skin exposure calculated through modelling, sensitisation risks are likely to be within acceptable limits based on the limited evidence from occupational health surveys. Any specific conclusion regarding cancer risks is not state in the report. Based on the modelled exposures, such risks would be expected to be significant for Disperse Blue I, while no conclusions can be drawn regarding the other seven dyes. Furthermore, the question of cancer risks from dye inhalation by workers is not addressed. For consumers, it is assumed that no significant initiation of sensitisation or cancer risks will arise from dermal contact with textiles dyed to fastness of 4 or above. This conclusion is appropriate only for carcinogenic risks arising from Disperse Blue I, while for skin sensitisation, no quantitative estimates can be made. However, the proven sensitising potential of the dyes and the high incidence of sensitisation to them observed among the general population raises concern that such a risk may exist. The risk from the oral exposure route for young children needs to be considered [292].

Specific methods for testing genotoxicity of textile were developed. From 140 textile fabric tested only 5 show muagenic potential. These positively tested fabrics were all dyed with deep blue or black wool, cotton/synthetic blends or wool/synthetic blends. Yet, the detected mutagenic chemicals were extracted from textiles using ethanol or DMSO solvents but were not soluble in water and exudation. Moreover, the mutagenic properties seemed to be caused by the dye itself, products of cleavage or by impurities contained in the dye [237].

A large number of dyes – predominantly direct but also acid, azoic and basic dyes – contain certain azo dyes that can be degrade or metabolise to certain arylamines, which are judged to have carcinogenic properties. The problematic of azo dyes were already discussed in details in previous section of this book. Examples of specific dyes that can be formed to carcinogenic amines are given in section 2.5.2.

Chemicals in textiles occur for most part at low concentrations. The load of a textile differs of course between the fibre material, the colour intensity, the dye type used, and the structure of the textile. The following table provide a short survey of the concentration range expected for some typical textile additives [290]. More information on concentration of chemicals used in textile process can be found in previous sections considering those processes. The following section dealing about labels will further outline the concentration range considered for chemical analysis.

Substance or substance group	Concentration on textile	Remarks
Heavy metals		
Mercury	0.01 ppm	
Copper	1 – 50 ppm	
Zinc	1 – 50 ppm	
cadmium	Few ppm	Small quantities can also occur as natural impurities in cellulose used for e.g. viscose fibre
Biocide		
Pentachlorophenol	5 ppm	> 100 ppm (occasionally)
Dyes	0.05 – 3 % of total weight of textiles	
Carriers	0.1 1 % of total weight of textiles	
Formaldehyde	< 30 – 100 ppm	
Arylamines (azo cleavage)	> 30 ppm	Limited occurrence in textiles Refer to section 2.4.2
Flame retardants	1 – 10 % of total weight of textiles	Limited occurrence in textiles
fluorocarbons	0.3 – 8 % of total weight of garment	Limited occurrence in textiles

Table 7-54:   ***Expected concentrations of some typical chemicals in textiles***

A survey of the risks associated with chemicals in textiles can reliably be done in the way KEMI did it. Such risk assessment can be obatined either by means of analysis or by considering in details the textile processes.

Chemical analysis of textile materials may appear to be the fastest and most efficient method to obtain a complete picture of what is actually left in finished textile products. Yet, the great number of chemicals used by the textile industry, and often also the lack of information make it simply impossible to know what have to be looking for. Furthermore, analytical methods are often restrictive due to their inherent detection limits. Many allergic reactions on skin, for example, occur at concentration of chemicals on textile that cannot be detected by chemical analysis. Nevertheless, the use of so-called biotest may circumvent these limitations. Biotests are analysis that simulate the real wearing properties of textiles regarding e.g. perspiration [307]. These biotests then also consider the compounds that are produced in connection with other chemicals or wearing. Yet, no analysis can be done without knowing of the chemicals that have to be search.

First, all the substances used in textile manufacturing and finishing processes (i.e. textile dyestuffs, finishing agents and auxiliaries) have to be compiled. A complete list of substances also include those chemicals that may be formed or transformed during process. Beyond doubt, this book is the first work presenting such a list. In order to identify the chemicals that remain in the finished textiles after manufacture, the textile processes have to be shined through suspiciously. By means of the process properties, rejection criterions have to be elaborated. This leads to a list of possibly remaining chemicals that can be further handled with regard to exposure conditions and other risk assessments parameters. Reasonable elaboration of health and environmental recommendations such as labels might then be expected if the textile producers agreed for a close declaration of their products.

Some aspects of chemicals and dyes said to be problematic in textiles are discussed in the following section.

7.2.2   Labels

In Table 7-55, the most common ecolabels (i.e. Öko-Tex Standard 100/1000, European Ecolabel on textile, Pure Ware and Naturtextil) were compared. Outstanding parameters of all labels - with exception of Naturtextil- are heavy metals. However, their presence in the parameter list more obviously seems to be dictated from public opinion ("Chemical substance of the month") then from process and manufacturing specific reasons (compare mercury Hg, arsenic As, lead Pb, cadmium Cd, zinc Zn). On the other hand, tin (Sn) which is a prevalent metal failed in most of the requirements. Moreover, some metals are fibre specific, like cobalt which is a catalyst added during manufacturing of polyester fibres. As cobalt have to be part of the analysed parameters, it should be reasonably limited to parameters relative to polyester, and not additionally searched in cotton.

In Table 7-56, the pesticides considered by the main labels were summarised.

The reasons why doubtable (may be also non-sensical) parameters are accept in analysis list for textiles may be deduced from following considerations:

1.   Most parameters of these labels are substances which were intensively discussed by public opinion in the last years. The "normal consumer" is thus sensitised by the problematic. Everyday polluants such as lead and mercury which can actually hardly be found in textiles are thus assessed as analysis parameters to the lists. The "label-producer" seem to adopt these parameters in order to avoid further justification of their choice.

2.   The research institutes, consultants by elaboration of the parameter lists, are also responsible for the laboratory investigations. As heavy metals are analysed by ICP, a test method obtaining simultaneously results for a lot of parameters, it is irrelevant if some heavy metals need to be analysed or not. The additional expensed are restricted to the notification of the result. Anyhow an extra noted parameter is not generated more cost, the result will be additionally paid. The expected benefit of the laboratories may thus raised.

3.   The substance that a textile finisher applied on the fibre may be different than the eventually hazard chemical found afterwards by the end consumer on his shirt. This is particular true for organic finishing agents and auxiliaries which are deployed on the fabric and react with the fibre (e.g. crosslinking agents for easy-care textile properties). The chemical reaction taking place on the fibre is known to the great possible extend but investigation mainly focused on the deployed substances. Methods for analysis of the reaction products often failed.

Parameter	OEKO-Tex Standard 100	OEKO-Tex-Standard 1000	EU-Ecolabel	PURE WEAR	Naturtextil (Natural Textiles)
Adress	ÖKO-Tex Standard 100 Gotthardstrasse 61, 8027 Zürich Tel. +41 1 206 42 35, Fax +41 1 206 42 51 Internet: http:// www.oeko-tex.com Postfach 5340 65728 Eschborn	ÖKO-Tex Standard 1000 Gotthardstrasse 61, 8027 Zürich Tel. +41 1 206 42 35, Fax +41 1 206 42 51 Internet: http:// www.oeko-tex.com Postfach 5340 65728 Eschborn	Eurpean eco-label to textile products „Euroflower" europa.eu.int/ecolabel Umweltbundesamt und Deutsch Inst. f. Gütesicherung und Kennzeichnung (RAL), St. Augustin		Naturtextil e.V. Arbeitskreis Naturtextilien Haussmannstr. 1 70188 Stuttgart naturtextil.com (gültig seit 1999)
	Oeko-Tex-Standard 100 and Oeko-Tex-Standard 1000 are compared to Oeko-Tex-Standard 100 plus		Draft: February 2002	July 2002	
Field of validity (scope) „Fibres"	Pulps	Pulps	Fibres, (textile clothing and accessoires, interior textiles) acrylic, cotton, other natural cellulosic seed fibres, elastane, flax, other bast fibres, greasy wool, other keratin fibres, man made cellulose fibres, polyamide, polyester, polypropylene		BEST: Fibres from certified ecological production (eco-farming) as well as fibres from change-overs. GOOD: Fibres from conventional plant cultivation or livestock husbandry with inspection for pesticide residues. Exception: Cottons: from eco-farming or change-overs.
Field of validity (scope) „textile chain"	Without production process, human-eco-toxicological aspects of the finished product.	Ecological aspects of production (no human-eco-toxicological criteria)	Starting material (raw material), production, marketing, usage. disposal.		Fibre production, finishing, storage, transport.
Field of validity (scope) „social background"	-	-Prohibition of child labour according to the International Labour Organisation (ILO)-agreement. -Compliance with the national statutory regulation for the protection of employees against harmful and noxious chemicals.			- Prohibition of child labour according to the International Labour Organisation (ILO)-agreement. -Compliance with the national statutory regulation for the protection of employees against harmful and noxious chemicals.
PH-Value (neutrality to skin surface)	4,8 to 7,5 for infant products and with direct contact to skin. Without skin contact, equipment 4 to 9.			4,0 – 7,5	

Parameter	OEKO-Tex Standard 100	OEKO-Tex-Standard 1000	EU-Ecolabel	PURE WEAR	Naturtextil (Natural Textiles)
Formaldehyde	Clothing not close to skin < 300 ppm Clothing close to skin (underwear) < 75 ppm Clothing for infants < 20 ppm		Formaldehyde < 30 ppm for infant products, 75 ppm for products in direct contact with the skin, 300 ppm for others	20 mg/kg	No usage of Formaldehyde. Limit value < 20 ppm.
Heavy metals	For all fibres with heavy metals Resistance to saliva in baby's clothing (saliva fastness in baby's clothing) *The selection of the heavy metals to be tested is obviously done according to the criterion of public name recognition and not according to technological criteria in the textile industry*		Discharge into the water of metal complex dyes based on Cu, Cr, or Ni: max. 7 % (if constitutes more than 20 %). After treatment: Cu <75 mg/kg (staple yarn, fabric), Cr < 50 mg/kg, Ni < 75 mg/kg *The selection of the heavy metals to be tested is obviously done according to the criterion of public name recognition and not according to technological criteria in the textile industry*	extractable: Sb 2 mg/kg As 0,2 mg/kg Pb 0,2 mg/kg Cd 0,1 mg/kg Cr 1 mg/kg Cr VI nn Co 1 mg/kg Cu 25 mg/kg Ni 1 mg/kg Hg 0,02 mg/kg Se 0,2 mg/kg total in basic materials: Sb 2 mg/kg As 1 mg/kg Pb 2 mg/kg Cd 0,4 mg/kg Cr 2 mg/kg Cu 50 mg/kg Ni 4 mg/kg Hg 0,1 mg/kg Sn 5 mg/kg Zn 30 mg/kg Print/pigments Sb 250 mg/kg As 50 mg/kg Pb 100 mg/kg Cd 50 mg/kg Cr 100 mg/kg Cu 4,5 % Hg 25 mg/kg Zn 1000 mg/kg	BEST: Total ban of metal complex dyes GOOD: Prohibition of metal complex dyes (exception: silk)

Parameter	OEKO-Tex Standard 100	OEKO-Tex-Standard 1000	EU-Ecolabel	PURE WEAR	Naturtextil (Natural Textiles)
Hg	< 0,02 ppm, *Mercury will only be found in very rare cases in textiles*		Impurities in dyes: < 4 ppm Impurities in pigments: < 25 ppm *Mercury will only be found in very rare cases in textiles*	extractable: Hg 0,02 mg/kg total in basic materials: Hg 0,1 mg/kg Print/pigments Hg 25 mg/kg	see heavy metals
Cu	< 50 ppm, infant products. < 25 other		Impurities in dyes: < 250 ppm Impurities in pigments:	extractable: Cu 25 mg/kg total in basic materials: Cu 50 mg/kg Print/pigments Cu 4,5 %	see heavy metals
Cr	< 2 ppm, infant products. < 1 other		Impurities in dyes: < 100 ppm Impurities in pigments: < 100 ppm Potassium dichromate < 1,8 % Sodium dichromate< 1,5 % for blacks, max 1 % for other shades From chroming bath: Cr III < 5 mg/l Cr VI < 0,5 mg/l	extractable: Cr 1 mg/kg Cr VI nn total in basic materials: Cr 2 mg/kg Print/pigments Cr 100 mg/kg	see heavy metals
As	< 1 ppm, Infant products. < 0,2 other Arsenic may be found in rare case in textiles		Impurities in dyes: < 50 ppm Impurities in pigments: < 50 ppm Arsenic may be found in rare case in textiles	extractable: As 0,2 mg/kg total in basic materials: As 1 mg/kg Print/pigments As 50 mg/kg	see heavy metals
Co	< 4 ppm, Infant products. < 1 other *Cobalt may be found as catalytic substance in polyester fibres*		Impurities in dyes: Impurities in pigments: *Cobalt may be found as catalytic substance in polyester fibres*	extractable: Co 1 mg/kg	see heavy metals
Ni	< 4 ppm, Infant products. < 1 ppm other		Impurities in dyes: < 200 ppm Impurities in pigments:	extractable: Ni 1 mg/kg total in basic materials: Ni 4 mg/kg	see heavy metals
Sb	< 10 ppm, Infant products. < 5 other		In fibres < 300ppm (Polyester) Impurities in dyes: < 50 ppm Impurities in pigments: < 250 ppm	extractable: Sb 2 mg/kg total in basic materials: Sb 2 mg/kg Print/pigments Sb 250 mg/kg	see heavy metals

Parameter	OEKO-Tex Standard 100	OEKO-Tex-Standard 1000	EU-Ecolabel	PURE WEAR	Naturtextil (Natural Textiles)
Pb	< 1 ppm, Infant products. < 0,2 other *Pb may be found in rare case in textiles*		Impurities in dyes: < 100 ppm Impurities in pigments: < 100 ppm No lead based pigments in poly-propylene *Pb may be found in rare case in textiles*	extractable: Pb 0,2 mg/kg total in basic materials: Pb 2 mg/kg Print/pigments Pb 100 mg/kg	see heavy metals
Cd	< 0,1 ppm for all products *Cadmium may be found in rare case in textiles*		Impurities in dyes: < 20 ppm Impurities in pigments: < 50 ppm *Cadmium may be found in rare case in textiles*	extractable: Cd 0,1 mg/kg total in basic materials: Cd 0,4 mg/kg Print/pigments Cd 50 mg/kg	see heavy metals
Zn	*Zinc can be found in numer-ous textiles (e.g. zinc is of-ten contained in flame retar-dants), but it is not tested.*		In fibres: <1000 ppm (Elastane) Impurities in dyes: < 1.500 ppm Impurities in pigments: < 1.000 ppm	total in basic materials: Zn 30 mg/kg Print/pigments Zn 1000 mg/kg	see heavy metals
Sn	*Tin is used in the finishing process and is, therefore, contained in many textiles. This parameter is (never-theless) not considered.*		*Tin is used in the finishing process and is, therefore, contained in many textiles. This parameter is (nevertheless) not considered.*	total in basic materials: Sn 5 mg/kg	see heavy metals

Parameter	OEKO-Tex Standard 100	OEKO-Tex-Standard 1000	EU-Ecolabel	PURE WEAR	Naturtextil (Natural Textiles)
Pesticide	Total content < 1ppm, infant products: < 0,5 ppm (Pesticides from Table 7-56 will be tested) (DDT, DDD, DDE, HCHs, Lindane, Aldrine, Dieldrine, Toxaphene, Heptachlor, Heptachlorepoxide, 2,4-D, 2,4,5-T *Note: There are still residues of 2,4,5-T (Agent Orange) in some textile fibres, because the baned substance is still used as defoliant of cotton plants before harvesting. All substances above are baned since 1992 due to EU-regulation EU 2455/92 ex-cept 2,4-D.*		In fibres < 0,05 ppm (Cotton)	Organochlorine pesticides < 0,01 mg/kg each: o,p-DDT DDE, DDD a-, ß-HCH Lindane (y-HCH) Endrine Heptachloro/Heptochlor-epoxide Methoxychlor; p,p-DDT Toxophene;Endosulfane Aldrin; Dieldrin Hexachlorobenzene Mirex;Organophosphor pesticides < 0,1 mg/kg each: Diazinone Bromophos-ethyle Parathione-ethyle Malathione, Dimethoat Dicrotophos Azinphosmethyl Propethamphos Coumaphos Parathione-methyle Quinalphos, Profenphos DEF, Metamidophos < 0,05 mg/kg each for these substances : Phoxime;Monocrotophos Pyrethroides < 0,1 mg/kg each: Cyfluthrine;Cypermethrin Permethrine;Cyhalothrine Deltamethrine;Fenvalerate Herbicides and insecti-cides <0,05 mg/kg : 2,4-D;MCPA;Mecoprop 2,4,5-T MCPB;Dichlorprop for Trifluraaline: < 0,01 mg/kg for Carbaryle < 0,1 mg/kg	54 pesticides are tested according to their total content. Wool < 1ppm, other fibres < 0,1ppm.

Parameter	OEKO-Tex Standard 100	OEKO-Tex-Standard 1000	EU-Ecolabel	PURE WEAR	Naturtextil (Natural Textiles)
Pentachlorphe-nole (PCP)	PCP < 0,5 ppm, infant products. < 0,05 ppm		(their salts and esters) shall not be used	0,01 mg/kg	
Tetrachlorphe-nole (TeCP)	TeCP < 0,5 ppm, infant products. < 0,05 ppm		(their salts and esters) shall not be used	0,01 mg/kg	
Orthophenyl-phenole (OPP)	OPP < 1 ppm, infant products. < 0,5 ppm			0,5 mg/kg	
Dyes (carcinogenic)	Shall not be used: Direct Black 38, Direct blue 6, Direct Red 28, Basic red 9, Disperse blue 1, Acid red 26, Disperse yel-low 3,		No dyes classified as carcino-genic, mutagenic, toxic for repro-duction according to Dir. 67/548/EEC		Prohibition of carcinogenic dyes.
Dyes (causing aller-gies)	Shall not be used: Disperse Blue 1, 3, 7, 26, 35, 102, 106, 124; Disperse Orange 1, 3, 37, 76; Dis-perse Red 1, 11, 17; Dis-perse Yellow 1, 3, 9, 39, 49		No potentially sensitising dyes if fastness to perspiration > 4		Free of heavy metals (re-ferring to ETAD) Prohibition of allergenous dyestuffs
Azodyes (as far as Arylamines can be split off under reductive conditions)	Shall not be used: refer to Table 2-14 , also 2,4-Xylidin and 2,6-Xylidin (limit of determination: 20ppm)		No azo dyes which cleave to cer-tain aromatic amines (refer to	No usage of illegal azodyes which separate carcinogenic amines, also no o-anisidine (CAS-Nr.: 90-04-0)	No usage of illegal azodyes which separate carcinogenic amines.
Chlorineorg. Carrier	< 1 ppm Di-, Tri-, Tetra-, Penta-, Hexachlorinebenzole, Chlorinetoluole, Di-,Tri-, Tetrachlorinetoluole		Shall not be used	1 mg/kg	
Colour fastness	Water fastness 3 Perspiration fastness aces-cent 3-4 Perspiration fastness alka-line 3-4 Rubbing fastness dry 4 Rubbing fastness wet 2-3				
Biocide equip-ment	None (with exeption of treatments with some spe-cific trademarked products)				

Parameter	OEKO-Tex Standard 100	OEKO-Tex-Standard 1000	EU-Ecolabel	PURE WEAR	Naturtextil (Natural Textiles)
Flame-retardants	General: none (with exeption of treatments with some specific trademarked products) Not used are: PBB, TRIS, TEPA	Refusal to use non-permanent flame-retardants	No flame retardants classified as carcinogenic, mutagenic, toxic for reproduction and dangerous for the environment according to Directive 67/548/EEC Shrink resistant finishes only allowed for wool slivers		
Sizing preparation			95 % shall be sufficiently biodegradable or eliminable PAH content in mineral oil portion <1.0%weight		
TBT	< 1 ppm, infant products. < 0,5 other			0,025 mg/kg	
DBT	<1 ppm infant products			0,5 mg/kg	
MBT				0,5 mg/kg	
Odour check	General: no abnormal odour For textile carpets, matttresses, foams and large coated articles not being used for clothing: no odour from mould, high boiling fraction of petrol fish, aromatic hydrocarbons of perfume				
PVC-Softener (phthalates) (DINP, DNP, DEHP, DIDP, BBP, DBP)	< 0,1 ppm in infant textiles			< 0,1 %	
Fabric softeners			95 % shall be sufficiently biodegradable or eliminable		
Carding and spinning oil waxes and finishes			90 % shall be sufficiently biodegradable or eliminable aromatic compounds for carding and spinning < 1ppm		
Toluene	< 0,1 mg/m^3				
Styrene	< 0,005 mg/m^3				
Vinyl cyclohexene	< 0,002 mg/m^3				
4-Phenyl cyclo-hexen	< 0,03 mg/m^3				
Butadiene	< 0,002 mg/m^3				

Parameter	OEKO-Tex Standard 100	OEKO-Tex-Standard 1000	EU-Ecolabel	PURE WEAR	Naturtextil (Natural Textiles)
Vinylchloride	< 0,002 mg/m^3				
VOCs	<0,5 mg/m^3		Printing pastes < 5 % VOCs. No plastisol based printing. In polyester fibres < 1,2 g/kg		
Water pollution			Viscose: Zn < 1 g/kg Cupro: Cu < 0,1 ppm Greasy wool and other keratin fibres: COD < 60 g/kg, Abbau 75 %		
Air Pollution			Elastane: Aromatic diisocyanates < 5 mg/kg Man made cellulose: S < 160 g/kg bzw. 30 g/kg Polyamide: N2O < 1g/kg Polyester: VOCs < 1,2 g/kg Flax and other bast fibres: 75 % bzw. 95 % CSB/TOC-reduction		
COD			COD from wet-processing < 25 g/kg. If on-site treatment, 6 < pH < 9 and temperature < 40 °C		
Acrylonitrile			In acrylic fibres < 1,5 mg/kg (Acrylic) In air emission during polymerisa-tion < 1g/kg (annual average)		
AOX			In fibres < 250 ppm (Man made celluose) AOX emissions from bleaching agents < 40 mg Cl/kg (100 mg in certain cases)	< 0,5 mg/kg	BEST: < 5 % in dyes BETTER: < 10 % in dyes Exception: blue-, green- and turquoise-dyes: cop-per content below 5%
Asbestos		Not detectable			
Chloroform		Not detectable			
Natriumcyanide		Not detecable			
Kaliumcyanide		Not detectable			
Natriumsul-phide		Not detectable			
CFC		Not detectable			
aromatic hydro-carbons	<0,3 mg/m^3	Not detectable	See sizing preparation		
aromatic diiso-cyanates			< 5 mg/kg in elastane fibres		

aromatic diiso-cyanates			< 5 mg/kg in elastane fibres		
Crosslinking agents		Refusal to use heavily formaldehyde-containing cross-linking-agents for the non-creasing equipment. *Note: It is not stated what a heavily formaldehyde-containing crosslinking-agent excactly is (where is the boundary drawn to a low formaldehyde-containing agent?).*	Halogenated shrink-resist substances or preparations shall only be applied to wool slivers		

Table 7-55:   *Comparative data of the most common ecolabels*

List of pesticides, which must be analysed concerning ECO-Tex-Standard 100	
Name	CAS-Nr.
2,4,5-T	93-76-5
2,4-D	94-75-7
Azinophosmethyl	86-50-0
Azinophosethyl	2642-71-9
Aldrin	309-00-2
Bromophos-ethyl	4824-78-6
Captafol	2425-06-
Carbaryl	63-25-3
Chlordane	57-74-9
Chlordimeform	1970-95-9
Chlorfenvinphos	470-90-6
Coumaphos	56-72-4
Cyfluthrin	68359-37-5
Cyhalothrin	91465-08-6
Cypermethrin	52315-07-8
DEF	
Deltamethrin	52918-63-5
DDD	53-19-0, 72-54-8
DDE	3424-82-6, 72-55-9
DDT	50-29-3, 789-02-6
Diazinon	333-41-5
Dichlorprop	120-36-2
Dicrotophos	141-66-2
Dieldrin	60-57-1
Dimethoat	60-51-5
Dinoseb und Salze	88-85-7
Endosulfan, a-	115-29-7
Endosulfan, b-	33213-65-9
Endrin	72-20-8
Esfenvalerat	66230-04-4
Fenvalerat	51630-58-1
Heptachlor	76-44-8
Heptachlorepoxid	1024-57-3
Hexachlorbenzol	118-74-1
Hexachlorcyclohexan, a-	319-84-6
Hexachlorcyclohexan, b	319-85-7
Hexachlorcyclohexan, d-	319-86-8
Lindan	58-89-9
Malathion	121-75-5
MCPA	94-74-6

634

List of pesticides, which must be analysed concerning ECO-Tex-Standard 100	
Name	CAS-Nr.
MCPB	94-81-5
Mecoprop	93-65-2
Metamidophos	10265-92-6
Methoxychlor	72-43-5
Mirex	2385-85-5
Monocrotophos	6923-22-4
Parathion	56-38-2
Parathion-methyl	298-00-0
Phosdrin/Mevinphos	7786-34-7
Propethamphos	31218-83-4
Profenophos	41198-08-7
Quinalphos	13593-03-8
Toxaphen (Camphechlor)	8001-35-2
Trifluralin	1582-09-8

EC-eco-label: the sum total content of the following pesticides shall not exceed 0,5 ppm in greasy wool and keratin fibres	
Name	CAS-Nr.
Aldrin	309-00-2
DDD	53-19-0, 72-54-8
DDT	50-29-3, 789-02-6
Dieldrin	60-57-1
Endrin	72-20-8
Hexachlorcyclohexan, a-	319-84-6
Hexachlorcyclohexan, b	319-85-7
Hexachlorcyclohexan, d-	319-86-8
Lindan	58-89-9
Cypermethrin	52315-07-8
Deltamethrin	52918-63-5
Fenvalerat	51630-58-1
Cyhalothrin	91465-08-6
Flumethrin	

EC-eco-label: the sum total content of the following pesticides shall not exceed 2 ppm in greasy wool and keratin fibres	
Name	**CAS-Nr.**
Diazinon	333-41-5
Propethamphos	31218-83-4
Chlorfenvinphos	470-90-6
Dichlorfenthion	
Chlorpyriphos	
Fenchlorphos	
Diflubenzuron	
Triflumuron	

Table 7-56:   ***Comparative lists of the pesticides considered by the most common labels***

The consequences of a faulty choice of parameters for textile labels are various. Some of the reasons above-mentioned may sound somewhat theoretical, wherefore we check the daily praxis more intensively out.

The average client orientate his choice not on the results of the test standards of the labels, but rather on the published comparative studies of respective periodicals. The consumer assumes that the test parameters compared in these studies are based on those of the textile labels. The test methods correspond to approved EU-standards, the institutes testing the textiles are often the same as those assigning the labels.

Exemplary, we compare the textile tests of the consumer specific german periodical "Öko-Test" of the years 1996 to 2001. In Table 7-57, the respective test parameters are summarised.

The results of the measurement are rather unimportant, as the arising question is why a specific parameter was chose. It may be assumed that similar products (e.g. underwear and clothes worn near the body such as shirt) were tested according similar parameters. Far from it! Considering the table, it is rather impossible to recognise any systematic for a specific textile group. Suspicion is imposed upon that the choice of the parameters is mostly orientated on the current topics of public discussion. For example, the tests mainly focused on dyes as dyes were daily issues. As fabrics made of polyester were compared, antimony was only considered now and then, cobalt was completely ignored but loading of cadmium and copper were priory assessed. Why?

Chemicals/Textiles	Clothes				Bedclothes/Covers					Jackets, Tents			
	Long underwear (Bodies) 10/96 (Polyamide, spandex, Cotton) [443]	T-shirts 02/00 (cotton, wool) [425]	Silk cloth 07/98 (silk) [429]	Levis 501 [414]	Sleeping Bags 03/97 (synthetic fabrics, down, cotton) [426]		Quilts 03/01 (feathers, downs, polyester fibres, cotton) [424]	Fabric baby carriers for babies and small children 05/98 [428]	Day beds 12/99 [447]	Rain-jackets for children 11/01 [191]	Children's jackets 10/99 [445]	Leather jackets 12/00 [430]	Tents 07/00 (polyester, PUR, Polyamide fibre, polyethylene, nylon, cotton) [431]
Flexibility and Elasticity of fabric								•					
Waterproof fabric													•
Sweat resistant													
Cotton from controlled ecological production (without artificial fertiliser and pesticides)		•											
Polyurethane (PU)					•				•				
PVC, PVDC, chlorinated plastics (environmentally hostile, soft-PVC contains harmful phthalate)	• (in product and packaging material)				• (in product)			• (in wrapping)		•			•
Softeners (phthalates in PVC)													•
Plastics (other than PVC, PVDC, chlorinated plastics)	•												
Latex proteins (some allergenic)													
Heavy metals				•									
Antimony	•				•		•	• (no test info)		•			

Chemicals/Textiles	Clothes				Bedclothes/Covers					Jackets, Tents			
	Long underwear (Bodies) 10/96 (Polyamide, spandex, Cotton) [443]	T-shirts 02/00 (cotton, wool) [425]	Silk cloth 07/98 (silk) [429]	Levis 501 [414]	Sleeping Bags 03/97 (synthetic fabrics, down, cotton) [426]		Quilts 03/01 (feathers, downs, polyester fibres, cotton) [424]	Fabric baby carriers for babies and small children 05/98 [428]	Day beds 12/99 [447]	Rain-jackets for children 11/01 [191]	Children's jackets 10/99 [445]	Leather jackets 12/00 [430]	Tents 07/00 (polyester, PUR, Polyamide fibre, polyethylene, nylon, cotton) [431]
Chrome (IV&III) (ecologically problematic), /heavy metals	●		●									●	
Copper (problematic waste during production)			●										
Lead (problematic disposal), /heavy metals										●			
Nickel (allergenic), /heavy metals	●		●	●	● (in zippers)			●					
Zinc, /heavy metal	●												
Tributyltin , TBT (harmful to immune and hormonal systems)						●	● (both in filling and cover)			●			●
Organic tin compounds, other than TBT, e.g. DBT (harmful to hormonal system)		● (OBT)				●	● (both in filling and cover)			●			●
Flame retardants , TCPP, TCEP (some caused brain damage in animal tests)									●				●
Disperse-red 1 (allergenic) /disperse-colour	●												

Chemicals/Textiles	Clothes				Bedclothes/Covers					Jackets, Tents			
	Long under-wear (Bodies) 10/96 (Polyamide, spandex, Cotton) [443]	T-shirts 02/00 (cotton, wool) [425]	Silk cloth 07/98 (silk) [429]	Levis 501 [414]	Sleeping Bags 03/97 (synthetic fabrics, down, cotton) [426]		Quilts 03/01 (feathers, downs, polyester fibres, cotton) [424]	Fabric baby carriers for babies and small children 05/98 [428]	Day beds 12/99 [447]	Rain-jackets for children 11/01 [191]	Children's jackets 10/99 [445]	Leather jackets 12/00 [430]	Tents 07/00 (polyester, PUR, Polyamide fibre, polyethylene, nylon, cotton) [431]
Disperse-orange 3 (allergenic) /disperse-colour	●				●								
Disperse-yellow 3 (allergenic, carcinogenic?) /disperse-dyes	●												
Disperse-dyes	●			●				● (+disperse blue 3)					
Azo-dye (4-Aminodiphenyl, Benzidine, 4-Chlor-o-Toluidine, 2-Naphtylamine, 3,3-Dimethylbenzidine etc.)	●				●				●				
Aromatic amines (o-Anisidin, p-Aminoazobenzene etc.), /azo-dyes, Aniline	●		●	●	●			●			●	●	
Aniline / aromatic amines										● (in dye)		●	
Antibacterial substances (e.g. harmful to dermal flora)													

Chemicals/Textiles	Clothes				Bedclothes/Covers					Jackets, Tents			
	Long underwear (Bodies) 10/96 (Polyamide, spandex, Cotton) [443]	T-shirts 02/00 (cotton, wool) [425]	Silk cloth 07/98 (silk) [429]	Levis 501 [414]	Sleeping Bags 03/97 (synthetic fabrics, down, cotton) [426]		Quilts 03/01 (feathers, downs, polyester fibres, cotton) [424]	Fabric baby carriers for babies and small children 05/98 [428]	Day beds 12/99 [447]	Rain-jackets for children 11/01 [191]	Children's jackets 10/99 [445]	Leather jackets 12/00 [430]	Tents 07/00 (polyester, PUR, Polyamide fibre, polyethylene, nylon, cotton) [431]
Formaldehyde (cg?, allergenic, irritates mucous membranes)	●			●				●					●
Triclosan (harmful to liver, contaminated with Dioxin?) /halogenorganic										●			●
Halogenorganic substances, other than Triclosan (allergenic, carcinogenic)	●		●	●	●	●	●	●	●	●		●	●
Optical brighteners (environmentally hostile bc. not biodegradable)	●		●		●	●	●	●					
Cyclohexanon										●			
2-Mercaptobenzothiazole, 2-MBT (allergenic)													
Nitro- and polycyclic musk-compounds													
Phosphorous organic compounds (cg?, neural poison)		●											

Chemicals/Textiles	Clothes				Bedclothes/Covers					Jackets, Tents			
	Long underwear (Bodies) 10/96 (Polyamide, spandex, Cotton) [443]	T-shirts 02/00 (cotton, wool) [425]	Silk cloth 07/98 (silk) [429]	Levis 501 [414]	Sleeping Bags 03/97 (synthetic fabrics, down, cotton) [426]		Quilts 03/01 (feathers, downs, polyester fibres, cotton) [424]	Fabric baby carriers for babies and small children 05/98 [428]	Day beds 12/99 [447]	Rain-jackets for children 11/01 [191]	Children's jackets 10/99 [445]	Leather jackets 12/00 [430]	Tents 07/00 (polyester, PUR, Polyamide fibre, polyethylene, nylon, cotton) [431]
Pentachlorphenole, PCP (highly poisonous to liver, kidneys, nervous system, cg?)			●		●							●	
Chlorine kresoles/phenoles, other than PCP (harmful to liver, kidneys, and brain)			●	●								●	

Chemicals/Textiles	Baby Linen					Underwear/body-near-clothes							
	Baby Sleeping Bags 08/98 (cotton, polyester, wool) [442]	Fabric diapers 08/97 (cotton, wool, synthetics) [441]	Baby's crawling spread 05/96 [444]	Bed-clothes for children 08/00 [440]	Baby Linen, jump suits 11/99 (Cotton, Polyester, Wool) [423]	Men's underwear 09/97 (cotton, spandex, Lycra, Modal, Drolastan; Nylon) [468]	Women's thongs 04/01 (polyamide, spandex, Tactel, Lycra, Cotton, viscose) [439]	Pyjamas 09/96 [408]	Bras 2/96 (Polyamid, spandex, silk, polyester, Lycra et al.) [446]	Sports underwear 10/01 (polyester, polyamide fibres, or mixed fibres with cotton or silk) [158]	Men's socks 03/00 (cotton, spandex, polyamide, polyacrylics, nylon, Lycra) [467]	Soles (barefoot-soles) 07/01 [438]	Nylon Tights 07/96 (nylon) [437]
Flexibility and Elasticity of fabric													
Waterproof fabric													
Sweat resistant										●			
Cotton from controlled ecological production (without artificial fertiliser and pesticides)				●							●		
PVC, PVDC, chlorinated plastics (environmentally hostile, soft-PVC contains harmful phthalate)		● (in product and packaging material)	● (in product and packaging material)			● (in wrapping)	● (soft-PVC in wrapping)	● (in product and packaging material)	●	● (only in wrapping)		● (only wrapping)	● (in wrapping)
Softeners (phthalates in PVC)													
Plastics (other than PVC, PVDC, chlorinated plastics)			●								●		
Latex proteins (some allergenic)												●	
Heavy metals							●						
Antimony	●												
Cadmium /heavy metal									●				

Chemicals/Textiles	Baby Linen					Underwear/body-near-clothes							
	Baby Sleeping Bags 08/98 (cotton, polyester, wool) [442]	Fabric diapers 08/97 (cotton, wool, synthetics) [441]	Baby's crawling spread 05/96 [444]	Bed-clothes for children 08/00 [440]	Baby Linen, jump suits 11/99 (Cotton, Polyester, Wool) [423]	Men's underwear 09/97 (cotton, spandex, Lycra, Modal, Drolastan; Nylon) [468]	Women's thongs 04/01 (polyamide, spandex, Tactel, Lycra, Cotton, viscose) [439]	Pyjamas 09/96 [408]	Bras 2/96 (Polyamid, spandex, silk, polyester, Lycra et al.) [446]	Sports underwear 10/01 (polyester, polyamide fibres, or mixed fibres with cotton or silk) [158]	Men's socks 03/00 (cotton, spandex, polyamide, polyacrylics, nylon, Lycra) [467]	Soles (barefoot-soles) 07/01 [438]	Nylon Tights 07/96 (nylon) [437]
Chrome (IV&III) (ecologically problematic), /heavy metals								●	●				●
Copper (problematic waste during production)	●					●		●					●
Cobalt, /heavy metal													●
Lead (problematic disposal), /heavy metals													
Nickel (allergenic), /heavy metals	●		●	●	●	●			●				
Tributyltin , TBT (harmful to immune and hormone systems)				●							●	●	
Organic tin compounds, other that TBT, e.g. Monobutyltin (MBT), Monooktyltin, DBT, Dioktyltin (harmful to hormone system)				●							●	●	
Zinc, /heavy metal			●			●			●				●
Flame retardants , TCPP, TCEP (some caused brain damage in animal tests)													
Disperse-red 1 (allergenic) /disperse-colour		●			●					●			●

Chemicals/Textiles	Baby Linen					Underwear/body-near-clothes							
	Baby Sleeping Bags 08/98 (cotton, polyester, wool) [442]	Fabric diapers 08/97 (cotton, wool, synthetics) [441]	Baby's crawling spread 05/96 [444]	Bed-clothes for children 08/00 [440]	Baby Linen, jump suits 11/99 (Cotton, Polyester, Wool) [423]	Men's underwear 09/97 (cotton, spandex, Lycra, Modal, Drolastan; Nylon) [468]	Women's thongs 04/01 (polyamide, spandex, Tactel, Lycra, Cotton, viscose) [439]	Pyjamas 09/96 [408]	Bras 2/96 (Polyamid, spandex, silk, polyester, Lycra et al.) [446]	Sports underwear 10/01 (polyester, polyamide fibres, or mixed fibres with cotton or silk) [158]	Men's socks 03/00 (cotton, spandex, polyamide, polyacrylics, nylon, Lycra) [467]	Soles (barefoot-soles) 07/01 [438]	Nylon Tights 07/96 (nylon) [437]
Disperse red 17		●											
Disperse-orange 3 (allergenic) /disperse-colour		●			●					●			●
Disperse-yellow 3 (allergenic, carcinogenic?) /disperse-dyes		●			●				●	●			●
Disperse blue 1		●											
Disperse blue 35		●											
Disperse blue 106		●											
Disperse blue 124		●											
Disperse-dyes	●				●		●				●		●
Azo-dye (4-Aminodiphenyl, Benzidine, 4-Chlor-o-Toluidine, 2-Naphtylamine, 3,3-Dimethylbenzidine etc.)						●	●	●			●		
Nitrosamine (N-Nitrosodimethylamine (NDMA), N-Nitrosodiethylamine (NDEA) (cancerogenic, dermal absorbent)												●	

Chemicals/Textiles	Baby Linen					Underwear/body-near-clothes							
	Baby Sleeping Bags 08/98 (cotton, polyester, wool) [442]	Fabric diapers 08/97 (cotton, wool, synthetics) [441]	Baby's crawling spread 05/96 [444]	Bed-clothes for children 08/00 [440]	Baby Linen, jump suits 11/99 (Cotton, Polyester, Wool) [423]	Men's underwear 09/97 (cotton, spandex, Lycra, Modal, Drolastan; Nylon) [468]	Women`s thongs 04/01 (polyamide, spandex, Tactel, Lycra, Cotton, viscose) [439]	Pyjamas 09/96 [408]	Bras 2/96 (Polyamid, spandex, silk, polyester, Lycra et al.) [446]	Sports underwear 10/01 (polyester, polyamide fibres, or mixed fibres with cotton or silk) [158]	Men's socks 03/00 (cotton, spandex, polyamide, polyacrylics, nylon, Lycra) [467]	Soles (barefoot-soles) 07/01 [438]	Nylon Tights 07/96 (nylon) [437]
Aromatic amines (o-Anisidin, p-Aminoazobenzene etc.), /azo-dyes, Aniline	●		●	●	●	●		●	● (in general, MDA, TDA)				
Antibacterial substances (harmful to dermal flora, to heritable info of barms)										●			
Formaldehyde (cg?, allergenic, irritates mucous membranes	●	●	●	●	●	●	●	●	●				
Triclosan (harmful to liver, contaminated with Dioxin?) /halogenorganic										●		●	
Halogenorganic substances, other than Triclosan (allergenic, carcinogenic)	●		●	●	●	●	●	●	●	●		●	●
Aniline, (cg?) /aromatic amines													
Optical brighteners (environmentally hostile bc. Not bioedegradable)	●	●	●	●	●	●		●	●			●	
Cyclohexanon													
2-Mercaptobenzothiazole, 2-MBT (allergenic)												●	

Chemicals/Textiles	Baby Linen					Underwear/body-near-clothes							
	Baby Sleeping Bags 08/98 (cotton, polyester, wool) [442]	Fabric diapers 08/97 (cotton, wool, synthetics) [441]	Baby's crawling spread 05/96 [444]	Bed-clothes for children 08/00 [440]	Baby Linen, jump suits 11/99 (Cotton, Polyester, Wool) [423]	Men's underwear 09/97 (cotton, spandex, Lycra, Modal, Drolastan; Nylon) [468]	Women's thongs 04/01 (polyamide, spandex, Tactel, Lycra, Cotton, viscose) [439]	Pyjamas 09/96 [408]	Bras 2/96 (Polyamid, spandex, silk, polyester, Lycra et al.) [446]	Sports underwear 10/01 (polyester, polyamide fibres, or mixed fibres with cotton or silk) [158]	Men's socks 03/00 (cotton, spandex, polyamide, polyacrylics, nylon, Lycra) [467]	Soles (barefoot-soles) 07/01 [438]	Nylon Tights 07/96 (nylon) [437]
Nitro- and polycyclic musk-compounds												●	
Phosphorous organic compounds (cg?, neural poison				●									
Pentachlorphenole, PCP (highly poisonous to liver, kidneys, nerval system, cg?)													
Chlorine kresoles/phenoles, other than PCP (harmful to liver, kidneys and brain)													

There are many important remarks concerning test methods and parameters. In the hope of providing a clear overview, we reduced the given remarks by OEKOTEST to an absolute minimum.

Triclosan: T. is a halogen organic compound that can damage the functioning of the liver.
Halogen Organic Compounds: This name refers to a group of substances which contain bromine, iodine or (mostly) chlorine. Many of the H. O. C. are known to cause allergies, cause cancer, or accumulate in the environment.
Phthalate: harmful to liver and kidneys
Nitro- and polycyclic musk-compounds: are artificial scents which accumulate in human fat tissue. As shown in animal tests, at least one substance is harmful to the liver; some others are harmful to human health.

Table 7-57:   *Comparative textile tests of „Öko-Test", from 1996 - 2001*

7.3   Disposal of textiles

European Union consumers discard 5.8 million tonnes of textiles a year. Only 1.5 million tonnes (25%) of these post-consumer textiles are recycled by charities and industrial enterprises. The remaining 4.3 million tonnes goes to landfill or is burnt in municipal waste incinerators, representing an enormous unused source of secondary raw materials. The European Commission has therefore funded a wide range of projects covering both design for reuse and increased use of recycled content in new products [433] (see also [436]).

It is very difficult to quantify the exact durability of textile products. The durability for apparel is even more difficult to quantify because fashion is an important factor. Some service life of treated articles are presented in the following table [410].

Articles	Service life (years)
Clothes on contact with skin	1
Other clothes and bed linen	2 – 5
Household linen	5 –10
Bedding (mattress)	10
Carpets	8 – 20
Wall-to-wall carpet	5 – 30
Sunblind	8 – 15
Tents	5 – 20
Awning	2

Table 7-58:   ***Service life of some textile articles***

The environmental impact of textile products in the userphase are dominated by the maintenance of the textile products, particulary the cleaning. It is stated that 73% of the consumption of energy in the entire life cycle of a 100% cotton product is consumed in the userphase (based on life cycle studies and on 100 times of laundering and drying). The corresponding value for a 50/50 cotton/polyester product is 66%. A similar calculation for a pure polyester product give 82% (based on a more detailed life cycle study and 20 times of laundering and drying) [3]. Another life cycle analysis indicates that for a woman´s knitted polyester blouse, the split in energy consumption among consumer use operations (laundering, manufacture and use of detergent, blouse disposal), blouse manufacturing operations (resin to apparel) and blouse disposal were 66%, 10% and 24%, respectively [19]. Yet, it is obvious that the comparision of the different types of textile products is very complex and must at least be considered by a very well defined functional unit including exact demands for the fitness for use.

Reutilization of textile waste includes two varieties:

-    the direct utilisation of all (or part) the product for which it was originally designed (e.g. second hand clothing, re-used buttons, etc)

- the transformation of part (or all) of the product into new products (e.g recycling of raw materials)

Textile wastes may be transformed to product through mechanical or chemical processing. Production waste has many advantages in the manufacturing of secondary raw materials. Limitations for this method are the composition of the waste (with few or none non-textile components, etc) and the fibre quality. The fibre length is important for the usage of the recycled fibres, as recycled fibres tends to be shorter than for virgin fibres.

The description of recycling within textile industry is based on a KEMI report [290].

In *chemical recycling* the fibres are liberated from their binding in the fabric by hacking, shredding, brushing or a combination of them. Afterwards, the fibres are often collected by means of an air-driven system. Recycling of mixed textile waste, like from the recollection of textile waste sfrom households, requires a pre-sorting in different fraction. The sorting is a manual process, which is one of the reasons for the exportation of such wastes to country with low epenses for wages.

Textiles are then pulled apart by pulling and/or garnetting. The pulling apart takes place using rotating cylinders with projection teeth. Garnetting is a process combining combing and pulling apart, producing combed parallel fibres ready for spinning. Seperation of fibres of technical textiles like coated woven textiles or laminate with foaming components, may be obtained by working at low temperature (to brittle the coating). An additional chemical step may also be an effective cleaning.

By mixture with virgin fibres with longer fibre length (up to 80 – 90 % recycled fibres), the material may be used for different types of yarns, e.g. yarn for clothing, nonwoven, etc. Shredded fibres from unsorted textile waste produce low-quality products with limited use, e.g filling material for furniture and mattresses. The nonwoven industry, the packaging industry and the automobile and furniture industry are the major consumer of mechanically recycled textiles. Typical products from mechanical recycling are fibres and yarns, cotton and wool, nonwovens and geotextiles, felt and panels, and insulation products for heat, sound and vibrations.

Chemical recycling may be done through partly or total depolymerisation, followed by cleaning and polymerisation. Depolymerisation is convenient for polyamide, polyester or polypropylene, because they originally are synthetised from relatively stable monomers. Chemical recycling may also be done by extracting a component out of a mixed material. The polyurethane component in a cotton/lycra product is for example dissolved in cyclohexanon in order to get a relatively clean cotton material. A product of woven cotton/polyester mixture may also be treated in a solution of sulphuric acid (15 – 20 %), which weakens the cellulose in such a degree that it may be rinsed out in a mechanical treatment. The liberated cellulose can be used for making paper or cellulose deviates; the polyester fibres which are not affected by the sulphuric acid can be recycled after rinsing.

Thermoplastic polymeric material may also be treated by *thermal recycling*. After heating and extrudation, the pulverised thermoplastic polymers are granulated or spun to new fibres. This method is possible when the material dealt with consist of compatible thermoplastics or at least thermoplastic which can act as a matrix. The use of additives in form of antioxidants is often required to manufacture recycled synthetic from waste fibres.

8   Glossary on textile finishing

English catchword	Glossary
abrasion resistance	The ability to resist wear from the continuous rubbing of the fabric against another surface. Garments made from fibres that possess both high breaking strength and abrasion resistance can be worn often and for a long period of time before signs of wear appear.
Absorbency	The ability of a fabric to take in moisture. Absorbency is a very important property, which effects many other characteristics such as skin comfort, static build-up, shrinkage, stain removal, water repellence, and recovery.
absorbency underload	Weight of fluid in grams that can be absorbed by 1gm of fibre, yarn or fabric which has been subject to a pressure of 0.25 lb/in2 before wetting.
acid dispensers	*see* pH-regulators, acid and alkali dispensers
additives for non-creasing and non-shrinking finishes	Products which are used to correct any undesired changes which occur in textiles during finishes. These include e.g. reduction of the breaking strength, tear strength and abrasion resistance as well as of the sewing properties. These additives are mostly polymer dispersions.
aftertreatment agents for fastness improvement	Aftertreatment agents are applied in an aftertreatment process subsequent to dyeing in order to improve the fastness of dyes. In order to improve the rubbing fastness -possibly also the wet fastness- so-called soaping aftertreatment agents (based on detergent substances) or dye-affinitive polymers are used with which the non-fixed dye fraction is removed from the fibre. In order to improve wet fastness -particularly of direct and reactive dyes- so-called cationic fixing agent (e.g. polyquaternary ammonium compounds, cationic formaldehyde condensates and other nitrogen derivatives) are used. These products form difficultly soluble compounds with the water-soluble dyestuffs in the fibre. In order to improve wet fastnesses of polyamide dyeing with anionic dyestuffs it is frequently made use of anionic aftertreatment agents (e.g. polysulphonates). In order to improve light fastness, heavy metal salts such as copper and chromium salts can be used in case of certain metallizable dyestuffs -e.g. selected direct and acid dyes. In case of polyamides, copper benzotrieazoles are used, whilst in case of polyesters, benzophenones for light fastness improvement of the dyes are applied.
Agents to remove printing thickeners	For the removal of printing thickeners appropriate surface-active agents are used. *See also* detergent, dispersing and emulsifying agents.
alkali dispensers	*see* pH-regulators, acid and alkali dispensers
anti-electrostatic agents	Products which are applied onto synthetic and natural fibres, yarns and textile fabrics in order to reduce or prevent the electrostatic charging of the finished textile material. These products are e.g. hydrophilic and/or surfactants increasing surface conductivity such as e.g. ethoxylation products of fatty acids, alkane sulphonates, alkyl aryl sulphonates, alkyl phosphates, quaternary ammonium compounds and amine oxides as well as polycondensates and co-polymers.
anti-electrostatics	A. are surface-active preparations with substantive properties vis-à-vis textiles in the solvent bath. As opposed to the products of the same name under "anti-electrostatic agents" durable finishing of textiles is not so important here as the prevention of electric charges of textiles in the solvent bath. Electrostatic charging results here from friction between textiles with different standard potential and lead i.a. to deposits of slubs and pigment soil on the material to be cleaned. Furthermore, they render subsequent finishing treatment more difficult.
anti-felting agents	A.-f.a. are intended to reduce the felting of animal wools and hair fibres. They modify e.g. the surface of wool fibres so that garments made of accordingly treated wool do not shrink during washing (hand washing or machine washing). These products are either oxidizing agents (mostly chlorine in form of sodium hypochlorite or stable organic salts but also peroxosulphate or permanganate or anionic or cationic soluble or dispersable prepolymers which are used as preparations with solvents or dispersing agents (q.v.).
anti-foaming agents (foam inhibitors)	Auxiliaries which prevent the formation of foam or destroy an existing foam. Such products are mainly used in sizing and finishing baths, printed pastes, pretreatment and dye baths as well

English catchword	Glossary
	as in drycleaning (*cf.* defoaming agents for solvent application). These products are e.g. phophoric acid esters, emulsified fats and oils, high molecular alcohols as well as silicon and fluorine derivatives.
antifrosting auxiliaries	Products which prevent a frosting effect in pad-steam processes. These products are foaming surfactants such as ethylene oxide adducts. cf. padding auxiliaries
antimicrobiotics for finishing	Products which are preferentially applied for permanet finishing of textiles with the objective to achieve resistance toward microorganisms. This avoids a microbially caused material damage, reduces the risk of propagation of undesired germs and prevents odours produced by the microorganisms'activity. Some special antimicrobial agents are also referred to as "rot-proofing", "anti-rot" or "mould-preventing" agents. Antimicrobiotics are antimicrobial agents for textiles, for example on the basis of organic and inorganic metallic compounds, phenol derivatives as well as nitrogen and/or sulphur-containing heterocyclic compounds.
antimicrobiotics for storage stability	Products which improve the storage stability of aqueous raw material and auxiliaries as well as liquors by preventing microbially caused material destruction (*cf.* antimicrobiotics for finishing)
antimigration agents	Products which prevent the undesired migration of dyestuffs in or onto the textile materials. These products are water-soluble high molecular natural substances such as alginates and guar derivatives or synthetic water-soluble polymers such as polyacrylates or polyacrylamides. *cf.* padding auxiliaries
anti-snag agents	*see* non-slip, ladder-proof and anti-snag agents
Biochemical Oxigen Demand (BOD)	A measure of the oxygen consumed by bacteria to biochemically oxidised organic substances present in water to CO_2 and H_2O. The larger the organic load, the larger the amount of oxygen consumed.
biocides - agents to protect textile against damage caused by insects and other pests	These products are intended to protect textiles - particularly keratin-containing textiles, such as wool and hair fibres, - but also feathers from damage by animal pests. Such pests are able to digest keratin, i.e. to transform it into food. These are digestion specialists such as e.g. mothes (Tineidae), seed mothes (Oekophoridae), carpet beetles (Anthrenus), fur beetles (Attagenus) etc. Agents to protect textiles against damage caused by insects and other pests are products which are applied from *aqueous media*, such as e.g. based on sulphonamide, diphenyl urea, triphenyl urea, derivatives, sulphanilide or synthetic pyrethroids, or which are applied from *organic solvents*, such as e.g. based on sulphamide or synthetic pyrethroids.
bleaching	Process to whiten cotton, wool and some synthetic fibres by treatment in solutions containing hydrogen peroxide, chlorine dioxide, hypo chloride, sodium per borate, etc.
bleaching auxiliaries	These products are additives for the optimisation of more even and low-polluting bleaching and whitening effects. Depending on the chemism of the bleaching processes, these products are stabilizing or activation agents - such as e.g. silicates, polycarboxylic acid and alkyl sulphates. Bleaching auxiliaries can furthermore be applied to mask heavy metals (e.g. products on a triethanolamine basis), cause anti-corrosion effects (e.g. by means of nitrates), result in effects for the prevention of slipping and crease (e.g. by means of polyacylamides), reduce chlorine dioxide formation and increase wetting and cleaning properties.
boildown protecting agents	*see* dyestuff protecting agents, boildown protecting agents
bonding agents for pigment dyeing and printing	These bonding agents are intended for the fixing of inorganic or organic pigments onto the textile goods These products are film-forming substances, such as e.g. plastics solutions or dispersions based on acrylobutadiene styrene block polymerisation.
bonding of fibres - agents and additives to promote bonding of fibres and threads	These products are intended to achieve the mutual adhesion of fibres or threads or to increase this adhesion. As a result, the fibres or threads are combined into a system. These agents are also known as "binders". Agents to promote bonding of fibres and threads are solutions and dispersions as well as solids. They are high molecular natural or synthetic compounds based on e.g. acrylic acid esters, acrylonitrile, ethylene, butadiene, chloroprene, propylene, styrene, vinyl chloride, vinylidene chloride, vinyl acetate, latex or starch derivatives. The additives to promote bonding of fibres and threads are intended to improve the processing properties and

English catchword	Glossary
	to modify the properties of the bonded fabric - such as e.g. elasticity, flexibility, resistance to washing and drycleaning as well as ageing and light exposure. With regard to their chemical constitution these additives cover a very broad range. They include for instances fatty acid derivatives, polyethers and N-methylol compounds.
brightening and stripping agents	Brightening agents permit partial removal of the dye already absorbed and fixed or adhering to the surface from the fibre without modifying the dyestuff chemically. The products suitable for this purpose are e.g. polyvinyl pyrrolidone, polyglycol ether, fatty amine ethoxylates or dyeing accelerators. Stripping agents are products which are intended for the removal or destruction of the dyes and auxiliaries on the textiles. This concerns e.g. reductive or oxydative operations under application of sodium dithionide (hydrosulfide), thiourea dioxide, sodium or zinc formaldehyde sulphonic acids, hypochlorite or sodium chloride.
carbonising	Sometimes scoured wool contains vegetable impurities that cannot always be completely removed through mechanical operations. Sulphuric acid is the chemical substances used for destroying these vegetable particles.
carbonising assistants	Products which are assistants for the treatment of wool with acid or acid salts in order to obtain the removal of vegetable impurities or admixed vegetable fibre fractions; this treatment is referred to as "carbonisation". Carbonising agents are wetting agents which are aced-stable under conditions of application - such as alkyl aryl sulphonates, alkyl sulphonates, alkyl sulphates - which facilitate or shorten the even penetration of wool with carbonising liquor. They can possibly have a protecting effect on wool and contribute towards achieving higher tear resistances and an end product of higher purity.
carriers	Dyeing accelerants or carriers are added during dyeing by the exhaust process to the baths in order to cause a rapid absorption of the dyes, a more rapid diffusion of dyes in the fibre and a higher dyestuff yield. Dyeing accelerants are also referred to as carriers. With regard to their chemical composition, carriers are generally difficultly soluble, mainly aromatic hydrocarbons, esters or ethers of aromatic or mixed aliphatic-aromatic carboxylic acids or oxy compounds. Usually they contain emulsifying agents. Furthermore, preparations of the above-mentioned substances and ethoxylated products are used.
catalysts for non-creasing and non-shirinking finishes	These products accelerate the rate of cross-linking reactions both in and with fibres. Such products are e.g. based on metal or ammonium salts and preparations of acids or alkalis.
cationic fixing agents	*see* aftertreatment agents for fastness improvement
causticizing auxiliaries	*see* mercerising and causticising auxiliaries
chelating agents	Ch.a. are intended to mask hardening alkaline-earth cations and transition-metal ions in aqueous solutions in order to eliminate their damaging effect. In textile finishing they are used as boiling auxiliaries, bleaching auxiliaries, mercerising and causticizing auxiliaries, desizing agents, dyeing and printing auxiliaries, detergent agents as well as hydration auxiliaries for the application of resins, synthetic wetting agents and compounds in coating. Ch.a. are e.g. polyphosphates, phosphonate, polycarboxylates and their preparations.
Chemical Oxygen Demand (COD)	A measure of the amount of oxygen required to chemically oxidised organic and inorganic substances in water. The analytical values are usually expressed in : mg O2/l (effluent) or mg O2/g (substance).
chemical-retting	*see* Retting (flax)
coating agents as well as according additives	Textile coating agents are products which are intended to produce firmly adhesive layers on textile fabrics These products are synthetic polymers or e.g. acrylic acid esters, acrylonitrile, ethylene, butadiene, styrene, vinyl chloride, vinylidene chloride, vinyl acetate as well as products based on natural latex. *Textile coating additives* are intended to vary the properties of the coatings such as e.g. flexibility, adhesiveness as well as light and heat stability. With regard to their chemical constitution, additives cover a very broad range (*cf.* filling and stiffening agents). These additives include also preparations of vulcanizing agents.
compensating agents	*see* levelling agents

English catchword	Glossary
conditioning agents	Products which are applied as such or from aqueous or non-aqueous solutions onto synthetic and natural fibres, yarns and textile fabrics. Conditioning agents permit subsequent processes such as spinning, knitting, weaving, sewing or napping through influencing the frictional behaviour and, if necessary, textile properties such as lustre, handle or brilliance. These products are generally complex preparations of surface-active substances, if necessary with natural and/or synthetic oils, fats or waxes. The following surface-active agents are for instance used: ethoxylation products or fatty acids, fatty acid amides, fatty alcohols, fatty amines, alkyl phenols and fatty acid glycerides; fatty acid condensates, alkyl and alkyl ether phosphates, alkyl ammonium compounds, sulphonated or sulphated oils, fats, fatty alcohols and alkyl benzenes.
conditioning and stabilizing agents	Products intended to control and maintain a desired humidity in yarns, to cause dimensional stability and possibly result in an increase of strength. These products are often solutions of wetting agents with hygroscopic agents and/or anti-microbially acting agents.
coning oils, warping and twisting oils	Products which are applied on flat and texturized filament yarns as well as spun yarns in order to make them suitable for subsequent textile operations - such as winding, twisting, warping, knitting and weaving - by rendering them more flexible, slippery and anti-electrostatic. The products in question are oily preparations from highly refined mineral oils (white oils) and/or ester oils as well as ethylene-propylene oxide mixed adducts with oil-soluble (preferentially non-ionic) emulsifiers as well as additions of anti-electrostatics.
continous dyeing	C.d. is operated at constant composition, i.e. a long length of textile fabric is pulled through each stage of the dyeing process. In general these techniques are operating at high dyestuff concentrations of 10 to 100 g/l but do hardly generate waste water beside equipment clean-up discharges.
crabbing	Through hot water are tensions removed at wool fibres (analogical to thermofixing for synthetics).
crease-preventing agents	Products which are to prevent creases during skein-dying of piece goods. Anti-creasing agents may also be applied for other presentations of the textile goods (e.g. ready-to-wear knit-wear) as well as other wet processes (e.g. in pretreatment and fulling) in order to prevent creases. These products are agents with slipping and smoothing effects e.g. based on polyglycol ethers and polycaprolactam, of fatty acid derivative as well as of fatty alcohols, phosphoric acids and esters or sulphated oils and fats. Frequently mixed products are also used as anti-creasing agents which do not only contain a lubricant but also other auxiliaries such as e.g. wetting agents, levelling agents, dispersing agents, plasticiszing agents or anti-foaming agents.
deaeration agents	*see* dyeing wetting agents, deaeration agents
defoaming agents for solvent application	Auxiliaries which prevent formation of foam or destroy existing foam. This occurs via removal of the foaming agents on the surface as well as via film formation and spreading. Fluorinated silicons are used as active substances.
delustring agents	D.a. are products intended to reduce the lustre of textiles. They are generally preparations of pigments or pigment-forming products which are dispersed or fixed by means of appropriate additives. Such additives are for instance surface-active substances or bonding agents.
desizing	Process for removing sizing compounds applied to yarns. Sizing compounds are necessary for controlling of friction and electrostatic charging. After solubilization the size is discharged and the fabric is washed and rinsed.
desizing agents	D.a. are intended to remove the sizing agents and sizing assistants applied onto the textile goods. This may be carried out by swelling and reduction of the chain length of the sizings, so that they can be easily removed from the fabric during the subsequent washing operation.
detergent, dispersing and emulsifying agents	This product class covers products which are particularly used for the cleaning of textile substrates during manufacture and finishing. These products are substances or preparations which have as a rule the following properties to a higher or lower extent: surface activity, wetting power (*cf.* wetting agents), dispersing power, emulsifying power, anti-redeposition power. The chemical bases for detergents, dispersing and emulsifying agents are for instance soaps, alkane sulphonates, ethoxylation products, ether sulphates or phosphates, phosphonates and

English catchword	Glossary
	polyacrylates.
dew-retting	*see* Retting (flax)
direct dye	D.d. are applied directly from the dye-bath together with salt (sodium chloride or sodium sulphate) and auxiliary agents, which ensure a thorough wetting and dispersing effect. Mixtures of non-ionic and anionic surfactants are used for this purpose.
discharging agents	D.a. are printed onto a predyed textile material for the destruction of the dyes and thus cause a pattern to be produced. The products used are e.g. stabilized reducing agents or oxidizing agents either in connection with acids or alkalis.
discharging assistants	D.a. are added to printing pastes in order to safeguard sufficient effects in case of difficulty dischargeable dyes. These products are mainly anthraquinone derivatives, onium compounds and ethoxylated amines.
discontinuous dyeing (batch dyeing)	This process involves applying a dyestuff in solution or suspension at a specific liquor ratio which determines the depth of colour obtained (gen. 0.1 to 1.0 g/l). At the end of the operation the spent dye-bath liquor is drained off. The post-dyeing stage consists of washing with water to remove unfixed amounts of dyestuff from the textile substrate.
dispersing agents	D.a. are products which are intended to promote the formation and stability of dyestuff and pigment dispersions. These products are surfactants - e.g. sulphated fatty acid esters and amides, fatty acid condensates, alkyl aryl sulphonates or ethoxylation products and their mixtures. (*see also* protective colloids)
dispersing agents	*see* detergent, dispersing and emulsifying agents
drycleaning detergents	D.d. are products which increase (enhance) the cleaning effects of organic solvents and extend them by incorporating water into the organic medium, thus extending the cleaning action of the entire system also to the removal of hydrophilic stains. Drycleaning detergents are mainly or exclusively anionic, non-ionic or cationic preparations.
dyeing	Method for colouring textile material in which a dye is applied to the substrate in a uniform manner to obtain an even shade. A dye is an organic molecule which contains a chromophoric group capable to react with light, thus giving the impression of color
dyeing wetting agents, deaeration agents	D.w.a. and d.a. are products which increase the wetting capacity of the dye liquors and wet the textiles to be dyed in order to allow a rapid and even access of the dyeing liquor to the textile fibre. They cause a lowering of interfacial tension and are to improve also dye penetration in padding processes and increase dye absorption. D.w.a. are surfactants - e.g. alkylsulphates, alkanesulphonates, alkyl aryl sulphonates as well as salts of sulphosuccinic acid esters and phosphoric acid esters. D.a. are low-foaming standardizations of wetting agents, mixtures of alcohol of higher valence and neutral phosphoric acid esters. The latter have also a defoaming effect on surface-active compounds.
dyestuff protecting agents, boildown protecting agents	Products which protect dyestuffs during their application onto the textile from destruction by foreign matters with a reducing effect. These products are generally preparations based on buffer and/or oxidizing substances, e.g. urea, ammonium salts and polyphosphates, possibly with surface-active substances such as protein degradation products, fatty acid protein condensates and ammonium salts of alkane sulphonic acid or aromatic nitrocompounds.
dyestuff solubilizing agents	D.s.a. promote the dissolution of dyestuffs in water. These products are generally water-soluble solvents - e.g. alcohols, esters, polyols and thioethers as well as their mixtures.
edge adhesives	Edge adhesives (edge stiffening agents) are intended, particularly in case of cut open hosery for the hardening of edges, so that the latter do not role up in case of treatment in broad form, such as dyeing, leaching, mercerising, raising and printing.
emulsifiers for gasoline printing	Emulsifiers which serve for the manufacture of two-phase print thickenings of low solids content. They generally contain aliphatic, aromatic or aliphatic-aromatic non ionic surfactants.
emulsifying agents	*see* detergent, dispersing and emulsifying agents
exhaustion dyeing	Dyestuff preparation is solved in water and fixed on textile fibre.

English catchword	Glossary
felting agents	F.a. are intended to promote felting during the milling operation or to render felting more even. They are generally surface-active agents or preparations thereof such as soaps, alkyl sulphates, alkyl sulphonates, alkyl aryl polyglycol ethers or fatty acid condensates, if necessary, with inorganic or organic substances capable of swelling.
fibre protecting agents in pretreatment	This group includes textile auxiliaries which protect the fibre and /or reduce affection of the fibre during preparative processes such as boiling and bleaching. They are mainly organic products such as protein fatty acid condensates and guanidinum derivatives.
fibre-protective agents in dyeing	Fibre-protective agents of this type are intended to prevent or reduce to an acceptable extent damage to the fibre during dyeing, finishing and use. These products are e.g. based on protein hydrolysates, protein fatty acid condensates, lignosulphonates, formaldehyde-elimination products, benzophenone, benzotriazole and alpha-cyanoacroylic acid derivatives.
filling and stiffening agents	F.a. are products intended to impart a full handle to textiles; s. a. are products intended to increase the stiffness (bending modulus) of textiles. F.a. and s.a. are frequently the same products whilst the effect to be achieved-filling or stiffening-depends on the amounts of application and the substrate. These products are preparations of natural or synthetic high molecular compounds in form of solid substances, aqueous solutions or aqueous dispersions. F.a. are different from filling materials-inorganic or organic substances, such as chalk, arbon black, cork powder- which are i.a. applied in textile coating. Cf. handle-imparting agents.
finishing	This term can address both the sequence of wet treatments that are carried out to give the fibre the required colour and final properties, and any specific operation to apply functional finishes (easy-care, anti-felting, mothproofing agents, etc)
finishing agents	Auxiliaries for drycleaning comprise i.a. also textile auxiliaries which are described under the name "finishing assistants".
fixing accelerators for continuous dyeing and printing	Products which are used in continuous dyeing processes and printing to accelerate the fixing of dyestuffs, to cause a more rapid diffusion of the dyestuffs into the fibre and a higher dyestuff yield. With regard to their chemical composition, fixing accelerators are i.a. aliphatic or aromatic ethoxylates, ethers, esters, glycols, alkyl aryl sulphonates or fatty acid derivatives.
flame retardants	F.r. are intended to reduce the inflammability and combustibility as well as the afterglow of textiles. Theses products are mostly ammonium salts, boron compounds, sulphur, nitrogen, hydrogen (bromium, chlorine) or phosphorus compounds or their synergetic combinations as well as preparations based on halogenated organic substances e.g. chlorinated paraffin, chlorinated rubber, polyvinyl chloride, chlorinated polyvinyl chloride and halogenated (chlorinated or brominated) diphenyl ether with antimony trioxide and/or other metallic oxides.
fluorescent brighteners	*see* optical brighteners (fluorescent brighteners)
foulard dyeing	Dyestuff preparation is put on rolls, press on textile and fixed by means of steam, heat or chemicals
fulling	This treatment takes advantage of the felting tendency of wool fibre when it is submitted to friction under hot humid conditions and is a typical pre-treatment for woollen fabric
handle-imparting agents	Handle-imparting agents are products which are intended to modify the handle of textiles. Handle-imparting agents include: Weighting agents (q.v.), filling and stiffening agents (q.v.) and softening agents (q.v.).
hydrophilizing agents	Hydrophilizing agents are products intended to increase the water transport speed particularly on hydrophobic synthetic fibres. They cause moisture (e.g. perspiration) to spread more quickly on and in textiles (reduction of moisture congestion) and thus to improve the "wearing comfort". These products are e.g. preparations of ionic and non-ionic plastic solutions, ethoxylation products, polyamide derivatives and the similar.
hydrotropic agents	H.a. increase the solubility and/or the rate of dissolution of dyestuffs in water. Appropriate products are urea and formamide.
kierboiling auxiliaries	Products which are added during the pretreatment of textile materials of cellulose fibres or of mixtures of cellulose fibres with synthetic fibre materials to the alkaline boiling, kiering and

English catchword	Glossary
	scouring liquors in order to increase or accelerate their effectiveness. They are for instance applied in the boiling of grey cotton, the preliminary scouring of linen and rendering cotton articles absorbent by the continuous process. These are in general particularly alkaline-resistant and electrolyte-resistant surfactants and special complexing agents, which are either applied alone or in a mixture.
ladder-proof agents	*see* non-slip, ladder-proof and anti-snag agents
laminating agents as well as according additives	L.a. are products which are intended to bond two or more textile fabrics or textile fabrics with other fabrics (e.g. foils). These products are solid or liquid preparations of natural or synthetic latexes, polyvinyl acetates, polyurethanes, polyacrylates, cellulose esters, polyethylene, polypropylene or polyvinyl chlorides. Laminating additives are intended to improve product properties such as e.g. flow behaviour, binding properties and adhesiveness.
levelling agent	L.a. play an important role in acid dyeing (and metal-complex dyeing). A number of non-ionic, cationic, anionic and amphoteric surfactants belong to this category
levelling agents	Products which are intended to promote an even distribution of dyestuffs in textiles. L.a. contain one or several of the following product types: a) retarding agents: Products which decelerate the absorption of dyes on textiles, i.e. to lower the rate of absorption; b) migration agents: Products which promote the migration of dyes in or on textiles; c) compensation agents: Products which prevent or reduce the formation of inegality in case of uneven conditions within a dyeing lot (e.g. in case of material or temperature differences); d) penetrating agents: Products which promote the penetration of dyes into the inner of the textile or into the cross section of the fibre. L.a. are generally surface-active substances or preparations thereof, such as sulphated oils, fatty acid esters and amides, fatty acid condensates, protein condensates, alkyl sulphates, alkyl aryl sulphonates, alkyl-, alkyl aryl-, alkyl amine, and alkyl aryl amine polyglycol ethers, fatty acid polyglycol esters, polyglycol ethers or natural substances, amine derivatives as well as onium compounds; also betains and sulphobetains as well as polyamine condensates and water-soluble polymers.
lubricants	Lubricants - also called lubrication oils, rag pulling oils or batching oils - are products which are applied to fibre goods with more than 3% of the goods' weight. The products permit the rag pulling, spinning and drawing of wool, bast and waste fibres of all types by imparting smoothness, suppleness and electrostatic properties to the fibres - i.e. all necessary properties for the spinning process. Lubricants are formulations of vegetable and animal oils and fats as well as of mineral oils and emulsifying agents and anti-electrostatics.
lustring agents	L.a. are products which cause an increase of lustre on textiles in connection with mechanical treatment or also without the latter. They are generally emulsions of paraffins, waxes, polyolefins, polyglycols or polysiloxanes. In part also products mentioned under conditioning agents (q.v.) and softening agents (q.v.) are used for lustring. The fast-to-washing fixing of a mechanically produced lustre can be effected by using anti-creasing and anti-shrinking agents (q.v.) and reactive repellents (cf. water repellents).
make-up	Generic term used in the textile industry to name the different forms in which a textile material can exist. Examples are flock, yarn, woven and knitted fabric
mercerising	Carried out to improve tensile strength, dimensional stability and lustre of cotton. Moreover an improvement in dye uptake is obtained
mercerising	Process for increasing the tensile strength, lustre, sheen, dye affinity and abrasion resistance of cotton goods by impregnating the fabric with sodium hydroxide solution.
mercerizing and causticizing auxiliaries	Products used to improve the wetting power of the lye in a concentration range from 6° to 36° Bé as well as of ammonia and thus to accelerate their even penetration into the fibres. These products are wetting agents which are stable in highly concentrated lyes and which contain a component which is effective as a surfactant in lyes - e.g. low-molecular alkyl sulphates, alkyl aryl sulphonates or highly sulphonated oils - and anti-foaming or hydrotropic substances - e.g. butyl glycol, shorter-chain alkyl phosphates or ethoxylated amines as well as possibly sequestering agents.

English catchword	Glossary
migration agents	*see* levelling agents
mordants	M. are chemical substances intended to improve the dye affinity of the fibre material in textile
naphtol dye	Azoic dyes allow colours with outstanding fastness, but their popularity has declined because of application costs and the possible presence of aryl amines on the fabric and in the effluent.
non shrinking agents	*see* non-creasing and non-shrinking agents
non-creasing and non-shrinking agents	These products are intended to increase the crease recovery and /or dimensional stability of textile materials. The effect is generally based on a cross-linkage in and on the fibres. They can reduce the swelling (non-swelling agents) and can be applied for permanent fixing of mechanical finishing effects -such as lustre, chintz, Schreiner, embossing, plissé as well as permanent press finishes. These non-creasing and non-shrinking products are generally compounds which have at least two reactive groups such as N-methylol compounds and their ethers as well as aldehydes, acetales as well as amino- and amidofunctional compounds.
non-slip, ladder-proof and anti-snag agents	These products reduce the slipping of the various yarn systems in fabrics, the formation of ladders in knitwear as well as the prevention of snags in hosiery and other ready-made goods of continuous-filament yarns, respectively. Additionally, they contribute toward increasing the seam stability of fabrics. These products are generally preparations based on polastics natural resins, silicic acid or metallic oxides.
oil repellents	O.r. are products which are intended to impart an oil-repellent finish to textiles. These products are preparations based on fluorocarbon resins which contain in part also solvents. Cf. Repellents
optical brighteners (fluorescent brighteners)	O.b. are generally preparations of organic compounds whose fluorescent radiation increases the brightness of textiles. They absorb onto the fibre or are solvated in the fibre. These products are e.g. stilbene, pyrazoline or benzeneazole derivatives.
oxidizing agents	O.a. are used in dyeing and printing for oxidizing of reduced forms of vat dyes, leuco ester wet dyes and sulphur dyes. The products used are e.g. peroxide, sodium perborate, sodium persulphate, sodium hypochlorite, sodium bromate, sodium chromate or salts of m-nitrobenzene sulphonic acid.
padding auxiliaries	These are products which are added to pad liquors. *see* Antimigration agents *see* antifrosting auxiliaries *see* wet pick up: products increasing wet pick-up
penetrating agents	*see* levelling agents
pH-regulators, acid and alkali dispensers	Products which are intended to adjust and/or control the pH during dyeing. These products are organic acids, acids or buffering salts, or mixtures of such compounds.
pigment printing	Pastes containing a thickening agent, a binder and if necessary other auxiliaries such as fixing agents, plasticiers, defoamers, etc.
preparation agents	Products which are applied during the manufacture of chemical fibres onto the latter in order to enable susequent processes - such as drawing, twisting, warping, texturizing, converting and spinning - to be carried out. The products are applied as such or from aqueous or nonaqueous solutions. Preparation agents are surface-active substances and their formulations with mineral oils, ester oils or silicone oils as well as with ethylene oxide-propylene oxide mixed adducts. The surface-active substances are e.g. ethoxylation products of fatty acids, fatty amides, fatty alcohols, fatty amines or alkyl phenols, fatty acid condensates, alkyl or alkyl ether phosphates as well as sulphated oils and fats.
prespotting agents	P.a. are surface -active preparations which are used for the pre-treatment of stained and/or strongly soiled spots on textiles by brushing or preferentially spraying prior to mechanical dry-cleaning. These products, which are frequently also called universal prespotting agents, must be fully scourable in the cleaning liquor.
pre-treatment	All types of wet finishing processes such as scouring, bleaching, desizing,mercerising,etc. of the fibres, fabric or yarn. The employed techniques depend upon factors such as type of process, quality and type of materials and the desired final effects.

English catchword	Glossary
printing adhesives	Printing adhesives are products intended to fasten the goods to be printed onto the support (printing blanket) in case of screen printing. The following products are used: -water-soluble adhesives based on natural substances, similar to the printing thickeners (e.g. starch and starch derivatives as well as vegetable gum) or synthetic water-soluble polymers (polyvinyl alcohol, polyvinylcaprolactam etc.). -water-insoluble adhesives (permanent adhesives or thermo-plastic adhesives) based on synthetic copolymers (polyvinyl acetate, polyacrylic acid esters, etc.) which are applied from volatile solvents or as dispersions.
printing thickeners	Printing thickeners are intended to provide the printing pastes with the viscosity required for printing. These products are on the one hand based on strongly swelling natural substances - such as e.g. alginates, glactomannans, solubilized starches of cellulose ethers- and on the other hand emulsions based on hydrocarbons, polyacrylic acid or maleic acid anhydride de- rivatives. *See also* agents to remove printing thickeners.
Wet pick-up: products increasing wet pick-up	Products which increase the wet pick-up and dye yield in case of dyeing with reactive dyes according to the padbatch process. These products are solutions e.g. of polyacrylamide poly- mers and copolymers. cf. padding auxiliaries
protective colloids	P.c. envelop dispersed particles of the same charge. This prevents flocculation caused by changes in temperature and concentration, i.a. when electrolytes are added. Protective col- loids are often applied together with dispersing agents (cf.). These products are sulphated oils, alkylsulphates, fatty acid and protein condensates or ethoxylation products, naphtalene sul- phonic acid formaldehyde condensates, lignosulphonates and water-soluble polymeres, such as e.g. polyacrylates.
rayon	A generic name for man-made continuous filament fibres, obtained from regenerated cellu- lose. The term rayon is used for fibres produced by both cupra-ammonium and viscose proc- esses
reactive dye	Dye, alkali (sodium hydroxide or sodium bicarbonate) and salt are added to the dye bath. Salt concentration employed depends on the substantivity of the dye and on the intensity of the shade.
reducing agents	Reducing agents are intended to reduce vat and sulphur dyes in order to transform them into the water-soluble form with an affinity for the fibre. With reducing agents it is also possible to remove dispersions dyes adhering to the surface of synthetic fibres or to strip and destroy the dyes in case of faulty dyeing. The products used are e.g. for the reduction of vat dyes in dye- ing (sodium dithionit (hydrosulphide) or sulphurcylic acid derivatives, for the reduction of vat dyes in printing (sodium dithionite or special stabilized sulphonic acid derivatives), for the re- duction of sulphur dyes (sodium sulphide, sodium sulfhydrate or glucose), for reductive after- purification of polyester fibre dyeing (sodium dithionite, thiourea dioxide and reductonates), or for the stripping and destroying of dyes (sodium dithionite, zinc formaldehyde sulphonic acids or thiourea dioxide).
repellents	This group includes water repellents (q.v.), oil repellents (q.v.) and soil repellents (q.v.)
resist agents	Products which are intended to occupy places in the textile material with affinity for the dye in a way that the dyeing is reduced or completely preented. The products used in dyeing for this purpose are inorganic salts, tannins, synthetic organic tanning agents, hydroxyaryl sulphonic acids and their condensates and in general anionic or polyanionic compounds. The products used in printing are organic acids, aluminium salts tin(II)salts or alkali compounds.
retarding agents (re- tarder)	*see* levelling agents
retting (flax)	The subjection of crop or deseeded straw to chemical or biological treatment to make fibre bundles more easily separable from the woody part of the stem. Flax is described as water- retted, dew-retted, or chemically-retted, etc., according to the process employed.
scouring	removal of foreign impurities from textiles. In the case of wool, this term can address both the removal of the grease and dirt present on raw wool (wool scouring process) and the removal of spinning oils and residual contaminants from yarn or fabric in

English catchword	Glossary
scouring	process for removing natural and acquired impurities from fibres and fabric (e.g. wax, pectin). It also supports subsequent bleaching and dyeing processes. Scour baths usually contain alkalis, antistatic agents, lubricants, detergents, emulsifiers.
semi-continous dyeing	This kind of dyeing process is characterised by performing dyeing in a continuous mode but fixation and washing steps are run discontinuously. Operation concentrations are in a range of 1.0 to 10 g/l.
sequestering	See complexing agent
singeing	Remove the surface fibres by passing the fabric through a gas flame.
sizing additives	Sizing additives are products which are added to the sizing bath or which are applied onto the sized yarn (cf. Preparation agents) in order to additionally support the weaving process by softening, smoothing and anti-electrostatic effects. In chemical terms, these are products based on oils, fats and natural or synthetic waxes.
sizing agents	Sizing agents are intended to render yarns more slippery and supple, stronger and more stable for the subsequent operation of weaving, and to make them more easily separable and more resistant to mechanical influences with regard to subsequent treatment on the weaving loom. Sizing agents are film-forming and fibre-bonding products. Depending on their chemical structure they belong to two large substance classe: a) macro-molecular natural products and their derivatives (starch and starch derivatives, cellulose derivatives, pectin and allied polysaccharides, protein products as well as other natural products); b) synthetic macro-molecular products (polyvinyl alcohol- polyacrylates as well as other synthetic products).
soaping aftertreatment agents	*see* aftertreatment agents for fastness improvement
softening agents	S.a. are products which are intended to impart a soft handle to the textiles. As a result of the different structure of the products, handle modifications such as e.g. smooth, fully fluffy, supple and rustling are possible. Many softening agents are moreover influencing e.g. hydrophilic and hydrophobic properties, elastic resiliance, sewing properties and creasing behaviour. S.a. are generally preparations of fats, waxes, paraffins, silicons and their derivatives. S.a. for textiles are different from plasticizing agents e.g. for plastics. Cf. handle-imparting agents.
soil release agents	S.r.a. are intended to improve soil release from textiles. They are based on fluorocarbon resins, polyacrylates, modified silicones and ethoxylation products.
soil repellents	S.r. improve the soil repellent properties of textiles or facilitate the removability of impurities from accordingly finished textiles. These products are preparations based on silicates, aluminium compounds, fluorocarbon copolymers, phosphoric acid derivatives and polyacrylates.
spinning additives	Products which are added during the manufacturing of chemical fibres after the spinning to the polymer. These products influence the physical and chemical properties of the manufactured spinning good - such as lustre, light stability, UV stability and oxidation stability as well as anti-electrostatic properties and dyeability. Spinning additives are e.g. organic and inorganic pigments, optical brighteners, stabilizers and antioxidants as well as surface-active substances.
spinning bath additives	Products which are added to the spinning bath during the manufacturing of chemical fibres (preferentially viscose fibres) on the basis of the coagulation principle. They clarify the spinning bath and prevent incrustations of spinnerets and spinning bath ducts. Spinning bath additives are surface-active substances of various types, preferentially however nitrogen compounds.
spinning solution additives	Products added to the spinning solution during the manufacture of chemical fibres (preferentially for viscose). The products facilitate the spinning of the threads and influence the properties of the manufactured spinning goods. The spinning solution additives are surface-active substances and preparations such as sulphated oils, alkyl sulphates, alkylamine polyglycol ether, fatty acid condensates.
spotting agents	S.a. for the textile and textile finishing industry are products for the removal of spots resulting from the production or finishing of textile fabrics. S.a. of this type must be removable without

English catchword	Glossary
	residues by air blowing – if necessary after prior spraying with water or solvents. S. a. of this kind contain surfactants and/or spot specifically acting chemicals.
spotting agents	S.a. are products which are intended to remove spots which cannot be removed in drycleaning or wet washing. S.a. contain mostly also surfactants in addition to specially active chemicals. Spotting agents which are used in the pre-treatment of special stains prior to mechanical treatment in solvents (special prespotting agents) must be easily emulsifiable in the drycleaning liquor.
stabilizers	These products include anti-ageing agents, antioxidants, gas fading inhibitors as well as agents which protect textiles against damage caused by exposure to light, radiation and heat (bleaching stabilizers, *see* bleaching auxiliaries). These products are based on e.g. nitrogen bases, oxidizable substances with hydroxyl or amino groups – e.g. bis-(p-hydroxyphenol)-propane, dibenzyl-(β-hydroxylethyl)-amine, dihydroxy-propylpiperazine or amino-propylpiperazine, substintuted benzotrialzols, sulphonated benzophenone compounds, cyanuric acid chloride deriavatives or triphenylimidazols.
stabilizing agents	*see* conditioning and stabilizing agents
staple fibre	Man-made fibres (see fibre, man-made under fibre) of predetermined short lengths. Note: The fibres, which may or may not be crimped, are usually prepared by cutting or breaking filaments of the material into lengths suitable for the processing system in question. These normally range from 5 mm to 500 mm and have a linear density of 0.5 -50 decitex, although special products are made outside these ranges.
stiffening agents	*see* filling and stiffening agents
stripping agents	*see* brightening and stripping agents
sulphur dye	S.d. are insoluble in water, but after reduction under alkaline conditions they are converted to the leuco-form, which has high affinity for the fibre. After adsorption into the fibre the colorant is oxidised to the original insoluble state.
texturised fibres	Filament yarns that have undergone a special treatment aimed to give the fibre a greater volume and surface interest than the conventional yarn of the same fibre
top	A continuous untwisted strand or sliver of wool fibres.
tow	Mono-filament material.
twisting oils	*see* coning oils, warping and twisting oils
warping oils	*see* coning oils, warping and twisting oils
waste (cotton, wool and other staple fibres)	There are two classes of waste, known as 'hard' and 'soft', and their treatment differs according to the class. Hard waste is essentially that from spinning frames, reeling and winding machines and all other waste of a thready nature. Soft waste comes from earlier processes where the Fibres have relatively little twist, and are neither felted, nor compacted.
water repellents	W.r. are products which are intended to impart a water-repellent and water-proof finish to textiles. Some of these products are still known as "impregnation agents". These products are emulsions of paraffins and waxes which can also include aluminium, chronium and zirconium compounds as well as fat-modified synthetic resins, fluorocarbon resins and products based on polysiloxanes. Products for water-proof textile coating do not come under the expression "water repellents". Cf. repellents
water-retting	*see* Retting (flax)
weighting agents	W.a. are intended to increase the basic weight of textiles. Such products are generally preparations of e.g. pigments (kaolin, talcum) or soluble compounds (urea, glycerine, salts). Some special weighting agents are used on silk. Cf. handle-imparting agents
wetting agents	W.a. are intended to reduce the surface tension of liquids so that their wetting power is increased. They are used in textile production, wherever aqueous liquors are rapidly spread on textile substrates and are to penetrate into the substrate. Wetting agents can be used in almost all wet treatment processes. Theses products are surface-active substances such as

English catchword	Glossary
	alkyl sulphates, alkane sulphonates, alkyl aryl sulphonates, alkyl ether sulphates, alkyl esters of sulphosuccinic acids, ethoxylation products and phosphoric acid esters as well as their preparations.
worsted	Descriptive of yarns spun wholly from combed wool in which the fibres are reasonably parallel, and fabrics or garments made from such yarns. In most countries fabrics with a small proportion of non-wool decorative threads can be described as worsted. (See also worsted-spun.)
worsted-spun	A term applied to yarn spun from staple fibre processed on worsted-spinning machinery by carding or preparing, combing, and drafting; or by converting a continuous-filament tow and drafting: or from a combination of slivers or rovings from both systems. Note This definition is descriptive of processing technique and not fibre content.

9 SUMMARY

During the 1980s the production of textiles became increasingly globalised, with most of the growth occurring in Asia, and by the 1990s this way became a well established pattern. The axis of the textile industry was moving away from Europe and the US to Asia, e.g. Hong Kong, Taiwan, South Korea, Indonesia and Thailand. Western Europe increasingly became a net importer of textiles. The most obvious reason for this switch in geographical location for the production was the lower labour costs in Asia. The position was further complicated for the textile companies of Western Europe by industrial liberalisation in the former Eastern bloc countries such as the Czech Republic and Slovenia. This decade also saw the arrival of new entrants from the Middle East, e.g. Turkey, which led to a further decline in Western Europe's share of textile production. The impact of these changes has been dramatic and it is estimated that the German textile industry is some 30% smaller than it was in 1993 [334].

The shrinking of the textile finishing industry is in fact symptomatic of all the old manufacturing industries in Europe, restructuring themselves in a global market. Unfortunately, the decline of the textile industry has most often been misused by suppliers of textile chemicals as a pretext to restricting their efforts in these areas. Comparing the situation of the automobile sector, the textile auxiliary manufacturers resistance against a more detailed product labelling is most deplorable. Yet, it would be of great use for product responsibility guarantees of textile manufacturers toward their clients, i.e. the consumers/users of textile products. The classification of textile auxiliaries by referring to their water relevance categories is a beginning, but by far not enough, as important aspects such as consumption have been unaccounted for; such aspects that may be essential for integrated, sustainable and affordable environmental protection.

In no way could the Western European textile industry compete based solely on cost grounds. If they were to compete at all it would be on a different playing field. Yet, in the last few decades nearly all of the most important textile chemical innovations, with a few notable exceptions from Japan, have come from the research laboratories of the European companies. The main targets for R&D have been new products and application processes for the dyeing and printing of polyester, cotton/cellulosics and (to a lesser extent) polyamide.

The manufacturers of textile auxiliaries also demonstrate their intention in collaborating with authorities by elaborating reference documents on the best available techniques (i.e. BREF [2]). Yet, these documents give an useful overview of modern finishing techniques, the textile auxiliaries are often only cited as a substance class. The intrinsic chemical substances present in auxiliary formulations frequently remain unknown.

The report "Ecological exposition of chemical substances used by the textile finishing industry" assesses almost 2500 chemical substances used in textile finishing. Application characteristics, functions and all specific information on the chemicals are presented in alphabetically listed tables. Further relevant physico-chemical as well as eco-toxicological data on listed substances may further be found on the online chemical database "www.oekopro.de". Prefixed to this extensive data section, the different finishing processes are described and the inherent environmental issues discussed. Thereby, almost all of the possible finishing treatments were considered, from pretreatment, dyeing and printing to functional finishing such as flame redundancy, waterproofing and antimicrobial treatments. Special attention has been given to new processes and products. Treatments with microparticles, for example, show the innovative potential of the somewhat traditional finishing industry. Though these innovations present a great chance for European finishers, the development into modern, functionalised, so-called intelligent textiles also bears potential danger and throwbacks if awareness of the chemicals involved is restricted.

Besides an overview on current European legislation, a summary of some important classification schemes of textile auxiliaries is also given. Moreover, in order to attain sustainable environmental protection, the report presents a widespread description of environmental aspects of finishing treatments and textile auxiliaries. Yet, the authors plead for an affordable environmental protection: preventing the generation of waste and emission reduces the demand for costly raw materials and energy, thus bringing frequently economic benefits for the company. Knowledge of the substances involved in finishing processes is surely an important step in the right direction.

If you have any concerns about our products,
you can contact us on
ProductSafety@springernature.com

In case Publisher is established outside the EU,
the EU authorized representative is:
**Springer Nature Customer Service Center GmbH
Europaplatz 3, 69115 Heidelberg, Germany**

Printed by Libri Plureos GmbH
in Hamburg, Germany

RECHERCHES PRATIQUES

SUR LES CAUSES

QUI FONT ÉCHOUER L'OPÉRATION

DE LA CATARACTE.

RECHERCHES PRATIQUES

SUR LES CAUSES

QUI FONT ÉCHOUER L'OPÉRATION

DE LA CATARACTE

SELON LES DIVERS PROCÉDÉS;

PAR

C. J.-F. CARRON DU VILLARDS,

DOCTEUR EN MÉDECINE ET EN CHIRURGIE,

ÉLÈVE DE D'ÉCOLE SPÉCIALE OPHTALMOLOGIQUE DE PAVIE,

Professeur particulier des maladies des yeux ; directeur et fondateur du dispensaire gratuit pour les maladies des yeux ; membre résidant de la Société médicale d'émulation, de la Société de médecine pratique, de la Société anatomique de Paris ; membre correspondant des Sociétés de médecine de Toulouse, de Lyon, de la Moselle, des Sociétés des sciences et arts du département de l'Ain, de Trévoux, de Macon, de l'Aube, de la Société médico-chirurgicale de Bologne, de la Société royale académique de Savoie ; oculiste de la Société de bienfaisance helvétique, et de celle de prévoyance, ainsi que de divers autres établissemens de charité, etc.

Vidi multum, feci satis, experientiâ duce.

A PARIS,

CHEZ L'AUTEUR, RUE MONT-THABOR, 8.

LIBRAIRIE DES SCIENCES MÉDICALES

DE JUST ROUVIER ET E. LE BOUVIER,

RUE DE L'ÉCOLE DE MÉDECINE, 8.

1834.

À *Monsieur Rossi*,

Président de l'Académie royale des sciences de Turin ,

Chirurgien de S. M. le roi de Sardaigne et de la Famille royale ; professeur honoraire de l'université de Turin ; chevalier de l'ordre royal de Saint-Maurice et de Saint-Lazare, chevalier et membre du conseil de l'ordre royal du Mérite civil de Savoie ; chirurgien en chef et inspecteur général de santé des armées de terre et de mer de S. M. le roi de Sardaigne, etc., etc.

À *Monsieur le Marquis*

Léon Costa de Beauregard ,

Chevalier de St-Maurice et de St-Lazare, écuyer de S. M. le roi de Sardaigne, etc.

MESSIEURS,

Veuillez agréer ce travail comme un témoignage public, quoique bien faible , de ma reconnaissance sans bornes pour les nombreuses marques d'intérêt, toujours croissant, que vous me prodiguez.

Quelles que soient les destinées futures de cette production, il en est une qui n'est point douteuse

pour moi, c'est la bonté et l'indulgence avec lesquelles vous l'accueillerez ; puisse votre exemple
être suivi par beaucoup de personnes, et mes
vœux seront comblés.

Dans cet espoir, je vous réitère l'assurance des
sentimens de haute et de respectueuse considération, ainsi que de la vive gratitude, avec lesquels
j'ai l'honneur d'être,

Messieurs,

Votre très humble et très obéissant serviteur,

Dr CARRON DU VILLARDS.

AVANT-PROPOS.

—◆—

Le titre et l'épigraphe de ce Mémoire, annoncent assez dans quel but il a été écrit. Il est tout basé sur des faits observés avec soin et recueillis, je puis le dire, avec impartialité; car il ne faut point se le dissimuler, à l'époque où nous vivons, *les faits seuls, bien observés, sont la seule puissance en crédit.* Cette pensée de M. Guizot, résume l'état et la marche des sciences médico-chirurgicales, et jamais aucune époque de l'ère médicale ne fut moins théorique que la nôtre.

Au moment où l'on s'occupe en France d'imprimer à l'ophtalmologie une marche analogue à
celle qui dirige les écoles d'Allemagne et d'Angleterre, j'aime à croire qu'on me saura gré de joindre
mes efforts à ceux d'honorables confrères, pour
en appeler de l'espèce de défaveur dont était entourée, chez nous, cette branche si intéressante
de l'art de guérir. C'est dans ce but qu'ont été ré-
digés un grand nombre de mémoires publiés dans
les journaux scientifiques de France, ou communiqués à des sociétés savantes.

Les travaux de Jacques Guillemeau, de Lasnier,
de Brissot, d'Antoine Maître-Jean, de Col de Villards , des Pellier de Gendron, de Jean-Louis
Petit, de Gleize, des deux Guérin, de Descemet,
des Demours et des Wenzel, ont assigné à la France
un rang trop honorable et supérieur pour ne pas
chercher à le conserver.

Si on consulte surtout les mémoires de l'académie de chirurgie, qui jeta un si vif éclat sur le
siècle dernier, on y trouvera des travaux qui ont
sans contredit, fait faire d'immenses progrès à la
chirurgie oculaire. On y voit surtout les mémoires
éminemment pratiques de Delaforest, de Borde-

nave, de Louis, de Daviel, de Lafaye, de Poyet, de Bérenger et de Ledran. Ces écrits impérissables ont été, de l'aveu de tout le monde, le foyer d'où ont jailli les lumières qui éclairèrent la route de tous les travaux des ophtalmologistes modernes.

Nous avons déjà prouvé ailleurs que les progrès que la science oculaire a faits depuis quelques années en Allemagne et en Italie, étaient dûs spécialement à la création d'hôpitaux destinés à l'étude et au traitement des maladies des yeux. Malgré l'envie et les efforts de quelques personnes, un service, incomplet il est vrai, créé à l'Hôtel-Dieu, témoigne suffisamment de l'intérêt que commence à inspirer cette branche de la science. En le confiant à M. Sanson, dont le savoir n'est dépassé que par sa modestie, l'administration des hôpitaux de Paris a prouvé, jusqu'à l'évidence, combien elle appréciait la portée des travaux, éminemment pratiques, que le chirurgien de l'Hôtel-Dieu, chargé du service spécial pour les maladies des yeux, avait fait insérer dans divers recueils scientifiques, et surtout dans le *Dictionnaire de médecine et de chirurgie pratiques.*

Sans les commotions qui ont agité la capitale,

nous aurions déjà terminé l'organisation d'un dispensaire pour le traitement gratuit des maladies des yeux, et nous espérons que, grâce aux encouragemens qui nous sont offerts de toutes parts, cette œuvre philantropique ne sera plus retardée dans son exécution, qui, nous en sommes certains, recevra son exécution dans les premiers jours de l'année.

Elève des professeurs Scarpa et Maunoir, dont l'un ne pratiquait que l'abaissement, tandis que l'autre était partisan déclaré et heureux de l'extraction, j'ai été à même d'étudier avec soin les deux méthodes.

Reçu docteur dès la fin de 1819, attaché pendant huit ans en qualité de médecin et de chirurgien à une maison centrale de détention, à de nombreux établissemens d'éducation, à la maison du roi de Sardaigne (section de la direction générale des haras royaux) et à une manufacture occupant deux mille ouvriers, je puis aujourd'hui invoquer quatorze années de ma propre expérience.

En suivant, dans les premières années de mes études, la pratique d'un oculiste, dont je tais le nom par respect pour sa famille, et pour ne pas renouveler les regrets occasionés par sa fin tragique, j'ai pratiqué un grand nombre d'opérations de cataracte, suivant la plupart des procédés.

Que l'on me pardonne d'avoir parlé ici de moi ; ce n'est point pour satisfaire à un vain amour-propre, mais pour désabuser quelques personnes qui, en me voyant suivre depuis quelques années, la pratique de nos grands chirurgiens dans les hôpitaux, avaient pensé que j'étais au début de ma carrière.

Malgré les trompeuses promesses des guérisseurs, la cataracte ne se dissipe point par des remèdes internes ou des applications. Il suffit de remonter aux sources, ainsi que nous l'avons fait, mon honorable ami Sichel et moi, pour se convaincre que les Lattier de la Rocher, les Veuillel, les Curé de Vauchassis se jouent impudemment de la crédulité publique et de l'ignorance de quelques médecins qu'ils indiquent comme témoins de leurs cures.

En attendant que le temps et l'expérience fassent justice de ce honteux charlatanisme, je me borne à rapporetr un seul fait :

M. le comte de Vaublanc, dont tous les journaux politiques ont célébré la guérison, ne l'est point, et j'ai constaté moi-même, dans le seul œil qui lui reste, d'une cataracte dure. Rappelons-nous que les grands maîtres de l'art, Barth, Beer, Scarpa, Maunoir, Rosar, Jœger, Grœfe, Jüngken, citent à peine quelques guérisons spontanées, accidentelles ou dues aux mercuriaux dans les complications syphilitiques.

Nous n'indiquons pas comme guérison, les déplacemens traumatiques et instantanés observés par Janin, Pellier, Boyer et autres, comme des cas de guérison.

C'est donc vers l'opération que l'on doit tourner tout espoir de guérison, et l'on doit savoir gré à ceux qui concentrent toutes leurs recherches vers ce point important, pour une maladie malheureusement si fréquente.

L'ouvrage que j'offre aujourd'hui à mes jeunes confrères, n'existe point encore dans la littérature française; à peine y trouve-t-on un mémoire de M. de Demours père, sur les moyens d'assurer les succès de l'opération de la cataracte. Ce travail, qui date presque de la renaissance de l'extraction, ne peut servir aujourd'hui que comme document historique. M. Sanson, dans son article cataracte, si remarquable du *Dictionnaire de médecine et de chirurgie pratiques*, en donnant l'état actuel de la science, ne l'a point considérée sous le point de vue que j'aborde.

Dans la littérature anglaise, Ware a, dans ses œuvres, consacré une place à un petit mémoire que nous citons à chaque pas, sur les causes qui s'opposent aux succès de la cataracte par extraction. W. Adams, sous le même titre, a composé un énorme volume, plutôt destiné à être l'apologie de ses méthodes, qu'à servir de guide aux opérateurs. Enfin, M. London a considéré l'influence des diverses manières de faire la section de la cornée sur la réussite de l'opération.

Le travail qu'on va lire a été composé il y a long-temps, sous forme de lettres, adressées au professeur Scarpa, qui avait pris l'engagement d'y répondre. Le changement de position d'une grande maison de librairie, chargée de cette impression, a fait ajourner cette publication. La mort de mon illustre maître en a fait changer la forme; le livre et la science y ont perdu tous deux, car le professeur Scarpa, tout en conservant pour moi les sentimens d'affection paternelle dont il honora ma jeunesse, ne m'eût pas ménagé pour être devenu un audacieux schismatique, employant, dans des cas spéciaux, l'extraction de la cataracte qu'il remplaçait dans toutes les circonstances par le broiement ou l'abaissement proprement dit. Tous ceux qui ont suivi avec attention la correspondance de Scarpa avec Vacca-Berlinghieri, celle avec Adams, dont M. Maunoir fut le savant intermédiaire, regretteront avec moi les réponses vives, pressantes, à hautes pensées chirurgicales, avec lesquelles le professeur de Pavie éclairait les discussions scientifiques auxquelles il prenait part.

Si, en indiquant des faits, j'ai peut-être rectifié quelques prétentions hasardées de quelques-unes de nos notabilités chirurgicales, j'y ai procédé avec franchise, j'ose le dire, avec convenance; car dans une série de recherches, basées sur des faits, je ne pouvais les combattre que par d'autres faits.

Ainsi, en donnant la proportion des succès et des revers de M. Roux, je m'éloigne des résultats présumés en général, résultats qui ont été cependant les mêmes pour MM. Guiramand, du bourg St-Andéol (1), Eccart de Mühlbach et Maunoir que pour moi. Que conclure de tout ceci? C'est que M. Roux est beaucoup moins heureux qu'on ne le proclame; car je ne pense point qu'il ait tenu lui-même un compte exact de ce qu'il a fait. Ce chirurgien est trop haut placé pour que mes chiffres l'atteignent et trop juste pour s'en formaliser; la science seule profitera donc de leur rectification, et c'est dans cette intention avouée que ce Mémoire a été écrit.

Dans le cours de l'ouvrage qui va suivre, je n'ai point examiné comme une cause d'insuccès, dans l'opération de la cataracte, l'usage de la main droite pour pratiquer l'opération sur l'œil droit ; car l'ambidextérité est, aux yeux de tous les oculistes, un précepte fondamental que l'on ne peut impunément transgresser.

Aussi n'y a-t-il que ceux qui n'ont jamais fait d'opération de cataracte sur le vivant, qui osent

---

(1) Guiramand, du bourg Saint-Andéol (Ardèche), *Thèse inaugurale*. Paris, 1830, n° 142. Eccart, *Thèse inaugurale.* Paris, 1828, n° 202. Maunoir, *Thèse inaugurale,* 1834.

dire qu'il faut toujours, et dans toutes les opérations sur l'œil, se servir de la main droite.

Nous engageons donc, ceux qui veulent pratiquer la chirurgie oculaire, a s'exercer continuellement avec la main gauche : en commençant par
des saignées, par de petites opérations, puis par
des expérimentations sur les animaux. Avec de la
patience et de l'attention, l'on vient facilement à
bout d'acquérir une dextérité suffisante.

Si en France la profession et la qualification
d'oculiste on été entachées de certaines défaveurs,
il faut l'attribuer à l'imperfection des institutions
médicales, à la création des officiers de santé, insti-
tution enfantée par les besoins de la révolution de
1789, et qui aurait dû suivre son destin.

En effet, que sont la plupart des oculistes qui
sillonnent la France ? Des valets d'anciens oculistes
qui, à la faveur des brevets d'officiers de santé,
promènent çà et là impunément leur ignorance et
leur témérité.

Espérons donc que la France, qui marche à la
tête de la civilisation, ne forcera point ses médecins

à envier encore long-temps les institutions médicales larges et libérales dont l'Autriche, la Prusse
et les divers états de la confédération germanique
ont doté, dans leur pays, les hommes qui s'hono-
rent d'exercer l'art de guérir. En les attendant, je
me glorifierai toujours d'une qualification qu'ont
illustrée Barth, Beer, Wengzel, Demours, que
n'ont point dédaignée Scarpa, Grœfe et de Walther,
et qui, de nos jours, est honorée par Maunoir,
Jœger, Jünghen, Rosas, Lerche, Quadri, Sichel
et Sanson, qui tous, comme on le sait, possèdent
bien d'autres titres à l'estime publique que leurs
travaux spéciaux relatifs à l'ophtalmologie.

Je ne terminerai point cet avant-propos sans
adresser de publics et sincères témoignages de reconnaissance à un grand nombre de praticiens distingués de Paris, dont le patronage aussi puissant
qu'éclairé m'a applani plus d'un obstacle dans
l'exercice de ma spécialité, et parmi lesquels je
dois placer en première ligne MM. Civiale, Chavernac, Biett, Nauche, Paul Gaymard, de la marine
royale, Emanuel Rousseau, Boulland, Delpech
(de Paris), Pigeaux, Paccoud, de Bourg, Miquel,
Deleau jeune, Jules Guérin, Lacorbière, Tan-

chou et Serrurier. Quant à Bennati, dont la fin tragique a rempli de deuil le cœur de tous ses amis, je ne puis adresser qu'à sa mémoire les témoignages d'affection et de gratitude pour les efforts qu'il a toujours faits pour me favoriser.

Il serait de toute injustice d'oublier l'habile fabricant d'instrumens, M. Charrière, qui, avec un zèle désintéressé que je ne saurais assez reconnaître, a toujours tenu à ma disposition sa belle collection d'instrumens, que M. Acarie-Baron a reproduit avec tant de fidélité dans les planches qui accompagnent cet ouvrage.

Maintenant, il ne me reste plus qu'à recommander mon travail à l'indulgence du public, indulgence d'autant plus nécessaire, que c'est toujours un écueil pour un étranger que d'aborder un travail dans une langue aussi belle, aussi éminemment scientifique, mais en même temps aussi difficile que la langue française.

RECHERCHES PRATIQUES

SUR

LES CAUSES D'INSUCCÈS

DANS L'OPÉRATION

DE LA CATARACTE.

CHAPITRE PREMIER.

Ce n'est pas tout que d'avoir un œil exercé, une main sûre et prompte, pour pratiquer avec succès l'opération de la cataracte; il est une foule de petits accidens qu'il faut prévoir, des causes d'insuccès qu'il convient de savoir éloigner, et qui sont souvent indépendantes du chirurgien; car malheureusement il est des circonstances où tout fait pressentir un succès complet, tandis que les suites sont loin de répondre aux espérances qu'avaient pu faire naître l'habileté de l'opérateur, la promptitude de l'exécution et la sûreté de ses manœuvres. Je connais des chirurgiens dont rien n'égale la dextérité dans le manuel de l'opération de la cataracte, et dont les revers sont désespérans.

I

Dans l'intention d'être utile à mes confrères, à ceux surtout qui débutent dans la pratique de cette opération, j'ai entrepris d'examiner les diverses causes qui peuvent la faire échouer, quel que soit le procédé mis en usage. Je dis *quel que soit le procédé*, car la plus grande hérésie chirurgicale du siècle consiste, selon moi, à vouloir adapter une méthode exclusive à tous les cas, en faisant plier les formes variées d'une maladie sous l'inflexible volonté d'une idée préconçue. Aussi m'éleverai-je toujours contre cet aveugle empirisme, et sans tenir compte des grands noms qui ont fait pencher la balance en faveur de tel ou tel procédé opératoire, je rechercherai la vérité basée sur l'expérience et prouvée par des faits authentiques. En suivant cette marche, et guidé par un éclectisme chirurgical indépendant de toute prévention, j'espère atteindre à mon but avec honneur et impartialité. Après une profession de foi de cette nature, qu'il me soit donc permis d'exprimer mon opinion avec franchise, bien décidé que je suis, à la dépouiller de toute personnalité, pour ne la sacrifier qu'à l'évidence des faits.

La plupart des méthodes opératoires pour guérir la cataracte sont bonnes, quand elles sont mises en pratique par un homme habile, et qui a acquis une expérience assez étendue dans cette branche de la chirurgie. S'il est des cas cependant où il n'est pas indifférent d'employer un procédé pour un autre, il en est aussi où, à dire le vrai, il y a autant de chances de succès pour l'une que pour l'autre des méthodes d'opérer. Dans ce cas, l'opérateur doit choisir celle qui lui est la plus familière; car ce serait, à mon avis, une erreur très grande et peut-être bien funeste que de faire perdre au chirurgien les avantages réels que l'expérience et l'habitude lui promettent par le procédé de son choix, en lui en imposant un autre dans lequel il serait moins exercé. Je n'ai pas l'intention de tracer ici l'histoire des diverses manières de pratiquer l'opération de la cataracte, je renvoie pour cela aux ouvrages didactiques. Le parallèle des méthodes est encore plus éloigné de mon but, car il ne peut y avoir de comparaison exacte, que lorsque l'on peut étudier les effets et les résultats des divers procédés, dans les cas qui offrent la plus grande analogie, et l'on ne me contestera pas que cette ressemblance est non seulement bien rare à rencontrer, mais encore très difficile à saisir.

Quoique je sois persuadé que l'opération de la cataracte soit une des plus délicates et les plus difficiles de la chirurgie; quoique elle exige le plus haut degré de dextérité et de finesse, *oculo manuque*, je crois qu'elle doit rentrer dans le domaine de la pratique de tout chirurgien qui étudie avec soin cette partie importante de la médecine opératoire. Mais, avant de tenter l'opération sur l'homme vivant, il faut faire de nombreux essais sur le cadavre et sur les animaux; c'est surtout sur ces derniers qu'il importe de s'exercer pour acquérir

la connaissance de la résistance des tissus à l'instrument tranchant, et des phénomènes traumatiques que les instrumens tranchans ou piquans
développent sur l'œil, ou ses annexes, pendant l'o-
pération. Les ophtalmologistes allemands, auxquels
la science est redevable de si utiles découvertes,
ont inventé des instrumens destinés à contenir des
yeux de mouton et de porc, au moyen desquels on
peut s'exercer dans le manuel des diverses méthodes. La plus utile et la plus parfaite de ces machines, connue sous le nom d'*ophtalmo-fantôme*, est
due au docteur Albert Sachs. On peut en trouver la description exacte dans la traduction de l'ouvrage de Weller (1). Depuis plusieurs années, j'ai
été à même d'apprécier les avantages de ces mas-
ques, destinés à la manœuvre des opérations oculaires. Je renvoie, du reste, pour plus amples détails, à l'intéressante dissertation, publiée sur ce
sujet, par Reisinger (2). Le modèle de cet instrument a été communiqué, par moi, à M. Charrière,
et l'on peut facilement s'en procurer chez cet habile fabricant.

Malgré toutes les précautions et les essais dont
nous venons de parler, la plupart des jeunes chirurgiens sont embarrassés dans les premières opé-

---

(1) Weller, *Traité des maladies des yeux*, traduit par Riester, tome
II, page 265.

(2) Diss. de exercitationibus chirotechnicis et de constructione atque usu phantasmatis, in ophtalmologia. Goett, 1814.

rations de cataracte ; car la mobilité et la sensibilité
de l'œil rendent très-difficile l'introduction de l'instrument tranchant ou piquant, pour peu qu'il y
ait d'hésitation dans la première manœuvre. Ceux
qui ont beaucoup vu mettre en pratique les diverses manières d'opérer la cataracte, s'accordent
à dire qu'il faut surtout savoir apprécier le moment
favorable pour attaquer l'organe; c'est ce que l'on
appelle l'étude du temps : en appliquant, à cette
signification pour la chirurgie, celle adoptée par le
maître d'escrime.

Il est encore une précaution indispensable sur
laquelle j'insisterai surtout, c'est de savoir apprécier les modifications diverses qu'apportent, à la
couleur des instrumens, les tissus et les humeurs
que l'on traverse, selon le degré varié de profondeur
ou d'éloignement auquel ils se trouvent : cette connaissance est de la plus haute importance pour
tenir l'instrument, piquant ou tranchant, dans
une direction convenable, et empêcher qu'il ne la-
boure les tissus.

Les principales méthodes d'opérer la cataracte
sont l'abaissement, qui est la plus ancienne ; l'extraction, qui date de moins loin, et la kératonyxis,
qui est toute récente ; c'est-à-dire qui a commencé
quelques années avant la moitié du siècle passé,
à moins toutefois que l'on ne veuille considérer
comme une opération de kératonyxis celle que rapporte Mayerne Turquet, et qui fut exécutée par une
femme anglaise sur le fils du comte de Warwich en

1690 (1). Ces trois espèces d'opérations ont toutes pour but de déplacer, de chasser, ou de broyer le cristallin et ses annexes devenus opaques; mais elles sont elles-mêmes susceptibles de subdivisions que nous allons exposer dans le tableau ci-après.

Les causes qui peuvent faire échouer une opération de cataracte, quel que soit le procédé mis en pratique, sont de natures bien différentes : les unes sont inhérentes aux procédés eux-mêmes ; les autres sont produites par des accidens prévus ou imprévus, arrivés pendant ou après l'opération, et que l'on n'a point pu combattre victorieusement. Il en est d'autres qui sont dues à la constitution des sujets, à la forme de l'œil, à l'incertitude du diagnostic de l'espèce de cataracte, au choix inopportun de la méthode opératoire, à la défectuosité des instrumens, à la mauvaise position des malades pendant l'opération ; enfin au traitement consécutif. Elles peuvent être classées dans l'ordre suivant :

1º Accidens propres à toutes les espèces d'opération de cataractes ;

2º Accidens propres à chaque procédé en particulier, et qui seront énoncés en examinant ce procédé lui-même.

Afin de graver dans l'esprit des personnes qui étudient la chirurgie oculaire, une véritable idée de l'influence que ces accidens peuvent avoir sur la réussite de l'opération, je me propose de les exa-

---

(1) Theod. Mayerne Turquet, Praxis medica. London, 1690.

miner en détail et avec la plus grande attention. Je ferai ensuite tous mes efforts pour indiquer le traitement le plus favorable pour les combattre, ainsi que les ressources fournies par la médecine opératoire, afin de les éviter, ou pour tâcher d'y remédier. Cette entreprise est grande sans doute, et nécessite des connaissances plus étendues et plus profondes que les miennes; heureusement les leçons et les conseils de nos maîtres sont encore présens à notre mémoire, et c'est surtout les résultats de leur expérience que je présenterai à mes lecteurs. Dans l'exposé des faits qui me seront indispensables comme preuves, ou comme exemples, je n'invoquerai ceux qui me sont personnels, que lorsqu'ils me sera impossible de m'en abstenir.

Afin de rendre plus appréciables les deux grandes divisions principales que nous avons apporté dans l'énumération des causes qui font échouer l'opération de la cataracte, nous avons dressé, ci-contre, un tableau synoptique, indiquant les divisions des diverses méthodes *de pratiquer cette opération*.

TABLEAU SYNOPTIQUE

ET DIVISIONS DES DIVERSES MÉTHODES D'OPÉRER LA CATARACTE.

MÉTHODE SIMPLE.

DÉPLACEMENT DU CRISTALLIN HORS DE SON AXE VISUEL.

1° Abaissement proprem. dit.
Scléroticonyxis, en pénétrant par la sclérotique et en attaquant le cristallin par sa face antérieure.

2° id. id.
Sclérotico-hyalonixis, en pénétrant par la sclérotique à quatre lignes environ de son insertion avec la cornée, traversant la membrane hyaloïde et attaquant le cristallin par sa face postérieure.

3° Broiement sclérotidien, ou discision. . . . . .
Procédé par lequel le cristallin et ses annexes sont mis en morceaux, et soumis à la résorption suivant les méthodes de Barbette, de Scarpa et d'Adams, avec l'aiguille droite, la courbe, ou le petit couteau tranchant d'Adams.

4° Rétroversion ou Réclinaison
Modification apportée à l'abaissement par Günzius et Willburg, par laquelle le cristallin est déplacé hors de son axe, la face antérieure de la lentille se trouvant placée en haut et la face postérieure en bas.

MÉTHODE SIMPLE.

EXTRACTION DU CRISTALLIN ET DE SES ENVELOPPES.

Extraction proprement dite, ou kératomie. . . . . .
1° Avec incision à la partie inférieure de la cornée transparente, méthode Arabe renouvelée par Saint-Yves et par Daviel.

2° Avec incision à la partie supérieure de la cornée, méthode du baron de Wenzel, de Santarelli, renouvelée par Iœger, de Vienne.

3° Avec incision aux parties latérales de la cornée, procédé inventé par le baron de Wenzel.

Extraction sclérotidienne, ou Scléroticotomie. . .
Section de la sclérotique aux parties supérieure, inférieure et latérale, méthode de Bell, Earle, Lobenstein, Quadri.

MÉTHODE COMPOSÉE.

MÉTHODE MIXTE.

1° Kératomi-réclinaison. . .
Kératomi-réclinaison, méthode Égyptienne, incision de la cornée à sa partie inférieure, et renversement de la lentille cristalline avec une petite spatule d'or.

2° Sclérotomi-réclinaison. . .
Méthode de Gensoul de Lyon, en incisant la sclérotique à une ligne de son insertion à la cornée, et abaissement du cristallin avec la curette de Daviel, comme dans la méthode Égyptienne.

3° Sclérotomi-dépression. . .
Méthode de Giorgi d'Imola, avec incision latérale de la sclérotique, au lieu d'élection pour l'abaissement ordinaire; immersion du cristallin dans l'humeur vitrée avec un couteau-pince lancéolé, avec lequel l'on peut extraire la capsule au besoin.

4° Kératomi-scléroticonyxis.
Incision à la partie inférieure de la cornée pour extraire la capsule cristalloïde, en même temps qu'une aiguille introduite comme dans la scléroticonyxis ordinaire, broie le cristallin, procédé d'Adams, renouvelé par Quadri.

KÉRATONYXIS.

Kératonyxis et ses modifications
1° Ponction simple de la cornée à la partie inférieure ou latérale; abaissement antéro-postérieur, méthode de Col de Villars, de Gleize, Conradi, Buchorn, revendiquée à tort par Dupuytren, Demours et Montain.

2° Ponction de la cornée avec broiement du cristallin et de sa capsule, abandonnant les fragmens à la résorption sans les déplacer (méthode de Saunders), ou en les projettant dans la chambre antérieure (méthode de Jœger).

3° Ponction de la cornée avec perforation de la capsule dont les deux feuillets deviennent adhérens, lorsque l'on a évacué l'humeur laiteuse (méthode de Saunders pour la cataracte congéniale), employée avec succès par Farre, Travers et modifiée par Carron du Villards.

D'après le tableau que nous venons d'indiquer un peu plus haut, l'opération de la cataracte doit être partagée en trois grandes catégories, qui peuvent elles mêmes fournir des modifications opératoires, assez tranchées pour former autant des méthodes diverses.

Ces principales catégories ou divisions sont :

A. Le déplacement du cristallin opaque de l'axe visuel, et qui se pratique : 1º en pénétrant dans l'œil à travers la sclérotique et en y immergeant le le cristallin dans le corps vitré ; c'est l'abaissement proprement dit, ou scléroticonyxis. 2º. A travers la sclérotique, en faisant la ponction de cette tunique beaucoup plus loin que dans l'abaissement ordinaire, à trois lignes au moins de son union avec la cornée, en traversant la membrane hyaloïde pour attaquer le cristallin par la face postérieure. Cette méthode, proposée et exécutée par Bowen, se nomme sclérotico-hyalonyxis. 3º. Le broiement au moyen duquel, en suivant les règles de l'abaissement proprement dit, on broie et l'on triture le cristallin et ses annexes, dont les fragmens sont abandonnés dans la chambre postérieure, ou jetés, en partie ou en totalité, dans la chambre antérieure pour faciliter leur absorption, soit que l'on suive la méthode de Scarpa, soit que l'on exécute celle d'Adams, qui consiste à couper le cristallin avec un petit couteau-aiguille. 4º. Par la rétroversion ou réclinaison, procédé dans lequel le cristallin est déplacé hors de son axe, de manière que la face antérieure de l'organe vienne se placer en haut, et la face postérieure en bas.

5°. Par la kératomi-réclinaison, méthode usitée en Egypte depuis un temps immémorial, et dont les détails m'ont été transmis en 1820 par mon ami le docteur Herbeer, dont j'ai été à même de vérifier l'exactitude dans les lettres écrites du Caire par M. le docteur Pariset, et insérées dans le *Moniteur*. Ce procédé, ainsi que l'indique son nom, est un opération mixte qui consiste à inciser avec une lancette, garnie de linge, la cornée transparente dans le lieu indiqué par Daviel; puis à introduire une petite spatule d'or, plate, au travers de la solution de continuité de la cornée, pour abattre le cristallin de haut en bas, et le plonger dans le corps vitré.

6°. Par la sclérotomi-réclinaison, qui ne diffère du procédé égyptien qu'en ce que l'on fait la section de la sclérotique à la partie inférieure, à une ligne de son union avec la cornée transparente.

7°. Enfin par la méthode du professsur Giorgi, d'Imola, laquelle est encore un procédé mixte, consistant à inciser la sclérotique dans le lieu d'élection pour l'abaissement ordinaire, avec un couteau-lance, à deux lames, formant pinces, s'ouvrant et se fermant à volonté, et au moyen duquel on peut non seulemnt abaisser le cristallin, mais encore l'extraire au besoin, en partie ou en totalité avec sa capsule.

B. L'extraction du cristallin et de ses enveloppes, cette méthode évidemment connue des anciens, mais oubliée depuis long-temps, jusqu'au moment où elle fut remise en pratique par Saint-Yves et Daviel, s'exécute: 1°. en incisant la cornée transparente à sa partie inférieure, avec un seul ou plusieurs instrumens, comme le faisait le chirurgien de Marseille, et à sa partie supérieure, à droite, à gauche ou latéralement, comme le pratiquaient Wenzel et Santarelli (1). 2° En faisant une ouverture aux divers points de la sclérotique, comme le proposait Benjamin Bell, qui fit ses expériences sur le cadavre ; et comme l'exécutèrent Earle et Lobenstein qui opérèrent sur le vivant. Quadri incise la sclérotique à l'angle externe, à deux lignes de la cornée avec le couteau de Wenzel : il introduit par cette ouverture, un instrument en forme de pince dont il applique une branche sur la face antérieure du cristallin, et l'autre sur sa face postérieure, en enlevant ainsi le corps et sa capsule. Enfin, en mettant en usage une méthode mixte, proposée et exécutée par Adams, et successivement par Quadri, qui consiste à inciser la cornée à sa partie inférieure, pour aller chercher la capsule du cristallin, en même temps qu'une aiguille, introduite dans le lieu d'élection pour la scléroticonyxis, broie et réduit en pièces la lentille.

C. La Kératonyxis, ou abaissement antéro-postérieur, soit que la cornée soit percée en haut, en

---

(1) Santarelli, Ricerche per facilitare l'estrazione della Cateratta, Vienne, 1798, in-8°.

bas, en côté par les méthodes de Col de Villards,
de Conradi, Buchorn, Montain, en déprimant la
cataracte en masse avec ses annexes : soit qu'on la
brise ainsi que le pratiquaient Saunders, Farre, en
laissant la capsule en place, ou en broyant le tout,
comme l'exécutent Travers, Tyrrel, ou selon la
modification que j'ai apportée à ce procédé.

CHAPITRE II.

ACCIDENS PROPRES A TOUTES LES ESPÈCES D'OPÉRATIONS DE CATARACTE.

Quelle que soit la méthode dont on ait fait choix
pour opérer la cataracte, il est des accidens qui en
sont tout à fait indépendans ; ils s'observent aussi
souvent dans l'abaissement qu'après l'extraction :
on aurait donc grand tort de les attribuer plutôt
à une méthode qu'à une autre. La vérité garde un
juste-milieu, et ce serait une grande et fatale prévention que de reprocher à un procédé la fréquence
des accidens qui accompagnent souvent son exécution, tandis que l'expérience prouve à ceux qui
mettent indistinctement en pratique toutes les méthodes, qu'ils peuvent survenir à la suite de cha-
cunes d'elles. Ces accidens peuvent-être classés dans
l'ordre suivant :

1º Les erreurs de diagnostic de l'espèce de cataracte, ses adhérences méconnues, et l'incertitude
de ses complications.

2° Le choix d'un procédé peu convenable.

3° La position désavantageuse du malade pendant l'opération, et celle-ci pratiquée sur les deux yeux en même temps.

4° La défectuosité des instrumens employés.

5° L'influence de quelques maladies, et les phénomènes morbides qui se manifestent pendant et après l'opération.

6° Le concours d'une saison défavorable et le mauvais état de l'œil.

7° L'hésitation dans le traitement consécutif, ou l'usage peu approprié des moyens thérapeutiques.

8° Enfin, l'exposition prématurée de l'œil opéré à la lumière.

CHAPITRE III.

ERREURS DE DIAGNOSTIC DE L'ESPÈCE DE CATARACTE ET DE LA NATURE DE SES ADHÉRENCES.

Ce n'est point ici le lieu de faire l'histoire des différentes espèces de cataracte. Je renvoie pour cela aux ouvrages de Beer, Richter, Scarpa et Guthrie, ainsi qu'à un mémoire qu'a récemment fait insérer dans un ouvrage périodique mon ami le docteur Jules Sichel (1).

Mais comme il est fort avantageux, pour le succès de l'opération, de connaître à quelle espèce

---

(1) Lancette française, 1833.

de cataracte l'on a affaire, afin d'augmenter les chances de réussite, je vais entrer dans quelques détails à ce sujet, puisque le résultat du diagnostic, peut faire choisir un procédé de préférence à un autre. En effet, il est facile de concevoir que si l'on avait les moyens de s'assurer, si la cataracte est membraneuse ou non, on prendrait d'avance les précautions convenables pour détruire en même temps le cristallin et sa capsule; car, ce n'est point sans augmenter les probabilités de la chute du corps vitré qu'on tente de retirer de l'œil une capsule opaque, lorsqu'on a déjà extrait le cristallin. Malheureusement, le diagnostic est souvent bien difficile et bien obscur; il est aisé de s'en convaincre en lisant tout ce qui a été écrit de contradictoire à ce sujet. Aussi le professeur Scarpa (1) disait-il : qu'à l'exception de la cataracte congéniale, qui est toujours fluide en totalité ou en partie, et la cataracte membraneuse consécutive à la dépression ou à l'extraction du cristallin, il ne croyait pas qu'il fut toujours possible de déterminer d'avance la consistance de cette lentille. Adams (2) s'élève avec force contre l'opinion du professeur de Pavie, et pense que dans tous les cas, un oculiste exercé se trompera rarement sur la nature de l'altération

---

(1) Scarpa, Lettera diretta al professor Maunoir negli opusculi, pag. 165.

(2) W. Adams Practical, Inquiry into frequent failure of the operation of cataract, pag. 261 et 26.

cristalline. Les deux auteurs sont également éloignés de la vérité, et je crois que l'on peut appeler
de leur arrêt. En effet, le professeur Scarpa (1)
ayant adopté exclusivement l'abaissement, ne donnait que peu d'attention à la nature de la cataracte. « Que m'importe, disait-il, la connaissance
« exacte des altérations cristallines, puisque, lors-
« que j'ai introduit mon aiguille à crochets, si la
« lentille est fluide, molle, caséeuse, je la romps
« avec facilité, et je pousse ses fragmens dans la
« chambre antérieure; tandis que, si elle est dure
« et résistante, je la plonge dans le corps vitré. »
Adams, à son tour, en déclarant qu'un homme
exercé ne peut pas faire des erreurs de diagnostic,
se trouve bien en peine de tracer les règles à suivre
pour reconnaître la nature du cristallin, et élude la
question, en disant : « Cette facilité de diagnostic
« ne peut être ni décrite ni figurée, et l'on n'y par-
« vient qu'avec de l'habitude, de l'expérience et du
« tact. » Sans vouloir accorder trop de confiance
aux signes indiqués par les auteurs comme carac-
téristiques, je crois cependant que l'on peut en tirer parti avec avantage, pour établir des présomptions puissantes en faveur de tel ou tel diagnostic.
Les recherches pour acquérir une conviction suffisante sont d'autant plus importantes, selon moi,
que l'on ne peut et l'on ne doit pas toujours employer la même méthode opératoire. Ainsi, quand

---

(1) Scarpa. Op. cit. p. 166.

on rencontrera un cristallin d'un gris cendré, à reflet opalin, coloré uniformément; quand en l'examinant avec une forte lentille, on n'y verra aucune oscillation ou mouvement intérieur, l'on pourra presque être certain à l'avance que le cristallin est résistant. Les mêmes conséquences pourront se tirer, lorsqu'on apercevra une couleur jaunâtre, légèrement mate, et dans laquelle la figure de l'examinateur ne vient point se réfléchir. Les teintes foncées, brunes, indiquent, dans la plus grande partie des cas, une consistance solide dans le cristallin; chez les vieillards, la cataracte nacrée, uniforme, est presque toujours à l'état solide, tandis que le contraire a lieu chez les enfans et les adultes, et je puis affirmer, avec le professeur Scarpa, de n'avoir jamais rencontré de cataracte entièrement solide avant l'âge de trente à trente-cinq ans, si ce n'est deux ou trois cataractes pierreuses, occasionnées par de violentes ophtalmies varioleuses, et que l'on est presque toujours sûr de reconnaître à leur teinte café au lait marbré. Les cataractes couleur blanc de lait, plus ou moins azuré, sont toujours molles, soit qu'elles soient formées par l'humeur de Morgagni, soit par la fonte complète du cristallin. Marc-Antoine Petit (1) dit que, dans ce cas, on peut rencontrer au milieu de l'humeur laiteuse azurée, un petit cristallin jaune et solide. En exa-

---

(1) Marc-Antoine Petit, *Leçons cliniques*, rédigées par M. Lusterbourg, page 44.

minant l'œil avec attention et au moyen d'une forte lentille, on y remarquera une espèce d'agitation ou de tremblement qui deviendra bien plus sensible lorsque le malade remuera la tête. Ce phénomène acquerra un degré d'évidence majeure si l'on frictionne la partie antérieure de l'œil à travers la paupière. Tout ce que nous venons de dire se rapporte aussi aux cataractes d'un blanc jaunâtre. Dans la cataracte membraneuse, au contraire, soit qu'elle ait son siége à la partie antérieure du cristallin, soit qu'il s'agisse de sa partie postérieure, la couleur n'est jamais uniforme : Beer, Rosas, Jüngken, affirment que la couleur est toujours claire, jamais uniforme, mais d'apparence tachetée, pointillée, veinée ou bigarrée. Lorsque le cristallin se présente à l'œil qui l'examine, avec une surface antérieure lisse, brillante, réfléchissant fortement la lumière et reflétant la figure de l'observateur, il est plus que probable qu'il s'agit, dans ce cas, d'une cataracte capsulaire, et qu'il est nécessaire de détruire avec soin cette capsule, soit que l'on pratique l'extraction, soit que l'on choisisse l'abaissement. Un point isolé, central, quelques veinules opaques, éparses, à apparence cotonneuse ou de bissolite, indiquent une altération de la surface du cristallin, et par conséquent de la capsule antérieure. Alors le cristallin est presque toujours solide, excepté dans les endroits opaques où il est légèrement ramolli. Toutes les fois qu'il est d'une couleur mate, blanche ou jaune, comme recouverte de moisissure ou semblable à la fumée, et lorsqu'une douce friction, pratiquée sur la paupière, lui imprime quelques oscillations, il faut redoubler de prudence si l'on pratique l'extraction, le cristallin pouvant sortir seul et entraîner après lui une hernie considérable de l'iris ou une chute de l'humeur vitrée.

Quant à la cataracte branlante, ce phénomène est dû à ce que le cristallin racorni flotte dans une capsule intacte, et non point, comme le croyait Cusson (1), parceque, la cristalloïde postérieure est détachée du corps vitré, et qu'il existe un commencement d'exfoliation. Toutes les fois qu'on aura affaire à une cataracte de cette cette espèce, je crois qu'il y aura de grandes chances défavorables à courir, en employant l'extraction. Enfin, lorsque les cataractes sont inégales, boursouflées, et qu'elles envahissent presque toute la chambre postérieure, que leur surface est nuageuse et bosselée, l'on peut être presque certain de rencontrer une altération hydatiforme ou puriforme du cristallin, circonstance aussi fréquente dans la jeunesse que rare dans un âge avancé.

Au reste, les cataractes capsulaires sont bien moins fréquentes qu'on ne le croit en général, et M. Dupuytren est tombé dans une erreur bien grave en annonçant que la cataracte membraneuse est à la cristalline, dans le rapport de 1 demi. On ne saurait se défendre de croire qu'il ne se fût glissé ici quelque

---

(1) Cusson, *Dissertation sur la cataracte*, page 9.

erreur de rédaction ou d'impression, si ce fait avancé par le chirurgien de l'Hôtel-Dieu, n'avait été reproduit par la *Lancette française*, dans ses leçons cliniques publiées dernièrement, ainsi que dans le *Répertoire général d'anatomie et physiologie*, tome 3e. Sur 264 opérations de cataracte, pratiquées à l'Hôtel-Dieu, et dont un tableau synoptique a été dressé par M. Hippolyte Royer-Collard, on trouve seulement la désignation spéciale de cataracte membraneuse, rapportée quinze fois; or, la différence de la proportion est bien autrement établie, et il y a loin des allégations aux faits : il faudrait, dans ce cas, fixer la proportion ainsi qu'il suit, 15 : 264 :: 1 : 16 3/5. Il suffit de lire les comptes rendus des cliniques oculistiques de Vienne et de Berlin, ou l'extraction est plus généralement employée, pour se convaincre de la rareté des cataractes capsulaires primitives. Ici, il n'y a pas d'erreur possible : aussitôt que le cristallin est enlevé, on peut juger de l'état de sa capsule; tandis qu'avec l'aiguille par abaissement ou par broiement, l'appréciation est plus douteuse. L'opinion que j'avance reçoit un degré de certitude par les résultats observés dans le service de M. Roux à la Charité; qui, ainsi qu'on le sait bien, pratique toujours l'extraction: sur 179 opérations faites par ce chirurgien, il n'a rencontré que cinq capsules opaques; ce qui donnerait le rapport suivant : 5 : 179 :: 1 : 34 4/5.

Ces calculs, sur l'exactitude desquels on peut compter, m'ont été transmis par un jeune chirurgien qui promet de soutenir dignement un nom placé bien haut dans les fastes de la chirurgie oculaire, M. Théodore Maunoir de Genève. Ils recevront, du reste, un plus ample développement dans sa thèse inaugurale (1). Les faits recueillis à la Charité contrastent donc entièrement avec ceux qu'à mis en avant le professeur de l'Hôtel-Dieu.

Dans un ouvrage périodique, j'ai déjà fait sentir l'importance qu'il y avait de s'assurer avec soin des rapports de l'iris avec le cristallin ou ses annexes (2). Il faut donc, je le répète, mettre la plus grande attention dans ces recherches, car le choix du procédé et le succès de l'opération en dépendent. Ainsi, après avoir minutieusement examiné l'organe affecté à œil nu, ou à l'aide d'une loupe, et l'avoir considéré dans toutes les positions avec des degrés de lumière variés, afin de solliciter les contractions pupillaires, on pourra conclure qu'il n'existe aucune adhérence fâcheuse si la pupille se dilate et se contracte uniformément, si le trou de la prunelle n'offre aucun tiraillement, ou si une partie de celle-ci n'est point trop lente à revenir dans son type normal. On pourra tirer des inductions contraires toutes les fois que les mouvemens iriens seront bornés à une partie de l'iris, ou bien lorsqu'ils déformeront plus ou moins la pupille

---

(1) La thèse a paru pendant que ce travail était sous presse
(2) *Bulletin Thérapeutique*, année 1833, page 83, tome V.

pendant leur action. Il faudra qu'on ait soin de vérifier si cette irrégularité de la pupille est constante, si elle persiste après plusieurs contractions, et si l'on peut reconnaître entre la capsule cristalloïde et la face postérieure de l'iris les brides qui produisent cette déformation. Il n'est pas moins nécessaire de fixer son attention sur la forme qu'affecte la pupille pendant ce moment de dilatation, afin d'en pouvoir tirer plus tard les conséquences pratiques indipensables au succès de l'opération. Mais un opérateur prudent ne s'en tiendra point à cet examen préliminaire : il fera sagement d'obtenir, à quelques jours d'intervalle, des dilatations variées de la pupille, en employant des instillations graduées de solution de belladonne. Ces nouvelles recherches lui fourniront de précieux avantages ; d'abord celui de constater la forme habituelle que prend la pupille pendant la dilatation, puis de reconnaître les principaux points d'où partent les liens anormaux qui entravent les contractions pupillaires ; enfin, il parviendra probablement à détruire ces adhérences par une violente dilatation de la pupille ; ce dont j'ai été témoin plusieurs fois, et que l'on ne saurait révoquer en doute, puisque l'action de la belladonne sur l'iris est telle, qu'en sollicitant une dilatation prompte et énergique, on réussit souvent à réduire une hernie de cette membrane. Il ne faut point prendre pour résultat des adhérences, la lenteur avec laquelle s'opèrent, dans mainte occasion, la dilatation ou la contraction de l'iris : cette paresse ou cette torpeur est due à l'influence mécanique qu'exerce sur l'iris un cristallin hypérémié , dont la convexité antérieure a détruit presque toute la chambre postérieure.

Tout ce que nous venons d'exposer, prouve jusqu'à l'évidence qu'il est du plus haut intérêt de bien connaître la nature de la cataracte et ses rapports avec les parties voisines. M. Guillié (1) avait bien apprécié toute la valeur de ce précepte, lorsqu'il disait : « Une chose importante à observer, c'est la « connaissance des complications dont la cataracte « est sucseptible , complications desquelles dé- « pend le choix des méthodes curatives et même le « succès de traitement. Que le cristallin soit dur « ou mou, pierreux ou laiteux, un opérateur « exercé ne sera jamais arrêté pour n'avoir pas « connu antérieurment ces divers états, quelque « procédé opératoire qu'il mette en pratique. « Mais en sera-t-il de même pour ceux qui débutent « dans la carrière ? »

Si les complications de la cataracte se bornaient à celles que nous venons de décrire, il serait, en général, assez facile d'y remédier ; mais il n'en est que trop souvent autrement. L'amaurose ou goutte sereine, les affections de la rétine, les hydrophtal-mies, les inflammations chroniques de l'œil, les ptérygions et autres végétations anormales, le tri-chiasis, le distichiasis, l'entropion, le scorbut et la

---

(1) Guillié, *Bibliothèque ophtalmologique*, page 55.

plique polonaise, sont autant de complications fâcheuses qu'on n'est pas assez heureux pour combattre toujours avec avantage, et qui peuvent compromettre le succès de l'opération le plus habilement et le plus heureusement exécutée.

J'ai attendu jusqu'ici pour parler de la cataracte noire, parce que cette maladie, étant si souvent confondue avec la goutte sereine, il est de la plus haute importance d'en faire connaître les caractères distinctifs, afin de redoubler d'efforts, pour que ceux qui en sont atteints, ne soient point condamnés à une nuit perpétuelle. Grâce à l'habileté de M. Wenzel père, le maréchal de Molk, de Vienne, déclaré amaurotique par Van-Swieten et de Haën, recouvra la vue par l'extraction d'une cataracte entièrement noire. M. Wenzel rendit le même service à M. Tonnelier, secrétaire des commandemens de Madame Adelaïde de France, qui avait été déclaré amaurotique et abandonné, comme tel, à une cécité absolue de plusieurs années, par les hommes les plus distingués de la capitale (1). Le fait suivant dont je suis redevable à l'obligeance de M. Graefe, et que j'avais déjà vu rapporté dans un journal (2), fera de plus en plus sentir la nécessité où l'on est de tenir le compte le plus scrupuleux des signes différentiels des deux affections qui nous occupent. S. A. R. le duc de Cumberland, frère du roi

---

(1) Wenzel, *Traité de la cataracte*, page 39 et 41.
(2) *Journal de chirurgie*, 10. Band, p. 3. H. fr. von Grœfe.

d'Angleterre, ayant perdu complètement l'œil gauche depuis quelques années, s'aperçut que la vue de l'œil droit s'altérait de jour en jour, au point de ne pouvoir plus lire ni écrire. Malgré les soins les plus éclairés et le traitement le plus énergique, ses facultés visuelles allaient s'éteignant chaque jour davantage. Tout ce que la Grande-Bretagne avait de chirurgiens et d'oculistes recommandables, fut appelé à donner des avis à S. Altesse, et presque tous convinrent de l'impuissance des traitemens dirigés contre une affection qu'ils croyaient amaurotique. Réduit au désespoir par une décision aussi funeste et aussi unanime, S. A. se rendit à Berlin pour se confier aux soins de M. le professeur Graefe, dont la haute réputation est pleinement justifiée par les succès les plus brillans. La pupille était très noire, uniforme ; on n'y reconnaissait aucun reflet ni chatoiemens : l'iris était très impressionnable à la lumière ; il se dilatait et se contractait très régulièrement. Ces symptômes n'étant point assez concluans pour asseoir son opinion, le chirurgien berlinois chercha à obtenir la plus grande dilatation possible de la pupille au moyen de fortes doses de belladone. A peine y fut-il parvenu, qu'il reconnut dans la grande circonférence du cristallin un ou deux points blanchâtres et piquetés, qui ne lui permirent plus de douter que l'on avait affaire à une opacité foncée du cristallin. L'opération prouva la justesse et la sûreté de ce diagnostic, et, nonobstant la réunion de

plusieurs circonstances fâcheuses, l'opération réussit au point que le malade put, en se servant de
lunettes, lire, de loin et de près, avec une précision et une clarté qui ne laissèrent rien à desirer.

Il est bien constaté, aujourd'hui, que la mobilité
ou l'immobilité de la pupille, n'est pas toujours un
signe certain d'amaurose; mais il faut cependant
remarquer que l'on rencontre un bien plus grand
nombre d'amauroses avec paralysie de l'iris,
qu'accompagnées du mouvement de ce dernier. Sa
mobilité sera donc déjà un signe que l'on pourra
prendre en considération, comme rassurant, surtout si la vue du malade peut s'exercer plus nettement, le soir et le matin, et plutôt dans les endroits obscurs qu'au grand jour. En examinant
attentivement le cristallin, il est facile de voir
qu'il a perdu sa transparence, et qu'il est réduit à
un état amorphe du plus beau noir. En projetant
sur lui un rayon lumineux, au moyen d'un miroir
concave ou d'un prisme, on se convaincra aisément que la lumière ne le traverse point pour aller
se réfléchir au fond de la cavité oculaire. « Si la
« couleur noire du cristallin, dit M. Boyer (1),
« dont tout le monde connaît l'esprit d'observation,
« est un peu mélangée, le diagnostic est moins
« obscur, et l'on peut, en examinant l'œil atten-
« tivement, réconnaître la nature de la maladie. »

---

(1) Boyer, *Traité des maladies chirurgicales*, tome V, article
Cataracte, page 500 à 509.

Les divers signes, dont il vient d'être question, fourniront un plus grand degré de probabilité, si l'on considère que les sujets affectés de cataracte noire, ont perdu la vue peu-à-peu, graduellement; tandis que l'amaurose, en général, débute rapidement, et suspend tout à coup les fonctions visuelles. Les malades, atteints de cataracte, voient mieux aussi sur le côté, par une raison physique qui est trop simple pour être expliquée. Je n'ai pu rencontrer ce fait chez plus de deux cents amaurotiques que j'ai examinés, avec soin, aux Incurables de Pavie, aux Invalides, à Bicêtre, à la Salpétrière et dans divers établissemens de bienfaisance de Paris et de France. Ainsi, pour moi, se trouvent tout-à-fait mises au néant les opinions attribuées, par Samuel Cooper, à Beer et à Richter, qui prétendent que, dans l'amaurose, il arrive fréquemment que le malade peut encore voir sur le côté, parce que, suivant eux, c'est le centre de l'œil qui paraît le plus souvent affecté; d'où il résulte, disent-ils, que la plupart des malades, atteints d'un commencement d'amaurose, voient mieux les objets de côté qu'en face.

Ce que je viens de dire est plus que suffisant pour empêcher de prendre une amaurose pour une cataracte noire. En supposant encore que cette erreur de diagnostic fut commise, qu'en arriverait-il ? Quel est l'homme qui, après avoir inutilement essayé toutes les médications capables de le guérir d'une amaurose, refuserait de se soumet-

tre à une opération peu douloureuse, sans danger,
et qui pourrait peut-être fournir les mêmes résultats que celle pratiquée par Wenzel, au grand maréchal de Molk? Dans cet état, il faudrait toujours,
autant que possible, faire l'extraction, parce que
le cristallin pouvant être alors examiné, on saurait
à quoi s'en tenir sur le succès probable de l'opération.

Malheureusement, l'amaurose peut exister en
même temps qu'une cataracte ordinaire, et c'est à
cette complication qu'il faut attribuer l'insuccès
d'un grand nombre d'opérations. On ne saurait
donc trop prendre de précautions pour en reconnaître la co-existence. Il importe que le malade soit
examiné avec soin, par une foule d'expériences et
d'interrogations, afin de constater comment la cécité s'est produite, et à quel degré la vision s'exerce
encore. Pendant cet examen, il est bon de se défier, en général, des assertions des malades qui,
dans le désir d'être soumis à une opération, dont
ils espèrent beaucoup, trompent le chirurgien sur
le véritable état de leur vue. Quand il s'élève des
soupçons sur leur véracité, je crois qu'on doit
ajourner l'opération, et les examiner au moment
où ils y pensent le moins et sans qu'ils s'en aper-
çoivent.

Lorsqu'il existe une hydrophtalmie conjointe-
ment avec la cataracte, il faut être excessivement
réservé dans le choix du procédé à employer.
Souvent, après l'opération, les malades ne voient

point ; plus souvent encore l'affection augmente et dégénère en Buphtalmie. D'autres fois, plusieurs mois après l'opération, on voit l'œil revenir peu à peu sur lui-même, puis la vision se développer par degré, et les malades distinguer ensuite tous les objets. Cet heureux résultat est produit par la cessation insensible de la longue compression qu'occasionnaient les humeurs accumulées sur la rétine et le nerf optique. Les maladies du corps vitré, ses altérations glaucomateuses et son extrême fluidité, peuvent quelquefois accompagner la cataracte. La présence du glaucome est toujours fâcheuse ; mais il n'en est pas de même de la fluidité de l'humeur vitrée. Une chose qui m'étonne, c'est que quelques ophtalmologistes allemands aient recommandé, de préférence, l'adoption de telle où telle méthode, lorsque l'on a à craindre la liquéfaction du corps vitré. Je leur demanderai comment, de bonne foi, il leur serait possible d'indiquer les signes capables de faire connaître *à priori*, cette liquéfaction ; et Adams (1), qui s'est beaucoup retranché derrière cette maladie de l'humeur vitrée, serait fort embarrassé de montrer comment il reconnut que, sur trente pensionnaires de l'hôpital de Greenwich, qu'il avait opérés, quatorze avaient l'humeur vitrée désorganisée en partie ou en totalité. Serait-ce parce qu'il avait vu filer le long de son aiguille à deux tranchans, plus d'hu-

____

(1) Adams, W., ouvrage cité, page 105 et 327.

meur limpide qu'à l'ordinaire ? Mais ceci n'est point un signe de la dissolution du corps vitré, puisque, quand on pousse l'aiguille à deux tranchans, ou son petit couteau, à travers la sclérotique, dans la chambre postérieure, les divers mouvemens que l'on fait avec l'instrument, font évacuer une plus grande quantité de fluides aqueux, qui laissent croire à la dissolution de l'humeur vitrée. D'ailleurs, l'instrument, au moment où il traverse la sclérotique dans la chambre antérieure, divise nécessairement quelques cellules hyaloïdiennes, dont le contenu se mêle à l'humeur aqueuse. La tendance à des opinions préconçues et à des hypothèses est si grande chez l'oculiste anglais que nous venons de citer, qu'il n'hésite pas à déclarer que la dissolution de l'humeur vitrée est si fréquente chez les vieillards, qu'il est porté à penser que cet état est propre à cet âge de la vie. Cependant, j'ai examiné plus de deux cents yeux de vieillards, sans rencontrer une seule fois cette dégénérescence du corps vitré, que j'ai observée cinq ou six fois chez des enfans qui avaient succombé à des scarlatines compliquées d'ophtalmie interne. Est-il sûr, en outre, que la liquéfaction, dont on parle, soit un obstacle à la vision ? Je ne le crois point, puisque dans un cas que je dois à l'obligeance du professeur Scarpa, et que j'ai communiqué à la Société Médicale d'émulation (1), un jeune homme avait l'hu-

---

(1) Lettres de Scarpa au professeur Maunoir. *Compte rendu de la Société médicale d'émulation.*

meur vitrée si fluide , que son cristallin opaque , libre de toute adhérence, se précipitait au fond de l'œil toutes les fois qu'il se couchait sur le dos, sans qu'il y eut cécité.

Au reste, le professeur de Pavie, dont on ne saurait révoquer en doute l'exactitude, dans ses lettres à Maunoir (1), déclare que, pendant trente et plus d'années qu'il a enseigné l'anatomie, cette liquéfaction du corps vitré ne s'est jamais présenté à lui, et que, dès la publication de l'ouvrage d'Adams, il a fait disséquer quarante yeux de vieillards de soixante ou quatre-vingts ans, sans rencontrer cette désorganisation de l'humeur vitrée.

Il est plus facile de constater les inflammations chroniques de la conjonctive palpébrale et oculaire, parce que, dès l'instant qu'elles datent d'un peu loin, l'engorgement des vaisseaux sanguins, inappréciable à l'œil nu dans l'état sain , constitue un réseau vasculaire caractéristique. Lorsque cet état est le résultat d'une inflammation catarrhale, en examinant attentivement l'intérieur des paupières, on y découvre une infinité de petites pustules analogues à celles qui existent sur les muqueuses intestinales dans la psorenterie (1), et qu'un rien peut

---

(1) Scarpa , ouvrage cité , page 159.

(2) MM. Serres et Nonat ont reconnu une altération analogue dans les bronches des cholériques, et j'ai montré à ce dernier sur des paupières atteintes d'affection catarrhale, des pustules, qu'il m'a assuré être en tout semblables à celles qu'il a décrites avec le célèbre anatomiste dont il a été le collaborateur.

faire passer à l'état aigü : circonstance dans laquelle elles secrètent un mucus puriforme, dont la présence est capable d'empêcher la réunion du lambeau de la cornée, si l'on a opéré par extraction, ou de produire une suppuration dans le lieu où l'on a pratiqué la ponction de l'œil, si l'on a mis en usage la scléroticonyxis ou la kératonyxis. Les autres inflammations chroniques de l'œil, celles surtout qui sont accompagnées d'hypérémie de la conjonctive palpébrale et oculaire, passent facilement à un état phlogistique sous l'influence de la moindre excitation, et personne ne peut révoquer en doute que, dans l'opération de la cataracte la mieux faite, n'importe le procédé, il n'y ait un effet traumatique qui, déterminant une inflammation dans un œil sain, peut, à plus forte raison, la développer dans un œil qui ne l'est pas. Ces réflexions s'appliquent principalement à la présence des divers degrés de ptérygion, corps triangulaire dont la base est à la sclérotique et le sommet plus ou moins rapproché du centre de la cornée. Cette maladie, qui est une phlébectasie locale de l'œil, avec ou sans dégénérescence de tissus, envoie souvent des prolongemens sur la cornée, et, en examinant celle-ci avec une lentille, on est tout étonné de voir un grand nombre de vaisseaux qui serpentent sur la cornée transparente. Qu'arriverait-il, je le demande, si, avec une complication de cette espèce, on tentait une opération de cataracte par extraction ou par abaissement ? Les points qui,

dans les deux cas, doivent être divisés par l'instrument tranchant ou piquant, ne sont-ils pas dans
dès conditions propres à faire surgir des accidens
consécutifs, dont il sera malaisé de prévenir, de
borner les effets ? L'un des grands bienfaits de la
chirurgie moderne , c'est d'avoir enseigné qu'il
faut, toutes les fois qu'il est possible, n'exercer la
diérèse que sur des parties saines, ou du moins
ramenées, par la thérapeutique, dans des conditions favorables à l'application de l'instrument.
Ce que nous venons de dire du ptérygion, s'applique à toutes les végétations de la conjonctive et
de la caroncule lacrymale. Il faudra donc s'occuper
du traitement de ces diverses affections oculaires,
avant d'en venir à l'opération de la cataracte. Je
renvoie aux ouvrages didactiques pour les médications à employer. Je recommanderai seulement
d'exciser les ptérygions dans tous les cas, et de
cautériser la place où ils étaient avec un crayon
de nitrate d'argent fondu, ainsi que le recommandait Forlenza (1) dans une dissertation publiée à
Strabourg. Si l'inflammation chronique de la conjonctive oculaire est occasionée par la déviation
de quelques cils, ou par l'existence surnuméraire
de quelques-uns d'eux, l'on doit songer à remédier à cette complication. Quand la maladie est
poussée au point de constituer un entropion, il

---

(1) Forlenza, *Dissertation sur la pupille artificielle*, Strasbourg, 1805, page 13.

faut prendre de plus grandes précautions encore, afin d'éviter de plus graves accidens. La présence de cette dernière complication est surtout très-funeste lorsqu'on pratique l'extraction : la paupière qui se renverse, irrite le lambeau de la cornée, le soulève, s'y introduit et en empêche la réunion exacte, quand elle ne s'y oppose pas tout-à-fait. Ware (1), qui a rencontré bien souvent des cas de cette nature, dit que ce serait commettre une imprudence fort grave, que de tenter l'opération de la cataracte avant d'avoir guéri le renversement des paupières.

Il est une foule d'autres affections générales qui peuvent s'opposer à la réussite de l'opération de la cataracte. Il faut placer en première ligne les affections rhumatismales, goutteuses, scorbutiques et vénériennes, qui donnent aux inflammations oculaires un degré de gravité dont on se rendra raison en consultant les ouvrages qui traitent des ophtalmies spécifiques. On ne se décidera donc à pratiquer l'opération de la cataracte que lorsque, par un traitement approprié, et que l'on trouvera exposé tout au long dans les ouvrages susmentionnés, l'on aura placé le malade dans des conditions avantageuses.

Je ne terminerai pas cet article sans faire remarquer que les différens degrés de la plique po-

---

(1) Ware, *Inquiry in to the frequent cause of failure of success in extracting the cataract*, page 330.

lonaise, sont un empêchement constant aux succès de l'opération de la cataracte, quel que soit le
procédé employé, circonstance observée et lon-
guement développée par le professeur Rust, de
Berlin. (1)

CHAPITRE IV.

DU CHOIX DU PROCÉDÉ.

C'est une question grave et du plus haut intérêt
sans doute, que d'examiner le cas où tel procédé
doit être employé de préférence à un autre. Que
d'ouvrages ont été publiées en faveur de l'extraction, ou contre elle! De combien de diatribes l'a-
baissement n'a-t-il point été le sujet! Au milieu
d'un tel conflit, nous serions bien en peine de répondre autrement que nous l'avons fait dans le
commencement de ce travail. La question elle même est peu digne de la science, et MM. les professeurs Dupuytren et Rossi avaient judicieusement observé dans leurs savantes leçons, qu'on
pourrait demander, avec autant de raison, quelle
est la méthode curative unique par laquelle on
parviendrait à guérir toutes les phlegmasies du
poumon ou des autres viscères. Pour les chirurgiens de bonne foi, il ne peut donc pas y avoir de
préférence exclusive dans l'emploi de l'abaisse-

____

(1) *In Rust magazin,* Band I, page 331.

ment ou de l'extraction. Je ne m'occuperai donc ici, que de l'appréciation exacte des cas qui réclament tel ou tel procédé. Ce n'est qu'en recueillant des faits, qu'en les discutant avec impartialité, que l'on parviendra à éclairer les diverses opinions en litige sur ce point important de la chirurgie oculaire. Car, en fait de science, il faut moins tenir compte des opinions et de l'autorité des auteurs, que des faits recueillis avec sagacité et discernement : on sent toute la valeur qu'aurait un travail établi sur les bases que je viens de tracer, En lisant les écrits polémiques publiés pour ou contre l'extraction ou l'abaissement, partout on voit percer la mauvaise foi, l'injustice, l'amour propre blessé ou des espérances déçues, qui se révèlent en récriminations amères, en personnalités offensantes, et souvent dans des calculs dont l'impudeur se trahit à chaque instant ; tout cela écrit dans un style tellement passionné, qu'on n'en trouve d'égal ou de supérieur que dans les disputes des lithotomistes anciens et modernes.

Je sens combien il est difficile de se défendre d'une préférence pour une méthode que l'on a vu pratiquer dès son enfance, que l'on vous a toujours répété être la meilleure, et qui souvent ne vous paraît telle, que parce que vous n'avez pas été à même d'observer ce qui se passe dans les cas, où l'on emploie d'autres procédés. Et si l'on forme son opinion d'après les écrits publiés sur cette matière, on risque de s'écarter beaucoup de la vérité. Ainsi, par exemple, après avoir lu l'ouvrage publié par Samuel Cooper (1) en faveur de la dépression, et celui de Ware (2) concernant la supériorité de l'extraction, il sera difficile à un jeune chirurgien, de se débrouiller du du chaos de contradictions où l'aura plongé la lecture de ces deux pamphlets. Quant à moi, j'ai eu le bonheur de voir pratiquer les deux méthodes en assez grand nombre de fois et par des hommes qui pouvaient, par leur habileté ou par l'appui de leur nom, faire pencher la balance en faveur de tel ou tel procédé, si par un scepticisme dont je m'étais fait une loi invariable, je n'avais pas tenu compte des faits et non des préceptes. Et comme, après avoir beaucoup observé, je dois par conséquent m'être formé une opinion, j'avoue, de bonne foi, que dans la plupart des cas, l'abaissement me paraît devoir être plus convenable, mais qu'il en est aussi qui réclament impérieusement l'extraction. Comme le public ne doit point tenir compte des mes préférences, et que ce n'est point dans ce but que j'écris; voici, selon moi, les circonstances qui réclament l'emploi de l'abaissement. Afin de les résumer avec plus de clarté et d'exactitude, je les formule en propositions.

---

(1) Samuel Cooper, *Critical reflections on several important pratical points relative to the cataract*, London, 1805.
(2) Ware, ouvrage cité, page 358.

I.

L'abaissement doit être pratiqué de préférence à l'extraction chez les individus faibles, atteints d'affections rhumastimales, arthritiques, herpétiques, scrophuleuses, syphilitiques, scorbutiques; enfin, chez ceux qui ont reçu en partage un mauvais tempérament.

II.

Il en sera de même chez ceux qui sont fréquemment atteints de vomissemens, de catarrhes suffocans, d'accès hystériques ou épileptiques, et d'autres phénomènes nerveux qui provoquent promptement des évanouissemens.

III.

On préférera l'abaissement chez les sujets qui, en raison d'une difformité vertébrale, ou d'une affection asthmatique ou précordiale, ne peuvent pas rester couchés sur le dos.

IV.

Toutes les fois que l'on aura affaire à des sujets méticuleux, douillets, peu raisonnables et qu'il est difficile de soumettre au repos absolu.

V.

Il faudra choisir ce procédé lorsque les yeux sont

très-saillans, gonflés, comme hydrophtalmiques,
et qu'ils sont de nature *vulnérables* (1) : lorsque le
malade est sujet au blépharospasme et aux mouvemens convulsifs de la tête. Il en sera de même pour
les cataractes caséeuses, gélatineuses qui, par leur
volume, chassent le cristallin en avant et détrui-
sent ainsi presque totalement la chambre antérieure ; accident que l'on rencontre même, avec
des cataractes dures, chez les vieillards excessivement presbytes.

VI.

L'expérience a prouvé que les cataractes capsulaires parfaites, et capsulo-lenticulaires, doivent
être abaissées, parce que, si l'obscurcissement est
dans la face antérieure de la capsule, celle-ci doit
être ouverte largement et détruite en son entier.
Si l'opacité est à la face postérieure, il faut pratiquer la même opération, qui ne serait pas sans
danger si l'on avait à faire l'extraction.

VII.

L'abaissement mérite aussi la préférence toutes
les fois que la conjonctive oculaire et palpébrale
est atteinte d'inflammation chronique ou de phlébectasie. Lorsqu'il s'agit de cataractes congéniales,

---

(1) Voyez Jüngken, Beer, Fabini, pour la valeur de ce mot.

branlantes, hydatiformes, et toutes les fois qu'il existe plus ou moins d'adhérences de l'iris avec la capsule, ou de celui-la avec la cornée.

VIII.

Il faut choisir la dépression quand on rencontre des yeux petits, mobiles, profondément enfoncés dans l'orbite, ou lorsque les paupières sont fort étroites, et que l'on peut craindre une dissolution de l'humeur vitrée. Il en est de même, si la cornée transparente est le siége de taches, de cicatrices ou de toute autre maladie intéressant sa forme et sa consistance.

Quant à l'extraction, voici les cas où elle est surtout applicable :

I.

Toutes les fois que l'on aura affaire à des hommes forts, vigoureux, excessivement dociles, et dont toutes les fonctions s'exécutent parfaitement.

II.

On en usera de même lorsque l'on soupçonnera l'existence d'une cataracte noire, qui aurait pu simuler une amaurose, parce qu'alors c'est un diagnostic établi les pièces à la main.

III.

L'extraction est également préférable quand on pense rencontrer un cristallin très-dur et pierreux, qui ne serait point ou serait difficilement absorbé, et qui, par son poids, occasionnerait quelque accident sur la rétine où on l'aurait abaissé.

IV.

On suivra la même méthode toutes les fois qu'on craindra que, vu l'âge avancé du malade, le cristallin ne soit point absorbé, et que, par sa présence, il ne détermine la formation de pseudo-membranes qui compromettent ensuite la vision.

V.

Lorsque l'on a diagnostiqué une cataracte produite par l'humeur de Morgagni; car, dans ce cas, le cristallin se trouvant sain et transparent, on ne peut s'assurer des effets de l'aiguille pour le déprimer.

VI.

Quand il est question d'une cataracte pyramidale qui, en général, offre une grande résistance à l'aiguille, tandis qu'elle s'extrait très facilement quand on rencontre une cataracte aride-siliqueuse.

VII.

Si la partie de la sclérotique, où l'on doit introduire l'aiguille, est atteinte de staphylôme ou de ptérygion très-adhérent, il est indispensable d'avoir recours à l'extraction.

VIII.

Enfin, si l'un des yeux ayant déjà été opéré à plusieurs reprises par l'abaissement, la vue n'est point rétablie, on tentera l'extraction ; parce que, lorsque cette dernière réussit, la cure est radicale et la guérison très-prompte.

CHAPITRE V.

POSITION DÉSAVANTAGEUSE DU MALADE PENDANT L'OPÉRATION.

On a beaucoup écrit sur la position à donner au malade pendant l'opération de la cataracte, mais je crois que cette polémique n'a point éclairé la question ; et ceux qui veulent, dans tous les cas, et chez tous les individus, employer la même position, sont, à mon avis, aussi blâmables que ceux qui opèrent toujours par le même procédé. L'expérience m'a prouvé qu'il n'était pas indifférent de placer le malade dans une position plutôt que dans une autre, quand il devait subir l'opération de la cataracte. Ainsi, par exemple, la position horizontale sur un lit quelconque, recommandée par Poyet, dans l'extraction, et par M. Dupuytren, dans l'abaissement, ne donne point les mêmes résultats dans les deux opérations, et je suis persuadé qu'autant cette position est avantageuse dans l'extraction, autant elle est nuisible dans l'abaissement, par les raisons que nous expliquerons plus tard. Quant à moi, suivant l'exemple de Marc-Antoine Petit, de Rowley et de Pamard, qui ont obtenu de si beaux succès, j'ai toujours opéré les malades, sur lesquels je pratique l'extraction, en les couchant sur un lit, la tête légèrement élevée par un coussin et assujettie par la main d'un aide qui fixe le front. Dans cette position, on redoute moins les mouvemens du malade, ainsi que ceux de l'aide chargé de le maintenir. Le corps vitré, pesant sur lui-même et sur le fond du globe, est moins exposé à sortir pendant l'opération. La même chose arrive pour l'humeur aqueuse : l'iris, par la même raison, se présente moins au devant du couteau ; l'opérateur voit mieux le fond du globe de l'œil ; sa main est plus sûre, parce qu'en opérant debout, il l'élève à la hauteur de l'œil, en plaçant son pied sur une chaise et appuyant son coude sur le genou qu'il a fléchi. Ce point d'appui et celui que la main trouve sur la tempe du malade, donnent à cette main toute la sûreté convenable pour ponctionner la cornée et terminer l'incision avec promptitude et facilité. Dans la position horizontale, la tête ne peut pas fuir en arrière, ce qui arrive facilement quand elle est placée sur la poitrine d'un aide, dont en outre les mouvemens d'inspiration et d'expiration, impriment à la tête de l'opéré des oscillations qui ne sont point sans danger. C'était pour obvier à ces derniers accidens que Barth (1) opérait le malade, droit contre un mur, en écartant lui-même les paupières, afin, dit-il, que toute retraite en arrière fut impossible. Assalini (2), qui avait été témoin d'opérations pratiquées de cette manière, adopta par la suite cette position dont, par erreur, quelques écrivains l'ont déclaré l'inventeur. Richter et Beer avaient bien senti les inconvéniens de l'application de la tête contre la poitrine de l'aide, lorsqu'ils proposèrent de se servir d'un siége à dos élevé et fixe pour contenir le malade. Afin d'être plus maître encore de ses mouvemens, Benjamin Bell (3) avait fait construire un fauteuil à crémaillère, monté sur un genou mobile et supportant une pelote creuse dans laquelle on plaçait la tête du malade. Quand on opère ainsi, on maintient assez bien la tête dans une position convenable. Dans la position horizontale, les mouvemens et les évanouissemens sont beaucoup moins fréquens; et M. Velpeau (4), qui l'a déjà employée vingt-cinq fois, ne comprend pas pourquoi l'on n'y a pas plus souvent recours.

---

(1) Barth, *Etwas über die ausziehung des Graven staares fur den Geühten operateur, Wien*, 1797.

(2) Assalini, *Ricerche sulle pupille artificiali*, page 14, Milano, 1811.

(3) Benjamin Bell, *A Systeme of surgery*. Planche XXVIII.

(4) Velpeau, *Nouveaux élémens de médecine opératoire*, tome I, page 724.

La seule difficulté qu'elle offre, c'est que le chirurgien doit toujours se placer du côté de l'œil affecté,
et que, de rigueur, il faut être ambidextre. On peut
cependant quelquefois se placer derrière le malade
pour opérer avec la main droite l'œil du même
côté; enfin, j'ai observé que, lorsque l'on pratique
l'extraction dans le lit, l'œil fuit beaucoup moins
au devant de la pointe du kératotôme.

Autant nous sommes persuadés des avantages de
cette position dans l'extraction, autant nous croyons
qu'elle est contraire dans l'abaissement, et cela,
parce que, lorsque le cristallin est déprimé, il se
trouve placé, non point comme le recommandent
Scarpa et Panizza (1), à la partie postérieure et un
peu externe du globe de l'œil, entre les muscles
adducteurs et l'abaisseur de l'œil, mais bien à la
partie postérieure de cet organe. En disséquant
l'organe, on le rencontre alors presque toujours
entre le corps jaune de Sœmmering et le trou
criblé de la sclérotique qui donne passage au nerf
optique. Ce qui explique, à mes yeux, pourquoi
un grand nombre de malades, opérés par M. Dupuytren, qui les place toujours dans cette position,
ne voient point, quoique leur pupille soit noire
et très-nette, et que l'iris jouisse de toute la contractilité désirable (2).

---

(1) Bartolomeo Panizza, *Della depressione della cataratta*,
planche III.

(2) Voir les notes à la fin de l'ouvrage.

En effet, lorsque le cristallin est déprimé en masse, quelque heureuse que soit l'opération, quelques légers qu'apparaissent les symptômes consécutifs, le cristallin plongé dans les cellules hyaloïdiennes, s'entoure souvent d'un petit cercle inflammatoire, de quelques petites pseudo-membranes rayonnantes. Quelques faits que j'ai observés, en 1820, à la Salpétrière, ont été corroborés par les recherches et les observations recueillies par Sœmmering fils (1), offertes à son père pour célébrer la fête qui lui fut donnée à l'occasion de l'anniversaire de sa cinquantième année de doctorat. Les pièces pathologiques qui ont servi à faire les planches de cet ouvrage existent encore dans le cabinet de ce célèbre anatomiste, où elles ont été examinées avec soin par M. le professeur Jules Cloquet (2), qui a lui-même recueilli et dessiné des faits analogues. On conçoit, en effet, qu'un corps opaque, entouré de membranules plus ou moins épaisses, doit être un obstacle immense à la vision, lorsqu'il est placé dans une partie de l'œil que tous les anatomistes s'accordent à regarder comme le centre visuel. Cela est si vrai que, lorsqu'il existe chez ces malades un peu de vision, c'est surtout par la partie supérieure qu'elle s'exerce. C'est pour

---

(1) Sœmmering. *Mémoire inséré dans le Journal hebdomadaire.*

(2) Cloquet, *Thèses du concours pour la chaire de pathologie chirurgicale,* page 130, planche X.

cette raison que nous croyons que la position re-commandée par Scarpa et Panizza, est la plus con-venable pour pratiquer l'abaissement.

S'il s'agit d'une cataracte congéniale chez un en-fant très-jeune, il sera convenable de l'emmailloter dans des langes, et de le placer, comme le recom-mande M. Lusardi, sur le bord d'une table, entre les cuisses d'un aide fort et intelligent.

Afin de donner à la tête un degré suffisant de rectitude et de solidité, les oculistes arabes, mo-dernes, placent, sur la tête de celui qu'ils doivent opérer, plusieurs circulaires de bandes, puis une marmite de fonte un peu inclinée en arrière, et qui oblige les muscles antérieurs du cou à un an-tagonisme suffisant pour empêcher le renverse-ment absolu de la tête en arrière. Par ce moyen, la tête est fixée sans être appuyée en aucune ma-nière, et l'opérateur peut se passer d'aide et écarter lui-même les paupières, comme le faisait Barth, et ainsi que je le pratique moi-même dans un grand nombre de circonstances.

Il y a long-temps qu'on se demande si l'on doit opérer les deux yeux à la fois. Cette question est loin d'être résolue; cependant les plus grands chirurgiens se prononcent pour l'opération pra-tiquée successivement et à de longs intervalles. En effet, Scarpa, Dubois, Dupuytren, Panizza, Monteggia, Rossi, Geri, Riberi, Gensoul, Sa-muel Cooper, Maunoir, Saunders, Travers, Assa-lini et Lusardi soutiennent qu'il est plus conve-

iiable d'opérer un seul œil à la fois, et Marc-Antoine Petit (1), qui a obtenu des succès vraiment
remarquables, disait : « J'ai peu souvent opéré les
« deux yeux dans la même saison, et je crois utile
« de mettre un intervalle un peu long entre le
« traitement de l'un et celui de l'autre. « La vérité de ce principe est pour moi incontestable ; et
en comparant les faits que j'ai observés à la clinique ophtalmologique de Pavie, dans la pratique
de M. Maunoir, dans celle de Lusardi et dans la
mienne, à ceux que j'ai puisés dans les écrits et
la pratique de Wenzel, Demours, Forlenza, Roux,
Delpech, Ware, Dalmas et Volpi, je demeure convaincu que l'avantage est immense du côté des chirurgiens qui n'opèrent qu'un seul œil à la fois. Cet
avantage sera d'autant plus appréciable, si l'on
compte les succès, non par le nombre d'individus,
mais par chaque organe opéré. Effectivement, en
dressant des tables de proportion, si l'on ne cal-
culait que par individus, l'avantage serait presque toujours en faveur de ceux qui opèrent les
deux yeux à la fois ; puisque, en prenant cinquante individus de part et d'autre, il en résulte
que le chirurgien qui pratique l'opération sur un
seul œil à la fois, doit opérer le double des malades que celui qui opère sur les deux yeux simultanément. Afin de pouvoir établir un parallèle

---

(1) M. Antoine Petit, ouvrage cité, page 84.

entre les avantages des deux méthodes, je renvoie aux ouvrages didactiques pour l'énumération des raisons contraires apportées à l'appui des deux doctrines que nous venons de mentionner. Je terminerai par une question que je laisse à résoudre aux chirurgiens de bonne foi. Un homme à qui l'on pratiquerait deux amputations en même tems ; celui à qui l'on opérerait deux hernies étranglées à la fois ; la femme à laquelle on extirperait les deux seins cancéreux ; l'individu à qui l'on enleverait les deux testicules simultanément, ceux-là, dis-je, souffriraient-ils davantage ? seraient-ils exposés à plus d'accidens s'ils n'avaient à subir qu'une seule de ces opérations à la fois ? Observateurs, répondez !!

CHAPITRE VI.

DE LA DÉFECTUOSITÉ DES INSTRUMENS EMPLOYÉS.

Quoiqu'un opérateur habile puisse quelquefois triompher des obstacles occasionés par l'imperfection des instrumens dont il se sert pour pratiquer l'opération de la cataracte, il est malheureusement des circonstances où la prudence et la dextérité sont mises en défaut par leur mauvaise construction. Ainsi, par exemple, je défierais M^r. Wenzel, lui même, de pratiquer son procédé tel qu'il est décrit dans son ouvrage (1) avec les Kératotômes qui portent son nom, et qui sont fabriqués aujourd'hui par la plupart des couteliers de Paris. Comment veut-on qu'un instrument aussi large qu'une lancette à grain d'orge, et aussi peu éffilé qu'elle, puisse, par un coup sec et brusque, traverser la cornée à sa partie supérieure, venir ouvrir la capsule cristalloïde au centre de la pupille, et aller ressortir ensuite au point inférieur correspondant, sans blesser l'iris, ou sans faire une section défectueuse à la cornée? Un instrument aussi imparfait ne peut pénétrer dans la chambre antérieure sans la vider instantanément, et alors l'iris, chassé en avant par la perte de l'humeur aqueuse et par la saillie du cristallin, se précipite au devant du couteau qui le déchire et souvent le décolle. L'instrument dont se servait Wenzel est pyramidal, étroit et excessivement resserré.

J'en donne une figure très-exacte au n° 4 de la planche Ire. Il en est de même du couteau de Richter et de celui de Beer qui n'en est qu'une modification. Ils sont, en général, trop longs, et font blesser le grand angle de l'œil; ou trop minces, et occasionent alors l'évacuation prématurée de l'humeur aqueuse. Ce que je dis avait été bien senti et prévu par Forlenza, car cet oculiste savait varier à

---

(1) Venzel, *Traité de la Cataracte*, page 17.

propos la longueur et la largeur de la lame de son kératotôme pour la mieux adapter aux divers états des yeux. C'est à sa grande habitude d'estimer les différentes dimensions de la cornée à la seule inspection, et d'y proportionner une longueur de lame suffisante pour n'intéresser que les parties qui doivent être coupées, que l'on doit attribuer l'habileté avec laquelle Forlenza traversait une cornée presqu'entièrement cachée dans le grand angle de l'œil sans blesser les parties voisines (1). Aujourd'hui, les instrumens mécaniques sont généralement proscrits dans l'opération de la cataracte, et je crois qu'il n'y a que M. Dumont, de Rouen, qui se serve encore de l'instrument de son oncle, qu'il a légèrement modifié. En effet, quand on a tenu un instant dans ses mains l'instrument de Guérin de Lyon, celui de son frère de Bordeaux, celui de Dumont, la flamme de Jean de Wit, on est aisément convaincu que, pour tirer parti de toutes ces machines, il faudrait en avoir autant qu'il y a d'yeux différens.

Au reste, n'est-il pas reconnu par tous ceux qui ont étudié la structure de l'œil, que cet organe n'a pas le même diamètre chez tous les individus. Sa forme offre les mêmes variétés, et la cornée d'un myope est bien différente de celle d'un presbyte, et

---

(1) *Compte rendu des opérations pratiquées à Strasbourg par le docteur Forlenza*, rédigé par le professeur Flammant.

puisque les diverses conformations de cette partie
de l'œil méritent d'être prises en considération ,
quand il s'agit d'opérer avec des instrumens dont la
main dirige à volonté l'action , qu'en sera-t-il quand
on emploiera un agent mécanique exécutant toujours la même manœuvre.

Ce que nous venons de dire de la forme , s'applique sans contredit à la densité de la cornée , à sa
résistance à l'action d'un kératotôme très affilé : il
en est qui crient sous le couteau comme si l'on
coupait du parchemin et qui demandent un très
grand degré de force pour être incisées convenablement. Ware (1) et Wenzel rapportent des faits
analogues.

Qu'en sera-t-il lorsque l'on mettra en usage un
instrument qui est mis en action par un ressort ?
Le ressort pourra rencontrer une cornée dont il ne
pourra vaincre la résistance , et la section n'étant
pas achevée, non seulement l'opération ne sera pas
terminée , mais souvent l'instrument restera accro-
ché à l'œil. M. Sanson (2) dont tout le monde apprécie le talent et les opinions consciencieuses , en
parlant des instrumens mécaniques destinés à opérer la cataracte s'exprime en ces termes : « Outre

---

(1) Ware, ouvrage cité, page 275 ; Wenzel, ouvrage cité,
page 81 et 82.
(2) *Dictionnaire de médecine et de chirurgie pratiques* , en 15
vol., tome V, page 68.

« ces inconvéniens (ceux que nous venons de dé-
« crire), ces instrumens en présentent un autre qui
« résulte du peu de sûreté de leur action : j'ai vu
« celui de Guérin, après avoir percé la cornée de
« part en part, rester suspendu à la partie anté-
« rieure du globe de l'œil , parce qu'il n'avait pas
« achevé la section de cette membrane. » Veut-on
un témoignage encore plus puissant, voici celui de
l'illustre Sabatier qui (1), après avoir examiné l'action des instrumens mécaniques pour l'extraction
de la cataracte , s'exprime en ces termes. « Peut-
« être la promptitude avec laquelle ces instru-
« mens agissent, est-elle plus que compensée
« par la secousse et la commotion qui en sont l'ef-
« fet. Il faut, d'ailleurs, qu'ils soient appliqués avec
« une grande exactitude pour que la cornée soit
« incisée comme elle doit l'être, et le moindre mou-
« vement, de la part du malade ou du chirurgien,
« suffirait pour donner un résultat vicieux. Il est
« vraisemblable que lorsque l'illusion sera dis-
« sipée, on reviendra au couteau de Wenzel, et
« qu'on ne confiera plus le succès d'une opération
« aussi délicate , à l'action d'un ressort qui agit de
« la même façon dans toutes les circonstances. »

Tous les grands chirurgiens de nos jours,

---

(1) Sabatier, *Médecine opératoire*, 2ᵉ édition., Paris , tome
III , page 109.

Boyer (1), Delpech (2), Weller (3), Richerand (4), J. Cloquet (5), s'accordent à blâmer l'emploi des instrumens des Guérin et de Dumont : il ne reste donc de l'éloquent plaidoyer d'Arrachard en leur faveur, que l'opinion émise par Sabatier (6) que celui de Dumont est moins mauvais et moins dangereux. — Ceux qui voudront lire une réfutation complète et motivée de l'instrument de Guérin, de Bordeaux, n'auront qu'à lire une spirituelle brochure de M. Bancal, qui avait pour but de déraciner, dans le pays où cette invention avait pris naissance, un préjugé en sa faveur, qui s'y maintenait en dépit de la raison et de l'expérience. (7)

Nous résumons en ces termes les inconvéniens des instrumens de Guérin et de Dumont;

1°. Ils ne peuvent point toujours faire une incision de manière convenable et souvent peuvent être arrêtés en chemin.

2°. Ils occasionnent une commotion qui est très

---

(1) Boyer, *Op. Cit.* tome V. page 527.

(2) *Dictionnaire des sciences médicales*, tome IV, page 511.

(3) Demour Weller, traduit par Riester, tome I, page 304.

(4) Richerand, *Histoire des Progrès*, page 27 et suivantes.

(5) J. Cloquet, *Dictionnaire des sciences médicales* en 18 vol; *cataracte*, page 398, tome IV, 1822.

(6) Sabatier, *Op. Cit*, page 108; Arrachard, *Opuscules chirugicaux*, page 81.

(7) Bancal, *Réfutation de l'instrument de* Guérin, de Bordeaux.

fatigante pour l'opéré, et produisent une contraction des muscles de l'œil ou un blépharospasme qui peut faire vider l'œil.

3º Par la pression qu'ils exercent sur la cornée, ils occasionent le même accident, et exposent aux cicatrices vicieuses et aux blessures de l'iris, et surtout à son décollement.

4º. Enfin, le second temps de l'opération, c'est-à-dire l'incision de la capsule du cristallin, est très difficile à accomplir, parce que les effets du choc de la lance, quoique instantanés, ont exalté la sensibilité du malade, au point que son œil fuit sous le plus léger contact de l'instrument employé dans la section du chaton qui retient le cristallin.

Nous devons à M. Bancal le fait suivant, il serait facile d'en fournir un grand nombre d'autres.

M. Thierry, négociant de Bordeaux, demeurant rue Boué, aux Chartrons, fut opéré de la cataracte de l'œil gauche, au mois d'août 1830, par un médecin que M. Bancal ne nomme pas, mais que des renseignemens particuliers m'ont appris être M. Guérin, fils de l'inventeur de l'ophtalmostat à ressort. Le malade rapporta à MM. Bonnet et Bancal qu'aussitôt que la détente eut lieu, la commotion que l'instrument lui imprima fut si forte, qu'il crut avoir reçu un coup de pistolet, et que cet organe était sorti de la tête. Les douleurs qui suivirent l'opération furent très vives et durèrent quarante-cinq jours. A la suite de cette opération, le malade fut atteint d'un leucoma qui occupe toute la partie inférieure de la cornée. La cicatrice est fort irrégulière, l'iris ayant contracté des adhérences avec la plaie, à la suite d'une procidence qui a produit un éraillement de la pupille. Le malade ne voit que très imparfaitement les objets, malgré tous les soins qu'on lui a prodigués.

Le 16 avril 1831, M. Bancal a opéré l'œil droit également cataracté, en présence de MM. Bonnet, médecin ordinaire, et Boyer, beau-frère de l'opéré. L'opération pratiquée par le procédé ordinaire d'extraction a été fort heureuse, et le 9°. jour M. Thierry alla déjeuner en famille, n'ayant sur les yeux que des lunettes bleues.

Cependant Marc-Antoine Petit, de Lyon, à la sollicitation de la société de médecine de cette ville, essaya l'instrument de l'oculiste bordelais. Les expériences furent faites sur vingt-un malades qu'on opéra par cette méthode, et dont dix-huit sortirent de l'hôpital guéris. Trois perdirent la vue à la suite d'une inflammation excessive. Marc-Antoine Petit pensait que l'instrument de M. Guérin était innocent de ce défaut de succès, et qu'il a réussi dans tous les cas où ce succès pouvait dépendre de lui.

Il vota donc une couronne d'émulation, qui fut accordée par la société savante, à l'auteur de cette invention. Après lui avoir décerné un grand nombre d'éloges, il ajouta fort à propos le correctif suivant: « Qu'on ne s'imagine pas cependant que « la main guidée par peu de savoir puisse s'armer

« sans danger de cet instrument. Si l'ignorance
« peut s'aider quelques fois des conceptions des
« hommes de génie; si elle peut se déguiser par
« l'emploi dé cet heureux mécanisme , il faut que
« ses agens fassent tout par eux-mêmes et qu'il ne
« puisse exister qu'une manière d'en faire usage.
« Mais s'ils ne s'appliquent qu'à un temps de l'opé-
« ration ; si cette application même peut être utile
« ou funeste, suivant la précision avec laquelle elle
« est faite, si elle peut se combiner avec des cir-
« constances imprévues qui exigent de l'expérience
« et demandent beaucoup à la pensée, que la
« main de l'ignorant se repose, et qu'il apprenne
« que, si tous les cœurs doivent compâtir aux maux
« de l'humanité, on n'appelle à la secourir que des
« mains intelligentes et sûres (1). »

Il ne faut jamais se préparer à pratiquer une opération de cataracte par extraction , quel que soit le
procédé, sans avoir préalablement examiné avec
beaucoup de soins l'état des instrumens. C'est la
pointe et le tranchant surtout qui méritent la plus
grande attention ; car c'est du premier temps de
l'opération, ou de la ponction, que dépend , en général, le succès de l'exécution. Il faudra donc essayer le kératotôme sur un ou plusieurs doubles de
calepin. Puis, quand on s'est assuré de la qualité de
l'instrument, il ne faut pas oublier de tremper sa

---

(1) Marc-Antoine Petit, ouvrage cité, page 52.

pointe dans l'huile d'amandes douces avant de la présenter à la cornée. Il est indispensable d'avoir plusieurs couteaux, car l'extrémité de la lame peut fléchir ou se rompre, et malgré cela, il arrive qu'en changeant promptement d'instrument, on peut continuer l'opération, ainsi que je l'indiquerai en temps utile. Ce que je viens de dire, à propos des kératotômes, s'applique également aux aiguilles : il faut, en général, qu'elles soient d'une grande finesse et que l'acier soit d'une bonne trempe, sans cependant être trop cassant. Quelques opérateurs se servent encore de l'aiguille lancéolée d'Albucasis, mais beaucoup plus petite que celles figurées dans les ouvrages du chirurgien arabe. J'en ai vu retirer de très grands avantages par MM. le professeur Riberi et le docteur Bellisio ; et pendant long-temps, le professeur Scarpa, lui-même, s'en est servi. Mais le hasard ayant voulu que, dans une opération faite par ce dernier, l'aiguille se courbât en rencontrant un cristallin dur, l'opération n'en devint que plus facile. L'illustre chirurgien en déduisit alors des conséquences pratiques, à la suite desquelles il donna irrévocablement à son instrument une courbure assez prononcée pour le faire, au besoin, servir de crochet. Entre les mains d'un homme de génie, rien n'est perdu pour la sienne et l'humanité, et l'arête tranchante que M. Scarpa ajouta à la concavité ou crochet de l'aiguille, fut enfantée par la nécessité où se trouvait l'opérateur de briser et de déchirer des fragmens de cristallin ou de la capsule, lesquels se laissaient difficilement abaisser. Ces réflexions me conduisent naturellement à parler des dificultés que j'ai éprouvées à trouver en France, et même à Paris, des modèles exacts de l'aiguille du professeur Scarpa. La plupart de celles fabriquées par les couteliers de la capitale ne sont que la parodie, ou si l'on aime mieux la caricature de l'instrument du professeur de Pavie. En fait d'opération, il n'est pas indifférent d'employer un instrument de préférence à un autre; et lorsque j'ai examiné les ridicules aiguilles à dépression, employées par un bon nombre de chirurgiens, je me suis facilement rendu compte, non seulement de la difficulté qu'ils éprouvaient à pratiquer l'opération, mais encore des accidens consécutifs qui en résultaient. Afin d'obvier, autant que possible, à ses divers inconvéniens, j'ai dû recourir à l'obligeance de mon illustre maître, pour fournir aux couteliers de Paris un modèle constant et invariable; M. Charrière, à qui je l'ai communiqué, en a exécuté, avec son habileté ordinaire, de tout semblables.

Il serait à souhaiter que ceux qui ont blâmé la courbure de l'aiguille de Scarpa et son arête trachante, pussent juger de ses effets. En se servant de cet instrument, dont la pointe est très déliée, rien n'est plus facile que d'accrocher les fragmens du cristallin; au moyen de rotations habilement combinées, on roule les lambeaux flottans de la capsule, et alors il devient aisé de les immerger dans l'humeur aqueuse, ou de les projeter dans la chambre antérieure. De-

puis long-temps j'emploie même une aiguille beaucoup plus courbe que cèlle du professeur Scarpa, et
quelques essais faits avec celle de M. Bretonneau, de
Tours, dont la courbure est plus considérable encore, m'engagent à l'adopter dorénavant. L'aiguille
du professeur de Pavie est surtout de la plus grande
utilité quand il s'agit de détruire les adhérences
qui existent entre le cristallin ou sa capsule et l'i-
ris. Je n'ai pas besoin de m'étendre ici sur la nécessité de se servir d'une aiguille très fine ; tout le
monde sent la conséquence de ce précepte, et je
termine en disant que, si dans tout ce que je viens
d'avancer, on réfléchit aux avantages immenses
que fournit l'aiguille de Scarpa pour l'exécution
des différens tems opératoires, on se hâtera de
revenir à cet instrument que les chirurgiens d'Italie adoptent tous, moins par sentiment de nationalité, moins encore par respect pour le grand
nom de l'inventeur, que parce que l'expérience les
a convaincus que les diverses modifications qu'on
avait voulu y apporter, n'étaient qu'illusoires et
même nuisibles.

Il est des circonstances dans lesquelles il faut savoir ce servir de tout ce que l'on a sous la main :
c'est ainsi que le vénérable Assalini se trouvant prisonnier de guerre en Hongrie, et privé de tout
instrument, opéra, le 18 juin, à Kopanak, une
vieille aveugle qu'il rencontra à l'église de ce village,
avec une aiguille à coudre, montée sur un morceau
de bois : l'opération fut heureuse lors même que

le colonel Zanardini qui lui servait d'aide eut pris
mal pendant l'opération (1).

CHAPITRE VII.

ACCIDENS QUI SE MANIFESTENT PENDANT ET APRÈS L'OPÉRATION.

Souvent, pendant l'opération, il se développe
des accidens qui peuvent en compromettre le succès, n'importe le procédé mis en usage. Les plus
fréquens sont les vomissemens, les défaillances,
le hoquet et les phénomènes hystériformes. De
tous ces accidens, celui qui accompagne le plus
souvent l'opération de la cataracte, c'est le vomissement. Il survient plus ordinairement dans la
dépression, ainsi que l'observe très-judicieuse-
ment le professeur Boyer (2), lorsqu'il s'exprime
en ces termes : « Tous les auteurs qui ont écrit sur
« la cataracte, avant l'époque où l'on a commencé
« à faire l'extraction, parlent des vomissemens
« comme d'un phénomène qui se présentait sou-
« vent pendant l'opération, ou immédiatement
« après. » J'ai vu cependant les vomissemens
survenir assez souvent après l'extraction. C'est
dans cette opération principalement qu'ils sont

---

(1) Assalini, ouv. cité, page 13.
(2) Boyer, *Traité des maladies chirurgicales*, tome V, page 537.

fort à craindre, surtout lorsqu'ils arrivent dans le premier temps. La secousse qu'éprouve le malade peut faire dévier l'instrument et occasionner à l'iris de graves atteintes. Si la section de la cornée est achevée, les convulsions du diaphragme peuvent faire vider instantanément l'œil. Dans l'abaissement, les phénomènes sont moins à redouter, parce qu'en éloignant de l'iris la pointe de l'instrument, et soutenant la tête du malade avec la paume de la main, on peut borner ses mouvemens et laisser l'instrument en place jusqu'à ce que le calme soit revenu. On attribue, en général, la production des vomissemens à la blessure de la rétine, ou des nerfs ciliaires ; ce dont on se rend parfaitement raison, puisqu'il ne manque pas d'observations qui prouvent que la lésion d'un filet nerveux, dans une autre partie du corps, a produit l'accident qui nous occupe. Si, ainsi que le prétendent un grand nombre d'anatomistes allemands, et comme sembleraient le prouver les dissections du docteur Schreider, les nerfs ciliaires s'épanouissent sur la cornée, on attribuerait à la même cause les vomissemens produits par l'extraction. Il est plus que probable que la seule irritation de ces nerfs suffit, puisqu'une simple cautérisation, pratiquée sur la cornée avec le nitrate d'argent, pour exciter un leucoma chronique, ou pour guérir l'amaurose, occasione les mêmes symptômes. Ne seraient-ils point dûs d'ailleurs à l'influence de quelque tempérament ou de quelque

localité, puisque le docteur Bowen (1), d'Edimbourg, a pratiqué cent soixante opérations sans
observer de vomissement? N'a-t-on pas vu encore
un grand nombre de plaies situées dans la sclérotique et dans la rétine, à trois lignes et demie de
son union avec la cornée, guérir sans aucun vomissement? Au reste, ces phénomènes se présentent toujours chez les personnes éminemment irritables, chez lesquelles les affections nerveuses se
réveillent promptement, ainsi que l'a dit l'illustre
Scarpa (2). Les vomissemens cessent quelquefois
brusquement aussitôt que l'opération est terminée;
mais, dans d'autres circonstances, ils se prolon-
gent, et par leurs opiniâtreté, peuvent compromettre le succès de l'opération. On emploie avec
avantage, pour les combattre, l'eau de Seltz, la
potion effervescente de Rivière; mais rien n'est
plus énergique et plus sûr que l'emploi de l'opium
à l'intérieur, soit en potion, soit en lavement.
Dans quelques circonstances graves, je me suis
très-bien trouvé de l'application des ventouses à
l'épigastre.

Les défaillances sont, dans la plupart des cas,
le résultat des affections vaporeuses, des émotions
violentes, produites par la crainte de l'opération,

---

(1) Bowen, *Pratical observations on the removal of every*
species and variety of cataract, page 76.

(2) Scarpa, *Saggio Sulle principali malattie degli occhi*, 5ᵉ
édition, page 87.

et par l'angoisse où se trouve le malade qui en redoute l'issue. Quand la lipothimie a lieu pendant l'extraction, je crois qu'il faut suspendre instantanément l'opération, crainte de voir l'œil se vider. Dans l'abaissement, au contraire, je crois qu'on peut, sans crainte, continuer la manœuvre, et l'opération est ordinairement terminée lorsque le malade reprend ses sens.

CHAPITRE VIII.

DES NÉVRALGIES SUS-ORBITAIRES ET AURICULO - MAXILLAIRES QUI SE DÉVELOPPENT APRÈS L'OPÉRATION DE LA CATARACTE.

Parmi les phénomènes morbides qui suivent quelquefois l'opération de la cataracte, il en est que les ophtalmologues modernes ont tout à fait négligé d'étudier, quoique les anciens les eussent déjà signalés à l'attention des praticiens; je veux parler ici des névralgies sus-orbitaires et auriculo-maxillaires.

En effet, Bartisch, dans son *Ophtalmographie*, imprimée à Dresde, en 1583, page 15, rapporte qu'il a vu survenir, à la suite de l'opération de la cataracte; des accidens nerveux à la face, tellement graves et si douloureux, que l'on fut obligé de lier les malades, et que plusieurs d'entre eux succombèrent à la véhémence des accidens. Maître-Jean et Saint-Yves racontent des faits analogues, et ce dernier place le siége de la maladie dans la dure-mère. Les faits rapportés par les auteurs que nous venons de citer, et la fréquence des phénomènes nerveux dont il est ici question, m'engagent à signaler une maladie qui, abandonnée à elle-même, non seulement peut faire échouer l'opération de la cataracte, mais encore compromettre l'existence de ceux qui en sont attaqués.

Les douleurs névralgiques qui se développent à la suite de l'opération de la cataracte, sont plus fréquentes qu'on ne le pense en général, et elles sévissent ordinairement contre les sujets mélancoliques, hypocondriaques, doués d'une peau vulnérable et d'une constitution délicate. Elles arrivent très souvent chez les femmes hystériques, irritables et en proie à une constipation opiniâtre. Ces douleurs se manifestent sans autre cause connue que l'opération, surtout lorsque l'on pratique l'abaissement; mais, je les ai observées aussi un grand nombre de fois chez des individus qui avaient été soumis à l'extraction. C'est de vingt-cinq à trente-cinq ans que leur apparition est le plus souvent commune; et les femmes y sont, en général, plus exposées que les hommes; cette affection est très-insidieuse, puisqu'elle débute tout à coup au moment même où l'opéré va très-bien, et quand tous les phénomènes inflammatoires sont dissipés. C'est ordinairement vers le quinzième jour que la maladie se déclare, quand on a pratiqué l'abaissement; tandis que c'est vers le sixième ou le septième jour que les malades en éprouvent les premiers symptômes, quand on a mis en usage l'extraction. Tout à coup l'opéré est saisi d'une douleur violente ayant son siége tantôt vers la racine du nez, tantôt dans les régions frontales et orbitaires, tantôt à la tempe. D'autres fois elles occupent l'angle inférieur du nez, les arcades sus est infra-maxillaires ; d'autres fois, c'est l'oreille qui est affectée. Ces douleurs paraissent le plus ordinairement tous les jours à la même heure, et augmentent, en général, rapidement d'intensité.

Elles débutent, dans un grand nombre de cas, par un léger engourdissement dans la partie, et souvent par un mouvement convulsif de la joue ou de la paupière. Peu à peu, et à chaque accès, les douleurs augmentent, au point que le malade ne sait plus où se placer ; son angoisse est extrême ; il se frappe la tête avec les mains, pousse des cris aigus ; ses yeux sont larmoyans, rouges, injectés ; la lumière leur est insupportable ; le moindre ébranlement communiqué au lit ou à la chambre, provoque des douleurs atroces, et tend à renouveler l'accès lorsqu'il est sur son déclin. Les paupières sont affectées de blépharospasme, et la pupille se trouve extraordinairement contractée. Dans d'autres cas, l'œil est exempt de phénomènes morbides ; toute la douleur se concentre derrière l'oreille d'où elle s'irradie aux alvéoles, aux dents, qui deviennent exessivement douloureuses, et paraissent augmenter de volume : on observe en même temps de légers mouvemens convulsifs dans la mâchoire inférieure.

Les phénomènes se manifestent quelquefois tous les jours à une heure donnée. Dans d'autres circonstances, les paroxismes reviennent tous les trois, quatre, cinq ou six jours ; je les ai observés mettant entre eux une intermittence de quinze jours. Tantôt le malade est en proie à une fièvre violente avec le pouls dur, la face animée, accompagnés d'augmentation de chaleur à la peau ; tantôt il est sans fièvre, même au plus fort de l'accès. J'ai reconnu chez un grand nombre de malades, entre autres, sur une dame que m'avait fait opérer M. le docteur Chavernac, que les accès se renouvelaient chaque fois qu'il se manifestait une grande absorption des fragmens du cristallin mou que j'avais broyé. Quoique cette affection soit en général peu dangereuse, il est important de s'en occuper aussitôt, car, d'un côté, l'on a à redouter les phénomènes qui pourraient se transmettre au cerveau, et menacer l'existence ; et d'un autre, ceux qui se développeraient dans l'œil, pourraient compromettre par là le succès de l'opération. Ces douleurs, au reste, font horriblement souffrir le malade, altèrent sa constitution, et lui rendent la vie à charge ; en faut-il davantage pour s'en occuper sérieusement.

Les causes qui produisent la maladie n'étant point connues, les phénomènes morbides ne se présentent pas toujours de la même manière, et les malades étant loin de posséder le même tempérament et la même constitution, il serait aussi impossible qu'irrationnel de fixer une méthode unique de traitement pour cette affection. C'est pourquoi, lorsque l'on a affaire à des individus pléthoriques sujets à des hémorragies, ou si c'est une femme près de l'âge critique, ou mal réglée, quand le pouls est dur et vibrant, il faut recourir à la saignée du pied, que les anciens avaient reconnue être si avantageuse dans les affections du cerveau et de ses annexes.

Cette émission sera d'autant plus abondante que les malades seront plus vigoureux. On sera souvent forcé de réitérer cette déplétion, parce que la première, bien loin de diminuer les douleurs, semble, au contraire, les rendre plus aiguës. Il n'est pas rare qu'il faille appliquer en même temps les sangsues derrière les apophyses mastoïdes ou le long du trajet de la veine jugulaire. L'on frictionne simultanément la tempe et le pourtour de l'orbite avec de l'extrait de belladone. Si l'estomac est en bon état, on doit donner de légères doses de calomel et de jalap, pour provoquer des garde-robes. Les bains de pieds sinapisés, et les cataplasmes chauds, en forme de bottines, constituent le complément du traitement destiné à diminuer et à calmer les douleurs. Car il ne faut pas se dissimuler que cette espèce de névralgie offrant des accès intermittens plus ou moins réguliers, il est nécessaire de recourir à des médicamens capables de suspendre le retour de ces accès. On emploiera donc avec avantage les préparations de quina et ses sels. Le docteur Hutchinson s'étant servi avec succès du carbonate de fer contre la prosopalgie faciale, on tenta à la clinique ophtalmalogique de Pavie de combattre par ce moyen les accidens nerveux qui accompagnent la cataracte, et dont nous venons de nous occuper. L'on verra dans les observations qui suivent, qu'un plein succès couronna ces tentatives.

J'ai vu feu le professeur Carron, mon père, faire disparaître instantanément les accès de cette espèce de névralgie, en faisant prendre aux malades, au moment où ils éprouvaient les premiers symptômes, de hautes doses, souvent répétées, de potion effervescente de Rivière. Plusieurs faits de cette nature ont été communiqués par lui à la société de médecine de Paris (1).

Malheureusement l'on a souvent affaire à des enfans qui refusent de prendre les médicamens amers et de mauvais goût. C'est alors le cas d'employer la cinchonine pure, qui est sans goût, et que l'on rend fébrifuge en faisant avaler, quelques instans après, un verre d'eau sucrée, acidulée avec une ou deux gouttes d'acide sulfurique. Ce moyen sur lequel je me suis étendu plus au long dans le *Bulletin de Thérapeutique*, opère avec autant de sûreté que le sulfate de quinine lui-même, et a fourni à un pharmacien de la capitale, M. Boutigny, la base d'un grand nombre de formules fébrifuges,

---

(1) Jacques Carron, *observation sur l'efficacité de la potion de Rivière*, Journal de la Société de médecine de Paris, LXXXIII, page 26.

destinées spécialement aux enfans. Quelquefois les préparations de quina échouent complètement, et les douleurs deviennent, de plus, de jour en jour plus atroces. Je pense qu'on pourrait avec avantage employer la méthode endermique ; ce que pourtant je n'ai jamais eu occasion de faire. Les vésicatoires et les autres rubéfians appliqués sur le point souffrant, ou dans ses alentours, augmentent en général les accès ; cependant, j'ai vu M. Maunoir obtenir d'heureux résultats de la médication suivante: on dénude, au moyen d'un petit vésicatoire, et mieux encore avec la pommade de Gondret, dans la largeur d'une pièce de deux francs, l'épiderme dans les régions sus et infra-orbitaires qui correspondent aux trous du même nom. Puis, plaçant sur la partie supérieure dénudée un disque de la pile de Volta au pôle positif, tandis qu'inférieurement on place un disque négatif; ces deux corps métalliques sont mis en rapport au moyen de deux fils de laiton. Aussitôt que le courant est établi, on ne tarde pas à observer la sécrétion très abondante d'une sérosité limpide, transparente, qui s'échappe des surfaces dénudées : les accidens nerveux se calment instantanément : c'est surtout sur le blépharospasme que cette médication exerce une influence aussi prompte qu'efficace. Il est rare de rencontrer des névralgies qui résistent à deux ou trois applications de cette nature.

Voici maintenant des faits.

Obs. I. — En 1822, M. le chevalier d'Andujar et madame la supérieure de la Visitation de Sainte-Marie, de Lisbonne, m'adressèrent une jeune portugaise atteinte de cataracte congéniale à l'œil droit, et de cataracte accidentelle à l'œil gauche, et datant de cinq ou six mois seulement, mais assez complète pour nécessiter l'opération. Je me décidai cependant à commencer par l'œil atteint de l'affection congéniale, parce que j'avais la certitude que la cataracte était entièrement fluide. Cette conviction influa aussi sur le choix du procédé opératoire, car je pratiquai la kératonyxis par la méthode de Saunders, avec la seule différence qu'après avoir vidé la capsule, je ne la laissai point en place comme lui; mais après l'avoir détachée dans sa grande circonférence, elle fut brisée en fragmens, et jetée dans la chambre antérieure pour y être abandonnée à l'absorption.

L'opération fut pratiquée le 1er mars 1822, en présence du docteur Andrea Torres, parent de la malade et de MM. Andujar et Ferral, amis de sa famille. L'opération n'offrit rien de remarquable; elle fut peu douloureuse, et la malade aperçut très distinctement la lumière et les reflets métalliques. Tout se passa sans accident jusqu'au quinzième jour, époque à laquelle l'opérée fut tout à coup atteinte de douleur sus-orbitaires tellement atroces, qu'elle poussait des cris perçans. La face était rouge, animée, le pouls dur, vibrant; on pratiqua une saignée au pied, de deux fortes palettes; en même temps on frictionnait le pourtour de l'orbite et la tempe avec de l'extrait de belladone. La douleur fut calmée, mais elle revint deux jours après, à la même heure et avec non moins d'intensité.

Je pensai alors à combattre cette névralgie accidentelle par l'administration d'un remède qui avait si bien réussi à mon père dans les névralgies ordinaires ; je veux dire la potion effervescente de Rivière. Aussitôt que l'accès fut calmé, la malade reprit sa sérénité habituelle, et n'éprouva pas la moindre souffrance jusqu'au moment où elle ressentit de nouveaux signes avant-coureurs du paroxisme. Alors je lui fis prendre tous les quarts d'heure demi-oncè de la potion effervescente sus nommée. L'accès ne fut presque pas douloureux ; il se manifesta seulement par un épiphora abondant et par du blépharospasme. Deux jours après, légers prodromes d'accès qui sont dissipés par la même prescription. A dater de ce moment, la guérison fut complète, et au moyen des précautions généralement usitées, la malade obtint tous les bénéfices qu'elle pouvait attendre de son opération. Elle est maintenant fixée à Madrid, jouissant de la vue des deux yeux ; car celui qui avait été subsidiairement affecté de cataracte accidentelle, a été opéré avec succès par un oculiste voyageur, que je crois être M. Luzardi.

Obs. II. — Prosper Bartoluzzi, âgé de soixante ans, d'un tempérament triste et mélancolique, fut

reçu à l'hôpital de Pavie dans les premiers jours de
mars 1823. Cet homme, originaire de Savone,
avait exercé dès son enfance la profession de vitrier,
et commis de nombreux actes d'intempérance par
l'usage des boissons alcooliques. Lorsqu'il fut reçu
à l'hôpital, il disait que sa vue était embrouillée depuis long-temps, et le professeur Flarer, après
l'avoir examiné, diagnostiqua deux cataractes lenticulaires, dures, compliquées d'ophtalmie chronique catarrhale; les yeux étaient excessivement
enfoncés dans l'orbite. Le professeur dont nous venons de parler, après avoir combattu l'ophtalmie
chronique par de légers astringens, pratiqua l'a-
baissement le 2 mars. L'opération fut rapidement
terminée, et le malade déclara avoir parfaitement
reconnu les corps environnans. Dans la soirée, il
se plaignit d'un sentiment de douleur dans l'œil
opéré, accompagné de larmoiement. Le pouls étant
dur et fréquent, on pratiqua une saignée d'une livre,
et le malade prit intérieurement, toutes les deux
heures, une cuillerée d'une émulsion qui contenait
six grains d'extrait de jusquiame. Les quatre jours
suivans, on fut obligé de revenir à trois nouvelles
saignées, suivies de l'application de douze sangsues
derrière les oreilles; en même temps, on pratiquait
sur le pourtour de l'orbite des frictions avec l'extrait de belladone : à l'intérieur, on donnait des
poudres composées de trois grains de calomel et de
quinze grains de jalap, afin d'entretenir la liberté
du ventre. Ce traitement fut continué jusqu'au dix-

neuvième jour; le malade était sans douleurs et
voyait assez bien. Tout à coup, le vingtième jour,
il fut repris de nouvelles douleurs, qui se renou-
velèrent les vingt-unième et vingt-cinquième jours,
à des heurs fixes et en forme d'accès. C'est en vain
qu'on leur opposa les moyens antiphlogistiques,
les frictions de belladone, les révulsifs intestinaux
et les autres remèdes appropriés, elles persistèrent,
et devinrent aussi aiguës qu'une violente douleur
de dents. Pendant leur durée, qui était environ
d'une demi-heure, le malade voyait des étincelles,
des rubans de feu, accompagnés de spasmes dans
les paupières, dans les sourcils et dans les joues.
Après avoir vu tous les traitemens échouer, et
même la maladie acquérir de l'intensité, on eut recours au carbonate de fer, employé avec tant de
succès par le docteur Hutchinson. Le remède fut
donné sous la formule suivante : on mêla deux
scrupules de carbonate de fer à deux gros de sucre,
pour faire dix poudres à prendre dans la journée.
L'on commença l'usage de ce médicament le 20
avril; le 21, on reconnut une diminution notable
dans l'intensité et dans la fréquence des accès;
quelques jours après, le malade était radicalement
guéri. Cependant, pour consolider sa guérison, on
continua l'usage du carbonate de fer jusqu'aux
premiers jours de mai. On songea alors à pratiquer l'opération à l'autre œil par le même procédé;
l'opération réussit parfaitement. Quelques jours
après, le malade ayant été assailli de nouveaux

phénomènes nerveux, on les combattit instantanément par le carbonate de fer avec un plein succès :
le 10 juin, Bartoluzzi sortit de l'hôpital, ayant recouvré la vue aux deux yeux.

Cette observation prouve jusqu'à l'évidence l'efficacité du carbonate de fer pour combattre les accidens nerveux qui avaient résisté aux traitemens
les plus rationnels employés jusqu'alors.

Obs. III. Marguerite Massa, de Pavie, âgée de
trente ans, de faible constitution, sujette aux accès
hystériques, avait été souvent atteinte de fièvre
nerveuse et rhumatique. C'est après un violent accès de cette nature, ayant son siége dans la tête,
qu'elle fut affectée de cataracte aux deux yeux.
Celle-ci paraissait de consistence dure ; l'œil était
sain, seulement la pupille était un peu contractée.
Le 15 novembre 1822, elle fut opérée par abaissement, des deux côtés.

L'opération fut prompte et facile ; les yeux furent momentanément recouverts de légères fomentations froides que l'on suspendit à l'entrée de la
nuit, vu l'état général de la santé de la malade.
Tout à coup, au milieu de la nuit, elle fut attaquée
de douleurs extrêmement violentes dans la région
sourcilière, accompagnées d'un sentiment de chaleur excessive. Le lendemain matin, le pouls était
dur, fréquent, les yeux larmoyans, ce qui néces-
sita une saignée de neuf onces, ainsi que l'emploi
de la jusquiame unie au nitre et prise intérieure-

ment, en même temps que l'on fomentait les yeux avec de l'eau froide. Ce traitement soulagea légè- rement la malade ; mais, vers le soir, les douleurs ayant repris avec une nouvelle intensité, on fit placer des sangsues en assez grand nombre derrière les oreilles. Cette évacution sanguine améliora la position de la malade ; les douleurs diminuèrent un peu ; la cornée était transparente et sans injec- tion, et l'irritation de la conjonctive était presque nulle. Tout à coup il survint un accès hystérique, accompagné de contraction et de délire ; cet acci- dent renouvela les douleurs, quoique moins inten- ses. On prescrivit de nouveau les sangsues ; on ajouta à cette médication des pilules de calomel, et des frictions de jusquiame et d'opium pratiquées dans la région sourcilière. L'effet de ces prescrip- tions fut tel, que le sixième jour après l'opéra- tion, la malade enleva son bandeau, et put se con- vaincre que cette opération serait heureuse. La vue était parfaite, quoiqu'il restât encore un peu trop de sensibilité à la lumière. On suspendit peu à peu l'usage des médicamens. Le 26 novembre, la ma- lade se promenait librement dans l'hôpital. Mais ayant fatigué ses yeux à force de les essuyer, elle fut prise d'une nouvelle irritation que l'on combat- tit de nouveau par les sangsues. Elle continua à se bien porter jusqu'au 2 décembre, époque où elle fut en proie à des douleurs violentes dont le siége principal était, il est vrai, dans le sourcil et au fond de l'orbite, mais qui en même temps s'irra-

diaient dans la narine et l'occiput. La malade poussait des cris aigus, se prenait la tête avec les mains,
s'accroupissait vers la terre, qu'elle frappait du
pied. Les douleurs étaient si lancinéantes, qu'elle
les comparait à des coups d'instrument tranchant.

L'œil, gonflé et saillant, était baigné de larmes
âcres et abondantes : la moindre lumière renouvelait les souffrances : ces phénomènes étaient accompagnés de loquacité, de délire, de spasme et de divers autres symptômes hystériques. Lorsque l'accès était fini, la malade se trouvait sans douleurs,
excessivement fatiguée ; cet état persistait jusqu'à
un nouvel accès qui se reproduisait avec toutes les
mêmes phases. L'état du pouls ne permettant plus
l'emploi des évacuations sanguines, on eut recours
aux purgatifs composés de jalap et de calomel ; ensuite l'on appliqua trois vésicatoires à l'occiput ;
ceux-ci étant sans effet, on passa à l'application de
moxas sur les apophyses mastoïdes, le tout sans
succès. Cependant on frictionnait l'œil avec des
substances narcotiques, à l'intérieur, on donnait
des émulsions nitrées, des pilules composées avec
la jusquiame et le sulfure doré d'antimoine. Ces
moyens se trouvant aussi complètement inutiles
que tout ce qu'on avait fait jusqu'alors, on admi-
nistra le quinquina uni aux poudres de Dower, aux
pilules et aux lavemens d'assa-fætida camphrée. De
là on passa aux frictions d'onguent napolitain et
aux fomentations d'eau distillée de laurier-cerise.
Sous l'influence de tous ces moyens, les douleurs

diminuaient, mais ne disparaissaient point ; l'usage prolongé du sulfate de quinine était le seul médicament qui pût éloigner un peu les paroxismes et en affaiblir l'intensité. Dans les premiers jours de mars 1823, cette malheureuse femme quitta l'hôpital dans l'espoir que le changement d'air pourrait améliorer sa position. Vain espoir ! à peine fut-elle en son domicile, que les douleurs reparurent avec une intensité sans égale, et que la malade se vit obligée de rentrer à l'hôpital en toute hâte ; car deux saignées qu'on lui avait pratiquées chez elle n'avaient fait qu'exaspérer ses souffrances ; la vue, du reste, avait considérablement diminué. Ce fut alors que le professeur Flarer, encouragé par le succès obtenu sur Prosper Bartoluzzi, mit en usage le carbonate de fer. Treize doses, d'un scrupule chaque, mélangées avec du sucre, suffirent pour détruire cette affection si rebelle. La vue se rétablit, et la malade resta encore un mois à l'hôpital pour se confirmer dans la certitude d'une guérison radicale. Après cette époque, elle reprit ses occupations habituelles ; et quelles qu'eussent été les intempéries de l'atmosphère auxquelles elle s'exposa, la névralgie ne se manifesta plus.

Voilà deux cas remarquables de guérisons obtenues par l'emploi du carbonate de fer dans des névralgies rebelles, et qui, par l'acuité des douleurs qu'elles produisaient, auraient pu irrévocablement compromettre le succès de deux opérations faites par un chirurgien aussi habile et aussi heureux que le professeur Flarer. Ces faits, joint à ceux qu'à publiés le docteur Elliotson, et qui sont rapportés dans l'Annuaire médico-chirurgical de 1826 et 1832, sont de nature à fixer de plus en plus l'attention des gens de l'art sur cet agent thérapeutique.

S'il est des cas où le sulfate de quinine a échoué dans le traitement des névralgies accidentelles ou traumatique, il en est d'autres où son usage a produit le plus heureux résultat.

Obs. IV. Madame B***, demeurant rue Basse-du-Boulevart des Capucines, nº 32, me fut adressée par M. le docteur Chavernac. Cette dame portait à l'œil droit une cataracte complète, survenue pendant sa dernière grossesse : l'opacité cristalline était complète, et paraissait de nature caséeuse, quoique l'œil gauche fût sain. Madame B***, voulait se faire opérer, parce qu'elle s'apercevait que la vue de l'œil sain était vacillante, amblyophique, toutes les fois qu'elle tenait l'œil cataracté ouvert, et que ces accidens disparaissaient aussitôt que l'on suspendait complètement l'action de la lumière sur l'œil cataracté.

Madame B***, fut opérée par abaissement le 26 juillet, en présence de MM. Chavernac, Branzeau, Pauly et Therrin ; la cataracte molle, ainsi que je l'avais annoncé, fut broyée et réduite en pièces, ainsi que la capsule ; mais comme elle était de nature gélatineuse, il me fut impossible d'en faire passer les fragmens dans la chambre antérieure ;

j'éprouvai la même difficulté pour les immerger dans le cristallin. Je me résignai donc, ainsi que l'a recommandé Barbette, à les laisser en place pour attendre leur dissolution par l'humeur aqueuse. Les premiers jours de l'opération se passèrent sans accidens : une large saignée fit justice de quelques légers malaises. Tout à coup, vers le vingtième jour environ, la malade fut prise de douleurs analogues à celles que nous avons décrites dans les observations précédentes ; elles furent d'autant plus vives que l'opérée était plus impressionable et douée d'un tempérament éminemment nerveux, ces accès s'étant renouvelés périodiquement à cinq ou six jours de distance, et augmentant d'intensité, M. Chavernac, médecin ordinaire de la malade, fit placer douze sangsues derrière les apophyses mastoïdes, qui donnèrent issue à une grande quantité de sang. La malade en fut soulagée, mais les accès reparurent avec la même régularité ; on fit placer un vésicatoire au bras, et en même temps l'on prescrivit les pilules de sulfate de quinine et des lavemens de même substance. Ces prescriptions suspendirent entièrement les accès jusqu'au cinquantième jour après l'opération, époque où ils parurent de nouveau, et furent de rechef combattus par le sulfate de quinine. L'action de ce médicament fut aussi héroïque que la première fois, et en en continuant l'usage pendant quelque temps, l'on obtint une guérison radicale.

CHAPITRE IX.

DE L'OPHTALMORRAGIE.

Lorsqu'un instrument tranchant ou piquant a divisé quelques-uns des nombreux vaisseaux sanguins qui serpentent dans l'œil, il se manifeste une hémorragie qui peut souvent être assez considérable ; quoique on en dise, les règles précises de l'opération, et les notions anatomiques les plus exactes ne sont pas toujours suffisantes pour obvier à cet accident. Cependant, en suivant avec exactitude les principes que nous émettrons pour chaque espèce d'opération, l'on aura moins à redouter l'accident qui nous occupe.

Il est des hommes qui sont plus sujets que d'autres aux hémorragies ; ce sont ceux dont la peau est vulnérable, ou bien qui sont affectés de maladies scrofuleuses, scorbutiques, et chez lesquels l'on rencontre à la peau des taches hémorragiques (*morbus hemorragicus* ou *purpura hemorragica.* Warloff). Les ophtalmies anciennes et profondes de l'œil sont aussi des causes occasionelles d'hémophtalmie, en ce qu'il se forme des vaisseaux sanguins accidentels qui mettent en défaut les connaissances anatomiques les plus exactes. Ainsi, il n'est pas rare de rencontrer une quantité d'adhérences morbides qui unissent la face antérieure du cristallin à l'uvée, et qui sont presque exclusivement composées des vaisseaux sanguins dont on apprécie facilement le caractère et la forme au moyen des diverses puissances microscopiques. Cette complication peut provoquer un épanchement sangüin dans la chambre postérieure de l'œil sans que l'on ait transgressé aucun des préceptes donnés par les maîtres de l'art. Le moindre effort pour détruire cette synéchie postérieure, suffit pour provoquer une hémorragie souvent plus considérable que celle produite par la lésion d'une des artères ciliaires, si bien figurées par Sœmmering dans son admirable ouvrage à la planche sixième (1). Quand l'hémorragie est très abondante dans l'opération de la cataracte par abaissement, l'humeur aqueuse s'obscurcit et ne permet plus de suivre les mouvemens de l'aiguille. Cependant un chirurgien habile peut, malgré cela, terminer l'opération. Il se manifeste rarement des accidens graves à la suite de cet épanchement sanguin ; il se résorbe dans la plupart des cas, mais il donne quelquefois lieu à une iritis qui produit une secrétion accidentelle de lymphe, qui enveloppe le caillot sanguin avant son entière absorption, ce qui occasione souvent alors une espèce particulière de cataracte que les ophtalmologues allemands ont nommée cataracte secondaire grumeuse (*cataracta grumosa secundaria*). Quand l'hémorragie est abondante, la chambre antérieure se remplit elle-même de sang

---

(1) Sœmmering, Samuel Thomas. *Icones oculi humani in folio, Francoforti.* Tabula VI, fig. 1.

qui, le lendemain, n'est plus qu'un énorme caillot. Dans ce cas, il ne faut point tarder à faire une légère incision à la cornée pour l'extraire; car cette dernière peut souvent tomber en gangrène, ainsi que l'avaient observé les professeurs Penchiennati et Rossi (1). Quand on pratique l'extraction, l'hémorragie est souvent due à ce que l'on a commencé l'incision beaucoup trop près de l'union de la cornée à la sclérotique; on doit aussi attribuer cet accident aux développemens morbides des vaisseaux de la conjonctive. Dans l'extraction, l'hémorragie est moins à redouter, parce que la matière épanchée trouve facilement une issue, et qu'il est plus aisé d'en débarrasser le malade, même artificiellement. En effet, lorsqu'un épanchement de sang a lieu pendant l'opération, il faut en exciter la résolution par des lotions d'eau froide, répétées avant d'ouvrir la capsule du cristallin, et de tenter son extraction, ainsi que le pratiquait Marc-Antoine Petit (2). Forlenza arrivait encore plus facilement au même but en ayant recours à de petites injections faites avec une petite seringue remplie d'eau distillée tiède. (3)

---

(1) Rossi, *Élémens de médecine opératoire*, page 284, tome I.

(2) Marc-Antoine Petit, ouvrage cité, page 74.

(3) *Compte rendu des opérations de cataracte pratiquées à Strasbourg*, rédigé par le professeur Flammient, page 9.

CHAPITRE X.

DE L'IRITIS.

De tous les accidens qui surviennent à la suite de l'opération de la cataracte, n'importe le procédé mis en usage, le plus formidable et le plus commun est, sans contredit, l'inflammation de l'iris. Cette maladie que l'on nomme iritis, peut exister à l'état aigu ou chronique. Rien n'est plus désespérant, en effet, pour un chirurgien, que de voir une opération exécutée avec promptitude et habileté, échouer à la suite des phénomènes inflammatoires qui se développent sur l'iris, et souvent s'irradient dans tout l'œil, ainsi qu'on l'observe très souvent dans l'opération de la cataracte par extraction et plus rarement, lorsqu'on a mis en usage la scléroticonyxis. Le malade est bien disposé, d'une santé générale parfaite, aucun des principes fondamentaux, aucune règle générale de l'opération n'ont été transgressés, la constitution atmosphérique et les soins hygiéniques ne laissent rien à désirer, et cependant l'inflammation se manifeste sans qu'on puisse lui assigner une cause. Il est néanmoins des cas où il est facile de reconnaître les circonstances qui ont provoqué l'inflammation de l'iris à la suite de l'opération. Les unes dépendent souvent du tempérament du malade et de sa mauvaise constitution, de l'irritabilité ou de l'extrême pusillanimité de son caractère. Les individus cacochymes, dartreux, scorbutiques, gouteux et scrofuleux sont disposés plus que tout autre à être affectés d'iritis. Cette prédisposition sera augmentée par la transgression des lois hygiéniques, un pansement défectueux, ou par les manœuvres de l'opérateur.

Il ne faut point se dissimuler que le chirurgien n'entre pour beaucoup dans les causes qui produisent l'iritis; en effet, si en pratiquant l'abaissement, il a mal choisi le point par où doit pénétrer l'aiguille; si celle-ci est trop grosse et trop volumineuse, s'il la maintient trop long-temps dans l'œil, et s'il fatigue celui-ci par des mouvemens imprudens et peu mesurés; s'il a laissé à cheval sur l'iris de trop gros fragmens de la lentille brisée, destinée à être projettés dans la chambre antérieure, ou lorsque le cristallin a passé en grande partie ou en totalité dans celle-ci; enfin si l'opérateur ou son aide presse trop sur le bulbe afin de le contenir en place, l'on ne sera pas étonné de voir surgir une inflammation grave que les pathologistes allemands nomment iritis phlegmoneuse.

Les mêmes symptômes seront produits également par les imprudentes tentatives d'extraction de la cataracte, lorsqu'il existe un iridiospasme violent ou des adhérences anormales entre l'uvée et le cristallin. La lésion de l'iris avec le kératotôme, le kystitôme, l'airigne sont aussi les causes fréquentes de l'inflammation traumatique de l'iris; c'est surtout quand on est obligé plusieurs fois de porter la curette dans la chambre postérieure pour extraire un cristallin mou ou ses accompagnemens, que l'on a à redouter de graves accidens consécutifs.

Il est donc important d'étudier avec soin les symptômes qui peuvent faire reconnaître la complication dont nous nous occupons, afin de lui opposer en temps utile, un traitement énergique et rationnel capable de la combattre. Ainsi, toutes les fois qu'un homme opéré de cataracte est pris, quelques heures après son opération ou même beaucoup plus tard, d'une douleur dans l'œil ou ses annexes, plus ou moins violente, et qui tend à s'agraver, l'opérateur est en droit de craindre qu'il ne survienne un iritis : ses craintes seront d'autant plus fondées que la douleur ira en augmentant, qu'elle commencera vers le point où l'œil a été blessé, et que la sensation ressemblera à une pression incommode, lancinante, s'irradiant aux régions suprà et infrà-orbitales, et envahissant peu à peu la moitié de la tête. Les paupières sont atteintes de blépharospasme, la glande lacrymale s'irrite et secrète des larmes abondantes, âcres, brûlantes, qui fluent sans interruption (1) ; peu à peu la conjonctive palpébrale se gonfle, les paupières deviennent œdémateuses, la joue du côté

---

(1) Il ne faut pas confondre le larmoiement avec l'épiphora périodique qui se manifeste quelquefois dans les premiers jours après l'opération, et qui n'est due qu'à un surcroît d'activité de la glande.

correspondant se rubéfie, le bulbe de l'œil est le siége de douleurs pungitives, lancinantes, brûlantes, accompagnées de sentiment de tension dans l'organe, et de phénomènes fantastiques, scintillans, phosphorescens, qui se renouvellent à l'instar des commotions électriques. La fièvre s'allume, la moindre lumière devient insupportable, la soif et la douleur sont extrêmes : les carotides battent avec force, et occasionent des tintemens dans les oreilles. Tous ces symptômes généraux sont souvent accompagnés de douleurs violentes dans l'intérieur du crâne, de vomissemens et de délire.

Je crois, sans contredit, que c'est cette irradiation de l'inflammation locale au centre nerveux qui produit la mort, car comment expliquer celle-ci autrement? Dans les autopsies des personnes qui ont succombé aux accidens primitifs survenus après l'opération de la cataracte, l'on a toujours trouvé des traces non équivoques de l'inflammation du cerveau et de ses enveloppes. Quant à moi, j'ai vu pratiquer un nombre prodigieux d'opérations de cataracte à l'étranger, et je n'ai jamais vu qu'elles fussent suivie de la mort. Cependant cette funeste terminaison n'est pas rare à l'hôpital de la Charité, ainsi qu'on peut s'en assurer en suivant les opérations que l'on y pratique. La personne qui en recueille pour moi les histoires, m'a transmis plusieurs résultats promptement mortels qui seront consignés dans la thèse de mon ami Théodore Maunoir. La *Lancette française* rapporte en outre un cas où l'opération pratiquée par M. Guersent fils, dans le service de M. Bougon, fut rapidement suivie de la mort (1).

En général, dans la maladie en question, l'iris change de couleur, perd ses facultés contractiles, ou on les voit s'exalter à un degré extrême, phénomène qu'il est du reste fort difficile de constater, vu le haut degré de phoptophobie dont est tourmenté le malade, ainsi que par l'obscurcissement qui s'empare de la cornée aussitôt que la maladie acquiert un certain degré d'intensité, et qui est due à l'inflammation de la tunique de l'humeur aqueuse.

Une affection aussi douloureuse, aussi rapide que promptement funeste au succès de l'opération de la cataracte, demande une médication énergique et en rapport avec la gravité des symptômes. La moindre hésitation au début du traitement peut faire naître les plus déplorables résultats. Si l'on considère ici la nature de la maladie, les symptômes éminemment inflammatoires qui la caractérisent, les cadses traumatiques qui l'occasionent, la fièvre générale qu'elle allume, les désordres qu'elle produit dans la circulation, l'on ne balancera point à recourir à un traitement franchement antiphlogistique. Ainsi, les saignées des pieds abondantes seront l'un des premiers moyens

---

(1) *Lancette française*, tome Ier, page 14, année 1829.

qu'il faudra employer toujours largement, et qu'il conviendra de réitérer en raison de la gravité des symptômes et des forces de l'individu.

Les évacuations sanguines générales, quelque avantageuses qu'elles soient, ne remplissent pas tout à fait leur but, et devraient être poussées à un degré extrême, ce qu'il n'est pas toujours permis de faire ; il faut donc avoir recours aux déplétions locales qui produisent alors un effet merveilleux. Il ne s'agit que de choisir le moment opportun : l'application des ventouses à la nuque et aux tempes calme très rapidement les douleurs. Les praticiens anglais préfèrent cette médication à l'application des sangsues qui est, selon eux, plus incertaine et moins énergique. Aussitôt que les accidens généraux et violens seront appaisés, l'on prescrira les applications d'eau froide, soit en affusion, soit en plaçant, sur la région oculaire, des linges légers qu'on en a imbibés. J'ai vu ce moyen produire de merveilleux effets à la clinique ophtalmologique de Pavie. Mais, pour obtenir les avantages dont nous parlons, il faut renouveler et continuer cette application pendant long-temps. L'inflammation qui ne serait pas assez grave pour entretenir la suppuration de l'œil, ou l'altération de ses humeurs intérieures, serait plus que suffisante pour produire l'occlusion complète de la pupille, soit que cet accident fût occasioné par l'adhésion des bords pupillaires entre eux, soit qu'il devînt le résultat de la sécrétion d'une lymphe coagulable

qui pourrait engendrer des membranules et autres
produits accidentels capables d'empêcher la vision.
Il faut donc, par tous les moyens possibles, tenir
les bords de la pupille éloignés, en cherchant à
effectuer le plus grand degré de dilatation possible
de cette ouverture, au moyen de doses suffisantes
d'extrait de jusquiame, prises intérieurement et employées en frictions. Quand on craint que l'absorption ne se fasse trop lentement, il faut introduire
dans les narines des tempons imbibés d'extrait de
belladone. Mais on doit bien se garder d'appliquer immédiatement le remède sur la conjonctive
oculaire; il produirait des effets en sens inverse
de ceux que l'on désire. Depuis plusieurs années,
j'emploie, avec beaucoup de succès, l'eau distillée
de laurier-cerise à haute dose, intérieurement et
extérieurement; elle remplace, avec avantage, l'eau
froide, surtout quand on a soin de la frapper légèrement de glace. Rasori, Borda, Fabini ont constaté
la qualité contre-stimulante de cette substance,
ainsi que je l'ai prouvé dans un travail spécial (1).
Quand l'état de l'estomac ne permet pas l'injection
des substances médicamenteuses, on les administre alors par la voie du rectum; les lavemens mu-
cilagineux, contenant quelques gouttes de teinture de digitale pourprée, et un gros d'eau distillée

---

(1) Carron du Villards, *Mémoire*, couronné par l'Athénée
de médecine de Paris, *sur l'emploi thérapeutique du laurier-
cerise*, *Revue médicale*. Paris, septembre 1830.

de laurier-cerise, servent merveilleusement à
calmer l'éréthysme général. Il faut surtout insister
sur l'emploi des narcotiques toutes les fois que l'on
a dû pratiquer de nombreuses évacuations sanguines, générales et locales, car celles-ci, en détrui-
sant l'équilibre nécessaire entre les systèmes sanguin et nerveux, il se manifeste quelquefois des
phénomènes nerveux qui sont indépendans de la
maladie, et qui, non-seulement fatiguent beaucoup
le malade, mais encore alarment singulièrement
ceux qui l'entourent. Cet éréthysme nerveux se
révèle par une excitation générale, par l'insomnie,
une loquacité apyrectique et un sentiment de vide
très-incommode dans le cerveau : le malade est
fatigué par le moindre bruit, quoiqu'il soit sans
douleur, et la phobtophobie est extrême. Cet état
qui a très-bien été décrit par Beer et Jüngken, se
dissipe facilement sous l'influence des narcotiques
à haute dose. Il est aisé de voir que ce n'est qu'un
symptôme, et que c'est à tort que M. Lisfranc le
considère comme une ophtalmie nerveuse (1). Lorsque l'on a à redouter la sécrétion de la lymphe
coagulable, ou que l'inflammation ne passe pas à
l'état chronique, il faut pratiquer des frictions
sur le front et la base de l'orbite avec un demi-gros,
matin et soir, de la pommade suivante :

---

(1) *Clinique chirurgicale de la Pitié*, recueilli par M. P. Boyer,
Gazette Médicale, 1832.

R. onguent neap. dup.. . . . . 3 j.
Extr. belladon.. . . . . 3 j.
Olei essent laur. ceras g^{tes}. . iv.
Fiat secundum art unguentum.

Le professeur Ammon, de Dresde, a retiré de
très grands avantages de cette prescription dont je
n'ai aussi qu'à me louer. A l'intérieur, on prescrit
quelques légères doses de calomel, et si le tube
intestinal est sain, il sera fort avantageux de procurer une dérivation sur les intestins, au moyen
de quelques médicamens légèrement drastiques;
il faut insister sur la diète pendant que persistent
la fièvre et la douleur.

Schiantarelli (1), dans un ouvrage publié à Brescia, en 1819, prétend que le moyen le plus sûr de
prévenir les accidens inflammatoires, après l'opération de la cataracte, ou de les combattre lorsqu'ils sont survenus, consistent à placer sur les
yeux de petits tampons de charpie imbibée de
teinture de thébaïque. Pour peu que l'on réfléchisse
à l'action de la teinture thébaïque sur la conjonctive, aux phénomènes qu'elle produit, à la douleur
et au larmoiement qu'elle provoque, n'est-il pas
aisé de se convaincre que l'empirisme le plus aveugle peut seul mettre en usage une médication de
cette nature, qui peut être la source des plus
graves accidens ?

---

(2) Schiantarelli. *Sull' ago da cateratta sul methodo di cura
dopo l'operazione. Brescia*, 1819. Page 84.

Les traitemens divers que nous venons d'indiquer ne sont pas toujours suffisans pour arrêter
les phénomènes inflammatoires de l'iritis; la conjonctive oculaire se boursouffle, forme un véritable chémosis, les humeurs de l'œil se troublent,
et souvent il s'y forme une suppuration abondante,
accompagnée de production de fausses membranes. La vue alors court de grands dangers, et il
faut traiter chacune de ces complications fâcheuses
par les moyens que chacune réclame, et qui sont
indiqués dans tous les auteurs. On consultera,
avec fruit, les ouvrages de Beer, et la dissertation
de S. B. Schindler (1).

CHAPITRE XI.

DE L'IRITIS CHRONIQUE.

L'inflammation de l'iris ne débute pas toujours
d'une manière aussi aiguë que nous venons de le
dire précédemment, elle reste quelquefois plusieurs
jours avant de se développer; elle commence par
de légères douleurs que le malade ressent dans la
région orbitaire, accompagnées d'élancemens pas-
sagers dans le globe de l'œil. A ces symptômes se
joignent un larmoiement très opiniâtre. Dans le
commencement de cette affection, l'on croit, de pré-

---

(1) *Commentatio ophtalmica de iritide chronica ex kerato-
nyxide suborta. Vrastilaviæ.* 1820, in-4, et *Journal de Langenbeck*, 3e fascicule.

férence, qu'il va se développer une névralgie ; peu à
peu la conjonctive rougit, les vaisseaux sanguins de
l'iris s'injectent, sa contractilité diminue et sa coloration s'obscurcit quand l'œil est bleu ou gris, et
prend un reflet légèrement jaunâtre quand les yeux
sont noirs ou bruns foncés. Alors le malade ouvre
difficilement les yeux à cause de la contraction spasmodique des paupières, et lorsque le chirurgien
veut vaincre ce spasme pour examiner l'œil, celui-
ci se porte en haut et il devient fort difficile de
s'assurer de son état. Ces phénomènes sont en tout
semblables à ceux que l'on remarque chez les enfans atteints de choroïdite scrofuleuse. Peu à
peu la pupille se contracte au point d'être à peine
appréciable à l'œil nu ; la phobtophobie se développe graduellement, et avec elle surviennent les
douleurs dans l'intérieur du globe. Guillaume Benedict (1) avait observé que l'iritis chronique se
déclarait surtout chez les individus qui avaient été
affectés de cataracte molle, mixte et dure élastique:
parce que ces cataractes demandent, en général,
de plus grands efforts pour être abaissées en entier,
et que les fragmens, que l'on pousse dans la chambre antérieure, pour en favoriser l'absorption, fatiguent la face antérieure de l'iris, tandis que ceux
qui nagent dans la chambre postérieure produisent des effets semblables sur l'uvée. Quoique les

---

(1) W. Benedict. *Monographia cataractæ*. Vratislaviæ, 1814,
page 166.

accidens suscités par l'iritis chronique soient moins dangereux pour le succès de l'opération que ceux qui sont occasionés par l'iritis phlégmoneuse, je suis loin cependant de partager l'opinion de quelques ophtalmologues allemands qui prétendent, je ne sais pourquoi, que l'iritis se guérit d'autant plus facilement qu'elle se développe plus tard (1). Il suffit de réfléchir un instant et de comparer les faits que l'on a observés pour juger combien cette opération est paradoxale. En effet, combien d'iritis chroniques ne sont-elles pas suivies d'hypopion, d'exsudations plastiques, de suppuration et d'occlusion complète de la pupille ? accidens tous plus ou moins graves et qui compromettent la vue. L'œil s'atrophie aussi quelquefois, et ses humeurs antérieures ne reprennent jamais leur transparence. Il est donc important de s'occuper sérieusement de l'iritis chronique, il faut dès son début, recourir aux évacutions sanguines générales et locales selon l'intensité de la maladie, aux frictions d'extrait de belladone, aux fomentations froides de laurier-cerise, puis lorsque la turgescence inflammatoire est évanouie, on retirera de très bons effets de l'application des ventouses sèches à la nuque, des vésicatoires et souvent des moxa et des cautères placés derrière les apophyses mastoïdes ; mais, dans les cas assez nombreux, où il est nécessaire

---

(1) Molinari. *Dissertatio inauguralis de scleronyxidis seque-lis earum que cura. Ticini Regii*, 1823, ex T. Bizzoni.

de déterminer une irritation prompte et durable et
en même temps graduée dans le voisinage du crâne,
les épispastiques ne secondent pas toujours les intentions du praticien ; ils agissent tardivement et
avec trop peu d'énergie. Les escharrotiques au
contraire produisent quelquefois une réaction trop
vive : c'est pour cela que le docteur Guillé (1) recommande de les remplacer par l'application sur
le cuir chevelu rasé, d'un emplâtre antimonial composé de :

  B. Tart. ant. pot. . 3 j.
   Empl. citr. (2). . 3 iij.
   Fiat. S : A.

Cet emplâtre, qui produit de très bons effets,
doit être renouvelé tous les jours jusqu'à ce qu'il
apparaisse sur la peau des vésicules noires, que l'on
panse ensuite comme un vésicatoire ordinaire.

J'emploie aussi quelquefois avec beaucoup de
succès des frictions de pommade stibiée simple ou
avec l'alcoolat d'acide Formique et la pommade de
Lausanne placée derrière les oreilles.

Pour seconder ce traitement on prescrit intérieurement de légères doses de calomel uni au jalap

---

(1) Guillié. *Bibliothèque ophtalmologique*, page 197.
(2) Emplast citrinum pharmacopeæ Vindebonensis.
 R. Therebentinæ Venætæ\
  sebi ovis. . . . .\
  Resinæ. . . . . āā equalem partem.
  Ceræ flavæ. . . . . . .\
 mis f. s. a. E. . . . .

dont on élève la dose jusqu'à l'effet drastique toutes les fois que l'état général des intestins ne s'oppose pas à cette médication. Dans l'iritis chronique
on retire aussi les plus grands effets des frictions
mercurielles et des préparations d'or. Puis à la fin
de la maladie, on peut prescrire des douches en ar-
rosoir, composées avec de l'eau simple, froide, que
l'on coupe avec des doses graduées d'eau minérale
de Barèges ou de Marienbad : finalement, quand il
ne reste plus que de légères traces d'inflammation,
on les combat par l'application de vésicatoires au
bras, et par l'usage intérieur de la pulsatille noire.
Mon père, feu le professeur Carron, recommandait dans ces cas, d'irriter la muqueuse nasale par
l'usage de la poudre céphalique et sternutatoire de
Saint-Ange.

On peut quelquefois retirer de bons effets en ex-
posant les yeux à la vapeur du baume de Fiora-
venti dont on provoque l'évaporation en frottant
la paume des mains imbibée de cette substance.

Charles Graefe, pour rendre cette médication
plus profitable, a fait construire un petit appareil
dont il a donné la description et le dessin dans son
Répertoire sur la matière médicale oculaire, page
236 (1).

Pendant tout le traitement, il faut exposer le
malade à une lumière modérée, et tâcher de le

____

(1) Ritter, Carl Graefe, *Repertorium augenärztlicher heil-
formeln.* Berlin 1817.

maintenir dans une température uniforme, car rien n'est plus contraire au traitement de l'iritis que les brusques variations atmosphériques.

CHAPITRE XII.

DE L'ÉRÉTHISME OCULAIRE.

Quoique cette affection ne soit pas très fréquente, il arrive quelquefois qu'après les opérations de cataracte, n'importe le procédé mis en usage, il se manifeste dans l'œil opéré un surcroît de vie, une exaltation de la sensibilité, telle que le malade ne peut nullement supporter la lumière, et se trouve réduit à l'état d'héliophobie la plus fatigante. Non seulement les corps éclairés lui causent des sensations pénibles, mais encore ceux qui sont dans l'obscurité lui paraissent éclairés par une lumière anormale, au point de pouvoir lire dans l'obscurité. J'ai vu un homme qui avait acquis une puissance visuelle si prononcée, que dans la plus profonde obscurité il lisait facilement, tandis que j'avais, moi, la plus grande peine à découvrir le lit où il était couché. Cet état ne fut que passager, tandis que l'individu dont (1) Beer raconte l'histoire, put lire et écrire plusieurs mois pendant la nuit sans lumière, et ne parvint à supporter celle-ci qu'en accoutumant graduellement ses yeux à son action,

____

(1) Beer, *Das auge Vienn*, 1813, page 13 et 14.

et en portant des verres de lunettes très colorés.
Il faut combattre cet état lorsqu'il est compliqué
de pléthore , par les saignées de pied , les sangsues
au siége , et surtout par l'usage intérieur de la jusquiame et celui extérieur de la pommade dont nous
avons donné la formule à l'article Iritis page 92. Peu
à peu l'on accoutumera le malade à l'action de la lumière jusqu'à ce qu'il puisse sortir , en conservant
toutefois , pour quelque temps encore , des lunettes colorées.

Il ne nous reste plus à parler maintenant, en fait
de symptômes morbides compliquant en général
les opérations de cataracte, que du dérangement
des fonctions de l'estomac, que quelques personnes attibuent à des sabures gastriques , tandis que
d'autres n'y voient qu'une irritation sympathique
du gaster. On ne peut révoquer en doute l'étroite
sympathie qui unit les fonctions digestives à celles
de l'organe de la vision ; elle se révèle chaque jour
par l'influence qu'exercent sur l'œil des substances
introduites dans l'estomac. M. Lœbstein (1) a décrit
avec beaucoup de soin ces sympathies dans son
ouvrage sur la sémeiologie de l'œil, et Assalini (2),
Larrey (3), Herbeer , et après eux Clot-Bey (4)

____

(1) Lœbstein-Lebel. *Traité de la séméiologie de l'œil.* Strasbourg , 1818 , 676 et suiv.
(2) Assalini. *Manuale di chirurgia militare ,* page 111.
(3) Larrey. *Histoire chirurgicale de l'armée d'Orient ,* page
208.
(4) *Annales de la médecine physiologique.* 1833.

avaient observé que l'ophtalmie d'Egypte se liait presque toujours à une maladie ou à un dérangement antérieur du tube intestinal.

C'était donc pour combattre les effets de l'intime relation de l'estomac avec les yeux que la plupart des ophtalmologues faisaient précéder l'opération de la cataracte d'un traitement préparatoire dont la diète et le régime constituaient la base, et qui, par conséquent, devait avoir une grande action sur ce viscère; l'expérience a prouvé cependant que, malgré ces précautions, il se manifestait souvent des phénomènes gastriques, et que ceux-ci cédaient bien plutôt à l'usage de tartre stibié en lavage, ainsi que l'enseignait l'illustre Scarpa, qu'à l'emploi des évacuations sanguines locales. Cependant, il est des cas où la maladie se propage au cerveau, et peut produire des accidens tellement graves, qu'ils entraînent quelquefois la mort, et qu'il importe de surveiller de près. Nous entrerons dans de plus amples détails à ce sujet, en parlant du traitement consécutif de l'opération.

CHAPITRE XIII.

DU TRAITEMENT CONSÉCUTIF.

Quoique nous ne soyons plus au temps où Ambroise Paré disait : « Je te pansay, Dieu te guérira » il est encore malheureusement des chirurgiens qui abandonnent presque aux seuls efforts de la nature

le soin du traitement des accidens primitifs qui
suivent l'opération de la cataracte. Tout chirurgien sensé sera convaincu de l'absurdité d'une pareille conduite, puisqu'il est bien reconnu que l'habileté et le bonheur avec lesquels une opération a
été exécutée, sont loin de toujours préserver le
malade de la gravité des accidens consécutifs : et
comme il n'est donné à personne de pouvoir calculer jusqu'à quel point ceux-ci peuvent s'aggraver, il
en résulte que c'est une imprudence impardonna-
ble de ne pas s'empresser de les combattre en
temps utile, au moment où l'on a un espoir fondé
de résolution. C'était dans l'intention d'obvier au
développement des symptômes primitifs que le
baron de Wenzel et Benjamin Bell faisaient pratiquer, une heure après l'opération, une forte saignée
au bras : le chirurgien anglais recommandait même
d'ouvrir la jugulaire ou l'artère temporale si la première saignée ne faisait pas disparaître les accidens
primitifs. Ces deux opérateurs avaient même observé que l'évacuation sanguine, pratiquée peu de
temps après l'opération, faisait avorter toute réaction inflammatoire. M. Lisfranc ainsi que moi,
suivons les mêmes principes, et l'on peut se convaincre en fréquentant l'hôpital où il est attaché,
des avantages de cette pratique. Ce que nous venons de dire des propriétés préservatives de la saignée après l'opération, pourrait-il s'appliquer à
l'emploi d'un vésicatoire à la nuque, posé une
heure ou deux avant l'opération, ainsi que le fait

M. Roux? Si l'on calcule la nature des effets produits dans un grand nombre de circonstances par l'application d'un vésicatoire, chez les personnes irritables surtout, on sera en droit de répondre par la négative. Quel est le praticien qui n'a pas vu survenir à la suite de l'application d'un escharrotique, un mouvement réactionnaire qui passe souvent à l'état fébrile? Ce phénomène sera bien plus évident lorsque viendront se joindre à son action l'excitation et la douleur, suites inséparables de l'opération la plus heureuse et la mieux exécutée. Les raisons que je viens d'alléguer acquerront une plus grande valeur lorsque l'on saura que la plupart des ophtalmologistes allemands rejettent, dans les affections aiguës de l'œil l'emploi des vésicatoires et des sétons, comme capables de donner lieu à une réaction dont on ne peut pas calculer la force et qu'il est souvent difficile d'arrêter. En outre, la douleur locale est un empêchement à ce que le malade puisse facilement se tenir couché sur le dos, position indispensable pendant les premiers jours qui suivent l'opération de la cataracte. Je crois donc que l'action du vésicatoire est nuisible; qu'il doit être exclu entièrement comme moyen préservatif, tandis qu'au contraire il peut servir à combattre les accidens qui ont déjà résisté aux saignées générales et locales. Quand on se rappelle tout ce qui a été dit concernant les divers phénomènes morbides qui entravent le succès de l'opération, on se convaincra qu'il ne faut pas se fier à la légéreté, à l'absence même des douleurs ; car cet état de choses peut persister pendant vingt-quatre ou trente-six heures, puis changer de face tout à coup, et compromettre les résultats de l'opération. J'ai toujours observé que, quand les douleurs sont très violentes, l'œil est plus en danger que lorsqu'elles le sont moins. Les chirurgiens les plus heureux ne sont pas, selon moi, ceux qui opèrent le mieux, mais bien ceux qui soignent leurs malades avec le plus d'attention, et qui, par des médications énergiques, arrêtent les symptômes dès leur début. Il est bien reconnu aujourd'hui que, dans les insuccès de l'opération de la cataracte, les phénomènes inflammatoires généraux sont le plus à craindre, et que la plupart des yeux sont détruits par la suppuration. Quoique cette terminaison soit plus fréquente dans l'opération par extraction que dans les autres, on observe cependant la fonte de l'œil à la suite de l'abaissement ou de la kératonyxis. Il se déclare d'abord une inflammation très vive de la conjonctive oculaire et palpébrale : cette membrane se boursoufle considérablement, et forme des villosités qui, en se rassemblant, occasionent un gros bourrelet muqueux qui renverse en dehors la paupière supérieure comme dans les cas de blépharophtalmie. Cette saillie, qui arrive quelquefois à la grosseur d'une noix, se complique bien souvent d'un état œdémateux ou érysipélateux de la paupière. Cette muqueuse, ainsi hypérémiée, sécrète d'abord un fluide purulent, puis ensuite un pus véritable. Quand on a pratiqué l'abaissement, quelque grave que soit cet accident, on peut cependant espérer d'en arrêter la marche : mais lorsque l'extraction a été mise en usage, cette sécrétion morbide ayant lieu avant la réunion du lambeau de la cornée, la suppuration s'introduit dans l'œil, l'enflamme et presque toujours en amène la dissolution. Aussitôt que l'on apercevra des symptômes de congestion oculaire, il faudra se hâter de recourir aux saignées générales au bras ou au pied, puis à l'application des ventouses scarifiées aux tempes et derrière les apophyses mastoïdes, l'expérience m'ayant convaincu de la supériorité de ce moyen sur les sangsues qui, ainsi que l'a prouvé M. Larrey dans le traitement de l'ophtalmie égyptienne, congestionnent l'œil au lieu de le débarrasser. Malheureusement ce traitement ne suffit pas toujours pour empêcher la formation du bourrelet ; je crois que, dans ce cas, il faut se hâter de faire une saignée locale, en emportant avec les ciseaux de grands lambeaux de membrane muqueuse pour détruire l'étranglement local, ainsi que le pratiquent les chirurgiens anglais pour l'ophtalmie égyptienne. Lorsque l'on a arrêté les symptômes inflammatoires, il est avantageux de recourir aux collyres astringens ; mais ce moyen n'est profitable, que lorsque l'on a pratiqué l'abaissement ou la kératonyxis. Si, malgré ce traitement, l'œil est envahi par la suppuration, il est toujours perdu irrévocablement, et il ne reste plus qu'à évacuer la collection purulente à l'aide d'une incision convenable. Cette maladie ne doit pas être confondue avec le chémosis traumatique accidentel, produit par la lésion des vaisseaux de la conjonctive, et qui ne tarde pas à se résoudre de lui-même. L'expérience m'a appris que l'on combattait plus facilement et avec plus d'avantage, les accidens qui surviennent à la suite de l'abaissement, que ceux qui compliquent l'extraction. J'ai vu des yeux revenir, comme on dit vulgairement, de bien bas, tandis que le contraire arrive dans l'extraction. Au reste, dans tous les cas, le traitement que nous venons d'exposer doit être secondé par un régime et des indications appropriés.

CHAPITRE XIV.

DE L'EXPOSITION PRÉMATURÉE DE L'OEIL A LA LUMIÈRE.

Après avoir parlé du traitement à suivre après l'opération de la cataracte, il me reste à considérer un accident d'autant plus grave qu'on y est à chaque instant exposé dans les premiers jours de l'opération ; je veux dire l'exposition prématurée de l'œil du patient à la lumière. Je ne doute nullement que c'est à cette imprudence que l'on ne doive attribuer la plus grande partie des insuccès dans les opérations de cataracte. En effet, quoique une opération ait réussi à souhait, et que tous les temps qui la composent aient été accomplis avec aisance et facilité, il est certain que, malgré cela, ses suites produiront dans l'œil un grand degré d'excitation qu'un rien peut faire dégénérer en une véritable inflammation. C'est surtout trois ou quatre jours après, comme dans toutes les autres opérations, qu'il se détermine dans l'organe opéré un mouvement fluctionnaire dont on ne peut prévoir l'intensité et la durée. Cet état est toujours accompagné d'une phobtophobie plus ou moins vive, et qui a toujours une grande tendance à s'aggraver par le contact de l'œil avec les rayons lumineux. Je suis convaincu que les succès étonnans obtenus par le professeur Scarpa, étaient dûs surtout à ce qu'il tenait ses malades dans une obscurité parfaite, principe qu'il ne transgressait jamais et qui est encore aujourd'hui en vigueur à la clinique ophtalmologique de Pavie, où une salle spéciale, dite salle des opérés, est placée dans une obscurité convenable, que l'on peut augmenter ou diminuer à volonté. L'homme à qui l'on vient de faire l'opération de la cataracte est comme un prisonnier qui, après avoir pendant long-temps habité des cachots obscurs, serait tout à coup exposé à la lumière. Ce passage subit d'une situation ténébreuse à une situation qui ne l'est pas, provoque chez tous deux une sensation douloureuse, poignante, et qui force les individus à porter leurs mains devant les yeux pour arrêter brusquement l'influence des rayons lumineux qui, dans d'autres circonstances, auraient été supportés par eux sans inconvénient. C'est en partie aux soins extrêmes que prenait M. Maunoir, de préserver ses malades de l'influence de la lumière, qu'il est redevable de ses surprenans succès. Aussi, quand dans la plupart des hôpitaux de France, je vois des malheureux opérés abandonnés au milieu de salles éclairées, dans des lits garnis de rideaux blancs, n'ayant pour se préserver de la lumière qu'un simple bandeau noir sur les yeux, je me rends raison d'un grand nombre d'insuccès indépendans tout à fait de l'habileté des opérateurs.

Quand on a pratiqué l'abaissement, je crois que toutes les fois que le malade n'éprouve aucune douleur dans l'œil, qu'il ne ressent ni gonflement ni gradulations dans les paupières, qu'aucune exsudation purulente ne flue de celles-ci, il faut s'abstenir d'ouvrir l'œil jusqu'au quatrième jour, et se contenter des précautions que nous indiquerons en traitant du pansement. Lorsqu'on a pratiqué l'extraction, si le malade est sans douleur, on peut laisser écouler les premières vingt-quatre heures sans examiner l'œil opéré; mais, ce temps passé, l'opérateur doit y jeter une inspection rapide, en ne se servant que de la lumière indispensable pour s'assurer s'il n'y a ni staphylôme de l'iris ni collection purulente dans la chambre antérieure, parce qu'il est important de remédier sans délai à ces accidens. Après ce terme, on peut aller jusqu'au quatrième jour sans renouveler l'examen ; parce que, non seulement, l'œil souffrirait de son exposition à la lumière, mais encore l'on risquerait d'empêcher la réunion immédiate de la blessure de la cornée. Quoiqu'il soit, en général, assez difficile d'assigner une époque fixe à cette réunion, l'expérience a appris que dans cette opération comme dans les autres où l'on tente la réunion par première intention, elle se fait ordinairement vers le troisième jour. A mesure que la guérison se confirme, que l'époque probable des accidens s'éloigne, il faut peu à peu diminuer l'obscurité qui environne le malade, afin que son œil s'accoutume graduellement à l'influence de la lumière. Par ce moyen l'on évitera une foule d'accidens. Ce n'est guère qu'après la cinquième ou la sixième semaine que le malade pourra se promener au grand jour, et encore devra-t-il se munir d'un garde-vue et de lunettes colorées.

Ce que je viens de dire pour la lumière, doit s'entendre surtout pour l'application des lunettes dites à cataracte, et dont l'influence est excessivement fâcheuse toutes les fois que l'œil y est exposé avant d'avoir repris son aplomb, son assiette ordinaire, et lorsqu'il ne lui reste plus ce surcroît de vie, qu'y avait développé l'opération. Ce n'est guère que trois mois et plus après l'opération qu'on peut oser mettre l'œil en rapport avec des verres convexes destinés à concentrer les rayons lumineux, et à remplacer le cristallin abaissé ou extrait. Je connais un grand nombre de personnes qui voyaient parfaitement bien à la suite de l'opération, et dont la vue s'est complètement perdue par l'usage imprudent et prématuré de lunettes à foyer.

CHAPITRE XV.

DES CAUSES D'INSUCCÈS PROPRES A L'ABAISSEMENT.

Après avoir examiné les accidens généraux qui peuvent s'opposer à la réussite de l'opération de la cataracte, communs à tous les procédés, nous allons maintenant passer en revue ceux qui sont propres à chaque procédé en particulier. L'opération de la cataracte par abaissement étant la plus ancienne, et figurant aussi la première sur notre tableau, c'est par elle que nous allons commencer.

Diverses causes peuvent s'opposer au succès de l'opération de la cataracte par abaissement, et nous les examinerons dans l'ordre suivant.

1° Le staphylôme partiel de la sclérotique; 2° la difficulté ou l'impossibilité d'abaisser le cristallin en masse avec sa capsule, soit à cause de ses adhérences morbides avec les parties environnantes, soit à cause de sa conformation fluide, caséeuse, ou glutineuse; 3° les obstacles que l'on rencontre, quand on pratique le broiement, à faire passer les fragmens de la lentille, partie dans le corps vitré, partie dans la chambre antérieure; 4° le passage du cristallin entier ou en trop gros fragmens dans la chambre antérieure où il produit souvent des accidens notables; 5° la fuite de la lentille au devant de l'aiguille, dans divers points du globe oculaire, et son étranglement au milieu de la pupille ; 6° la réascension du cristallin, et la cataracte secondaire. 7°. enfin l'amaurose.

CHAPITRE XVI.

DU STAPHYLÔME PARTIEL DE L'ALBUGINÉE.

Autant les staphylômes partiels de la cornée transparente sont fréquens, autant ceux de la sclérotique se rencontrent rarement, et ne sont en général observés qu'à la suite des lésions traumatiques, et des ophtalmies arthritiques, avec inflammation de la sclérotique. Pendant long-temps j'ai cru avoir été le premier qui eût observé le staphylôme partiel de l'albuginée, à la suite de la piqûre faite avec l'aiguille à cataracte. Cette croyance était chez moi permise, puisque aucun ophtalmographe n'en avait fait mention. Si j'eusse eu un nombre de faits suffisans, j'aurais publié il y a dix ans, un petit travail qui m'eût assuré la priorité dans la description de cette affection de l'œil ; mais, en fait de sciences, il ne faut pas trop se hâter de conclure. Le hasard m'a fait tomber entre les mains une thèse soutenue à Pavie en 1823, par le docteur Molinari, où se trouve rapporté un fait qui, joint aux deux que j'ai vus moi-même, ne laisse aucun doute sur la nature de la petite tumeur qui s'était formée dans la partie de la sclérotique traversée par l'aiguille.

Dans le fait observé par M. Molinari, il s'agissait d'un homme qui fut opéré le 12 décembre 1822 par le professeur Flarer. Ce professeur pratiqua la scléroticonyxis sur l'œil gauche d'un nommé Antoine Albiati, âgé de 35 ans, homme d'un tempérament cachectique, et qui avait été tourmenté toute sa vie par diverses maladies spécifiques ou constitutionnelles, telles que les scrofules, les dartres et les affections siphylitiques. Pendant la nuit qui suivit l'opération, il fut pris d'une inflammation de l'œil tellement intense qu'elle dura quinze jours malgré que dans cet espace de temps, l'on eût pratiqué sept abondantes saignées, et que l'on eût appliqué plusieurs fois un assez grand nombre de sangsues. L'inflammation s'étant ensuite un peu appaisée, l'on aperçut, dans le point de la sclérotique correspondant à la piqûre de l'aiguille, une petite tumeur du volume d'un grain de riz, blanchâtre, indolente et immobile. On ne tarda pas à reconnaître qu'elle était produite par un amas de matières, résultant de l'accumulation de la lymphe dans le trajet de la plaie. Cette petite tumeur se rompit et donna passage à la lymphe accumulée, puis, peu à peu, la sclérotique environnante s'hypérémia et s'éleva sous la forme d'une petite tumeur conique circonscrite. Les symptômes d'inflammation ne tardèrent point à diminuer de jour en jour sous l'usage de l'extrait de jusquiame et du calomel ; l'œil reprit ses fonctions, mais la petite tumeur persista. Le docteur Molinari se demande

quel nom l'on doit donner à cette maladie, et si
véritablement on peut la considérer comme un staphylôme partiel de la sclérotique, et quelle pourrait en être la cause.

Les deux faits que j'ai observés étant analogues
au sien, je crois pouvoir affirmer que le nom de staphylôme partiel, est légitimement acquis à cette
maladie, quoiqu'elle ne se développe pas toujours
de la même manière. Ainsi, dans les cas que j'ai
remarqués, l'un était un staphylôme proprement
dit, immobile, indolent et dur comme un grain de
plomb; l'autre, au contraire, offrait une tumeur
moins élevée, entourée de petites veines bleuâtres,
et paraissait se déprimer sous la pulpe du doigt.
Cet homme qui avait été opéré en 1821, par feu
Duchelard, oculiste du roi de Naples, s'aperçut,
peu de jours après l'opération, de la formation de
cette petite tumeur qui ne lui occasionait, il est
vrai, aucune douleur, mais qui gênait quelquefois
le mouvement de la paupière. En 1826, il succomba à la suite d'une affection cérébrale, et il me fut
permis d'examiner l'œil avec soin. Je ne tardai pas
à m'apercevoir que cette humeur avait été formée,
par quelques veines variqueuses de la choroïde qui
avait distendu, aminci et chassé devant elle la sclérotique, et y avait produit une petite tumeur analogue à celles observées et décrites à la partie postérieure de l'œil par Jacobson et Scarpa qui lui avaient
donné improprement le nom de staphylôme pos-
térieur de l'œil. (*Staphyloma posticum oculi.*)

La première espèce de ce staphylôme est sans danger, tandis que l'autre étant le résultat d'une affection phlébectasique des vaisseaux choroïdaux, cet état peut se propager aux vaisseaux de la sclérotique et de la conjonctive, et produire une cirsophtalmie grave qui peut compromettre l'état de l'œil.

Je crois, qu'aussitôt qu'il se forme une petite tumeur lymphatique ou purulente sur le point qui a été traversé par l'aiguille, il faut se hâter d'emporter la conjonctive qui la couvre, avec des ciseaux courbes, puis pratiquer immédiatement une petite cautérisation avec le nitrate d'argent fondu : ce qui selon moi, sera plus que suffisant pour arrêter les développemens ultérieurs de la tumeur. Mais lorsque l'on a affaire à un refoulement de la sclérotique par l'action variqueuse des vaisseaux choroïdaux, il faut pratiquer la compression avec une lame de plomb, placée sur la paupière. Cette médication devra d'autant plus offrir des chances de réussite que, ainsi que nous le verrons plus tard, Forlenza et un grand nombre d'autres hommes de l'art, traitaient les staphylômes consécutifs à l'incision de la cornée transparente par le moyen que nous venons d'indiquer, avec un succès remarquable : nous reviendrons plus tard sur cette médication.

CHAPITRE XVII.

DIFFICULTÉ OU IMPOSSIBILITÉ D'ABAISSER LE CRISTALLIN EN MASSE.

Toutes les fois que l'on rencontre une cataracte dure et résistante, rien n'est plus facile que de l'abaisser et de l'immerger au milieu de l'humeur vitrée, si l'on a eu soin surtout de méditer attentivement les préceptes donnés par le professeur Scarpa pour exécuter sûrement l'abaissement; principes qui, ainsi que l'a fait observer (1) Léveillé, ont convaincu des chirurgiens du premier ordre, Dubois, Dupuis et Dupuytren, que les succès obtenus par le professeur de Pavie n'étaient point fabuleux ni imaginaires, comme le prétendaient les partisans de l'extraction. Pour rendre le procédé de Scarpa plus facile, je dois renvoyer à des considérations anatomiques et chirurgicales que j'ai publiées dans un journal de médecine (2).

Ainsi que nous l'avons dit, les cataractes molles sont très nombreuses, et c'est leur fréquence qui, en offrant beaucoup de difficultés pour l'abaissement, avait conduit notre illustre maître à pratiquer le broiement du cristallin, toutes les fois qu'il ne pouvait pas le déprimer en masse. En effet, le cristallin et sa capsule sont quelquefois très moux et

---

(1) Léveillé, *Nouvelle doctrine chirurgicale*, vol. IV, page 360.

(2) *Bulletin thérapeutique*, tome IV, page 210; tome V, page 82.

friables, tandis que la zonule ciliaire et la hyaloïde offrent une si grande résistance, qu'en présentant l'aiguille par le dos sur l'opacité cristalline, ainsi que le recommande le professeur Panizza, la capsule se rompt, et l'instrument pénètre en totalité dans le cristallin qui est divisé en plusieurs fragmens. A peine cette rupture est elle pratiquée que l'on voit le cristallin tantôt fluide, tantôt caséeux, se répandre en dehors, en partie ou en totalité. Dans le premier cas, l'humeur aqueuse est troublée en entier : la pointe de l'aiguille n'est plus apparente, et il n'est pas rare de trouver de jeunes opérateurs embarrassés au point de ne pouvoir continuer l'opération. Si l'humeur aqueuse ne se trouble pas, si le cristallin se sépare en grands lambeaux flottans, au moyen d'une aiguille très courbe, l'on peut chercher à accrocher les plus gros fragmens, et les porter au fond de l'œil. Cette manœuvre est cependant très difficile, et l'on a plus davantage à les faire passer dans la chambre antérieure pour les exposer à l'action de l'humeur aqueuse qui les dissout très rapidement, et en facilite l'absorption ; pour arriver à ce but, il est bien important de se pénétrer de l'anatomie chirurgicale de l'œil, dont nous avons, dans le journal cité (1), ébauché les caractères les plus saillans. Le point fondamental consiste à briser le cristallin et ses enveloppes en un aussi grand nombre de fragmens que possible.

---

(1) *Bull. thérap.*, l. cit.

A cet effet, il faudra, au moyen de l'aiguille, décrire des arcs de cercle, et des cônes dont la base correspondra à l'extrémité de l'aiguille et le sommet à la tige qui appuie sur le trou de la sclérotique. Ces circonvolutions coniques seront d'autant plus étendues, que l'on portera l'aiguille plus en avant du côté de l'angle interne de l'œil, en la retirant, on les amoindrira, et par ce moyen, l'on sera sûr d'avoir attaqué le cristallin dans tous ses diamètres, et de l'avoir rompu en une quantité de fragmens suffisamment ténus pour les faire passer à travers la pupille dans la chambre antérieure, en suivant toujours dans cette manœuvre un mouvement de rotation de haut en bas, et jamais d'arrière en avant. Par de petits mouvemens saccadés, on accroche les lambeaux flottans du cristallin et de sa capsule, et on les jette dans la chambre antérieure. C'est dans cette espèce de cataracte surtout qu'il est excessivement important que l'opérateur, en introduisant l'aiguille, fasse attention de ne point pénétrer entre la capsule et le cristallin : car il pourrait bien, ainsi que cela s'est vu plusieurs fois, briser le cristallin sans intéresser la capsule antérieure, et il n'y a pas long-temps que j'ai été témoin d'un fait pareil, arrivé à l'un des chirurgiens les plus célèbres de la capitale, chez une dame de Granville, qui a été secondairement atteinte d'une cataracte capsulaire antérieure qui lui a fait perdre tous les bénéfices de son opération. C'est dans la destruction des cataractes molles que, ainsi que je l'ai dit dans le commencement de cet ouvrage, l'on est à même d'apprécier les avantages de l'aiguille du professeur Scarpa.

Il y a des gens qui blâment dans l'opération de la cataracte par abaissement, l'emploi de l'extrait de belladone pour dilater la pupille. A défaut de bonnes raisons, ils avancent des paradoxes, et cependant, si l'expérience du professeur Scarpa et de ses élèves ne répondait pas victorieusement à de pareilles suppositions, le simple raisonnement ne suffirait-il pas pour prouver que, lorsqu'on a un vaste champ à parcourir avec l'aiguille, sans crainte d'accrocher l'iris, l'on peut bien plus facilement détruire le cristallin et ses annexes ! S'agit-il de faire passer dans la chambre antérieure les fragmens de la lentille opaque? Rien n'est plus facile lorsque la dilatation de la pupille laisse à peine une petite arrête à franchir; en outre, on ne court pas la chance de laisser les fragmens à cheval sur l'iris où ils détermineraient des accidens dont les moindres conséquences pourraient être une violente inflammation de l'iris, la production de fausses membranes et leur adhérence avec lui. D'ailleurs, le narcotisme produit par la belladone sur l'iris, rendra moins douloureux ses rapports avec les fragmens du cristallin et le dos de l'aiguille.

Si pendant l'opération la pupille se trouvait trop dilatée, on peut facilement remédier à cet accident par les moyens suivans :

1° Appliquer contre la face postérieure de l'iris,

le dos de l'aiguille, et toucher celle-ci avec deux petites plaques de la pile à main de Le Baillif ; le plus léger courant galvanique suffit pour faire contracter l'iris.

2° Toucher le segment supérieur de la cornée avec un petit pinceau à miniature, imbibé d'un peu de solution de nitrate d'argent allongée.

3° Passer dans le nez le même pinceau saturé de teinture alcoolique de café torréfié, très forte.

Mais de tous ces moyens, les deux premiers sont les plus sûrs, et sans danger.

Peu-ton, dans tous les cas, faire passer le cristallin dans la chambre antérieure ? On aurait grand tort de l'affirmer, car l'expérience de tous les jours prouve le contraire. Diverses causes peuvent s'opposer au succès de cette manœuvre : ainsi que pour l'abaissement en masse, il y a souvent défaut d'équilibre entre la pesanteur spécifique de l'humeur aqueuse et celle des fragmens du cristallin. Il n'est pas rare de voir les fragmens, de la capsule surtout, flotter les premiers jours, tantôt dans la chambre antérieure, tantôt dans la postérieure: mais ils finissent par s'imbiber d'humeur aqueuse : alors devenant plus pesans ils se précipitent dans les parties les plus déclives des chambres; mais il se passe souvent plusieurs semaines avant que cette précipitation ait lieu. Très-souvent les débris du cristallin et de ses annexes forment une masse agglomérée au centre de la pupille qui ne se débarrasse point; dans ce cas, lorsque tous les phénomènes inflammatoires sont dissipés, il faut porter de nouveau l'aiguille dans l'œil, et débarrasser cet obstacle à la vision.

Souvent dans la manœuvre pour briser le cristallin et ses enveloppes, ce corps peut passer en entier dans la chambre antérieure, et l'effort de distension occasioné par ce passage dans le bord libre de l'iris peut produire un iridiospasme, ou une contraction telle de la pupille qu'il faille renoncer à l'espoir de terminer l'opération; le cristallin reste alors dans la chambre antérieure. Souvent la pression sur la cornée est telle que cette partie de l'œil se sphacèle, et part de toutes parts comme un verre de montre qui s'échappe de sa rainure. J'ai vu en 1832 un fait de cette nature arrivé chez une vieille femme opérée par M. Lisfranc, et couchée au N⁰ 3 de la salle St-Augustin. Il n'est pas rare de voir le cristallin contracter de nouvelles adhérences dans la chambre antérieure, y vivre sans s'absorber, et devenir un obstacle complet à la vision. Je connais plusieurs faits analogues, et dernièrement M. de la Roque, l'un des médecins les plus distingués de la capitale, m'a donné connaissance d'un fait pareil pour lequel on courut les chances de l'extraction. Le cristallin adhérait à l'iris et à la cornée : les rayons lumineux étaient perçus en partie : l'extraction fut faite par M. Roux: c'est tout dire quant à l'habileté de l'opérateur ; mais était-il raisonnable de tenter ce moyen ? L'issue en fut funeste : on devait en être presque sûr davance.

Je crois que lorsque le cristallin a passé en entier dans la chambre antérieure, il faut se hâter de pratiquer une incision à la partie inférieure de la cornée, et l'extraire par cette voie, avec les pinces à crochet de Maunoir. Si on peut, sur le moment, le raccrocher avec l'aiguille dans la chambre antérieure, on l'abaissera de nouveau comme l'a pratiqué avec tant de succès, M. Dupuytren.

Lorsqu'il aura contracté des adhérences il serait tout à fait imprudent de tenter l'extraction ; il faut se borner à chercher à rétablir la vision, en pratiquant une pupille artificielle, dans une partie de la circonférence de l'iris, en choisissant le procédé convenable à la nature de la maladie.

Quand, avant l'opération de la cataracte, on a diagnostiqué une ou plusieurs adhérences de l'iris avec le cristallin, il faut alors prendre de très grandes précautions, car l'opération est très difficile, si difficile même, que Richter l'a regardée comme excessivement hasardée. Quant à moi, pourvu que dans le côté externe, dans le lieu d'élection où l'on enfonce l'aiguille de Scarpa, il se trouve un petit point de l'iris libre, je me fais fort de terminer l'opération en observant les régles suivantes :

1º Chercher à obtenir la plus grande dilatation possible de la pupille pour suivre avec exactitude les mouvemens de l'aiguille.

2º En introduisant l'instrument comme dans le procédé ordinaire, le conduire jusqu'au centre de la pupille : de là, si l'adhérence est du côté du grand angle de l'œil, je pousse l'instrument, la pointe en bas, jusqu'au moment où, avoisinant l'adhérence, j'abaisse le manche, élève la pointe que je porte légèrement sur la bride que je mets en contact avec l'arête la plus saillante de l'instrument : quelques légers mouvemens de grattement imprimés au crochet suffisent alors pour détacher les adhérences anormales qui retiennent le cristallin ou sa capsule.

Cette manœuvre, plus simple à exécuter qu'à décrire, atteint presque toujours son but; puis, quand on attaque le cristallin, si l'on aperçoit qu'il existe encore des brides, il faut ramener l'instrument au centre de la pupille, et recommencer à détacher les liens anormaux qui s'opposent à l'abaissement de la lentille. Dans ses intéressantes lettres adressées à M. Maunoir de Genève, Scarpa (1) analysant les opinions d'Adams, dit que si : les adhérences sont très nombreuses, il faut, au lieu de tenter de les détruire, pratiquer l'opération de la pupille artificielle. Je crois, malgré mon respect sans bornes pour les opinions de mon illustre maître, que l'on peut, en suivant un procédé qui m'est propre, vaincre toutes les difficultés. Je me suis convaincu, par diverses tentatives heureuses, que l'on arrive à ce but en pratiquant une opération en deux temps, qui doivent être assez éloignés l'un de l'autre, pour que dans la seconde opération,

---

(1) Scarpa, *Lettere al professore Maunoir,* op. cit., p. 155.

on n'ait à redouter aucun reste d'inflammation dépendant de la première.

Pourquoi n'adopterait-on pas pour un procédé spécial et *à priori*, ce que les circonstances forcent à mettre en pratique *à posteriori*, c'est-à-dire faire une première opération, puis, lorsque l'on a obtenu le résultat désiré par la première tentative, passer à une seconde ?

Voici le procédé que j'ai employé dans des cas très graves, et dont l'exécution est très facile.

On introduit dans le point d'élection pour l'abaissement de la cataracte, l'aiguille à deux tranchans de Saunders, mais exécutée sur un échelle plus petite, on la pousse jusqu'au point où existent les adhérences, en ayant soin de tenir le tranchant (1) perpendiculaire à l'axe du corps. Aussitôt que l'on est arrivé sur le point où il est nécessaire de faire agir le tranchant, on fait exécuter au manche des mouvemens d'élévation et d'abaissement, qui se transmettent à la partie coupante de l'aiguille, et lui permettent de détruire les brides. Il est facile de s'apercevoir que l'on a réussi par le changement subit qui s'opère dans la forme de la pupille, forme qui varie à mesure que l'on exécute de nouveaux débridemens. Il faut toujours commencer l'opération vers le grand angle de

---

(1) C'est encore à l'habileté de M. Charrière que je dois la précision de cet instrument, que, jusqu'alors, j'étais obligé de faire confectionner à Londres.

l'œil, l'aiguille n'a que la longueur suffisante pour arriver à la grande circonférence de l'iris, et c'est en retirant l'instrument que l'on agit sur l'adhérence qui existe à la partie supérieure et inférieure et à l'angle externe. A peine suinte-t-il quelquefois une gouttelette de sang toujours insuffisante pour entraver l'opération. Aussitôt que celle-ci est terminée, il faut instiller dans les deux yeux quelques gouttes de solution de belladone afin d'obtenir, dans le plus bref délai, la plus grande dilatation possible de la pupille : on doit faire pratiquer une large saignée au pied, afin d'empêcher toute congestion vers l'organe.

Si cette opération ne réussissait pas il resterait la ressource de perforer la cataracte dans son centre, et de procurer par là un passage aux rayons lumineux. Cette opération, déjà pratiquée par Heister et Bertrandi (1), a été rendu plus facile par Saunders qui employait son aiguille tranchante à travers la cornée transparente pour forer la cataracte, principe sur lequel il a basé son procédé pour l'opération de la cataracte congéniale.

Quant au moyen du procédé que j'ai proposé et décrit pour détruire les adhérences, on a débarassé le cristallin des entraves qui s'opposaient à son abaissement ou à la dilacération ; on pratique ensuite la dépression consécutive avec la plus

---

(1) Heister, *Institutiones chirurgicæ*, p. 521, tom. I; Bertrandi, *Traité des opérations*, page 280.

grande facilité. Il est cependant des cristallins glu⁻
tineux qui ne peuvent être ni abaissés ni reduits
en fragmens assez minces pour être jetés dans la
chambre antérieure; il faut, dans ce cas, les bri⁻
ser en autant de pièces que possible, et attendre
qu'il soit absorbé sur place, précepte fort ancien,
car il appartient à Barbette, qui le publia en 1683
en ces termes : *Licet* (dit-il) *cataracta non satis
intra pupillæ regionem sit depressa, dummodo in
particulas sit divisa perfecta visio intra sex aut octo
septimanas sæpissimæ redit, licet tota operatio, abs-
que nullo fructu peracta videatur; quod aliquoties
experientia edoctus loquar* (1). Barbette, d'ailleurs,
avait été conduit à donner ce conseil que l'expérience de tant d'oculistes a verifié, d'après un fait
observé en 1622 par Bannister. Le même phénomène se manifeste sur des fragmens voltigeans ou
dans les lambeaux de capsule qui peuvent rester
adhérens à l'iris, à l'uvée, ou au rebord ciliaire.

CHAPITRE XVIII.

DE LA RÉASCENSION DU CRISTALLIN ET DE LA CATARACTE CAPSULAIRE CONSÉCUTIVE.

Le cristallin peut remonter après avoir été
abaissé, et cette terminaison qui fait presque tou-

---

(1) *Chirurgia Barbetti,* Genevæ, 1683, p. 49.

jours échouer l'opération de la cataracte et nécessite une seconde opération, a été sans contredit l'objection la plus redoutable et la plus souvent mise en avant par les partisans de l'extraction. Cette réascension peut avoir lieu immédiatement après que l'opérateur a retiré l'aiguille, ou plusieurs années plus tard, ainsi que le rapportent Celse, Jeannin, Hey, Richter, Warner et Benj. Bell. Adams (1) rapporte que sur six opérations faites par Morand, le cristallin remonta trois fois, et en s'appuyant sur le témoignage de M. Este qui avait étudié à Pavie, de 1782 à 1792, il avance que, quoique Scarpa soit généralement heureux, M. Este a vu trois fois la réascension du cristallin nécessiter une seconde opération. Mais le professeur de Pavie n'était pas homme à laisser tomber une assertion de cette nature sans y répondre, et dans sa lettre à Maunoir (2) il nie positivement le fait, en disant que le jeune chirurgien anglais avait pris pour une cataracte remontée la formation d'une cataracte capsulaire secondaire. Sans parler ici de ce que j'ai vu et de ce que j'ai fait, je citerai en faveur de l'assertion du professeur Scarpa, le témoignage du professeur Flarer, son successeur, élève de Beer, et qui vint à Pavie apportant avec lui tous les préjugés de l'école de Vienne contre l'abaissement. Il s'exprime en ces

---

(1) Adams, op. cit., p. 97.
(2) *Lettere al Maunoir*, op. cit., 158.

termes, dans une thèse soutenue par le docteur Molinari, (1) son élève particulier : *Revera si chirurgus ante depressionem, consilio summi preceptoris (Scarpa), capsulam scindat lentem que resorpioni tradat, quam experientia atque anatomico-pathologica perlustratio jam docuerunt, præterea, si cataracta sit dura, nec ullo morbi sociata, depressa inter abducentem et deprimentem musculum, superiora numquam revocabit.*

La réascension du cristallin est due à plusieurs causes : les principales sont l'élasticité du corps vitré et des capsules hyaloïdiennes ; les adhérences qui persisteraient entre la zonule ciliaire et le cristallin, deux espèces de cataracte particulière, celle dite cataracte à ressort, et celle appelée par Schmidt aride-siliqueuse ; les mouvemens imprudens du malade, exécutés avec la tête ou avec l'œil ; enfin une position défectueuse donnée au cristallin après l'abaissement.

L'élasticité du corps vitré peut, il est vrai, avoir quelqu'influence sur la réascension de la cataracte, mais il y a loin du fait existant aux opinions exprimées par Adams (2) dans son ouvrage, qui compare cette élasticité à un ressort (*propelling power*), exagération dont le professeur Scarpa a fait prompte et sévère justice dans sa correspondance avec son ami Maunoir. En examinant avec

---

(1) Molinari, ouv. cité, page 28.
(2) Voir les notes à la fin de l'ouvrage.

attention les expériences faites par M. Panizza et par moi, consignées dans l'ouvrage de ce professeur ainsi que dans le Bulletin Thérapeutique (1), l'on pourra apprécier à leur juste valeur l'influence et les effets de l'élasticité du cristallin. Les mêmes travaux prouveront aussi jusqu'à l'évidence que pour balancer la différence qui existe entre la pesanteur spécifique du cristallin et de l'humeur vitrée, il faut rompre en divers sens et sans crainte les cellules de l'humeur vitrée, précepte déjà donné par Bertrandi, recommandé comme fondamental par le professeur Scarpa, et que l'on a eu grand tort, dans ce dernier temps, d'attribuer à M. M. Bretonneau et Velpeau. (2) En effet, il résulte de cette manœuvre et des expériences sur lesquelles elle est basée, que la pesanteur spécifique de l'humeur vitrée renfermée dans ces cellules est à peu près égale à celle du cristallin, et qu'en les rompant, on liquéfie leur contenu, ce qui détruit l'équilibre à l'avantage du cristallin.

Lorsque l'on a affaire, à une cataracte élastique ou à ressort, qui est presque toujours le résultat d'une inflammation antérieure, les liens qui retiennent le cristallin en place, sont tellement légers, que le moindre contact de l'aiguille avec la lentille détache celle-ci, qui fuit au devant de l'instrument avec tant de rapidité, que tous les efforts pour la

---

(1) Ouvr. cité.
(2) Velpeau, *Médecine opératoire*, tome I, page 709.

déprimer sont inutiles. La cataracte aride-siliqueuse offre des difficultés d'un autre genre; car
vu l'état de ses adhérences anormales, ou en raison
de son poids, il est presque'impossible de l'enfoncer dans l'humeur vitrée.

En général, quand la cataracte est molle et
qu'elle se rompt en plusieurs pièces, il faut se contenter seulement d'immerger dans l'humeur vitrée
les gros fragmens, d'abandonner les petits à l'absorption; si l'on voulait s'entêter à les porter au
fond de l'œil, on prolongerait trop l'opération, et
l'on aurait à redouter les accidens consécutifs. Nul
doute que les imprudences commises par le malade,
les mouvemens désordonnés de la tête, les vomissemens, ne puissent dans quelques circonstances, produire la réascension du cristallin, surtout si on a eu
affaire à une cataracte aride-siliqueuse; car en général celle-ci a contracté avec la hyaloïde des adhérences morbides, qui la tiennent comme suspendue,
et qui, en raison de l'exiguité de son poids et de la
résistance de l'instrument la rendent très difficile à
immerger profondement. Le professeur Flarer a
observé un fait de cette nature, chez un enfant auquel il pratiqua ensuite, quelques mois après, l'extraction.

Rien selon moi n'est plus rare que la réascension
d'un cristallin dur, lorsque l'opération est bien
faite, et je puis assurer que pendant tout le
temps que j'ai été à Pavie, je n'ai jamais été témoin
de ce fait. Si j'étais seul pour affirmer cela, on

pourrait le taxer d'éxagération; mais il a eu pour témoins une foule de chirurgiens distingués, mes condisciples et mes amis, qui forment aujourd'hui l'élite de la chirurgie italienne et allemande. Ce fait est encore confirmé par le professeur Scarpa, lorsqu'il s'exprime en ces termes : « La cataracte « dure , séparée de tous ses liens, et plongée con- « venablement, ainsi que je l'ai expliqué, dans l'hu- « meur vitrée, ne remonte jamais (1). » D'après ce qui a été dit plus haut, et ce que nous avons été à même d'observer, il faut attribuer la réascension du cristallin, si fréquente dans quelques hôpitaux de France, à l'imperfection de l'exécution du pro- cédé du professeur Scarpa, et à la transgression des principes fondamentaux sur lesquels est basée sa méthode.

Je ne veux point révoquer en doute la réascen- sion du cristallin après des semaines, des mois, des années; mais je puis déclarer que jamais je n'ai été témoin d'un fait de cette nature. Ceux qui ont ouvert des yeux dans lesquels le cristallin avait été abaissé depuis plusieurs années, comprendront sûrement la nature de mes doutes lorsqu'ils se rap- pelleront les liens anormaux qui environnent cette lentille dans la partie de l'œil où elle a été dépo- sée (1).

---

(1) Scarpa, *Trattato delle principali malattie degli occhi.* Pavie, 1816, vol. II, page 72.

(2) Sœmmering , op. cit.; Cloquet, *Thèse du concours de pa- thologie.*

Espérons donc que cet accident deviendra plus rare et que les efforts faits par les élèves du professeur Scarpa, pour faire comprendre et exécuter sa méthode, ne seront point perdus pour la science.

CHAPITRE XIX.

CATARACTE CAPSULAIRE CONSÉCUTIVE A L'ABAISSEMENT.

Lorsque la cataracte capsulaire existe au moment où l'on déprime le cristallin, rien n'est plus facile que de la reconnaître et de la détruire en l'incisant en diverses directions et en accrochant les lambeaux avec la pointe recourbée de l'aiguille de Scarpa. Mais quand on a abaissé en masse un cristallin opaque, et que la pupille apparaît entièrement noire, on serait dans l'erreur si l'on pensait que l'opération est terminée et qu'elle sera heureuse : il peut être resté en place une partie de la capsule dont la transparence et la ténuité est un obstacle à ce qu'elle soit reconnue. Il faut donc dans tous les cas, aussitôt que le cristallin est abaissé, ramener l'aiguille au centre de la pupille, l'y porter plusieurs fois, en haut, en bas et en avant, en décrivant des cônes ainsi que nous l'avons dit à la page 116, pour détruire cette enveloppe du cristallin et en faciliter la résorption. Il est bien reconnu aujourd'hui que les opérateurs qui déchirent la cristalloïde antérieure comme le proposait Ferrein, afin de rendre le cristallin plus facile à abaisser, étaient beaucoup plus sujets que les autres à voir leurs opérations suivies de cataracte capsulaire. J'ai déjà dit ailleurs (1) que l'on pouvait, en agissant avec précaution, déprimer la capsule antérieure du cristallin en ayant soin d'appuyer sur la lentille opaque avec le dos de l'instrument, dont la pointe est tournée en avant. Le professeur Panizza (2) a prouvé jusqu'à l'évidence que dans un grand nombre de cataractes molles, l'on pouvait par cette manœuvre, déprimer le cris_ tallin avec la capsule antérieure sans briser ni l'un ni l'autre. C'était pour arriver au même but que Lusardi (3) recommandait qu'aussitôt que l'aiguille est arrivée au devant de la cristalloïde, de détacher avec l'aiguille la membrane capsulaire dans toute sa circonférence afin de la déprimer en même temps que le cristallin.

Pour peu que ce chirurgien eût réfléchi sur la difficulté de ce procédé, il se fût abstenu d'avancer qu'il était d'une facile exécution; car cette séparation est même difficile pour l'anatomiste quand il y procède après avoir préalablement détaché les membranes de l'œil. D'un autre côté, l'opérateur dans ce cas, doit agir à tâtons, parce que malgré la plus grande dilatation possible de la pupille, on ne peut apercevoir le siége de la zonule ciliaire. Enfin

---

(1) *Bull. thérap.*, art. cité.

(2) Panizza, ouvrage cité, page 64.

(3) Lusardi, *Traité de l'altération du cristallin et de ses annexes*, page 187.

lorsque l'on voudrait séparer la cristalloïde de celle-ci on ne manquerait pas de blesser les procès ciliaires, ce qui n'est pas sans de graves inconvéniens. Le professeur Panizza pense que lorsque la pupille est fort dilatée, l'on pourrait dans le premier temps de l'opération faire passer l'aiguille à travers le corps vitré, d'abord derrière le cristallin, puis le porter à la partie supérieure de la lentille, et en se servant peu à peu du dos de l'instrument, rompre petit à petit la hyaloïde et la zonule ciliaire en glissant sur les procès ciliaires, jusqu'à ce que l'instrument fût arrivé au centre de la pupille : alors on terminerait l'opération comme dans les cas ordinaires, et l'on pourrait immerger, avec une très grande facilité, le cristallin dans l'humeur vitrée.

Au reste, de tous les accidens consécutifs à la cataracte par dépression, la cataracte secondaire est la moins redoutable; car, lorsqu'elle survient, même à une époque très éloignée de l'opération, on peut la détruire par une seconde opération dont nous donnerons les détails en traitant de la cataracte capsulaire consécutive à l'extraction.

CHAPITRE XX.

DE L'AMAUROSE, SUITE DE L'ABAISSEMENT.

Je me suis demandé plusieurs fois si le reproche d'exposer à l'amaurose est bien fondé, quand on l'attribue au procédé de l'abaissement. Si j'avais ici à faire le parallèle des méthodes, et à fournir des tables synoptiques, l'on serait peut-être bien étonné de voir que l'extraction est malheureusement bièn souvent suivie de cette funeste terminaison. Je suis convaincu, du reste, que dans la plupart des cas et dans les deux procédés dont nous venons de parler, il existait déjà, avant l'opération, des symptômes d'amaurose que les effets traumatiques de l'opération ont aggravé. Je ne saurais donc trop recommander de suivre attentivement les préceptes que j'ai indiqués à la page 26, pour acquérir quelque certitude à cet égard.

L'amaurose consécutive à l'abaissement, peut tenir à plusieurs causes, dont les principales sont les manœuvres imprudentes pour abaisser le cristallin, la blessure des nerfs ciliaires, la pression du cristallin sur la rétine, l'inflammation de celle-ci.

Il est malheureusement bien reconnu que des manœuvres imprudentes exercées sur l'œil peuvent déterminer des accidens tellement graves, que cet organe devient le siége d'une inflammation si forte qu'elle peut même compromettre l'existence de l'individu, ainsi que nous l'avons prouvé par l'exemple que nous avons cité page 88.

Nul doute aussi qu'en déprimant le cristallin avec trop de force et avec une aiguille trop longue, on ne puisse contondre ou déchirer la rétine, ce qui, sans contredit, serait une cause plus que suffisante pour produire l'amaurose. Adams (1) croît que dans un grand nombre de cas le poids seul d'un cristallin très dur peut occasioner cet accident, et que lorsque l'humeur vitrée est très fluide, ce qui est très fréquent selon cet auteur, le crisallin sera sans cesse flottant et ira frapper contre la rétine à chaque mouvement de la tête, ce qui produira des douleurs intolérables, l'inflammation de la rétine et enfin la goutte sereine. Daviel en disséquant les yeux de personnes qui n'avaient point recouvré la vue après l'abaissement trouva la rétine et la choroïde déchirées par la pression du cristallin. En général, quand la pression est cause de l'amaurose, celle-ci diminue à mesure que le cristallin s'absorbe; mais si ce cristallin est dur, osseux ou pierreux, il faut en général renoncer à l'espoir de la guérison : Richter (2) recommandait dans ce cas de secouer fortement la tête du malade et de lui imprimer des commotions brusques, afin de tâcher par là de faire changer le cristallin de place par cette manœuvre, et alors on peut en tenter l'extraction. Ce moyen ayant été mis en pratique, et l'on peut s'en convaincre en lisant son ouvrage où ce fait est rapporté, page 113. Le hasard produit souvent les mêmes faits; ainsi Beer (3) raconte qu'après

---

(1) Ouvrage cité, page 108.

(2) *OEuvres chirurg.*, tome III, traduction italienne.

(3) Praklische Beobacht. *Uber den gr. staar.* Wien., 1791, tome VIII, page 113.

avoir fait avec succès une opération de cataracte
par abaissement, chez un homme de trente-quatre
ans, celui-ci vit parfaitement les premiers jours;
mais à la suite de douleurs excessivement vives, il
fut atteint d'une goutte sereine qui lui fit perdre
tous les bénéfices de son opération. Un an après,
il fit une chute dans un escalier très rapide, et
après un long évanouissement il reprit ses sens, et
s'apperçut, avec étonnement, qu'il avait recouvré
la lumière. Mohrenheim (1) pense que le moyen
proposé n'est pas convenable et qu'il vaut mieux
exercer des pressions sur le bulbe de l'œil, afin de
faire remonter la cataracte jusqu'au niveau de la
pupille. Alors on inciserait la cornée, et avec un
petit crochet rien ne serait plus facile que d'extraire
la lentille. Pour peu que l'on réfléchisse, il est très
facile de se convaincre que le conseil donné par
Mohrenheim n'est qu'un lapsus de son imagination
et que rien ne peut justifier sa théorie. Contre l'a-
maurose en général, il ne reste d'espoir que dans
l'emploi des moyens médicaux sagement combinés
et pour lesquels je renvoie aux ouvrages qui en
traitent *ex professo*. Je ramènerai seulement l'attention de mes lecteurs sur deux nouveaux procédés curatifs récemment introduits dans la thérapeutique de cette maladie, je veux dire, la cautérisation

___

(1) Joseph Morhenheim, Wienn, Beitrach, 1780, in-8,
page 302.

de la cornée transparente, proposée par M. Serre, d'Usès (1), et dont il a retiré des grands avantages.

J'ai été à même de vérifier la puissance de cette médication, et j'en ai consigné les faits dans le *Répertoire annuel de clinique médico-chirurgicale* 1832.

Je recommanderai aussi beaucoup la méthode du docteur Short (2) qui consiste à dénuder, au moyen d'un vésicatoire, la peau du front ou de la tempe, et d'y appliquer, matin et soir, avec un pinceau à miniature un sixième de grain de strichnine pure ou unie à l'amidon. Il est à ma connaissance que les docteurs Miquel et Bennati ont obtenu de très grands avantages de cette médication. Je terminerai en disant que toutes les fois que l'on a à traiter une affection amaurotique, il faut attendre long-temps la guérison, et n'abandonner une médication que lorsque le temps et l'expérience l'ont déclarée impuissante.

---

(1) *De la cautérisation de la cornée transparente.* Paris, 1830. *Revue médicale*, page 161, tome III.

(2) *The treatment of amaurosis by strichnine. The Edimburgh medical an surgical journal*, october 1830. *The Lancet*, 1830-1831, vol. I, page 90.

DEUXIÈME PARTIE.

CHAPITRE PREMIER.

ACCIDENS QUI PEUVENT FAIRE ÉCHOUER L'OPÉRATION DE LA CATARACTE PAR LES DIVERS PROCÉDÉS DE L'EXTRACTION.

Ainsi que nous l'avons dit dans l'introduction de ce travail, la plus grande hérésie chirurgicale du siècle consiste à vouloir adapter un seul procédé opératoire à tous les cas, à toutes les complications d'une même affection. Aussi est-il des opérateurs qui croient avoir tout dit en déclarant *qu'ils ne pratiquent jamais l'extraction, ou bien, qu'ils ne font jamais que l'abaissement.*

Ces idées préconçues sont presque toujours mises en pratique, et si vous voulez voir extraire des cristallins, vous devez fréquenter tel hôpital, car l'abaissement y est proscrit. Le contraire a lieu dans tel autre établissement.

Supposez maintenant que, après avoir bien reconnu et diagnostiqué une cataracte (voyez p. 15), le chirurgien se soit convaincu que l'extraction doit être préférée, ou que tout au moins elle offre autant de chances de succès que l'abaissement, il lui reste encore beaucoup à faire pour obtenir une opération heureuse.

Malgré les données anatomiques les plus précises, l'habileté manuelle la plus parfaite, la connaissance la plus intime des règles générales de l'opération, il peut arriver que celle-ci échoue, et cela autant par l'oubli de quelques préceptes minutieux que l'on est trop souvent porté à considérer comme oiseux, que parce qu'il est de petites précautions que l'on ne prend qu'après avoir été guidé par sa propre expérience et instruit par ses revers.

Je vais donc, dans l'intérêt de mes jeunes confrères, rechercher, avec toute l'attention dont je suis capable, les causes qui occasionent le plus souvent les insuccès de l'opération de la cataracte par extraction, en les classant sous les neuf points suivans :

1º Les accidens propres à toutes les opérations de cataracte (voir la page 13).

2º La trop petite dimension de l'incision de la cornée, son irrégularité, sa trop grande proportion et sa position vicieuse; la rupture de l'instrument et la sortie prématurée de l'humeur aqueuse.

3º Le renversement de la cornée en arrière ou en avant, avec impossibilité de réunir par première intention, par suite de la flétrissure ou autre cause.

4º La blessure de l'iris, sa hernie ou son arrachement, sa contraction spasmodique ou irridiospasme; son adhérence au cristallin, à sa capsule ou à la cornée; sa forme bombée en avant, de manière à envahir la chambre antérieure; une pupille naturellement trop étroite ou trop dilatée.

5º La chute de l'humeur vitrée, le blépharospasme et les convulsions du globe oculaire et de ses muscles.

6º La difficulté d'extraire la cataracte en entier ou en partie, la nécessité de l'abandonner en partie ou en totalité; la cataracte capsulaire primitive ou secondaire, et l'hypopion.

7º L'introduction de l'air dans l'œil, et son séjour dans cet organe.

8º Enfin la mauvaise méthode de pansement après l'opération; les cicatrices vicieuses et le staphylôme de la cornée.

———

CHAPITRE II.

Il est, en général, extrêmement difficile d'assigner une dimension fixe à l'incision de la cornée pour qu'elle soit dans des proportions convenables. La différence de la conformation de l'œil et de la position de l'iris, est un écueil contre lequel viennent échouer tous les calculs. En général l'on re-

commande de comprendre dans l'incision la moitié
de la cornée. Ware même recommande (1) d'inciser les 9/16 de la circonférence, ce qui fait la moitié plus une fraction. Il faut en général que la cataracte puisse passer facilement sans nécessiter une
trop grande pression, ce qui pourrait non-seulement produire la hernie de l'humeur vitrée, mais
encore la sortie par jet, accident très-fâcheux arrivé
plusieurs fois en ma présence à feu le professeur
Volpi, et dont les faits sont consignés dans les
examens critiques de sa clinique, publiés à Lu-
gano, en 1819 (2). L'incision, par les raisons que
je viens d'indiquer, ne doit pas toujours être commencée à la même place. Si la cornée est très-con-
vexe, et que l'iris en soit fort éloigné, on peut
sans inconvénient commencer l'incision à une demi-ligne de l'union de la cornée à la sclérotique, et
faire ressortir la pointe de l'instrument à la même
distance du côté du grand angle de l'œil : si la cornée est au contraire très applatie, comme chez
quelques presbytes, si la chambre antérieure est
presque toute envahie par l'iris, il faut, dans ce
cas, faire la ponction à une ligne au moins de l'insertion de la cornée à la sclérotique, mais sans
outre-passer cette mesure, car pour éviter un ac-

---

(1) Ware, *Inquiry in to the causes of failure in extracting
the cataract*, page 283, London, 1805.

(2) *Cenni critici intorno la clinica chirurgica di Pavia.* Lu-
gano, 1819, page 21.

— 141 —

cident grave, à la vérité, la blessure de l'iris, il ne faut point courir la chance d'avoir une incision trop petite, ce qui est encore plus contraire au succès de l'opération.

Il est des opérateurs qui font l'incision aussi petite et même plus petite que la cataracte, et cependant leurs succès sont merveilleux et incontestables : M. Maunoir, de Genève, agit ainsi. L'extraction du cristallin est alors un véritable accouchement ; il faut procéder lentement, presser avec beaucoup de précaution et souvent même saisir la lentille opaque avec une petite érigne, ou mieux encore, ainsi que le pratique l'habile chirurgien genevois, avec de petite pinces à crochet ou des brucelles à lentilles fenêtrées ; mais je suis loin de conseiller une semblable méthode, malgré les succès de son auteur. La difficulté de faire une incision suffisamment grande a été, dès l'origine de la réintégration de l'extraction dans la chirurgie moderne, un écueil auquel Daviel lui-même avait cherché à échapper en pratiquant son opération en deux temps, dont le premier était exécuté avec son couteau à lance, et le second, tantôt avec le couteau mousse à un seul tranchant, tantôt avec les ciseaux coudés qui portent son nom. Quand ensuite on a modifié de tant de manières les principes de Daviel, l'accident est resté le même, et, dans la plupart des cas on a dû recourir à l'incision secondaire avec ses ciseaux.

L'excessive mobilité de l'œil est sans doute une

des causes principales de la petitesse extrême de l'incision. En effet, dès qu'il se sent blessé, l'organe fuit au devant de l'instrument en se portant vers le nez, au point que la cornée, presque tout entière, disparaît à la vue de l'opérateur, et cela, souvent même avant que cette membrane de l'œil ait été entièrement traversée. De cette manière l'opérateur se voit dans la nécessité de terminer l'opération, ou tout au moins de la continuer sans pouvoir suivre les progrès de son couteau. D'un autre côté, on peut aussi compromettre le succès de l'incision en enfonçant le kératotôme un peu au dessous du diamètre transversal de la cornée; car alors si la pointe ressort dans le point correspondant, l'incision sera trop petite, et l'on sera obligé de faire de grands efforts pour extraire le cristallin, ou bien de recourir aux ciseaux de Daviel pour agrandir l'ouverture, ou aux pinces de Maunoir pour terminer l'opération.

Dès les premiers succès de l'extraction, on a senti tous les désavantages du retrait de l'œil vers la face interne de l'angle nasal; c'est pour obvier à cet inconvénient que Wolhouse, Petit, Béranger, Pamard, Rumpelt, Sigwart, Demours jeune, etc., proposèrent, pour fixer cet organe, des instrumens sur lesquels l'expérience a passé condamnation. La Faye, en simplifiant le procédé de Daviel, avait déjà prouvé que cet accident pouvait être combattu victorieusement par le premier temps de l'exécution de l'opération. Mais il était réservé à M. de

Wenzel père de donner des principes tellement sûrs, que pour peu qu'on médite son ouvrage, on sera convaincu de leur supériorité ainsi que de leur efficacité.

Le professeur Scarpa avait vu opérer plusieurs fois M. le Baron Wenzel, et il me disait bien souvent : *Si l'expérience de tous les jours ne m'avait pas convaincu de la supériorité de l'abaissement de la cataracte sur l'extraction, j'adopterais sans réserve le procédé opératoire de M. Wenzel.* Cependant, ce procédé est presque généralement abandonné aujourd'hui ; il est presque impossible de se procurer un modèle exact de l'instrument du fameux opérateur allemand, sans recourir aux héritiers de son nom et de sa profession. Grâce à l'obligeance de M. Maunoir, je possède un modèle qui fut exécuté sous les yeux même de l'inventeur. J'ai déjà dit que ceux qui se vendent chez les couteliers sont tellement défectueux que je ne suis pas étonné de la difficulté, j'oserai même dire, de l'impossibilité où l'on se trouve d'exécuter avec eux l'opération telle qu'elle est décrite par le baron de Wenzel.

Il est donc important de ramener l'attention des chirurgiens sur ce procédé, et pour ne rien changer à la description du manuel opératoire, je dois ici le transcrire textuellement d'après le mémoire publié par son fils, en 1786 (1).

---

(1) Wenzel, *Op. cit.*, page 76.

« Le malade étant jugé dans le cas de l'opération,
« et ayant été disposé comme je l'ai dit, on le fait
« asseoir sur une chaise basse, à un jour qui ne soit
« pas trop vif, parce que, pour l'incision de la cor-
« née même, un jour médiocre est plus favorable,
« et que d'ailleurs le malade est plus tranquille,
« comme nous l'avons toujours observé ; seconde-
« ment, lorsqu'il est question d'extraire le cristallin,
« il est essentiel que la pupille ne se resserre pas
« trop, et c'est l'effet que produirait une vive lu-
« mière sur la partie contractile de l'iris. On couvre
« l'œil sain d'une compresse retenue par un ban-
« deau ; un aide, placée derrière, tient la tête du
« malade et l'appuie sur sa poitrine ; il soulève avec
« le doigt index de la main qui n'est point occupée
« à fixer la tête, la paupière supérieure de l'œil à
« opérer, et tient le tarse assujéti avec l'extrémité
« du doigt contre le bord supérieur de l'orbite. Pour
« réussir à cette manœuvre et pour fixer convena-
« blement la paupière supérieure, l'aide doit avoir
« soin de relever la peau au dessus de l'orbite, et
« de faire plisser fortement les tégumens qui sou-
« tiennent les sourcils ; par ce moyen, il découvre
« en entier l'œil ; il évite de presser le globe, il ne
« gêne en rien celui qui opère, et il fixe tellement
« la paupière, qu'elle ne peut faire aucun mouve-
« ment. »

« L'opérateur s'établit sur une chaise un peu
« plus haute que le malade. Comme les yeux se
« tournent constamment vers le lieu le plus éclairé,

« l'opérateur a soin de placer son malade oblique-
« ment vers une fenêtre, de façon que l'œil à opé-
« rer se tourne du côté du petit angle, et rende
« plus facile la sortie de la pointe de l'instrument
« du côté opposé à celui par lequel il est entré. Il
« place près du malade une chaise sur laquelle il
« appuie le pied droit; le genou qui, dans cette
« position, se trouve plus élevé, sert à soutenir
« le coude du bras droit, et à mettre la main à la
« hauteur de l'œil à opérer. L'opérateur prend
« alors le *kératotôme* de la main droite, si c'est
« l'œil gauche qu'il doit opérer, et *vice versa;* il le
« tient comme une plume à écrire ; il pose sa main
« et l'assure au côté externe de l'œil, en plaçant le
« petit doigt un peu écarté des autres, sur le bord
« de l'orbite. Dans cette position, et ayant pris ce
« léger point d'appui, il ne se presse point de faire
« l'opération, et il attend que l'œil, ordinairement
« très-agité par les préparatifs, soit en repos; ce
« qui arrive toujours après quelques instans, et
« rend inutiles les instrumens proposés pour fixer
« l'œil, comme je l'ai dit fort en détail.

« Lorsque l'œil est en repos, et tourné vers le
« petit angle, ce qu'on a soin de recommander au
« malade, de façon qu'on puisse voir avec facilité
« le point de la cornée par lequel la pointe de l'ins-
« trument doit ressortir, alors l'opérateur plonge
« l'instrument dans la partie supérieure et un peu
« externe de la cornée, à un quart de ligne de la
« sclérotique, de sorte que la lame soit dirigée

« obliquement de haut en bas et de dehors en de-
« dans, dans le plan de l'iris. L'opérateur abaisse
« en même temps la paupière inférieure, par le
« moyen des doigts *index* et *medius*, qu'il tient lé-
« gèrement écartés l'un de l'autre, et il doit avoir
« l'attention la plus scrupuleuse de ne faire au-
« cune compression sur le globe, et de le laisser
« parfaitement libre; ce qui est le moyen le plus
« sûr de diminuer sa mobilité et de le fixer.

« Quand l'instrument, après avoir pénétré dans
« la cornée, arrive vis-à-vis de la pupille, on plonge
« sa pointe dans cette ouverture par un léger mou-
« vement de la main en avant, on incise la capsule
« du cristallin avec la pointe du kératotôme; puis,
« par un autre léger mouvement opposé au pre-
« mier, on la dégage de la pupille; on traverse la
« chambre antérieure; on sort vers la partie infé-
« rieure de la cornée, un peu du côté du grand an-
« gle, à la même distance de la sclérotique que
« celle à laquelle on a percé la cornée par en haut;
« et, continuant de pousser l'instrument, on achève
« ainsi l'incision de la cornée le plus près possible
« de la sclérotique. Si l'on dirige convenablement
« le *kératotôme*, si l'on se sert à propos des deux
« doigts *index* et *medius* de la main opposée, la
« section se trouvera grande, semi-circulaire, et
« assez près de la sclérotique, comme cela doit
« toujours être.

« Quand on fait l'incision de la cornée très près
« de la sclérotique, il arrive assez souvent qu'il

« sort du sang. Cela ne doit point du tout inquié-
« ter. Ce sont quelques-uns des vaisseaux san-
« guins de la conjonctive, qui rampent au bord
« de la cornée, et qui se trouvent incisés en même
« temps que cette tunique. Cette très légère sai-
« gnée locale ne peut être que très avantageuse,
« bien loin de faire craindre aucun accident. Je
« suis tellement persuadé que cela peut être utile,
« que je tâche, autant qu'il est possible, de diri-
« ger l'incision de la cornée très près de la scléro-
« tique, pour réussir à inciser ces vaisseaux et à
« les dégorger légèrement. Il m'a même paru que,
« très souvent, cela évitait de l'inflammation : au
« reste il ne faut pas intéresser la sclérotique.

« Si le bord supérieur de l'orbite est fort sail-
« lant, et que l'œil soit fort petit et fort enfoncé
« dans la cavité orbitaire, il serait très difficile de
« faire l'incision presque perpendiculaire, parce
« que le coronal gênerait, et obligerait de tenir
« l'instrument trop obliquement, par rapport au
« plan de l'iris. Il serait impossible de sortir de la
« cornée à la distance convenable. Dans ce cas, il
« faut diriger et tenir l'instrument beaucoup
« moins perpendiculairement; mais, cependant,
« il ne doit pas être horizontal. »

Le procédé de M. de Wenzel, tel que nous venons de le rapporter, offre de très grands avantages. La difficulté de fixer l'œil était sans doute l'é-
cueil capital qu'il fallait éviter : c'est vers ce but
que se sont dirigées les recherches et les médita-

tions de l'opérateur dont nous venons de parler. En perçant la cornée dans le point choisi par Daviel et par La Faye, le baron de Wenzel n'avait pas tardé à se convaincre que dans la majorité des cas, l'œil fuyait au devant du kératotôme le mieux affilé, surtout quand on opérait des enfans, des personnes peu raisonnables et pusillanimes. Ce retrait de l'œil était encore favorisé par la recommandation faite au malade de regarder son nez. Dans ce moment l'attention de l'opéré étant fixée sur ce point, pour peu que la contraction des muscles grands et petits obliques soit forte, la cornée disparaît sous la duplicature de la conjonctive qui forme, chez l'homme, l'onglet de la membrane clignotante. M. de Wenzel, en recommandant au malade de regarder en bas, avait à lutter contre un antagonisme musculaire limité, car l'œil, en se portant directement en bas, ne peut fuir très profondement : par ce moyen la cornée offre un vaste champ à la pointe de l'instrument, qui, par un mouvement sec et un peu brusque, la traverse en entier, et arrive dans la partie moyenne et supérieure de l'espace pupillaire, ainsi qu'on peut le voir au numéro 10 de la planche II.

Ce que la plupart des opérateurs considèrent comme un tour de force ou une espèce *d'escamotage*, était regardé par M. de Wenzel comme un principe fondamental de sa méthode, à laquelle il n'était arrivé que par le temps, l'expérience, et qui reposait sur trois points capitaux : 1° Fixer l'œil d'une manière invariable ; 2° traverser la cornée par une ponction franche et décidée, sans labourer ses lames ; 3° ouvrir en même temps la capsule et éviter ainsi les contractions secondaires de l'iris qui, quelquefois, ne permettent pas de le faire dans la seconde partie de l'opération. Il faut, il est vrai, une grande habitude pour exécuter les divers temps de l'opération dans un espace de temps fort limité, et j'ai peine à concevoir qu'un jeune opérateur puisse s'extasier sur la facilité de cette manœuvre (*Lancette française*, 1830). Je n'ai qu'un mot à répondre pour donner la mesure de l'enthousiasme : il avait largement dilaté la pupille au moyen de l'extrait de belladone, tandis que le baron de Wenzel n'employait pas ce moyen qui n'était pas connu de son temps.

Les ophthalmostats sont aujourd'hui généralement proscrits pour l'extraction de la cataracte, et, à ma connaissance, M. Pamart fils, d'Avignon, est le seul qui mette en usage un instrument contentif : c'est la pique (1) inventée par un de ses ancêtres. La pratique de ce chirurgien n'est pas plus heureuse que celle des autres extracteurs, et ne justifie point sa prédilection pour les doctrines et les traditions de sa famille. M. le professeur Græfe m'a affirmé qu'en Allemagne les ophthalmostats étaient tout à fait abandonnés.

---

(1) Pamart, *Dissert. inaugurale et Transactions médicales*, 1832.

Il est cependant quelquefois nécessaire de fixer l'œil, surtout quand on opère par le procédé de La Faye, modifié par A. G. Richter, et plus récemment encore par Beer. Dans ce cas, malgré l'opinion contraire de M. de Wenzel (1), je crois que l'on doit chercher à contenir l'œil en le comprimant légèrement en place, surtout du côté du grand angle, au moyen du doigt *medius* de la main qui abaisse la paupière inférieure, tandis que l'indicateur maintient cette dernière et presse légèrement sur le bulbe, précepte donné en ces termes par Richter. « *Digitus ille qui palpebram infe-* « *riorem deprimit, comprimit simul, paululum oculi* « *bulbum et sic illius motum cohibet* (2) ». Quoi de plus incertain cependant que ce mot *paululum!* puisque Richter ne définit point le degré de cette pression et l'instant où l'on doit la cesser.

En médecine opératoire *un peu* ne signifie rien, ainsi que l'observait judicieusement M. Lisfranc dans son cours d'opérations. Le même reproche peut aussi s'adresser aux conseils que donne à ce sujet La Faye (3). Ware, dont l'opinion est d'un si grand poids en fait d'opérations de cataracte, pense que des principes aussi vagues que ceux émis

---

(1) Wenzel, ouvrage cité.

(2) Richter, *Observationes chirurgicæ*. Fasc. prim. Gotting., 1770, p. 17.

(3) *Mémoires de l'académie de chirurgie de Paris*, tome VI, p. 313.

par Richter et La Faye, exposent à de grands dangers
par la crainte où ils laissent l'opérateur de continuer trop long-temps la pression ou de la cesser
trop tôt. Le célèbre chirurgien anglais que je viens
de citer, croit rectifier l'opinion de Richter en la
donnant en ces termes : « *Une pression modérée et*
« *régulière peut être continuée avec la plus parfaite*
« *sûreté sur le côté interne et inférieur de la scléro-*
« *tique, non seulement jusqu'à ce que le temps de la*
« *ponction ait été accompli en entier, mais encore*
« *jusqu'à ce que la pointe de l'instrument soit entière-*
« *ment ressortie au point opposé de la cornée, un peu*
« *plus bas que son diamètre transversal. Ce temps de*
« *l'opération étant exécuté, toute pression doit immé-*
« *diatement cesser de la part de l'opérateur, car son*
« *aide ne doit en aucune manière appuyer sur le*
« *globe* (1). » Toute pression est alors inutile et
peut même en quelque sorte justifier les craintes de
M. de Wenzel, et sa répugnance pour cette méthode. En effet, dans la plupart des cas, elle est
dangereuse, et nous examinerons plus tard la nature de ses périls. L'instrument ayant traversé la
cornée dans les deux points d'élection, fixe l'œil en
place, et la section s'accomplit en le poussant avec
régularité, lenteur, et obliquement en bas, jusqu'à
ce que le tranchant, traversant la cornée en entier,
l'ait divisée dans les 9/16 de sa circonférence, selon Ware, ou les 7/12 d'après M. Roux. Ce dernier

---

(1) Ware, ouvrage cité, page 340.

tient une conduite bien différente. Voici son procédé tel que je lui ai vu exécuter bien souvent. Le malade étant assis en face de l'opérateur, la tête fixée sur la poitrine d'un aide, celui-ci relève le bord libre de la paupière supérieure avec le doigt indicateur, dont il avance la pulpe jusque dans le vide qui existe entre la paupière relevée et le bulbe qu'il comprime, tandis que M. Roux en fait autant pour la paupière inférieure ; de façon que l'œil est assujéti d'une manière assez fixe pour ne faire aucun mouvement. Ce chirurgien perce alors la cornée avec le couteau de Richter, tout près de son union avec la sclérotique, à une ligne au moins au dessus de l'extrémité externe du diamètre transversal de l'œil ; dans le premier temps, la pointe du couteau est dirigé presque perpendiculairement à l'épaisseur de la cornée, et l'instrument se trouve alors lui-même dans une position plus près de la verticale que de l'horizon. La cornée percée, la lame du couteau est ramenée au parallélisme avec l'iris et poussée ainsi vers l'angle interne de l'œil, jusqu'à ce que la pointe aille ressortir un peu au dessous de l'extrémité interne du diamètre transversal de l'œil. M. Roux achève la section en continuant à pousser le couteau sur le grand angle, et ne craint point d'intéresser le sac lacrymal et la caroncule, chose qui lui arrive très fréquemment : quelquefois il hâte la section de la cornée en faisant dévier le tranchant du couteau de son parallélisme avec l'iris, de manière à le porter un peu en avant. Au moment où la section va être achevée, les doigts de l'aide et de l'opérateur cessent, plus ou moins complètement, de comprimer l'œil; mais il est bien difficile que cette manœuvre soit toujours exécutée avec assez de perfection et d'ensemble pour ne pas avoir les inconvéniens que Wenzel et Ware ont signalés plusieurs fois dans leurs écrits, et sur lesquels nous reviendrons plus tard.

Pour obvier à la difficulté qu'apporte l'excessive mobilité de l'œil, à la section régulière de la cornée, M. Sparrow, de Dublin, qui avait fait de l'extraction de la cataracte une étude toute particulière, recommande de faire tirer très fortement en haut, par un aide, la paupière supérieure, en même temps que l'opérateur attire en bas, autant que possible, la paupière inférieure. Le chirurgien irlandais espérait, par ce moyen, fixer l'œil par la tension de la conjonctive palpébrale et oculaire (1). Peu de mots suffiront pour prouver combien ce moyen est incertain, douloureux, et peut avoir des conséquences fâcheuses. En effet, la conjonctive palpébrale et oculaire n'est pas tellement limitée dans ces attaches, qu'une pression plus ou moins prolongée puisse sur tous points lui donner la même tension. Si le fait était possible, ne suffirait-il pas à lui seul pour produire une brusque sortie du cristallin et peut-être de l'humeur vitrée? Dailleurs, ce tiraillement en haut et en bas n'est-il

---

(1) *Medical facts and observations*, vol. I. London, 1791.

pas douloureux et inquiétant pour le malade?
MM. de Wenzel et Maunoir, dont l'expérience fait
autorité, recommandent de ne rien faire qui puisse
fixer l'attention de l'opéré (1).

CHAPITRE III.

Un accident tout opposé à celui qui vient de
nous occuper jusqu'à présent, consiste en une trop
grande incision de la cornée, qui peut non seulement produire la mortification de cette membrane,
observée dans certains cas par M. Maunoir, de
Genève, mais encore le renversement de ses bords
en dehors ou en dedans, avec impossibilité d'obtenir la réunion des lèvres de la plaie. Si M. Maunoir s'est exagéré (2) les dangers de la mortification de la cornée, il y a aussi erreur matérielle de
la part des auteurs qui paraissent révoquer en
doute la fréquence, même la possibilité de cet accident de la cornée. Aux faits cités par l'opérateur
genevois, je pourrais ajouter ceux dont j'ai été témoin, et dont un eut lieu à Turin, en 1828, sur
un vieillard opéré par M. Forlenza, dont les insuccès, depuis quelques années, avaient détruit
le bien qu'il avait pu faire, et dont l'odieuse con-

---

(1) Wenzel, ouv. cité, p. 78.
(2) Maunoir, *Mémoire sur la mortification de la cornée,*
Journal de Montpellier.

duite a été stygmatisée par M. Casimir Broussais (1).

Deux autres mortifications de la cornée se sont encore présentées à mon observation; l'une sur un tailleur de pierre de Lyon, opéré par M. Cartier, et l'autre sur une jeune fille nommée Charvet, et opérée par M. Maunoir.

Ainsi que nous l'avons dit, M. Roux fait une très grande incision, et si cet opérateur n'a pas rencontré souvent l'accident dont je viens de parler, ses opérés sont très sujets à une cicatrisation vicieuse de la partie inférieure de la plaie, due à ce que le biseau du lambeau n'est pas en rapport exact avec la partie inférieure de l'incision sur laquelle il doit reposer. Il suffit de fréquenter quelque temps le service de M. Roux, à la Charité, pour se convaincre de l'exactitude du fait que j'avance et dont j'ai vu un cas très remarquable chez M***, brocheuse, rue de Savoie, N° 12, à Paris. Cet accident est surtout fréquent chez les vieillards qui ont la cornée très molle, et chez les adultes qui ont été atteints de légères hydrophtalmies antérieures de l'œil, soit de l'humeur aqueuse.

Ce dernier accident arrive aussi à d'autres opérateurs: il a été assez fréquemment observé par M. Maunoir pour lui fournir le sujet d'une note spéciale qu'il a lue à la société médico-chirurgicale de Genève, et qu'il m'a transmise dans une de ses lettres. Il s'agissait d'un vieillard de 82 ans, déjà

---

(1) Casimir Broussais, *Archives*, 1828.

affaibli par une opération de hernie étranglée qui
avait été pratiquée il y avait six semaines environ.

Je cite textuellement la lettre de M. Maunoir :
« Aussitôt après une opération de cataracte bien
« faite, la cornée transparente conserve sa forme,
« la pupille est noire et circulaire, l'iris même ne
« paraît point appliqué contre la surface interne et
« concave de la cornée, la vue a lieu quelquefois
« d'une manière remarquablement nette. Cepen-
« dant l'œil est diminué de tout le diamètre du cris-
« tallin et de l'humeur aqueuse. Qu'est-ce qui rem-
« plit le vide qu'ils ont laissé ? Quand c'est de l'air,
« c'est un accident, même assez fâcheux.

« Cette question importante n'a pas été, que je
« sache, examinée par les physiologistes, pas même
« par les oculistes. La question toute simple que
« l'on aurait dû se faire depuis long-temps, est
« celle-ci : comment ce vide peut-il être rempli au
« moment de l'opération ? Quant à moi, je crois
« que l'action tonique des membranes de l'œil, et
« surtout des muscles, refoule l'humeur vitrée en
« avant, qu'il y a même une sécrétion instantanée
« d'humeur aqueuse, et en même temps une légère
« diminution des diamètres transverses de l'œil,
« de sorte que le vide se trouve tout à fait rempli.
« On rencontre souvent des personnes faibles et dé-
« licates chez lesquelles, après une opération bien
« faite d'ailleurs, ce vide ne se remplit point : cette
« action tonique dont je viens de parler n'a pas lieu,
« et la cornée reste affaissée et plissée ; il y a un creux

« au lieu d'une surface arrondie et convexe, et les
« malades ne voient point ; les lèvres de la plaie ne
« se trouvent plus alors en contact, l'humeur
« aqueuse s'écoule à mesure qu'elle est sécrétée. Il
« s'ensuit une inflammation considérable et la
« perte irrémédiable de l'œil.

« Le 6 octobre 1829, j'ai opéré l'œil gauche de
« M. Millet, en faisant une incision en demi-cercle à
« la partie inférieure et un peu externe de la cornée,
« comprenant à peu près les 4/5 de sa circonfé-
« rence : j'ai coupé la capsule du cristallin avec une
« aiguille à cataracte, et cette lentille est sortie au
« moyen d'un léger frottement. La pupille est res-
« tée d'un beau noir et parfaitement intacte ; mais les
« chambres antérieure et postérieure ne se sont
« pas remplies, et la cornée s'est affaissée et ridée :
« quelques bulles d'air ont pénétré dans la cham-
« bre antérieure, et le malade n'a point vu. Ma pre-
« mière idée a été fort triste, et j'ai regardé cet œil
« comme perdu ! Un instant après, j'ai conçu la pen-
« sée de remplir cette cavité ; j'ai envoyé chercher
« de l'eau distillée chez le pharmacien le plus voi-
« sin ; j'ai fait chauffer cette eau au bain-marie, puis
« renversant en arrière la tête du malade, que j'avais
« fait coucher sur le dos, j'en ai rempli la cavité
« de la région orbitaire ; je lui ai fait alors ouvrir
« les paupières, puis, soulevant légèrement le lam-
« beau de la cornée, l'eau a pénétré dans toutes les
« cavités accessibles de l'œil, et les plis de la cornée
« ont disparu. Le malade a tenu les yeux fermés

« pendant quelques minutes, et lorsqu'il les a ou-
« vert, j'ai trouvé celui que je venais d'opérer dans
« l'état le plus satisfaisant. Il a eu le plaisir de dis-
« tinguer nettement tous les objets qui lui ont été
« présentés aussi bien qu'après l'opération la plus
« heureuse et la plus exempte de tout accident.

« Je dois faire observer qu'après l'introduction
« de l'eau, le malade éprouva une légère douleur
« qui a persisté quelques heures, mais la guérison
« a été complète et sans entraves. »

On voit par cette relation, à laquelle M. Maunoir
a donné, je crois, de plus amples détails dans la
bibliothèque universelle de Genève, mais qui y est
restée enfouie, puisque les traités d'opérations les
plus récens n'en parlent point, on voit, dis-je, que
le chirurgien de Genève a su, par une présence
d'esprit admirable, remédier à un accident qui
aurait certainement fait échouer une opération habilement exécutée.

La section de la cornée est irrégulière toutes les
fois que sa forme n'est pas semi-circulaire, et que
le lambeau est frangé. Ces deux accidens, d'où résultent, dans la plupart des cas, des cicatrices difformes, sont dus à ce que le couteau n'est pas enfoncé assez verticalement, lorsque l'on pratique le
temps de la ponction ; ou bien à ce que l'on a trop
rapidement ramené la pointe à l'horizon avant d'a-
voir un peu fait cheminer la lame dans la chambre
antérieure. Dans ces deux circonstances l'on a, en
apparence, un grand lambeau, et la partie de l'in-

cision qui correspond à la face interne ou concave de la cornée est trop petite, à cause du rebord falciforme, taillé dans ces lames internes. Dans ce cas l'extraction du cristallin est très difficile et souvent même impossible, car, s'il sort de sa capsule, il s'étrangle entre l'iris et l'incision, où il reste comme enclavé. S'il est dur, l'œil est presque irrévocablement perdu; s'il est mou ou friable, on peut encore espérer de le retirer, mais il reste ordinairement à la partie inférieure une cicatrice leucomateuse qui gêne singulièrement la vision.

Ce dernier inconvénient peut se classer parmi ceux qui résultent de la position vicieuse de la cicatrice de la cornée. Quand on a vu faire un grand nombre d'extractions de cataracte par les opérateurs qui sacrifient la sûreté, le succès de l'opération à la gloriole d'une *prestigiation* déplorable, on ne tarde pas à se convaincre que la cicatrice de la cornée, qui résulte de l'incision faite selon la méthode de Richter, se trouve placée trop haut, que dans la plupart des cas, elle arrive presque au niveau de la prunelle, et que la vision, s'exerçant plutôt par le bas que par le haut, le bénéfice de l'opération se trouve détruit par l'obstacle matériel que présente la cicatrice.

Le procédé de M. Wenzel peut, à la rigueur, quand il est exécuté dans toute sa perfection, obvier à la plupart des accidens dont je viens de parler. Mais peu de personnes se résoudront à étudier ce procédé et surtout à faire les essais et manœuvres né-

cessaires pour arriver à la dextérité convenable.
La mode est d'ailleurs une souveraine malheureusement très despote, même dans l'art de guérir : je vois tous les jours les procédés de Richter et de Beer mis en usage, sans que les accidens qu'ils entraînent servent à éclairer les détracteurs de M. de Wenzel.

Cependant, ce dernier opérateur avait bien senti que, dans un grand nombre de cas, sa méthode ordinaire ne parait pas à tout; aussi, institua-t-il, pour des cas spéciaux (1), une méthode particulière, préconisée ensuite par Santarelli (2), B. Bell, Richter et Ware. Pendant long-temps ce procédé avait été négligé par les ophtalmologistes de tous les pays, lorsqu'il fut mis en usage avec des modifications particulières par M. Alexandre, oculiste anglais, opérateur aussi habile qu'heureux. On peut prendre une idée de sa méthode, en parcourant la note publiée en 1821 par M. Wagner (3). C'est donc à tort que M. Jœger, de Vienne, la revendique pour lui-même ; il n'a droit qu'a la modification du couteau de Beer, auquel il a ajouté une nouvelle lame ; suivant en cela l'exemple donné par Palluci, qui avait inventé un instrument pour opérer la cataracte en deux temps: cet instrument était composé d'une lance qui servait à pratiquer la ponction, et ayant une coulisse dans

---

(1) Wenzel, ouvrage cité.
(2) Santarelli, ouvrage cité.
(3) Wagner, *Hecker's annalen*. D. Ges., 1821.

laquelle passait une lame qui achevait la section de la cornée.

En suivant la pratique de M. Roux, l'on se convaincra sans peine qu'un grand nombre de ses opérations échouent, parce que la paupière inférieure relève le lambeau de la cornée qui s'enflamme alors d'autant plus facilement que cet accident est favorisé par la méthode défectueuse de pansement adopté à la Charité, et que nous examinerons en temps et lieu. Mais un mérite incontestable de M. Jœger, c'est d'avoir généralisé l'emploi de la section par la partie supérieure de la cornée, **et** d'avoir réduit à un seul temps une opération qui en nécessite plusieurs; l'incision de la cornée avec un lambeau supérieur se recommande par les avantages suivans:

1° Guérison très prompte et très facile de la plaie de la cornée par première intention, lors même qu'une réaction inflammatoire assez forte a lieu, et lorsqu'il y a dans les deux chambres formation de pus.

2° Impossibilité physique d'une irritation de la plaie par le mouvement mécanique du bord de la paupière inférieure, dont l'action nuisible est bien reconnue.

3° Les larmes plus chaudes, plus âcres et plus abondamment sécrétées, retenues par la jonction des paupières, affectent bien moins la section supérieure de la cornée que l'incision inférieure, le long de laquelle elles sont continuellement conduites et dirigées dans leur écoulement.

4° Une suppuration moins fréquente des bords de la plaie.

5° Une procidence de l'iris bien plus rare, quelque imprudente que soit la conduite du malade.

6° L'écoulement plus difficile de l'humeur vitrée pendant l'acte de l'opération et après.

7° L'affaissement plus rare de la cornée et la régénération plus rapide, ainsi que l'amas plus prompt de l'humeur aqueuse.

8° Enfin une cicatrice moins difforme, moins saillante et moins nuisible aux facultés visuelles que lorsqu'elle existe en bas, puisque dans l'état naturel, la partie supérieure de la cornée est recouverte par la paupière supérieure.

Les détracteurs de cette méthode lui font les reproches suivans :

1° Aussitôt que l'œil est attaqué, il fuit, non seulement vers l'angle interne, mais encore il se cache en haut, car son mouvement naturel de rotation est plus facile de ce côté ; ainsi l'on aura quelquefois à vaincre de grandes difficultés pour terminer la section ;

2° L'extraction du cristallin et de ses annexes est plus laborieuse, des larmes âcres et abondantes s'introduisent sous le lambeau et l'irritent, enfin il peut y avoir un hypopion secondaire.

Il est facile de répondre à ces objections fondamentales portées contre la section à la partie supérieure. Celles qui sont secondaires tomberont d'elles-mêmes.

Il est beaucoup moins difficile de suivre les mouvemens de l'œil lorsqu'il se porte en haut, que lorsqu'il fuit vers le grand angle ; car si la paupière supérieure est relevée avec soin, l'on peut toujours voir le trajet de l'instrument. Si l'opérateur se place comme le fait le professeur Fabini, derrière le malade, il relève lui-même, avec le doigt indicateur, la paupière supérieure, et place le *medius* vers le grand angle, pour contenir l'œil de ce côté. Aussitôt que la cornée est transpercée, l'œil est fixé, et la pression doit cesser. La section de la cornée s'accomplit alors en faisant cheminer le couteau, comme dans l'opération par la section inférieure. Je crois que dans ce cas l'on pourrait retirer de très grands avantages du mouvement que M. Roux fait exécuter au tranchant du kératotôme pour accélérer la section du lambeau.

Pour obvier aux inconvéniens du retrait de l'œil en dedans et en haut par la section supérieure, M. Alexandre met en usage un procédé spécial, qui lui est propre et qui consiste à employer deux instrumens, dont le premier, effilé et épais, sert à transpercer la cornée ; le second tranchant, boutonné, est destiné à former le lambeau. M. Maunoir a vu opérer M. Alexandre et rend pleine et entière justice à son habileté et à ses succès.

Je dois à l'obligeance de M. Chavernac, qui a habité bien long-temps la Grande-Bretagne, d'avoir eu l'occasion d'examiner les yeux d'une demoiselle anglaise, opérée de la cataracte congéniale par l'oculiste dont je viens de parler, et chez laquelle j'ai eu la plus grande peine à trouver la trace des sections de la cornée.

M. Forlenza avait adopté depuis bien des années la section par la partie supérieure, et aussitôt après la ponction des deux points correspondans de la cornée, il appuyait sur celle-ci, dans la partie qui devait former le lambeau, l'ongle de son doigt indicateur qu'il laissait croître, et taillait *ad hoc*.

Cet ophtalmostat d'un nouveau genre, et dont les traducteurs de Scarpa (1) se sont déclarés les ardens défenseurs, remplissait quelquefois son but. Je renvoie, pour les motifs de cette restriction à l'article déjà cité de M. Cas. Broussais. Souvent l'opérateur que nous venons de citer, afin de fixer l'œil avec plus de sûreté, se servait d'un couteau de Wenzel, très effilé, au moyen duquel il ponctionnait, ainsi que M. Alexandre, les deux points correspondans de la cornée, puis saisissant la pointe de l'instrument avec un crochet mousse il la soutenait en place, à mesure qu'il portait la lame en avant, à peu près comme le faisait Sigwart pour son couteau aiguille (2) dont la pointe allait s'appuyer sur une sonde placée perpendiculairement à l'axe de l'œil, et appuyée sur la joue et le front. (3).

Pour pratiquer la section de la cornée à la partie

(1) Scarpa, *Maladies des yeux*, traduit par Bousquet et Bellanger.

(2) *Compte rendu des opérations pratiquées à Strasbourg*, rédigé par MM. Flammant et Fodéré, page 9.

(3) *Sicone Ens. historia extractionis*. Tabula IV.

supérieure , Wenzel , Bell , Richter , Forlenza , Grœfe, Fabini, Sinogowitz et Maunoir se servaient de leurs kératotômes ordinaires et avec beaucoup de bonheur. Grœfe eut huit succès sur huit opérations, dont une fut pratiquée sur S. A. R. le duc de Cumberland (2). Fabini réussit vingt-deux fois sur vingt-quatre (3), et Sinogowitz deux fois dans des opérations pratiquées dans des conditions tellement défavorables que nous croyons devoir les citer ici toutes deux , bien que l'une ait fini par avoir des résultats peu avantageux.

Obs. I. Un homme agé de 30 ans, et qui avait , par des remèdes empyriques , supprimé une affection herpétique rebelle, fut affecté peu à peu d'obscurcissement de la vue, et on ne tarda pas à s'apercevoir qu'il était atteint de cataracte aux deux yeux. Un oculiste ambulant tenta l'opération des deux côtés avec un résultat malheureux; car un œil fut irrévocablement perdu , et l'autre ne fût pas débarrassé de la lentille opaque. Telle était la position de ce malade quand il fut examiné par le docteur Sinogowitz. Comme il percevait encore la lumière, et qu'il désirait recouvrer la vue à tout prix, il se résigna à une troisième opération , l'œil étant cependant dans des conditions peu favorables au succès. Le docteur Sinogowitz, ayant examiné l'organe avec soin, trouva le cristallin beaucoup plus

---

(1) Grœfe, journal cité.
(2) Fabini, journal cité.

plat qu'une lentille saine, et tremblant à tous les mouvemens de l'œil, sans cependant changer de place; le globe oculaire était petit, enfoncé dans l'orbite. M. Sinogowitz crut devoir pratiquer la dépression, dans la crainte de voir surgir, après une nouvelle opération, des accidens graves. Celle-ci fut faite avec facilité; le malade s'écria qu'il voyait distinctement les yeux de l'opérateur, qui enleva l'aiguille avec précaution; la pupille était nette. Cet homme était si heureux de voir, qu'il promit d'être excessivement docile, et il resta huit jours couché sur le dos. Ce terme passé, on examina l'œil et l'on trouva le cristallin dans le lieu qu'il occupait avant l'opération.

Cette opération, n'ayant été suivie d'aucun accident et d'aucune douleur, elle pouvait être considérée comme non avenue. On fit subir un traitement anti-herpétique au malade, et l'on se décida à une quatrième tentative. Ainsi que nous l'avons dit, l'œil était petit, enfoncé, et les paupières peu fendues : le docteur Sinogowitz, convaincu que la mobilité du cristallin serait un obstacle à son broiement, se décida, malgré les circonstances défavorables, à pratiquer l'extraction par la section de la cornée à la partie supérieure, d'autant plus que le malade étant tailleur, il était important pour lui que le segment inférieur ne portât pas de cicatrice.

Le malade, après avoir été placé sur un lit haut et étroit, l'opérateur, prit place vers le coin, immédiatement derrière la tête du malade, un aide fut placé en face de l'opéré, avec mission d'enfoncer, au grand angle de l'œil, à une demi-ligne de la cornée, le dard de Pamard, au même instant où le docteur Sinogowitz percerait la cornée du côté opposé. De la main gauche l'opérateur soulevait la paupière, tandis que, de la même main, l'aide contenait l'inférieure. L'incision fut faite avec le couteau de Beer, mais comme l'œil était très petit, le couteau se trouva trop long, et l'aide dût enlever très vite le dard, afin de pouvoir un peu laisser le couteau porter l'œil en dehors, pour achever la section qui fut très régulière; mais le couteau coupa à ras quelques cils de la paupière supérieure, sans cependant intéresser celle-ci.

Pendant la section, l'œil était agité de mouvemens convulsifs, et les larmes coulaient en abondance. En retirant le couteau, il s'échappa un peu d'humeur vitrée, l'opérateur ferma promptement l'œil, le nétoya à l'extérieur, puis, quand le malade fut un peu remis, il porta, dans la solution de continuité, de petites pincés au moyen desquelles il retira la lentille opaque, qui portait l'empreinte des corps ciliaires, et qui était un tiers plus petite que dans l'état ordinaire. L'opération fut peu douloureuse, mais des suites assez graves en compromirent le succès, malgré le traitement habilement combiné qu'on leur opposa.

Obs. II. Un homme d'une cinquantaine d'années, vigoureux, adonné à la boisson, souvent tourmenté par la goutte, avait les yeux bleus, saillans, et offrait, sur tous deux, les traces d'un ptérigion commençant : l'iris jouissait de toute sa mobilité : quelques gouttes de solution d'extrait de belladone furent instillées dans l'œil, et le lendemain on trouva les pupilles largement et uniformément dilatées.

Le docteur Sinogowitz crut devoir, dans ce cas, pratiquer la section de la cornée dans son segment supérieur. L'incision fut donc faite de la même manière que dans le cas précédent, avec la seule différence qu'il fit usage d'un kératotôme plus court et plus large. L'instrument, de cette manière, n'approche pas trop du grand angle de l'œil, et le lambeau fut exactement semi-lunaire. A peine fut-il terminé que le cristallin tomba de lui-même sur la paupière inférieure. Il ne sortit point de corps vitré, et la pupille étant très nette, l'œil fut recouvert d'un bandeau.

L'opérateur fut frappé de l'indifférence du malade, qui distingua plusieurs objets qu'on lui montra, sans témoigner aucune joie, d'où il conclut qu'il avait déjà spéculé sur sa cécité, comme moyen de terminer sa vie dans l'oisiveté (1). Le lendemain

---

(1) Cette réflexion me rappelle avoir opéré, il y a quelques années, un mendiant : l'opération fut très heureuse ; cependant, il prétendit que je lui avais rendu un mauvais service. Une autre fois, deux frères qui spéculaient sur la cécité de leur cadet, atteint de cataracte congéniale, le cachèrent plusieurs jours dans les bois pour que je ne pusse l'opérer, afin de conserver ainsi, disaient-ils, un gagne-pain pour trois.

matin il était sans douleur. Le soir légères douleurs dans l'orbite, calmées par des fomentations froides. Le 3ᵉ jour il a plusieurs selles, et se promène beaucoup dans sa chambre. On soupçonne qu'il a fait quelques écarts de régime et on en acquiert la certitude. Avec un malade aussi peu raisonnable que celui-là, on devait craindre de fâcheux contre-temps; ils ne se firent point attendre. Il survint des accidens inflammatoires consécutifs, un hypopion secondaire qui fut très avantageusement combattu par des frictions mercurielles, mais qui provoqua une légère adhérence de l'iris à la partie supérieure de la cornée, ce qui eût été sans doute un obstacle à la vision, si l'incision eût été faite par le segment inférieur de la cornée. Le malade, au reste, voyait très bien; il était facile de s'en convaincre, quoiqu'il ne l'avouât pas volontiers.

M. Jœger, voulant donner à la méthode qu'il remettait en usage une sûreté plus grande dans les moyens d'exécution, et voulant surtout détruire l'objection la plus raisonnable faite à son procédé, la mobilité de l'œil, et partant, la difficulté de faire une section convenable, a imaginé un couteau à deux lames, qui est sans aucun doute le plus simple des instrumens compliqués, destinés au même objet. En se servant de cet instrument, l'opérateur peut, à volonté, se placer derrière le malade ou se mettre en face de lui pour opérer.

Cet instrument, qui a la forme d'un kératotôme ordinaire de Beer, est composé de deux lames posées l'une sur l'autre, et mises en contact par des surfaces planes très unies, tandis qu'à l'extérieur elles sont convexes. La plus grande des lames est fixée sur son manche et immobile ; la seconde, plus petite, est placée dans une coulisse ; sa tige métallique, en faisant ressort, la maintient en place, et se porte en avant ou en arrière au moyen d'un bouton dont le mécanisme ressemble un peu à celui des canifs à coulisse. Cet instrument demande une très grande perfection dans la construction : la petite lame doit être si exactement posée sur celle qui la déborde, que l'instrument puisse être promené sur la pulpe du doigt sans offrir la moindre aspérité. Sans cela, au moment où les lames fermées sont près de traverser la cornée, la lame interne pourrait s'ouvrir une fausse voie à travers les couches de celle-ci, et ainsi mettre le chirurgien dans l'impossibilité de terminer l'opération. Je ne sais si cet inconvénient a été observé sur le vivant, mais il arrive bien souvent en opérant sur le cadavre.

Pour opérer, on plonge le kératotôme dans la cornée, on pénètre dans la chambre antérieure, le tranchant tourné en haut, on le porte en avant, comme pour le procédé ordinaire. Pendant ce temps de l'opération, l'œil fuit vers le grand angle, et cherche à se porter en même temps en haut ; mais en renversant légèrement la main en arrière, on suspend ce mouvement ; la grande lame tient l'œil immobile ; alors sans faire d'effort, on pousse, avec le doigt *medius*, le bouton de la petite lame, pour porter celle-ci en avant, de manière à ce qu'elle dépasse la première et achève la section. La parfaite coïncidence des deux lames du kératotôme double permet d'inciser avec netteté et précision, aussi facilement qu'avec un kératotôme simple, et la paupière est préservée de toute atteinte à cause de la fixité de l'œil, obtenue au moyen de la grande lame.

Quand M. Koreff publia dans la *Lancette française* une note sur le kératotôme double, M. Jœger affirmait avoir pratiqué quarante fois, dans l'espace de six mois, la section par la partie supérieure de la cornée, avec plus ou moins de succès.

Ainsi que nous l'avons dit, Grœfe s'est aussi servi huit fois avec succès de cette méthode, entre autre sur S. A. R. le duc de Cumberland, qui n'avait plus que l'œil droit (1). Mais il se servait d'un kératotôme ordinaire, ainsi que le professeur Fabini de Pesth, qui, sur 107 opérations de cataracte par extraction, en a pratiqué 24 par incision supérieure, et se trouve très bien de ce procédé (2), qui réussissait fort bien aussi entre les mains de M. Forlenza.

La rupture de la pointe du kératotôme est un accident d'autant plus fâcheux, qu'il arrive à une épo-

---

(1) Grœfe, journal cité.

(2) Fabini, *Journal complémentaire du dict. des sciences médicales*, tome XLI.

que où l'opération est peu avancée. Ainsi, si l'extrémité du kératotôme se rompt de suite en arrivant dans la cornée, il n'y a pas moyen de passer outre, et l'opération doit être suspendue. L'opérateur doit alors chercher s'il est possible d'extraire le fragment de lame, ce qui est parfois assez difficile. Il essaie d'abord de le saisir avec de petites pinces; s'il ne peut réussir, il cherchera à le retirer au moyen d'un petit crochet particulier, de mon invention, figuré sous le n° 17 de la planche I.

L'instrument se rompt très souvent au moment où il est sur le point de traverser la cornée vers le grand angle, dans ce cas, il faut retirer l'instrument, agir comme si l'on avait affaire à une incision trop étroite (voyez page 175), et ne pas chercher à extraire le fragment, pour peu qu'on éprouve de difficulté. Les manœuvres faites pour enlever les corps étrangers sont souvent plus dangereuses que leur présence. J'ai été témoin d'un accident de cette nature, arrivé il y a bien des années à feu M. Duchelard, oculiste du roi de Naples, chez un vieillard qu'il opéra à Genève, à l'hôtel des Balances, en présence de MM. Jurine, Maunoir, Terras père et Veillard. La pointe de l'instrument éclata au moment où elle attaquait la surface interne de la cornée, vers le grand angle de l'œil. L'opérateur termina l'opération avec les ciseaux de Daviel, et obtint facilement l'extraction du cristallin. Mais il s'entêta, malgré les conseils des assistans, à chercher le fragment du couteau, et l'introduction réitérée des curettes, des pincettes et du crochet détermina des accidens qui occasionèrent la perte de l'œil dans vingt-quatre heures.

Le même accident se présenta quelques années après à M. Maunoir, qui, se gardant bien de chercher la pointe de l'instrument, termina l'opération avec les précautions usitées en pareil cas et avec un succès complet : je rapporte ici ce fait, comme très propre à fixer l'attention des jeunes chirurgiens. Les mêmes conseils peuvent être donnés pour les cas où la pointe de l'instrument se fausse, ce qui arrive quelquefois en suivant le procédé de M. de Wenzel, lorsque l'on rencontre un cristallin très dur.

Si, dès le début de sa pratique, Daviel eût à lutter contre la difficulté de faire une section uniforme, il eut aussi à combattre la trop petite dimension de l'ouverture. Pour obvier à cet accident, après avoir ouvert la cornée avec son couteau à lance, il dilatait l'incision à droite ou à gauche, avec son couteau mousse quand il y avait peu à ajouter à la solution de continuité ; mais il avait recours à ses ciseaux quand il fallait l'agrandir de beaucoup. Cette pratique a été, pendant long-temps, suivie par la plupart des chirurgiens qui pratiquent l'extraction ; mais pour peu que l'on réfléchisse à la manière d'agir des ciseaux, il est facile de se convaincre qu'ils agissent en contondant, et que après s'en être servi pour opérer la section de la cornée, l'on obtiendra plus difficilement la réunion par première intention, vu que les bords de la plaie seront plus sujets à tomber en suppuration. Un autre inconvénient, c'est qu'en se servant des ciseaux de Daviel, on ne peut pas prendre un point d'appui sur la joue du malade, et que l'opérateur doit alors opérer la main en l'air. Pour remédier à ce défaut, A. G. Richter se servait de ciseaux plus petits et dont les branches étaient assez coudées pour lui permettre de s'appuyer sur la joue, et déviter ainsi les accidens que produirait le défaut de sûreté dans la main de l'opérateur. M. Maunoir est tellement convaincu des dangers de l'emploi des ciseaux, que depuis long-temps il les remplace par une petite lame mince, tranchante d'un seul côté et mousse. M. Forlenza mettait en usage, à cet effet, un couteau particulier.

Depuis quelques années, j'avais pensé pouvoir remplacer les ciseaux de Daviel et ceux de Richter par des ciseaux légèrement courbés, coupant en dehors au moment où ils s'ouvraient, comme le lithotôme double de Fleurant, mais sans gaine. Cet instrument avait l'avantage de couper en retirant, sans contondre, on pouvait par un curseur, borner l'étendue de l'incision. Il était possible, cependant, d'obtenir quelque chose de plus parfait : des essais, que j'avais fait faire, soit à Vienne, soit à Londres, n'avaient point répondu à mes espérances : c'est à M. Charrière, dont je ne saurais assez proclamer l'habileté et le désintéressement, que je dois l'exécution parfaite d'un petit instrument qui remplit tous mes désirs. On peut voir à la planche n° I, une copie fidèle de cet instrument très simple qui peut agrandir l'incision à volonté, sans avoir les inconvéniens des ciseaux de Daviel ou de Richter, tout en en conservant les avantages.

C'est ainsi qu'on le voit : un petit lithotôme ayant à peine 5 ou 6 lignes de longeur, large de deux, s'ouvrant par un léger mécanisme à bascule, se fermant à ressort, et assez courbé sur son plat pour inciser en demi-cercle la partie de la cornée que l'on veut agrandir. Pour rendre son action plus sûre, on peut en avoir plusieurs, trois au moins : le premier coupant à droite, le second à gauche, et le troisième de deux côtés. Lorsqu'il est fermé, les lames étant mousses, on peut l'introduire sans blesser l'iris : au moyen de sa forme particulière, on réduit les portions de cette membrane qui tendraient à faire hernie.

Si je ne me laisse éblouir par le mérite de mon invention, je crois pouvoir affirmer que ce petit instrument rendra de grands services dans l'opération de la cataracte par extraction.

Dans un grand nombre de cas difficiles, on pourrait pratiquer, avec beaucoup d'avantage, l'opération en deux temps, en ponctionnant d'abord la cornée avec le couteau de Daviel, perfectionné par Jœger, puis en agrandissant l'incision avec mon instrument. Ce procédé sera d'autant plus facile, surtout pour inciser la cornée à sa partie supérieure, que le danger de blesser l'iris, accident si fréquent par le procédé de Daviel, sera complètement évité par la dilatation de la pupille, avantage précieux, mais qui était inconnu au chirurgien de Marseille.

Quand on pratique l'extraction, il est un écueil qu'il est important d'éviter, et dont la fréquence et les dangers méritent un examen tout particulier : c'est la blessure de l'iris. Si cet accident est souvent produit par des causes indépendantes de la volonté, il est bien plus fréquemment encore le résultat du manque de précaution ou de la transgression d'un grand nombre de principes que le chirurgien ne doit jamais perdre de vue.

On blesse l'iris quand on n'a pas soin de dilater la pupille au moyen de l'extrait de belladone, premièrement dans le temps de la ponction de la cornée, ensuite lorsque l'humeur aqueuse, s'écoulant rapidement par l'effet de la mauvaise construction du couteau ou de la pression exercée sur l'œil, le cristallin chasse l'iris en avant sur la pointe du couteau, avant que celle-ci ait été ramenée parallèlement à cette membrane. Enfin, lorsqu'on ne peut pas empêcher l'œil de fuir vers le grand angle, ou lorsque l'aide qui maintient la paupière, la laisse tomber par maladresse ou parce qu'il s'évanouit (accident arrivé chez six aides différens du professeur Fabini) sur 107 opérations qu'il a pratiquées (1).

---

(1) Fabini, journal cité.

Il n'est pas rare de voir blesser l'iris quand on va ouvrir la capsule du cristallin avec le kystitôme de La Faye ou l'aiguille de Beer.

Depuis long-temps, la plupart, j'oserai même dire tous ceux qui pratiquent l'extraction de la cataracte (1), dilatent la pupille avec l'extrait de belladone. M. Roux seul s'entête à rejeter ce moyen sans que les nombreux accidens qui lui arrivent aient pu lui arracher une concession ; cependant sur 179 cas d'opérations pratiquées pendant les années 1830, 32 et 33, à l'hôpital de la Charité par ce chirurgien, l'iris a été blessé 21 fois et si cet accident, que l'expérience m'a appris être du plus mauvais augure, n'entraîne pas la perte entière de la vision, il reste au moins une confusion dans la vue, et souvent une adhérence qui fait perdre tous les avantages de l'opération, ainsi que cela est arrivé aux huit malades couchés dans les salles de la clinique chirurgicale de la Charité. Je n'ai point l'injustice d'attribuer à M. Roux seul de semblables revers ; M. Maunoir, malgré son excessive habileté, éprouve quelquefois ce contre-temps, à l'œil droit surtout, et M. Fabini, dont tout le monde s'accorde à reconnaître les talens, a blessé l'iris neuf fois ; mais, ainsi que je l'ai dit, six fois ses aides avaient été pris de défaillance.

Malgré la dilatation artificielle de la pupille, la

---

(1) Fabini, journal cité.

section des nerfs communs à la cornée et à l'iris, produit la contraction instantanée de cette membrane, qui se porte au devant de la pointe du couteau, laquelle en est quelquefois coiffée, au point qu'en poussant l'instrument en avant, on court le risque de blesser l'iris en plusieurs points de sa circonférence. Wenzel (1) conseille de suspendre alors l'opération, sans retirer le couteau, et de placer la main devant l'œil pour obtenir, au moyen de l'obscurité, la dilatation pupillaire. Ware (2) recommande, quand ce moyen échoue, de légères frictions avec la pulpe du doigt sur la cornée. Il ordonnait à son aide de laisser tomber la paupière pendant quelques instans, et ne continuait l'opération que lorsque l'obcurité avait dégagé la pointe du couteau.

Marc-Antoine Petit, de Lyon, qui avait pratiqué l'extraction de la cataracte avec de très grands succès, recommnadait au contraire de retirer un peu le couteau, afin de dégager peu à peu l'iris, alors les deux doigts qui sont chargés d'assujétir la paupière inférieure, frictionnent la cornée. Dans la plupart des cas ce moyen suffit; mais il échoue presque toujours chez les sujets scrofuleux qui ont la cornée très saillante et l'humeur aqueuse très abondante. En effet, dans ce cas l'humeur aqueuse s'é-

---

(1) Wenzel, ouvrage cité, page 77.
(2) Ware, ouvrage cité.

chappe avec force, sous forme de jet, et la pointe
du couteau est tellement embarrassée par l'iris,
qu'il est impossible de la dégager.

La plupart des auteurs conseillent, dans cette
circonstance, d'abandonner l'opération et d'y revenir quand la cornée est cicatrisée, ou de recourir à l'abaissement. M. A. Petit, au contraire, dit
qu'il faut suspendre momentanément l'acte opératoire, puisque une demi-heure environ après, lorsque le spasme de l'iris est calmé, et l'humeur aqueuse
sécrétée de nouveau, il faut introduire l'instrument
dans la solution de continuité, et terminer l'opération (1).

M. Guthrie, chirurgien anglais d'un rare mérite,
et qui préfère l'extraction dans tous les cas à l'abaissement, a été dans plus d'une circonstance, arrêté
par la contraction de l'iris sur la pointe du couteau.
Pénétré surtout de l'insuffisance des moyens employés pour dégager cette cloison mobile, il tourna
ses méditations et ses recherches vers un système
d'instrument qui pût, dans toutes les circonstances,
obvier à ce fâcheux accident. Après une série d'expériences, il s'arrêta à un kératotôme de Ware (1), qu'il
fit construire à deux lames, dont l'une plus longue,
en acier, en recouvrait une mobile, en argent, que
l'on pouvait, au moyen d'une coulisse, porter à
volonté en avant, ee qui éloignait l'iris de la pointe

---

(1) Marc-Antoine Petit, ouvrage cité, page 73.
(2) Guthrie, *On the operative surgery*, page 192.

tranchante de l'instrument. Au moyen de ce couteau, on peut même éviter tout-à-fait cette membrane, en ayant soin, aussitôt que l'on est arrivé dans la chambre antérieure, de faire légèrement saillir la lame d'argent à mesure que l'on ramène le kératotôme au parallélisme avec l'iris, et jusqu'à ce que la lame de celui-ci soit parvenue à la place qu'elle doit perforer pour sortir. Je m'étonne que M. Velpeau, dont on vante généralement l'érudition, ait omis de parler de cet instrument, qui est décrit et figuré dans l'ouvrage du docteur Guthrie, dont la seconde édition a paru à Londres, en 1830.

Ce double couteau, dont l'application est très facile, nécessite, dans sa confection, des précautions très grandes, afin que les lames soient exactement appliquées l'une sur l'autre, et que la mobilité de celle d'argent, ne nuise en rien à son parallélisme et à son ajustement avec celle en acier.

C'est autant pour obvier aux accidens de l'irrégularité de la section de la cornée, que pour éviter la blessure de l'iris, que M. Alexandre se sert de deux couteaux, ainsi que nous l'avons dit plus haut. Ce praticien, employant l'extraction, même pour les cataractes congéniales, était très exposé à blesser l'iris; car dans le plus grand nombre des cas, la bourse, extrêmement ténue, qui contient l'humeur laiteuse, se rompt aussitôt que l'équilibre produit par la fuite de l'humeur aqueuse est détruit, et toute la chambre antérieure est obscurcie par un épanchement albumineux; alors l'opérateur

le plus habile risque de commettre de graves désordres. C'est dans ce cas surtout qu'il est dangereux
de blesser l'iris, quand on pratique l'opération
selon le procédé de Richter et de Beer. Il semble-
rait, à la rigeur, que le procédé de Wenzel devrait
exposer, plus que tout autre, à la lésion dont nous
venons de parler. Cependant les choses ne se passent pas ainsi ; car le kératotôme, obturant exactement l'ouverture qu'il fait à la cornée, a le temps
de parvenir à la partie inférieure par laquelle il doit
sortir, avant que le déplacement de l'humeur
aqueuse ait permis au liquide latigineux d'envahir
entièrement la chambre antérieure.

CHAPITRE IV.

DES BLESSURES DE L'IRIS, SON DÉCOLLEMENT ET SA HERNIE.

Malgré toutes les précautions dont nous venons
de parler, il arrive quelquefois que l'opérateur
blesse l'iris dans le premier temps de l'opération.
Cet accident a surtout lieu lorsque l'on pratique
l'extraction de la cataracte sans avoir préalablement dilaté l'iris avec les extraits de belladone ou
de jusquiame : M. Roux, ainsi que nous l'avons dit,
est surtout fort exposé à cet accident. Ceux qui se-
raient tentés de pratiquer l'opération selon le procédé de M. de Wenzel, auraient les mêmes chances
défavorables à subir, s'ils n'employaient point la di-

latation artificielle de la pupille. Il est d'autant plus important de se pénétrer de ce précepte, que l'expérience m'a appris à regarder la blessure de l'iris comme un accident fâcheux et qui, non seulement peut produire des troubles secondaires dans la vision, mais encore des accidens spasmodiques ou inflammatoires qui peuvent compromettre les succès de l'opération.

L'iris, divisé pendant le premier temps de l'opération, peut se réunir quelquefois après sa division. J'ai observé souvent ce fait dans la pratique de feu le professeur Volpi ; et M. Théodore Maunoir, qui marche dignement sur les traces de son oncle, a publié un certain nombre de faits analogues, recueillis dans le service de M. Roux, à la Charité. Malheureusement les choses ne se passent pas toujours ainsi. La blessure de l'iris ne se cicatrise pas ; et, selon sa conformation, elle forme tantôt une pupille irrégulière, immobile ou contractile, tantôt c'est une petite ouverture fenêtrée avec un lambeau flottant. La plupart de ces accidens gênent plus ou moins la vision et produisent souvent ou une amblyopie, ou une diploplie extrêmement fatigante. Mais de tous les accidens, les plus redoutables sont, sans contredit, l'iritis et l'iridio-spasme ; car l'hémorragie n'est qu'un accident secondaire dans l'opération par extraction, tandis que le contraire a lieu quand on pratique l'abaissement. Nous avons parlé de l'iritis et de son traitement dans l'article concernant les accidens communs à toutes les espèces de méthodes employées pour opérer la cataracte. Nous nous occuperons de la contraction spasmodique de l'iris, en traitant de l'extraction de la lentille et de ses annexes.

C'est surtout quand on cherche à inciser la capsule avec le kystitôme de La Faye ou la lance de Beer, que l'on court risque de blesser ou de décoller l'iris. Ce second temps de l'opération est fort périlleux pour ceux qui ne dilatent point la pupille avec l'extrait de belladone. A peine l'humeur aqueuse s'est-elle échappée, que dans la plupart des cas le cristallin se porte en avant, contre l'iris, qui se coarcte alors avec force ; l'ouverture pupillaire est souvent imperceptible et persiste, malgré les frictions sur la cornée, parce que l'iris est comme enchatonnée sur le cristallin. Pour peu que celui-ci soit entouré de mucosité, la pupille deviendra presque invisible. Si l'on porte sur elle un instrument tranchant, on est presque sûr de blesser l'iris, ce qui souvent augmente encore sa contraction. Si, au contraire, l'on introduit un instrument mousse, recouvrant une lame, il n'est pas rare de voir cette manœuvre refouler l'iris en arrière et produire son décollement dans quelque point de sa circonférence. Quelque ingénieux que soient les instrumens proposés par La Faye et Bancal, ils sont évidemment trop volumineux, je les ai toujours remplacés avec avantage par une aiguille à coulisse, dont j'ai donné la description dans un Journal de médecine (1). Je crois que dans toutes les circonstances il faut éviter les instrumens dangereux, et l'usage de la lame du kératotôme, qui a servi à inciser la cornée, doit être proscrit dans tous les cas, puisque c'est l'instrument qui expose le plus aux diverses lésions de l'iris. Les opérateurs qui redoutent les instrumens compliqués seront moins exposés aux inconvéniens dont nous venons de parler, en se servant du kystitôme de M. le professeur Boyer, ou de celui, plus simple encore, de M. Rey, ancien chirurgien de l'Hôtel-Dieu de Lyon.

L'iris, divisé par accident dans le premier ou dans le second temps de l'opération, peut se réunir après sa division. C'est un fait qui a été constaté dans tous les pays et par tous les opérateurs. J'ai observé moi-même plusieurs fois des cas de cette nature, et je me suis aussi convaincu que, dans un grand nombre de circonstances, il n'y avait qu'un simple rapprochement invisible à l'œil nu, mais très appréciable avec une forte lentille. Ce n'est pas ici le lieu de discuter la validité des opinions émises par M. Maunoir, sur la muscularité de cette membrane ; mais je puis affirmer, qu'en maintenant la pupille dilatée pendant plusieurs jours, au moyen de l'application de l'extrait

---

(1) *Gazette médicale*, 1831.

de belladone, on obtient la réunion des parties divisées , lors même que cette cloison est divisée avec un petit lambeau.

La hernie de l'iris se présente rarement dans le premier temps de l'opération , si ce n'est quand on a affaire à une cataracte molle qui se rompt aussitôt que l'humeur aqueuse est évacuée, ou lorsque l'on rencontre une cataracte tremblante , dont le cristallin , racorni et atrophié, chasse l'iris au devant de lui, sous la forme d'un sac herniaire , qui est aussitôt étranglé, et qu'il est souvent fort difficile de réduire. J'ai vu cet accident arriver une fois à M. Milloz , un des chirurgiens divisionnaires de l'armée d'Égypte; il ne put terminer l'opéraration, et l'œil fut irrévocablement sacrifié. C'est en vain que je proposai d'inciser le sac herniaire pour en extraire le cristallin qui s'opposait à sa réduction , il ne voulut jamais y consentir. Il se manifesta des symptômes inflammatoires très graves , une suppuration des bords de la plaie , et l'œil fut malheureusement perdu. Cependant mes conseils n'étaient point déplacés , puisque Marc-Antoine Petit (1), dont nous aimons si souvent à invoquer l'autorité et l'expérience , ne faisait point de difficulté d'exciser un lambeau de l'iris , toutes les fois que cette cloison mobile le gênait dans l'extraction du cristallin, ou lorsqu'il éprouvait l'impossibilité

---

(1) Marc-Antoine Petit, *Op. Cit.*, page 82.

de réduire la partie qui avait fait hernie (1); en procédant, disait-il, comme s'il eût eu affaire à une pupille artificielle, compliquée de cataracte.

Le staphylômes de l'iris surviennent plus ordinairement lorsque l'opération est terminée. Ils sont plus fréquens quand l'iris a été lésé ou décollé dans sa grande circonférence. Abandonnés aux forces de la nature, ils peuvent guérir quelquefois; mais dans le plus grand nombre des cas, ils entraînent des accidens graves qui compromettent plus ou moins le succès de l'opération, et qui malheureusement, dans beaucoup de circonstances, suspendent entièrement la vision. En effet, dès que la hernie de l'iris est un peu considérable, la pupille se déforme, devient irrégulière en guise de larme ou de raquette; pour peu que la staphylôme augmente, les deux bords opposés de l'iris se trouvent en contact; alors il n'y a plus de vision possible, l'iris s'enflamme et il se forme des pseudo-membranes à sa partie postérieure, qui peuvent contracter des adhérences avec les rebords pupillaires qui se greffent l'un contre l'autre. La présence de l'iris dans la plaie de la cornée entraîne de son côté des accidens qui, unis à ceux que nous venons de décrire, font considérer par tous les opérateurs la hernie de l'iris comme un accident capable de compromettre, dans la plus grande majorité des cas, le succès d'une opération. Je crois donc qu'il est

_____

(1) M. Petit, ouvrage cité, page 80.

important de s'occuper des moyens de remédier à cette fâcheuse complication, qui d'ailleurs cède facilement aux médications employées contre elle en temps utile. Ainsi la plupart de ceux qui ont écrit sur la cataracte, Beer, entre autres, recommande de repousser la partie herniée avec une aiguille d'or mousse, en même temps que l'on fait une légère friction sur la cornée transparente avec la pointe du doigt indicateur. Quelques praticiens ont conseillé de soulever avec une curette le lambeau de la cornée et de toucher simultanément la partie de l'iris herniée avec une petite parcelle de nitrate d'argent fondu. Ce moyen réussit quelquefois, mais, dans la plupart de cas, il entraîne une iritis consécutive, suivie bien souvent d'une oblitération complète de la pupille. Quant à moi, j'ai employé avec succès le galvanisme produit par l'action d'une pile voltaïque dont les disques renfermés dans un cylindre, à la manière de Le Baillif, donnent un courant que l'on peut graduer à volonté. Dans les staphylômes légers, qui se manifestent aussitôt après l'opération de la cataracte, il y a un moment où l'on peut espérer obtenir quelques avantages d'une compression douce, exercée sur le globe de l'œil pour maintenir en contact les lèvres de la plaie et empêcher une nouvelle sortie de la cloison mobile qui nous occupe. Mais dès que cette pression devient douloureuse, il faut la suspendre, car elle pourrait causer des accidens. Marc-Antoine Petit pense même qu'au moyen d'un appareil méthodiquement appliqué, l'on pourrait obtenir peu à peu la réduction d'un staphylôme. M. Maunoir, dont nous aimons à invoquer la longue expérience, a employé un moyen ingénieux dont la réussite a été complète, et qui se rattache, pour son exécution, aux idées qu'il a émises sur la structure de l'iris. Ce praticien, ayant opéré par extraction un homme qui n'avait plus qu'un seul œil, vit le succès de son opération tout à fait compromis par une hernie très volumineuse de l'iris, contre laquelle échouèrent les tentatives de réduction les plus habilement dirigées.

Le staphylôme était si volumineux que la pupille avait entièrement disparu. C'est alors que le chirurgien génevois imagina de pratiquer immédiatement une pupille artificielle, selon son procédé. D'une main, il souleva le lambeau de la cornée, et de l'autre, saisissant ses ciseaux à pupille artificielle, il en enfonça la branche affilée dans la grande circonférence de l'iris, le plus près possible des lèvres de la plaie de la cornée, tandis que la pointe mousse était dirigée sous le lambeau de celle-ci. Il commença par faire une première section parallèle à l'axe du corps, et par retirer l'instrument pour en pratiquer une seconde oblique, lorsqu'il s'aperçut qu'une contraction brusque de l'iris, produite par son contact avec l'instrument tranchant, avait amené la réduction du corps hernié. Le malade y vit distinctement aussitôt à travers une pupille en forme de larme, dont la pointe était en bas. L'opérateur ayant rempli son but, jugea la seconde section inutile. Le malade fut replacé dans son lit, et rien n'entrava désormais le succès de cette opération, lequel fut complet. Dès lors, M. Maunoir a plusieurs fois répété le même procédé, et toujours avec des avantages aussi signalés. Je l'ai employé aussi moi-même, et je le considère comme un perféctionnement important apporté à l'opération de la cataracte par extraction. Il remplacera avantageusement l'excision du staphylôme, recommandée et pratiquée si souvent par Petit. Il offre sur la méthode du chirurgien de Lyon de très grands avantages, parce qu'une simple incision de l'iris, parallèlement à l'axe du corps n'emporte qu'une légère irrégularité de la pupille, tandis que l'excision, selon la méthode de Petit, occasione une déformation dont on ne peut pas calculer l'étendue. En outre, si l'incision première, recommandée par Maunoir, n'était pas suffisante, en en pratiquant une seconde oblique, comme pour son procédé de la pupille artificielle, on serait sûr de réussir.

Il est une espèce de hernie de l'iris qui se forme plusieurs jours après l'opération et qui est occasionée par la non réunion d'une partie ou de la totalité du lambeau de la cornée. Dans ce cas, l'humeur aqueuse s'échappant à mesure qu'elle se sécrète, entraîne quelquefois avec elle une partie de l'iris qui constitue alors un staphylôme secondaire, prenant différens noms à raison de sa forme. Pour peu que l'iris reste étranglé dans la plaie, il y détermine des accidens inflammatoires qui, lorsqu'ils sont légers, se bornent à établir des adhérences entre la partie étranglée et l'ouverture qui lui donne passage. Mais dans le plus grand nombre des cas, l'inflammation se propage aux parties profondes de l'œil, à la suite de quoi celui-ci est presque toujours perdu. Si l'on a soin d'examiner, ainsi que nous l'avons dit, et avec précaution l'œil opéré, on peut, aussitôt que l'on commence à apercevoir la descente de l'iris, qui se revêle par une petite bande ou un petit point noir, remédier à cet accident, non seulement en faisant prendre aux malades, intérieurement, quelques gouttes de teinture de belladone, mais encore en pratiquant à la base de l'orbite des frictions avec l'extrait de cette plante. Par ce moyen, on obtient une dilatation grande et énergique de la pupille, ce qui, dans la plupart des cas, fait disparaître la hernie commençante. Cet état de l'iris devra être provoqué et maintenu pendant plusieurs jours, sans accidens à redouter de cette médication. Pendant ce temps, on cherchera à obtenir par tous les moyens possibles l'adhérence ou la cicatrisation de la cornée.

Toutes les fois que la hernie de l'iris existe depuis quelques jours, ce moyen est inapplicable, parce que les adhérences anormales s'opposeraient à son effet ; les mêmes causes s'opposeraient encore à l'application de la compression, selon le procédé de Petit. Il ne reste donc dans ce cas que l'emploi des caustiques tels que le nitrate d'argent ou le beurre

d'antimoine. A l'aide de la cautérisation, on opère
la mortification et la chute de la partie herniée ;
d'où il résulte deux avantages : le premier c'est que
la partie herniée se détachant spontanément, on
peut obtenir une cicatrice non-vicieuse, tandis-
qu'en abandonnant ce travail aux seules forces de
la nature, on a à craindre une déformation considérable de la cicatrice, produite non seulement par
les pseudo-membranes qui se forment sur l'iris herniée, mais encore par les adhérences quelles contractent avec le feuillet de la conjonctive qui tend à
les recouvrir. Secondement, l'action du caustique
en même temps qu'elle occasione la chute du
corps qu'il touche, produit une inflammation adhésive qui s'oppose à une nouvelle sortie de l'iris.

Je vais ici émettre une opinion qui m'est person-
nelle, et qui n'est basée encore que sur un petit
nombre de faits. C'est la combinaison de l'excision
et de la cautérisation applicable à tous les cas de
staphylôme de l'iris secondaire. J'aime à croire que
l'expérience sanctionnera cette pratique par un
plus grand nombre de succès, et je serai très recon-
naissant à ceux de mes confrères qui voudront bien
me transmettre le résultat de leurs observations à
cet égard.

Je m'étais convaincu que dans un grand nombre
de hernies de l'iris, survenues par suite de la perforation de la cornée, faite avec des corps piquans
ou coupans, ou bien produite par les exulcérations
qui suivent les pustules varioliques développées sur

la cornée, la cautérisation ne remédiait, dans la plupart des cas, qu'à la difformité externe, tandis que l'occlusion ou la déformation absolue de la pupille, persistait et entraînait après elle de grands désordres dans les falcultés visuelles. J'avais vu le professeur Scarpa arrêter des ulcérations perforantes de la cornée à l'état aigu, en les cautérisant avec un crayon de nitrate d'argent. Je me demandais donc si la méthode que le professeur de Pavie employait pour s'opposer à l'évacuation complète de la chambre antérieure et aux accidens qui en dérivent, ne pourrait pas être appliquée à la cicatrisation ou à l'oblitération du trou de la cornée, qui avait donné passage à la hernie de l'iris, lorsque celui-ci aurait été excisé. Voici le premier fait où le procédé en question fut mis en usage.

Obs. I. En 1820, le fils du portier de la maison que j'habitais à Turin, rue Madone-des-Anges, N° 37, reçut à la partie inférieure de l'œil droit un coup d'alène plate et tranchante, en voulant arracher cet instrument à son frère. L'humeur aqueuse fut évacuée en totalité, et lorsque je rentrai chez moi, je trouvai une hernie de l'iris assez considérable pour avoir fait disparaître entièrement la pupille. Je pratiquai inutilement des tentatives de réduction : la belladone prise à l'intérieur et administrée en friction, à doses assez grandes pour produire des phénomènes nerveux, ne put nullement opérer la réduction de l'iris. La vision était donc irrévocablement compromise dans cet œil, et

je pouvais, sans inconvénient, tenter l'excision de
la partie herniée. L'opération fut faite le lendemain
en présence des docteurs Garneri, Averardi et
Ventura. Je saisis l'iris avec l'érigne de Beer, et avec
un kératotôme très affilé, je retranchai tout ce qui
sortait de l'iris, ayant eu la précaution d'exercer une légère traction, afin de dégager ce qui était
étranglé dans la plaie. A peine l'incision fut-elle
faite, que nous aperçûmes une pupille très noire,
mais fort irrégulière. Dans le but d'obtenir une
constriction sur les lèvres de la plaie de manière à
obvier à une nouvelle hernie, je la touchai avec un
un petit pinceau imbibé d'acide phosphorique allongé (1).

Le malade éprouva instantanément une douleur
très vive, accompagnée de larmoiement aux deux
yeux. Là se bornèrent tous les accidens. En moins
de huit jours la cicatrisation fut complète, la vision de cet œil intègre, et le léger albugo situé sur
la cicatrice, grâce à l'instillation graduée de diverses espèces de laudanum, n'existait plus six semaines après.

Mes opinions sont tout à fait arrêtées sur les hernies primitives et traumatiques de l'iris; je les ai
développées dans un journal périodique de médecine (1), et mes doutes ne reposent que sur l'application de ce moyen aux hernies secondaires. Voici

---

(1) *Accidum phosphoricum dilutum pharmacopeæ Borrussicæ.*
(2) *Bulletin thérapeutique*, 1834.

cependant deux faits que je livre aux méditations des praticiens.

Obs. II. Je fus consulté en 1827, pour une petite fille agée de six ans, qui, à la suite d'une ophtalmie variolique, avait été atteinte d'une ulcération perforante de la cornée, qui avait donné passage à une petite portion de l'iris, et qui formait un staphylôme de l'espèce dite myocéphalon. Quelque petite que fut la hernie, elle avait été plus que suffisante pour détruire presqu'en entier l'espace pupillaire qui se trouvait réduit à une ligne microscopique immobile et insensible à la lumière.

La hernie durait depuis huit-jours environ, et paraissait avoir déjà contracté quelques adhérences. L'application de la belladone n'ayant produit aucun effet, je pensai que l'excision du staphylôme ne pouvait aucunement aggraver la position de la malade, puisque, dans l'état où elle se trouvait, la vision était abolie à tout jamais dans l'œil affecté. Je m'empressai donc d'y recourir en suivant le même manuel opératoire. A peine l'extrémité saillante et un peu altérée au dehors du myocéphalon fut elle coupée, que l'iris rentra tout à coup, et qu'on ne tarda pas à apercevoir une pupille très noire, très ample, mais un peu frangée. Le trou qui avait donné passage à l'iris était deux fois plus petit que la partie qui faisait saillie extérieurement. Il s'écoula quelques gouttes d'humeur aqueuse par ce petit pertuis, mais l'ayant mis en contact avec un crayon de nitrate d'argent fondu, il se ferma aussitôt. La cicatrisation alla s'opérant peu à peu, et il ne resta de l'opération qu'un petit leucôma qui se dissipa en quelques mois sous l'influence d'insufflation de poudre composée de sucre candi et de suie.

Obs. III. Un homme agé de vingt-six ans, ayant reçu un coup de fouet sur l'œil, il se forma dans la chambre antérieure de celui-ci un épanchement sanguin assez abondant pour faire craindre que la résorption n'en serait point complète. On avait donc à redouter les accidens graves que nous signalerons plus tard (1). Je me rappelai que feu le professeur Penchienati et son élève M. Rossi (2) premier chirurgien de S. M. le roi de Sardaigne, avaient observé un grand nombre de cas de cette nature, et où la présence du caillot sanguin avait produit des désordres. Le résultat de leurs observations les avait conduits à recommander d'évacuer toujours les collections sanguines traumatiques ayant leur siége dans la chambre antérieure de l'œil. J'y procédai donc, en faisant à la partie inférieure de la cornée une petite incision avec le couteau de Daviel. Le sang épanché s'échappa en même temps que l'humeur aqueuse ; la chambre antérieure fut

---

(1) Voyez les *Accidens hémorragiques*, page 81.
(2) Rossi, *Élémens de médecine opératoire*, page 284, tome I.

désobstruée ; la pupille apparut très noire. Cette opération qui ne fut que peu douloureuse, se passa sans accidens jusqu'au cinquième jour ; à cette époque l'œil devint le siége d'une douleur assez vive, et les bords de la plaie, qui semblaient réunis par première intention, se tuméfièrent et devinrent le siége d'une légère suppuration. Deux jours après, l'angle externe de la solution de continuité était complètement ulcéré et donnait passage à un myocéphalon, à la suite duquel la pupille disparut entièrement. Quelques saignées générales et l'application des ventouses scarifiées à la nuque maîtrisèrent les symptômes inflammatoires et calmèrent la douleur. Il ne restait que le staphylôme de l'iris dont on pouvait espérer la résolution. Enhardi par le succès obtenu dans l'observation qui précède, j'en pratiquai l'excision de la manière accoutumée, en la faisant immédiatement suivre d'une cautérisation assez énergique. Le même succès couronna cette médication et me donna de plus en plus confiance en elle pour l'avenir.

CHAPITRE V.

DE LA CHUTE DE L'HUMEUR VITRÉE ET DES ACCIDENS SPASMODIQUES DE L'OEIL ET DE SES ANNEXES PENDANT L'OPÉRATION.

Un accident qui a des résultats non moins fâcheux, concernant la réussite de l'opération de la cataracte est l'issue d'une partie du corps vitré, soit qu'elle ait lieu dans le premier temps de l'opération, soit qu'elle arrive dans le second. Après avoir examiné un certain nombre de cas où cet accident avait été observé, j'ai été surpris de voir qu'elle avait été l'influence funeste qui en résultait. M. Maunoir neveu a constaté à la Charité que sur dix-neuf opérations pratiquées par M. Roux, dans lesquelles l'on avait observé la chute de l'humeur vitrée, six seulement avaient été suivies de succès. Cet accident est, dans la plupart des cas, produit par la pression imprudente et trop longtemps continuée par les doigt de l'aide et de l'opérateur au moment où le couteau achève la section de la cornée. La sortie de l'humeur vitrée est surtout à craindre chez les individus dont la peau est vulnérable, le tempérament scrofuleux, et dont les yeux sont gonflés et saillans. Chez les individus éminemment irritables tous les muscles de l'œil se contractent à la fois, attirent cet organe au fond de l'orbite, agissant comme le muscle orbito-scléroticien des animaux, qui est la cause principale de l'impossibilité de pratiquer l'opération de la cataracte par extraction chez la plupart des quadrupèdes.

On est vraiment étonné de voir que les auteurs attachent si peu d'importance à l'évacuation de l'humeur vitrée lorsque celle-ci n'a pas été évacuée en quantité suffisante. Mais l'étonnement s'accroît encore quand on voit Beer, qui avait la réputation d'un observateur judicieux et habile, formuler la quantité nécessaire de cette évacuation qui doit avoir lieu pour produire tel ou tel accident. Ainsi, selon le professeur de Vienne, la sortie d'un huitième ou même d'un quart de l'humeur vitrée, n'a pas ou presque pas d'influence sur la vision : si l'évacuation de ce liquide est portée à un tiers, la vision sera moins parfaite, et courra des chances graves si l'évacuation a été portée jusqu'à la moitié. Je sais, au reste, que pour son compte personnel, il redoutait singulièrement cet accident, quelque léger qu'il fût; bien différent en cela du professeur Roux qui prétend que la perte d'une certaine quan-tité de l'humeur vitrée n'entraîne point de conséquences fâcheuses, surtout si les yeux sont gros. Les faits tirés de la pratique de ce professeur sont tout à fait opposés et contradictoires à ses opinions. Quant à moi, l'expérience m'a convaincu que l'issue du corps vitré est toujours un accident d'autant plus à redouter, que lorsqu'il a lieu, on ne peut en borner l'étendue : les cellules une fois rompues, l'œil peut se vider entièrement, ainsi que je l'ai vu arriver plusieurs fois au professeur Volpi (1).

Quand la sortie de l'humeur vitrée a lieu dans le second temps, elle est le plus souvent produite par la pression que l'on exerce sur l'œil pour faire sortir le cristallin. Cet accident est aussi occasioné par la contraction spasmodique des paupières après l'opération et ainsi que je l'ai dit plus haut, j'ai

---

(1) Volpi, *Op. cit.*, page 21, et de ce mémoire, page 140.

vu l'œil droit où l'opération avait été pratiquée sans accident, se vider par l'action du blépharospasme pendant que l'on faisait des efforts pour extraire le cristallin adhérent dans l'œil gauche. Au demeurant, cet accident est beaucoup plus commun quand on opère le malade assis, parce que les cellules de la hyaloïde ne sont pas suffisantes pour empêcher que l'humeur qu'elles contiennent ne suive les lois générales de la pesanteur.

Quoiqu'il en soit, la perte d'une certaine quantité d'humeur vitrée fait percevoir au malade la sensation d'un vide dans l'œil lorsqu'il fait quelque mouvement avec la tête. On distingue, lorsqu'on examine cet organe, une espèce de tremblement qui se communique à l'humeur aqueuse. Quelquefois il ne se forme qu'une simple hernie de l'humeur vitrée, qui s'oppose pendant quelques jours à la cicatrisation de la cornée; mais celle-ci finit par l'étrangler et la fait tomber en escharre en produisant sur elle l'effet d'une ligature. L'expérience a prouvé que son excision était sans résultats avantageux parce qu'elle se renouvelait presque toujours immédiatement et qu'en cherchant à l'extraire avec des pinces, on produisait des douleurs et des tiraillemens sur l'humeur vitrée, lesquels peuvent occasioner des accidens très graves.

Quand on opère des hommes nerveux, des femmes hystériques, il n'est pas rare de voir survenir, pendant l'opération, une contraction spasmodique involontaire des paupières, connue sous le nom de blépharospasmes et qui met des entraves souvent sérieuses à la terminaison de l'opération. Ce spasme des paupières ressemble assez à celui dont sont atteints les enfans affectés de phobtophobie scrofuleuse, et qui contractent d'autant plus vivement les paupières qu'on leur recommande de ne pas le faire. Cette contraction des paupières pendant l'opération de la cataracte, est une des causes qui produisent bien souvent l'expulsion partielle ou en totalité du corps vitré; et quand on opère les deux yeux à la fois, j'ai vu bien souvent l'œil gauche se vider pendant qu'on opérait le droit, et *vice versa*. Cet accident dont nous avons déjà parlé (1) ne suffirait-il pas pour engager les opérateurs à ne tenter l'extraction que sur un seul œil à la fois ?

Lorsque le blépharospasme est violent, il ne faut point s'entêter à poursuivre l'opération : si la section de la cornée est accomplie, il faut attendre que le calme soit revenu pour inciser la capsule, et extraire le cristallin. Il faut tranquilliser le malade, appeler son attention sur des objets étrangers à sa position, lui donner quelques cuillerées de potion calmante, et enfin lui placer à la nuque des linges imbibés dans l'eau très fraîche. J'ai vu ce moyen réussir plusieurs fois. Tout ce que nous venons de dire s'applique aussi aux mouvemens rotatoires de l'œil, qui ne sont dangereux qu'autant qu'on veut les vaincre instantanément.

---

(1) Voyez ce Mémoire, page 140.

CHAPITRE VI.

DES DIFFICULTÉS QUE L'ON RENCONTRE DANS L'EXTRAC-
TION DE LA CATARACTE ET DE SES ANNEXES.

Lorsque la section de la cornée est achevée, il faut procéder à l'incision de la capsule du cristallin, toutes les fois que l'on n'a pas exécuté ce temps de l'opération en incisant la cornée selon le procédé de Wenzel père. Cependant un grand nombre d'oculistes pensent que cette partie de l'opération est inutile, parce que, dans un grand nombre de cas, le cristallin se présente spontanément de lui-même à l'ouverture de la cornée, tandis que d'autres fois la plus légère pression suffit pour arriver à ce but. Dans d'autres cas, au contraire, la membrane cristalline est très forte et très épaisse, et les efforts qui sont nécessaires pour la rompre, sont de nature à produire l'évacuation de l'humeur vitrée, la dilacération ou le décollement de l'iris et de sa hernie. D'ailleurs, ces efforts mêmes ne sont pas toujours couronnés de succès, et l'on peut quelquefois occasioner tous les accidens dont nous venons de faire mention sans obtenir l'extraction du cristallin. Nous croyons donc qu'il est nécessaire, dans tous les cas, d'ouvrir la capsule du cristallin, en l'attaquant non point comme on le fait généralement, en l'incisant crucialement, mais en agissant dans la plus grande circonférence. Par ce moyen on extrait en même temps que la lentille une grande

partie de son enveloppe. Pratiquée avec le kystitôme de Boyer, ou celui de Bancal, cette opération
ne serait point sans danger pour l'iris, vu le volume
de l'instrument, mais en se servant de l'aiguille de
Hilmer, ou de celle que j'ai fait construire et qui est
renfermée dans une gaine mousse, on ne court
aucune risque. Beer conseillait d'attaquer profondément le cristallin avec son aiguille à lame, et
d'imprimer par ce levier des mouvemens de bascule et de rotation, pour extraire en même temps le
cristallin et ses annexes. Cette pratique est généralement abandonnée aujourd'hui même par les opérateurs de Vienne.

En général quand la section de la cornée transparente a été faite avec promptitude et netteté,
rien n'est plus facile que d'aller ouvrir la capsule :
mais quand le premier temps de l'opération a été
difficulteux, lorsque l'on a affaire à des individus
nerveux et irritables, au moment où l'on cherche à
pratiquer le second temps, l'œil fuit au devant de
l'instrument, et en introduisant celui-ci de pointe on
risque de blesser l'iris. Pour éviter les divers accidens, le professeur Jüngken recommande d'introduire d'abord sous le lambeau de la cornée la tige
de l'aiguille parallèlement à l'axe transversal de la
section : par ce moyen on fixe l'œil, on le calme,
puis en retirant peu à peu le manche de l'instrument, la pointe entre sous le lambeau, et ce n'est
que lorsque l'on est arrivé au centre de la pupille
que l'opérateur écarte le manche, le porte en avant,

et présente et engage la lame dans l'espace pupillaire.

Quand l'œil est très irrité et que les mouvemens rotatoires sont très violens, on peut alors saisir le lambeau de la cornée avec les brucelles fenêtrées de M. Maunoir, et donner ainsi un temps d'arrêt à l'organe, tandisque l'on incise la capsule. Cette manœuvre est sans danger, toutes les fois qu'elle est exécutée avec précaution.

Malgré la dilatation opérée sur la pupille au moyen de l'instillation de la belladone, la pupille se contracte quelquefois avec force, et il est assez difficile d'inciser la capsule. Dans ce cas, il faut produire pendant quelques instans de l'obscurité dans la chambre, et sa pupille ne tarde pas à s'ouvrir.

Dans le plus grand nombre des cas, le cristallin s'échappe aussitôt que la cornée et la cristalloïde sont incisées. Cela se passe ainsi en général, lorsque l'incision de la cornée est très large, et lorsque l'aide ou l'opérateur ont un peu pressé sur l'œil.

Mais l'orsque la cornée a été ouverte dans les cinq sixièmes de sa circonférence, le cristallin ne sort point seul ; il faut, dans ce cas, presser légérement et graduellement sur l'œil, recouvert de sa paupière à sa partie supérieure, avec le manche du kératotôme ou celui de la curette, alors on voit la lentille opaque se présenter à l'ouverture pupillaire qui se dilate comme un sphincter et lui donne passage : cette pression continue le fait parvenir à

la solution de la cornée où elle s'engage et s'étrangle quelquefois. Toute pression continuée est alors
dangereuse; il vaut mieux saisir le corps opaque
avec un petit crochet, et mieux encore avec les pinces à lentilles de M. Maunoir, ou celles à crochet
du même chirurgien. J'ai dit ailleurs (1) que cet
habile opérateur en faisant une incision, en général plus petite que le corps à extraire, opérait un
véritable accouchement. Son expérience et ses succès l'autorisent à persister dans cette pratique. Dès
la publication que je lui ai adressée, il a eu de nouveaux faits heureux qui sanctionnent une manœuvre que je n'hésiterais pas à taxer de dangereuse
dans des mains moins habiles et moins exercées
que les siennes.

Il est des circonstances dans lesquelles le cris-
lallin ne change pas de place en dépit de la largeur
de l'ouverture de la cornée et de la pression, même
assez forte, exercée sur la partie supérieure de
l'œil. Cet accident est dû dans le plus grand nombre des cas : 1° à la contraction spasmodique de
l'iris ou iridio-spasme ; 2° à l'adhérence du cristallin, à l'uvée ou à l'iris ; 3° la fuite du cristallin à
la partie supérieure de l'œil.

Dans le premier cas l'on conseille en général de
mettre les malades dans l'obscurité, et de friction-

---

(1) Carron du Villards, *Lettre au professeur Maunoir, sur
un nouvel instrument destiné à agrandir ou à rectifier l'incision
de la cornée.*

ner légérement les paupières : mais ces moyens échouent souvent, et il faut alors abandonner l'opération, si Marc-Antoine Petit (1), à qui la chirurgie oculaire doit de si heureux perfectionnemens, n'avait donné un conseil dont j'ai été à même de vérifier l'importance, et qui consiste à inciser l'iris perpendiculairement à l'axe du corps, dans la partie supérieure. Cette opération s'exécute facilement en introduisant entre le cristallin et l'iris, des ciseaux à pupille artificielle, et alors rien n'est plus simple que d'extraire le cristallin en pressant légèrement sur l'œil, ou en saisissant la lentille avec les pinces à lentilles ou à ressort.

En parlant de pression, je ne saurais trop blâmer ceux qui compriment l'œil très en arrière, parce qu'alors l'effort a lieu sur les cellules hyaloïdiennes qui peuvent se rompre et jeter l'humeur vitrée à la suite du cristallin.

Toute les fois que les efforts de pressions porteront le cristallin en haut, en bas ou de côté, il faudra les suspendre crainte d'évacuer l'humeur vitrée, et se décider à changer le cristallin avec la curette. Cet instrument dont l'usage a été si général n'en est pas moins défectueux : c'est pour cette raison que je le remplace toujours par les brucelles à lentilles de Maunoir, qui remplissent toutes les indications.

---

(1) Marc-Antoine Petit, ouvrage cité, page 75.

Quand on se sert de la curette, il faut avoir soin au moment ou on la porte dans la chambre posté-rieure pour changer le cristallin, de la porter de bas en haut, pour ne point précipiter la lentille dans les cellules du corps vitré, où il serait assez difficile de l'aller chercher.

Lorsque le cristallin est entouré de mucosités, M. A. Petit, recommande de ne pas hâter sa sortie par de fortes pressions, parce qu'alors le cristal-lin plus consistant et d'une forme glissante s'é-chappe seul, les accompagnemens restent, et ne peuvent être enlevés que par des nouvelles ma-nœuvres et par l'usage de la curette.

Quand on comprime le cristallin, il arrive sou-vent qu'il se porte à droite ou à gauche, et par un mouvement de pendule, à chaque mouvement, la pupille s'éclaircit pour redevenir ensuite opa-que : il faut dans ce cas inciser la bride, on y ar-rive facilement en introduisant des ciseaux à cata-racte, ou l'instrument que je nomme kyotôme. Souvent cette bride est suffisante pour s'opposer à l'extraction, et il faut abandonner l'opération.

J'ai vu un grand nombre de cristallins qui n'a-vaient pu être extraits, être abaissés facilement dans des opérations subséquentes : le fait suivant est trop important pour que je le passe sous silence.

Obs. Etienne Magrotti, âgé de 60 ans, atteint de cataracte, livré à des travaux extrêmement pénibles, se fit opérer l'œil droit par le professeur Morigi, qui employa avec succès la dépression, en l'an 1816. Deux ans après, il s'aperçut que l'œil gauche s'obscurcissait, et en peu de temps la vision fut abolie. Le 23 avril, il entra dans la clinique ophtalmologique de Pavie, où je l'examinai avec soin. La pupille était suffisamment dilatée et impressionnable à la lumière : l'œil était convenablement saillant, la cornée était saine et bien conformée, le malade distinguait parfaitement le jour de la nuit, et il était plus que probable que la cataracte était lenticulaire.

Le 9 mai, mon savant ami, le professeur Panizza se décida à pratiquer l'extraction, uniquement pour montrer ce procédé aux élèves. Elle fut faite selon le procédé de Beer, et avec son couteau. Le premier temps de l'opération fut admirablement exécuté, mais quand vint celui d'extraction, il fut impossible d'y parvenir ; les pressions réitérées ne servirent qu'à produire une hernie du corps vitré, sans pouvoir changer de place le cristallin. Le professeur Panizza abandonna alors toute tentative et recouvrit l'œil de compresses imbibées d'eau froide. Quatre jours après, la réunion de la cornée était complète, et le malade sans fièvre ni douleur.

Quelques jours après, l'œil étant parfaitement guéri, M. Panizza tenta l'abaissement, et au moment où il y procédait, il reconnut que le cristallin était adhérent à sa partie supérieure. Il présenta alors à cette bride le crochet tranchant de l'instrument et il sépara l'adhérence au moyen de la manœuvre que j'ai indiquée, page 121. La guérison fut complète et radicale. Ce fait, dont j'ai été témoin, est inséré dans l'ouvrage de M. Panizza (1).

Quand le cristallin est adhérent dans plusieurs points de sa circonférence, Marc-Antoine Petit (2) déclare qu'il faut renoncer à l'espoir de l'extraire, mais que l'incision de la cornée étant faite, il faut enlever un lambeau triangulaire de l'iris et obtenir ainsi une pupille artificielle, opération sans danger et qui rend alors la vue.

Il n'est pas rare, dans les tentatives d'extraction du cristallin, d'être forcé de renoncer à l'espoir d'extraire le corps opaque, parce qu'il fuit tantôt d'un côté, tantôt de l'autre, et qu'en s'entêtant à le poursuivre, on court la chance de vider l'œil. C'est alors le cas de pratiquer la réclinaison antérieure pour précipiter le cristallin dans le corps vitré. Marc-Antoine Petit (3), de Lyon, après avoir conseillé cette opération et l'avoir souvent mise en pratique, déclare que, presque toujours, dans ce cas, le cristallin remonte, ou l'œil se fond par la suppuration; si l'expérience des oculistes arabes contemporains (4) n'était pas là pour combattre l'opinion de Petit, je pourrais lui opposer encore

---

(1) B. Panizza, *Opera citata*, p. 103.
(2) Marc-Antoine Petit, ouvrage cité, page 80.
(3) Marc-Antoine Petit, ouvrage cité, page 179.
(4) Pariset, *Correspondance d'Égypte*, *Moniteur*, 1829.

un certain nombre de faits qui me sont propres, ou dont j'ai été témoin, et qui prouvent que la kératomi-réclinaison antérieure peut être, dans ce cas, un auxiliaire aussi précieux que puissant pour abattre un cristallin errant. A l'appui, je crois de voir rapporter le fait suivant.

Antoine-Marie Robaglia, chevalier de la légion d'honneur et de la couronne de fer, né et habitan la rivière de Gênes, commandant un corsaire régulier, avait perdu l'œil droit à la suite d'une blessure. Le gauche, atteint d'ophtalmie égyptienne, contractée à Malte, était affecté d'occlusion complète de la pupille. La cornée transparente était saine ; la chambre antérieure intacte, le malade distinguait parfaitement le jour de la nuit ; il avait même la connaissance des couleurs éclatantes, tout faisait donc espérer que l'opération serait heureuse. J'y procédai le 1er février 1820, en présence d'un grand nombre de médecins, dont les principaux étaient, Delgreco, des îles Ioniennes, Sismonda, de Turin, et le professeur Garneri. L'opération fut pratiquée suivant le procédé du professeur Maunoir ; mais comme je pensais rencontrer un cristallin entièrement sain, la solution de continuité de la cornée fut aussi petite que possible. A peine la double incision de l'iris eût-elle donné lieu à une pupille suffisamment ample que je reconnus une erreur de diagnostic matérielle, car le cristallin avait un commencement d'opacité, s'étendant à toute sa surface. Il ne me

restait à faire que son extraction ou son abaissement. Ce dernier parti me parut le plus convenable, d'autant plus que la déperdition de substance
faite sur l'iris, permettait à l'aiguille d'abaisser
plus profondément le cristallin. Le succès répondit parfaitement à mes espérances et le cristallin
n'est jamais remonté.

En 1829, je pratiquai une opération analogue,
à l'Hôtel-Dieu de Bourg en Bresse, en présence
de MM. Guillaumeau et Bien-Aymé. Le cristallin
fut complètement abaissé, mais l'ouverture pupillaire n'ayant été faite que sur une partie de
l'iris sans déperdition de substance, la plaie se
cicatrisa quelques jours après et fit perdre tout le
bénéfice de l'opération.

Lorsque le cristallin est mou, il se brise quelquefois dans la tentative d'extraction, et l'introduction réitérée de la curette produit alors des
accidens plus ou moins fâcheux. C'est pour y obvier que le docteur Forlenza faisait dans l'œil de
légères injections avec de l'eau distillée, tiède, qui
avait l'avantage d'entraîner les détritus du cristallin et de ses annexes. J'ai vu souvent employer ce
procédé, et je n'ai qu'à me louer personnellement
de son usage. Il est cependant des cas où il échoue;
il faut alors, avec une aiguille tranchante, broyer
tout ce qui reste, déchirer la capsule postérieure
et abandonner le tout à l'absorption, en ayant
soin de maintenir la pupille dilatée pendant les
premiers jours qui suivent l'opération.

Lorsque le cristallin est très petit, pierreux, et qu'il s'engage dans l'iris en formant une poche avec cette membrane, il faudra suivre les principes que j'ai émis à la page 185 de ce travail.

CHAPITRE VII.

DE LA CATARACTE CAPSULAIRE PRIMITIVE ET SECONDAIRE.

Nous avons déjà prouvé qu'il y avait erreur matérielle de la part de ceux qui avouent que les cataractes capsulaires sont très fréquentes, et en rétablissant la véritable proportion, il sera facile de se convaincre qu'il n'y a pas d'erreur possible, parce que nous l'avons établi dans les cas où l'on avait pratiqué l'extraction.

Je me suis aussi convaincu que la fréquence des cataractes consécutives était due principalement à la manière dont quelques opérateurs pratiquent l'extraction, ainsi cette terminaison de l'opération par ce procédé, qui en fait perdre presque tous les avantages, est très fréquente dans la pratique de M. Roux, tandis que celle de M. Maunoir aîné n'offre que très rarement une complication de cette nature. Une différence aussi tranchée dans les résultats est évidemment due à une cause spéciale que nous examinerons plus tard. Veut-on avoir une idée de la fréquence des cataractes capsulaires, à la Charité : voici des chiffres : sur 167 opérations, l'on trouve 15 cas de cataractes membraneuses bien tranchées, sans déformation de la pupille ; 6 dans lesquels le champ de la pupille était envahi par un corps opaque qui était évidemment produit par les accompagnemens du cristallin resté en place.

Or, cette fâcheuse terminaison de la cataracte, est dans la proportion suivante : 21 : 169 :: 1 : 8. Je me suis convaincu postérieurement que si l'on pouvait examiner les malades plusieurs mois après, la proportion défavorable augmenterait encore. Il est évident pour moi, et tous ceux qui ont vu opérer M. Roux, sont convaincus aussi qu'il faut attribuer à la manière dont ce chirurgien exécute le manuel opératoire, la cause de tant de cataractes capsulaires, et qui rendent si souvent infructueuse une opération qu'il pratique avec une dextérité si remarquable, enviée par tous ceux qui pratiquent la chirurgie oculaire : en effet, si on se rappelle que M. Roux ne dilate point la pupille avec l'extrait de belladone, et qu'il ne fait à la cristalloïde antérieure qu'une simple incision, d'autant plus difficile à pratiquer, que le spasme de l'iris à rendu la voie plus étroite, les résultats de cette manière de faire, sont évidens. Dans un grand nombre de cas, il n'y a qu'une simple énucléation du cristallin, et la capsule peut rester dans l'œil et y devenir opaque. Ce contre-temps n'arrive point lorsque l'on a largement dilaté la pupille, et que par ce moyen on a attaqué la capsule sur plusieurs points, comme le conseille Beer, ou comme je l'ai indiqué plus haut, en l'incisant dans sa grande circonférence. Dans cette manière de procéder, la capsule antérieure est presque toujours entraînée par la hernie du cristallin. Aussitôt que le cristallin est sorti, il faut encore inciser la capsule postérieure, car je partage l'avis de la plupart des anatomistes, et je crois qu'elle existe indépendamment de la hyaloïde qui forme le plancher de la fossette destinée à contenir la lentille.

Si la fréquence des cataractes capsulaires consécutives à l'extraction du cristallin est un accident fréquent, c'est aussi, sans contredit, un des moins fâcheux, puisqu'il est facilement réparable. Il existe plusieurs procédés pour y remédier; les principaux sont : le broiement sclérotidien, celui pratiqué à la méthode de Giorgi, une nouvelle incision à la cornée, enfin la kératonyxis.

Nous allons les examiner sommairement. Rien n'est plus facile, en général, que de détruire une capsule opaque en introduisant, par le lieu d'élection pour l'abaissement ordinaire, une aiguille à cataracte, au moyen de laquelle l'on déchire, brise et accroche le voile opaque en le projettant en divers sens; mais en général, il reste presque toujours par ce procédé quelques lambeaux suspendus qui fatiguent la vue. C'etait pour obvier à cet accident que le chirurgien d'Imola fit construire un couteau-pince, dont nous donnerons la description plus tard, et au moyen duquel, après avoir pénétré dans l'œil, il pinçait la capsule, la détachait par de légers mouvemens de bascule, et l'attirait au dehors.

Ce procédé est assez facile à exécuter, et il est bien supérieur au précédent. Quant à l'extraction de la capsule, elle n'est point sans danger; on doit cependant y recourir quand les autres moyens ont échoué : elle fut très heureusement appliquée et exécutée dans le fait suivant.

Obs. Une jeune fille, nommée Virginie Pollet, âgée de 11 ans, fut atteinte, à l'âge de dix-huit mois, d'une double cataracte : à quatre ans elle fut admise à l'Hôtel-Dieu de Paris, où elle fut opérée par M. Dupuytren, aux deux yeux. Elle retira peu de bénéfice de ces deux opérations, car elle y voyait à peine pour se conduire : l'œil droit était affecté de cataracte capsulaire complète, tandis qu'à l'œil gauche, elle n'était que partielle. M. Dupuytren tenta de nouveau de détruire l'opacité secondaire; l'opération n'eut aucun résultat apparent. Une troisième opération eut le même sort, et la capsule de l'œil droit devint de plus en plus opaque. Ainsi que nous l'avons dit, la vision de l'œil gauche était tout au plus suffisante pour guider ses pas. Elle resta dans cet état pendant sept ans. Il y a trois ans environ qu'elle fut reçue dans le service de M. Velpeau, à l'hôpital de la Pitié. Le 3 décembre de cette année (1831), ce chirurgien, après avoir fait à la partie inférieure de la cornée une légère incision, introduisit à travers cette ouverture une petite pince à crochet et fit l'extraction de la capsule opaque. L'opération fut longue et laborieuse, mais son résultat fut assez avantageux pour la jeune fille, le 3 janvier 1832 : elle sortit de l'hôpital avec une assez bonne vue.

Toutes les fois qu'il n'existe pas des adhérences entre la capsule et l'iris il faut, pour détruire celle-là, pratiquer la kératonyxis avec l'aiguille tranchante d'Adams. Après avoir dilaté l'iris autant que possible, on introduit du côté externe de la cornée, dans son diamètre transversal et à deux lignes de son union au tissu scléreux, l'instrument dont nous venons de parler ; alors l'opérateur en décrivant un grand cône, dont la pointe est au point d'entrée de l'aiguille et la base dans la chambre postérieure, attaque la grande circonférence du voile opaque et le détache : ceci terminé il le prend avec le tranchant, et le porte dans la chambre antérieure, où il ne tarde point à être complètement absorbé. L'aiguille d'Adams est si déliée, si tranchante, que son introduction se fait avec la plus grande facilité et sans danger. J'ai été à même de mettre souvent ce procédé, qui m'est propre, en pratique, et cela avec un succès complet.

CHAPITRE VIII.

DE L'INTRODUCTION DE L'AIR DANS L'OEIL.

L'introduction de l'air dans l'œil pendant l'opération de la cataracte par extraction est toujours un accident assez fâcheux auquel il est facile de remédier avec un peu d'attention. Il est plus fréquent qu'on ne le croit en général, et il se présente sous la forme d'une bulle qui nage dans la partie inférieure de la chambre postérieure. Le malade éprouve dans l'organe une vascillation fatigante, qui dure souvent plusieurs heures ou plusieurs jours. Puis, au moment où il y pense le moins, il lui semble que son œil s'affaisse, puis l'air s'échappe avec un léger crépitement accompagné de blépharospasme et de photopsie (1) très fatigante, qui se renouvelle a la sortie de chaque bulle d'air. Au moment où cette décharge d'air a lieu, il peut se former une hernie de l'iris, qui n'est point reconnue en temps utile, et alors la cicatrisation de la cornée est entravée.

Aussitôt que l'on a reconnu l'introduction de l'air dans un œil opéré, il faut pratiquer avec la seringue de Forlenza de petites injections d'eau tiède, et on ne tardera pas à voir s'échapper l'hôte incommode. Quand on n'a pas l'instrument nécessaire à cette opération, il faut faire coucher le malade sur le dos, introduire dans l'œil de l'eau distillée comme le fait M. Maunoir dans le cas de flétrissure de la cornée transparente.

---

(1) Photopsie, syptômes consistant dans la vue d'étincelles, de flammes ou de fusées.

CHAPITRE IX.

DE L'HYPOPION CONSÉCUTIF A L'EXTRACTION.

Lorsque l'opération de la cataracte a été laborieuse, dans le second temps surtout, il se manifeste souvent des phénomènes inflammatoires de l'iris, ou de la capsule de l'humeur aqueuse, à la suite desquels il se forme dans la chambre antérieure, une exsudation tantôt lymphatique, tantôt purulente : cette accumulation d'un produit inflammatoire sécrété, est toujours une complication fâcheuse, et qui mérite d'être traitée avec soin. Dans d'autres circonstances la collection est produite par la suppuration des bords de la plaie; alors l'aspect floconneux du liquide épanché indique assez sa nature. Dans tous les cas, cette sécréction anormale est toujours accompagnée de phénomènes inflammatoires assez intenses, qu'il faut prendre en considération. Dans l'état aigu, il faut recourir aux saignées générales et aux révulsifs aux pieds, puis aux ventouses scarifiées à la nuque et aux tempes : quand l'inflammation est un peu ralentie, on administre, alors avec avantage, les frictions mercurielles sur le front, sur le pourtour de l'orbite : si le canal intestinal est en bon état, on peut recourir au calomel en doses réfractées : l'expérience des chirurgiens allemands et anglais, a prouvé que cette médication avait de très grands effets pour activer la résorption du liquide épanché :

Dans ce cas , ils avaient coutume de pousser les mercuriaux jusqu'à la salivation.

J'ai été à même de vérifier les avantages que l'on retire de ce traitement ; mais je ne conçois point la théorie sur laquelle nos confrères d'outre-mer et d'outre-Rhin, basent l'action des mercuriaux dans cette occurence : je veux dire leur action sur la plasticité du sang.

Il est des cas où la collection purulente est si abondante qu'il faut chercher à l'évacuer avant qu'elle se soit elle-même fait jour, à travers la cicatrice qu'elle rompt et déforme alors, au point que la perte de la vision en est presque toujours la suite. Cette petite opération se fait en soulevant une partie du lambeau semi-adhérent de la cornée avec une petite spatule en or : le pus sort alors facilement, le malade est soulagé , et quelque temps après on peut injecter dans la chambre antérieure quelques gouttes d'eau distillée, tiède.

Mais lorsque l'hypopion purulent se forme après la cicatrisation complète de la cornée, il faut alors recourir à une legère ponction pour évacuer la collection purulente; cette petite opération, doit se pratiquer alors avec précaution au côté externe de l'ancienne incision, avec le couteau à pupille artificielle de Jœger. C'est le seul moyen de sauver l'œil des accidens de la suppuration. Je ne puis passer sous silence le fait suivant :

Obs. M. Warms, Américain, me fut adressé au commencement de 1832 , par un parent de la

jeune espagnole qui fait le sujet de l'observation citée à la p. 71. Ce monsieur portait deux cataractes
aride-siliqueuses, produites par une violente ophtalmie blennorrhagique. Je l'opérai quelques semaines après son arrivée, en présence de MM. Sch-
mith, Bennati et Branzeau : l'opération pratiquée
aux deux yeux à la fois, par la volonté expresse du malade, fut heureuse ; la cataracte gauche fut cependant un peu difficile à extraire à cause d'une bride
restante que je détruisis avec mon kyotôme. Douze
jours après le malade ayant commis quelques imprudences, il se manifesta une inflammation très
violente de l'iris de l'œil droit : le traitement le
plus énergique fut mis en pratique pour arrêter la
violence des symptômes : j'atteignis en partie à ce
but, mais il y eut dans la chambre antérieure une
exsudation purulente qui m'occasionait des craintes sérieuses. La ponction fut résolue pour sauver
l'œil : je la pratiquai comme je l'ai indiqué plus
haut, avec un plein succès, en la faisant suivre
d'une ou de deux injections : le malade guérit parfaitement, et partit, sans nous remercier, le docteur Bennati et moi !!!

Dans quelques cas, si l'exsudation s'est formée lentement, si elle est de nature lymphatique et si elle
ne s'accompagne pas de symptômes inflammatoires
et douloureux, on peut alors attendre que l'absorption se fasse : il est souvent nécéssaire de la faciliter en mettant le malade à l'usage des boissons
diurétiques. J'ai vu obtenir de très bons effets de

l'emploi de la teinture de digitale pourprée, administrée en lavemens, concurremment avec l'eau distillée de laurier-cerise. Si l'on a affaire à un individu atteint de maladie rhumatismale, on remplacera la digitale par la teinture de colchique. On verra les effets de cette substance dans l'excellent mémoire couronné par l'Athénée de médecine de Paris (1).

En même temps l'on administre sur l'œil, au moyen de l'ingénieuse mécanique d'Hymly (2) ou avec celle plus utile et plus simple de M. Charrière (3), des douches tièdes d'eau simple, puis coupée avec un peu d'eau minérale de Pyrmont : peu à peu, l'on augmente la dose de celle-ci, jusqu'à ce que l'œil puisse la supporter pure. On seconde ce traitement par l'application de vésicatoires aux tempes, derrière les oreilles : c'est ici le cas de tenter la pommade de Gondret et son collyre ammoniacal.

La ponction n'est autorisée dans cette espèce d'hypopion, que lorsque tous les autres moyens ont échoué.

---

(1) *Considérations sur l'action thérapeutique du colchique automnal*, par le docteur Kuhn, de Strasbourg ; *Revue médicale*, 1830.

(2) Hymly, *Introduction à l'étude de l'ophtalmologie*, ouvrage qui ne se vend pas. Gœltingue, 1830.

(3) *Notice sur les instrumens présentés à l'Institut*, par M. Charrière.

CHAPITRE X.

MAUVAISE MÉTHODE DE PANSEMENT APRÈS L'EXTRACTION.

J'aborde ici une question du plus haut intérêt, que je ne saurais cesser de recommander aux méditations de mes lecteurs. Elle soulèvera sans doute quelques amours-propres blessés ; peut-être lui fera-t-on les honneurs d'une réponse, tant mieux, dans l'intérêt de la science. Je suis prêt à entrer en lice.

Je commence donc par poser en fait que les succès de l'opération de la cataracte par extraction sont en raison directe des soins pris pour obtenir une prompte réunion par première intention. C'est ce but, avoué et reconnu par les plus grands chirurgiens, qui a fait varier à l'infini les moyens de pansemens pour obtenir la réunion la plus complète et la plus prompte.

Ainsi, il est des oculistes qui, aussitôt que l'opération est faite, recouvrent l'œil de bandelettes aglutinatives, dans plusieurs points de son diamètre transversal : il en est d'autres qui placent sur l'œil opéré un petit coussinet de coton, imbibé d'eau fraîche. Van de Wy (1) recommandait de petites compresses, imbibées d'eau de Goulard ; Jung (2) faisait mettre une solution astringente.

---

(1) *Nouveau moyen d'extraire la cataracte*, Arnheim, 1792.
(2) *Methode den Graven staar anszuziehen*, etc., etc. Marburgi, 1791.

Demours (1) jeune, une petite cuvette en plâtre ou en cire. Wenzel, dans le principe, recouvrait tout l'œil d'un diachylon gommé, et Forlenza d'une petite lamelle de plomb très flexible. David van Gesscher veut que l'on recouvre l'œil de linge imbibé d'eau vulnéraire (2). Enfin Ten Haaf (3) recommandait de panser l'œil avec une compresse imbibée d'un mélange de miel rosat, de sirop de sucre candi et de baume du Pérou.

Un grand nombre d'opérateurs anciens et modernes, se borne à recouvrir l'œil avec un linge fin et à le serrer modérément avec une bande pour en diminuer la mobilité.

Il en est d'autres qui ne font aucun pansement : ainsi à la Charité, par exemple, aussitôt après l'opération, on applique sur les yeux une compresse de toile blanche, recouverte d'un bandeau de soie noire, que l'on assujétit avec des épingles derrière le bonnet. Les malades conservent cet appareil jusqu'au cinquième jour, quoiqu'il arrive : à cette époque le linge est partout imbibé de sérosité sécrétée par la muqueuse oculaire et quelquefois par la solution de continuité. Cette sérosité

---

(1) *Sicone ens. op. cit.*, p. 66.

(2) David van Gesscher, *Recherches sur l'extraction de la cataracte*. Amsterdam, 1786.

(3) Ten Haaf. *Op. cit.*

se coagule, durcit la compresse, avec d'autant plus de facilité, que les malades se lavent les yeux avec de l'eau fraîche, aiguisée avec quelques gouttes d'eau de Goulard, et que les solutions saturnines, en contact avec ces substances, les rend plus ferme. Ce pansement, en général, met les opérés dans une position fatigante, irritante même, et que la présence du vésicatoire à la nuque tend à rendre insupportable. Il résulte de cette méthode de pansement des inconvéniens majeurs qui se convertissent souvent en accidens irrémédiables.

1º Les yeux n'étant aucunement fixés, les malades les ouvrent à chaque instant, soit parce qu'ils souffrent, soit par une tentation irrésistible de s'assurer s'ils voient : alors la paupière inférieure heurte le lambeau de la cornée, l'irrite, l'enflamme, s'oppose à sa réunion immédiate ; de là, les cicatrices difformes, si fréquentes chez les opérés, même l'opacité complète de la cornée, terminaison que l'on observe si souvent dans le service de M. Roux, que sur 179 opérations, cet accident est survenu 17 fois.

2º En se lavant continuellement les yeux, les malades renouvellent les mouvemens palpébraux ; l'eau fraîche éguisée produit du blépharospasme, et la hernie de l'iris ou de l'humeur vitrée peut avoir lieu secondairement.

3º Les malades ne sont pas assez garantis de la lumière, et c'est à ce défaut de soin qu'il faut attribuer les iritis et les rétinites, si fréquentes à la Charité, et qui, amenant la suppuration de l'œil (14 sur le nombre cité ci-dessus), font souvent succomber les malades.

En comparant ces résultats avec ceux obtenus par M. Maunoir aîné, on peut se convaincre que les succès sont à l'avantage de ce dernier. A quoi attribuer un semblable résultat, si ce n'est aux soins consécutifs à l'opération ; car personne ne rend plus de justice que moi à l'habileté manuelle de M. Roux, et il y aurait mauvaise grâce d'ailleurs à contester ce qui est généralement connu. Mais quand l'opération est accomplie, il y a bien des choses à faire.

Le parallèle entre les résultats de M. Roux et de M. Maunoir, reçoit un nouveau degré de force, en y adjoignant celui de la pratique de MM. Delpech et Delmas. Tous deux praticiens habiles, tous deux professeurs à la même école, tous deux enfin partisans de l'extraction, offraient aux élèves qui suivaient leur pratique, des points de comparaison qui ont toujours été à l'avantage de M. Delmas ; et cependant ceux qui ont vu opérer Delpech, savent comme moi, combien peu d'hommes ont eu une dextérité supérieure à la sienne. Je parle ici des résultats positifs examinés avec soin par mon ami Serre (1)

---

(1) *De la réunion immédiate*, page 321.

dont l'esprit observateur se revèle en plus d'une circonstance et qui aujourd'hui est devenu le collègue de ceux dont il fut l'élève. La raison de la différence énorme dans les résultats de deux professeurs de Montpellier, n'est due qu'au pansement et au traitement consécutif. Voici comment s'exprime M. Delmas fils (1), en parlant de la méthode de pansement adoptée par son père. « Les princi-
« pales indications sont, de favoriser la réunion des
« lèvres de la plaie et de prévenir l'inflammation
« de cette dernière ou du globe de l'œil. Le panse-
« ment qu'emploie mon père me paraît propre à
« remplir la première indication : en effet, dès que
« l'opération est terminée, il fait fermer les pau-
« pières des deux yeux, soit qu'un seul ou tous les
« deux aient été opérés. Il veut empêcher que la lu-
« mière ne les frappe, et pour cela, il se garde bien
« d'imiter l'exemple de quelques praticiens, qui,
« pour jouir d'avance d'un succès qu'ils regardent
« comme certain, et qui quelquefois n'est que trop
« chanceux malheureusement, s'appliquent à faire
« distinguer les objets aux malades. Les yeux étant
« fermés, il place sur les yeux une petite com-
« presse fine et ronde, de deux pouces de diamè-
« tre, ou du moins assez grande pour recouvrir
« toute la base de l'orbite. Au devant de cette com-

---

(1) Polydore Delmas, *Dissertation sur la cataracte*, page 49, n° 30 *de la Collection des thèses de Montpellier.*

« pressé, se trouve un petit gâteau fait avec du co-
« ton non filé qui est plus moëlleux et moins pé-
« sant que la charpie. L'épaisseur de ce gâteau
« varie suivant la sallie ou l'enfoncement du globe
« de l'œil : ce gâteau est encore recouvert d'une
« compresse triangulaire qui s'étend de l'un à l'au-
« tre œil ; et enfin le tout est maintenu par un ban-
« deau médiocrement serré que l'on applique der-
« rière le bonnet du malade. L'application de ce
« bandage suffit pour rendre les paupières immo-
« biles, et par ce moyen les lèvres de la plaie faite
« à la cornée étant continuellement maintenues en
« contact, la réunion a lieu le quatrième ou le cin-
« quième jour. »

La méthode suivie par M. Delmas est parfaitement convenable ; je n'ai qu'un reproche à lui
faire : c'est d'être quatre jours en place sans être
changée. Quant à moi, j'emploie un pansement
peu différent, seulement, les vingt-quatre premières heures expirées, je regarde s'il n'y a pas hernie de l'iris, et je replace mon appareil : cette précaution est dictée par quelques hernies consécutives que j'ai observées dans les premièrs heures
après l'opération.

Voici comment je m'y prends. Je place sur l'œil
opéré une compresse très fine et fenêtrée, et je la
recouvre d'un gâteau de coton cardé ; j'assujétis le
tout avec un bandage échancré qui laisse passer le
nez et qui contient les deux yeux dans une douce

immobilité. Vingt-quatre heures après , j'examine l'œil , et je replace mon appareil.

Quelques chirurgiens allemands placent au point correspondant de la cornée, une petite bandelette de taffetas anglais gommé qui traverse l'œil perpendiculairement à l'axe du corps. Ils disent que par ce moyen la réunion se fait très bien et que les humeurs et les sécrétions peuvent s'écouler facilement sur les côtés.

Quand on pratique l'opération de la cataracte dans la pratique civile, rien n'est plus facile que d'entourer le malade de soins et de précautions convenables. On le place dans une obscurité convenable à l'abri du bruit et des commotions : son lit préparé avec soin, et garni d'oreillers, lui permet de tenir la tête haute, et il peut, sans trop se fatiguer, rester les quatre ou cinq premiers jours couché sur le dos ; mais quand on opère dans les hôpitaux, on a à lutter contre des élémens d'insuccès qui se présentent à chaque pas, et qu'il est inutile d'énumérer ici : ils sont trop connus. Le principal, c'est de ne pouvoir mettre le malade dans une obscurité convenable, sans entasser autour de son lit des rideaux de diverses couleurs et épaisseur et qui maintiennent l'opéré dans une atmosphère trop chaude et dans un air qui ne se renouvelle pas assez souvent. J'ai vu des conjections sanguines survenir bien souvent, et n'avoir d'autres causes probables que celles que je viens d'indiquer. Il y a bien long-temps que j'avais ob-

servé ce fait au grand hôpital de Turin, et le docteur Pertutio, jeune chirurgien de mérite, m'a
assuré qu'il avait observé les mêmes effets.

Ceux qui s'irritent rien qu'à la pensée de services spéciaux dans les hôpitaux, n'ont qu'à visiter
les hôpitaux exclusivement consacrés aux maladies
des yeux, et ils resteront convaincus de la supériorité des succès obtenus dans ces établissemens
pour l'opération de la cataracte.

La philantropie éclairée de Marie-Thérèse, a
doté l'Autriche, d'établissemens modèles en ce
genre, et les universités de Pavie, de Padoue sont
maintenant en possession de services spéciaux
dont tous les chirurgiens de bonne foi s'accordent
à proclamer les heureux résultats. J'ai dit plus
haut qu'il y avait une chambre dite des opérés, et
que là les malades se trouvant dans la même condition que ceux opérés en ville, on y trouvait les
même élémens de succès.

CHAPITRE XI.

DES CICATRICES DIFFORMES DE LA CORNÉE ET DU STAPHYLÔME.

Les soins les plus assidus, le pansement le plus
régulier, ne suffisent pas toujours pour obtenir
une réunion de la cornée par première intention.

Souvent les deux lèvres de la plaie ne se trouvent pas en rapport assez immédiat; il en résulte alors une cohésion vicieuse qui produit une cicatrice plus ou moins difforme. Dans d'autres circonstances la paupière inférieure, ainsi que nous l'avons dit, irrite le lambeau et l'enflamme. Les bords suppurent et les tissus inodulaires qui forment la cicatrice laissent un leucoma qui est toujours un obstacle très grand à la vision. En effet, en examinant avec soin la figure 20 de la deuxième planche, il est facile de voir que si l'incision était faite à la partie supérieure de la cornée, cet accident serait peu de choses, tandis que la solution de continuité à la partie inférieure met la vision dans des conditions inverses.

Il arrive assez souvent que le lambeau s'enflamme, alors il s'hypérémie, et il existe à la partie inférieure de l'œil un espèce d'escalier qui, vu en biais, offre une saillie assez remarquable. Cette hypercératose partielle est sans inconvénient lorsque la cornée a conservé sa transparence. Mais son opacité est un grand obstacle à la vision.

Nous avons vu plus haut, que sur 179 opérations, M. Roux avait eu 19 opacités complètes de la cornée. A quoi attribuer un résultat aussi inouï, si ce n'est à la trop grande dimension de la cornée, qui ne peut se réunir par première intention, et qui s'enflamme et s'obscurcit par l'épanchement d'une matière lymphatique entre les larmes de la cornée. En lisant les comptes rendus des cliniques ophtalmologiques de Vienne, Berlin et Pavie on ne voit rien de semblable. Cette fâcheuse terminaison de la cataracte remplace tout à fait la mortification de la cornée, que M. Maunoir a vu suivre les larges incisions kératomiques.

Dans un grand nombre de circonstances on peut combattre les leucoma de la cicatrice de la cornée, par un traitement convenable : quand l'œil est en position de supporter les astringens, on administre de légers collyres vitriolés, albumineux, puis on passe à mesure que la *tolérance* s'établit, aux instillations de laudanum de Sydenham. Depuis quelque années, j'emploie avec avantage l'huile de foie de morue (*oleum jecoris Azelli*), appliquée sur la cicatrice avec un pinceau à miniature; et j'ai vu le docteur Clésius de Coblentz, mettre en usage avec un égal succès, le suc de grillon domestique écrasé (*grillus domesticus Linnœi*) et placé sur la taie avec un petit pinceau ou avec des barbes de plumes. Ce praticien recommande de n'employer que le suc récent: M. J.J. Virey, a, du reste consacré une note sur cette médication, dans un ouvrage périodique (1): quant à moi, je n'ai jamais employé ce moyen, mais j'ai souvent guéri des taies par l'instillation de la vieille huile de noix : de même que je me suis convaincu qu'en touchant les obscurcissemens de la cornée avec de l'huile de cantharides,

______

(1) J.-J. Virey, *Journal de pharmacie*, 1827, page 346.

on y réveille une vitalité qui est souvent suivie de la disparution de l'épanchement inter-lamellaire.

Lorsque ces divers moyens ont échoué, il faut recourir aux instillations de laudanum de Rousseau, puis à celui de Jœger, et à celui selon ma formule : mais ces deux dernières préparations d'opium sont très énergiques, et il faut se borner à les appliquer avec un petit pinceau. L'inutilité de ces moyens oblige alors de recourir à l'acide phosphorique allongé de la pharmacopée de Berlin qui a fourni à M. Grœfe de si beaux résultats(1). Enfin à la cautérisation de la cicatrice avec le nitrate d'argent fondu, médication énergique dont le professeur Lallemant, de Montpellier, a retiré de si brillans succès dans le traitement des taies de la cornée (2). Depuis quelques années on vient en foule à l'Hôtel-Dieu pour se faire guérir les taies de la cornée par la méthode de M. Dupuytren : je renvoie pour les détails de cette médication, au formulaire des hôpitaux et hospices de Paris. Ce traitement ne pourrait-il pas être employé aussi contre les taies traumatiques ? c'est ce que je me propose d'essayer.

Chez les individus à tempérament mous et scrofuleux, il se manifeste souvent une augmentation de volume de la cornée, connu sous le nom

---

(1) Ritter-Carl Grœfe , *Op. cit.*
(2) *Bull. thérap.,* 1832.

de staphylôme de la cornée. Cette maladie connue aussi sous celui de propulsion de la cornée, peut être partielle ou générale, sphérique ou conique. Les ophtalmopathologistes allemands lui ont donné le nom générique d'hypercératose. Cette difformité, quoique l'œil n'ait point perdu de sa transparence, diminue singulièrement les facultés visuelles : il faut donc de bonne heure lui opposer un traitement convenable. Dans le principe, c'est le même que pour les taies ou les cicatrices hypérémiées. Mais quand le malade est rebelle, il faut recourir à la compression, lente, graduée. J'ai vu Forlenza en retirer de très grands avantages. Voici comme on procède. On fait fermer l'œil malade, et l'on place sur la paupière des rondelles d'amadou ou de peau de castor; puis, on place sur ce petit appareil une petite plaque de plomb, cousue dans de la peau ou du velours : après quelques jours on supprime les rondelles et on place le plomb compresseur sur les paupières.

J'ai, dans quelques circonstances, pratiqué sur la cornée de légères mouchetures, suivant en cela les préceptes donnés par les anciens et n'ayant qu'à me louer d'avoir suivi leur exemple (1).

La propulsion conique ou sphérique de la cor-

---

(1) Hampe, *De scarificatione oculi Hipocraticâ*, Duisbourg, 1721. Zach. Platner, *De scarificationis oculorum recto usu*, Lipsiæ, 1735.

née tient souvent à une augmentation de l'humeur aqueuse qui occasione une hydropisie antérieure de l'œil, avec refoulement et déformation de la cornée. Il faut alors recourir à l'évacuation répétée de l'humeur aqueuse, en suivant les préceptes que j'ai donnés dans la *Gazette médicale*, et que mon expérience a précisément justifiés. L'autorité de Langenbeck et de Lyall (1) vient encore légitimer ce que j'avance ; mais il faut en même temps associer un traitement interne capable d'activer les fonctions du système absorbant. Il est du reste indispensable de recourir plusieurs fois à la ponction de la cornée pour obtenir une cure radicale.

CHAPITRE XII.

DES ACCIDENS PROPRES A LA KÉRATOMIE SCLÉROTIDIENNE OU SCLÉROTICOTOMIE.

Frappé des nombreuses altérations que l'incision de la cornée transparente apportait à l'état de cette membrane, Benjamin Bell conçut le premier l'idée d'extraire la cataracte par la scléroti-

---

(1) *Commentatio de hyperceratosi*, Auctor Wimmer. Lipsiæ, p. 16.

que. Pour arriver à ce but, il institua sur le cadavré des expériences nombreuses, qui toutes parlèrent en faveur de la méthode qu'il venait de proposer. Soit par timidité ou tout autre raison, il ne la tenta point sur le vivant. Cet honneur était réservé à Earl, habile chirurgien anglais (1), qui exécuta le procédé opératoire de Bell; mais il ne tarda pas à se convaincre qu'il était défectueux, en ce qu'il s'écoulait un temps assez long entre l'incision de la sclérotique et l'introduction de l'instrument qui devait saisir le cristallin, et que pendant cet intervalle, il s'écoulait une assez grande quantité d'humeur vitrée, ce qui produisait un léger affaissement de l'œil, et un déplacement du cristallin qui s'opposait à ce que l'on pût convenablement le saisir. Il pensa donc remédier à cet accident en faisant construire un instrument qui fût à la fois couteau et pincettes, et qui pût, aussitôt après l'incision de la sclérotique, se développer et saisir le cristallin. Ces expériences furent heureuses en général, mais il n'y donna pas suite. Les essais de Lebel ne furent aussi pas assez nombreux. Cette méthode serait probablement tombée dans l'oubli, si Quadri ne s'en fût occupé avec le zèle et la chaleur aventureuse que tout le monde lui connaît. Voici comment il procède : avec un kérato-

---

(1) James Earl, *An account of a new methode of operation for the removal cattaract.* London, 1801.

tôme de Wenzel, il ouvre la sclérotique à l'angle
extérieur de l'œil et à deux lignes de son insertion :
l'incision de la sclérotique est parallèle au bord de
la cornée et de la grandeur du tiers de la circonférence de la sclérotique. Il introduit alors par cette
ouverture un instrument en forme de pincette
(*agogete*), avec lequel il saisit et extrait la lentille
opaque, ainsi que sa capsule. Quand Quadri fit insérer la description de son procédé dans la *Gazette
de Salzbourg*, il comptait vingt-cinq opérations et
vingt-un succès (1).

Dès-lors il a pratiqué un grand nombre d'opérations avec le même avantage, et le professeur
Jüngken, dont tout le monde connaît l'admirable
savoir et la probité scientifique, confirme les assertions du professeur de Naples.

J'ai tenté plusieurs fois cette opération sur le cadavre, un plus grand nombre de fois sur les lapins;
mais je n'y ai eu recours qu'une seule fois sur le
vivant. Du résultat de ces expériences et de ce
que j'ai lu dans le mémoire de Quadri, il est facile
de se convaincre que la scléroticotomie offre les
inconvéniens suivans.

1° Après l'incision de la sclérotique l'œil peut
se vider instantanément.

---

(1) *Journal de Græfe et de Walther*, t. I, p. 516.

2º Le cristallin fuit dans l'intérieur de l'œil et ne peut être extrait, et passe très souvent dans la chambre antérieure.

3º Il se manifeste souvent une hémorragie qui peut produire une cataracte grumeuse (*cataracta grumosa secundaria*).

4º La suppuration de la plaie emmène la fonte purulente de l'œil.

A. Ceux qui ont assisté aux opérations pratiquées par Quadri, ont vu l'œil se vider plusieurs fois dans le premier temps de l'opération, et le docteur Herbeer a été témoin de ce fait : cet accident doit être encore plus fréquent que dans la kératomie ordinaire, parce que dans ce cas la cornée étant divisée en forme de lambeau, elle donne lieu à une espèce d'opercule qui obture plus ou moins exactement l'ouverture qui a donné passage au cristallin. Nous avons indiqué ailleurs les moyens d'y remédier ; mais ils ne sont presque pas applicables à la scléroticotomie, parce qu'une pression, même très modérée, augmente la sortie de l'humeur vitrée, au lieu de la suspendre. Je crois que si la kératomie sclérotidienne est destinée à devenir une méthode usuelle, ce ne sera que lorsqu'on y procédera par une section supérieure, ainsi que dans la méthode de Wenzel et de Santarelli pour l'incision de la cornée.

B. En examinant la nature des efforts et des moyens employés pour extraire le cristallin par l'ouverture sclérotidienne, on ne tarde pas à se convaincre que la puissance qui cherche à le saisir n'ayant pas une action uniforme, il s'ébranle avant d'être saisi convenablement : cela est d'autant plus facile à comprendre que l'on doit embrasser avec les deux branches de la pince un corps dont les attaches ne sont pas suffisantes pour résister aux manœuvres faites par l'opérateur, pour placer l'instrument extracteur dans une position convenable, et saisir la lentille dans son diamètre antéro-postérieur.

C. Ou l'opérateur a dilaté la pupille avec de l'extrait de belladone, ou il ne l'a pas fait : dans le premier cas, le cristallin passera facilement dans la chambre antérieure, et il sera alors difficile de l'en extraire sans vider l'œil, ainsi que cela est arrivé plusieurs fois à Earl (1). Nous avons signalé ailleurs les dangers de son séjour dans cette partie de l'œil, et les moyens d'y remédier ; mais ceux-ci sont pour la plupart inapplicables dans la scléroticotomie jusqu'à ce que la blessure soit cicatrisée.

Si l'opérateur, pour obvier à cet accident, n'a point dilaté la pupille, la manœuvre pour saisir la

---

(1) Earl, ouvrage cité.

lentille devient non seulement plus difficile , parce que les moyens visuels de l'opérateur sont plus bornés , mais encore , parce qu'il accroche l'iris avec les branches de la pince, et qu'il le déchire quelquefois : enfin, pour peu que le cristallin bascule , et que la pupille se contracte , il est réduit à manœuvrer à tâtons. J'abandonne aux opérateurs les conséquences à tirer de ce fait.

D. De tous les accidens qui se manifestent à la suite de la scléroticotomie , le plus fréquent et le non moins grave , est sans contredit, l'hémorragie produite par la section d'un grand nombre de rameaux de l'artère ciliaire longue. Si la lésion d'un simple rameau peut, dans la scléroticonyxis , occasioner un épanchement sanguin capable, ou de faire suspendre l'opération , ou de donner lieu à une cataracte sanguine secondaire : qu'en adviendra-t-il quand l'hémorragie sera telle qu'elle pourra remplir entièrement les deux chambres et y déposer un caillot , que les forces absorbantes de l'œil ne pourront point détruire, et qui produira les accidens observés par le professeur Rossi (1), et qui, s'ils ne compromettent point l'état de l'œil, compromettront la vision, et nécessiteront une nouvelle opération.

---

(9) Ouvrage cité.

É. Enfin la suppuration de la plaie, suite inévitable de la réunion par seconde intention, se répand dans l'œil et y détermine des accidens qui amènent très rapidement la fonte purulente de cet organe. J'ai vu cet accident survenir bien souvent après de légères blessures de la sclérotique.

Dans d'autres circonstances, il ne se forme qu'un simple hypopion, mais il ne s'absorbe que difficilement, et l'opéré reste bien long-temps à attendre les bénéfices de son opération.

D'après tout ce que nous venons de dire, la scléroticotomie doit encore être étudiée avec soin, et j'engage ceux qui sont dans des positions favorables à cette étude, à s'y livrer avec attention.

CHAPITRE XIII.

ACCIDENS DE LA KÉRATOMIE-RÉCLINAISON, DITE MÉTHODE ÉGYPTIENNE.

L'opération de la cataracte est encore pratiquée en Egypte et dans la plus grande partie de l'Orient par des hommes spéciaux, qui se sont, de père en fils, livrés à la profession d'opérateurs ambulans. La méthode qu'ils emploient de préférence, et à laquelle j'ai donné le nom de kératomie-réclinaison, s'exécute en faisant une ouverture à la partie inférieure de la cornée et en déprimant le cristallin avec une petite spatule d'or. Voici comment le procédé s'exécute. Je transcris les détails du *Manuel opératoire* tels qu'ils m'ont été transmis par mon ami le docteur Herbeer qui avait habité bien long-temps l'Orient. J'ai été heureux de rencontrer une description analogue dans les lettres écrites du Caire par le savant et spirituel secrétaire perpétuel de l'Académie de médecine.

Le malade est assis sur une chaise un peu haute. L'opérateur commence par lui appliquer plusieurs tours d'une bande en linge sur le front : puis il le coiffe avec une marmite en fer, du poids de plusieurs livres : par ce moyen la tête du malade est fortement portée en arrière, et le malade pour lutter contre ce renversement, raidit les muscles antérieurs du col, ce qui donne à la tête un degré de fixité assez grand pour que l'opérateur puisse se passer d'un aide : saisissant alors une lancette à grain d'orge, il fait, à la partie inférieure de la cornée, une ponction dans le même lieu que Daviel et à la même distance de l'union de la cornée à la sclérotique. Aussitôt que l'ouverture est faite, il présente sur le plat de l'instrument tranchant, une petite spatule en or très ductible, et l'introduit dans l'œil au moment où la lancette est retirée de la plaie. L'opérateur la dirige ensuite dans l'espace pupillaire vers la partie supérieure du cristallin, et pressant légèrement sur celui-ci, le plonge dans l'humeur vitrée.

Ce procédé est quelquefois modifié par quelques

opérateurs qui font l'incision à la sclérotique dans le lieu d'élection pour l'abaissement, proprement dit, et qui abattent ensuite le cristallin avec la spatule ou un stylet mousse, introduit comme dans le premier procédé. Cette demi-méthode est la même, à peu de choses près, que celle que les Indous mettent encore en pratique, ainsi qu'on peut le voir dans le mémoire publié par le docteur Scott(1), avec la seule différence que, lorsque le cristallin avait de la tendance à remonter, les oculistes indiens laissaient dans l'œil une petite aiguille à tête plate pour le maintenir en place.

Les faits avancés par M. le docteur Souty, de la marine royale, confirment l'authenticité des assertions de M. Scott, que plusieurs personnes n'hésitaient pas à taxer d'invraisemblance.

Mon ami le docteur Herbeer avait vu pratiquer le procédé que nous avons décrit plus haut, dans vingt cas et par trois opérateurs différens. Sur le nombre, il n'y eut que deux insuccès : l'un, dû à une hernie de l'iris, l'autre à une opacité de la cornée : rarement le cristallin remonte, parce que l'opérateur le tient en général très long-temps abaissé, avant de retirer sa petite spatule. Aussitôt que l'opération est faite, on réunit les paupières avec

____

(1) *The third nomber of the journal of science and the arts*, p. 68-69.

un petit gâteau de charpie, ou de filasse fine,
imbibée de blanc d'œuf, battu avec de la poudre
d'alun.

Burkard, qu'une fin prematurée à enlevé aux
sciences, donna ensuite des détails circonstanciés
au docteur Herbeer : son long séjour dans l'Orient,
sa grande connaissance de la langue arabe et surtout ses fonctions religieuses l'avaient mis à même
de les rendre trés intéressans.

D'après ces renseignemens, et ceux donnés par
l'opérateur, les accidens les plus fréquens à la suite
de son procédé, étaient la hernie de l'iris, la suppuration de la plaie, le décollement de l'iris à sa partie
supérieure, produite par la pression de la tige de la
spatule sur le bord libre de la prunelle : rarement
on avait à redouter la réascension du corps opaque.

Ce procédé qui montre à l'évidence que l'incision de la cornée, pratiquée sur la fin du premier
siècle, par Antyllus et par Haly, fils d'Abbaz (1),
s'est transmise de main en main jusqu'à nous ; ce
procédé, dis-je, n'est applicable qu'à des cas spéciaux : par exemple, lorsque l'on aurait tenté l'extraction et que l'incision serait tellement petite
qu'elle ne permettrait pas l'introduction des instrumens propres à la dilater : il faut y avoir recours,
ainsi que je l'ai dit à la page 209, lorsque en prati-

(1) Prat. Lib. IX., c. 28. f. 1. Venet. editio 1492.

quant la pupille artificielle, le cristallin opaque ne
peut être extrait par la plaie de la cornée.

MÉTHODE DE J. GENSOUL.

On peut concevoir maintenant, quoiqu'en dise
M. Velpeau, que M. Gensoul ait tenté une méthode
analogue, car son procédé ne diffère que fort peu
de celui des oculistes arabes. De ce qu'il n'a pas
réussi dans les mains de M. Roux, il n'en faut pas
conclure que la méthode doit être rejetée. Voici
du reste comment procède le chirurgien de Lyon.

« Le couteau et la curette dont on se sert dans
l'extraction sont nécessaires pour cette opération.
Le malade et le chirurgien sont situés comme pour
l'abaissement ordinaire.

« L'œil sur lequel on opère est seulement découvert, un bandeau est appliqué sur l'autre ; le chirurgien tient le couteau comme une plume à écrire,
de la main qui correspond à l'œil qui va être opéré.
Les deux derniers doigts de cette main prennent
un point d'appui sur la tempe et la joue ; une incision transversale, longue de deux lignes, est faite à
la sclérotique, près de l'extrémité externe du diamètre transverse de la cornée ; elle est commencée
à une demi-ligne du point d'union avec deux membranes ; la conjonctive oculaire, la sclérotique, la
choroïde et la rétine, sont divisées dans ce premier temps de l'opération. La curette est ensuite

introduite dans l'œil, son grand diamètre étant dans la direction de l'incision. Quand la cuiller de la curette a pénétré dans l'œil, on tourne sa convexité en avant et on la porte dans la chambre postérieure ; la cavité est ensuite appliquée sur la partie supérieure de la circonférence du cristallin qu'elle déprime de haut en bas et un peu d'avant en arrière, de manière à le plonger dans la partie antérieure et inférieure du corps vitré, comme dans l'abaissement ordinaire (1). »

Le procédé de M. Gensoul, ainsi qu'on vient de le voir, n'est qu'une légère modification d'un des procédés égyptiens. Il a été heureux dans ses mains, mais ces avantages ne sont pas assez réels pour le préférer à l'abaissement, proprement dit. Quant à ses inconvéniens, ils sont les mêmes que pour les procédés que nous venons d'indiquer, et l'on doit y remédier de la même manière.

MÉTHODE DE GIORGI.

Ainsi que nous l'avons dit plus haut, rien n'est perdu pour un homme de génie, et un accident sur les causes duquel on a médité, donne souvent naissance à une méthode ou à un procédé destiné à rendre de grands services.

---

(1) *La Clinique*, tome I, n° 73.

Le professeur Giorgi, d'Imola, pratiquant une opération à Ficule, territoire de la légation de Pérouse, sur un individu cataracté depuis long-temps, s'aperçut qu'il avait traversé le cristallin de part en part, dans son diamètre transversal, avec son aiguille, et que tous ses efforts n'étaient point capables de la débarrasser ; ensorte qu'il ne pouvait exécuter la dépression. Enhardi sans doute par l'exemple de Beer et Earl, il tenta d'extraire le cristallin par la sclérotique ; saisissant alors un ké-ratotôme de Wenzel, il confia l'aiguille à un aide, après l'avoir retirée jusqu'au point où elle était accrochée au cristallin ; puis, faisant à la scléroti-que une incision transversale, il tira légèrement sur l'aiguille et amena le cristallin sans accidens. Il s'échappa par la plaie une grande quantité d'hu-meur aqueuse, quelque peu d'humeur vitrée, mais rien n'entrava la guérison, et le malade re-couvra parfaitement la vue.

En réfléchissant à ce qu'il venait de faire, le professeur Giorgi pensa que, dans un grand nom-bre de cas, ce procédé serait applicable, surtout si on trouvait les moyens de le simplifier au point de n'avoir besoin que d'un seul instrument. Après avoir mûri cette idée, il fit construire un instru-ment dont voici la description : « Je fis faire, dit-il, une aiguille droite, à deux lames, coupant des deux côtés, unies de manière à représenter une seule lame ; l'une d'elles, immobile et plate, l'autre, mobile et convexe à l'extérieur ; toutes les deux dentelées à la face interne, comme une lime, et portées sur une tige métallique passablement grosse; la lame immobile porte à sa partie inférieure une ouverture, ou fente, dans laquelle se loge le pied de la lame mobile, qui est plus courte que la lame immobile, de manière qu'elles restent dans un contact parfait.

« Pour séparer ces deux lames, lorsque l'instrument a pénétré dans la chambre postérieure, un petit ressort courbe, sur lequel pose un ressort droit fixé au manche, que l'index presse, pousse insensiblement le pied de la lame mobile, laquelle fait alors saillie en sens inverse; un contre-ressort courbe, placé de l'autre côté de l'instrument, maintient le pied de la lame mobile, de manière à ce qu'elle ne puisse pas s'écarter au delà de ce qu'on désire, et régler ainsi l'ouverture formée par l'écartement des deux lames; il suffit de cesser de presser avec l'index le ressort droit, pour que la lame mobile reprenne sa première position et s'applique exactement sur la lame immobile, comme l'indique la planche gravée, avec le détail nécessaire.

« Ainsi construite, mon aiguille droite me servit d'abord à faire quelques essais sur les yeux des cadavres et des animaux, en y produisant une cataracte artificielle, comme le prescrit Troja; je l'employai ensuite sur le vivant, avec un succès que prouvent les observations suivantes, où sur dix

cataractes et deux pupilles artificielles, la vue a
été rendue à neuf individus (1). »

PROCÉDÉ OPÉRATOIRE.

Après avoir placé le malade dans un lieu convenablement éclairé, l'œil qui ne doit pas être opéré, recouvert avec une compresse retenue par une bande, l'opérateur s'assied devant lui, ayant la tête plus élevée que celle du patient, mais ne faisant pas ombre sur l'œil à opérer, les jambes du malade placées entre les siennes. Un aide, placé derrière le patient, maintient la tête ferme, avec une main posée sur le front et l'autre sous le menton.

En supposant qu'il s'agisse de l'œil gauche, l'opérateur soulève la paupière supérieure avec l'index gauche, et maintient l'inférieure avec le pouce, en appuyant légèrement sur le globe, ou bien il se sert de l'élévateur de Pellier, si l'œil est trop enfoncé, ou le malade trop craintif. Il fait ensuite tourner l'œil vers le nez, et prenant l'instrument des mains d'un aide, l'index posé sur le ressort droit, ensorte qu'il le tienne comme une plume à écrire, il l'introduit par la sclérotique, transversalement, à deux lignes au moins de la

______

(1) *Memoria sopra un unovo istrumento per operare le cateratte*, p. 10. Imola, 1822.

cornée ; lorsque la pointe a pénétré dans l'œil, il agrandit la plaie de la sclérotique avec le tranchant de la lame fixe, jusqu'à ce que l'incision soit suffisante pour permettre les mouvemens de l'instrument et l'extraction du cristallin. Après cela il dirige horisontalement l'aiguille dans la chambre antérieure, et porte la lame à plat sur la cataracte ; puis il exécute sur elle quelques mouvemens accompagnés de pression, comme pour opérer l'abaissement. Si le cristallin n'a pas contracté d'adhérence avec l'iris, il s'abaisse facilement ; alors l'opérateur fait exécuter à l'aiguille un quart de tour, et portant le tranchant de l'aiguille sur la cataracte, il presse le ressort de manière à détacher la lame mobile, et à produire entre elle et la lame fixe, une ouverture suffisante pour y comprendre le cristallin, derrière lequel se placera celle-là, tandis que la lame fixe viendra devant la lentille opaque, entre sa capsule et l'uvée ; cessant alors de presser le ressort, il saisit la cataracte avec la capsule cristalline, et l'entraîne au dehors par l'ouverture de la sclérotique.

Si la cataracte adhère à l'iris, l'opérateur l'en sépare avec le tranchant de l'aiguille, puis remonte l'instrument pour abaisser le cristallin et l'extraire, par le procédé qu'on vient de lire.

Comme il se pourrait, que par l'incision faite à la sclérotique avec le tranchant de la lame, il sortît une portion d'humeur vitrée avec l'humeur aqueuse, la grosseur de la tige qui porte la lame,

empêchera cet effet, en remplissant presque totalement l'ouverture.

L'opération étant terminée, on ferme l'œil, et
on y applique une compresse de toile souple,
trempée dans l'eau commune, tandis qu'on recouvre l'autre œil d'une compresse sèche; l'une et
l'autre sont maintenues par une petite bande qui
ne porte que sur le front. Le malade, placé dans
son lit, et dans une chambre obscure, pourra s'y
tenir dans la position qui lui plaira, sans être
obligé d'avoir la tête soulevée et immobile. Ordinairement, il n'est pas nécessaire d'employer d'autre topique, il suffit de renouveler, toutes les 24
heures, la compresse humide, jusqu'au cinquième
jour. S'il ne se manifeste point d'inflammation, le
malade quittera son lit au bout de huit ou dix
jours, espace de temps suffisant pour la cautérisation de la sclérotique.

A cette époque, on couvrira l'œil d'un taffetas
noir, et l'on permettra l'introduction d'une faible
lumière dans la chambre, dont l'opéré ne sortira
qu'au bout d'une vingtaine de jour après l'opération; alors on substituera un taffetas vert au noir,
et le malade le portera quelque temps encore.

Voici maintenant quelques observations à l'appui du procédé du professeur Giorgi, d'Imola.

Obs. I. Au mois de juin 1817, je fus appelé, dit
le docteur Giorgi, chez le noble marquis Guada-

gni, de Monteschi, en Toscane, âgé de 60 ans, d'une complexion robuste, et aveugle depuis cinq ans. Je reconnus que son infirmité tenait à une amaurose de l'œil droit, tandis que le gauche était affecté de cataracte avec immobilité de l'iris, ce qui me laissait craindre, ou complication amaurotique, ou une adhérence morbide considérable de l'iris avec le cristallin : mes présomptions étaient partagées par MM. les docteurs Vignini et Fusioli. Ainsi j'étais peu désireux de tenter cette opération: ce ne fut qu'après avoir été vivement ébranlé par les vives supplications du malade, que je me décidai à y recourir. L'opération fut faite avec facilité, malgré les nombreuses adhérences de l'iris avec le cristallin; elle ne fut suivie d'aucun accident : mais, ainsi que je l'avais prévu, le malade n'y vit point.

Obs. II. Je fus consulté au mois de juillet 1819, par un capucin, âgé de 50 ans, d'une bonne constitution et affecté de cécité produite par l'opacité du cristallin, qui datait de deux ans. L'œil était en bon état et le malade distinguait facilement le jour de la nuit. La cataracte de l'œil droit se trouvant plus avancée que l'autre, je commençai par celle-ci, l'opération fut parfaitement heureuse.

Un an après, l'œil gauche étant complètement cataracté, il fut opéré à son tour; mais le cristallin se trouvant très mou, il se brisait chaque fois que la pince cherchait à le saisir : je me décidai donc à le projeter dans la chambre antérieure, pour le livrer à l'action de l'humeur aqueuse dans laquelle il fut promptement détruit.

Je pourrais ici grossir le nombre des faits relatifs au procédé du professeur Giorgi, mais je renvoie pour cela au petit opuscule qu'il a publié à ce sujet. Ainsi qu'il l'avait prévu, son procédé peut servir indistinctement pour l'abaissement et pour l'extraction. Il offre les accidens réunis de la scléroticonyxis et de la kératomie-réclinaison. Ils doivent donc être combattus par le même traitement.

Les avantages de ce procédé ne sont point supérieurs aux autres méthodes, mais je crois que dans les cataractes capsulaires secondaires, il peut être avantageux pour extraire la capsule devenue opaque.

CHAPITRE XIV.

PROCÉDÉ MIXTE DE QUADRI.

Il nous reste maintenant à examiner le procédé mixte de Quadri, qui consiste à inciser la partie inférieure de la cornée en même temps que l'on introduit une aiguille par le point d'élection pour la scléroticonyxis. Ce procédé, déjà imaginé par Adams, fut abandonné par cet opérateur, en ce qu'il n'offrait pas de plus grands avantages que

l'extraction et qu'il pouvait en même temps donner lieu simultanément aux accidens produits par
la kératomie ordinaire, et ceux occasionés par
l'abaissement proprement dit : les énumérer serait tomber dans une répétition fatigante pour nos
lecteurs.

CHAPITRE XV.

ACCIDENS PROPRES A LA KÉRATONYXIS.

La kératonyxis a été mise en pratique il y a bien
long-temps, et la citation suivante sera plus que
suffisante pour réduire à leur juste valeur les prétentions de ceux qui en réclament l'invention :
*Mulier angla oculista vidente Mylor Rich, filio co-
mitis Warwich jam aperuit corneam supra pupillam
et humorum aqueum exhausit, sive effluere sivit, qui
turbidus et obscurior factus visionem imminuerat,
ita, ut æger quasi per velum se omnia confuse cernere
crederet* (1).

Mais il s'est écoulé un grand nombre d'années

---

(1) *Mayerne Turquet loco cit. Hecker's annalen.* D. Ges.
Band. III, IX. st.

avant que l'opération que nous venons d'indiquer,
ait pris rang dans la science comme méthode d'o-
pérer la cataracte. Accueillie avec engouement ;
elle a eu le sort de la plupart des découvertes hu-
maines, c'est d'avoir eu de nombreux détracteurs,
après avoir été extraordinairement vantée. Ce
n'est qu'aux efforts de Buchorn, Saunders, Farre,
Langenbeck et Dupuytren, qu'elle a pu résister
aux attaques violentes dirigées contre elle. De cette
bouillante controverse, il résulte que les principales causes qui font échouer la kératonyxis,
sont :

1° L'inflammation de la cornée et son ulcération, et l'évacuation de l'humeur aqueuse ;

2° L'inflammation et l'obscurcissement de la tunique de l'humeur aqueuse, et l'exsudation lymphatique anormale ;

3° L'iritis aigu et chronique ;

4° La réascension du cristallin ;

5° Enfin le staphylôme partiel de la cornée et
l'albugo.

Quel que soit le point de la cornée attaqué par l'aiguille dans la kératonyxis, il est bien reconnu aujourd'hui qu'il peut survenir, à la suite de la ponc-

tion de cette membrane, une inflammation qui peut quelquefois occasioner des accidens graves, ou des désordres sur la cornée. Personne ne les révoque en doute ; mais de bonne-foi on les a exagérés. Quoi, une simple ponction, pratiquée avec un instrument bien coupant, pourrait occasioner plus d'accidens qu'une section de la cornée qui comprendrait les 9/16e de sa circonférence !! Cependant nous voyons tous les jours des lésions traumatiques de la cornée accidentellement produites, souvent avec perte de substances, et l'œil n'être point perdu. Dans le siècle où nous vivons, les attaques et les louanges sont facilement réduites à leur juste valeur. Les hommes de bonne-foi sont les premiers à revenir de leurs opinions exagérées. Ainsi, Langenbeck, après avoir vanté outre mesure la kératonyxis, a professé dans la suite des idées plus en harmonie avec les faits observés. Je suis loin de me déclarer le partisan de cette méthode, mais je crois qu'elle a fourni de trop beaux résultats pour n'être pas étudiée avec soin. En effet, Smaltz (1), Saunders (2), Jœger (3), Langenbeck et Dupuytren (4), ont été excessivement heureux dans l'emploi de la kératonyxis.

---

(1) Velpeau, *Médecine opératoire*, page 716.

(2) Saunders, *A treatise in some principal points relating to the diaseases of the eye.*

(3) *Disertatio de keratonyxidis usu.* Vienne, 1802.

(4) *Bibliothèque ophtalmologique de Guillié*, premier. fasc.

Comme méthode générale, l'opération de la kératonyxis, est limitée à la destruction de la cataracte congéniale, et ses plus chauds partisans, Jœger et Langenbeck ne la mettent en usage que dans des cas d'exception. Lorsque l'engouement qu'elle avait excité a eu subi le contrôle du temps, on n'a pas tardé à se convaincre qu'elle ne pouvait pas être applicable à tous les cas, et que même elle ne remplaçait pas l'abaissement proprement dit.

CHAPITRE XVI.

DE L'INFLAMMATION DE LA CORNÉE ET DE SES ANNEXES.

Les plaies de la cornée sont, en général, peu dangeureuses, cependant Langenbeck, et avant lui Schindeler, avait observé qu'après l'opération de la kératonyxis, cette partie s'enflammait, devenait trouble, et souvent conservait pour toujours une teinte grisâtre qui rendait l'opération presque infructueuse. Après avoir vu faire plusieurs opérations de kératonyxis, Schindeler demeura convaincu que la fréquence de cette inflammation était due aux causes suivantes, qui rendaient la blessure de la cornée bien plus grave que dans un cas fortuit.

Ainsi 1º quand la cornée a été traversée, l'humeur aqueuse s'échappe toujours, la chambre antérieure se trouve alors diminuée, et l'iris est refoulé par le cristallin contre la cornée, où sa présence n'est pas sans danger pour l'opérateur quand il retire l'aiguille, ce qui nécessite souvent une manœuvre qui n'est pas sans inconvénient pour l'iris et la cornée.

2º Quand l'opérateur divise le cristallin et cherche à faire passer les morceaux dans la chambre antérieure, la plaie de la cornée est tiraillée en tous sens, et en rammenant les fragmens à travers la pupille on les fait heurter avec force la tunique de l'humeur aqueuse.

3º Si au contraire on pratique le renversement, la solution de continuité de la cornée sert inévitablement d'hypomoclion à l'aiguille, et les efforts toujours répétés que l'on est obligé de faire pour abattre le cristallin n'en tourmentent que plus le point d'appui de l'aiguille. Je suis convaincu que dans le plus grand nombre des cas l'inflammation de la cornée n'est que sympathique de celle de l'iris et celle de la tunique de l'humeur aqueuse. En effet, quand on a étudié avec soin la marche des symptômes, si surtout l'on a vu la maladie à son début, on restera convaincu que l'obscurcissement de la cornée a surtout son siége dans sa partie concave. Et en comparant ces phénomènes à ceux décrits par Wardrop, pour l'inflammation spéciale de la tunique de l'humeur aqueuse, on restera convaincu de ce que je dis, ce que nous examinerons ci-après.

Quant à l'évacuation de l'humeur aqueuse, Saunders y avait rémédié par l'usage d'une aiguille épaisse, cylindrique, qui avait la facilité d'obturer en entier la plaie de la cornée, et de s'opposer à la sortie de l'humeur.

Ce n'est pas tout : rien n'est plus fréquent que de voir la cataracte fixée à la pointe de l'aiguille, suivre obstinément tous les mouvemens, et n'en pouvoir être détachée qu'au moment où l'on retire l'instrument. Cet accident est surtout fort commun lorsque l'on se sert d'une aiguille à pointe recourbée. Il résulte de ce contre-temps que la cataracte peut être ramenée dans la chambre antérieure, y être maintenue par un iridio-spasme et y déterminer les accidens que nous avons décrits pour la scléroticonyxis. Si elle reste à cheval sur l'iris, elle y produira des phénomènes morbides graves : enfin, son arrêt dans la chambre postérieure fera perdre en partie les bénéfices de l'opération. Alors une seconde opération deviendra indispensable.

Dans quelques cas, la plaie faite par l'aiguille, s'enflamme, suppure et on voit tout à coup surgir une petite hernie de l'iris, connue sous le nom de myocéphalon, qu'il est important de suivre de près , sans quoi la vue serait compromise d'une manière plus ou moins grave : on en peut juger par le fait suivant.

Un jeune homme, âgé de 17 ans, portait à l'œil gauche une cataracte accidentelle, et dont il était bien aise d'être débarrassé, en courrant le moins de chances possible. On pensa que la kératonyxis pourrait remplir ce but, d'autant plus facilement que les signes rationnels et physiques fesaient espérer que la cataracte était molle. L'opération fut pratiquée par mon ami le docteur Mortier, chirurgien-major désigné de l'Hôtel-Dieu de Lyon, et qu'une mort prématurée a enlevé à la science. Présent à l'opération, il me fut facile de voir que toutes les prévisions avaient été mises en défaut ; car la cataracte, non seulement était dure, mais encore accompagnée d'une opacité de la partie postérieure de la cristalloïde. Il fut donc indispensable de multiplier les manœuvres, de doubler les efforts pour déprimer la lentille que l'on n'avait pu rompre, et pour broyer la capsule qui aurait été un nouvel obstacle à la vision. Quoique le malade eut souffert fort peu pendant l'opération, il se manifesta une violente inflammation de l'œil, accompagnée de douleurs lancinantes et de battemens très vifs dans le globe de l'œil : des saignées générales, abondantes, des ventouses scarifiées, appliquées aux tempes et à la nuque, ne furent point suffisantes pour empêcher l'obscurcissement com-

plet de la cornée, une suppuration des bords de
la plaie, la sortie de l'humeur aqueuse et une
petite hernie de l'iris. Je conseillai alors à mon
ami Mortier, d'exciser l'iris et de pratiquer une
cautérisation sur la solution de continuité : on
y procéda après avoir mis le malade à l'usage intérieur et extérieur de la belladone. Le myocéphalon fut détruit, mais il resta une cicatrice opaque à la cornée qui rendit l'opération presque
infructueuese.

L'inflammation de la tunique de l'humeur
aqueuse a été pendant long-temps révoquée en
doute ; mais grâce aux recherches de Wardrop,
elle est aujourd'hui admise par tous les ophtalmologistes. Cette maladie est toujours d'une nature
fort grave, soit parce qu'elle détermine un obscurcissement de la cornée à sa partie interne, soit
encore parce qu'elle est presque toujours suivie
d'exsudations lymphatiques ou purulentes, de productions membraneuses et d'iritis consécutif.

Trois ou quatre jours après et même moins,
après que la cornée a été blessée, il se manifeste
dans l'œil un sentiment de plénitude, de tension
qui accroît avec une grande rapidité. Cet état est accompagné d'une sensation de poids et de resserre-
ment fort incommode, aux tempes et sur le front.
Ces douleurs cessent brusquement, puis reviennent tout à coup, et le malade fait des soubresauts
dès leur retour, comme si on lui enfonçait des ai-

guilles dans l'œil ou les pourtours de l'orbite. Dans la plupart des cas, il ne se manifeste aucun signe d'inflammation de la conjonctive ou de la sclérotique ; mais on aperçoit dans l'intérieur de la chambre antérieure de l'œil, un léger obscursissement, accompagné de reflets chatoyans, produit par la transparence extérieure de la cornée. Peu à peu l'humeur aqueuse perd de sa transparence et paraît avoir une teinte opaline. Il devient alors assez difficile de s'assurer de l'état de l'iris, qui paraît comme entouré d'une nuage floconneux. Les douleurs intenses qui accompagnent cet état pathologique revêtent quelquefois une forme périodique assez semblable aux accès des névralgies que nous avons décrites dans la première partie de cet ouvrage. Pour peu qu'elles soient intenses et rebelles, elles provoquent presque toujours des symptômes d'affections gastriques.

Ce n'est en général que lorsque la maladie commence à prendre un peu d'intensité que la phobtophobie prend un caractère prononcé : dans le commencement la réaction inflammatoire se transmet à la glande lacrymale qui sécrète alors une grande quantité de larmes chaudes et âcres. Si la maladie persiste, la cornée s'entoure d'un cercle de vaisseaux qui n'arrive qu'à cette époque de la maladie, symptôme caractéristique différenciel de l'inflammation syphilitique dans laquelle le lacis des vaisseaux apparaît en même temps que les si-

gnes généraux et constitutionnels de l'affection
spécifique. Cette maladie ne peut durer long-temps
sans se propager à l'iris, alors apparaissent tous
les symptômes propres à cette affection, telle que
la déformation de la pupille, la décoloration de la
membrane, les exsudations lymphatiques, symptômes admirablement décrits par Schindler dans sa
Dissertation (1).

L'inflammation de l'humeur aqueuse est en général plus à redouter que celle qui affecte simple-
ment l'iris, il est donc fort important de l'attaquer
d'une manière très active. C'est ici le cas de recourir aux saignées générales aux pieds et à la jugulaire. Je ne saurais assez recommander de ne pas
recourir à la section d'un rameau de l'artère temporale, parce que le bandage en nœud d'emballeur,
que l'on est forcé de placer pour arrêter le sang,
comprime la tête, entrave la circulation, et augmente presque toujours les douleurs. Après les
déplétions générales on passe aux locales, à l'application des ventouses scarifiées à la nuque et aux
tempes : puis l'on recourt aux applications froides
d'eau distillée de laurier-cerise, lorsque l'œil peut
supporter le froid : dans le cas contraire, on emploie l'eau distillée de cette substance, chauffée au
bain-marie. Il est des cas où toutes les applications
humides sont intolérables, on les remplace alors

---

(1) Schindler, op. cit.

par des compresses fines, chaudes ; on élève la
température de la chambre. Souvent on se trouve
très bien de l'application de petits sachets contenant des fleurs d'arnica et des feuilles de jusquiame.

Il faut administrer intérieurement l'eau distillée
de laurier-cerise, la teinture de digitale pourprée:
si l'estomac est fatigué on donne cette dernière en
lavement ; enfin, on insiste sur le traitement indiqué pour l'iritis phlegmoneux.

Tous ces moyens sont loin souvent d'arrêter les
progrès du mal, et de la rapide augmentation de
l'humeur aqueuse qui fait éclater la cornée. Pour
remédier à cette funeste terminaison, il faut
se hâter de recourir à l'évacuation de l'humeur
aqueuse ; en suivant les préceptes que j'ai donnés dans la *Gazette médicale* (1), pour que cette
opération se fasse sans danger, et puisse être renouvelée selon l'occurence, car l'humeur aqueuse
se régénère très facilement.

---

(1) *Gazette médicale* citée.

CHAPITRE XVII.

RÉASCENSION DU CRISTALLIN.

Ce que nous avons dit de la rareté de la réascension du cristallin, pour l'abaissement proprement dit, ne s'applique pas du tout à la kératonyxis. C'est par la fréquence de cet accident dont elle est suivie, qu'elle mérite surtout la défaveur dans laquelle elle est tombée.

Par ce procédé, les moyens d'immersion sont tout différens quand on veut précipiter un cristallin dur dans l'humeur vitrée. En effet, au moment où l'on présente l'aiguille sur la face supérieure du cristallin pour le récliner, rien n'est plus fréquent que de le voir tourner sur lui-même et échapper à plusieurs reprises à l'action de l'instrument.

Dans ces diverses tentatives, la cornée est très fatiguée, et c'est pour remédier à cet accident que Langenbeck (1) recommande d'appuyer l'aiguille sur le doigt qui est le plus voisin de celui qui abaisse la paupière. Par ce moyen l'hypomochlion se trouvant plutôt sur le doigt que sur la plaie, les accidens sont moindres. Aussitôt que l'on est parvenu à ensevelir le cristallin dans les cellules hyaloïdiennes il faut l'y maintenir un instant, puis ra-

____

(1) Voyez son journal, tome III, p. 418.

mener lentement l'aiguille dans le centre de la pupille, et alors en lui fesant décrire des cônes en divers sens, non seulement l'on détruit les cellules de l'humeur vitrée, pour empêcher la réascension du cristallin comme dans la scléroticonyxis, mais encore on brise la membrane cristalloïde, et l'on évite par là la cataracte capsulaire secondaire. S'il est impossible de l'abaisser, il faut chercher à le briser et à le faire passer au moins en partie dans la chambre antérieure.

Dans la kératonyxis, la discision étant moins facile, les fragmens du cristallin sont plus gros et plus difficiles, par conséquent, à être absorbés. On dit que le docteur Werneck (1) recommande d'évacuer alors l'humeur aqueuse, et qu'à la suite de cette opération il se manifeste dans l'organe un surcroît d'activité qui fait accélérer la dissolution des fragmens du cristallin. Je ne puis nullement me prononcer sur le mérite de cette méthode que je n'ai jamais vu employer.

---

(1) Werneck, *In Journal de Langenbeck*. Weller, ouv. cité, tom. I, p. 336.

CHAPITRE XVIII.

DU STAPHYLÔME PARTIEL DE LA CORNÉE ET DE L'ALBUGO.

De même qu'à la suite de la scléroticonyxis il se manifeste, dans le lieu blessé par l'aiguille, une petite tumeur de la sclérotique : de même après la kératonyxis on voit surgir peu à peu une tumeur de la cornée, qui ne tarde pas à être un staphylôme. Cette maladie peut quelquefois prendre un accroissement assez considérable, qui fatigue la vision et entrave le mouvement des paupières.

Il faut donc, en temps utile, s'occuper de cette hypercératose, et opposer le traitement que nous avons déjà indiqué pour celle qui succède à la cataracte par extraction.

Pour ce qui est de l'albugo, nous croyons avoir suffisamment indiqué son traitement à l'article *Cicatrice vicieuse de la cornée.*

Me voici arrivé à la fin d'un travail que j'ai dû restreindre en raison du changement de forme qu'il à subi ; parce qu'un grand nombre de détails locaux qui étaient d'un plus haut intérêt pour le professeur Scarpa, et par la réponse qu'il y aurait fait, cessent d'avoir une aussi grande importance depuis sa mort. J'ai émis mes opinions avec franchise, et je crois avoir fait tous mes efforts pour arriver au but que je m'étais proposé.

On me demandera peut-être pourquoi je ne me suis point occupé du procédé d'Adams qui consiste à couper le cristallin en tranches pour en faciliter l'absorption, ou bien pour qu'elle raison, je me suis dispensé de parler de la méthode de Bowen. La réponse est facile : le procédé d'Adams a été jugé par le professeur Scarpa et par tous ceux qui l'ont examiné après lui ; il n'offre aucun avantage sur la scléroticonyxis : l'instrument trachant dont se servait Adams n'était autre chose que l'aiguille de Saunders, ainsi que l'on peut s'en assurer en consultant son ouvrage (1).

Quant au procédé de Bowen, si quelque chose pouvait compromettre l'avenir de l'opération de la cataracte par abaissement, ce serait sans doute la méthode du charlatan écossais. En effet, pour peu que le cristallin soit mou, l'opérateur n'a plus de prises sur lui et perd par là les avantages du broiement. Dès lors, il devient impossible de projeter les fragmens dans la chambre antérieure, et son immersion dans le corps vitré n'est facile que lorsque l'humeur aqueuse reste lympide. Si celle-ci devient trouble, l'opération ne peut plus être continuée avec sûreté et il est très probable que l'iris sera blessé.

---

(1) F.-C. Saunders, ouvr. cité.

Si j'avais voulu faire un traité de l'opération de
la cataracte, il est une foule de détails dans lesquels j'aurais dû descendre; mais je n'ai dû considérer que les causes des revers dans les résultats de
l'opération. Ma tâche arrive à sa fin. Il me reste à
entrer dans quelques considérations sur la cataracte congéniale, ce sera le sujet du petit travail
qui va suivre. Je terminerai par les règles générales à suivre dans les diverses opérations, et dans
l'application des lunettes à cataracte.

TROISIÈME PARTIE.

CHAPITRE PREMIER.

CONSIDÉRATIONS PRATIQUES SUR L'OPÉRATION DE LA CATARACTE CONGÉNIALE ET SES CAUSES D'INSUCCÈS.

Grâce aux recherches de Saunders, (1) les praticiens sont fixés sur la nécessité d'opérer de bonne heure la cataracte congéniale qui, jusqu'à lui, n'avait été considérée que comme une variété de la cataracte. C'est pour cette raison que l'on remettait toujours l'opération, jusqu'à ce que l'enfant

---

(1) Nous n'attribuons à Saunders que l'honneur d'avoir établi en règle générale, la nécessité d'opérer les enfans en bas âge ; car le professeur Scarpa, dans la première édition de son *Traité des maladies des yeux*, imprimé en 1801, indiquait la méthode à suivre pour la pratiquer, et Saunders ne publia son livre qu'en 1806.

fut parvenu à l'âge de raison. L'opérateur anglais, en consacrant à l'opacité de naissance de la lentille cristalline, un traitement spécial, a donc rendu un grand service à la science. Car l'opération faite à une époque très reculée de la naissance, réussit en général beaucoup moins bien que dans les premiers mois de la vie, de six mois à deux ans, la cause de cette différence entre les résultats aux deux époques, réside presque toujours dans le travail qui s'est opéré dans le cristallin; travail qui a singulièrement modifié les conditions physiques et pathologiques du corps opaque. En effet, dans une cataracte congéniale, aussitôt que le cristallin est devenu opaque il se ramollit presque toujours en totalité : puis il s'absorbe graduellement. Les lames de la capsule se réunissent entre elles et finissent par ne plus former qu'une seule et unique cloison opaque, blanche, nuancée et très adhérente aux procès ciliaires. L'on voit donc, que de lenticulaire qu'elle était, la cataracte est devenue capsulaire. Tout ce qui a pu être absorbé, l'a été, mais la capsule dans son intégrité, par la solidité de ses adhérences, est à l'abri des effets de l'absorption. Je me suis convaincu, par de nombreuses dissections, de la vérité des faits avancés par Saunders. Il n'y a pas deux ans que j'ai eu à disséquer un œil cataracté de naissance chez un enfant de huit ans qui avait succombé à la scarlatine, et je conçois que Saunders ait pu dire qu'à cette époque de la vie tout travail d'absorption était terminé et que la capsule renforcée par son union antero-postérieure, ne pourrait être *ni extraite ni abaissée.*

Il est une espèce de cataracte qui, par sa nature et sa manière d'être, diffère de ce que nous venons de dire, c'est la cataracte congéniale centrale : dans cette espèce de cataracte, tout le cristallin est diaphane, excepté au centre où il existe un ramollissement plus ou moins prononcé, mais qui, dans tous les cas, est un obstacle à la vision : dans ce cas le cristallin conserve sa forme et sans densité pendant plusieurs années. Si on l'attaque avec l'aiguille sans le déplacer, en moins de deux jours il devient complètement opaque, et alors commence pour lui comme pour les autres cataractes congéniales, le travail d'absorption. D'après tout ce que venons de dire, l'on conçoit qu'il y ait dans quelques circonstances des cristallins non encore entièrement absorbés et flottans dans un liquide latigineux, ainsi que l'avaient observé Saunders et Marc-Antoine Petit.

Quand on réfléchit à l'importance des fonctions oculaires, à leurs résultats sur l'économie, à leur influence sur le moral, on ne saurait trop s'appliquer à rendre facile et sûre l'opération qui rend la moitié de l'existence à un aveugle né : ce qui pourrait justifier en partie la devise du fameux Taylor, *qui lucem dat, vitam dat.*

On se rappelle les transports d'admiration qui

accueillirent Cheselden pratiquant l'opération de la pupille artificielle et rendant la vue à un aveugle né. Saunders a donc autant de droits à nos éloges que son illustre compatriote et confrère ; car au moment où une mort prématurée l'enlevait à la science, il avait déjà fait soixante opérations de cataracte congéniale, et avait obtenu cinquante-deux succès complets (1).

Dès lors cette opération a été faite un grand nombre de fois par ses successeurs, dans l'infirmerie qu'il avait fondée, au point qu'en l'an 1829 on en comptait cent vingt-trois, qui avaient été pratiquées dès le 25 mars 1805, jusqu'au 31 décembre 1829 (1). Quoique M. Lusardi ait compromis son beau talent par une vie nomade et aventureuse, je suis convaincu, par des renseignemens authentiques, qu'il a dit la vérité en affirmant qu'il avait opéré cent cinquante-huit aveugles nés, des deux sexes. J'ai été moi-même assez heureux pour en pratiquer plusieurs, et M. Forlenza a rendu la vue à un bon nombre : mais ce dernier n'opérait que dans un âge de raison très prononcé. Tandis que Saunders opérait dans les premières années de la vie, et ses succès étaient bien supérieurs à ceux des autres opérateurs ; car nous avons vu ci-dessus la

---

(1) Saunders, *On the diaseas of the eye.* London , 1806.
(2) *Twenty-fifth annual report on the London, ophtalmic infirmary.* 1830, page 5.

proportion des succès et M.Lusardi, sur 138 opérations, eut les admirables résultats suivans, 103 succès complets, 14 demis-succès et 13 non succès. Le hasard m'a fait rencontrer en France plusieurs succès indiqués par lui à Lyon, à Bourg, à Mâcon, et je me suis convaincu que la vision s'exerçait parfaitement.

Le général don José Castellar, dont j'ai eu l'honneur de guérir la fille, et les docteurs Velasques et Roja, que j'ai connus pendant leur émigration en France, m'ont affirmé avoir vu, à Barcelone, à Madrid, des enfans opérés avec succès par M. Lusardi : ils avaient surtout remarqués les neuf enfans guéris dans l'hôpital de Vittoria. Cependant les résultats de M. Lusardi sont encore bien éloignés de ceux de M. Saunders, en les établissant dans la proportion suivante: 52 succès sur 60 opérations.

Il faut attribuer cette différence à la diversité des procédés opératoires employés par les deux oculistes.

La troisième partie de ce mémoire à pour but principal de fixer les opérateurs :

1° Sur l'âge où il est plus utile d'opérer les aveugles cataractés de naissance.

2° Sur le procédé le plus convenable, et qui fournit les meilleurs résultats.

3° Enfin sur la position la plus favorable à leur donner, pour pratiquer l'opération.

Saunders s'est chargé de répondre avant moi, à la première cathégorie des trois questions qui précèdent, car il posa en règle générale, que l'opération devait être pratiquée à deux ans, terme intermédiaire ; mais que l'on pouvait aussi la faire à six semaines.

J'adopte entièrement l'opinion de Saunders, excepté pour les premiers mois de la vie, car il faut que l'enfant ait au moins seize mois, ou deux ans. En analysant l'ouvrage de Lawrence (1), sur les maladies des yeux, j'ai donné les raisons pour lesquelles, je considerais l'opération comme dangereuse, dans les premiers six mois : je les résume ici en peu de mots. La cornée n'est point encore assez convexe à sa partie externe et son tissu est encore trop mou : la chambre antérieure de l'œil n'existe presque pas, soit par la trop grande convexité naturelle de l'iris, soit parce que le cristallin hydatiforme le projecte en avant : enfin, parce que dans les premiers six mois l'iris n'a presque pas de mobilité, et qu'il devient assez difficile d'avoir une cicatrisation convenable.

Il faut opérer les enfans de bonne heure, parce

---

(1) Lawrence, *Traité des maladies des yeux*, analysé par Carron du Villards, *Gazette médicale* de 1831.

que leur cristallin n'est encore qu'une bourse
muqueuse qui ne contient qu'une sérosité blanchâtre et parce qu'il est plus facile de les contenir.
Ecoutons Saunders (1) s'exprimant en ces termes :
« Les enfans naissent quelquefois frappés de cécité,
« et les oculistes n'ont point osé les opérer de
« bonne heure en raison de la délicatesse de leurs
« yeux et de leur indocilité. En attendant beau-
« coup plus tard, on n'en retire pas les bons effets
« que l'on aurait obtenus en s'y décidant plutôt :
« en attendant que l'âge et la raison puissent venir
« à leur aide, la vigeuur et la beauté de l'œil se per-
« dent : la vision comme l'intelligence ont besoin
« d'être exercées, et la rétine, privée de l'excitation
« de la lumière, se paralyse insensiblement : l'iris
« qui est le dispensateur du degré de lumière con-
« venable, tombe dans la torpeur ; le mécanisme
« optique qui produit le rapprochement ou l'éloi-
« gnement s'abolit faute d'exercice, enfin les mou-
« vemens volontaires et sympathiques s'anéantis-
« sent. »

En effet, quand on voit un jeune cataracté dans
les premiers mois de la vie, on ne trouve point
en lui le besoin d'étudier les objets ambians si
intéressans et si attrayans pour l'enfant qui commence à voir : sans expression, sa figure ne décèle

---

(1) Saunders, ouvrage cité.

point des sensations qui lui sont inconnues, son œil
est fixé par nouveauté, mais à mesure qu'il prend
de l'âge, la lumière étant plus facilement perçue
par le côté, il projette ses regards en tous sens pour
en recevoir d'avantage. De là, les mouvemens rotatoires si pénibles à voir, dont sont affectés tous
les cataractés de naissance qui voient un peu.
L'absence de cette rotation est pour moi un mauvais signe qui me fait refuser de pratiquer l'o-
pération, car dans ce cas elle est presque toujours
sans succès, le malade étant compliqué d'amaurose : il faut excepter les cataractes opalines.

Ce que je viens de dire touchant les phénomènes de la rotation est si vrai, qu'aussitôt que la
vue est rendue d'un seul côté, la rotation disparaît de ce côté là : observation que personne, je
crois, n'avait faite avant moi.

A l'âge de deux ans, les parties de l'œil ont une
conformation plus convenable, et l'on n'a point à
redouter pour l'iris et la cornée les accidens que
j'ai signalés plus haut.

Tout ce que nous venons de dire n'a rapport
qu'aux effets physiques ; maintenant, si nous abor-
dons les conséquences morales de la cessation de
la cécité dans un âge tendre, on ne pourra plus
mettre en balance l'opinion de ceux qui veulent
attendre l'âge de raison. Si l'histoire nous a conservé le nom de quelques aveugles qui ont acquis
par eux-mêmes de grandes connaissances, et qui
se sont illustrés par leur savoir, ces remar-

quables exceptions ne peuvent balancer les fâcheuses et déplorables conséquences de l'aveuglement congénial. Touché de la pitié qu'inspire à tout homme sensible la malheureuse situation des aveugles, un grand nombre de philantropes ont cherché tous les moyens d'améliorer leur sort, et un travail remarquable, sorti de la spirituelle plume de M. Guillié (1), atteste la puissance des efforts faits pour rendre leur avenir moins pénible et leur présent plus agréable. Mais toutes ces vastes conceptions du génie, tous ces immenses résultats de la patience et de l'observation, que sont-ils en comparaison de la bienfaisante opération qui rend la lumière à un aveugle-né ? Que de sensations diverses n'éprouve-t-il pas ? Je me rappellerai long-temps les éloquentes et touchantes paroles, dictées par la reconnaissance à un cataracté de naissance, âgé de 28 ans, et opéré par le père Capucin de Gênes (2), qui exerce dans cette ville, avec beaucoup de distinction, la profession de Fra de Saint-Yves.

Si, comme le dit M. Guillié (3), c'est la privation de la vue qui dénature et fausse les idées des aveugles ; si c'est la perte de ce sens qui les plonge dans l'ignorance et le malheur, ne doit-on pas

---

(1) Guillié, *Essais sur l'instruction des aveugles.*
(2) Fratre Pascale, *Della catteratta.* Genova, 1826.
(3) Guillié, ouvrage cité, page 68.

s'occuper, le plus tôt possible, de les placer dans des conditions favorables à jouir des avantages et des bienfaits de l'éducation.

Il est bien peu d'enfans de 7 à 8 ans qui sachent assez se maîtriser pour ne pas reculer devant l'idée de la douleur, qu'ils attachent toujours à l'opération, surtout quand ils ne sont pas assez avancés pour en concevoir tous les bienfaits.

De seize mois à deux ans, au contraire, ils ignorent ce qu'on va leur faire; et, en prenant d'avance les précautions que nous indiquerons plus tard, rien n'est plus facile que de mettre tout chirurgien à même de pratiquer cette opération.

Les causes qui font échouer l'opération de la cataracte congéniale, sont en général les mêmes que pour les autres méthodes; mais elles se rattachent surtout à l'emploi inopportun de tel ou tel procédé. C'est ici le lieu d'examiner celui qui est le plus convenable et qui réunit les plus grandes chances de succès.

Cet examen comprendra l'extraction simple et modifiée, l'abaissement proprement dit, et la kératonyxis.

Quand on réfléchit à la conformation de l'œil de l'enfant, à la petite quantité de l'humeur aqueuse renfermée dans les chambres, quantité d'autant plus faible que l'enfant est moins âgé; quand on réfléchit, dis-je, à l'étroitesse de la pupille, à la convexité antérieure de l'iris, ce qui le rapproche de la cornée, on se convaincra de tous les dangers de l'extraction, pratiquée sur de très jeunes enfans : d'ailleurs, chez eux, le cristallin n'est-il pas toujours fluide? Il sera donc bien difficile de faire la section de la cornée sans intéresser l'iris ; et si même l'on parvient à exécuter le premier temps de l'opération, il restera le second et le troisième, qui ne sont pas sans danger. Est-on bien sûr d'extraire le cristallin et surtout sa capsule? Quand elle est adhérente, il faut, à plusieurs reprises, porter les pinces dans l'œil pour l'extraire par lambeaux, et, pendant cette manœuvre, on est presque sûr de vider l'œil.

Quand l'opération est terminée, on n'a pas encore évité tous les dangers : les enfans pleurent, crient ; car pour eux la douleur parle avant tout, et la raison n'est d'aucun poids pour empêcher les malheureux effets du blépharospasme. Il est impossible de faire un pansement convenable ; car, si on leur met le corset de force, ils se démènent comme des forcenés, et l'œil se vide : si on laisse leurs mains libres, il les portent continuellement aux yeux, ce qui est contraire à la réussite de l'opération : quelquefois, malgré les précautions les mieux prises, ils arrachent tout l'appareil.

Je crois donc, que l'opération par extraction est inapplicable aux enfans cataractés, avant l'âge de sept à huit ans, encore à cette époque, est-elle sujette à de nombreux revers : les muscles de l'œil se contractent avec force, comme chez le cheval, et l'humeur vitrée est projettée avec autant de force, qu'elle s'échappe à plusieurs pieds de distance. Dans un cas semblable, le professeur Volpi eut sa cravate et son gilet couvert par le corps vitré, au moment même où la section était terminée. Il n'y a pas long-temps, que M. Andral père, a été témoin d'un accident de cette nature, arrivé sur la fille d'un général espagnol, qu'opérait un habile chirurgien.

Quand on veut pratiquer l'extraction de la cataracte sur un enfant aveugle-né, il faut autant que possible faire la section par la partie supérieure : voici comment procède M. Alexandre.

Cet opérateur dont nous avons plusieurs fois eu occasion de louer la dextérité, opère seul et sans aide : il place le malade sur une chaise à bras, et l'œil sain étant bandé, M. Alexandre s'asseoit derrière le malade, sur un petit tabouret, écarte les paupières et fait, à la partie supérieure de la cornée, une incision avec un couteau très effilé ; mais il ne la termine point, et aussitôt que la ponction est terminée des deux côtés, il retire l'instrument : aussitôt que l'humeur aqueuse a été évacuée, il introduit un petit couteau mousse, et termine l'incision du pont ou de la bride. Pour ouvrir la capsule, il emploie une aiguille dont la pointe fait un angle droit avec le corps de l'instrument ; à l'un de ses bras sont liées deux aiguilles : l'une en or, est destinée aux cataractes molles, l'autre en acier sert pour les dures. M. Alexandre préfère toujours et dans tous les cas, d'attaquer les cataractes, quel-

que soit leur consistance, par la cornée, de préférence à la sclérotique (1).

Quand on réfléchit aux divers temps de l'opération de M. Alexandre, il est facile de se convaincre, que l'incision de la cornée en deux fois a pour
but de s'opposer à la sortie brusque et intempes-
tive des humeurs de l'œil, qui se vide si souvent
dans l'opération de la cataracte par extraction,
surtout quand on opère sur des enfans : en effet,
par le blépharospasme, les humeurs sont tellement pressées qu'elles s'échappent par jet. C'est
toujours la première impression de l'instrument
qui est la plus désagréable : quand on passe au second temps de l'opération, l'œil est plutôt atteint
d'un tremblement nerveux, que de blépharospasme.

Tout en accordant à M. Alexandre la justice qu'il
mérite, je suis loin d'être aussi convaincu que le
rédacteur de la *Lancette anglaise*, de la supériorité
de ce procédé, qui d'ailleurs ne lui appartient pas.
Car il faut être équitable avant tout, et M. de Wenzel à proposé et décrit ce procédé avec assez de
détails dans son ouvrage sur la cataracte.

Pour mon compte, je crois, en me fondant sur
ce que j'ai vu, que la méthode par extraction est
peu convenable chez les enfans aveugles de nais-

---

(1) *The Lancet*, 25 July 1826.

sance, et la preuve de ce que j'avance, c'est que les plus grands partisans de l'extraction la remplacent dans ce cas par la kératonyxis, ou par l'abaissement proprement dit. On me permettra donc de révoquer en doute les succès obtenus par M. Dumont, de Rouen, par l'application de l'instrument de son oncle, qu'il a légèrement modifié.

Je crois avoir démontré, par le raisonnement et l'expériences des plus grands opérateurs, les dangers d'un instrument mécanique appliqué à l'opération de la cataracte par extraction sur l'homme adulte. Je demande maintenant qu'elles ne seront point les chances défavorables qui se rencontreront quand on mettra ce procédé en usage pour des enfans en bas âge, indociles, cataractés de naissance et atteints de mouvemens rotatoires de l'œil. Le simple bon sens suffit pour calculer les résultats fâcheux de cette méthode : résultats que la fluidité de la cataracte et le blépharospasme rendront de plus en plus graves.

L'abaissement ne peut offrir de grands succès chez les enfans cataractés de naissance, lorsqu'il est pratiqué dans les premières années de la vie :

1° Parce que l'œil est très mobile, et que malgré le petit onglet ajouté par Grœfe à la tige de l'aiguille, celle-ci peut occasioner quelque dégat dans l'œil.

2º Parce que aussitôt que la capsule est touchée, l'humeur aqueuse s'obscurcit complètement, et alors, il devient bien difficile de broyer et de détacher la capsule : ce qui nécessite souvent plusieurs opérations consécutives, ainsi que cela arriva à la jeune fille, dont l'observation est rapportée dans ce mémoire, page 214.

Enfin, parce que ce procédé est difficilement applicable aux enfans malgré l'usage du contentif.

M. Lusardi se déclare cependant le champion de cette méthode pour la cataracte congéniale. Voici comment il l'exécute.

« Un aide s'assied sur une table, dont l'un des
« angles doit saillir entre ses jambes qu'il croise
« sur celles de l'enfant placé au devant de lui et
« assis sur l'angle de la table qui déborde. Sup-
« posons que l'on doive opérer l'œil gauche : l'aide
« placera la main gauche sur le menton, et l'autre
« sur le front pour l'appuyer contre sa poitrine,
« sans gêner l'opérateur. D'autres aides tiendront
« les cuisses, et les mains : ces dernières ayant été
« préalablement fixées par une serviette pliée en
« cravate, ceindra le corps de l'enfant et de l'o-
« pérateur, les deux extrémités de ce lien seront
« tenues par une quatrième personne. A l'aide de
« ce moyen l'on maîtrise continuellement les
« mouvemens de l'enfant et l'on peut opérer avec
« sécurité. »

M. Lusardi pense que cet appareil est préférable à tous les autres, même au maillot, recommandé par notre illustre maître Scarpa, qui a, suivant M. Lusardi, l'inconvénient d'être long à appliquer, de faire pleurer l'enfant, et d'éloigner l'époque de l'opération.

Je conçois la nature des inconvéniens reprochés par M. Lusardi, quand il s'agit d'un opérateur ambulant qui n'a que peu de temps à séjourner dans un pays, et qui veut, ou doit opérer tout de suite : mais celui qui a du temps devant lui, se trouvera très bien du maillot en suivant les précautions que nous indiquerons plus tard.

Voici ensuite comment procède M. Lusardi :

« On met le malade dans une position oblique,
« relativement à la lumière, et on couvre l'œil
« droit d'un bandeau. L'oculiste est placé vis-à-vis
« du malade, debout et un peu de côté pour ne
« point intercepter la lumière : il écarte la pau-
« pière supérieure et l'inférieure, en se servant de
« mon contentif (1), son anneau étant placé sur la
« première pour la pousser en haut entre le globe
« et l'orbite, il appuie sur l'inférieure avec le *mé-*
« *dius* et *l'index* de la main droite, pour la placer

____

(1) Voyez planche I, n° 29.

« sous la partie inférieure de l'anneau qui la fixe.
« L'aiguille est tenue jusqu'alors entre les dents :
« l'opérateur la saisit alors comme une plume à
« écrire et la plonge hardiment dans la scléroti-
« que, à deux ou trois lignes environ de l'inser-
« tion de la cornée transparente, un peu au des-
« sous du diamètre transversal de la pupille. La
« convexité de l'aiguille doit être tournée du côté
« de l'opérateur; le manche de l'instrument doit
« regarder la tempe, et la main a pour point d'ap-
« pui le petit doigt que l'on fait reposer sur la
« paumette. L'opérateur fait divers mouvemens
« pour que la courbure pénètre avec aisance les
« membranes; il pousse l'instrument en avant en-
« tre le dos de l'iris et la partie antérieure de la
« capsule, jusqu'à ce qu'on l'aperçoive au tra-
« vers de la pupille close; avec le crochet qu'il
« porte à la partie supérieure, il pique la capsule
« qu'il détache, s'il est possible, dans toute la
« circonférence, et il l'enfonce dans le corps vitré,
« du côté de l'angle externe, s'il a eu le bonheur
« de la détacher en entier; dans le cas contraire,
« il en déchire le plus qu'il peut; les débris sont
« poussés au travers de la pupille dans la chambre
« antérieure, sans pourtant trop fatiguer l'œil.
« Lorsqu'on éprouve de la difficulté, on laisse ce
« soin à la nature, à l'humeur aqueuse, dont le
« courant ne manque jamais sous 24, ou 48 heures
« au plus tard, de pousser tous les lambeaux dans
« la chambre antérieure. On retire alors l'aiguille

« en lui faisant parcourir la même route que celle
« par laquelle elle a été introduite. J'observerai
« de faire attention de ne pas porter trop brus-
« quement en bas la capsule dans le corps vitré,
« de crainte qu'en passant sur la rétine, qui est
« pulpeuse et très molle, on ne la déchire ou dé-
« colle de la choroïde, accident qui occasionerait
« un inflammation violente, dont les suites ont
« toujours une issue funeste. Outre mon conten-
« tif, je me sers, principalement pour cette opé-
« ration, d'une aiguille à cataracte plus courte
« que celle que l'on emploie ordinairement, tran-
« chante dans sa concavité, comme une serpette,
« ce qui me donne la facilité de briser ladite cap-
« sule, ou bien si je veux la détacher, je la tourne,
« et me sers du dos. Deux points sur le manche
« indiquent la convexité de l'aiguille ; il serait
« même à propos de lui substituer une ligne de
« couleur différente, qui règnerait dans toute la
« longueur du manche ; mais ce qui faciliterait en-
« core d'avantage cette opération, c'est un instru-
« ment que je viens d'imaginer pour pratiquer la
« pupille artificielle, et que je me propose de faire
« bientôt connaître (1).

Je n'ai pas été long-temps sans me convaincre

______

(1) Lusardi, *Traité de la Cataracte congéniale.*

que la position dans laquelle M. Lusardi place son malade, n'est pas sans inconvéniens, parce que les mouvemens du petit malade se transmettent très facilement à l'aide qui se trouve alors dans une position assez défavorable pour conserver de la fermeté, et en même temps l'équilibre convenable. Il est des enfans qui sont très difficiles à maintenir, et il n'y a pas long-temps que je fus obligé d'avoir recours à cinq aides pour un enfant de trois ans.

Voici maintenant la position dans laquelle je les place, et qui me parait pouvoir obvier à tous les inconvéniens de celle de M. Lusardi, il faut avoir une planche un peu plus longue que l'enfant à opérer, une table solide, des bandes roulées, fortes, et quelques vis à bois. Je place l'enfant sur la planche légèrement matelassée, et je fixe celle-ci sur la table par sa partie inférieure, tandis que la supérieure va appuyer sur un tabouret, dans un degré d'inclinaison formant avec l'horizon quarante-huit degrés. Dans cette position l'enfant est tout à fait à la portée de l'opérateur, soit qu'il veuille opérer à droite, ou à gauche; l'opéré ne peut reculer, et si l'on place sous sa tête un coussinet à rondelle matelassée, il ne pourra point la porter à droite ou à gauche, pour peu que l'aide surtout appuie sa main sur le front.

J'ai retrouvé dans cette méthode, les avantages réunis de la position verticale contre le mur, recommandée par Barth, la sûreté du fauteuil de

Benjamin Bell, enfin la commodité et la sûreté que peut fournir dans quelques circonstances, l'usage de la position horizontale sur la table adoptée par Saunders.

Mais si l'on ne veut pas avoir des déboires, malgré toutes les précautions prises d'avance, il faut accoutumer le petit malade à se laisser lier et fixer sur la planche, et l'on n'arrive à ce résultat qu'en s'y prenant long-temps d'avance. En même temps par l'appat de petites friandises, ou au moyen de caresses faites en temps utile, on l'habitue à mettre son œil en contact avec le spéculum de Lusardi : c'est pour quelques enfans un jouet qu'il finissent par demander.

L'instrument contentif de Lusardi est sans danger, et on peut à volonté soustraire l'œil à son action : je pense cependant qu'il n'est applicable, que dans les cas de kératonyxis, ou scléroticonyxis : car pour l'extraction, quelque étroite que fut l'incision, l'œil se viderait à l'instant, ainsi que cela est arrivé plusieurs fois au docteur Gibson.

Je crois que dans la plupart des cataractes congéniales, il n'y a que la kératonyxis pratiquée à la méthode de Saunders qui puisse être applicable à la première enfance : c'est par ce procédé que j'opère les enfans, et lorsque j'ai affaire à des adultes, je pratique l'abaissement proprement dit, dans le plus grand nombre de cas.

C'est après avoir essayé ces divers moyens que

Saunders fixa son opinion sur l'opération par la ponction de la cornée : voici comment il procédait : il faisait placer, quelques heures avant l'opération, de l'extrait de belladone dans le pourtour de l'orbite : l'expérience lui ayant enseigné à préférer cette onction, à l'instillation de la solution de cette substance dans l'œil ; puis, il faisait placer et maintenir par des aides forts et intelligens, le petit aveugle sur une table solide, parallèle à la fenêtre, dont l'œil qu'on doit opérer est plus éloigné : alors le chirurgien assis sur une chaise élevée derrière le malade, d'une main saisissait l'élévateur de Pellier, et fixait la paupière supérieure, tandis qu'un aide abaissait l'inférieure : de l'autre main tenant l'aiguille à deux tranchans, il l'enfonçait dans la cornée, à sa partie externe et inférieure, en ayant soin de faire glisser l'aiguille parallèlement à l'iris, et de plat, de manière à ne pas intéresser cette cloison mobile. Au moment de pratiquer cette ponction, il appuyait légèrement l'élévateur de Pellier sur le globe de l'œil, pour surmonter un peu l'excessive mobilité de l'organe : mais cette pression, quoique légère, était suspendue aussitôt que l'aiguille avait pénétré.

Saunders avait cru que bon nombre des accidens survenus après l'opération étaient dus à l'épanchement de la matière laiteuse, ou à la dislocation du cristallin lorsqu'il était opaque ; c'est pour cette raison qu'il crut devoir modifier son procédé, selon que son diagnostic lui fesait présumer qu'il rencontrerait telle ou telle espèce de cataracte. Ainsi, quand il pensait avoir un cristallin opaque et un peu résistant, il recommandait à l'opérateur de bien se garder de plonger l'aiguille hardiment à travers le cristallin, ou d'exécuter quelques mouvemens d'abaissement, pas plus que de soulever la capsule avec la pointe de l'instrument, pareille manœuvre *luxerait* le cristallin, le ferait descendre dans la chambre antérieure, ou bien le laisserait appuyant sur l'iris, qu'il pourrait non seulement déformer, mais encore sur lequel il déterminerait les accidens dont nous avons parlé dans la première partie de ce travail.

Saunders recommande de se borner à de légers mouvemens latéraux qu'il exécutait avec la pointe et le tranchant de l'aiguille, sur la surface et le centre de la capsule, dans un espace qui ne dépasse point l'ouverture de la pupille : le but de cette manœuvre est de détruire irrévocablement la membrane dans cette partie, ce qui n'aurait point lieu si on brusquait les mouvemens. Quand ce temps de l'opération est achevé, on pousse peu à peu l'aiguille sur la substance même du cristallin, que l'on attaque ensuite avec précaution pour ouvrir son tissu, jusqu'à ce que l'on soit sûr d'avoir perforé tout son diamètre antéro-postérieur. Si, pendant cette manœuvre, l'on incline la main en haut ou en bas, l'humeur aqueuse peut s'échapper et le cristallin se porter en avant, ce qui peut faire contracter l'iris et rendre la manœuvre difficile.

C'était dans le but de s'opposer constamment à l'issue de l'humeur aqueuse que Saunders avait fait construire une aiguille légèrement conique dans sa tige, et qui remplissait exactement la plaie.

Aussitôt que le cristallin est foré au centre, on retire l'aiguille, l'opération est achevé et l'on recouvre légèrement l'œil; on doit recourir immédiatement aux onctions de belladone pour prévenir par la dilatation de l'iris, son adhérence avec les lambeaux de la capsule.

Le cristallin foré et dénudé, se trouvant continuellement en contact avec l'humeur aqueuse, celle-ci l'altère et le dissout peu à peu, et on finit par obtenir dans le centre d'une lentille opaque une seconde pupille bien noire qui donne passage aux rayons lumineux, et la vision se rétablit. Nous avons dit plus haut que Heister et Bertrandi avaient recommandé cette perforation du cristallin, dans le cas où il devenait impossible de l'abaisser.

Dans un mémoire lu à la Société royale d'Emulation, sciences et arts du département de l'Ain, j'ai prouvé, par une série de faits, que cette opération réussissait très bien chez les chevaux, et qu'elle était même la seule qui pût donner des succès dans le traitement de l'obscurcissement du cristallin chez les solipèdes (1).

____

(1) *Compte rendu des travaux de la Société pour* 1829.

Une seule opération réussit quelquefois, et la nature à souvent en quelques semaines opéré l'absorption complète du cristallin, au point qu'il ne reste plus que les deux feuillets de la capsule qui finissent par adhérer l'un à l'autre.

Si l'absorption se fait attendre trop long-temps, il faut recommencer l'opération, une ou plusieurs fois, en mettant au moins quinze jours d'intervalle entre chaque séance.

Je crois que Saunders à fait erreur en pensant que les cataractes congéniales dures étaient plus fréquentes qu'on ne le croit en général : les travaux de Scarpa, de Gibson, de Lusardi, de Lawrence, de Middlemore, et mes propres observations prouvent le contraire. Souvent on vous présente pour des cataractes congéniales, des opacités du cristallin, consécutives à la naissance, qui ont un degré de consistance plus grand que celles qui sont de naissance. J'ai déjà dit dans l'introduction de ce travail que je partageais entièrement la conviction de mon illustre maître, sur la rareté des cataractes parfaitement solides avant la trente-cinquième année. L'opération de Saunders ne peut donc s'appliquer qu'à des cataractes à consistance peu prononcée; car pour perforer des cataractes dures, lenticulaires, la force à employer pour y parvenir serait dans le plus grand nombre des cas, plus que suffisante pour rompre la capsule et ses adhérences aux procès ciliaires, avant que le trou fut conve-----

ment pratiqué au centre du cristallin ; dans ce cas l'on échouerait complètement.

Saunders s'est aussi tout à fait exagéré les résultats de l'épanchement de l'humeur laiteuse dans l'œil. Les phénomènes inflammatoires qui avaient suivi l'opération de la cataracte fluide, étaient autant dus à l'irritation de l'iris, ou de la membrane de l'humeur aqueuse, qu'à la formation d'un hypopion accidentel, qui se résorbe avec facilité : le danger le plus réel, c'est l'opacité instantanée de l'humeur aqueuse qui ne permet pas à l'opérateur de suivre les mouvemens de son aiguille.

Saunders pensait qu'aussitôt que l'on s'apercevait de l'épanchement du liquide, il fallait se borner à de légers mouvemens imprimés à l'instrument et le retirer aussitôt : ce commencement d'opération convertissant toujours la cataracte fluide en une *cataracte capsulaire*, cette dernière est ensuite, quelques semaines après, attaquée dans son centre, comme dans la cataracte dure, et par ce moyen l'on obtenait une nouvelle pupille dans un rideau opaque.

On verra plus tard que la plupart des craintes de Saunders n'étaient qu'illusoires, et que rien n'est plus facile que d'y remédier ou de les prévenir.

CHAPITRE II.

CAPSULE OPAQUE AVEC UN CRISTALLIN FLUIDE.

Saunders employait le même procédé que pour les cas ci-dessus, seulement il disait que l'on pouvait donner de plus grands mouvemens latéraux à l'aiguille, pour faire une ouverture permanente; car, la détacher de la grande circonférence, serait selon lui une faute qui exposerait à obstruer la pupille et nécessiterait une opération, qui, elle même, serait peu heureuse; car d'un côté la capsule racornie ne s'absorbe jamais, et de l'autre, la capsule détachée en partie n'offre plus assez de prise pour être convenablement saisie.

Quant à moi, je procède justement comme le défend Saunders, sans avoir à me repentir de ce qu'il appelle une imprudence.

Ainsi, quand la cataracte existe sur un enfant ayant moins de quatre ans, je le place dans la position à plan incliné que j'ai indiquée plus haut : je cherche à obtenir le plus grand degré de dilatation de la pupille, et je plonge mon aiguille dans la cornée à deux lignes de son insertion à la sclérotique, une demi-ligne plus haut ou plus bas que dans son diamètre transversal. Cet instrument n'est que l'aiguille droite de Saunders, mais réduite à la plus grande finesse possible. Aussitôt que je suis parvenu au centre du cristallin, je l'incise crucialement et laisse l'instrument en place, immobile; car l'humeur aqueuse est aussitôt envahie et troublée par l'épanchement du fluide laiteux contenu dans la bourse cristalline : la chambre antérieure en est tellement remplie, que l'on croirait voir un opacité complète de la cornée transparente. A peine une minute s'est-elle écoulée que la matière se précipite comme dans un hypopion séreux; alors retirant légèrement l'aiguille, je la porte entre l'iris et la grande circonférence du cristallin. La capsule se détache facilement et alors elle se roule sur elle-même et rien n'est plus facile que de l'immerger profondément dans le corps vitré ; si elle remonte, on la jette dans la chambre antérieure, où elle s'absorbe peu à peu. Ici Saunders à raison, l'absorption est lente ; mais elle a lieu cependant.

J'ai employé ce procédé plusieurs fois avec succès, entre autre dans les cas suivant :

Obs. Madame Bebert, couturière, demeurant rue Saint-Denis, à côté du passage du Grand-Cerf, vint me consulter pour un enfant de sa nourrice, qui demeurait dans les environs de Rambouillet, et qui était aveugle de naissance. Je la priai de le faire venir à Paris, et je ne tardai pas à me convaincre qu'il était atteint de cataracte congéniale. Cet enfant, âgé de trois ans, blond, lymphatique, ne marchait point seul, il parlait à peine et avait une intelligence très peu développée. Ses yeux, assez grands, bruns, étaient continuellement en mouvemens de rotation qui augmentait quand on le privait de la lumière éclatante qu'il aimait beaucoup. Son plus grand amusement était de placer ses mains entre le grand jour et ses yeux, et de faire des mouvemens de haut en bas, qui lui interceptaient et rendaient alternativement la lumière.

L'iris très mobile n'adhérait en aucune manière au cristallin et à ses annexes : plusieurs dilatations graduées avec l'extrait de belladone confirmèrent ce diagnostic. L'opération fut pratiquée dans les premiers jours de juillet 1833, en présence de M. le docteur Mamelet, chirurgien, aide-major au 3e régiment de ligne, et de MM. Branzeau, Pauly, Jules Boumingas, étudians en médecine : le procédé décrit ci-dessus fut exécuté avec facilité, et la capsule fut immergée dans l'humeur aqueuse. J'avais emmailloté l'enfant selon la manière indiquée par Lusardi, et il nous fut très difficile de maintenir le petit malade, car il se débattait et rugissait comme un petit lion, avant même qu'il eût été touché. Cependant quatre aides vigoureux, intelligens, paraissaient devoir être plus que suffisant pour comprimer ses mouvemens, et ce ne fut pas sans peine que l'opération fut terminée, selon le procédé que j'ai indiqué.

Il ne se manifesta aucun accident et l'œil était parfaitement net vingt jours après l'opération.

On me permettra d'entrer dans quelques détails

sur les soins généraux qui furent donnés à ce malade, car j'avais ici à lutter contre une organisation cérébrale excessivement vicieuse, et je ne pouvais rien obtenir de cet enfant, qui put me faire connaître s'il voyait, oui ou non. Il était donc indispensable de le traiter par des moyens analogues à ceux que l'on met en usage pour dresser les animaux, la faim et la soif.

Il ne se manifesta aucun accident après l'opération, et six jours s'étaient à peine écoulés que l'enfant était sur pieds, marchant dans une chambre obscure en se tenant aux chaises. Quand il apercevait un rayon de lumière, il se bouchait les yeux et se mettait à crier. Il était donc certain pour moi qu'il la percevait mieux qu'avant l'opération, peu à peu il la chercha, et plaçant entre la faible lueur qu'on lui permettait, et son œil, une de ses mains, il faisait des mouvemens de haut et de bas, qu'il répétait ensuite devant l'œil non opéré, pour établir sans doute la différence qui existait entre les deux yeux. Mais il m'était impossible de fixer sa vue ou son attention sur quoique ce fût ; je résolus donc de placer à l'extrémité de fils suspendus au plafond de la chambre qu'il habitait, des fruits, du sucre, des gâteaux, et autre chose qu'il aimait, après les lui avoir fait toucher et flairer. Le succès couronna mon entreprise, et le petit gourmand était continuellement à la recherche des friandises. Rien de plus drôle que ses hésitations, ses calculs pour reconnaître les distances, sa colère quand ses mesures étaient mal prises. Je me suis dès-lors convaincu que la vision s'exerçait, qu'il ne fallait que du temps pour la rectifier et la fortifier : en effet, l'enfant voit maintenant parfaitement et distinctement.

Dans l'observation du petit malade qui précède, il ne reste plus aucune trace de capsule, elle a été entièrement résorbée : elle-ci ne peut jamais contracter de nouvelles adhérences si elle a été complétement détachée : si elle était difficilement dissoute par l'humeur aqueuse, il faudrait alors procéder à son extraction, comme le faisaient Ware et Gibson, de Manchester (1). Rien n'est alors plus facile, car avec un des plus petits couteaux à pupille artificielle de Jœger, on ferait une petite incision à travers laquelle on introduirait le coréoncion de Grœfe, et on extrairait la capsule.

Étonné de la différence qu'il avait trouvée dans la pratique des opérations de cataractes congéniales, Saunders en rechercha avec empressement la cause, et crut la trouver dans l'épaisseur de l'aiguille qu'il employait pour percer la cornée et qui, par sa conformation, était destinée à retenir l'humeur aqueuse. En effet, il ne tarda pas à se convaincre que la sortie de cette humeur avait bien moins d'inconvéniens qu'on ne le pensait généralement, et que l'aiguille destinée à la retenir en place fai-

---

(1) Ware, ouvrage cité, page 360.

sait payer cher cet avantage, en produisant des kératites et des iritis très intenses. Il fit donc diminuer de beaucoup son aiguille, et dès-lors les accidens furent moindres.

Saunders tenta aussi la perforation du cristallin à travers la sclérotique. Il recommande alors d'introduire l'aiguille à une ligne au moins de son union avec la cornée, pour éviter de toucher l'iris, et de le détacher du ligament ciliaire, accident du reste peu dangereux, si on retire de suite l'instrument, mais renonçait à ce procédé pour les enfans. Aussitôt les tuniques percées, il faut diriger la pointe de l'aiguille vers le bord mince du cristallin, introduire son plat entre la capsule et la lentille, puis arriver au centre de la capsule et l'ouvrir avec toutes les précautions mentionnées pour le premier mode opératoire, en faisant de petits mouvemens pour ne pas luxer le cristallin. Dans les opérations subséquentes, on achève l'ouverture de la capsule sans projeter dans la chambre antérieure les portions de cristallin, car l'absorption se fait mieux en place.

Il arrive souvent que les premières tentatives pour opérer la cataracte congéniale non seulement échouent, mais encore provoquent une inflammation adhésive entre la face postérieure de l'iris et la capsule; il devient alors impossible d'extraire les deux feuillets de la capsule sans courir la chance de détacher l'iris dans sa grande circonférence. C'est alors le cas de faire une légère incision à la cornée ; puis, au moyen des ciseaux de Gibson ou de Maunoir, pratiquer dans le centre du rideau opaque qui correspond à la pupille, une petite fenêtre. Les fragmens sont abandonnés à l'absorption, ou extraits avec la pincette ou le crochet de Gibson, que j'ai toujours remplacé avec un immense avantage par le coréoncion de Grœfe.

Il existe souvent entre le cristallin et l'iris une petite tumeur hydatique qui n'a aucune adhérence avec le premier et dont l'existence est souvent indépendante du dernier. Cette petite tumeur anormale ne gêne en rien la manœuvre de l'opération et souvent persiste après elle, sans pour cela mettre un obstacle à la vision. Cette complication est si rare que je crois devoir communiquer celle qu'a rencontrée en Angleterre, mon illustre maître et ami, le professeur Maunoir.

« Anne Baker de Compton, âgée de 13 ans, avait eu, dans sa plus tendre enfance, une ophtalmie violente, qui s'était terminée par la fonte absolue de l'œil droit et une cataracte sur le gauche ; elle n'avait pas le souvenir d'avoir jamais vu ; on pouvait donc la consdiérer comme aveugle de naissance. Cet œil gauche était très beau ; l'iris d'une grande activité dans ses mouvemens de dilatation et de contraction, le cristallin d'un beau blanc laiteux, mais ayant, à peu près sur son centre, un peu à gauche, une petite tumeur du volume d'une grosse tête d'épingle, qui faisait saillie dans la chambre antérieure, et paraissait adhérente à la capsule par un très mince pédicule.

« Je l'opérai au commencement de février, et je crois devoir donner le détail de mon procédé. Après avoir déterminé la plus grande dilatation de la pupille, au moyen de quelques grains d'extrait de belladone, dissous dans une demi-cuiller à café d'eau distillée, dans laquelle dissolution l'œil fut baigné quelques heures avant l'opération, je fis placer cette jeune fille sur une chaise ; un aide debout derrière elle, tenait sa tête appuyée sur sa poitrine ; de ma main gauche je fixai les paupières et l'œil avec le speculum orbiculaire ; puis pénétrant avec l'aiguille de Saunders, plate et tranchante des deux côtés, dans la cornée transparente, à une ligne de la sclérotique, et à l'extrémité externe ou temporale de son diamètre transversal, j'en conduisis la pointe vers la partie supérieure du cristallin, et la portant de haut en bas, je fendis la capsule dans cette direction ; puis plongeant mon instrument dans le corps même de la lentille opaque, je la coupai comme je pus, et en amenai dans la chambre antérieure trois ou quatre fragmens qui en constituaient peut-être le tiers. La petite tumeur blanche, dont j'ai fait mention, ne parut pas avoir changé de place ; toutes mes tentatives pour la séparer de ses adhérences avec la capsule, furent inutiles ; dès qu'elle était touchée par le tranchant de l'aiguille, elle fuyait dans la chambre postérieure, où elle ne trouvait pas de point d'appui ; et dès que je l'abandonnais , elle revenait à sa place (1).

« Le résultat de cette opération , qui fut facile à cause de l'extrême et rare docilité d'Anne Baker, laissa au milieu du cristallin brisé , une petite pupille d'un beau noir : l'œil n'était point fatigué et à peine douloureux. Anne distingua tous les objets qu'on lui présenta, ne soupçonnant pas du tout ce qu'ils étaient ; elle portait les mains en avant pour les saisir, et se trompait sur les distances : elle exprima de l'étonnement et de la joie. Je fermai ses yeux , les couvris d'une compresse trempée dans de l'eau tiède , qui fut fixée par une bande roulée : elle fut soumise à une diète sévère , et à un repos parfait ; le bandage fut levé le troisième jour ; l'œil était à peine légèrement rose , et nullement douloureux. Les fragmens amenés dans la chambre

---

(1) « J'ai donné des détails sur la manière dont j'ai fait cette opération , parce que dès-lors , j'en ai vu pratiquer une à Paris , par un professeur très distingué par ses lumières et son adresse , qui , dans l'opération faite d'après ce procédé , a percé la cornée transparente à l'extrémité de son diamètre vertical. Cette manière d'attaquer le cristallin , n'empêche pas d'en couper la capsule , et de la briser facilement ; mais elle rend presque impossible les mouvemens de la pointe de l'instrument en avant, pour amener les fragmens brisés dans la chambre antérieure. Et en effet, dans cette opération , le cristallin tout entier resta dans la chambre postérieure ; or c'est un fait confirmé par une expérience répétée, qu'il se dissout beaucoup moins vite dans sa capsule , quoique déchirée , que quand il en est extrait. »

antérieure, étaient floconneux et un peu gonflés ; la pupille était moins grande, mais assez pour que la vue existât encore. Appelé à une excursion loin de Farnham, j'y laissai Anne Baker dans cet état satisfaisant, et ce ne fut guère qu'un mois après que je la revis. Pendant ce court intervalle de temps, elle avait *appris à voir*, et elle reconnaissait les objets usuels à la première vue, jusqu'au point de nommer une épingle que je lui montrais entre deux doigts. Cependant la pupille n'était pas très augmentée, et était entourée d'une assez grande quantité de la matière du cristallin, non dissous ; tous les fragmens qui avaient été amenés dans la chambre antérieure avaient disparu. Quelques jours après cette inspection, je répétai l'opération comme elle avait été faite la première fois, et j'amenai de nouveaux fragmens de cristallin dans la chambre antérieure. Les suites de ce second brisement de la lentille opaque furent tout à fait semblables à celles de la première opération ; tous les fragmens opaques déplacés disparurent dans moins de vingt jours ; il en resta très peu dans le champ de la pupille ; et en quittant Farnham quelque temps après, je laissai ma jeune aveugle rendue à la lumière, et en état de travailler à la campagne et au foyer domestique, mais conservant sa petite tumeur blanche, qui n'avait changé ni de place ni de volume (1). »

---

(1) « Je fus tenté un moment de faire une petite incision à

Il arrive souvent que des cataractés de naissance ne sont point affectés de mouvement rotatoire dans les yeux, ce sont les individus dont la cataracte est opaline et qui conservent un certain degré de vision, quand ils sont assez avancés en âge pour raisonner de leurs sensations; il est facile de se convaincre qu'ils reconnaissent les couleurs très éclatantes et les corps brillans : ces individus offrent en général les plus grandes chances de succès : voici un cas de ce genre. (*Voir les notes.*)

Obs. J'assistais dans les premiers jours de juillet 1824, à une opération de cataracte faite par M. Maunoir, sur un jeune enfant de cinq ans; la cataracte était laiteuse; les pupilles bien mobiles ; les yeux n'étaient point sujets à ces mouvemens rotatoires si pénibles à voir dans les aveugles-nés ; le petit malade apercevait assez bien les différentes couleurs. Dans la matinée l'on avait instillé dans les deux yeux quelques gouttes de belladone qui produisirent une dilatation très marquée des pupilles; contre son habitude M. Maunoir opéra les deux yeux par le même procédé que Anne Baker; il commença

---

la cornée, pour saisir et extraire cette petite concrétion avec des pinces; mais obligé de revenir à Genève, je n'osai m'exposer à laisser les soins d'une opération délicate dans des mains peu accoutumées à ce genre de traitement. Je dois dire encore que le cristallin d'Anne Baker avait une consistance molle, que je comparerais volontiers à celle du beurre de printems. »

par le droit, et malgré les horribles cris et les tré-
pignemens du petit malade avec succès : quand on
passa à l'œil gauche, il se montra aussi docile qu'il
avait été récalcitrant dans la première opération. Le
résultat fut très heureux pour toutes deux, et l'enfant recouvra complètement la vue.

J'ai dû rapporter les deux faits ci-dessus avec
détails, parce que tous deux se rattachaient à des
cas exceptionnels qu'il est important de signaler à
l'attention des praticiens. J'avais encore une autre
raison d'un intérêt bien autrement supérieur :
c'est que Maunoir à qui l'opération de la cataracte
par extraction doit de si utiles perfectionnemens,
opération si heureuse dans ses mains, n'a jamais
songé à employer ce procédé pour la cataracte congéniale. Cependant, il ne se cache point de sa préférence pour l'extraction comme méthode générale :
mais M. Maunoir tient compte des faits observés
par ses confrères et par lui-même ; et ayant eu sous
les yeux les succès obtenus par Saunders, il a
adopté sa méthode, sans que M. Alexandre, par
son habileté, qu'il se plaît à proclamer, ait pu
ébranler ses convictions.

La science gagnerait beaucoup aux communications des succès et des insuccès, arrivés dans la
pratique des grands chirurgiens, malheureusement, il n'en est pas ains ; il y a déjà long-temps
que le Nestor de la chirurgie italienne avait écrit
les remarquables sentences suivantes.

« *La maggior parte dei chirurgi non pubblica*

*che le storie di guarigioni felici e tira un velo sopra
le infelici, dalle quale però, si potrebbe trarre dei
lumi per l'avanzamento dell'arte* (1).

Espérons donc que cette déclaration de l'homme
le plus consciencieux de son époque engagera les
chirurgiens à faire connaître leurs insuccès en
même temps qu'ils rapporteront leurs cas de
réussite.

---

(1) La plupart des chirurgiens ne publient que les observations de guérison, et tirent un voile épais sur leurs revers,
comme si ceux-ci ne pouvaient pas souvent fournir à la science
d'utiles enseignemens. Scarpa, *Sull' anevrisma, riflessioni ed
osservazioni anatomico-chirurgiche*, § 16, p. 77.

CHAPITRE III.

SOINS CONSÉCUTIFS A L'OPÉRATION.

J'ai déjà dit plus haut combien il était difficile, voire même impossible de placer un appareil sur les yeux des enfans opérés de la cataracte ; car les efforts qu'ils font pour s'en débarrasser sont souvent plus dangereux, plus contraires au succès de l'opération que l'absence de tout appareil. Il faut donc se borner à pratiquer des frictions de belladone dans le pourtour de l'orbite, pour maintenir la pupille dilatée, et à placer les yeux opérés dans une obscurité convenable. Il faut les tenir dans une atmosphère peu chaude, car, comme l'a dit un spirituel écrivain, M. Révellié-Parise, rien ne fait plus de bien à un œil irrité qu'un bain d'air modérément frais (1).

S'il se manifeste une inflammation, il faut avoir recours à l'application de quelques sangsues aux tempes, ou derrière les oreilles, mais jamais les placer sur les paupières, comme le recommandait Saunders, pratique essentiellement vicieuse, que suivent encore un grand nombre de médecins an-

---

(1) *Bull. thérap.*, tome Ier, page 314.

glais, entre autres MM. Lawrence et Guthrie. En effet, non seulement l'anélide, placée sur la paupière, y détermine toujours une fluxion érysipélateuse, ou des ecchymoses qui peuvent tomber en gangrène, mais encore le globe de l'œil peut être blessé par le suçeoir de l'animal, accident dont j'ai été plusieurs fois témoin.

Quand l'inflammation est très violente, j'emploie avec avantage la scarification dans l'intérieur des narines, ce qui procure un écoulement de sang abondant et un soulagement marqué. C'est toujours pendant le sommeil qu'il faut examiner les yeux des enfans : en le faisant avec précaution et avec une lumière modérée, on y parvient très facilement sans les réveiller. Dans quelques circonstances même, il est nécessaire de provoquer un sommeil plus profond, en leur faisant prendre un sirop légèrement narcotique, ou en leur introduisant dans le rectum un léger suppositoire de beurre de cacao, mêlé à quelque substance soporifique. Les autres phénomènes inflammatoires doivent être traités comme chez l'adulte et selon les indications qu'ils réclament.

Il ne reste plus qu'une indication à remplir, c'est d'accoutumer peu à peu le malade à la lumière, sans quoi l'on courrait la chance de produire une rétinite très aiguë, qui pourrait faire perdre tous les bénéfices de l'opération. C'est en général la cause de tant d'insuccès ; l'opérateur, l'opéré, les parens brûlent de s'assurer des effets de l'opération, et l'on soumet le petit malade à des expériences dont la conséquence est souvent funeste pour lui.

Il ne faudra donc le conduire au grand jour que lorsqu'il aura passé par des degrés variés de lumière. Pendant long-temps il sera même convenable de lui faire porter un garde-vue et des lunettes colorées.

Je pourrais entretenir de ces expériences prétendues physiologiques faites sur les aveugles-nés ; mais tout ce que je pourrais dire, resterait bien au dessous des observations faites par Cheselden, qui eut pendant si long-temps à sa disposition un aveugle-né rendu à la lumière (1).

Wardrop, plus heureux encore, rendit la vue à une dame de beaucoup d'esprit, âgée de 45 ans, et put suivre chez elle tous les développemens d'un sens nouveau pour elle, et qui justifia souvent

---

(1) C'est à tort que pendant long-temps l'on a cru, ainsi que l'avait avancé Voltaire dans ses *Élémens de la philosophie de Newton*, que Cheselden avait opéré une cataracte congéniale. Cette opinion, partagée même par un grand nombre de chirurgiens, a été détruite par les recherches de S.-W. Adams, qui a prouvé à l'évidence et par des pièces authentiques que le petit-aveugle de Cheselden avait une occlusion congéniale de la pupille, dont il fut guéri par l'opération de la pupille artificielle.

l'opinion avancée par Berkcley, qui disait qu'un aveugle-né à qui on rend la vue, formera des jugemens très différens de ceux que nous formerons nous-mêmes de la grandeur et de la forme des objets qu'il apercevra; il ne pensera pas que l'idée de la vue ait aucun rapport de connexion avec l'idée du toucher (1).

La plupart des aveugles de naissance à qui l'on rend la lumière ne savent point voir, c'est le mot ; c'est une éducation qu'il faut commencer pour un sens, et qui ne marche que peu à peu, et à mesure que le toucher rectifiera les sensations. Ainsi l'aveugle de Cheselden pensait que les objets qu'il voyait, devaient toucher ses yeux, comme son doigt touchait sa peau.

Cette rectification d'un sens par un autre, et qui est très avantageuse chez les adultes, devient chez les enfans un obstacle au perfectionnement de la vision, parce qu'il leur paraît plus simple et plus expéditif de toucher ou de chercher à toucher ce qu'ils voient, mal ou difficilement. Il faut alors les forcer à se passer du sens auquel ils attachent tant d'importance, et même les priver momentanément des autres, sur lesquels ils comptaient trop, pour les obliger à voir, ou tout au moins apprendre à voir. On arrivera à ce but, en obtu-

---

(1) Berkcley, *Théorie de la vision*, page 28. *Bibliothèque universelle de Genève*, tome XXXIV, page 291.

rant les oreilles par un mécanisme approprié, en liant les mains derrière le dos. C'est ainsi que M. Dupuytren rendit la vue à une jeune fille fort opiniâtre, et qui ne voulait point marcher sans se servir de ses mains qu'elle portait en avant, en forme d'antennes, pour reconnaître les objets qu'elle aurait pu voir. On ne lui accordait les choses qu'elle aimait le mieux, que lorsqu'elle les devinait et les nommait (1) : j'ai dit plus haut que j'avais dompté par la faim un petit garçon à facultés peu développées, et en même temps excessivement opiniâtre (voyez page 297).

Sans une excessive sévérité, l'on court la chance de ne jamais leur apprendre à voir, et alors, tout le bénéfice de l'opération est perdu pour long-temps.

Il est vraiment pénible d'être obligé de tourmenter de jeunes enfans, souvent fort intéressans : il faut se résoudre en même temps à supporter l'affliction des parens, qui s'exhale souvent en reproches injustes et amers. De toutes les professions, celles de l'oculiste est la plus sujette aux plus cuisans déboires, par l'impatience des malades et l'injustice de ceux qui les entourent.

____

(1) Guillié, *Nouvelle bibliothèque ophtalmologique*, Ire fascicule, page 37. *Répertoire d'anatomie et de physiologie* de Breschet, 2e année.

Je me rappellerai toujours la patience admirable et la dignité avec laquelle M. Maunoir répondait aux lamentations poignantes de M. de Beaumanoir qui, déclaré incurable par tous les oculistes de l'Allemagne, recouvra la vue après une des plus remarquables opérations de pupille artificielle compliquée de cataracte, qui ait été pratiquée. Le malade ne put voir cependant que 3 mois après, mais sa vue devint parfaite (1).

Il est un autre écueil, c'est l'habitude de la cécité, c'est l'ignorance absolue des objets environnans, *ignoti nulla cupido*, qui fait que la plus grande partie des aveugles-nés, privés d'instruction première, ne témoignent pas le désir de voir, ou ne manifestent aucun étonnement, et ne cherchent point à sortir du vague où ils sont. Je rapporterai à l'appui de ce fait la sigulière réponse d'un aveugle-né, opéré par Beer, et qui répondit au prince de Metternich, qui lui demandait pourquoi il ne manifestait aucune émotion, aucun sentiment de bonheur, « Eh ! monsieur, ne savais-je pas que j'étais venu ici pour cela (2)!!

Consolons-nous, dans l'exercice des devoirs de

(1) Carron du Villards, *Considérations pratiques sur quelques points en litige, concernant l'opération de la pupille artificielle. Journal des connaissances médicales*, avril 1834.

(2) Bin, *Ich denn nicht desswegen hierher gekommen.* Guillié, ouvrage, cité.

notre profession, de l'injustice des hommes, et souvent encore des caprices du hasard qui se joue de toutes les prévisions pour rendre impuissantes nos meilleures intentions et faire échouer les opérations qui étaient destinées à nous faire le plus d'honneurs.

MEMENTO DE L'OPÉRATEUR,

OU RÈGLES GÉNÉRALES DE L'OPÉRATION DE LA CATA-
RACTE PAR EXTRACTION.

Je suis convaincu, avec M. Ware, que quelque
habitude que l'on ait d'une opération, il faut souvent représenter à sa mémoire les divers temps qui
la composent et les différentes modifications que
les parties ou les circonstances peuvent lui faire
subir. Afin de graver profondément dans l'esprit
des jeunes opérateurs les règles générales des diverses méthodes d'opérer la cataracte, nous allons
les formuler en propositions ; rien ne sera plus facile que de les parcourir chaque fois que l'on aura
une opération à faire, précaution que n'a jamais
négligé Ware, lors même qu'il eut fait un grand
nombre d'opérations. Le texte en caractère petit-
romain, indique les explications des propositions.

I.

Les instrumens qui doivent servir à l'opération

seront examinés avec soin : le kératotôme mérite
une attention toute particulière, et il faut s'assurer
de son tranchant.

Nous avons parlé, à l'article *Défectuosité des instrumens*,
des soins pris par M. de Wenzel, et qu'il ne faut jamais transgresser.

II.

Le kératotôme doit varier en longueur, en largeur, en épaisseur, selon les diverses conforma-
stion de la cornée, il doit toujours être plongé dans
l'huile avant d'être porté sur les tissus.

C'est au choix convenable de la forme de l'instrument que
Forlenza et un grand nombre d'opérateurs ont dus la facilité,
même merveilleuse, avec laquelle ils incisaient la cornée
d'un œil qui se cachait profondément dans le grand angle,
sans blesser l'iris.

III.

Il ne faut jamais perdre de vue la position convenable pour avoir une bonne lumière, et l'opéré
doit être placé de telle manière que le chirurgien
voie toujours parfaitement le trajet de son instrument à travers la cornée.

C'est un point de la plus haute importance que de prendre bien son jour. Le succès de l'opération en dépend, et l'opérateur doit même, dans ce cas, sacrifier sa propre position, pour en donner une convenable à l'opéré : les faux jours occasionnent des accidens graves à l'homme le plus exercé.

IV.

Que l'on opère le malade couché ou assis, il doit être assez bas pour que le genou de l'opérateur puisse servir de point d'appui à son coude.

Il est bien peu d'opérateurs qui puissent opérer à main levée ; quelque soit la sûreté de celle-ci, il faut se défier des mouvemens du malade, qui peut alors imprimer à la main mal assurée une secousse dont on ne peut calculer ni prévenir les effets.

V.

La tête doit être fixée de telle manière qu'il n'y ait pas de recul possible : on sentira combien la position horizontale est favorable pour obtenir cette fixité convenable.

C'est ce recul instantané qui fait dévier la lame de l'instrument et commettre des accidens graves. Barth, en fixant le malade droit contre le mur; Benjamin Bell, avec son fauteuil, obviaient à cet accident, la position horizontale les remplace avec avantage.

VI.

Il faut toujours s'assurer des bras du malade, même le plus raisonnable.

Nous ne sommes plus à l'époque où l'on garotte les opérés, mais il est des mouvemens involontaires, que le malade ne peut retenir, et sa main venant à heurter l'opérateur, l'œil peut être vidé. Il est donc important que quelqu'un, assis de chaque côté de l'opéré retienne ses mains avec précaution.

VII.

Celui qui est chargé de tenir la paupière, doit le faire avec précaution, sûreté, et assez de force pour vaincre le blépharospasme, il ne touchera point l'œil : enfin, il se placera un peu de côté pour ne point intercepter la lumière et gêner l'opérateur.

Pour rendre ces divers temps d'une facile exécution, il faut que l'aide soit de grande taille, ou qu'il se place sur un tabouret solide; il doit essuyer avec soin la paupière et ses doigts, pour que ceux-ci ne glissent point sur elle et la maintiennent immobile.

VIII.

Il ne faut jamais opérer les deux yeux à la fois,

et maintenir l'œil qu'on n'opère pas , avec un bandage convenable , placé avant de commencer l'opération.

Nous avons, dans le cours de ce travail, donné les raisons pour lesquels il ne faut opérer qu'un œil. L'œil qui ne doit pas être opéré doit être voilé pour empêcher les mouvemens qui se transmettraient à celui soumis à l'opération : si l'œil jouissait de la faculté de voir, cette précaution serait encore plus indispensable, pour empêcher le malade de s'effrayer à la vue des instrumens.

IX.

Avant de commencer l'opération, chaque aide doit être prévenu avec soin de ce qu'il a à exécuter; et il faut attendre que l'œil ait pris de l'aplomb.

Cette recommandation est importante pour assurer la promptitude de l'exécution, pour que les instrumens nécessaires soient présentés au feu à mesure ; enfin pour que celui qui soutient la paupière la laisse tomber convenablement, sans pour cela négliger de tenir la tête fixée : l'opérateur doit commander par signe plutôt que de la voix. Au moment où l'on opère le malade, il est ému , et son œil agité ; quelques paroles consolantes le calment, et les mouvemens convulsifs de l'organe s'appaisent : c'est le moment favorable.

X.

Au moment où l'opérateur attaque la cornée, l'instrument doit être introduit presque parallèlement à l'axe du corps, par un mouvement vif et sec : aussitôt que le défaut de densité et la coloration de la lame annoncent que l'on est dans la chambre antérieure, il faut ramener la pointe horizontalement et parallèlement à l'iris, sans presser avec l'instrument.

Voilà le temps le plus important de l'opération ; tout le succès dépend presque de la sûreté de son exécution ; car si l'instrument n'est pas enfoncé presque perpendiculairement à l'axe du corps, on risque de labourer les lames de la cornée et d'avoir une incision défectueuse ou insuffisante ; si, aussitôt que le kératotôme a divisé toute l'épaisseur de la cornée, on ne ramène pas sa pointe à l'horizon et parallèlement à l'iris, cette cloison mobile sera blessée.

XI.

Lorsque la pointe de l'instrument éprouve de la difficulté à ressortir au point opposé où il est entré, il faut favoriser ce temps de l'opération en pressant avec l'ongle du doigt medius, sur le point où il doit perforer la membrane.

Il est important de surveiller la sortie de la pointe de l'instrument, car si elle éprouvait trop de résistance, non seulement elle pourrait se plier, mais encore labourer les lames de
la cornée et aller blesser l'iris à son union à la sclérotique.

XII.

Si l'iris se présente au devant du couteau, il faut
peu à peu retirer la lame ; puis, en renversant légèrement la main, porter la pointe du côté de la
concavité de la cornée, pour compléter l'incision.
Si ce moyen échoue, faire avec le doigt de légères frictions sur la cornée.

Je ne saurais assez recommander de ne point trop mettre
de précipitation dans ces diverses manœuvres, car un rien
peut faire commettre des fautes graves.

XIII.

Pendant le temps de la ponction et de la sortie
de l'instrument au point correspondant, on peut
presser légèrement sur le globe de l'œil pour assurer l'action du kératotôme ; mais aussitôt que la
pointe est visible à l'angle interne, toute pression
doit cesser immédiatement.

La chute de l'humeur vitrée et le refoulement de l'iris au
devant du couteau ne sont souvent que le résultat d'une

pression imprudemment continuée · l'opérateur doit surtout recommander à son aide de s'abstenir de presser en aucune manière sur le bulbe.

XIV.

La sortie prématurée de l'humeur aqueuse empêche souvent de terminer l'incision d'une manière convenable et suffisamment grande ; dans ce cas, il ne faut pas insister : le kératotôme simple doit être retiré, et l'incision agrandie avec les instrumens appropriés.

Il vaut mieux agrandir l'incision par une seconde opération que de s'entêter à le faire dans la première, parce que, lorsque l'humeur aqueuse est sortie prématurément, la chambre antérieure s'efface et le cristallin accule l'iris au devant du couteau ; le kératotôme double, de notre invention, peut remédier à ces divers accidens, lors même que le cristallin a déjà passé dans la chambre antérieure.

XV.

La largeur de l'incision doit être en raison directe du volume apprécié du cristallin ; cependant elle doit être moindre pour les adultes que pour les vieillards.

On sait, à n'en pas douter, que le cristallin des hommes adultes est peu dur, et qu'on l'extrait facilement par une incision moyenne ; le contraire a lieu chez les hommes avancés en âge ; dans tous les cas, les pinces à crochet ou à lentille fenêtrée sont d'un grand secours.

XVI.

Aussitôt que l'incision de la cornée a été faite et terminée convenablement, l'aide doit laisser tomber la paupière : dès ce moment, il ne doit plus y toucher, c'est l'opérateur qui reste désormais chargé de ce soin.

On conçoit que, lorsque la cornée est ouverte, toute manœuvre imprudente ou précipitée peut vider l'œil. Pour tous les temps secondaires à la section de la cornée, l'opérateur doit relever lui-même la paupière et ne la laisser toucher par personne. Rien n'est plus facile que cette manœuvre, exécutée avec la main opposée à celle qui tient l'instrument.

XVII.

Quand il s'agit d'ouvrir la capsule, il ne faut jamais introduire l'aiguille par la pointe, mais commencer à soulever le lambeau cornéen avec la tige de l'instrument : peu à peu, en retirant la main, on amène la pointe de l'aiguille au centre de la pupille, sans courir le risque de blesser ou de décoller l'iris.

On blesse très souvent l'iris au moment où on introduit l'aiguille pour inciser la capsule; il faut toujours rejeter pour cette partie de l'opération la lame du kératotôme et les kistitômes à lames larges.

XVIII.

Pour extraire le cristallin, il faut avoir la précaution de ne point presser trop en arrière sur le globe de l'œil, car on courrait la chance de faire sortir l'humeur vitrée sans obtenir l'évacuation de la lentille opaque.

Cet accident est très fréquent, et Marc-Antoine Petit insiste fortement sur l'importance du précepte que nous venons de donner.

XIX.

Si une pression modérée ne fait pas sortir le cristallin, il faut alors le charger avec le crochet de Beer ou les pinces de Maunoir; car il est toujours très avantageux que l'opération ne se prolonge pas.

Je ne saurais ici admettre le conseil de Ware, qui veut que l'on presse sur l'œil en haut et en bas; rien n'est plus propre à vider l'œil que cette manœuvre; les tentatives réitérées et modérées avec les pinces de Maunoir, arrivent plus facilement au but qu'on se propose sans faire courir le même risque.

XX.

Aussitôt que l'on s'aperçoit de la hernie de l'humeur vitrée, il faut laisser tomber la paupière, la maintenir fermée par une légère pression et calmer le malade. Après quelques minutes de repos on recommence l'opération.

Il est de toute nécessité de suspendre l'opération, parce que le spasme de l'organe pourrait augmenter et le faire vider immédiatement.

XXI.

Lorsque la cataracte est extraite avec ses accompagnemens, il faut avoir un soin extrême de réunir exactement les lèvres de la plaie avant de placer le pansement.

Les cicatrices vicieuses de la cornée, la sortie consécutive de l'humeur, les hernies secondaires de l'iris sont presque toujours la suite de l'oubli de ce précepte important.

XXII.

En plaçant le bandage et ses annexes comme nous l'avons indiqué en temps et lieu, il ne faut jamais perdre de vue les indications suivantes :

réunir par première intention la solution de continuité, modérer les mouvemens de l'organe sans comprimer, enfin intercepter les rayons lumineux.

Nous avons vu par le parallèle des succès de M. Delmas et de ceux de Delpech, l'importance d'un pansement convenable. Il faut surtout surveiller avec attention la position des cils, car un seul cil engagé dans les bords de la plaie, peut non seulement empêcher la réunion par première intention, mais encore faire échouer complètement l'opération.

En méditant les préceptes que j'ai fait imprimer en caractères ordinaires, tandis que les explications sont en caractères plus petits, on les aura toujours présens à la mémoire, et l'on ne saurait trop les consulter.

RÈGLES GÉNÉRALES DE L'ABAISSEMENT.

Les règles générales pour la dépression qui concernent l'examen de l'instrument, les précautions pour contenir l'opéré et le calmer, le choix de la lumière, sont les mêmes que pour l'extraction ; la position seule varie. Il en est de même pour assujétir l'œil qui n'est pas opéré.

I.

Pour pratiquer l'abaisssement, le malade doit être assis, ou droit contre un mur ; sa tête sera fixée convenablement contre la poitrine d'un aide, et mieux encore contre un fauteuil préparé à cet effet.

Quoique le mouvement de recul soit moins à craindre que dans l'opération par extraction, il est très convenable de maintenir le malade dans une position fixe et qui mette l'opérateur à couvert des effets des mouvemens imprudens.

II.

Comme dans l'extraction, le chirurgien doit être

placé commodément pour appuyer son coude sur le genou, bon nombre de chirurgiens opèrent debout.

Quoique l'on ait ici bien moins de danger que dans l'extraction, il ne faut jamais s'endormir sur les précautions générales qui, souvent négligées, compromettent une opération u moment où l'on y pense le moins.

III.

L'opérateur peut lui-même écarter les paupières, mais il est plus convenable de le faire faire par ,aide ; l'opérateur peut alors contenir le globe de l'œil et même ses mouvemens.

Dans l'opération par abaissement, une légère compression peut être exercée pendant toute la durée de la manœuvre, sans qu'il en résulte aucun accident : il faut seulement la suspendre pendant que l'on recommande au malade de regarder vers son nez, ou en haut, selon que la manœuvre opératoire nécessite ces divers mouvemens.

IV.

Traverser la sclérotique par un coup sec et brusque, sans hésitation, en présentant la pointe du crochet parallèlement à l'axe transverse de l'œil. Point noir en avant (1).

Toutes les fois qu'en introduisant l'aiguille il y a hésitation, la sclérotique est labourée : j'ai dit qu'il fallait présenter la pointe du crochet parallèlement à l'axe transverse, parce que quelques opérateurs ont cru qu'en la présentant parallèlement à l'axe perpendiculaire, le plus petit diamètre de l'aiguille étant introduit ainsi, on risquait moins de blesser les nerfs iriens. Ce procédé est défectueux, parce que pour ramener l'aiguille à l'horizon, il faut lui faire exécuter une espèce de tour de maître, et qu'ensuite les nerfs iriens n'ayant pas une place connue et invariable, rien ne peut garantir leur lésion, qui d'ailleurs n'est pas si grave, puisque dans la scléroticotomie et dans le procédé de Giorgi, on en coupe plusieurs.

V.

Aussitôt que la sclérotique est traversée, faire cheminer horizontalement l'aiguille, sans presser : point noir en avant.

Il est important dans ce moment de ne point fourvoyer la pointe de l'instrument entre la capsule et le cristallin. Aussitôt que l'on commencera à voir la pointe de l'aiguille s'a-

---

(1) C'est le point noir qui existe sur les manches blancs pour indiquer la courbure de l'aiguille : si le manche était en ébène, on dirait *point blanc en avant.*

vancer vers le cristallin, il faudra porter l'aiguille dans l'espace pupillaire, même un peu dans la chambre antérieure, pour savoir si l'aiguille est bien libre.

VI.

L'opérateur ayant reconnu qu'il est en bonne voie, ramener l'instrument à l'horizon, en portant la pointe parallèlement à l'axe perpendiculaire du corps. Point noir en haut. Dans cette position, la faire cheminer jusqu'à ce qu'elle soit arrivée au tiers interne du diamètre du cristallin. Toujours point noir en haut.

La manœuvre que nous venons de décrire a pour but de préserver la capsule et l'iris de l'action du crochet, et de mettre ce dernier en mesure d'attaquer des brides anormales, s'il en existe entre le cristallin et l'iris. Il est reconnu aujourd'hui, grâce aux expériences de Scarpa et de Panizza, qu'il ne faut point briser la capsule avant d'abaisser le cristallin, comme le recommande encore M. Coster dans son Manuel.

VII.

L'aiguille étant parvenue au point que nous avons indiqué dans le paragraphe précédent, sans la changer de face, il faut presser sur la lentille avec le côté du crochet et la tige, et en imprimant à l'instrument un mouvement de bascule, point noir en haut et en avant, pour la précipiter dans l'humeur vitrée, entre le muscle abducteur et l'abaisseur de l'œil : pour rendre cette manœuvre plus facile, recommander au malade de regarder en haut.

En attaquant la lentille avec la pointe du crochet, l'on court le risque non seulement de briser la capsule, mais encore de traverser le cristallin, pour peu qu'il soit mou. Il est un autre écueil, c'est celui d'accrocher le cristallin, et de ne pouvoir le séparer de l'aiguille lorsqu'il est arrivé dans le lieu où il doit rester enfoui.

VIII.

L'opérateur après avoir abaissé le cristallin, doit le maintenir en place, sans trop presser, pendant trente à quarante secondes. Puis, ramenant avec précaution l'aiguille à l'horizon dans le champ pupillaire, il décrit alors des *cônes* avec l'instrument (1), non seulement pour détruire toute la capsule, mais encore pour briser en différens sens les cellules de l'humeur vitrée, et obtenir pour le cristallin une pesanteur spécifique, supérieure à celle du corps vitré.

---

(1) Voir la page 128 de ce Mémoire.

La plupart des opérateurs sacrifiant sans raison la sûreté de l'exécution au brillant *du faire*, il résulte qu'en ramenant trop tôt l'aiguille au centre pupillaire, les cellules hyaloïdiennes n'ont pas été assez rompues. Alors le cristallin, repoussé par leur élasticité (*propellring power*), reparaît vers la pupille et s'oppose en partie ou tout à fait à la vision. Si on le maintenait en place pendant que l'on réciterait un *Pater noster*, ainsi que le disait Ambroise Paré, l'équilibre se rétablirait d'autant plus tôt qu'en ramenant l'aiguille à l'horizon, on briserait mieux les cellules du corps vitré.

IX.

Si le cristallin est mou, en décrivant les cônes, on le rompt en autant de pièces que possible avec le crochet, on immerge les plus gros fragmens dans l'humeur vitrée, puis, on balaye l'espace pupillaire, et on projette les petits fragmens dans la chambre antérieure.

C'est ici le cas de se servir du crochet en divers sens : en présentant la surface tranchante de l'aiguille aux lambeaux flottans du cristallin, rien n'est plus facile que de les accrocher et de les porter où l'on veut. L'aiguille de Scarpa a, dans ce cas, des avantages immenses sur tous les autres instrumens.

X.

Quand tout est brisé, il faut retirer l'aiguille, en

ayant soin de tenir le point noir en arrière, et en faisant décrire au manche un mouvement de bascule vers le nez, sans quitter la direction horizontale.

On voit que pour retirer l'aiguille convenablement, il faut exécuter une manœuvre opposée à celle qui est employée pour l'introduire. En effet, le point noir se trouvant en arrière, la concavité du crochet se trouve en face de l'opérateur, et en portant horizontalement le manche vers le nez, l'aiguille est extraite sans danger et sans rien accrocher, ce qui arrive quelquefois lorsqu'on la retire de la même manière qu'elle a été introduite.

XI.

Si la cataracte est entièrement fluide, lors même que l'humeur aqueuse est troublée, en se rappelant bien la position des parties et en présentant le dos de l'aiguille à l'iris, on peut facilement continuer l'opération qui ne consiste plus qu'à briser la capsule.

Il faut, autant que possible, détruire la plus grande portion de la capsule, parce que celle-ci pouvant devenir opaque aussitôt que l'humeur aqueuse cesse d'absorber, il faut revenir à une seconde opération pour détruire la capsule.

XII.

Les adhérences du cristallin avec l'iris devront être détruites en présentant le crochet sur la bride, point noir en haut, en abaissant légèrement le manche pour porter le tranchant du crochet sur la bride. Alors, par de légers mouvemens de haut en bas, sans dévier à droite ou à gauche, on coupe sans peine le lien anormal, puis on termine l'opération.

Cette manœuvre plus facile à exécuter qu'à décrire, peut être répétée autant de fois qu'il y a de brides, et on suit les progrès de l'opération en voyant les différentes formes que prend la pupille à chaque bride coupée.

XIII.

Ne jamais s'entêter à abaisser un cristallin glutineux, se contenter de le briser en tous sens, ainsi que sa capsule et les livrer à l'absorption.

Tous les efforts faits pour déprimer cet espèce de cristallin ne tendraient qu'à fatiguer l'œil et à y produire des accidens. L'expérience de Barbette a été sanctionnée par les recherches de Scarpa et les miennes.

XIV.

Si on ne peut espérer d'ébranler un cristallin fortement adhérent, il faut alors l'attaquer au centre avec le crochet, par de petites rotations et des grattememens combinés, y faire un trou que l'on agrandit en décrivant un cône avec l'aiguille.

Bertrandi et Heister ont employé ce procédé qui est resté long-temps dans l'oubli. Saunders, après l'avoir employé par la kératonyxis, le mit en usage par la sclérotique, pour des cristallins même non adhérens. L'humeur aqueuse absorbe peu à peu la lentille, et il se forme alors au centre de celle-ci une pupille qui permet au malade de voir parfaitement.

RÈGLES GÉNÉRALES POUR PRATIQUER LA KÉRATONYXIS.

Les précautions générales sont les mêmes que pour les autres procédés ; il serait oiseux de les répéter ici.

I.

Obtenir le plus grand degré de dilatation de la pupille, autant que faire se peut.

La nécessité de ce principe se révèle d'elle-même plus le champ à parcourir par l'instrument sera grand, plus il sera facile d'en suivre l'action et les effets dans les temps consécutifs.

II.

Attaquer la cornée par un mouvement sec et vif, parallèlement à l'axe antéro-postérieur de l'œil, en bas, en haut, par côté, à l'union du tiers externe avec le tiers interne, jamais au centre.

C'est une erreur grave de penser qu'il faille traverser la cornée au centre. Ce précepte faussement attribué à Langenbeck, après avoir été employé quelquefois impunément, a produit, dans d'autres circonstances, de nombreux accidens : il fait perdre en outre un des principaux avantages de l'opération, celui de pouvoir projeter dans la chambre antérieure une partie des fragmens du cristallin brisé.

III.

Quand on emploie une aiguille droite, il faut la faire glisser sur l'ongle qui lui servira, pendant tout le temps de l'opération, de point d'appui ou d'hypomochlion destiné à empêcher les tiraille-mens et la pression sur la plaie de la cornée.

Au moyen de la précaution que nous venons d'indiquer, l'on donne à la main une sûreté d'action qu'elle ne pourrait avoir lorsque l'on opère à main levée, l'hypomochlion de l'ongle soutient les efforts de la tige, sans presser sur la plaie de la cornée. Rien n'est plus facile alors que d'agir dans tous les sens et de déprimer, broyer et détruire la lentille et ses annexes.

IV.

Si on emploie, comme quelques opérateurs allemands, une aiguille courbe ordinaire, il faut alors, pour obtenir une introduction facile, placer la main qui porte l'aiguille, sur le front du malade, présenter le crochet à la cornée, la courbure tournée vers la cornée et le dos faisant face à l'opérateur. Aussitôt que la cornée est traversée, par une espèce de tour de maître, on ramène la main à la direction parallèle au diamètre antéro-postérieur.

La manœuvre nécessaire à l'emploi de l'aiguille courbe ressemble assez à celle que l'on pratique pour introduire une algalie courbe dans la vessie, lorsque l'opérateur est placé entre les cuisses du malade. J'ai indiqué dans la deuxième planche, n° 8, le profil de la position de l'aiguille, au moment où on la présente à la cornée. Dans le même dessin, l'on voit l'instrument ramené, sa courbure en bas.

V.

Quand on a attaqué le cristallin, il faut le traverser et broyer en divers points, en décrivant des cônes, pour détruire toute la capsule.

Ce précepte ne doit jamais être perdu de vue, car de lui dépend le succès de l'opération. Si on se bornait à de simples piqûres, au lieu de hacher la capsule en tous sens, comme on est obligé de le faire quelquefois sur des enfans difficiles à maintenir, on serait presque forcé de revenir à une seconde opération; en attaquant la capsule par sa grande circonférence, on évitera cet accident.

VI.

Pendant les manœuvres pour abaisser et rompre la lentille et ses annexes, il faut bien se garder d'appuyer sur le rebord pupillaire.

C'est aux pressions de l'aiguille sur le rebord pupillaire, qu'il faut attribuer la fréquence des iritis qui suivent la kératonyxis et les décollemens de cette membrane mouvante, à sa grande circonférence.

VII.

Quand le cristallin est fluide, comme chez les cataractés de naissance, il ne faut point, comme le prétendent quelques personnes, suspendre l'opération : il n'y a qu'à maintenir l'œil immobile en le fixant avec l'aiguille, l'humeur aqueuse s'éclaircit, et l'on continue comme si rien n'était.

J'ai expliqué, dans le cours de l'ouvrage, que le liquide latigineux se précipitait après quelques instans, et qu'alors l'humeur aqueuse reprenant sa transparence, rien n'était plus facile que de terminer l'opération.

Les règles générales que l'on vient de lire, destinées spécialement à tenir toujours présens à la mémoire des préceptes importans, ne peuvent point suppléer à l'étude des ouvrages fondamentaux. Ainsi, ce ne sera qu'après avoir médité le traité de Wenzel sur l'extraction, les Mémoires de Ware et de Beer sur le même sujet, que les règles générales qui concernent cette méthode pourront être lues avec fruits.

Il en sera de même pour l'abaissement : je renverrai toujours à l'étude précise des procédés du professeur Scarpa, dans ses propres ouvrages, ou dans ceux de son savant successeur, le professeur Panizza, car, dans les Traités de médecine opératoire, même les plus récens, ils sont singulièrement tronqués.

Pour la kératonyxis, on trouvera un guide sûr dans la lecture des Mémoires de Saunders, de Jœger, Langenbeck et Guillié.

Les méthodes mixtes ne peuvent avoir de règles générales fixes, puisqu'elles se composent de la combinaison de plusieurs procédés dont les règles générales leur sont simultanément applicables.

DE L'USAGE ET DE L'APPLICATION DES LUNETTES

A CATARACTE.

Il est un préjugé dont l'existence peut avoir une fâcheuse influence sur la réputation d'un oculiste, c'est que l'opéré doit, après une opération heureuse, jouir de la vue dans toute son intégrité, comme si les cristallins n'eussent jamais été cataractés.

Le simple bon sens suffirait pour faire justice d'une opinion de cette nature, si l'on n'avait affaire qu'à des hommes éclairés, ou du moins assez au courant des connaissances usuelles pour apprécier les divers phénomènes de l'optique. Il ne serait pas alors important de leur dire que, quoique le cristallin ne soit pas indispensable à la vision, il est nécessaire pour la rectifier et la rendre plus parfaite. Ainsi, les diverses conformations du cristallin influent sur la vue selon chacune d'elles. Son absence traumatique spontanée, ou le résultat de l'art, donne lieu à une presbytie accidentelle qui doit toujours être combattue par des verres convexes, vulgairement connus sous le nom de verres à cataracte. Ils sont ainsi nommés parce qu'ils sont destinés à remplacer le cristallin extrait ou abaissé, ainsi qu'à favoriser la vue distincte des petits objets qui doivent être vus de près.

Elles sont construites sur le même plan que celles pour la presbytie ordinaire, mais elles doivent posséder une puissance bien plus considérable que celles destinées seulement à combattre une déformation lente du cristallin. Leur distance focale est ordinairement comprise entre six pouces et un pouce et demi, et souvent même plus. Par leur usage on pourra donc, dans tous les cas, remplacer la force réfringeante du cristallin.

Il est donc important de prévenir les malades et ceux qui les entourent, que l'usage des lunettes réfringeantes est indispensable à tous ceux qui ont été opérés de la cataracte ; il n'y a que quelques personnes extraordinairement myopes avant d'avoir été cataractées, qui puissent s'en passer, encore cette exception est-elle fort rare.

Mais il est un phénomène que personne n'a noté avant moi, c'est que, lorsque l'on a opéré les deux yeux par des procédés différens, l'un par l'extraction, l'autre par l'abaissement proprement dit, ou même le broiement, il y a dans la vision une différence marquée qui est toute à l'avantage de l'œil opéré par abaissement. Pour mettre la vision des deux yeux en harmonie, il est important de placer devant l'œil soumis à la dépression, un verre moins fort que celui employé pour l'œil traité par l'extraction : ce fait, basé sur six ou sept observations, ne s'est jamais démenti : je le livre aux méditations de ceux qui prennent parti pour tel ou tel procédé.

L'opération, pratiquée selon le même procédé sur les deux yeux, ne donne pas toujours le même résultat pour tous deux, et il faut souvent pour chaque œil un verre différent : soit que la vue eût été discordante avant l'opération, soit que celle-ci ait été moins heureuse pour un œil que pour un autre; mais ce fait n'a rien de commun avec celui que j'ai rapporté comme étant le résultat de deux opérations différentes.

Il est de la plus haute importance de ne pas trop se hâter de mettre les opérés à l'usage des lunettes ; leur usage, imprudent ou prématuré, a fait échouer plus d'une opération qui promettait les plus beaux résultats. Quand on veut agir avec toute la réserve que mérite une affaire aussi importante, il faut attendre au moins trois ou quatre mois. Je parle ici sur des faits observés, et non en m'appuyant sur la théorie.

M. Nouvelet avait été opéré aux deux yeux et avec un entier succès, par M. Maunoir; quatre semaines après l'opération, je lui fis essayer des lunettes pour rectifier sa vue, mais je lui recommandai de n'en pas user avant quatre mois au moins : la pro- messe solennelle m'en fut donnée ; mais il y avait loin de là à l'exécution. Aussi, l'opéré, passionnné pour la lecture, pour les travaux d'arts, ne put-il la remplir; deux mois s'étaient à peine écoulés que, les lunettes braquées sur le nez, M. Nouvelet se livrait à la lecture, à la mécanique; les yeux se fatiguèrent, et tout à coup l'œil gauche, dont il voyait le mieux, devint presque amaurotique ; effrayé des conséquences de son imprudence, il se hâta de réclamer mes conseils ; le premier donné fut la suppression des verres convexes, et pour rendre l'exécution de l'ordonnance plus sûre, je les conservai chez moi, en attendant que la vue eût repris son assiette. Six semaines de repos suffirent pour la remettre.

Dans quelques circonstances, l'on procède avec trop de célérité dans la graduation de la force des lunettes. Quand on passe trop vite à celles qui donnent un degré de vision convenable, la vue souffre et s'altère. J'ai donné mes soins pour cet objet à un M. Martin, négociant retiré à Belleville, et qui, pour avoir voulu prendre des numéros trop forts, fut sur le point de perdre tous les bénéfices de son opération. Ce n'est qu'en suspendant instantanément l'usage des lunettes, que l'on peut arrêter l'irritation de la rétine et ramener la vue dans des conditions normales.

Il arrive souvent qu'une partie de la capsule ou du cristallin n'ayant pas été absorbée, il faut alors changer la direction du foyer des verres ; on y arrive en plaçant sur lui un enduit noir vernis, excepté dans le point où l'on veut laisser pénétrer les rayons lumineux.

Quand les malades sont en province, ils ont souvent besoin de renouveler leurs verres ; à cet effet, ils doivent s'assurer de la portée de leur vue. A défaut d'instrument spécial, ils peuvent employer le moyen suivant : ils placeront contre leurs dents l'extrémité d'un mètre, ayant son échelle millimétrique; puis ils placeront sur la ligne graduée un carton contenant des caractères un peu forts : tout ce petit appareil sera tenu à l'horizon. Rien n'est plus facile que de mesurer pour chaque œil la distance où il cesse de pouvoir lire, et celle où chaque organe peut exercer simultanément ou séparément la vision. Cette mesure est alors transmise à l'opticien.

Afin de rendre les verres à cataracte moins fatigans, M. Chevallier, opticien du roi, leur a donné une teinte azurée en harmonie avec la couleur atmosphérique, ce qui oppose aux rayons lumineux trop vifs un milieu diaphane de couleur d'azur plus ou moins prononcé, selon le degré d'irritation de l'organe.

L'expérience du professeur Scarpa ne lui avait laissé aucun doute sur l'efficacité de la coloration des verres dans cette teinte. En effet, un verre azuré placé entre l'œil et l'objet n'en change point la couleur : il répand une couleur douce et naturelle sur tous les corps dont l'œil est destiné à recevoir l'image; il modère et modifie aussi la lumière artificielle. Ces motifs m'autorisent donc à recommander les verres de M. Chevallier, et depuis longtemps je n'emploie plus que ceux-là.

NOTES

CONCERNANT L'OPÉRATION DE LA CATARACTE.

Les considérations suivantes, extraites du *Bulletin thérapeutique*, où je les ai consignées (1), n'ont point pour but la description anatomique de l'œil, à laquelle ne peut, ni ne doit être étranger tout homme qui veut pratiquer la chirurgie. Mon intention ici est de rappeler quelques faits qui peuvent rendre l'opération de la cataracte plus facile ; c'est aussi pour parvenir au même but que j'ai, ainsi que le professeur Panizza, entrepris une série d'expériences pour déterminer quelles sont les puissances qui tiennent le cristallin en place, et la différence qui existe entre la pesanteur spécifique de celui-ci et celle de l'humeur vitrée.

C'est à tort que la plupart des anatomistes affirment que les deux grandes artères ciliaires qui rampent sur la choroïde, correspondent toujours au diamètre transversal de l'œil. Rien n'est plus

---

(1) *Bulletin thérapeutique* cité, page 210, tome IV.

rare selon moi, et sur cinquante yeux que j'ai examinés avec soin, je n'ai rencontré cette disposition
qu'une seule fois ; trente-six fois sur ce nombre,
elles étaient d'une ligne et quart plus haut que ce
diamètre ; treize fois au contraire, elles étaient situées à une ligne et demie plus bas.

Ces artères n'arrivent pas là sans avoir donné
chacune deux rameaux, jusqu'au rebord de la
choroïde qui correspond aux confins de la sclérotique. C'est à une ligne environ avant d'arriver au
rebord choroïdien, et souvent à deux lignes et
même à trois, que cette bifurcation a lieu : les rameaux laissent alors un intervalle plus ou moins
grand entre eux, après quoi ils vont se perdre dans
le grand cercle de l'iris.

Le ligament ciliaire n'a pas partout la même
largeur : chez l'homme adulte, il peut avoir d'une
à trois lignes du côté de la tempe ; tandis que, vers
le nez, il est souvent très étroit ; à sa partie antérieure, il offre un grand nombre de lignes alternativement blanches et noires qui, connues sous
le nom de plis ou procès ciliaires, vont, au moyen
de leur extrémité quelquefois bifurquée, surmonter la périphérie du cristallin, et s'appuyer sur le
contour de la convexité de la cristalloïde. Le professeur Panizza a démontré jusqu'à l'évidence,
dans ses leçons d'anatomie, que les procès ciliaires n'adhéraient point par leur pointe à la cristalloïde, mais qu'ils s'y appuyaient seulement. Les
expériences faites devant un nombreux auditoire

combattent victorieusement l'opinion de Taylor et
de Heister, partisans déclarés de l'adhérence des
procès ciliaires à la cristalloïde. Le même expéri-
mentateur a démontré que la partie postérieure
des procès ciliaires, ainsi que le restant du corps,
sont unis à la zonule ciliaire plutôt par une substance glutineuse, et des vaisseaux capillaires, que
par des filets de tissu cellulaire, surtout dans le
point où ils correspondent au sillon de cette zonule. L'on aurait tort de croire cependant que la
connexion de ces divers tissus soit peu de chose.
Au contraire, ils offrent une résistance à laquelle
on serait loin de s'attendre en raison de leur ténuité, et il est difficile de les séparer les uns des
autres sans produire des déchiremens.

Le cristallin varie de forme : tantôt il est plus
aplati, tantôt plus convexe : mais, dans tous les
cas, la convexité est plus saillante à la partie postérieure ; il est retenu en place par la cristalloïde,
membrane transparente, qui est trois fois plus
épaisse à sa partie antérieure qu'à la postérieure.
Le cristallin est enchatonné dans une petite fossette, formée au dépens de l'humeur vitrée et soutenue en même temps par des feuillets de la membrane hyaloïde, par des tissus membraneux et des
vaisseaux invisibles, lorsque l'œil n'est pas dans
des conditions pathologiques spéciales : mais le
principal lien qui maintient le cristallin et sa capsule en place est une espèce de sertissure produite
par une membrane très fine, qui naît de l'hya-

loïde tout près du point où commence le corps ciliaire, puis se séparant de la membrane de l'humeur vitrée, sans cesser de lui être contiguë, elle s'avance insensiblement entre les corps vitré et ciliaire, de telle manière que plus elle s'approche du cristallin, plus elle s'éloigne du corps vitré. Après avoir surmonté la périphérie du cristallin, cette membrane va s'insérer et se confondre à la partie antérieure de la cristalloïde. Cette marche et cette disposition donnent lieu à la formation d'un petit espace curviligne de forme triangulaire, dont la base correspond à la périphérie du cristallin, et la pointe à l'origine de la susdite membrane. Cet espace, qui existe tout autour du cristallin, lorsqu'on le remplit d'air, ne ressemble pas mal à l'intestin colon, a été nommé, par Petit (François), *canal gaudronné*.

La membrane de l'humeur vitrée, toutes les fois que cette humeur est à l'état sain, n'offre aucune différence en raison de l'âge et des sexes. Dans tous les cas, elle est plus forte et plus résistante dans les parties qui sont destinées à former la niche du cristallin et dans celles qui sont en rapport avec le corps ciliaire.

C'est à tort que Marteggiàni de Naples, dans son ouvrage intitulé : *Novæ Observationes de oculo humano*, prétend que l'hyaloïde n'existe plus à la partie postérieure de l'œil qui correspond à l'entrée du nerf optique.

Le professeur Panizza et moi, par une foule

d'expériences , avons prouvé la futilité des faits déjà avancés par le médecin napolitain.

Pour faire connaître la résistance qu'offre le cristallin à l'aiguille qui cherche à le déprimer et à le débarrasser de ses attaches , afin de le plonger dans l'humeur vitrée , le professeur Panizza a répété souvent dans ses cours l'expérience suivante : « Après avoir, dit l'honorable professeur, séparé « le globe oculaire de toutes ses parties environ- « nantes et accessoires , en laissant aussi long de « nerf optique que possible, je place celui-ci en- « tre le doigt médius et l'annulaire, en le mainte- « nant en place avec le pouce et le doigt indicateur « de la main gauche au moyen d'une pression « aussi légère que possible ; l'œil ainsi fixé , je sai- « sis l'aiguille à cataracte lancéolée, sans courbure, « et après l'avoir introduite comme pour l'opéra- « tion de la cataracte, en faisant pénétrer sa pointe « jusqu'au centre de l'espace pupillaire ; ensuite « un aide intelligent est chargé d'enlever avec pré- « caution la cornée transparente et l'iris , afin de « mettre à découvert entièrement la superficie an- « térieure du cristallin et voir ce qu'il adviendrait « sous l'influence de la pression de l'aiguille sur le « cristallin et sur sa capsule, ou, pour mieux dire, « sur la cristalloïde. Je comprime alors directe- « ment le cristallin au centre de sa superficie anté- « rieure , je refoule l'humeur vitrée d'avant en ar- « rière : le cristallin résiste à une pression consi- « dérable sans rompre la zonule ciliaire , la partie

« postérieure de la capsule cristalline, pas même
« la hyaloïde qui lui correspond : aussitôt que l'on
« cesse brusquement la pression, l'élasticité de
« l'humeur vitrée reporte rapidement le cristallin
« en avant, où il reprend sa place. »

La résistance qu'éprouve le cristallin à s'enfoncer et à pénétrer dans le corps vitré est due non
seulement à l'élasticité de celui-ci, mais encore au
lien que la cristalloïde a contracté avec la zône ciliaire, ainsi que nous l'avons dit plus haut.

En effet, l'on voit facilement qu'en pressant directement sur le cristallin et sa capsule, toutes les
adhérences de celle-ci avec sa périphérie concou-
rent à retenir le cristallin au moment où on veut
le plonger dans l'humeur vitrée qui lui résiste, en
étant elle-même poussée en avant par l'action des
muscles de l'œil, qui tendent à diminuer son diamètre transversal pendant l'opération.

Une fois que le cristallin a rompu les premières
cellules de l'humeur vitrée, il y pénètre avec plus
de facilité, parce qu'elles diminuent de résistance
à mesure qu'elles approchent du nerf optique.

Pour s'assurer de la différence qui existe entre la
pesanteur spécifique du cristallin et de l'humeur
vitrée, il faut faire l'expérience qui suit : après
avoir placé un œil humain dans un petit vase enduit de terre glaise pour le tenir fixé, on enlève
avec précaution la cornée et l'iris : on détache avec
soin le cristallin de sa capsule, puis, avec un ké-
ratôme très-affilé, on incise crucialement la partie

postérieure de la cristalloïde qui lui correspond, afin de mettre ainsi à nu une portion de l'humeur vitrée. On saisit alors le cristallin avec une aiguille à cataracte, et on le présente à la fente pratiquée dans la capsule en l'abandonnant à son propre poids : sur vingt expériences de cette nature, dans huit cas, il ne s'enfonça nullement ; dans six, il pénétra un peu dans l'humeur vitrée ; dans cinq, il s'enfonça un peu plus ; une fois seulement, il s'approfondit tout à fait.

Pour m'assurer de plus en plus de la valeur de ces expériences, ainsi que l'avait fait le professeur de Pavie, je remplaçais le cristallin par une lentille artificielle formée par un peu d'oxide de plomb et de cire, afin de la rendre un peu plus pesante, et constamment les résultats ont été les mêmes, quel que fut l'âge du malade.

Si, au contraire, avant de placer le cristallin sur la fente de la capsule, on a soin de broyer et confondre les cellules de l'humeur vitrée, le cristallin s'enfonce aussitôt de son propre poids. Cette expérience est plus que concluante pour prouver que la résistance des cellules de l'humeur vitrée est plus que suffisante pour retenir le cristallin et pour empêcher son immersion.

Le professeur Panizza a fait souvent devant nous l'expérience suivante pour prouver ce phénomène. On remplit un petit verre de blanc d'œuf frais, on place dessus celui-ci un cristallin de cire rendu un peu pesant par l'addition de quelques particules du plomb, en quantité suffisante pour le faire enfoncer légèrement dans l'albumine. Si on remue celle-ci en divers sens, au moyen d'un instrument tranchant, on ne tarde pas à voir le cristallin factice se précipiter au fond du verre. Il résulte de ces diverses expériences que la pesanteur spécifique de l'humeur vitrée, renfermée dans ses cellules, est à peu près égale à celle du cristallin, et que pour détruire l'équilibre à l'avantage de ce dernier, il faut rompre les diverses poches de la membrane de l'humeur vitrée.

Il était important de descendre dans tous ces détails d'anatomie et d'expériences, parce que l'opération de cataracte par dépression est basée sur elle.

NOTES

SUR LA CATARACTE CONGÉNIALE.

J'ai été à même de disséquer un grand nombre d'enfans nouveaux-nés et atteints de cataracte congéniale., et je vais donner ici sommairement le narré de quelques faits qui recevront un plus ample développement dans un travail spécial.

Dans l'hiver de 1822, il succomba, aux Enfans-Trouvés et à la Maternité, un grand nombre d'enfans nouveaux-nés ou dans les premières six semaines de la vie. J'en eus un grand nombre à ma disposition, que je disséquai avec soin, avec le docteur Anthoine, mort depuis à Strasbourg. A plusieurs reprises nous observâmes qu'il y avait un œil cataracté et l'autre non, sans cependant trouver dans l'état de la conjonctive oculaire et palpébrale, rien qui annonçât qu'elle fut plus malade d'un côté que de l'autre. Étonnés de cette différence, nous eûmes recours aux renseignemens, et nous apprîmes que bon nombre de ces enfans avaient succombé à des affections cérébrales qui régnaient alors dans la maison.

Le cristallin sain avait sa consistance ordinaire,

l'œil était ramolli en consistance de pulpe gélatineuse. Dans tout cela il n'y avait aucune cataracte congéniale, proprement dite, analogue à
celles que j'avais observées avec soin à Pavie et aux
Enfans-Trouvés de Milan. Enfin, nous reçumes de
la Maternité un enfant né deux jours auparavant,
et qui était cataracté. Il nous fut aisé alors de vérifier les observations faites en Italie, et de voir que
la cataracte congéniale différait entièrement des
autres cristallins ramollis, en ce qu'elle ne consistait
qu'en une simple bourse transparente, contenant
un liquide latescent, opalin, qui s'épanchait aussitôt que l'enveloppe fut rompue. Une partie de ce
liquide, déposée dans une cuvette de verre, placée
sous un microscope, laissa voir une foule de petits
globules, analogues à ceux décrits par l'habile
micrographe Raspail, et existans dans la fécule de
pomme de terre.

Dans la même année, j'opérai une demoiselle
atteinte d'une cataracte congéniale (voir la page
273), et je retrouvai les mêmes caractères que
ceux que je viens de décrire. Enfin depuis cette
époque, j'ai opéré un bon nombre de cataractes
congéniales, ainsi que de celles datant des premiers
mois de la vie, et je me suis convaincu que les congéniales ont une physionomie spéciale qui se révèle
par une grande mobilité de l'iris, une teinte opaline, un tremblement ou oscillations dans le cristallin non visible à œil nu, enfin par le peu de
convexité de l'iris.

Les cataractes des premiers mois de la vie ou des premières années, sont plus foncées, souvent jaunâtres, hydatiformes; elles s'avancent dans un grand nombre de cas à travers le trou pupillaire et chassent l'iris au devant d'elles.

Ces affections sont presque toujours le résultat d'inflammation grave de l'œil ou de ses annexes. Dans un grand nombre de cas, un des yeux est perdu par la fonte purulente, on l'atrophie.

Ce sont les individus atteints de cette espèce de cataracte, qui, en général, ne perçoivent aucun rayon lumineux et qui n'ont pas de mouvemens rotatoires.

Ceux-ci se trouvent en général dans des conditions défavorables à l'opération, et il faut alors prévenir leurs parens avant d'y procéder.

Le 15 février 1818, le professeur Scarpa me fit demander chez lui, afin d'examiner M. Lattuada, jeune homme de 25 ans, habitant à Rosalte, dans le Milanais. Dès sa plus tendre enfance, il avait été atteint de strabisme, et ses yeux étaient affectés de mouvemens rotatoires continuels, comme chez les sujets atteints de cataractes congéniales. Quand il fut arrivé à l'âge de 7 à 8 ans environ, on éprouva une grande peine à lui apprendre à lire, parce que ses yeux se remplissaient de larmes et se convulsaient de plus en plus. On opposa en vain à cet état les remèdes calmans, tel que l'extrait de belladonna; le jeune homme déclarait même que leur usage aggravait sa position.

Voici ce que nous observâmes : l'œil droit présentait les phénomènes suivans; la cornée était un peu plus saillante que celle de l'autre œil. Il n'y avait pas la moindre trace d'iris, chose très singulière à voir. La lentille, renfermée dans sa capsule et devenue opaque, surtout dans son centre, était flottante et libre de toute attache avec la zône ciliaire et le corps vitré, et on la voyait se mouvoir dans la cavité de l'œil en diverses directions, tantôt avec beaucoup de vitesse, selon les mouvemens plus ou moins rapides du globe de l'œil, des paupières et de la tête. Lorsque le jeune homme baissait la tête, la lentille, renfermée dans sa *bourse*, s'avançait presque à contact, et quelquefois tout-à-fait à contact avec la cornée. Lorsqu'il inclinait la tête en arrière, on voyait la lentille enveloppée de sa capsule, descendre manifestement au fond de l'œil par un plan incliné d'avant en arrière. Dans la position perpendiculaire de la tête, le cristallin présentait tantôt une face, tantôt une autre. Dans quelques mouvemens il était à peine perceptible ; d'autres fois on le voyait tout entier ; un simple mouvement de l'œil ou une contraction des paupières le faisait changer instantanément de place; mais jamais il ne s'arrêtait dans l'axe visuel au point d'intercepter les rayons lumineux. Aussitôt que le jeune homme se couchait sur le dos, on voyait le cristallin se précipiter au fond de l'œil, comme on voit un corps d'une pesanteur spécifique un peu supérieure à celle de l'eau, se precipiter dans ce liquide par un mouvement lent et uniforme. Aussitôt que le corps opaque était parvenu au fond de l'œil, M. Lattuada croyait apercevoir un objet jaunâtre pointillé de noir. Jamais la présence de ce corps au fond de l'œil ne parut occasioner la moindre souffrance, lors même qu'il y eût séjourné plusieurs heures, dans le sommeil, par exemple. Quant à l'œil gauche, les altérations n'en étaient pas moins extraordinaires, quoique d'une nature différente. Il existait un petit lambeau dans la région temporale de l'iris. Le cristallin, analogue à celui de l'œil droit, était suspendu par de légers ligamens à la zône ciliaire, à la partie supérieure seulement; de façon qu'à chaque mouvement de l'œil, le cristallin oscillait çà et là, comme le balancier d'une clochette mue en divers sens. Le jeune homme distinguait assez bien tous les objets, mais principalement ceux placés à une petite distance.

Le professeur Scarpa entreprit quelques expériences concernant l'état des facultés visuelles de M. Lattuada. Ainsi, en lui faisant porter des lunettes convexes, n° 5, et destinées à ceux qui ont subi l'opération de la cataracte, il distinguait les objets les plus exigus; mais ils lui paraissaient d'un plus grand volume. En plaçant sur son nez des lunettes à embout (1), percées d'un petit trou central, comme celles dont les Esquimaux se servent pour courir sur la neige, il voyait plus distinctement les objets et à une bien plus grande distance. Cette expérience n'était applicable qu'à un seul œil, parce que le corps flottant, suspendu au centre du point visuel de l'œil gauche, empêchait que les rayons lumineux ne vinssent frapper la rétine.

EXPLICATION DES PLANCHES.

PLANCHE Iʳᵉ.

Nᵒ 1.

Couteau de Tadini, avec arête saillante au centre de la lame.

2.

Id. sans arête.

3.

Couteau de Barth, modifié par Beer.

4.

Les deux modèles de M. le baron de Wenzel.

5.

Couteau de Barth, modifié et rétréci par le professeur Maunoir.

6.

Ciseaux de Daviel, corrigés par Richter, ils sont courbes sur le bord et sur le plat : ils doivent avoir les pointes émoussées, bien polies et pourvues de bons tranchans ; il en faut deux paires, une pour agir à droite, l'autre pour opérer sur le côté opposé.

7.

Kératotôme à double lame, du docteur Carron du Villards (*Voir la lettre à M. Maunoir*).

8.

Aiguille à lance de Beer pour inciser la capsule, et charger et ébranler au besoin le cristallin.

10.

Kistitôme de La Faye.

11.

Couteau de Guthrie, fermé ; l'une des lames est en argent.

12.

Forme de la lame tranchante du même instrument.

13.

Kistitôme et curette de Boyer.

14.

Pinces à crochet de Maunoir.

— 365 —

15.

Pinces à lentilles fenêtrés, du même.

16.

Couteau à deux lames de Jœger.

17.

Crochet du docteur Carron du Villards, pour
extraire les corps étrangers de la cornée, les fragmens métalliques et les pointes de kératotômes
brisés.

18.

Kistito-pinces du docteur Carron du Villards,
vu de face, avec sa lame cachée, pour ouvrir la
capsule.

19.

Le même, vu en profil, déployant sa pince pour
saisir la capsule ou les fragmens du cristallin.

20.

Kistitôme rond, à pointe cachée, du docteur
Carron du Villards, pour attaquer la capsule par
sa grande circonférence.

21.

Couteau-pince de Giorgi, d'Imola, pour la scléroticotomie, vu en face.

22.

Le même, en profil, la pince ouverte.

23.

Couteau de Jœger, pour ouvrir la cornée, à la façon de Daviel.

24.

Couteau-pince de Earle.

25.

Pinces à crochet, à ressort, de Pellier fils.

26.

Couteau mousse de Forlenza.

27.

Instrument de Guérin, de Bordeaux, mis en rapport avec l'œil ; on indique par des points la marche de la flamme tranchante. Il est facile de se convaincre des dangers de cet instrument, par la seule explication de ce dessin.

28.

Contentif de Lusardi, vu en profil.

29.

Le même, vu de face.

30.

Elévateur de Pellier, modifié par Saunders.

31.

Crochet de Beer, pour extraire le cristallin.

32.

Aiguille droite de Langenbeck.

33.

Aiguille de Grœfe, avec son onglet.

34.

La même, sans onglet.

35.

Aiguille de Scarpa.

36.

Aiguille de Saunders, vue de face.

37.

La même, en profil.

PLANCHE II.

N° 1.

Figure indiquant la section de la cornée par le procédé de Beer, à la partie inférieure de l'œil gauche.

2.

Même procédé pratiqué par la partie supérieure.

3.

Première position de l'aiguille pour aller soulever le lambeau.

4.

Divers temps et mouvemens de l'aiguille dans l'espace cornéen et pupillaire.

5.

Incision de la cornée, rectifiée ou agrandie avec les ciseaux de Daviel.

6.

Application des pinces à lentilles.

7.

Agrandissement de l'incision, pratiqué avec le kératotôme du docteur Carron du Villards.

8.

Divers mouvemens pour la kératonyxis : introduction de l'aiguille courbe.

9.

Position du cristallin dans l'œil, après l'abaissement.

10.

Premier temps de l'opération par le procédé de M. de Wenzel.

11.

Deuxième et troisième temps.

12.

Forme de la section de la cornée, après qu'elle est achevée.

NOTICE NÉCROLOGIQUE.

SUR

LE DOCTEUR BENNATI.

Lorsqu'après avoir accompli une longue et honorable carrière, un homme descend dans la tombe, entouré de ses proches, de ses amis éplorés, quelque grande que soit cette perte, leurs regrets sont rendus moins amers par la pensée que leur ami n'a payé que le plus tard possible, l'inévitable tribut que doit à la mort tout être animé. Mais lorsqu'un accident affreux, une de ces fatalités au-dessus de toute prévoyance humaine, tranche brusquement une carrière commençante; lorsque la mort saisit au milieu de la jeunesse, d'une réputation justement acquise, un jeune médecin doué des plus belles qualités, cher à tous ceux qui l'ont connu; la douleur que fait naître une catastrophe aussi soudaine qu'imprévue, laisse dans le cœur de ceux qui l'aimaient un vide qui ne sera pas de long-temps rempli et des regrets qui deviendront de plus en plus douloureux.

Qu'on nous pardonne donc d'être si désireux de les faire partager à ceux qui n'eurent avec lui que de simples relations médicales, que des rapports scientifiques, en leur faisant connaître celui dont nous honorerons toujours la mémoire.

François Bennati a eu pour berceau la cité qui donna le jour à Virgile. Il appartient à une famille honorable, qui en lui donnant une première et solide éducation, avait cru lui transmettre le plus utile héritage. Pénétré lui-même de cette vérité, il donna à ses premières études un soin tout particulier, et ses succès de gymnase lui permirent de jouir des dispenses de frais universitaires, accordées par la maison d'Autriche aux jeunes lauréats des colléges impériaux.

Il se rendit donc à Pavie, pour y étudier l'art de guérir. Ses études furent brillantes et ses succès rapides. Doué d'un physique avantageux, il ne tarda point à être cher à ses maîtres et à ses condisciples. Ayant reçu de la nature une des voix les plus belles et les plus étendues que l'on connaisse, Bennati sentit de bonne heure le parti qu'il pourrait tirer d'une si rare faculté en joignant aux connaissances relatives à sa profession, un grand exercice dans l'art du chant. Aussi confia-t-il son instruction musicale au célèbre Pacchierotti, dont les talens extraordinaires furent l'admiration de son temps. Ce professeur remarquable s'était toujours occupé à graver dans l'esprit de ses élèves un principe fondamental de la musique qu'il formulait dans l'unique règle suivante, *Respirate bene; mettete ben la voce; pronunciate chiaramente, ed il vostro canto sarà perfetto.*

Bennati ne tarda pas à comprendre que d'après ce qu'il éprouvait sur lui-même, les phénomènes vocaux n'étaient point suffisamment analysés et qu'il était nécessaire que ce sujet fut étudié de nouveau. Ce fut en 1821, qu'il chargea M. Gallini, professeur de physiologie, à Padoue, de communiquer pour la première fois à l'académie de cette ville ses idées sur la voix laryngienne et surlaryngienne ainsi que sur la théorie des deux registres.

Ces idées avaient besoin de confirmation pour consolider la théorie. On ne pouvait y arriver que par des faits et des expériences, et douze années d'obversations consécutives, tant sur lui que sur les plus célèbres chanteurs de son époque sont venues rendre concluantes les considérations qu'il avait publiées à Padoue. Mais, pour aborder toute la série d'observations et d'expériences auxquelles il s'était livré, il fallait, ainsi qu'il l'a dit lui-même dans son avant-propos, 1° que l'observateur fût à la fois physiologiste et musicien ; 2° qu'il se fût particulièrement donné à l'étude du chant; 3° qu'il fût pourvu d'un organe qui lui permît d'expérimenter à chaque instant sur lui-même; 4° enfin que, par ses relations et ses voyages, il lui eût été facile d'examiner les sujets dont l'organisation était plus propre à l'éclairer. Ces conditions de rigueur, notre jeune confrère les avait remplies. C'est surtout de son talent qu'il tirait un grand avantage pour convalider ses doctrines en mettant aussitôt en pratique, sous les yeux même des incrédules, des effets de vocalisation dont il venait de développer la théorie. C'est surtout en ce qui concerne les mouvemeus du détroit du gosier, de leur influence ainsi que de celle de la langue sur les modulations, que ses travaux sont importans. Il pose en fait que pour que la langue puisse donner une intonation quelconque, il est nécessaire que l'os hyoïde soit maintenu fixément dans une position déterminée. Selon lui, les notes appelées improprement de la tête et du fausset sont produites exclusivement par la contraction la plus forte de cette partie du tuyau vocal. Il serait trop long de le suivre dans les développemens curieux qu'il a donnés à ses recherches. Je renvoie pour cela aux ouvrages qu'il a publiés, et surtout au savant rapport de l'illustre *Cuvier*, qui l'honorait d'une amitié et d'une protection toutes particulières. Les travaux physiologiques le conduisirent aux observations pathologiques sur les maladies des organes qu'il avait si bien étudiés et qu'il publia à deux époques différentes sous le titre de : *Mémoire sur les maladies du gosier , qui affectent particulièrement l'organe de la voix.* Ce travail se recommande spécialement par les nouveaux signes diagnostics propres à éclairer l'étiologie et la thérapeutique des maladies du gosier et du larynx. Ceux qui cultivent l'art musical apprécieront l'importance de ces travaux, et une foule de guérisons obtenues par ces procédés confirment la vérité de ces assertions. Ce n'est pas tout que de savoir rétablir le jeu des organes vocaux lorsqu'ils sont fatigués, il faut encore savoir préserver le chanteur des influences délétères des agens externes, le soustraire à des exercices vocaux imprudens ou exécutés en temps inopportun.

Ses recherches sur l'influence de la puberté ou époque de mue, sur celle de la menstruation et de la gestation, déjà indiquées dans ses ouvrages publiés, allaient recevoir un plus ample développement dans un ouvrage qu'il était sur le point de publier avec notre ami commun, le docteur Davet, et ayant pour titre : *De l'hygiène de la voix.* Cet ouvrage presqu'achevé sera imprimé dans l'année.

Après avoir consacré quelques lignes aux travaux scientifiques de notre ami, il est juste que nous le considérions comme homme privé, comme citoyen et comme médecin praticien.

La carrière que Bennati a parcourue a été trop brillante et trop rapide pour que je passe sous silence quelques développemens importans qui expliqueront les succès qu'il a obtenus et ceux qu'il était appelé à recueillir. Paris était le but vers lequel avaient toujours tendu ses désirs , et, en s'y fixant en 1829, il réalisait un projet conçu dès l'époque de ses premières études médicales. Cela seul suffit pour indiquer la persévérance de son travail et de ses opinions ; mais il avait senti que pour débuter avec avantage sur un terrain aussi vaste et aussi difficultueux pour un jeune homme que l'était celui de la capitale , la connaissance d'un grand nombre de langues était indispensable, soit à la facilité des relations comme médecin , soit à l'étude de l'influence que les divers idiômes apportent aux intonations musicales, en raison de ce que les phénomènes divers produits par les retours plus ou moins fréquens de certaines lettres, peuvent produire des effets qu'il était important d'étudier.

C'est pour cette raison qu'il se rendit à Vienne, où, tout en continuant ses études médicales, il apprenait l'allemand en même-temps qu'il pouvait continuer ses recherches sur la voix, sur l'élite des chanteurs italiens et allemands qui habitent continuellement cette capitale. Les succès qu'il a obtenus dans le monde datent de son séjour dans cette ville , où il fut bien vite apprécié et recherché par un grand nombre de personnages distingués. Admis dans la maison du prince de Metternich , il dut à l'estime toute particulière dont l'honora ce célèbre diplomate une foule d'avantages, de hautes relations et des amis puissans et éclairés dont la bienveillance l'a entouré d'élémens de succès au moment de son début à Paris. Je croirais outrager sa mémoire , si je cherchais à le disculper des imputations aussi absurdes que calomnieuses, que l'envie avait cherché à tirer du haut patronage dont il avait été entouré. En effet , charmé de son amabilité et de la douceur de ses relations, le prince Esterhazy nommé ambassadeur à Londres, lui proposa de le conduire dans cette capitale comme médecin attaché à l'ambassade.

Il s'empressa d'accepter la proposition du noble hongrois parce qu'elle se rattachait à son projet de l'étude des langues. Et les avantages brillans qu'il rencontra à Londres lui eussent fait choisir cette ville pour le lieu de son séjour habituel, si sa santé générale et surtout si l'état de son larynx n'avait été altéré par l'athmosphère humide et nuageuse de la Grande-Bretagne. Mais avant de quitter l'Angleterre il voulut visiter l'Ecosse et surtout Edimbourg, ancienne université à laquelle se rattachent tant de souvenirs illustres, et qui possède encore dans son sein des hommes d'un mérite éminent.

Là, comme à Londres, il compta autant d'amis que de connaissances, qui, lorsqu'il fut fixé à Paris, s'empressèrent de lui adresser leurs compatriotes qui venaient visiter la capitale de la France. Aussi sa clientelle se composait-elle principalement d'étrangers, dont un grand nombre appréciant son mérite, l'avaient choisi comme médecin.

Attaché en cette qualité au théâtre royal Italien, plus d'un chanteur engagé à cet établissement a été appelé à solliciter les secours de son expérience, et l'exemple d'un grand nombre d'artistes guéris, sur le point d'abandonner leur profession, attirait à lui tous ceux dont les organes vocaux étaient souffrans. Quant à moi, j'ai été à même d'observer un grand nombre d'heureux résultats de ses médications.

Je ne puis ici passer sous silence le cas d'une jeune maîtresse de chant, de Lyon, devenue aphone, et qui, grâce à ses soins, recouvra la faculté de chanter, son unique moyen d'existence ainsi que de celle de sa mère.

Aussi généreux que philantrope, le malade peu fortuné recevait chez lui les mêmes soins que ceux qu'on donne à l'opulence. Fier de sa nationalité, il accueillait avec empressement ses compatriotes, et son cœur et sa bourse furent toujours ouverts à ceux que l'adversité ou les orages politiques avaient chassés de leur belle patrie. Bien différent en cela de cet artiste célèbre, dont le violon, nouveau pactole, produit des flots d'or et des torrens d'harmonie, mais dont la sordide avarice n'offre jamais à de malheureux bannis qu'une froide et dérisoire pitié.

Le nombreux cortège qui a accompagné Bennati à sa dernière demeure, a fourni la preuve non équivoque des sympathies et des sentimens affectueux qu'il avait su inspirer. Des discours éloquens ont été prononcés, des larmes amères ont été répandues sur sa tombe; il n'a manqué qu'un hommage à sa dépouille mortelle, c'est le sublime *Requiem* de Mozart, chanté par les artistes du théâtre Italien, dont plusieurs regretteront sans doute celui qui par ses talens avait su les soustraire au plus grand malheur d'un artiste, la perte de la voix.

Quant à ses amis, ils garderont de lui un souvenir rendu plus touchant par la terrible catastrophe qui a terminé si prématurément une existence ayant devant elle un si bel avenir.

Les désordres révélés par l'autopsie n'ont laissé aucun doute sur l'inutilité des secours qui lui ont été prodigués. — L'enveloppe osseuse du cerveau avait été brisée jusque dans les parties les plus profondes.

FIN.

TABLE DES MATIÈRES

CONTENUES DANS CE VOLUME.

CHAPITRE IV.

CHAPITRE V.

CHAPITRE VI.

CHAPITRE VII.

CHAPITRE VIII.

CHAPITRE XV.

CHAPITRE XVI.

CHAPITRE XVII.

CHAPITRE XVIII.

CHAPITRE XIX.

CHAPITRE XX.

DEUXIÈME PARTIE.

CHAPITRE PREMIER.

CHAPITRE II.

CHAPITRE III.

CHAPITRE IV.

CHAPITRE V.

CHAPITRE VI.

CHAPITRE VII.

CHAPITRE VIII.

CHAPITRE IX.

CHAPITRE X.

CHAPITRE XI.

CHAPITRE XII.

CHAPITRE XIII.

FIN DE LA TABLE.

Recherches pratiques sur l'Opération de la Cataracte.
par le D.eur Carron du Villards.
PL. 1

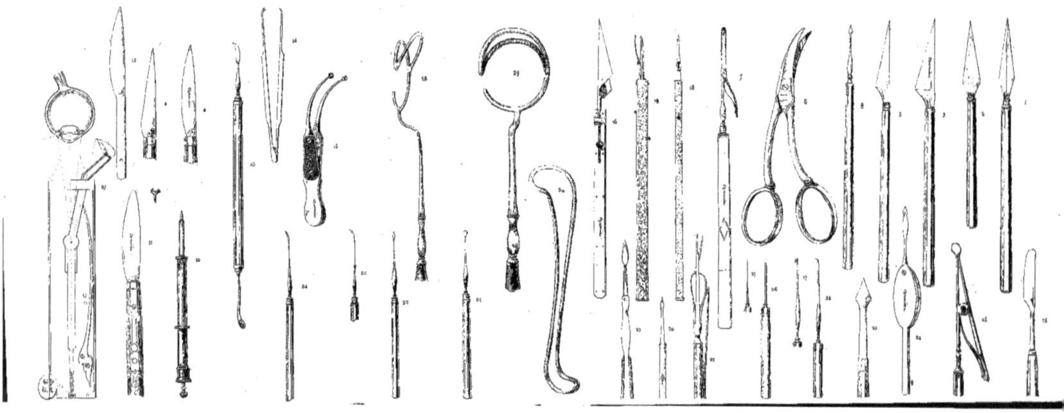

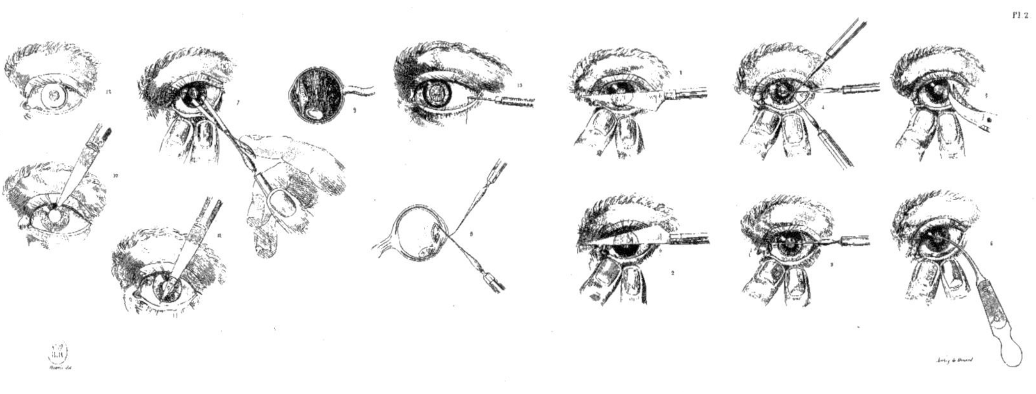
Pl. 2